Paul Ascherson

Synopsis der mitteleuropaïschen Flora

Erster Band.

Paul Ascherson

Synopsis der mitteleuropaïschen Flora
Erster Band.

ISBN/EAN: 9783743401167

Hergestellt in Europa, USA, Kanada, Australien, Japan

Cover: Foto ©berggeist007 / pixelio.de

Manufactured and distributed by brebook publishing software (www.brebook.com)

Paul Ascherson

Synopsis der mitteleuropäischen Flora

SYNOPSIS

DER

MITTELEUROPÄISCHEN FLORA

VON

PAUL ASCHERSON

DR. MED. ET PHIL.
PROFESSOR DER BOTANIK AN DER UNIVERSITÄT ZU BERLIN

UND

PAUL GRAEBNER

DR. PHIL.
ASSISTENT AM KGL. BOTANISCHEN MUSEUM ZU BERLIN

ERSTER BAND

EMBRYOPHYTA ZOIDIOGAMA. EMBRYOPHYTA SIPHONOGAMA
(GYMNOSPERMAE. ANGIOSPERMAE [MONOCOTYLEDONES
(PANDANALES. HELOBIAE)])

LEIPZIG
VERLAG VON WILHELM ENGELMANN
1896—98.

IHREM FREUNDE UND GÖNNER

GEORG SCHWEINFURTH

GEWIDMET

VON DEN VERFASSERN.

Vorrede.

Seit dem Erscheinen von W. D. J. Koch's klassischer Synopsis der Deutschen und Schweizer Flora, deren zweite Auflage vor gerade einem halben Jahrhundert [1]) vollendet war, hat sich mit jedem Jahrzehnt mehr das Bedürfniss nach einem umfassenden Werke geltend gemacht, dessen Zweck es nicht nur ist, einen möglichst erschöpfenden Ueberblick über die Pflanzenformen der Mitteleuropäischen Flora zu geben, sondern welches den Zweck verfolgt, eine gedrängte und kritische Zusammenfassung der Forschungsresultate zu geben, die in zahllosen Abhandlungen, in Zeitschriften und Lokalfloren niedergelegt, nur jenem kleinen Theile der Fachbotaniker zugänglich sind, denen eine grosse Bibliothek zur Verfügung steht. Das Werk soll so dem Ziele nachstreben, dem Botaniker in kleineren Orten und dem weiteren Kreise der Freunde der heimischen Flora ein treuer Rathgeber zu sein über den derzeitigen Stand der Kenntniss der heimischen Flora und soll ihm zugleich die Lücken zeigen, in denen neue Forschungen einsetzen können, um das Bild zu vervollständigen.

Wenn wir es unternommen haben, uns ein so hohes Ziel zu stecken, so stand es ja von vornherein fest, dass wir uns demselben nur in sehr bedingtem Maasse würden nähern können, das übersteigt die Arbeit eines Menschenlebens. Der eine von uns, welcher den grössten Theil seines Lebens für diese Aufgabe gearbeitet und gesammelt hatte und welchem die Kgl. Preussische Academie der Wissenschaften in Berlin in dankenswerthester Weise im Jahre 1892 eine ansehnliche Geldsumme zur Bestreitung der Vorarbeiten zugewandt hatte, hatte die Arbeit allein begonnen. Schon nach wenigen Lieferungen sah er sich indess veranlasst, sich die jugendlich rüstige Arbeitskraft des zweiten hinzuzugesellen, und

---

[1]) Lateinische Ausgabe 1844—45, Deutsche Ausgabe 1847.

hoffen wir so mit vereinten Kräften in absehbarer Zeit die Arbeit zum Ziele zu führen.

Das Gebiet dieses Werkes ist bedeutend weiter bemessen als das in Koch's Synopsis und entspricht im ganzen dem der Reichenbach'schen Flora germanica excursoria. Ausser dem Deutschen Reiche, ganz Oesterreich-Ungarn mit Einschluss von Bosnien und der Hercegovina, der Schweiz und dem Grossherzogthum Luxemburg umfasst dasselbe noch die Niederlande, Belgien, das Königreich Polen, die französischen und italienischen Alpen und Montenegro.

Die Beschreibungen der Arten und Formen wurden, soweit irgend möglich, nach dem in unseren Herbarien und im Kgl. botanischen Museum zu Berlin vorliegenden Material angefertigt und alsdann mit den in der Litteratur vorhandenen Beschreibungen verglichen. Die Sammlungen des Museums wurden uns von Herrn Geh. Reg.-Rath Prof. Dr. A. Engler in bereitwilligster Weise zur Verfügung gestellt.

Bei der systematischen Anordnung der höheren Gruppen sind die „Natürlichen Pflanzenfamilien" von Engler und Prantl im allgemeinen massgebend gewesen.

Bei den Eintheilungen systematischer Gruppen, welche in ihrer dichotomischen Anordnung zugleich als Bestimmungsschlüssel dienen, sind die leitenden Vorzeichen folgendermassen geordnet:

A.
  I.
    a.
      1.
        a.
          1.
            α.
              §
                *
                  +
                  ++
              §§
                **
            β.
          2.
        b.
      2.
    b.
  II.
B.

In der Auffassung des Artbegriffes waren wir bemüht, die richtige Mitte zu halten zwischen übermässiger Zersplitterung und widernatürlicher Vereinigung. Abweichenden Anschauungen ist durch Einführung der Begriffe Gesammtart, Art, Unterart Rechnung getragen.

Unter der Bezeichnung **Gesammtart** (species collectiva) werden Gruppen nahe verwandter **Arten** (species) zusammengefasst, die grösstentheils früher, z. B. von Linné, als Formen einer Art betrachtet wurden und bei weiterer Fassung des Artbegriffs auch jetzt noch dafür gelten könnten. Der Name derselben ist von der **Leitart** (species typica), der am meisten verbreiteten (gewöhnlich auch der am längsten bekannten und am frühesten benannten) entlehnt.

Unter *Unterart* (subspecies) verstehen wir eine systematische Gruppe, die von der oder den nächst verwandten durch erhebliche Merkmale, wie sie sonst zur Unterscheidung von Arten verwendet werden, abweicht, mit denselben aber durch unverkennbare (nicht hybride) Zwischenformen verbunden wird. Die Unterarten sind in diesem Werke mit cursiven Capitälchen vorgezeichnet und ihre Namen, wie die der Arten, mit dem Gattungsnamen verbunden.

Sind in einer Art oder Unterart zahlreiche Formen nach den Abweichungen eines einzigen Merkmals, z. B. der Blattform unterschieden worden, so sind dieselben in dichotomischer Anordnung (vgl. S. VI) aufgeführt. Wurden dagegen Formen nach verschiedenen nicht correlativen Merkmalen getrennt, so sind dieselben (wie dies wohl zuerst Otto Kuntze in seiner Taschenflora von Leipzig consequent durchgeführt hat) in Reihen geordnet, und zur Bezeichnung die Buchstaben, Ziffern und Zeichen (vgl. S. VI) in derselben Reihenfolge verwendet, z. B. A., B., (ev. auch C. etc.) nach der Blattform, I., II., III. ... nach der Bekleidung, a., b., c. nach Merkmalen des Blüthenstandes u. s. w. Die Bedeutung von Combinationen wie A. II. a. leuchtet dann ohne Weiteres ein. Wenn in einer dieser Reihen zahlreichere einander subordinirte Formen vorkommen, so beginnt die weitere dichotomische Eintheilung erst mit *a., b.* Wenn eine überwiegend häufigere typische Form vorhanden ist (welche keineswegs als *f. typica, legitima, genuina* benannt zu werden braucht, sondern sehr wohl mit dem κατ' ἐξοχήν gebrauchten Namen der nächst höheren Gruppe bezeichnet werden kann), werden die abweichenden Formen als B, C oder II, III u. s. w.

aufgeführt. Diese Bezeichnungsweise lässt sich auch in einem referirenden Texte anwenden, z. B. *Equisetum silvaticum* Sp.st. A. l. *polystachyum*, wobei man eine präcise Bezeichnung erreicht, ohne die schleppende Wiederholung der Namen superordinirter Gruppen, hier also: f. *praecox* des sporentragenden Stengels, und ohne die ebenso wenig empfehlenswerthe Hinzufügung des Gattungsnamens zu der Bezeichnung der unerheblichsten Formen, welche ausserdem auch, nach dem von G. Beck von Mannagetta in seiner sonst so vortrefflichen Monographie der Orobanchen gegebenen Beispiele dazu nöthigt, für jede Form einen besonderen Namen zu wählen (was in einer Gattung wie *Hieracium* wohl sehr schwierig sein dürfte) und es unmöglich macht, analoge Formen mit demselben Namen zu bezeichnen.

l. bezeichnet eine *Spielart* (lusus), worunter wir eine individuelle Abänderung (Aberration) verstehen, welche vorübergehend oder nur vereinzelt (bei den Farnpflanzen oft nur an einzelnen Blättern oder gar Blattheilen) vorkommt, bei nahe verwandten Formen aber normal sein kann (z. B. „varietates *integrifoliae*" von Arten mit gefiederten und *laciniatae* von solchen mit ungetheilten Blättern). m. bezeichnet eine *missbildete Form* (monstrositas), welche von dem normalen Typus der ganzen Gruppe abweicht, und in der Regel ebenfalls nur vereinzelt vorkommt. Hierher gehören z. B. Gabelungen der Blätter bei Farnpflanzen, Verbänderungen, Formen mit gefüllten Blüthen, *Rubus Idaeus obtusifolius* mit seinen stets offenen Fruchtblättern.

Der grössere oder geringere taxonomische Werth der Formen wird durch folgende Abstufung angedeutet:

    a) Rassen (proles), Formen, bei denen eine scharf ausgeprägte geographische Verbreitung besondere klimatische oder phylogenetische Beziehungen andeutet, werden aus der sonst in kleiner (Petit) Schrift gesetzten Darstellung der Formen durch normale (Borgis) Schrift hervorgehoben.

    b) Abarten (varietates), Formen von mittlerem Werthe werden durch den Beginn einer neuen Zeile ausgezeichnet, während

    c) *Unterabarten* (subvarietates), noch weniger wichtige, wie die Spielarten und missbildeten Formen fortlaufend gesetzt werden.

In Bezug auf die im letzten Dezennium so vielfach und zum Theil leidenschaftlich umstrittenen Nomenclaturfragen sind wir mit der grossen Mehrzahl der ernsthaften Forscher auf dem Gebiet der biologischen Systematik der Meinung, dass die Nomenclatur stets nur als Mittel zum Zweck der Verständigung im möglichst weiten Kreise, nicht aber als Selbstzweck betrachtet werden darf, und dass es dabei nur Zweckmässigkeits-, nirgends aber Rechtsfragen gibt. Wir betrachten daher im Allgemeinen die Priorität bei den Artnamen als für die Annahme entscheidend, falls dadurch nicht fundamentale Unzuträglichkeiten hervorgerufen werden, wie etwa die Namen *Abies picea* und *Picea abies* neben einander (vgl. S. 191). — Die Doppelnamen wie *Scolopendrium scolopendrium*, *Larix larix* u. s. w. halten wir nach gründlicher Erwägung der Umstände und nach dem Beispiele der Zoologen für das „kleinere Uebel". Bei den Gattungen halten wir die Annahme einer Verjährungsfrist von 50 Jahren für das geeignetste Mittel zur Hintanhaltung der Hekatomben unnöthiger „Uebertragungen", welche hauptsächlich und verdientermassen die Bestrebungen der modernen „Revisoren" in Misscredit gebracht haben.

Der Nachweis der Litteraturstelle, an der die in diesem Werke angenommene Benennung einer Art, Unterart, Rasse oder Abart zuerst vorkommt, oder die sogenannte Autoritätsbezeichnung erfolgt nicht wie bisher üblich am Kopfe der betreffenden Beschreibung, sondern da, wo sie begrifflich hingehört, in dem der Synonymie gewidmeten Abschnitte. Mit Recht hat Ernst H. L. Krause (Mecklenb. Flora S. V.) hervorgehoben, dass die bisherige „an sich löbliche Gewohnheit ehrgeizige Leute verlockt hat, möglichst viel neue Namen zu bilden, wodurch die Sicherheit der wissenschaftlichen Nomenclatur geschädigt wird".

Die Schreibweise der substantivischen und adjektivischen Artnamen haben wir in der Weise geregelt, dass wir mit möglichster Anlehnung an den antiken Sprach-Gebrauch den grossen Anfangsbuchstaben nur für die geographischen und von Personen abgeleiteten Namen vorbehalten. Dass bei den nicht angenommenen sondern nur in der Synonymie citirten Namen möglichst genau die Schreibweise ihrer Autoren wiedergegeben wird, ist wohl selbstverständlich.

In den meisten Fragen befinden wir uns mithin in Uebereinstimmung mit den kürzlich veröffentlichten Berliner Nomenclaturregeln (Notizb. Bot. Garten u. Museum [1897]).

Häufiger vorkommende Abkürzungen:

ABZ. = Allgemeine Botan. Zeitschrift.
Ac. Sc. = Académie des sciences, Academie of Science.
BG. = Botanische Gesellschaft.
B. J. = Botanischer Jahresbericht.
BV. = Botanischer Verein.
BZ. = Botanische Zeitung.
D. = Deutsch.
DBG. = Deutsche Botan. Gesellschaft.
DBM. = Deutsche Botan. Monatsschrift.
Fl. = Flora.
N. F. = Neue Folge.
NG. = Naturforschende Gesellschaft.
NV. = Naturwissenschaftlicher Verein.
ÖBW. = Oesterr. Botan. Wochenblatt.
ÖBZ. = Oesterr. Botan. Zeitschrift.
PÖG. = Physikal.-Oekon. Gesellschaft.
SB. = Société Botanique.
Schw. BG. = Schweiz. Bot. Gesellschaft.
Sp. pl. = Species plantarum.

VN. = Verein für Naturkunde bez. Naturgeschichte u. s. w.
ZBG. = Zoolog.-Botan. Gesellschaft.
ZBV. = Zoolog.-Botanischer Verein.
Bl. = Blüthezeit.
Fr. = Fruchtreife.
Sp.r. = Sporenreife.
☉ = einjährig.
☉ = einjährig überwinternd.
☉☉ = zweijährig.
♃ = ausdauernd.
♄ = Strauch.
♄ = Baum.
br. (hinter einem Autornamen) = briefliche Mittheilung.
h. = handschriftliche Bemerkung.
m. = mündliche Mittheilung.
l. bez. m. (vor einem Pflanzennamen) = lusus bez. monstrosites (s. S. VIII).

Bei der Ankündigung des Werkes war beabsichtigt, jeden Band 60 Bogen (also fast 1000 Seiten) stark zu machen, es sind jedoch von verschiedenen Seiten Einwendungen dagegen erhoben worden, deren Richtigkeit uns vollkommen einleuchtet. Bei einem viel benutzten Buche von dieser Stärke ist es abgesehen von der schwierigen Handhabung sehr störend, dass die Einbanddecken sich durch das Gewicht des Papieres sehr bald zu lockern beginnen, wie die Erfahrung z. B. bei Boissier, Fl. Orientalis zeigt. Wir haben desshalb im Einverständniss mit dem Herrn Verleger beschlossen, die Zahl der Bogen in jedem Bande auf möglichst zwischen 30 und 40 zu bemessen und am Ende einer natürlichen Gruppe den Band zu schliessen. In den ersten Band konnten die *Gramina* nicht mehr aufgenommen werden, da alsdann der Umfang doch noch ein zu grosser geworden wäre und die Gräser von den *Cyperaceae* hätten getrennt werden müssen; wir müssen desshalb die Glumifloren in den zweiten Band aufnehmen.

Bei der Bearbeitung dieses Bandes ist uns von Freunden und Fachgenossen so viel freundliche Förderung zu theil geworden, dass es uns unmöglich ist, hier jedem einzeln zu danken. Erst am Schlusse des Werkes wird eine Aufzählung aller derjenigen folgen, die sich um die Kenntniss der Mitteleuropäischen Flora verdient gemacht haben. Mögen alle Mitarbeiter an diesem Werke unserer dauernden Dankbarkeit versichert bleiben.

Berlin und Friedenau, Ende December 1897.

P. Ascherson. P. Graebner.

Verlag von **Wilhelm Engelmann** in Leipzig.

Ankündigung.

Im unterzeichneten Verlage erscheint:

Synopsis
der
Mitteleuropäischen Flora

von

Paul Ascherson,
Dr. med. et phil., Professor der Botanik an der Universität zu Berlin.

In 3 Bänden zu 60 Bogen. Gr. 8°.

Seit dem Erscheinen der zweiten Auflage von Koch's Synopsis, also seit einem halben Jahrhundert, haben wir wohl zahlreiche vortreffliche Provinzial- und Landesfloren, sowie monographische Bearbeitungen einheimischer Pflanzengruppen, niemals aber eine kritische Durcharbeitung des gesamten floristischen Materials für das deutsch-österreichische Florengebiet im weitesten Sinne erhalten.

Prof. P. Ascherson, der Verfasser der allgemein geschätzten und auch jetzt noch nach einem Menschenalter als mustergiltig angesehenen Flora der Provinz Brandenburg, hat die Herausgabe einer derartigen kritischen Bearbeitung stets als das Ziel seiner wissenschaftlichen Thätigkeit betrachtet. Er hat zu diesem Zwecke auf zahlreichen Reisen einen grossen Teil des Gebietes aus eigener Anschauung kennen gelernt und mit allen hervorragenden Fachgenossen persönliche Beziehungen angeknüpft. Seine Bestrebungen wurden von Seiten der kgl. preussischen Akademie der Wissenschaften zu Berlin durch eine Beihilfe anerkannt.

Das Gebiet dieses Werkes ist bedeutend weiter bemessen als das in Koch's Synopsis und entspricht im ganzen dem der Reichenbach'schen Flora germanica excursoria. Ausser dem Deutschen Reiche, ganz Österreich-Ungarn mit Einschluss von Bosnien und der Herzegovina, der Schweiz und dem Grossherzogtum Luxemburg umfasst dasselbe noch die Niederlande, Belgien, das Königreich Polen, die französischen und italienischen Alpen und Montenegro.

Bei der systematischen Anordnung der höheren Gruppen sind die „Natürlichen Pflanzenfamilien" von Engler und Prantl im allgemeinen massgebend gewesen.

Der Verfasser hält bekanntlich in seiner Auffassung des Artbegriffes die richtige Mitte zwischen übermässiger Zersplitterung und widernatürlicher Vereinigung. Abweichenden Anschauungen ist durch Einführung der Begriffe „Unterart" und „Gesamtart" Rechnung getragen. Ebenso ist Verfasser bemüht gewesen, alle wirklich wichtigen Formen zu berücksichtigen, ohne sich in das Chaos unbedeutender Abweichungen zu verlieren. Wie in der Flora von Brandenburg war es sein Bestreben, die Bestimmung der Arten und Formen durch eine übersichtliche, dabei aber den Forderungen der Wissenschaftlichkeit nichts vergebende Anordnung zu erleichtern; daher wird in dem genannten Werke dem Bedürfnisse des Anfängers durch praktische Hinweise auf die am leichtesten aufzufassenden Merkmale Rechnung getragen werden.

In Bezug auf die jetzt so brennende Nomenclaturfrage huldigt der Verfasser dem Prioritätsprincipe, ohne sich den von gewisser Seite angestrebten grundstürzenden Neuerungen anzuschliessen.

Bei dem ungeheueren Umfange des zu bewältigenden Stoffes ist es die Absicht des Verfassers, eine Anzahl besonders schwieriger formenreicher Gattungen von bewährten Monographen bearbeiten zu lassen; bis jetzt haben ihre Mitwirkung zugesagt:

J. Freyn-Prag (*Thalictrum, Rannuculus*),

Dr. P. Graebner-Berlin (*Typha* und *Sparganium*),

Max Schulze-Jena (*Rosa, Viola*).

Prof. Dr. R. v. Wettstein-Prag (*Sempervivum, Gentiana, Euphrasia*).

Eine Satzprobe befindet sich auf der 4. Seite dieser Ankündigung.

Das Werk erscheint in Lieferungen und in Bänden.

Die Lieferungen werden je 5 Bogen umfassen; demnach je 12 Lieferungen einen Band ergeben.

Der Preis pro Bogen wird auf 40 Pfg. festgesetzt.

Um ein schnelles Erscheinen zu ermöglichen, ist die Ausgabe von Doppellieferungen (à 10 Bogen) vorgesehen.

Jährlich werden 6 einfache oder 3 Doppellieferungen erscheinen. Es ist daher zu erwarten, dass das Werk in 6 Jahren abgeschlossen sein wird.

Einzelne Lieferungen und Bände werden nicht abgegeben.

Den Abschluss des ganzen Werkes wird ein ausführliches Sachregister bilden.

Zu Bestellungen bitte ich sich des nachstehenden Bestellscheins zu bedienen.

Leipzig, im April 1896. **Wilhelm Engelmann.**

Bestellschein.

Von der Buchhandlung von

in   bestelle ich

Ascherson, Synopsis der Mitteleuropäischen Flora.
Lieferung 1 und ff.
Ascherson, Synopsis der Mitteleuropäischen Flora.
Band I und ff.

(Verlag von Wilhelm Engelmann in Leipzig.)

Ort und Datum: Name:

Satzprobe.

Asplenum.

vgl. Haračić a. a. O. 208 ff. und Sulla vegetazioue dell' isola di Lussin III. (XIV. Progr. dell' J. R. Scuola nautica di Lussinpiccolo 1895) 11 ff.

(Verbreitung des Typus: Portugal; Mittelmeergebiet von Spanien bis Syrien, etwas verbreiteter in der Westhälfte, doch auch da nirgends häufig.) |*|

9. ASPLÉNUM[1]).

(*Asplenium* L. Gen. pl. [ed. 1. 322] ed. 5. 485 (1754) veränd. Luerssen Farnpfl. 148.)

(Franz.: Doradille.)

Vgl. S. 9, 48. Sori zur Seite des sie tragenden Nerven, selten theilweise wie bei *Athyrium* über denselben hinübergreifend (S. athyrioidei), oder zu beiden Seiten des Nerven Doppel-Sori, die einander die angehefteten Ränder ihrer Schleier zuwenden (S. diplazioidei s. S. 10). Schleier dem Sorus gleichgestaltet, den freien Rand fast immer dem Mittelnerven des Abschnitts zuwendend (vgl. Nr. 32), selten rudimentär. Mittelgrosse oder kleine Farne mit (bei unseren Arten) kurzer, dicht spiralig beblätterter mehr oder weniger verzweigter Grundachse, aus der sich ein meist dichter Büschel mehr oder weniger getheilter, meist überwinternder Blätter entwickelt, deren Stiel von einem oder zwei (dann sich meist noch unter der Spreite vereinigenden) Leitbündeln durchzogen wird.

Die bisher allgemein angenommene Gattung *Ceterach* kann wegen ihres (nicht einmal völlig) fehlenden Schleiers um so weniger von *Asplenum* getrennt werden, als das mit wohl ausgebildetem Schleier versehene indisch-abyssinische *A. alternans* Wall. unserem 25. nahe verwandt ist. Die Begründung einer diese Art einschliessenden Gattung *Ceterach*, wie sie Kuhn (v. d. Decken Reisen in Ost-Afrika III 36 [1879]) versprach (vgl. Luerssen Farnpfl. 286), ist bis jetzt nicht gegeben.

Etwa 260 Arten aller Klimate.

A. *Céterach*[2]) (Willd. Sp. pl. V. XXXXVII [1810]). Blätter fiedertheilig, überwinternd. Leitbündel des Stiels bis zur Spreite getrennt verlaufend. Sori anfangs unter der dichten Spreuhaarbekleidung der Blattunterseite versteckt, mit rudimentärem (zuweilen fehlendem) Schleier.

25. (1.) **A. céterach.** (Franz.: Doradille; ital.: Erba ruggine; kroat.: Sljezenica, Zlatinjak.) ♃. Grundachse mit schwarzen, ähnlich wie

---

[1]) Vgl. S. 50. Der Name stammt von σπλήν die Milz, wegen Anwendung gegen Krankheiten dieses Organs.

[2]) Zuerst bei Matthaeus Sylvaticus. Soll ein deutsches Wort sein und „krätzig" bedeuten; wegen der Spreuhaarbekleidung.

III. Abtheilung [1].

EMBRYOPHYTA[2] ZOÏDIOGAMA[3].

(Engler Syllabus Gr. Ausg. 43. [1892].)

(Archegoniátae [4].)

Pflanzen, welche sich in zwei abwechselnden Generationen entwickeln: die erste, proëmbryale, trägt die männlichen Geschlechtsorgane, Antheridien, in denen sich bewegliche Fäden, Spermatozoïdien, ausbilden und die weiblichen, Archegonien, in denen die zu befruchtende Eizelle durch die Auflösung der Canalzellen der Befruchtung zugänglich wird. Nach der Befruchtung entsteht in der Eizelle durch Theilung derselben der Keimling (Embryon) bez. die embryale Generation, die von der proëmbryalen noch längere Zeit ernährt wird. Die Pfl. lässt in der einen der beiden Generationen meist deutlich Achsen- (Stamm) und Anhangs-Organe (Blätter) unterscheiden.

1. Unterabtheilung.

BRYOPHYTA[5].

(Muscinei [6] [Moose].)

Aus den Keimzellen (Sporae) der embryalen Generation entsteht meist durch Vermittelung eines Vorkeimes (Protonema) die meist beblätterte mit haarähnlichen, exogenen Wurzeln versehene proëmbryale Generation. Die embryale Generation stellt die meist gestielte Sporenkapsel dar. Gewebe ohne wahre Leitbündel.

---

[1]) Die erste und zweite Abtheilung Myxothallophyta und Euthallophyta (vgl. Engler a. a. O. 1, 3) sind, wie auch die Bryophyta, in diesem Werke nicht behandelt. Ich verweise in Betreff derselben auf Rabenhorst's Kryptogamen-Flora von Deutschland, Oesterreich und der Schweiz, 2. Auflage, vollständig neu bearbeitet von A. und E. Fischer, A. Grunow, F. Hauck, G. Limpricht, Ch. Luerssen, W. Migula, H. Rehm, P. Richter, G. Winter.

[2]) Von ἔμβρυον (die herkömmliche Latinisirung und Verdeutschung dieses Wortes Embryo — onis und die davon abgeleiteten Formen sind unrichtig!) Keimling und φυτόν Pflanze.

[3]) Von ζωίδιον Thierchen und γαμέω ich heirathe (in der Pflanzenphysiologie stets für „befruchten" gebraucht); wegen der beweglichen, männlichen Befruchtungsfäden.

[4]) Wegen des charakteristischen weiblichen Geschlechtsorgans Archegonium, von ἀρχή Anfang und γονή Erzeugung.

[5]) Von βρύον Moos und φυτόν.

[6]) Von muscus, Moos.

2. Unterabtheilung.

PTERIDÓPHYTA[1]).

(Cohn Hedwigia XI. 18. [1871.]).

(Farnpflanzen.)

(*Cryptógamae*[2]) *vasculáres* Brongn. Hist. vég. foss. I. 97 [1828] [Gefässkryptogamen.] *Cormóphyta*[3]) A. Br. in Aschers. Fl. d. Prov. Brandenb. I. 23. [1864]).

Aus den Sporen der embryalen Generation entwickelt sich der stets **lagerartige Vorkeim** (Prothallium), der entweder zweigeschlechtlich und dann ziemlich ansehnlich oder eingeschlechtlich und dann meist wenig entwickelt ist. Die embryale Generation stets beblättert, fast stets mit wahren, endogenen Wurzeln; die Sporen entwickeln sich in an den Blättern oder am Grunde derselben befindlichen Behältern (Sporangia). **Gewebe mit geschlossenen Leitbündeln**, deren Tracheïden leiterförmige Verdickungen besitzen (früher Treppengefässe, Vasa scalaria genannt). Eigentliche Gefässe finden sich unter den einheimischen Arten nur bei *Athyrium filix femina* und bei *Pteridium*.

Uebersicht der Classen.

A. Blätter im Verhältniss zum Stamm ansehnlich, fast stets flach (dorsiventral) (Ausnahme: *Pilularia*), oft getheilt, die Sporangien meist auf der Unterseite tragend, in der Knospenlage meist spiralig eingerollt. Die Sporangienbildung nicht auf eine bestimmte Region des Stammes beschränkt. **Filicariae.**

B. Blätter meist klein (wenn ansehnlich, stielrundlich: *Isoëtes*) oder verkümmert.

I. Stamm gegliedert; Blätter quirlständig, die vegetativen zu gezähnten Scheiden verbunden, die sporentragenden zu endständigen Aehren (Blüthen Engler, Potonié) zusammengestellt, schildförmig, auf der Innen- (morphologischen Ober-) seite mehrere Sporangien tragend. **Equisetariae.**

II. Stamm meist ungegliedert; Blätter meist spiralig, frei, die sporentragenden meist zu endständigen Aehren zusammengestellt, auf ihrer Oberseite am Grunde ein einzelnes Sporangium tragend. **Lycopodiariae.**

---

1) Von πτέρις, der altgriechischen Bezeichnung der Farne, und φυτόν.
2) Von κρύπτω ich verberge und γαμέω. Linné vereinigte in seiner 24. Classe Cryptogamia sämmtliche wahre Blüthen entbehrende Gewächse, deren geschlechtliche Fortpflanzung damals noch unbekannt war. Vasculum Deminutiv von vas Gefäss.
3) Von κορμός Klotz, Stock (für Achse gebräuchlich) und φυτόν.

1. Classe.

FILICARIAE.

(Aschers. Syn. I. 3 [1896]. *Filicinae* Prantl Lehrb. d. Bot. 116 [1874]. *Filicáles* Engl. Syll. Gr. Ausg. 94 [1892]).

Sporentragende und sporenlose Blätter bezw. Blatttheile gleich oder verschieden gestaltet. Sporangien meist zu Gruppen (Sori) vereinigt.

Uebersicht der Unterclassen.

A. Aus den sämmtlich gleichgestalteten, meist zahlreich in den Sporangien sich bildenden Sporen entstehen verhältnissmässig ansehnliche Vorkeime, auf denen sich beiderlei Geschlechtsorgane bilden; seltener sind die Vorkeime zweihäusig. Meist Landpflanzen, wenn auch Feuchtigkeit und Schatten liebend. **Filices.**

B. Sporen zweigestaltig; aus den grösseren (Makrosporen), die sich einzeln in den Makrosporangien bilden, entsteht der weibliche, aus den kleineren (Mikrosporen), die sich zahlreich (zu 64) in den Mikrosporangien bilden, der männliche Vorkeim; beiderlei Vorkeime wenig entwickelt. Wasser- oder Sumpfpflanzen. **Hydropterides.**

1. Unterclasse.

FÍLICES.

(L. Syst. ed. 1. (1735) z. T. Willd. Bemerk. üb. selt. Farrenkr. Nova Acta acad. Erfurti I. 7 (1802).

(Farne, Farnkräuter; niederl. und vlaem.: Varens; dän.: Braegner; franz.: Fougères; ital.: Felci; poln.: Paprocie; wend.: Prošy; böhm.: Kaprady; russ.: Папоротники; kroat., serb.: Paprati; litt.: Paparzei; ung.: Harasztok).

Meist krautige, ausdauernde Gewächse (so fast alle einheimischen Arten), seltener einjährige oder (in den Tropen) Bäume. Stamm ungegliedert, bei den einheimischen Arten fast immer unterirdisch, meist kriechend. Blätter fast immer getheilt.

In seltenen Ausnahmefällen (die bisher meines Wissens nur bei den Hymenophyllaceen, Polypodiaceen und Osmundaceen beobachtet wurden) geht der Wechsel der beiden Generationen auf abnorme Weise vor sich:

1. Auf dem Vorkeim entwickeln sich zwar Geschlechtsorgane (zuweilen fehlen die Archegonien), aber die Befruchtung kommt nicht zu Stande und die beblätterte Pflanze entsteht durch vegetative Sprossung: Zeugungsverlust, Apogamie vgl. A. de Bary, Bot. Zeitung XXXVI 449 ff. (1878), in unserem Gebiet beobachtet bei *Aspidium filix mas* und bei *Pteris cretica*.

2. An der beblätterten Pflanze kommt in den Sporangien keine Sporenbildung zu Stande; dafür entstehen indess z. B. bei

Formen von *Athyrium filix femina*. bei *Pteridium aquilinum* an den verkümmerten Sporangien, bei *Aspidium aculeatum B. angulare* sogar ohne vorherige Bildung von solchen, Vorkeime, aus denen durch normale Befruchtung eine beblätterte Pflanze hervorgehen kann: Sporenverlust, Aposporie vgl. Druery, Journ. Linn. Soc. Bot. XXI, 354 (1885); Bower, Trans. Linn. Soc. 2 Ser. Vol. II. Part. 14. 301 (1887); Cohn, 66. Jahresb. Schles. Ges. für 1888 157 (1889). — Bei allen sicher erkannten Farn-Bastarden verkümmern mehr oder weniger die Sporen, mitunter selbst die Sporangien.

Die Unterclasse zerfällt in die folgenden Reihen:

A. Vorkeim flach, grösstentheils einschichtig, meist oberirdisch. Sporangien meist aus einer Epidermiszelle hervorgehend, mit einschichtiger Wandung, von deren Zellen sich meist eine Gruppe auszeichnet, durch welche zuletzt das Aufspringen erfolgt. Sporenurmutterzelle (Archesporium) tetraëdrisch. Blätter in der Knospenlage meist schneckenförmig eingerollt. **Planithallosae.**

B. Vorkeim mehrschichtig, unterirdisch. Sporangien aus einer Zellgruppe hervorgehend, mit mehrschichtiger gleichmässiger Wandung. Archesporium nicht tetraëdrisch, die oberste Zelle der axilen Reihe der Sporangium-Anlage darstellend. Blätter in der Knospenlage nicht schneckenförmig eingerollt. **Tuberithallosae.**

1. Reihe.

PLANITHALLOSAE[1]).

(Engler Syll. Gr. Ausg. 54 [1892].)
(*Leptosporangiatae*[2]) Goebel Bot. Zeit. XXXIX. 718. [1881] z. T.)

Uebersicht der Familien.

A. Die unterschiedenen Zellen der Sporangium-Wandung einen deutlichen Ring bildend.
 I. Sporangien sitzend, mit einem vollständigen, horizontalen oder schiefen Ringe, der Länge nach aufspringend. — Blattfläche ausserhalb der Nerven fast stets einschichtig, ohne Spaltöffnungen. Sori randständig, mit unterständigem, becher- oder röhrenförmigem, oder zweitheiligem Schleier (Indusium), an dem über den Blattrand verlängerten Ende des den Sorus tragenden (zuführenden) Nerven (Receptaculum). **Hymenophyllaceae.**
 II. Sporangien meist lang gestielt, mit an der Ansatzstelle des Stieles unterbrochenem, verticalem Ringe, quer aufspringend.

---

[1]) Von planus flach und θαλλός eigentlich junger Zweig; dieser Terminus bezeichnet den auch „Lager" genannten Körper der niederen Kryptogamen („Thallophyten" vgl. S. 1), welche keine Differenzirung in Stamm und Blätter zeigen; hier indess den Vorkeim.

[2]) Von λεπτός dünn, wegen der einschichtigen Wandung der Sporangien.

Blattfläche mehrschichtig, mit Spaltöffnungen. Sori meist auf der Blattunterseite, mit verschiedenartig angehefteten oder ohne Schleier. **Polypodiaceae.**

B. Die unterschiedenen Zellen der Sporangium-Wandung dickwandig, polygonal, eine unterhalb des Scheitels befindliche kleine Gruppe bildend, von der aus das Sporangium an Scheitel und Bauchseite der Länge nach aufreisst. Blattfläche mehrschichtig, mit Spaltöffnungen. Sporangien ohne Schleier (bei unserer Gattung an parenchymfreien, rispenartig zusammengezogenen Blatttheilen). **Osmundaceae.**

1. Familie.

HYMENOPHYLLÁCEAE.

(-eae Bory Dict. class. d'hist. nat. VIII. 457 [1825]. Luerssen Farnpfl. 29.)

Vgl. S. 4. Ausdauernde, moosähnlich zartblättrige Krautgewächse von verhältnissmässig geringer Grösse (höchstens 60 cm hoch), deren Haare einfache Zellreihen darstellen. Stamm kriechend, mehr oder weniger gestreckt, mit zweizeilig, seltener aufrecht mit spiralig gestellten Blättern. Blätter einfach oder häufiger getheilt. Sporen kugeltetraëdrisch (radiär). Vorkeim längere Zeit hindurch confervenartige Fäden darstellend, von denen sich erst später Zellflächen abzweigen. Die Archegonien entstehen auf Zellkörpern (Archegoniophoren).

Etwa 250 fast ausschliesslich tropische Arten.

1. HYMENOPHYLLUM [1]).

(Sm. Mém. Acad. Turin. V. 418 [1793]. Luerssen Farnpfl. 33.)

Grundachse kriechend, meist sehr dünn, bewurzelt, mit 2-zeiligen, einfachen bis vierfach fiederig getheilten Blättern. Schleier bis zum Grunde 2-theilig oder doch über die Mitte hinaus 2-spaltig. Receptaculum kopfförmig bis fadenförmig, kürzer oder länger als der Schleier, am Grunde zuweilen mit Paraphysen.

Etwa 110 grösstentheils tropische Arten. In Europa ausser der folgenden nur noch eine Art: *H. peltatum* (Poir.) Desv. (Britische Inseln, Norwegen), welche sich von 1. durch die sämmtlich einseitigen Abschnitte und die ganzrandigen Schleierlappen unterscheidet.

1. H. Tunbrigénse [2]). ♃. Grundachse reich verzweigt, nur 0,2 bis 0,4 mm dick, dunkelbraun, in der Jugend nebst den Blättern bräun-

---

[1]) Von ὑμήν dünne Haut und φύλλον Blatt, wegen der zarten Beschaffenheit der Blätter.

[2]) Nach dem Städtchen Tunbridge (Grafschaft Kent, südöstlich von London), wo diese Pflanze zuerst in England beobachtet wurde. Die Neueren (seit Sm.) schreiben tunbridgense, aber mit Unrecht, da L. die bereits von Petiver um 1700 angewendete Schreibweise beibehielt.

lich behaart, zuletzt kahl. Blätter bei uns 2 bis höchstens 6 cm lang, matt dunkelgrün. Stiel meist halb so lang als die länglich-eiförmige, doppelt-fiedertheilige Spreite, oberwärts wie der Mittelstreif (Rhachis) geflügelt. Abschnitte jederseits 7—15, abwechselnd, genähert, die unteren beiderseits, die oberen nur auf der Vorderseite[1]) fiedertheilig; Zipfel lineal-länglich, 1-nervig, zuweilen 2-spaltig, entfernt scharf gesägt, an der Spitze gestutzt oder abgerundet. Sori meist nur an der oberen Blatthälfte, den sehr kurzen untersten (vorderen) Seitennerven eines Abschnitts beschliessend. Lappen des Schleiers halbkreisrund bis verkehrt-eiförmig, eingeschnitten gesägt. Receptaculum mit kurzen Paraphysen, nicht über die Sporangien hinaus verlängert. Ring schief. — An feuchten, beschatteten Sandsteinfelsen, zwischen Moosen und Lebermoosen kriechend, zuweilen aber für sich grosse (ca. 1 m im Durchmesser haltende) Rasen bildend. Bisher nur in der Sächsischen Schweiz: im Uttewalder Grund 1847 von Papperitz! entdeckt, später aber verschwunden; in der Nähe „in der Umgegend von Wehlen" 1885 von Schiller wieder aufgefunden, 1887 von Luerssen! beobachtet; ferner im Grossherzogthum Luxemburg in der Nähe von Echternach unweit der Schwarzen Ernz (Ehrems): an einem von links einfliessenden Seitenbache gegen Befort (Beaufort) hin, hier von Du Mortier und Michel 1823 entdeckt, 1872 von Koltz wiedergefunden (vgl. Rosbach, Verh. des Naturh. Ver. Rheinl. Westf. XXXI Corr. 105 (1874); sowie in Seitenschluchten des rechten Ufers unter Berdorf (Ratzbachheid, Aalbach, Heddersbach, Schnellert, Sievenschlef), Koltz! F. Wirtgen! Dürer! Hauchecorne! Die Angabe bei Bollendorf in der Rheinprovinz (in der Nähe der Luxemburgischen Fundorte) ist unrichtig; die Fundorte in den Belgischen Ardennen bei Nisramont und Laroche neuerdings nicht bestätigt; die Angabe bei Artegna im Friaul sicher, die bei Fiume höchst wahrscheinlich unbegründet. Sp.r. August (ist aber im Gebiet nur sparsam mit Soris beobachtet, Luerssen briefl., Hauchecorne!). — *H. t.* Sm. and Sow. Engl. bot. t. 162 (1794). Luerssen Farnpfl. 33, fig. 29, 38—40. Nyman Consp. 869. Suppl. 348. *Trichomanes t.* L. Sp. pl. ed. 1. 1098 (1753).

Das zierliche Pflänzchen ist wegen seines moosähnlichen Ansehens unter den Laubmoosen (*Mnium*) und Lebermoosen (*Jungermannia*), deren Gesellschaft es liebt, leicht zu übersehen; es findet sich vielleicht noch in den Vorbergen des nordwestlichen Gebiets. Die zahlreichen abgestorbenen Blätter, die sich stets neben den frischen finden, machen selbst die grossen Rasen unansehnlich.

(In Europa sonst nahezu auf die atlantischen Küstengebiete, die Britischen Inseln, Nordwest-Frankreich und die westlichen Pyrenäen beschränkt; ausserdem nur auf Corsica und in den Apuanischen Alpen in Nord-Italien; Azoren; Madeira; Canarische Inseln; Süd-Africa; Mittel- und Süd-America; Australien, Neuseeland und Polynesien.) *|

---

[1]) Zur Herstellung einer kurzen und unzweideutigen Beschreibung nenne ich an einem Blatt-Abschnitte (wie natürlich auch an dem ganzen Blatte) **unten** die Richtung nach seiner Basis, **oben** die nach seiner Spitze; **hinten** dagegen an einem Abschnitt erster Ordnung die Richtung nach der Blattbasis, **vorn** die nach der Blattspitze; an einem Abschnitt zweiter Ordnung sieht die Vorderseite nach der Spitze des betreffenden Abschnitts erster Ordnung, die Hinterseite nach dessen Basis.

2. Familie.
POLYPODIÁCEAE.

(Martius Icon. select. crypt. Brasil. 83. (1828—34). Luerssen Farnpfl. 36.)

Vgl. S. 4, 5. Ausdauernde Krautgewächse, oft von ansehnlicher Grösse, sehr selten einjährige (*Gymnogramme leptophylla*). Grössere Trichome einfache Zellreihen oder häufiger Zellflächen (Spreuhaare, unpassend Spreuschuppen, Paleae genannt) darstellend. Stamm und Grundachse unter- oder oberirdisch kriechend, zuweilen (bei uns sehr selten) an Baumstämmen klimmend, und dann öfter mit 2-zeiligen, oder aufsteigend bis aufrecht mit spiralig gestellten Blättern. Blätter meist getheilt. Vorkeim eine verkehrt-herzförmige Zellfläche darstellend, die Geschlechtsorgane unterseits (die Archegonien auf einem longitudinalen mehrschichtigen Gewebepolster) tragend, selten verzweigt (bei *Gymnogramme leptophylla* z. T. knollenförmig und unterirdisch, durch Adventivsprosse ausdauernd).

Diese typischste und artenreichste, etwa 3000 Arten zählende Gruppe der *Filices* ist über die ganze Erde verbreitet, doch innerhalb der Tropen am reichsten entwickelt.

Uebersicht der Unterfamilien nach Prantl (Arb. aus dem kgl. bot. Garten in Breslau I, S. 16, 17 [1892]).

A. Sorus auf einem Tracheïden führenden (über die Blattfläche hervorragenden) Receptaculum, mit oder ohne Schleier. **Aspidioideae.**

B. Sorus ohne Receptaculum, oder höchstens auf einem Parenchympolster ohne Tracheïden.

   I. Schleier von der Blattunterseite ausgehend, fast stets deutlich und unbedeckt; grössere Trichome stets Zellflächen darstellend.
Asplenoideae.

   II. Schleier fehlend oder rudimentär.

     a. Sori randständig, seitlich verschmelzend, oder unterseits vom Ende oder Rücken der Nerven entspringend, deren Leitbündel der unterseitigen Epidermis dicht anliegen, häufig dem Rande genähert. Schleier, wenn vorhanden (*Pteridium*), rudimentär und vom Blattrande bedeckt. **Pteridoideae.**

     b. Sori ohne Schleier, meist unterseits (zuweilen (bei fremden Gattungen) Sporangien über die ganze Unter- (oder auch Ober-) seite zerstreut). Leitbündel der Nerven durch Parenchym von der unteren Epidermis getrennt, oder zuweilen ein besonderes mit den Soris in Verbindung stehendes Leitbündelnetz dicht unter der letzteren.
Polypodioideae.

Bei der aus dieser Uebersicht hinlänglich ersichtlichen grossen Schwierigkeit einer natürlichen Anordnung der hieher gehörigen Formen gebe ich folgenden, nur den einheimischen Arten angepassten

Schlüssel zur Bestimmung der Polypodiaceen-Gattungen nach leicht aufzufindenden Merkmalen.

A. Sporentragende Blätter oder Blatttheile auffällig verschieden von den sporenlosen gestaltet.
  I. Sp.b. einfach gefiedert.
    a. Fiedern der Frond. ungetheilt; die der Sp.b. flach; Sori linealisch, zwischen dem Mittelnerv und dem Rande. Schleier am Innenrande frei. Meist in Nadelwäldern. **Blechnum.**
    b. Fiedern der Frond. fiederspaltig bis -theilig; die der Sp.b. stielrundlich-eingerollt. Sori rundlich, dicht benachbart. Schleier am Aussenrande frei, hinfällig. An Waldbächen. **Onoclea.**
  II. Sp.b. 3—4 fach gefiedert. Abschnitte letzter Ordnung halbstielrundlich eingerollt. Sori rundlich, ohne Schleier. Subalpin bis alpin. **Allosorus.**
    Vgl. *Aspidium thelypteris.*

B. Sp.b. und Frond. gleichgestaltet.
  I. Schleier fehlend oder rudimentär.
    a. Sori nicht randständig.
      1. Sori freiliegend.
        a. Sori rundlich.
          1. Blattstiel am Grunde abgegliedert. Blätter zweizeilig, fiedertheilig. An schattigen Orten. **Polypodium.**
            Vgl. *Woodsia.*
          2. Blattstiel nicht abgegliedert. Blätter spiralig, mit mindestens fiedertheiligen Fiedern.
            α. Blattstiel beträchtlich länger als die Spreite, welche am Grunde am breitesten ist. 2 Arten auf frischem Waldboden, eine an Kalkfelsen und Mauern. **Aspidium** sect. *Phegopteris.*
            β. Blattstiel kürzer als die (meist nach dem Grunde verschmälerte) Spreite. Subalpin und alpin. **Athyrium** *alpestre.*
        b. Sori länglich bis lineal. Einjähriges Pflänzchen mit dreifach gefiederten Blättern. An schattigen Orten des Mittelmeergebiets. **Gymnogramme.**
      2. Sori durch die die Blattunterseite bekleidenden Spreuhaare verdeckt.
        a. Blätter kurz gestielt, fiedertheilig. An mehr trocknen Felsen und Mauern im wärmeren Theile des Gebiets. **Asplenum** *ceterach.*
        b. Blattstiel so lang als die doppelt gefiederte Spreite. An trocknen steinigen Orten und Felsen im südlichen und südöstlichen Gebiet. **Notholaena.**
    b. Sori randständig oder doch dem Rande genähert.
      1. Sorustragende Nerven frei endigend. Einzel-Sori rundlich, aber zu einer dem Rande genäherten Reihe seitlich verschmelzend.
        a. Blätter zart; letzte Abschnitte dünn und oft lang gestielt, am Grunde keilförmig. Sorusreihen auf der Unterseite schleierartiger, brauner, zuletzt zurückgeschlagener Randlappen. An feuchten Orten des Mittelmeergebiets. **Adiantum.**
        b. Blätter derb; letzte Abschnitte sitzend. Sori anfangs getrennt, später zu einem dem Blattrande parallelen Streifen verschmelzend, von den umgerollten Blatträndern bedeckt. An trocknen steinigen Orten des Mittelmeergebiets. **Cheilanthes.**
      2. Zum Sorus führende Nerven durch eine rand- oder fast randständige, den linealen Sorus tragende Anastomose verbunden.
        a. Rhizom mit Spreuhaaren (Zellflächen) besetzt. Blätter einfach gefiedert. Sorus nahe dem (zurückgerollten, ihn bedeckenden) Blattrande. An schattigen Abhängen des Mittelmeergebiets. **Pteris.**
        b. Rhizom mit Gliederhaaren (einfachen Zellreihen) besetzt. Blätter 3- bis 4 fach gefiedert. Sorus genau am Rande stehend, von zwei schmalen, unterständigen Schleiern bedeckt, von denen der der Oberseite angehörige zurückgerollt ist. In Wäldern und auf Oedländereien. **Pteridium.**
  II. Schleier wohl entwickelt.
    Vgl. *Pteridium.*

a. Sori lineal bis länglich.
1. Sori nur auf einer Seite des zuführenden Nerven.
   a. Blätter ungetheilt; Sori zu 2 genähert, ihre Schleier sich die freien Ränder zuwendend. An schattigen Orten, im nördlichen Gebiet öfter in offenen Brunnen. **Scolopendrium**.
   b. Blätter getheilt, klein oder mittelgross. Sori meist einzeln, wenn zu 2 genähert, ihre Schleier sich die angewachsenen Ränder zuwendend. Meist an Felsen und Mauern, selteuer an Erdabhängen. **Asplenum** (vgl. S. 8).
2. Sori länglich, oft über den zuführenden Nerven ungleich-hufeisenförmig hinübergreifend. Ansehnlicher Farn mit 2—3 fach gefiederten Blättern, auf feuchtem Waldboden. **Athyrium** *Filix femina* (vgl. S. 8). Vgl. *Asplenum* sect. *Athyrioides*.

b. Sori rundlich, auf dem Rücken des zuführenden Nerven, an beiden Seiten desselben symmetrisch. Blätter getheilt.
1. Schleier oberständig, bei kreisrunden Soris schildförmig, bei nierenförmigen in der Bucht angeheftet. Ansehnliche Farne, meist in Wäldern. **Aspidium** (vgl. S. 8).
2. Schleier unterständig.
   a. Blattstiel nicht abgegliedert, wenig kürzer oder länger als die Spreite. Schleier nur auf der Innenseite des Sorus angeheftet, nach dem Blattrande zu frei, stark gewölbt, zuletzt zurückgeschlagen. Mittelgrosse Farne, oft an schattigen Abhängen. **Cystopteris**.
   b. Blattstiel unter der Mitte gegliedert, kürzer als die Spreite. Schleier ringsum angeheftet, in haarförmige Fransen getheilt und zurückgeschlagen. Kleine Farne, an Felsen. **Woodsia**.

1. Unterfamilie.

ASPIDIOIDÉAE.

(Aschers. Syn. I. 9 [1896]. *Aspidieae* Prantl a. a. O. 16 [1892].
Vgl. Luerssen Farnpfl. 293.

S. S. 7. Einzige einheimische Tribus:

ASPIDIEAE.

(Aschers. Syn. I. 9 [1896]. *Aspidiinae* Prantl a. a. O. [1892].)

Sorus auf der Blattunterseite, auf dem Rücken oder Ende des zuführenden Nerven. Sporen kugelquadrantisch (bilateral „bohnen- oder nierenförmig"). Grössere Trichome Zellflächen darstellend, deren Zellwände gleichmässig zart und gleichfarbig sind (Palene cystopteroideae).

Uebersicht der Gattungen.

A. Sorus zur Seite des zuführenden Nerven (länglich, selten rundlich), öfter hakenförmig über denselben herübergreifend oder zwei Sori zu beiden Seiten des Nerven. Schleier dem Rücken des Nerven angeheftet, zuweilen rudimentär. Sp.b. und Frond. gleichgestaltet, mit ungegliedertem Stiel. **Athyrium** (s. S. 8, 9).
B. Sorus dem Rücken oder dem Ende des ihn tragenden Nerven entspringend (meist rundlich).

I. Schleier der Spitze des Receptaculums eingefügt (oberständig), bei kreisrunden Soris schildförmig, bei nierenförmigen in der Bucht angeheftet, selten fehlend. Sp.b. und Frond. meist gleichgestaltet, mit ungegliedertem Stiel. **Aspidium** (s. S. 8, 9).
II. Schleier unterständig.
  a. Schleier einseitig angeheftet. Blattstiel ungegliedert.
    1. Sp.b. und Frond. gleichgestaltet, langgestielt; an ersteren der Blattrand nie eingerollt. Schleier am Innenrande angeheftet, stark gewölbt, zuletzt zurückgeschlagen. **Cystopteris** (s. S. 9).
    2. Abschnitte der Sp.b. mit bis zur Mittelrippe eingerollten, die Sori versteckenden Rändern, dadurch von den flachen Frond. sehr verschieden gestaltet; Blattstiel vielmal kürzer als die Spreite. Schleier zuletzt verschrumpfend, sonst wie bei d. v. **Onoclea** (s. S. 8).
  b. Schleier rings um den Sorus angeheftet, bei unseren Arten in haarförmige Fransen getheilt, welche in der Jugend den Sorus spinnwebenartig bedecken. Blattstiel (bei unseren Arten) unter der Mitte gegliedert. **Woodsia** (s. S. 9).

2. ATHÝRIUM[1]).

(Roth Tent. Fl. Germ. III. 58 (1800) verb. Luerssen Farnpfl. 129.)

Vgl. S. 8 und 9. Ansehnliche Farne des feuchten Waldbodens. Grundachse (unserer Arten) aufrecht, mit spiralig gestellten, 1—3fach gefiederten, den bekannten Trichter bildenden Blättern. Stiel bauch-(ober-)seits (nebst dem Mittelstreif, auch an den Fiedern und Fiederchen) rinnig, von zwei plattenförmigen, oft nach innen convexen, oberwärts zu einem im Querschnitt hufeisenförmigen (bauchseits offenen) sich vereinigenden Leitbündel durchzogen. Schleier der länglichen Sori (S. asplenoidei) nach dem Mittelnerven des Abschnitts zu frei; bei den Doppelsoris (S. diplazioidei) natürlich der freie Rand des einen nach dem Mittelnerven, der andere nach dem Rande sehend; die haken- oder hufeisenförmigen Sori (S. athyrioidei), die untersten der Abschnitte zweiter Ordnung; ihr längerer Schenkel nach hinten gerichtet. Bei der Art 2. nimmt die Zahl der hufeisenförmigen Sori um so mehr zu, je kräftiger und stärker getheilt das Blatt ist, so dass an der Form C oft nur gegen die Spitzen der Abschnitte einzelne längliche Sori vorhanden sind.

Die systematische Stellung der beiden hieher gehörigen Arten ist von jeher bestritten gewesen. Ungeachtet ihrer grossen, stets betonten Aehnlichkeit wurde doch *A. alpestre* wegen des verkümmerten Schleiers zu *Polypodium*, noch 1856 von M e t t e n i u s zu *Phegopteris* gestellt, nachdem schon 1844 N y l a n d e r ihre Zugehörigkeit zu *Athyrium* angedeutet hatte (s. S. 14). *A. filix femina* wurde von B e r n h a r d i 1806 und später von K o c h und M e t t e n i u s zu *Asplenum*, von S w a r t z 1801 zu *Aspidium* gestellt, eine Ansicht, die D ö l l 1857 energisch vertheidigt. 1866 wurde die Gattung *Athyrium* von M i l d e (Bot. Zeit. 373 ff.) auf den Leitbündelverlauf im Blattstiel und die Spreuhaare neu begründet, aber doch neben *Asplenum*

---

[1]) Von ἀθύρω ich spiele, ändere ab; wegen der mannichfaltigen Form der Sori.

belassen. Luerssen (Farnpfl. 131) bemerkt mit Recht, dass die Bildung des Sorus einen Uebergang von *Asplenum* zu *Aspidium* darstellt. In den vegetativen Merkmalen stehen unsere Arten aber sicher letzterer Gattung nahe, weshalb ich aus voller Ueberzeugung mich Prantl's Meinung über die Stellung der Gattung anschliesse.

Etwa 110 Arten, über den grössten Theil der Erdoberfläche verbreitet. Die Angabe Wikströms (nach Nyman Syll. Fl. Eur. 431) dass die einzige Art, welche Europa ausser der unsrigen besitzt, *A. crenatum* (Sommerf.) Rupr., welche in Skandinavien und Nordrussland vorkommt, von Presl unter einem anderen (welchem?) Namen aus Ungarn angeführt sei, wird von keinem späteren Schriftsteller bestätigt. Bei den zahlreichen Standorts-Verwechselungen Presls würde diese Angabe auch wenig Glauben verdienen. Bei uns nur die

Gesammtart A. filix fémina.

2. (1). **A. filix fémina** [1]). ♃. Grundachse kurz, mit dunkelbraunen Spreuhaaren besetzt. Blätter nicht sehr zahlreich, meist gelbgrün, zart. Stiel am verbreiterten Grunde schwarzbraun, dort mit dunkelbraunen oder braunen lanzettlichen Spreuhaaren dicht besetzt, nur $1/3 - 1/4$ so lang als die längliche, beiderseits verschmälerte, 2—3 fach gefiederte Spreite, oberwärts sparsam spreuhaarig, wie der nur unterwärts spärlich spreuhaarige Mittelstreif des Blattes und der (krautig-geflügelte) der Fiedern bauchseits weitrinnig, gelblich, selten röthlich. Fiedern und Fiederchen abwechselnd, länglich bis lanzettlich, erstere jederseits bis etwa 40, zugespitzt, letztere spitz. Abschnitte länglich, stumpf. **Sori ansehnlich**, aus zahlreichen Sporangien bestehend, mit **bleibendem, gewimpertem Schleier**. **Sporen** hellgelbbraun, **äusserst fein körnigwarzig bis glatt**. — In feuchten Wäldern und Gebüschen, von der Ebene bis an die Baumgrenze, meist gemein; in der immergrünen Region des Mittelmeergebietes selten, auch auf den Nordseeinseln nicht einheimisch. Nicht selten als Zierpflanze in Gärten gezogen. Sp.r. Juli—Sept. — *A. F. f.* Roth Tent. Fl. Germ. III 65 (1800) erw. Luerssen Farnpfl. 133 fig. 90—101. Nyman Consp. 864. *Polypodium „F. femina"* und *P. rhaeticum* (letzteres mit Ausschluss von Synonymen) L. Sp. pl. ed. 1. (1753) 1090, 1091. *Aspidium F. f.* Sw. in Schrad. Journ. 1800 II. 41. (1801). *Asplenum F. f.* Bernh. in Schrad. N. Journ. I. 2. Stück 26. (1806) Koch Syn. ed. 2. 981.

Unterscheidet sich von 10. und 12. durch die stärkere Theilung; von letzterem auch durch den sehr spärlich spreuhaarigen Mittelstreif, von 15. *B.* durch die meist viel kleineren Abschnitte und die nicht stachelspitzigen Blattzähne. Die Pflanze ist äusserst veränderlich, doch lassen sich ihre sich verschiedenartig combinirenden

---

[1]) Diese Bezeichnung „Farnweiblein" im Gegensatz zu dem robusteren und stärker behaarten „Farnmännlein" (*Aspidium filix mas*) findet sich zuerst bei Fuchs. Sie geht übrigens auf die gleichbedeutende θηλυπτερίς des Theophrastos und Dioskorides (IV. 184) zurück, welche von Sprengel (Diosc. II. 641) mit unserer Art identificirt wird, die allerdings auch in Griechenland vorkommt. Mit grösserem Recht scheint mir Matthiolus (Comment. in Diosc. Venet. 1565) die Thelypteris (seine *Filix femina*) für 38. zu erklären; dafür spricht u. a., dass D. dieselbe höher nennt als die πτέρις (IV. 183), welche eine *Aspidium*-Art sein mag, obwohl schwerlich das von Sprengel dafür gehaltene 12.

Formen selten scharf abgrenzen. Zunächst ist ein Zustand zu erwähnen, der namentlich an langgestreckten Sp.b. kleinerer oder mittelgrosser Exemplare eintritt; die Ränder der Abschnitte schlagen sich zurück, die Fiederchen biegen sich (oft bis zur gegenseitigen Berührung) abwärts (ähnlich wie die Zweige an den Aesten der Fichte), wobei die Mittelstreifen der Fiedern sich oft aufwärts krümmen: f. *rhaeticum*. *Ath. F. f.* var. *r*. Moore Ferns Gr. Brit. and Irel. Nature-Printed (ed. Lindley) pl. XXX—XXXIV Text [S. 1] [1857]. Luerssen Farnpfl. 137. *Polypodium r.* L. Sp. pl. ed. 1 z. T. (vgl. S. 14). *Athyrium r.* Roth a. a. O. *Aspl. F. f.* var. *plicatum* Bruhin Ber. Mus. Vorarlb. VIII 56 (1865). *A. F. f.* sf. *recurva* Warnst. Naturw. Ver. Harz VII 83 (1892). Nach der Grösse und dem damit in Verbindung stehenden Grade der Theilung und der Zähnung der Blätter unterscheidet man folgende Formengruppen:

A. dentátum. Blätter kleiner (bis 30 cm), oft derber, doppelt gefiedert, mit einfach gesägten Fiederchen. — So an jungen Stöcken und an ungünstigen, trocknen und sonnigen Orten, z. B. Felsen und Mauern. — *Ath. F. f. d.* Milde Fil. Eur. 50 (1867). Luerssen Farnpfl. 138. *Asplenium F. f. d.* Döll Rhein. Flora 12 (1843). Hieher l. *confluens* (Moore n. a. O. Text [S. 6] [1857] The octavo Nat.-Pr. Brit. Ferns II. pl. 53 fig. B, pl. 53 bis fig. A. Luerssen Farnpfl. 879). Spreite derb, lang und schmal (24 : 6—7 cm); Fiedern entfernt, besonders die obersten öfter stumpf; Fiederchen (alle oder mit Ausnahme der untersten) am Grunde durch einen vom Grunde nach der Spitze der Spreite an Breite zunehmenden Parenchymsaum verschmolzen, bis zur theilweisen Deckung genähert. — Diese sonst aus Schottland bekannte Form wurde bei Greiz von Ludwig beobachtet, vgl. Luerssen DBG. V (1887) 101: ferner gehört hierher die von Andrée einmal vor 1875 bei Hannover (im Süntel unweit Theensen!) mit 10. und 11. beobachtete, im 24. Jahresb. der Naturh. Ges. Hann. 127, 128 als zweifelhafter Bastard dieser beiden Arten erwähnte Pflanze, welche Prantl inzwischen als zu 2. gehörig erkannt hat.

B. físsidens. Blätter grösser, bis 1 m lang, zarter, doppelt gefiedert, mit fiederspaltigen Fiederchen; Abschnitte der letzteren an der Spitze 2—3 zähnig. — Die häufigste Form. — *Ath. F. f. f.* Milde a. a. O. (1867). Luerssen Farnpfl. 139. [*Aspidium F. f.*] var. *f.* Döll (Fl. Bad. 24 (1857)). Hierher gehören früher als Arten unterschiedene Typen: *Polypodium molle* (Schreb. Spic. Fl. lips. 70 [1771] = *Athyrium m.* Roth a. a. O. 61), *Polypodium dentatum* (Hoffm. Deutschl. Fl. II 7 [1795] = *Ath. ovatum* Roth a. a. O. 64), *Polypodium trifidum* (Hoffm. a. a. O. [1795] = *Ath. trif.* Roth a. a. O. 63 [1800]).

C. multidentátum. Blätter noch grösser, bis 1,5 m lang, sehr zart, fast 3fach gefiedert, mit zugespitzten Fiederchen; die Tertiärfiederchen länglich. Abschnitte der secundären länglich, am ganzen Rande eingeschnitten gesägt. — So an sehr schattigen und feuchten Orten. — *Ath. F. f. m.* Milde a. a. O. (1867). Luerssen Farnpfl. 141. *Aspl. F. f. m.* Döll, Rhein. Fl. 12 (1843). Hieher die Formen: *b. sublátipes* (Luerssen Beitr. zur Kenntn. der Fl. Ost- und Westpreuss. Bibl. bot. Heft 28, 21 [1894]). Blattstiel $1/3—1/2$ so lang als die längliche oder länglich-eiförmige Spreite; unterste Fiedern rechtwinklig abstehend, etwas (obwohl öfter nur wenig) kürzer als die nächstfolgenden. — So bisher beobachtet im Fichtel- und Erzgebirge sowie in Westpreussen bei Danzig (Lützow!) und Elbing. — Uebergangsform zur (und mitunter sogar auf derselben Grundachse mit) *c. látipes* (Moore Nature-Printed Br. Ferns II. 30 [1860], vgl. Luerssen a. a. O. S. 17 ff. Taf. VI, VII u. VIII, IX). Blattstiel so lang oder wenig kürzer als die dreieckige oder dreieckig-eiförmige Spreite, welche an *Aspidium spinulosum dilatatum* var. *deltoideum* erinnert. Untere Fiedern so lang oder fast so lang als die nächstfolgenden, die mittleren einander deckend. — Diese früher nur aus Nord-England bekannte Form wurde seit 1891 von Luerssen sehr vereinzelt in Westpreussen bei Elbing und Güldenboden beobachtet.

Durch die Behaarung zeichnet sich aus die Form

II. pruinósum. Blattstiel (öfter geröthet) und besonders Mittelstreif der Spreite, weniger die Mittelstreifen der Fiedern bauchseits ziemlich dicht mit 1—2zelligen, oberseits verbreiterten und meist mehrzackigen Haaren besetzt, die an der getrockneten Pflanze durch Verschrumpfen und Abbrechen meist unkenntlich werden. — So bisher im Riesengebirge! in der Prov. Brandenburg (Luckenwalde!!), in Tirol (am Fusse der Seiser Alp), Ungarn (Mátra), Siebenbürgen beobachtet, aber sicher weiter verbreitet, früher nur aus England und Schottland bekannt. — *Ath. F. f.* var. *p.* Moore Ferns Gr. Br. a. u. O. [S. 7] (1857). Luerssen Farnpfl. 142. Auch diese Form ist nicht scharf abgegrenzt. Warnstorf (Naturw. Ver. Harz VII 83 [1892]) hat die bezeichneten Haare auch an der gewöhnlichen Pflanze (bei Neu-Ruppin i. d. Prov. Brandenburg) nie ganz vermisst.

Von missbildeten Formen, die auch öfter in den Gärten der Farnliebhaber gezogen werden, verdienen Erwähnung: m. *multifidum* (Moore a. a. O. S. 11 [1857]. Luerssen a. a. O.) mit wiederholt gegabelter Blattspitze und Fiedern. — Wild bei Heidelberg, Baden-Baden und in der Oberlausitz bei Niesky. — m. *laciniatum* (Moore a. a. O. [S. 9] [1857] Oct. Nat.-Pr. Br. Ferns II. pl. LIX. Luerssen a. a. O.) mit mehr oder weniger verkürzten, oft grob gezähnten, häufig gespreizt gegabelten Fiederchen, die das Blatt wie ausgefressen erscheinen lassen. — So z. B. bei Seis in Tirol (zugleich *pruinosum*), bei Görlitz, im mährischen Gesenke am Leiterberge!! und bei Gräfenberg (Baenitz nach Fiek ÖBZ. XLIV. 468).

Die Form m. *clarissimum* (Jones) wildwachsend nur in Süd-England (Devonshire) beobachtet, ist als erstes bekannt gewordenes Beispiel der Aposporie (s. S. 4) bemerkenswerth.

Ueber Formen dieser Art vgl. noch Sanio, BV. Brand. XXIII, Abh. 64, 65 (1883) und Lange, Haandb. i. d. danske Flora 4. Udg. 13 (1886).

(Ganz Europa, Nordatlantische Inseln, Algerien, West- und Nord-Asien, Nord-America, vereinzelt in Peru und auf Java.) *

3. (2.) **A. alpéstre.** ♃. Der Leitart sehr ähnlich, unterscheidet sich aber durch Folgendes: (Blätter 6—16 dm, zuweilen 2 m lang). Spreuhaare am Grunde des (14—40 cm langen) Blattstieles breiter, länglich, hellbraun bis kupferfarben. Spreite länglich lanzettlich, oft dunkelgrün, unterseits blässer, etwas straffer. Mittelstreif grünlich, zuletzt strohgelb. (Untere Fiedern bis 22 cm lang, mit jederseits bis 16 Fiederchen). Letzte Abschnitte stumpfer, breiter und kürzer gezähnt als bei d. v. Sori kleiner, aus weniger zahlreichen Sporangien bestehend, nur in der Jugend die Hufeisen- oder längliche Form zeigend, später ziemlich kreisrund. Schleier rudimentär, wenigzellig, mit einigen ihm an Länge gleichkommenden oder ihn übertreffenden, an der Spitze kugelig angeschwollenen Wimpern. Sporen dunkler braun, mit wenigen, aber ziemlich hohen weitläufig netzmaschigen Leisten. — In der subalpinen und alpinen Region der Mittel- und Hochgebirge 1400—1700 m, selten bis 800 m herabsteigend, stellenweise, besonders zwischen Krummholz und in der Ebereschen-Region des Gesenkes grosse Bestände bildend, an der unteren Grenze ihres Vorkommens mit der vorigen Art gemischt. Vogesen! Schwarzwald! Harz! Thüringer Wald in der Umgebung der Schmücke (Rosenstock, DBM. VII. 16); Frankenwald bei Steben; Böhmerwald; Hohes Erzgebirge; Sudeten vom Iserkamm bis zum Gesenke!! Beskiden! Tatra!! bei Winniki in der Nähe von Lemberg (A. Weiss ZBG. Wien XV 454), unglaublich, obwohl richtig bestimmte Exemplare nach Błocki ÖBZ. XXXI 221 vorliegen; für Siebenbürgen sehr zweifelhaft (Simonkai 610). Jura. In den Alpen von Ponti

di Nava im oberen Tanaro-Thal (Strafforello nach Penzig Malpighia III 282, 283) bis Nieder-Oesterreich, Ober-Steiermark: Rottenmanner Tauern (Heimerl ZBG. Wien XXXIV 101) und Kärnten; Bosnien: Treskavica bei Sarajevo (Beck Ann. Wien. Hofm. I. 323). Sp.r. Juli—Sept. (nach Goeppert früher absterbend als 2.). — *A. a.* Rylands in Moore Ferns Gr. Brit. and Ir. Nat.-Pr. pl. VII Text [S. 1] [1857]. Luerssen Farnpfl. 143 fig. 102. Nym. Consp. 864 Suppl. 346. *Polypodium rhaeticum* L. Sp. pl. ed. 1. 1091 (1753) z. T., Villars voy. botan. 12 (1812). *Aspidium alpestre* Hoppe Bot. Taschenb. 1805. 216. *P. a.* Hoppe exs., vgl. Flora IV. 48 (1821) Spreng. Syst. Veg. IV. II 320 (1827). Koch Syn. ed. 2. 974. *Pseudathyrium a.* Newman Phytologist IV 370 (1851). *Phegopteris a.* Mett. Fil. Hort. Lips. 83 (1856). *Asplenium a.* Mett. Abh. Senckenb. Ges. III. 198 (1859). *Aspl. rh.* Brügger Naturg. Beitr. Chur 47 (1874). *Athyrium rh.* Dalla Torre Anl. wissensch. Beob. Alpenr. II 348 (1882).

Aendert in Bezug auf Theilung und Zähnung analog der vorigen Art ab. *Aspl. alp.* f. monstrosa *glomerata* (Baenitz Herb. Europ. 7476 Prosp. 1893 S. 3) mit eingerollt bleibender Blattspitze, in den Sudeten beobachtet, gehört zu den von Luerssen in der S. 12 citirten Abhandlung ausführlich geschilderten „Frostformen". Bemerkenswerth ist die folgende (von Watson Comp. Cyb. Brit. 602 übrigens wohl mit Recht für „eine Art Monstrosität" erklärte) Form, deren Vorkommen in unserem Gebiet allerdings noch neuerer Bestätigung bedarf:

B. flexile. Klein; Blätter bis 26 cm lang, schlaff; Stiel nur 1—2 cm lang nebst dem unteren Theile des Mittelstreifs dicht spreuhaarig; Fiedern nur 3½—4 cm lang, sehr kurz zugespitzt, mit jederseits nur 5—9 Fiederchen. — Diese sonst nur aus Schottland bekannte, ausserdem auch aus Sibirien und (kaum glaubhaft!) aus Littauen angegebene Pflanze liegt in einem von Bory stammenden Exemplare aus den Vogesen im Berliner Herbar (Milde Fil. Eur. 53!) — *A. alp.* var. *fl.* Luerssen Farnpfl. 146. *Pseudathyrium f.* Newman Phytologist IV 974 (1853). *Polypodium fl.* Moore Handb. Brit. Ferns ed. 2 app. 225 [1853]. *Polyp. a.* var. *fl.* Moore Ferns Gr. Brit. and Ir. Nat.-Pr. pl. VII Fig. D. E. Text [S. 1] [1857].

Der Name *Polypodium rhaeticum* L. kann nicht, wie seit Villars viele der angesehensten Floristen u. a. De Candolle, Fries, Ruprecht, Ledebour, Grenier und Godron, Willkomm und Lange, Bertoloni, Cesati, Passerini und Gibelli, Arcangeli und Kerner gethan haben, vorzugsweise auf diese Art bezogen werden. Linné hat allerdings die Benennung von der *Filix rhaetica tenuissime dentata* J. Bauh. Hist. pl. III 470 entlehnt, welche zu dieser Art gehören dürfte. In seinem Herbar liegt aber unter diesem Namen nur ein von Sauvages aus Montpellier erhaltenes Expl. von 2., auf das sich die Angabe „Gallia" in Sp. pl. ed. 1 bezieht. Er hat also von Anfang an 3. mit weniger getheilten Formen von 2. vermengt, während sein „*Polypodium F. femina*" die Formen B und C von 2. umfasst. Die seit Moore 1860 in die Litteratur eingeführte Autoritätsbezeichnung „Nylander" für den Namen *Athyrium alpestre* statt des so ähnlich aussehenden Namen Rylands ist keineswegs begründet. Nylander sagt in seiner Dissertation „Spicilegium plant. Fennic. Cent. II" Helsingf. 1844, deren Einsicht ich der Güte des Herrn Axel Arrhenius verdanke, p. 15 nur, dass *Polyp. rhaeticum* „vix *Polypodii* species, potius *Athyrii*" und nicht von *P. alpestre* Hoppe verschieden sei. Er würde die Art also *Athyrium rhaeticum* genannt haben. Vgl. Ascherson ÖBZ. XLVI. 44 ff.

(Höhere Gebirge von Schottland und Central-Frankreich; Pyrenäen; Skandinavien; Russisch-Lappland; Kaukasus; Nordost-Kleinasien; nordwestl. Nord-America?). *

3. CYSTÓPTERIS [1].

(Bernhardi in Schrad. Neues Journ. 1806 I. 2 Stück 26.
Luerssen Farnpfl. 446.)

Vgl. S. 9, 10. Sori rückenständig. Enden der bis zum Rande auslaufenden Nerven nicht verdickt. Mittelgrosse Farne mit spiralig gestellten langgestielten, meist durchscheinenden, sommergrünen, zarten, mehrfach gefiederten Blättern und kleinen Abschnitten. Spreuhaare zarthäutig, nur an der Grundachse und am untersten Theile des zerbrechlichen, von zwei im Querschnitt ovalen nach der Rückenseite convergirenden Leitbündeln durchzogenen, oberseits wie der Mittelstreif bauchseits flachrinnigen Stiels bleibend.

10 Arten, über den grössten Theil der Erde verbreitet, von welchen 4. das Gesammtareal der Gattung bewohnt und unter allen Formen am weitesten gegen den Nordpol vordringt. Die in unserem Gebiete vorkommenden 3 Arten vertreten in der europäischen Flora ausschliesslich die Gattung.

A. Grundachse kurz, liegend, dicht beblättert; Blattstiel meist etwas kürzer, selten etwas länger als die fast stets am Grunde etwas verschmälerte Spreite.

4. (1.) **C. frágilis.** ♃; Blätter nicht zahlreich, einen Büschel bildend. Stiel bis 2 mm dick, unterwärts, oft bis zur Spreite kastanienbraun, sonst strohgelb. Spreite länglich eiförmig bis lanzettlich, 1—3fach gefiedert, mit fiedertheiligen Abschnitten, meist kahl. Fiedern jederseits 7—18, kurzgestielt, länglich-eiförmig bis länglich, stumpflich bis zugespitzt, etwas entfernt, besonders die unteren etwas abwärts gerichtet, diese gegenständig; die übrigen abwechselnd, horizontal abstehend; das unterste Paar fast stets kürzer als das folgende. Fiederchen meist länglich, stumpflich, das unterste hintere meist kürzer als das folgende. **Mittelstreif des Blattes und Mittelnerv der Fiedern nach der Spitze zu geschlängelt.** Abschnitte meist stumpf gezähnt. Sori gesondert oder zusammenfliessend. **Sporen mit spitzen Stacheln besetzt.** C. f. Milde Fil. Eur. (1867) 147. Luerssen Farnpfl. 449, fig. 154—160.

Zerfällt in 2 Unterarten:

A. C. eu[2])*-frágilis.* Blätter 1—5 dm, ihr Stiel bis 27 cm lang. Spreite lebhaft bis gelb- selten dunkelgrün. **Zähne der Abschnitte meist ungetheilt; die letzten Nervenäste in die Spitze der Zähne auslaufend.** — Meist schattige, oft etwas feuchte Stellen an Abhängen, Baumwurzeln, Felsen, Mauern, in tiefen Gräben; in den Gebirgen verbreitet und gesellig, bis 1620 m aufsteigend, weniger häufig im Flachlande; den Nordsee-Inseln fehlend. Sp.r. Juli—Sept. *C. f.* Bernhardi a. a. O. 27 (1806). Koch Syn. ed. 2. 980. Nyman Consp. 867.

---

1) Von κύστις Blase und πτέρις wegen des gewölbten Schleiers.
2) εὖ gut; bei der Benennung systematischer Gruppen so viel als „typisch".

Suppl. 347. *C. f. genuina* Bernoulli Gefässpfl. der Schweiz 42 (1857). Luerssen Farnpfl. 451. *Polypodium "F. fragile"* [sic, wohl Schreib- oder Druckfehler] L. Sp. pl. ed. 1 1091 (1753). *P. f.* L. Sp. pl. ed. 2. II 1553 (1763). *Cyathea f.* Sm. Mém. Acad. Turin V 417 (1793). *Aspidium f.* Sw. in Schrad. Journ. 1800 II 40 (1801).

Erinnert an kleine Formen von 2., von denen sie sich aber durch den längeren Blattstiel, die meist stumpfen Zähne, die zartere Consistenz und den geschlängelten Verlauf des Mittelstreifs etc. unterscheidet. Ist nicht minder formenreich als 2. und die Formen fast noch schwieriger abzugrenzen. Nach dem Theilungsgrade, dem Umrisse des Blattes und seiner Theile unterscheidet man:

A. dentáta. Blätter bis 2, höchstens 3 dm lang, einfach gefiedert; Fiedern nur fiedertheilig; Abschnitte genähert, mehr oder weniger seicht fiedrig gelappt. — So an trockenen, sonnigen Orten. — *C. f. d.* Hook. Sp. Fil. I. 198 (1846), z. T. Luerssen Farnpfl. 455. fig. 155. *Polypodium d.* Dickson Pl. Crypt. Brit. fasc. III. 1. tab. VII fig. 1. (1793). *Cyathea d.* Sm. Fl. Brit. III 1141 (1804). *C. f.* var. *lobulato-dentata* Koch Syn. ed 2. 980 (1845).

B. pinnatipartíta. Blätter bis 50 cm lang, doppelt bis dreifach gefiedert. *C. f. p.* Koch Syn. ed 2. 980 (1845). Hierher die Unterformen:
  a. anthriscifólia. Fiedern meist spitz; Fiederchen locker, eiförmig, meist stumpf, kurz gestielt, am Grunde abgerundet, tief fiedertheilig. — Häufig. — *C. f. p. a.* Koch a. a. O. (1845). *C. f. a.* Luerssen Farnpfl. 456. fig. 156, 157. *Polypodium a.* Hoffm. Deutschl. Fl. II 9 (1795).
  b. cynapiifólia. Fiedern und Fiederchen meist stumpf; letztere länglich-eiförmig, oft locker, zuweilen vorwärts gerichtet, am Grunde keilförmig, meist nur fiederspaltig mit keilf. verkehrt-eiförmigen fast gestutzten Abschnitten. — Häufig. — *C. f. p. c.* Koch a. a. O. (1845). *C. f. c.* Luerssen Farnpfl. 458. fig. 158. *Polypodium c.* Hoffm. a. a. O.
  c. angustáta. Blätter sehr zart, dunkelgrün; Fiederchen sehr locker, lanzettlich, spitz, tief fiedertheilig und länglichen bis lanzettlichen, spitzen, spitz gezähnten Abschnitten. — An nassen Felswänden, in tiefschattigen Schluchten. — *C. f. p. a.* Koch a. a. O. (1845). *C. f. a.* Luerssen Farnpfl. 459. *Polypodium f. a.* Hoffm. in Roem. et Usteri Mag. IX Stück 11 Taf. [I] Fig. 14 d (1790). *P. tenue* Hoffm. Deutschl. Fl. II 9 1795. *Cyathea regia* Roth Tent. fl. germ. III 96 (1800) nicht Forster. *Cystea angustata* Sm. Engl. fl. IV 288 (1828).
  d. acutidentáta. Derber; Fiederchen spitz, kammförmig eingeschnitten-gezähnt; Zähne öfter ausgerandet. — Typisch meist auf Kalk. Schweizer und Deutscher Jura; Kalkalpen in Tirol, Krain und Kroatien. — *C. f. a.* Döll Fl. Baden I. 43 (1857). Luerssen Farnpfl. 460. fig. 159.

An diese Formen-Gruppe schliesst sich noch an:

C. deltoidéa. Unteres Paar der Fiedern das längste. (Nach Luerssen Farnpfl. 459 findet sich dies Grössenverhältniss auch an Exemplaren von B. *a* und B. *b*.) — Nach Milde (Fil. Eur. 149) im Schlesischen Gebirge und im Schweizer Jura am Creux du Van. — *C. f. d.* Shuttleworth in Godet Fl. du Jura 856 (1853). Luerssen Farnpfl. 459.

Durch ihre Bekleidung zeichnet sich folgende Form aus:

II. Hutéri[1]). Blätter bis 18 cm lang; Stiel erheblich kürzer

---

[1]) Nach dem Entdecker Rupert Huter, * 1834, Pfarrer zu Ried bei Sterzing in Tirol, dem rüstigen Erforscher seiner heimatlichen Alpen wie mancher Strecken des Mittelmeergebietes in Spanien, Italien und Dalmatien; an einer Bereisung des letzteren Landes (1867) hatte ich das Vergnügen, mich zu betheiligen.

(oft nur ¹/₂—¹/₃) als die längliche, doppelt gefiederte Spreite; letztere besonders an Mittelstreif und Nerven mit gegliederten, in der Jugend an der Spitze drüsigen Spreuhaaren und auf der Ober- und Unterseite sowie besonders am Rande mit sehr kurzen einzelligen Drüsenhärchen besetzt. Fiederchen fiederspaltig. So nur am Mont-Cenis (Rostan und Beyer) und in den Dolomitalpen Süd-Tirols vom Schlern bis Sexten. — *C. f. H.* Milde Fil. Eur. 149 (1867). Luerssen Farnpfl. 459. *C. H.* Hausmann exs.

Durch die Sculptur der Sporen weicht eine bisher in Europa nur in Norwegen beobachtete Form ab, die wohl auch im Gebiet vorkommen könnte:

b. **Baenítzii**[1]). Sporen mit niedrigen, unregelmässig gelappten Leisten versehen, sonst glatt. Die mir vorliegenden vom Entdecker mitgetheilten Originalexemplare gehören nach ihrer Blattform zu B. *b. cynapiifolia*, der Stiel ist höchstens halb so lang als die Spreite, zuweilen auch kürzer. *C. f.* var. *B.* Warnstorf in Aschers. Syn. I 17 (1896). *C. B.* Dörfler in Baenitz Herb. Europaeum No. 6510 Prosp. 1891 4. Samzelias in Bot. Not. 1891 17. In der Beschaffenheit der Sporen entspricht diese Form der gleichfalls früher specifisch getrennten *C. Dickieana* (Sim Gardeners' Journ. (1848. 308), die bisher nur in einer Höhle bei Aberdeen in Schottland beobachtet wurde. Luerssen (Farnpfl. 466) bestreitet, wie schon Moore und Milde das Artrecht dieser von Watson (Comp. Cyb. Brit. 599) wohl mit Recht für Erzeugniss des abnormen Standorts erklärten Form (welche von Milde [Fil. Eur. 151] und Luerssen zur Unterart *B* [deren Indigenat für Grossbritannien nach Watson a. a. O. zweifelhaft ist], von Moore (Handb. Brit. Ferns ed. 1. 81 [1848]) und Babington (Man. ed. 3. 412 [1851]) zu *A* gezogen wird), da auch bei der typischen *C. regia* mitunter einzeln oder zahlreich ähnliche warzige Sporen vorkommen. Ich würde daher, wie A. Blytt (Christ. Vidensk. Selsk. Forh. 1892 No. 3. 5) und Warnstorf *C. Baenitzii* nur für eine Form der *eu-fragilis* halten, hätte die Untersuchung der Originalprobe auch nicht das Vorhandensein einzelner normal bestachelter Sporen ergeben.

(Ganz Europa incl. Spitzbergen und Nowaja Semlja; Asien bis zum Himalaja; Nord-Africa; Capverden; Nord-America incl. Grönland; Chile; Neu-Seeland; Tasmania; Kerguelen.) *

B. *C. régia.* Blätter 7—38 cm lang; ihr Stiel 2¹/₂—16 cm lang, meist erheblich kürzer (bis nur ¹/₃) als die doppelt bis dreifach gefiederte Spreite. Fiederchen (bez. Abschnitte) dritter Ordnung aus keilförmigem Grunde eiförmig bis schmal länglich, eingeschnitten-gezähnt bis fiedertheilig; die Zähne meist an der stumpfen oder gestutzten Spitze ausgerandet bis eingeschnitten; die letzten Nervenäste in die Buchten auslaufend. Felsspalten und Geröll der subalpinen und alpinen Region. 1260—2529 m (Kerner h.), nur im Alpen- und Karpatensystem. Im Schweizer Jura; Alpen (besonders Kalkalpen) von der Dau-

---

[1]) Nach dem Entdecker Dr. Karl Gabriel Baenitz, * 1837, Subrector a. D. jetzt in Breslau, welchem die Flora Norddeutschlands, Norwegens, der Alpen- und Karpatenländer manchen schönen Fund verdankt. Ausserdem hat sich derselbe, wie Pfarrer Huter, durch die seit mehreren Decennien fortgesetzte Verbreitung vieler seltener Pflanzen durch Verkauf und Tausch verdient gemacht.

phiné bis Nieder-Oesterreich und von Val Stura (Cottische Alpen) bis Krain, Kroatien, Dalmatien (Velebit, Dinara, Orjen!!), Bosnien, Hercegovina und Montenegro. Tatra; Siebenbürgische Karpaten bis zum Banat. Sp.r. Juli, August. — *C. f. r.* Bernoulli Gefässcrypt. d. Schweiz 44 (1857). *C. r.* Presl Tent. Pteridogr. 93 (1836). Koch Syn. ed. 2. 980. Nyman Consp. 867. Suppl. 347. *C. alpina* Link Hort. Berol. II 130 (1833). *C. f. Alp.* Milde Sporenpfl. 68 (1865). Luerssen Farnpfl. 463 fig. 160.

Zerfällt in zwei Hauptformen:

A. fumariifórmis. Fiederchen dritter Ordnung eiförmig bis länglich; Zähne kurz, gedrängt. — *C. r. fum.* Koch a. a. O. (1845). *Polypodium r.* L. Sp. pl. ed. 1. 1091 (1753). *Cyathea r.* Forster in Symons Syn. pl. 194 (1798). *Aspidium r.* Sw. in Schrad. Journ. 1800 II. 41 (1801). *Cystopteris r.* Desv. Ann. Soc. Linn. Paris VI 264 (1827). *C. frag. A. r.* Milde Sporenpfl. 69 (1865). Luerssen Farnpfl. 466 fig. 160 a.

B. alpína. Fiederchen dritter Ordnung länglich bis schmal länglich, die linealen Zähne entfernter gestellt. — Hochalpenform. — *C. f. r. a.* Bernoulli a. a. O. (1857). *C. r. a.* Koch a a. O. (1845). *Polypodium a.* Wulfen in Jacq. Collect. II 171 (1788). *Cyathea a.* Roth Tent. Fl. germ. III 99 (1800). *Aspidium a.* Sw. a. a. O. 42 (1801). *Cystopteris a.* Desv. a. a. O. (1827). *C. f. A. a.* Milde Sporenpfl. 69 (1865). Luerssen Farnpfl. 467 fig. 160 b—d.

Sehr bemerkenswerth (vielleicht Bastard von 4. *B.* und 5. ?) ist die Form C. deltoidéa. Unteres Paar der Fiedern das längste; sonst wie *B.* B. — So nur in den Dolomit-Alpen Süd-Tirols: in der Schlernklamm und auf der Alp Innerfeld bei Sexten. — *C. a. d.* Milde ZBG. Wien XIV 10 (1864).

(England (ob einheimisch?); Nord-Schweden; Herjedalen; Pyrenäen; Gebirge des Mittelmeergebietes in Europa und Vorder-Asien bis Kurdistan. Ausserdem in sehr abweichenden Formen in Schottland (*C. Dickieana* Sim s. jedoch S. 17) und (var. *Canariensis* (Willd.) Milde Fil. Eur. 152) mit drüsigem Schleier) in Asturien, Galicien, Portugal, auf den Azoren, Madeira, den Canarischen Inseln, in Abyssinien, Kilimandjaro, Maskarenen, Capland, Süd-Amerika.) *|

b. Grundachse schlank, kriechend, entfernt beblättert. Blattstiel meist viel länger als die Spreite, deren unterstes Fiederpaar beträchtlich länger ist als die folgenden. (Vgl. 4. *B.* C.)

Gesammtart C. montána.

5. (2.) **C. montána.** ♃. Grundachse dunkelbraun, fast glanzlos, bis 2 dm lang und bis 4 mm dick; Blätter bis 42 cm lang, lebhaft- bis dunkelgrün. Stiel bis 27 cm lang, 1,5 mm dick, unterwärts dunkelbraun, ober-

wärts strohgelb. Spreuhaare aus sehr dünnwandigen Zellen, am Rande drüsig. Spreite dreieckig bis dreieckig-eiförmig, rasch abnehmend 3—4 fach gefiedert, unterseits besonders auf Mittelstreif und Nerven spärlich bis reichlich kurz- und kleindrüsenhaarig. Fiedern jederseits bis etwa 13, abwechselnd, oder die untersten fast gegenständig, die grösseren zugespitzt, nach aufwärts gerichtet, oft etwas gekrümmt; die untersten sehr ungleichhälftig-eiförmig; die hinteren Fiederchen derselben grösser, das unterste länger als die folgenden, an Grösse und Theilung der 3.—4. Fieder des Blattes entsprechend. Die übrigen Fiedern fast gleichhälftig, die obersten kleineren stumpflich. Fiederchen dritter Ordnung fiedertheilig, mit gezähnten Abschnitten, bis eingeschnitten gezähnt. Zähne kurz, oft ausgerandet, mit in die Bucht verlaufendem Nervenende. Sori klein, zuletzt entfernt oder genähert. Schleier kahl oder sparsam drüsig. Sporen mit kurzen, stumpfen, dicken Warzen besetzt. — An schattigen, feuchten, steinigen Plätzen in Wäldern oder an Felsen von der höheren montanen bis in die alpine Region aufsteigend, 975—2240 m, nur ausnahmsweise tiefer; fast stets auf Kalk; liebt die Gesellschaft von 8. Französischer, Schweizer! und Schwäbischer Jura (Pletten- und Dielinger Berg, 850 m, O. A. Spaichingen Hegelmaier!) Alpen von der Dauphiné bis Nieder-Oesterreich! und vom Val Giaveno (Cott. Alpen) bis Krain, Kroatien, Dalmatien (Prolog). Tatra!! nordöstliche und südliche Siebenbürgische Karpaten. Sp.r. Juli, Aug. — *C. m.* Link Hort. Berol. II. 131 (1833, vgl. Bernhardi a. a. O. 26 ff. [1806]). Luerssen Farnpfl. 468 fig. 161. Koch Syn. ed. 2. 981. Nyman Consp. 867 Suppl. 347. *Polypodium m.* Lam. Fl. franç. I. (23) (1778) nicht Vogler. *P. Myrrhidifolium* Vill. Fl. delph. in Gilibert Syst. pl. Eur. I. 114 (1785). *Cyathea mont.* Sm. Mém. Ac. Roy. Turin V. 417 (1793). *Aspidium mont.* Sw. in Schrad. Journ. 1800 II. 42 (1801).

(Schottland; Pyrenäen; Toskanische Apenninen; früher in Dänemark (Knapstrup auf Seeland); Skandinavien; Nord-Russland; Kamtschatka; Nord-America.) *

6. (3.) **C. Sudética.** ♃. Der Leitart sehr ähnlich, unterscheidet sich durch Folgendes: Spreuhaare am Rande meist drüsenlos; ihre Zellen mit etwas derberen Wandungen. Spreite eiförmig bis dreieckig-eiförmig; unterste Fiedern länglich bis länglich-eiförmig, weniger ungleichhälftig; das unterste hintere Fiederchen derselben kürzer (oder doch nicht länger) als die folgenden; an Grösse und Theilung der 6.—7. Fieder des Blattes entsprechend. Fiederchen dritter Ordnung fiederspaltig bis gezähnt. Zähne aller Abschnitte ausgerandet mit in die Bucht verlaufenden Nervenenden. Schleier dichtdrüsenhaarig. Sporen kurz-dick- und stumpfstachlig, selten warzig. — Schattige humose Wälder der montanen Region, nur in den östlichen Sudeten und den Karpaten, ca. 500—700 m; meist auf kalkarmem Substrat, aber auch mit 5. auf Kalk. Gesenke!! Tatra!! nördliche! nordöstliche! und Siebenbürgische Karpaten! Biharia.

Die Angaben im Flachlande (Zawadow bei Lemberg Weiss ZBG. Wien XV. 454 auch nach Milde Fil. Eur. 147) und „Polon. Krupa 1882" (Nyman Suppl. 347) wohl sehr zweifelhaft. Sp.r. Juli, August. — *C. s. A. Br.* et Milde 33. Jahresber. Schles. Gesellschaft 1855. 92. Luerssen Farnpfl. 475 fig. 162. Nyman Consp. 867 Suppl. 347. *Aspidium montanum* Scholtz Enum. Filic. Siles. 43 (1836) nicht Sw. *C. alpina* Wimm. Fl. v. Schles. 2. Aufl. 505 (1844) nicht Desv. *C. montana* Wimm. a. a. O. 3. Aufl. 19 (1857) nec Link. *C. leucosoria* Schur ÖBZ. VII (1858) 328.

(Nord-Russland in den Gouv. Archangel und Perm; westl. Kaukasus: Tjeberda-Thal (Levier A ravers le Cauc. 244); am oberen Wilui (östl. Nebenfluss der Lena) in Ost-Sibirien.) [*

4. ASPIDIUM[1]).

(Sw. in Schrad. Journ. 1800 II 4, 19 (1801) veränd. Luerssen Farnpfl. 309.)

Vgl. S. 8, 9. Mittelgrosse oder ansehnliche Farne. Grundachse kriechend, mit entfernten oder aufsteigend bis aufrecht und dicht gedrängten Blättern; diese spiralig gestellt, meist (bei unseren Arten stets) ein- bis vierfach gefiedert. Blattstiel wenigstens im oberen Theile bauchseits nebst dem Mittelstreif (auch der Fiedern und Fiederchen) rinnig. Enden der Nerven nicht verdickt.

Die formelle Einbeziehung der bisherigen Gattung *Phegopteris* kann weniger befremden, als die Thatsache, dass dieselbe nicht längst erfolgt ist. Das Vorhandensein oder Fehlen des Schleiers kann in manchen Fällen nicht einmal als Artmerkmal gelten. So erklärt Christ (Schw. BG. III 37 [1893] *Polypodium (Pheg.) platyphyllum* Hook. und *P. rigidum* Hook. et Grev. für schleierlose Formen unseres einheimischen *A. aculeatum B. angulare*. Umgekehrt hat Sadebeck (DBG. XIII (1895) 23 tab. III fig 3 bei *P. (Pheg.) sparsiflorum* Hook. einen zwar rudimentären (unterständigen!) Schleier nachgewiesen, der immerhin noch ansehnlicher als der von 3 ist und von ihm selbst mit dem einiger von Mettenius deshalb zu *Aspidium* gestellten früheren *Polypodium*-Arten verglichen wird. Abgesehen von dem Vorgange von Roth (1800), Bory (1826) und Baumgarten (1846) hat Kuhn diese Vereinigung (schon in seiner Dissertation 1867) befürwortet, und in der Botanik der v. d. Deckenschen Reise (III. 337 [1879]) ausgeführt, ohne aber die nöthigen Namensänderungen vorzunehmen. Die Trennung von *Nephrodium* (incl. *Phegopteris*, entsprechend der ursprünglichen Gattung *Lastrea* Bory 1826) und *Aspidium*, wie sie Prantl (Excursionsflora f. Bayern 24 [1884]) durchführt, scheint mir nicht natürlicher als die herkömmliche zwischen *Phegopteris* und *Aspidium*. Luerssen, der schon in den Farnpfl. 295 diese Verschmelzung beider als gerechtfertigt bezeichnet, erklärt sich in einem Briefe vom Januar 1895 mit derselben einverstanden.

Etwa 600 Arten, über den grössten Theil der Erdoberfläche verbreitet. In Europa ausser den bei uns vorkommenden 12 Arten nur noch eine: *A. aemulum* (Ait.) Sw. (*Nephrodium foenisecii* Lowe), zunächst mit 15. verwandt, auf den Britischen Inseln und in N.W. Frankreich.

---

[1]) Von ἀσπίς, Schild, wegen des bei Nr. 16—18 schildförmig angehefteten Schleiers.

A. **Phegópteris**[1]) (Fée Gen. fil. 242 [1850]). Schleier fehlend. Grundachse unserer Arten kriechend. Blätter sommergrün, Blattstiel lang, mit 2 im Querschnitt ovalen Leitbündeln, die sich oberwärts zu einem im Querschnitt hufeisenförmigen vereinigen.

I. Blätter schnell abnehmend doppelt gefiedert, das unterste Fiederpaar viel grösser als die übrigen. Sporangien kahl.

Gesammtart **A. dryópteris**[2]).

7. (1.) **A. dryópteris.** ♃. Grundachse dünn, schwarz, glänzend. Blätter 8 cm bis 5 dm lang. Blattstiel strohgelb, nur ganz am Grunde zerstreut spreuhaarig, sonst kahl, 2—3 mal so lang als die fast horizontal übergebogene, in Umriss 3 eckige, kahle, zarte, lebhaft grüne Spreite. Fiedern jederseits 6—9, die unteren entfernt, gegenständig, die 2 untersten Paare gestielt, die folgenden sitzend, die obersten zusammenfliessend. Jede der untersten (an der lebenden Pflanze abwärts geneigten) Fiedern fast so gross als der Rest der Spreite ausser dem untersten Paare. Fiederchen länglich bis länglich-lanzettlich, an dem untersten Paare fiederspaltig, an den übrigen nur eingeschnitten bis gekerbt; die untersten Fiederchen des untersten Paares gestielt, das vordere länger als die übrigen vorderen, das hintere an Grösse und Theilung etwa der dritten Fieder des ganzen Blattes entsprechend. Letzte Abschnitte länglich, ganzrandig oder gekerbt, flach. — Schattige etwas feuchte Wälder, seltener an Felsen und Mauern, zerstreut bis nicht selten; am häufigsten in der montanen Region der Gebirge, bis 2000 m aufsteigend; im südlichsten Gebiet selten, der immergrünen Region des Mittelmeergebiets und den Nordseeinseln fehlend. Sp.r. Juli, Aug. — *A. D.* Baumg. En. Transs. IV. 29 (1846). *Polypodium D. L.* Sp. pl. ed. 1. 1093 (1753). Koch Syn. ed. 2. 974. *Polystichum D.* Roth Tent. fl. germ. III 80 (1800). *Nephrodium D.* Michaux Fl. bor. am. II 270 (1803). *Lastrea D.* Newman Natur. Alm. 15 (1844, vgl. Bory Dict. class. d'hist. nat. IX 233 [1826]). *Phegopteris D.* Fée Gen. fil. 243 (1850). Luerssen Farnpfl. 300 fig. 133. Nyman Consp. 868 Suppl. 347.

Schur (ÖBZ. VIII 139) gibt *Polypodium disjunctum* (Rupr. Distr. crypt. vasc. Ross. Beitr. z. Pflanzenk. d. Russ. Reichs. 3. Lief. 52 [1845]) in Siebenbürgen bei Kronstadt an. Nach Simonkai (605) gehört die Schursche Pflanze zu 8., kann also unmöglich mit der Ruprechtschen identisch sein, die eine sehr zartblättrige Riesenform von 7 ist, bei der die untersten Fiedern mit Ausschluss des 4 cm langen Stiels bis 15 cm lang und ihre untersten 2—3 Abschnitte dritter Ordnung durch 6—9 mm weite Zwischenräume getrennt, sowie deren Seitennerven fiedrig verzweigt

---

[1]) Von φηγός, von den modernen Schriftstellern fälschlich = dem latein. fagus für Buche gebraucht und πτέρις s. S. 2, von L. nach Analogie des folgenden Namens gebildet.

[2]) δρυοπτερίς, bei Dioskorides (IV. 186) Namen eines auf alten Eichen (δρῦς) wachsenden Farns (etwa *Asplenum Adiantum nigrum?*).

(nicht wie bei 7. einfach) sind. Ob die von Borbás (ZBG. Wien XXV. 788) bei Ipoly-Litke im Neograder Comitat Ungarns unter diesem Namen angegebene Pflanze mit der Ruprechtschen sonst nur im Territorium Alaska des westlichen Nord-America und in Kamtschatka gefundenen Form übereinstimmt, lasse ich, da ich sie nicht gesehen habe, dahingestellt. Die Angabe des „*Polypodium vulgare disjunctum* Rupr." [sic] bei Lemberg durch Weiss (ZBG. Wien XV 454) dürfte sich wohl auf die Schursche Pflanze beziehen, zumal 8. von demselben Fundorte angeführt wird.

(In Nord- und Mitteleuropa verbreitet, in Südeuropa und Nordost-Kleinasien nur auf Gebirgen; Nord-Asien bis Japan; N.W. Himalaja; gemässigtes Nord-America.) *

8. (2.) **A. Robertiánum**[1]). ♃ Unterscheidet sich von der ähnlichen Leitart durch Folgendes: Grundachse kürzer, holziger, dunkelbraun, glanzlos. **Blattstiel kürzer, nur 1½ mal so lang als die Spreite**, oberwärts nebst dem Mittelstreif und der **Unterseite der aufrechten im Umriss dreieckig-eiförmigen, derberen, gelblich-grünen Spreite mit kurzen Drüsenhaaren besetzt**. Jede der **untersten Fiedern kleiner als der Rest der Spreite** über dem untersten Fiederpaar. Fiederchen stumpf. Von den untersten Fiederchen der unteren Fiedern das vordere meist nicht länger als die übrigen vordern, **das hintere der vierten Fieder des ganzen Blattes entsprechend**. Letzte Abschnitte länglich-lanzettlich, zuletzt an den Rändern zurückgerollt. Sori mitunter (an kräftigen Exemplaren) bis zur Berührung genähert. — Kalkhold. Felsen, sonnige, steinige Abhänge, oft zwischen Gebüsch, lichte Wälder, Mauern, sehr selten auf kalkarmem Waldboden oder auf Erlenstümpfen; im südlichen Gebiet häufig, bis über 2000 m aufsteigend, im mittleren zerstreut, im nördlichen Flachlande nur vereinzelt und grösstentheils wohl nur mit Bruchsteinen eingeschleppt: in Anhalt: Wörlitz!! und den Provinzen Brandenburg!! Posen: Paradies bei Meseritz (Janisch DBG. IX (167)!) Argenauer Forst am Canal bei Seedorf (Dąbrowski und Spribille BV. Pos. II 46); Westpreussen: Schloppe am Fliess bei der Salmer Glashütte (Ruhmer PÖG. Königsb. XIX 57. Sitzb. Bot. V. Brand. XX 113) und Graudenz an Festungsmauern (Rosenbohm a. a. O. XIX 78); in Polen: Warschau: Bielany (Kamieński Pam. Fiz. V 110); Galizien: Lemberg: Brzuchowice (Weiss ZBG. Wien XV 454 s. oben) und Schlesien: Sprottau und Karlsruhe! Sp.r. Juli, Aug. — *A. R.* Luerssen in Aschers. Syn. I. 22 (1896). *Polypodium R.* Hoffm. Deutschl. Fl. II 20 (1795). Koch Syn. ed. 2 974. *P. calcareum* Sm. Fl. Brit. 1117 (1804). *Lastrea c.* Newman a. a. O. 17 (1844, vgl. Bory a. a. O. [1826]). *Aspidium c.* Baumg. a. a. O. (1846). *Phegopteris c.* Fée Gen. fil. 243 (1850). Nyman Consp. 868. Suppl. 347. *Ph. Robertiana* [um] A. Br. in Aschers. Fl. Brand. II 198 (1859). Luerssen Farnpfl. 303 fig. 134. *Nephrodium R.* Prantl Exc.fl. f. Bayern 24 (1884).

---

[1]) Wegen des eigenthümlichen, von den Drüsenhaaren herrührenden Geruches, der von Hoffmann mit dem des *Geranium Robertianum* verglichen wurde.

(England; Frankreich; Pyrenäen Arragoniens; Italien; Balkanhalbinsel bis Thessalien; Island; südlicheres Skandinavien bis Dalarne; Finnland; Russische Ostseeprovinzen; Littauen; Tula; Rumänien; Afghanistan; gemässigtes Nord-America.) *

Angebliche Bastarde von 7. und 8. sind vom Süntel bei Hannover (Focke Pflanzen-Mischlinge 425) und aus Luxemburg bei Kopstal (Koltz Mém. Soc. bot. Lux. IV. V. 1877/8 188 [1880]) angezeigt. Letztere Pflanze habe ich so wenig als Luerssen (Farnpfl. 306) gesehen und erlaube mir daher kein Urtheil über dieselbe. Erstere Angabe bezieht sich auf eine am Bakeder Berge 1875 von Haussknecht beobachtete Form, von der mir Andrée eine Probe mittheilte. Dieselbe zeigt zwar taube Sporangien, ist aber von 8. durch kein erhebliches Merkmal verschieden und deshalb als Bastard sehr zweifelhaft.

>   II. Blätter gefiedert, mit fiederspaltigen Fiedern; das unterste Fiederpaar kaum oder nicht grösser als die folgenden. Sporangien auf dem Scheitel ein kurzes Drüsenhaar und eine viel längere spitze Borste tragend.

9. (3.) **A. phegópteris**[1]). ♃. Grundachse etwas dicker als bei 7. und 8. Blätter bis 54 cm lang. Blattstiel öfter gebogen, strohgelb, meist wie der Mittelstreif zerstreut spreuhaarig, meist beträchtlich länger als die herzförmig-länglich, lang zugespitzte, hellgrüne, zarte, unterseits kurzhaarige, oberseits und am Rande zerstreut langhaarige Spreite. Fiedern jederseits 12—20, ziemlich genähert, gegenständig; **das unterste Paar derselben meist abwärts gerichtet**, die übrigen an der Spitze aufwärts gebogen; alle lanzettlich, zugespitzt. **Die untersten Abschnitte der beiderseitigen Fiedern**, mit Ausnahme des untersten oder der 2 untersten Paare, **zu einer viereckigen Fläche verschmolzen**, von welcher ein schmaler Saum am Mittelstreif bis zur nächstunteren herabläuft; in der oberen Blatthälfte diese Vierecke zusammenfliessend. Abschnitte länglich, stumpf, ganzrandig oder gekerbt, selten grob und stumpf gezähnt (f. *obtusidentata* Warnstorf Nat. Ver. Harz VII 83 [1892]). Sori oft bis zur Berührung genähert. — Standort und Verbreitung wie bei 7., nur noch mehr Feuchtigkeit liebend, gern an quelligen Orten bis 2400 m ansteigend (Kerner h.), in der Ebene etwas seltener als 7. Spr. Juli, Aug. — *A. Ph.* Baumg. a. a. O. 28 (1846). *Polypodium Ph.* L. Sp. pl. ed. 1. 1089 (1753). Koch Syn. ed. 2. 974. *Polystichum Ph.* Roth Tent. fl. germ. III 72 (1800). *Lastrea Ph.* Newman a. a. O. 17 (1844, vgl. Bory a. a. O. [1826]). *Ph. polypodioides* Fée Gen. fil. 243 (1850) nec Mett. Luerssen Farnpfl. 296. fig. 131, 132. Nyman Consp. 867. Suppl. 347. *Ph. vulgaris* Mett. Fil. Hort. Lips. 83 (1856). *Nephrodium Ph.* Prantl Exc. fl. f. Bayern 23 (1884).

Wird zuweilen mit 10. verwechselt, wovon 9. aber durch die starke Behaarung und die gegenständigen Fiedern leicht zu unterscheiden ist.

(Nord- und Mittel-Europa; Pyrenäen Cataloniens; Corsica; Apenninen; Serbien; nordöstl. Kleinasien; Kaukasus; nordwestl. Himalaja; Nord-Asien bis Japan; Nord-America.) *

---

[1]) S. S. 21.

B. Schleier vorhanden (vgl. 10. und 11.).
I. *Lástrea*[1]) (Bory Dict. class. d'hist. nat. VI 588 [1824] und IX 232 [1826]). Sori meist rückenständig. Schleier nierenförmig, in der Bucht dem Scheitel des Receptaculums und den Seiten des zuführenden Nervenasts eingefügt.

a. Blattstiel mit 2 bandförmigen Leitbündeln. Blätter sommergrün, gefiedert mit fiederspaltigen Fiedern; beide Gabeläste der Seitennerven des Abschnitts einen Sorus tragend; Schleier klein, hinfällig, drüsig-gezähnelt.

10. (4.) **A. thelypteris**[2]). ♃. Grundachse kriechend, schwarz, mit entfernten 15 cm bis 1 m langen Blättern. Blattstiel beim Frond. meist etwas länger, beim Sp.b. so lang als die Spreite, nur am Grunde sparsam spreuhaarig; Leitbündel im Querschnitt oval, sich oberwärts zu einem im Querschnitt hufeisenförmigen verbindend. Spreite länglich bis lanzettlich, am Grunde nicht oder wenig verschmälert, hellgrün, meist zart, unterseits in der Jugend spärlich mit weisslichen kurzen 1-zelligen Haaren und gelblichen Drüsen besetzt. Fiedern jederseits 10—30, etwas entfernt, abwechselnd, oft z. T. paarweise genähert, seltener genau gegenständig, fast sitzend, lineal-lanzettlich. Abschnitte länglich, ganzrandig oder schwach gezähnelt, stumpf bis spitzlich. Sori in der Mitte zwischen Mittelnerv und Rand, zuletzt bis zur Berührung genähert, meist den ganzen, zuletzt durch Zurückrollung des Randes dreieckig oder sichelförmig werdenden Abschnitt bedeckend. — Moore, Sumpfwiesen, Waldsümpfe, meist sehr gesellig, aber oft mit spärlichen Sp.b.; in der Ebene meist häufig, seltener im Gebirge (nur bis 860 m aufsteigend). Sp.r. Juli—Sept. — *Asp. Th.* Sw. in Schrad. Journ. 1800 II. 40 (1801). Luerssen Farnpfl. 360. Nyman Consp. 866 Suppl. 367. *Acrostichum Th.* L. Sp. pl. ed. 1 1071 (1753). *Polypodium Th.* L. Mant. II 505 (1771). *Polystichum Th.* Roth Tent. fl. germ. III 77 (1800). Koch Syn. ed. 2. 977. *Lastrea Th.* Presl Tent. Pter. 76 (1836, vgl. Bory Dict. class. VI 588 [1824]). *Nephrodium Th.* Desv. Ann. Soc. Linn. Par. VI 257 (1827).

Aendert wenig ab. Eine Form des Sp.b. und eine des Frond. sind mit Namen belegt worden, die aber nach Luerssen (Farnpfl. 365) und Warnstorf (BV. Brand. XXXV. 128) öfter auf einer Grundachse vorkommen und als üppige Form schattiger Standorte (Erleubrücher etc.) anzusehen sind. Bei der ersten, Sp.b. B. *Rogaetziánum*[3]) (Bolle BV. Brand. I 1859 73 [1860]) sind die Abschnitte am Rande nicht oder kaum umgerollt und die Sori bedecken nur einen Streifen zwischen Mittelnerv und Rand; bei der zweiten, Frond. B. *incisum* (Aschers. Fl. Brand. I 922 (1864) = var. *pinnatifidum* Milde Sporenpfl. 61 (1865) sind die Ab-

---

[1]) Nach Charles Jean Louis Delastre † 1859, Verfasser einer Flore du département de la Vienne 1842.
[2]) S. S. 11.
[3]) Nach dem zuerst festgestellten Fundort, Rogätz bei Magdeburg.

schnitte wenigstens theilweise eingeschnitten-gekerbt. Bei Sp.b. l. *distans* (Warnstorf BV. Brand. XXXV 1894 128 (1895) sind die Abschnitte weit von einander entfernt, am breiten Grunde dreieckig, spitz, an den unteren Fiedern stark umgerollt, an den oberen flach. — So in der Prov. Brandenburg bei Neu-Ruppin.

(Fast ganz Europa, im Mittelmeergebiet wenig verbreitet; Algerien; Transkaukasien; Turkestan; Nord-Asien bis Japan; Himalaja; Nilgerries; Nord-America. Die stärker spreuhaarige var. *squamuligerum* Schlechtendal im tropischen und Süd-Africa und auf Neu-Seeland.) *

11. (5.) **A. montánum.** ♃. Grundachse kurz, aufsteigend, mit dicht gedrängten, einen Trichter bildenden 6 dm bis 1 m langen Blättern. Blattstiel kurz (6—24 cm) nebst dem unteren Theile des Mittelstreifs sparsam spreuhaarig; seine Leitbündel bis zur Spreite getrennt verlaufend, im Querschnitt leicht S förmig gekrümmt. Spreite länglich lanzettlich, beiderseits verschmälert, weich, gelbgrün, unterseits mit gelben Drüsen und weissen kurzen einzelligen Härchen bestreut. Fiedern jederseits 18—30, fast sitzend, die untersten kurz, dreieckig, die übrigen lanzettlich, zugespitzt, ziemlich genähert, die unteren gegenständig, die oberen abwechselnd. Abschnitte länglich, stumpf, flach oder wenig zurückgerollt, ganzrandig oder schwach ausgeschweift, seltener deutlich gekerbt (var. *crenatum* Milde Sporenpfl. 60 [1865]). Sori nahe dem Rande, unter sich, aber nicht bis zur Berührung, genähert. — Schattige und lichte Wälder, gern an feuchten Orten, oft gesellig; häufiger im Gebirge (bis 1738 m [Kerner h.] aufsteigend) als in der Ebene, auf den Nordsee-Inseln, der Ungarischen Ebene, in der immergrünen Region des Mittelmeergebiets fehlend. Sp.r. Juli—Sept. — *A. m.* Aschers. Fl. Brand. III 133 (1859). Luerssen Farnpfl. 366. *Polypodium m.* Vogler Diss. inaug. Giess. (1781) nicht Lam. *P. Oreópteris*[1]) Ehrh. crypt. n. 22 Willd. Prod. 292 (1787) vgl. Beitr. IV 44 (1789). *P. limbospermum* Bellardi in All. Auct. Fl. ped. 49 (1789). *Polystichum m.* Roth Tent. Fl. germ. III 74 (1800). *Aspidium O.* Sw. Schrad. Journ. 1800 II 35 (1801). Nyman Consp. 866 Suppl. 347. *Polystichum O.* Lam. et D.C. Fl. franç. II 563 (1805). Koch Syn. ed. 2. 978. *Lastrea O.* Presl Tent. Pter. 76 (1836, vgl. Bory Dict. class. VI 588 [1824]). *Nephrodium m.* Baker in Hook. et Bak. Syn. fil. 271 (1874).

Dieser schöne Farn, von angenehm aromatischem Geruch, unterscheidet sich von 12., mit dem er öfter verwechselt wird, durch die drüsigen, meist völlig oder nahezu ganzrandigen Abschnitte und die randständigen Sori.

Ueber den hypothetischen Bastard 10 × 11 s. S. 12.

(Britische Inseln; Frankreich; Nord-Spanien; Madeira; Corsica; Ober- und Mittel-Italien; Rumänien; nordöstl. Kleinasien; westl. Russland; südl. Skandinavien; Dänemark.) *

---

1) Von ὄρος Berg und πτέρις s. S. 2.

b. Blattstiel mit 5—18 Leitbündeln. Blattabschnitte stets gezähnt; meist nur der vordere Gabelast der Seitennerven der Abschnitte einen Sorus tragend. Schleier bleibend. Grundachse kurz, aufsteigend, mit dicht gedrängten Blättern.

1. Blattstiel kräftig, mehrmals kürzer bis höchstens halb so lang als die Spreite (vgl. 13), nebst dem Mittelstreif meist dicht braun-spreuhaarig (vgl. 12).

12. (6.) **A. filix mas** [1]). (Wurmfarn, niederl. und vlaem. Mannetjes Varen, Varen Manneke; dän.: Hanbraegne; franz.: Fougère mâle; ital.: Felce maschia; rumän.: Nawalnik; poln.: Paprotnik samega; böhm.: Kaprad samec; wend.: Papróć; russ.: Папоропъ; litt.: Papartis; ung.: Páprág.). ♃. Blätter einen Trichter bildend, 0,3—1,4 m lang, meist sommergrün. Stiel 6—30 cm lang, bis 5 mm dick, gelblich, schwach rinnig, mit 6—8 Leitbündeln, mehrmal kürzer als die längliche, nach der Spitze allmählich, weniger aber doch deutlich nach dem Grunde verschmälerte, gefiederte, derbe, oberseits dunkelgrüne, kahle, unterseits blässere, spreuhaarige Spreite. Fiedern jederseits 20—35, abwechselnd, sehr kurz gestielt, zugespitzt, tief fiederspaltig oder unterwärts gefiedert, die unteren und mittleren oft etwas aufwärts gekrümmt. Blattzähne nicht stachelspitzig. Sori nur am oberen Theile des Blattes, am unteren Theile der Abschnitte 2 reihig, dem Mittelnerven näher, oft bis zur Berührung genähert, aber meist nicht zusammenfliessend. Schleier (bei uns) meist kahl. — Wälder, steinige Abhänge, durch das Gebiet meist häufig bis gemein, bis 2400 m (Kerner h.) aufsteigend; selbst auf den Nordsee-Inseln Föhr, Juist und Borkum (auf letzteren beiden wohl nur angepflanzt; auch anderwärts häufige Zierpflanze). Sp.r. Juli—Sept. — *A. F. M.* Sw. in Schrad. Journ. 1800 II. 38 (1801). Luerssen Farnpfl. 372 fig. 136. Nyman Consp. 865. Suppl. 346. *Polypodium „F. mas"* L. Sp. pl. ed. 1. 1090 (1753). *Polystichum F. m.* Rth. Tent. fl. germ. III 82 (1800). Koch Syn. ed. 2. 978. *Nephrodium F. m.* Rich. Cat. med. Paris 129 (1801). *Lastrea F. m.* Presl Tent. Pterid. 76 (1836).

Dieser stattliche Farn ist nicht minder als 2. reich an Formen, die aber ebenfalls (mit Ausnahme von 12 B) eine continuirliche durch Uebergänge verbundene Reihe bilden. Die wichtigeren dieser Formen sind nach Milde (Fil. Eur. 119 ff.) und Luerssen folgende:

A. Schleier flach, mit den Sorus nicht von unten umfassendem Rande (kahl), bis zuletzt ungetheilt.

  α. Blätter 4—6 dm lang; Fiedern tief-fiederspaltig, Abschnitte länglich, bis zur stumpfen oder gestutzten Spitze fast gleich breit.

  I. **subintegrum.** Blattstiel nebst dem Mittelstreif des Blattes und der lineal-lanzettlichen Fiedern dicht spreuhaarig. Abschnitte am Seitenrande fast oder völlig ganzrandig, nur an der Spitze gezähnt. — An trocknen, steinigen Orten, seltner als die folgende. — *A. F. m.* var. *s.* Döll Fl. Bad. 27 (1857). Luerssen Farnpfl. 379. *A. F. m.* forma *genuina*

---

[1]) S. S. 11.

Milde Nova Acta Leop. Carol. XXVI. II. 508 (1858). *Polyst. F. m. rupicolum* Schur ÖBZ. VIII 322 (1858) (nur 23 cm hohe Felsenform).

2. crenátum. Abschnitte am Seitenrande gesägt, an der Spitze gesägt-gezähnt, sonst w. v.' — So am häufigsten. — *A. F. m.* var *c*. Milde a. a. O. (1858). *A. F. m.* var. *typica* Luerssen Farnpfl. 377 (1886). Var. *Barnésii*[1]) (Moore nach Lowe Native Ferns I. 272 fig. 222 [1867]. Luerssen Farnpfl. 386) scheint mir ein unvollkommener Zustand von A. a. 2. mit ca. 3 dm langen, mit Ausnahme der Basis des Blattstieles spärlich spreuhaarigen Blättern. Fiedern jederseits etwa 13, die unteren dreieckig-eiförmig, stumpf, die mittleren verlängert-dreieckig, die oberen lanzettlich. Abschnitte ringsum (die untersten am Grunde verschmälerten eingeschnitten-) gekerbt-gesägt. Von dem ähnlichen 14. durch den kurzen Blattstiel und die nicht stachelspitzigen Blattzähne sofort zu unterscheiden. — Bisher (wie es scheint, nur Frond.) in der Rheinprovinz und im Riesengebirge bei Krummhübel (Milde Fil. Eur. 121).

b. Blätter 6—12 dm lang; Fiedern am Grunde gefiedert, gegen die Spitze tief fiederspaltig.

1. deorsi-lobátum. Blätter meist straff. Stiel und Mittelstreif des Blattes und der Fiedern dicht spreuhaarig; untere Fiedern länglich-, obere lineal-lanzettlich; Fiederchen stumpf, eingeschnitten-gekerbt bis tief fiederspaltig, mit kerbig gesägten Abschnitten, von denen die untersten (wenigstens der hintere, dem Mittelstreif des Blattes zugewandte) ohrförmig vorgezogen sind; Sori gross, zuletzt dicht gedrängt. — Trockne Stellen der Gebirgswälder, seltener im nördlichen Flachlande. — *A. F. m.* var. *d.* Milde Fil. Eur. 120 (1867). Luerssen Farnpfl. 380. *Lastrea F. m.* var. *d.* Moore Ferns Gr. Br. and Ir. Nat.-Pr. pl. XIV—XVII Text [S. 7] (1857). *A. Mildeanum* Göppert Denkschr. Schles. Gesellsch. 50 jähr. Besteh. (1853) 193. *A. F. m.* var. *incísa* Milde Nova Acta XXVI. 2. 509 (1858) nicht Döll. *A. F. m.* B *Veselskii*[2]) Hazslinszky Ejsz. Magy. virânya (1864) 349.

2. affíne. Blätter schlaff; Stiel ziemlich lang, dicht-, Mittelstreif (wie der der Fiedern) spärlich-spreuhaarig; untere Fiedern länglich, Fiederchen länglich bis lanzettlich, stumpf bis spitzlich, unten tief fiederspaltig bis fast gefiedert; ihre Abschnitte länglich, ringsum gesägt, die untern nicht grösser als die folgenden. Sori klein, bis zuletzt von einander entfernt. — An feuchten schattigen Orten, seltener als die vorige Form. — *A. f. m. a.* Aschers. Syn. I. 27. *A. affíne* Fisch. et Mey. in Hohenack. en. Talüsch. 10 (1838). *A. caucásicum* A. Br. in Flora XXIV 707 (1841). *Lastrea F. m.* var. *incísum* Moore Phytol. III 137 (1848). *A. F. m.* var. *i.* Döll. Fl. Bad. 27 (1857). Luerssen Farnpfl. 383.

Ebenfalls ein unvollkommener Zustand (ob wirklich immer von A. *b. 2.* wie Borbás ZBG. Wien XXV 791 [1875] meint, lasse ich dahingestellt) ist die fast stets als Frond. (vgl. var. *Barnesii*) oder höchstens mit einzelnen Soris, öfter mit anderen Formen auf einer Grundachse (nach Luerssen Farnpfl. 385) beobachtete var. *heleópteris*[3]) (Milde Nova Acta XXVI 2. 510 [1858] Luerssen Farnpfl. 384 = *Polypodium H.* Borckhausen in Roemers Archiv I Stück 3 319 [1798]). Blätter bis 8 dm lang,

---

[1]) Nach dem Entdecker Barnes, der diese Form in der englischen Grafschaft Westmoreland auffand.

[2]) Nach Friedrich Veselský, † 1866 als Kreisgerichts-Präsident zu Kuttenberg in Böhmen, einem um die Flora mehrerer Kronländer Oesterreich-Ungarns verdienten Beobachter.

[3]) Von ἕλος Sumpf und πτέρις s. S. 2.

schlaff, mit blassgrünem, spärlich spreuhaarigem Mittelstreif, mit fiedertheiligen Fiedern bis doppelt-gefiedert mit fiederspaltigen Fiederchen; Fiedern gedrängt, sich theilweise deckend; Fiederchen oder untere Abschnitte der Fiedern dreieckig, von einander entfernt, die folgenden oft länglich, doppelt-gekerbt-gesägt bis fiederspaltig, am hinteren Rande ganzrandig, keilförmig herablaufend, am vorderen bogig; abgerundet-stumpf. — In feuchten Wäldern, wohl nicht allzu selten.

B. Schleier gewölbt, mit seinen abwärts umgebogenen Rändern den Sorus von unten umfassend (kahl), zuletzt 2—3 lappig vom freien Rande nach der Anheftungsstelle einreissend. (Untergattung *Dichasium* A. Braun in Flora XXIV 710 [1841]).

paleáceum. **Blätter 1—1,6 m lang; Stiel und Mittelstreif des oft überwinternden Blattes und der Fiedern dicht mit oft am Grunde oder ganz braunschwarzen Spreuhaaren besetzt.** Fiedern fiederspaltig bis am Grunde gefiedert; oft nahezu oder völlig gegenständig. Abschnitte länglich, gestutzt, nur an den Seiten oder auch oben ganzrandig. — Diese tropische, mediterrane und atlantische Form bisher im Gebiet nur in Süd-Tirol bei Bozen beobachtet; angeblich auch in Schleswig bei Husum (Lange Danske Fl. 4. Udg. 17) [?]. *A. F. m.* var. *p.* Mett. Abh. Senckenb. Ges. II 55 (1856). Luerssen Farnpfl. 386. *A. paleaceum* Don Prodr. fl. Nepal. 4 (1825). *Lastrea F. m.* var. *p.* Moore Ferns Gr. Br. and Ir. Nat.-Pr. pl. XIV—XVII Text [S. 1] pl. XVII A [1857].

Von Formen mit drüsig behaartem Schleier wird in unserem Gebiete angegeben:

II. abbreviátum. Blätter selten über 3 dm lang, in der Jugend drüsig, Fiedern am Grunde gefiedert; Fiederchen bez. Abschnitte gross, kurz, an der Spitze kerbig-gelappt, mit gezähnten Lappen. — Diese aus England und Frankreich bekannte Form soll sich nach Borbás (ZBG. Wien XXV 791) im subalpinen Walde auf dem Berge Kunt bei Neu-Szádova im Banat finden. — *A F. m.* var. *a.* Borbás a. a. O. (1875)? Luerssen Farnpfl. 388. *Lastrea F. m.* var. *a.* Babingt. Man. Brit. bot. 3e ed. 410 (1851). *Polystichum a.* Lam. et D.C. Fl. franç. II 560 (1805). *Aspidium a.* Poir. Enc. Suppl. IV 516 (1816).

Auf das bisher nur von den Hochgebirgen Corsicas und Sardiniens!! bekannte III. *glandulósum* (Milde Fil. Eur. (1867) (123) mit nur 3 dm langen, unterseits reichlich drüsigen Blättern wäre in den See-Alpen zu achten.

Von missbildeten Formen, die gleichfalls öfter cultivirt werden, verdienen Erwähnung: *m. polydáctylum*[1]) (*L. F. m.* 11 p. Moore a. a. O. [S. 8] pl. XVI. B. [1857]). Blattspitze wiederholt gegabelt, ebenso die nicht verkürzten, an der Spitze plötzlich verschmälerten Fiedern. So wird beobachtet bei Visegrád in Ungarn (Borbás ZBG Wien XXV. 791). Die analoge nach Moore zu *paleaceum* gehörige, in England einheimische, bei uns nur cultivirte Form *m. cristatum* (*L. F. m.* 3 c. Moore a. a. O. [S. 6] Pl. XVI A [1857]), bei welcher der gegabelte Theil der Fiedern im Verhältniss viel ansehnlicher, bei den unteren Fiedern grösser als der ungetheilte stielartige Theil ist, ist sehr bemerkenswerth durch ihre von A. de Bary (Bot. Zeit. XXXVI [1878] 470) beobachtete Apogamie (s. S. 3). Auf dem Vorkeime bilden sich nicht einmal Archegonien. Dieselbe Erscheinung beobachtete übrigens neuerdings Kny nicht selten an einzelnen Vorkeimen der Hauptform (unter

---

1) Von πολύς viel und δάκτυλος Finger.

zahlreichen theils diklinischen, theils monoklinischen normalen). Vgl. Botan. Wandtafeln C. 1895. Ferner: *m. erósum* (Döll Rhein. Flora 16 (1843 = *A. erosum* und *A. depástum* Schk. Krypt. Gew. I 46 Tab. 45, 41 [1809]). Einzelne oder viele Fiedern und Abschnitte verkürzt, letztere häufig tief und unregelmässig eingeschnitten; mit oder ohne Sori, dann der Schleier öfter ähnlich wie bei B. gelappt. Diese vielfach beobachtete Form geht seltner aus der var. *crenatum*, als aus den var. *deorsi-lobatum*, *affine* und namentlich der Form *heleopteris* hervor. Ueber die Frostformen dieser Art vgl. Luerssen Beitr. zur Kenntn. der Fl. v. Ost- u. Westpr. Bibl. Bot. Heft 28 S. 31 ff, Taf. V Fig. 4 und X—XXXIII [1894]. Zu diesen gehört auch die var. *diversíloba* (Warnstorf Naturw. Ver. Harz VII 84 [1892]).

Off. Rhizoma Filicis, Radix Fil., Rad. Fil. Maris Ph. Austr., Belg., Gall., Germ., Helv., Hung., Neerl., Ross.

(Ganz Europa; Madeira; Algerien; Vorder- und Nord-Asien bis Japan; Turkestan; Himalaja; Java; Réunion; Madagaskar; Nord-America; Mexico; Venezuela bis Peru.) *

13. (7.) **A. rígidum.** ♃. Blätter einen dichten Büschel oder Trichter bildend, 25—45 cm lang, sommergrün. Stiel 6—15 cm lang, bis 3,5 mm dick, blassgrünlich, mit 5—6 Leitbündeln, in der Regel höchstens halb so lang, selten so lang (var. *fallax* Milde ZBG. Wien XIV. Sitzb. 12 [1864]) als die länglich-lanzettliche, doppelt-gefiederte, etwas derbe, am Grunde wenig verschmälerte beider-(besonders unter-)seits gelblich-drüsenhaarige Spreite. Spreuhaare heller als bei d. v., am Stiel und Mittelstreif des Blattes dicht stehend, an dem der Fiedern spärlich. Fiedern jederseits 17—25, abwechselnd oder die untersten gegenständig, sehr kurz gestielt, horizontal abstehend, die unteren etwas entfernt, dreieckig-eiförmig, kurz-, die folgenden länglich-lanzettlich, länger zugespitzt. Fiederchen länglich-lanzettlich, die unteren tief fiederspaltig (bis fast gefiedert), die folgenden weniger tief eingeschnitten, die obersten am Grunde zusammenfliessend. Abschnitte halbkreisrund bis länglich, mit wenigen kurzen und breiten, besonders an den Spitzen der Fiedern und Fiederchen meist kurz-stachelspitzigen Sägezähnen. Sori verhältnissmässig gross, oft nur am oberen Theile des Blattes, auf den Fiederchen 2 reihig, den Einschnitten genähert. Schleier drüsig, meist flach. — Felsen und Geröll besonders in der subalpinen Region des Alpensystems, kalkliebend, 1170—2150 m, selten bis 500 m herabsteigend. Im Französischen und Schweizer Jura. In der Alpenkette von den See-Alpen bis Nieder-Oesterreich (Dürrenstein) und Kroatien [angeblich in Slawonien auf dem kaum 1000 m hohen Papuk]; Bosnien (Treskavica bei Sarajevo); Hercegovina; Montenegro. [Für die südl. Siebenbürgischen Karpaten zweifelhaft Simonkai 608]. Sp.r. Juli, August. — *A. r.* Sw. Schrad. Journ. 1800 II 37 (1801). Luerssen Farnpfl. 403 fig. 147—150. Nyman Consp. 866. Suppl. 347. *Polypodium fragrans* Vill. Hist. pl. Dauph. III 843 (1789) nec L. *P. ríg.* Hoffm. Deutschl. Fl. II 6 (1795). *Polystichum r.* Lam. et D.C. Fl. franç. II 560 (1805) Koch Syn. ed. 2. 979. *Nephrodium r.* Desv. Ann. Soc. Linn. Paris VI 261 (1827). *Lastrea r.* Presl Tent. Pteridogr. 77 (1836).

Von 12 durch die stärkere Theilung des Blattes bei geringerer Grösse der Fiederchen, von 15. durch die starke Bekleidung mit Spreuhaaren, von allen Arten der Gattung (ausser den ganz unähnlichen 10. und 11. durch die drüsige Behaarung und den von derselben herrührenden Wohlgeruch zu unterscheiden. Auch diese Art ist ziemlich formenreich. Der hier beschriebene Typus wird von Milde (Fil. Eur. 127 [1867]) als b) *pinnatisecta* f. *germanica* bezeichnet; hiervon unterscheidet sich die in Krain, Istrien, Kroatien (Velebit) und auf der Insel Lesina Dalmatiens (in tieferen Lagen) beobachtete var. *meridionális* (Milde a. a. O. = *Hypodematium californicum* Fée Gen. fil. (1850)) durch straffere Blätter mit länger gestielten, am Grunde herzförmigen untersten Fiedern mit nicht stachelspitzigen Zähnen. Sie nähert sich in der Tracht der var. B. Die Var. *A. Nevadense* Boiss. mit nur fiedertheiligen Fiedern ist bisher nur in Süd-Spanien und auf Sardinien, aber nicht im Gebiet gefunden, wohl aber die Var.

B. austrále. Blätter noch straffer, hellgrün, fast lederartig, überwinternd, bis 65 cm lang. Stiel ziemlich lang (bis 26 cm). Untere Fiedern etwas länger gestielt. Fiederchen deutlicher gestielt, tiefer eingeschnitten, die untersten unterwärts gefiedert, am Grunde herzförmig. Blattzähne länger und daher im Verhältniss schmäler. Sori auch an den untersten Tertiär-Fiederchen 2reihig. Schleier am Rande abwärts gebogen. — Diese im Mittelmeergebiet (auch in der unteren Region) verbreitete Form findet sich an der Mittelmeerküste der Provence, in Kroatien, Dalmatien!! Hercegovina und Montenegro. Sp.r. Mai — Juli. — *A. r.* var. *a.* Ten. Atti Ist. Incor. Napol. V. 144. tab. 2 fig. 4 B. (1832). Luerssen Farnpfl. 411 fig. 150 b. c. *Nephrodium pallidum* Bory Expéd. Morée 287 tab. 36 (1832). *Aspidium p.* Lk. Sp. fil. 107 (1841). Nyman Consp. 866. Suppl. 347. *A. affine* Rchb. nach Kunze Bot. Zeit. 1844. 278 nicht Fisch. et Mey. *A. r.* forma *tripinnatisecta* Milde Fil. Eur. 127 (1867).

Diese Form erinnert an 2., unterscheidet sich aber sofort durch die derbe Consistenz, stärkere Bekleidung und die geringe Verschmälerung der Spreite am Grunde. Bemerkenswerth die Unterform

II. *cuneíloba* (Borb. in Luerssen Farnpfl. 411 fig. 151 [1886]). Untere Fiederchen der unteren Fiedern am Grunde keilförmig. So in Kroatien im schattigen Bergwald am Mali Samar bei Brušani.

(Norwegen zweifelhaft; Nord-England selten; Pyrenäen; Bulgarien; Mittelmeergebiet Europas und Africas (Algerien, Tunesien) bis Kleinasien, Cypern und Syrien; Afghanistan; Kalifornien.) [*

2. Blattstiel meist dünn, zerbrechlich, mindestens halb lang bis so lang als die abnehmend gefiederte Spreite, oberwärts nebst dem Mittelstreif spärlich spreuhaarig (vgl. 15 B); untere Fiedern gestielt. Blattzähne stachelspitzig. Frond. oft überwinternd.

Gesammtart A. spinulósum.

14. (8.) **A. cristátum.** ♃. Blätter einen lockeren Büschel bildend, hellgrün, oft ziemlich derb, gefiedert mit fiedertheiligen (bis -spaltigen) Fiedern. Stiel strohgelb oder grünlich, seltner gelbbraun, tief rinnig, am Grunde 5—7, oberwärts 3—5 peripherische stielrunde Leitbündel zeigend. Frond. auswärts abstehend, 30 bis 45 cm lang, ihr Stiel nur halb so lang als die schmal längliche, am Grunde

wenig verschmälerte, flach ausgebreitete Spreite. Fiedern jederseits 17 bis 20, abwechselnd oder die untersten gegenständig, stumpf, meist genähert, nur das unterste oder die 2 untersten Paare entfernt; **diese aus herzförmigem Grunde dreieckig, beiderseits mit 5—7 sehr genäherten Abschnitten**, von denen die hinteren länger als die vorderen sind; die folgenden Fiedern länglich, jederseits mit 8—10 stumpfen Abschnitten. Sp.b. bis 1 m lang, steif aufrecht; ihr Stiel bis fast so lang als die noch mehr verlängerte, meist derbere Spreite. Zahl, Gestalt und Theilung der Fiedern wie bei den Frond., aber die **oberen, Sori tragenden Fiedern durch Drehung der Stiele rechtwinklig gegen die Blattfläche gestellt, häufig ihre Unterseite nach oben wendend, aufrecht abstehend.** Sori gross, zuletzt bis zur Berührung genähert. Schleier ganzrandig, drüsenlos. — Bebuschte Moore, Waldsümpfe, im nördlichen Flachlande, besonders nach Osten, ziemlich verbreitet, seltener in den mitteldeutschen Gebirgen und auf der süddeutschen und Schweizer Hochebene, noch seltener in den Alpen; selten in Tirol: Kitzbüchel(?); Salzburg: Mittersill, Zell a. S.; Kärnten: Fellach(?); Steiermark: Cilli(?); Piemont: Oropo oberhalb Biella; Provinzen Bergamo und Verona; fehlt in der Ungarischen Ebene, in Siebenbürgen und weiter südlich; für Belgien jetzt zweifelhaft. Sp.r. Juli—Sept. *A. c.* Sw. in Schrad. Journ. 1800 II. 37 (1801). Luerssen Farnpfl. 412 fig. 152. Nyman Consp. 865. Suppl. 346. *Polypodium c. L.* Sp. pl. ed. 1. 1090 (1753) z. T. *P. Callipteris*[1]) Ehrh. Hannov. Mag. 1784 8, 9 Stück 127, 138. vgl. Beitr. III. 77. *Polyst. c.* Roth Tent. fl. germ. III 84 (1800). Koch Syn. ed. 2 978. *Nephrodium c.* Michx. Fl. bor. americ. II 269 (1803). *Lastrea c.* Presl Tent. pterid. 77. (1836).

Durch die kurzen unteren Fiedern und die eigenthümliche Stellung der Sori tragenden oberen Fiedern sehr ausgezeichnet. An der Spitze zwei- und mehrspaltige Blätter sind bei dieser Art verhältnissmässig häufig; sehr selten die missbildete Form m. *erósum* (Milde Nova Acta XXVI 2 518 [1858]) mit z. T. verkürzten, unregelmässig eingeschnittenen Abschnitten, so bei Sommerfeld in der Prov. Brandenburg und bei Ransern unweit Breslau.

(Nord- und Mitteleuropa, im nördlichen Skandinavien, Nord-Russland und im Mittelmeergebiet fehlend (die Angaben von Nord-Spanien und Griechenland sehr zweifelhaft); Kaukasus; West-Sibirien; östliches Nord-America.) *

15. (9.) **A. spinulósum.** ⚄. Blätter einen dichten Büschel bildend. abnehmend- (am Grunde doppelt- bis vierfach-) **gefiedert.** Stiel tief rinnig, am Grunde 5—11, oberwärts 3—6 Leitbündel zeigend. **Fiedern** jederseits 15—25, zugespitzt, **die unteren gegenständig, ungleichhälftig eiförmig bis eilanzettlich** (die hinteren Fiederchen länger als die vorderen), die oberen länglich-lanzettlich, meist abwechselnd. **Fiederchen etwas entfernt**, länglich (nur die untersten hinteren

---

[1]) Von καλλι- in der Zusammensetzung schön- und πτέρις s. S. 2, also: Schönfarn.

der untersten Fiedern länglich-lanzettlich), schon an den untersten Fiedern jederseits 10—15. Abschnitte (bez. Fiederchen) dritter Ordnung länglich, genähert, mindestens eingeschnitten gesägt. *A. s.* Sw. in Schrad. Journ. 1800 II 38 (1801). Luerssen Farnpfl. 429. *Polystichum s.* (Lam. et D.C. Fl. franç. II 561 (1805) erw.) Koch Syn. ed. 2. 978 (1845).

Zerfällt in zwei Unterarten:

A. A. eu[1])-spinulósum. Blätter 6—9 dm lang, aufrecht, etwas derb, hell- oder gelblich grün, kahl. Blattstiel dünn, grünlich bis strohgelb, unterwärts dicht, oberwärts nebst dem Mittelstreif spärlich mit hellbraunen Spreuhaaren besetzt, etwa so lang als die längliche unten doppelt gefiederte, wie die Fiedern kurz zugespitzte Spreite. Die untersten 1—2 Fiederpaare abgerückt, eilanzettlich, meist ohne Sori; ihre Fiederchen fiederspaltig, spitzlich, das unterste vordere länger als die folgenden. Abschnitte flach. Sori auf den Fiederchen (bez. grösseren Abschnitten derselben) 2 reihig, dem Mittelnerven genähert, ziemlich klein. Schleier gezähnelt, meist drüsenlos. — Wälder und Gebüsche, Moore, besonders an Baumstümpfen, in der Ebene und in der montanen Region der Gebirge fast überall verbreitet und häufig, selbst auf den Nordseeinseln; in der immergrünen Region des Mittelmeergebietes fehlend. Sp.r. Juli, Aug. — *A. e.* Aschers. Syn. I 32. *A. s.* Sm. Fl. Brit. 1124 (1804). Nym. Con. 866. Sup. 347. *A. s. genuinum* Milde Fil. Eur. 132 (1867). Luerss. Farnpfl. 433. *Polypodium cristatum* L. a. a. O. (1753) z. T. *P. Filix femina γ spinosa* Weis pl. crypt. Götting. 316 (1770). *P. spinul.* Müller Fl. Dan. XII. 7 t. 707 (1777), vgl. Fl. Fridrichsd. 193 fig. II (1767). *Polystichum spinosum* Roth Tent. fl. germ. III (1800). *Polyst. spinul.* Lam. et D. C. Fl. franç. II 561 (1805). *Polyst. s. α vulgare* Koch Syn. ed. 2. 979. *Nephrodium s.* Strempel Syn. Fil. Berol. 30 (1824). *N. s. genuinum* Roeper Zur Fl. Meckl. I 93 (1843).

Aendert nach Milde (Fil. Eur. 132, 133) und Luerssen (Farnpfl. 437 und 438) in der Textur und Umriss ab: A. *exaltátum* (Lasch Verh. BV. Brand. II 1860 79 [1861]). Blätter gross, länglich, weicher, dunkler grün; Fiederchen etwas entfernt. Hierzu II *látifrons* (Warnst. Naturw. Ver. Harz VII 1892 85). Blattstiel oberwärts und Mittelstreif fast oder völlig kahl. Spreite breit länglich; die untersten Fiedern kürzer als die beiden folgenden, nur diese länger zugespitzt. B. *elevátum* (A. Br. in Döll Rhein. Flora 18 [1843]). Luerssen a. a. O. *A. Callípteris* Wilms Rhein.-Westf. Verein IX. 577 [1852]). Blätter sehr schmal länglich, straff, hellgrün; Fiederchen gedrängt. Ferner in der Behaarung: II. *glandulósum* (Milde bei Luerssen a. a. O. 438). Blattstiel, Mittelstreif, und die Spreite am Rande und unterseits mit kurzen, einzelligen Drüsenhärchen. Dies Merkmal sehr selten bei typischen *A.*, häufiger an Uebergangsformen oder Mischlingen mit *B* (zu letzteren gehört wohl die von Luerssen a. a. O. erwähnte Pflanze vom Keilberge im Erzgebirge).

Missbildete Formen mit unregelmässig eingeschnittenen und verkürzten Fiederchen (m. *erósum* Lasch Verh. Bot. Ver. Brand. II 82 [1861]) finden sich bei dieser

---

1) S. S. 15.

Unterart wie bei *B.* Ueber die Formen beider Unterarten vgl. Lasch a. a. O. 77 ff. und Sanio a. a. O. XXV (1883) S. 65 ff. Allerdings ist es mir so wenig wie Luerssen (Farnpfl. 433) gelungen, mein Material, unter dem sich zahlreiche Sanio'sche Originale befinden, nach der von diesem Schriftsteller gegebenen Anordnung befriedigend unterzubringen.

(Mittel- und Nord-Europa, ausser in dem nördlichsten Theile Skandinaviens und Russlands, Ober-Italien; Corsica; Bulgarien; Nord-Asien bis zur Mandschurei, gemässigtes Nord-America.) *

B. A. dilatátum. ♃. Blätter bis 1,5 m lang, schlaff, überhängend, dunkelgrün, mit gelblichen Drüsenhärchen besetzt. Blattstiel bis 5 mm dick, strohgelb bis hellgelb-braun, nebst dem Mittelstreif dichter als bei *A.* mit in der Regel in der Mitte dunkler als an den Rändern gefärbten Spreuhaaren besetzt, meist erheblich kürzer als die eiförmig-längliche (var. *oblóngum* Milde Sporenpfl. 57 [1865]) bis dreieckige (var. *deltoidéum* Milde a. a. O. *Lastr. d.* 4. *deltoidea* Moore Ferns Gr. Br. and Ir. Nat.-Pr. pl. XXII—XXVI Text [S. 8] [1855]) am Grunde 3—4fach gefiederte, wie die Fiedern lang-zugespitzte Spreite. Fiedern sämmtlich genähert oder nur das unterste Paar abgerückt. Das unterste vordere Fiederchen kürzer als die folgenden. Abschnitte oft am Rande zurückgerollt. Sori meist auf allen Fiedern, meist grösser als bei *A.* Schleier besonders am Rande drüsig. — Schattige Wälder, besonders in höheren Gebirgen bis 2200 m (Kerner h.) verbreitet, weniger häufig im nördlichen Flachlande. Sp.r. Juli, Aug. — *A. d.* Sm. Fl. Brit. 1125 (1804). Nyman Consp. 866. *A. s.* var. bez. subsp. *dilatatum* Sw. Syn. fil. 54 (1806). Luerssen Farnpfl. 439. *Polypodium d.* und *P. tanacetifolium* Hoffm. Deutschl. Fl. II 7, 8 (1795). *Polystichum multiflórum* Roth Tent. fl. germ. III 87 (1800). *P. d.* D.C. Fl. franç. V 241 (1815). *P. s.* var. *d.* Koch Syn. ed. 2. 975 (1845). *Nephrodium d.* Desv. Ann. Soc. Linn. Paris VI 261 (1827). *Lastrea d.* Presl Tent. Pteridogr. 77 (1836). *N. s.* var. *d.* Roeper, Zur Fl. Meckl. I 93 (1843).

Diese Form kommt oft durch die Kleinheit der letzten Abschnitte 2. nahe, unterscheidet sich aber durch den beträchtlich längeren Stiel und die am Grunde nicht verschmälerte Spreite, fast immer auch durch die stachelspitzigen Zähne. Eine sehr abweichende Form ist B. *múticum* (A. Br. in Döll Rhein. Fl. 18 [1843]. Luerssen Farnpfl. 444). Spreuhaare ohne dunkeln Mittelstreif; Blattzähne stumpf, nicht stachelspitzig. So nur in Baden im Schwarzwald. Die von Winter (Mitth. Bad. Bot. V. I 133 [1884]) bei Herrenwies und Sasbachwalden unweit Achern angegebene Pflanze „hat sich leider im Laufe der Jahre in die var. *dilatatum* verwandelt" (Winter a. a. O. III. 322 [1895]). Weitere nennenswerthe Formen sind: II. *dumetórum* (Milde Fil. Eur. 138 (1867). Luerssen Farnpfl. 445). *Lastrea dil.* var. *dum.* Moore Ferns Gr. Br. and Ir. Nat.-Pr. pl. XXII—XXVI Text [S. 1] pl. XXV [1855]. *A. d.* Sm. Engl. Fl. IV 281 (1828). Blätter nur 35 cm lang, doppelt gefiedert; Fiedern stumpf, auch die untersten kaum ungleichhälftig; Spreuhaare gleichfarbig. III. *Chantériae*[1]) (Milde Fil. Eur. 139 Luerssen a. a. O.

---

[1]) Nach Mrs. Chanter, welche mit ihrem Gatten, dem Rev. J. M. Chanter, diese Form bei Hartland (Devonshire) in Süd-England zuerst auffand.

Lastrea d. var. *Ch.* Moore a. a. O. [S. 2] pl. XXIV [1855]). Blätter bis 65 cm lang; Spreite länglich-lanzettlich bis lanzettlich, nur doppelt-gefiedert; **Fiedern** schmal, wie die **Fiederchen entfernt.** — So in Böhmen bei Tetschen. — IV. *recurvátum* (Lasch Abh. Bot. Ver. Brandenb. II 80 (1861). Luerssen a. a. O. **Spitze der Fiederchen** zweiter und dritter Ordnung zuweilen selbst der Fiedern **nach unten gebogen** oder die ganzen Fiederchen nach unten zusammengelegt.
(Fast ganz Europa; nordöstl. Klein-Asien; Nord-Asien; Nord-America; weiter nach Norden und in den Gebirgen auch weiter nach Süden (Portugal, Spanien, Unter-Italien, Macedonien) gehend als *A.*) *

Bastarde.

B. I. b. 2. 14. × 15. (10). A. cristátum × spinulósum. ♃.
Blätter einen lockeren Büschel bildend, hellgrün, schlaff, bis 8 dm lang. Stiel zerbrechlich, bräunlich gelb bis blassgrün, nebst dem Mittelstreif spärlich spreuhaarig, tief-rinnig, halb so lang bis so lang als die länglich-lanzettliche, **doppelt-** (dann mit **fiedertheiligen Fiederchen**) **bis dreifach gefiederte**, am Grunde gleichbreite oder nur wenig verschmälerte **Spreite**. Fiedern jederseits bis 20, die unteren gegenständig, obere abwechselnd, alle meist **kurz**, seltener **länger zugespitzt**, an den Frond. genähert, an den Sp.b. entfernt; **die untersten auf herzförmigem Grunde dreieckig bis eiförmig**, ungleichhälftig, **jederseits mit 7—8 Fiederchen** meist ohne Sori. Fiederchen alle genähert, abgerundet-stumpf bis spitzlich. Sori ziemlich gross, auf den Abschnitten zweireihig, mehr den Mittelnerven genähert, zuletzt oft sich fast berührend. Sporen z. T. auch die Sporangien fehlschlagend. — Bebuschte Moore, Erlenbrücher zwischen den Eltern, im nördlichen Flachlande zerstreut, selten im mittleren und südlichen Gebiete: Bonn: Siegburg, Wahn; Helmstedt: Walbecker Moor; Oschersleben: Aderstedter Busch; Leipzig: Polenz; Theising in Böhmen; Offenbach; Unter-Essendorf in Württemberg; im Liptauer Comitat Ober-Ungarns. Sporangien Juli, Aug. — *A. s.* × *c.* Lasch nach Milde 33. Jahresb. Schles. Ges. 1855. 94. Lasch Bot. Zeit. 1856. 435. *A. s.* × *c.* und *A. c.* × *s.* Milde Nova Acta XXVI. II 533 (1858). *A. uliginosum* Nyman Consp. 866 (1884). Suppl. 347. *Polypodium c.* L. z. T. nach Newman Hist. Brit. Ferns 163 (1854). *Lastrea uliginosa* Newman Phytol. III 679 (1849). *L. cristata* β *u.* Moore Phyt. IV 150 (1851) Trans. Bot. Soc. Edinb. IV 109 (1853). *A. Boottii*[1]) Tuckerman nach A. Gray Manual ed. 2 598 (1856)? (vgl. Luerssen Farnpfl. 428). Luerssen Farnpfl. 421 fig. 153. *A. s.* var. *B.* A. Gray a. a. O. (1856). *Aspidium c.* var. *u.* Lowe Ferns Brit. et For. VI 62 (1857). *A. s.* subsp. *B.* Milde Sporenpfl. 55 (1865). *A. s.* c) *Tauschii*[2]) Čel. Prodr. Fl. Böhmen 10 (1869).

---

[1]) Nach Francis M. B. Boott, * 1792 † 1863, einem Botaniker, der sich besonders durch sein grosses Abbildungswerk über *Carex* (1858—1867) verdient gemacht hat.
[2]) Nach Ignaz Friedrich Tausch, * 1792 † 1848, Professor der Botanik in Prag, kritischem Schriftsteller über eine grosse Anzahl einheimischer und fremder

Erinnert in der Tracht an 14., von dem es sich durch die stärkere Theilung und die Zuspitzung der unteren Fiedern unterscheidet. Diese Form wurde zuerst von Lasch und Milde a. a. O. als Bastard erkannt, welcher letztere sie aber trotzdem in den Sporenpfl. (1865) a. a. O. für ein Verbindungsglied zwischen 14. und 15. (welche Arten schon Roeper 1843 vereinigt hatte) und in den Filices Europ. (1867) für eine Varietät von 14. erklärte, wogegen sie A. Gray zu 15. zog.

(Frankreich: Paris; England; Dänemark; Norwegen; Finnland; Kurland; Sibirien; Nord-America.) *|

B. I. b. 12. × 15. (11.) **A. filix mas × spinulósum**. ♃. Blätter einen Büschel bildend, 33—80 cm lang. Stiel kräftig, 10—24 cm lang, bis 5 mm dick, strohgelb, rinnig, nebst dem Mittelstreif des Blattes dicht (die der Fiedern spärlicher) blass-kupferbraun-spreuhaarig, $1/2$ bis $1/3$ so lang als die länglich lanzettliche, doppeltgefiederte, am Grunde meist weniger verschmälerte, lang zugespitzte, derbe, hellgrüne, unterseits blässere, drüsenlose Spreite. Fiedern jederseits 16—27, abwechselnd, seltener fast gegenständig, die unteren bis 6 mm lang gestielt, entfernt, etwas ungleichhälftig, dreieckig-, die folgenden länglich- bis lineal-lanzettlich. Fiederchen länglich, fiedertheilig bis fiederspaltig, nur die untersten gestielt, die folgenden durch einen schmalen Flügelsaum des Mittelstreifs verbunden. Abschnitte länglich, mit kurz stachelspitzigen Sägezähnen. Sori mittelgross, auf den Fiederchen bez. deren Abschnitten 2 reihig, näher den Mittelnerven. Schleier drüsenlos, leicht ausgefressen gezähnelt. Sporen fehlschlagend. — Feuchte Waldstellen, zwischen den Eltern, sehr selten. Bisher nur: Elsass: Hohwald bei Barr sehr zahlreich (Hauchecorne!) Baden: Oberried bei Freiburg (Klein-Seubert Exc.fl. Baden 8); bei Geroldsau unweit Baden-Baden (A. Braun 1834!), dort durch eine Abrutschung vernichtet. Rheinprovinz: Aachener Busch (A. Braun 1859!). Die durch häufiger gegenständige Fiedern und breitere gröber gezähnte Fiederchen verschiedene var. *subalpinum* (Borb. ZBG. Wien XXV 791 (1875) in Tirol bei Rattenberg an 4 Stellen (Woynar! vgl. Luerssen DBG. IV 422 ff. (1886) und V 103 (1887)); wahrscheinlich auch am Achensee und bei Gastein (Hauchecorne); in Kroatien an den Seen zu Plitvica (Borbás); in Siebenbürgen am Bache Zsiec bei Petrosz\u00e9ny (Borbás) und in der Bukowina am Isvorbache bei Gura Humora (Dörfler ÖBZ. XL 272). Die von Fiek (Fl. v. Schlesien 554 1881) als *A. f. m. γ remotum* „A. Br. als Art" aufgeführte Pflanze scheint in der That zu den Formen von 12. zu gehören (vgl. Borbás a. a. O.). Sporangien Juli, Aug. — *A. f. m. × s.* A. Braun in Döll Fl. Bad. 30 (1857). *A. rigidum* var. *remótum* A. Braun in Döll Rhein. Fl. 16 (1843). *A. remótum* A. Br. Verjüngung 329 (1850). Luerssen Farnpfl. 394 fig. 144—146. Nyman Consp. 865. Suppl. 347. *Lastrea r.* Moore Nat.-Print. Brit. Ferns II 350 (1860). *Nephrodium s. γ remotum* Baker in Hooker et Baker Syn. Filic. 275 (1874). *A. carthu-*

Pflanzen (Hortus Canalius 1823) und verdienstvollem Erforscher der Flora Böhmens, aus der er werthvolle Sammlungen getrockneter Pflanzen herausgegeben hat.

sianum[1]) Sanio BV. Brand. XXV 84 (1883), aber wohl kaum *Polypodium c.* Vill. Hist. pl. Dauph. III 842 (1789), eine bisher nicht aufgeklärte Pflanze.

Unterscheidet sich von 12. durch den längeren Blattstiel, die breitere Spreite, die entfernten, mehr oder weniger dreieckigen, unteren Fiedern, die stachelspitzigen Blattzähne; von 15. durch den kürzeren Blattstiel, die schmälere Spreite, die schmäleren, weniger getheilten Fiedern und die kürzer gespitzten Blattzähne; von 13., mit der diese Form mehr in technischen Merkmalen als in der Tracht übereinstimmt, durch grössere Abschnitte und den Mangel der Drüsenbekleidung.

(Nord-England: Windermere.) *|

II. **Hypopéltis**[2]) (Michaux Fl. bor. amer. II 266 [1803]). Schleier kreisrund, schildförmig dem Scheitel des Receptaculums eingefügt. — Grundachse unserer Arten kurz, einen Büschel kurzgestielter, stachlig-gesägt-gezähnter oder gesägter Blätter tragend.

a. Blätter einfach gefiedert. Längste Fiedern von $^1/_{14}$—$^1/_9$ der Spreitenlänge.

16. (12.) **A. lonchitis**[3]). ♃. Blätter bis 60 cm lang, sehr derb lederartig, überwinternd. Stiel 2—7 cm lang, grünlich bis strohgelb, unten mit 2—3, oberwärts mit 3—6 Leitbündeln, wie der untere Theil des oberwärts rinnigen Mittelstreifs bauchseits flach, wie dieser und die Unterseite der Fiedern braun-spreuhaarig. Spreite 6—10 mal so lang als der Stiel, lanzettlich, beiderseits stark verschmälert. Fiedern jederseits 30—50, abwechselnd, die untersten kurz-dreieckig (breiter als lang) bis eiförmig, die folgenden aus ganzrandigen, hinten keilförmigem, vorn spitz geöhrtem ganzrandigem Grunde lanzettlich, spitz, sichelförmig nach vorn gekrümmt, ziemlich dicht stachlig-gesägt-gezähnt, an der Spitze eine Stachelborste tragend. Sori meist nur an der oberen Blatthälfte, rückenständig, gross, beiderseits etwa in der Mitte zwischen Mittelnerv und Rand der Fiedern und Oehrchen einreihig, zuletzt zusammenfliessend. Schleier unregelmässig schwach-gezähnt. — An steinigen Abhängen und Felsen der Hochgebirge zwischen 900 und 2100 m (Kerner h.) verbreitet und häufig, seltener in den Mittelgebirgen, zuweilen selbst in die Ebene (z. B. bei München) herabsteigend; an letzteren Fundorten öfter vereinzelt und unbeständig, so dass zuweilen schwer zu entscheiden, ob natürliche Verbreitung oder Anpflanzung durch Liebhaber vorliegt. Belgien (Provinz Lüttich) früher bei Hèvremont; im Rheinischen Schiefergebirge

---

[1]) Nach dem von Villars angegebenen Fundorte Grande Chartreuse (Carthusia) bei Grenoble, bekanntlich dem Stammsitz des Karthäuser-Ordens.

[2]) Von ὑπό unten und πέλτη kleiner, runder Schild.

[3]) λογχῖτις, bei Dioskorides (III 150, 151) Name zweier ganz verschiedener Pflanzen. Die λογχῖτις ἑτέρα oder τραχεῖα, welche mit σκολοπένδριον (s. S. 50) verglichen wird, ist offenbar ein Farn, vielleicht unsere Art. Die in Cap. 150 beschriebene Pflanze ist eine Orchidee, deren Früchte mit einer Lanze (λόγχη) verglichen werden; Sprengel erklärt sie für *Serapias*.

(neuerdings überall vergeblich gesucht F. Wirtgen br.); Vogesen; Jura! Oberbaden; Stuttgart und Esslingen (früher); Etzelwang bei Hersbruck in Mittelfranken; Rhön (früher); Vogelsberg; Fichtelgebirge; Thüringen; Harz; Erzgebirge (Pöhlberg bei Annaberg); Böhmische Schweiz: Dittersbach; Görlitz; Riesengebirge! Gesenke! Böhmen (vereinzelt auch im niedrigen Berglande bei Humpolec, Přyhislau und Königinhof), Ojców in S.W. Polen; Tatra!! und sonst in den nördlichen! nordöstlichen und Siebenbürgischen Karpaten; Banat. Im nördlichen Flachlande bei Drebkau! Eberswalde!! und Prenzlau! wohl nur angepflanzt. Alpen von den Seealpen bis Niederösterreich! Steiermark! Kroatien; Dalmatien (Biokovo); Bosnien! Hercegovina! Montenegro. Sp.r. Aug., Sept. — *A. L.* Sw. in Schrad. Journ. 1800 II 30 (1801). Luerssen Farnpfl. 324. Koch Syn. ed. 2. 976. Nyman Consp. 865. Suppl. 346. *Polypodium L.* L. Sp. pl. ed. 1. 1088 (1753). *Polystichum L.* Roth Tent. Fl. germ. III 71 (1800).

(Fast ganz Europa, auch in den Gebirgen der drei südlichen Halbinseln, Corsica, Sicilien und Kreta; Kleinasien; Kaukasus; Sibirien; Turkestan; Himalaja; Nord-America; Grönland.) *

b. Blätter doppelt- bis fast dreifach gefiedert. Längste Fiedern von $1/8$—$1/5$ der Spreitenlänge.

Gesammtart A. aculeátum.

17. (13.) **A. aculeátum.** ♃. Blätter bis 1 m lang, meist überwinternd. Stiel mit 3—5 Leitbündeln, nebst den Mittelstreifen des Blattes und der Fiedern mit grösseren und dazwischen kleineren kupferbraunen Spreuhaaren besetzt, mehrmal kürzer als die dunkelgrüne, unterseits blässere, spreuhaarige (im Alter kahl werdende) lang zugespitzte Spreite. Fiedern jederseits 45 und mehr, abwechselnd oder die untersten gegenständig, zugespitzt, die untersten abwärts gerichtet, die folgenden horizontal, die Mehrzahl aufwärts gerichtet oder sichelförmig nach oben gekrümmt. Fiederchen jederseits bis zu 20, aus ganzrandigem, vorn gestutztem, öfter geöhrtem, hinten keilförmigem Grunde trapezoidisch eiförmig bis länglich, stachlig- oder stachelborstig-gesägt, an der Spitze eine Stachelborste tragend. Sori meist nur an der oberen Blatthälfte, auf den Fiederchen 2reihig. *A. a.* Döll Rhein. Fl. 20 (1843). Koch Syn. ed. 2. 976. Milde Fil. Europ. 104 z. T. *Polypodium a.* L. Sp. pl. ed. 1. 1090 (1753). *A. lobátum* Mettenius Fil. hort. Lips. 88 (1856). Luerssen Farnpfl. 330.

Ueber diese Art und die verwandten Formen vgl. Christ Schw. BG. III 26 ff. (1893).

Zerfällt in zwei Unterarten:

A. A. lobátum. Blattstiel 6—20 cm lang, bis 7 mm dick. Spreite lanzettlich bis fast lineal-lanzettlich, nach dem Grunde deutlich verschmälert, öfter etwas gelbgrün, derb lederartig, oberseits etwas glänzend. Spreuhaare am Mittelstreif ziemlich locker. Fiedern länglich-lanzettlich bis lanzettlich. Fiederchen 8—15 mm lang, vorwärts geneigt, meist sitzend oder nur die untersten breit gestielt, spitz, meist nur die untersten geöhrt, seltener fiederig eingeschnitten; das unterste vordere deutlich grösser als das folgende, dem Mittelstreif angedrückt. Blattzähne kräftig stachlig. Sori gross, auf den zuführenden Nerven meist rückenständig, zuletzt oft zusammenfliessend. Schleier derb, bleibend. — Gebirgswälder, gern an steinigen Abhängen, über die Baumgrenze bis 2160 m aufsteigend, verbreitet; im nördlichen Flachlande selten. Auch als Zierpflanze in Gärten. Sp.r. Juli—Oct. — *A. l.* Sw. in Schrad. Journ. 1800 II 37 (1801). Nyman Consp. 865. Suppl. 346. *A. l. genuinum* Luerssen Farnpfl. 331 fig. 135, 138. *Polypodium a.* L. a. a. O. z. T. (1753). *P. lobatum* Huds. Fl. angl. ed. 1. 469 (1762). *Polystichum a.* Roth Tent. Fl. germ. III 79 (1800). *Aspidium a.* a) *vulgare* Döll Rhein. Flora 20 (1843). Koch Syn. ed. 2. 976.

Christ a. a. O. I. 85 unterscheidet nur eine bemerkenswerthe Varietät: B. aristatum. Mittelstreif dichter spreuhaarig. Spreite verhältnissmässig schmal, weniger derb lederartig, unterseits (wie 18.) weiss spreuhaarig. Fiedern und Fiederchen sehr gedrängt, letztere höchstens 7 mm lang, tief und lang-stachelborstig-gesägt; das unterste vordere nicht so auffällig grösser als die folgenden. — In der montanen Region des Alpensystems. Bisher beobachtet: See-Alpen: Certosa di Pesio; Schweiz; auch im Jura (Christ a. a. O. I 85, III 31); Untersberg bei Salzburg (Funck!) Reichenhall (A. Braun!). Nieder-Oesterreich: Schneeberg!! Bosnien (Christ a. a. O. III 31). — *A. l.* var. *aristata* Christ a. a. O. I 85 (1891). *Polystichum l.* var. *microlobum* Christ a. a. O. III 30 (1893) nicht Milde. Diese Form, die sich in Tracht und Merkmalen der Unterart *B.* nähert, unterscheidet sich von ihr durch die am Grunde stärker verschmälerte Spreite, die nicht so deutlich gestielten Fiederchen, die grösseren Sori.

Weniger erhebliche Formen: *C. umbrdticum* (Kunze Flora XXXI 375 (1848). Luerssen a. a. O. fig. 138 g). Blätter gross; unterstes vorderes Fiederchen doppelt so gross als das folgende. *D. subtripinndtum* (Milde Nova Acta XXVI. II 494 (1858). Luerssen a. a. O. fig. 138 k). Blätter gross; die meisten Fiederchen gestielt, das unterste vordere fiederig eingeschnitten. *E. longilobum* (Milde a. a. O. (1858). Luerssen a. a. O.). Blätter bis 6 dm lang; Fiederchen oft gestielt, vom Grunde an rasch verschmälert. *F. auriculdtum* (Luerssen a. a. O. 336 fig. 138 h [1886]). Blätter bis 7 dm lang; Fiederchen fast gestielt, meist geöhrt. *G. microlobum*[1] (Milde a. a. O. 495 (1858). Luerssen a.a. O.). Blätter 35 cm lang, fast lineal-lanzettlich; Fiederchen jederseits nur 5, bis 5 mm lang. Jugendformen mit einfach gefiederten Blättern sind als var. *Plukenétii*[2] (*Polypodium P.* Loisel. Notice 146 (1810). *Polystichum P.* Duby Bot. gall. I 538 (1828)) unterschieden worden. Sie werden öfter mit 16. verwechselt; solche Blätter sind aber meist langgestielt, und tragen häufig keine Sori, die meist weniger zahlreichen Fiedern tiefer eingeschnitten (die Lappen gesägt) oder doch gröber gesägt, mit spitzen Buchten (also nicht gezähnt-gesägt). Ueber die Unterschiede von 16. × 17. vgl. S. 42.

(Im grössten Theile Europas, mit Ausnahme Nord-Skandinaviens, des grössten Theils von Russland [dort nur in den Ostseeprovinzen und im Südwesten] und der Inseln des Mittelmeeres; findet sich auch

---

[1] Von μικρός klein und λοβός Lappen.
[2] Nach Leonard Pluc'net (Plukenet), * 1642 † 1706, Arzt in London. Seine botanischen Hauptwerke sind: Phytographia 1691—1696 und Almagestum 1696.

in Kleinasien, den Kaukasusländern, Nordpersien. Abweichende Formen (nach Christ a. a. O. III 31 ff.) in Vorder- und Hinter-Indien; Japan; Hawai-Inseln; Neu-Seeland; Capland; Kalifornien.) *

B. A. anguláre. Blattstiel bis 30 cm lang und bis 5 mm dick. Spreite länglich-lanzettlich, weniger nach dem Grunde verschmälert, öfter graugrün, weniger derb als bei *A.*, glanzlos. Spreuhaarbekleidung auch am Mittelstreif dicht. Fiedern lineal-lanzettlich. Fiederchen kleiner als bei *A.* (höchstens 1 cm), rechtwinklig abstehend, sämmtlich kurz gestielt, am Grunde geöhrt, das unterste vordere in der unteren Blatthälfte nicht oder wenig grösser als das folgende, häufig, wie auch die nächstfolgenden fiederig-eingeschnitten. Blattzähne und die stumpfe Spitze der Abschnitte und Fiederchen plötzlich in eine Stachelborste zusammengezogen. Sori kleiner, meist endständig. Schleier zarter als bei *A.* — An ähnlichen Orten wie *A.*, aber nur in tieferen Lagen der Gebirge im westlichen und südlichen Gebiet, auch dort wenig verbreitet (die Angaben im Gesenke bei Zuckmantel und in den Schlesischen Karpaten bei Ustron werden sich wohl trotz der Autorität von Milde und Niessl auf Formen von *A.* beziehen; Süd-Polen? das Vorkommen in Galizien bezweifelt schon R. v. Uechtritz [ÖBZ. XXIII 31] mit Recht). Belgisches Bergland; Dielingen an der Sauer in Luxemburg; Rheinprovinz im Neanderthale bei Düsseldorf! Rheineck! Hönningen; im Idarwald, Marienburg bei Bullay a. d. Mosel und Possbach-Thal bei Bingerbrück (Geisenheyner br.); auch bei Leichlingen unw. Solingen und Cornelimünster bei Aachen angegeben; Iberg! und Gunzenbacher Thal (Christ a. a. O. I. 83) bei Baden-Baden, Güntersthal und Rosskopf bei Freiburg i. Br. (Christ! a. a. O.). In der südlichen Schweiz bei Locarno (Christ!! a. a. O.) und bei Carona unw. Lugano (Christ a. a. O. 84). Provence. Venetianische Alpen; Kroatien; Bosnien; Hercegovina; Dalmatien. Banat! Siebenbürgen. Sp.r. Juli, Aug., im Süden Juni, Juli. — *A. ac.* b) *ang.* A. Br. in Döll Rhein. Fl. 21 (1843). *A. ang.* Kit. in Willd. Sp. pl. V. 257 (1810). *Polypodium aculeatum* L. z. T. Huds. Fl. angl. ed. 1. 459 (1762). *A. ac.* Sw. in Schrad. Journ. 1800 II 37 (1801). Nyman Consp. 865. Suppl. 346. *A. ac.* β. *Swartzianum* Koch Syn. ed. 2. 976 (1845). *A. lobatum* β. *angulare* Metten. Fil. hort. Lips. 88 (1856). Luerssen Farnpfl. 343 fig. 139, 140. *A. ac. ac.* Milde Nova Acta XXVI. 2. 501 (1858). *A.* [*Braunii* var.] *bosniaca* Formánek ÖBZ. XXXVIII 243 (1888).

Bemerkenswerthe Formen: B. *hastulátum* (Kunze Flora XXXI 360 (1848). Luerssen Farnpfl. 349 fig. 139 c). *A. h.* Ten. Atti Istit. Incoragg. Nap. V. 149 tav. IV fig. 7 A, b (1832). Untere Fiederchen am Grunde fiedertheilig bis gefiedert, namentlich das Oehrchen bis zum Mittelnerven gelöst. — Slawonien am Papuk und Kroatien am Klek bei Ogulin. — C. *micrólobum* (Warnstorf in Aschers. Syn. I. 39 [1896] vgl. Luerssen Farnpfl. fig. 139 d). Spreite verhältnissmässig schmal; Fiederchen 4—6 mm lang. — So beobachtet am Iberg bei Baden-Baden (Zickendrath! mitgeth. von Warnstorf). Locarno!! Banat.

m. *pulcherrimum* (Wilson), wildwachsend nur in England gefunden, ist als Beispiel von Aposporie bemerkenswerth (s. S. 4).

(England; Irland; Frankreich; Nord-Spanien; Portugal; Serbien: Belgrad Bornmüller! Mittelmeergebiet; Madeira; Canarische Inseln; Fernando Póo; Kamerun-Gebirge; Abyssinien; Kilimandjaro; Capland; Comoren; Klein-Asien; Transkaukasien; Persien; Himalaja. Abweichende Formen nach Christ (a. a. O. III 36 ff.) in Süd- und Ost-Asien, Kalifornien, im tropischen und Süd-America (vgl. auch S. 19).) *

18. (14.) **A. Braúnii**[1]). ♃. Blätter bis 8 dm lang, sommergrün. Stiel 2—15 cm lang, bis 5 mm dick, mit bis 5 Leitbündeln, blassgrün, am Grunde schwarzbraun, nebst dem Mittelstreif des Blattes und der Fiedern mit glänzenden, ungleich grossen, gelblichen bis kupferbraunen Spreuhaaren sehr dicht besetzt, vielmal kürzer als die länglichlanzettliche, nach dem Grunde stark verschmälerte, doppelt bis dreifach gefiederte, dünne, schlaffe, oberseits dunkelgrüne, frisch etwas glänzende, unterseits blässere, weiss-spreuhaarige Spreite. Fiedern jederseits bis 30 und mehr, abwechselnd oder die untersten gegenständig, meist rechtwinklig abstehend, die unteren etwas locker stehend, alle länglich, die unteren stumpflich, die oberen kurz zugespitzt. Fiederchen jederseits bis zu 15, fast rechtwinklig abstehend, sehr kurz gestielt, aus ganzrandigem, vorn gestutztem und stumpf geöhrtem, hinten keilförmigem Grunde trapezoidisch-länglich, stumpf, aufgesetzt-stachelborstig, anliegend kerbig-weichstachlig-gesägt; die untersten vorderen besonders in der unteren Blatthälfte nicht oder nur wenig grösser als das folgende, öfter fiederig eingeschnitten bis fiedertheilig (var. *subtripinnátum* Milde Nova Acta XXVI. 2. 501 (1858). Sori an der oberen Blatthälfte, auf den Fiederchen 2reihig, bis zuletzt getrennt, gross, meist endständig. Schleier zart, hinfällig. — Gebirgswälder, auch an steinigen Abhängen, bis 1600 m aufsteigend, wenig verbreitet und meist spärlich. Vogesen. Südlicher Schwarzwald: Höllen-!, St. Wilhelmer-! und Zastler-Thal! Württemberg: Unter-Essendorf (Probst nach Christ a. a. O. III. 41). Odenwald: Frankenstein. Seesteine am Meissner (Gothe und Zabel DBG. XI 138). Sächsische Schweiz! Lausche; Isergebirge; Hohe Eule; Klessengrund bei Landeck! Gesenke verbreitet und reichlich! Mährische, Schlesische (reichlich)! nördliche (incl. Tatra), nordöstliche und südliche Karpaten! Süd-Böhmen; Passau. Schweiz: Engelberg; Schächen-Thal (Christ a. a. O. I. 87). Oberbayern: Hinterstein; Ammergau. Tirol: Zillerthal (Kerner h.); Meran; Fleimser Thal (Gelmi Prosp. 196); Pusterthal! Kärnten! Mte. Sernio bei Pontebba (Trevisan nach Vis. Sacc. 275). Salzburg. Steiermark. N.-Oest.: Kranichberg; Aspanger Klause. Kroatien. Bosnien: Mosor gegen Gučja Gora, im Vranji dol und Gujni dol am Vlašić bei

---

[1]) Nach Alexander Braun, * 1805, † 1877, Professor der Botanik in Karlsruhe, Freiburg, Giessen und (seit 1851) in Berlin; einem der hervorragendsten Morphologen und dabei gründlichen Kenner der mitteleuropäischen Flora, meinem unvergesslichen Lehrer, der diese Art 1823 mit Spenner im Höllenthale bei Freiburg entdeckte.

Travnik (Brandis nach Freyn ZBG. Wien XXXVIII. 638). Montenegro.
Sp.r. Juli, Aug. — *A. B.* Spenn. Fl. Friburg. I. 9 tab. 2 (1825).
Luerssen Farnpfl. 350 fig. 141, 142. *A. angulare* Kit. a. a. O. (1810)
z. T. ? Nyman Consp. 865. Suppl. 346. *A. ac.* c) *B.* Döll Rhein. Fl.
21 (1843). *A. ac.* ε. *B.* Koch Syn. ed. 2. 977 (1845). *A. pilosum*
Schur Siebenb. Ver. II. 168 (1851).

Unterscheidet sich von beiden Unterarten von 17. durch das weiche, schlaffe Laub, die stumpflichen unteren Fiedern und die geringere Zahl der Fiederchen; von *A.* noch durch die deutlich gestielten Fiederchen, den viel geringeren Grössenunterschied zwischen den untersten vorderen Fiederchen, und den folgenden; von *B.* auch durch die grösseren Fiederchen.

(Franz. Lothringen; Dänemark; südliches Skandinavien; Russland: Moskau (Dr. E. Zickendrath 1894! mitgetheilt von Warnstorf); Kaukasus; Amur; Nord-America; Hawai-Inseln (Christ a. a. O. III 41).)

*

Bastarde.

B. II. b. 17. *A.* × 18. (15.) **A. *lobátum* × Braúnii.** ♃.
Blätter bis 1 m lang. Stiel 12—20 cm lang und bis 7 mm dick, wie der Mittelstreif dicht und ungleich braun spreuhaarig, mehrmal kürzer als die länglich lanzettliche, am Grunde deutlich verschmälerte, dünn lederartige, oberseits (trocken) glanzlose oder schwach glänzende, dunkelgrüne, unterseits blässere, spreuhaarige Spreite. Fiedern jederseits 25—35, meist gedrängt, abwechselnd, oder die unteren kürzeren etwas lockeren Fiedern fast gegenständig, die übrigen länglich bis länglich-lanzettlich, die unteren spitz, die oberen mittellang zugespitzt. Fiederchen jederseits bis 16, meist deutlich gestielt, am ganzrandigen Grunde vorn gestutzt und oft geöhrt, hinten keilförmig, an den unteren Fiedern untere fast rechtwinklig abstehend, stumpflich, ziemlich plötzlich stachlig gespitzt, die oberen vorwärts gerichtet, spitz, alle stachlig-kerbig-gesägt; vorderes unterstes Fiederchen in der unteren Blatthälfte nur wenig oder deutlich grösser als das folgende. Sori nur an der oberen Blatthälfte, auf den Fiederchen 2 reihig, getrennt, ziemlich gross. Schleier bleibend. Sporen meist fehlschlagend. — Schattige Bergwälder mit den Eltern, öfter ziemlich zahlreich. Sudeten: Hohe Eule; Gesenke bei Gräfenberg! am Rothen Berge und im Kessel. Czantory bei Ustron in den Schlesischen Karpaten. Bukowina: am Isvor-Bache bei Gura Humora (Dörfler ÖBZ. XL 227). Tirol: Pusterthal bei Lengberg, Nikolsdorf und Chrysanthen (Ausserdorfer nach Dörfler a. a. O. 271); Kärnten: Plecken (Ausserd. a. a. O.) und Heiligenstadt. Sporangien Juli, Aug. — *A. l.* × *B.* Luerssen Farnpfl. 357 fig. 143. *A. Luersséni*[1]) Dörfler a. a. O. 227 (1890). **[*]**

Die mir vorliegenden Blätter erinnern in der unteren Hälfte mehr an 18., in der oberen an 17. *A.*

---

[1]) Nach Christian Luerssen * 1843, Professor der Botanik in Königsberg, dem hervorragendsten Kenner und sorgfältigsten Monographen der mitteleuropäischen Pteridophyten, dessen Darstellung ich selbstverständlich in diesem Werke gefolgt bin.

B. II. 16. × 17. *A.* (16.) **A. lonchitis × *lobátum*.** ♃.
Blätter bis 29 cm lang, derb lederartig, überwinternd. Stiel bauchseits wie der untere Theil des Mittelstreifs seicht rinnig, 5—6 mal kürzer als die **einfach gefiederte lanzettliche**, beiderseits stark verschmälerte, unterseits wie Mittelstreif und Stiel spreuhaarige Spreite. **Fiedern** abwechselnd, genähert, rechtwinklig abstehend oder etwas sichelförmig aufwärts gekrümmt, die längsten von $^1/_{10}$—$^1/_9$ der Spreitenlänge, die **untersten dreieckig** (so lang als breit oder wenig länger), die folgenden aus ganzrandigem, vorn spitz geöhrtem hinten keilförmigem Grunde lanzettlich, kurz-zugespitzt, unterwärts **fiedrig eingeschnitten** (besonders das Oehrchen durch einen oft den Mittelnerven erreichenden Einschnitt gelöst), oberwärts eingeschnitten-stachliggesägt. Seitennerven jederseits 13—15. Abschnitte gesägt. Obere Fiedern fast ungetheilt, auch die Oehrchen auf grosse Zähne reducirt. Sägezähne nicht so kräftig als bei 16, kräftiger als bei 17. Sori meist nur am oberen $^2/_5$—$^1/_3$ des Blattes, zuletzt zusammenfliessend; Sporen fehlschlagend. — Mit den Eltern sehr selten und einzeln; bisher nur im Alpengebiet beobachtet: Algäu: am Aufstieg von der Käser-Alpe im Oythal gegen den Aelple-Pass; vielleicht auch am Einödsbach 1893 (Hausknecht Mitth. Bot. V. Thür. N. F. VI. 29). Nieder-Oesterreich: Gippel 1890 (Murbeck Lund Univ. Årsskrift XXVII. 19); Kroatien: Risnjak, Pliaševica bei Korenica, Visenura bei Medak (von Borbás 1875 ÖBZ. XLI 354 (1891) angegeben); Hercegovina: Suha Gora am Aufstieg vom Gendarmerieposten Suha auf den Volujak ca. 1200 m. 1889 (Murbeck a. a. O. 18). Sporangien Juli, Aug. — *A.* lonch. × *lob.* Aschers. Syn. I. 42 (1896). *A. lobatum* × *Lonchitis* Murb. a. a. O. 16 (1891). *A. Illyricum* (Borbás a. a. O. (1891)). ? [*]

Von 16. durch die stärkere, von 17. durch die geringere Theilung der Fiedern leicht zu unterscheiden; von gleich stark getheilten Jugendformen des letzteren (*A. Plukenetii* vgl. S. 38) durch absolut und relativ grössere Länge der allmählicher nach dem Grunde verschmälerten Spreite, kürzeren Blattstiel, sowie durch die höhere Zahl der Seitennerven der Fiedern (bei diesen Jugendformen beiderseits nur 8—11).

5. ONOCLÉA[1]).

(L. [Dissert. L. J. Chenon Nov. pl. gen. 1751]. Gen. plant. ed. 5. 484 [1754] em. Luerssen Farnpfl. 480.)

Vgl. S. 8, 10. Sori rückenständig. Enden der sie tragenden Nerven sehr wenig verdickt. Ansehnliche Farne. Blätter spiralig gestellt. Frond. nicht überwinternd. Im Blattstiel zwei nach der Rückenseite convergirende Leitbündel.

Nur drei Arten in der nördlichen gemässigten Zone. Unsere Art die einzige in Europa vorkommende.

---

[1]) ὀνόκλεια. bei Dioskorides (IV. 23) und Galenos Synonym der Pflanze ἄγχουσα, jedenfalls einer Borraginacee.

19. O. struthiópteris [1]). ♃. Grundachse kurz, aufrecht, etwas über den Boden hervortretend, neben den Blattansätzen schlanke, kriechende, schwarze mit spiralig gestellten, entfernten Niederblättern besetzte, bis 6 dm lange, 8 mm dicke unterirdische Ausläufer treibend, die an der Spitze über den Boden tretend einen neuen Stock bilden. Frond. einen Trichter bildend; in dessen Mitte die viel kürzeren, steif aufrechten Sp.b. Die überwinternde Gipfelknospe von Niederblättern umhüllt. Frond. bis 1,7 m lang, wie die Sp.b. kurzgestielt, gefiedert. Stiel und Mittelstreif breit und flach rinnig; ersterer bis 12 cm lang und 5 mm dick, am breiteren schwarzbraunen Grunde spreuhaarig; letzterer besonders an der Einfügung der Fiedern braun filzig, zuletzt meist ganz kahl. Spreite der Frond. länglich, sehr stark nach dem Grunde verschmälert, kurz und plötzlich zugespitzt, hellgrün. Fiedern jederseits bis 30—70, abwechselnd, fast sitzend, lanzettlich bis lineal-lanzettlich, zugespitzt, fiederspaltig bis -theilig. Abschnitte länglich, stumpf oder gestutzt, ganzrandig oder undeutlich ausgeschweift, der erste hintere über die Oberseite, der vordere über die Unterseite des Mittelstreifs herübergreifend. Sp.b. bis 6 dm lang, anfangs grünlich, zuletzt dunkelbraun, lineallanzettlich, ebenso wie die Frond. kurz zugespitzt und allmählich nach dem Grunde verschmälert. Fiedern steif, anfangs cylindrisch zusammengerollt, holperig, an den Rändern durchscheinend-häutig, zuletzt sich aufrollend und lappig einreissend. Sori zu 3—5 auf den Tertiärnerven je eines Secundärnerven, zuletzt zusammenfliessend. Schleier unregelmässig zerschlitzt. — Am Ufer grösserer Gebirgs- und Waldbäche, seltner auf feuchten Wiesen, sehr gesellig. Durch das Bergland zerstreut, nur stellenweise häufiger; scheint auf kalkreichem Boden mindestens seltener vorzukommen. Erreicht in Belgien (häufig an der Amblève unterhalb Aywaille; Ourthethal bei Colonstère unweit Tilff) und am Monte Viso der Cottischen Alpen nahezu die Westgrenze des Gebiets; fehlt aber auf weite Strecken z. B. in der ganzen Schweiz ausser Tessin, in den Vogesen [2]), im Gesenke; in Bayern mit Sicherheit nur im Fichtelgebirge und Bayrischen Wald; fehlt in der ungarischen Ebene; im nördlichen Flachlande nur im östlichsten Theile: östlichste Ober- und Nieder-Lausitz, Nieder-Schlesien, Hinterpommern, West- und besonders Ostpreussen sowie in Nord-Schleswig: Bjerninger Wald bei Hadersleben (Hansen nach Prahl br.). Scheint die Nordwestgrenze der Fichte nur in Dänemark beträchtlich zu überschreiten. Häufig in Gärten, wo sie wegen der wuchernden Ausläufer leicht eine unausrottbare Plage wird; zuweilen verwildert. Sp.r. Juni bis Aug. — *O. S.* Hoffm. Deutschl. Fl. II 12 (1795). Luerssen Farnpfl. 482. fig. 163, 164. *Osmunda S.* L. Sp. pl. ed. 1. 1066 (1753). *Struthiopteris germanica* Willd. Sp. pl. V. 288 (1810). Koch Syn.

---

[1]) Zuerst bei Cordus, welcher, wie alle Späteren, unrichtig Struthiopteris schreibt, von στρουθός oder στρουθός, Sperling, [Vogel] Strauss, und πτέρις s. S. 2. wegen der Aehnlichkeit der fruchtbaren Blätter mit einer Straussenfeder.

[2]) Bei Bruyères (Franz. Lothringen) und Strassburg nur angepflanzt!

ed. 2. 986. Nyman Consp. 860. Suppl. 345. *S. pensylvanica* Willd. a. a. O. 289.

Einer der stattlichsten der einheimischen Farne; kommt öfter auf weite Strecken nur mit Frond. vor und wird dann zuweilen mit 11. und 12. verwechselt; ist von beiden durch das abweichende Verhältniss der Verschmälerung nach dem Grunde und der Spitze sowie das eigenthümliche Uebergreifen der untersten Fiederabschnitte, von 11. ausserdem durch die fehlende Drüsenbekleidung, von 12. durch die mangelnden Spreuhaare und die meist ganzrandigen Fiederabschnitte zu unterscheiden. Variirt wenig; erwähnenswerth die Form B. *serráta* (Baenitz Abh. BV. Brand. III., IV. 235 [1862]) mit gesägten Abschnitten. — Sachsen bei Löbau und in Tirol: Meran. — Dagegen sind Missbildungen verhältnissmässig häufig; m. *daédala*[1]) (Sauter) mit wiederholt gegabelter Spitze des ganzen Blattes und der Fiedern (Frond.) wurde im Salzburgischen, m. *furcáta* (Baenitz a. a. O.) mit einfach gegabelter Blattspitze (was wohl bei allen Farnen gelegentlich vorkommt) an beiderlei Blättern bei Löbau im Königreiche Sachsen und Liebsgen bei Sommerfeld in der Prov. Brandenburg beobachtet. Von besonderem Interesse sind indessen die Uebergänge von Sp.b. zu Frond., welche nach Goebel (DBG. V. LXIX) z. T. künstlich durch Entfernung der Frond. im Anfang der Vegetationszeit hervorgerufen werden können. Auf diese Art erhielt er 1. *epiphyllódes*[2]) (Aschers. Fl. Brand. I. 930 (1864) mit unterwärts sorustrageuden, oberwärts laubigen Blättern; auch der umgekehrt sich verhaltende 1. *hypophyllódes*[3]) (Baenitz a. a. O. [1862]) ist beobachtet. An den Uebergangsstellen bilden sich Sori auf flachen Fiedern, an denen der sonst so versteckte Schleier frei liegt.

(Dänemark; Skandinavien; Russland bis zur Steppengrenze; Ober-Italien; Sicilien; Kleinasien; Kaukasus; Sibirien bis Kamtschatka und Sachalin und Amurgebiet; östliches Nord-America.) |*

6. WOÓDSIA[4]).

(R. Br. Trans. Linn. Soc. XI 170 (1815). Luerssen Farnpfl. 495.)

Vgl. S. 9, 10. Sori rückenständig. Enden der sie tragenden Nerven zuweilen etwas keulenförmig verdickt. Grundachse kurz kriechend oder aufsteigend, rasenförmig verzweigt, dicht spiralig beblättert. Kleine Farne mit büschelig gestellten, sommergrünen, einfach gefiederten Blättern mit fiederspaltigen, am Grunde zuweilen fast gefiederten, mindestens grösstentheils gegenständigen Fiedern. Blattstiel oberwärts wie der Mittelstreif tief rinnig. Abgliederungsstelle unter der Mitte als ein feiner oft schief verlaufender Ringwulst sichtbar.

16 Arten, über die ganze Erde zerstreut. Im Gebiet nur die

---

1) daédalus, a, um bedeutet als Adjectiv: bunt geschmückt; Daedáleus (oder eus) dagegen, auf den bekannten kretensischen Künstler Daidalos bezüglich. Die herkömmliche Schreibweise *daedalea* ist daher unrichtig.

2) Von ἐπί über (oben) und φυλλώδης = φυλλοειδής einem Blatte (hier Laubblatt) ähnlich.

3) Von ὑπό unter (unten) und φυλλώδης.

4) Nach Joseph Woods, * 1776 † 1864, Verfasser von The Tourist's Flora . . . of the British Islands, France, Germany, Switzerland, Italy and the Italian Islands. 1850.

Gesammtart **W. Ilvénsis.**

20. (1.) W. Ilvénsis[1]). ♃. Grundachse dicht mit Blattstiel-tümpfen besetzt; Blätter in allen Theilen mit Spreu- und Gliederhaaren, ausserdem noch wenigstens in der Jugend mit kurzen, einzelligen Härchen besetzt. Blattstiel meist deutlich kürzer, selten so lang als die Spreite, glänzend rothbraun, am Grunde mit zwei getrennten, im Querschnitt länglichen Leitbündeln, die sich bald zu einem im Querschnitt nieren- bis hufeisenförmigen vereinigen. Spreite dünn oder etwas derb krautig, kurz und stumpf zugespitzt oder völlig stumpf. Untere Fiedern etwas entfernt. Sori meist dem Rande genähert, zuletzt zusammenfliessend. — *W. i.* Bab. Man. of Brit. Bot. ed. 1. 384 (1843). *W. hyperbórea*[2]) Koch Syn. ed. 2. 975 (1845). Luerssen Farnpfl. 501 fig. 165—168.

Zerfällt in 2 Unterarten:

A. W. rufidula. Grundachse kräftig und viel- (bis 20-) köpfig; Blätter bis 20 cm lang, in allen Theilen mit bleibenden, ziemlich dichten Spreu- und Gliederhaaren; dafür spärlicher kurzhaarig. Stiel bis 11 cm lang und 1 mm dick, meist kürzer, zuweilen so lang als die lanzettliche oft bräunlich grüne Spreite. Fiedern jederseits 8—20, die unteren kurz gestielt, meist alle eiförmig-länglich oder seltner die untersten kürzer. Abschnitte derselben länglich, stumpf, jederseits 5—8, meist genähert, besonders am vorderen Rande deutlich, mitunter fast fiederspaltig-gekerbt. Nervenenden gewöhnlich deutlich verdickt. — Sonnige Felsen und Geröllhalden der Mittelgebirge, nicht sehr verbreitet; in den Alpen viel seltener als *B.*; gern auf Basalt und Phonolith, sonst auf Schiefer, Granit und Gneiss, sehr selten auf Kalk. Im nördlichen Flachlande nur bei Kl. Massowitz unweit Rummelsburg in Hinterpommern! gefunden, ob ursprünglich einheimisch? Hirschensprung bei Freiburg i. Br.! Harz: Oker- und Bodethal! Niederhessen: Burghasunger Berg bei Wolfshagen! Rhön! südöstl. Thüringen bei Ebersdorf und Burgk an der Saale. Kgr. Sachsen bei Rochsburg; Heckstein in der Sächs. Schweiz; Hochwald und Lausche bei Zittau. Schlesien im Weistritzthale! Böhmen, besonders in den Basalt- und Phonolithbergen des nördlichen Theiles!! Mähren im Gesenke an der Brünnelheide und bei Iglau. Westliche Karpaten, z. B. Schemnitz! im Wagthale bei Rutka! im Svidova-Thale bei Malusina in der Niedern

---

[1] Nach Ilva, dem antiken Namen der Insel Elba, wo allerdings unsere Pflanze nicht vorkommt. Linné entlehnte den Namen dem irrthümlich hierhergezogenen Synonym *Lonchitis aspera ilvensis* Barrelier's, welches zu 44. gehört; die Verwechslung dieser beiden Farne ist in der älteren Literatur häufig und hat noch in der neueren ihre Spuren hinterlassen.

[2] ὑπερβόρεος (auch -ειος) hyperbóreus, „übernördlich", halbmythische Bezeichnung des hohen Nordens (Βορέας, Nordwind) bei den griechischen und römischen Schriftstellern.

Tatra (Pax br. vgl. Kionka Nat. u. Offenb. XXXVIII 517 [1892]
und im Mlinica-Thale der Hohen Tatra (Schneider u. Sagorski II. 583),
Eperics-Tokaj-Ungsches Trachytgebirge(Hazslinszky Éjsz.Magy.vir.350);
Bukowina; Südliche Siebenbürgische Karpaten. Savoyen: Chamounix-
Thal; Unter-Engadin: Süs, gegenüber Lavin und Sürön d'Ardez (Kil-
lias 211); Veltlin: angeblich bei Ardenno zw. Morbegno und Sondrio;
Tirol: Lengenfeld und Vonhausen im Oetzthale; Steierm.: Aflenz
(Kerner br.); Kroatien. Sp.r. Juli, Aug. — *W. I. r.* Aschers. Syn. I
45 (1896). *Acrostichum i.* L. Sp. pl. ed. 1. 1071 (1753). *Polypodium
arvónicum*[1]) Withering Bot. arrangement ed. 3 III. 774 (1796) nicht
Sm. nach Moore. *Nephrodium rufidulum* Michaux Fl. bor. am. II 269
(1803). *Aspidium r.* Sw. Syn. filic. 58 (1806). *W. i.* R. Br. a. a.
O. 173 (1815). Nyman Consp. 868 Suppl. 347. *W. hyperbórea β. rufidula* Koch Syn. ed. 2. 975 (1845). Luerssen Farnpfl. 507. fig. 168.

Erinnert einigermassen an kleine Exemplare von 44., mit dem es von einigen
älteren Schriftstellern verwechselt wurde, unterscheidet sich aber durch die viel
weniger dichte Bekleidung der Blattunterseite, die die grüne Farbe des Blattes und
die Sori erkennen lässt.

(Island; Grossbritannien; Skandinavien; Finnland; Insel Hochland
im Finn. Meerbusen; Nord-Russland; Kleinasien; Süd- und Ost-Sibirien,
Amurgebiet; kälteres Nord-America bis Grönland.) *

B. W. alpína. Schwächer und zarter, weniger dicht rasig als *A.*
Blätter 2—17 cm lang, weniger dicht behaart, öfter im Alter
fast kahl werdend. Stiel 7 mm bis 7 cm lang, $^{1}/_{2}$—1 mm dick, meist
viel kürzer als die längliche oder schmal längliche, gelbgrüne
Spreite. Fiedern jederseits 8—14, die unteren rundlich bis dreieckig-
eiförmig, die folgenden dreieckig-eiförmig bis eiförmig
länglich, abgerundet-stumpf, mit jederseits 1—2, höchstens
3—4 keilförmig-verkehrt-eiförmigen ganzrandigen oder
höchstens wellenförmig ausgeschweiften Abschnitten. Nervenenden meist unverdickt. Sori kleiner als an *A.* — An ähnlichen
Standorten wie *A.*, auf Urgestein, sehr selten auf Basalt oder gar Kalk,
in den Hochgebirgen 660—2600 m (Kerner h.). Sudeten im Riesengebirge am Basalt der Kleinen Schneegrube! (angeblich auch noch in
der Melzergrube) und im Gesenke: Kessel! Tatra: Alt-Walddorfer Fels-
wand (Hazslinszky Éjssz. Magy. vir. 350). In den Seealpen: Val
Casterino bei Tenda (Raap nach Penzig mündl.), den Alpen der
Dauphiné, Savoyens, Piemonts, der Schweiz! Tirols!! (ziemlich verbreitet), Salzburgs! und Kärntens! Sp.r. Aug., Sept. — *W. alp.* Gray
Nat. arrang. II 17 (1821) z. T., Tausch in Flora XXII 480 (1839)
erw. Newman Nat. Alman. 13 (1844). *Acrostichum alp.* Bolton Fil.
brit. 76 (1790). *A. hyperbóreum* Liljeblad Acta Holm. 1793. 201.
Polypodium arvónicum Sm. Fl. Brit. III 1115 (1804). *P. h.* Sw. in

---

[1]) Arvonia, modern lateinische Bezeichnung des nordwestlichen Wales, wo der
zuerst bekannt gewordene Fundort, der Berg Snowdon, in der Grafschaft Carnarvon
gelegen ist (K. Schumann mündl. Mitth.).

Schrad. Journ. 1800 II 27 (1801). *W. h.* R. Br. a. a. O. 173 (1815). Nyman Consp. 868 Suppl. 347. *W. h. α arv.* Koch Syn. ed. 2. 975 (1845). Luerssen Farnpfl. 502. fig. 165, 167.

(Grossbritannien; Pyrenäen; Skandinavien; Nord-Russland; Ural; Nord- und nördliches Central-Asien; nordöstliches Nord-America.) *

21. (2.) **W. glabella.** ♃. Unterscheidet sich von der Leitart durch Folgendes: Noch zarter und schmächtiger als 20 *B.*; Blätter 2—11,5 cm lang, nur am Grunde des Stieles spreuhaarig, sonst anscheinend kahl, wenn auch häufig mit einzelligen Härchen besetzt. Blattstiel ½—3 cm lang, höchstens ½ mm dick, über dem schwarzbraunen Grunde meist strohgelb, vom Grunde an von nur einem im Querschnitt trapezoidischem Leitbündel durchzogen, meist erheblich kürzer als die lineal-lanzettliche, allmählich scharf zugespitzte, durchscheinend dünnhäutige Spreite. Fiedern jederseits 6—16, die unteren rundlich eiförmig, die folgenden aus hinten keilförmigem Grunde schief eiförmig-rhombisch (ihre Vorderhälfte grösser), alle stumpf oder stumpflich, am Grunde fast gefiedert, mit keilförmig-verkehrt-eiförmigen bis länglichen meist nur an der abgerundeten Spitze gekerbten Abschnitten. Nervenenden meist unverdickt. Sori in der Mitte zwischen Mittelnerv und Rand oder dem letzteren genähert. — Bisher nur im Dolomitgebiet der Südalpen, 1600—2000 m. Tirol: Seiser Alp, Schlernklamm, Ratzes! Prags! Ampezzo (Huter Fl. v. Höhlenstein 62); Sexten-Thal! Tauernthal bei Windisch-Matrei; Venetien: Lago di Feltre(?) Kärnten: Plecken; Valentini-Thal im Gailthale; Raibl; in der Göttering bei Weissbriach zwischen Hermagor und Greifenburg 1893 (Preissmann br.). Spr. Juli, Aug. — *W. g.* R. Br. in Richardson Narr. of a journey etc. 754 (1823). Luerssen Farnpfl. 511 fig. 169. Nyman Consp. 868. Suppl. 347. *W. Hausmanniana*[1]) Milde 1855 br. *W. pulchella* Bertol. Fl. Ital. crypt. I. 111 (1858).

Gleicht eher einer kleinen *Cystopteris* als 20., (obwohl die Schleierfransen die Pfl. sofort als *Woodsia* charakterisiren) und mag, da sie im Ganzen spärlich und zuweilen in *Cystopteris*-Rasen versteckt vorkommt, noch öfter übersehen sein. Sie wurde zuerst 1848 von Tschurtschenthaler am Kreuzberge bei Sexten für die Alpen entdeckt.

(Nördliches Skandinavien; Russisches Lappland; Gouv. Perm; Baikalgebiet; Kamtschatka; nordöstliche Vereinigte Staaten, subarktisches und arktisches Nord-America; Spitzbergen.) |*

---

[1]) Nach Franz Freiherrn von Hausmann, * 1810 † 1878, Gutsbesitzer in Bozen, dem verdienstvollen Erforscher und Bearbeiter der Tiroler Flora. (Flora von Tirol 1848—1854.)

2. Unterfamilie.

ASPLENOIDÉAE.

(Aschers. Syn. I. 48 (1896). *Asplenieae* Prantl Arb. Bot. Garten Breslau I. 16 (1892).

Vgl. S. 7. Einzige einheimische Tribus:

ASPLÉNEAE.

(Aschers. Syn. I. 48 (1896). *Aspleniinae* Prantl a. a. O.)

Sorus auf der Blattunterseite, seitlich von dem zuführenden Nerven entspringend. Sporen kugelquadrantisch. — Sori unserer Arten länglich bis linealisch. Blattstiel nicht abgegliedert.

Uebersicht der Gattungen.

A. Sp.b. und Frond. (unserer Art) verschieden gestaltet. Zellwände der Spreuhaare gleichmässig zart und gleichfarbig (Paleae cystopteroideae). **Blechnum** (vgl. S. 8).
B. Sporentragende und sporenlose Blätter und Blatttheile gleich gestaltet. Seitenwände der Zellen der Spreuhaare stärker verdickt und dunkler gefärbt als die obere und untere Wand (Paleae clathratae), Spreuhaare zuweilen mit einen mittleren dunkeln Längsstreifen (Scheinnerven) versehen. (Ueber den lange streitig gewesenen Bau dieses Scheinnerven vgl. Luerssen Farnpfl. 152 fig. 105. Die Spreuhaare sind, soweit sich derselbe erstreckt, zweischichtig und die inneren einander zugekehrten, der Fläche der Haare parallelen Zellwände stark verdickt und dunkel gefärbt).
  I. Sori paarweise genähert; der eine an dem vorderen Aste eines Secundärnerven, der andere an dem hinteren des nächsten; ihre Schleier sich die freien Ränder zukehrend.
Scolopendrium (vgl. S. 9).
  II. Sori (bei unseren Arten) grösstentheils oder alle einzeln.
Asplenum (vgl. S. 9).

7. BLECHNUM[1]).

(L. [Sp. pl. ed. 1. 1077 (1753) ohne Charakter.] Gen. pl. ed. 5 485 (1754) veränd. Sm. Mém. Acad. Turin V. 411 (1793). Luerssen Farnpfl. 109).

Vgl. S. 8 und 48. Sorus auf der inneren Seite eines durch Anastomose der Secundärnerven gebildeten zwischen Rand und Mittelnerv der Fiedern des Sp.b. ihm parallel verlaufenden Nerven; Schleier gleichgestaltet, aussen angeheftet. — Kleinere oder ansehnliche Farne mit dicker Grundachse und dicht spiralig gestellten, meist einfach fieder-

---

[1]) βλήχνον, bei Dioskorides (IV. 183) Synonym von πτέρις (vgl. S. 2).

theiligen bis gefiederten Blättern. Nerven der Frond. meist frei. Blattstiel von zwei grösseren Leitbündeln durchzogen, von denen sich ein bis mehrere schwächere abzweigen, die in dem Zwischenraum verlaufen.

Etwa 60 Arten in tropischen und gemässigten Klimaten. Einzige europäische Art:

22. **B. spicant**[1]). ♃. Grundachse schief, oberwärts dicht spreuhaarig. Frond. bis über 5 dm lang, meist horizontal abstehend, überwinternd. Stiel bis 15 cm lang, dunkelbraun, am Grunde spreuhaarig, bauchseits wie der in seiner unteren Hälfte oft gleichfalls braune Mittelstreif rinnig, meist mehrmals kürzer als die lanzettliche, beiderseits verschmälerte, lebhaft grüne, oberseits etwas dunklere, glänzende, kahle Spreite. Abschnitte jederseits 30—60, kammartig genähert, oft etwas sichelförmig, schmal-länglich, am Grunde, besonders an der Vorderseite, etwas verbreitert bis schwach geöhrt, bis zu der mit schief aufgesetzter Stachelspitze versehenen, oft stumpflichen Spitze gleich breit (die untersten halbkreis- bis eiförmig), ganzrandig, am Rande schwach zurückgerollt, mit gegabelten Secundärnerven, die vor dem Rande mit einer etwas verdickten durchscheinenden Spitze aufhören. Sp.b. in der Mitte der von den Frond. gebildeten Rosette, aufrecht, sommergrün, meist viel länger als die Frond. (bis 75 cm). Stiel (bis 3 dm) wie der Mittelstreif braun. Abschnitte entfernt, aus breiterem Grunde schmal linealisch, mit Ausnahme der Spitze ganz von den Soris bedeckt. — Schattige, etwas feuchte Stellen, meist in Wäldern, besonders unter Nadelholz, durch den grössten Theil des Gebietes verbreitet, im Berglande (bis 2400 m [Kerner h.] aufsteigend) häufiger als in der Ebene, aber selbst auf den Nordsee-Inseln Sylt und Röm. Fehlt in der immergrünen Region des Mittelmeergebiets und im Ungarischen Tieflande; sehr selten in Polen und Ostpreussen. Sp.r. Juli—Sept. — *B. S.* Withering Arrangement ed. 3. III 765 (1796). Luerssen Farnpfl. 113. fig. 84—86. Koch Syn. ed. 2. 984. Nyman Consp. 862 Suppl. 345. *Osmunda S.* L. Sp. pl. ed. 1. 1066 (1753). *B. boreale* Sw. Schrad. Journ. 1800 II 75 (1801). *Lomaria S.* Desv. Mag. Ges. Naturf. Freunde Berlin V. 325 (1811).

Von 46. abgesehen von dem ganz verschiedenen Wuchs und den Sp.b. durch den kurzen Stiel und die viel zahlreicheren Abschnitte der Frond. zu unterscheiden. Variirt verhältnissmässig nur wenig. Milde und Luerssen erwähnen ein B. *latifolium* (Milde Nova Acta XXVI. II. 615 [1858]. Luerssen Farnpfl. 116) mit über 6 mm breiten Abschnitten der Laubblätter und wiederholt gabligen Nerven, und ein *C. angustatum* (Milde und Luerssen a. a. O.), bei der die unter der Mitte 6 cm breiten Frond. sich über der Mitte ziemlich rasch auf 3 cm verschmälern; beide nur selten beobachtet. Schärfer charakterisirt ist D. *imbricatum* (Moore Nat.-Print. Brit. Ferns II. 219 (1860). Luerssen u. a. O.), bei der die Abschnitte der meist kleinen Frond., namentlich im unteren ¹/₃ oder ¹/₂ des Blattes am hinteren Rande abgerundet zusammengezogen sind, so dass derselbe auf der Blattoberseite über den Vorderrand des nächst unteren Abschnittes übergreift („unterschlächtige" Deckung). So nicht allzu häufig. Selten sind l. *serratum* (Wollaston in Moore Ferns Gr. Br. and Ir. Nat.-Pr. pl. XLIII c Text [S. 3] [1856]. Luerssen

---

1) Zuerst bei Bock; soll ein deutscher Name sein.

a. a. O. 117) mit (auch an den Sp.b.) besonders am Hinterrande unregelmässig gesägten Abschnitten. — Nur zw. Homberg und Waldmohr in der Bayr. Pfalz und im Riesengebirge an der Kesselkoppe 1884 (Fiek!). — 1. *incísum* (Warnstorf Naturw. Ver. Harz VII. 82 (1892). Abschnitte der Frond. oft bis zur Mitte der Spreite deutlich geöhrt, an den unteren die Oehrchen durch einen bis zum Mittelnerv gehenden Einschnitt gelöst. — Prov. Brandenburg: Luckau: Höllenberge bei Langengrassau (Scheppig!). — Mittelformen zwischen Frond. und Sp.b. kommen in ähnlicher Vertheilung der Sori wie bei 19. vor, auch finden sich Frond. und Sp.b. zuweilen gleich gross und letztere mit nur wenig schmäleren Abschnitten als erstere. Vgl. Luerssen Farnpfl. 111.

(Westliches und Nord-Europa (in Russland nur in Åland, Littauen [Pinsk Twardowska 1895! mitgeth. v. Lehmann] und im Südwesten); Gebirge des Mittelmeergebietes bis Marokko, Syrien, Kleinasien, Kaukasus; Nord-Atlantische Inseln (ausser Capverden); Kamtschatka; Japan; westliches Nord-America.)   *

8. SCOLOPÉNDRIUM [1]).

(Sm. Mém. Acad. Turin. V. 410 [1793]. Luerssen Farnpfl. 117.)

(Hirschzunge; niederl.: Hertstong; vlaem.: Tongvaren; dän.: Hjortetunge; franz.: Scolopendre, Langue de cerf; ital.: Lingua cervina, Lingua da pozzi; poln.: Jezyczyca; böhm.: Jelení jazyk; kroat.: Trava slezena; ung.: Gímnyelv.)

Vgl. S. 9, 48. Mittelgrosse oder ziemlich kleine Farne mit büschlig gestellten, überwinternden, ungetheilten, höchstens fiederlappigen Blättern, deren Stiele am Grunde zwei Leitbündel aufnehmen, die sich schon in geringer Höhe zu einem im Querschnitt viereckigen mit eingebuchteten Seiten („schmetterlingsförmigen") vereinigen. Spreuhaare ohne Scheinnerv, am Rande mit einigen langen, fadenförmigen, eine Drüsenzelle tragenden Wimpern, mit einer solchen endigend.

Nur die beiden im Gebiet vertretenen sehr nahe mit einander verwandten Arten:

Gesammtart S. scolopéndrium.

23. (1.) S. scolopéndrium. ♃. Grundachse aufrecht oder aufsteigend, bis 6 cm lang, dicht spreuhaarig. Blätter bis 6 dm, selten bis 1 m und darüber lang. Stiel meist kürzer, selten länger als $1/3$ der Spreite, grün bis purpurbraun, bis 6 mm dick, bauchseits flach oder schwach gewölbt, unterwärts dicht, oberwärts wie der Mittelnerv unterseits locker spreuhaarig. Wimpern der Spreuhaare wenige, leicht abbrechend. Spreite aus tief herzförmigem Grunde länglich- bis lineal-lanzettlich, stumpf bis kurz zugespitzt, meist ganzrandig, nahe über dem Grunde oft etwas verschmälert, krautig-lederartig, schwach glänzend, unterseits wenigstens in der Jugend zerstreut fein-spreuhaarig. Secundär-Nerven schräg

---

[1]) σκολοπένδριον, bei Dioskorides (III 141) Synonym von ἄσπληνον, worunter ohne Zweifel 25. zu verstehen ist; die Blätter werden mit dem Thiere σκολοπένδρα (Tausendfuss) verglichen.

verlaufend, 2—3 mal gegabelt (die erste Gabelung nahe dem Mittelnerven); die Aeste meist ohne Anastomosen, mit plötzlicher Verdickung vor dem Rande endigend. Sori linealisch, schräg zum Mittelnerven, oft längere und kürzere abwechselnd, die längeren meist mehr als die Hälfte der Breite der Blatthälfte durchziehend. — An feuchten, schattigen Felsen und in steinigen Wäldern, kalkliebend, öfter in Steinritzen offener Brunnen; so ausschliesslich im westlichen Theile des nördlichen Flachlandes und zwar selten; fehlt in der Ebene östlich der Elbe (das Vorkommen auf Rügen nach Lucas bei Bolle Zeitschr. f. allg. Erdk. Berlin XVII. 263 (1864) neuerdings nicht bestätigt) und im ungarischen Tieflande, selten auch im östlicheren Berglande (Nord-Bayern, Thüringen, Sachsen, Böhmen, Schlesien! Süd-Polen! Mähren); zerstreut im karpatischen und westlichen Berglande; im Alpengebiete verbreitet, bis in die alpine Region auf- und bis fast zum Mittel- und Adria-Meer herabsteigend. In Gärten häufig gepflanzt, zuweilen verwildert. Sp.r. Juli—Sept. — *S. S.* Karsten Deutsche Flora 278 (1880—1883). *Asplenium S.* L. Sp. pl. ed. 1. 1079 (1753). *S. vulgare* Sm. a. a. O. 421 (1793). Luerssen Farnpfl. 118 fig. 78, 88. Nyman Consp. 862 Suppl. 345. *S. officinarum* Sw. in Schrad. Journ. (1800) II. 61 (1801). Koch Syn. ed. 2. 984.

In den Gärten in mannichfachen monströsen Formen, so aber nur sehr selten wild beobachtet. So: m. *crispum* (Willd. Spec. pl. V. 349 (1810). Luerssen Farnpfl. 122). Blätter breit, meist nur Frond., mit stark welligen, oft gekerbten Rändern. — Wild in Luxemburg, bei Düsseldorf, am Schneeberge in Nieder-Oesterreich und in der venetianischen Provinz Treviso. — m. *daedalum*[1]) (Willd a. a. O. [1810] erw., Döll Flora Bad I. 20 (1857). Luerssen a. a. O.). Spreite einfach oder wiederholt 2- bis vielspaltig. — Wild: Rheinprovinz, Canton Waat und Süd-Tirol. — m. *cornutum* (Moore Ferns Gr. Brit. and Ir. Nat.-Pr. pl. XLII. Text [S. 1] [1856]). Mittelnerv unter der Spitze hornartig austretend. — Wild bei Verona auf dem Monte Pastello (Goiran NGBI. XXII 43). — Von andern Missbildungen besonders bemerkenswerth die noch nicht wild gefundenen Formen: m. *marginatum* (Moore Handb. of Brit. Ferns 2 ed. 174 [1853]). Blätter unterseits mit dem Rande parallelen beiderseits Sori tragenden Emergenzen und m. *suprasoriferum* (Lowe Native Ferns II. 329 tab. 56 A [1867]) mit Soris auf beiden Blattflächen.

(Britische Inseln; Norwegen: Varald-Ö; Insel Lilla Karlsö bei Gothland; Dänische Insel Möen; Azoren und Madeira; Mittelmeer- und unteres Donau-Gebiet (Serbien, Bulgarien, Rumänien); Südwest-Russland; Kaukasus; Armenien; Persien; Nord-Turkestan; Japan; Nord-America; Mexico.) *

24.(2.) **S. hemionitis**[2]). ♃. Unterscheidet sich von 23. durch Folgendes: Grundachse kurz und dick. Blätter selten über 3 dm lang, oft viel kleiner. Spreubaare mit zahlreicheren, meist bleibenden Wimpern. Blattstiel länger und schlanker, halb so lang bis länger als die oft

---

[1]) S. S. 44.
[2]) ἡμιονῖτις, bei Dioskorides (III. 142) Name eines Farnkrautes, möglicherweise dieser, auch in Griechenland, Kleinasien und Syrien vorkommenden Art; von ἡμίονος Maulesel, weil vermuthlich in Krankheiten dieser Thiere gebraucht.

dünnhäutige, in der Gestalt bei den häufig vorhandenen jungen Stöcken von der der ausgewachsenen sehr verschiedenen Spreite; diese bei ersteren (*S. breve* Bertol. Misc. bot. XVIII. 20. tab. 5 [1858]) aus herz-nierenförmigem Grunde eiförmig, stumpf, bei letzteren aus tief herz-spiessförmigem Grunde länglich lanzettlich, stumpflich bis zugespitzt; die Spiesslappen abgerundet oder stumpf, öfter noch mit je einem abwärts gerichteten Lappen. Secundärnerven weiter von einander entfernt, mit nicht verdickten Enden und häufigeren Anastomosen; Sori länglich, selten mehr als $1/3$ der Blatthälfte durchziehend. — Schattige feuchte Felsen und Mauern, öfter am Eingange von Höhlen, nur in der immergrünen Region des Mittelmeergebiets. Provence und Riviera selten: Marseille! Toulon! Antibes; sehr selten an Küstenfelsen bei Mala zwischen Monaco und Eze. Sp.r. Mai, Juni. — *S. H.* Lagasca, Garcia und Clemente in Anales de ciencias nat. V. 549 tab. 41, Fig. 2 (1802). Luerssen Farnpfl. 128. Nyman Consp. 862. *S. sagittatum* D.C. Fl. franç. V. 238 (1815).

Zu dieser Art glaube ich die folgende, halb monströs erscheinende und bis jetzt nur in einem äusserst beschränkten Wohngebiet beobachtete Form vorläufig als Unterart stellen zu sollen:

B. S. hybridum. Unterscheidet sich von der typischen Art durch die nur bis 16—19 cm langen Blätter mit bis 1 dm langem Stiel, deren derb lederartige, glanzlose, stumpfliche Spreite meist in ihrer unteren Hälfte oder bis über die Mitte unregelmässig fiederlappig eingeschnitten, oberwärts aber nur am Rande wellig oder ganzrandig ist. Lappen jederseits 1—7. — Bisher nur auf der Insel Lussin im Quarnerischen Meerbusen der Adria; 1862 von Reichardt in nur einem Stock an Weinbergsmauern bei Porto Cigale entdeckt, seit 1889 von Haračić dort und bei Velastraža, Bocca falsa! Velopin, Slatina und Val d'arche wiedergefunden. — *S. h.* Milde Abh. ZBG. Wien XIV 325 Taf. 18 (1864). Luerssen Farnpfl. 125 fig. 89. Nyman Consp. 862.

Milde erklärte diese Pflanze für einen Bastard von 25., in dessen Gesellschaft sie vorkommt und dem (auf den Quarnerischen Inseln gar nicht vorhandenen!) 23. Luerssen, der die Pflanze nicht gesehen hatte, machte trotzdem auf Grund der Mildeschen Beschreibung und Abbildung erhebliche Bedenken gegen diese Meinung geltend und wies auf die nähere Verwandtschaft mit 24 hin. Nach ihrer Wiederauffindung hat dann Heinz (Abh. DBG. X (1892) S. 413—421 Taf. XXI) die Unhaltbarkeit der Hybriditäts-Hypothese und die Uebereinstimmung der Pflanze in allen wichtigeren Merkmalen mit 24. nachgewiesen. Ich kann desshalb seine Ausicht, dass hier eine eigene Art vorliege, nicht theilen, da die Unterschiede vom Typus nur in der (zumal äusserst veränderlichen und unregelmässigen) Blattform bestehen und nicht so bedeutend sind als die mancher Gartenformen von 23. Wie schon Luerssen bemerkt, findet man übrigens an der Pflanze von Lussin öfter einzelne Blätter, die nicht vom Typus zu unterscheiden sind. Noch näher der Stamm-Art kommt eine Kümmerform, die Haračić nur in wenigen Stöcken auf dem Lussin benachbarten Felseninselchen (Scoglio) Osiri beobachtet hat: l. *lobátum* (Haračić Abh. ZBG. Wien XLIII 212 Taf. III fig 2 [1893]). Blätter nur 7—8, ihr Stiel nur 2 cm lang; letzterer nebst dem Rande und der Unterseite der oft bis zur Spitze, aber dann nur seicht kerbig-gelappten, weniger lederartigen Spreite dichter spreuhaarig. Ueber das Vorkommen von *Scolopendrium hybridum* vgl. Haračić a. a. O. 208 ff. und Sulla vegetazione dell' isola di Lussin III. (XIV. Progr. dell' I. R. Scuola nautica di Lussinpiccolo 1895) 11 ff.

(Verbreitung des Typus: Portugal; Mittelmeergebiet von Spanien bis Syrien, etwas verbreiteter in der Westhälfte, doch auch da nirgends häufig.) [*]

9. ASPLÉNUM[1]).

(*Asplenium* L. Gen. pl. [ed. 1. 322] ed. 5. 485 (1754) veränd. Luerssen Farnpfl. 148.)

(Franz.: Doradille.)

Vgl. S. 9, 48. Sori zur Seite des sie tragenden Nerven, selten theilweise wie bei *Athyrium* über denselben hinübergreifend (S. athyrioidei), oder zu beiden Seiten des Nerven Doppel-Sori, die einander die angehefteten Ränder ihrer Schleier zuwenden (S. diplazioidei s. S. 10). Schleier dem Sorus gleichgestaltet, den freien Rand fast immer dem Mittelnerven des Abschnitts zuwendend (vgl. Nr. 32), selten rudimentär. Mittelgrosse oder kleine Farne mit (bei unseren Arten) kurzer, dicht spiralig beblätterter mehr oder weniger verzweigter Grundachse, aus der sich ein meist dichter Büschel mehr oder weniger getheilter, meist überwinternder Blätter entwickelt, deren Stiel von einem oder zwei (dann sich meist noch unter der Spreite vereinigenden) Leitbündeln durchzogen wird.

Die bisher allgemein angenommene Gattung *Ceterach* kann wegen ihres (nicht einmal völlig) fehlenden Schleiers um so weniger von *Asplenum* getrennt werden, als das mit wohl ausgebildetem Schleier versehene indisch-abyssinische *A. alternans* Wall. unserem 25. nahe verwandt ist. Die Begründung einer diese Art einschliessenden Gattung *Ceterach*, wie sie Kuhn (v. d. Decken Reisen in Ost-Afrika III 36 [1879]) versprach (vgl. Luerssen Farnpfl. 286), ist bis jetzt nicht gegeben.

Etwa 260 Arten aller Klimate.

A. *Céterach*[2]) (Willd. Sp. pl. V. XXXXVII [1810]). Blätter fiedertheilig, überwinternd. Leitbündel des Stiels bis zur Spreite getrennt verlaufend. Sori anfangs unter der dichten Spreuhaarbekleidung der Blattunterseite versteckt, mit rudimentärem (zuweilen fehlendem) Schleier.

25. (1.) **A. céterach.** (Franz.: Doradille; ital.: Erba ruggine; kroat.: Sljezenica, Zlatinjak.) ♃. Grundachse mit schwarzen, ähnlich wie bei 23. und 24. gewimperten und fadenförmig zugespitzten Spreuhaaren ohne Scheinnerv bedeckt. Blätter dicht rasig, 6—20 cm (selten noch kürzer, bis 1 cm) lang. Stiel kürzer als die Spreite (bis 6 cm), meistens am Grunde schwarzbraun, wenigstens unterwärts mit schwarzen, (denen

---

[1]) Vgl. S. 50. Der Name stammt von σπλήν die Milz, wegen Anwendung gegen Krankheiten dieses Organs.

[2]) Zuerst bei Matthaeus Sylvaticus. Soll ein deutsches Wort sein und „krützig" bedeuten; wegen der Spreuhaarbekleidung.

der Grundachse), dazwischen mehr oder weniger dicht mit (denen der Spreite gleichenden) herzeiförmigen, zugespitzten, buchtig-gezähnten, anfangs silberglänzenden, zuletzt hellbraunen, ebenfalls nicht mit einem Scheinnerv versehenen Spreuhaaren besetzt. **Spreite lineallanzettlich, stumpf, lederartig, oberseits graugrün, glanzlos,** (bis auf Mittel- und an jüngeren Blättern auch die Secundärnerven) **kahl,** unterseits mit dachziegelartig sich deckenden, am Blattrande wimperartig hervorragenden Spreuhaaren bedeckt. Abschnitte jederseits 9—12, abwechselnd, **länglich** (var. *stenóloba*[1]) Geisenheyner in Aschers. Syn. I. 54 [1896]) bis **halbkreisrund** (var. *platýloba*[2]) Geisenheyner in Aschers. Syn. I. 54 [1896]) ganzrandig, durch öfter ebenso breite Zwischenräume von einander gesondert, die untersten völlig von einander getrennt, während bei den übrigen der Hinterrand bogenförmig bis zum Vorderrande des nächst unteren herabläuft. Nerven mehrmal gegabelt, die Zweige z. T. anastomosirend, schwach verdickt vor dem Rande endigend. Sori lineal bis länglich, auf den Abschnitten 2reihig schräg zum Mittelnerv, demselben meist genähert. — Trockne, sonnige Felsen und alte Mauern, einigermassen verbreitet nur in den Süd- und West-Alpen und im Rheingebiet bis Düsseldorf, meist nur in der Region des Weinbaues, doch an der Bernina-Strasse bis fast 2000 m und an der Stilfser Joch-Strasse unter den Lawinen-Schutzdächern bis 2500 m aufsteigend; im mittleren westlichen Berglande (bis Böhmen) selten; die sicher festgestellten, wenn auch z. T. nicht mehr bestehenden Fundorte, an denen die Pflanze ihre Polargrenze erreicht, sind: In Belgien bei Bouillon und Grimberghen. Minkenstein bei Hameln! Höxter: Albaxen. Hessen: Holzhausen in Reinhardswalde bei Kassel, Amöneburg, Bilstein beim Meissner! zwischen Morles und Schwarzbach bei Hünfeld. Trotha bei Halle a. S. 1846! zwischen Triptis und Roda in Thüringen; Staffels beim Heinrichstein unw. Ebersdorf in Reuss! Schreckenstein bei Aussig und Georgsberg bei Raudnitz in Böhmen. Im nördlichen Flachlande vereinzelt und wohl nur eingeschleppt in Westpreussen an Festungsmauern in Graudenz (Peil 1883!) und angeblich früher in den Niederlanden bei Groningen und in Polen bei Warschau. In Oesterreich-Ungarn ausser Böhmen (und bei Bregenz) nur in Süd-Tirol! Küstenland! Krain, Untersteiermark: Kotečnik bei Liboje (Kocbek ÖBZ. XL 132); Kroatien; Dalmatien!! auch in Bosnien! Hercegovina, Montenegro! Ungarn bis Budapest, der Mátra und Rév (Biharer Comitat), und im wärmeren Siebenbürgen. Sp.r. im Süden Mai, Juni, im Norden Juli, Aug. — *A. C.* L. sp. pl. ed. 1 1080 (1753). *Grammitis C.* Sw. Syn. Fil. 23 (1806). Koch Syn. ed. 2. 974. *C. officinarum* Willd. Sp. pl. V. 136 (1810). Luerssen Farnpfl. 287 fig. 128—130. Nyman Consp. 868. Suppl. 347.

Variirt, wie alle systematisch isolirt stehenden Formen, sehr wenig; die beschriebenen Formen haben meist den Charakter von Spielarten und Missbildungen. Im südlichen Gebiete sind die Abschnitte an meist grossen Blättern öfter grobge-

---

[1] Von στενός schmal und λοβός Lappen.
[2] Von πλατύς breit und λοβός.

kerbt, zuweilen nur an einzelnen Blättern oder selbst an einzelnen (dann mitunter auf Kosten der benachbarten vergrösserten) Abschnitten. Diese Form (zuweilen m) B. *crenátum* (*C. o. c.* Moore F. Gr. Br. Ir. Nat.-Pr. pl. XLIII A. fig. 3, 4. Text [S. 2] [1856]. Luerssen Farnpfl. 290. *C. o. undulatum* Bolle Zeitschr. allg. Erdk. Berlin XVII 258 [1864]) kommt sehr selten auch nördlich von den Alpen vor: Gressier Ct. Neuchâtel A. Braun! Heidelberg, Würzburg, Kreuznach: Rheingrafenstein (alles nach Geisenheyner Jahresber. Ver. Naturk. Nassau XXXIX 52, 53 Taf. I Fig. I. [1886]). Norheim gegenüber (Geisenheyner br.). — Die Form C. *acútum* (Borbás ZBG. Wien XXV. 788 (1875). Luerssen a. a. O.) mit „weniger stumpfen" Abschnitten bisher nur bei Mehadia in Süd-Ungarn. — Den Formae *erosae* der *Athyrium*- und *Aspidium*-Arten entspricht m. *depauperátum* (Wollaston bei Moore a. a. O. [1856]. Luerssen Farnpfl. 883). An den kleinen und kümmerlichen Blättern (3—5 cm, mit jederseits 7—9 Abschnitten) sind die Abschnitte unregelmässig, bald klein, sogar fast fehlend, bald vergrössert und dann eingeschnitten gekerbt. — Nur in Nassau an Grauwackenfelsen oberhalb Lorch a. Rh. (Geisenheyner! a. a. O. 51—54, Taf. I. Fig. II.)

(Britische Inseln; Frankreich; Portugal; Nordatlantische Inseln; Mittelmeergebiet von Spanien bis Syrien und der Krim; Serbien; Bulgarien; Rumänien; Kaukasus; Armenien; Persien; Turkestan; Afghanistan; Himalaja.)

*

B. Blätter ein- bis vierfach gefiedert, selten 3 zählig, unterseits grün; die Sori stets freiliegend. Schleier deutlich ausgebildet.

I. Blattstiel kürzer als die Spreite. Schleier ganzrandig oder schwach gekerbt, selten gezähnelt.

a. *Trichomanoides*[1]) (Aschers. Fl. d. Prov. Brandenb. I. 913 [1864]). Blätter einfach gefiedert; ihr Stiel von einem einzigen Leitbündel durchzogen.

1. Blätter lineal-lanzettlich oder lineal, kahl oder höchstens am Stiel und Mittelstreif mit einzelnen Spreuhaaren oder die meist nur gekerbten Fiedern unterseits mit zerstreuten Härchen.

Gesammtart A. trichómanes.

a. Blattstiel und Mittelstreif beiderseits mit einem schmalen (anfangs grünen, später hellbraunen) Flügelsaum.

26. (2.) **A. trichómanes**[2]). (Steinfeder; niederl. und vlaem.: Steenbreek; franz.: Capillaire; ital.: Erba rugginina; poln.: Zanokcica skalna; russ.: Роса каменная; kroat.: Papratka mala.) ♃. Grundachse dick, mit lanzettlichen, borstenförmig zugespitzten und gewimperten, meist mit einem Scheinnerven versehenen Spreuhaaren besetzt. Blätter dicht rasig, überwinternd, 5—32 cm lang. Blattstiel

---

[1]) Von τριχομανές (s. Fussnote 2) und -ειδής, -ähnlich.

[2]) τριχομανές, bei Theophrastos und Dioskorides Name von Farnkräutern mit glänzenden, schwarzen (haarähnlichen) Blattstielen; bei letzterem Schriftsteller (IV. 135) ist unsere Art deutlich beschrieben Der Name (von θρίξ Haar und μαίνομαι ich rase) bedeutet eine Pflanze, die unsinnig viel Haare hat.

selten bis 7 cm lang, wie der ganze Mittelstreif glänzend rothbis schwarzbraun, elastisch gebogen, zuletzt meist kahl, auf der Bauchseite flach oder etwas gewölbt, von einem stielrundlichen Leitbündel mit im Querschnitt 3- (nur ganz unterwärts 4-)schenkligen Holzkörper durchzogen. Fiedern jederseits 15—40, alle ziemlich in einer Ebene stehend, abwechselnd oder paarweise genähert, sehr kurz oder kurzgestielt, zuletzt einzeln von dem zahnartig stehen bleibenden Stielgrunde abfallend, ungleichseitig, (die Vorderhälfte grösser), stumpf kerbzähnig, die untersten meist deutlich kleiner, die unteren mehr rundlich, die oberen aus keilförmigem Grunde länglich, alle lebhaft bis dunkelgrün, derb krautig, oberseits kahl, unterseits meist zerstreut kurzhaarig. Secundärnerven vorn 5—6, hinten 3, gegabelt, (die untersten wiederholt), die meist unverdickten Enden in die Kerbzähne auslaufend aber vor dem Rande aufhörend. Sori länglich, auf den unteren Gabelästen, vom Mittelnerven bis zum Rande ziehend, zuletzt zusammenfliessend. Sporen hellbraun, mit ziemlich zarten, nicht gezähnten, ein unregelmässiges Maschennetz bildenden, zuweilen ganz vereinzelten Exosporleisten. — Felsen, Mauern, Abhänge, im Berglande meist häufig (bis 1600 m [Kerner h.] aufsteigend), im Flachlande seltener, doch selbst auf der niederländischen Nordseeinsel Texel. Sp.r. Juli, Aug. — *A. T. L.* sp. pl. ed. 1. 1080 (1753) (mit Ausschluss der var. β), Huds. Fl. Angl. ed. 1. 385 (1762). Luerssen Farnpfl. 184 fig. 105, 111 III, 112, 113. Koch Syn. ed. 2. 982. Nyman Consp. 863 Suppl. 346.

Die auffallende, zierliche Pflanze hat einen eigenthümlich aromatischen Geruch. Der auch im Herbar nicht ganz zu bewältigenden Biegung des Blattstiels und Mittelstreifs verdankt sie den alterthümlichen, aber jetzt wohl nirgends mehr gebräuchlichen Namen Widerthon (aus Missverständniss Widertod). Von den meist seltenen abweichenden Formen sind einige wohl von Standortseinflüssen bedingt, so: B. *umbrósum* (Milde Nova Acta XXVI. II. 577 [1858]. Luerssen Farnpfl. 190). Blätter schlaff, fast niederliegend; Fiedern länglich, grob gekerbt, mit jederseits höchstens zwei kurzen Soris. — An sehr schattigen Orten. — C. *rotundátum* (Milde Fil. Eur. 64 [1867]. Luerssen a. a. O.). Pflanze hoch (22 cm), mit rundlichen Fiedern; Secundärnerven vorn 6—7, hinten 5—6. — Tirol. — D. *microphýllum*[1]) (Milde a. a. O. 65. Luerssen a. a. O. 190, 191. *A. m.* Tineo in Guss. Fl. Sic. Prod. II. 2. 884 [1828]. *A. Pechuélii*[2]) O. Kuntze Flora LXIII 303 [1880]). Zwergform, mit länglichen, kleinen (4 : 8 mm) Fiedern und jederseits 3 Secundärnerven. — Süd-Tirol, aber auch anderwärts an dürren, sonnigen Orten. — Andere Formen sind mehr oder weniger als Spielarten zu betrachten, selten an allen Blättern und Fiedern gleichmässig ausgebildet: l. *incísi-crenátum* (Aschers. Syn. I. 56 [1896]). Fiedern tief (bis ¼—½ ihrer Breite) gekerbt. — Görlitz: Obermühlberge (Baenitz!! vgl. Abh. BV. Brand. II. 88 1860). — l. *auriculátum* (Milde Nova Acta XXVI. II. 577 (1858). Luerssen Farnpfl. 188). Fiedern vorn, selten hinten oder beiderseits geöhrt. — Thüringen; Schlesien; Mähren; Vorarlberg: Walser Thal (Bruhin Ber. St. Gallen 65/66 217); Tirol; Ungarn. — l. *Haróvii*[3]) (Milde Sporenpfl. 39 (1865). Luerssen a. a. O. *A. H.* [Godron] Haro Proc. Linn. Soc. I 159 [1843] Ann. and Mag. of Nat.

---

1) Von μικρός klein und φύλλον Blatt.
2) Nach Dr. Eduard Pechuël-Lösche, * 1840, Professor der Geographie in Erlangen, der auf seinen Reisen in Africa (Loango, Kongogebiet, Deutsch Südwest-Afrika) auch die Pflanzenwelt eingehend berücksichtigte.
3) Nach dem Entdecker, Dr. A. Haro in Metz.

Hist. XI 237 [1843]). Fiedern am Grunde spiessförmig, oberwärts meist eingeschnitten gekerbt. — Lothringen: Metz! Baden: Istein; Württemberg: Unter-Essendorf; Tirol: Ratzes; Prags; Trient; Ungarn: Kazan-Thal. — l. *lobáti-crenátum* Lam. et D.C. Fl. franc. II 554 (1805). Luerssen Farnpfl. 189). Fiedern gelappt bis fiederspaltig; Abschnitte zwei- bis dreikerbig. — Nassau! Fichtelgebirge; Tirol; Ungarn. — l. *incisum* (Moore Ferns of Great Britain and Ireland Nat.-Pr. pl. XXXIX D. E. Text [S. 1] [1856]. Luerssen a. a. O.). *A. saxatile* β. *incisum* Gray Nat. Arr. Brit. Pl. II. 13 (1821) nach Moore. Fiedern fiederspaltig bis fiedertheilig, bei uns fast immer ohne Sori. — Hamburg: Volksdorf; Württemberg: Unter-Essendorf; Rheinprovinz: Gerolstein in der Eifel; Thüringen: Kösen zw. Rudelsburg und Saaleck; Roda; Sachsen: Aue; Herrnhut; Schweiz: Bex; Plattenberg bei Glarus; Tirol: Bozen (Sadebeck Just Jahresb. IV. 1876 349); Ungarn: Banat zw. Plaviševica und Dubova.

(Europa; Nord-Africa; Nord-Atlantische Inseln; West-Asien; Himalaja; China; Japan; Neuholland; Tasmania; Neuseeland; Hawai-Inseln; America von Canada bis Peru; Capland; Madagaskar.) *

A. trichomanes × *septentrionale* s. S. 75 Nr. 15.
A. trichomanes × *ruta muraria* s. S. 79 Nr. 16.
A. trichomanes × *adiantum nigrum* s. S. 80 Nr. 17.

b. Blattstiel und Mittelstreif ungeflügelt.

27. (3.) **A. adulterinum.** ♃. Unterscheidet sich von der Leitart durch Folgendes: Blätter bis 22 cm lang. Stiel steif, wie der oberwärts (selten bis zur Mitte der Spreite herab) grüne und weiche Mittelstreif auf der Bauchseite seicht-rinnig. Leitbündel unterwärts mit im Querschnitt 4 schenkligem Holzkörper, der erst im unteren Theile des Mittelstreifs 3 schenklig wird. Fiedern jederseits bis etwa 20, oberseits gewölbt, horizontal und unter einander parallel gestellt, daher mit der Ebene des Mittelstreifs sich rechtwinklig kreuzend, mit deutlichem grünen Stiel, die untersten kaum kleiner. Sori meist nicht den Rand erreichend. — Serpentin-Felsen und Geröll, sehr selten an Mauern, im östlichen Mitteldeutschland und in den östlichsten Alpen; an den meisten tiefer gelegenen Fundorten mit 26, selten (an einigen der höheren) mit 28, fast überall mit 37 *A*. Fichtelgebirge: bei Kupferberg! und Schwarzenbach. Böhmen: Einsiedel bei Marienbad! Kgr. Sachsen: Kiefernberg bei Hohenstein selten; Zöblitz häufig!! Schlesien: Kupferberg: Röhrichtsklippe bei Jannowitz. Zobtengebirge: Költschenberg, besonders gegen Goglau! von dort verschleppt auch an Festungsmauern in Schweidnitz, früher auch auf einer Mauer in Bögendorf; Geiersberg. Eulengebirge bei Stein-Kunzendorf und Köpprich; Frankenstein: Grocheberg. Otterstein unter dem Glatzer Schneeberge 1100 m. Gesenke: Altvater-Wald (Formánek ÖBZ. XXXVII 236); zwischen Grumberg und Nickles (Oborny 67) und am Zdiar bei Eisenberg unweit Schönberg in Mähren. Steiermark: Leoben: in der Gulsen bei Kraubath; Pernegg: Trafössberg bei Kirchdorf (Preissmann ÖBZ. XXXV 262); Windisch-Feistritz (Glowacki in Baenitz Herb. europ. 3756!). Ungarn: Eisenburger Comitat: Bernstein: am Kienberge bei Stuben und am Fusse des Gaisriegels bei Schlaining (Borbás Vasvármegye növ. és flórája 151).

Spr.r. Juli, Aug.. — *A. a.* Milde Sporenpfl. 40 (1865). Luerssen Farnpfl. 165 fig. 108—110. 111 II. Nyman Consp. 863. *A. viride fallax* Heufl. Abh. ZBV. Wien VI 347 (1856). *A. viride c. ad.* Wünsche Fil. Sax. 1. Aufl. 9 (1871). |*|

Diese Pflanze war länger als ein Jahrzehnt nur in einem einzigen, mit der sehr ungenauen Fundortsangabe „Nordböhmen" versehenen Herbarfragment bekannt, das von Heufler vermuthungsweise, von Milde (Sporenpfl. a a. O. und Fil. Eur. 66) mit Bestimmtheit für einen Bastard von 26. und 28. erklärt wurde. Nachdem dieselbe 1867 und 1868 in Mähren, Böhmen, Sachsen und Schlesien zahlreich beobachtet worden war, gelangte Milde (Botan. Zeitung XXVI 201, 209, 449—455, 882—884 [1868]) zu dem Ergebnisse, dass eine constant auf Serpentin vorkommende in ihren Merkmalen zwischen beiden genannten Arten stehende, indessen doch eher 28. unterzuordnende Form vorliege, die mit 28. an den gemeinsamen Fundorten (Zöblitz und Kraubath) durch Uebergänge verbunden sei. Zu derselben Ansicht kam Sadebeck, der früher (Abh. Bot. V. Brand. XIII 78—97 Taf. I. [1871]) die Selbständigkeit der Art verfochten hatte, auf Grund von langjährigen Aussaatversuchen auf serpentinfreiem Substrat. In der fünften Generation ging 27. in 28. (ebenso in der sechsten 37. *A.* in 37. *B.*) über. Der umgekehrte Versuch, durch generationsweise wiederholte Aussaaten auf Serpentinboden 28. in 27. und 37. *B.* in 37 *A.* überzuführen, hatte bis dahin kein Ergebniss geliefert. Vgl. Sitzungsb. Gesellschaft für Botanik zu Hamburg III. 74 ff. (1887). „Obgleich damit die Frage bezüglich der Zugehörigkeit des *A adulterinum* zu *A. viride* erledigt zu sein scheint, wären wiederholte Experimente in dieser Richtung doch sehr erwünscht." (Luerssen Farnpfl. 881). Um so mehr, als 27. doch in dem Grade in den Merkmalen sich an 26. annähert, dass bei seiner Einziehung die Trennung von 26. und 28. kaum haltbar erscheint. Die in neuester Zeit bekannt gewordenen Beobachtungen Hofmanns (ABZ. I. 217 [1895]) über die Zöblitzer „Uebergangsform" machen vielmehr deren schon von Luerssen (Farnpfl. 175) hypothetisch ausgesprochene Deutung als Bastard nahezu zweifellos (vgl. S. 59). Die Angabe von *A. adulterinum* in Kärnten an einer Mauer zwischen Tarvis und Raibl mit 26. und 28. (Gusmus nach Pacher Jahrb. Landes-Mus. Kärnten XXII 28 [1893]) scheint wenig glaubwürdig, um so weniger, als dieser Beobachter seine Pflanze als hybrid und 26. nahestehend bezeichnet. Wie Fritsch (br.) wohl mit Recht vermuthet, liegt hier wohl die von Luerssen (Farnpfl. 176) angedeutete Täuschung durch noch nicht ganz ausgewachsene Blätter von 26. vor, an denen der obere Theil des Mittelstreifs noch grün ist.

28. (4.) A. víride. ♃. Unterscheidet sich von den beiden vorhergehenden Arten durch Folgendes: Blätter meist nicht überwinternd, bis 20 cm lang. Spreuhaare meist ohne Scheinnerv. Blattstiel bis 6 cm lang, meist nur unterwärts glänzend roth- bis purpurbraun, oberwärts wie der Mittelstreif grün und weich, auf der Bauchseite ziemlich tief rinnig, mit wulstigen Rändern, in der Rinne öfter gekielt. Leitbündel mit im Querschnitt 4schenkligem Holzkörper, der erst im obersten Theile des Mittelstreifs 3schenklig wird. Fiedern jederseits bis 30, meist in einer Ebene liegend, deutlich grün gestielt, nicht vom Mittelstreif abfallend, hellgrün, kahl, die untersten meist kaum kleiner als die folgenden. Sori dem Mittelnerven genähert, vom Rande entfernt. Sporen dunkelbraun, mit hohen, unregelmässig gezähnelten, ein ziemlich regelmässiges Maschennetz einschliessenden Exosporleisten. — Beschattete Felsen, Mauerritzen, seltener an Baumwurzeln oder Grasabhängen, besonders auf Kalk, im mitteldeutschen Berglande sehr zerstreut, im Nordwesten selten (äusserste

Fundorte: Aulbach und Berdorf im Gross-h. Luxemburg; Trier; Eupen; Brilon! Ramsbeck! und Rüthen! Hameln: Ith von Koppenbrügge bis Brunkensen! Seesen: Münchhof; Harz bei Goslar! Rübeland! und Wendefurt; weiter östlich noch an den äussersten Vorposten festen Gesteins: Dessau: Golpaer Mühle! und Boleslaw bei Olkusz im südwestlichen Polen! häufig in den Karpaten und Alpen (bis 2700, ausnahmsweise an der Gefrorenen Wand im Duxer Thale Tirols 3289 m [Kerner h.] aufsteigend) von den See-Alpen bis Dalmatien! Bosnien! Hercegovina, Montenegro! Sp.r. Juli, Aug. — *A. v.* Huds. Fl. Angl. ed. 1. 385 (1762). Luerssen Farnpfl. 159 fig. 106, 111 I. Koch Syn. ed. 2. 982. Nyman Consp. 863. Suppl. 346. *A. Trichomanes β.* L. Sp. pl. ed. 1 1080 (1753).

Aendert hauptsächlich nur (öfter an einzelnen Blättern oder Fiedern) in dem Grade der Kerbung bez. Theilung ab. An der typischen Pflanze sind die Fiedern einfach bis fast doppelt-gekerbt. Bei B. *incisi-crenátum* (Milde Nova Acta XXVI. II 582 [1858]. Luerssen Farnpfl 161) sind sie bis ¹/₃ oder ¹/₂ der Fiederhälfte eingeschnitten. — Viel seltener als die typische Art. — Bei C. *sectum* (Milde a. a. O. Luerssen Farnpfl. 162) sind sie tief-fiederspaltig bis am Grunde gefiedert; beobachtet: Gesenke: Lindewiese; Appenzell! Süd-Tirol: Ratzes. Bei l. *bipinnatum* (Clowes in Moore Ferns of Gr. Brit. and Ir. Nat.-Pr. pl. XL. Text [S. 2] 1856) sind (entsprechend 2(i, l. *incisum*) die Fiedern, besonders in der oberen Hälfte der Blätter fiedertheilig bis gefiedert. — Tirol: Seehof am Achensee 1895 (Hauchecorne!); annäherud Rovereto: Val Ronchi an den Bocchette di Rivolta (Bolle!). Sonst nur in Nord-England (Lancashire) beobachtet. — Gegabelte Blätter treten mitunter zahlreich und einigermaassen beständig auf. So beobachtete sie Sadebeck an drei auf einander folgenden Jahrgängen (DBG. XII 345—350).

(Mittel- und Nord-Europa; Hochgebirge des Mittelmeergebiets in Süd-Europa, Kleinasien; Kaukasus; Sibirien; gemässigtes Nord-America.)

*

Bastard.

B. I. a. 1. *b.* 27 × 28 (5). **A. adulterinum × viride.** ♃ Unterscheidet sich von 27. durch den nur unterwärts (etwa ¹/₂—¹/₃ seiner Länge) braunen und elastisch-steifen Mittelstreif der bis 15 cm langen Blätter, welcher auf der Bauchseite wie bei 28. eine ziemlich tiefe Rinne mit wulstigen Rändern und auf dem Grunde derselben einen (wenig hervorragenden) Kiel zeigt, durch die gelbgrüne Farbe der nicht abfallenden Fiedern. Von 28. weicht die Pflanze durch die meist mit Scheinnerven versehenen Spreuhaare, die braune Farbe des ganzen Blattstiels und des unteren Theils des Mittelstreifs, durch den schon etwas über dessen Mitte 3 schenklig werdenden Holzkörper des Leitbündels, von den meisten Formen von 28. auch (nur gerade nicht von den am Fundorte vorkommenden Exemplaren) durch die „treppenförmige" Stellung der Fiedern, von beiden durch die grösstentheils fehlschlagenden (wenn ausgebildet mehr wie bei 28. beschaffenen) Sporen. — Bisher nur im Kgr. Sachsen auf Serpentin-Geröllhalden bei Ansprung unweit Zöblitz (Poscharsky 1864, Wünsche 1871! Hofmann) mit den Eltern ziemlich zahlreich; nach Milde auch in Steiermark in der Gulsen bei

Kraubath. Sporangien Juli, Aug. — *A. viride* b. *fallax* Wünsche Fil. Sax. 2. Aufl. 14 (1878) nicht Heufler. *A. viride* subsp. *adulterinum* var. *Poscharskyánum* [1]) Hofmann ABZ. I 234 (1895) Pl. Sax. crit. no. 25 (1895). [*]

2. **Blätter länglich-lanzettlich, mehr oder weniger dichtdrüsenhaarig.**

29. (6.) **A. Petrárchae** [2]). ♃. Grundachse mit schwarzen, bis auf die Basis und den sehr schmalen Saum undurchsichtigen Spreuhaaren. Blätter überwinternd, selten bis 12 cm lang. Stiel (selten bis 3 cm lang) fast stielrund, wie der halbstielrunde auf der Bauchseite gefurchte **untere (grössere) Theil des Mittelstreifs glänzend-schwarzpurpurn, ungeflügelt. Leitbündel mit zwei getrennten, im Querschnitt halbmondförmigen Holzkörpern, die erst im unteren Theile des Mittelstreifs zu einem einzigen im Querschnitt vierschenkligen zusammentreten. Fiedern** jederseits 5—14, gegenständig oder abwechselnd, zuletzt abfallend, aus meist ungleichseitigem Grunde **eiförmig bis länglich, stumpf, eingeschnitten gekerbt bis fiedertheilig**, dünn- bis derbhäutig, trüb-dunkelgrün. Abschnitte oben abgerundet oder gestutzt und daselbst gekerbt. Sori kurz länglich, dicht am Mittelnerven, mit ausgefressen-gezähneltem Schleier, zuletzt zusammenfliessend. — Sonnige und beschattete Kalkfelsen der Mittelmeerküsten selten. Vaucluse bei Avignon! (am weitesten landeinwärts); Aix! Toulon! Antibes; Nizza! Riviera bei Eze! und Mentone! Bei Fiume von Hirc 1878 auf der Turcina bei Buccari und 1884 an der Lokvica-Höhle bei Buccarica aufgefunden; Carlopago (Rossi nach Borbás ÖBZ. XLI 354). Sp.r. April—Juni. — *A. P.* DC. Fl. franç. V 238 (1815). Luerssen Farnpfl. 194 fig. 114. Nyman Consp. 863. Suppl. 346. *Polypodium P.* Guérin Descr. de la font. Vaucl. I 124 (1804). *Aspl. glandulosum* Loisel. Not. 145 (1810). *A. Vallis-clausae* Requien in Guérin Descr. etc. ed. 2. 239 (1813). *A. Trichomanes* β. *pubescens* Godr. et Gren. Fl. France III 636 (1856).

(Küsten des westlichen Mittelmeerbeckens: Spanien, Languedoc (Montpellier), Sicilien, Balearen, Algerien). [*]

A. marinum L. mit einfach gefiederten, ansehnlichen länglich-lanzettlichen, kahlen Blättern, deren doppelt gekerbte Fiedern bis 3 cm lang werden, an den atlantischen Küsten Europas und im südlichen Mittelmeergebiet (von Corsica an) besonders auf Granit vorkommend, wird von Nyman Consp. Suppl. 345 in „Ligur. occ. (r.) ex Penzig" angegeben, jedenfalls irrthümlich, da weder Prof. Penzig, noch Herrn E. Burnat, dem vorzüglichsten Kenner der Flora der See-Alpen, etwas davon bekannt ist.

---

[1]) Nach dem Finder Gustav Adolf Poscharsky, * 1832, Garteninspector a. D. in Laubegast bei Dresden.

[2]) Zuerst in dem von Petrarca im 14. Jahrhundert besungenen Felsthale Vaucluse (Vallis clausa) bei Avignon aufgefunden.

b. *Athyrioides* [1]) (Aschers. Syn. I. 61 [1896]). Blätter doppelt gefiedert, überwinternd; ihr Stiel von 2 getrennten Leitbündeln durchzogen.

30. (7.) **A. lanceolátum.** ♃. Grundachse kriechend, oberwärts dicht mit braunen, lanzettlichen, borstenförmig zugespitzten Spreuhaaren besetzt. Blätter bis 40 cm (bei uns kaum halb so) lang. Stiel 4—14 cm lang, bis 2 mm dick, wie der untere Theil des Mittelstreifs glänzend rothbraun, wie dieser halbstielrund, schwach gekielt-berandet und wenigstens an jüngeren Blättern zerstreut spreuhaarig, etwas kürzer als die dunkelgrüne, länglich- bis eiförmig-lanzettliche, lang zugespitzte, am Grunde kaum verschmälerte Spreite. Fiedern jederseits bis 18, abwechselnd oder fast gegenständig, sehr kurz gestielt, eiförmig-länglich bis ei-lanzettlich, stumpflich, die unteren entfernt, die untersten nur wenig kleiner. Fiederchen genähert, kurzgestielt, aus schief keilförmigem Grunde rundlich- bis länglich-verkehrt-eiförmig, stumpf. Sori kurz-länglich bis eiförmig, einige der untersten zuweilen athyrioid, alle dem Rande genähert. — *A. l.* Huds. Fl. Angl. ed. 1 454 (1762). Luerssen Farnpfl. 204. fig. 116. Nyman Consp. 863. Suppl. 346. *Athyrium l.* Heufler ZBV. Wien VI 345 (1856).

Zerfällt in zwei Hauptformen:

A. **týpicum.** Fiederchen stachelspitzig gesägt bis (die untersten) fast fiederspaltig. — Schattige Felsen, meist auf kieselhaltigen Gesteinen. Im Gebiet bisher sicher nur an Felsen des Vogesensandsteins in der Bayerischen Pfalz nahe der Elsass-Lothringer Grenze zwischen Fischbach und Steinbach (westlich von Weissenburg)! die Angabe Hohstaufen bei Sulzbach im Oberelsass (Triess 1852 nach Kirschleger Flore d'Alsace II 396 neuerdings nicht bestätigt. Sp.r. Juli—Sept. *A. l.* forma *typica* Luerssen Farnpfl. 204 fig. 116 a. b. *A. Billótii* [2]) F. Schultz Flora XXVIII 735 (1845). *Aspl. cuneatum* F. Schultz Flora XXVII 807 (1844) nicht Lam.

B. **obovátum.** Fiederchen kerbig-gezähnt, oder fast ganzrandig. — So im Mittelmeergebiet an den Küsten der Provence: Toulon; Hyères, z. B. Ile du Levant (J. Müller!) Fréjus; nördlich von Cannes (Burnat Bull. soc. dauph. d'éch. 340 (1881) u. br.). Seealpen bei Ormèa im oberen Tanáro-Thal (Penzig mündl.). *A. l.* var. *o.* Moore Ind. filic. 140 (1859). Luerssen Farnpfl. 204 fig. 116 c. *A. o.* Viv. Fl. Lib. Spec. 68 (1824). *Athyrium o.* Fée Gen. fil. 186 (1850).

30. unterscheidet sich von allen Formen von 37. durch das wenn nicht am Grunde etwas verschmälerte doch im unteren Theile gleichbreite, nicht aber am Grunde verbreiterte Blatt.

---

[1]) Wegen der mitunter vorkommenden Sori athyrioidei (vgl. S. 10, 53).

[2]) Nach Paul Constant Billot, * 1796 † 1863, Professor in Hagenau, welcher sich Verdienste um die Flora des Unter-Elsass erwarb und Centurien deutscher und französischer Pflanzen nebst Erläuterungen (Annotations à la Flore de France et d'Allemagne 1855—1862) herausgegeben hat.

(Atlantisches und Mittelmeergebiet: Irland, südliches und westliches England, West- und Mittel-Frankreich, Spanien und Portugal, Azoren, Madeira, Canarische Inseln, St. Helena; Mittelmeergebiet von Süd-Europa (bis zu den Euganeen bei Padua und den griechischen Inseln) und Nord-Africa (dort wohl meist var. B.).) *|

31. (8.) **A. fontánum.** ♃. Grundachse schief oder aufsteigend, mit dunkelbraunen lanzettlichen, borstenförmig zugespitzten Spreuhaaren besetzt. Blätter bis 22 cm lang, meist kahl. Stiel nur am Grunde schwarzbraun, unterwärts (seltener bis zur Spreite) purpurbraun überlaufen, 1—8 cm lang, 1 mm dick, stets viel kürzer als die lanzettliche bis lineal-lanzettliche am Grunde stark verschmälerte, hellgrüne Spreite. Mittelstreif meist grün, wie der Stiel halbstielrund, auf der Bauchseite gewölbt, schmal flügelig-berandet. Fiedern jederseits bis 24, gegenständig oder abwechselnd, sehr kurz gestielt, die untersten entfernt und kleiner, eiförmig, nur 3theilig, die übrigen eiförmig länglich. Fiederchen gedrängt. Sori kurz. dem Mittelnerven genähert, die untersten öfter athyrioid oder diplazioid. — Schattige Felsen, seltener Mauern, vorzugsweise auf Kalk, im Schweizer Jura und den benachbarten Alpen des oberen Rhonethals häufig, sonst in den Alpen sehr zerstreut, im übrigen Gebiete sehr selten. Belgien: Prov. Hennegau: Bois de St. Denis (de Martinis 1858; ob noch jetzt und ob ursprünglich einheimisch?) Belfort: Fort de la Justice! An einer Mauer bei Rheinweiler in Oberbaden nördlich von Basel; Hirschensprung im Höllenthal bei Freiburg i. Br. Schwäbischer Jura an der „Jungfrau" bei Ueberkingen unw. Geislingen! See-Alpen! Alpen der Dauphiné, Piemonts und Savoyens; am Rigi; am Wallensee zwischen Wallenstatt und Quinten! Tessin: Ronco! und Brissago (Franzoni!) am Lago maggiore. Alle östlicher und nördlicher angegebenen Fundorte zweifelhaft. Tirol im Söldenthal? und am Baldo? In Kärnten an der Leiter bei Heiligenblut (Sieber!) und bei Rottenmann in Ober-Steiermark (Zahlbruckner) seit einem halben Jahrhundert nicht wieder beobachtet. Angeblich vor langen Jahren bei Marburg in Kurhessen; das Vorkommen bei Trier nicht beglaubigt; die Angaben bei Pressburg (dort seit fast einem Jahrhundert vergeblich gesucht (Bäumler briefl.)), bei Skole am Fusse der östlichen Karpaten (Weiss ZBG. Wien XV 454), obwohl von letzterem nach Milde Fil. Eur. 70 und Blocki ÖBZ. XXXIII 39 Belegexemplare vorhanden, unglaubwürdig; die in Siebenbürgen nach Simonkai (609) unrichtig. An den Taluttmauern des Sanssouci-Parks bei Potsdam ist dieser Farn angepflanzt!! ob noch vorhanden? Spr.r. Juli—Sept. — *A. f.* Bernhardi in Schrad. Journ. 1799 I. 314. Luerssen Farnpfl. 199 fig. 115. Nyman Consp. 863. Suppl. 346. *Polypodium f.* L. Sp. pl. ed. 1. 1089 (1753). *A. Halléri*[1]) Koch syn. ed. 2. 982 (1845).

---

[1]) Nach Albrecht von Haller, * 1708 † 1777, dem hervorragenden Physiologen, Botaniker und Dichter, der diese Pflanze in seiner Flora Helvetica beschrieben hat.

Zerfällt in 2 Hauptformen:

A. pedicularifólium. Fiederchen 4—8jochig; eiförmig bis länglich-eiförmig, fiederspaltig bis fiedertheilig, mit meist 2 jochigen länglichen bis dreieckig-eiförmigen, stachelspitzigen, seltener 2—3 zähnigen Abschnitten. — Form tieferer und geschützterer Standorte, im Jura und den Waatländer und Walliser Alpen wohl vorwiegend. *A. f. p.* Aschers. Syn. I 63 (1896). *Polypodium p.* Hoffm. Fl. germ. II 10 (1795). *Athyrium Halleri* Roth Tent. fl. germ. III 60 (1800). *Aspidium f.* Sw. Schrad. Journ. 1800 I. 40 (1801). *A. H.* Willd. Sp. pl. V. 274 (1810). *Aspl. H.* DC. Fl. franç. V. 240 (1815). *A. H. a. p.* Koch Syn. ed. 2. 982 (1845). *A. f.* var. *H.* Mett. Abh. Senckenb. Ges. III. 184 (1859). Luerssen Farnpfl. 203 fig. 115 c. d.

B. angustátum. Fiederchen 2—4jochig, die untersten aus keilförmigem Grunde rundlich bis verkehrteiförmig, nur oben mit wenigen (3—5) stachelspitzigen Zähnen. *A. f. a.* Aschers. Syn. I 63 (1896). *Athyrium fontanum* Roth Tent. fl germ. III. 59 (1800). *Aspidium f.* Willd. Sp pl. V. 272 (1810). *Aspl. Halleri* β. a. Koch Syn. ed. 2. 982. *A. f.* forma *typica* Luerssen Farnpfl. 202 fig. 115 a. b. (1885).

Diese Pflanze, namentlich die var. A. hat die Tracht von 4 *B*, von der sie sich ausser durch die dickere Consistenz sofort durch die stachelspitzigen Blattzähne unterscheidet.

(West-Europa: England sehr selten, ob einheimisch? Mittel- und Süd-Frankreich; Pyrenäen; nördliches und östliches Spanien; Majorca.)

*|

II. Blattstiel länger als die Spreite (vgl. 34, 37).

a. *Acrópteris*[1]) (Lk. Hort. Berol. II 56 [1833]). Blätter überwinternd, gegabelt, hand- oder fast fiederförmig in wenige (meist 2—3, höchstens 5) aufrechte bis aufrecht-abstehende Abschnitte getheilt (vgl. auch 26. × 32.). Blattstiel von nur einem Leitbündel durchzogen, 1/2 mm dick.

32. (9.) A. septentrionále. ♃. Grundachse kurz kriechend, oberwärts mit schwarzbraunen, borstenförmig zugespitzten, öfter gewimperten Spreuhaaren ohne Scheinnerv besetzt. Blätter bis 17 cm lang. Stiel bis 12 cm lang, gerade, mehrmals länger als die Spreite, nur ganz am Grunde glänzend rothbraun, besonders unterwärts mit nur dem bewaffneten Auge sichtbaren einzelligen Härchen besetzt, auf der Bauchseite und an den Seitenflächen gefurcht. Holzkörper des Leitbündels im Querschnitt dreischenklig. Spreite ungleich-gabeltheilig oder meist abwechselnd 3 zählig gefiedert, lederartig, schwach glänzend, dunkelgrün, kahl. Fiedern keilförmig-lineallanzettlich, meist gestielt, die unterste, selten auch die obere seitliche an ihrem vorderen Rande ein (kleineres) Fiederchen tragend, alle mit verdicktem Rande, oben etwas verbreitert, in 2—4 (die meist mit einem Seitenabschnitt versehene Endfieder in 4—6) lineal-lanzettliche zugespitzte Zähne ausgehend. Mittelnerv undeutlich. Sori verlängert lineal, theils über theils neben einander, die ganze Unterseite bedeckend

---

[1]) Von ἄκρον, Gipfel. Link definirt die von ihm aufgestellte Gattung: Sori . . . . in apice rhacheos frondis non foliaceae.

und nebst dem zurückgeschlagenen ganzrandigen Schleier über den Rand hervorragend. — Felsspalten, Mauern, oft an sonnigen Stellen, fast nur auf kalkarmem Gestein, im Berglande meist verbreitet, bis 2000 m ansteigend; in der immergrünen Region des Mittelmeergebiets und im Tieflande Ungarns fehlend, in der nördlichen Ebene selten, meist auf Geschiebemauern: Holstein; Mecklenburg; Rügen! Prignitz! Ukermark! Dessau!! Niederlausitz! Westpreussen! (in Polen nur in dem südlichen felsigen Hügelgebiet). Sp.r. Juli, August. — *A. s.* Hoffm. Deutschl. Fl. II 12 (1795). Luerssen Farnpfl. 209 fig. 118. Koch Syn. ed. 2. 983. Nyman Consp. 864. Suppl. 346. *Acrostichum s.* L. Sp. pl. ed. 1. 1068 (1753). *Acropteris s.* Lk. a. a. O. (1833).

Wie Döll (Rhein. Flora S. 9, Fl. von Baden 15 Anm.) und Mettenius (Fil. Hort. Lips. 76) treffend ausführten, stellen die End-Zähne der Fiedern und ihrer Seiten-Abschnitte die freien Spitzen ebenso vieler grösstentheils verschmolzener Abschnitte höherer Ordnung dar. Hierdurch erklärt es sich, dass in dem gemeinsamen Theile ein Sorus, der einem dieser erst weiter oben frei werdenden Seitenabschnitte angehört, und den freien Rand der Mittellinie desselben zuwendet, auf die Fieder bezogen den angewachsenen Rand deren Mittellinie zukehren kann. In Wirklichkeit stimmt also die Orientirung der Sori mit dem in der Gattung geltenden Gesetze überein und die auf die nur scheinbare Abweichung begründete generische Trennung von *Acropteris* ist unhaltbar. Diese versteckte stärkere Theilung tritt auch in den neuerdings so vielseitig besprochenen Bastarden von 32. mit 26. hervor, wodurch sich, wie Stenzel (70. Jahresber. Schles. Ges. 1892) andeutet, die auffällige Thatsache erklärt, dass der Bastard 26. × 32. anscheinend stärker getheilte Blätter zeigt als beide Stammarten.

(Mittel- und Nord-Europa; Gebirge des Mittelmeergebiets (auch Aetna, Algerien, Kleinasien); Kaukasusländer; Altai; Alatau, Himalaja; Neu-Mexico.) *

A. trichomanes × *septentrionale* s. S. 75 Nr. 15.
A. septentrionale × *ruta muraria* s. S. 75.

33. (10.) **A. Seelósii**[1]). ♃. Grundachse kurz, kriechend, oberwärts mit glänzend schwarzbraunen, borstenförmig zugespitzten, kurz gewimperten Spreuhaaren besetzt. Blätter bis 10 cm lang. Stiel bis 85 mm lang, mehrmal bis vielmal so lang als die Spreite, nach auswärts gekrümmt, so dass die Spreiten rosettenartig ausgebreitet oder selbst zurückgeschlagen sind, nur am Grunde glänzend rothbraun; besonders oberwärts zerstreut-abstehend-gliederhaarig, bauchseits rinnig. Holzkörper des Leitbündels dreischenklig. Spreite lederartig, glanzlos, dreispaltig (so besonders an jungen Pflanzen, var. *tridactylites* Bolle in Bonplandia IX 22 [1861]) bis (in der Regel) gefingert- oder abwechselnd gefiedert-3zählig, beiderseits und am Rande drüsig-gliederhaarig. Blättchen sitzend oder kurz gestielt, aus keilförmigem Grunde rhombisch-länglich, gesägt-gekerbt, das mittlere etwas grösser, öfter 2- oder 3spaltig. Mittelnerv undeutlich. Sori 3—5, breit lineal, schräg

---

[1] Nach dem zweiten Entdecker der Pflanze, Gustav Seelos, * 1832, Ober-Ingenieur a. D. in Brixen (briefliche Mitth. des Herrn Landschaftsmalers Gottfried S. in Wien).

nach dem Rande verlaufend, zuletzt die Unterseite bedeckend. Schleier ausgefressen-gezähnelt. — Nur auf Dolomit, gern in Ritzen und Grübchen unter überhängenden Felswänden, von 200 bis 2000 m ansteigend; oft mit 36. In der Osthälfte der Alpen, fast ausschliesslich im südlichen Dolomit-Gebiet: Westufer des Garda-Sees in der Prov. Brescia. Am verbreitetsten in Süd-Tirol: Judicarien: zw. Cingol Rosso und Tombēa nördl. vom Idro-See; Val di Non: S. Romedio bei Cles; Salurn (schon Bartling 1843)!! Castel Pietro; Trient; Primiero; Vette di Feltre; Cimolais (Huter mündl.); Schlerngebiet!! (von Bartling 1843 und zum zweiten Male von Seelos 1854 entdeckt); Pusterthal und in dessen südlichen Seitenthälern an mehreren Stellen bis jenseits der Kärntner Grenze; Küstenland (Görzer Gebiet): am westlichen Felsrande des Tribuša-Thals (Krašan 1867); Krain: an der Mitala gegenüber der Eisenbahn-Station Trifail, hier und an der vorigen Stelle mit *Heliosperma Veselskyi* Janka (Deschmann 1883). Ganz vereinzelt in Nieder-Oesterreich am Göller über St. Egid am Neuwald (Obrist 1880). Sp.r. Juli, Aug. — *A. S.* Leybold Flora XXXVIII 81, 348 Taf. XV (1855). Luerssen Farnpfl. 214 fig. 119. Nyman Consp. 864. Suppl. 346, 377. *A. tridactylites* Bartl. h. *Acropteris S.* Heufler ZBV. Wien VI 345 (1856). [*]

Ueber die Entdeckungsgeschichte dieser ausgezeichneten, unserem Gebiet eigenen Art, des „Benjamin der europäischen Farnkräuter" vgl. Bolle Bonplandia IX S. 2 ff. 18 ff. (1861); über die bis jetzt neuesten Funde Fehlner ÖBZ. XXXIII 353 bis 356 (1883).

b. *Ruta muraria*[1]) ([Tourn. Inst. I. 53. 1700] Neilreich Fl. Nied.-Oesterr. 15 [1859] z. T.). Blätter abnehmend doppelt bis 4fach gefiedert, mit zahlreichen Abschnitten, die untersten Fiedern länger (oder doch nicht viel kürzer) als die folgenden, alle abstehend.

1. Schleier (wenigstens zuletzt) gekerbt oder ausgefressengezähnelt bis gefranst. Spreite glanzlos. Blattstiel von nur einem Leitbündel durchzogen, nicht über 1 mm dick.

    a. Blätter 3—4fach gefiedert; die Spreite länglich bis lanzettlich. Zipfel keilförmig-linealisch, selten länglich. Spreuhaare der Grundachse mit Scheinnerv. Schleier anfangs ganzrandig, zuletzt unregelmässig gekerbt.

34. (11.) **A. fissum.** ♃. Grundachse ziemlich lang kriechend, oberwärts mit dunkelbraunen bis schwärzlichen, lanzettlichen bis eiförmigen, unregelmässig gezähnten, borstenförmig zugespitzten Spreuhaaren besetzt. Blätter 9—26 cm lang, überwinternd, starr, zerbrechlich, zuletzt kahl. Stiel $3^{1}/_{2}$—15 cm lang, meist länger, seltener nur so lang oder selbst kürzer als die Spreite, unterwärts glänzend rothbraun,

---

[1]) Schon bei Brunfels Name von 36., wegen der Aehnlichkeit der Blätter mit den *Ruta*-Arten und des Vorkommens an Mauern.

bauch-eit- gefurcht. **Leitbündel ohne vorgelagertes Sklerenchym**, am Grunde mit 2, sich in seiner Mitte zu einem einzigen vierschenkligen vereinigenden Holzkörpern. Spreite dünnkrautig, aber nicht durchscheinend, mit oberwärts (wie die der Fiedern) geschlängeltem Mittelstreif. Fiedern jederseits 5—12, besonders die unteren etwas entfernt, abwechselnd, gestielt, eiförmig, stumpf, die unteren mit jederseits 3—6 doppelt gefiederten Fiederchen. **Letzte Abschnitte keilförmig**, in 2—3 meist **lineale**, am gestutzten Vorderrande 2—3-kerbige **Zipfel** gespalten. Sori auf den letzten Abschnitten 1—3, länglich-linealisch, zuletzt nebst dem zurückgeschlagenen Schleier weit über den Rand hervorragend. — Felsen und Geröll der Kalkalpen, bis 2000 m ansteigend, wenig verbreitet. Nördliche Alpen: Bayern: Kienberg bei Ruhpolding unweit Traunstein; Watzmann (Funck 1797, neuerdings nicht wiedergefunden). Oberösterreich: am Traunstein! Windisch-Garsten am Südabhange des Hohen Nock! Poppenalm im Stoder (Dürrnberger DBG. VI. CLVIII). Niederösterreich: Essling-Alpe bei Gr. Höllenstein (Grimburg nach Neilreich Nachtr. zu Maly 332); Oetscher; Dürrnstein (Halácsy u. Br. 13). Steiermark: Mariazell; Eisenerzer Höhe! Seealpen: Colle di Guiraccio zw. Limone und Pesio (Boissier und Reuter)! Burnat; oberes Pesio- und Ellero-Thal (Burnat 1880 Soc. Dauphin. 340 [1881], derselbe und Bicknell br.). Süd-Tirol: Val Ronchi; Vallarsa. Venetianische Alpen: Pass La Lora bei Recoaro; Val di Zelline zwischen Cimolais und Barcis, Prov. Udine. Krain: In der Wochein am Fusse des Berges Prav und bei Feistritz! Črna Prst! Loibl! Unter-Steiermark: Sannthaler Alpen bei der Okrešel-Hütte (Krašan NV. Steierm. XXXI. LXXXIII). Kroatien. Dalmatien: Velebit; Dinara; Orjen (Huter!) Bosnien: Treskavica bei Sarajevo; Hercegovina; Montenegro. Du Angulon im Banat und in Siebenbürgen sind unrichtig. Sp.r. Juli—Sept. — *A. f.* Kit. in Willd. Sp. pl. V. 348 (1810). Luerssen Farnpfl. 234 fig. 121. Koch Syn. ed. 2. 983. Nyman Consp. 86 Suppl. 346. *Aspidium cuneatum* Schkuhr krypt. Gew. 198 I Taf. 56 b. (1808) (ein wegen der älteren *Aspl. c.* Lam. (1786) unanwendbarer Name). *A. Trettenerianum* Jan Flora XVIII 32 (1835). *Athyrium c.* Heufl. ZBV. Wien VI 346 z. T. (1856).

Auch diese seltene Art erinnert in der Tracht an 4 *B.*, von welcher sie sich aber durch die keilförmigen 2—3spaltigen Abschnitte leicht unterscheidet; sehr auffällig ist auch das weite Hervorragen der Sori über den Blattrand. Ueber die Verbreitung vgl. Heufler ZBG. IX 310, 311 (1859).

(Gebirge Süd-Italiens: Abruzzen; Majella; Schar-Dagh (Scardus) an der Grenze von Albanien und Macedonien.) |*|

b. Blätter 2—3 fach gefiedert; die **Spreite** mehr oder weniger **dreieckig**; Abschnitte keilförmig-verkehrt-eiförmig, seltener länglich. Spreuhaare der Grundachse ohne Scheinnerv. **Schleier gefranst.**

35. (12.) **A. lépidum.** ♃. Grundachse kurz kriechend, wenig verzweigt, oberseits mit schwärzlichen, lineal-lanzettlichen, zugespitzten Spreu-

haaren besetzt. Blätter dicht gebüschelt, 4—9 (selten bis 13) cm lang, trotz ihrer Zartheit überwinternd, an allen Theilen mit einzelligen drüsigen Härchen besetzt. Stiel nur $1/2$ mm dick, so lang oder länger als die Spreite, nur am Grunde hellbraun, halbstielrund, bauchseits mit schmaler tiefer Furche. Leitbündel ohne ventrale Furche und vergelagertes Sklerenchym, unten mit 2 Holzkörpern, die sich zu einem ungleich vier- weiter oben dreischenkligen vereinigen. Spreite dreieckig bis breit-eiförmig, sehr dünnhäutig, durchscheinend. Fiedern jederseits 3—5, etwas entfernt, abwechselnd, die unteren langgestielt, eiförmig, einfach bis doppelt gefiedert, die folgenden kürzer gestielt, einfach gefiedert. Fiederchen bez. letzte Abschnitte oben abgerundet, 3 lappig, stumpf gekerbt bis eingeschnitten gekerbt; je 2 Kerbzähne höher hinauf verbunden. Sori auf den letzten Abschnitten 2—6, dem Mittelnerven genähert, von ihm spitzwinklig abstehend, lineal. Sporen hellbraun, auf dem optischen Durchschnitt mehr oder weniger dicht stachlig erscheinend. — Kalkfelsen der montanen Region, besonders am Eingange von Höhlen, in den Südalpen und südöstlichen Karpaten, selten, aber wohl mehrfach übersehen. Süd-Tirol: Val di Non bei Tuenno (1000 m) und Pontalto (600 m) unweit Cles (Loss 1866, von Luerssen erst 1885 als zu dieser Art gehörig erkannt); Trient: im Buco di Vela (Gelmi NGBI. XXIII 28). Istrien: Grotte von Ospo bei Muggia (Beyer 1890! ÖBZ. XLIV 167). Banat: Golumbačer Höhle bei Coronini (V. v. Janka!), hier wohl schon von Rochel gesammelt, und in den Höhlen Gaura Ponjikova bei Plaviševica (A. v. Degen); Gaura Haidušaska bei Neu-Moldova (Vidakovich nach A. v. Degen ÖBZ. XXXIX 137); Biharia: Thal der Schnellen (Sebes) Körös bei Rév und Sonkolyos im Comitat Bihar (Freyn!) bei Ccucsa im Koloser Comitat (Siebenbürgen). Sp.r. Juli, Aug. — *A. l.* Presl Verh. Vaterl. Mus. Prag 1836 65 Taf. 3 fig. 1, mit Ausschluss des Fundortes „Böhmen", der auf Verwechselung mit sicilianischen Exemplaren beruhen dürfte. Luerssen Farnpfl. 228 fig. 120. Nyman Consp. 864. Suppl. 346. *A. brachyphyllum* Gasparrini Rendic. R. Acc. Sc. Napoli III 108 (1845). *A. fissum* b. *latifolium* Rabenh. Krypt. fl. II. III. 315 (1848) z. T. *Athyrium cuneatum* var. *lep.* Heufl. ZBV. Wien VI 346 (1856). *Aspl. f. lepidum* Moore Ind. Fil. 150 (1859) Heufler ZBG. IX 310 (1859). *A. f.* Metten. Abh. Senckenb. Ges. III 143 (1859) z. T. *A. anauniénse*[1]) Loss Voce Cattolica 1872 n. 90 vgl. Gelmi l. c.

Von 36. schon durch die zarte Beschaffenheit des Laubes und die Behaarung leicht zu unterscheiden. Mit 34., mit der sie viele Schriftsteller vereinigten, hat sie wenig Aehnlichkeit. Dagegen erinnert sie an 45., von der sie sich durch die ausdauernde Grundachse und den grösstentheils grünen Blattstiel sofort unterscheidet.

(Nördliche Abruzzen: Mte. Vettore; Castellamare bei Neapel; Castelgrande in Basilicata (Lucanien); Madonie (Nebroden) in Sicilien; Serbien.) |*|

---

[1]) Von Anaunia, Name von Cles zur Römerzeit; später auf das ganze Val di Non übertragen (Prof. v. Dalla-Torre br., dem ich auch das obige Citat aus der Zeitschrift „La Voce Cattolica" verdanke).

36. (13.) A. ruta murária[1]). (Mauerraute, niederl. und vlaem.: Muurruit, Steenruit; dän.: Murrude; franz.: Rue de muraille; ital.: Ruta di muro; poln.: Zanokcica wlasciwa; böhm.: Routička zední; russ.: Женскій волосъ пыльый; ung.: Köruta.) ♃. Grundachse kriechend, oberwärts mit schwarzbraunen, lineal-lanzettlichen, borstenförmig zugespitzten Spreuhaaren besetzt. Blätter 10 (seltener bis 25) cm lang, überwinternd. Stiel bis 18 cm lang, meist beträchtlich länger als die Spreite, nur am Grunde dunkelbraun, (wie der Mittelstreif) bauchseits gefurcht, von einem Leitbündel durchzogen, dessen bauchseitiger Rinne innerhalb des braunen Grundtheils des Stiels ein Strang dunkel-, fast schwarzwandiger Sklerenchymzellen vorgelagert ist. Holzkörper in diesem Thtile des Stiels 2, im Querschnitt halbmondförmig, sich weiter oben zu einem „schmetterlingförmigen", unterhalb der Spreite dreischenkligen vereinigend. Spreite dreieckig bis eiförmig, seltner länglich bis lanzettlich (an jungen Stöcken rundlich nierenförmig oder 3 zählig), derb krautartig, trüb dunkel graugrün, anfangs wie der Stiel zerstreut spreuhaarig und mit fast sitzenden blasigen Drüsen besetzt, später fast oder völlig kahl. Fiedern jederseits 4—5, abwechselnd oder seltener gegenständig, etwas von einander entfernt, gestielt; einfach- (selten 2—3 fach) gefiedert, die obersten ungetheilt. Fiederchen gestielt, aus keilförmigem Grunde meist rhombisch-verkehrteiförmig, seltener länglich-keilförmig, oben meist abgerundet, gekerbt oder gezähnt, durchscheinend gesäumt. Sori auf den Fiederchen jederseits 1—3, spitzwinklig bis fast parallel zum Mittelnerven gestellt, lineal (die unteren zuweilen diplazioïd), zuletzt die ganze Unterseite bedeckend. Sporen dunkelbraun, grösser als bei 35., wegen der unregelmässigen oft kurzen Exosporleisten auf dem optischen Durchschnitt grobstachlig erscheinend. — Felsen, besonders auf Kalkgestein, sehr häufig in Ritzen von (mitunter schon ziemlich neuen) Mauern, in den Berggegenden häufig oder gemein, bis 2000 m aufsteigend, in der Ebene (nur an Mauern) zerstreut, im Nordwesten selten, doch noch auf den Nordsee-Inseln Texel, Ameland und Föhr. Sp.r. das ganze Jahr hindurch. — *A. R. m. L.* Sp. pl. ed. 1. 1081 (1753). Luerssen Farnpfl. 218. Koch Syn. ed. 2. 983. Nyman Consp. 864. Suppl. 346.

Eine ziemlich vielgestaltige Art, die namentlich im Grade der Theilung, in der Form der Spreite und der Fiederchen beträchtlich abändert. Von den von Heufler (ZBV. Wien VI 335 ff.), Milde (Fil. Europ. 76, 77) und Luerssen (Farnpfl. 222—227) aufgeführten Formen sind etwas zweifelhaft: *heterophýllum*[2]) (Heufler ZBV. Wien VI. 335 (1856). Luerssen a. a. O. 223). Sporentragende Blätter theils doppelt gefiedert, theils 3 zählig. — So bisher nur beobachtet in Böhmen bei Deutsch-Brod. — Ferner *calcáreum* (Becker Naturh. Ver. Rheinl. Westf. XXXIV. Abh. 68 [1877]. Luerssen a. a. O.). Blätter nicht über 5 cm, mit gegenständigen, theils ungetheilten, kurzgestielten, rundlich-nierenförmigen, theils gefiedert-3 zähligen Fiedern. — Eifel auf Dolomit im Kyllthale bei Gerolstein. — Die übrigen gliedern sich folgendermassen:

---

1) S. S. 65.
2) Von ἕτερος, einer von zweien, verschieden und φύλλον Blatt.

A. Blätter meist nicht über 6 cm lang, im Umriss meist kurz 3-eckig; Fiederchen 1—1½ mal länger als breit.
 I. Fiederchen oben abgerundet.
  a. Brunfélsii[1]). Fiederchen oben gekerbt. — So mehr im mittleren und nördlichen Gebiet.' — *A. R. m.* var. *B.* Heufler a. a. O. 335 (1856). Luerssen a. a. O. 222. Hierher gehören als Unterformen die von Wallroth (Fl. crypt. I. 22 [1831]) unterschiedenen Varietäten (α u. γ): **2.** *macrophýllum*[2]). Blätter und Fiederchen grösser als in der gewöhnlichen Form. — An schattigen Orten. — **3.** *microphýllum*[3]). Blätter kleiner und zarter; Fiederchen kleiner (nur 3 mm lang) und zahlreicher. Uebergang zu B. II. a. 1. — In engen Felsspalten. — Die Form β. *heterophýllum* (Wallr. a. a. O. [1831]) mit theils ungetheilten, theils eingeschnitten-gelappten Fiederchen verdient wohl kaum aufrecht erhalten zu werden; ich wollte deshalb auch nicht die (ohnehin problematische) gleichnamige Heufler'sche Form umtaufen. *A. R. m.* var. *heterophyllum* (Opiz in Kratos 1826 17) ist nach Heufler a. a. O. ein Jugendzustand mit theilweise ungetheilten, nierenförmigen Blättern.
  b. Matthíoli[4]). Fiederchen fast ganzrandig. — So mehr im südlichen Gebiet. — *A. R. m.* var. *M.* Heufler a. a. O. 336 (1856). Luerssen a. a. O. *A. M.* Gasparrini Progr. delle Scienze etc. IV, VIII (1842).
 II. Fiederchen oben gestutzt, kammförmig gezähnt.
  brevifólium. So bisher nur an wenigen Orten des Gebiets beobachtet: Oldenburg, Böhmen, Mähren, Kärnten. — *A. R. m.* var. *b.* Heufler a. a. O. 335 (1856). Luerssen a. a. O. 223. *Scolopendrium alternifolium* β. *b.* Roth Tent. Fl. Germ. III 54 (1800).
B. Blätter meist 10 cm und darüber lang, meist 3 fach gefiedert, im Umriss häufig verlängert; Fiederchen mindestens 1½ mal so lang als breit.
 I. Fiedern entfernt.
  pseudo-Germánicum. Blätter bis 10 cm lang, mitunter auch noch länger, 2—3 fach gefiedert; Fiederchen meist zu 3 genähert, schmal-rhombisch oder keilförmig, eingeschnitten-schmal-gezähnt. — So Oldenburg: Zwischenahn (Magnus DBM. X. 66. Geisenheyner a. a. O. XI. 33) und Wildeshausen (Magnus a. a. O.); Baden; Sachsen; Böhmen; Schweiz; Tirol; Provinz Treviso; Nieder-Oesterreich; Kärnten; Bosnien; Banat. — *A. R. m.* var. *p.* Heufler a. a. O. 338 (1856). Luerssen a. a. O. *A. R. m.* var. *cuneátum* Moore Ferns Gr. Br. and Ir. Nat.-Pr. pl. XLI A. Text [S. 2] (1856) Oct. Nat.-Pr. Brit. Ferns II 124 pl. 79 Fig. A. *A. germanicum* Böckel Oldenb. crypt. Gefässpfl. (1853) nicht Weis. *A. g.* var. γ. *polyphyllum* Saccardo Comment. Fauna etc. Venet. Trent. No. 4. 195 (1868) z. T. Die Vermuthung Luerssens (Farnpfl. 257), dass der von Kickx in Bull. ac. Bruxell. 1839 angegebene, von ihm an der Kirchhofsmauer von Schuerebeek bei Brüssel beobachtete angebliche Bastard von *A. ruta muraria* und *A. Germanicum* zu dieser (oder einer anderen) Form von 36. gehört, hat sehr viel für sich. *A. Germanicum* ist nur in den Gebirgsgegenden Belgiens, 32. in der Ebene äusserst selten beobachtet. Jedenfalls ist mir noch kein Beispiel eines Tripelbastardes unter den Farnen bekannt.
 II. Fiedern mehr genähert.

---

[1]) Nach Otto Brunfels, * um 1488 † 1534, Lehrer in Strassburg, später Arzt in Bern, einem der ältesten unter den „Vätern der Botanik", der diese Form zuerst abgebildet hat.
[2]) Von μακρός lang, gross und φύλλον Blatt.
[3]) Von μικρός klein und φύλλον Blatt.
[4]) Nach Pierandrea Mattioli (Matthiolus), * 1500 † 1577, Leibarzt des Kaisers Maximilian II., einem der bedeutendsten unter den Botanikern des 16. Jahrhunderts (Comment. in Dioscoridem Venet. 1565).

a. Fiederchen ungefähr in der Mitte am breitesten.
1. leptophýllum[1]). Blätter bis 12 cm lang. Fiederchen schmal rhombisch, schwach bis deutlich gekerbt. — So im mittleren und südlichen, selten im nördlichen Gebiet — *A. R. m. δ. l.* Wallr. a. a. O. 22 (1831). Luerssen a. a. O. 224.
2. elátum. Blätter oft bis 25 cm lang, hellgrün. Fiederchen rhombisch bis schmal rhombisch, eingeschnitten gezähnt, öfter zum Theil oder selbst grösstentheils (var. *Zoliénse*[2]) (Kit. ms.) Heufler a. a. O. 338) 'keilförmig, oben gestutzt. — So mehr im südlichen Gebiete. — *A. R. m.* β. *e.* Láng Syll. pl. nov. Ratisb. 188 (1824). Heufler a. a. O. 336 (1856). *A. multicaule* Presl Verh. Vaterl. Mus. Prag 1836. 63. Taf. 3 fig. 2. *A. R. m.* 4. var. *pseudo-serpentini* Milde Fil. Eur. 77 (1867) [-*um* Sporenpfl. 31 (1865) als Synonym]. Luerssen a. a. O. 225.
b. Fiederchen keilförmig, an der Spitze am breitesten (vgl. *elatum*).
1. pseudo-nígrum. Blätter über 15 cm lang, 3fach gefiedert; Fiederchen verlängert keilförmig, eingeschnitten-schmal gezähnt. — So in der Provinz Como und bei St. Gotthard in Steiermark. — *A. R. m.* var. *p.* Heufler a. a. O. 338 (1856). Luerssen a. a. O. 224.
2. tenuifólium. Blätter bis 17 cm lang, 3—4 fach gefiedert; Fiederchen sehr klein, keilförmig bis lineal-keilförmig, oben gestutzt oder abgerundet und kerbig gezähnt. — Sehr selten: Schlesien: Quarklöcher am Glatzer Schneeberg. Mähren: Ruine Brünnles bei Rohle (Oborny ÖBZ. XL 205). Tirol: Meran; Salurn am Wasserfall! Banat: Kazan-Thal. — *A. R. m.* var. *t.* Milde Nova Acta XXVI. II 593 (1858). *A. tenuifolium* Nees h. *A. R. m.* var. *pseudofissum* Heufl. in Milde Sporenpfl. 32 (1865). Luerssen a. a. O. 227. Manche dieser Formen erinnern, wie schon die Namen andeuten, an benachbarte Arten und Bastardformen; so *pseudo-Germanicum* an 26×32, *pseudo-nigrum* an 37, *elatum* an 37 *A.*, *tenuifolium* an 34. Sie sind aber stets durch den grösstentheils grünen Blattstiel und den gefransten Schleier, meist auch durch die trüb dunkelgrüne Farbe des Laubes zu unterscheiden.

(Fast ganz Europa; Nord-Africa; Asien bis zum Himalaja; gemässigtes Nord-America.)   *

A. trichomanes × *ruta muraria* s. S. 79 Nr. 16.
A. septentrionale × *ruta muraria* s. S. 75.
?? *A. ruta muraria* × *Germanicum* s. S. 69.

2. Schleier ganzrandig, selten mit welligem bis fast gekerbtem Rande. Blattstiel 2 mm dick.

37. (14.) **A. adiántum**[3]) **nigrum.** ♃. Grundachse kriechend oder aufsteigend, meist stark verzweigt, oberwärts mit schwarzbraunen schmallanzettlichen, borstenförmig zugespitzten, meist ganzrandigen Spreuhaaren ohne Scheinnerven besetzt. Blätter dicht büschlig bis rasig, bis 45 cm lang. Stiel so lang oder länger, selten kürzer als die Spreite, dunkelbraun bis schwarz-purpurn, seltener oberwärts

---
[1]) Von λεπτός dünn (hier: schmal) und φύλλον Blatt.
[2]) Nach dem Fundort im Sohler Comitat (C. Zoliensis) in Ungarn.
[3]) ἀδίαντον (von α privativum und διαίνω ich benetze, also unbenetzt weil Wasser an der Pflanze nicht haftet) classischer Name von 41.; u. a. bei Theophrastos Hist. pl. VII. 14 und Dioskorides (IV. 134); adiantum nigrum findet sich bei Plinius (XXII. 30) ob für 37. oder 26?

grün, bauchseits wie der häufig auf der Rückenseite unterwärts noch
braun gefärbte Mittelstreif flach rinnig, am bis zu 5 mm verdickten
Grunde von zwei Leitbündeln durchzogen, die sich in veränderlicher
Höhe zu einem einzigen vereinigen, dessen Holzkörper im Querschnitt
trapezoidisch (selten schon unterhalb der Spreite 3 schenklig) ist. Spreite
dreieckig-eiförmig bis lanzettlich, doppelt- bis vierfach-gefiedert, kurz
oder lang zugespitzt, selten stumpf. Fiedern jederseits bis 15,
abwechselnd, seltener z. T. fast oder völlig gegenständig, die unteren
gestielt, die obersten sitzend. Unterste Fiederchen meist kurz gestielt.
Letzte Abschnitte eiförmig bis lineal-keilförmig, stumpf- bis stachelspitzig
gezähnt. Sori jederseits meist nur 2—3, mehr oder weniger verlängert,
die untersten zuweilen diplazioid oder athyrioid. — *A. A. n.* und *A.
Onópteris*[1]) L. Sp. pl. ed. 1. 1081 und *Acrostichum pulchrum* L. a. a. O.
1072 (1753). *A. A. n.* L. Sp. pl. ed. 2. II 1541 (1763). Luerssen
Farnpfl. 260. fig. 2, 125—127. Koch Syn. ed. 2. 983. Nyman Consp.
863. Suppl. 346.

Zerfällt in folgende 3 Unterarten:

A. Blätter meist nicht überwinternd, glanzlos.

A. A. cuneifólium. Blattstiel oberwärts bauchseits (zuweilen
beiderseits) grün. Spreite meist dreieckig-eiförmig, kurz zugespitzt oder
stumpflich, 3—4 fach gefiedert. Fiedern meist gerade, abstehend,
selten etwas aufwärts gebogen. Letzte Abschnitte keilförmig bis keilförmig-verkehrt-eiförmig, oben gestutzt
oder rhombisch, seltener fast lineal, öfter 3-lappig bis -spaltig, an der
unteren Hälfte ganzrandig (bei Rückwärtskrümmung einseitig-
oder beiderseits concav), in der oberen stumpflich bis spitz gezähnt. — An Felsen, Geröll und an steinigen Abhängen, fast ausschliesslich auf Serpentin, meist verbreiteter als 27. Fichtelgebirge!
Einsiedel bei Marienbad! Sächsisches Erzgebirge! Schlesien, besonders
im Zobten- und Eulengebirge mehrfach! Mähren: Mohelno bei Namiest;
Pernstein; Zdiar bei Eisenberg a. d. March; zw. Grumberg und
Nickles. Südöstl. und Süd-Böhmen: bei Kreuzberg zw. Deutsch-Brod
und Hlinsko (Čelakovský Böhm. Ges. Wiss. 1888 501); Blansker
Wald, hier bei Adolfsthal auch auf Granulit. Nieder-Oesterreich: Steinegg
am Kamp bei Horn im Waldviertel; zw. Oberholz u. Elsarn am Manhartsberge (Baumgartner ÖBZ. XLII 251 [1892]); Gurhofgraben bei
Aggsbach! und Hausenbach in der Gegend von Melk; am Zusammenfluss des Kl. und Gr. Isper im Bezirk Persenbeug (Baumgartner ÖBZ.
XLV. 286). Ungarn: Eisenburger Comitat: Bernstein! Steiermark: In der
Gulsen bei Kraubath (St. Michael) (Breidler! Preissmann br.); Pernegg;
Windisch-Feistritz. Angeblich in Kärnten am Millstätter See (Gusmus Jahrb. Land. Mus. XXII 27 [1893]). Banat: Plaviševica. Sieben-

---

[1]) Von ὄνος Esel und πτέρις S. 2. Der Name findet sich zuerst bei Tabernaemontanus.

bürgen: angeblich unter der Alp Páreng bei Petrozsény. Nördl. Bosnien. Sp.r. Juli, Aug. — *A. cuneifolium* Viv. Fl. It. fragm. I. 16 (1806). *A. Forstéri*[1]) Sadl. diss. inaug. 29 (1820). *A. Ruta muraria* β. *elatum* Láng exs. z. T. nach Milde Fil. Eur. 77. *A. multicaule* Scholtz Enum. Fil. Sil. 48 (1836) nicht Presl. *A. Serpentini* Tausch Flora XXII 477 (1859). Nyman Consp. 863. Suppl. 346. *A. fissum* Wimm. Fl. Schles. 2. Aufl. 500 (1844) nicht Kit. *A. Ad. n.* var. bez. subsp. *Serpentini* Koch Syn. ed. 2. 983 (1845). Luerssen Farnpfl. 275. fig. 126, 127 a—f. *A. A. n.* β. *angustisectum* Neilreich Fl. N.-Oest. 17 (1859).

> Aeusserst vielgestaltig. Als Festpunkte der Formenreihe werden seit Milde unterschieden:
>
> A. Spreite dreieckig-eiförmig.
>
> I. genuinnm. Letzte Abschnitte der Blätter keilförmig-verkehrteiförmig, oben gestutzt oder abgerundet, meist 3 lappig, meist nur kerbig gezähnt. — Die häufigste Form. — *A. c. g.* Aschers. Syn. I 72 (1896). *A. A. n. Serp.* var. *genuina* Milde Bot. Zeit. 915 (1853). Luerssen Farnpfl. 277 fig. 126.
>
> II. incísum. Letzte Abschnitte meist rhombisch; Zähne verlängert, lineal, nicht selten auswärts gebogen. — Weniger verbreitet als d. v. — *A. c. i.* Aschers. Syn. I. 72 (1896). *A. i.* Opiz in Kratos 1826 17. *A. A. n. Serp.* var. *incisa* Milde a. a. O. (1853). Luerssen Farnpfl. 278. fig. 127 a—f.
>
> B. Spreite lanzettlich.
>
> anthriscifólium. Fiedern spitzwinklig vorwärts gerichtet. Letzte Abschnitte schmal, bis lineal, öfter 2—3 spaltig, kerbig gezähnt. — So selten: Sachsen: Hohenstein-Ernstthal; Reichenbach bei St. Egidien. Schlesien: Geiersberg im Zobtengebirge; Grocheberg bei Frankenstein. — *A. c. a.* Aschers. Syn. I. 72 (1896). *A. a. n. Serp.* var. *a.* Milde a. a. O. (1853). Luerssen Farnpfl. 280.

Ueber die von Sadebeck unternommenen Aussaaten auf serpentinfreiem Substrat und deren Ergebniss vgl. oben S. 58. Neuerdings hat dieser Forscher, wie er mir mündlich mittheilte, schon an den vom natürlichen Standorte entnommenen und in gewöhnlicher Gartenerde weiter cultivirten Stöcken eine grössere Neigung zum Ueberwintern der Blätter wahrgenommen; sie haben (nach übersandten Proben) den strengen Winter 1894/5 unbeschädigt überstanden.

(Schottland: bei Aberdeen; Central-Frankreich; Serbien; Apenninen; auch in den Enganeen und auf Corsica angegeben.) *]

B. Blätter überwinternd, mehr oder weniger lederartig, silberglänzend.

B. A. nigrum. Spreite eiförmig bis lanzettlich. Fiedern gerade, abstehend, selten schwach aufwärts gekrümmt. Letzte Abschnitte eiförmig bis breitverkehrteiförmig, aufrecht abstehend oder am Grunde schwach aufwärts gekrümmt. — Felsen, zuweilen an Baumwurzeln, selten auf Kalk, (nur ausnahmsweise über die montane Region ansteigend, an der Bernina-Strasse zw. 1700 und 2000 m. Graf Solms-Laubach nach Bolle Zeitschr. allg. Erdkunde XVII 273), im west-

---

[1]) Nach dem Entdecker Apotheker Karl J. Forster, 1818 in Schlaining (Eisenburger Comitat), später in Makó (Csanader Comitat).

lichen und südlichen Gebiet verbreitet, nach Norden und Osten abnehmend; die früher in Deutschland in der nördlichen Ebene angegebenen Fundorte (Dötlingen in Oldenburg; Potsdam! Golssen und zw. Luckau und Sonnewalde in der Nieder-Lausitz neuerdings nicht bestätigt. Die nördlichsten bez. nordöstlichsten sichern Fundorte im Gebiet sind: Belgien: Loupoigne; Ways; Heverle; Löwen; Boitsfort und Linkebeek. Niederlande: Wageninger Berg und Osterbeek bei Renkum. Rheinprovinz: Siebengebirge; Erkrath; Kettwig a. d. Ruhr. Westfalen: Hohen-Syburg; Waldeck: Rhoden!! Hannover: Eckberg bei Bodenwerder. Harz: Blankenburg! Gernrode. Halle a. S.! Gera: Wünschendorf (F. Naumann!) Kgr. Sachsen: Lössnitz bei Dresden! Weissenberg: Krischa. Preuss. Ober-Lausitz: Landskrone bei Görlitz!! Schlesien: Goldberg; Zobtengebirge; Ostry bei Lischna, Kr. Teschen. (Für Polen, Galizien und Bukowina sehr zweifelhaft). Mähren: Grumberg und Vsetin; Wien: Sievering; Ungarn: Pressburg; Budapest; Hegyalja bei Tokaj; Siebenbürgen: Borszék. Spr. Juli, Aug. — *A. A. n.* subsp. *nigrum* Heufler ZBV. Wien VI 310 (1856). Luerssen Farnpfl. 270. *A. A. n.* L. Sp. pl. ed. 1. 1081 (1753). Nyman Consp. 863. Suppl. 346. *A. A. n. a. latisectum* Neilreich Fl. N.-Oest. 17 (1859).

Ebenfalls sehr vielgestaltig; es werden folgende Formen unterschieden:
A. Blattstiel so lang oder länger als die Spreite.
I. Spreite schmal- bis eiförmig-lanzettlich. Abschnitte spitz gezähnt.
a. lancifólium. Spreite schmal- bis länglich-lanzettlich, 2—3fach gefiedert. Letzte Abschnitte am Grunde verschmälert, länglich bis eiförmig. — Die am meisten verbreitete Form. — *A. A. n.* subsp. *nigrum* var. *lancifolia* Heufler a. a. O. 310 (1856). Luerssen Farnpfl. 270. *Phyllitis l.* Much. Meth. Suppl. 316 (1802).
b. argútum. Spreite eiförmig-lanzettlich, meist 3fach gefiedert, meist dünnhäutiger und stärker glänzend als bei d. v. Letzte Abschnitte breit-eiförmig, mit zugespitzten bis stachelspitzigen Zähnen. — So seltener; zuweilen auf Serpentin, so in Schlesien. — *A. A. n.* subsp. *n.* var. *a.* Heufler a. a. O. (1856). Luerssen Farnpfl. 270 fig. 125 a. z. T. *A. argutum* Kaulf. Enum. fil. 176 (1824).
II. Spreite eiförmig-lanzettlich bis breit-eiförmig (2—3fach gefiedert). Letzte Abschnitte verkehrt-eiförmig, kurz und stumpflich gezähnt. (Die Zähne mitunter nur an der Spitze der Abschnitte deutlich).
obtusum. — Seltener; in Schlesien auf Serpentin. — *A. A. n.* subsp. *n.* var. *o.* Milde Sporenpfl. 26 (1865). Luerssen Farnpfl. 271. *A. obtusum* Kit. in Willd. Spec. pl. V. 341 (1810).
B. Blattstiel kürzer als die doppelt-fiederspaltige Spreite.
melan[1]). Letzte Abschnitte breit-eiförmig, stumpf gezähnt. — So in Böhmen: Leitmeritz: Triebsch angegeben. — *A. A. n.* subsp. *n.* var. *melaenum* Heufler a. a. O. 310 (1856). Luerssen Farnpfl. 272.

(Südliches Schweden und Norwegen; Britische Inseln; Frankreich; Mittelmeergebiet; Serbien, Bulgarien, Rumänien; Kaukasusländer; Persien, Afghanistan, Himalaja; Africanische Inseln; Hochgebirge des tropischen Africa; Capland.)

---

[1]) μίλας schwarz; die von Heufler gewählte Form ist grammatisch unrichtig!

*C. A. onópteris*¹). Fiedern aufwärts gekrümmt und zusammenneigend. Letzte Abschnitte meist länglich oder schmal länglich (vgl. A.). *A. A. n.* subsp. *o.* Heufl. a. a. O. 310 (1856). Luerssen Farnpfl. 281. *A. O.* Nyman Consp. 863.

Hierher folgende Formen:

A. Blattstiel kürzer als die Spreite.

davallioídes²). Spreite eiförmig, zugespitzt, derb-lederartig. Fiedern gedrängt, die unteren stark verlängert, stumpflich. Letzte Abschnitte am Grunde verschmälert, eiförmig, sparsam lang-gezähnt. — Nur am Weinberge bei Zobten von Milde angegeben. Sp.r. Juli, Aug. — *A. A. n.* subsp. *O.* var. *d.* Heufler a. a. O. 310 (1856). Luerssen Farnpfl. 282. *A. d.* Tausch Flora XXII 479 (1839).

(Apulien am Monte Gargano.) |*|

B. Blattstiel so lang oder kürzer als die Spreite.

I. **Silesíacum**³). Spreite dick-lederartig, wie die entfernt gestellten Fiedern stumpf zugespitzt. Letzte Abschnitte ziemlich klein, schmal länglich bis oval, stumpflich bis stumpf, am verschmälerten Grunde ganzrandig, sonst eingeschnitten-gezähnt; untere Zähne kurz und stumpf, obere spitz. — Auf Serpentin, nur in Schlesien im Zobtengebirge: Weinberg bei Zobten und am Költscheuberge (K. Helmrich 1856!) Sp.r. Juli, Aug. *A. A. n.* subsp. *o.* var. *s.* Milde Fil. Eur. 88 (1867). Luerssen Farnpfl. 282 fig. 127 g. *A. s.* Milde 33. Jahresb. Schles. Ges. 93 (1855). |*|

II. **acútum**. Blätter bis 45 cm lang. Spreite dünn-lederartig, wie die Fiedern lang und scharf zugespitzt. Letzte Abschnitte länglich bis fast linealisch, grannenartig zugespitzt, eingeschnitten-gezähnt bis fiederspaltig, die langen, zugespitzten Zähne stachelig-begrannt. — So im Mittelmeergebiet verbreitet; in unserem Gebiete: Provence! Riviera; Bellaggio am Comer See (G. v. Martens!) Süd-Tirol bei Meran! Bozen! Torri di Benáco am Gardasee! Triest: Miramar! Istrien. Kroatien. Dalmatien: z. B. Ragusa! Cattaro!! Hercegovina. Auch im Banat bei Mehadia angegeben. Sp.r. Mai—Juli. — *A. A. n.* subsp. *O.* var. *a.* (incl. var. *Virgilii*) Heufler a. a. O. 310 (1856). Luerssen Farnpfl. 281 fig. 125 b. *A. Onopteris* L. Sp. pl. ed. 1. 1081 (1753). *A. a.* Bory in Willd. Sp. pl. V 347 (1810). *A. Virgilii*⁴) Bory Exp. Morée III 289 (1832).

---

¹) S. S. 71.

²) Wegen Aehnlichkeit mit *Davallia Canariensis* (L.) Sm., einem auf den Nord-Atlantischen Inseln, Marocco und auf der Iberischen Halbinsel vorkommenden Farn. Die zu den *Davallieae*, einer zweiten Tribus der *Asplenoideae* gehörige Gattung *Davallia* Sm. ist dem Andenken des englischen Botanikers Edmund Davall, * 1763 † 1798 als Forstmeister in Orbe im späteren Canton Waat gewidmet und gehört mit der Asplenee *Woodwardia* Sw. und der Hymenophyllacee *Trichomanes* (L. z. T.) Sm. zu der Dreizahl europäischer Farnpflanzen-Gattungen, die in unserem Gebiet nicht vertreten sind.

³) Silesiacus, schlesisch.

⁴) Diese (von *acutum* nicht zu trennende) Form wurde zuerst auf dem angeblichen Grabe des Vergilius bei Neapel beobachtet.

(Mittelmeergebiet; Portugal; Irland; Bulgarien; Nord-Atlantische Inseln; Portorico; Hawai-Inseln.) *|

A. trichomanes × *adiantum nigrum* s. S. 80 Nr. 17.

Bastarde.

B. II. 32. × 36. **A. septentrionále × ruta murária.** ♃. Grundachse verzweigt, oberwärts mit schwarzbraunen, schmal lanzettlichen, borstenförmig zugespitzten, drüsig-gezähnten Spreuhaaren ohne Scheinnerv besetzt. Blätter überwinternd, 6—13 cm lang. Blattstiel bis 8 cm lang, 1½ bis doppelt so lang als die Spreite, nur ganz am Grunde glänzend schwarzbraun, unterwärts spärlich behaart, auf der Bauchseite und (seicht) an den Seitenflächen gefurcht, von einem Leitbündel durchzogen, dessen Bauchseite innerhalb des braunen Grundtheils des Stiels einige fast schwarzwandige Sklerenchym-Zellreihen vorgelagert sind. Holzkörper am Grunde des Stiels 2, sich weiter oberhalb zu einem dreischenkligen vereinigend. Spreite eiförmig bis 3eckig eiförmig, abnehmend doppelt gefiedert, graugrün, zuletzt fast oder völlig kahl. Fiedern abwechselnd, jederseits meist 2, die beiden unteren gestielt. Letzte Abschnitte schmal keilförmig, seltener verkehrt-eiförmig, oft etwas sichelförmig gekrümmt, oben eingeschnitten-schmal- und spitz-gezähnt. Sori jederseits 1—3, lineal, fast parallel dem (undeutlichen) Mittelnerven. Schleier fast ganzrandig. Sporen in der Mehrzahl fehlschlagend, die nicht ganz spärlichen vollkommenen mit netzförmigen Exosporleisten. — Bisher nur in Schweden auf dem Gråberg bei Gefle gefunden, dürfte indess auch in unserem Gebiete vorkommen, wo allerdings das kalkscheue 32. und das kalkholde 36. nur verhältnissmässig selten zusammen angetroffen werden. — *A. s.* × *r. m.* Aschers. Syn. I. 75 (1896).₀ *A. Ruta muraria* × *septentrionale* Murbeck Tvenne Asplenier. Lunds. Univ. Årsskr. XXVII (1892) 36. Tab. I. fig. 4, 9, 14, 19, II. *A. Murbéckii* Dörfler ÖBZ. XLV 223 (1895).

B. 26. × 32. (15.) **A. trichómanes × septentrionále.** ♃. Grundachse verzweigt, einen dichten Rasen überwinternder, bis 17 cm langer fast oder völlig kahler Blätter tragend, oberwärts mit dunkelschwarzbraunen, schmal- bis lineal-lanzettlichen, lang zugespitzten, drüsig gewimperten Spreuhaaren ohne Scheinnerv besetzt. Blattstiel bis 10 cm lang, so lang oder etwas länger als die Spreite, bis zu seiner Mitte (selten bis an die Spreite) glänzend-kastanienbraun, bauchseits (wie der grüne (selten am Grunde der Spreite braune) Mittelstreif) gefurcht, ungeflügelt, von einem Leitbündel mit 3 schenkligem Holzkörper durchzogen. Spreite breit- bis schmal-lanzettlich, stumpflich, einfach- oder am Grunde doppelt-gefiedert, freudig grün, glanzlos. Fiedern jederseits 2—5, abwechselnd oder fast gegenständig, die unteren 1—2 Paare weit von einander entfernt, kurz gestielt, häufig gefiedert-2—3zählig, die folgenden öfter vorn mit einem linealen Fiederlappen, die übrigen oder alle ungetheilt. Letzte Abschnitte sitzend, 1—1,5 cm lang, lineal-keilförmig bis keilförmig, oft etwas sichelförmig einwärts gekrümmt, an der stumpfen, abgerundeten, seltner gestutzten Spitze stumpf- bis eingeschnitten-gekerbt, die obersten 3—5 zu einem linealen, fiederspaltigen Endblättchen zusammenfliessend. Sori jederseits 1—2, lineal, fast parallel dem (undeutlichen) Mittelnerven. Schleier ganzrandig. Sporen häufig, (zuweilen selbst die Sporangien) völlig fehlschlagend, wenn ausgebildet, meist ohne Inhalt, fast kugelig mit unregelmässig netzförmigen Exosporleisten, sehr selten anscheinend gut ausgebildet. — Felsspalten, seltener an Mauern, auf kalkarmem Gestein, mit den Eltern, nahezu ebenso verbreitet wie 32. aber viel seltener, meist nur in wenigen oder einzelnen Stöcken, selten in grösserer Anzahl. Im nördlichen Flachlande bisher nur in Mecklenburg: Parchim Brinkmann! und zwischen Friedland und Bresewitz sowie in der Uckermark: Strassburg: Amalienhof Pintschovius, vor 1855 Gerhardt! (ob auch jetzt?) beobachtet. Sporangien Juli, Aug. — *A. t.* $\times$ *s.* Aschers. Syn. I. 75 (1896). *A. septentrionale* $\times$ *Trichomanes* Murbeck Tv. Aspl. Lu. Un. Årsskr. XXVII 35 (1892). *A. germanicum* Weis Pl. crypt. fl. Gotting. 299 (1770). Luerssen Farnpfl. 238. fig. 122. Nyman Consp. 864. *A. Breynii*[1]) Retz. Observ. bot. I. 32 (1774). Koch Syn. ed. II. 983. *A. alternifolium* Wulf. in Jacq. Miscell. II. 53 (1781).

Der Grad der Theilung steht im Allgemeinen mit der Grösse der Blätter in Correlation; die Form mit (meist grossen) doppelt gefiederten Blättern (*A. Breynii*) ist von Milde (Sporenpfl. 33) als f. *montana*, die mit (kleinen) einfach gefiederten (*A. alternifolium*) als f. *alpestris* unterschieden worden; doch macht Luerssen (a. a. O. 242) darauf aufmerksam, dass beide Formen auf derselben Grundachse und sowohl in hohen als niederen Lagen vorkommen. — Dieser Farn ist der erste, für den von Bory de St. Vincent (Voyage souterrain 271 [1821]) hybride Abstammung vermuthet wurde, eine Ansicht, die durch Heufler (1856), der das Fehlschlagen der Sporen als allgemeine Erscheinung nachwies, eine wichtige Stütze erhielt. Beide Forscher erkannten 32. als den einen Erzeuger; hinsichtlich des anderen liessen sie sich durch die (mitunter, bei der Form *pseudo-Germanicum* allerdings täuschende) äussere Aehnlichkeit von 36. auf eine falsche Spur bringen; diese unrichtige Ansicht (das wirkliche *A. septentrionale* $\times$ *ruta muraria* wurde erst von Murbeck nachgewiesen s. S. 75) wurde noch 1883/4 von Nyman und 1891 von A. Kerner v. Marilaun (Pflanzenleben II. 574) wieder vorgebracht, nachdem die richtige Deutung längst gegeben war. Ich habe zuerst 1864 (Fl. d. Prov. Brand. I. 916) den anderen Componenten in 26. vermuthet. Obwohl der damals als erster Kenner der europäischen Pteridophyten anerkannte Milde 1865 diese Meinung zurückgewiesen (Sporenpfl. 34), auch noch 1867 (Fil. Eur. 83) die hybride Abstammung des *A. germanicum* bestritten hat (welche sogar noch 1881 Prantl [Unters. Morphol. Gefässcrypt. II. 56] bezweifelte), so hat sich die Deutung dieser Pflanze als *A. trichomanes* $\times$ *septentrionale* doch allmählich allgemeinere Geltung verschafft. Unter den mehr oder weniger rückhaltlos zustimmenden Forschern nenne ich Crépin 1866 (Man. Fl. Belg. 2e éd. 364), Rosenstock 1887 (DBM. VII. 168), Dörfler 1890 (ÖBZ. 301), Stenzel 1892 (70. Jahresb. Schles. Ges. Naturw. Abth. 47), Magnus 1892 (DBM. X 67), R. v. Wettstein und J. Bäumler 1893 (ÖBZ. XLIII. 67), Garcke 1895 (Flora v. Deutschl. 17. Aufl. 723), vor Allen aber Luerssen 1885, der in Farnpfl. 243—246 zwar kein entscheidendes Urtheil abgeben will, aber das Uebergewicht der Gründe für obige Meinung hervortreten lässt und Murbeck 1892, der nach einer mit musterhafter Gründlichkeit durchgeführten Untersuchung (Tvenne Aspleniner, deras affiniteter och genesis. Lunds Univ. Årsskr. XXVII) dieselbe entschieden vertritt.

Uebrigens ist *A. Germanicum* nicht die einzige hybride Zwischenform zwischen 26. und 32. Schon 1859 äusserte Reichardt (ZBG. Wien IX 9) bei Aufstellung

---

[1]) Nach Jakob Breyne, * 1637 † 1697, Kaufmann in Danzig, welcher in seiner Centuria exoticarum aliarumque minus cognitarum plantarum Gedani 1678 100 einheimische und ausländische Pflanzen, darunter auch unsere Pflanze, die noch jetzt bei Danzig so reich vertretenen Botrychien u. a. vortrefflich beschrieb und abbildete.

seines *A. Heufleri*[1]) die Vermuthung, dass dasselbe einer Kreuzung von *A. Germanicum* mit *A. trichomanes* seinen Ursprung verdanke. Die Beschreibung desselben folgt hier:

A. per-trichómanes × septentrionále. ♃. Unterscheidet sich von *A. Germanicum* durch Folgendes: Spreuhaare zuweilen mit Scheinnerv. Blattstiel oft nur so lang als die Spreite, ganz und der Mittelstreif bis an oder über die Mitte der Spreite kastanienbraun, wie bei 26. auch gepresst sich elastisch aufwärts krümmend. Fiedern jederseits 3—7, häufiger fast gegenständig. **Letzte Abschnitte keilförmig-verkehrt-eiförmig bis rhombisch.** Schleier öfter gekerbt. *A. p.-t. × s.* (*A. Heufleri* Reichardt a. a. O. erw.) Aschers. Syn. I. 77 (1896).

Hieher 2 Formen, die sich ungefähr verhalten wie die „f. *montana*" und f. *alpestris* von *A. Germanicum*, an den wenigen bisher bekannten Fundorten, an denen in der Regel nur je ein Stock bemerkt wurde, aber getrennt beobachtet worden:

A. **Baumgartnéri**[2]). Spreite schmal lanzettlich, am Grunde doppelt gefiedert. Untere 1—2 Paare der Fiedern gefiedert-3zählig oder -3theilig. — Bisher nur in Thüringen auf Porphyr am Ottilienstein des Domberges bei Suhl (Schliephacke 1880 vgl. Dörfler ÖBZ. XLV. 224); in Nieder-Oesterreich auf Gneis am Rothenhof bei Stein a. Donau: (J. Baumgartner 1894); in Ungarn im Spitaler Wald bei Pressburg (Bäumler 1894!). Sporangien Juli, Aug. — *A. B.* Dörfler ÖBZ. XLV (1895) 169 Taf. IX.

B. **Heufléri**. Spreite fast gleich breit-linealisch, einfach gefiedert. Unterste Fiedern rhombisch, oft mit einem vorderen Seitenlappen. — Rheinprovinz: auf Devonschiefer des Ahrthales an der Saffenburg (P. Dreesen 1868) und der Ahrburg (Ph. Wirtgen!) Nassau: Auf Schiefer bei Gräveneck uuw. Weilburg (F. Wirtgen vgl. Garcke Fl. Deutschl. 17. Aufl. 723). Harz: Steinbruch Waidmannsheil bei Goslar auf Thonschiefer (Fritz Wilde 1895 nach Luerssen br.). Kgr. Sachsen: Thal der Wilden Weisseritz bei Tharand (Seidel 1867). Mähren: Schloss Eichhorn (Niessl 1863); Tirol: Zell am Ziller an einer alten Mauer (Woynar 1885); Meran: Zwischen Mölten und Vilpian, 1100 m, an einer Mauer von Granitgestein, hier 1858 von L. von Heufler! zuerst aufgefunden; Wassermauer bei Gratsch (Hauchecorne 1891!); Felsen über Algund (Rosenstock 1887 DBM. VII [1889] 168). Sporangien Juli, Aug. — *A. H.* Reichardt a. a. O. (1859). Luerssen Farnpfl. 250 fig. 123. Nyman Consp. 864.

Diese Form darf nicht mit jungen Exemplaren von *A. Germanicum* verwechselt werden, deren einfach gefiederte Blätter breitere Abschnitte zeigen; diese haben gerade sehr lange, weit herab grüne Blattstiele (Luerssen a. a. O. 243).

Ueber den Ursprung dieser Formen sind neuerdings Zweifel entstanden. Da bei Zell [wie auch neuerlich bei Goslar] *A. Germanicum* nicht in unmittelbarer Nähe des *A. Heufleri*, sondern nur 26. und 32. beobachtet wurden (die Pflanze von Suhl wurde später als *A. Baumgartneri* erkannt; an ihrem Fundorte kam übrigens *A. Germanicum* früher häufig, und kommt noch jetzt einzeln vor Rosenstock a. a. O. 167) warf Luerssen (DBG. IV. 430, Farnpfl. 882) die Frage auf, ob nicht *A. Heufleri* aus directer Kreuzung von 26. und 32. hervorgehen könne und

---

[1]) Nach dem Entdecker Ludwig Freiherrn von Hohenbühel genannt Heufler zu Rasen, * 1817 † 1885, zuletzt Präsident der statistischen Central-Commission in Wien, welcher sich durch seine Untersuchungen über die Milzfarne Europas (ZBV. Wien VI [1856]) unvergängliche Verdienste um die Kenntniss der europäischen *Asplenum*-Arten erworben hat.
[2]) Nach dem Entdecker Julius Baumgartner, * 1870, k. k. Finanz-Concepts-Praktikant in Wien.

ob sich nicht vielleicht die Verschiedenheit dieser Form von *A. Germanicum* dadurch erkläre, dass die eine aus 26. ♂ und 32. ♀, die andere aus 32. ♂ und 26. ♀ hervorgehe. Diese letztere Vermuthung, die einer directen experimentellen Prüfung kaum unterworfen werden kann, muss nach Analogie der Siphonogamen-Bastarde (vgl. Focke Pflanzen-Mischlinge 470 ff.) als unwahrscheinlich bezeichnet werden. Neuerdings hat nun Dörfler in dem oben citirten Aufsatze in ÖBZ. XLV behauptet, dass, da er niemals vollkommene Sporen bei *A. Germanicum* gefunden, eine Kreuzung dieser Form mit einer der Stammarten unmöglich sei. Er betrachtete daher *A. Germanicum*, *Baumgartneri* und *Heufleri* sämmtlich als aus directer Kreuzung von 26. und 32. hervorgegangen und zwar die erste als eine Form, in der der Typus von 32., die letzte als eine, in der der von 26. überwiegt; *A. Baumgartneri* soll dagegen die intermediäre Form darstellen. Es wäre indess sehr sonderbar, wenn bei gleichem Ursprunge aller dieser Formen die eine goneiklinische Form verhältnissmässig häufig, die andere und die intermediäre Form dagegen ausserordentlich selten vorkäme. Ich halte es daher a priori für viel wahrscheinlicher, dass nur *A. Germanicum* aus directer Kreuzung der Stammarten hervorgeht, *A. Heufleri* und *Baumgartneri*, welches letztere mir auch nach seinen Merkmalen keineswegs 32. näher zu stehen scheint als das erstere, und an dessen sämmtlichen Fundorten auch *A. Germanicum* vorkommt, dagegen aus der Kreuzung desselben mit 26. entstanden sind. Die Seltenheit dieser secundären Bastarde erklärt sich dann durch die Seltenheit vollkommener Sporen bei *A. Germanicum*, deren wenn auch ausnahmsweises Vorkommen von so gewissenhaften Beobachtern wie Luerssen (Farnpfl. 245) und Murbeck (a. a. O. 35) ausdrücklich bezeugt wurde. Gegen die Richtigkeit der Dörfler'schen Deutung spricht übrigens auch die bisher nicht bekannt gewesene Existenz der folgenden Form, die jedenfalls zwischen *A. Germanicum* und 32. steht und aus der Kreuzung dieser beiden hervorgegangen sein dürfte:

A. trichómanes × per-septentrionále. ♃. Unterscheidet sich von *A. Germanicum* durch Folgendes: Stiel des an dem vorliegenden Exemplare bis 15 cm langen Blattes bis 9 cm lang, nur im unteren Drittel seiner Länge glänzend braun. Fiedern jederseits nur 2—3, meist abwechselnd, die untersten bis 2 cm lang, lineal-keilförmig, wie das keilförmige endständige Blättchen, welches entweder von den Seitenfiedern getrennt bleibt oder höchstens mit den 1—2 obersten verschmolzen ist, an der Spitze mit 2—6 länglichen, spitzlichen Zähnen versehen. Auf dem Endblättchen zuweilen ein wie bei 32. scheinbar verkehrt orientirter, die angewachsene Seite des Schleiers nach der Mittellinie wendender Sorus.
— Bisher nur in der Sächsischen Ober-Lausitz an Phonolith-Felsen des Schülerberges bei Zittau mit 26., 32. und *A. Germanicum* (W. Hans 1870!). Sporangien Juli, Aug. — *A. t. × p.-s.* [*A. Hánsii*[1])] Aschers. Syn. I. 78 (1896).

Die von Döll (Fl. v. Baden I. 16) erwähnte Form von *A. Germanicum* vom Belchen im südlichen Schwarzwald mit keilig-linienförmigen bis linienförmigen Blättchen gehört nicht, wie man nach dieser Andeutung wohl vermuthen könnte, hierher; die ganzen Blattstiele sind braun gefärbt und das Endblättchen besteht aus 4—5 verschmolzenen Fiedern. Da anscheinend eine Anzahl normaler Blätter auf derselben Grundachse sich befindet, dürfte Döll's Vermuthung, dass hier nur die Wirkung der abnormen Witterung eines Jahrganges vorliegt, zutreffend sein. Herrn L. Baumgartner in Freiburg i. Br. bin ich für Uebersendung des Döll'schen Exemplares zu Dank verpflichtet.

---

[1]) Nach dem Finder Wilhelm Hans, † 1896, Kunst- und Handelsgärtner in Herrnhut, einem guten Kenner der mitteldeutschen Gebirgsflora.

(Verbreitung des *A. Germanicum*: Südliches Finnland; Skandinavien mit Ausnahme des nördlichsten Theils; Gross-Britannien; Frankreich; Portugal; Serbien; Bulgarien.) *|

?? *A. ruta muraria* × *Germanicum* s. S. 69.

B. 26. × 36. (16.) A. trichómanes × ruta murária. 2⁄4. Grundachse dick, vielköpfig, oberwärts mit schwarzbraunen, lineal-lanzettlichen, borstenförmig zugespitzten und gewimperten, an der Spitze der Wimpern eine kugelförmige Drüse tragenden Spreuhaaren besetzt. Spreuhaare ohne Scheinnerv, aber die Wände der mittleren Zellen stärker verdickt als die der seitlichen. Blätter dicht rasig, überwinternd, 6—10 cm lang. Stiel mindestens grösstentheils glänzend rothbraun, elastisch gebogen, bauchseits rinnig, ungeflügelt, am Grunde anfangs spreuhaarig, oberwärts wie die Spreite anfangs mit blasigen Drüsen besetzt, zuletzt kahl, von einem Leitbündel durchzogen, dessen bauchseitiger Fläche im Grundtheile des Stiels ein Strang fast schwarzwandiger Sklerenchymzellen vorgelagert ist. Holzkörper in diesem Theile des Stiels 2, im Querschnitt fast nierenförmig, die sich weiter oben zu einem im Querschnitt dreischenkligen vereinigen. Spreite länglich-lanzettlich bis lanzettlich, bis über die Mitte fast gleich breit, oben allmählig zugespitzt, gefiedert, derb krautartig, glanzlos. Fiedern abwechselnd oder die untersten fast gegenständig, die unteren etwas entfernt, gefiedert 3-zählig bis -theilig oder -spaltig, mit verkehrt-eiförmigen Seiten- und keilförmig-rhombischem Endabschnitt; die folgenden Fiedern öfter spiessförmig-3 lappig, die obersten länglich, ungetheilt, wie die Abschnitte stumpf, durchscheinend gesäumt. Sori auf den Abschnitten bez. obersten Fiedern jederseits 1—3, selten 4, schräg gegen den Mittelnerven gestellt, länglich-lineal, zuletzt die ganze Unterseite bedeckend. Schleier unregelmässig ausgefressen-geschweift bis kurz fransig. Sporen, wenn nicht gänzlich fehlgeschlagen, geschrumpft, mit einzelnen Exosporleisten. — Mauern und Kalkfelsen, mit den Eltern. Sporangien Juli, Aug. — *A. T.* × *R. m.* (A. *Preissmánni*[1]) [Aschers. et Luerssen ABZ. I. 222 (1895) ohne Beschreibung] erw. Aschers. Syn. I. 79 [1896]). |*|

Der elastisch sich von der Unterlage abbiegende, mindestens bis fast zur Spreite braun gefärbte Blattstiel, die langgestreckte Form der Spreite, die Zahl der Fiedern und die Form der obersten Fiedern erinnern ebenso unverkennbar an 26., als die Gestalt und Theilung der unteren Fiedern, die Spreuhaare und der anatomische Bau des Blattstiels und die Berandung des Schleiers an 36. Von *A. Heufleri*, welches in der Tracht den Formen A und B nicht unähnlich ist, unterscheidet sich dieser Bastard sofort durch die minder langgestreckten Fiedern, von 26. × 37. durch die nicht spitz gezähnten Abschnitte und Fiedern, von beiden durch den gefransten

---

[1] Nach dem Entdecker Ernst Preissmann, * 1844, k. k. Aich-Ober-Inspektor in Graz, einem um die Erforschung der östlichen Alpenländer hochverdienten Beobachter, dem ich viele werthvolle Mittheilungen verdanke.

Schleier. Die Deutung dieses Bastardes, welcher sich bei der weiten Verbreitung und dem häufigen Zusammenvorkommen der Eltern wohl noch öfter finden dürfte, ist daher wohl keinem Einwande unterworfen. Dagegen ist das ebenso gedeutete *A. Geisenheyneri* Kobbe von Rüdesheim a. Rh. (Geisenheyner BV. Brand. XXXIII 1891 140 [1892]) von G. selbst für eine verkrüppelte Form von 4. erklärt worden (DBG. X. 1892 [136]).

Die bisher bekannt gewordenen drei Stöcke sind unter sich beträchtlich verschieden, weshalb sie vorläufig, da eine genetische Deutung noch verfrüht sein würde, als Formen unterschieden werden mögen:

A. Reichéliae[1]). **Der ganze Stiel und der Mittelstreif bis zum 2. oder 3. Fiederpaar (rückenseits höher hinauf) braun**, nur $^1/_4$—$^1/_3$ so **lang als die lanzettliche, am Grunde wegen Kleinheit der untersten nur 3theiligen Fiedern deutlich verschmälerte Spreite. Fiedern jederseits 9—12**, sehr kurz gestielt, die obersten sitzend, **in der Mehrzahl ungetheilt, alle kerbig gezähnt, freudig-grün.** — Nur in einem Stocke in Nieder-Oesterreich an der Friedhofsmauer zu Unter-Aspang bei Gloggnitz am 2. Sept. 1895 von Frl. M. Reichel! gefunden und als 26. × 36. erkannt. — *A. t.* × *r. m. R.* Dörfler u. Aschers. BV. Brand. XXXVII 1895. XLVII (1896).

B. Hauchecórnei[2]). **Der ganze Stiel und der untere Theil des Mittelstreifs (rückenseits öfter bis über die Mitte hinaus) braun**, bis etwa $^1/_3$ so **lang als die länglich-lanzettliche, am Grunde nicht verschmälerte Spreite. Fiedern jederseits bis 9**, kurz, die oberen sehr kurz gestielt, die untersten 3zählig (selten fast 5zählig), **in der Mehrzahl ungetheilt, alle seicht gekerbt, graugrün.** — Nur in einem Stocke in Tirol in der Burg Rafenstein bei Bozen im Sept. 1891 von Hauchecorne! gefunden, aber erst im Dec. 1895 erkannt. *A. t.* × *r. m. H.* Aschers. Syn. 1. 80 (1896).

C. Preissmánni. **Stiel bauchseits bis einige mm unterhalb der Spreite**, rückenseits öfter bis über das unterste Fiederpaar hinaus **braun, von $^1/_2$ bis nahezu eben so lang als die länglich-lanzettliche, am Grunde nicht verschmälerte Spreite. Fiedern jederseits 6—8**, sämmtlich kurz gestielt, die untersten 3zählig, **in der Mehrzahl getheilt, alle seicht gekerbt, graugrün.** Nur in einem Stocke in Steiermark am Bärenschützgraben bei Mixnitz an einem Kalkblocke in etwa 700 m Meereshöhe am 13. Juni 1895 von E. Preissmann gefunden und als 26. × 36. erkannt. — *A. t.* × *r. m.* Preissm. br. *A. P.* Aschers. und Luerssen a. a. O. (1895) XV. Steierm. XXXII 118 mit Abbildung (1896) BV. Brand. XXXVII a. a. O. XLVI (1896).

B. 26. × 37. (17.) **A. trichómanes × adiántum nigrum.** ♃. Grundachse schief, oberwärts mit schwarzbraunen, schmal-lanzettlichen, borstenförmig zugespitzten Spreuhaaren ohne Scheinnerv besetzt. Blätter überwinternd, bis 10 cm lang. **Blattstiel viel kürzer als die Spreite**, bis 3 cm lang, 1 mm dick, wie die untere Hälfte des Mittelstreifs (diese wenigstens auf der Rückenseite) **schwarzbraun glänzend**, auf der Bauchseite gefurcht, ungeflügelt, von einem

---

[1]) Nach der Entdeckerin Frl. Marie Reichel in Wien, * 1876, der Braut des geschätzten Farnkenners und botanischen Reisenden Ign. Dörfler.

[2]) Nach dem Entdecker Dr. Wilhelm Hauchecorne, * 1828, Geh. Ober-Bergrath und Director der Berg-Akademie in Berlin, einem eifrigen Sammler und vorzüglichen Kenner der einheimischen Farne, von denen er eine sehr reiche Sammlung im Garten des von ihm geleiteten Instituts zusammengebracht hat, wo sich auch der oben beschriebene Stock noch lebend befindet. Ich bin dem Genannten für die selbstlose Mittheilung seines Materials und seiner Erfahrungen zu herzlichstem Danke verpflichtet.

Leitbündel mit 2 getrennten halbmondförmigen oder einem 4 schenkligen Holzkörper durchzogen. Spreite breit-lanzettlich, vom Grunde bis zur Spitze allmählich verschmälert, ziemlich spitz, einfach gefiedert, lederartig, glanzlos. Fiedern jederseits etwa 10, abwechselnd, die untersten etwas entfernt, sehr kurz (grün) gestielt, nicht sich abgliedernd, die unteren eiförmig, am Grunde fiederspaltig oder -theilig, die oberen länglich eiförmig, ungetheilt, alle kurz und spitz gezähnt. Sori jederseits 1—3, spitzwinklig gegen den deutlichen Mittelnerven gestellt, vom Rande etwas entfernt, länglich lineal. Schleier meist ganzrandig. Sporen, öfter auch die Sporangien, fehlschlagend. — Bisher nur ein Exemplar unter den Eltern in Süd-Tirol am Küchelberge bei Meran in etwa 500 m Meereshöhe 1863 von Milde gefunden. — *A. t.* × *a. n.* Aschers. Syn. I. 80 (1896). *A. dolósum (Adiantonigro — Trichomanes)* Milde ZBG. Wien XIV 165 Taf. 4 (1864). Luerssen Farnpfl. 257 fig. 124. Nyman Consp. 863.

Tracht von *A. trichomanes* 1. *Harovii*, aber durch den ungeflügelten Blattstiel und Mittelstreif, den grünen Stiel der sich nicht abgliedernden Fiedern und die spitzen Zähne derselben verschieden.

3. Unterfamilie.

PTERIDOIDÉAE.

(Aschers. Syn. I. 81 [1896]. *Pterideae* Prantl Arbeit. Bot. Garten Breslau I. 17 [1892]).

Vgl. S. 7. Blattstiel nicht abgegliedert.

Uebersicht der Tribus.

A. Sori genau randständig. Sporen kugeltetraëdrisch (radiär, so bei unserer Gattung) oder kugelquadrantisch (bilateral). Grössere Trichome einfache Zellreihen (Gliederhaare). **Lonchitideae.**

B. Sori rückenständig, ohne wahren Schleier. Sporen stets kugeltetraëdrisch.

  I. Sori vom Ende des sie tragenden Nerven sich verschieden weit rückwärts erstreckend, von dem zurückgeschlagenen Blattrande anfangs bedeckt oder auf zurückgeschlagenen Läppchen desselben. Grössere Trichome stets Zellflächen (Spreuhaare). **Pterideae.**

  II. Sori auf dem Rücken des nicht verdickten Nerven, das Ende freilassend, stets unbedeckt. Grössere Trichome einfache Zellreihen oder Zellflächen. **Gymnogrammeae.**

1. Tribus.

LONCHITIDEAE[1].

(Aschers. Syn. I. 82 [1896]. *Lonchitidinae* Prantl a. a. O. [1892]).

S. S. 81. Bei uns nur die Gattung:

10. PTERIDIUM[2]).

([Gleditsch in Boehmer Fl. Lips. ind. 295 1750] Kuhn Botanik v. Ost-Africa in v. d. Decken Reise III 3. 11 [1879]. Luerssen Farnpfl. 100).

Vgl. S. 8. Sorus auf einer genau randständigen, nur den sporentragenden Blattabschnitten eigenen Nerven-Anastomose, mit 2 unterständigen Schleiern, von denen der der Blattoberseite angehörige (äussere) zurückgerollt, der untere (innere) viel schmäler, fast rudimentär ist. Sporen kugeltetraëdrisch. — Grundachse weit kriechend, mit Gliederhaaren bedeckt. Blätter zweizeilig, sommergrün, abnehmend- 2—3 fach gefiedert. Blattstiel von 8—20 (bei tropischen Formen bis 40) Leitbündeln durchzogen, die namentlich auf einem etwas schief durch die Basis geführten Querschnitt die bekannte einem Doppeladler ähnliche Figur darstellen. Sporentragende und sporenlose Blatttheile fast gleich gestaltet.

Ich entscheide mich für den von Kuhn, der die Gattung neuerdings auf wichtige Merkmale begründete, wieder aufgenommenen. seitdem fast allgemein angenommenen Namen. Allerdings würde durch die in Genua 1892 angenommenen und in Wien von der internationalen Nomenclatur-Commission vorgeschlagenen Regeln die Priorität der Gleditsch'schen, ohnehin sehr mangelhaft begründeten Gattung hinfällig werden und alsdann *Eupteris*[3]) Newman (1845) den Vorzug vor *Pteridium* Kuhn (1879) erlangen. Ich betrachte indess die aus *Eu* und einem gebräuchlichen Gattungsnamen zusammengesetzten Namen als ebenso unzulässig zur Bezeichnung einer Gattung als die mit *-oides* endigenden. Es ist doch sicher widersinnig, dass der durch die Benennung (in Widerspruch mit der von Newman gegebenen Begründung von *Eupteris*!) als typischste *Pteris* gekennzeichnete Art aus dieser Gattung ausgeschlossen wird.

Nur eine Art:

38. **P. aquilinum.** (Adlerfarn[4]); niederl.: Adelaars-Varen; vlaem.: Adelvaren; dän.: Ornebraegne; franz.: Fougère impériale, Grande fougère; ital.: Felce aquilina, F. da ricotte, F. capannaja; poln.: Zgasiewka orlica; böhm.: Hasivka orliči; wend.: Paproš; russ.: Орляк, Крыльник; kroat.: Veli paprat, Paprat dubuja; ung.: Ölyvharaszt.) ♃ Grundachse verzweigt, wie die Aeste jährlich nur ein Blatt (von 15 cm—4 m Länge)

---

[1] Nach der tropisch-africanischen und süd-americanischen Gattung *Lonchitis* L. (über den Namen s. S. 36).
[2] πτερίδιον, Deminutiv von πτέρις (s. S. 2).
[3] Von εὖ s. S. 15 und πτέρις s. S. 2.
[4] Wegen der durch den Leitbündel auf dem Querschnitt des Blattstiels gebildeten Figur; ebenso in den meisten übrigen Sprachen.

entwickelnd. Blattstiel bis 2 m lang, so lang oder etwas länger, selten mehrmal kürzer, als die Spreite, bis 1 cm dick, aufrecht, nur an dem schwärzlichen, verdickten Grundtheil braunwollig, sonst kahl, gelblich, bauchseits seicht rinnig, neben der Rinne mit zwei Leisten. Spreite bogenförmig geneigt, öfter fast horizontal, dreieckig-eiförmig, derb krautartig, hellgrün. Fiedern meist genähert, gegenständig, länglich, zugespitzt, die unteren gestielt, die oberen wie die abwechselnden lanzettlichen Fiederchen und die abwechselnden kammförmig gedrängten länglichen, stumpfen meist (wenigstens im unteren Theile des Blattes) am Grunde geöhrten oder fiederig gelappten bis fiederspaltigen, sonst ganzrandigen Abschnitte letzter Ordnung (letztere meist mit breitem Grunde) sitzend. Beide Schleier gewimpert. — Trockne lichte oder mässig feuchte Wälder, uncultivirte (meist wohl früher bewaldet gewesene) Strecken, oft grosse Bestände bildend, durch das Gebiet, auch an den dürren Küsten des Mittelmeers gemein; auf der Nordseeinsel Sylt beobachtet (Prahl br.); bis 1700 m aufsteigend. Sp.r. Juli—Sept. — *P. a.* Kuhn a. a. O. (1879). Luerssen Farnpfl. 104 fig. 80—83. *Pteris a.* L. Sp. pl. ed. 1. 1075 (1753). Koch Syn. ed. 2. 984. Nyman Consp. 861 Suppl. 345. *Eupteris a.* Newman Phytol. II. 278 (1845).

Aendert vielfach ab, doch lassen sich scharf begrenzte Formen nicht unterscheiden. Im Umriss der ganzen Spreite weicht ab: B. *grácile* (Beck ZBG. Wien XLIV Sitzb. 44 [1894]). Spreite länglich-lanzettlich (zugleich dünnhäutig [vgl. 2.], ohne Sori), das zweite und dritte Paar der entfernt gestellten Fiedern das längste. — Rekawinkel in Nieder-Oesterreich; wohl auch anderwärts. — Die Abschnitte letzter Ordnung sind zuweilen sämmtlich ungetheilt: II. *integérrimum* (Luerssen Farnpfl. 107 [1884]. *Pteris a.* 1. i. Moore Ferus Gr. Brit. and Ir. Nat.-Pr. pl. XLIV Text [S. 3] [1856]) oder fiedertheilig: III. *pinnatífidum* (Warnstorf Naturw. V. Harz VII 82 [1892]). Die Spreite ist meist kahl oder auf den Nerven unterseits zerstreut behaart: a. *glabrum* (Luerssen a. a. O. [1884]. *Pteris a. g.* Hook. Spec. fil. II. 196 [1858]), nicht selten (besonders im südlichen Gebiet) aber unterseits kurzhaarig bis seidig-wollig: b. *lanuginósum* (Luerssen a. a. O. [1884]. *Pteris a. l.* Hook. a. a. O. [1858]. *Pteris l.* Bory in Willd. Spec. pl. V. 403 [1810]). An schattigen Orten ist das Blatt dünnhäutig: 2. *umbrósum* (Luerssen a. a. O. 107 [1884]. Meist nur an jugendlichen Pflanzen oder auf magerem, sonnigen Boden sind die Blätter klein und kurz gestielt (die Spreite dicht über dem Boden beginnend): b. *brévipes* (Luerssen a. a. O. [1884]. *Pteris br.* Tausch Flora XIX 427 [1836]). Zu den Missbildungen gehört m. *irreguláre* (Beck a. a. O. [1894]). Fiederchen entweder völlig ungetheilt und dann zugespitzt und etwas sichelförmig oder kerbig eingeschnitten, einzelne Lappen 2—3 und so lang als die übrigen. — Bisher nur in Nieder-Oesterreich bei Rekawinkel. — Ein auf der Blattunterseite nicht selten auftretender, dem Nervenverlauf folgender, schwarze Streifen bildender Pilz, *Cryptomyces Pteridis* (Rebent.) Rehm darf nicht mit den (randständigen!) Soris verwechselt werden.

(Ueber einen grossen Theil der Erde verbreitet; fehlt nur in den Polarländern [schon in Lappland und Nord-Finnland] und in eigentlichen Xerophyten-Gebieten [Wüsten und Steppen].)   *

2. Tribus.

PTERIDEAE.

(Aschers. Syn. I. 84 [1896]. *Pteridinae* Prantl Arb. Bot. Garten Breslau I. 17 [1892].)

Uebersicht der Gattungen.

A. Die zum Sorus führenden Nerven durch eine dem Blattrande genäherte, den linealen Sorus tragende Anastomose verbunden. Blätter (unserer Art) einfach gefiedert, die sporentragenden und sporenlosen Theile fast gleich gestaltet. Rand der ersteren anfangs den Sorus bedeckend, später sich aufrollend und denselben frei lassend. **Pteris** (vgl. S. 8).

B. Sorus tragende Nerven frei endigend. Sori rundlich bis länglich.
  I. Nerven an dem den Sorus tragenden Ende nicht merklich verdickt.
   a. Sp.b. und Frond. auffallend verschieden gestaltet, an ersteren die Abschnitte anfangs durch den zurückgerollten, die Sori völlig bedeckenden (später sich aufrollenden und die Sori frei lassenden) Rand halbstielrund, kurz und dick (grün) gestielt. **Allosorus** (vgl. S. 8).
   b. Sporenlose und sporentragende Blattheile gleich gestaltet; letzte Abschnitte dünn und meist lang (glänzend schwarzbraun) gestielt. Sori auf der Unterseite brauner, zuletzt schleierartig zurückgeschlagener Randlappen.
   Adiantum (vgl. S. 8).
  II. Sorus tragende Nerven am Ende deutlich verdickt. Sporentragende und sporenlose Blatttheile gleich gestaltet; letzte Abschnitte sitzend. Sori anfangs getrennt, später zu einer dem Blattrande parallelen Reihe verschmelzend, von dem schleierartig umgerollten Blattrande bedeckt. **Cheilanthes** (vgl. S. 8).

11. PTERIS.

(L. Gen. pl. [ed. 1. 322] ed. 5. 484 [1754] z. T. Luerssen Farnpfl. 92.)

Vgl. S. 8, 84. Grundachse kriechend, mit spiralig gestellten meist langgestielten, meist 1—3 fach gefiederten Blättern.

Etwa 120 fast ausschliesslich auf die Tropen und subtropischen Zonen beschränkte Arten.

39. **P. Crética.** ♃. Grundachse an der Spitze einige dicht gestellte überwinternde bis 1 m lange Blätter tragend. Blattstiel bis 6 dm lang, 2—3 mm dick, so lang bis 3 mal so lang als die Spreite, strohgelb, nur am Grunde bräunlich, nur ganz am Grunde

mit Spreuhaaren, sonst kahl, halbcylindrisch, von zwei unterhalb der Mitte sich zu einem rinnenförmigen vereinigenden Leitbündeln durchzogen. Spreite länglich-eiförmig, grösstentheils einfach gefiedert, dünn lederartig, freudig grün, etwas glänzend, unterseits besonders anfangs zerstreut behaart, sonst kahl. Fiedern jederseits 2—9, gegenständig, entfernt, mit keilförmigem Grunde sitzend, lang zugespitzt, die untersten am Grunde hinten mit je einem ihnen an Grösse fast gleichkommenden Fiederchen (also anscheinend 2 spaltig), die obersten kurz herablaufend; die sporenlosen breit linealisch, am knorplig-verdickten Rande scharf gesägt, die sporentragenden schmäler, soweit der (vor der Spitze aufhörende) Sorus reicht, ganzrandig. Sporen rothbraun, mit unregelmässigen, groben, warzigen oder leistenförmigen Exospor-Verdickungen. — Bewaldete und schattige felsige Abhänge, nur an der Mittelmeerküste und im Insubrischen Gebiet. Erreicht innerhalb unseres Gebietes die Polargrenze der Gattung. Umgebung von Nizza! Am Westufer des Lago Maggiore bei Oggebbio und Cannéro; Locarno: Val Tazzino!! und Val Verzasca; am Luganer See bei Gandria; am Comer See: Como (Villa Pliniana!) westl. Ufer bei Brienno! und östliches bei Lezzeno; am Wasserfall bei Piuro (Plurs) oberhalb Chiavenna [46° 20′] (Killias!) Garda-See: am Westufer bei Gargnano! und am Südufer zwischen Sermione und Peschiera (Trevisan nach Visiani und Saccardo Atti Ist. Ven. III. Ser. XIV. 1760). Sp.r. Juni, Juli. — *P. c. L.* Mant. I. 130 (1767). Luerssen Farnpfl. 94 fig. 79. Nyman Consp. 861 Suppl. 345. *P. oligophylla* Viv. Annal. bot. II. 189 (1804).

In biologischer Hinsicht durch die von Farlow an dieser Art zuerst entdeckte Apogamie (s. S. 3) sehr bemerkenswerth; bisher ist die geschlechtliche Entstehung der beblätterten Generation noch nicht beobachtet worden.

(Oestliches Mittelmeergebiet von Ligurien und Corsica an; Kaukasus; Nord-Persien; Süd- und Ost-Asien; Hawaï-Inseln; Ost- und Süd-Africa nebst den Inseln; wärmeres America. |*

P. longifolia L. (vgl. Luerssen Farnpfl. 98), an deren Blättern der mit Spreuhaaren bekleidete Stiel viel kürzer ist als die länglich-lanzettliche aus zahlreichen oft abwechselnden Fiedern zusammengesetzte Spreite und gelblichen, grobnetzigen Sporen soll nach Hooker (Syn. Fil. II 157) von Dr. Alexander in Dalmatien gefunden sein. Eine neuere Bestätigung dieser Angabe fehlt, und es ist wahrscheinlich, dass dieselbe irrthümlich ist. Der beste Kenner der dalmatischen Flora, Visiani, übergeht diese Art mit Stillschweigen, obwohl er in den von ihm und Saccardo herausgegebenen Katalog der Gefässpflanzen Venetiens (Atti Ist. Ven. III. Serie XIV 82, 83) erwähnt, dass sie an Mauern des Bot. Gartens in Padua (mit der chinesisch-japanischen und südafricanischen *P. serrulata* L. fil.) verwildert vorkommt. Sichere Fundorte der *P. longifolia* sind nachgewiesen im südlichen Mittelmeergebiet (Süd-Spanien, Algerien, Unter-Italien, Griechenland, Klein-Asien, Syrien); ferner auf den Nord-Atlantischen Inseln und im tropischen America, Africa und Asien.

12. ALLÓSORUS[1]).

(Bernhardi in Schrad. N. Journ. I. 2. Stück. 30 [1806].
Vgl. Luerssen Farnpfl. 73.)

Vgl. S. 8, 84. Grundachse kriechend. Blätter spiralig gestellt, 2—4 fach gefiedert, Blattstiel von einem Leitbündel durchzogen.

4 (oder nach anderer Auffassung 2) sehr nahe verwandte, von Manchen nur als Formen einer Species betrachtete, jedenfalls nur eine Gesammtart bildende Arten der nördlichen gemässigten Zone (an der Ostgrenze Europas ausser dem in unserem Gebiet vorkommenden noch der in Nord-America und Nord-Asien verbreitete *A. Stelleri* (S. G. Gmel.) Rupr.). Ausserdem nur noch eine von Manchem zu einer eignen Gattung, *Llavea* Lagasca, gerechnete Art in Mexico.

40. A. crispus. ♃. Grundachse verzweigt, spreuhaarig, einen dichten Büschel sommergrüner, zarter, gelbgrüner, fast kahler, lang gestielter, 3—4 fach gefiederter Blätter entwickelnd, von denen die unteren (äusseren) Frond., die oberen (inneren) Sp.b. sind. Frond. bis 25 cm lang. Blattstiel oft geschlängelt, so lang oder länger als die eiförmige, stumpfliche Spreite, blassgrün, nur am Grunde spreuhaarig. Fiedern, Fiederchen und letzte Abschnitte abwechselnd, gedrängt, erstere jederseits 5—9, eiförmig, stumpf. Letzte Abschnitte keilförmig verkehrteiförmig, oben 3—4 spaltig, mit stumpflichen Zipfeln. Sp.b. bis 35 cm. Stiel mindestens doppelt so lang als die Spreite, die wegen der mehr vorwärts gerichteten Fiedern schmäler erscheint. Letzte Abschnitte lineal-länglich, stumpf, am eingerollten Rande schwach wellig. Sori kurz elliptisch. Sporen blassgelb, mit rundlichen, flachen Warzen bedeckt. — Im Steingeröll, seltener an Felsen oder auf begrasten Boden der subalpinen und alpinen Region, stets auf kalkarmem Gestein, bis 2200 m auf-, selten unter 1000 m herabsteigend (bei Ponte Brolla unweit Locarno im Canton Tessin (Bolle!) höchstens 300 m). In den Alpen häufig, sonst meist selten. In den Ardennen bei Laroche, Chiny und bei La Reid zwischen Spa und Theux früher; Schieferbrüche bei Viel Salm (Prov. Lux.) (Troch SB. Belg. XXXIV. II. 146); Grossh. Luxemburg: Schainschloss bei Rambruch. Südl. Hoch-Vogesen! Südl. Schwarzwald: zw. St. Wilhelm und Hofsgrund! Harz: Königskutsche bei Goslar, wohl seit 1853 nicht wieder beobachtet. Bayr. Wald: Keitersberg (Sendtner 396). Riesengebirge!! Alpen von den See-Alpen bis Steiermark! und Kärnten (für Nieder-Oesterreich [Wechsel?] sehr zweifelhaft). Siebenbürgische Karpaten. Sp.r. Aug., Sept. — *A. c.* Bernhardi a. a. O. (1806). Koch Syn. ed. 2. 985. Nyman Consp. 860 Suppl. 345. *Osmunda c.* L. Sp. pl. ed. 1. 1067 (1753). *Pteris c.* All. Fl. ped. II. 284 (1785). *Cryptogramme c.* R. Br. in Franklin Journey 767 (1823). Luerssen Farnpfl. 74 fig. 72—74.

Uebergänge zwischen Sp.b. und Frond. (vgl. Luerssen a. a. O. 76, 77) scheinen nicht allzu selten vorzukommen.

---

[1]) Von ἄλλος der andere und σωρός Sorus, wegen der in der Form so abweichenden Sporenblätter. Die Schreibart Allosurus ist durchaus unrichtig.

(Nördliches Russland; Ural (?); Skandinavien; Britische Inseln; Central-Frankreich; Pyrenäen und Gebirge Spaniens bis zur Sierra Nevada; Corsica; Apenninen; Bulgarien; nördl. Kleinasien; Afghanistan.) *

13. ADIÁNTUM[1]).

(|Tourn. Inst. 543 L. Gen. pl. ed. 1. 322| ed. 5. 485 |1754|.
Luerssen Farnpfl. 78.)

Vgl. S. 8, 84. Sori rundlich (bei ausländischen Arten auch länglich bis linealisch). Grundachse kriechend, meist mit dunkeln Spreuhaaren besetzt. Blätter spiralig oder zweizeilig gestellt, ihr Stiel nebst dem Mittelstreif und dessen Verzweigungen glänzend schwarzbraun, zerbrechlich.

Etwa 120 Arten, grösstentheils im wärmeren bez. tropischen Gürtel der Erde.

41. **A. capillus Véneris**[2]). (Frauenhaar, franz.: Capillaire de Montpellier; ital.: Capelvenere; kroat.: Paprat vodeni, Papricza vodena, Ottoka mala.) ♃. Blätter zweizeilig, dicht gestellt, zart, aber doch meist überwinternd, fast kahl, bis 5 dm lang. Stiel bis 20 cm lang, meist nicht über 1 mm dick, so lang oder etwas kürzer als die Spreite, nur am Grunde spreuhaarig, halbstielrund oder oberwärts seicht rinnig, von zwei sich in seiner Mitte zu einem vereinigenden Leitbündeln durchzogen. Spreite eiförmig bis länglich-eiförmig, 2—4fach gefiedert, hellgrün. Fiedern (wie die Fiederchen und letzten Abschnitte) abwechselnd, dünn und lang gestielt. Letzte Abschnitte haardünn gestielt, aus schief keilförmigem Grunde rhombisch-verkehrteiförmig, am oberen Rande mehr oder weniger handförmig gelappt, und falls sporenlos, kerbig-gezähnt, an den Seiten ganzrandig. Sorus tragende Randläppchen fast quadratisch bis nieren- oder halbmondförmig, zuletzt dunkelbraun, am hellen Saume ganzrandig oder ausgeschweift. Sporen mit glattem Exospor. — Charakterpflanze überrieselter, besonders mit Tuff bedeckter Felsen des Mittel-

---

[1]) S. S. 70. Die Eigenschaft der Unbenetzbarkeit theilt unsere Art mit ihren nächsten Verwandten, wogegen z. B. das nordamericanische u. ostasiatische *A. pedatum* L. benetzt wird (Graebner!!). Die Angabe des Plinius (XXII. 30): aquas respuit, perfusum mersumve sicco simile est ist insofern nicht ganz grundlos, als 41. durch Bespritzen leidet (Graebner mündl.). Der Gegensatz zwischen dieser Wasserfeindlichkeit und dem feuchten Standort wird von Plinius a. a. O. in folgender Schilderung hervorgehoben, die in einer lateinisch geschriebenen Flora wörtlich Aufnahme finden könnte: Umbrosas petras, parietumque aspergines [feuchte Mauern], ne fontium maxime specus sequitur et saxa manantia: quod miremur, cum aquas non sentiat.

[2]) So schon bei Apulejus. Die Blattstiele von 41. (und 26, vgl. S. 55) wurden schon von den Alten mit dunkeln Frauenhaaren verglichen, und diesen Pflanzen nach der Lehre von der Signatura rerum Heilkräfte zur Beförderung des Haarwuchses bezw. Erhaltung von deren dunkler Farbe zugeschrieben; daher auch die Synonyme καλλίτριχον, πολύτριχον und Capillaris (letzteres von 26. nach Dioskorides IV. 135).

meergebiets, an Quellen, in Brunnen; an den nördlichsten und höchsten Fundorten in Grotten Schutz suchend; an einzelnen Stellen bis weit in die Alpenthäler eindringend, so an der Rhone bis Martigny, im Aosta-Thale, an den warmen Quellen von Bormio im Veltlin (1300 m)!! im Etschthale bis Meran; in Kärnten angeblich am Karlsteig bei Tarvis; in der Provence! an der Riviera!! an den Seen des Insubrischen Gebiets!! im österreichischen! und kroatischen Küstenlande, in Istrien! und Dalmatien!! häufig; Hercegovina und Montenegro. Diesseit der Alpen nur in den Grotten von St. Aubin am Neuenburger See!; in Kroatien und in Bosnien: Banjaluka: Gorni Seher (Hofmann ÖBZ. XXXII 258); sehr selten und vorübergehend verwildert beobachtet: an Mauern bei Maastricht und im Park von Buchwald bei Schmiedeberg in Schlesien. Sp.r. Juni—Sept. — *A. C. ve.* [sic!] L. Sp. pl. ed. 1. 1096 (1753). Luerssen Farnpfl. 80 fig. 75, 76. Koch Syn. ed. 2. 985. Nyman Consp. 861 Suppl. 345.

Die Form mit tiefer eingeschnittenen Abschnitten, bei der die Sori tragenden Läppchen einen schmäleren Grund haben (*A. trifidum* Willd. herb. No. 20108! Bolle Bonpl. III 121 [1855]. *A. C. V.* var. *Visianii*[1]) Schloss. et Vuk. Fl. croat. 1319 [1869] findet sich besonders an sehr schattigen und nassen Standorten, so zw. Salô und Maderno am Garda-See (Schramm!) in Süd-Tirol, auf den Inseln Veglia (Borbás!), Arbe (Staub!) und Pago (Vis. Fl. Dalm. I. 42), Kroatien: Sluncica-Fälle bei Sluin (Schloss. u. Vuk. Fl. Croat. 1319) und wohl noch anderwärts.

Off. Frondes s. Herba Capillorum Veneris, Folia Capilli s. Adianti, Capillus Veneris Ph. Austr., Belg., Croat., Helv., Hung., Ross.

(Atlantische Küsten Europas, von der Insel Man an südlich; Mittelmeergebiet; Transkaukasien; Africa nebst den dazu gehörigen Inseln (selbst in der Kleinen Oase der Libyschen Wüste!!) Kaukasusländer; Süd- und Ost-Asien; Polynesien; wärmeres America, südlich bis Columbien.) *

14. CHEILÁNTHES[2]).

(Sw. Syn. fil. 126 [1806]. Luerssen Farnpfl. 84.)

Vgl. S. 8, 84. Grundachse kriechend oder aufsteigend, dicht spreuhaarig. Blätter spiralig (so bei unseren Arten) oder 2zeilig gestellt.

Etwa 60 Arten des wärmeren Erdgürtels, die Hälfte in America. Kleinere Farne trockener, felsiger Standorte. In Europa ausser den beiden folgenden, einer Gesammtart angehörigen Species nur noch *C. Hispanica* Mett. in Spanien und Sicilien, durch die dreieckige Blattspreite sofort zu unterscheiden. (Ob die nord- und ostasiatische *C. argentea* (Gmel. jun.) Kze. im Ural die Grenzen Europas erreicht, scheint zweifelhaft.)

Gesammtart C. fragrans.

42. (1.) C. fragrans. ♃. Grundachse einen dichten Büschel überwinternder, bis 12 (selten bis 20) cm langer Blätter entwickelnd. Spreu-

---

[1]) Nach Roberto de Visiani, * 1800 † 1878, Professor der Botanik in Padua, dem hochverdienten Verfasser der Flora Dalmatica.
[2]) Von χεῖλος Lippe, Rand, Saum und -ανθής -blühend, wegen der randständigen Sori.

haare derselben rothbraun, ihre Zellen dünnwandig. Stiel so lang oder etwas länger oder kürzer als die Spreite, roth- bis kastanienbraun, glänzend, spreuhaarig, im Alter kahl werdend, stielrund, nur dicht unter der Spreite auf der Bauchseite abgeflacht oder (wie der Mittelstreif und deren ebenfalls glänzend braune Verzweigungen) seicht gefurcht, von einem Leitbündel durchzogen. Spreite eiförmig bis länglich, 2—3 fach gefiedert, dunkelgrün, lederartig, unterseits öfter drüsig-behaart. Fiedern jederseits bis 9, (wenigstens die unteren) gegenständig, kurz gestielt. Letzte Abschnitte schmal-länglich bis rundlich, stumpf. Schleierartiger Rand derselben ununterbrochen oder häufiger unterbrochen, krautig oder dünnhäutig (weisslich, im Alter bräunlich), ganzrandig oder kurz und unregelmässig ausgeschweift und kurz gewimpert. Sorus stets aus mehreren Sporangien bestehend. — Trockene, sonnige Felsen der Mittelmeerküsten und (sehr selten) in den Thälern der westlichen Südalpen. Erreicht bei uns für Europa die Polargrenze der Gattung. Provence! und Riviera! Piemont: Susa! Aosta-Thal! im Toce-Thale zwischen Domo d'Ossola und Villa (46° 5'). Im Canton Tessin neuerdings nicht mehr beobachtet. Dalmatien: auf den Inseln Lesina, Meleda, Župana!! und in und um Ragusa!! Hercegovina: Trebinje. Sp.r. Juni, Juli. — *C. f.* Webb et Berth. Hist. nat. Canar. III. 452 (1849). Luerssen Farnpfl. 86 fig. 77, 78. *Polypodium f.* L. Mant. II. 307 (1771), [nicht Sp. pl. ed. 2. (1763)[1])]. *Cheilanthes odora* Sw. Syn. fil. 127 (1806). Nyman Consp. 861.

Besitzt (wie die folgende Art) besonders getrocknet einen angenehmen Geruch nach Coumarin.

(Nord-Atlantische Inseln; Portugal; Südwest-Frankreich; Mittelmeergebiet; West-Asien bis Afghanistan, Beludschistan und den westlichen Himalaja.) *|

43. (2.) **C. Pérsica.** ♃. Unterscheidet sich von der vorhergehenden Leitart durch Folgendes: Spreuhaare schmäler, dunkel-schwarzbraun; ihre Zellen dickwandig. Blattstiel nebst dem Mittelstreif der Spreite und der Fiedern stielrund, auch im Alter meist ziemlich dicht rostroth-spreuhaarig. Spreite 3—4 fach gefiedert; Fiedern bis 13. Schleierartiger Blattrand plötzlich in einen dünnhäutigen dicht- und lang-gewimperten Saum übergehend, die gekräuselten Wimpern die Blattunterseite mit einem spinnwebenartigen, anfangs weissen, später rostfarbigen Ueberzuge bedeckend. Sori nur aus wenigen, oft aus nur einem Sporangium bestehend. — An ähnlichen Orten wie 42., mit Sicherheit nur in Süd-Dalmatien und der Hercegovina, öfter mit 42., dort aber verbreiteter als diese Art. In den Süd-Alpen am Monte Baldo von Tonini bei Bertoloni Fl. Ital. crypt. I. 35 (1858) angegeben, aber seitdem nicht wieder beobachtet. Dalmatien: Inseln Lesina und

---

[1]) Da die letztere sibirische Art, *Aspidium f.* Sw., zu einer anderen Gattung gehört, muss der Speciesname auch bei der *Cheilanthes* beibehalten werden.

Župana; Brozzo im Canale di Stagno und bei Stagno piccolo!! Ragusa im oberen Ombla-Thale (Bornmüller ÖBZ. XXXIX 337) auf Lapad! bei Giunchetto! Breno; Cattaro (Huter! Pichler!); Hercegovina; im Narenta-Thale bei Mostar und Buna (Murbeck Beitr. Lunds Univ. Årskr. XXVII 1891. 15) bei Trebinje und Pridvorce. Sp.r. Juni, Juli. — C. p. Mett. nach Kuhn Bot. Zeit. XXVI 234 (3. Apr. 1868) und Fil. Afr. 73 (1868). *Notholaena p.* Bory in Bélanger Voy. Ind. Or. II. Crypt. 21 (1833 vgl. Kuhn a. a. O.). *Cheilanthes Szovitsii*[1]) Fisch. et Mey. Bull. Soc. Imp. Moscou VI 260 (1833, der blosse Name), a. a. O. III 241 (1838). *C. fimbriata* Vis. Fl. Dalm. I. 42. tab. I (1842). *Acrostichum microphyllum* Bert. in G. Bertoloni Propag. agric. VI 343 (1856)[2]). *Oeosporangium Sz.* Vis. Atti Ist. Ven. III. ser. XII 663 (1867). *O. pers.* Vis. Mem. Ist. Ven. XVI 44 (1872).

(Algerien; Monte Mauro bei Imola in der Romagna; Peloponnes; Klein-Asien; Armenien; Transkaukasien; Mesopotamien; Turkestan; Afghanistan; Beludschistan; westl. Himalaja.) [*]

3. Tribus.

GYMNOGRAMMEAE.

(Aschers. Syn. I. 90 (1896). *Gymnogramminae* Prantl a. a. O.)

Vgl. S. 81. Sorus tragende Nerven am Ende nicht oder kaum verdickt.

Uebersicht der Gattungen.

A. Sori (bei unserer Art) seitlich genähert, in einiger Entfernung von dem schwach umgerollten Rande zu einem demselben parallelen Streifen zusammenfliessend, öfter dem ganzen Verlauf des sie tragenden Nerven folgend und dann schliesslich die ganze Unterseite des Abschnittes bedeckend. Unsere Art mittelgross, ausdauernd. Grundachse und Blattunterseite dicht mit Spreuhaaren (Zellflächen) bedeckt. **Notholaena** (vgl. S. 8).

B. Blattrand völlig flach. Sori wenigstens anfangs von einander getrennt. Unsere Art klein, überwinternd-einjährig. Grundachse mit Gliederhaaren (einfachen Zellreihen). Blätter fast kahl. **Gymnogramme** (vgl. S. 8).

---

[1]) Nach Josef Szovits, † 1831, Mag. pharm., welcher in Ungarn, Galizien, Südrussland und zuletzt in den Kaukasusländern und Nord-Persien erfolgreich botanisch sammelte.

[2]) Ich verdanke den Nachweis des Citats aus dieser ausserhalb des Verlagsortes kaum vorzufindenden Zeitschrift der Güte des Prof. O. Mattirolo in Bologna.

15. NOTHOLAÉNA [1]).

(R. Br. Prodr. Fl. Nov. Holl. 145 [1810]. Luerssen Farnpfl. 67.)

Vgl. S. 8, 90. Diese Gattung ist von *Cheilanthes* nur schwierig (wenn überhaupt) durch die unverdickten Nervenenden und die unbedeckten Sori zu trennen.

Etwa 40 Arten im wärmeren Erdgürtel, besonders in America. In Europa (ausser der folgenden nur noch eine Art, *N. véllea* (Ait.) R. Br.) im südlichsten Mittelmeergebiet.

44. N. Marántae [2]). ♃. Grundachse verzweigt, mit schmal lanzettlichen, zuletzt rostrothen Spreuhaaren bedeckt. Blätter dicht zweizeilig gestellt, überwinterd, 35 cm (selten bis 5 dm) lang. Blattstiel ungefähr so lang oder länger als die Spreite, wie der Mittelstreif glänzend dunkelbraun, zerstreut spreuhaarig, stielrund, öfter wellenförmig gebogen, wie 26. elastisch aufstrebend, am Grunde bis 3 mm dick, von einem rinnenförmigen Leitbündel durchzogen. Spreite schmal-länglich, zugespitzt, doppelt-gefiedert, derb-lederartig, oberseits dunkelgrün, nur auf dem Mittelstreif der Fiedern spreuhaarig, unterseits dicht mit glänzenden, anfangs weisslichen, später kupferrothen Spreuhaaren bedeckt, welche die Sori anfangs völlig verbergen. Fiedern jederseits bis 20, gegenständig, die unteren kurz gestielt, alle eiförmig bis schmal-länglich, stumpf. Fiederchen länglich bis lineal länglich, vorn abgerundet, die untersten geöhrt oder fiederlappig. Sori bei schwacher Entwicklung nur gegen Ende des fruchtbaren Nerven, öfter nur aus einem Sporangium bestehend, bei stärkerer einen grösseren Theil desselben oder den ganzen Nerven einnehmend. — An trocknen (sonnigen, felsigen oder steinigen) Abhängen, seltner an Mauern, besonders in den Südalpen, nicht über 650 m (Kerner h.), sonst nur an wenigen Fundorten des südöstlichen Gebiets; gern (so ausschliesslich an den nördlichsten Fundorten) auf Serpentin. Erreicht innerhalb unseres Gebietes die Polargrenze der Gattung. Mähren: Spalený mlýn bei Pernstein (Serp., 49° 15′); Mohelno im Iglava-Thale bei Namiest (Serp.)! Nieder-Oesterreich: Gurhofgraben bei Aggsbach unw. Melk (Serp.). Steiermark: Im Murthale in der Gulsen bei Kraubath oberhalb St. Michael (Serp.)! Provence: Toulon! Esterel-Gebirge und bei Antibes. Dép. Drôme: St. Vallier; Piemont: Susa! Aosta-Thal! Ivrea; Davedro und Alp Colla bei Domo d' Ossola (Rossi und Malladra!) Canton Tessin: Cavigliano bei Locarno! Como! Veltlin: Ardenno (vgl. S. 46). Süd-Tirol: bei Bozen!! und Meran! häufig, im Vintschgau bei Castelbell und Latsch; Brixen. Venetianische Alpen: Mte. Montalone

---

[1]) Von νόθος unecht und λαῖνα = γλαῖνα (lat. laena) Oberkleid, Mantel, wegen des zurückgerollten, einigermassen einen Schleier ersetzenden Blattrandes.

[2]) Nach Bartolommeo Maranta, † nach 1559, Arzt in Venedig, der in seinem Methodus cognosc. simpl. Venet. 1559 diese Art zuerst aus den Euganeen bei Padua beschrieb.

bei Bassano (Parolini nach Visiani und Saccardo Atti Ist. Ven. III. ser. XIV. 85). Kroatien. Slavonien: Sirmien: Berg Gradac beim Kloster Rakovac. Bosnien: nördl. v. Maglaj auf Serp. (Sendtner! Flora XXXII. 1849. 9. Blau! Reisen in Bosn. 139) südl. v. Žepče auf Melaphyr (Blau! a. a. O. 138); Vranduk (Sendtner a. a. O.)! In den Donauengen bei Virciorova unterhalb Alt-Orsova. Sp.r. Juni, Juli. — *N. M. R. Br. a. a. O.* (1810). Luerssen Farnpfl. 68. fig. 70, 71. Koch Syn. ed. 2. 985. Nyman Consp. 861 Suppl. 345. *Acrostichum m.* [sic] L. Sp. pl. ed. 1. 1071 (1753). *Gymnogramme M.* Mett. Fil. hort. Lips. 43 (1856).

(Nord-Atlantische Inseln; Portugal; südwestl. Frankreich; Mittelmeergebiet; Serbien; Bulgarien; Dobrudscha; Abyssinien; Südwest-Asien bis zum Himalaja.) *|

16. GYMNOGRAMME[1]).

(Desv. Mag. Ges. Naturf.-Fr. Berlin V. 305 (1811) veränd. Luerssen Farnpfl. 61.)

Vgl. S. 8, 90. Blätter spiralig gestellt.

Etwa 40 Arten des wärmeren Erdgürtels, grösstentheils in Süd-America.

45. G. leptophylla[2]). ⊙, dagegen der verzweigte Vorkeim durch Adventivsprosse ausdauernd; an demselben bilden sich auf einem knollenförmigen, z. T. unterirdischen „Fruchtspross" die Archegonien und an dessen Basis und in dessen Nachbarschaft die Antheridien (vgl. Goebel Botan. Zeitung 1877 671 ff.). Grundachse sehr kurz, einige dicht gedrängte bis 25 cm lange, grösstentheils kahle Blätter entwickelnd. Blattstiel an den vollkommenen Blättern so lang oder länger als die Spreite, glänzend, unten dunkel-, weiter oben hellbraun oder röthlich, unter der Spreite, besonders an jüngeren Blättern, strohgelb oder grün, nur ganz am Grunde gliederhaarig, auf der Bauchseite schmal rinnig, von einem im Querschnitt am Grunde rundlichen, oben quer breiteren Leitbündel durchzogen. Spreite sehr dünnhäutig, dunkelgrün, an den gleichzeitig vorhandenen Blättern sehr verschieden: an den unteren rundlich nierenförmig, handförmig eingeschnitten, an den folgenden eiförmig (öfter am Grunde herzförmig), kürzer und oft grösstentheils grün gestielt, einfach bis doppelt gefiedert, mit schmäleren Abschnitten, an den grössten eiförmig bis länglich-lanzettlich, 3fach gefiedert, stumpf. Fiedern jederseits bis 7, eiförmig bis dreieckigeiförmig, stumpf, die unteren gestielt. Letzte Abschnitte keilförmigverkehrt-eiförmig, öfter gelappt, eingeschnitten gekerbt oder gezähnt. Sori länglich, dem Rande genähert, falls dem Nerven weit nach abwärts

---

[1]) Von γυμνός nackt und γραμμή Schriftzug, d. h. mit unbedeckten Soris.
[2]) S. S. 70; hier bedeutet das Wort λεπτός wirklich „dünn".

folgend, zuletzt den ganzen Abschnitt bedeckend. Sporen dunkelbraun, ausgeprägt kugeltetraëdrisch, die Tetraëderkanten wie die die Kugelfläche begrenzende Ringkante durch Doppelleisten bezeichnet, auf den Flächen unregelmässig netzförmig verdickt. — An feuchten und schattigen Felsen und Abhängen unter Hecken, in Hohlwegen, öfter mit *Selaginella denticulata* (L.) Lk., nur im Mittelmeergebiet, an wenigen vereinzelten Fundorten weit bis in das Innere der Süd-Alpen vordringend. Mittelmeerküste der Provence! und Riviera! Die Angabe „hinter den Salève bei Genf" neuerlich nicht bestätigt. Aosta-Thal! Meran in kleinen geschützten Felshöhlen (Glimmerschiefer), neben den Waal (Wasserleitung) über dem Dorfe Algund von Bamberger 1853 entdeckt (vgl. Milde! Bot. Zeit. XX 1862 Sp. 44) Dalmatien: Ragusa: Halbinsel Lapad!! *G. l.* Desv. u. a. O. (1811). Luerssen Farnpfl. 63. fig. 34, 68, 69. Nyman Consp. 868. Suppl. 347. *Polypodium l.* L. Sp. pl. ed 1. 1092 (1753). *Grammitis l.* Sw. Syn. Fil. 218 (1806).

(Mittelmeergebiet; atlantisches Küstengebiet bis zur Insel Jersey; Nord-Atlantische Inseln; Capland; Madagaskar; Abyssinien; Ostindien; Neuholland; Tasmania; Neuseeland; wärmeres America von Mexico bis Argentinien.)
*|

4. Unterfamilie.

POLYPODIOIDÉAE.

(Aschers. Syn. I. 93 [1896]. *Polypodieae* Prantl a. a. O. 17 [1892].)

S. S. 7. Einzige einheimische Tribus:

POLYPODIEAE.

(Aschers. Syn. I. 93 [1896]. *Polypodiinae* Prantl a. a. O. 17 [1892].)

Sori auf den Nerven. Sporen kugelquadrantisch, seltner tetraëdrisch. Blatt-Epidermis ohne Sklerenchymfasern. Grössere Trichome Zellflächen.

17. POLYPÓDIUM[1]).

([Tourn. Inst. 540. L. Gen. pl. ed. 1. 322] ed. 5. 485 [1754] z. T. Luerssen Farnpfl. 52.)

Vgl. S. 8. Sori auf dem verdickten Ende oder Rücken freier oder anastomisirender Nerven, zwischen dem Mittelnerven des Blattes oder seiner Abschnitte und dem Rande eine oder mehrere Reihen bildend, selten unregelmässig zerstreut. Sporen kugelquadrantisch. — Grundachse kriechend, zweizeilig beblättert, oder aufrecht mit spiralig gestellten Blättern. Blattstiel abgegliedert.

Etwa 530 Arten, über den grössten Theil der Erde verbreitet, von sehr verschiedener Tracht. In Europa nur:

---

[1]) πολυπόδιον, Name eines Farnkrautes bei Theophrastos; von πολύς viel und πόδιον Füsschen.

46. P. vulgáre. (Engelsüss; niederl. und vlaem.: Boomvaren; Engelzoet; dän.: Engelsød; franz.: Réglisse sauvage; ital.: Felce dolce; Erba radioli; rumän.: Jarva duke de munte; poln.: Paprotka; böhm.: Osladič; russ.: Многоножка; kroat.: Sladka paprat; ung.: Páfrány.) ♃. Grundachse dicht unter oder über der Bodenfläche weit kriechend, auf dem Rücken 2zeilig beblättert, dicht mit braunen lanzettlichen, borstenförmig zugespitzten, unregelmässig ausgefressen-gezähnten Spreuhaaren besetzt. Blätter steif aufrecht, kahl, bis 6 dm lang. Blattstiel strohgelb oder grünlich, meist kürzer als die Spreite, bis 3 mm dick, auf dem Rücken stärker, auf der Bauchseite flacher gewölbt und schmal flügelrandig, von 2 bauchseitigen und 2 schwächeren rückenseitigen Leitbündeln durchzogen, die sich aufwärts zu einem einzigen mit 3 schenkligem Holzkörper vereinigen. Spreite tief fiedertheilig, am breiten Grunde gestutzt, lederartig, unterseits heller. Abschnitte jederseits bis 28, meist abwechselnd, lineal-länglich, meist klein-gesägt. Secundärnerven 1—4 mal gegabelt, der unterste vordere Ast auf seinem (wie bei den übrigen Aesten) kolbenförmig verdickten Ende den meist rundlichen Sorus tragend. Sori einreihig. — Meist schattige Abhänge, Felsen, seltener an Mauern oder auf flachem Waldboden, im Süden und in den Küstengegenden zuweilen auf den Stämmen oder selbst in den Kronen der Bäume (vgl. Prahl Krit. Fl. v. Schl.-Holst. II. 280); durch das Gebiet meist häufig, auch auf den Nordsee-Inseln; bis 2200 m aufsteigend. Sp.r. Aug., Sept. — *P. v.* L. Sp. pl. ed. 1. 1085 (1753). Luerssen Farnpfl. 53. fig. 66, 67. Koch Syn. ed. 2. 974. Nyman Consp. 867 Suppl. 347.

Im Umriss der Spreite sowie in Form und Berandung der Abschnitte sehr veränderlich; die Formen sind indess oft nicht scharf getrennt, selbst an einem Stocke oder sogar an einem Blatte die Merkmale mehrerer zu finden. So sind häufig die unteren Abschnitte stumpfer als die oberen. Folgendes sind die wichtigsten grösstentheils schon von Milde (Fil. Eur. 18, 19) und Luerssen (Farnpfl. 56—61) aufgezählten Formen:
A. **Nördliche Formen mit immergrünen Blättern.** Spreite meist länglich-lanzettlich, vom Grunde bis über die Mitte ziemlich gleich breit, plötzlich zugespitzt (vgl. jedoch die Formen *pygmaeum*, *auritum* und *pinnatifidum*). Abschnitte mit meist 2mal gegabelten Secundärnerven (vgl. I. b. 1. b. II.). Leitbündel sich meist schon in der unteren Hälfte des Blattstiels vereinigend (vgl. I. b. 1. b.).
I. Secundärnerven 2mal gegabelt.
 a. Abschnitte bis fast zur Spitze ziemlich gleich breit.
  1. **rotundátum.** Abschnitte vorn abgerundet, fast ganzrandig. — In typischer Ausbildung bisher nur in der Bayr. Pfalz bei der Ebernburg (Geisenheyner br.), in Schlesien! Tirol und Ungarn beobachtet. — *P. v.* var. *r.* Milde Nova Acta XXVI. 2. 631 (1858). Luerssen Farnpfl. 56.
  2. **commúne.** Abschnitte plötzlich kurz zugespitzt, besonders vorn gesägt. — Die am meisten verbreitete Form. — *P. v.* var. *c.* Milde a. a. O. 630 (1858). Luerssen a. a. O.
 b. Abschnitte vom Grunde an verschmälert, spitz.
  1. **attenuátum.** Abschnitte am ganzen Rande gesägt. — Ziemlich verbreitet. — *P. v.* var. *a.* Milde a. a. O. (1858). Luerssen a. a. O. 57. Hierzu b. *prionódes*[1]) (Aschers. Syn. I. 94 [1896]. *P. v.* 11. *serrátum*

---
[1]) πριονώδης sägeähnlich.

Wollaston in Moore Ferns Gr. Brit. and Ir. Nat.-Pr. pl. I—III. Text [S. 5] pl. II. B. (1855). Luerssen Farnpfl. 59 z. T., 878). Blätter sehr gross (bis 7 dm lang). Leitbündel erst in der oberen Hälfte des Blattstiels sich vereinigend (was übrigens zuweilen auch bei typischem b. 1. vorkommt). Abschnitte tief und scharf gesägt, mit öfter 3 mal gegabelten Secundärnerven. Sori öfter länglich. — Bisher nur in Luxemburg (Siebenschluff bei Echternach F. Wirtgen!), der Rheinprovinz (Rothenfels bei Saarbrücken F. Wirtgen! Schloss Dhaun im Nahe-Thale Geisenheyner!), am Schlossberge bei Nassau (Geisenh.!) und in der Sächsischen Schweiz bei Königstein (Krieger nach Luerssen DBG. IV 430 [1886]). — Nähert sich durch die angegebenen Merkmale der Rasse B., mit der sie Luerssen a. a. O. vereinigt, und zu der bei Schloss Dhaun in Formen mit kürzerer und breiterer Spreite noch weitere Annäherungen von Geisenheyner! beobachtet wurden. Dennoch scheint es mir wegen der biologischen Eigenthümlichkeiten und der charakteristischen geographischen Verbreitung der letztgenannten Form rathsam, die hier beschriebene Form, welche Luerssen (DBG. IV. 432) wohl mit Recht aus kräftigerer Ausbildung von *attenuatum* hervorgegangen betrachtet, von *serratum* zu trennen. Aehnliche Annäherungen der typischen Form *attenuatum* (mit kleinen Sägezähnen) an die Rasse B. beobachtete F. Wirtgen auch bei Arnstein zw. Nassau und Diez im Lahnthale!) und am Schloss Wasserburg bei Münster im Elsass! hierher gehören auch nach Christ br. die wie die Wasserburger in Schw. BG. I. 89 als v. *australe* erwähnten Exemplare aus dem Gunzenbacher Thale bei Baden-Baden.

2. ac ú tum. Abschnitte ganzrandig. — Diese Form ist mir aus dem Gebiete noch nicht bekannt, könnte aber wohl gefunden werden. — *P. v. 1. a.* (Wallr. Fl. crypt. Germ. 12 [1831] z. T.?) Wollaston a. a. O. [S. 4] pl. I E.

II. Secundärnerven meist nur einmal gegabelt.

an g ú stum. Spreite auffällig schmal (bis 48 cm lang, aber nur 2½ bis 6 cm breit). Abschnitte wie bei I. a. 2. oder I. b. 1. — Scheint selten. Bisher beobachtet: Rheinprovinz: Saarbrücken Winter! Koblenz. Kgr. Sachsen: Waldheim. Mährisches Gesenke. Süd-Tirol: Meran; Bozen! Banat: Donauengen bei Virciorova. Siebenbürgen: Petrozsény. — *P. v. var. a.* Hausm. herb. bei Milde a. a. O. (1858). Luerssen a. a. O.

Ausser diesen als typische Abarten anzusehenden Formen sind noch mehrere andere in der Litteratur verzeichnet, die ich theils für Kümmerformen, theils für Spielarten halte. Zu den ersteren gehören: f. *brévipes* (Milde a. a. O. [1858]. Luerssen a. a. O.) Blatt klein, mit auch verhältnissmässig kurzem (zuweilen nur 1 cm langem) Stiele. So z. B. in der Rheinprovinz: Koblenz; Kreuznach: Rheingrafenstein, (zugleich *pinnatifidum* Geisenheyner!). Sächsische Schweiz. Mährisches Gesenke. Meran. Bosnien: Sarajevo im Vogošca-Thale (Beck Ann. Wien. Hofm. IV. 370). Ferner: f. *pygmaéum*[1]) (Schur En. Transs. 830 [1866]. *pimilum* Hausm. h. in Luerss. Farnpfl. 58 [1884]). (Oft reichlich sporentragende!) Zwergform sonniger Felsen; Blätter 1½ bis höchstens 7 cm lang, oft im Umriss eiförmig oder dreieckig, in andern nur mit jederseits 2—3 Abschnitten. — Beobachtet: Rheinthal bei Assmannshausen; Nahe-Thal von Kreuznach bis Dhaun (Geisenheyner!) Harz: Guckansthal bei Sachsa (Graebner!) Fichtelgebirge: Kössein (A. Winkler!) Sächsische Schweiz. Böhmen: Milleschauer. Mähren: Budwitz (Oborny ÖBZ. XL. 205). Ober-Ungarn. Siebenbürgen. Tirol: Bozen! Insel Lussin: Monte Ossero Haračić ZBG. Wien XLIII. 208). Die am meisten verkümmerte Form ist: f. *integrifólium* (Geisenheyner DBG. X 138. [1892] ohne Beschreibung. Aschers. Syn. I. 95 [1896]). Blätter bis 1 dm lang. Spreite länglich-lanzettlich, am Grunde verschmälert, völlig ungetheilt oder unregelmässig ge-

---

[1]) Πυγμαῖοι (eine Faust lang), Name eines mythischen Zwergvolkes.

lappt, zuweilen mit einzelnen verlängerten Abschnitten. Rheinprovinz: Hutten-Thal bei Kreuznach (Geisenheyner 1891!). Zu den Spielarten rechne ich: 1. *aurítum* (*P. v. γ. a.* Wallr. Fl. crypt. Germ. 12 [1831]. Luerssen a. a. O. 58. Koch Syn. ed. 2. 974. *P. a.* Willd. Sp. pl. V. 173 [1810]). Fiedern, besonders der untersten Abschnitte vorderseits, selten beiderseits, noch seltner hinterseits geöhrt. — So nicht selten. — Weniger häufig erreicht diese Bildung, mit der eine Neigung zur Verkürzung der Spreite, die dann dreieckig-eiförmig wird und öfter gegabelte Secundärnerven besitzt, höhere Grade, indem neben den grundständigen Oehrchen noch weitere Seitenlappen an den Abschnitten auftreten. Meist sind nur die unteren Abschnitte eingeschnitten bis fiederspaltig (ohne Sori), die oberen Sori tragenden normal. Dies ist l. *pinnatifidum* (*P. v. ε. p.* Wallr. a. a. O. [1831] nicht Milde. *P. v. semilácerum* Link Fil. sp. 127 [1841]. *P. v. ε. bipinnatifidum* Roeper Z. Fl. Meckl. I. 61 [1843]. *P. v. lobátum* Lowe Nat. F. I. 40. fig. 20 [1867]). Luerss. F. 58. — Beobachtet: Mecklenburg: Doberan (Roeper seit 1818! Bolle!) Parchim (Thede in hb. Detharding nach Prahl br.). Prov. Brandenburg: Potsdam: Kl. Glienicke (Kuhn!) Spandau: Kladow (Prager!) Ostpreussen: Gausupschlucht im Samlande (Baenitz!) Rheinprovinz: Kreuznach: Rheingrafenstein; Kirn (Geisenheyner!) Remagen (F. Wirtgen!) Nassau: Arnstein im Lahnthale (F. Wirtgen!) Sehr selten dagegen ist 1. *omnilácerum* (Moore Nat.-Pr. Brit. Ferns I. 69 [1860]). *P. v. c*) *dentátum* Lasch in Aschers. Fl. Brand. I. 910 [1864]. Abbildung bei Bolle, Deutscher Garten I. 271). Abschnitte (sporenlos) länglich, eiförmig (2½ : 1 cm), beiderseits verschmälert, unregelmässig eingeschnitten-gezähnt, die untersten zuweilen mit (gleichfalls gezähnten) Oehrchen. — Prov. Brandenburg an den Kollätschteichen bei Griesel unweit Krossen (Golenz 1862!) und angeblich bei Driesen. — Ich kann mich, trotz der Meinung von Milde (BV. Brand. VII. 202) und Luerssen (Farnpfl. 60) nicht entschliessen, diese Form mit dem zu B. gehörigen *P. Cámbricum* (s. S. 97) zu identificiren, da sie keineswegs den für die letztere charakteristischen dreieckigen Umriss der Spreite zeigt, auch durch die Kleinheit und den Umriss der Abschnitte der genannten Form durchaus unähnlich ist.

Von Missbildungen der Formenreihe A. erwähne ich ausser der nicht allzu seltenen m. *furcátum* (Milde Nova Acta XXVI. II 632 [1858]. Luerssen Farnpfl. 60) mit an der Spitze gegabeltem Blatte (zuweilen betrifft diese Gabelung schon den Blattstiel, der dann zwei völlig ausgebildete Spreiten trägt (m. *geminátum* Lasch in Aschers. Fl. Brand. I. 910 [1864])) zunächst eine vielleicht der m. *laciniátum* (Wollaston a. a. O. [S. 5] [1857]) zuzurechnende Form, bei der die z. T. an der Spitze verbreiterten und unregelmässig grob gekerbten Abschnitte durch einzelne tiefe und enge Einschnitte unregelmässig getheilt sind. — Rheinpr. Dhaun Geisenheyner! — Bei m. *daédalum* [1]) (Milde a. a. O. 633 [1858]. Luerssen Farnpfl. 61) sind einzelne Abschnitte verkürzt, andere verlängert, öfter auch eingeschnitten, gegabelt oder vielspaltig. — Prov. Brandenburg: Driesen (Lasch a. a. O.) Rheinpr.: Kreuznach; Kirn (Geisenheyner!) Remagen (F. Wirtgen!) Mährisches Gesenke. — Bei m. *bífidum* (Wollaston a. a. O. [1857]. Luerssen Farnpfl. 60. *P. v. furcatifidum* Lasch a. a. O.) sind einzelne oder alle unteren Abschnitte 2spaltig oder bis fast am Grunde 2theilig. — Beobachtet: Schleswig-Holstein: Kuden in Süder-Ditmarschen; Hadersleben (Prahl Krit. Flora Schl.-Holst. II. 280). Brandenburg: Potsdam: Kl. Glienicke (Kuhn!) Driesen (Lasch). Rheinpr.: Dhaun (Geisenheyner!) Thüringen: Eichicht im Loquitz-Thale (Rosenstock br.). Schlesien: Löwenberg; Gesenke. — Jugendliche sporenlose Exemplare sind wegen der kurzen Grundachse und der z. T. (bei Verschmälerung der Spreite nach dem Grunde) kurzen Blattstiele schwieriger als die ausgewachsenen von 22. zu unterscheiden; die stets deutlichen Blatt-

---

[1]) S. S. 44.

zähne bieten ein sicheres Merkmal. Manche Formen erinnern selbst durch die eingeschnittenen Abschnitte und die Zartheit der Textur an 4., sind aber durch die breit aufsitzenden Abschnitte und die vor dem Rande aufhörenden Nerven leicht von dieser Art zu trennen.

B. **Südliche Rasse mit im Hochsommer absterbenden Blättern** (vgl. Bolle Zeitschr. Ges. Erdk. Berlin I. 230!!). Spreite dreieckig, allmählich spitz zulaufend. Abschnitte mit 3—4 mal gegabelten Secundärnerven. Leitbündel bis über die Mitte des Blattstieles hinaus getrennt, oft erst im Mittelstreif sich vereinigend.

serrátum. Spreite am Grunde bis 15 cm breit. Abschnitte meist schmal lanzettlich, oft von der Mitte oder $^2/_3$ der Länge an spitz zulaufend, meist (nach Christ br. besonders an schattigen Standorten) stark bis grob gesägt. Sori oft etwas länglich. — Bei uns nur im südlichen Gebiete beobachtet: Provence: Le Luc, Var (Hanry! in Schultz Herb. norm. n. ser. 972!); Cannes (Christ br.); Monaco (Mez!). Südwestl. Schweiz: S. Triphon bei Aigle. Lugano: Gandria (Mari nach Christ br.); Melide; Isola Madre im Lago Maggiore (F. v. Tavel nach Christ Schw. BG. I. 89). Tirol: Prags im Pusterthal (Mettenius!) Brixen; Bozen! Meran. Isola di Garda. Istrien: Villanova (Marchesetti Atti Mus. Trieste VIII. 116), zw. Rovigno und dem Canal di Leme (Freyn ÖBZ. XL. 378). Dalmatien: Ragusa: Lapad Bornmüller! an der Ombla (Weiss ZBG. Wien XVII. 757). — *P. v. γ. P. s.* Willd. Sp. pl. V. 173 (1810). *P. canariénse* Willd. herb. No. 19647! Presl Tent. Pter. 179 ohne Beschreibung (1836). *P. v. s.* Webb et Berthel. Phytogr. III. 453 (1849). Luerssen Farnpfl. 59 z. T. Koch Syn. ed. 2. 974 [z. T.?]. *P. v.* 13. *ovátum* und 14. *crenátum* Wollaston a. a. O. [S. 5]. (1855). *P. v. grándifrons* Lange Pug. in NF. Kiøbenh. 2 Aart. II 1860 21 (1861). *P. v.* var. *can.* Bolle a. a. O. 229 (1866). *P. v. meridionále* F. W. Schultz herb. norm. (1881). *P. v. austrále* Christ Schw. BG. I. 88 (1891).

Es scheint mir nicht zweifelhaft, dass Willdenow unter seinem *P. serratum* wenigstens vorwiegend diese von ihm damals noch nicht gesehene Form verstanden hat, die in der von ihm citirten Barrelier'schen Abbildung (*Polypodium majus serrato folio* Plant. Gall. Ital. ic. 38) ziemlich kenntlich dargestellt ist (*P. majus acuto folio Viterbiense*[1]) a. a. O. ic. 1110), unterscheidet sich nur durch nicht so stark gesägte, wohl unrichtig völlig ganzrandig gezeichnete Abschnitte; unsere Form (mit gesägten Abschnitten!) wurde noch in der Mitte dieses Jahrh. unter dem Namen *Viterbiense* mit der Autorität „H. Berol." in den botanischen Gärten cultivirt. Später, nachdem Willdenow Exemplare dieser Form erhalten, bezeichnete er dieselbe allerdings in seiner Sammlung als eine neue Art. Indess stellt die var. *serratum* bei Webb und Berthelot und bei Milde (Sporenpfl. 8, Fil. Eur. 18) ausschliesslich unsere Form dar. für welche ich daher den überwiegend für dieselbe gebräuchlichen Namen beibehalte. Ueber das Verhältniss zu A. I. b. 1. *b. prionodes* vgl. S. 95.

---

[1]) Nach dem Fundorte in der Nähe der bekannten Stadt Viterbo in Mittelitalien.

Zu B. gehört, wie bemerkt, eine dem 1. *pinnatifidum* analoge, seit zweihundert Jahren in den botanischen Gärten cultivirte Spielart: 1. *Cámbricum*[1]) (*P. v. ε. P. c.* Willd. Spec. pl. V. 173 [1810]. *P. c. L.* sp. pl. ed. 1. 1086 [1753]. *P. canar.* var. *c*. Willd. herb. No. 19648). Abschnitte bis 1 dm lang und 3 cm breit, länglich eiförmig, zugespitzt, am Grunde (bei den unteren fast stielartig) verschmälert, in der Mitte unregelmässig fiederspaltig bis -theilig, mit lineal-länglichen bis linealen. zuweilen selbst spatelförmigen, ganzrandigen oder gesägten Abschnitten zweiter Ordnung. Diese Form trägt in ihrer typischen Ausbildung fast nie Sori. Bilden sich solche aus, so erscheinen sie oft nur an den oberen, dann mehr normalen, nur eingeschnitten-gesägten Abschnitten, wodurch das Blatt eine mehr verlängerte Gestalt erhält. Diese Form ist als *P. austrále* (Fée Gen. fil. I. 236 [1850]. *P. v.* var. *hibernicum* Moore Handb. Brit. ferns ed. 2. 44 [1853]. *P. v.* 16. *semilácerum* Wollaston a. a. O. [S. 6] pl. II. A. [1855] nicht Link. *P. v.* var. *pinnatifidum* Milde Sporenpfl. 8 [1865] nicht Wallr.) unterschieden worden. — Provence: Cannes (Christ br.); Riviera: Mentone (Milde Fil. Eur. 19 als *Cambricum*); Fontan im Roja-Thale (Reverchon nach Burnat br.); Castello d'Andora zw. Andora und Alassio (Gennari Atti Accad. Torino 1859 174 als *P. v. serratum* nach Burnat br.); Schweiz: Chillon am Genfer See (Burnat br.). Sie ist nach Visiani (Mem. Ist. Ven. XII 42 [1872]) von Vodopić in Dalmatien: Lapad bei Ragusa gesammelt worden, doch werden das Blatt und die Abschnitte erster und zweiter Ordnung als stumpf bezeichnet.

(Verbreitung der Art: Nördliche gemässigte Zone bis jenseit des Polarkreises; Mexico; Hawaï-Inseln; Kerguelen; Süd-Africa. Die Varietät B. findet sich im Mittelmeergebiet, in den Atlantischen Küstenländern Europas bis zu den Britischen Inseln, auf den Azoren, Madeira und den Canaren.) *

3. Familie.

OSMUNDÁCEAE.

(Brongniart Hort. vég. foss. I. 144 [1828]. Luerssen Farnpfl. 517.)

Vgl. S. 5. Ausdauernde Krautgewächse mit kurzer, aufrechter Grundachse, selten kleine Bäume, ohne Spreuhaare, mit dicht spiralig gestellten, meist grossen Blättern. Blattstiel nicht abgegliedert, von einem kräftig entwickelten rinnenförmigen Leitbündel durchzogen. Spreite einfach bis vierfach gefiedert. Sporen kugeltetraëdrisch. Vorkeim wie bei den Polypodiaceae (vgl. S. 7), aber bandartig verlängert und das die Archegonien tragende Gewebepolster (nach Art eines Mittelnerven) deutlicher abgesetzt.

Drei Gattungen mit 11 Arten, über die ganze warme und die gemässigten Zonen verbreitet. In Europa nur die folgende Gattung (und Art):

---

[1]) Cambria, lateinischer Name von Wales, wo diese Pflanze (*P. cambrobritannicum lobis foliorum profunde dentatis* Morison 1699) zuerst wildwachsend beobachtet wurde. Sie ist auch neuerdings in England und besonders in Irland gefunden worden.

18. OSMÚNDA[1]).

(L. [Gen. pl. ed. 1. 322] ed. 5. 484 [1754] z. T. Luerssen Farnpfl. 519.)

Sp.b. und Frond. oder (bei unserer Art) sporentragende und sporenlose Blatttheile sehr verschieden gestaltet; in den ersteren (welche meist 1—2 Grade weiter getheilt sind als die letzteren) die Sporangien sorusartig geknäuelt, an der Ober- und Unterseite und am Rande der zusammen eine Art Rispe darstellenden Abschnitte. Ausdauernde Krautgewächse mit unterirdischer Grundachse. Blätter einfach oder doppelt gefiedert, mit zuletzt sich abgliedernden Fiedern und Fiederchen.

6 Arten, über das Gebiet der Familie (mit Ausnahme Australiens) verbreitet.

47. **O. regális**[2]). (Königsfarn, niederl. und vlaem.: Koningsvaren; dän.: Kongebraegne; ital.: Felce florida; poln.: Dlugosz; böhm.: Podezřeň.) ♃. Grundachse verzweigt, jährlich eine Anzahl 6 bis 16 dm (selten bis 4 m) langer, sommergrüner, anfangs besonders am Grunde und an der Einfügung der Fiedern braunwolliger, zuletzt völlig kahler Laubblätter und über denselben einige die Endknospe im Winter einhüllende Niederblätter entwickelnd. Stiel kürzer als die Spreite, am verbreiterten Grunde 1 cm, sonst bis 6 mm dick, wie der Mittelstreif bräunlich strohgelb, bauchseits rinnig. Spreite eiförmig bis länglich-eiförmig, doppeltgefiedert. Fiedern am sporenlosen Blatte jederseits 7—9 (am sporentragenden bis 11) wie die beiderseits zu 7—13 vorhandenen Fiederchen kurz gestielt, paarweise genähert oder gegenständig. Fiederchen länglich, bis 8 cm lang, am Grunde schief gestutzt, besonders hinten öfter geöhrt, stumpflich, zuweilen am Grunde seicht gelappt, stumpf, meist oberwärts stumpf-klein-gesägt. Secundärnerven schon am Grunde gegabelt, die Gabeläste meist wieder gegabelt, die Aeste in die Zahnbuchten auslaufend. Endblättchen des (sporenlosen) Blattes und der Fiedern bis zum nächsten Fiederpaare, mitunter noch weiter herablaufend. An den sporentragenden Blättern mit 1—5 (meist 2—3) unteren sporenlosen Fiederpaaren meist nur die 5—9 oberen (viel kürzeren, aufrechten) Fiederpaare an den fiederspaltigen Fiederchen mit zuletzt braunen Sporangien besetzt. Sporen grün. — Feuchte, schattige Stellen in Wäldern, Gebüsche, seltener unter Hecken, oft auf moorigem Boden, im nördlichen und westlichen Gebiete mehr oder weniger verbreitet, sonst selten und auf weite Strecken fehlend. In der nördlichen Ebene, besonders im Westen, ziemlich häufig (auch auf der Nordsee-Insel Sylt), in Westpreussen und Polen selten, in Ostpreussen fehlend. Im Berglande nur im Rheingebiete verbreitet (in der Schweiz diesseit der Alpen nur im Aargau und am Genfer See bei Villeneuve), im östlichen Mitteldeutschland viel seltener, im diesrheinischen Bayern und

---

1) Der Name kommt zuerst bei de l' Obel vor und soll deutschen Ursprungs sein.
2) regalis, königlich, wegen des stattlichen Aussehens der Pflanze, die unter den einheimischen Farnen wohl der ansehnlichste ist.

im grössten Theile von Oesterreich-Ungarn fehlend (diesseit der Alpen nur in Nord-Böhmen (früher), Galizien, Kroatien); am Süd-Abhang der Alpen von der Provence bis Venetien. Sp.r. Ende Juni—Juli. — *O. r.* L. Sp. pl. ed. 1. 1065 (1753). Luerssen Farnpfl. 522 fig. 33, 170—174. Koch Syn. ed. 2. 973. Nyman Consp. 869 Suppl. 348.

Von den für unser Gebiet angegebenen Formen kann ich nur die folgenden beiden für erheblich halten:

B. acumináta. Fiederchen länglich bis lanzettlich, spitz bis zugespitzt, deutlich klein gesägt, mit in die Zähne auslaufenden Secundärnerven. Beobachtet in der Rheinprovinz (Siegburg Everken!), der Provinz Sachsen, Brandenburg, Schlesien und Posen, also wohl weiter verbreitet. — *O. r.* var. *a.* Milde Sporenpfl. 78 (1865). Luerssen Farnpfl. 530.

C. Plumiérii[1]). Fiederchen länglich-lanzettlich bis lanzettlich, dicht und scharf klein gesägt. — Im Canton Tessin bei Locarno: Arcegno (Milde Fil. Eur. 176) und Ponte Brolla (Jäggi!) — *O. r.* var. *P.* Milde a. a. O. *O. P.* Tausch Flora XIX 426 (1836).

Die übrigen Abarten sind theils Kümmerformen: *pumila* (Milde Nova Acta XXVI. II. 650 [1858]. Luerssen a. a. O.). Blätter nur 2—3 dm, Fiederchen nur 3 cm lang; theils zeigen sie Abweichungen in der normalen Vertheilung der Sporangien. An den Japanischen (und zum Theil Südafricanischen) Pflanzen sind sämmtliche Fiedern der Sp.b. mit Sporangien besetzt; eine Annäherung hieran beobachtete P. Magnus unweit des Finkenkruges bei Nauen (Prov. Brandenburg); an einem Blatte war nur das unterste Fiederpaar und auch dies nur grösstentheils sporenlos geblieben (C. Müller BV. Brand. XVIII. Sitzb. 124). Einzelne grösstentheils sporenlose (meist am Grunde Sporangien tragende) Fiederchen kommen am Grunde der unteren sporentragenden Fiedern sehr häufig vor. Nicht allzu selten ist auch l. *interrúpta* Milde (Nova Acta a. a. O. 649 [1858]. Luerssen a. a. O. 529), bei der nur die mittleren Fiedern durchweg Sporangien tragen, die unteren und oberen aber nicht oder nur theilweise. Bei dem von Luerssen bei Bremen beobachteten l. *mirábilis* (Farnpfl. 528 [1887]) ist von den unteren Fiedern nur am Grunde und meist nur hinten ein Fiederchen gesondert, im übrigen sind sie unten fiederspaltig bis gelappt, oben nur gesägt; die oberen Fiedern sind völlig ungetheilt; Sporangien finden sich nur spärlich am Grunde oder auf der Unterseite einiger Fiedern. Von Missbildungen erwähne ich m. *furcata* (Milde Nova Acta a. a. O. 652 [1858]. Luerssen a. a. O.) mit gegabeltem Blatte, m. *crispa* (Willd Spec. pl. V. 97 [1810]. Luerssen a. a. O.) mit gegabelten Fiedern und Fiederchen, m. *erósa* Milde (Nova Acta a. a. O. 652 [1858]. Luerssen a. a. O.) mit ausgefressen gezähnten Fiedern und Fiederchen (die ersteren ausserdem oberwärts sehr schmal).

(Fast ganz Europa [fehlt im nördlichen Skandinavien und ist für das Europ. Russland ausser Polen sehr zweifelhaft]; Klein-Asien, Syrien, Transkaukasien, Süd- und Ost-Asien; Nord- und Süd-Africa, Angola, Abyssinien nebst den Ostafricanischen Inseln und den Azoren; America von Canada bis Uruguay.) *|

---

[1]) Nach Charles Plumier, * 1646 † 1704, Franciscaner, Erforscher der Flora des tropischen America und besonders seiner Farne, welche er meisterhaft abgebildet hat. Die Tausch'sche Art ist auf Plumier's Osmunda regalis s. Filix florida foug. d'Amér. 35 t. B. fig. 4 begründet.

2. Reihe.

TUBERITHALLÓSAE[1]).

(Engler Syll. Gr. Ausg. 56 [1892].)
(*Eusporangiátae*[2]) Goebel·Bot. Zeit. 1881 718 veränd.)

Vgl. S. 4. Hierher nur:

4. Familie.

OPHIOGLOSSÁCEAE.

(R. Brown Prodr. Fl. Nov. Holl. 163 [1810]. Luerssen Farnpfl. 534.)

Ausdauernde meist niedrige Krautgewächse, mit (bei unseren Gattungen) sehr kurzer, aufrechter, fast stets unverzweigter Grundachse. Blätter etwas fleischig, in der Knospenlage aufrecht oder an der Spitze hakenförmig eingekrümmt oder mit zurückgebogener Spreite, die Sp.b. in einen die Sporangien tragenden (eine gestielte Aehre oder Rispe darstellenden) vorderen und einen laubigen hinteren Theil geschieden. Sporangien mit mehrschichtiger Wand, ohne Ring, mit einer zur Achse des Blattabschnittes quer gestellten Spalte (bei unseren Gattungen) halb 2klappig aufspringend. Sporen kugeltetraëdrisch.

Mindestens 16 (nach anderer Auffassung viel zahlreichere) Arten, über den grössten Theil der Erdoberfläche verbreitet.

Uebersicht der Gattungen.

A. Sporenloser Blatttheil (bez. Frond.) (bei unseren Arten) ungetheilt, mit netzförmig verbundenen Nerven. Sporangien an beiden Seiten des Mittelnerven des sporentragenden Blatttheiles, durch Parenchym verbunden, eine von vorn und hinten zusammengedrückte, lineale Aehre darstellend. **Ophioglossum.**

B. Sporenloser Blatttheil (bez. Frond.) fast immer getheilt, die Abschnitte mit wenigstens in den letzten Verzweigungen gabligen Nerven. Sporangien auf der Unterseite der sehr schmalen Abschnitte des sporentragenden Blatttheils, frei, eine (nur sehr selten auf eine Aehre reducirte) mehr oder weniger verzweigte Rispe darstellend. **Botrychium.**

---

[1]) Von tuber Knolle und θαλλός (s. S. 4.)
[2]) Von εὖ gut, wegen der dickwandigen Sporangien.

19. OPHIOGLÓSSUM[1]).

([Tourn. Inst. 548. L. Gen. pl. ed. 1. 322] ed. 5. 484 [1754]. Luerssen Farnpfl. 540.)

Vgl. S. 101. Grundachse meist unterirdisch, sehr kurz, selten verzweigt, mit zahlreichen fleischigen, unverzweigten, z. T. Adventivsprosse treibenden Wurzeln (vgl. Stenzel Stamm und Wurzel von *O. vulg.* Nova Acta XXVI. II. 771 tab. 37). Blätter dicht spiralig gestellt, in der Knospenlage aufrecht (der sporenlose Theil [bez. Frond.] an den Rändern eingerollt); jährlich 1—3 über den Boden tretend, jedes nach der Fruchtreife absterbend (das einzelne oder das oberste nebst den schon beträchtlich entwickelten nächstjährigen) von einer scheidenartigen, am Rande ihrer engen (später durchbrochenen) Mündung behaarten (nach Prantl Ber. DBG. I. 156 trichomatischen) Hülle umgeben.

5—8 (nach Prantl a. a. O. 350 ff. 29!) Arten, welche sich im gesammten Wohngebiet der Familie finden. Bei uns nur zwei zu der

Gesammtart O. vulgátum

gehörige Formen:

48. (1.) **O. vulgátum.** (Natterzunge; niederl.: Addertong; vlaem.: Slangetong; dän.: Slangetunge; franz.: Langue de serpent; ital.: Erba Luccia; poln.: Nasiezrzał; böhm.: Hadíjazyk; russ.: Ужовникъ; ♃. Blatt meist einzeln, selten zu 2, bis 3 dm lang, kahl; Stiel etwa so lang als die Spreite, weit über den Boden hervortretend, am Grunde (unter dem Boden) von der oben unregelmässig zerschlitzten braunen Hülle umgeben, von fünf bis acht in einen Kreis gestellten Leitbündeln durchzogen. Spreite gelbgrün, fettglänzend. **Sporenloser Blatttheil** (bez. Frond.) eiförmig bis länglich, selten lanzettlich, am Grunde kurz scheidenförmig herablaufend und den dort entspringenden sporentragenden umfassend, stumpf oder mit einem Spitzchen, ganzrandig, ohne Mittelnerv; die Netzmaschen ein feineres Adernetz mit theilweise frei endigenden Zweigen einschliessend. Sporangienähre den sporenlosen Blatttheil meist. weit überragend, 2—5 cm lang und 3—4 mm breit, mit jederseits 12—40 (selten bis 52) reif gelben Sporangien, in eine stielrundliche sporangienlose Spitze ausgehend. Sporen in Masse gelblich. — Fruchtbare, etwas feuchte Wiesen, meist mit *Orchis*-Arten, besonders *O. militaris*, grasige Triften und Abhänge, Waldsümpfe, in der Ebene und in der Waldregion der Gebirge bis 1000 m ansteigend, zerstreut durch das Gebiet (auch auf den Nordsee-Inseln und an der Mittelmeerküste, in der Grossen Ungarischen Ebene aber fehlend. Sp.r. Juni, Juli. — O. v. L. Sp. pl. ed. 1. 1062 (1753). Luerssen Farnpfl. 542 fig. 175. Koch Syn. ed. 2. 973. Nyman Consp. 870 Suppl. 348.

---

[1]) Zuerst bei Bock; von ὄφις Schlange und γλῶσσα Zunge, wegen der Form des sporentragenden Blatttheils.

Sehr selten in unserem Gebiet ist die Abart:

B. polyphýllum. Blätter viel kleiner, nur 4—10 cm lang, meist zu 2—3. Sporenloser Blattheil (bez. Frond.) meist lanzettlich, zugespitzt. Aehre jederseits mit 7—13 Sporangien. Bisher nur an einem sonnigen, steinigen Abhange bei Gräfenberg in Oesterr.-Schlesien. Sonst nur in Frankreich, England, auf den Nord-Atlantischen Inseln, in Nubien, Abyssinien und Arabien beobachtet. *O. v.* var. *p.* A. Br. in Seubert Fl. Azor. 17 (1844). Luerssen Farnpfl. 543 fig. 175.

Durch das Adernetz des sporenlosen Blatttheils sofort von 49 zu unterscheiden.

(Verbreitung der typischen Art: Im grössten Theile Europas bis Island (im Russischen Steppengebiet fehlend); West-, Nord- und Ost-Asien; Nord-America.) *

49. (2.) **O. Lusitánicum.** ♃. Unterscheidet sich von der Leitart durch Folgendes: Blätter meist zu 2—3, 15 mm bis 8, selten 10 cm lang. Stiel grösstentheils unterirdisch, von 4—5 Leitbündeln durchzogen. Sporenloser Blatttheil (bez. Frond.) lanzettlich, oft spitz, am Grunde stielartig zusammengezogen. Netzmaschen derselben ohne feineres Adernetz und fast ohne freie Nervenendigungen. Sporangienähre 5—15 mm lang, 1½—2 mm breit, mit jederseits 3—12 Sporangien. — An grasigen Orten des Mittelmeergebiets, oft gesellig, aber mitunter mit nur spärlichen Aehren. Provence; Süd-Istrien! Dalmatien. Die Angabe auf der Quarnero-Insel Lussin beruht auf einer Verwechselung derselben mit der dalmatischen Insel Lesina (Marchesetti Atti Mus. Stor. nat. Triest. IX 111 [1895]). Sp.r. Nov. bis März; die Blätter erscheinen im Herbst und sterben im Frühjahr ab. — *O. l.* Sp. pl. ed. 1. 1063 (1753). Luerssen Farnpfl. 549 fig. 177, 178. Koch Syn. ed. 2. 973. Nyman Consp. 870 Suppl. 348.

(Mittelmeergebiet, östlich bis Griechenland; Atlantische Küsten bis zur Canal-Insel Guernsey; Nord-Atlantische Inseln; St. Helena; Angola.)
*]

20. BOTRÝCHIUM[1]).

(Sw. in Schrad. Journ. 1800 II. 8, 110 [1801]. Luerssen Farnpfl. 551.)

Vgl. S. 101. Grundachse unterirdisch, aufrecht, meist kurz, selten verzweigt, mit zahlreichen, fleischigen, oft verzweigten aber keine Adventivknospen tragenden Wurzeln. Blätter dicht gestellt, mehrzeiligspiralig oder zweizeilig, in der Knospenlage selten aufrecht (53.), meist der sporentragende und sporenlose Theil mit hakig abwärts gekrümmter Spitze oder beide zurückgeschlagen. Jährlich entwickelt sich meist nur ein Blatt, welches mit seinem scheidenartigen, meist völlig geschlossenen

---

[1]) βοτρύχιον, Deminutiv von βότρυχος, Traubenstiel.

(nur bei 55. durch eine senkrechte Spalte geöffneten) Grunde die folgenden einschliesst. Die braunen, faserigen Reste einer oder zweier Blattstielscheiden vorangegangener Jahre umhüllen das diesjährige Blatt.

11 (nach Prantl a. a. O. 16) Arten, über den grössten Theil der Erdoberfläche (mit Ausschluss von Africa) verbreitet.

A. **Eubotrýchium**[1]) (Prantl a. a. O. 348 (1885). Blätter jährlich einzeln sich entwickelnd, sommergrün, stets kahl. **Sporenloser Blatttheil** selten ungetheilt, meist **einfach oder doppelt gefiedert, beiderseits mit Spaltöffnungen.** Blattstiel im grössten Theile seiner Länge von 2 Leitbündeln durchzogen.

I. Blätter mehrzeilig. Sporenloser Blatttheil sitzend oder kurz gestielt, **in oder über der Mitte der Blattlänge sich von dem sporentragenden trennend,** einfach- bis doppelt gefiedert.

  a. **Sporentragender Blatttheil meist langgestielt, den sporenlosen weit überragend**; Fiedern des letzteren mit fächerförmiger Benervung (ohne Mittelnerven).

50. (1.) **B. lunária**[2]). (Mondraute; niederl.: Druifkruid, Maankruid; dän.: Maanerude; ital.: Erba Lunaria; pol.: Podejzrzon; böhm.: Vratička; kroat.: Mješinac; russ.: Гроздовникъ; ung.: Holdruta.) ♃. Blatt meist bis 30 cm lang, gelbgrün, fettglänzend. Stiel meist grün, bis 15 cm lang, bis 5 mm dick, ungefähr so lang oder etwas kürzer oder länger als der sporentragende Blatttheil (incl. Stiel). Sporenloser Blatttheil länglich, oben abgerundet oder gestutzt, meist höchstens den Grund der Rispe erreichend. **Fiedern** jederseits 2—9, abwechselnd, meist sich deckend, fast oder völlig sitzend, aus **keilförmigem Grunde schief trapezoidisch, mit halbmondförmig ausgeschnittenem Hinter-,** oft fast geradem Vorder- **und kreisbogenförmigem,** ganzrandigem

---

[1]) εJ vgl. S. 15.

[2]) *Lunaria minor* wird unsere Art schon von Fuchs und Mattioli genannt. Bereits die Alten (Hermes Trismegistos vgl. E. Meyer Gesch. der Bot. II 344), welche, wie das auch später geschah, geheime Beziehungen zwischen den Kräutern und Gestirnen annahmen, fabelten von einem „Kraut des Mondes", dem allerlei Wunderkräfte, z. B. die Eigenschaft Nachts zu leuchten, unedle Metalle in edle zu verwandeln oder letztere, wo sie verborgen sind, anzuzeigen, zugeschrieben wurden. Diese Traditionen haben sich dann bei den Alchymisten des Mittelalters weiter fortgepflanzt, und waren noch im 16. Jahrhundert so geläufig, dass Konrad Gesner es angezeigt fand, 1555 eine eigene Schrift: De raris et admirandis herbis, quae sive quod noctu luceant, sive alias ob causas lunariae nominantur zu veröffentlichen, in der S. 30 auch unsere Pflanze als *Lunaria petraea* aufgeführt ist. Statt der etwas gesuchten Erklärung, die dieser Vater der Naturgeschichte von den Beziehungen dieser Pflanze zum Monde gibt, indem er die zufällig eingekrümmte Spitze der Rispe mit den Hörnern der Mondsichel vergleicht, liegt es wohl näher, an die Halbmondform der Blattabschnitte zu denken, die eine sehr nahe liegende „signatura rerum" darstellen. Noch jetzt werden übrigens den Botrychien und namentlich 50., der bei Weitem häufigsten Art, im Volksglauben Zauberkräfte beigelegt.

oder gekerbtem Aussenrande. Sporentragender Blatttheil (Rispe) 2—3 fach gefiedert, zuletzt zusammengezogen. Sporangien zuletzt gelb- bis zimmtbraun; Sporen in Masse schwefelgelb. — Trockene Wiesen, grasige lichte Wälder und Hügel, Heiden, von der Ebene bis in die alpine Region (2400 m) ansteigend, durch das Gebiet verbreitet, aber nur stellenweise; auch auf den Nordsee-Inseln; an der Mittelmeerküste und in der Grossen Ungarischen Ebene fehlend; an vielen Orten wie die übrigen Arten nur einzeln und öfter bei ungünstiger Witterung (Frühjahrsdürre) ausbleibend. Sp.r. Juni—Aug. — *B. L.* Sw. a. a. O. 110 (1801). Luerssen Farnpfl. 555 fig. 176. Koch Syn. ed. 2. 972. Nyman Consp. 870 Suppl. 348. *Osmunda L. α. L.* Spec. pl. ed. 1. 1064 (1753).

Aendert namentlich in der Beschaffenheit des Aussenrandes der Fiedern ab. Derselbe zeigt bald seichte Einschnitte: B. *subincísum* (Roeper Zur Fl. Meckl. I. 111 [1843]. Luerssen a. a. O. 558 fig. 176 c); bald sind die Fiedern bis über die Mitte handförmig gespalten: C. *incísum* (Milde Monogr. Ophiogl. [1856] 5. Luerssen a. a. O. fig. 176 b. nicht Roeper); so seltener. Eine Kümmerform scheint mir II. *ovátum* (Milde u. a. O. Luerssen a. a. O.). Sporenloser Blatttheil eiförmig, die Fiedern nach oben sehr stark abnehmend. So selten; beobachtet in Mecklenburg, Brandenburg, Sachsen, Schlesien.

Bemerkenswerth ist 1. *cristátum* (*B. L.* v. c. Kinahan Proc. Dublin Nat. Hist. Soc. 1855—1856 26. tab. 5. *B. L.* v. *tripartítum* Moore Nat.-Print. Brit. Ferns II. 124. 332 (1860). Luerssen a. a. O. 559). Die beiden untersten Fiedern des (mithin 3 zähligen) sporenlosen Blatttheils öfter deutlich gestielt, dem Reste der letzteren ähnlich getheilt. So beobachtet in Pommern: Boschpol bei Lauenburg Lützow 1883! in Brandenburg, den Sudeten und Kärnten.

Ausserdem sind zahlreiche missbildete Formen beobachtet, an denen die sehr verschiedengradige Umwandlung des sporenlosen Blatttheils in einen sporentragenden das grösste Interesse bietet. Vgl. Luerssen a. a. O. 559, 560.

(Europa; West- und Nord-Asien; nördliches Nord-America; Patagonien; südöstliches Neuholland und Tasmania.) *

b. **Sporentragender Blatttheil kurz oder sehr kurz gestielt, den sporenlosen meist wenig überragend oder selbst kürzer als derselbe. Fiedern des letzteren mit deutlichem Mittelnerven.**

Gesammtart B. ramósum.

51. (2.) **B. ramósum.** ♃. Blatt bis 20 cm lang, öfter graugrün. Stiel oft unterwärts braunroth überlaufen, bis 12 cm lang, bis 4 mm (öfter unverhältnissmässig) dick, meist mehrmal länger als der sporentragende Blatttheil. Sporenloser Blatttheil eiförmig bis länglich, stumpf oder gestutzt, doppelt fiedertheilig oder fiedertheilig, mit fiederspaltigen Abschnitten. Abschnitte erster Ordnung jederseits 2—6, meist gegenständig, von einander entfernt, rechtwinklig- bis aufrecht-abstehend, meist länglich, stumpf. Abschnitte zweiter Ordnung rundlich bis länglich, stumpf oder gestutzt, an der Spitze oft kerbig 2—3- lappig. Sporentragender Blatttheil 2—3 fach gefiedert. Sporangien und

Sporen w. v. — Lichte, trockene Wälder, Heiden, Hügel, w. v. und oft mit derselben, aber viel weniger verbreitet (nicht über 1600 m beobachtet) und oft spärlicher; am meisten verbreitet im östlichen Theile des nördlichen Flachlandes, viel seltener und nur an vereinzelten Fundorten im Nordwesten (auch auf Norderney, aber aus den Niederlanden und Belgien nicht bekannt), in Mittel- und Süddeutschland, den Alpen und Karpaten. Sp.r. Juni, Juli. — *B. r.* Aschers. Fl. Brand. I. 906 (1864). *Osmunda Lunaria γ.* L. Fl. Suec. ed. 2. (1755). *O. L. β.* Willd. Prodr. fl. Berol. 288 (1787). *O. ramósa* Roth Tent. fl. germ. I. 444 (1788). *O. L. β. r.* Roth a. a. O. III 32 (1800). *B. rutáceum* Willd. Sp. pl. V. 62 (1810) z. T. Fr. Nov. Fl. Suec. (1814) 16. *B. matricariaefólium* A. Br. in Döll Rhein. Flora (1843) 24 als Synonym. Koch Syn. ed. 2. 972 (1845). Luerssen Farnpfl. 569 fig. 180. Nyman Consp. 869 Suppl. 348 nicht Fries. *B. L.* b) *m.* Döll a. a. O. (1843). *B. L. γ.* var. *incisa* und *δ.* var. *rutaefólia* Roeper Zur Fl. Meckl. I. 111 (1843). *B. (Lunaria) lanceolátum* Rupr. Distr. crypt. vasc. imp. Ross. 33 (1845) z. T. nicht Ångstr. *B. tenéllum* Ångström Bot. Not. 1854. 69. *B. L. β. ram.* F. Schultz Pollichia XX u. XXI. 286 (1863).

Diese Art hat wegen des dicken Blattstiels gewissermassen ein monströses Ansehen und neigt auch mehr als alle übrigen zu Missbildungen, weshalb ihr Artrecht nicht nur von vielen früheren Schriftstellern (selbst noch von einem so guten Kenner der Gattung wie Roeper Zur Flora Meckl. I. 111 (1843), sondern noch 1857 von Döll (Fl. Bad. I. 51) bezweifelt wurde. Es haben auch vielfach Verwechselungen mit missbildeten oder verkümmerten Formen von 50. stattgefunden. Kümmer- und Jugendformen mit fast rhombischen, ganzrandigen oder wenig eingeschnittenen Abschnitten des sporenlosen Blatttheils stellen B. *subíntegrum* (*B. m.* var. *s.* Milde Monogr. der deutsch. Ophiogl. 14 [1856], *B. Lunaria* var. *rhombeum* Ångström a. a. O. 70 [1854]), üppig entwickelte dagegen C. *palmátum* (*B. m.* var. *p.* Milde a. a. O. var. *partíta* Milde Sporenpfl. 85 [1865]) und *B. compósitum* (*B. m.* var. *c.* Milde Nova Acta XXVI. II. 690 (1858) tab. 51 fig. 188) dar; bei der ersten sind die 2—3 untersten Abschnittpaare des sporenlosen Blatttheils beträchtlich länger, dieser daher im Umriss rundlich oder dreieckig, bei letzterer entsprechen, wie bei dem l. *cristatum* von 50., die beiden untersten Abschnitte im Theilungsgrad und annähernd auch in der Grösse dem Reste des Blatttheils. Aber auch die Exemplare, die diesen Formen nicht unterzuordnen sind, sind in der Grösse und Theilung beider Blatttheile sehr veränderlich.

In Folge des Schwankens in der Beurtheilung des Artrechts ist die Synonymie äusserst verwickelt. An dem 1864 von mir aufgestellten Namen *B. ramosum* muss ich nach erneuter Prüfung der Sachlage festhalten, obwohl auch dieser bei Milde (Sporenpfl. 86 u. and. O.) lebhaften Widerspruch und wohl in Folge desselben bisher wenig Anklang gefunden hat. Milde begründet diesen Widerspruch durch die von Roth 1800 zu seiner *Osmunda Lunaria* β. *ramosa* citirte Camerarius'sche Abbildung, die eine missbildete Form von 50. darstellt. Indessen aus diesem Citat folgt keineswegs, dass, wie Milde (vgl. auch Index Botrychiorum ZBG. Wien XVIII 516) behauptet, Roth dieser ihm nur aus dieser Abbildung bekannt gewesene Missbildung ausschliesslich oder auch nur vorzugsweise unter obigem Namen, sowie unter der 1788 von ihm benannten *O. ramosa* verstanden habe. Letztere gründet sich, wie aus der Diagnose und dem zuerst genannten Fundorte Berlin zu ersehen, und wie Roth 1800 ausdrücklich bestätigt, in erster Linie auf *O. Lunaria* β. spicis lateralibus, frondibus geminatis bipinnatis: pinnis incisis Willd. Prodr. fl. Berol. 288 (1787). Dass unter dieser letzteren 51. zu verstehen, ist nach der Diagnose und dem im Hb. Willd. Nr. 19446 (als *B. rutaceum*) aufbewahrten Exemplar nicht zweifelhaft, obwohl auch W. die auf die oben erwähnte Camerarius'sche Abbildung begründete *Lunaria racemosa ramosa major* Bauhin Pin. 355 citirt und seine Meinung, dass diese Form eine eigene Art darstelle, mit der zu Unrecht verallgemeinerten Thatsache motivirt, dass er diese Form nur auf feuchtem, beschatteten Boden beobachtet hat. Roth's *O. ramosa* von 1788 ist also mindestens ganz überwiegend 51., und nach meiner Ansicht gilt dies auch z. T. von der 1800 aufgeführten *O. Lunaria* β. *ramosa*. R. sagt, dass er die Pflanze inzwischen kennen gelernt habe und sie nur als Varietät von 50. betrachten könne. In seinem mir durch die Güte des Dr. Martin aus dem Grossh. Museum in Oldenburg zur Ansicht übersandten Herbar findet sich ein 1792 von Timm als *O. Lunaria* β. mitgetheiltes Exemplar von 51., welches auch Roth später als *B. rutaceum* bezeichnet hat. Der Name *B. ramosum* hat vor allen übrigen für diese Art angewendeten Benennungen den Vorzug, dass er wenigstens nach Linné niemals auf eine andere Art angewendet worden ist. Ueber die Verwirrungen, denen der nächst *B. ramosum* älteste und von der Mehrzahl der Schriftsteller bisher angenommene Name *B. rutaceum* unterworfen war, vgl. u. a. Milde und Ascherson BV. Brand. III. IV. 292—294. Dies Schicksal ist selbst dem neuerdings vielfach üblich gewordenen Namen *B. matricariaefolium* nicht erspart geblieben, da Fries unter Bezugnahme auf dieselbe Breyne'sche Figur ihn für 52. gebraucht hat. Noch ausführlicher habe ich diese Nomenclaturfrage in BV. Brand. XXXVIII. 64 ff. besprochen.

(Centralfrankreich und Vogesen auf französ. Gebiet; Nord-England und Schottland; Skandinavien; Nord- und Mittel-Russland; Unalaschka; Lynn-Canal an der Westküste Nord-America's; Canada; Staat New-York.)

*

52. (3.) **B. lanceolátum.** ♃. Unterscheidet sich von der Leitart durch Folgendes: Blatt bis 23 cm lang. Stiel bis 18 cm lang, grün. Sporenloser Blatttheil eiförmig bis dreieckig-eiförmig, spitz, einfach bis doppelt-fiedertheilig, dünner fleischig, getrocknet etwas durchscheinend, gelbgrün. Abschnitte erster Ordnung jederseits 3—4, aufrecht abstehend, länglich-lanzettlich bis lanzettlich, oft beiderseits verschmälert, spitz, gesägt bis fiedertheilig, mit länglichen bis lanzettlichen, spitzen Abschnitten zweiter Ordnung. — Bis jetzt nur auf trocknen Grasabhängen der westlichen Alpen an wenigen Orten: Montblanc; Col de Balme. S. Bernardino (Franzoni nach F. v. Tavel in DBG. IX [172]); Pontresina. Süd-Tirol: Alp Malgazza bei Cles ca. 1600 m mit 50., 51. und 54! Sp.r. Juli, Aug. — *B. l.* Angström Bot. Not. 1854 68 nicht Rupr. Luerssen Farnpfl. 567 fig. 179. Nyman Consp. 869 Suppl. 348. *Osmunda l.* Gmel. Nov. Comment. Acad. Petrop. XII 516 (1768). *B. matricariaefólium* Fr. Summa Veg. I 252 (1846) nicht A. Br. *B. palmátum* Presl Tent. Pterid. Suppl. 43 (1847).

(Island; Skandinavien; nördl. Russland; Sibirien; Sachalin; Unalaschka; nordöstl. Vereinigte Staaten; Grönland.) |*

II. Blätter zweizeilig. Sporenloser Blatttheil meist deutlich gestielt, weit unter der Mitte der Blattlänge sich von dem sporentragenden trennend.

53. (4.) **B. simplex.** ♃. Blatt bis 8, selten bis 15 cm lang, gelbgrün. Stiel 0,5—1,5, höchstens 2,5 cm lang, oft grösstentheils von den abgestorbenen Scheiden der Blätter früherer Jahre umhüllt. Sporen-

loser Blatttheil oben abgerundet, rundlich bis verkehrt-eiförmig oder eiförmig, ungetheilt oder verschiedenartig getheilt, ziemlich dünnfleischig; sporentragender meist lang gestielt und den sporenlosen weit überragend, einfach bis doppelt gefiedert, selten eine einfache nur aus 5—12 Sporangien bestehende Aehre darstellend. Sporangien gelb-, zuletzt rothbraun. — Grasige Triften, besonders an Seeufern, kurzgrasige, seltener feuchte Wiesen, selten; etwas verbreiteter nur im nordöstlichen Gebiet, sonst nur vereinzelt im Nordwesten und in den Alpen, dort bis 2300 m ansteigend. Ostpreussen: Kr. Memel (von hier zuerst 1852 aus dem Gebiete nachgewiesen); Ragnit! Neidenburg und Ortelsburg. Westpreussen: Zw. Zoppot und Glettkau bei Danzig! am Wongorziner See im Kr. Karthaus; Kr. Schwetz und Strassburg. Pommern: Stolpmünde. Mecklenburg: Rostock. Nordsee-Insel Norderney (Rutenberg nach Buchenau NV. Bremen XII 94 [1891]). Magdeburg: Burg (Schneider Fl. v. Magd. II. 322). Brandenburg: Neuruppin; Treuenbrietzen (H. Pauckert 1866!) Schwiebus! Neudamm! Arnswalde! Posen: Meseritz. Schlesien: Grünberg: Ochelhermsdorf (Schröder! vgl. Fiek und Schube 69. Jahresber. Schles. Ges. II. 179. Kr. Freistadt: Hartmannsdorf (Schröder a. a. O.); Gesenke bei Lindewiese. Polen: Ojców Thal b. Krakau (Fritze BV. Brand. XII. 1869. 136). Thüringen: Kloster Lausnitz zw. Jena und Gera (Haussknecht 1892 Mitth. Thür. Bot. Ver. III. IV. 17); Schweiz: Engelberg im Canton Unterwalden. Süd-Tirol: Windisch-Matrei! Prägraten. Spr. Mai, Juni, in den Alpen Juli. — *B. s.* Hitchcock in Silliman Americ. Journ. of Science and Arts VI. 103 Tab. 8 (1823). Luerssen Farnpfl. 576 fig. 181. Nyman Consp. 869 Suppl. 348. *B. Lunaria cordatum* Fr. Summa Veg. I. 251 (1846). *B. Kannenbérgii*[1]) Klinsmann Bot. Zeit. X. 378 Tab. VI Fig. A. (1852). *B. virginiánum?* var. *simplex* Asa Gray Manual of the Bot. North. U. S. ed. 4. 602 (1864).

Eine lange verkannte, erst von Lasch (Bot. Zeit. XIV 606—608 [1856]) in ihrer Vielgestaltigkeit nachgewiesene von Milde (Nova Acta XXVI. II. tab. 49, 50 [1858]) durch treffliche Abbildungen erläuterte Art. Die mangelhafte Kenntniss ihres Formenkreises verschuldete, dass sie lange für eine Form von 50. galt; mit 55. hat sie allerdings nichts gemein; mit 54. ist sie analog, aber keineswegs näher verwandt. Je nach der Grösse bilden die Hauptformen, die sich namentlich durch die Form und Theilung des sporenlosen Blatttheils unterscheiden, folgende Reihe:

A. simplicíssimum. Blatt 1,75—4, selten 6 cm lang. Sporenloser Blatttheil rundlich bis verkehrt-eiförmig, ungetheilt, in den Stiel verschmälert (sehr selten sitzend); sporentragender meist eine Aehre darstellend. *B. s. simpliciss.* Milde a. a. O. 666 (1858). Luerssen a. a. O. 579 fig. 181 a—f. *B. Kannenb. s.* Lasch a. a. O. 607 (1856).

B. cordátum. Blatt 5—9 cm lang. Sporenloser Blatttheil gestielt, herzeiförmig oder rundlich, 3—7zählig fiederspaltig bis -theilig; Abschnitte gegenständig, sich berührend, schief-verkehrt-eiförmig bis länglich. Sporentragender Blatttheil meist einfach gefiedert, mit kurzen Fiedern, seltener ährenförmig. *B. s. c.* Aschers. Syn. I. 108 (1896). *B. Lunaria cord.* Fr. a. a. O. (1846). *B. K. simplex* Lasch a. a. O. (1856). *B. s. incísum* Milde a. a. O. (1858). Luerssen a. a. O. fig. 181 g—k.

[1]) Nach dem Entdecker im Gebiet, Apotheker Karl Wilhelm Friedrich Kannenberg, * in Thorn 1797 † in Pelplin in Westpreussen 1853 (Abromeit br.).

C. subcompósitum. Blatt 5—9, selten bis 15 cm lang. Sporenloser Blatttheil gestielt, 3—7zählig gefiedert, die 2 untersten Fiedern etwas entfernt, am Grunde verschmälert, zuweilen eingeschnitten, die übrigen (wenn vorhanden) genähert. Sporentragender Blatttheil einfach bis doppelt gefiedert. *B. s. subc.* Milde a. a. O. 667 (1858). Luerssen a. a. O. 580 fig. 181 l—n. *B. K. s.* Lasch a. a. O. (1856).

D. compósitum. Blatt bis 15 cm lang. Sporenloser Blatttheil sitzend, 3zählig; jedes Blättchen aber gestielt, dem ganzen sporenlosen Blatttheile der Abart B. mehr oder weniger entsprechend. Sporentragender Blatttheil einfach- bis doppelt gefiedert. *B. s. c.* Milde a. a. O. 667 (1858). Luerssen a. a. O. fig. 181 p—r. *B. K. c.* Lasch a. a. O. (1856).

Von kleinen Formen von 50. können die am häufigsten vorkommenden Abarten B. und C. in der Regel durch den deutlich gestielten, tief abgehenden, sporenlosen und den spärlich verzweigten sporentragenden Blatttheil unterschieden werden.

Missbildungen sind auch bei dieser Art häufig.

(Skandinavien; Livland; Nord-Russland (Gouv. Wologda); Nord-America.) |*

B. *Phyllobotrýchium*[1]) Prantl a. a. O. 349 (1883). Blätter mindestens im unentfalteten Zustande behaart. Sporenloser Blatttheil dreieckig, meist breiter als lang, 2—4fach gefiedert, nur unterseits mit Spaltöffnungen. Mindestens Fiedern und Fiederchen mit deutlichem Mittelnerven.

54. (5.) **B. matricáriae.** ♃. Blätter zweizeilig, jährlich oft 2 (zuweilen 3—4) sich entwickelnd, von denen aber meist nur eins einen sporentragenden Theil besitzt (oft wird die Zahl der gleichzeitig vorhandenen Blätter noch durch Ueberwintern namentlich einzelner sporenloser Blätter vermehrt). Sp.b. bis 26, Frond. meist nur bis 10 cm lang; beide vor der Entfaltung dicht mit gegliederten Haaren besetzt, ausgewachsen mit spärlichen Resten derselben. Blattstiel bis zur Trennung der beiden Theile nur 1—4 cm lang, oft ganz von Scheidentheilen der Blätter früherer Jahre umhüllt. Sporenloser Blatttheil bis 6 cm lang gestielt; sein Stiel (wie der der sporenlosen Blätter) halbcylindrisch, oft roth überlaufen, von nur einem Leitbündel durchzogen. Spreite fast 3zählig-abnehmend 2—3fach gefiedert, dick-fleischig, gelbgrün. Fiedern jederseits 2—6, meist fast oder völlig gegenständig, die unteren gestielt, die oberen sitzend, die untersten dem Reste des Blatttheils völlig oder annähernd entsprechend. Letzte Abschnitte kurz gestielt bis sitzend, rundlich- bis länglich-eiförmig, an der Spitze abgerundet oder gestutzt, ganzrandig oder schwach gekerbt. Sporentragender Blatttheil lang gestielt, den sporenlosen weit überragend, 2—3fach gefiedert. Sporangien gelb-, zuletzt rothbraun. — Kurzgrasige Wiesen, grasige Abhänge, lichte Wälder, oft mit 50. und 51., doch meist viel seltener als diese (zuweilen in einzelnen

---

[1]) Von φύλλον Blatt, wegen der stärker getheilten sporenlosen Blatttheile und Frond.

Exemplaren), bis etwa 1600 m ansteigend; am meisten verbreitet im östlichen Gebiete, westlich und südlich bis Mecklenburg, Brandenburg, Ost-Thüringen, Böhmen, Mähren und längs den Karpaten bis Siebenbürgen [und Rumänien]; sonst sehr vereinzelt: Nordsee-Insel Norderney; südliche Vogesen; Württemberg: früher bei Ellwangen! Bayern: nur bei Regensburg; Nieder-Oesterreich im Waldviertel bei Weitra (J. Jahn ÖBZ. XLV. 286); an vereinzelten Orten der Alpen von Savoyen bis Steiermark (für die Alpen Nieder-Oesterreichs zweifelhaft). Sp.r. Juli, Aug., im Hochgebirge bis Sept. — *B. M.* Spr. Syst. Veg. IV. 23 (1825). *Osmunda Lunaria* δ. L. Fl. Suec. ed. 2. 369 (1755). *O. L.* var. *Baeckeána* L. Pandora et flora Rybyensis (1771) [ohne Beschreibung!]. *O. Matricáriae* Schrank Baier. Flora II. 419 (1789). *Botrychium rutáceum* Sw. in Schrad. Journ. II. 1800 111 (1801) mit Ausschluss einiger (zu 51. und 52. gehöriger) Synonyme. *B. matricarioídes* Willd. Sp. pl. V. 62 (1810). *B. rutaefólium* A. Br. in Döll Rhein. Fl. 24 (1843). Luerssen Farnpfl. 582 fig. 182. Koch Syn. ed. 2. 972. Nyman Consp. 869 Suppl. 348. *B. ternátum* A. Européum* Milde Fil. Eur. 199 (1867).

Die Pflanze steht jedenfalls dem Ostasiatischen und Australischen *B. ternatum* (Thunb. 1784) Sw. sehr nahe; ich bin Luerssen in der Abtrennung der europäischen Art von dieser und den viel weiter abweichenden Nordamericanischen Formen gefolgt. Unsere Pflanze variirt nur in der Grösse und dem davon abhängigen Theilungsgrade der Blätter; doch lassen sich die danach unterschiedenen var. *campéstris* [gross] und *montána* [klein] (Milde Fil. Eur. 200 [1867]) unmöglich von einander trennen. Missbildungen sind selten.

(Dänemark; Skandinavien; Nord- und Mittel-Russland; Serbien; Sibirien; nach Milde [a. a. O. 200] auch in Japan und Nord-America.)

|*

55. (6.) **B. Virginiánum.** ♃. Blätter mehrzeilig; jährlich nur eins sich entwickelnd. Blatt 16 bis 80 cm lang, sommergrün, vor der Entfaltung dicht mit Gliederhaaren besetzt, ausgewachsen oft völlig kahl. Stiel bis 36 cm lang, so lang oder etwas länger als der sporentragende Blatttheil (incl. Stiel), bis 3 mm dick, oft röthlich bis rothbraun überlaufen, von 3—10 Leitbündeln durchzogen. Sporenloser Blatttheil fast sitzend, dreieckig, oft breiter als lang, spitz, abnehmend 2—4fach gefiedert, ziemlich dünnhäutig, zuweilen fast durchscheinend. Fiedern jederseits 7—14, gegenständig oder abwechselnd, die unteren kurz gestielt, die oberen sitzend, die untersten öfter so gross, dass die Spreite 3zählig erscheint. Abschnitte letzter Ordnung länglich, eingeschnitten-gezähnt bis fiederspaltig; Zipfel spitz oder stumpf gezähnt. Sporentragender Blatttheil verhältnissmässig klein, langgestielt, den sporenlosen oft weit überragend, 2—3fach gefiedert. Sporangien zuletzt rothbraun. — Schattige Wälder, Wald- und Bergwiesen, in den Alpen (bis über die Waldgrenze ansteigend) sehr zerstreut, sowie an vereinzelten Punkten Süd-Ungarns und der nordöstlichen Ebene; zuweilen sehr spärlich und, da alle Angaben erst in dem letztverflossenen halben Jahrhundert erfolgten, wohl noch an manchen

Orten übersehen. Schweiz: Glarus: Sachberg (Gehring nach Christ und Jäggi DBG. IX [1891] [231]); Graubünden: am Flimser See (G. Klebs nach Gremli Neue Beitr. V. 81 und Christ Schw. BG. I. 89, A. v. Degen!) Bad Serneus im Prätigau. Süd-Tirol: Kerschbaumer Alp bei Lienz (Pichler nach A. Engler! vgl. ÖBZ. XLIII. 189 [1893]). Baiern: Steinberg bei Ramsau unweit Berchtesgaden. Steiermark: am Pyhrn über Lietzen an der Grenze Ober-Oesterreichs (hier zuerst für das Gebiet von Presl aufgefunden). Nieder-Oesterreich: Schneeberggebiet: Thalhofriese bei Reichenau und Plateau des Saurüssels. Banat: Donauthal: Karlsdorf bei Neu-Moldova im Eichenwalde (A. v. Degen 1887! vgl. ÖBZ. XXXVIII. 231 [1888]). Galizien: Lemberg: Derewacz; Jarina bei Janow. Ostpreussen: Kr. Neidenburg: Forstrevier Korpellen (Kiefern- und Fichtenbestand) und am Schwedenwall zw. Zimnawodda und Wallendorf (Kiefernwald); Kr. Ortelsburg: Puppener Forst (Abromeit PÖG. Königsb. XXVII. 50, 54). Sp.r. Juni—Aug. — *B. v.* Sw. in Schrad. Journ. 1800 II. 111 (1801). Luerssen Farnpfl. 588 fig. 183. Nyman Consp. 849 Suppl. 348. *Osmunda v.* L. Spec. pl. ed. 1. 1064 (1753). *B. virginicum* Willd. Sp. pl. V. 64 (1810). *B. anthemoides* Presl Abb. Böhm. Ges. Wiss. V. Ser. V. 323 (1848, kleine Form subalpiner Standorte).

Die stattlichste einheimische Art dieser Familie, von Fries nicht unpassend mit 5. verglichen.

(Schweden; nördliches und mittleres Russland; Sibirien; Japan; China; America von Canada bis Brasilien.) |*

2. Unterclasse.

HYDROPTÉRIDES[1].

(Willd. Bemerk. üb. selt. Farrenkr. (Acta Acad. Erfurti I. 8 [1802] excl. *Isoëtes*). Luerssen Farnpfl. 593.)

(*Rhizocárpae*[2]) Batsch Tab. affin. regn. veg. 261 [1802] excl. *Isoëtes.*)

Vgl. S. 3. Mittelgrosse oder kleine, krautige, ausdauernde oder seltener einjährige Gewächse. Stengel ungegliedert, oberirdisch kriechend oder schwimmend. Sporangiengruppen (Sori) in fruchtähnliche Hüllen (Conceptacula, Sporocarpia) eingeschlossen. Sporangien mit einschichtiger Wand, ohne Ring. Männlicher Vorkeim ohne Chlorophyll, aus einer vegetativen Zelle und einem zweizelligen Antheridium bestehend. Weiblicher Vorkeim chlorophyllhaltig, den 3 klappig geöffneten Scheitel der Makrospore ausfüllend.

---

[1]) Von ὕδωρ Wasser und πτέρις (s. S. 2).

[2]) Von ῥίζα Wurzel und καρπός Frucht, wegen der in der Nähe der Wurzeln stehenden Sporenhüllen (vgl. jedoch *Salvinia*).

Uebersicht der Familien.

A. Meist kleine oder sehr kleine, zarte, meist einjährige, schwimmende Wasserpflanzen. Blätter in der Knospenlage einfach längs gefaltet. Sporenhüllen einfächerig, eingeschlechtlich, die einen einen aus zahlreichen Mikrosporangien, die anderen einen aus einer viel geringeren Zahl von Makrosporangien oder nur einem bestehenden Sorus enthaltend. **Salviniaceae.**

B. Kleine oder mittelgrosse ausdauernde Sumpf- oder Uferpflanzen mit kriechendem, auf der Rückenseite 2zeilig beblätterten, auf der Bauchseite verzweigte Wurzeln treibenden Stengel. Blätter in der Knospenlage spiralig eingerollt. Sporenhüllen mehrfächerig, zweigeschlechtlich, jede Mikro- und Makrosporangien enthaltend. **Marsiliaceae.**

5. Familie.

SALVINIÁCEAE.

(Du Mortier Anal. des Fam. 67 [1829]. Luerssen Farnpfl. 595.)

Vgl. oben. Die Wand der (bis auf *Azolla* ♀) mit säulenförmigem Receptaculum versehenen Sporenhüllen entspricht dem Schleier der Farne. Sie wird erst bei der Keimung von den Vorkeimen durchbrochen. Mikrosporen in schaumig erhärtetes Protoplasma eingebettet; eine gleiche Masse ist auch der Makrospore als Epispor aufgelagert. Weiblicher Vorkeim mit mehreren Archegonien.

Uebersicht der Gattungen.

A. Pflanze ohne Wurzeln. Stengel spärlich fiederig verzweigt. Blätter in abwechselnden Quirlen; auf der Rückenseite je 2 ungetheilte, schwimmende Luftblätter, auf der Bauchseite ein untergetauchtes, wurzelähnlich verzweigtes Wasserblatt. Sporenhüllen zu 2 oder mehreren zweizeilig oder geknäuelt am Grunde des Wasserblattes. Mikrosporangien an verzweigten Stielen, die letzten Verzweigungen derselben nur eine Zellreihe darstellend. Makrosporangien gestielt, bis zu 25, an der Spitze des Receptaculums der Sporenhülle. **Salvinia.**

B. Stengel reich verzweigt (einer *Jungermannia* ähnlich), auf der Bauchseite Wurzeln, auf der Rückenseite zweizeilige bis zum Grunde zweitheilige Blätter tragend. Der obere Abschnitt der letzteren schwimmend, der untere untergetaucht. Sporenhüllen zu 2 oder 4 an dem untergetauchten Blattabschnitt des untersten Blattes eines Sprosses. Mikrosporangien an unverzweigten, aus zwei Zellreihen bestehenden Stielen. Makrosporangium einzeln, die betr. Sporenhülle ganz ausfüllend. **Azolla.**

21. SALVÍNIA [1]).

([Micheli Nova plant. gen. 109]. All. Fl. Ped. II. 289 [1785]. Luerssen Farnpfl. 598.)

Vgl. S. 112. Stengel cylindrisch, gliederhaarig, mit schwachem, centralem Leitbündel und peripherischen Luftgängen. Luftblätter dicht gedrängt, sich deckend, fast rinnig gefaltet, mit deutlichem, fiederig verzweigtem Mittelnerven. Sporenhüllen sämmtlich gleich gross, zartwandig, zuletzt verwesend. Makrosporangien ganz von schaumigem Protoplasma ausgefüllt. Weiblicher Vorkeim in zwei lang herabhängende Lappen auswachsend; Keimling mit schildförmigem Keimblatt.

13 Arten der gemässigten und Tropenzone; in Europa nur die folgende Art:

56. **S. natans.** (ital.: Erba-pesce). ☉ Stengel höchstens 20 cm lang, bis etwas über 1 mm dick. Schwimmblätter bis 13 mm lang, sehr kurz gestielt, aus schwach-herzförmigem Grunde elliptisch, stumpf oder schwach ausgerandet, unterseits dicht behaart, zuletzt braun oder geröthet, oberseits bläulich-grün, mit in schräge Zeilen geordneten, ein Büschel kurzer, zuletzt brauner Haare tragenden Warzen besetzt. Wasserblätter kurz gestielt, ihre 9—13 bis 6 cm langen Abschnitte mit langen Haaren besetzt. Sporenhüllen zu 3—8 geknäuelt, abgeplattet-kugelig, mit 9—14 hohlen, sich berührenden Längsrippen, behaart, die untersten 1—2 Makro-, die übrigen Mikrosporangien enthaltend. Mikro- und Makrosporen gelblich weiss. — Auf stehenden und langsam fliessenden Gewässern, gern zwischen Rohr und Flossholz, in Altwässern der grösseren Flüsse oft massenhaft, nur in den Ebenen und auch dort nicht allgemein verbreitet; öfter unbeständig. Erreicht in unserem Florengebiete die Polargrenze der Gattung. Am häufigsten in Brandenburg!! und Schlesien!! seltner im nördlichen Mähren (Ostrau), Galizien und Polen! (vgl. Rostafiński Pam. Fiz. VI. 249, Błoński a. a. O. XII. III. 130). Im Weichselthale Westpreussens! In Pommern bei Stettin! und Putbus. Früher bei Lübeck! Längs der Elbe bei Torgau (Egeling!)? von Wörlitz! bis Magdeburg!! und von Lauenburg bis Stade. Niederlande: bei Zwolle und Maastricht. Belgien: Lanacken in der Campine? (nach Crépin 5. édit. 461 ist dieser Fund etwas verdächtig). Ober-Rheinfläche von Karlsruhe! bis Offenbach. Piemont: Aosta-Thal. Halbinsel Sermione im Garda-See (Rigo!) Etschthal von Burgstall unterhalb Meran bis Verona. Kroatien. Slavonien, Ungarn! Siebenbürgen. Sp.r. Aug.—Oct. — *S. n.* All. Fl. Ped. II. 289 (1785). Luerssen Farnpfl. 600 fig. 184—186. Koch Syn. ed. 2. 968. Nyman Consp. 871 Suppl. 349. *Marsilea n.* L. Sp. pl. ed. 1. 1099 (1753).

(Südliches Frankreich; nordöstliches Spanien (Rosas Willkomm Prodr. Suppl. 3); Italien (südlich noch im Lago di Fondi); Macedonien;

---

[1]) Nach Antonio Maria Salvini, * 1633 † 1729, Professor der griechischen Sprache in Florenz.

Serbien; Bulgarien; Rumänien; mittleres und südliches Russland; Kaukasusländer; südöstl. Kleinasien (Marasch); Nord-Persien; Amurgebiet; Japan; China; Algerien.) ✱

† AZÓLLA¹).

(Lam. Encycl. I. 343 [1783].)

Vgl. S. 112. Der oberseits papillös behaarte durchscheinend einschichtig gesäumte obere Blattabschnitt enthält eine nach unten geöffnete von Nostochaceen- (*Anabaena*-) Colonien bewohnte Höhlung. Der etwas grössere untere Blattabschnitt bis auf einen mehrschichtigen, grünen Mittelstreifen einschichtig, farblos. Sporenhüllen unter sich verschieden, die die Mikrosporangien enthaltenden grösser, kugelig, die das Makrosporangium enthaltenden kleiner, eiförmig, alle am Scheitel oder in der oberen Hälfte verholzt, welcher festere Theil bei der Keimung als Deckel abgesprengt wird. Protoplasmamasse des Mikrosporangiums in 2—8 Klumpen (Massulae) getheilt, von welchen (bei unserer Art) haarähnliche, an der Spitze ankerartige Fortsätze (Glochiden) ausgehen. Makrosporangium nur in seiner unteren Hälfte mit schaumigem Protoplasma erfüllt; die Makrospore am Scheitel 3 oder 9 kleinere Ballen derselben Masse (Schwimmkörper) tragend. Weiblicher Vorkeim 3 lappig. Keimblatt eine nach vorn geöffnete Scheide darstellend.

4 Arten der Tropen- und wärmeren gemässigten Zonen, von denen ausser der folgenden noch eine, die süd- und tropisch-amerikanische *A. filiculoides* Lam. in Europa (West- und Nord-Frankreich) verwildert gefunden wurde. Sie unterscheidet sich von *A. C.* ausser ihrer beträchtlicheren Grösse durch fiederige Verzweigung und den stumpferen oberen Blattabschnitt, dessen Trichome einzellig sind.

† **A. Caroliniána.** (ital.: Grassa di guano). — ♃. (ob gelegentlich ☉ ?). Stengel mit seinen gabligen Verzweigungen einen Raum von 7—15 mm Durchmesser bedeckend. Wurzeln einzeln, mit abstehenden zarten Haaren bedeckt; Blätter bis ½ mm lang, lebhaft grün, oberseits oft geröthet, am unteren Theile der Zweige etwas entfernt, gegen die Zweigspitzen kätzchenartig gedrängt. Oberer Abschnitt derselben länglich-rhombisch, stumpf. Papillenartige Trichome der Oberseite desselben oft 2zellig. Mikrosporenklumpen dicht mit quer gefächerten Glochiden besetzt. Makrosporen mit 3 Schwimmkörpern. — Diese im wärmeren America (nördlich bis zum Ontario-See) einheimische Pflanze wurde seit 1872 in die botanischen Gärten Europas eingeführt, wo sie sich bald auch im Freien enorm vermehrte. Schon 1878 konnte A. de Bary auf der Naturforscher-Versammlung zu Kassel (Tageblatt S. 50) über das Wachsthum dieser „neuen Wasserpest" interessante Mittheilungen machen. Dies Wachsthum wurde auch ausserhalb der Gärten auf stehenden und langsam fliessenden Gewässern beobachtet, wohin die Pflanze absichtlich versetzt wurde oder zufällig gelangte. So in den Niederlanden: Leijden (Brasch!) z. B. in Gräben der Strasse nach Katwijk 1885 (Magnus!) Boskoop, wo sie die Gräben nach drei Jahren mit einer 12 cm dicken Schicht bedeckte (Kittel Gartenflora 1885 88; Bonn: Poppelsdorfer Schlossgraben früher; Giessen (Dosch und Scriba Exc.fl. Hessen 3. Aufl. 24); Strassburg: Gräben am Metzgerthore 1885!! beim „Fuchs am Buckel" in der Nähe der Ill-Mündung weite Strecken bedeckend (A. de Bary 1885 mündl.); Berlin: Ausstellungspark (Luerssen Farnpfl. 598 [1887]. Böhmen: Tümpel am Beraunflusse unterhalb Pilsen 1895 (Čelakovský br.). Aehnliches wurde auch in England um London, in Frankreich um Bordeaux und in Italien um Chioggia, Rovigo, Ferrara, Pisa (Rosetti! vgl. auch Arcangeli Ric. e Lavori Ist. bot. Pisa 1886 28) und Massa ducale (Levier Boll. Soc. Bot. It. 1892 101) beobachtet. Stellenweise wurden einheimische Wasserpflanzen durch die wuchernde *Azolla* verdrängt, so in England *Lemna*, bei Bordeaux

---

¹) Der Name ist a. a. O. vom Autor nicht erklärt; möglicher Weise ein willkürlich gebildetes Wort ohne Bedeutung.

die verwandte *Salvinia*; doch nur an dem letzteren Orte wurde meines Wissens im Freien Sporenbildung beobachtet [1]. An allen übrigen Orten muss die Pflanze, die z. T. strenge Winter überdauerte, im Freien perennirt haben, was auch in den botanischen Gärten sowie in Nord-America direct beobachtet wurde. Dagegen ist nicht festgestellt, ob sie auch nach der Bildung der Sporenhüllen durch vegetative Vermehrung ausdauerte. An den meisten Orten scheint sie später wieder verschwunden zu sein; so hat sie der eifrige Erforscher der Elsasser Flora, II. Petry, bei Strassburg neuerdings nicht beobachtet. Vgl. auch Saccardo Atti R. Ist. Veneto ser. VII. tom. III. 833—836. Es ist daher auch nicht festgestellt, dass sich die Pflanze dauernd in unserem Gebiet eingebürgert hat. Sp.r. Aug., Sept. — *A. c.* Willd. Sp. pl. V. 541 (1810). Nyman Consp. Suppl. 349.

6. Familie.
MARSILIÁCEAE.
(S. F. Gray Nat. Arrang. II. 24 [1821]. Luerssen Farnpfl. 606.)

Vgl. S. 112. Die dicke und harte Wandung der Sporenhülle geht aus einem (zuweilen in die Achsel des sporenlosen Blatttheils herabgerückten) Blattabschnitte hervor, in welchem die Fächer als anfangs offene, später sich schliessende Aushöhlungen entstehen. Die Hüllen springen zuletzt durch das Aufquellen des eingeschlossenen gallertartigen Gewebes mehrklappig auf. Auch das Epispor der Mikro- und Makrosporen gallertartig, durch sein Aufquellen die Sporangienwandung sprengend. Weiblicher Vorkeim mit nur einem Archegonium. Keimling mit 1—2 fadenförmigen Keimblättern.

Uebersicht der Gattungen.

A. Blätter langgestielt; Spreite 2-jochig-4-zählig mit sehr kurzem Mittelstreif. Sporenhüllen 1 oder mehrere am oder über dem Grunde des Blattstiels, mit jederseits 2—12 horizontalen über einander gestellten je einen Mikro- und Makrosporangien gemischt enthaltenden Sorus einschliessenden Fächern, zuletzt longitudinal 2 klappig aufspringend und einen Gallertring entlassend, dem die Sori in eine zarte Membran gehüllt seitlich anhaften. **Marsilia.**

B. Blätter stielrundlich, zuweilen fadendünn. Sporenhülle stets einzeln in ihrer Achsel, mit 2—4 longitudinal neben einander gestellten je einen am Grunde meist Makro-, oberwärts meist Mikrosporen enthaltenden, Sorus einschliessenden Fächern, zuletzt mit so viel Klappen als Fächer aufspringend, und die in einen Gallerttropfen eingebetteten frei werdenden Sporangien entlassend. **Pilularia.**

---

[1] Dagegen wurde bei der neuerlich eingeführten *A. filiculoides* in mehreren botanischen Gärten, selbst noch in Königsberg i. Pr.!! Bildung der Sporenhüllen reichlich beobachtet.

22. MARSÍLIA [1]).

(Baumgarten Enum. pl. Transs. IV. 8 [1846]. Luerssen Farnpfl. 607.
Marsilea [L. Gen. pl. ed. 1. 326] ed. 5. 485 [1754] z. T.)

Vgl. S. 115. Pflanze in der Jugend behaart, ausgewachsen oft kahl.
Stengel weithin kriechend, ziemlich dünn, verzweigt, mit centralem hohlcylindrischem Leitbündel und peripherischen Luftgängen. Blätter gedrängt oder entfernt, mit dünnem, von einem im Querschnitt abgerundet-3-seitigen Leitbündel durchzogenem Stiele und quirlartig ausgebreiteten Fiedern, deren unteres Paar das obere in der Knospenlage deckt. Fiedern am Grunde keilförmig, oben abgerundet, gestutzt, gekerbt oder ausgerandet, mit fächerförmiger Nervatur, bei den Landformen beiderseits mit Spaltöffnungen, an den meist keine Sporenhüllen entwickelnden Wasserformen schwimmend. Bei diesen legen sich die Fiedern beim Herausnehmen aus dem Wasser fast augenblicklich rückwärts dem Stiele an, während die Luftblätter Schlafbewegungen zeigen.

Ueber 50 Arten, über die Tropen- und einen grossen Theil der gemässigten Zonen verbreitet. In Europa ausser der folgenden noch 2—3 Arten: die mediterrane *M. pubéscens* Ten., von der *M. strigósa* Willd. (an der unteren Wolga) wohl nur als Unterart zu trennen ist, und *M. Aegyptíaca* Willd. bei Astrachan.

57. M. quadrifólia. (ital.: Quadrifoglio, Trifoglio dei laghi.) ⚄.
Stengel bis 50 cm, an Wasserformen über 1 m lang, spärlich verzweigt, wie die bis 12 (an Wasserf. 50) cm langen Blätter ausgewachsen kahl. Fiedern breit-keilförmig bis 12 (an Wasserf. 30) mm lang und breit, oben abgerundet. Sporenhüllen 2—3, seltener 1 oder 4, dem Blattstiel weit über seinem Grunde eingefügt, auf aufrechten, meist theilweise verwachsenen, die Hülle etwa 3mal an Länge übertreffenden Stielen, ca. 6 mm lang, bohnenförmig, seitlich kaum zusammengedrückt, auf dem Rücken am Grunde mit 2 fast gleich grossen, niedrigen, stumpfen Zähnen, bei der Reife fast oder völlig kahl, schwärzlich; ihre Nerven mit bis zum Bauchrande getrennt verlaufenden Aesten. Sori jederseits 7—9. — In Sümpfen, Teichen und Gräben, Lehmgruben und Flachsröthen, auf nassen Triften, meist auf zuletzt austrocknendem Boden (nur so ihre Sporenhüllen reifend), meist nur in den Ebenen, im südlicheren Gebiete sehr zerstreut aber gesellig. Erreicht in unserem Florengebiete die Polargrenze der Gattung. Ober-Rheinfläche! von Hüningen bis Astheim oberhalb Mainz (früher). Bonfol bei Pruntrut im Canton Bern. Am Genfer See bei Villeneuve! und Bouveret. Oberbayern: zw. Rosenheim und Kloster Rott im Innthale. Schlesien: Ham-

---
1) Nach dem Grafen Luigi Ferdinando Marsigli in Bologna, * 1658 † 1730; schrieb u. a. De fungorum generatione Romae 1714 und gab im VI. Bande seines Prachtwerkes Danubius Pannonico-Mysicus Hagae et Amstel. 1726 S. 49 ff. ein Verzeichniss der an den Ufern der Donau vorkommenden Pflanzen. Die Schreibweise *Marsiglia* und *Marsigliaceae*, die Trevisan (Atti Soc. It. Sc. nat. XIX. 475 [1877] vorschlägt, ist ebensowenig gerechtfertigt als die Linné'sche *Marsilea*. (vermuthlich nur Wiederholung eines Druckfehlers bei Micheli [Kanitz br.]).

merteich bei Rybnik!! Steiermark: Podwinzen bei Pettau! Kärnten: Klagenfurt! Waidmannsdorf. Kroatien. Slavonien! Grosse Ungarische Ebene! Siebenbürgen: Mezöség: Vasas-Sz. Iván im Com. Szolnok-Doboka. Marseille. Die Angabe bei Lemberg scheint unrichtig. Sp.r. Sept., Oct. — *M. q.* L. Spec. pl. ed. 1. (1753) 1099. Koch Syn. ed. 2. 968. Nyman Consp. 870. Suppl. 348. *M. quadrifoliata* L. a. a. O. ed. 2. 1563 (1763). Luerssen Farnpfl. 613 fig. 187, 188.

Durch die Tracht einer 4 blättrigen Kleepflanze sehr ausgezeichnet.

(Frankreich; Portugal und Spanien; Italien; Serbien; Rumänien; an der unteren Wolga; West-Sibirien; Kaukasusländer; Afghanistan; Nord-West-Indien; China; Japan; Nord-America: Connecticut.) *

23. PILULÁRIA[1]).

([Vaillant Bot. Paris 159. L. Meth. sex. 21.] Gen. pl. ed. 5. 486 [1754]. Luerssen Farnpfl. 616.)

Vgl. S. 115. Wuchsverhältnisse der vorigen Gattung; Stamm und Blätter ausgewachsen völlig kahl, beide mit centralem, cylindrischem Leitbündel und peripherischen Luftgängen. Sporenhüllen dicht gliederhaarig, zuletzt fast kahl.

6 Arten; in Europa ausser der folgenden noch die mediterrane *P. minúta* Durieu; ausserdem je zwei Arten in America und Australien.

58. **P. globulífera.** (ital.: Pepe di padule.) ♃. Stengel bis 50 cm weit kriechend, höchstens 1,5 mm dick, spärlich verzweigt. Blätter dicht gedrängt, dunkelgrün, pfriemenförmig-zugespitzt, 3—10 cm lang und bis 1 mm dick, oder an Wasserformen, die keine Sporenhüllen tragen (*P. natans* Mérat Fl. Paris ed. 2. II. 283 [1821]), bis 20 cm lang und sehr zart. Sporenhülle kugelig, meist 3 mm im Durchmesser, meist auf $^{1}/_{4}$—$^{1}/_{3}$ ihrer Länge messendem, aufrechtem, radial angesetztem Stiel, anfangs mit anliegenden, nur an der Spitze abstehenden Haaren dicht besetzt, anfangs gelbgrün, zuletzt schwarzbraun, 4 fächerig. — An zeitweise unter Wasser stehenden Orten, schlammigen, moorigen, seltener sandigen Ufern von Seen und Teichen, in Gräben, Torfstichen, seltener auf nassen Heidestellen, oft sehr gesellig, aber nur stellenweise verbreitet; meist in den Ebenen. Am häufigsten in den norddeutschen Heide-Gebieten westlich von der Elbe!! incl. Schleswig-Holstein! (auch auf den Nordsee-Inseln Terschelling und Föhr) und in der Nieder-!! und Ober-Lausitz!! Findet sich im Flachlande östlich bis Nieder-Schlesien (Bunzlau, Haynau und Freistadt (Schröder nach Fiek und Schube 69. Ber. Schles. Ges. II. 179), dem mittleren und nördlichen Brandenburg (Frankfurt a. O. früher! Fürstenwalde!! Berlin früher!! und Templin!) und Hinterpommern: Stolp! Kr. Lauenburg: Sauliner See (Graebner!! vgl. BV. Brandenb. XXXV. 1893. L, LI); in Posen, West- und Ostpreussen noch nicht

---

[1]) Von pilula Pille, wegen der Aehnlichkeit der Sporenhüllen mit einer solchen.

beobachtet, für Polen und Galizien sehr zweifelhaft. Ausserdem nur vereinzelt: Ardennen. Rheinisches Schiefergebirge: Malmedy; Koblenz; Seeburger Weiher bei Freilingen im Westerwalde. Ober-Rheinfläche von Freiburg! bis Frankfurt a. M.! Hanau! Kahl bei Aschaffenburg. Pfälzisch-Lothringer Bergland bei Kaiserslautern! und Bitsch (früher). (Dép. Haut-Rhin: Giromagny! und Delle). Berner Jura: Bonfol bei Pruntrut. Franken: Dinkelsbühl; Erlangen! Thüringen: Schleusingen. Kgr. Sachsen: Chemnitz; Pirna; Königsbrück. Allgäu: Werdensteiner Meer bei Immenstadt (Seb. Mayer! Naturw. V. Augsb. XXXI. 248 [1894]). In der Provinz Brescia. Im Küstenlande zwischen Görz und Šempas (Schönpass) (Krašan ÖBZ. XIII 361 und br., Marchesetti 1869!) als einziges sicheres Vorkommen in Oesterreich-Ungarn, da die Pflanze für Böhmen, Mähren und Siebenbürgen jetzt sehr zweifelhaft ist und die Angabe für Ungarn (Debreczin in jetzt nicht mehr vorhandenen Sumpflöchern 1848) jetzt von ihrem Urheber selbst bezweifelt wird (Hazslinszky br.). Sp.r. Juli—Sept. — *P. g.* L. Sp. pl. ed. 1. 1100 (1753). Luerssen Farnpfl. 619 fig. 190—192. Koch Syn. ed. 2. 968. Nyman Consp. 870. Suppl. 349.

Ueberzieht wie die in der Tracht ähnlichen *Scirpus acicularis* L. und *Juncus supinus* Mnch., mit denen die Pflanze öfter gemeinsam vorkommt, oft beträchtliche Strecken. Die Blätter lassen sich von denen der letzteren und den Stengeln der ersteren Art sofort dadurch unterscheiden, dass sie in der Jugend an der Spitze uhrfederartig eingerollt sind; auch entfaltet sind sie häufig noch etwas gewunden und ausserdem viel dicker als die erwähnten Vergleichsgegenstände.

(Frankreich; Britische Inseln; Dänemark; südliches Skandinavien; mittleres und südliches Russland; Corfu; Ober- und Unter-Italien; Portugal.) *

2. Classe.

EQUISETÁRIAE.

(Aschers. Syn. I. 118 [1896]. *Equisetinae* Prantl Lehrb. d. Bot. 116 [1874]. Luerssen Farnpfl. 622. *Equisetáles* Trevisan Bull. Soc. It. Sc. nat. XIX. 476 [1877]. Engl. Syll. Gr. Ausg. 57 [1892]).

S. S. 2. Bei uns und in der Jetztwelt[1]) überhaupt nur die

1. Unterclasse.

ISÓSPORAE[2]).

(Engl. a. a. O. [1892]. *Gonoptérides* Willd. in Rebentisch Prodr. Fl. Neom. IX [1804].)

Sporen gleich. Hieher nur die

---

[1]) Die zweite hieher gehörige Unterclasse Heterósporae Engl. a. a. O. wird von der vorweltlichen Familie der *Calamáriae* (Calamiten) gebildet.

[2]) Von ἴσος gleich und σπορά eigentlich das Säen, die Abstammung; in der neusprachlichen Terminologie seit Hedwig allgemein für die Keimzellen der Kryptogamen gebräuchlich.

7. Familie.
EQUISETÁCEAE.
(L. C. Rich. in Michaux Fl. bor. amer. II. 281 [1803]. Luerssen Farnpfl. 622.)

Einzige Gattung:

24. EQUISÉTUM¹).
([Tourn. Inst. 532 L. Gen. pl. ed. 1. 322] ed. 5. 484 [1754]. Luerssen Farnpfl. 622.)

(Schachtelhalm; niederl.: Hermoes, Roebel; vlaem.: Paardestaart; dän.: Padderokke; franz.: Préle; ital.: Coda di cavallo, Brusca; rumän.: Códa calului; poln.: Skrzyp; wend.: Praskac; böhm.: Přeslička; russ.: Хвощъ; litt.: Krescsos; ung.: Zsurló.)

Ausdauernde, mittelgrosse, selten (bei uns) bis 2 m hohe Krautgewächse meist feuchter oder nasser Standorte. Grundachse sehr tief (bis über 1 m) liegend, meist schwarz, reich verzweigt; einzelne Verzweigungen derselben bei einer Anzahl von Arten (beobachtet bei 59., 61.—63., 62. × 64., 66.) zu rundlichen oder birnförmigen, rosenkranzartig aneinandergereihten Knollen verdickt, die erst nach längerer Ruhe austreiben. Aeste der Grundachse aufrecht, meist erst dicht unter der Bodenfläche zahlreiche Stengel treibend (daher das dichte Bestände bildende Auftreten der meisten Arten). Wurzeln einzeln an den Knoten der unterirdischen Achsen, reich verzweigt. Die stark verkieselte Oberhaut ohne eigentliche (unverkieselte) Haare, aber oft mit mannichfacher Sculptur versehen. Schliesszellen der Spaltöffnungen von einem zweiten Zellpaare (Nebenzellen) bedeckt, deren untere Wände von der Spalte ausstrahlende, in die Zellhöhle hineinragende, verkieselte Leisten tragen. Stengel meist gerippt, die Rippen (carinae) jedes Stengelgliedes in die Zähne der an seinem oberen Ende befindlichen Blattscheide auslaufend; die der auf einander folgenden Glieder mit einander abwechselnd. Jedes Glied zunächst dem (bei 69. u. zuw. bei 68. fehlenden) Central-Luftgang von einem Kreise von den Rippen gegenüberliegenden, auf der centralen Seite einen (Carinal-) Luftgang enthaltenden Leitbündeln durchzogen, welche entweder eigene geschlossene Schutzscheiden (64.) oder häufiger eine gemeinsame äussere (59.—63., 69), oder ausserdem noch eine innere Schutzscheide (65.—68.) besitzen. Ausserhalb der Leitbündel finden sich den

---

¹) Bei Plinius (XXVI. 83) Name einer verzweigten zu dieser Gattung gehörigen Art; Uebersetzung des griechischen zuerst bei Demokritos vorkommenden ἱππουρις. Dieser Autor motivirt, wie Plinius, kurz die Benennung wegen der Aehnlichkeit mit einem Pferde- (ἵππος, equus) Schweif (οὐρά, seta). Bei Dioskorides (IV. 47) kommt auch eine unverzweigte Art (ἱππουρις ἑτέρα) muthmasslich 65. vor.

Furchen (valleculae) des Stengelgliedes gegenüber liegende grössere (Vallecular-) Luftgänge. Das chlorophyllhaltige Gewebe vorzugsweise unter den Furchen (in Anschluss an die dort ausschliesslich vorhandenen Spaltöffnungen), das Unterhaut-Sklerenchym hauptsächlich in den Rippen entwickelt. Bei den mit äusserer gemeinsamer Schutzscheide versehenen Arten lässt sich das Gewebe meist durch tangentiale Zerreissung derselben an den welligen Stellen der Zellen („dunkler Punkt") in einen äusseren und einen inneren Cylinder trennen. Scheiden glatt oder häufiger gefurcht (ausser den zwischen den Zähnen verlaufenden (Commissural-) Furchen sind öfter auch auf dem Rücken der Rippen [Carinal-] Furchen vorhanden), nur aussen mit Spaltöffnungen. Zähne meist bleibend, oft am Rande oder völlig trockenhäutig, verschieden gefärbt. Aeste, wenn vorhanden, aus den Furchen des Scheidengrundes hervorbrechend, meist viel schwächer und mit weniger Rippen als die Stengel. Unterste Blattscheide des Astes (Asthülle, ochreola) mit aus dem Scheidengrunde hervorbrechend, von den folgenden verschieden. Sporangien-Achre meist die oberste Blattscheide weit überragend, meist unter den Sporangien tragenden Blättern mit 1—2 verkümmerten Scheiden („Ringen"). Sporangienträger meist 6 eckig, nur aussenseitig mit Spaltöffnungen, je 5—6 Sporangien tragend, die aus einer Gruppe von Oberhautzellen entstehen und deren einschichtige, ringlose Wand nach dem Stiel zu mit einem Längsriss sich öffnet. Sporen chlorophyllhaltig; ihre äussere Haut sich abhebend und in 2 an den Enden spatelförmig verbreiterte Spiralbänder zerreissend, die den Innenhäuten als sehr hygroskopische, sich in der Feuchtigkeit einrollende, in der Trockenheit streckende Elateren[1]) anhaften. Vorkeime meist 2 häusig, die männlichen kleiner, weniger reich verzweigt, die weiblichen bis 1 cm lang. Keimling mit 2 Keimblättern, welche mit der ersten Blattscheide zu einer gemeinsamen Scheide verwachsen.

Die anatomischen Merkmale scheinen in dieser Gattung beständiger zu sein als die morphologischen; indess möchte der taxonomische Werth der letzteren von den neueren Schriftstellern doch wohl unterschätzt sein. Ich ziehe daher die von A. Braun und Milde vorgenommene Anordnung der *Phaneropora* vor. Die Behandlung der Formen bereitet besondere Schwierigkeiten, da sie meist nicht auf ihre Beständigkeit am Fundorte (bei der tiefen Lage der Grundachse ist es schon nicht leicht festzustellen, ob alle Verzweigungen derselben gleich beschaffene Stengel treiben; zuweilen ist das Gegentheil bewiesen!), noch weniger aber durch die (sehr schwierige) Cultur geprüft wurden. Die Grenzen zwischen typischer Abänderung und Missbildung sind ebenfalls oft schwer zu ziehen; vgl. Milde's sehr treffende Bemerkung (Sporenpfl. 102) über das Verhalten der Form *polystachyum*, die bei 59, 61. und 62. als Spielart, bei 63. und 64. als Abart auftritt.

24 Arten, über den grössten Theil der Erdoberfläche (mit Ausschluss des Sahara-Gebiets und Neuhollands) verbreitet. In Europa nur unsere 11 Arten.

---

[1]) ἐλατήρ der Treiber, von ἐλαύνω, welches Zeitwort in erster Linie „fortbewegen" bedeutet. Die Zerstreuung der Sporen wird durch die hygroskopischen Bewegungen der Elateren befördert.

A. *Equiséta phanerópora*[1]) (Milde 39. Jahresb. Schles. Ges. 1861 138 [1862]). Spalte der Spaltöffnungen unmittelbar nach aussen mündend. Nebenzellen derselben in gleicher Höhe mit den übrigen Oberhautzellen; ihre Unterwände mit 7—14 oft gegabelten Leisten. — Sommergrüne Arten mit glatten oder wenig rauhen Stengeln und meist stumpfen Aehren.

I. *E. heterophyádica*[2]) (A. Br. in Flora XXII 305 [1839]). Sp.st. und Frond. verschieden, die ersteren wenigstens anfangs undeutlich gefurcht, ohne Spaltöffnungen, Sklerenchym und Chlorophyll, die letzteren stets mit Aesten; diese ohne Central-Luftgang. Leitbündel des Stengels mit äusserer Gesammtschutzscheide. Aehre meist hell- oder dunkelbraun.

a. *E. metábola*[3]) (*subvernália*) (A. Br. a. a. O. [1839]. *E. stichópora*[4]) Milde a. a. O. [1862]). Sp.st. gleichzeitig mit Frond. erscheinend, anfangs astlos, gefärbt, glatt, ohne Spaltöffnungen und Sklerenchym, letztere nach der Sp.r. sich an dem grün und etwas rauh werdenden Stengel entwickelnd, der somit den Frond. ganz ähnlich wird, auch wie diese Aeste entwickelt. Achse der Aehre markig. Spaltöffnungen in 2 durch einen weiten Zwischenraum getrennten Reihen am Rande der Furchen; jede Reihe aus 1—2 (selten 3) Linien bestehend.

59. (1.) **E. silváticum.** (ital.: Rasperella.) ♃. Sp.st. mit bis 2,5 cm langen[5]) bauchigen Scheiden und später in ihrer ganzen Länge die Beschaffenheit der Frond. annehmenden Gliedern. Frond. 6 (selten 8) dm hoch, bis 5 mm dick, mit glockenförmigen, bis 1,5 cm langen, oberwärts mit kürzeren Scheiden. Beiderlei Stengel (die Sp.st. erst nach der Sp.r.) in dem oberen $^3/_4$—$^1/_2$ ihrer Länge reich beästet, mit 10—18 2kantig abgeflachten Rippen. Kanten von 1—2 Reihen spreizender Stachelzellen rauh. Scheiden unterwärts grün, ohne Carinal-, mit schwachen Commissural-Furchen, oberwärts rothbraun, trockenhäutig; ihre Zähne so lang als die Röhre, zu 3—4 lanzettlichen, stumpflichen Lappen verbunden. Aeste oft bogenförmig aufsteigend und zuweilen an der Spitze überhängend, sehr lang und dünn, 4—5rippig, verzweigt, mit 3rippigen, öfter noch einmal verzweigten Aestchen; ihr unterstes Glied am unteren Theile des Stengels meist kürzer, am oberen länger als die zugehörige Stengelscheide. Asthüllen fuchsroth. Zähne der Ast- und Aestchenscheiden lanzettlich, pfriemenförmig-fein zugespitzt. — Schat-

---

[1]) Von φανερός offenbar und πόρος (eigentlich Gang), Spaltöffnung.
[2]) Von ἕτερος, einer von zweien, vgl. S. 68 und φυή Wuchs, Tracht.
[3]) μεταβόλος veränderlich, von μεταβάλλω.
[4]) Von στίχος Reihe und πόρος.
[5]) Im Folgenden ist bei den Angaben über die Länge der Scheiden stets dieselbe mit Einschluss der Zähne verstanden.

tige, meist etwas feuchte Wälder und Gebüsche, auch auf Waldwiesen, in Acker verwandeltem Waldboden ausharrend (dann aber kleiner und gelbgrün, mit dichter stehenden dickeren Aesten: f. *arvénse* [Baenitz herb. eur.!]), im nördlichen Gebiet meist nicht selten, im mittleren und besonders südlichen mehr und mehr auf die Gebirge beschränkt; bis 1650 m ansteigend, fehlt auf den Nordsee-Inseln und im eigentlichen Mittelmeergebiet. Sp.r. Mai. — *E. sylv.* L. Sp. pl. ed. 1. 1061 (1753). Luerssen Farnpfl. 648 fig. 195 C, D, 198—200. Koch Syn. ed. 2. 964. Nyman Consp. 859 Suppl. 344.

Durch die gruppenweise zusammenhängenden Scheidenzähne und die langen, feinen, verzweigten Aeste leicht kenntlich. Im Ganzen wenig veränderlich. Sp.st. entweder beim (etwas früheren) Erscheinen rothbraun, weich und glatt, 1—3 dm hoch, 3—5 mm dick, ihre Scheiden genähert, die oberen oft in einander steckend, die grössere Aehre kurz gestielt, die Aeste erst nach oder kurz vor dem Ausstreuen der Sporen hervorbrechend: f. *praecox* (Milde Nova Acta XXVI. II. 433 [1858]. Luerssen Farnpfl. 655) oder (etwas seltener) wenn etwas später erscheinend, schon grün, rauh und ästig, 3—5 dm hoch, mit entfernteren Scheiden und kleinerer, länger gestielter Aehre: B. *serótinum* (Milde und Luerssen a. a. O.). Eine sehr seltene Abnormität, in den beobachteten Fällen meist der letzteren Form angehörig, ist das Auftreten oft recht zahlreicher aber viel kleinerer Aehren an den Spitzen der Aeste: 1. *polystáchyum*[1]) (Milde Sporenpfl. 107 [1865]). Luerssen Farnpfl. 656). — Bisher angetroffen: Oldenburg: Jever (nur hier A.). Mecklenburg: Rostock! Prov. Brandenburg: Königswalde! Westpreussen: Neustadt! Elbing! Ostpreussen: Braunsberg. Augsburg. Vgl. Luerssen Beitr. zur Kenntn. der Fl. Ost- und Westpreuss. Bibl. bot. Heft 28 3 ff. 53, 54. Taf. I—V. fig. 1. (1894.)

Vom Frond. wurden folgende Formen unterschieden:

B. **capilláre**. Stengel bis 8 dm hoch. Aeste locker, sehr fein, horizontal abstehend. — Häufig. — *E. s. c.* Milde Nova Acta XXVI. II. 433 (1858). Luerssen Farnpfl. 654. *E. cap.* Hoffm. Deutschl. Flora II. 3 (1795).

C. **pyramidále**. Stengel schon am Grunde beästet, die Aeste dicht, von unten nach oben an Länge abnehmend. — Selten. Ostpreussen: Königsberg (Baenitz!). Schlesien. Sachsen. Baden. — *E. s.* var. *p.* Milde a. a. O. (1858). Luerssen a. a. O.

D. **grácile**. Stengel bis 35 cm hoch, nur 1,25—2 mm dick, nur 5—8-rippig, vom Grunde an beästet; die Aeste bis zur Mitte oder ²/₃ der Stengellänge an Länge zunehmend, von da an allmählich kürzer. — Bisher nur auf Ackerrainen am Fusse des Pöhlberges bei Annaberg im Sächs. Erzgebirge beobachtet. *E. s. c. gr.* Luerssen a. a. O. (1888).

Von Abnormitäten verdienen noch die durchwachsenen Aehren (1. *proliferum* Milde Nova Acta XXVI. II. 434 Taf. 34 fig. 37 [1858]) Erwähnung. Vgl. auch S. 124.

(Nord- und Mittel-Europa; Nord-Spanien; Serbien; Bulgarien; Rumänien; Thracien; Cypern; Nord-Asien; kühleres Nord-America.) *

60. (2.) **E. praténse**. ♃. Sp.st. (an manchen Orten nur spärlich erscheinend) mit trichterförmigen bis 1,5 cm langen Scheiden; ihre Glieder nur unterwärts die Beschaffenheit der Frond. annehmend, oberwärts mit einer nur unvollkommen ergrünenden, die ursprüngliche Textur fast völlig beibehaltenden Zone. Frond. bis 5 dm hoch, bis 3 mm dick, mit cylindrisch-glockenförmigen bis 8 mm langen, oberwärts kürzeren Scheiden. **Beiderlei Stengel** (die Sp.st. erst nach der Sp.r.) oft

---

[1]) Von πολύς viel und στάχυς Aehre.

nur in der oberen Hälfte beästet, mit 8—20 gewölbten von 1—2-fächerigen „Kiesellappen" (Querreihen stark vorgewölbter, verkieselter Oberhautzellen) rauhen Rippen. Scheiden mit undeutlichen Carinal- und engen, scharfen Commissural-Furchen, bläulich-grün, oberwärts oft mit einem auf den Rippen bogig ansteigenden, dort einen gleichfarbigen Mittelstreifen in die trockenhäutigen, sonst hellbraunen Zähne entsendenden, dunkelbraunen Querstreifen. Zähne so lang als die Scheidenröhre, breit-lanzettlich, kurz zugespitzt, nur an den Spitzen frei. Aeste 3- (selten 4—5-) rippig, meist nicht verzweigt, ziemlich fein, horizontal abstehend oder überhängend, ihr unterstes Glied meist etwas kürzer als die zugehörige Stengelscheide. Asthüllen hellbraun. Zähne der Astscheiden eiförmig, spitz.
— An ähnlichen Orten wie 59. und öfter in dessen Gesellschaft, aber viel seltener; gleichfalls an sonnigen Stellen eine niedrige, gelbgrüne Form mit fast schwarzstreifigen Scheiden (f. *apricum* Aschers. Fl. Brand. I. [1864]) darstellend. Am meisten verbreitet im östlichen Theile der nördlichen Ebene, aber rasch nach Westen und Süden abnehmend, nur in den deutschen Mittelgebirgen bis über den Rhein und Main vordringend; erreicht die Grenze in Schleswig-Holstein (noch Albersdorf in Ditmarschen), Sachsenwald; Mecklenburg (noch Grabow); Brandenburg (noch Rheinsberg!! Friesack!) Prov. Sachsen (Acken, Barby!), Harz! Hannover (Pferdethurm); Westfalen (nur Münster); Rheinprovinz: mit Sicherheit nur in der Eifel! bei Gerolstein [auch der von Bogenhard in Döll's Rhein. Flora 29 angegebene Fundort in der Bayr. Pfalz bei Duchroth im Nahethale ist unrichtig] (F. Wirtgen briefl.); Darmstadt: Arheiligen; Odenwald: am Frankenstein, bei Zwingenberg und Heubach; Thüringen: Erfurt und Jena; Oberfranken: Gefrees und Baireuth! [Pappenheim a. d. Altmühl? Niederbayern: Deggendorf?] Böhmen (noch Goldenkron a. d. oberen Moldau); Mähren (noch Thajathal bei Hardegg und Znaim); Karpatengebiet in Ungarn!! und Galizien. Tritt dann in den mittleren und östlichen Alpen wieder auf, dort bis 1660, vereinzelt bis 2150 m (v. Hausmann) ansteigend: Wallis; Unter-Engadin! Prov. Bergamo; Tirol; Salzburg!! Venetien; Görz (Scholz!) Kärnten; Steiermark; Kroatien. Sp.r. April, Mai. — *E. p.* Ehrh. Hannov. Magazin 1784 9. Stück. 138. Luerssen Farnpfl. 660 fig. 201, 202. Nyman Consp. 859 Suppl. 344. *E. umbrosum* J. G. F. Meyer in Willd. Enum. hort. Berol. 1065 (1809). Koch Syn. ed. 2. 965.

Durch den schlanken Wuchs und die zierlichen bunten Scheiden, meist auch die Zahl der Astrippen leicht von 62. zu unterscheiden. Ebenso formenarm als 59. Die Mehrzahl der unterschiedenen Formen ist den gleichnamigen von 59. analog, so dass eine Beschreibung nicht nöthig ist.

So werden vom Sp.st. A. *praecox* und B. *serótinum* (Milde Nova Acta XXVI. II. 439 [1858]. Luerssen a. a. O. 66) unterschieden, erstere mit bräunlichweissem, gelbem oder rothbräunlichem Stengel. Wenn bei dieser Form die Zähne von den mit dem dunkelbraunen Streifen umsäumt stehen bleibenden Scheiden abfallen, entsteht die bisher nur in Brandenburg und Schlesien beobachtete Form A. II. *sphacelátum*[1]) (Milde a.a.O. 441. Luerssen a.a.O. 667). B. II. *ramosíssimum*

---

[1]) Von σφάκελος, Brand [Krankheit].

(Milde a. a. O. 440 [1858]. Luerssen a. a. O. 667) ist ein zartes nur 2 dm hohes *serotinum* mit 9rippigem, vom Grunde an ästigem Stengel, oft mit wenigstens rudimentären Aestchen versehenen Aesten und sehr kleiner (nur 2—4,5 mm langer) auch bei d. Sp.r. grüner Aehre. — So bisher nur im Odenwald am Frankenstein und in Schlesien.

Von Frond. unterscheidet man

B. ramulósum. Aeste öfter 4furchig, (meist nur spärlich) verzweigt. — Bisher nur bei Baireuth, in Brandenburg, Schlesien, Ost- und Westpreussen beobachtet. *E. p. r.* Rupr. Distr. crypt. vasc. imp. Ross. 22 (1845). Luerssen Farnpfl. 665. Hierzu die Form:

II. pyramidále (vgl. S. 122). Untere Aeste verzweigt. — Bisher nur im Odenwald und in Schlesien beobachtet. *E. p. p.* Milde a. a. O. 441 (1858). Luerssen a. a. O. 665.

C. nánum (Milde Sporenpfl. 105 [1865]. Luerssen a. a. O. 666) ist eine alpine bisher nur im Pusterthale Tirols am Haller See bei Antholz (ca. 2150 m) beobachtete Kümmerform mit nur 5—12 cm hohem 9-rippigem Stengel; die untersten Aeste zuweilen verzweigt.

Unter den Spielarten verdienen am meisten Beachtung diejenigen Störungen der normalen Metamorphose, welche, worauf Potonié in der Februarsitzung 1894 des BV. Brand. hinwies, an die fossile (triasische und jurassische) Gattung *Phyllothéca* de Zigno erinnern, bei welcher (vgl. z. B. die Figur 17 B. S. 184 in Solms-Laubach Einl. in die Paläophytologie) an den Sp.st. Aehren mit vegetativen Scheiden abwechselten. Den ersten Schritt zu dieser Bildung zeigen die durchwachsenen Aehren (l. *proliferum* Milde N. A. XXVI. II. 443 [1858]). Luerssen a. a. O. 668; dann folgen Vermehrung der normalen „Ringe" am Grunde der Aehre, die Einschaltung ähnlicher Bildungen zwischen vegetative Scheiden des Sp.st., in beiden Fällen ohne oder mit Bildung von Sporangien auf den Ringen, sowie Auftreten von Uebergängen zwischen Ringen und Scheiden (l. *annulátum* Milde a. a. O. [1858]. Luerssen a. a. O. 667); endlich Bildung von zwei (oder einmal selbst drei) öfter durch mehrere mit Ringen oder Scheiden versehene Glieder getrennten Aehren übereinander (l. *distáchyum* und *tristáchyum*[1]) Milde a. a. O. 442, 443 [1858]. Luerssen a. a. O. 667, 668).

Von Missbildungen zu erwähnen m. *spirále* (Luerssen a. a. O. 668 [1888]) vgl. Milde a. a. O. 444) mit mehreren zu einem fortlaufenden den Stengel (im beobachteten Falle Frond.) spiralig umziehenden Bande vereinigten Scheiden. Eine sehr auffällige, vermuthlich auf Einwirkung von Spätfrost zurückzuführende Erscheinung beobachtete Graebner 1894 in Pommern (Kolberg: Knemitz!). An den Aesten war nur das unterste Glied normal ausgebildet, die übrigen unentwickelt geblieben, stellen eine schopfartige Knospe dar.

(Britische Inseln; Nord- und östlicheres Mitteleuropa; Kaukasus; Sibirien; Nord-America südlich bis Canada und Wisconsin.) *

E. maximum Sp.st. *E. frondescens* s. S. 127.
E. arvense Sp.st. *irriguum* s. S. 129.
E. heleocharis B. 1. *metabolon* s. S. 136.

b. *E. ametábola*[2] (*vernalia*) (A. Br. Flora XXII. 305 [1839].
E. anomópora[3]) Milde 39. Jahresb. Schles. Ges. 1861. 138 [1862]).
Sp.st. früher als Frond. erscheinend, in der Regel ungefurcht und astlos, ohne Chlorophyll, Spaltöffnungen und

---

1) Von δίς doppelt und τρίς dreifach und στάχυς Aehre.
2) Von α privativum und μεταβολός s. S. 121, also: „ohne Verwandlung".
3) Von α privativum, νόμος Gesetz und πόρος (s. S. 121), also: „Spaltöffnungen ohne Gesetz vertheilt".

Sklerenchym, nach der Sp.r. absterbend. Spaltöffnungen am Frond. in 2 durch einen engen Zwischenraum getrennten, jede aus 2—5 unregelmässigen Linien bestehenden Reihen, am grössten Theile des Stengels von 61. meist fehlend.

61. (3.) **E. máximum.** ♃. Sp.st. (an manchen Orten nur spärlich erscheinend) bis 25 (selten 50) cm hoch, bis 13 mm dick, saftig, elfenbeinweiss oder selten schwach grünlich, mit ca. 12 genäherten bis 4 cm langen, am Grunde hell- sonst dunkelbraunen, anfangs cylindrischen, zuletzt trichterförmigen Scheiden, welche 20—35 breite flache Rippen mit undeutlicher Carinalfurche und sehr enge, scharfe Commissuralfurchen zeigen. Zähne $1/3$—$1/2$ so lang als die Scheidenröhre, lanzettlich-pfriemenförmig, öfter zu 2—3 zusammenhängend. Achre mit hohler Achse. Frond. bis 12 dm (seltner 2 m) hoch, bis 10 (seltner 15) mm dick, in den oberen $3/4$—$2/3$ ihrer Länge beästet, bis auf die dünne, astähnliche Spitze meist elfenbeinweiss und unterwärts ohne, oberwärts meist mit spärlichen Spaltöffnungen, mit 20—40 sehr undeutlich gewölbten Rippen. Scheiden 1,5 bis 2,5 cm lang, cylindrisch, sonst wie die des Sp.st., aber am Grunde weisslich. Zähne so lang als die Scheiden-Röhre, mit dunkelbraunem Mittelstreif und hellerem, dunkler gestricheltem Saume; ihre pfriemenförmigen Spitzen leicht abbrechend. Aeste grün, meist unverzweigt (seltener und dann meist spärlich verzweigt: f. *ramulósum* Aschers. Syn. I. 125 [1896]. *E. T. r.* Milde Sporenpfl. 101 [1865]. Luerssen a. a. O. 679), 4—5rippig, wegen der tiefen Carinalfurche der Rippen 8- oder 10kantig. Kanten von feinen Zähnchen (Auswüchsen an der Grenze zweier über einander liegender Oberhautzellen, daher 2fächerig) aufwärts rauh. Erstes Glied des Astes kürzer als die zugehörige Stengelscheide. Asthüllen hellbraun, am Grunde meist glänzend schwarzbraun. Astscheiden mit lanzettlich-pfriemenförmigen Zähnen, deren Spitze bald abbricht. — Auf feuchtem, besonders quelligem Lehm- und Mergelboden, in Waldsümpfen (selten (Bonn!) in 1—2 dm tiefem Wasser; dann die untergetauchten Stengelglieder schwarz [oder am Sp.st. hellgrün] gefärbt und die Scheiden anliegend, nur etwa 16 zähnig: f. *aquáticum* F. Wirtgen in Aschers. Syn. I. 125 [1896]), besonders gern an Abhängen, selbst an Strassen- und Eisenbahn-Einschnitten und -Dämmen, im Mittelmeergebiet, im Alpen- und Karpatengebiet (nicht über 1360 m ansteigend) und im mitteldeutschen Berglande zerstreut, stellenweise häufig, streckenweise fehlend (auffallend selten am Harz: nur bei Seesen und Osterode (Beling DBM. VII. 14) und in Thüringen: nur bei Jena; in Böhmen nur in der nördlichen Hälfte, in Mähren nur im Nordosten); in der nördlichen Ebene im Osten sehr zerstreut, westlich von der Bober-Oder-Linie nur bei Eberswalde!! Stettin!! Rügen: Strandabhänge der Kreide auf Jasmund!! längs der Ostseeküste in Mecklenburg und Schleswig-Holstein, landeinwärts bis Malchin! Güstrow, Ratzeburg und Hamburg! Westfalen im Münster'schen Becken! Niederlande: nur bei Nimwegen und in Nieder-Limburg; im Belgischen Flachlande. Die nördlichsten Fundorte in

[Kurland: Windau-Ufer bei Piese-dange unter Schleck 57° 5′ N. Br. (**Kupffer** 1895! vgl. E. **Lehmann** Fl. v. Poln.-Livl. (431).] Polen: Kalwarya unw. Suwalki (**Rostafinski** Pam. Fiz. VI. III. 242). Ostpreussen: Stallupönen: an der Dobuppe bei Galkehmen 1894 (**Rosikat** nach **Abromeit** PÖG. Königsb. XXXVI. 50); Darkehmen; Heiligenbeil: Maternhöfen (**Seydler** a. a. O. XXXII. 58). Westpreussen: Elbinger Höhe!! Putzig: Forst Darslub 1895 **Graebner**! Neustadt: Gossentin **Caspary** PÖG. Königsb. XXIX. 86). Pommern: Bütow!! Bublitz: Gramenz (**Winkelmann** DBG. X. 137); Stettin; Rügen bilden einen Theil der Polargrenze dieser Art, die von dort nach der Dänischen Insel Møen überspringt, Seeland, Fühnen und Jütland und die Küsten Schottlands bei Aberdeen und der Insel Skye durchschneidet. Sp.r. April, Mai, viel seltener Aug.—Oct. oder (so Sp.st. F.) Juni—Aug. *E. m.* Lam. Fl. franç. I. (7) (1778). *E. Telmateia* [1]) Ehrh. Hannov. Mag. 1783 18 Stück 287. Luerssen Farnpfl. 673 fig. 194, 203—205. Koch Syn. ed. 2. 964. Nyman Consp. 859. Suppl. 344. *E. ebúrneum* Schreb. in Roth Catal. bot. I. 128 (1797. Verf. beschreibt, worauf **Duval-Jouve** in Bull. Soc. bot. Fr. VIII. 639 [1861] aufmerksam macht, als Sp.st. die Form Sp.st. E.). *E. fluviátile* Gouan Fl. Monsp. 439 (1765), Smith Fl. Brit. 1104 (1804) Willd. Spec. plant. V. 2 (1810) nicht L.

Gegen die von **Duval-Jouve** (a. a. O. 640) vorgeschlagene, von mir in meiner Flora der Prov. Brandenburg, von **Garcke** (Fl. v. N.- u. Mitt.-Deutschl. seit der 6. Aufl.) und vielen späteren Floristen acceptirte Wiederaufnahme des **Lamarck**'schen Namens hat **Milde** (seit Sporenpfl. 103) geltend gemacht, dass die **Lamarck**'sche Diagnose kein einziges charakteristisches Merkmal enthalte, ebenso gut auch z. B. auf 62. Frond. B. *a.* passe, dass dieser Mangel auch durch kein Originalexemplar ersetzt werde, da dieser Name in **Lamarck**'s Herbar nicht vorkomme und dass Letzterer wie seine Landsleute und Zeitgenossen dessen Namen später nicht beachtet haben; **Luerssen** (Farnpfl. 673) stimmt diesen Gründen zu. Hiergegen bemerke ich, dass eine unbefangene Würdigung des **Lamarck**'schen Textes es wohl nicht zweifelhaft lässt, dass dieser Schriftsteller nur diese bei Paris sehr häufige Art gemeint haben kann; *E. arv. nemorosum* hat doch niemals (abgesehen von den schon von **Duval-Jouve** hervorgehobenen dicken, fusshohen Sp.st.) 20—40-zählige Astquirle. **Lamarck** hielt seine Art, wie sein Landsmann **Gouan** und viele Schriftsteller bis fast zur Mitte des 19. Jahrh irrthümlich für identisch mit *E. fluviatile* L. (unter welchen Namen sie auch nach **Milde**'s Zeugniss zweimal in seinem Herbar vertreten ist), dem er nur einen passenderen Namen zu substituiren sich für berechtigt hielt. Dieser Umstand erklärt, wie **Duval-Jouve** treffend ausführt, hinreichend die spätere Zurückstellung des Namens zu Zeiten, in denen man die Priorität in der Nomenclatur höher zu schätzen anfing. Vgl. **Ascherson** ÖBZ. XLVI. 6 ff., 201 ff.

Diese besonders durch den weissen Frond. leicht kenntliche, grösste und stattlichste einheimische Art der Gattung ist allerdings formenreich, die abweichenden Formen aber meist verhältnissmässig wenig beachtet.

Vom Sp.st. sind folgende Abarten unterschieden: Eine Kümmerform, nur 1—2 dm hoch, mit 5—6 entfernten etwa 16-zähnigen **Scheiden** ist: B. *minus*

---

[1]) Von τελματεῖος (überliefert ist nur τελματιαῖος!), zum Sumpfe gehörig. Die Erklärung von **Gras** (Bull. Soc. bot. Fr. IX. 525 [1862]) von τέλμα Sumpf und εἶα (neutr. plur.) gleich dem homerischen ἦια Reisekost, Spreu, erscheint mir doch gar zu gekünstelt.

(Lange NF. Kiob. 2 Aart. II. 1860 19 [1861] z. T [Sp st.]. — Bisher nur beobachtet: Bonn (F. Wirtgen!). — Von 62. durch die Form und Farbe der Scheiden und ihrer Zähne verschieden. Die Frond. derselben Grundachse entsprechen allerdings annähernd Frond. D. Ferner mit sonst normalen niedriger bleibenden Sp.st. (13,5 cm). mit sich grösstentheils deckenden Scheiden. so bes. im Herbst erscheinend: C. *húmile* (Aschers. Syn. I. 127 [1896]. *E. T. h.* Milde Denkschr. Schles. Ges. 187 [1853]. Luerssen Farnpfl. 682). — Bonn! Schlesien: Neisse! — Bei der Form D. *elátius* (Ascherson a. a. O. [18:'6]. *E. T. e.* Milde a. a. O. [1853]. Luerssen a. a. O.) gleichen die unteren Scheiden des bis 46 cm hohen schlanken, auch getrocknet weiss bleibenden, meist astlosen Sp.st. denen des normalen völlig, die oberen wenigstens in der Farbe. — Bonn! Schlesien: Neisse! und in Ober-Oesterreich bei Niederbrunn unw. Ried (Dörfler ZBG. XXXIX, 39). — Ziemlich selten stirbt der Sp.st. nach der Spr. nicht ab, sondern entwickelt, wie normal bei 59. und 60. (jedoch meist kurz bleibende) Aeste: E *frondéscens* (Aschers. a. a. O. [1896]. *E. eb. f.* A. Br. in Silliman's Amer. Journ. XLVI. 84 [1844]. Vgl. Flora XXII. 30 [1839]. *E. T. f.* Milde Sporenpfl. 101 [1865]. Luerssen a. a. O. *E. chúrneum* Schreb. a. a. O. [in Betreff' der Beschreibung des Sp.st. s. S. 126]. Viel häufiger finden sich Aehren an Stengeln, die den Frond. sonst völlig gleichen und gleichzeitig mit denselben erscheinen: F. *confórme* (F. Wirtgen in Aschers. Syn. I. 127 [1896]. *E. T.* ʒ. *c.* Schmitz et Regel Fl. Bonn. 11 [1841]. *E. eb. serótinum* (A. Br. a. a. O. [1844]. Vgl. Flora a. a. O. *E. T. s.* Milde Denkschr. Schles Ges. 187 [1853]. Luerssen a. a. O. 679]. Zu dieser Form gehören 5 Unterformen: II. *macrostáchyum*¹) (F. Wirtgen a. a. O. [1896]. *E. T. s. mac.* Milde Nova Acta XXVI. II. 426 [1858]. Luerssen a. a. O.). Stengel oft niedrig (mitunter nur 10 cm), bis zur ansehnlichen (bis 4,5 cm langen) Aehre gleich dick; mehrere der obersten Scheiden denen des normalen Sp st. ähnlich und astlos, öfter die Aeste überragend III. *intermédium* (F. Wirtgen a. a. O. [1896]. *E. T. s. i.* Luerssen u. a. O. [1888]). Stengel verlängert, bis zur ansehnlichen (2—4, selten 5,5 cm langen) Aehre gleich dick; nur die unmittelbar unter der letzteren stehende Scheide auffällig grösser und astlos. IV. *microstáchyum*²) (F. Wirtgen a. a. O. [1896]. *E. T. s. mic.* Milde a. a. O. [1858]. Luerssen a. a. O.). Stengel verlängert, oberwärts verdünnt, nur die unmittelbar unter der öfter nur 5 mm langen Aehre stehende Scheide etwas grösser. — Diese Form scheint häufiger als II. u. III. V. *patens* (F. Wirtgen a. a. O. [1896]. *E. T. s. p.* Dörfler ZBG. Wien XXIX. Abb. 37 [1889]). Aeste wenig zahlreich, lang, abstehend oder überhängend. — Bonn (F. Wirtgen!) Oberösterreich: Ried. — VI. *brevísimile* (F. Wirtgen a. a. O. [1896]. *E. T. s. b.* Dörfler a. a. O. 38 [1889]). Combination mit Frond. D. — Beobachtet: Bonn! Schleswig: Schlesien: Bayern (Luerssen bei Dörfler. a. a. O); Oberösterreich. Die Abart F. findet sich noch in folgenden Spielarten: 1. *polystáchyum*³) (F. Wirtgen a. a. O. [1896]. *E. T. p.* Schmitz und Regel a. a. O. [1841]. *E. T. s. p.* Milde Sporenpfl. 102 [1865]. Luerssen a. a. O. 680). *E. T.* ʒ. *pleiostachyum* Kugler Schles. Tauschverein. Lange Haandb. danske Flora 4. Udg. 5 [1886]. Aeste (kleinere, meist durchwachsene) Aehren tragend. — Beobachtet: In Württemberg; Bonn! Bornhausen unweit Seesen am westlichsten Harz (Beling!) Hadersleben; Stettin (Seehaus nach Prahl krit. Fl. Schl. Holst. II. 273); Elbing (Luerssen PÖG. Königsberg XXXIII. 116'; Schlesien: Neisse; Bern; Ober-Oesterreich: Ried; Gmunden (Dörfler a. a. O. 38). — 1. *prolíferum* (F. Wirtgen a. a. O. [1896]. *E' T. p.* Milde Nova Acta XXVI. II. 429 [1858]. Luerssen a. a. O. 681] mit durchwachsener Endähre. — Bonn! Schlesien: Neisse. — 1. *comígerum* (Aschers. Syn. I. 127 [1896]. *E T. s. comósum* (Milde a. a. O. [1858]. Luerssen a. a. O.'. Sporenträger im unteren oder mittleren Theile der Endähre Uebergänge zu vegetativen Scheiden zeigend. — Schlesien: Neisse und Ober-Oesterreich: Gmunden. — 1. *distáchyum*⁴) (Dörfler

---

¹) Von μακρός lang und στίχυς Aehre.
²) Von μικρός klein und στάχυς.
³) S. S. 122.
⁴) S. S. 124.

a. a. O. 38 Taf. I [1889]) mit zwei übereinander gestellten Aehren. — Bonn (Wirtgen!). Ober-Oesterreich: Gmunden (Dörfler a. a. O. vgl. Sitzb. 90).

Von Frond. unterscheidet man folgende Formen:
B. comósum. Aeste nur in der oberen Hälfte des Stengels, aufrecht abstehend. — Selten. Schlesien! Ungarn, Siebenbürgen und Montenegro (Pantocsek VNH. Presb. N.F. II. 10). *E. m. c.* Aschers. Syn. I. 128 (1896). *E. T. c.* Milde Denkschr. Schles. Ges. 188 [1853]. Luerssen a. a. O. 679.
C. compósitum. Stengel etwa 3 dm hoch, vom Grunde an ästig; Aeste aufrecht, die der unteren Quirle stengelartig (obwohl viel dünner), so lang als der Hauptstengel, wie dieser vom Grunde an mit Spaltöffnungen versehen, dicht quirlig verzweigt. — Bonn: Römlinghoven; Lannesdorf (F. Wirtgen!) Ober-Oesterreich: Ried am Dürnberger Holze 1888 (Dörfler). — *E m. c.* Ascherson a. a. O. (1896). *E. T.* forma c. Luerssen et Dörfler bei Dörfler ZBG. Wien XXXIX. 33 (1889). Luerssen a. a. O. 886.

Weniger erheblich, weil augenscheinlich durch äussere Einflüsse hervorgerufen, scheinen mir folgende Formen: D. *breve* (Aschers. Fl. Brand. I. [1864]. *E. T. b.* Milde Denkschr. Schles. Ges. 188 [1853]. Luerssen a. a. O. 679. *E. T. β. minor* Lange NF. Kiobenh. 2 Aart. II. 1860. 19 [1861] z T. [Frond.]). Stengel niedrig (18—30 cm), vom Grunde ästig (nach Dörfler ZBG. Wien XXXIX. 32) mit zahlreichen Spaltöffnungen. — An trocknen, sonnigen Orten. — E. *caespitósum* (Aschers. Syn. I. 128 [1896]. Milde a. a. O. [1853]. Luerssen a. a. O. 678). Stengel niederliegend, bis 30 cm lang, am Grunde mit stengelähnlichen, weissen, aber deutlicher als der Hauptstengel gefurchten, rauhen, reichl. mit Spaltöffnungen versehenen, 7—12 rippigen Aesten. — Bisher nur in Schlesien bei Neisse (annähernd auf Rügen) beobachtet. — F. *grácile* (Aschers. Syn. I. 128 [1896]. *E. T. g.* Milde Bot. Zeit. XXIII [1865] 365. Luerssen a. a. O.). Stengel (durch Verkümmerung des Haupttriebes) zu 4—7 hervortretend, etwas rauh, bis etwa 3 dm lang, 2—3 mm dick, hellgrün, mit reichl. Spaltöffnungen u. 6—7 deutlichen, eine Carinalfurche besitzenden Rippen. — Westpreussen: Elbing: Dörbecker Schweiz (Luerssen PÖG Königsb. XXXIII. 116). Schlesien: Breslau bei Heidewilxen und Obernigk! Zobtenberg. Gräfenberg (Baenitz Herb. eur. 7485). Bonn (F. Wirtgen!). Ober-Oesterreich: Ried (Dörfler a. a. O. 34 Vierhapper!!). Tumeltsham (Vierhapper a. a. O. IX [171]). Bukowina: Czernowitz: Cecina (Dörfler ÖBZ. XL. 197).

Auf die Rasse (oder wohl richtiger Unterart) *E. Braúnii*[1]) (Milde ZBG. Wien XII [1862] 515) mit grünen, rauhen, gefurchten, mit Spaltöffnungen versehenem Hauptstengel und einfarbig hellbraunen Asthüllen, welche in Kalifornien, aber auch in Schottland (Forfar) beobachtet wurde, ist auch in unserem Gebiet zu achten.

Von Missbildungen wurde auch bei dieser Art die m. *spirále* (in einem Falle combinirt mit Gabeltheilung des Frond. m. *furcátum* vgl. Milde Nova Acta XXVI. II. 429) wiederholt beobachtet. Auch die Aehre bez. der Sp.st. finden sich einmal oder wiederholt gegabelt: m. *furcátum* und *digitátum* Luerssen a. a. O. 683 [1888].

(Europa, mit Ausschluss von Skandinavien und des grössten Theiles von Russland (dort ausser Kurland nur im Südwesten und auf der Krim), West-Asien bis West-Sibirien und Persien, westliches Nord-Africa; Nord-Atlantische Inseln ausser den Capverden; westliches Nord-America.)

*

62. (4.) **E. arvénse.** (Kannenkraut, Zinnkraut; niederl.: Kattenstaart; rumän.: Códa calului; poln.: Koniogon; wend.: Chośet, Huść, Rogac; kroat.: Konjšep; litt.: Essai, Essakai.) ♃ Sp.st. bis 20 (selten 40) cm

---

[1]) Vgl. S. 40.

hoch, 3—5 mm dick, saftig, **hellbraun oder röthlich**, mit etwa 5 meist von einander entfernten bis 2 cm langen, bauchigen, glocken- oder trichterförmigen, weisslichen **Scheiden**, welche 8—12 schmale Commissural- und oberwärts deutliche Carinal-Furchen zeigen. **Zähne so lang als die Scheidenröhre, lanzettlich zugespitzt**, schwarzbraun, öfter zu 2—3 zusammenhängend. Aehre gestielt, bis 3,5 cm lang, mit markiger Achse. **Frond.** meist nicht über 5 dm hoch (vgl. B.) und nicht über 3 mm dick, meist mit astlosem, die oberen Aeste weit überragendem Gipfeltheile, **lebhaft- oder hellgrün** (selten fast weiss), **deutlich 6—19rippig. In den Furchen, deren Oberhautzellen quer gestellte Reihen von Kieselhöckerchen zeigen, 2 aus 2—5 unregelmässigen Linien bestehende Reihen von Spaltöffnungen.** Scheiden 5—12 mm lang, oberwärts meist etwas abstehend, hellgrün, mit schwachen Carinal- und Commissural-Furchen. Zähne halb so lang als die Scheidenröhre, **dreieckig-lanzettlich**, schwärzlich, weiss berandet. **Aeste meist 4—5-** (selten 6-) **rippig**, meist aufrecht-abstehend, **meist verzweigt. Rippen ohne Carinal- Furche**, von wie bei 61. gebauten, aber verhältnissmässig längeren Zähnchen rauh. Erstes Glied des Astes viel länger als die zugehörige Stengelscheide. Asthüllen grünlich bis braun, meist matt. **Zähne der Astscheiden abstehend, 3eckig, lang zugespitzt.** — Aecker, besonders auf feuchtem, lehmigem Sandboden, oft als lästiges Unkraut, auch auf uncultivirtem Boden, auf Wiesen, seltener in Wäldern durch das Gebiet (auch auf den Nordsee-Inseln, selbst auf Helgoland!) meist gemein, in den Alpen bis 1800 m ansteigend. Sp.r. März, April (selten an den normalen völlig gleichen Sp.st. [f. *aestivále* Warnstorf a. a. O. 75] im Hochsommer, sowie in den Formen B.—E. von Mai bis Sept.). — *E. a.* L. Sp. pl. ed. 1. 1061 (1753). Luerss. Farnpfl. 687 fig. 206—208. Koch Syn. ed. 2. 964. Nyman Consp. 859. Suppl. 344.

Frond. ist nicht immer auf den ersten Blick von 63. zu unterscheiden; die Farbe der Asthüllen und die Beschaffenheit (gewöhnlich auch die Zahl) der Astscheidenzähne sind leichte und fast stets sichere Trennungs-Merkmale. Von 61. könnte höchstens Frond. F. Schwierigkeiten machen; die Carinalfurchen der Aeste sowie die Stengelscheiden machen diese Art leicht kenntlich, die auch zu beachten wären, falls sehr grosse Exemplare von 62. Frond. *B. a.* Anlass zu Zweifeln geben sollten. Ueber die Unterschiede von 60. vgl. S. 123.

62. ist besonders als Frond. sehr veränderlich. Folgende Formen sind vom Sp.st. unterschieden:

B. *nanum* (A. Br. in Döll Fl. Bad. 59 [1855]). Sp.st. nur 7,5 cm hoch, mit 5zähnigen Scheiden (auch die dazu gehörigen Frond. entsprechend zart, 4—6rippig). — Savoyen: Lärchenwald bei Tignes in Tarentaise 1500 m! — C. *irriguum* (Milde Bot. Zeit. IX. 847 [1851]. Luerssen u. a. O. 696. *E. a. frondéscens* Döll Fl. Bad. I. 58 [1855]). Sp.st. im Frühjahr erscheinend, nach der Sp.r. (bis auf den oberen Theil) nicht absterbend, sondern mehr oder weniger ergrünend, Spaltöffnungen und Sklerenchym ausbildend, sowie am unteren oder am mittleren Theile bis 6 cm lange Aeste entwickelnd, die zuweilen kleine, meist durchwachsene Aehren tragen: 1. *polystáchyum*[1]) (vgl. 61. Sp.st. E.). — So an ziemlich zahlreichen Fundorten, besonders auf überschwemmt gewesenen Boden beobachtet

---

1) S. S. 122.

(von Goebel künstlich durch reichliche Wasserzufuhr hervorgerufen). — Sp.r. Mai. D. *rivuláre* (Huth Mitth. Nat. V. Frankfurt a. O. III. 109 [1885] nicht Flora v. Frankf. 1882). *E. a. campestre* Milde (Bot. Zeit. IX. 848 [1851]. Luerssen a. a. O. 700 z. T.?). Sp.st. im Spätsommer erscheinend, unterwärts grün, mit bis 1 dm langen, horizontal abstehenden Aesten, oberwärts dem normalen Sp.st. ganz ähnlich, mit ansehnlicher Aehre. — So auf überschwemmt gewesenen Aeckern bei Frankfurt a. O. (mit Uebergängen zu E.)! und wohl auch in Schlesien (die „zuerst als fleischrother Fruchtspross erscheinenden" Exemplare Milde's) beobachtet. — Sp.r. Sept. Diese Form stellt, wie Luerssen (a. a. O. 701) treffend bemerkt, einen Uebergang zwischen C. und E. dar, indem sie mit ersterer morphologisch, mit letzterer biologisch übereinstimmt. Hierzu und nicht (wie Milde u. Luerssen meinen) zu B. gehört wohl die Form II. *ripárium* (Milde Sporenpfl. 99 (1865). Luerssen a. a. O. 699). *E. r.* Fr. Nov. Fl. Suec. mant. III. 167 [1843] Sp.st. nur 4—7,6 cm hoch, wie die dazu gehörigen Frond. 4—5 rippig; das die Aehre tragende Glied [ob immer?] auch nach der Sp.r. aufrecht bleibend und nicht wie bei B. schlaff herabhängend. — Nordische und alpine Form (vgl. B.), bisher nur in Graubünden im Rheinwald-Thale bei Nufenen (1660 m)! beobachtet. — *E. campéstre* (Milde [1851] u. Luerssen a. a. O. mindestens zum grössten Theil). *E. c.* F. W. Schultz Prodr. Fl. Starg. Suppl. I. 59 [1819]. *E. a. serótinum* G. F. W. Meyer Chloris Han. 666 [1836]. Koch Syn. ed. 2. 964. *E. a. rivuláre* Huth Fl. v. Frankfurt 1. Aufl. (1882). 159. Sp.st. mit den Frond. gleichzeitig erscheinend und diesen völlig ähnlich, nur eine Aehre tragend (vgl. 61. Sp.st. F.). — An ziemlich zahlreichen Orten im nördlichen, mittleren und südlichen Gebiet beobachtet. — Sp.r. Juni, Juli. Hierzu die Unterformen II. *nudum* (Milde Denkschr. Schles. Ges. 186 [1853]. Luerssen a. a. O. 701). Stengel ganz oder fast völlig astlos.— Brandenburg: Neu-Ruppin (Warnstorf a. a. O. 76). Schlesien: Breslau: Kosel. — III. *sphacelátum*[1]) (Milde Bot. Zeit. IX. 848 [1851]. Luerssen. a. a. O.). Stengel reich beästet. Spitzen der Scheidenzähne weiss, leicht abbrechend. — Prov. Brandenburg: Driesen. Schlesien: Breslau: Sandberg. — Ausserdem die Combination mit Frond. II. Breslau: Saudberg, sowie l. *proliferum* und l. *polystáchyum*[2]) (Milde Nova Acta XXVI II. 424 [1858]). Letztere bei Berlin: Lichterfelde; Driesen (Lasch!!) und bei Breslau beobachtet. — Vgl. auch Frond. B. a.

Die Anordnung der Formen des Frond. bietet viele Schwierigkeiten, da sich die verschiedenen Merkmale in der mannichfaltigsten Weise combiniren. Vgl. auch Warnstorf Naturw. Ver. Harz VII (1892) 73 ff., mit dem ich darin übereinstimme, dass der taxonomische Werth der (an demselben Exemplar veränderlichen) Rippenzahl der Aeste weit überschätzt worden ist. Ruprecht (Distr. crypt. vasc. imp. Ross. 19) versteht unter *E. boreale* offenbar alle (im Norden allerdings vorherrschenden) Formen der Art mit 3 rippigen Aesten. Bei uns variiren besonders die Formen der Reihe B. an demselben Fundort ja auf einem Exemplar mit 3- und 4-rippigen Aesten (vgl. Warnstorf BV. Brand. XXIII. 118). Ich unterscheide folgende Haupt-Formenreihen:

A. Formen sonniger Standorte. Stengel den meist straffen Aesten gleichfarbig, lebhaft grün.

  a. agréste. Stengel aufrecht, 9—13 rippig, im unteren $^{1}/_{3}$—$^{1}/_{2}$ seiner Länge astlos; Aeste unverzweigt, in der Regel 4 rippig, aufrecht, selten 20 cm lang. — Gemein. — *E. a. a.* Klinge Arch. Nat. Liv- Ehst- u. Curland 2. Ser. VIII. 372 (1882). Luerssen a. a. O. 693. Hierzu die Unterabarten: *2. compáctum* (Klinge a. a. O. [1882]. Luerssen a. a. O.). Aeste fest angedrückt, dicht gedrängt. — Häufig. — *3. obtusátum* (Warnstorf a. a. O. [1892]). Sprossgipfel die obersten Aeste nicht überragend.— Wohl nicht selten. — *4. boreále* (Milde Sporenpfl. 98 [1865]. Luerssen a. a. O. 695.) *E. b.* Bongard Mém. Acad. Pétersb. 4 sér. II. 174 (1831). Stengel bis 70 cm hoch, meist dünn (2 mm), unterwärts oft bis zur Mitte astlos. Aeste 3 rippig, meist aufrecht-

---

[1]) S. S. 123.
[2]) S. S. 122.

abstehend bis 10 (selten 25) cm lang. — Ost- und Westpreussen! in Süd-Tirol: Meran in einer kalten Felshöhle.

b. **ramulósum**. Aeste verzweigt. *E. a. r.* Rupr. a. a. O. 19 (1845). Zerfällt in die Unterarten: *1. eréctum* (Klinge a. a. O. 371 [1882]. Luerssen a. a. O.). Stengel aufrecht, meist vom Grunde an reich beästet. — Häufig. — *2. decúmbens* (G. F. W. Meyer Chloris Han. 666 [1836]. Luerssen a. a. O.). Stengel niederliegend oder aufsteigend (*f. ascéndens* Klinge. a. a. O. [1882]), Aeste einseitig; Aestchen oft noch einmal verzweigt. — Die gemeinste Form auf Aeckern. — Hierzu als fast ausschliesslich alpine Zwergform: *3. alpéstre* (Wahlenb. Fl. Lappon. 296 [1812]. Luerssen a. a. O. Koch Syn. ed. 2. 964.). Stengel bis 16 (selten 24) cm lang, 5—9 rippig. So ausserhalb der Alpen und Karpaten bisher nur bei Neu-Ruppin (Warnstorf a. a. O. 73), bei Altdöbern in der Niederlausitz und bei Wien beobachtet. Eine noch zartere Kümmerform mit nur 3 rippigem meist verstümmeltem Stengel und bis 1 dm langen einzelnen oder zu 2 stehenden Aesten, wohl zu ;. *supínum* (Klinge a. a. O. 374 [1882]) gehörig, sammelten P. Magnus am Elbufer bei Pirna im Kgr. Sachsen! und Milde bei Breslau!

B. Schattenformen. Stengel blässer grün als die mehr oder weniger schlaffen Aeste, zuweilen fast elfenbeinweiss, aufrecht, in der unteren Hälfte meist astlos.

a. Aeste 4- oder 3 rippig (wenn letzteres der Fall *E. a. boreale* Aschers. Fl. Brand. I. 897 [1864] nicht Milde), unverzweigt oder spärlich verzweigt.

nemorósum. Stengel bis 1 m hoch, kräftig, mit 12—16 schwächer gewölbten Rippen. Aeste bis 3 dm lang, meist horizontal abstehend oder überhängend. — Nicht selten. — *E. a. n.* A. Br. in Döll Rheinische Flora 27 (1843). Luerssen a. a. O. 695. Koch Syn. ed. 2. 964. Aeusserst selten mit einer Aehre beobachtet: Nürnberg (F. W. Sturm Flora XXXI. 1848. 404). Hierzu die Unterabart *2. comósum* (Woerlein Ber. Bayer. BG. III. 183 [1893]). Aeste aufrecht, die unteren sehr lang. — Wohl nicht selten; nachgewiesen aus der Schweiz (Lausanne!), Baden! in Oberbayern, dem Harz! Kgr. Sachsen! Schlesien! Pommern! Westpreussen! Polen!

b. Aeste oft 5 rippig, reichlich verzweigt, mit 3—4 Aestchen im Quirl.

pseudosilváticum. Stengel bis 7,5 cm hoch. Aeste bis 22 cm lang, horizontal abstehend. — Nicht häufig. — *E. a. p.* Milde Sporenpfl. 97 (1865). Luerssen a. a. O. 694.

Ausgezeichnet durch die abweichende Farbe des Stengels ist die Form II. *várium* (Milde Sporenpfl. 98 [1865]. Luerssen a. a. O. 696). Frond. bis 5 dm hoch, meist dünn (2 mm), die Glieder nur unterwärts grün, oberwärts nebst den Scheiden ziegelroth. Aeste bis 6 (selten 12) cm lang, unverzweigt, aufrecht abstehend. — So nicht häufig. — III. *sanguíneum* (Luerssen in Baenitz Herb. eur. 7982 [1894]. Schube in 72. Jahresb. Schles. Ges. II. 101 [1895]. Ganzer Frond. roth überlaufen. — Breslau (Baenitz).

Auch von dieser Art findet sich m. *spiråle* (vgl. S. 124) sowie eine Form, an der die Scheide in einzelne Blätter gespalten ist (vgl. Milde Monogr. 220).

(Europa; Asien südlich bis zum Himalaja und Nord-China; Nord-Africa; Canarische Inseln; Capland; Nord-America südlich bis 36°.)

*

60. × 62. **E. praténse × arvénse?** Für diese Combination hielt Sanio (BV. Brand. XXV. 62 [1883] Sp.st., die er am 20. Mai 1871 in Ostpreussen bei Lyck zwischen 60. und 62. sammelte und die ihm in der Tracht zwischen beiden die Mitte zu halten schienen. Sie unterscheiden sich von 60. durch schwächere Ausprägung der Furchen und breiteren dunkelbraunen Mittelstreifen sowie schmäleren Hautrand der Scheidenzähne. Ich habe die Pflanze nicht gesehen und betrachte sie mit Luerssen (Farnpfl. 704) als zweifelhaft.

62. ✕ 64. *E. arvense* ✕ *heleocharis* s. S. 136.

E. palustre B. b. *1*. f. *pallidum* s. S. 133.

II. **E. aestivália** (A. Br. in Flora XXII. 305 [1839]). (*E. homophyádica*[1]) (A. Br. a. a. O. z. T.). Sp.st. und Frond. gleichgestaltet, von Anfang an grün, mit Spaltöffnungen, welche in den Furchen ein breites aus zahlreichen Linien bestehendes Band bilden, und Sklerenchym. Aeste, wenn vorhanden, mit einem centralen Luftgange. Aehre schwarz.

63. (5.) **E. palústre.** (Katzenstert, Duwock; ital.: Erba cavallina; poln.: Geguzie; kroat.: Konjski rep.) ⚷. Stengel bis 5 dm (selten 1 m) hoch und bis 3 mm dick, tief 4—12 (meist 6—10) furchig, mit (von Ausstülpungen der einzelnen Oberhautzellen) feinhöckerigen oder querrunzligen, wenig rauhen Rippen. Central-Luftgang nicht weiter oder enger als die Vallecular-Luftgänge. Leitbündel mit gemeinsamer Schutzscheide versehen. Scheiden bis 12 mm lang, grün, cylindrisch, oberwärts trichterförmig, mit deutlichen Commissural- und schwachen Carinal-Furchen. Zähne etwa so lang als ²/₃ der Scheidenröhre, dreieckig-lanzettlich, spitz, grün, oberwärts schwarzbraun mit breitem, weissem Hautrande. Aeste, wenn vorhanden, aufrecht-abstehend, meist unverzweigt, 5-(selten 6—7-) rippig; das unterste Glied kürzer als die zugehörige Stengelscheide. Asthüllen meist glänzend schwarz. Zähne der Astscheiden breitei-lanzettlich, aufrecht. Aehre mit hohler oder markiger Achse. — Sümpfe, nasse Wiesen (verhasstes Unkraut!), feuchte Triften, Ufer, durch das Gebiet meist häufig, auch auf den Nordsee-Inseln; in den Alpen bis 2160 m aufsteigend; im Mittelmeergebiet weniger verbreitet, fehlt in Istrien südlich vom Quieto (Marchesetti briefl.). Sp.r. Juni—Sept. — *E. p.* L. Sp. pl. ed. 1. 1061 (1753). Luerssen Farnpfl. 704 fig. 209—211. Koch Syn. ed. 2. 965. Nyman Consp. 860 Suppl. 344.

Ueber die Unterschiede von 62. vgl. S. 129, von 62. ✕ 64. vgl. S. 137. 65., welches in älteren Florenwerken Süd-Europa's öfter als 63. aufgeführt wurde, unterscheidet sich ausser den Gruppenmerkmalen (den spitzen Aehren, dem anatomischen Bau des Stengels, dem Bau und der Anordnung der Spaltöffnungen) durch die mit viel kürzeren, in der Regel theilweise abfälligen, oft deutlich 3furchigen Zähnen versehenen Stengelscheiden. Aendert nach Verzweigung und Richtung der Stengel in 2 Formenreihen ab:

A. Stengel beästet.
 verticillátum. — Verbreitet. — *E. p. v.* Milde Nova Acta XXVI. II. 460 [1858].
 Zerfällt in folgende Formen:
 a. Aeste keine Aehren tragend.
 1. Stengel aufrecht. Aeste allseitig.
 α. Aeste aufrecht-abstehend, meist unverzweigt.
 § Asthüllen glänzend schwarz. Hieher: ✳ *breviramósum* (Klinge a. a. O. 401 [1882]. Luerssen a. a. O. 709). Aeste bis 5 cm lang, der

---

[1] Von ὁμός ähnlich, gleich, derselbe und φυή Wuchs.

obere astlose Theil des Stengels öfter sehr verlängert: (++ *elongátum* Sanio BV. Brand. XXV. 63 [1883]. — Häufig. — *** *longiramósum* (Klinge a. a. O. 402 [1882]. Luerssen a. a. O.). Aeste bis 3 dm lang. — Nicht selten. — *** *pauciramósum* (Bolle BV. Brand. I. 70 [1860]. Luerssen a. a. O.). Aeste in unvollständigen Quirlen, nur zu 2—4. Uebergang zu B. — Nicht selten. —

§§ Asthüllen braun oder bleich, nur am Grunde schwarz: *fallax* (Milde BV. Brand. VI. 191 [1864]. Luerssen a. a. O.). — Bisher nur in der Prov. Brandenburg: Neu-Ruppin (Warnstorf a. a. O. 77) und Lychen (Heiland!) sowie am Kreidestrande Rügens auf den Halbinseln Jasmund und Wittow, z. T. im Meerwasser wachsend! aber wohl weiter verbreitet. — *E. Telmateja* X *palustre* Zabel Arch. Naturg. Meckl. XIII. 268 (1859).

β. Aeste schlaff überhängend. Hierher gehören die Unterarten: § *arcuátum* (Milde a. a. O. 461 [1858]. Luerssen a. a. O. 710). Stengel vom Grunde an ästig, Aeste unverzweigt, die untersten bis 11 cm lang, nach oben allmählich kürzer. — Schattenform, nicht häufig. — §§ *ramulósum* (Milde Sporenpfl. 109 [1865]. Luerssen a. a. O.). Stengel bis fast 1 m hoch, meist nur oberwärts dicht beästet; Aeste bis 35 cm lang, öfter mit einzelnen kurzen Aestchen. — Bisher nur bei Bremen, Berlin (Wannsee, Conrad und Prager BV. Brand. XXXVI [1894] 64), in Württemberg und Ungarn beobachtet.

2. Stengel niederliegend, einseitig aufrecht-beästet: *decúmbens* (Klinge a. a. O. 404 [1882]). — So auf feuchten Aeckern mit 62. Frond. A. b. 2. — Hierher die Unterform β. *procúmbens* (Aschers. Syn. I. 133 [1896]). *E. p. longir. decúmbens* Luerssen a. a. O [1889] nicht Klinge). Aeste bis 3 dm lang. — Auf Sumpfboden, nicht häufig.

b. Aeste eine Aehre tragend: *polystáchyum*[1] (Weigel Fl. Pomer. Rug. 187 [1769]. Luerssen a. a. O. 711). — Nicht selten, besonders im Frühjahr an nassen später trocken werdenden Stellen, an Ufern, in austrocknenden Sümpfen u. s. w. — Findet sich in folgenden Unterformen: *1. racemósum* (Milde Sporenpfl. 110 [1865]. Luerssen a. a. O.). Stengel reich verzweigt; ährentragende Aeste unter sich gleich lang, die Aehren traubig angeordnet. *2. corymbósum* (Milde a. a. O. [1865]. Luerssen a. a. O). Untere Aeste länger, alle ungefähr dieselbe Höhe erreichend, die Aehren daher doldenrispig angeordnet, sonst w. v. *3. multicaúle* (Baenitz Herb. eur. 2290! Prosp. 1875 S. [3] [1874]). *caespitósum* (Luerssen a. a. O. 712 [1889]). Stengel oberwärts astlos oder verkümmert, unterwärts mit langen, gleich hohen Aesten und oft von ebenso hohen Nebenstengeln umgeben.

B. Stengel fast oder meist völlig astlos, zuweilen am Grunde mit stengelähnlichen Aesten (vgl. A. b. 3.).

simplicíssimum. — Etwas weniger verbreitet als A. — *E. p. s.* A. Br. in Sillim. Amer. Journ. XLVI. 85 (1844). Luerssen a. a. O. 712. *E. p. simplex* Milde Nova Acta XXVI. II. 460 (1858) erw. Zerfällt in folgende Unterbarten:

a. Stengel 8—11 rippig, aufrecht: *nudum* (Duby in DC. Botan. Gall. I. 535 (1828). Luerssen a. a O. *E. p. auctumnále* Körnicke BV. Brand. I. 1859 69 [1860]. *E. prostrátum* Hoppe exs. z. T.). — Nicht selten.

b. Stengel höchstens 8 rippig.
1. Stengel 5—8 rippig. Hierher gehören die folgenden Unterarten: α. *ténue* (Döll Rhein. Flora 29 [1843]. Luerssen a. a. O.). Stengel aufrecht. — Zerstreut. — Zu dieser Form gehört wohl als bleichsüchtiger Zustand f. *pállidum* (Bolle BV. Brand. I. 1859 18 [1860]. Luerssen a. a. O. 713). Stengel bleichgelb, Scheiden grün. — Vom Autor nur einmal 1859 bei Berlin an einem später gänzlich veränderten Fundorte, 1891 von Warnstorf (a. a. O. 78) bei Neu-Ruppin zahlreich unter der gewöhnlichen Form

---

[1] S. S. 122.

(nach der Sp.r. absterbend) beobachtet. — *?. prostrátum* (Hoppe exs. z. T., Koch Syn. ed. 2. 965 [1845]. Aschers. Fl. Brand. I. 901 [1864]. Luerssen a. a. O. 713). Stengel niederliegend. — Mit Sicherheit nur in Niederschlesien am sandigen Ufer des Briesnitz bei Naumburg am Bober!! und in Kärnten bei Heiligenblut (Hoppe!), aber sicher weiter verbreitet. — Es lässt sich doch wohl annehmen, dass der Name *E. prostrátum* Hoppe ursprünglich eine niederliegende Form bezeichnete.

2. Stengel 4—5 rippig: *nanum* (Milde ZBG. Wien XIV. 13 [1864]. Luerssen a. a. O.). Stengel mehrere aus einem Rhizomast, bis 16 cm lang, liegend oder aufsteigend, ohne Aehre. — Kümmerform, meist in der subalpinen und alpinen Region beobachtet. Sudeten: Kessel des Gesenkes. Tirol: Im Kiese des Fretschbaches bei Ratzes. Bosnien: Gipfelkamm der Treskavica südlich von Sarajevo (Beck Ann. Wien. Hof-Mus. I. 322). Findet sich indess auch in der Ebene: Neu-Ruppin (Warnstorf! a. a. O. 78) und vielleicht anderwärts.

Auch von dieser Art wurde eine Farbenabänderung II. *várium* (Aschers. Syn. I. 134 [1896]) beobachtet und zwar bisher nur an der Form A. b. Stengelglieder ganz oder nur oberwärts rostroth. — Rothwasser bei Görlitz (1895 Rakete!). Wohl auch anderwärts.

Von Abnormitäten wurden auch an dieser Art u. a. 1. *proliferum* Milde Nova Acta XXVI. II. 461 [1858] (Luerssen Farnpfl. 714) und m. *spirále* Aschers. Syn. I. 134 [1896] beobachtet, vgl. Milde a. a. O. u. Monogr. Equis. 165.

(Europa ausser Süd-Spanien und Sicilien; Kleinasien; Cypern; Kaukasusländer; Nord-Asien; Japan; nördliches Nord-America.) *

64. (6.) **E. heleócharis**[1]). (Plattdeutsch: Hollrusch, Bräkbeen; niederl.: Breekebeen, Holpijp; wend.: Kisale, Praskac.) ♃. **Stengel bis 1,5 m hoch und bis 8 mm dick, glatt, grün (im untergetauchten Theile oft rothbraun), von 9—30 (selten nur 6—8) wenig hervorragenden Rippen nur weisslich gestreift. Furchen undeutlich. Central-Luftgang sehr weit. Vallecular-Luftgänge weit, tangential verlängert, zuweilen fehlend. Jedes Leitbündel mit eigener Schutzscheide, daher das Gewebe des Stengels nicht in einen inneren und äusseren Cylinder trennbar. Scheiden bis 1 cm lang, eng anliegend (nur die oberste abstehend), alle glänzend, wie lackirt, die untersten schwarz, genähert, die oberen grün, entfernt. Zähne etwa 1/3 so lang als die Scheidenröhre, 3eckig-pfriemenförmig, schwarz mit sehr schmalem, weissem Hautrande. Aeste, wenn vorhanden, stumpf 4—11 rippig, fast glatt; ihr unterstes Glied etwas kürzer als die zugehörige Stengelscheide. Asthüllen glänzend dunkelbraun. Zähne der Astscheiden pfriemenförmig, aufrecht. Aehre kurz und dick gestielt, mit hohler Achse.** — Sümpfe, an Ufern der Seen und Flüsse bis zu einer Wassertiefe von 2 m (Mac Millan Botanical Gaz. XVIII. 316), Gräben, im grössten Theile des Gebiets, in den Ebenen und Hauptthälern meist gemein, auch auf den Nordsee-Inseln, im Gebirge weniger verbreitet, aber an geeigneten Standorten in den Alpen bis 1700 (ja bis 2400) m (Kerner) aufsteigend; in dem innerhalb unserer

---

1) Von ἔλος Sumpf und χάρις Anmuth, Schönheit — also: „Sumpfzierde".

Grenzen fallenden eigentlichen Mittelmeergebiet nur in Montenegro (Beck und Szyszyl. 43). Sp.r. Mai, Juni. — *E. H.* Ehrh. Hannov. Mag. 1783. 286. *E. fluviátile* und *limósum* L. Sp. pl. ed. 1. 1062 (1753). *E. fluviatile* G. F. W. Meyer Chloris Han. 667 (1836). Nyman Consp. 859. Suppl. 344. *E. limosum* Willd. Sp. pl. V. 4 (1810). Luerssen Farnpfl. 715. Koch Syn. ed. 2. 965.

Die Beibehaltung des Ehrhart'schen Namens empfiehlt sich nicht nur aus dem Grunde, weil dieser scharfsichtige Forscher zuerst die beiden Linné'schen Arten (an deren Verschiedenheit der grosse schwedische Botaniker allerdings selbst (Fl. Suec. ed 2. 368) Zweifel ausgesprochen hatte, und von denen die eine von den Zeitgenossen und Nachfolgern desselben fast allgemein irrig zu 61. gezogen wurde) vereinigt hat, sondern auch deshalb, weil die Wahl zwischen den beiden Linné'schen Namen nur mit einiger Willkür zu treffen ist und stets anfechtbar bleibt. Für *E. limosum* hat sich zwar die Mehrzahl der späteren Schriftsteller entschieden, doch spricht für *E. fluviatile*, welches die neueren skandinavischen Floristen vorziehen, nicht nur der Umstand, dass Linné es zuerst aufführt, sondern der schon von G. F. W. Meyer geltend gemachte, dass es die typischer entwickelte Form ist. Vgl. Ascherson ÖBZ. XLVI. 3 ff. — Die einzige Art der Gattung, die wegen ihres geringeren Gehalts an Kieselsäure einigen Werth als Futterpflanze besitzt (Schramm Fl. v. Brandenb. 196.).

Zerfällt in zwei denen von 63. analoge Formenreihen:

A. Stengel beästet.

  fluviátile. — Verbreitet, wenn auch meist nicht so häufig als B. *E. H.* b. *f.* Aschers. Fl. Brand. I. 900 (1864). *E. f.* L. a. a O. (1753). *E. limosum verticillatum* Döll Fl. Bad. I. 64 (1855). Luerssen a. a. O. 720.

  I. Aeste keine Aehre tragend.

  a. Stengel unter der Aehre nicht verdünnt. Hierher gehören die Unterarten: 1. *brachýcladon*[1]) (Aschers. a. a. O. [1864]. *E. l. b.* Döll Rhein. Flora 30 [1843]. Luerssen a. a. O.). Aeste meist nur am oberen Theile des Stengels, kurz, meist nur 1,5—3 cm lang, 6—11 rippig. — Gemein — 2. *leptócladon* (Aschers. a. a. O. [1864]. *E. l. l.* Döll a. a. O. [1843]. Luerssen a. a. O.). Aeste meist bis zur Mitte des Stengels herabreichend, bis 20 cm lang, öfter spärlich verzweigt, meist dünn, 4—6 rippig; zuweilen an den unteren Stengelknoten einzelne mehr oder weniger stengelähnliche Aeste sowie am Grunde des Stengels dünnere Nebenstengel (wie bei b. 3.). — Besonders in Waldsümpfen häufig. — Hierher die Unterform *b. ramulósum* (Aschers. Syn. I. 135 [1896]. *E. lim. lept. r.* Prager bei Warnstorf BV. Brand. XXXVII. 47 [1896]). Aeste reichlicher verzweigt. — So bisher nur in der Provinz Brandenburg bei Rathenow von Prager beobachtet.

  b. Stengel oberwärts astlos, unter der (kleinen) Aehre stark verdünnt, oder falls nicht ährentragend, ruthenförmig spitz zulaufend: *attenuátum* (Klinge Fl. Est. Liv. u. Curl. 7 [1882]. *E. l. a.* Milde Nova Acta XXVI. II. 448 [1858]. Luerssen a. a. O.). Stengel bis 1,5 m hoch, meist nur in der Mitte kurzästig. — Nicht selten. — Die Form 2. *declinátum* (Klinge Arch. Nat. Liv-, Ehst- u. Curl. 2 Ser. VIII 413 [1882]. Luerssen a. a. O.) mit bis 20 cm langen, dünnen, abwärts gebogenen, zuweilen verzweigten Aesten, ist gleichfalls nicht beobachtet. Hierher noch 3. *caéspitans* (Aschers a. a. O. [1896]. *E. l. c.* Warnstorf BV. Brand. XXXVII. 47 [1896] vgl. XXXVI. 64 [1894]). Stengel unterwärts mit stengelähnlichen, z T. verzweigten Aesten, die nach oben allmählich kürzer werden. — So bisher nur in der Prov. Brandenburg bei Spandau: Kladow von Prager beobachtet.

---

[1]) Von βραχύς kurz und κλάδος Ast.
[2]) Von λεπτός dünn und κλάδος.

II. Aeste eine Aehre tragend: *polystáchyum*[1]) (Aschers. a. a. O. [1864]. *E. p.* Brückner Fl. Neobrand. Prodr. 63 [1803]. *E. l. p.* Lejeune Fl. Spa II. 274 [1813]. Luerssen a. a. O.). — Nicht häufig. — Findet sich, wie die entsprechende Form von 63. (s. S. 133) in 2 Unterformen a. *racemósum* und b. *corymbósum* (Milde Nova Acta XXVI. II. 449 [1858]).

Von der Form A. beobachtete Luerssen einmal in einem ausgetrockneten Teiche des Botanischen Gartens zu Leipzig einen l. *nanum* (Aschers. Syn. I. 136 [1896]. *E. l. n.* Luerssen a. a. O. 721 [1889]). Stengel mit Aehre nur 11,3 cm hoch, die drei vorhandenen Scheiden mit Quirlen bis 13 cm langer Aeste, die mithin die Aehre meist weit überragen.

B. Stengel fast oder völlig astlos.

limósum. — Gemein. — *E. H. l.* Aschers. a. a. O. (1864). *E. l. L.* a. a. O. (1753). — *E. l. Linnaeánum*[2]) Döll a. a. O. (1855). Luerssen a. a. O. 718. Von dieser Abart sind noch folgende Unterarten unterschieden: II. *virgátum* (Sanio BV. Brand. XXV. 63 [1883]. Luerssen Farnpfl. 718). Stengel oberwärts verdünnt, mit kleiner Aehre, wie bei A. I. b. — Bisher nur in Brandenburg bei Neu-Ruppin (Warnstorf a. a. O. 79) und in Ostpreussen bei Lyck! beobachtet. — III. *uliginósum* (Aschers. a. a. O. [1864]. *E. u.* Mühlenberg in Willd. Sp. pl. V. 4 [1810]. *E. l. u.* Milde Sporenpfl. 112 [1865]. *E. l. minus* A. Br. in Sillim. Amer. Journ. XLVI. 86 [1844]. Luerssen a. a. O. 719). Stengel höchstens 5 dm hoch und 2,5 mm dick, meist 9—11 rippig. — Kümmerform, nicht häufig an trockneren Standorten, wohl auch mindestens z. T. jugendliche Stöcke darstellend. — Sehr bemerkenswerth ist die nur einmal, aber zahlreich im April 1865 im Waschteich bei Breslau von Milde! (Bot. Zeit. XXIII. 241 vgl. Luerssen a. a. O. 717) beobachtete Form, die ich als *l. metábolon*[3]) (Aschers. Syn. I. 136 [1896]) bezeichnen möchte. Die bereits ährentragenden Stengel waren rothbraun, ohne Spaltöffnungen, Sklerenchym und Aeste, welche (letztere wenigstens an vielen Exemplaren) sich nachträglich ausbildeten, so dass im Juni der Teich den gewöhnlichen Anblick darbot. Eine Annäherung hierzu stellt möglicherweise die Form mit hoch hinauf in ihrem oberen Theile rothen Stengelgliedern dar, die Sanio (a. a. O.) bei Lyck in Ostpreussen beobachtete.

Auch von dieser Art sind l. *comósum, proliferum* und *distáchyum*[4]) (Milde Nova Acta XXVI. II. 449 [1858] vgl. S. 124, 127) sowie m. *spirále* (Milde a. a. O. 450) beobachtet.

(Nord- und Mittel-Europa, im Süden im engeren Mittelmeergebiet selten, in Italien südlich von der Arno-Linie und auf der Haemus-Halbinsel südlich vom Balkan ganz fehlend; Nord-Asien und Nord-America.) *

Bastard.

A. 62. × 64. (7.) **E. arvénse × heleócharis.** ♃. Sp. st. (ziemlich spärlich, an manchen Orten gar nicht erscheinend) und Frond. gleichgestaltet, niederliegend bis aufrecht, beästet (stets mit Ausnahme der obersten Glieder) oder astlos, selten über 8 dm lang und bis 5 mm dick, grün, von ähnlichen 2 fächerigen Zellausstülpungen wie bei 62. schwach-querrunzlig-rauh, 7—16- (in der Regel 12—14-)rippig.

---

[1]) S. S. 122.
[2]) Nach Karl von Linné, Professor der Botanik in Upsala, * 1707 † 1778, dem grossen Systematiker und Schöpfer der binären Nomenclatur für die biologischen Wissenschaften.
[3]) S. S. 121.
[4]) S. S. 124.

Furchen meist mit zahlreichen, unregelmässig gestellten, selten in 2 aus je 2—3 Linien bestehenden Reihen geordneten Spaltöffnungen. Central-Luftgang weniger weit als bei 64. Vallecular-Luftgänge stets vorhanden. **Jedes Leitbündel mit eigener Schutzscheide.** Scheiden bis 12 mm lang, am unteren Theile des Stengels meist **cylindrisch, anliegend, nach oben allmählich mehr trichter- und die obersten glockenförmig, mit schwachen Commissural-** und meist nur die oberen mit deutlichen Carinal-Furchen. **Zähne** $^1/_3$—$^1/_2$ so lang (nur an den obersten Scheiden ebenso lang) als die Scheidenröhre, **dreieckig-pfriemenförmig,** nur oberwärts ganz bräunlich bis schwarz, sonst meist mit **schmalem, weissem Hautrande. Aeste fast stets unverzweigt 3—7-** (in der Regel **4—5-**) **kantig,** die 5—7 rippigen meist mit einem Central-Luftgang, die mit weniger Rippen versehenen manchmal ohne einen solchen; ihr unterstes Glied meist etwas kürzer als die zugehörige Stengelscheide. **Asthüllen hell- bis dunkelbraun. Zähne der Astscheiden pfriemenförmig, aufrecht.** Aehre lang und dünn (röthlich) gestielt oder in der obersten Scheide sitzend, klein (2—4,5, selten bis 15 mm lang), gelblich, stets **geschlossen bleibend,** mit engröhriger Achse. Sporen klein, verkümmert, fast immer ohne Elateren und niemals Chlorophyll enthaltend (Warnstorf a. a. O. 81). — Auf feuchten Aeckern, Dämmen, sandigen und sumpfigen Ufern, in Sümpfen, in der Nähe der Stammarten, oft mit ihnen vergesellschaftet, wohl ziemlich verbreitet. In den meisten Einzelgebieten beobachtet, bisher aber noch nicht aus Belgien, den Niederlanden, den Nordsee-Inseln, Westfalen, dem Harzgebiet, Thüringen, Polen, Mähren, Württemberg, Süd-Bayern und den südlichen Alpenländern nachgewiesen. Sporangien Mai—Juli. — *E. a.* $\times$ *H.* Aschers. Fl. Brand. I. 901 (1864). *E. litorale* Kühlewein in Rupr. Fl. Petr. diatr. Beitr. Pflanzenk. Russ. Reichs IV. 91 (1845). Luerssen Farnpfl. 722. Nyman Consp. 859 Suppl. 344. *E. inundatum* Lasch in Rabenh. Bot. Centralbl. 25 (1846). *E. arvensi* $\times$ *limosum* Lasch Bot. Zeit. 1857. 505.

Ziemlich veränderlich, bald mehr 62., bald mehr 64. ähnlich, von ersterem durch den anatomischen Bau des weiter röhrigen, nicht in zwei Cylinder trennbaren Stengels und die aufrechten Astzähne, von letzterem durch den deutlich gefurchten Stengel und die abstehenden oberen Scheiden zu unterscheiden; erinnert in der Tracht oft an 63, ist aber davon gleichfalls durch die Anatomie des Stengels, ferner durch die längeren und schmäleren Zähne der Ast- und Stengelscheiden (welche letzteren nur an den obersten Gliedern eine Carinalfurche erkennen lassen) sowie die hellere Farbe der Asthüllen verschieden. Das Vorkommen mit 62. und 64. und das Fehlschlagen der Sporen lassen die von Milde zuerst vermuthete (später von ihm selbst mit Unrecht in Zweifel gezogene) hybride Abstammung wohl mit Sicherheit annehmen. Die den Stammeltern zuneigenden Formen deuten sogar auf das Vorkommen secundärer Kreuzungen. Wie bei 64. unterscheidet man zwei Haupt-Formenreihen:

A. Stengel beästet.
  verticillátum. — Verbreiteter. — *E. a.* $\times$ *h. v.* Aschers. Syn. I. 137 [1896]. Hierher: I. *vulgare* (Milde Denkschr. Schles. Ges. 191 [1853]. Luerssen a. a. O. 727). Tracht von 62. (besonders Sp st. D.). Stengel aufsteigend oder aufrecht, bis 48 cm hoch, in der unteren Hälfte beästet.

Scheiden grün. — Die am meisten verbreitete Form, meist auf Aeckern. — Sp.r. Anfang Juni. II. *elátius* (Milde a. a. O. 190 [1853]. Luerssen a. a. O. 728). Tracht von 64. Stengel aufrecht, bis 1 m hoch, nach oben ruthenförmig verdünnt, nur in der Mitte beästet. Aeste in Gebüschen lang, horizontal abstehend, in Sümpfen kurz, mehr aufrecht. Scheiden oberwärts rothbraun. — Seltnere Form, bisher in Ostpreussen: Königsberg: Pregel-Insel (Abromeit PÖG. Königsb. XXV. 161 [1894]) u Ibenhorster Forst am Kurischen Haff (Luerssen a. a. O. XXXI. 32 [1890]), Brandenburg, Schlesien und Siebenbürgen beobachtet. Sp.r. Juli. Hierher die Unterform b. *ramulósum* (Warnstorf Naturw. Verein Harz VII. 81 [1892]). Aeste spärlich verzweigt; Aestchen kurz. — Brandenburg: Neu-Ruppin (Warnstorf a. a. O.).

B. Stengel (bis 32 cm lang) fast oder völlig astlos.

simplicíssimum. — Weniger verbreitet. — *E.* * *a.* × *h. s.* Aschers. Syn. I. 138 [1896]. Hierher: I. *húmile* (Milde a. a. O. [1853]. Luerssen a. a. O. 727). Stengel ziemlich dick, liegend oder aufsteigend. Scheiden oberwärts rothbraun. — In Ostpreussen: Königsberg: Pregel-Insel (Abromeit a.a.O.), Brandenburg, Schlesien und Vorarlberg beobachtet. II. *grácile* (Milde a. a. O. 191 [1853] Luerssen a. a. O. *E. Kochiánum*[1]) Böckel Oldenb. crypt. Gefässpfl. 30 [1853]). Stengel sehr dünn, oft nur 5rippig, aufsteigend oder aufrecht, oft gelbgrün. Scheiden grün, öfter gelblich oder röthlich überlaufen. Zuweilen die ganze Pflanze rostroth (b. *ferrugineum* Milde a. a. O. [1853]. Luerssen a. a. O.). — II. bisher nur beobachtet: Grossh. Oldenburg. Prov. Brandenburg. Schlesien.

Auch von diesem Bastarde sind verschiedene Spielarten beobachtet: 1. *polystáchyum, distáchyum, proliferum, comósum* [vgl. S. 122, 124, 127] (Milde Nova Acta XXVI. II. 454, 455 [1858]. Luerssen a. a. O. 728). Von Missbildungen u. a. m. *spirále* und *tortuósum* (Milde Monogr. Equis. 366 [1865]); bei letzterem fast alle Stengelglieder bogenförmig gekrümmt.

(Süd- und Nord-Frankreich; England; Norwegen; Schweden; St. Petersburg; Livland; Bulgarien; Canada; Champlain-See im Staate New-York.) *|

B. *E. cryptópora*[2])(Milde 39. Jahresb. Schles. Ges. 1861. 138 [1862]. Luerssen Farnpfl. 730. *E. homophyádica hiemália* A. Br. in Flora XXII. 305 [1839]. *Sclerocaúlon*[3]) Döll Fl. Baden I. 65 [1855]. Gattung *Hippochaéte*[4]) Milde Botan. Zeit. 1865. 297). Spalte der Spaltöffnungen in einen durch (verkieselte) Fortsätze der Wände der Nachbarzellen grösstentheils überdeckten, durch eine unregelmässige quer längliche Oeffnung nach Aussen geöffneten Vorhof mündend. Neben- und Schliesszellen am Boden dieses Vorhofes, also tief unter das Niveau der Nachbarzellen eingesenkt. Unterwände der ersteren mit 16—24 meist einfachen Leisten. — Stengel meist sehr rauh. Spaltöffnungen in den Furchen in 2 sehr regelmässigen Reihen, je 2 durch eine quadratische Oberhautzelle getrennt. Leitbündel

---

[1] Nach Dr. Heinrich Koch, * 1805 † 1887, Privatgelehrten in Jever, zuletzt in Bremen, einem vielseitig gebildeten Botaniker (vgl. Buchenau NV. Bremen X. 45), welcher diese Pflanze bei Jever selbständig unterschied.

[2] Von κρυπτός verborgen und πόρος (s. S. 121).

[3] Von σκληρός hart und καυλός Stengel.

[4] Von ἵππος Pferd und χαίτη langes Haar, Mähne; Anklang an *Equisetum*.

meist mit einer inneren (nur bei 69. fehlenden) und stets mit einer äusseren Gesammt-Schutzscheide. Aehren spitz.

Gesammtart E. hiemäle.

I. *E. ambigua* (Milde Sporenpfl. 96 [1865]. Luerssen a. a. O. 731). Stengel sommergrün, oft beästet, mit gewölbten (nicht kantigen) Rippen. Stengelscheiden trichterförmig erweitert. Reihen der Spaltöffnungen von 1—4 (bei uns meist nur 1, seltner 2, vgl. 65. B. II. a. 2. *b*.) Linien gebildet. Central-Luftgang weit. Leitbündel mit innerer Gesammt-Schutzscheide.

65. (8.) **E. ramosissimum.** ♃. Stengel liegend bis aufrecht, bei uns selten über 1,5 m lang und bis 9 mm dick, oberwärts öfter deutlich verdünnt, 6—26 rippig, meist graugrün. Glieder meist 3—10 cm lang. Rippen von zuweilen 2 theiligen, meist mit Kieselhöckern besetzten Querbändern oder Buckeln rauh. Scheiden bis 22 mm lang, oberwärts erweitert, unter den Zähnen (an der lebenden Pflanze) oft etwas verengert, mit meist deutlich 1- oder 3-furchigen Rippen und schmalen aber deutlichen Commissuralfurchen, grün. Zähne etwa 1/3 so lang als die Scheidenröhre; ihr in der Regel stehen bleibender dreieckiger Grundtheil schwarzbraun, meist weiss berandet, die pfriemenförmige, weisse Spitze zuletzt wie verbrannt, gekräuselt und meist abfallend. Aeste am oberen Theile des Stengels meist, seltener überhaupt fehlend, bis 25 cm lang, meist unverzweigt, 5—9 rippig; ihre Glieder meist nur 3 cm lang, das unterste meist sehr kurz, höchstens halb so lang als die zugehörige Stengelscheide. Aehre bis 22 mm lang, mit markiger Achse, sehr kurz gestielt, der Stiel vor der Sp.r., meist die oberste glockenförmige Stengelscheide nicht überragend. — Auf trockenem oder etwas feuchtem Sandboden, öfter in Kiefernwäldern, an steinigen Abhängen, oft an Fluss- und Bachufern, seltener auf Sumpfwiesen. Im Mittelmeergebiet die am meisten verbreitete Art der Gattung, auch in den Thälern des Alpengebiets von den See-Alpen bis Nieder-Oesterreich und Kroatien und in denen der Karpaten, wie in der Ungarischen Ebene ziemlich verbreitet; längs des Rheins bis Duisburg (F. Wirtgen br.); Mähren!! Böhmen! Kgr. Sachsen: an der Elbe bei Dresden! Oppa-Ufer bei Jägerndorf; im nördlichen Flachlande fast nur längs der Elbe: Dornburg bei Magdeburg! Oder (Breslau!) und Weichsel (Plock Zaleski Fl. Polon. exs. 300!) weit nach Norden vordringend; ausserdem bei Neustrelitz (ob noch?) und bei Szklo westl. von Lemberg. Die Angabe bei Hamburg ist unrichtig! wahrscheinlich auch die bei Halle a. S. Spr.r. im Mittelmeergebiet Mai, im sonstigen südlichen Gebiet Juni, im nördlichen Juli. — *E. r.* Desf. Fl. Atl. II. 398 (1800). Luerssen Farnpfl. 731 fig. 212. 213. Nyman Consp. 860 Suppl. 344. *E. ramósum* DC. Syn. pl. fl. Gall. 118 (1806). Koch Syn. ed. 2. 966. *E. elongátum* Willd. Sp. pl. V. 8 (1810). *E. multiförme* Vaucher Monogr. des prêles 51 (1822) z. T.

Von der folgenden Art durch den nicht überwinternden, weicheren, meist weniger rauhen Stengel, die stets nach oben erweiterten Scheiden, den in der Regel bleibenden Grundtheil der Zähne und die wenigstens vorwiegend vorhandenen Aeste verschieden. Ueber die Unterschiede von 63. vgl. S. 132. Eine auch bei uns (mehr noch ausserhalb des Gebiets) ziemlich formenreiche Art. Milde und Luerssen unterscheiden:

A. Scheiden kurz (11 mm), glockenförmig.
  campanulátum. Stengel nicht viel über 3 dm hoch, meist astlos. Rippen der Scheiden undeutlich gefurcht. — Bisher nur in Piemont im Aosta-Thale. — *E. r. c.* Aschers. Syn. I. 140 (1896). *E. multiforme* ε. *c.* Vaucher Monogr. pr. 53 (1822). *E. c.* Poir. Encycl. V. 613 (1804) z. T. *E. ramosiss. scabrum* Milde Sporenpfl. 118 (1865). Luerssen Farnpff. 736.

B. Scheiden verlängert, cylindrisch-trichterförmig.
 I. Pfriemenförmige Spitze der Scheidenzähne bleibend, schwarzbraun, nicht weiss gerandet.
  élegans. Stengel bis 32 cm hoch und 1,6 mm dick, 6 rippig; „Kiesel-Rosetten" (näpfchenähnliche Erhebungen der Aussen-Zellwände mit gekerbten Rändern, die etwa die Breite einer Zelle einnehmen) einzeln neben den Spaltöffnungen. — Bisher nur bei Genf. — *E. r.* 7. *e.* Milde Sporenpfl. 118 (1865). Luerssen Farnpfl. 738.
 II. Pfriemenförmige Spitze der Scheidenzähne oft abfallend, weiss berandet oder ganz weiss.
  a. Scheiden grün.
   1. Stengel höchstens 5 dm hoch, bis 2,5 mm dick, 5—11 rippig. Hierher: *a. Pannónicum*[1]) (Aschers. Syn. I. 140 (1896). *E. p.* Kit. bei Willd. Sp. pl. V. 6 (1810). *E. ramosum* b. *virgátum* A. Br. in Flora XXII. 308 (1839). *E ramosiss.* 8. *v.* Milde Höhere Sporenpflanzen 118 (1865). Luerssen Farnpfl. 736). Stengel astlos oder nur mit einzelnen Aesten. Stengelfurchen mit zahlreichen Rosetten. — Verbreitet. — *b. grácile* (Milde a. a. O. 117 (1865). Luerssen Farnpfl. 738. *E. ramosum c. g.* A. Br. a. a. O. (1839). Stengel mit regelmässigen, mindestens 2—3-zähligen Astquirlen. — Ziemlich verbreitet.
   2. Stengel 8 dm bis 1 m hoch, bis 5 mm dick, 8—16 rippig. Hierher: *a. simplex* (Milde a. a. O. 118 (1865). Luerssen Farnpfl. 737. *E. el. s.* Döll Fl. Bad. I. 66 (1855). Stengel astlos oder mit vereinzelten Aesten. — Weniger häufig. — *b. procérum* (Aschers. Syn. I. 140 (1896). *E p.* Pollini Hort. Veron. 28 (1816). *E. ramosum* a. *subverticillátum* A. Br. a. a. O. (1839). *E. ramosiss. s.* Milde a. a. O. 117 (1865). Luerssen Farnpfl. 739). Stengel mit meist 3—8 zähligen Astquirlen. Reihen der Spaltöffnungen zuweilen auf kurze Strecken aus 2 Linien bestehend. — Nicht häufig. — Von dieser Form erwähnt Luerssen (Farnpfl. 740) einen l. *polystáchyum*[2]) mit ährentragenden Aesten, in Böhmen und Süd-Tirol beobachtet.
  b. Untere Scheiden in ihrer ganzen Länge, mittlere oberwärts fuchsroth.
   altíssimum. Stengel bis 2 m hoch und bis 6 mm dick, 14—26-rippig, reich beästet, freudig grün. Scheidenzähne meist schwarzbraun oder schwarz, selten weissrandig, meist abfallend. — In Mähren, Ungarn, der südlichen Schweiz (Misox) und Süd-Tirol beobachtet. — *E. ramosiss. a.* A. Br. in Milde Sporenpfl. 117 (1865). Luerssen Farnpfl. a. a. O. *E. elong.* v. *ramosissimum* Milde ZBG. Wien XIV. Abh. 13 (1864). Auch bei dieser Form nach Luerssen Farnpfl. a. a. O. ein l. *polystáchyum*[2]) beobachtet.

---

[1]) Von Pannonia, dem antiken Namen Süd-West-Ungarns (und z. T. Nieder-Oesterreichs); die Form wurde zuerst in Ungarn beobachtet.
[2]) S. S. 122.

(Fär-Øer; Mittelmeergebiet; unteres Donau-Gebiet; Süd-Russland; Asien von Süd-Sibirien bis Persien, Nilgerris und China; im grössten Theile von Africa (incl. Madagaskar); America von British Columbia bis Chile.)
*

II. *E. monósticha*[1])(Milde 39. Jahresb.Schles.Ges.1861 138[1862]. [Luerssen Farnpfl. 743 erw.]). Stengel meist überwinternd, meist astlos, mit zweikantigen Rippen. Reihen der Spaltöffnungen stets nur aus einer Linie gebildet.

a. *E. hiemália* (Milde Nova Acta XXXII. 173. 510 [1866]. Luerssen Farnpfl. 743). Stengel kräftig, mit schmalen, zwischen den Kanten flachen oder wenig vertieften Rippen. Furchen ohne oder mit undeutlichen Rosetten (s. S. 140). Central-Luftgang weit ($^2/_3$ des Stengel-Durchmessers). Leitbündel mit innerer Gesammt-Schutzscheide. Scheiden durch den Grundtheil der frühzeitig grösstentheils abfallenden Zähne meist kurz- und stumpf-gekerbt.

66. (9.) **E. hiemále.** (Schachtelhalm, Schaftheu; niederl.: Schaafstro, Schrijnmakersbiezen; dän.: Skavgraes; ital.: Asprella, Pincheri de' legnaiuoli.) ♃. Stengel meist aufrecht, bis 15 dm hoch und bis 6 mm dick, dunkel- oder etwas graugrün. Glieder meist 3—9 (selten bis 18) cm lang. Rippen 8—34, stumpf- bis scharfkantig, von zwei Reihen getrennter oder öfter zusammenfliessender oder zu buckelförmigen Querbändern verschmolzenen Kieselhöckern, sehr rauh. Scheiden (incl. Zähne) bis 15 mm lang; ihre Röhre etwa so lang als breit, meist zweifarbig, weisslich oder fuchsroth, am Grunde und am Saume mit schwarzbrauner bis schwarzer Querbinde, selten gleichfarbig; ihre Rippen meist flach, schwach 3 furchig. Commissuralfurchen sehr schmal; die Scheiden zuletzt längs derselben einreissend. Zähne lineal pfriemenförmig, oft zu 2—4 zusammenhängend, schwarzbraun, weiss berandet, nur an den obersten Scheiden öfter bleibend. Aehre am Grunde von der obersten glockenförmigen Scheide umschlossen, mit engröhriger Achse. — Sandige, beschattete Abhänge, etwas feuchte Wälder, Ufer, seltner auf trocknen Wiesen, besonders Waldwiesen, stellenweise häufig, oft gesellig; im Süden mehr in höheren Lagen, bis 2300 ja ausnahmsweise 2600 m ansteigend; in der immergrünen Region des Mittelmeergebiets und auf den Nordsee-Inseln fehlend. Sp.r. der überwinternden Stengel Mai, Juni, der diesjährigen (auch bei den überwinternden Formen) Juli, Aug. — *E. hye.* L. Sp. pl. ed. 1. 1062. (1753). Luerssen Farnpfl. 743 fig. 214. 215. Koch Syn. ed. 2. 966. Nyman Consp. 860 Suppl. 344.

Die einzige in ausgedehntem Maasse technisch verwendete Art; wie die oben mitgetheilten Namen andeuten, bedienen sich ihrer besonders die Tischler beim

---

[1]) Von μόνος einzeln und στίχος Reihe.

Poliren der Möbel und Parquetfussböden. Kann auch zum Radiren benutzt werden. Eine gleichfalls vielgestaltige Art, von der sich die Abart A. II. b. 67., B. I. a. und b. 65. nähern, von denen die äussersten Formen nicht immer leicht zu scheiden sind. Ob aber, wie Milde annimmt, wirkliche Uebergänge, oder ob vielleicht an gemeinsamen Fundorten Bastarde vorkommen, ist nicht hinlänglich festgestellt. Hauptformen nach Milde (Fil. Eur. 243—245) und Luerssen (a. a. O. 748—754):

A. Scheiden eng anliegend. Stengel überwinternd.
 I. Zähne der Stengelscheiden grösstentheils oder sämmtlich frühzeitig abfallend.
  a. genuinum. Stengel 3—12 dm hoch, normal ástlos. Rippen 18—34, meist mit 2 öfter zusammenfliessenden Reihen von runden Kieselböckern besetzt. — Die am meisten verbreitete Form. — *E. h. g.* A. Br. in Flora XXII. 308 (1839). Luerssen Farnpfl. 748. *E. h. vulgáre* Döll Rhein. Fl. 30 (1843). Hierzu die Unterabart 2. *minus* (A. Br. in Milde Sporenpfl. 120 (1865). Luerssen a. a. O. 749. Stengel niederliegend bis aufsteigend, nur bis 25 cm lang, 11—15 rippig. — Seltener. — Ferner 1. *polystáchyum*[1]) (Milde Nova Acta XXVI. II. 464 (1858). Luerssen a. a. O.). Stengel an den obersten 1—6 Scheiden (meist bei verletzter, selten unversehrter Spitze) mit kurzen, ährentragenden Aesten. — Nicht allzu selten.
  b. ramigerum. Stengel bis 13 dm hoch, an den mittleren Scheiden mit regelmässig 2—5zähligen Quirlen bis 25 cm langer, 8 - 10-rippiger Aeste. Rippen des Stengels 15—24, mit 2 unregelmässigen Reihen von runden Kieselhöckern besetzt. Zähne der Astscheiden meist bleibend. — Bisher nur Brandenburg: Potsdam: Baumgartenbrück; Kladow (Prager BV. Brand. XXXVI. 64). Schlesien: Breslau. Baden: Karlsruhe: Knielingen; Philippsburg: zw. Graben und Liedolsheim! Verona: Pestrino. — *E. h.* 3. var. *r.* A. Br. bei Milde BV. Brand. V. 1863. 235 (1864). Luerssen a. a. O. 751. Von 65., in dessen Gesellschaft diese Form an mehreren Fundorten beobachtet wurde, durch die kantigen Rippen und die anliegenden Scheiden zu unterscheiden.
 II. Zähne der Stengelscheiden (besonders an den oberen) grösstentheils bleibend.
  a. viride. Stengel bis 6 dm hoch, auch getrocknet lebhaft grün. Rippen 13—16, schmal, mit 2 unregelmässigen Reihen von runden Kieselhöckern. Furchen mit undeutlichen Rosettenbändern. Rippen der Scheiden 3 furchig. Zähne glatt, ungefurcht. — Bisher nur in Brandenburg bei Potsdam: Kladow (Prager a. a. O. 63.) und Berlin: Gesundbrunnen ehemals!! — *E. h.* 4. var. *v.* Milde BV. Brand. V. 1863 236 (1864). Luerssen a. a. O. 750. Hierzu gehört eine Unterabart 2. *caespitósum* (Warnstorf bei Prager a. a. O. (1894). Stengel dichtrasig, sowie 1. *ramósum* (Milde a. a. O. [1864]) mit einzelnen Aesten.
  b. Doéllii[2]). Unterscheidet sich von der vorigen Abart durch breitere schwach concave Rippen des bis 8 dm hohen Stengels und etwas rauhe, gefurchte Zähne. — Bisher mit Sicherheit nur auf der Ober-Rheinfläche von Neu-Breisach bis Mainz; angeblich bei Dresden. — *E. h.* var. *D.* Milde Ann. Mus. Lugd. Bat. I. III 69 (1863). Luerssen a. a. O. 749. *E. h. b. paleáceum* Döll Rhein. Fl. 31 (1843) nicht *E. p.* Schleich. Nähert sich durch die angegebenen Merkmale 67., mit dem es öfter zusammen vorkommt, und welches sich durch noch breitere Rippen, deutliche Rosetten und stärker rauhe Zähne (ob immer sicher?) unterscheidet.

B. Scheiden oberwärts abstehend. Stengel nicht überwinternd.

---

[1]) S. S. 122.
[2]) Nach Johann Christoph Döll, * 1808 † 1885, Geh. Hofrath und Oberbibliothekar in Karlsruhe, verdienstvollem Morphologen und Floristen des oberen Rheingebiets (Rheinische Flora 1843. Flora des Grossherzogthums Baden 1857—1862).

I. Scheidenröhre 6—14 mm lang. Zähne wenigstens zum Theil bleibend.

a. Mo*o*rei[1]). Stengel 2 dm bis 1 m hoch, schmutzig- oder graugrün: Rippen 8—18, mit 2 oft verschmelzenden Reihen runder Kieselhöcker oder mit breiten Querbändern besetzt. Furchen meist ohne Rosetten. Scheiden verlängert, gleichfarbig grün oder fuchsroth, am Grunde und Saum mit schwarzer Querbinde. Zähne besonders an den oberen Scheiden bleibend, nicht gefurcht, glatt, braun, weissberandet. Sporen meist fehlschlagend. — Ziemlich verbreitet. — *E. h. M.* Aschers. Syn. I. 143 (1896). *E. M.* Newman Phytol. V. 19 (1854). *E. pale*á*ceum* Schleich. exs. z. T. *E. h. Schleich*é*ri*[2]) Milde Ann. Mus. Lugd. Bat. I. III. 68 (1863). Luerssen a. a. O. 751. *E. trach*ý*odon* Milde Nova Acta XXVI. II. 465 (1858) nicht A. Br. Diese Form wurde früher mehrfach (sogar von A. Braun) mit 67. verwechselt, das sich durch die regelmässig 2reihigen Kieselhöcker, die anliegenden Scheiden und die rauhen, gefurchten Zähne unterscheidet. Von 65. (ob immer sicher?) durch die kantigen Rippen zu trennen. Milde unterscheidet (BV. Brand. V. 237) eine Form a. *minus* mit 8—12 und b. *majus* mit 14—18 rippigem Stengel, die aber wohl kaum scharf zu trennen sind; Ferner (c) l. *ramósum*. Stengel (auch unversehrt) mit einzelnen Aesten und (d.) l. *polyst*á*chyum*[3]). Stengel (meist nur, wenn an der Spitze verstümmelt), mit ährentragenden Aesten.

b. Rabenh*o*rstii[4]). Unterscheidet sich von der vorigen Form durch den aufsteigenden, bis 3 dm langen, bis 15 rippigen Stengel mit deutlichen Rosettenbändern in den Furchen Scheiden stets grün, gleichfarbig. Zähne bleibend, grösstentheils weisslich, gekräuselt. — Bisher nur am steilen Elb-Abhang bei Arneburg in der Altmark!! und bei Darmstadt. — *E. h. R.* Milde Ann. Mus. Lugd. Bat. I. III. 69 (1863). Luerssen a. a. O. 754. *E. h. pale*á*ceum* Rabenh. Krypt. fl. Deutschl. II. III. 336 (1846). Erinnert noch mehr als die vorige Abart an 65.

II. Scheidenröhre höchstens 5,5 mm lang. Zähne abfallend.

fallax. Stengel aufsteigend, bis 4 dm lang, 10—12 rippig. Furchen ohne Rosetten. Scheiden gleichfarbig grün. — Bisher nur im Canton Bern bei Burgdorf! — *E. h. f.* Milde a. a. O. I. VIII. 246 (1864). Luerssen Farnpfl. a. a. O.

Von Missbildungen beobachtete Luerssen (a. a. O. 753) eine m. *spirale* der Form B. I. a. am Weichselufer bei Dirschau in Westpreussen.

(Europa mit Ausschluss des eigentlichen Mittelmeergebiets; Nord-Asien; Turkestan; Japan; Nord-America.) *

---

[1]) Nach dem Entdecker David Moore, * 1807 † 1879. Curator des Botanischen Garten zu Glasnevin bei Dublin, einem um die Flora Irlands verdienten Botaniker.

[2]) Nach Johann Christoph Schleicher, * zu Hofgeismar (Prov. Hessen-Nassau) 1768, † zu Bex (Canton Waat) 1834. (R. Buser br.) Derselbe hat sich durch Erforschung der Schweizer Flora und der angrenzenden Theile Ober-Italiens sowie durch Verbreitung seltener und kritischer Formen, u. a. auch von *Equisetum* und *Salix*, durch Verkauf und Tausch verdient gemacht. Sein Catalogus plantarum in Helvetia cis- et transalpina sponte nascentium ist in 4 Auflagen 1800, 1807, 1815 und 1821 erschienen.

[3]) S. S. 122.

[4]) Nach dem Entdecker Gottlieb Ludwig Rabenhorst, * 1806 † 1881, Apotheker in Luckau, seit 1840 Privatgelehrten in Dresden, seit 1875 in Meissen, verdient durch seine Flora Lusatica 1839, durch seine zahlreichen Schriften über Kryptogamen (namentlich Deutschlands Kryptogamenflora [1844—1853], Kryptogamenflora von Sachsen [1863. 1870] und Flora Europaea Algarum aquae dulcis et submarinae [1864—1868]) noch mehr aber durch seine ausgedehnten Exsiccaten-Sammlungen, die sich auf alle Gruppen der Kryptogamen erstrecken.

b. *E. trachyodónta* (Milde Nova Acta XXXII. 173, 555 [1866]. Luerssen Farnpfl. 761). Stengel meist überwinternd, mit breiten, zwischen den Kanten meist deutlich vertieften Rippen (vgl. 68 B.). Furchen mit deutlichen Rosettenbändern besetzt. Zähne der Stengelscheiden wenigstens in ihrer unteren Hälfte bleibend, rauh.

1. Stengelscheiden eng anliegend. Zähne lanzettlich-pfriemenförmig. Central-Luftgang $1/4$—$1/3$ des Stengeldurchmessers einnehmend. Leitbündel mit innerer Gesammt-Schutzscheide.

67. (10.) **E. trachyodon** [1]). ♃. Stengel meist rasig, aufsteigend bis aufrecht, bei uns bis 45 cm hoch und bis 3 mm dick, bleich- oder graugrün. Glieder 2—5 cm lang. Rippen 7—14, $1/3$—$1/2$ so breit als die Furchen, mit deutlicher Carinalfurche, an den Kanten von regelmässig einreihigen runden Kieselhöckern sehr rauh. Scheiden (mit Einschluss der der Röhre an Länge gleichkommenden Zähne) 5,5 bis 8 mm lang, die unteren ganz schwarz, die oberen am Saume mit schwarzer Querbinde, mit 3 furchigen Rippen, an denen die tiefere Mittelfurche sich in die der Stengelrippen und auf die Zähne fortsetzt. Zähne schwarzbraun, unterwärts weiss berandet, rückenseits rauh und am Rande oft stachlig gezähnelt. Aehre am Grunde von der obersten glockenförmigen Scheide umschlossen, mit sehr engröhriger Achse. Sporen meist fehlschlagend. — Auf trocknem, schwach begrastem, sandig-kiesigem Boden, seltner auf Sumpfwiesen (Kneucker br.), bisher nur auf der Ober-Rheinfläche von Strassburg bis Mainz stellenweise, meist nahe am Strome; nach Döll h. auch im Wollmatinger Ried bei Constanz (Zahn BV. Baden III. 268 [1895]). Sporangien der überwinternden Stengel April, der diesjährigen Juli, Aug. — *E. t.* A. Br. in Flora XXII. 305 (1839; a. a. O. XXI. 160 [1838] wird der blosse Name und zwar irrthümlich als *brachyodon* erwähnt). Luerssen Farnpfl. 761 fig. 216, 217. Koch Syn. ed. 2. 967. Nyman Consp. 860. *E. hiemále β. Mackáii*[2]) Newman Phytol. I. Nr. XVI. 305 [Sept. 1842]. *E. M.* Newman in Babington Man. Brit. bot. 381 (1843). (Die von mir Fl. v. Brand. I. 903 ausgesprochene Identification dieser Pflanze mit 66. B. I. a. nehme ich hiermit zurück.) *E. h. D. t.* A. Br. in Döll Rhein. Fl. 32 (1843).

Ueber die Unterschiede dieser seltenen Form von 66., namentlich den Abarten A. II. b. und B. I. a. s. S. 142 und 143. Warnstorf (b.) spricht die bei den intermediären Merkmalen und dem Fehlschlagen der Sporen nahe liegende Vermuthung einer hybriden Abstammung von 66. und 68. aus. Dieselbe wird aber durch das Vorkommen nicht unterstützt, da die Pflanze nur ausnahmsweise mit 68., häufiger dagegen mit 66., zuweilen auch ganz allein vorkommt (Kneucker br.).

---

[1]) Von τραχύς rauh und ὀδούς Zahn.
[2]) Nach dem Entdecker James Townsend Mackay, * 1775? † 1862, Curator des Botanischen Gartens des Trinity College in Dublin, einem um die Flora Irlands hochverdienten Botaniker (Flora Hibernica 1836).

Das Fehlschlagen der Sporen wurde übrigens auch bei 66. B. I. a. festgestellt, das an zahlreichen Fundorten besonders in Nord- und Mitteldeutschland, auch sonst im nördlichen Europa beobachtet wurde, wo 65., an welches man allein in Betreff etwaiger hybrider Abkunft denken könnte, in weitem Umkreise fehlt.

(Schottland bei Aberdeen; Irland bei Belfast.)   *]

> 2. Stengelscheiden oberwärts abstehend. Zähne aus breiterem Grunde plötzlich in eine später abfallende pfriemenförmige Spitze verschmälert.

68. (11.) **E. variegátum.** ♃. Stengel oft dicht-rasig, niederliegend bis aufsteigend, seltener aufrecht, 1—3 dm lang, selten länger, bis 2 (selten 3) mm dick, am Grunde mit stengelähnlichen Aesten, oberwärts meist astlos, meist grasgrün. Glieder 1—3 (selten 6) cm lang. R i p p e n 4 — 12, e t w a h a l b s o b r e i t a l s d i e F u r c h e n, meist von Kieselhöckern oder Querbändern rauh. Central-Luftgang $^{1}/_{4}$—$^{1}/_{3}$ des Stengeldurchmessers einnehmend, selten sehr eng oder selbst fehlend (A. I. b.). L e i t b ü n d e l m i t i n n e r e r G e s a m m t-S c h u t z s c h e i d e. Scheiden kurzglockenförmig oder verlängert, am Saume mit schwarzer Querbinde oder in ihrer oberen Hälfte (selten fast ganz) schwarz; ihre Rippen mit tiefer Carinalfurche und jederseits 1 (selten 2) seichteren Nebenfurchen. Zähne a u s b l e i b e n d e m, e i f ö r m i g e m b i s l ä n g l i c h - l a n z e t t l i c h e m ganz w e i s s e m o d e r h ä u f i g v o n e i n e m b r a u n e n o d e r s c h w a r z e n M i t t e l s t r e i f e n d u r c h z o g e n e n G r u n d t h e i l e grannenartig zugespitzt; die rauhe Spitze später abfallend. Aehre mit hohler Achse. — Feuchte, sandige, kiesige oder moorige Plätze, an Ufern, öfter an neu entstandenen Standorten, wie in Ausstichen, auf versandeten Wiesen auftretend und durch Veränderung der Oertlichkeit wieder verschwindend, seltener in Gebüschen; besonders in den Thälern des Alpen- und Karpatengebiets verbreitet (bis 2300 m aufsteigend, von den Gebirgsflüssen oft bis in die Ebene herabgeführt), seltener im Süd- und Mitteldeutschen Berglande und im Norddeutschen Flachlande. Alpen von Dauphiné und Piemont bis Nieder-Oesterreich, Steiermark! und Kroatien. Nördliche! und südliche Karpaten! Sió-Fok am Plattensee, Koroncó bei Raab und Wolfsthal bei Pressburg (Neilreich Ungarn 2., Nachtr. 1). Ober-Rheinfläche! Lothringen: Bitsch. Württemberg. Oberbayern!! Nürnberg: am Canal zwischen Steinach und Kronach (Schwarz! vgl. DBM. VI. 193). Thüringen: Kahla: Gumperda (Schmiedeknecht! BV. Thür. V. 59 [1887]. Harz: Innerste zwischen Wildemann und Lautenthal früher! Altenau; Wernigerode: Veckenstedter Teiche (Forcke nach E. Schulze Naturw. V. Harz V. 10). Böhmen! Nördliches Flachland: Nordsee-Dünen in Belgien! den Niederlanden und auf der Insel Borkum; früher auf den Wällen von Ypern! bei St. Trond (Crépin Man. 2 ed. 273). Brandenburg: Potsdam: Thongruben bei Werder früher!! Frankfurt a. O.: Buschmühle (Rüdiger seit 1887!! vgl. Monatl. Mitth. V. 119). Schlesien: Breslau: bei Karlowitz! und Kattern früher! Rybnik: Ausstich bei Przegędza Fritze!! Galizien: Am Dunajec bei Tarnów; Janów bei Lemberg (Rehmann!). Westpreussen: Löbau: Wisznewo! Schwetz:

Stelchno-See bei Laskowitz. Ostpreussen: Kr. Ortelsburg: Lehleskener See bei Passenheim; Gumbinnener Fichtenwald. Sp.r. April — Aug. — *E. v.* „All." Schleicher Catal. pl. helv. ed. 2. 27 (1807, blosser Name). Weber u. Mohr Bot. Taschenb. 1807 60, 447. Luerssen Farnpfl. 765 fig. 218, 219. Koch Syn. ed. 2. 967. Nyman Consp. 860. Suppl. 345. *E. hiemale* A) *tenéllum* Liljeblad Utkast til en svensk Flora 384 (1798) z. T. *E. reptans β. variegatum* Wahlenb. Fl. lapp. 298 (1812). *E. ténue* Hoppe! Flora II. 229 (1819, blosser Name, vgl. Koch Syn. a. a. O.). *E. hiemale β. v.* Newman Phytol. I. 337 (1842). *E. tenellum* Krok in Hartm. Handb. Skand. Fl. 12 Uppl. 25 (1889).

Diese durch die dünnen Stengel und den Farben-Contrast zwischen der schwarzen Querbinde der Scheiden und den weissen Zähnen in der Regel leicht kenntliche Art unterscheidet sich von dem robusteren 67. durch die nach oben erweiterten Scheiden und von dem meist viel zarteren 69. durch die Rippen, die schmäler als die Furchen sind. Sie ist nicht minder vielgestaltig als 65. und 66. Milde (Fil. Eur. 247—249) und Luerssen (Farnpfl. 769—775) unterscheiden:

A. Rippen scharf zweikantig, mit deutlicher Carinalfurche.
  I. Scheiden kurz-glockenförmig.
    a. Stengel 6—12 rippig.
      1. Scheiden mit schwarzbrauner Querbinde am Saume.
        a. Rippen der Scheiden 3 furchig. Hierher die folgenden Unterabarten:
        1. caespitósum (Döll Fl. Baden I. 71 [1855]. Luerssen Farnpfl. 769). Stengel bis 25 cm hoch, 5—9- (meist 6—7-) rippig, mit grundständigen, ebenso dicken, bogenförmig aufsteigenden Aesten. Spaltöffnungsreihen durch 4—6 Zellreihen getrennt. — Die häufigste Form, besonders im mittleren und nördlichen Gebiete. — *2. virgátum* (Döll a. a. O. [1855]. Luerssen a. a. O.). Stengel über dem Grunde mit einzelnen Aesten, sonst w. v. — Weniger häufig. — *3. elátum* (Rabenhorst Krypt. fl. II. III. 336 [1848]. Luerssen a. a. O. 770). Stengel bis 6 dm hoch, 9—12 rippig. Spaltöffnungsreihen durch 5—10 Zellreihen getrennt. — Ziemlich selten.
        b. Rippen der Scheiden 5 furchig.
          Heufléri[1]). Stengel über 3 dm hoch, 8 rippig. Spaltöffnungsreihen durch 8 Zellreihen getrennt. — So bisher nur in Nord-Tirol im Hinterau-Thale bei Scharnitz. *E. v.* 4. *H.* Milde Ann. Mus. Lugd. Bat. I. III. 70 (1863). Luerssen a. a. O.
      2. Scheiden ganz schwarz.
        alpéstre. Stengel nicht über 16 cm lang, 6—9 rippig, mit meist hin und her gebogenen Gliedern. — Im Alpengebiet wohl nicht allzu selten. — *E. v.* 6. *a.* Milde a. a. O. VIII. 247 (1864). Luerssen a. a. O. *E. Riónii*[2]) Christ br. nach Milde a. a. O.
    b. Stengel nur 4- (selten 5-) rippig.
      anceps. Zwergform. Stengel aufsteigend, bis 15 (selten 30) cm hoch, meist nur ½—¾ mm dick, meist ohne Central-Luftgang. Scheiden mit schwarzer Querbinde am Saume. Zähne oft ganz weiss. — Bisher nur beobachtet in Tirol; Salzburg! Kärnten; Prov. Verona und Vicenza: Lessinische Alpen (Trevisan Atti Ist. Ven. III. ser. XIV. 1758); Tatra: Im Kiese der Javorinka bei Podspady (Ilse!). — *E. v. a.* Milde a. a. O. III. 71 (1863). Luerssen a. a. O. 771. Der folgenden Art täuschend

---

[1]) S. S. 77.

[2]) Nach Alphonse Rion, * 1809 † 1856, Domherrn in Sion, der sich um die botanische Erforschung von Wallis Verdienste erwarb.

ähnlich, mit der diese Abart auch durch den Mangel des Central-Luftgangs übereinstimmt, von der sie aber durch das Verhältniss der Rippen und Furchen und durch das Vorhandensein der inneren Schutzscheide sicher zu unterscheiden ist.

II. Scheiden verlängert (bis 9 mm lang).

pseudo-elongátum. Stengel bis 5 dm lang, 6—10 rippig, meist spärlich beästet. Spaltöffnungsreihen durch 7 Zellreihen getrennt. Scheiden meist gleichfarbig grün. Zähne oft ganz weiss. — So bisher nur in der Schweiz bei Zug und am Genfer See! eine vielleicht nahestehende Form bei Bozen im Sande der Talfer! — *E. v.* 10. *p.* Milde a. a. O. 70 (1863). Luerssen a. a. O. 772. Erinnert an dürftige Formen von 65., von denen sich diese Abart aber durch die scharfkantigen Rippen sicher unterscheidet.

B. Rippen stumpf zweikantig, mit schwacher Carinalfurche, oder flach bis sogar convex.

I. Scheiden kurz, glocken- oder kreiselförmig.

a. laeve. Stengel bis 3 dm lang, 7—8 rippig, oberwärts unbeästet. Rippen ganz glatt, ohne Kieselhöcker. — So mit Sicherheit nur in Siebenbürgen am Altflusse (Aluta) bei Talmács und am Büdös im Szeklerlande! Angeblich auch in Kärnten bei Deutsch-Bleiberg und Heiligen Geist (Maruschitz nach Pacher Jahrb. Laudes-Mus. Kärnten XXII. 32). — *E. v.* 8. *l.* Milde Sporenpfl. 126 (1865). Luerssen a. a. O. 773. *E. serótinum* Schur En. pl. Transs. 822 (1866). *E. látidens* Schur exs.

b. Wilsóni[1]). Stengel aufrecht, bis 1 m hoch, 8—12 rippig, spärlich und unregelmässig beästet. Rippen ziemlich glatt, mit unregelmässig angeordneten Kieselbuckeln. Scheiden kreiselförmig, schmal schwarz gesäumt. Zähne fünffurchig, schwarzbraun, weiss berandet. — Sehr selten; bisher nur in Baden: Neuenburg; Karlsruhe: Maximiliansau. — *E. v. W.* Milde Ann. Mus. Lugd. Bat. I. III. 70 (1863). Luerssen a. a. O. 775. *E. W.* Newman Hist. brit. ferns 2. ed. 41 (1844). *E. v. d. cóncolor* Döll Fl. Baden I. 71 (1855).

II. Scheiden verlängert (bis 10 mm).

a. Scheiden ganz oder grösstentheils grün.

1. Scheiden gleichfarbig grün.

cóncolor. Stengel bis 6 dm hoch, 6—9 rippig, spärlich und kurz beästet. Rippen der Scheide mit 2 Nebenfurchen, die lanzettlich-pfriemenförmigen schwarzbraunen, weissberandeten Zähne nur mit Carinalfurche. — Sehr selten, nur in der Schweiz am Neuenburger See und in Steiermark an der Mur bei Graz! Uebergangsformen zu B. II. a. 2. *a.* in Süd-Tirol. — *E. v. c.* Milde a. a. O. (1863) vgl. a. a. O. VIII. 247 (1864) nicht Döll. Luerssen a. a. O. 773.

2. Scheiden mit schwarzer Saumbinde.

a. arenárium. Stengel aufsteigend, bis 45 cm hoch, Rippen 6—9, mit Kiesel-Querbändern besetzt. Zähne länglich-pfriemenförmig, schwarzbraun, weiss berandet. — Sandiges Ufer des Neuenburger! und Genfer Sees! — *E. v.* 13. *a.* Milde a. a. O. VIII. 247 (1864). Luerssen a. a. O. Hierzu die Form 2. *pállidum* (A. Br. bei Milde a. a. O. [1864]. Luerssen a. a. O.). Scheiden mit breitem, bleichem Rande.

b. meridionále. Stengel nicht überwinternd, aufrecht, bis 1 m hoch oft bis zur Spitze mit einzelnen oder zu 2 stehenden Aesten. Rippen 8—12, mit 2 Reihen öfter zu Querbändern ver-

---

[1]) Nach William Wilson, * 1799 † 1871, Verfasser des hochgeschätzten Werkes Bryologia Britanica. London 1855.

schmelzenden Kieselbuckeln besetzt, rauh-, Zähne länglich-lanzettlich, ganz weiss bis schwarzbraun, mit schmalem, weissem Hautrande. — Bisher nur in Süd-Tirol bei Meran! — *E. v.* var. *m.* Milde Bot. Zeit. XIX. 458 (1862). Luerssen a. a. O: 774.

b. Scheiden fast ganz schwarz.

affine. Stengel bis 3 dm hoch, unbeästet Rippen 8—9, mit breiten Kiesel-Querbändern besetzt, fast glatt. Zähne eilanzettlich bis lanzettlich, 3furchig, schwarz, weissrandig. — Canton Waat bei Concise am Neuenburger See und bei Bex. Süd-Tirol: Ratzes! Karpaten. — *E. v. a.* Milde Ann. Mus. Lugd. Bat. I. III. 70 (1863). Luerssen a. a. O.

Von abnormen Formen verdient Erwähnung ein l. *próliferum* (Luerssen a. a. O. 775 [1889]). Statt einer Aehre geht aus der glockigen Scheide am Gipfel eines Sprosses eine mit verkürzten Gliedern beginnende vegetative Fortsetzung hervor. — Ostpreussen: Gumbinnen.

(Nord- und Mittel-Europa (fehlt im eigentlichen Mittelmeergebiet, in den unteren Donauländern und im europäischen Russland mit Ausnahme von Finnland, der Ostseeprovinzen und (?) Mohilew; fehlt auch in Dänemark). Sibirien. Nord-America, südlich bis 43° N. Br.) *****

69. (12.) **E. scirpoides.** ♃. Stengel dicht rasig, niederliegend bis aufsteigend, bis 2 dm lang, 1—1,5 mm dick, meist unbeästet, lebhaft grün. Glieder bis 1,25 cm lang. Rippen 3—4, von zwei weit von einander entfernten Reihen von Kieselhöckern rauh, so breit als die Furchen, die nicht tiefer als die Carinalfurchen der Rippen sind; der Stengel daher gleichmässig 6—8kantig. Central-Luftgang und innere Gesammt-Schutzscheide fehlen. Scheiden meist kurz-kreiselförmig, ganz schwarz oder mit schwarzer Saumbinde; ihre Rippen 3furchig mit breiter Carinalfurche. Zähne aus bleibendem, breiteiförmigem, weissem, auf dem schwarzbraunen Mittelstreifen rückenseits rauhem Grunde pfriemenförmig zugespitzt. Aehre am Grunde von der obersten glockenförmigen Scheide umhüllt oder ganz in dieselbe eingeschlossen. — Bisher mit Sicherheit nur in Kärnten auf feuchten Wiesen an der Möll bei Heiligenblut von Wulfen gesammelt; neuerdings nicht wieder beobachtet. Sp.r. Mai—Juli. — *E. s.* Michaux Fl. bor. amer. II. 281 (1803). Luerssen Farnpfl. 779 fig. 220, 221. Nyman Consp. 860 Suppl. 345. *E. hiemale* A) *tenellum* Liljebl. Utkast u. s. w. 384 z. T. (1798). *E. reptans* Wahlenb. Fl. Lapp. 398 (1812) z. T. *E. tenellum* Ledeb. h. nach Milde Nova Acta XXXII. 596. *E. t. * sc.* Krok in Hartman Handb. Skand. Fl. 12 Uppl. 25 (1889).

(Island; Bären-Insel; Spitzbergen; Skandinavien (südlich bis Süd-Norwegen und nördl. Upland); nördliches Russland (südlich bis Livland, Onega, Olonetz, Wologda, Perm). Sibirien. Nord-America südlich bis zum 40° N. Br.) **\|***

3. Classe.

LYCOPODIÁRIAE.

(Aschers. Syn. I. 149 [1896]. *Lycopodinae* Prantl Lehrb. d. Bot. 116 [1874]. Luerssen Farnpfl. 781. *Lycopodiáles* Engl. Syll. Gr. Ausg. 58 [1892]).

Vgl. S. 2. Wurzeln gablig verzweigt, sehr selten (bei der tropischen Gattung *Psilótum* Sw.) fehlend. Sporangien aus einer Gruppe von Epidermiszellen hervorgehend, mit mehrschichtiger Wand, ohne Ring. Unsere Arten ausdauernde Krautgewächse oder Halbsträucher, welche getrocknet fast immer einen sehr charakteristischen süsslich-urinösen Geruch besitzen. Blätter ungestielt.

Uebersicht der Unterclassen.

Blätter ohne Ligula. Aus den gleichgestalteten Sporen entwickelt sich ein weit aus denselben hervortretender, verhältnissmässig ansehnlicher einhäusiger Vorkeim. **Isosporae.**

Blätter mit Ligula. Aus den zweigestaltigen Sporen entwickeln sich nur wenig aus denselben hervortretende eingeschlechtliche Vorkeime; namentlich der männliche nur aus dem Antheridium und einer grundständigen, kleinen, linsenförmigen, vegetativen Zelle bestehend, sehr klein. **Heterosporae.**

1. Unterclasse.

ISÓSPORAE[1]).

(Prantl a. a. O. [1874]. Luerssen a. a. O. 782.)

S. oben. Bei uns nur die

8. Familie.

LYCOPODIÁCEAE.

([L. C. Richard in Lamarck u. DC. Fl. franç. II. 571 (1805) z. T.] Mettenius Fil. Hort. Bot. Lips. 16 [1856]. Luerssen a. a. O.)

Alle Blätter ungetheilt. Sporangien einzeln einem Blatte dicht über dessen Grunde eingefügt, durch einen Querspalt zweiklappig aufspringend. Sporen in jedem Sporangium sehr zahlreich, kugeltetraëdrisch.

Bei uns nur die Gattung

---

[1]) S. S. 118.

25. LYCOPÓDIUM[1]).

([Dillen. hist. musc. 441 erweitert. L. Gen. pl. ed. 1. 323] ed. 5. 486 [1754] z. T. Brongniart Hist. vég. foss. II. 1 [1828]. Luerssen Farnpfl. 783.) (Bärlapp; niederl. u. vlaem.: Wolfsklauw; dän.: Ulvefod; ital.: Erba strega; poln.: Widlak; böhm.: Plavuň; russ.: Плаунъ; ung.: Korpafü.)

Bei uns mittelgrosse Halbsträucher oder ziemlich kleine Kräuter, meist kriechend, von meist monopodialem Aufbau aber gabliger Verzweigung, abgesehen von den haarförmigen Spitzen der Blätter mancher Arten kahl. Stengel von einem mächtigen Leitbündel mit plattenförmigen radial oder unregelmässig anastomosirenden Holzkörpern durchzogen. Blätter dicht gestellt, verhältnissmässig klein. Sporangien nierenförmig, bei der Reife meist gelb gefärbt, auf abweichend gestalteten Sp.b. zu endständigen, cylindrischen Aehren vereinigt, seltener (70.) auf den Frond. völlig gleichgestalteten Blättern, keine Aehren bildend. Vorkeim (zuerst 1872 von Fankhauser [Bot. Zeit. XXXI. Sp. 1] an 71, 1884 von Goebel [Bot. Zeit. XLV. 161 (1887)] an 73., an javanischen Arten seit 1884 von Treub [Ann. jard. Buitenzorg IV. 105 V. 87] entdeckt, bei den übrigen einheimischen Arten noch unbekannt) mit eingesenkten Antheridien und nur mit dem Halse hervorragenden Archegonien, entweder völlig unterirdisch, knollenartig, ohne Chlorophyll (71) oder nur theilweise unterirdisch, knollenartig, chlorophyllfrei oder -arm, oberirdische chlorophyllreiche Lappen ausbildend (nach Goebel von der Gestalt einer jungen Runkelrübenpflanze im Kleinen) (73), (bei javanischen Arten strangartig verzweigt, chlorophyllfrei, zwischen den Borkenschuppen von Bäumen vorkommend). Keimling aus dem knollenartigen z. T. im Vorkeim steckenden Grundtheile (Fuss), dem einzelnen Keimblatte und der seitlichen Stammknospe bestehend. Die erste (endogen entstehende) Wurzel tritt am Grunde des Keimblatts hervor.

Etwa 100 Arten, an mässig feuchten oder trockenen Standorten, fast stets auf kalkarmem Boden, oft in Wäldern, über den grössten Theil der Erdoberfläche verbreitet, die Mehrzahl innerhalb der Tropen. Ausser den 6 Arten unseres Gebietes findet sich in Europa keine weitere.

A. *L. homoeophýlla*[2]) (Spring in Mart. et Endl. Fl. Bras. I. II. 109 [1840] erw. Aschers. Syn. I. 150 [1896]). Frond. (bei 70. alle Blätter) gleichgestaltet, spiralig oder stellenweise in 4—8 zähligen Quirlen angeordnet. Sporen hellgelb.

I. *Selágines* (Hook. et Greville Bot. Miscell. II. 36 [1831]. *Selágo*[3]) Rupp. Fl. Jen. ed. 1. 330). Sp.b. den Frond. völlig gleichge-

---

[1]) Zuerst bei Tabernaemontanus; von λύκος Wolf und πόδιον Füsschen; Uebersetzung eines deutschen Namens.
[2]) Von ὅμοιος ähnlich und φύλλον Blatt.
[3]) Bei Plinius (XXIV, 62) Name einer der herba Sabina ähnlichen Pflanze. Die schon von Hooker gewählte Pluralform habe ich angenommen, um die Homonymie mit der südafricanischen Siphonogamen-Gattung *Selago* L., dem Typus einer

staltet, auf bestimmte Regionen des Stengels beschränkt, die aber äusserlich nicht von den vegetativen Strecken zu unterscheiden sind.

70. (1.) **L. selágo**. (Tangelkraut, Lauskraut; niederl.: Glimkruid; dän.: Kragefod; poln.: Morzybab [daher (wie 71.) noch deutsch in Ostpreussen: Mirsemau, Miržemau]; russ.: Баранецъ.) ♄. Dunkel-, an sonnigen Stellen gelbgrün (dann meist kleiner), fettglänzend. Stengel bis 2 (selten 3) dm hoch, aufsteigend (an älteren kräftigen Stöcken am Grunde niederliegend), gewöhnlich gablig verzweigt. Aeste genähert, oft dichte Büschel bildend, gleich hoch. Blätter bis 9 mm lang, meist 8 reihig, meist aufrecht sich dicht deckend, lineal-lanzettlich, zugespitzt, ganzrandig oder sparsam gezähnelt. Sp.b. in der Mitte jedes Jahrestriebes. Sporangien mit einer über den Scheitel laufenden Querspalte aufspringend. — Schattige etwas feuchte Wälder, gern an Abhängen und (besonders in Brüchen) an Baumstümpfen, namentlich oberhalb der Waldgrenze (bis 2750 m [Kerner h.] aufsteigend), auch an Felsblöcken und steinigen Gehängen; in den Gebirgen meist verbreitet, weniger häufig im Norddeutschen Tieflande, doch auch auf den Nordsee-Inseln Juist, Norderney und Spieker Ooge (Buchenau Fl. Nordwestd. Tiefl. 34); fehlt in der immergrünen Region des Mittelmeergebiets und in der Ungarischen Ebene. Sp.r. Juli—Oct. — L. S. L. Sp. pl. ed. 1. 1102 (1753). Luerssen Farnpfl. 788. Koch Syn. ed. 2. 968. Nyman Consp. 873 Suppl. 350.

Bildet sehr häufig an den Spitzen der Aeste, oft einseitig (an der Stelle von Blättern vgl. Hegelmaier Bot. Zeit. XXX. 841. Luerssen a. a. O. S. 790 fig. 223) Brutknospen in Form kleiner beblätterter Sprosse, durch deren Abfallen und rasches An- und Auswachsen die Pflanze sich reichlich vermehrt. Diese Art ändert fast nur in der Länge und Richtung der Blätter ab; die Formen kommen indess zuweilen an einem Stock, ja an einem Spross zusammen vor. Man unterscheidet B. *appréssum* (Desv. Ann. Soc. Linn. Paris VI. 180 [1827] Luerssen Farnpfl. 792). L. S. *brevifolium* Warnstorf BV. Brand. XXIII. 118 [1882] nach dem Verf. selbst [h.]. Blätter kurz, angedrückt. C. *dúbium* (Sanio BV. Brand. XXV. 60 [1883]. Luerssen a. a. O.). Untere Blätter länger, abstehend; obere kürzer, angedrückt. D. *laxum* (Desv. a. a. O. [1827]. Luerssen a. a. O.). Blätter mässig lang, aufwärts gekrümmt. E. *patens* (Desv. a. a. O. [1827]. Luerssen a. a. O.). Blätter ungleich abstehend, flacher, feiner zugespitzt. F. *recúrvum* (Desv. a. a. O. [1827]. L. r. Kit. in Willd. Sp. pl. V. 50 [1810]. Luerssen a. a. O. 791). Astspitzen öfter zurückgekrümmt. Blätter horizontal abstehend oder abwärts gerichtet. So gewöhnlich an hohen, kräftigen Stöcken. Auch diese Art wird, obwohl seltener als 71., 72. und 74., zu Todtenkränzen benutzt und zu diesem Zwecke öfter auf ziemlich weite Entfernungen versandt (s. Reinhardt BV. Brand. I. 100).

(Nord- und Mittel-Europa (in Süd-Europa nur spärlich auf den Gebirgen); Nord-Kleinasien; Kaukasus; Nord-Asien; Japan; Azoren;

---

bekannten Sympetalen-Familie zu vermeiden. Auf 70. wurde der Name schon von Thal übertragen, weil neben der äusseren Aehnlichkeit mit Nadelhölzern, ihr ähnliche Wirkungen wie der *Sabina officinalis* zugeschrieben wurden. Dass sie pharmakologisch nicht indifferent ist, beweisen auch neuerliche Erfahrungen in der thierärztlichen Praxis. (Sabatzky nach Wittmack BV. Brand. XXXIII. XV.)

Madeira; St. Helena; Tristan d'Acunha; Nord-America; Peru; Brasilien; Falklands-Inseln; Neuseeland; Tasmania.) • *

II. **Lepidótis**[1]) (P. B. Prodr. 5. et 6. fam. de l'Aethéogamie. 101 [1805] z. T. Aschers. Syn. I. 152). Sp.b. von den Frond. verschieden, zu endständigen Aehren vereinigt. — Stengel über der Erde kriechend.

a. Sp.b. kürzer als Frond. Sporangien mit einer über den Scheitel laufenden Querspalte aufspringend. — Stengel spärlich bewurzelt.

71. (2.) **L. annótinum.** (Schlangenmoos, in Ostpreussen Mirźemau s. S. 151; poln.: Morzybab zęczyzna; russ.: Дарица, Селенка.) ♄ Lebhaft grün. Stengel bis über 1 m lang, mit aufrechten, bis 3 dm hohen, öfter wiederholt gegabelten Aesten. Frond. bis 7 mm lang, locker gestellt, 5- (selten 8-) reihig horizontal abstehend oder abwärts geneigt, lineal-lanzettlich, in eine stechende Spitze verschmälert, aber nicht haarspitzig, meist fein-gesägt, mit unterwärts vorspringendem Nerven. Blattkissen stark hervorragend. Aehren sitzend, einzeln, bis 4 cm lang und 3 mm dick. Sp.b. bis 3 mm lang und breit, rundlich-eiförmig, am trockenhäutigen Rande gezähnelt, mit kurzer, zuletzt zurückgekrümmter Spitze, mehr als doppelt so lang als das Sporangium, gelblich, zuletzt bräunlich. — Standort und Verbreitung wie bei 70., doch ohne die ausgesprochene Vorliebe dieser Art für Abhänge, meist verbreiteter und geselliger als diese; bis 1800 (ausnahmsweise 2400) m ansteigend (Kerner h.); fehlt auf den Nordsee-Inseln. Sp.r. Aug., Sept. — *L. a.* L. Sp. pl. ed. 1. 1103 (1753). Luerssen Farnpfl. 809 fig. 222 B. Koch Syn. ed. 2. 970. Nyman Consp. 872 Suppl. 350.

Von dieser Art sind bisher bei uns nur zwei Abarten unterschieden: B. *pungens* (Desv. a. a. O. 182 [1827]. Luerssen a. a. O. 810). Blätter nur 5 mm lang, aufwärts gekrümmt, mit knorpliger Spitze. — Arktische Form, bei uns bisher beobachtet: Tirol: Graun bei Bozen, 2000 m. Auch in Ostpreussen bei Lyck und im Mährischen Gesenke bei Wiesenberg und Goldenstein (Oborny ÖBZ. XL. 205) angegeben. C. *integrifólium* (Schube 70. Jahresb. Schles. Ges. f. 1892 II. 89 [1893]). Blätter z. T. ganzrandig. — Schlesien: Heuscheuer.

Von abnormen Bildungen wurde ein l. *proliferum* (Milde Nova Acta XXVI. II. 402 [1858]) mit durchwachsener Aehre aufgezeichnet.

Ein Kranz von „Schlangenmoos" wird im Riesengebirge den Touristen „zur Erinnerung" aufgedrängt.

(Nord- und Mittel-Europa; Alt-Castilien; nördliche Apenninen; Nord-Asien; Himalaja; Nord-America.) *

72. (3.) **L. clavátum.** (Schlangenmoos, Gürtelkraut, Wolfsranke, Blitzkraut; franz.: Jalousie; ital.: Erba strega, Stregonia; rum.: Chedicutid; poln.: Sw. Jana pasz., Uzelzanka; russ.: Цякуть, Дзереза.) ♄ Lebhaft- oder gelbgrün. Stengel bis über 1 m lang, mit kriechenden Haupt- und unregelmässig verzweigten aufrechten (ohne Aehren) bis 5 (selten 15) cm hohen Nebenästen. Frond. vielzeilig, an den kriechenden Achsen

---
[1]) Von λεπιδωτός beschuppt, wegen der schuppenähnlichen Sp.b.

von der Erde abgewendet (negativ-geotropisch); an den aufrechten aufwärts gekrümmt, dicht anliegend, 3—4 mm lang, die unteren gezähnelt (besonders auffällig bei der bisher nur in Schlesien beachteten Form *serrulátum* (Hellwig bei Schube 70. Jahresb. Schl. Ges. II. 89 [1893]), die oberen meist ganzrandig, in eine ungefähr ebenso lange farblose, gezähnelte zuletzt gekräuselte Borste zugespitzt. Aehren meist zu 2—3, seltener 1 oder 4—5, von einem bis 18 cm langen, mit gezähnelten, gelbgrünen, sonst den Frond. ganz ähnlichen Hochblättern locker besetzten Achsentheile getragen (gewissermassen gestielt), bis 6 cm lang und 3 mm dick. Sp.b. 2—3 mm lang, bis 2 mm breit, eiförmig, in eine ungefähr ebenso lange farblose Borste zugespitzt, ausgefressen-gezähnelt, unterwärts gekielt, gelbgrün, zuletzt hellgelb, mehr als doppelt so lang als das gedunsene Sporangium. — Heiden, an trockenen Stellen der Moore, Bergabhänge, buschige trockene Wiesen, Wälder, meist unter Nadelholz, meist häufig und gesellig, auch auf den Nordsee-Inseln; bis 2000 (ausnahmsweise 2400) m ansteigend (Kerner h.); fehlt in der immergrünen Region des Mittelmeergebiets und im Ungarischen Tieflande. Sp.r. Juli, Aug. — *L. c.* L. Sp. pl. ed. 1. 1101 (1753). Luerssen Farnpfl. 818 fig. 222 A. Koch syn. ed. 2. 970. Nyman Consp. 872 Suppl. 350.

Die Endknospen der Seitenzweige schliessen sich im Spätsommer durch die am Grunde verwachsenen äusseren Blätter als Winterknospen ab (Hegelmaier a. a. O. 837). Bemerkenswerth sind folgende, allerdings nicht scharf abgegrenzte Formen: B. *monostáchyum*[1] (Desv. a. a. O. 184 [1827]. Luerssen Farnpfl. 821). Blätter mehr abstehend und stärker gekrümmt. Aehre einzeln, kurz gestielt oder ungestielt (v. *curtum* Zabel VN. Meckl. XIII. 97 [1859]). — Seltener. — C. *tristáchyum*[2] (Hook. Fl. N.-Am. II. 267 [1840]. Luerssen a. a. O. *E. t.* Nuttall Gen. N.-Am. pl. II 247 [1818]). Kräftiger. Blätter oft weit abstehend. Aehren zu 3 und mehr. — Stellenweise häufig. — Beide Formen erinnern, die erste durch den Aehrenstand, die zweite durch die abstehenden Blätter an 71., von dem sie sich (die letztere wenn ohne Aehren) leicht durch die borstenförmige Blattspitze unterscheiden.

Von abnormen Bildungen sind zu erwähnen: l. *remótum* (Luerssen a. a. O. [1889]). Eine einzelne Aehre seitlich am Grunde oder bis zur halben Höhe des „Aehrenstiels" eingefügt. l. *frondéscens* (Luerssen a. a. O. [1889]). Ein Laubspross an derselben Stelle. Aehre zweispaltig. l. *proliferum* (Luerssen a. a. O. [1889]) s. S. 152. m. *furcátum* (Luerssen a. a. O. [1889]).

Off. Lycopodium, Sporae Lycopodii Ph. Austr., Belg., Dan., Gall., Germ., Helv., Hung., Neerl., Ross., das als Streupulver für kleine Kinder und zu physikalischen Versuchen (auch zu Theaterblitzen, daher u. a. Blitzkraut) benutzte „Hexenmehl".

(Ganz Europa, mit Ausnahme der Steppengebiete (im Süden auf den Gebirgen). In z. T. etwas abweichenden Abarten in einem grossen Theile von Asien und America; Gebirge des tropischen Africa: Kilimandjaro; Ruansori! Süd-Africa; Ostafricanische Inseln; Marianen; Hawaï-Inseln.)   *

---

[1]) Von μόνος einzeln und στάχυς Aehre.
[2]) S. S. 124.

b. Sp. b. so lang oder etwas länger als Frond. Sporangien vorn über dem Grunde aufspringend. — Stengel durch zahlreiche Wurzeln an den Boden geheftet.

73. (4.) **L. inundátum.** (Wend.: Čertowy pazory). ♃. Hell- später gelbgrün. Stengel höchstens 10 (selten 15) cm lang, jährlich nur einen, seltener mehrere sich aufrichtende und mit einer Aehre abschliessende Sprosse entwickelnd. Frond. bis 7 mm lang, am kriechenden Stengel von der Erde abgewandt, an dem aufrechten, dem „Aehrenstiele" von 72. entsprechenden Theile allseitig abstehend, alle **lineal-pfriemenförmig**, stumpflich, am Rande durchscheinend, **ganzrandig**. Aehre bis 5 cm lang, oberwärts verschmälert, meist etwas kürzer als der sie tragende aufrechte Achsentheil. Sp. b. bis 8,5 mm lang, **aus eiförmigem** gezähneltem, unterseits mit einer kielartigen Querleiste versehenem **Grunde** in eine abstehende, zuletzt aufwärts gebogene lanzettliche ganzrandige Spitze übergehend, mehrmal länger als dies querovale Sporangium. — Auf feuchtem, sandig-moorigem oder moorigem Boden, oft sehr gesellig, nicht selten in frischen Ausstichen etc. in Menge erscheinend und bei Veränderung des Standortes wieder verschwindend, oft in Gesellschaft von *Drosera rotundifolia* und *D. intermedia*. Am häufigsten in den nordwestdeutschen und Lausitzer Heidegebieten (auch auf den Nordsee-Inseln), nach Osten seltener werdend, im Süden meist in gebirgigen Lagen (bis 2200 m aufsteigend); aus dem eigentlichen Mittelmeergebiet, Bosnien-Hercegovina, Montenegro und dem Ungarischen Tieflande nicht bekannt. Sp. r. Aug.—Oct. — *L. i.* L. Sp. pl. ed. 1. 1102 (1753). Luerssen Farnpfl. 799. Koch Syn. ed. 2. 970. Nyman Consp. 872 Suppl. 350.

Der normalen Keimpflanze sehr ähnliche Adventivsprosse wurden auf abgerissenen Blättern (vielleicht den Keimblättern) bisher nur von Goebel (a. a. O. 186 Taf. 2 fig. 32) beobachtet. Von missbildeten Formen ist nur Theilung des Aehrensprosses in verschiedenen Graden zu erwähnen m. *biceps* und *triceps* (Milde Nova Acta XXVI. II. 389 [1858] Luerssen Farnpfl. 802). Aehre bis zur Mitte 2—3-spaltig. m. *distáchyum*[1]) (Milde a. a. O. [1858]. Luerssen a. a. O.). Zwei Aehren neben einander auf einem aufrechten Spross. m. *furcátum* (Milde a. a. O. [1858]. Luerssen a. a. O.). Aufrechter Spross in der Mitte gabelig, jeder Theil eine Aehre tragend.

(Nord- und Mittel-Europa, südlich bis zu den Pyrenäen und Ober-Italien [Mantua]; [in den unteren Donauländern und im russischen Steppengebiet fehlend]. Nord-America.) *

B. **L. heterophýlla**[2]) (Spring in Mart. et Endl. Fl. Bras. I. II. 109 1840). Frond. an dem kriechenden Stengel und den Hauptästen spiralig, gleichgestaltet, an den mehr oder weniger flach zusammengedrückten Zweigen (welche mit ihren Blättern auffällig an *Sabina* oder *Thyia* erinnern) gekreuzt-gegenständig, 4zeilig, die der zwei kantenständigen Zeilen gekielt, die zwei der flächenständigen un-

---

[1]) S. S. 124.
[2]) S. S. 63.

gekielt. Auch die Rücken- und Bauchseite des Zweiges verschieden, erstere dunkler grün, mit grösseren Flächenblättern. Sp.b. zu Aehren zusammengestellt. Sporangien am Scheitel aufspringend. Sporen bräunlich gelb.

Gesammtart L. complanátum.

74. (5.) L. complanátum. ↕ Stengel meist unterirdisch (selten tiefer als 5 cm), bis über 1 m lang, spärlich bewurzelt, wie die locker gestellten öfter gezähnelten Niederblätter chlorophyllfrei, zahlreiche bis 4 dm hohe aufrechte, vom Grunde an wiederholt gegabelte, über den Boden nebst den ganzrandigen Frond. grüne Aeste treibend. Spiralig gestellte Blätter bis 3 mm lang, lineallanzettlich, spitz, frei, die gekreuzten bis 4 mm lang, lanzettlich, zugespitzt, bis zum nächst unteren herablaufend. Aehrenstiele bis 12 cm lang, locker mit lineallanzettlichen Hochblättern besetzt. Aehren zu 2—6, selten einzeln, bis 25 mm lang und 3 mm dick. Sp.b. bis 3 mm lang, 2 mm breit, eiförmig, scharf abgesetzt-kurz gespitzt, zuletzt hellbräunlich, am Rande fein gezähnelt, nur $1^{1}/_{2}$ mal so lang als das Sporangium. — Wälder, besonders Nadelwälder, Heiden, zerstreut oder sehr zerstreut durch den grössten Theil des Gebiets, im Alpengebiet weniger verbreitet, bis 1600 m ansteigend, aus Bosnien und der Hercegovina noch nicht nachgewiesen; fehlt auch auf den Nordsee-Inseln, im Ungarischen Tieflande und in der immergrünen Region des Mittelmeergebiets. Sp.r. Aug., Sept. — *L. c.* L. Sp. pl. ed. 1. 1104 (1753). Luerssen Farnpfl. 822.

Zerfällt in zwei in der Regel auffällig verschiedene, aber durch stellenweise nicht seltene Mittelformen verbundene Unterarten:

A. L. anceps. Pflanze meist grösser und kräftiger, lebhaft grün. Aufrechte Aeste ziemlich locker, fächerförmig verzweigt; ihre Verzweigungen einen Trichter bildend; der Mitteltrieb der Aeste meist unbeschlossen, nur Seitenzweige die Aehren tragend. Zweige bis 3 mm breit, rückenseits schwach gewölbt, bauchseits etwas vertieft. Kantenständige Blätter im oberen Drittel frei, abstehend, auffällig breiter als die angedrückten flächenständigen, von denen die bauchseitigen auffällig kleiner als die rückenseitigen und nur an ihrer Spitze frei sind. — Im Nordosten des Gebietes, auch in Mähren verbreiteter als *B.*, sonst meist seltener als letztere Unterart und auf weite Strecken fehlend. So im Oberrhein-Gebiet nur bei Darmstadt! auch für die Schweiz und die südwestlichen Alpen zweifelhaft. — *L. a.* Wallr. Linnaea XII. 676 (1840). *L. c.* var. bez. subsp. *a.* Aschers. Fl. v. Brand. I. 894 (1864). Luerssen Farnpfl. 824. *L. c.* Koch Syn. ed. 2. 971 (1845). Nyman Consp. 872 Suppl. 350. *L. c. a. flabellatum* Döll Fl. Bad. I. 79 (1855).

(England sehr selten; für Frankreich zweifelhaft; Dänemark; Skandinavien; Nord- und Mittel-Russland; Apenninen; Moldau; Kamtschatka; arktisches und westliches Nord-America.) *

B. *L. chamaecyparissus*[1]). Pflanze oft kleiner und schwächlicher, (besonders an den frischen Trieben) graugrün. Aufrechte Aeste gleich hoch, dicht büschlig verzweigt; ihr Mitteltrieb Aehren tragend. Zweige nur $1^1/_2$ mm breit, rückenseits stark gewölbt, bauchseits flach oder schwach gewölbt, zuweilen fast 3kantig. Kantenständige Blätter nicht auffällig breiter als die weniger ungleichen flächenständigen, wie diese angedrückt. — Im östlichen Gebiete seltener, sonst verbreiteter als *A*. — *L. C. A.* Br. bei Mutel Fl. franç. IV. 192 (1837). Koch Syn. ed. 2. 970. Nyman Consp. 872 Suppl. 350. *L. c.* var. bez. subsp. *C.* Döll Fl. Bad. I. 80 (1855). Luerssen Farnpfl. 825. *L. compl.* Poll. Fl. Palat. III. 27 (1777), Wallr. a. a. O. (1840). *L. sabinaefolium* Homann Fl. v. Pomm. III. 93 (1835) Rupr. Distr. crypt. vasc. Ross. Beitr. z. Pflanzenk. Russ. Reich. III. 30 (1845) nicht Willd. Spec. pl. V. 20 (1810; die Nordamericanische Pflanze des Letzteren ist eine Unterart von 75. mit meist „gestielten" Aehren).

(Nord- und Mittel-Europa [in Russland nur im Westen]; Apenninen; nordöstl. Kleinasien.) *

Von weiteren Unter- (oder vielleicht Ab-) arten findet sich *L. digitatum* A. Br. in Nord- und *L. thyioides* Humb. et Kunth im Tropischen America; *L. Wightianum* Wall. im tropischen Asien und Indischen Archipel bis Neu-Caledonien. Auch die von Milde (Fil. Afr. 257) zu *A.* gezogene Pflanze von Madeira scheint mir etwas abzuweichen.

Diese Art ist durch ihren Wuchs bemerkenswerth. Die kriechenden Stengel verbreiten sich radial von dem Punkte, wo die junge Pflanze gestanden hat, aus, wodurch eine Art von „Hexenringen" entsteht (nach Lützow [BV. Brand. XXI. 172] Kreise von bis 70 m Durchmesser, in denen nur ein 1,5 m breiter peripherischer Streifen von den frischen Aesten bedeckt ist). Von abnormen Formen sind verzeichnet: Im Stande der Aehren: 1. *fallax* (Čel. Prodr. Fl. Böhm. I. 14 (1869). Aehre einzeln oder zu 2—3 auf mit Frond. besetzten Zweigen. Von 75. durch die Form der Frond. und Sp.b. zu unterscheiden. l. *fasciculátum* (Luerssen Farnpfl. 827 [1889]). Aehrenstiel schon am Grunde unmittelbar über dem letzten Frond. verzweigt, daher 2—4 Aehren jede auf einem eignen anscheinend unverzweigten Stiel. l. *pseudoverticillátum* (Luerssen a. a. O. [1889]). Unter einer grösseren endständigen Aehre befinden sich 3 kleine nahezu quirlig gestellte und dazwischen auch eine mittelgrosse. l. *proliferum* (vgl. S. 152). So u. a. an der Unterart *A.* bei Lyck von Sanio! zahlreich und mehrere Jahre hinter einander beobachtet. Eine Anzahl Uebergänge zwischen vegetativen Achsen und Aehrenständen und selbst zwischen Frond. und Sp.b. sind als l. *frondéscens* (Luerssen a. a. O. [1889]) zusammengefasst. Endlich ist auch bei dieser Art m. *biceps-triceps* (Milde Nova Acta XXVI. II. 407 [1858]) (s. S. 154) beobachtet.

75. (6.) **L. alpinum.** ♃. Unterscheidet sich von 74. durch Folgendes: Gelb- oder graugrün. Stengel bis 6 dm lang, meist ober-

---

[1]) Bei Plinius (XXIV. 86) Name einer Arzneipflanze, wohl von *Achillca chamaecyparissus*; für unsere Pflanze zuerst von Tabernaemontanus gebraucht; von χαμαι am Boden und κυπάρισσος Cypresse, wegen der oben hervorgehobenen Aehnlichkeit der flachen Zweige mit Cupressineen, auch mit *Cupressus* selbst.

irdisch kriechend, wie seine Blätter grün (wenn streckenweise unterirdisch, mit den Blättern chlorophyllfrei). Aufrechte Aeste gleichhoch-büschlig-verzweigt, meist nur 8 (selten bis 15) cm hoch, unterwärts oft mit abwechselnden 3 zähligen Quirlen von Frond. besetzt. Flachgedrückte Zweige 1,5—2 mm breit, rückenseits stark gewölbt, bauchseits durch die Umbiegung der Kiele der kantenständigen Blätter zweirinnig. Kantenständige Blätter scharf gekielt, mindestens in ihrer oberen Hälfte frei und etwas sichelförmig aufwärts gebogen, nicht auffällig breiter als die flächenständigen, von denen auch die bauchseitigen nicht erheblich kleiner als die rückenseitigen und grösstentheils frei sind. Aehren einzeln, bis 15 mm lang, auf etwas die Laubzweige überragenden genähert-gegabelten Zweigen, deren meist in abwechselnden 3 zähligen Quirlen angeordnete, den flächenständigen Frond. ähnliche Blätter ziemlich dicht gedrängt sind, weshalb diese Zweige nicht als „Aehrenstiele" erscheinen. Sp. b. oft in abwechselnden 3 zähligen Quirlen, **allmählich in eine stumpfliche zuletzt weit abstehende Spitze verschmälert, mehr als doppelt so lang als das Sporangium.** — Grasige und steinige Triften der Alpen, Karpaten und Sudeten!! über der Waldgrenze ca. 1300—2400 m (Kerner), selten in die Waldregion herabsteigend; viel seltener auf den höchsten waldfreien Gipfeln der andern Mittelgebirge. Ardennen zw. Odeigne und der Barraque de Fraiture, 650 m, neuerdings nicht mehr. Vogesen! Schwarzwald: Feldberg! Sauerland: Kahle Astenberg 800—900 m! bei Hallenberg, Langewiese und Elsoff. Rhön! Harz: Brocken!! Victorshöhe (E. Schulze Naturw. V. Harz V. 11). Höchstes Erzgebirge. Böhmer und Bayrischer Wald. Riesengebirge!! Gesenke!! Nördliche! nordöstliche! und südliche Karpaten. Jura. Alpen von Dauphiné und Piemont bis Nieder-Osterreich, Steiermark und Hercegovina. Sp.r. Aug., Sept. — *L. a.* L. Sp. pl. ed. 1. 1104 (1753). Luerssen Farnpfl. 838. Koch Syn. ed. 2. 970. Nyman Consp. 872 Suppl. 350.

Ueber die Verschiedenheit dieser Art von der vorigen sind die Acten noch nicht geschlossen. Die als Hauptmerkmale angegebenen Unterschiede in dem Verhalten des Stengels (ob ober- oder unterirdisch) und der Aehren (ob „gestielt" oder „sitzend") sind nicht in allen Fällen entscheidend; einerseits kommt bei 74. die Form *fallax* mit sitzenden Aehren vor, andererseits findet sich 75. zuweilen mit wenn auch meist kurzen, locker beblätterten Achsentheilen unter die Aehre. Eine in Nord-America (nach Milde Sporenpfl. 134 auch in den Sudeten) beobachtete Form mit ziemlich langgestielten Aehren ist *L. sabinaefolium* Willd. Sp. pl. V. 20 (1810) (vgl. S. 156). Zuverlässiger scheinen die Unterschiede in der Beschaffenheit der flachgedrückten Zweige und in der Form und Länge der Sp.b.

Von abnormen Formen ist nur eine m. *furcátum* (Luerssen Farnpfl. 844 [1889]) mit gegabelten Aehren erwähnt.

(Grossbritannien; Skandinavien; Nord-Russland; Pyrenäen; Apenninen; Gebirge Kleinasiens; Nord-Asien; nördliches Nord-America.) *

2. Unterclasse.

HETERÓSPORAE[1]).

(Prantl Lehrb. d. Bot. 116 [1874]. Luerssen Farnpfl. 844.)
S. S. 149.

Uebersicht der Familien.

Landpflanzen meist schattiger Standorte. Stengel gestreckt, bei gabliger Verzweigung monopodial aufgebaut, meist dorsiventral, mit kleinen, flachen Blättern. Sporangien in der Blattachsel angelegt, später mit dem Blattgrunde verbunden, zuletzt kapselartig aufspringend, einfächerig. Beiderlei Sporangien ährenartig zusammengestellt, die Mikrosporangien zahlreiche Mikrosporen, die 3—4 knöpfigen Makrosporangien meist 4 Makrosporen enthaltend. Weiblicher Vorkeim nur am Scheitel der Makrospore, welche unterhalb desselben ein zur Ernährung des Keimlings dienendes Gewebe enthält.
Selaginellaceae.
Untergetauchte Wasser- oder Sumpfpflanzen, oder doch wenigstens (bei uns) an periodisch nassen Standorten vorkommend. Stamm kurz, knollenartig, unverzweigt, 2—3 lappig, mit spiralig gestellten, langen, meist halbstielrunden (binsenähnlichen) Blättern. Sporangien am Grunde laubartiger Blätter, sich durch Fäulniss öffnend, gleichgestaltet, durch von der Rücken- zur Bauchseite verlaufende Zellfäden und -platten (Trabeculae) unvollkommen gefächert, die äusseren zahlreiche Makrosporen, die inneren noch zahlreichere Mikrosporen enthaltend. Weiblicher Vorkeim die Makrospore ganz ausfüllend.
Isoëtaceae.

9. Familie.

SELAGINELLÁCEAE.

(Mettenius Fil. Hort. Bot. Lips. 16 [1856] excl. *Isoëtes*. Kanitz A term. növényrendszer áttekintése 9 [1874]. Luerssen Farnpfl. 862. Selaginelleae A. Br. in Aschers. Fl. Brand. I. 25 [1864]. Sélaginellacées Roze S. B. France XIV. 179 [1867].)

S. oben. Hierher nur die Gattung:

26. SELAGINÉLLA[2]).

([P. B. Prodr. des 5 et 6 familles de l'Aethéogamie 101 (1805) erw.] Spring Flora XXI. 148 [1838]. Luerssen Farnpfl. 863.)

Charakter der Familie. Zarte ausdauernde Krautgewächse. Stengel schlank, oft zerbrechlich, meist reich verzweigt, bei unseren Arten kriechend,

---

[1]) Von ἕτερος verschieden und σπορά s. S. 118.
[2]) Deminutiv von Selago (s. S. 150).

an den Verzweigungsstellen einfache oder häufiger wiederholt gegabelte Wurzeln entwickelnd, von einem centralen oder 2—12 von einem von radialen Zellfäden durchsetzten Luftgange umgebenen Leitbündeln durchzogen. Blätter meist dicht gestellt, moosähnlich zart, 1 nervig, über dem Grunde (die Sp.b. über dem Sporangium) oberseits mit einer oft frühzeitig vertrocknenden Ligula. Sp.b. in endständigen, öfter von dem Laubstengel durch einen abweichend beblätterten Achsentheil getrennten („gestielten") Aehren vereinigt. Mikro- und Makrosporangien meist in derselben Aehre, die letzteren in geringerer Zahl, zuweilen nur einzeln am Grunde derselben, entweder 3 knöpfig (am Scheitel durch 3 Sporen seitlich ausgebaucht und zwischen denselben 3 klappig aufspringend, während die vierte am Grunde des Sporangiums liegt) oder 4 knöpfig (mit 2 unteren quer und 2 oberen median neben einander liegenden Sporen, durch eine über den Scheitel verlaufende Querspalte, mit der sich jederseits über den unteren Sporen eine kurze Spalte rechtwinklig kreuzt, sich öffnend). Mikrosporangien kleiner als die Makrosporangien, kugelbis gedunsen-nierenförmig, auf dem Scheitel quer aufspringend. Beiderlei Sporen kugeltetraëdrisch. Keimling von dem schlauchförmigen Träger in das Nährgewebe hineingeschoben, ausser dem Fusse (wie bei den meisten Siphonogamen) aus einer primären Wurzel, einem hypokotylen Gliede und zwei den Vegetationskegel einschliessenden Keimblättern bestehend.

3—400 Arten (je nach der oft schwierigen Begrenzung) über den grössten Theil der Erdoberfläche verbreitet, die Mehrzahl in den Waldgebieten innerhalb der Tropen. In Europa nur die 3 in unserem Gebiete einheimischen Arten.

A. *S. homoeophýllae*[1]) (Spring in Mart. et Endl. I. II. 118 [1840]. *Homótropae*[2]) A. Br. Ind. sem. h. Berol. 1857 app. 11 [1858]). Blätter sämmtlich gleichgestaltet, allseitig abstehend.

76. (1.) **S. selaginoides**[3]). ♃. Stengel kurz (höchstens 5 cm weit) kriechend, fadenförmig, mit seinen Verzweigungen kleine lockere Rasen bildend. Blätter vielreihig-spiralig, stellenweise quirlig, locker, nur an den Enden der nächstjährigen Aehrentriebe dicht gestellt, 1—3 mm lang, lanzettlich bis eiförmig-lanzettlich, spitz, mit wenigen abstehenden fransenähnlichen Zähnen, öfter jederseits nur 1 zähnig, dunkelgrün, etwas glänzend, nur die der aufrechten bis 12, selten 20 cm hohen heurigen Aehrentriebe gelblich. Aehre einzeln, bis 3 (selten 5) cm lang, dick-cylindrisch. Sp.b. bis 5 mm lang, mit zahlreicheren und längeren Zähnen, sonst wie die Frond. Makrosporangien mehrere oder ziemlich zahlreich, 4 knöpfig, wie die fast nierenförmigen Mikrosporangien gelb oder hellbräunlich. Makrosporen $^2/_3$ mm

---

[1]) S. S. 150.
[2]) Von ὁμός ähnlich, gleich und τρέπω ich wende, kehre, wegen der Anordnung der Blätter.
[3]) Von Selago (s. S. 150) und εἶδης ähnlich; allerdings eine hybride Wortbildung. Bei Dillenius (Hist. musc. 460) als Gattungsname.

im Durchmesser, gelblich-weiss, dicht mit kleinen halbkugel- oder stumpfkegelförmigen Warzen besetzt. Mikrosporen schwefelgelb, locker mit stumpf-kegelförmigen Stacheln besetzt. — Grasige, steinige und felsige Abhänge der subalpinen und alpinen Region höherer Gebirge (bis 2630 m Kerner h.), auf kalkreichen und -armen Gesteinen, seltener in die Waldregion, ausnahmsweise bis in die Ebene herabsteigend; im nördlichen Flachlande sehr selten und neuerdings nicht bestätigt. In den Alpen von den See-Alpen bis Nieder-Oesterreich, Ober-Steiermark, Ober-Kärnten. Friaul, Bosnien (Beck Ann. Wien. Hofm. IV. 372, Murbeck Beitr. 20) und Montenegro (Riblje Jezero unter dem Mali Durmitor Pantocsek VN. Presb. N. F. II. 12). In die Oberbayrische Hochebene bis München! und Augsburg herabsteigend. Französischer und Schweizer Jura. Schwarzwald: Feldberg! Harz: Brocken (ob neuerdings?); Königsberg und Ahrensklint bei Schierke (E. Schulze NV. Harz V. 10 ebenfalls ohne neuerliche Bestätigung). Thüringen: Jena: Zeitzgrund angeblich einmal. Hohes Erzgebirge, neuerdings nicht bestätigt. Riesengebirge!! und Gesenke!! häufig. Tatra!! Nördliche und südliche Karpaten. Auf einem Moore bei Reinbek unweit Hamburg 1860 von Kohlmeyer! gesammelt, neuerdings vergeblich gesucht. Sp.r. Jan.—Aug. — *S. s.* Lk. Fil. sp. h. Berol. 158 (1841). *Lycopodium S. L.* Sp. pl. ed. 1. 1101 (1753). *Lyc. ciliatum* Lam. Fl. franç. I. (32) (1778). *Selaginella spinósa* Pal. B. a. a. O. 112 (1805). Luerssen Farnpfl. 867. *S. ciliáta* Opiz Böheims phänerog. [sic!] u. crypt. Gew. 114 (1823). *S. spinulósa* A. Br. in Döll Rhein. Flora 38 (1843). Koch Syn. ed. 2. 971. Nyman Consp. 873 Suppl. 350.

<small>Tracht von 73., von dem 76. durch die zarteren, fransig-gezähnten Blätter auch abgesehen von den Makrosporangien leicht zu unterscheiden ist. Von abnormen Formen finde ich nur eine m. *furcata* (Luerssen a. a. O. 869 [1889]) mit gegabelter Aehre verzeichnet.</small>

(Island; Fär-Öer; Britische Inseln; Jütland! (ein Vorkommen, welches das bei Hamburg und in Kurland wahrscheinlicher macht); Skandinavien; Nord-Russland; Kurland; Central-Frankreich; Pyrenäen; Kaukasus; Baikal-See; Aleuten; Canada; Grönland.) *****

B. *S. heterophýllae*[1]) (Spring a. a. O. [1840]. *Dichótropae*[2]) A. Br. a. a. O. 11 [1858]). Frond. in 2 zähligen sich schief kreuzenden Quirlen, die beiden eines jeden Quirls ungleich. Auf der Rückenseite des dorsiventralen, in einer Ebene verzweigten (bei unseren Arten kriechenden, überall wurzelnden) Stengels genähert zwei Zeilen meist kleinerer Oberblätter, seitlich abstehend zwei solche meist grösserer Unterblätter. Sp.b. (unserer Arten) gleichgestaltet.

I. Stengel spärlich verzweigt, lockere Rasen bildend, an der Spitze wie die oberen Aeste eine Aehre tragend. Frond. auffällig ungleichseitig (die nach der Achsenspitze sehende [Vorder-] Seite grösser.)

---

1) S. S. 68.
2) Von δίχα, in zwei Theile getheilt, und τρέπω s. S. 159.

† *S. apus*[1]). ♃. Stengel bis 15 cm lang Blätter unterwärts locker, oberwärts gedrängt, lebhaft grün, mit undeutlichem hyalinem Saum, unter starker Vergrösserung fein gesägt. Unterblätter rechtwinklig abstehend oder etwas rückwärts geneigt, bis 2 (selten 3) mm lang, bis 1½ mm breit, schief breit-länglich, spitzlich, die vordere Seite fast doppelt so breit als die hintere, am Grunde abgerundet; ihr Nerv unter der Spitze erlöschend, bauchseits schwach kielartig hervorragend. Oberblätter nur ⅓—½ so gross, dem Stengel angedrückt und wenig von einander abstehend, schief länglich, zugespitzt, mit auslaufendem, oberseits stärker hervorragendem Nerven. Aehren bis 3 cm lang, unmittelbar über den Laubachsen beginnend. Sp.b. 2 mm lang, abstehend, aus eiförmigem Grunde allmählich zugespitzt. Makrosporangien meist 3 knöpfig, gelbbraun. Makrosporen ⅓ mm im Durchmesser, gelblichweiss, grob netzig-höckerig. Mikrosporangien nierenförmig, rothbraun. Mikrosporen bräunlich-fuchsroth, mit niedrigen Höckern. — In Nord-America von Canada bis Texas einheimisch; bei uns (ausser wie zahlreiche andere Arten der Gattung in Gewächshäusern) auch auf Teppichbeeten cultivirt und hie und da auf Grasplätzen von Gärten und Parks verwildert. Schwerin (Meckl.): Grünhausgarten seit langer Zeit (Brockmüller VN. Meckl. XXXIV. 6 [1870]. Kalb und F. Klett 1896!). Berlin: Borsigscher Garten seit etwa 1860 (Magnus, Kuhn!! BV. Brand. XIX. 166). Potsdam: Glienicker Park seit 1870 (Egeling! a. a. O. 164). Sp.r. ? — *S. a.* Spring in Martius et Endl. Fl. Brasil. I, 2. 119 (1840) z. T. Baker Fern Allies 71 (1887). *Lycopodium apodum* L. Sp. pl. ed. 1. 1105 (1753). *S. denticuláta* Brockmüller a. a. O. (1880) nicht Lk.

II. Stengel reichlich verzweigt, dichte Rasen bildend. Aehren auf Seitenzweigen endständig. Blätter wenig ungleichseitig.

Gesammtart S. denticuláta.

(Spring Monogr. Lycop. II. [Mém. Acad. Belg. XXIV.] 82 [1849].)

77. (2.) **S. denticuláta**[2]). ♃. Stengel bis 20 cm lang. Blätter gedrängt, sich öfter (unterschlächtig) deckend, zugespitzt, mit unter der Spitze erlöschendem Nerven, ziemlich dicht kleingesägt, lebhaft- und etwas bläulich-grün, im Alter fast ziegelroth (auch die Wurzeln geröthet). Unterblätter etwas nach vorn abstehend, bis 2,5 mm lang und 2 mm breit, eiförmig bis breiteiförmig, mit kurzer zurückgekrümmter Spitze. Oberblätter dem Stengel locker anliegend, von einander wenig abstehend, etwa ¾ der Unterblätter messend, etwas schmäler und länger zugespitzt. Aehren einzeln oder zu zweien, bis 1,5 (selten 2) cm lang, fast cylindrisch, von dem Laubtheile der sie tragenden Achse nicht deutlich geschieden, indem die obersten Unterblätter schon Sporangien tragen. Sp.b. den Oberblättern ähnlich. Makrosporangien mehrere, meist 4 knöpfig, gelbbraun. Makrosporen ⅖ mm im Durchmesser, gelblich, dicht mit niedrigen, stumpfen Warzen besetzt. Mikrosporangien nierenförmig, braunroth. Mikrosporen ziegelroth, dicht

---

[1]) *Lycopodioides denticulatum pulchrum repens, spicis apodibus* Dillenius Hist. musc. 467. Von πούς Fuss und α privativum; wegen der „ungestielten" Aehren.
[2]) *Muscus denticulatus minor* C. Bauhin Pin. 360, während 78. a. a O. als *M. d. major* aufgeführt ist. Die Bemerkung Bolle's (Zeitschr. Ges. Erdk. I. 284) dass dieser Name sich nicht auf die mit blossem Auge nicht wahrnehmbaren Zähne des Blattes beziehe, ist mithin begründet; die „denticuli" sind die Blätter selbst.

mit ganz niedrigen Warzen besetzt. — Beschattete, oft etwas feuchte Abhänge, auf steinigem oder erdigem Boden, auf Mauern, öfter weite Strecken bedeckend, in der Nähe der Mittelmeerküsten. Provence! Riviera! Dalmatien!! angeblich auch in Kroatien im Velebit. Die bereits von Willdenow (Sp. pl. V. 34) gemachte Angabe in Polen ist schwerlich richtig, obwohl Expl. von Bory! mit der Bezeichnung „bois d'Ustanow, 8 lieues de Varsovie" im Hb. Willd. Nr. 19377 vorliegen. Sp.r. Mai, Juni; nach derselben stirbt die Pflanze fast völlig ab, um erst im Herbst neu zu ergrünen. — *S. d.* Link Fil. sp. h. Berol. 159 (1841) mit Anschluss der damals im Berliner Garten unter diesen Namen cultivirten in Süd-Africa auf Madeira und den Azoren einheimischen *S. Kraussiana* Kunze (= *S. hortensis* Mettenius) vgl. A. Br. a. a. O. 13 und ausführlich Monatsb. Berl. Akad. 1865 195 ff. Luerssen Farnpfl. 875. Koch Syn. ed. 2. 971. Nyman Consp. 873. Suppl. 350. *Lycopodium d.* L. Sp. pl. ed. 1. 1106.

(Mittelmeergebiet; Madeira; Canarische Inseln ausser Lancerote und Fuertaventura.) [*]

78. (3.) **S. Helvética**[1]). ♃. Unterscheidet sich von der Leitart durch Folgendes: Blätter lockerer gestellt, stumpf oder stumpflich, mit spärlicheren und kleineren Sägezähnen, glänzend grasgrün. Unterblätter rechtwinklig abstehend oder etwas rückwärts geneigt, nur bis 1,5 mm breit, länglich-eiförmig. Oberblätter nur halb so gross als die Unterblätter, dem Stengel angedrückt, eiförmiglanzettlich, oft an der Spitze einwärts gebogen. Aehren „gestielt", d. h. von den Laubachsen durch einen aufrechten, einfachen oder 1—3 mal gegabelten, locker mit sich kreuzenden Paaren gleich gestalteter, länglich-eiförmiger, stumpflicher Blätter besetzten Achsentheil getrennt, von letzterem nicht scharf geschieden, bis 3 cm lang. Sp.b. unterwärts locker, oberwärts gedrängt, eiförmig, zugespitzt. Makrosporangien meist nur im unteren Theile der Aehre, oft einseitig übereinander. Mikrosporangien mehr gedunsen. Mikrosporen sehr kleinwarzig oder glatt. — Abhänge, Strassenböschungen, Felsen ohne Unterschied des Substrats, Mauern, Grasplätze, zuweilen selbst auf Brachäckern, oft weite Strecken überziehend, in der Waldregion der Alpen und z. T. der Karpaten verbreitet, bis 1600 m (Kerner h.) auf-, in die benachbarten Ebenen hinabsteigend, sonst nur ganz vereinzelt und meist zweifelhaft. Alpengebiet von den See-Alpen bis Nieder-Oesterreich, Steiermark, Kroatien, Bosnien (Beck, Ann. Wien. Hofmus. IV. 372); in Bayern nördlich bis Augsburg, Deggendorf und Passau; Donau-Auen bei Wien und Pressburg (in der Po-Ebene bis Vercelli!!). In den südlichen Karpaten verbreitet, spärlicher in den nördlichen. Belgien: Goé Provinz Lüttich (Förster Fl. Aachen 420, von Durand SB. Belg. XVIII. II. 80 wohl mit Recht bezweifelt). Hohe Veen zw. Eupen und Malmedy ca. 600 m (Jean Chalon 1869 nach Thielens

---

[1]) Helveticus, schweizerisch.

SB. Belg. XII. 186, seitdem nicht bestätigt). Fichtelgebirge: an einem Granitfelsen zw. Schneeberg und Rudolfstein vielleicht von Funck vor mehr als einem halben Jahrhundert angepflanzt (Kaulfuss 1888! vgl. Bayr. BG. II. 52). (Preussisch-)Oberschlesien: Jägerndorf: Oppa-Auen bei Branitz und Bleischwitz; Troppau: Mora-Auen bei Kommerau (Hein 1860); bisher im benachbarten Gesenke, auch in den Karpaten Mährens und Schlesiens nicht beobachtet. Sp.r. Juni, Juli. — *S. h.* Link Fil. sp. h. Berol. 159 (1841). Luerssen Farnpfl. 871 fig. 225. Koch Syn. ed. 2. 971. Nyman Consp. 873 Suppl. 350. *Lycopodium h. L.* Sp. pl. ed. 1. 1104. *L. radicans* Schrank Baier. Fl. II. 493 (1789).

(Serbien; Kleinasien; Kaukasusländer; Amur-Gebiet; Mandschurei; Japan. |*

10. Familie.

ISOËTACEAE.

(Trevisan Herb. crypt. Trevis. I. 16 [1851] nach Trevisan Bull. Soc. It. Sc. nat. XIX. 1876. 475 [1877]. Luerssen Farnpfl. 845. *Isoëteae* Bartling Ord. nat. plant. 16 [1830]).

S. S. 158. Hierher nur die Gattung:

27. ISOËTES[1]).

(L. [Skanska Resa 420.] Gen. plant. ed. 5. 486 [1754]. Luerssen Farnpfl. 845).

(Brachsenkraut; dän.: Brasenurt; poln.: Poryblin; böhm.: Šídlatka.)

Stamm unterirdisch, unverzweigt, kugel- bis fast scheibenförmig, mit dunkelbrauner bis schwärzlicher Rinde (das stärkereiche Gewebe auf den Schnittflächen weiss), in der Mitte der schwach vertieften Oberseite den Vegetationskegel tragend, während in den auf der Unterseite sich vereinigenden die (bei zunehmendem Alter immer stärker hervortretenden) Lappen trennenden Furchen die spärlich bis reichlich gablig verzweigten (zuletzt dunkel gefärbten) Wurzeln sich entwickeln. Nur ein senkrechtes centrales, nach unten in 2 oder 3 den Furchen entsprechende Zweige getheiltes Leitbündel. Das Rindengewebe der Lappen wird in der Regel zuletzt abgeworfen. Blätter mehr oder weniger zahlreich, dicht gedrängt, den grössten Theil der Oberfläche des Stammes bedeckend, mit den

---

[1]) Bei Plinius (XXV. 102) als Synonym zu aizoon minus, jedenfalls einer *Sedum*-Art, aufgeführt. Dieser Schriftsteller gebraucht das Wort als Neutrum, das also griechisch ἰσοετές zu schreiben ist. Vergl. St. Lager, Cat. fl. bass. Rhône 839 (1882). Da Plinius den Namen aizoon mit den Worten „quoniam semper viret" erläutert und als weiteres Synonym sempervivum anführt, so hat der Name isoëtes vermutlich ebenfalls „das [ganze] Jahr (ἔτος) gleich (ὗσος)" bedeutet, obwohl in der griechischen Litteratur ἰσοετής nur in der Bedeutung „gleich viele Jahre alt" überliefert ist.

scheidenartig verbreiterten, rückenseits gewölbten Grundtheilen sich umfassend und so oft über dem Stamme eine Art geschlossener Zwiebel bildend; dieser Scheidentheil dreieckig-eiförmig, am Rande durchscheinendhäutig, welche Hautränder sich auch am unteren Theile der meist halbstielrunden, von einem centralen Leitbündel und 2 bauchseitigen und 2 rückenseitigen, unregelmässig quergefächerten Luftgängen durchzogenen Spreite hinaufziehen. Der Scheidentheil zeigt bei der Mehrzahl der Blätter am Grunde eine von einem meist deutlichen Streifen lufthaltigen weisslichen Gewebes, dem Hofe (Area) umgebene längliche Grube (Fóvea), in welche das nur auf der Rückseite in einem schmalen, etwa $^2/_3$ seiner Länge einnehmenden Streifen angewachsene Sporangium eingesenkt ist. Der Rand der Grube ist häufig in eine dünnhäutige die Grube theilweise oder völlig bedeckende Membran, das Segel (Velum) vorgezogen. Ueber dieser Grube befindet sich, durch den Sattel (Sella) getrennt, eine Querspalte, das Grübchen (Foveola), deren unterer Rand, die Lippe (Lábium) mehr oder weniger vorgezogen ist. Aus dem Grübchen tritt die herzförmige, aus zartem, kleinzelligem Gewebe bestehende Zunge (Lígula) hervor, die sich nach innen in einen cylindrischen, hufeisenförmig gekrümmten Körper, den Zungenfuss (Glossopódium) fortsetzt, aus dessen nach oben und bauchseits gewendeter concaver Seite sie entspringt. Die äusseren Blätter jedes Jahrganges tragen Makro-, die folgenden Mikrosporangien; die innersten besitzen an ihrem weniger entwickelten Scheidentheil keine Sporangien und sind meist etwas kleiner als die Sporangien tragenden. Bei einigen Arten (bei uns nur bei 82, sowie bei *I. hystrix*) gestalten sich dieselben zu Niederblättern, bei denen der Scheidentheil eine zuletzt pergamentartig verhärtete, schwarz gefärbte Schuppe darstellt, die Spreite aber fast völlig verkümmert. Bei denselben Arten bleibt auch der Grundtheil der übrigen Blätter als ebenso verhärteter und gefärbter Blattfuss (Phyllopódium) stehen, während bei den übrigen Arten die Blätter sich zuletzt vollständig vom Stamme ablösen. Mikrosporangien durch die durchscheinenden Ansatzstellen der Trabekeln (s. S. 158) punktirt. Mikrosporen fast kugelquadrantisch, mit schärferer fast geradliniger Bauch- und zwei stumpfen, öfter ganz verwischten Seitenkanten. Makrosporangien nahezu von der Form und Grösse der Mikrosporangien, zuletzt durch die kugeltetraëdrischen Makrosporen höckerig. Keimling ohne Träger, aus dem Fusse, der Hauptwurzel und nur einem Keimblatte bestehend.

Bis zum Jahre 1840 galt diese Gattung für nahezu monotypisch, indem von angesehenen Botanikern das Artrecht der beiden einzigen bis dahin von 79. getrennten Species, des Südfranzösischen *I. setaceum* Bosc (zu welchem alle an vereinzelten Orten des Mittelmeergebiets beobachteten Formen gezogen wurden) und des Ostindischen *I. Coromandelinum* Willd. bezweifelt wurde. Da erregte die unter ungewöhnlichen Umständen am 28. März 1842 erfolgte Entdeckung einer in Algerien weit verbreiteten, trockne Standorte bewohnenden Art, des *I. hystrix*, durch den damaligen Hauptmann Durieu de Maisonneuve (derselbe hatte den Stamm mit den stachligen Blattresten ein Vierteljahr früher in dem Kropfe eines Rebhuhns angetroffen!) berechtigtes Aufsehen, und führte rasch zum Nachweis mehrerer, z. T. auch im Europäischen Mittelmeergebiet verbreiteter Arten. Ausser dem Veteranen

Bory de St. Vincent betheiligte sich an der Untersuchung derselben hauptsächlich mein unvergesslicher Lehrer A. Braun, der die Algerischen Arten auf mehreren leider ohne Text veröffentlichten Tafeln der Exploration scientifique de l'Algérie abbildete. 1861 wies dann Durieu, der inzwischen seinen Abschied genommen und zum Director des Botanischen Gartens zu Bordeaux ernannt worden war, nach, dass auch der bisher für einheitlich gehaltene Typus Mittel- und Nord-Europas, *I. lacustre*, in zwei wohl geschiedene Arten (79 und 80) zerfalle. Diese zweite Entdeckung Durieu's war fast noch einflussreicher als die erste, indem sie A. Braun veranlasste, seine Studien der Gattung mit erneutem Eifer wieder aufzunehmen. Unterstützt von dem verdienten Morphologen und Systematiker Jacques Gay (welcher trotz seiner vorgerückten Jahre die Verbreitung beider Arten in Central-Frankreich und Wales, in welchem letzteren Gebiete die Gattung zuerst gegen Ende des 17. Jahrhunderts wissenschaftlich festgestellt worden war, untersuchte) und durch G. Engelmann, der die *Isoëtes*-Flora Nord-Amerikas gründlich erforschte, haben dann die beiden befreundeten Forscher in den folgenden beiden Decennien ein ausserordentlich reiches Material zusammengebracht. A. Braun hat die Ergebnisse seiner Studien in mehreren meisterhaften Abhandlungen niedergelegt, von denen sich die beiden folgenden hauptsächlich auf die Arten unseres Gebiets beziehen: Zwei deutsche *Isoëtes*-Arten nebst Winke zur Auffindung derselben BV. Brand. III. IV. 299 ff. (1862) und: Ueber die *Isoëtes*-Arten der Insel Sardinien nebst allgemeinen Bemerkungen über die Gattung *Isoëtes*. Monatsb. Kgl. Akad. Wiss. Berlin Dec. 1863 554 ff. Es ist zu bedauern, dass Durieu ausser einigen kurzen Notizen nichts veröffentlicht hat. Seine hinterlassenen Aufzeichnungen und Abbildungen verleihen der (vielfach mangelhaften, in den Standorten und Citaten von Fehlern wimmelnden) Monographie der *Isoëteae* von L. Motelay und Vendryès (Soc Linn. de Bordeaux XXXVI. 309 ff.) ihren hauptsächlichen Werth. Die neueste Aufzählung der Arten, deren Zahl über 50 gestiegen ist, welche über den grössten Theil der Erdoberfläche verbreitet sind, giebt Baker (Fern-Allies 123 ff. [1887]). Es finden sich in Europa ausser den hier aufgeführten 6 Arten noch 9—10 weitere, sämmtlich im Mittelmeergebiet sowie im Atlantischen Gebiete Spaniens und Frankreichs, und fast alle zu der Section A. II. *Amphibia* gehörig. Die weiteste Verbreitung unter denselben besitzt *I. velátum* A. Br. (ausser in Algerien) in Mittel-Italien, Sicilien, Sardinien!! Corsica, Minorca und Nordwest-Spanien; das oben erwähnte *I. setáceum* Bosc ist in Süd-Frankreich!! Spanien und Griechenland, *I. Boryánum* Durieu in Westfrankreich und im inneren Spanien (Sierra de Gredos) gefunden. Dagegen kennt man die den *I. velátum* sehr nahe stehenden Formen *I. dúbium* Gennari nur von der kleinen Insel Maddalena zwischen Sardinien und Corsica, *I. Tegulénse* Gennari nur aus Süd-Sardinien!! Das ungenügend bekannte *I. Baéticum* Willk. Süd-Spaniens ist vielleicht mit *I. Teg.* identisch. *I. Heldreichii* Wettst. kommt in Nord-Griechenland (Thessalien) vor, *I. tenuíssimum* Bor. in West-Frankreich, wo sich auch *I. Viollaéi* Hy an einer einzigen Oertlichkeit findet (s. S. 171). Die sect. A. I. *Aquatica* zählt nur eine weitere Art, *I. Brochóni* Motelay, 80. sehr nahe stehend, in einigen Gebirgsseen der östlichen Pyrenäen.

> A. **Luftgänge der sich zuletzt vollständig ablösenden meist (bei unseren Arten stets) sämmtlich laubartigen Blätter weit, aussen mit Einschluss der Oberhaut von 2—3 Zellschichten begrenzt. Scheidentheil rückenseits glatt, seicht gefurcht. Seitentheile des Hofs hinter dem Sporangium zusammenhängend. Wurzeln spärlich behaart.**
>
>> I. *Aquática* [s. *Submérsa*] (A. Br. in Gren. et Godr. Fl. France III. 650 (1856). BV. Brand. III. IV. 304 (1862). Pflanze (normal) stets untergetaucht, ununterbrochen vegetirend. Blätter bei uns stets ohne Spaltöffnungen und Unterhaut-Sklerenchymbündel. — Stamm unserer Arten 2- (sehr selten 3-) lappig.

Gesammtart I. lacústre.

79. (1.) I. lacústre. ♃. Stamm niedergedrückt-kugelig, bis 2,5 cm dick. Abstossungsflächen der Lappen mit 3—5 (selten 7) Längsfurchen. Blätter bis 70 (selten 200), meist bis 16 (seltener 30 oder selbst 47) cm lang, bis 2,5 mm breit, bauchseits flach rinnig, an den Rändern abgerundet, oberwärts fast stielrund, kurz zugespitzt, ziemlich steif, dunkelgrün, wenig durchscheinend. Scheidentheile sich nur locker deckend, 1,5 cm lang, 1 cm breit, hellbraun. Segel etwa das obere Drittel der Grube deckend. Ligula kaum länger als ihre Breite. Lippe fast geradlinig gestutzt. Sporangien weisslich. Makrosporen etwa 0,5—0,6 mm dick, matt grauweiss, meist mit niedrigen, z. T. leistenartig verlängerten und hie und da netzartig verbundenen feinhöckrigen Warzen dicht bedeckt. Mikrosporen in Masse bräunlichgrau, 0,040—0,043 mm lang und 0,023 bis 0,028 mm dick, glatt, mit verwischten Seitenkanten. — In meist kleinen Seen (selten Teichen) der Diluvialhochflächen des Norddeutschen Tieflandes (bisher nur in den Küstenprovinzen) und in einzelnen Gebirgsseen (vereinzelt in einem Bache) Mitteldeutschlands; ganz vereinzelt im Alpengebiet; in einer Wassertiefe von meist 0,6—2 seltener bis über 3 m auf sandigem und steinigem (seltner moorigen) Grunde, öfter sehr gesellig, mit *Litorella*, *Lobelia Dortmanna*, *Myriophyllum* (nicht selten *M. alterniflorum*). Schleswig! Holstein! Lauenburg! Hannover: (bei Celle [nach Nöldeke Fl. Lüneb. 404 unverbürgt] und in drei Seen nördlich von Bremen!). Mecklenburg: bisher nur im Gardensee bei Ziethen im Fürstenthum Ratzeburg! [dagegen hat sich die Angabe bei Priepert in der Nähe von Fürstenberg nach Kräpelin in Arch. Fr. Naturg. Meckl. XXX. 285 nicht bestätigt. E. H. L. Krause br.]. Insel Usedom: Gr. und Kl. Krebs-See bei Sellin unw. Heringsdorf!! Am meisten verbreitet (in etwa 60 Seen) auf dem Hinterpommerisch-Westpreussischen Landrücken, südlich bis in den Kreis Schlochau! In Ostpreussen nur in den Kreisen Mohrungen (Lange See bei Katzendorf), Osterode (Schwarze See bei Grünort-Spitze Fritsch und Winter PÖG. XXXII. 73) und Allenstein (Lang-See bei Allenstein, See Dirschau bei Glettkendorf). Riesengebirge: Grosser Teich (1230 m)!! Böhmerwald: Schwarzer See bei Eisenstein (1008 m)! Schwarzwald: Feld-See (1105 m)! Titi-See (844 m)! und in der aus diesem abfliessenden Wutach bei Neustadt (825 m)! Schluch-See (907 m)! Vogesen: [Nur auf Französischem Gebiet in den Seen des Vologne-Thales (Vosges) bei Retournemer (780 m)! Longemer (746 m)! und Gérardmer (640 m)! hier von allen aufgeführten Fundorten am frühesten, vor 1811 von Mougeot gefunden. A. Braun, BV. Brand. III. IV. 319]. Salzburg: Jägersee im Klein-Arl-Thale! Die Angabe bei Chambéry in Savoyen, von wo A. Braun (BV. Brand. III. IV. angeblich von Huguenin gesammelte Exemplare sah, ist bei der Unzuverlässigkeit dieses Beobachters sehr zweifelhaft (J. Briquet br.). Spr. Juli—Sept. — *I. lacustris* L. Sp. pl. ed. 1. 1100 (1753). Durieu SB. France VIII. 164 (1861) (ohne Beschreibung). A. Br. BV. Brand. III.

IV. 305. Luerssen Farnpfl. 850 fig. 224. Koch Syn. ed. 2. 969. Nyman Consp. 871 Suppl. 349. Rchb. Ic. fl. Germ. VII. t. 1. fig. 1.

Ueber die aus der Anlage eines (mitunter auch daneben theilweise Sporen entwickelnden) Sporangiums auftretenden Adventivsprosse (die betr. Pflanzen von Mer in SB. Frauce XXVIII. 72 [1881] als „var. *gemmifera*" bezeichnet) vgl. Goebel Bot. Zeit. XXXVII. 1 ff. (1879) und Mer Comptes rend. Acad. Sc. Paris XCII. 218 (1881) und a a. O. Sie wurden bisher (allerdings in einer gewissen Constanz: die Blätter der so entstandenen Sprosse zeigen dieselbe Sprossung) nur im See von Longemer der Französischen Vogesen beobachtet.

79. besitzt in der Tracht (wie auch 80.) eine auffällige Aehnlichkeit mit untergetauchten, in diesem Zustande nicht zur Blüthe gelangenden Exemplaren der so häufig in ihrer Gesellschaft wachsenden *Litorella*, die sich indess durch die fadenförmigen Ausläufer und die weissen Wurzeln sofort von 79. und 80. unterscheidet. Letztere geben sich (auch abgesehen von den Sporangien) durch die dunkle Farbe der Wurzeln und die durch den unteren Theil der Blätter hindurch zu fühlende zweilappige Knolle (Magnus!!) zu erkennen; getrocknet verbreiten sie fast immer den S. 149 erwähnten dem der Lycopodien gleichenden Geruch. — Die Anwesenheit der oft vom Ufer aus nicht sichtbaren Pflanze verräth sich durch die besonders im Herbst massenhaft angespülten abgelösten Blätter, zuweilen selbst ganze Stöcke. Vgl. z. B. Klinsmann BV. Brand. III. IV. 316, Prahl a. a. O. XVIII. Sitzb. 27.

79. variirt in zweifacher Hinsicht. In Bezug auf Richtung und Länge der Blätter unterscheidet Caspary in Luerssen Farnpfl. 855, 856 folgende grösstentheils an zahlreichen Fundorten beobachtete Formen:

A. rectifólium. Blätter gerade. *I. l. r.* Casp. a. a. O. 855 (1889).

α. Blätter aufrecht oder aufrecht-abstehend (bis in einem Winkel von 30°). *strictum* (Gay SB. Frauce X. 392 [1863]). Hierher die Unterformen: *1. minus* (A. Br. in Milde Sporenpfl. 141 [1865]). Blätter höchstens 35 mm lang. *2. elátius* (Fliche Mém. Ac. Stanisl. 4 sér. XI. 1878. 181 [1879]). Pflanze mittelgross. Blätter nicht kürzer als 35 mm und nicht länger als 2 dm. Hierher die Formen *β. paupérculum* (Engelmann Trans. St. Louis Ac. IV. 377 [1882]) mit wenig zahlreichen und *γ. tenuifólium* (A. Braun bei Milde a. a. O. [1865]) mit auffallend dünnen und schlaffen (durch dieses Merkmal an 80. erinnernden, auch wie bei dieser an der aus dem Wasser herausgezogenen Pflanze in einzelnen Büscheln an einander haftenden) Blättern. — Nach Prahl Krit. Fl. Schl. Holst. II. 276, 277 besonders in tieferem Wasser. — *3. longifólium* (Motelay et Vendryès Soc. Linn. Bord. XXXVI. 327 [1882]). Blätter über 2 dm lang. Hierher auch *I. Mórei*[1]) D. Moore Journ. of Bot. XVII. 353 (1878) mit bis 47 cm langen Blättern; so bisher nur in Irland! (annähernd in Norwegen!) beobachtet. *b.* Blätter unter einem Winkel von mehr als 30° abstehend: *pátulum* (Gay a. a. O. 411 [1863]) oder sogar bis 40°: *β. patentíssimum* Casp. a. a. O. 856 [1889].

B. curvifólium. Blätter gekrümmt. *I. l. c.* Casp. a. a. O. (1889). Hierher die Unterabarten *α. falcátum* (Tausch Flora XVII. 1. Intbl. I. 7 [1834, blosser Name vgl. jedoch Koch Syn. a. a. O. (1845)]. *I. l. recurváta* Klinsmann bei H. v. Klinggräff NG. Danzig N. F. VI. 1. 20 (1884). Blätter sichelförmig gekrümmt. — So nach Prahl a. a. O. vorzugsweise in seichtem Wasser. — *b. circinátum* (Gay a. a. O. 424 [1863]). Blätter mindestens einen vollständigen Kreis, zuweilen noch den Anfang einer zweiten Windung beschreibend. Nach Casparys Versuchen sind die Abarten A und B in der Aussaat beständig; wogegen die Länge und Divergenz der Blätter von der

---

[1]) Nach dem Entdecker Alexander Goodman More, * 1830 † 1895, zuletzt Curator des Naturhistorischen Museums in Dublin, verdienstvollem Entomo- und Ornithologen und Floristen, welcher mit D. Moore (s. S. 143) 1866 ein grundlegendes Werk über die Pflanzengeographie Irlands unter dem Titel Cybele Hibernica veröffentlichte.

Wassertiefe und auch von dem dichten oder lockeren Stande der Stöcke abhängt. In tiefem Wasser und bei gedrängtem Stande sind die Blätter lang und stehen aufrecht; in seichtem Wasser und an einzeln stehenden Stöcken sind sie kürzer und abstehend. Ausserdem variirt die Sculptur der Makrosporen; die S. 166 beschriebene Sculptur charakterisirt den von Caspary (POG. Königsb. XXVI. Sitzb. 41 [1885]) als I. *vulgaris* bezeichneten Typus. Bisher nur in einigen Seen Westpreussens (niemals ohne I.) fand sich die durch Uebergänge mit I. verbundene Form II. *liósporum*¹) (*leiosp.* H. v. Klinggräff N. G. Danzig N. F. VI. 1. 20 [1884], vgl. Caspary a. a. O. 40 und Luerssen Farnpfl. 854), bei der die Makrosporen entweder völlig glatt oder mit nur schwach angedeuteten Warzen versehen sind.

(Britische Inseln; Faer-Øer; Dänemark; Skandinavien mit Ausnahme des nördlichsten Theils; Nord-Russland bis Livland, Nowgorod (im See Oserewitschi und einigen benachbarten kleinen Seen, 1895 Borodin und Golenkin!) und Littauen (See Switeź bei Nowogrudek); Central-Frankreich; Ost-Pyrenäen; Nord-America.) *****

80. (2.) **I. echinósporum** ²). ♃. Unterscheidet sich von der Leitart durch Folgendes: Grundachse bis 12,5 mm dick. Abstossungsflächen der Lappen nicht gefurcht. Blätter bis 50, nur bis 18 cm lang, schlanker, bis 1,5 mm breit, allmählich zu einer feinen Spitze verschmälert, schlaff (beim Herausziehen aus dem Wasser in einzelnen Büscheln aneinander haftend), hellgrün, zuweilen unterwärts etwas röthlich oder bräunlich, durchscheinend. Makrosporen dicht mit kegelförmigen, öfter etwas zusammengedrückten spitzen oder gestutzten sehr zerbrechlichen, bis 0,08 mm langen Stacheln besetzt, mit Einschluss derselben bis 0,5 mm dick. Mikrosporen 0,027—0,033 mm lang und 0,013—0,020 mm dick. — Wie vorige Art, aber in Norddeutschland viel seltener, oft in Gesellschaft von 79. sowie von 64. und *Sparganium affine*, aber öfter als 79. auf weichem, torfigem, schlammigem Grunde und nicht häufig die Wassertiefe von 1 m überschreitend, sehr selten ausnahmsweise auf dem Trocknen vegetirend (zuweilen in den Schwarzwaldseen, auch in Norwegen 1896 von Graebner!! beobachtet). Belgien: Limburg: in mehreren Teichen bei Genck (1862 Vandenborn!). Holstein: Kr. Steinburg: im Teich der Lohmühle und den zwei unteren Stein-Teichen beim Lockstedter Lager unweit Itzehoe (1880 Prahl!). Pommern: Kr. Lauenburg: Sauliner See (1893 Graebner!! vgl. Ascherson in ABZ. I. 97). Westpreussen: Kr. Neustadt: Im Wook-See (1877 Caspary!) und Karpionki-See (1879 Lützow!) bei Wahlendorf und im Grabowke-See bei Bieschkowitz (1884 Caspary). Böhmerwald: Plöchensteiner See, 1090 m (1892 L. Čelakovský Sohn! vgl. Čelakovský Böhm. Ges. Wiss. 1893 X. 6). Schwarzwald: Feld-See! Titi-See! Schluch-See! Vogesen: [Nur auf Französ. Gebiet in den Seen von Longemer! und Gérardmer (Caspary PÖG. Königsb. XIX. 41.]

---

¹) Von λεῖος glatt und σπορά (s. S. 118).
²) Von ἐχῖνος der Igel, Seeigel (auch für die stachlige Hülle der Cupuliferen überliefert) und σπορά (s. S. 118).

Süd-Alpen: Lago d'Orta (1848 De Notaris) und damit in Verbindung stehende Gräben am Fusse des Monte Buccione (1892 Chiovenda nach Pirotta SB. Ital. 1892. 11); Lago Maggiore und davon abgetrennte Tümpel bei Locarno (De Notaris, Franzoni; 1896 Schinz! Bull. Herb. Boiss. IV. 525). Siebenbürgen: Teich bei Vasas Sz. Iván im Comitat Szolnok-Doboka (Baumgarten, nach Simonk. 600 neuerdings nicht wieder gefunden). Sp.r. Juli—Sept. — *I. echinospora* Durieu SB. France VIII. 164 (1861). A. Br. BV. Brand. III. IV. 305. Luerssen Farnpfl. 860. Nyman Consp. 871 Suppl. 349.

Variirt ungleich weniger als 79. Bei der typischen Form (A. *curvifólium* Pirotta a. a. O. 12 [1892]) stehen die kürzeren Blätter ab und die äusseren sind etwas zurückgekrümmt. Bei der selteneren Form B. *elátius* (Fliche Mém. Ac. Stanisl. 4. sér. XI. 1878. 182 [1879] *rectifólium* Pirotta a. a. O. [1892]) sind die längeren, am Grunde dickeren Blätter aufrecht.

(Dänemark; Skandinavien; Island; Grönland; Nord-Russland bis Livland (in fünf kleinen Seen nordöstlich von Riga, 1896 Kupffer!) und Nowgorod (See Bologoje, 1895 Borodin und Golenkin!); Britische Inseln; Bretagne; Central-Frankreich. Für das gemässigte Nord-America zweifelhaft.) *

II. *Amphibia*[1]) (A. Br. BV. Brand. III. IV. 304 [1862]. Monatsb. Ak. Wiss. Berl. 1863. 598 [1864]). *Palústres* A. Br. in Gren. et Godr. Fl. France III. 650 [1856]). Pflanze stets untergetaucht oder in periodisch austrocknenden Gewässern, in letzterem Falle die Blätter einige Zeit nach dem Trockenwerden des Standorts absterbend. Blätter mit Spaltöffnungen und fast stets mit 6 Unterhaut-Sklerenchym-Bündeln (4 am Ansatz der Scheidewände, 2 an den Blatträndern; ausserdem öfter noch eine grössere Zahl schwächerer Zwischen- oder Nebenbündel). [Ob diese bei *I. Viollaei* wirklich völlig fehlen, scheint noch nicht sicher festgestellt.] — Stamm unserer Arten 3lappig.

81. (3.) **I. aspérsum.** ♃. Stamm bis 1 cm dick. Rindengewebe der Lappen sich frühzeitig abstossend. Blätter bis 20, bis 2 dm lang, ihre Scheidentheile eine geschlossene Zwiebel bildend, rückenseits von dunkelwandigen, Sklerenchymzellengruppen oder einzelnen Zellen schwarz gestrichelt. Hautränder an der fadenförmigen, $^2/_3$—$^4/_5$ mm dicken, schlaffen, hellgrünen Spreite, deren Bauchfläche von scharfen Kanten begrenzt ist, um die doppelte Länge des Scheidentheils hinaufreichend. Hof bräunlich. Segel $^1/_4$—$^1/_2$ des Sporangiums bedeckend. Lippe fast geradlinig gestutzt. Ligula so lang bis $1^1/_2$mal so lang als breit, halb so lang als das Sporangium. Wand der Makrosporangien mit vereinzelten

---

[1]) ἀμφίβιος doppelt, d. h. im Wasser und auf dem Lande lebend, schon im Alterthum vom Frosch gebraucht.

gelbbraunen Sklerenchymzellen. Makrosporen 0,33—0,44 mm dick, dunkelgrau, mit stark hervortretenden Kanten und auf kleinhöckrigem Grunde zerstreuten grösseren, halbkugeligen, weisslichen Warzen, von denen sich 25—36 auf der Kugel- (Grund-), 4—7 etwas kleinere auf den 3 Pyramiden-(Scheitel-)Flächen finden. Mikrosporen etwa 0,03 mm lang, bräunlich, auf verschiedenen Stöcken dimorph; entweder kleinstachlig oder durch Auflockerung des rückenständigen und seitlichen Theils der Haut kammartig-geflügelt erscheinend. *I. adspersa* A. Br. Expl. sc. Algér. t. 37 (1847, ohne Beschreibung). Gren. et Godr. Fl. France III. 651 (1856). *I. lineoláta* Durieu h. *I. Perreymondi* Duval-Jouve SB. France XVI. 213 (1869). *I. setacea β. Peyrremondi* Bory [sic] Compt. rendus Inst. France XVIII. 1165 (1844) [z. T.?]. *I. Capillácea* [sic] Bory a. a. O. XXIII. 620 (1846, die algerische Pflanze). Nyman Consp. 871 Suppl. 349.

Im Gebiet nur die Rasse

B. Perreymóndii[1]). Unterscheidet sich vom Typus durch Folgendes: Hautränder des Scheidentheils der nur 10 cm langen, etwas dickeren Blätter breiter. Segel ¹/₂—³/₄ des Sporangiums bedeckend. Ligula wenig länger als ihre Breite. Sporangien ohne Sklerenchymzellen. Makrosporen 0,38 bis 0,46 mm dick, auf der Kugel- mit 15—30, auf den Pyramidenflächen mit 1—5 etwas grösseren Warzen. (A. Br. h.) — Provence: In einer im Winter nassen, im Frühjahr austrocknenden Vertiefung unweit der „alten Sodafabrik" 1 km von der Eisenbahnstation S. Raphaël unweit Fréjus (Perreymond 1865 Le Dien und v. Schoenefeld! neuerdings nach eingreifenden Veränderungen des Fundorts vergeblich gesucht Le Grand SB. France XLII. 623). Sp.r. Mai. — *I. a. P.* A. Br. h. A. und G. Syn. I. 170 (1897). *I. velata β. P.* Franchet SB. France XXXI. 349 (1884).

Bory verstand an der citirten Stelle der Comptes rendus von 1844 unter seiner, mit Beifügung einiger Bemerkungen, die man schwerlich eine Beschreibung nennen kann, erwähnten *I. setacea β. P.*, eine aus Languedoc, der Provence und Algerien erhaltene Pflanze. Da aus Languedoc, also den Departements Gard, Hérault, Aude und Pyrénées-Orientales, bisher von verwandten Arten nur *I. setaceum* bekannt geworden ist, so muss eine Form desselben mit darunter verstanden sein. 1846 trennte er dann die Algerische Pflanze, welche Durieu in seinem Herbar als *I. lineolata*, A. Braun später als *I. adspersa* bezeichnete, unter dem ohne alle diagnostische Bemerkungen mitgetheilten Namen *I. capillacea*. Es ist daher ebenso unzulässig, mit Nyman dies „Nomen nudum" voranzustellen als mit Duval-Jouve *I. Perreymondi*, ein Nomen seminudum von zweifelhafter Bedeutung, wogegen der Name *I. adspersa* A. Br. mit einer vortrefflichen Abbildung und mit der von Grenier und Godron mitgetheilten ausführlichen Beschreibung publicirt ist.

---

[1]) Nach dem Entdecker Jean Honoré Perreymond, * 1794 † 1843, Componist und Schulinspector in Fréjus, der sich um die Flora der Provence grosse Verdienste erworben hat (Plantes phanérogames qui croissent aux environs de Fréjus. Paris [et Fréjus] 1833).

Franchet zieht die Pflanze von S. Raphaël zu *I. velatum* A. Br., welches unserer Art jedenfalls sehr nahe steht, sich aber u. a. durch die längere Ligula, welche 3 mal so lang als breit ist, gerade von dieser Form auffällig unterscheidet. Da übrigens Franchet die alten Bory'schen bez. Perreymond'schen, A. Braun aber die von v. Schönefeld 1865 gesammelten Exemplare untersucht hat, so ist die Identität beider Pflanzen, wenn auch wahrscheinlich, um so weniger völlig zweifellos, als nach v. Schönefeld (S. B. France XII. 261) die Tradition des Fundortes nach Perreymond's Tode verloren gegangen war. Ich sammelte 1863 an nahe benachbarten, ganz ähnlichen Stellen bei Pula in Süd-Sardinien *I. velatum brevifolium* A. Br. und *I. Tegulense*. An dem Original-Fundorte der *I. tenuissimum*, einem Teiche bei Riz-Chauvron bei Dorat (Haute-Vienne) kamen sogar nicht weniger als drei Formen vor, ausser *I. t.* und seiner Unterart *I. Chaboissaei* Nyman (Hy) noch *I. Viollaei* Hy (vgl. Hy Bull. Herb. Boiss. III. App. I. 23. Le Grand SB. France XLII. 50). Hy (Journ. de Bot. VIII. 1894. 95) zieht die Pflanze von St. Raphaël wie A. Braun zu *I. aspersum*.

(Verbreitung der Art: Algerien.) |*|

I. **Malinvernianum**[1]). ♃. Stamm scheibenförmig, bis 3 cm im Durchmesser; das Rindengewebe der Lappen sich spät und unvollkommen abstossend. Blätter bis gegen 80, bis 8 dm lang; ihre Scheidentheile eine bis 5 cm dicke geschlossene Zwiebel bildend. Hautränder 5 mm breit, an der am Grunde bis 5 mm breiten, 5 kantig pfriemenförmigen (bauchseits flachen), allmählich in eine feine Spitze verschmälerten, schlaffen, lebhaftgrünen, durchscheinenden Spreite um die zehnfache Länge des Scheidentheils (1 dm) hinaufreichend. Hof breit, aber undeutlich begreuzt. Segel völlig fehlend; der Rand der Grube abgerundet-stumpf. Lippe länglich-lanzettlich, ungefähr so lang aber schmäler als die dreieckige Ligula, welche ungefähr so lang als ihre Breite ist. Wand der Sporangien ohne Sklerenchymzellen. Makrosporen 0,78—0,9 mm dick, weissgrau, mit undeutlichen Kanten, dicht mit stumpfen Warzen besetzt. Mikrosporen 0,035 mm lang, glatt, mit deutlichen Kanten. — In stets mit (öfter rasch fliessendem) Wasser gefüllten Gräben der Reisfelder bei Oldenico und Greggio, Prov. Vercelli (1858 Malinverni!!) nahe der Grenze des Gebiets und vielleicht noch innerhalb derselben anzutreffen. Die Vermuthung, dass diese stattlichste Art der Gattung aus dem tropischen Asien eingeschleppt sei, liegt nahe; indess ist diese in den fast 40 Jahren, die seit ihrer Auffindung in Ober-Italien verflossen sind, nirgends anderswo beobachtet worden. Sp.r. „Vom Frühjahr bis in den Winter". — *I. M.* Cesati et De Notaris Ind. sem. Genuens. 1858 Nyman Consp. 871.

B. *Terréstria* (A. Br. in Gren. et Godr. Fl. France III. 65 [1856] *Terrestres* [sc. *Isoëtes*] Bory Compt. rend. Inst. France XVIII. 1166 [1844]). Pflanze an nur bei Beginn der Vegetationszeit feuchten oder stets trocknen Orten. Vegetation unterbrochen. Die innersten sporenlosen Blätter jedes Jahrganges Niederblätter, welche wie die als Blattfüsse (s. S. 164) stets bleibenden Grundtheile der übrigen Blätter zuletzt eine sklerenchymatische Textur und schwarze Farbe annehmen. Spreite mit Spaltöffnungen und meist nur 4 Sklerenchymbündeln (2 medianen und 2 randständigen, zuweilen noch 2 seitenständigen). Luftgänge eng, aussen nur von der Ober-

---

[1]) Nach dem Entdecker Alessio Malinverni, † 1887, Grundbesitzer in Oldenico, welcher sich um die Flora der dortigen Gegend grosse Verdienste erworben hat.

haut begrenzt. Scheidentheil der Blätter rückenseits mit einem warzig-rauhen Mittelstreifen. Segel das ganze Sporangium (bis auf eine kleine Mikropyle-ähnliche Querspalte am Grunde) bedeckend. Seitentheile des Hofes hinter dem Sporangium nicht zusammenhängend. — Stamm 3- (sehr selten 4-) lappig. Wurzeln von zahlreichen Haaren zottig.

82. (4.) **I. Duriéï**[1]). ♃. Stamm etwas länger als seine Dicke, 1—2 cm im Durchmesser; das Rindengewebe der Lappen sich frühzeitig abstossend. Blätter bis 30, bis 10 (selten 13) cm lang, meist auswärts gekrümmt, oberwärts dem Boden angedrückt; ihre Scheidentheile eine geschlossene Zwiebel bildend. Hautränder um die drei- bis vierfache Länge des Scheidentheils an der 1 mm breiten, straffen, stumpf dreikantigen, kurz gespitzten, lebhaft-grünen, stets nur 4 Sklerenchymbündel führenden Spreite hinaufreichend. **Hof sehr schmal, nicht hohl.** Lippe abgerundet-3eckig. Ligula $2^{1}/_{2}$—3 mal so lang als ihre Breite. Blattfuss aus dem grundständigen Gürtel, der einen weissen, unmittelbar mit dem stärkehaltigen Gewebe des Stammes zusammenhängenden Kern enthält, einem bauchseitigen (aus dem Gewebe des Segels gebildeten) spitzen, stumpfen oder geradlinig abgestutzten und zwei seitenständigen (aus dem Gewebe zwischen Hof und Hautrand entstehenden) Zähnen bestehend. Sporangienwand Sklerenchymzellen enthaltend. **Makrosporen 0,74—0,84 mm dick, bläulichweiss, mit wenig hervortretenden Kanten, mit netzförmig verbundenen Leisten, welche runde Gruben einschliessen, bedeckt. Mikrosporen 0,04 mm lang, bräunlich, mit niedrigen Höckern spärlich besetzt.** — Nur im Mittelmeergebiet an im Winter feuchten, schon im Frühsommer austrocknenden Plätzen, oft vereinzelt, zwischen *Carex*-Arten (in Sardinien u. a. mit *Scirpus Savii*, *Juncus bufonius*, *Radiola*, *Erythraea maritima*, *Mentha pulegium* beobachtet!! vgl. Ascherson Monatsb. Berl. Akad. 1863. 601). Bisher nur in der Provence: Toulon: Sablettes bei La Seyne (Saint-Lager Cat. bass. Rhône 839). Cannes! Antibes: Golfe Jouan und Trachythügel bei Biot! Sp.r. Febr. bis Mai. — *I. D.* Bory a. a. O. (1844). Nyman Consp. 872 Suppl. 349. *I. tridentáta* Durieu h. *I. Ligústica* De Notaris (h.?) *I. Duriaéi Ligustica* De Notaris in Kunze Ind. fil. cult. 51 (1850). *Isoëtélla D.* Gennari Comment. Soc. Critt. It. No. 3. 115 [1862].

---

[1]) Nach dem Entdecker Michel Charles Durieu de Maisonneuve, * 1796 † 1878, einem um die Flora Süd-Frankreichs, Spaniens und besonders Algeriens, auch in hervorragender Weise um die Kenntniss dieser Gattung (vgl. S. 164, 165) hochverdienten Botaniker. Hariot hat neuerlich (Bull. herb. Boiss. III. app. 121) auf die vom Autor gewählte Schreibweise aufmerksam gemacht, die wohl ebenso berechtigt ist als die sonst allgemein beliebte *Duriaei*. Am nächsten würde wohl die von Cesati und De Notaris angewendete Orthographie *Durieui* liegen; sie scheint aber dem französischen Sprachgefühl zu widerstreben. Hat doch die Latinisirung des Namens Jussieu schon dem Altmeister Linné Kopfbrechen verursacht, der zwar die Namen der bekannten Onagraceen-Gattung meist *Jussieua*, zu Zeiten aber *Jussiaea*, *Jussiea* und *Jussieria* schrieb.

(Portugal; Languedoc; Arenzano bei Genua; Mittel-Italien; Minorca; Corsica; Sardinien; Sicilien nnd benachbarte Inseln; Algerien; Klein-Asien bei Risé am Schwarzen Meere.) |*|

I. hystrix[1]). ♃. Unterscheidet sich von der vorigen, äusserlich sehr ähnlichen Art durch Folgendes: Blätter bis 40, bis 15 (selten 20) cm lang. verhältnissmässig etwas schmäler, an robusten Formen mit 6 Sklerenchymbündeln. Hof etwas breiter, hohl. Makrosporen 0,38—0,42 mm dick, mit deutlichen, hervortretenden Kanten, dicht mit rundlichen Höckern besetzt. Mikrosporen 0,03 mm lang, mit kurzen Stacheln dicht besetzt. — Wie vorige. Das Vorkommen dieser Art innerhalb des Gebietes ist zwar bei ihrer weiten Verbreitung im Mittelmeergebiet nicht unwahrscheinlich, bisher aber nicht nachgewiesen. Zwar gaben schon Godron und Grenier (Fl. France III. 652) dieselbe nach Duval-Jouve in der Provence bei Cannes an; indess hat sich das einzige im Herbar des letztgenannten Forschers (jetzt im Botan. Garten zu Montpellier) vorhandene Belegexemplar, welches uns von Herrn Daveau durch gütige Vermittelung von Herrn Burnat zur Ansicht gesandt wurde, als zu 82. gehörig ergeben. Der zweite von Ardoino (Fl. Alp. mar. 448) angeführte Fundort La Roquette zw. Cannes und Grasse ist bei der Unzuverlässigkeit des Gewährsmannes Goaty sehr zweifelhaft (Burnat br.). Sp.r. März—Juni. — *I. H.* [Durieu br.] Bory a. a. O. 1167 (1844). Nyman Consp. 872 Suppl. 349. *I. Delalándei*[2]) Lloyd Notice fl. Ouest France 25 (1851). *Cephaloceraton*[3]) *H.* Gennari Comment. Soc. Critt. It. No. 3. 113 (1862). *I. sicula*[4]) Todaro Enum. fl. sic. I. 47 (ined.) Syn. pl. acot. vasc. Sic. 46 (1866).

Von den Land-*Is.* zuerst entdeckt (s. S. 164). Variirt besonders in der Art und Weise der Abstossung des Rindengewebes und in der Ausbildung der Blattfüsse. Bei der bis jetzt nur in Algerien an stets trocknen Standorten beobachteten Abart A. *loricátum* (A. Br. Sitzb. Akad. B .rlin 7. Dec. 1863 617 [1864]) findet die Abstossung sehr spät statt. Der Stamm ist daher mit den Blattfüssen, welche stets auch rückenseits einen deutlichen Zahn besitzen (wogegen der Bauchzahn schwächer ausgebildet ist oder ganz fehlt) und deren Seitenzähne bis 5 mm lange, schlanke, gekrümmte, zusammen die Form einer Lyra darstellende Hörner bilden, förmlich gepanzert, erreicht mit diesen 3 cm im Durchmesser und ist viel dicker als die von den Grundtheilen der Blätter gebildete Zwiebel. In Europa (und zwar wohl meist an periodisch feuchten Standorten) findet sich die Abart B. *desquamátum* (A. Br. a. a O. [1864]). Rindengewebe sich frühzeitig abstossend. Der Stamm daher meist nur 1—1,5 cm im Durchmesser, nicht dicker als die Zwiebel und nur oberwärts mit Blattfüssen besetzt, die meist keinen Rückenzahn, aber einen stärker entwickelten Bauchzahn haben. Bei einzeln wachsenden Exemplaren (I. *solitárium* A. Br. a. a. O. 618 [1864]) ist die Pflanze, besonders Stamm und Zwiebel, kräftiger, die Blätter kurz und ausgebreitet, wogegen bei dichtrasigem Wuchs (II. *caespitósum* A. Br. a. a. O. [1864]) Stamm und Zwiebel schmächtiger, die Blätter länger und aufrecht sind. Bei dieser Unterabart sind die Hörner der Blattfüsse bald wohl entwickelt (a. *longispínum* A. Br. a. a. O. [1864]) oder kurz: b. *brevispínum* (A. Br.

---

[1]) hystrix, griechisch ὕστριξ, schon bei den Schriftstellern des Alterthums Name des Stachelschweins, wegen der steifen, stechenden Blattfüsse besonders der Algerischen Formen.

[2]) Nach dem Entdecker dieser Art in der Bretagne, Abbé Jean Marie Delalande, * 1807 † 1851, zuletzt in Nantes, welcher 1850 eine Geschichte der Inseln Hoedic und Houat (mit Pflanzenverzeichniss) veröffentlicht hat.

[3]) Von κεφαλή Kopf und κέρας Horn, wegen der den kugeligen Stamm bedeckenden hornförmigen Seitenzähne der Blattfüsse.

[4]) Siculus, Sicilianisch.

a. a. O. [1864]. *Cephalocératon gymnocárpum* [1]) Genu. a. a. O. [1862]) oder fehlen fast ganz: *c. subinérme* (Durieu S. B. France VIII. 164 [1861, blosser Name] A. Br. a. a. O. [1864]).

(Englische Canal-Insel Guernsey; Westfrankreich, vom Dép. Côtes du Nord bis Landes; Spanien; Portugal; Languedoc; Mittel-Italien; Capraja; Corsica, Sardinien und Sicilien und benachbarte Inseln; Zante; Kreta; Kleinasien; West-Nord-Africa.)

[1]) Von γυμνός nackt und καρπός Frucht, weil Gennari das das· Sporangium bedeckende Segel übersehen hatte.

IV. Abtheilung.

EMBRYOPHYTA[1] SIPHONÓGAMA[2].

(Engler Nat. Pfl. II. 1. 1 [1889] Syllabus Gr. Ausg. 59).
(*Phanerógamae*[3]) L. Syst. Veg. ed. 1 [1735]. *Anthóphyta*[4]) A. Br. in Aschers. Fl. Brand. I. 26 [1864]. *Siphonógamae* Engler Führer Bot. Gart. Breslau 14 [1886].)

Generationswechsel wie bei der III. Abtheilung (s. S. 1), die proembryale Generation (Vorkeim) aber sehr wenig entwickelt, stets eingeschlechtlich. Der männliche Vorkeim entwickelt sich aus der der Mikrospore der heterosporen Pteridophyten homologen Pollenzelle und beschränkt sich ausser 1 oder wenigen, meist bald verschwindenden vegetativen Zellen auf die Bildung des Pollenschlauchs, der meist ohne Entwickelung von Spermatozoïdien die Befruchtung vermittelt. Der weibliche Vorkeim entwickelt sich in dem der Makrospore homologen Keimsack (Sacculus embryalis), während derselbe innerhalb der Samenanlage (Ovulum) noch mit der vorhergehenden embryalen Generation (Mutterpflanze) in Verbindung steht. Die Samenanlage besteht aus der zunächst den Keimsack umschliessenden Kernwarze (Nucellus) und gewöhnlich zwei Hüllen (Integumenta), welche sich (die innerste zuerst) ringwallartig erheben, die Kernwarze überwachsen und meist an ihrem organischen Gipfel bis auf eine enge Oeffnung (Micrópyle[5])) schliessen. Der weibliche Vorkeim bildet eine oder mehrere Eizellen (Keimbläschen), von denen aber meist nur eine befruchtet wird und sich zu dem die embryale Generation zunächst darstellenden Keimling (Émbryon) entwickelt. Ausserdem bildet sich häufig noch innerhalb des Keimsackes (Endospérmium[6])), seltener in der Kernwarze (Perispérmium[7])), ein Nährgewebe (früher Eiweiss, Albúmen genannt),

---

[1] S. S. 1 Anm. 2.
[2] Von σίφων Röhre und γαμέω s. S. 1 Anm. 3, wegen der durch den Pollenschlauch vermittelten Befruchtung.
[3] Von φανερός offenbar und γαμέω s. oben. Vgl. S. 2 Anm. 2.
[4] Von ἄνθος Blüthe und φυτόν Pflanze.
[5] Von μικρός klein und πύλη Thor.
[6] Von ἔνδον innerhalb und σπέρμα Same.
[7] Von περί um (herum) und σπέρμα.

welches den Keimling bis zu seinem Selbständigwerden ernährt. Der Keimling bildet sich innerhalb der mit ihm weiter wachsenden Samenanlage bis zu einem Entwickelungs-Stadium aus, in dem sich meist ein **Achsentheil** (Radícula), ein, häufiger zwei, sehr selten noch mehr **Keimblätter** (Kotyledonen, Cotylédones [1])) und ein öfter noch einige rudimentäre Blattanlagen zeigendes **Knöspchen** (Plúmula) unterscheiden lassen. Erst dann trennt sich der Keimling, immer noch innerhalb der zum **Samen** (Semen) herangewachsenen Samenanlage, von der Mutterpflanze und nach Verlauf einer kürzeren oder längeren Ruhepause ist der Beginn der weiteren Entwickelung (**Keimung**, Germinátio) bis auf sehr seltene Ausnahmen bei einzelnen Wasser- (*Utricularia*) oder Schmarotzerpflanzen (*Cuscuta*) mit der Ausbildung der im Samen schon angelegten Wurzeln oder Neubildung von solchen verbunden. Die embryale Generation zeigt auch bei ihrer weiteren Entwickelung fast stets den Gegensatz von Achsen- (**Stamm, Stengel,** Caulóma [2])) und Anhangsorganen (**Blatt,** Phyllóma [3])). Die Bildung der Geschlechtsorgane ist stets an eine bestimmte, fast immer den Abschluss eines Sprosses bildende Region der Achse, die **Blüthe** (Flos) und zwar an bestimmte daselbst auftretende Blattbildungen geknüpft. Die Pollenzellen bilden sich in **Staubblättern** (Stámina), die Samenanlagen sind fast stets Auswüchse (Emergéntiae) der **Fruchtblätter** (Cárpides). Das Gewebe dieser Generation zeigt fast stets (wenigstens vorübergehend) Leitbündel, die fast immer wahre Gefässe enthalten.

Uebersicht der Unterabtheilungen.

Männlicher Vorkeim aus der zum Pollenschlauche auswachsenden Geschlechtszelle und 1—3 vegetativen Zellen, weiblicher aus einem den Keimsack schon vor der Befruchtung ausfüllenden Zellgewebe bestehend, welches nach derselben als Nährgewebe dient. Auf diesem Vorkeim finden sich mehrere, meist wie bei den Pteridophyten mit Ei-, Hals- und Canalzellen versehene Archegonien (früher Corpúscula genannt). Männliche Blüthen aus meist zahlreichen, oft spiralig gestellten Staubblättern bestehend. **Fruchtblätter offen; der Pollenschlauch,** in welchem sich nach Ikeno und Hirase bei *Cycas revolúta* L. und *Ginkgo biloba* (S. 180) Spermatozoïdien entwickeln sollen (vgl. Bot. Centralbl. LXIX. 1, 33), **dringt ohne Vermittelung einer Narbe direct in die Mikropyle ein.** **Gymnospermae.**

Männlicher Vorkeim aus einer bald verschwindenden vegetativen und der Geschlechtszelle bestehend. Weiblicher Vorkeim vor der Befruchtung kein zusammenhängendes Gewebe bildend. Der aus der noch

---

[1]) κοτυληδών, von κοτύλη Vertiefung, im Alterthum für die Pfanne des Hüftgelenks und die Saugnäpfe der Tintenfische gebraucht.
[2]) Von καυλός Stengel.
[3]) Von φύλλον Blatt.

membranlosen **Eizelle** und zwei **Synergiden** bestehende Geschlechtsapparat liegt fast stets an dem Mikropylar-Ende des Keimsacks, während aus den am entgegengesetzten (**Chalaza-**) Ende desselben drei (seltener noch mehr) Zellanlagen (**Antipoden**) sich befindenden, sowie aus einem in der Mitte des Keimsacks befindlichen aus der Verschmelzung zweier Kerne entstandenen Zellkern das Nährgewebe sich bildet, das häufig schon vor der Samenreife von dem Keimling aufgezehrt wird. — Blüthen meist ausser aus den Staub- und Fruchtblättern noch aus besonderen unter denselben befindlichen Blättern, **Blüthen-Hülle** (Perigonium), bestehend; alle diese Blattorgane der Blüthe meist quirlig angeordnet. **Fruchtblätter für sich oder mehrere zusammen eine oder mehrere fast stets geschlossene Höhlungen bildend,** in denen sich die Samenanlagen befinden, denen (und zwar fast stets ihrer Mikropyle) **die Pollenschläuche durch Vermittelung des Gewebes des oberen Theils der Fruchtblätter** (Narbe, Stigma) zugeführt werden. **Angiospermae.**

1. Unterabtheilung.

GYMNOSPÉRMAE[1].

(Lindley Nat. syst. ed. 1. Clavis [1830] Nat. Pfl. II. 1. 1. *Phanérogames gymnospermes* Brongniart Prod. hist. vég. foss. 88 [1828] vgl. R. Brown Capt. King's Voyage App. bot. 529 [1826].)

Vgl. S. 176. Holzgewächse. Blüthen fast stets (bei uns immer) eingeschlechtlich.

Uebersicht der Classen.

Gefässe im secundären Holze fehlend. Blätter und Rinde fast stets mit Harzgängen. Blüthen bez. Blüthensprosse ohne Hüllen, stets die vorausgehenden Hochblätter überragend (Nadelhölzer). **Coniferae.**

Gefässe im secundären Holze vorhanden. Keine Harzgänge. Blüthen mit Hüllen, meist von den vorausgehenden Hochblättern bedeckt. (Unsere Arten *Equisetum*-ähnliche Sträucher.) **Gnetariae.**

---

[1] Von γυμνός nackt und σπέρμα Same, wegen der auf den nicht geschlossenen Fruchtblättern (wenigstens ursprünglich) offen daliegenden Samen.

1. Classe.

CONIFERAE[1].

([Hall. En. stirp. Helv. I. p. 145 (1742). L. Phil. bot. 28 (1751)] z. T. Brongniart Orb. Dict. IV. 178 [1849]. Eichler in Engler und Prantl Nat. Pfl. II. 1. 28.)
(Nadelhölzer; dän.: Nauletraeer; poln.: Drzewa iglaste; böhm.: Jehličnaté; russ.: Хвойныя деревья; ung.: Tobzosak.)

Vgl. S. 177. Bäume (die höchsten des Gebiets, seltner Sträucher) mit verzweigtem Stamm. Holz grösstentheils oder fast ausschliesslich aus Tracheïden bestehend, welche (meist nur auf den radialen Wänden) behöfte Tüpfel besitzen, bei den einheimischen Arten durch Bildung von Jahresringen und Markstrahlen mit dem der einheimischen Dikotylen übereinstimmend. Laubblätter meist immergrün, schmal linealisch oder pfriemenförmig („Nadeln"), seltner schuppenartig, noch seltner mit ansehnlich verbreiterter Spreite. Männliche Blüthen „kätzchenartig", aus oft zahlreichen, einer mehr oder weniger verlängerten Achse eingefügten, schuppenartigen, auf ihrer Rückenseite meist 2—6 Pollensäcke tragenden Staubblättern bestehend. Weiblicher Blüthenspross eine Anzahl von Blättern tragend, welche entweder als Fruchtblätter unmittelbar eine oder mehrere Samenanlagen oder als Deckschuppen auf ihrer Bauchseite ein meist viel grösseres, blattartiges Gebilde, die Fruchtschuppe, tragen, auf dessen der Achse des Sprosses zugewandten Seite sich die Samenanlagen befinden. Nach der von A. Braun, Caspary, Stenzel, H. v. Mohl, neuerdings besonders eingehend von Čelakovský, zuletzt von Noll vertheidigten Ansicht wird die Fruchtschuppe der *Abieteae* von den 2 untersten Blättern des Achselsprosses der Deckschuppe gebildet, die (wie die „Doppelnadel" von *Sciadopitys*) an den Hinterrändern vereinigt sind, daher ihre Bauchseite und den Holztheil (Xylem) ihrer Gefässbündel der Deckschuppe zuwenden, während die (die Samenanlagen tragende) Rückenseite und der Basttheil (Phloëm) der Achse zugekehrt ist. Nach der von Sachs aufgestellten, neuerlich von Eichler verfochtenen Ansicht, der viele neuere Lehrbücher folgen, wäre die Fruchtschuppe dagegen eine Ligula-artige Emergenz der Deckschuppe[2], der

---

[1] Das Wort wird schon bei den Griechen (πεύκη ἡ κωνόφορος bei Theophrastos [hist. pl. II, 2, 6]), und Römern (coniferae cyparissi bei Vergilius Aen. III. 680) in der Bedeutung „Zapfen tragend" gebraucht. Κῶνοι (eigentlich Kegel) hiessen bei den älteren griechischen Schriftstellern (auch bei den Römern) die Zapfen (und Samen) der Nadelhölzer, besonders der Pinie (*Pinus pinea*), welche bei den späteren Autoren (seit Aristoteles) στρόβιλοι (eigentlich Kreisel) genannt wurden (ebenfalls bei den römischen Schriftstellern vorkommend).

[2] Bei den *Araucarieae* sieht auch Čelakovský die Ligula der Zapfenschuppe als Emergenz an; bei den *Taxodieae* und *Cupressoideae* erwartet er die Entscheidung darüber, ob die Fruchtschuppe (die er, wie schon Parlatore, mit Recht auch den letzteren zuschreibt; in der That ist die Uebereinstimmung zwischen den Zapfen von *Taxodium* und *Sequoia* einer- und *Cupressus* andererseits frappant) Emergenz oder Product eines Achselsprosses sei, von künftigen teratologischen Beobachtungen.

Blüthenspross also unter allen Umständen eine Blüthe, während er nach der Braun'schen Ansicht beim Vorhandensein einer Fruchtschuppe ein ährenartiger Blüthenstand ist. Sehr selten (*Taxus*) bildet die einzige Samenanlage den gipfelständigen Abschluss eines Sprosses. Der Blüthenspross schliesst meist zur Zeit der Fruchtreife die Samen ein (dann Zapfen, Stróbilus[1]) genannt, welcher meist trocken, selten [*Juniperus*] beerenartig ist); selten (*Taxaceae*) besteht die Frucht nur aus einem oder wenigen freiliegenden, steinfruchtartigen Samen. Samen mit meist ölhaltigem Nährgewebe und geradem, meist an einem kurzen Träger (Suspensor) befestigtem Keimling. Keimblätter 2—16, bei der Keimung meist über den Boden tretend.

Etwa 370 Arten aller Klimate mit Ausnahme der eigentlichen Wüsten und Steppen und der Polargebiete.

Uebersicht der Familien.

Weibliche Blüthen meist nur wenige Fruchtblätter tragend oder mit einer gipfelständigen Samenanlage. Samen steinfruchtartig, meist freiliegend, die Fruchtblätter (falls solche vorhanden) weit überragend. **Taxaceae.**

Weiblicher Blüthenspross mehr oder weniger zahlreiche Fruchtblätter tragend, die von den aussen nicht saftigen Samen auch bei der Fruchtreife nicht oder kaum überragt werden. **Pinaceae.**

11. Familie.

TAXÁCEAE.

(Lindley Nat. syst. 2. ed. 316 [1836]. *Taxinae* L. C. Rich. Ann. Mus. XVI. 297 [1810] z. T. *Taxoideae* Eichler Nat. Pfl. II. 1. 66.)

Vgl. oben. Blätter spiralig (bei unseren Gattungen in Laub- und Niederblätter [Knospenschuppen] geschieden). Blüthen (uns. Gatt.) zweihäusig. Pollen ohne Flugblasen. Samen (uns. Gatt.) aufrecht, geradläufig. Keimblätter meist 2.

Etwa 70 Arten, über den grössten Theil der Erdoberfläche verbreitet. Die durch umgewendete Samen gekennzeichnete Tribus der *Podocarpeae* (Spach Vég. phan. XI. 437 [1842] nicht Rchb.) gehört vorzugsweise der Süd-Halbkugel an.

Uebersicht der Tribus.

Sprosse in Lang- und Kurztriebe geschieden. Laubblätter sommergrün, lang gestielt, keilförmig, quer breiter, gablig-fächerförmiggenervt. Männliche Blüthen verlängert-cylindrisch, locker.
Ginkgoëae.

---

[1]) S. S. 178.

Sprosse (uns. Gatt.) nur Langtriebe. **Laubblätter** immergrün, **kurz gestielt, einnervig.** Männliche Blüthen fast kugelförmig bis länglich, dicht. **Taxeae.**

Tribus.

GINKGÓËAE¹).

(Engler Syll. Gr. Ausg. 61 [1892] vgl. Eichler Nat. Pfl. II. 1. 66. *Salisburyaceae* Link Handb. II. 469 [1831].)

S. S. 179.. Einzige jetztweltliche Gattung:

* **GINKGO**¹).
(L. mant. 2. 313 [1771]. Nat. Pfl. II. 1. 108.)

Männliche und weibliche Blüthen stets einzeln in den Achseln von Nieder- und Laubblättern heuriger Kurztriebe stehend. Staubblätter mit 2 (selten 3) freien Pollensäcken und rudimentärer Gipfelschuppe. Weibliche Blüthen auf langem unbeblättertem Stiele, meist aus 2 rudimentären Fruchtblättern bestehend, auf denen je eine mit einem Integument versehene Samenanlage sich befindet, von denen meist nur eine zum zusammengedrückt-ovalen, (bis 3 cm) langen, pflaumenartigen, gelblichen Samen wird. (Čelakovský deutet die Fleischschicht als ein mit dem inneren verschmolzenes äusseres Integument.)

Nur eine, in China und Japan einheimische Art:

* **G. bíloba.** ♄, bis 40 m hoch, kahl. Rinde schwarzgrau, rissig. Blätter (mit Einschluss des Stiels) bis 1 dm lang, bis 75 mm breit. Spreite rhombisch bis trapezoidisch, gelbgrün, meist etwas länger als der dünne Stiel, in der Mitte des abgerundeten Vorderrandes mit einem tiefen engen Einschnitt, die Hälften unregelmässig geschweift oder eingeschnitten.

Seltenerer Zierbaum. Bl. Mai, Juni. Fr. Oct.

G. b. L. mant. 2. 314 (1771). Willkomm Forstl. Flora 2. Aufl. 278. Koehne Deutsche Dendrol. 3. fig. 1. *Salisbúrya*²) *adiantifólia* Sm. Trans. Linn. Soc. III. 330 (1797).

Die Blätter dieses nicht wie ein Nadelholz aussehenden Baumes erinnern allerdings an ein stark vergrössertes Blättchen von *Adiantum capillus-Veneris* (S. 87). Der ölige Kern des Samens wird in Ost-Asien geröstet gegessen. (Die Fleischschicht hat wenigstens an dem überreifen Samen einen sehr unangenehmen Geruch und Geschmack nach Buttersäure!!)

Einzige einheimische Tribus:

TÁXEAE.

(Eichler Nat. Pfl. II. 1. 66 [1889]. *Taxineae* Link Handb. II. 471 [1831].)

Vgl. oben. Blätter spitz, fast stets 2 reihig gescheitelt.

---

[1]) Zuerst von Kämpfer (Amoen. exot. 811 [1712]) in die botanische Nomenclatur eingeführter chinesischer Name des Baumes.

[2]) Nach dem englischen Botaniker Richard Anthony Markham, der seit 1785 den Namen Salisbury führte, * 1761 † 1829. Derselbe hat sich besonders um die Kenntniss der Gartenpflanzen (Paradisus Londinensis 1806, 1807) verdient gemacht.

Uebersicht der Gattungen.

Laubblätter mit Harzgang, rückenseits mit zwei weissen (zuletzt öfter bräunlichen), die Spaltöffnungsreihen enthaltenden Streifen. Männliche Blüthen zu 5—8 in Köpfchen. Weibliche Blüthen aus einigen Paaren gekreuzter Fruchtblätter bestehend, von denen jedes in seiner Achsel 2 Samenanlagen trägt. **Cephalotaxus.**

Laubblätter ohne Harzgang, rückenseits gleichfarbig grün. Männliche Blüthen einzeln. Weibliche Blüthen aus einer gipfelständigen, am Grunde von drei gekreuzten Paaren von Schuppenblättern umhüllten Samenanlage bestehend. **Taxus.**

* CEPHALOTÁXUS [1]).

(Siebold et Zuccarini in Endl. Gen. pl. suppl. 2. 27 [1842]. Nat. Pfl. II. 1. 109.)

Vgl. oben. Männliche Köpfchen sitzend, in den Achseln vorjähriger Laubblätter. Staubblätter mit 2—3 fast freien Pollensäcken und dreieckiger Endschuppe. Weibliche Blüthen zu 1—3, gestielt, in den Niederblattachseln heuriger erst später auswachsender Laubtriebe. Samenanlage mit einem Integument, aus dem sich auch die Fleischschicht des länglichen (bis 3 cm langen) purpurbraunen Samens entwickelt. (Čelakovský nimmt auch hier zwei Integumente an.) Es bilden sich in jeder Blüthe nur 1—3 Samen aus.

4 sich sehr nahe stehende, wohl nur als Formen einer Art zu betrachtende Formen Ost-Asiens, von denen sich ausser der folgenden auch *C. drupácea* (Siebold et Zuccarini Fl. Jap. Fam. nat. II. 108 [Bayr. Acad. Phys. Cl. IV. 3. 232 1846]. Koehne a. a. O. 4 fig. 2. *Taxus baccata* Thunb. Fl. Jap. 275 [1784] nicht L.) und *C. Fortúnei* [2]) (Hook. Bot. Mag. t. 4499 (1850). Nat. Pfl. II. 1. 110 fig. 69a—g) in unseren Gärten finden.

* **C. Harringtónia** [3]). ♄, bei uns meist ♄, bis 8 m hoch, kahl. Aeste abstehend. Laubblätter bis 5 cm lang, 4 mm breit. Männliche Köpfchen bis 9 mm dick.

Ziergehölz, im nordöstlichen Gebiete nicht ganz hart, in der Provence sich durch Selbstaussaat vermehrend (Saporta SB. France XL. CCV). Bl. Ende Mai. Fr. Oct., Nov.

C. II. K. Koch Dendr. II. 2. 102 (1873). *Taxus II.* Forbes pinet. Woburn. 217. t. 68 (1839). *C. pedunculáta* Siebold et Zuccarini Abh. Bayer. Acad. Phys. Cl. IV. 3. 232 (1846). Nat. Pfl. II. 1. 110 fig. 69. Beissner Nadelholzk. 179 fig. 44.

Sehr bemerkenswerth ist der l. *Koraiána* [4]) K. Koch a. a. O. 103 (1873). *Podocarpus* K. Siebold Ann. Soc. Hort. Pays-Bas 1844. 34. *C. p.* var. *fastigiáta* Carrière Rev. Hort. 1863. 349 mit kegelförmigem Wuchs und nicht gescheitelten sondern allseitig abstehenden Laubblättern. Kommt in diesem Zustande nicht zur Blüthe; doch ist das Austreiben normaler Sprosse am Grunde der Pflanze beobachtet.

---

[1]) Von κεφαλή Kopf und τάξος s. S. 180, wegen der kopfig genäherten männlichen Blüthen und Samen.

[2]) Nach dem englischen Gärtner Robert Fortune, * 1813 † 1880, welcher als Ergebniss wiederholter Reisen durch China und Japan zahlreiche ostasiatische Pflanzen in die europäischen Gärten einführte. Sein besonderes Verdienst ist die genaue Erforschung der Thee-Cultur und deren Verpflanzung nach Ostindien.

[3]) Nach dem Earl of Harrington, der diese Art auf seinem Landsitze Elvaston-Castle zuerst in grösserer Zahl anpflanzte.

[4]) Wegen des angeblichen Vorkommens in Korea.

28. TAXUS[1]).

([Tourn. Inst. 589 L. Gen. pl. 312] ed. 5. 462 [1754]. Nat. Pfl. II. 1. 112.)

(Eibe, Taxus; niederl.: Taxis; vlaem.: IJpenboom, Spaansch hout; dän: Taxtrae; franz.: If; ital.: Tasso, Libo, Nasso; poln.: Cis; böhm.: Tis; kroat.: Tisovina; serb.: Тиса; russ.: Тисъ, Красноедерево, негной; litt.: Eglus; ung.: Tiszafa.)

Vgl. S. 181. Männliche Blüthen in den Laubblattachseln vorjähriger Triebe anfangs von bräunlichen Schuppenblättern umhüllt. Staubblätter 6—15 und mehr, schildförmig, wie der Pollen hellgelb, mit 5—8 anfangs dem Stiele des Schildes angewachsenen länglichen Pollensäcken, die mit einer Längsspalte nach innen aufspringen und sich von dem Stiele trennen. Weibliche Blüthensprosse den Laubknospen ähnlich, am Grunde mit Schuppenblättern besetzt; in der Achsel des oder der obersten eine, seltner 2 oder 3 Blüthen. Samenanlage mit einfachem Integument, welches beim Auswachsen des Samens holzartig erhärtet und von einem an seinem Grunde sich erhebenden, becherförmigen, saftigen, purpurn-scharlachrothen Samenmantel (nach Čelakovský äusserem Integument) überwachsen wird.

Es werden 7 Arten aus verschiedenen Theilen der nördlichen gemässigten Zone unterschieden; die aussereuropäischen Formen dürften sich indess wohl sämmtlich unserer Art als Rassen oder Unterarten anschliessen (s. S. 184, 185).

83. **T. baccata.** ♄, häufig nur ♄, kahl. Stamm bis 15 m hoch und bis über 1 m dick, oft kantig („spannrückig"). Rinde anfangs rothbraun, blättrig, später mit graubrauner, sich periodisch in Platten ablösender Borke überzogen. Krone länglich pyramidal oder ganz unregelmässig. Aeste abwärts abstehend. Knospen nur theilweise bald auswachsend, viele als „schlafende Augen" verharrend. Jüngere Triebe (die einjährigen grün) grösstentheils von den länglichen, durch schmale Furchen getrennten, nur an der Blatt-Einfügung etwas hervorragenden Blattkissen bedeckt. Blätter bis 35 mm lang und 2 mm breit, bauchseits dunkelgrün, glänzend, rückenseits heller, matt, schwach gekielt. Männliche Blüthen 5 mm lang, zahlreich, genähert, an der Unterseite der Zweige. Weibliche Blüthensprosse einzeln, ziemlich von einander entfernt. Samenmantel bis 1 cm lang, etwas länger als die purpurbraune Holzschale. Keimblätter 2—3, erst beim Keimen entwickelt.

Findet sich auf frischen oder feuchten Boden in Wäldern, stets (auch als ♄) im Schatten höherer Bäume, einzeln bis zahlreich, aber niemals für sich Bestände bildend. War in früheren Zeiten und noch im 17. und 18. Jahrhundert viel verbreiteter als jetzt. Dies

---

[1]) Lateinischer Name dieses Baumes schon bei Caesar, der bekanntlich (Bell. Gall. 6, 31) behauptet, dass er in Gallien und Germanien häufig sei. Die griechische Form τάξος findet sich bei Galenos und Dioskorides (IV, 80), wird von Letzterem aber ausdrücklich als römischer Name der von den Griechen σμῖλαξ, σμίλος oder μῖλος genannten Pflanze bezeichnet.

ergiebt sich aus historischen Nachrichten (z. B. der S. 182 citirten Stelle aus Caesar), den zahlreichen von „Eibe", Tis und Cis abgeleiteten Ortsnamen (Langkavel, Der Eibenbaum in Pröhle, Unser Vaterland 1862. 238 und Die Natur 1892 55) z. B. der Teizenhorst im damals „Lüneburgischen" Drömling, für den das Vorkommen des Baumes von Bekmann etwa um 1670 und das Eubruch bei Linum unweit Fehrbellin, wo es von v. Burgsdorf etwa um 1740 bezeugt wird; der Iwenbusch bei Filehne (R.-B. Bromberg), Iwald bei Kohlfurt (Görl.) (Conwentz br.) und Moorfunden (u. a. Conwentz, Ueber einen untergegangenen Eibenhorst im Steller Moor bei Hannover DBG. XIII. 402). Nachdem der Baum schon früher wegen seines werthvollen Holzes Gegenstand einer unverständigen Raubwirthschaft gewesen (so wurden im Forstrevier Thale im Harz im Winter 1802/3 500 Stämme gefällt. Brandt und Ratzeburg, Deutschl. Giftgew. I. 166), ist neuerdings sein Vorkommen auch durch Entwässerungen und den fast allgemein durchgeführten Kahlhieb sehr eingeschränkt (der Baum erträgt nicht einmal Freistellung ohne Schaden und kann daher nur im Ur- oder Plänterwalde erhalten werden, besitzt ausserdem für gewöhnlich ein äusserst langsames Wachsthum, welchem entsprechend er ein sehr hohes Alter (1000 Jahre und mehr) erreichen kann; bei überständigen Bäumen ist öfter nur noch der mit dichtem Laubausschlag bedeckte Stamm vorhanden). Er erstreckt sich jetzt vorzugsweise über das Bergland Mittel- und Süddeutschlands (incl. Belgien, Oberschlesien und Süd-Polen), das Alpen- und Karpaten-System, wo der Baum vorzugsweise (aber keineswegs ausschliesslich) auf kalkreichem Boden gedeiht (besonders bemerkenswerthe Vorkommen z. B. im Bode-Thale des Harzes!! bei Dermbach in der Vorder-Rhön, am Veronicaberge bei Martinrode (Thür.) und bei Kelheim im Bayrischen Jura) und bis über 1100 (in den südlichen Karpaten 1600) m ansteigt (in den Bayrischen Alpen findet er sich nicht unter 300, in Siebenbürgen nicht unter 1000 m). Viel weniger verbreitet ist er im nördlichen Tieflande. Westlich von der Elbe ist das einzige neuerdings bestätigte Vorkommen (in den Niederlanden wurde er an dem einzigen angeblichen Fundorte, bei Ubbergen, mindestens seit einem halben Jahrhundert nicht mehr beobachtet. Oudemans Fl. Nederl. III. 142) im Krelinger Bruche bei Walsrode, Prov. Hannover (K. Weber, vgl. Conwentz! a. a. O. 407). Dagegen findet sich die Eibe in fast sämmtlichen Gebieten an der Südküste der Ostsee: Mecklenburg (Rostocker Heide vereinzelt), verbreiteter in Pommern (z. B. Stubnitz auf Rügen auf Kreide! Ibenhorst bei Pribbernow östlich von Papenwasser vgl. Seehaus! BZ. XX [1862] 35). Westpreussen (nur westlich der Weichsel, z. B. Zies- [Cis] busch bei Lindenbusch, Kr. Schwetz!! wo noch über 1000 Stämme, vgl. Conwentz, Die Eibe in Westpreussen. Ein aussterbender Waldbaum. Abh. z. Landesk. Westpr. Heft III. Mit 2 Taf.). Ostpreussen (besonders im Ermlande und im S. O., z. B. im Wensöwener Wald Kr. Oletzko, im Milchbuder Forst Kr. Lyck! (vgl. Höck, Nadelwald. Norddeutsch. in Forsch. z. deutsch. Landes- u. Volkskunde VIII. 4. 327 [11]) und im angrenzenden N. O. Polen. Vielleicht ist auch der grössere der zwei früher so schönen Eibenbäume im Garten des Herrenhauses zu Berlin als Relict aus der Zeit, in der der Boden dieses Theils der Reichshauptstadt mit Wald bedeckt war, anzusehen. Uebrigens war dieser Baum wegen seiner Gefügigkeit gegen die Scheere, die zu Geschmacksverirrungen wie Nachbildungen der Architektur und selbst Sculptur aus lebendem Taxus verleitete, der Liebling der Altfranzösischen Gartenkunst; findet sich auch in modernen Gärten als allbeliebtes Ziergehölz und ist zuweilen in deren Nähe verwildert. Die grössten bekannten Exemplare befinden sich fast sämmtlich in Gärten. Vgl. Joh. Trojan, N. G. Danzig N. F. VIII. 3. 4. 229 und mehrere Aufsätze des beliebten Dichters im Feuilleton der National-Zeitung seit 1890, die auch mehrere wilde Vorkommnisse behandeln und einen Gesammt-Wiederabdruck verdienen. Bl. im Süden März, im Norden April. Fr. Aug. bis Oct.

T. b. L. Sp. pl. ed. 1. 1040 (1753). Willkomm Forstl. Fl. 2. Aufl. 270 fig. XXXV. Koch Syn. ed. 2. 764. Nyman Consp. 677 Suppl. 284. Richter Pl. Eur. I. 1. Rchb. Ic. fl. Germ. vol. XI. DXXXVIII.

Von der Weisstanne, *Abies alba*, der das Laub nicht unähnlich ist, durch die spitzen, auf der Unterseite gleichfarbig grünen Blätter sofort zu unterscheiden. Ueber die natürliche Senkerbildung vgl. Conwentz, Die Eibe in Westpr. 28. Unter den zahlreichen Gartenformen, unter denen sich u. a. buntblättrige und eine mit gelbem Samenmantel befinden, ist besonders bemerkenswerth eine dem *Cephalotaxus Harringtonia* l. *Koraiana* (S. 181) analoge zuerst in Irland wildwachsend beobachtete Spielart: *T. Hibérnica*[1]) (Mackay Fl. Hib. 260 [1836]. *T. b. fastigiata* Loudon Arb. et frut. Brit IV. 2066 [1838]. Sanio beobachtete bei Lyck in Ostpreussen ein einhäusiges Exemplar! [DBM. I. 52]). Das Laub ist giftig und noch neuerdings sind Vergiftungsfälle mit tödtlichem Ausgang an Menschen und Thieren (besonders Pferden) beobachtet worden. Dagegen ist der süsslich fade Samenmantel unschädlich. Das sehr harte und zähe rothbraune Holz (mit gelblich-weissem Splint) wird besonders in der Schweiz zu Schnitzereien benutzt; auch eignet es sich für Tischler-Arbeiten. Die Zweige sind zu Todtenkränzen und anderen Decorationen beliebt.

(Die typische Art: Frankreich; Britische Inseln; Dänemark: Veile; südliches Norwegen bis 62½, Schweden bis 61°; Ålands-I.; westl. Esthland und Livland; Kurland; Russ. Littauen; Wolhynien; Podolien; Krim; Kaukasus; untere Donauländer; Gebirge des Mittelmeergebiets in Süd-Europa, Algerien, Kleinasien, Amanus in Nord-Syrien [Post Bot. Geogr. Syria and Pal. 13]; Nord-Persien.) Von den als Arten getrennten Formen bewohnt die auch bei uns angepflanzte, rascher als die typische *T. b.* wachsende *T. Canadénsis* (Willd. Sp. pl. IV. 856 [1805]. *T. baccata* v. *minor* Michx. Fl. Bor. Am. II. 245 [1801]. *T. b.* v. *microcárpa*[2]) Trautv. in Maxim. Prim. Fl. Amur. 259 [1859]) Nord-America von Virginien bis Canada, Sachalin und das Amurgebiet, die gleichfalls bei uns angepflanzte, von Koehne (Deutsche Dendrol. 17) als eigene Art vorgetragene *T. cuspidáta* (Sieb. et Zucc. Abh. Bayer. Ac. Ph. Cl. IV. 3. 232 [1846]). *T. tardiva* (Laws.

---

1) Hibernicus, Irländisch.
2) Von μικρός klein und καρπός Frucht.

in Gord. Pin. 310 [1858]) Japan und das südliche Ussuri-Gebiet, *T. Wallichiána*[1]) (Zucc. Abh. Bayer. Ac. III. 803 [1837—43]) den Himalaja, *T. brevifólia* (Nutt. N. Am. Sylva III. 86 [1854]) Californien, *T. Floridána* (Nutt. a. a. O. 92) die südlichen Atlantischen Staaten Nord-Americas und *T. globósa* (Schlechtend. Linnaea XII. 496 [1838]) Mexico. (Vgl. Maximowicz in Köppen Geogr. Verbr. Holzgew. Russl. II. 373.)

*

12. Familie.

PINÁCEAE.

(Lindley Nat. syst. 2 ed. 31 [1836]. *Pinoidéae* Eichler Nat. Pfl. II. 1. 65 [1889]. *Araucariáceae* Strassburger Conif. u. Gnetac. 25 [1872]. Engler Syll. Gr. Ausg. 61 [1892].)

Vgl. S. 179. Laubblätter fast stets mit Harzgängen.

Etwa 300 Arten, meist in den beiden (besonders in der nördlichen) gemässigten Zonen.

Uebersicht der Unterfamilien.

Blätter spiralig gestellt (wenn auch oft an allen Seitentrieben zweireihig gescheitelt oder an Kurztrieben büschelig). **Abietoideae.**
Blätter (auch der Blüthen bez. Blüthensprosse) in 2- oder 3- (selten 4-) zähligen Quirlen. **Cupressoideae.**

1. Unterfamilie.

ABIETOIDÉAE.

(A. et G. Syn. I. 185 [1897]. *Abietinae* A. Rich. Ann. Mus. XVI. 298 [1810] erw. *Abietineae* Parlat. in DC. Prod. XVI. 2. 363 [1867]. Eichler a. a. O.)

Uebersicht der Tribus.

A. Blüthen meist zweihäusig. Pollen ohne Flugblasen. Fruchtschuppe nicht ausgebildet, höchstens als zahnförmige Ligula angedeutet. Zapfenschuppe in ihrer Mitte einen einzigen umgewendeten Samen tragend. **Araucarieae.**

---

[1]) Nach dem Entdecker (Nathan Wolff, später) Nathanael Wallich, * 1787 † 1854. Derselbe ging als Dänischer Arzt 1807 nach Serampur in Bengalen, trat dann in die Dienste der Britischen Ostindischen Compagnie, wurde Aufseher des Botanischen Gartens in Calcutta und Chef des Indischen Forstwesens und brachte während seines mehr als 20jährigen Aufenthalts in Indien äusserst reichhaltige Pflanzensammlungen zu Stande, die er freigebig den europäischen Museen zum Geschenk machte. Das autographirte Verzeichniss derselben umfasst 9148 Nummern. W. hat nur einen Theil seiner Entdeckungen selbst bearbeitet und in dem Prachtwerke Plantae Asiaticae rariores 1830—1832 veröffentlicht.

B. Blüthen einhäusig. **Fruchtschuppe deutlich ausgebildet.** Samen 2 oder mehrere.
I. Pollen meist mit Flugblasen. Deck- und Fruchtschuppe getrennt, die letztere meist viel grösser als erstere. Samen stets 2, umgewendet. **Abieteae.**
II. Pollen ohne Flugblasen. Deck- und Fruchtschuppe verschmolzen oder letztere nur durch eine Anschwellung angedeutet. Samen 2, aufrecht, oder häufiger mehr als 2, aufrecht oder umgewendet. **Taxodieae.**

Tribus.
ARAUCARÍEAE.
(Rchb. Hdb. 168 [1837]. *Araucariinae* Eichler Nat. Pfl. II. 1. 65 [1889].)

Vgl. S. 185. Staubblätter mit 5—15 länglichen bis linealischen, freien, der Länge nach aufspringenden Pollensäcken. Samen mit nur einem Integument.
14 Arten, fast nur auf der südlichen Halbkugel.

* **ARAUCÁRIA**[1]).
(Ant. L. Juss. gen. pl. 413 [1789]. Nat. Pfl. II. 1. 67.)

Regelmässig quirlästige immergrüne Bäume mit unbehüllten Knospen. Blätter mit breitem Grunde sitzend, herablaufend. Blüthen bez. Blüthensprosse auf verkürzten, zuweilen abweichend beblätterten Laubzweigen endständig. Männliche Blüthen cylindrisch, aus sehr zahlreichen Staubblättern bestehend. Zapfen kugelig, erst im zweiten Jahre reifend, zuletzt zerfallend. Samen der Länge nach mit dem Fruchtblatt verwachsen. Nährgewebe mehlig. Keimblätter 2—4.
10 Arten in Süd-Amerika, Polynesien und Australien.

A. Untergattung *Colymbéa*[2]) (Endl. Gen. Suppl. 2. 26 [1842]. *Columbea* Salisbury Trans. Linn. Soc. VIII. 317 [1807]). Blätter flach, ohne deutlichen Mittelnerv. Fruchtblätter ungeflügelt. Keimblätter unterirdisch bleibend.

* **A. Araucána**[1]) (Chile-Tanne). ♄, im Vaterlande bis 50 m hoch. Hauptäste unterwärts zu 8—12, untere oft hängend. Blätter sich dachziegelartig deckend, weit abstehend, eilanzettlich, sehr steif, stechend, bis 4 cm lang und 15 mm breit, beiderseits dunkelgrün, glänzend. Zapfen bis 19 cm dick.
Zierbaum aus Süd-Chile, nur im Westen und besonders im Süden des Gebiets winterhart. Bl Sept.—Nov.
A. a. K. Koch Dendrol. II. 2. 206 (1873). *Pinus a.* Molina Sagg. sull. stor. nat. del Chile 182 (1782). *A. imbricáta* Pav. Mem. Acad. med. Madr. (1797) 199. Willkomm Forstl. Fl. 2. Aufl. 58. Koehne a. a. O. 7 fig. 4. Beissner a. a. O. 201, 202 fig. 50, 51 (vgl. die Abbildung von *A. Brasiliana* Lamb. Nat. Pfl. II. 1 fig. 27).
Die mandelähnlich schmeckenden Samen dienen im Vaterlande zur Nahrung.

B. Untergattung *Eutácta*[3]) ([Link Linnaea XV. 543 (1841) als Gatt.] Endl. a. a. O. 26 [1842]. *Eutassa* Salisb. a. a. O. 315 [1807]). Blätter undeutlich 4kantig, nadelförmig. Fruchtblätter beiderseits geflügelt. Keimblätter über den Boden tretend.

---

1) Nach dem Indianerstamme der Araukaner in Süd-Chile, in deren Gebiet die zuerst bekannt gewordene Art ausgedehnte Wälder bildet.
2) Von κολυμβάω ich schwimme, tauche, wegen der Verwendung der Stämme zu Schiffsmasten.
3) Von εὖ wohl und ταχτός (von τίσσω) geordnet, wegen des regelmässigen Wuchses.

* **A. excélsa** (Norfolk-Tanne). ♄, im Vaterlande bis 70 m hoch. Hauptäste zu 5—6. Nebenäste und Zweige (*Hypnum*-ähnlich!) 2reihig. Blätter der nicht blüthentragenden Zweige dicht gestellt, sichelförmig aufwärts gekrümmt, von den Seiten zusammengedrückt, bis 15 mm lang, hellgrün. Zapfen bis 14 cm dick.

Zierbaum von der Norfolk-Insel (nördlich von Neu-Seeland), nur in der immergrünen Region des Mittelmeergebietes hart.

A. e. R. Br. in Ait. Hort. Kew. ed. 2. V. 412 (1813). *Dombeya* [1]) *excelsa* Lambert Descr. Pin. ed. 1. 87. t 39. 40 (1803).

Quirlästige Bäume gehen nur aus Sämlingen hervor; aus Stecklingen erzogene behalten stets die *Hypnum*-ähnliche Tracht bei.

Einzige einheimische Tribus:

ABIÉTEAE.

(Spach Hist. vég. phan. XI. 369 [1842]. *Abietineae* Link Abh. Berl. Ak. f. 1827. 157 [1830]. *Abietinae* Eichler Nat. Pfl. II. 1. 65 [1889].)

Vgl. S. 186. Bäume, seltner Sträucher, mit mehr oder weniger regelmässig quirligen Hauptästen und behüllten Knospen. Staubblätter mit 2 der Länge nach ver- und dem horizontal abstehenden Connectiv angewachsenen Pollensäcken und rechtwinklig aufgerichteter häutiger Gipfelschuppe („Antherenkamm"). Samen meist mit einem (durch Ablösung einer Lamelle von der Oberseite der Fruchtschuppe gebildeten) Flügel. Keimblätter 4—16.

Etwa 130 Arten, ausschliesslich auf der nördlichen Halbkugel, die grosse Mehrzahl innerhalb der gemässigten Zone.

Uebersicht der Gattungen.

A. Sprosse sämmtlich Langtriebe mit einzeln stehenden mehrjährigen Laubblättern. Fruchtschuppen lederig, am Rande verdünnt. Samen stets mit bleibendem Flügel.
  I. Blätter mit nur einem Harzgange im Kiel. Zapfen nach dem Ausfliegen der Samen als Ganzes abfallend. Samen mit Harzbläschen. **Tsuga.**
  II. Blätter mit meist 2 seitlichen (selten fehlenden) Harzgängen. Samen ohne Harzbläschen.
    a. Blattkissen nicht oder wenig hervorragend.
      1. Pollen ohne Flugblasen. Zapfen überhängend, als Ganzes abfallend. **Pseudotsuga.**
      2. Pollen mit Flugblasen. Zapfen aufrecht, seine Schuppen von der bei der Reife stehen bleibenden Achse (Spindel) abfallend. **Abies.**

---

[1]) Nach Joseph Dombey, * 1742 † 1795, einem verdienstvollen französischen Reisenden, welcher in den 70er und 80er Jahren des vorigen Jahrhunderts gleichzeitig mit Ruiz und Pavon Peru und Chile botanisch erforschte. Von den in demselben Jahre 1786 von Lamarck und Cavanilles aufgestellten Gattungen *Dombeya* ist die letztere zu den *Sterculiaceae* gehörige beibehalten worden, es musste mithin die erstere in *Araucaria* umgetauft werden.

b. Blattkissen durch scharfe Furchen getrennt, das Blatt auf einen stark vorspringendem Fortsatze tragend (die entblätterten Zweige einer Raspel gleichend). Pollen mit Flugblasen. Zapfen hängend, als Ganzes abfallend. **Picea.**

B. Sprosse der erwachsenen Pflanze in Lang- und seitliche Kurztriebe geschieden; letztere (auch falls sie, was sehr selten, nur ein Laubblatt tragen) am Grunde mit einer trockenhäutigen Niederblattscheide umhüllt. Pollen mit Flugblasen. Fruchtschuppen holzig.

I. Kurztriebe zahlreiche Blätter tragend. Fruchtschuppen am Rande nicht verdickt. Samen stets mit bleibendem Flügel.

a. Blätter sommergrün, flach. Zapfen im ersten Jahre reifend. **Larix.**

b. Blätter mehrjährig, 4 kantig. Zapfen im zweiten oder dritten Jahre reifend. **Cedrus.**

II. Kurztriebe nur 1—5 Blätter tragend. **Fruchtschuppen am Rande verdickt.** Samen mit abfälligem Flügel, selten ungeflügelt. **Pinus.**

* TSUGA [1]).

([Endlicher Syn. Con. 83 (1847) als Section] Carrière Traité gén. Conif. 1 éd. 185 [1855] z. T. 2 éd. 245 [1867] Nat. Pfl. II. 1. 80 z. T.)

Vgl. S. 187. Blattkissen das Blatt auf einem etwas hervorragendem Fortsatze tragend. Männliche Blüthen einzeln in den Achseln der Blätter vorjähriger Triebe. Pollensäcke quer oder mit schiefem Spalt aufspringend. Weibliche Blüthensprosse meist endständig. Deckschuppe viel kleiner als die Fruchtschuppe.

7 Arten in Ost- und Süd-Asien und Nord-America, sämmtlich in unseren Gärten cultivirt; am bekanntesten ausser der folgenden und *T. araragi* die an der Westküste Nord-Americas einheimische *T. Mertensiána* [2]) (Carrière Conif. ed. 2. 250 [1867]. *Pinus M.* Bong. Mém. Ac. Pétersb. Sér. VI. II. 163 [1833]). — Die Blätter fallen beim Trocknen von den Zweigen ab. Will man sie an Herbar-Exemplaren erhalten, so muss man vor dem Einlegen die Ansatzstellen mit warmer Gelatine-Lösung bestreichen. (Koehne Deutsche Dendrol. 8.)

* **T. Canadénsis.** (Schierlings- oder Hemlock-Tanne [oder -Fichte]; franz.: Tsuga du Canada.) ♄, über 30 m hoch. Krone locker pyramidal. **Junge Triebe dicht zottig, zuletzt kurzhaarig.** Blätter gescheitelt, flach, 10—15 (an der Oberseite der Aeste oft nur 4) mm lang, 1,5—2 mm breit, stumpflich, bauchseits glänzend dunkelgrün, rinnig, rückenseits matt, mit 2 bläulich-weissen Längsstreifen, gekielt. **Stiel der männlichen Blüthe die Schuppenhülle nicht überragend.** Zapfen 15—25 mm lang, kahl, hellbraun.

---

[1]) Japanischer Name der *T. araragi* (Koehne Deutsche Dendr. 11 [1893]. *Pinus A.* Sieb. Verh. Batav. Genootsch. XII. 12 [1830]. *T. Sieboldii* Carrière Conif. ed. 1. 186 [1855]). Araragi ist gleichfalls japanischer Name; Philipp Franz von Siebold, * 1796 † 1866, hat sich um die Erforschung von Japan, in welchem Laude er fast ein Jahrzehnt als Arzt thätig war, und namentlich seiner Flora die grössten Verdienste erworben.

[2]) Nach Karl Heinrich Mertens (Sohn des Mitverfassers von „Deutschlands Flora"), * 1796 † 1830, welcher als Russischer Schiffsarzt (auf der Lütke'schen Reise um die Erde [1826—1829]) die Küste des heutigen Alaska botanisch und zoologisch erforschte.

Im kühleren Nord-America, besonders östlich vom Prairiegebiet einheimisch; häufiger Zierbaum, auch einzeln in Wäldern angepflanzt; gedeiht in der immergrünen Region nicht. Bl. Mai.

T. c. Carrière a. a. O. 189 (1855). Willkomm Forstl. Fl. 2. Aufl. 103. Beissner Nadelh. 399—401 fig. 107—109. *Pinus c.* L. sp. pl. ed. 2. 1421 (1763).

Das harzfreie, weiche Holz ist wenig geschätzt, die Rinde dagegen (Hemlock bark) wird im Vaterlande in der Gerberei vielfach angewendet.

* PSEUDOTSÚGA[1]).

(Carrière Traité gén. Couif. 2 éd. 256 [1867]. Nat. Pfl. II. 1. 80 als Section.)

Unterscheidet sich von *Tsuga*, ausser den S. 187 angegebenen noch durch folgende Merkmale: Weibliche Blüthensprosse achselständig. Deckschuppe 2 spitzig, aus der Ausrandung grannenartig zugespitzt, schmäler aber so lang oder länger als die Fruchtschuppe.

1—3 im westlichen Nord-America einheimische Arten (deren Blätter auch an den trocknen Exemplaren nicht leicht abfallen).

P. taxifólia (Douglas-Tanne oder -Fichte, franz.: Sapin de Douglas). ħ, im Vaterlande bis 100 m hoch und 4 m dick. Krone kegelförmig. Triebe bräunlich, sehr kurz rauhhaarig. Blätter öfter gescheitelt, bis 35 mm lang, 1—1$^1\!/_2$ mm breit, flach, stumpflich, bauchseits glänzend, lebhaft grün, rinnig, rückenseits matt, graugrün. Zapfen bis 18 cm lang, bräunlich.

Verbreiteter Zierbaum, auch, seitdem sie durch John Booth (Die Douglasfichte 1877) zum Anbau empfohlen wurde, für den sich auch Fürst Bismarck interessirte, vielfach in Wäldern angepflanzt, in den Gebirgen und im Norden des Gebiets bei genügender Luftfeuchtigkeit gut gedeihend. 40—50 jährige Bäume haben schon mehr als 20 m Höhe erreicht. Bl. Ende April.

Ps. t. Britton Tr. N.-York Ac. Sc. VIII. 74 (1889). *Pinus t.* Lambert Descr. Pin. ed. 1. No. 27 t. 33 (1803). *Abies Douglásii*[2]) Lindl. in Penny Cycl. I. 32 (1833). *Pinus D.* Sabine in Lambert a. a. O. III. t. 21 (1837). *Picea D.* Lk. Linnaea XV. 524 (1841). *Ps. D.* Carrière a. a. O. 2 éd. 256 (1867). Willkomm Forstl. Fl. 2. Aufl. 104. Koehne a. a. O. 12 fig. 6.

Das im Kern rothbraune Holz wird im Vaterlande hoch geschätzt. Nach Dieck (Humboldt. Aprilh. 1889. 132) haben wir indess in Europa bis jetzt nur die verhältnissmässig geringwerthige „Red fir". Die „Yellow fir", welche das wirklich werthvolle Holz liefert, besitzt nach der von Koehne (D. Dendr. 13) untersuchten Probe fast dreikantige Blätter von beträchtlich verschiedenem anatomischen Bau, so dass ihre specifische Identität noch fraglich bleibt.

29. ÁBIES[3]).

([Tourn. Inst. 585 z. T.] Miller Gard. Dict. ed. 7 [1759] z. T. Dietrich Fl. Berlin 793 [1824] Nat. Pfl. II. 1. 81.)

(Tanne, franz.: Sapin.)

Vgl. S. 187. Blätter oft gescheitelt, flach, rückenseits neben dem undeutlichen Kiele jederseits mit einem bläulichweissen Streifen. Blüthen

---

1) Von ψευδο- falsch- und Tsuga (s. S. 188).

2) Nach David Douglas, * 1799 † 1834. Derselbe bereiste die Nordwestseite Nord-Americas, China und die Sandwich-Inseln, wo er durch einen Unglücksfall sein Leben verlor. Er war wohl einer der verdienstvollsten gärtnerischen Sammler; seinem Eifer verdankt die europäische Landschaftsgärtnerei die Einführung einer ungemein grossen Zahl von Ziergewächsen.

3) Name von *A. alba* bei den Römischen Schriftstellern, von Vergilius an-

bez. Blüthensprosse sämmtlich an vorjährigen Trieben achselständig. Pollensäcke quer aufspringend.

Einige 20 Arten, fast ausschliesslich innerhalb der nördlichen gemässigten Zone, von denen die grosse Mehrzahl in unseren Gärten cultivirt wird. — Die Blätter der Tannen haften auch an Herbar-Exemplare fest.

A. Harzgänge an den Blättern nichtblühender Triebe an der Epidermis der Rückenseite.

I. Knospen nicht harzig.

84. **A. alba.** (Tanne, Weiss- od. Edeltanne; niederl.: Zilverspar; franz.: Sapin; ital.: Abeto bianco; poln.: Jodła; böhm.: Jedle; kleinruss.: Сыпрка; kroat. u. serb.: Jola, Capin; litt.: Melmedis; ungar.: Fehér jegenye.) ħ, bis 65 m hoch und 3,8 m dick, mit weissgrauer, lange glatt bleibender Rinde. Stamm schnurgerade, früh die unteren Aeste abwerfend (sich reinigend). Krone pyramidal, im Alter fast cylindrisch, am Wipfel gestutzt. Aeste und Hauptzweige horizontal abstehend. Jüngste Triebe kurz rauhhaarig, grünlich. Blätter kammförmig gescheitelt, bis 3 cm lang und 2—3 mm breit, auf kurzem am Grunde schildförmig verbreitertem Stiele (die Blattnarbe daher kreisrund), meist an der stumpfen Spitze spitzwinklig ausgerandet (an den nicht gescheitelten Blättern des Haupttriebes spitz, zuweilen stechend: var. *spinescens* Beck ZBG. Wien XLI. Sitzb. 45, vermuthlich aus Nieder-Oesterreich). Männliche Blüthen cylindrisch, gelb. Junge Zapfen blaugrünlich, die ausgewachsenen bis 16 (selten 30) cm lang und 5 cm dick, grünlichbraun. Deckschuppen länger als die trapezoidische, kurz gestielte Fruchtschuppe, oberwärts gezähnelt und lang zugespitzt, ihr freier Theil zurückgekrümmt. Samen dreikantig, dunkelbraun, halb so lang als der hellere Flügel. Keimblätter 4—8.

Bildet allein oder in Gemisch (am häufigsten mit *Picea excelsa* und *Fagus*) grosse Bestände. Erreicht in unserem Gebiete die Polargrenze, die im Westen, wo die Tanne ausschliesslich Gebirgsbaum, eine Nordwestgrenze, im Osten wo sie in das Flachland übergeht, im Ganzen eine Nordgrenze darstellt, welche sodann rechtwinklig umbiegend in eine Ostgrenze übergeht. Nach Willkomm (a. a. O. 119) verläuft diese Grenze von den Vogesen über Luxemburg, Trier, Bonn durch das südliche Westfalen (indess betrachten sie Wirtgen und Beckhaus in Rheinland-Westfalen nicht als einheimisch), Münden, den Südharz (doch in dem Hannöverschen Antheil erst seit 1752 eingeführt (Wächter im Hannöv. Mag. 1833. 60. 473), Thüringer Wald, Nordost-Thüringen (Jena, Zeitz, vgl. Höck a. a. O. 334, 335), in den nördlichen Theil des Kgr. Sachsen. Von da wendet sich die Grenze über Spremberg, Pförten, Sorau, Sprottau, die Trebnitzer Hügel, nach den südlichsten Zipfel der Provinz Posen. In Polen verläuft sie, kaum den 52° überschreitend, nach Łapczyński (Pam. Fiz. IV. 182) und Rostafiński längs der Warthe bis Koło, von da südlich von Zgierz und Warschau durch die Gouv. Radom und Lublin nach dem nordöstlichen Galizien, der Bukowina und den südöstlichen Karpaten. Vorgeschobene Posten im Gouv. Siedlce [und ausserhalb des Gebietes im als einziger Wohnort des Wisent (sog. Auerochsen) bekannten Walde von Białowcża im Gouv. Grodno und nach Köppen Geogr. Verbr. Holzgew. Eur. Russl. II. 548 in Wolhynien bei Dubno und Wladimir Wolynskij]. Auch im Südosten des Gebiets findet sich die Tanne nur in Gebirgen, wo sie selten über 1500 m (in Schlesien selten über 1000 m) ansteigt; im Schwarzwalde, in den Vogesen und im Jura bildet sie einen Waldgürtel, dessen obere und untere Grenze 6—800 m auseinander liegen (in der Biharia nur 3—400 m). Nur ausnahmsweise steigt der Baum einzeln bis in die immergrüne Region des Mittelmeergebietes herab. Ausserhalb der Verbreitungsgrenze ist die Tanne überall als Zierbaum, auch nicht selten in kleinen und grösseren Beständen in Wäldern angepflanzt. Bl. im Süden April, an der Nordgrenze Mai, Juni. Fr. Sept., Oct.

A. A. Mill. Gard. dict. ed. 8 No. 1 (1768). Nyman Consp. 673 Suppl. 282. Richter Pl. Eur. I. 4. *Pinus Picea* L. Sp. pl. ed. 1. 1001 (1753). Koch Syn. ed. 2. 769. *Pinus A.* Du Roi Obs. bot. 39 (1771). *P. pectináta* Lam. Fl. franç. II. 202 (1778). *A. pect.* Lam. et DC. Fl. franç. 3 éd. III. 276 (1805). Willkomm Forstl. Fl. 2. Aufl. 112. fig. XX. Rchb. Ic. fl. germ. XI. DXXXIII. *A. nóbilis* Dietrich Fl. Berl. 793 (1824) nicht Lindl. *A. Picea* Bluff et Fingerhuth Comp. fl. Germ. ed. 1. II. 541 (1825) nicht Mill.

Die systematische Benennung der Tanne (und der Fichte) war von jeher streitig. Bekanntlich nannte Linné die erstere im Widerspruch mit dem vorherigen Sprachgebrauche *Pinus Picea*, die letztere *P. Abies*. In der wohlmeinenden Absicht, diesen Fehler zu verbessern, machte Du Roi durch Vertauschung der Linné'schen Benennungen die Confusion vollständig. Ich verzichte daher darauf, der strengen Priorität folgend, für erstere *Abies Picea*, für letztere *Picea Abies* voranzustellen. *Abies alba* ist allerdings nach dem Linné'schen der nächstälteste Name der Tanne. Diese relative Priorität steht dem Namen *Picea excelsa* für die Fichte freilich nicht zur Seite, da zwischen der Linné'schen und der Lamarck'schen Benennung noch *Abies Picea* (Mill. a. a. O. No. 2) und *Pinus Picea* (Du Roi a. a. O. 37) veröffentlicht wurden. Dennoch würde es sich nicht empfehlen, diese Namen in die Gattung *Picea* zu übertragen, da dies weder nach dem einen noch dem anderen der hier collidirenden Principien, dem der Priorität und der Beibehaltung gebräuchlicher Namen, zu rechtfertigen wäre. — Leider entbehrt auch die deutsche Nomenclatur der wünschenswerthen Bestimmtheit. Wo *Abies* weniger bekannt ist, wird nicht selten auch *Picea* schlechtweg „Tanne" genannt und im nordöstlichen Deutschland, wo weder die eine noch die andere Wälder bildet, wird die einheimische *Pinus* bald als Fichte, bald als Tanne (Tauger) bezeichnet. Auch im Niederländischen sind die Gebildeten nicht über die Bedeutung von Den und Spar einig und im Polnischen werden nach Köppen die Namen Jodla und Swierk in verschiedenen Gegenden mit einander vertauscht.

Variirt viel weniger als die Fichte. Indess kennt man als wildwachsend bez. ausserhalb von Gärten entstanden, drei den gleichnamigen Formen der Fichte entsprechenden Spielarten: 1. *péndula* (Carr. Con. 207 [1855]) (Hänge- oder Trauer-Tanne). Hauptäste hängend, z. T. den Stamm völlig verdeckend. — Vogesen bei Gebweiler; auch ein Bestand von damals etwa 20 jährigen, bis 15 m hohen Bäumen bei Friedeburg unw. Wittmund in Ostfriesland 1882 aufgefunden (Kottmeier Gartenzeit. I. [1882] 406). Nach F. Buchenau [br.] zeigen diese Bäume neuerlich den eigenthümlichen Wuchs nicht mehr. — l. *virgáta* (*A. pect. v.* Caspary in Bot. Zeit. XL (1882) 778 Taf. IX B). (Schlangen-Tanne.) Aeste lang, wenig zahlreich, horizontal, dicht beblättert, aber nur an der Spitze spärlich verzweigt. — Bisher nur je ein Baum bei Ober-Ehnheim und Banustein im Elsass und im

Böhmerwalde beobachtet. — 1. *monocaúlis*[1]) (Conwentz in A. u. G. Syn. I. 192 [1897]). Ganz unverzweigt. — Ein 8jähr., 1 m hohes Expl. Forst Sadlowo bei Bischofsburg (Ostpr.) (Conw. br.) Ferner l. *fastigiáta* (hort. = A. *pect. pyramidális* Carr. Traité gén. Con. 2 éd. 280 [1867]). Aeste aufrecht, angedrückt, Baum daher vom Wuchs der Pyramidenpappel; Blätter nicht gescheitelt. — In der Combe des Mallais, Gemeinde Le Gua, Canton Vif im Dép. Isère wild beobachtet. — Unter den Gartenformen verdient auch der zwergige unregelmässig sparrig gewachsene m. *tortuósa* (*Picea pect. t.* Gordon Pinet. 153 [1858]. *P. p. nana* Knight et Perry Syn. Conif. 92 [1850, blosser Name]) Erwähnung.

Das leichte, harzfreie, weisse Holz wird wie das der Fichte benutzt und ist besonders zu Schachteln, Streichhölzern und Resonanzböden geeignet. Die Gewinnung des Harzsaftes (aus den „Harzbeulen" der Rinde) findet nur in den Vogesen statt, daher „Strassburger Terpenthin (Terebinthina argentoratensis). Neuerlich auch vielfach als Weihnachtsbaum (vgl. S. 200) verwendet. An einem solchen wurde die S. 190 erwähnte var. *spinescens* constatirt.

Off. Die Winterknospen: Bourgeons de sapin; der Harzsaft: Térébinthine d'Alsace, des Vosges, de Strasbourg, au citron. Ph. Gall.

(Das Areal der Tanne liegt grösstentheils innerhalb des Gebiets und ist fast nur in demselben dicht besiedelt. Sie überschreitet dasselbe erheblich nur in südwestlicher und südlicher Richtung, aber nur sehr wenig nach Osten (vgl. S. 191). Sie findet sich in den Gebirgen Ost- und Central-Frankreichs (bis Auvergne und den mittleren Pyrenäen), des nördlichen Navarra, Arragoniens und Cataloniens, der Apenninen, auf Corsica, Sicilien, der Balkan-Halbinsel und in N.W. Kleinasien (auf dem Bithynischen Olymp sowie die Unterart *A. equi Trojáni*[2]) (Aschers. et Sintenis in Boiss. Fl. Or. V. 701 [1883]) auf den Ida.) ✳

✳ A. Nordmanniána[3]). ♄. Unterscheidet sich von der Edeltanne durch Folgendes: Bis 30 m hoch, Rinde schwarzgrau. Aeste im unteren Theile des Stengels sich länger erhaltend, die Krone daher bis zum Boden reichend. Jüngere Seitenzweige mit der Belaubung nicht kammförmig, sondern fast halbcylindrisch; die Blätter nach oben und den Seiten aufrecht-abstehend, nach den Seiten an Länge zunehmend. Bl. Mai.

Zierbaum aus dem westlichen Kaukasus und den angrenzenden Gebirgen Klein-Asiens.

A. N. Spach hist. vég. phan. XI. 418 (1842). Willkomm a. a. O. 134. *Pinus N.* Steven Bull. Soc. Nat. Moscou 1838. 45 t. 2.

Wird in Berlin als Weihnachtsbaum (wie die als „Doppeltanne" bezeichnete *Picea excelsa* B. *nigra*) vorgezogen.

II. Knospen dünn mit Harz überzogen.

✳ A. Cephalónica[4]). (Griechische Tanne.) ♄, bis 25 m hoch. Jüngste Triebe kahl, bräunlichgrün. Blätter meist fast allseitig abstehend (höchstens an der Zweiguntersite etwas gescheitelt), an allen Trieben ziemlich gleich, meist zugespitzt, stechend, bis 28 mm lang, 2 mm breit. Zapfen bis 21 cm lang und 6 cm dick, am Grunde cylindrisch, oben stumpf-kegelförmig.

Zierbaum aus den Gebirgen Griechenlands, auch bei Triest zur Bewaldung der Karsts erfolgreich angepflanzt (C. v. Marchesetti br.). Bl. Mai.

---

[1]) Von μόνος einzeln und καυλός Stengel.
[2]) Vergilius sagt (Aen. II. 18, wo er die Anfertigung des Trojanischen Pferdes berichtet): sectaque intexunt abiete costas.
[3]) Nach dem Entdecker Alexander von Nordmann, * 1803 † 1866, damals Professor der Zoologie in Odessa, später in Helsingfors.
[4]) Zuerst auf der Ionischen Insel Cephalonia aufgefunden.

A. C. Loudon Arb. Brit. IV. 2325 (1838) vgl. Link Linnaea XV. 530 (1841). Willkomm Forstl. Fl. 2. Aufl. 132. Nyman Consp. 673 Suppl. 282. Koehne u. a. O. 14 fig. 7 C. *A. Apóllinis* [1]) Link a. a. O. 528 (1841). *A. Reginae Amáliae* [2]) Heldreich in Gartenflora 1860 300 und 1861 286 (eine besonders durch die Bildung von öfter kandelaberähnlich gestellten Nebenstämmen ausgezeichnete Form). *A. Panachaïca* [3]) Heldreich a. a. O. 1861 286. *A. alba* b) c. Richter Pl. Eur. I. 5.

Als Zierbäume verdienen ferner Erwähnung: *A. Numídica* [4]) (De Lannoy in Carrière Revue hortic. 1866 106) aus Algerien (fälschlich als var. *Baboriénsis* [5]) [Cosson S. B. France VIII. 607 (1861)] mit *A. Pinsapo* vereinigt); *A. Cilícica* [6]) (Antoine u. Kotschy ÖBW. III. 409 [1853]. Willkomm a. a. O. 109) aus den Hochgebirgen Süd-Kleinasiens, Syriens und Afghanistans, gleichfalls zur Bewaldung der Karsts empfohlen; *A. cóncolor* (Lindley und Gordon Journ. Hortic. Soc. V. 210 [1850]. Beissner Nadelh. 471, 472, 474 fig. 129—131) wie *A. nóbilis* (Lindley in Penny-Cycl. I. 30 [1833] nicht Dietr. Beissner a. a. O. 486, 487 fig. 136, 137) aus dem westlichen Nord-America, durch ihre beiderseits graugrünen Blätter und *A. venústa* (C. Koch Dendrol. II. 2. 210 [1873]. *Pinus v.* Douglas in Hook. Comp. Bot. Mag. II. 152 [1836]. *P. bracteáta* D. Don Trans. Linn. Soc. XVII. 443 [1837]. *A. b.* Hooker und Arnott Bot. Beechey Voy. 394 [1838] Nat. Pfl. II. 1. 81 fig. 38. Beissner a. a. O. 489 fig. 138) aus Kalifornien durch die mit laubartigen Spitzen versehenen Deckschuppen ausgezeichnet.

B. Harzgänge der Blätter im Parenchym.

I. Blätter nicht gescheitelt, auch bauchseits mit zwei glanzlosen bläulichweissen Längsstreifen.

* **A. pinsápo** [7]). (Andalusische Tanne.) ħ, 25 m hoch, mit breit-pyramidaler, tief herab reichender Krone. Blätter bis 16 mm, stumpf oder spitz. Zapfen bis 15 cm lang. Deckschuppen zwischen den Fruchtschuppen versteckt. In der Serrania de Ronda Süd-Spaniens einheimisch; gedeiht als Zierbaum im südlichen und z. Th. im westlichen Gebiete, z. B. am Genfer See!! in der Provence nach Saporta (SB. France XL. CCIV) sich durch Selbst-Aussaat vermehrend. Bl. Mai. Fr. Oct.
A. P. Boiss. Bibl. univ. Genève 1838. Febr. Eleuch. pl. it. hisp. 84 [1838]. Willkomm Forstl. Fl. 2. Aufl. 110. Nyman Consp. 673 Suppl. 263. Richter Pl. Eur. I. 5.

II. Blätter wenigstens an älteren Trieben gescheitelt, bauchseits glänzend, dunkelgrün.

* **A. sibírica**. (Sibirische Tanne, russ.: Пихта). ħ bis 40 m, mit glatter schwarzgrauer Rinde und schmal kegelförmiger Krone. Blätter sehr dicht stehend, an jüngeren Trieben die oberseitigen sich deckend, an älteren gescheitelt, bis 30 mm lang, kaum über 1 mm breit, stumpf oder ausgerandet. Weisse Streifen aus 3—4 Reihen von Spaltöffnungslinien bestehend. Deckschuppen zwischen den Fruchtschuppen versteckt.

Im nordöstlichen Russland und Nord-Asien bis zum Polarkreise Wälder bildend. Bei uns im nördlichen Gebiet und in Gebirgen gut gedeihender (viel strengere Kälte als die einheimische Tanne ertragender) Zierbaum. Bl. Mai.

[1]) Zuerst auf dem Parnass, an dessen Fusse das dem Apollo geheiligte Delphi lag, beobachtet.
[2]) Nach der Königin Amalie von Griechenland, † 1875, einer grossen Freundin des Gartenbaues und Schöpferin des herrlichen Schlossgartens zu Athen.
[3]) Zuerst auf dem Gebirge Panachaïkon im nördlichen Peloponnes beobachtet.
[4]) Von Numidia, classischem Namen des östlichen Algeriens.
[5]) Zuerst am Djebel Babor, einem Gebirge in Gross-Kabylien südöstlich von Bougie beobachtet.
[6]) Zuerst im Taurus Ciliciens, der östlichsten Landschaft an der Südküste Kleinasiens, beobachtet.
[7]) Spanischer Name des Baumes.

A. s. Ledebour Fl. Alt. IV. 202 (1833). Nyman Consp. 673 Suppl. 283. Richter pl. Eur. I. 5. *A. Pichta*¹) Forbes pinet. Wob. 109 t. 37 (1839). Willk. Forstl. Fl. 2. Aufl. 107.

Einen l. *péndula* (Conwentz Abh. Landesk. Westpr. IX. 161 [1895]) mit herabhängenden Hauptästen beobachtete der Autor 1894 in einem 18jährigen, etwa 4 m hohen Exemplare in St. Petersburg, aus Samen aus dem Gouv. Perm erzogen.

* **A. balsámea.** (Balsam-Tanne, franz.: Baumier du Giléad²)). ♄, bis 25 m hoch. Unterscheidet sich von der vorigen durch folgende Merkmale: Rinde mit zahlreichen Harzbeulen; Blätter auf der Oberseite der Zweige meist gescheitelt, bis 28 mm lang, 1,5 mm breit. Weisse Streifen aus etwa 6 Reihen von Spaltöffnungslinien bestehend. Deckschuppen öfter mit der Spitze hervorragend. Im kälteren Nord-America einheimisch. Zierbaum wie vorige Bl. Mai. *A. B.* Mill. dict. 8 ed. No. 3 (1768). Willkomm Forstl. Fl. 2 Aufl. 111. *Pinus B.* L. sp. pl. ed. 1. 1002 (1753).

Liefert den bekannten, auch zu mikroskopischen Präparaten verwendeten Canada-Balsam.

Ferner wird als Zierbaum noch die Japanische *A. Momi*³) (Siebold Verh. Batav. Genootsch. v. Konst en Wetensch. XII. 26 [1830]). *A. firma* Sieb. et Zuccarini fl. Jap. II. 15 [1842]. Beissner a. a. O. 451 fig. 123) angepflanzt.

30. PÍCEA⁴).

(Dietrich Fl. Berlin 974 [1824]. Nat. Pfl. II. 1. 77.)

(Fichte, franz.: Épicéa.)

Vgl. S. 188. Blätter allerseitswendig oder unvollkommen gescheitelt (dann die Bauchseite nach unten gewendet), beiderseits gekielt, öfter beiderseits oder nur bauchseits mit weisslichen Streifen. Blüthen bez. Blüthensprosse an vorjährigen Trieben achsel- oder endständig. Pollensäcke der Länge nach aufspringend. Deckschuppen stets zwischen den Fruchtschuppen versteckt.

Gegen 22 Arten, fast nur innerhalb der nördlichen gemässigten Zone, meist in unseren Gärten gezogen. Auch bei dieser Gattung lösen sich die Blätter beim Trocknen von den Zweigen ab; der Zusammenhang kann erhalten werden, wenn die Exemplare vor dem Einlegen mindestens 20 Minuten lang in Wasser gekocht werden (Bornmüller ÖBZ. XXXVII. 398).

A. Fruchtschuppen bis zur Reife fest auf einander liegend.

 I. *Omórika* (*Omorica* Mayr Monogr. Abiet. Japan. 44 [1890]). Blätter bauchseits mit 2 weissen Spaltöffnungsstreifen, rückenseits glänzend grün, ohne Spaltöffnungen, mit 2 seitlichen Harzgängen.

 85. **P. omórika**⁵). (Serb.: Омора, Оморика, Френьа.) ♄, bis 42 m hoch. Stamm schnurgerade, verhältnissmässig dünn, mit kaffeebrauner,

---

¹) Russischer Name dieser Art.
²) Ersatz für den im Alterthum in der zu Palaestina gehörigen Landschaft Gilead cultivirten Arabischen Balsambaum *Commiphora opobalsamum* β. *Gileadensis* vgl. Engler in DC. Monog. IV. 16 (*Burseraceae*).
³) Japanischer Name der Tannen und Fichten.
⁴) Bei Plinius Name eines Nadelholzes, welches gebirgige Lagen (XVI, 18) liebt und u. a. an den Quellen des Padus (Po), der nach dem keltischen Namen dieses Baumes benannt sein soll, vorkommt (III, 21): ob *P. excelsa?*
⁵) Serbischer Name des Baumes.

grossschuppiger, sich leicht ablösender Borke bedeckt, früh die unteren Aeste abwerfend. Krone schmal pyramidal, sehr dicht. Aeste verhältnissmässig dünn, herabhängend, die unteren nie über 2 m lang, an der Spitze aufwärts gekrümmt. Blätter älterer Zweige annähernd gescheitelt, 8—14 mm lang, 1,5—2,5 mm breit, etwa doppelt so breit als dick, beiderseits stumpf gekielt, sitzend, kurz gespitzt. Männliche Blüthen cylindrisch, braun oder violett überlaufen. Junge Zapfen violett überlaufen; ausgewachsene ledergelb, bis 7 cm lang, bis 3 cm dick. Fruchtschuppen fein gestreift, fein wellig gezähnelt. Samen schwarzbraun, mit dem etwa doppelt so langen verkehrt-eiförmigen Flügel etwa 1 cm lang. Keimblätter 4—8 (meist 6).

In aus Nadelholz (*Abies alba*, *Picea excelsa*, *Pinus nigra*) und Laubholz (*Fagus*, *Acer pseudoplatanus*) gemischten Wäldern einzeln eingesprengt; zahlreicher nur in feuchten Felsschluchten, zwischen 950 und 1600 m. Bisher nur im östlichen Bosnien zwischen dem $43^{1}/_{2}$ und 44^{0} (den Bezirken Srebrenica, Visegrad und Rogatica) auf Kalk. Der Fundort Dugidol liegt nach Bornmüller (br.) in Serbien. Das Vorkommen am Ozren bei Sarajevo (Blau! vgl. Ascherson ÖBZ. XXXVIII. 35) bedarf der Bestätigung, da Beck den Baum dort vergeblich suchte, das Belegexemplar nicht mehr aufzufinden ist und nach R. v. Wettstein (Sitzb. Akad. Wien. Math. nat. Cl. XCIX I. 532 ff.) auch in Tirol Formen der gemeinen Fichte vorkommen, die mit der Omorika verwechselt werden können. Nicht hinlänglich verbürgt ist die von Pančić herrührende Angabe der letzteren in Montenegro. Bl. Mai?

P. Omorica[1]) Willkomm Centralbl. ges. Forstw. 1877 365. Forstl. Fl. 2. Aufl. 99. fig. XIX. 1—12. Richter Pl. Eur. I. 4. *Pinus Omorika* Pančić Eine neue Conif. i. d. östl. Alpen 4 (1876). *Abies O.* Nyman Consp. 673 (1882).

<small>Der hochverdiente Serbische Florist Pančić entdeckte diesen merkwürdigen, zunächst mit zwei Ostasiatischen Arten, *P. Glehni*[2]) (Masters in Gard. Chron. 1880 I. 30. *Abies G.* Fr. Schmidt Reisen Amurl. 176 [1868]) und *P. Alcockiána*[3]) (Carr. Conif. ed. 2. 343 [1867]. Beissner Nadelh. 379 fig. 101. *Abies A.* Veitch in Gard. Chron. 1861. 23. Vgl. Koehne D. Dendrol. 21) verwandten Baum im Jahre 1875 bei Zaoviua und Rastište im südwestlichen Serbien, nachdem er schon längst von der Existenz eines „Omoriku" benannten der Tanne ähnlichen Baumes gehört hatte. Dieser Name soll von der Adria bis zur Donau im Volke bekannt sein; auch aus anderen Gründen ist es wahrscheinlich, dass das jetzige Vorkommen nur den spärlichen Rest eines vielleicht noch in historischer Zeit bei</small>

<small>1) Die Beibehaltung der ursprünglichen Schreibung (mit k) empfiehlt sich auch aus dem Grunde, weil in den Slavischen und der Ungarischen Sprache c nur wie tz ausgesprochen wird.

2) Nach dem Entdecker Peter von Glehn, * 5. Nov. 1835 † 16. April 1876, Conservator am bot. Garten in Petersburg, welcher 1860 in Arch. für Natur. Liv-, Ehst- u. Kurl. 2. Ser. II. 489 ff. ein Verzeichniss der Flora von Dorpat (jetzt Jurjew) veröffentlichte und 1858—62 Ost-Sibirien bis Sachalin bereiste. (C. Kupffer und H. Russow br.)

3) Nach Sir Rutherford Alcock, damals Britischen Gesandten in Japan.</small>

Weitem ausgedehnter gewesenen darstellt. Vgl. die ausgezeichnete Monographie von R. v. Wettstein: Die Omorikafichte (a. a. O. 503 ff. Taf. I—V. 1891).

(Südwest-Serbien; Rhodopegebirge bei Bellova in Süd-Bulgarien.)

|*|

II. *Morindae*[1]) (*Morinda* Mayr a. a. O. [1890]). Blätter 4kantig, beiderseits mit ungefähr gleichviel Spaltöffnungen.

a. Zapfen 7—16 cm lang.

* P. tórano[2]). (Tigerschwanz-Fichte; franz.: Epicéa à queue de tigre.) ♄, bis 35 m hoch, mit kleinschuppiger Rinde und kegelförmiger Krone. Aeste zuletzt hängend. Junge Triebe kahl, gelbbraun. **Blätter an jüngeren Zweigen horizontal abstehend**, an älteren mehr aufrecht, bis 25 mm lang, 1 mm breit, **meist doppelt so dick als breit**, glänzend dunkelgrün, stechend. Zapfen 8—12 cm lang, 3 cm dick. Fruchtschuppen breit abgerundet, unregelmässig fein wellig-gekerbt. Samen mit dem mindestens doppelt so langen Flügel bis 23 mm lang. Zierbaum aus Japan, zuweilen auch in Wäldern angepflanzt.
P. T. Koehne D. Dendrol. 22 (1893). *Pinus Abies* Thunb. Fl. Jap. 275 [1784] nicht L. *A. Torano* Siebold Verh. van het Bat. Genootsch. van Konst en Wet. XII. 12 (1830). *A. Thunbérgii*[3]) Lindley in Penny Cycl. I. 34 (1833). *A. polita* Sieb. et Zucc. Fl. Jap. II. 20. tab. 111 (1842). *Picea p.* Carrière Traité gén. Conif. 256 (1855). Beissner Nadelh. 381 fig. 102.

86. **P. excélsa.** (Fichte, Rothtanne; niederl. u. vlaem.: Spar; dän.: Gran, Rødgran; franz.: Epicéa, Pesse; ital.: Abeto rosso, Zampino; poln.: Swierk, Smrek; wend.: Škŕok (Nieder-Lausitz), Šmrjok (Ober-L.); böhm.: Smrk; russ.: Ель, Елка; serb.: Смрча; litt.: Eglé, Aglis; ung.: Vörös jegenye.) ♄, bis über 50 m hoch und bis 2 m dick, mit rothbrauner, lange glatt bleibender, dann kleinschuppiger Rinde. Stamm schnurgerade, die Aeste bis weit herab behaltend. Krone spitz pyramidal. Aeste horizontal abstehend oder etwas hängend, durch die hängenden Hauptzweige das bekannte dachartige Aussehen erhaltend. **Junge Triebe kahl oder spärlich kurzhaarig**, hell-rothgelb. Blätter aufrecht abstehend, an Seitenzweigen nach oben und seitlich gewendet, dunkelgrün, bis 25 mm lang und 1 mm breit, von den Seiten zusammengedrückt, an den beiden rückenseitigen Flächen mit einer Längsfurche, kurz stachelspitzig. Männliche Blüthen nahe den Zweigspitzen achsel- und endständig, cylindrisch, kurzgestielt. Zapfen 10—16 cm lang, 3—4 cm dick. Fruchtschuppen meist erst im oberen Drittel nach der ausgerandeten oder gestutzten Spitze verschmälert. Samen mit dem dreimal so langen Flügel bis 16 mm lang. Keimblätter meist 8—9.

---

[1]) Nach dem einheimischen Namen der *P. Smithiana* (s. S. 201). Um die Homonymie mit der Rubiaceen-Gattung *Morinda* (Vaill. Act. Paris 1722. 275 L. Gen. pl. ed. 1. 57) zu vermeiden, genügt die Pluralform (vgl. *Selagines* S. 150).

[2]) Japanischer Name des Baumes, eigentlich Tora-no-o-momi d. h. Tigerschwanz-Fichte, wegen des Aussehens der älteren Zweige.

[3]) Nach dem Entdecker Karl Pehr Thunberg, * 1743 † 1832, Nachfolger seines Lehrers Linné auf dem Lehrstuhle der Botanik in Upsala. Dieser hochverdiente Reisende war unter den neueren Botanikern der erste Bearbeiter der Floren Japans (Flora Japonica 1784) und Süd-Africas (Flora Capensis. 1807 u. 1813).

Bildet allein oder seltener im Gemisch mit *Abies alba*, *Pinus silvestris* oder *Fagus* ausgedehnte Bestände. Geht nach Süden wenig über das Gebiet hinaus. Durch den grössten Theil des mittleren und südlichen Gebiets im Berglande verbreitet, bis 2200 m ansteigend; weder in die immergrüne Region des Mittelmeergebiets noch in das Ungarische Tiefland herabsteigend. Fehlt auch als ursprünglicher Waldbaum im grössten Theil des nördlichen Flachlandes; dort nur in der Ober- und Nieder-Lausitz bis Kalau, Spremberg, Pförten, Krossen, in der Schlesischen Ebene, im südlichsten Theil der Provinz Posen, in Polen, dem östlichsten Theile Westpreussens (nur Rosenberg: Michelau, Landkr. Elbing: Stellinen Conwentz Abh. z. Landesk. Westpr. IX, 135; Nat. Wochenschr. XI [1896] 449) und Ostpreussen; selten im nordwestlichen Flachlande (Hannover, Walsrode, Celle, Tostedt), wo die Fichte übrigens, wie Funde in Mooren beweisen, in vorgeschichtlicher Zeit verbreitet war (vgl. K. Weber NV. Bremen XIII. 460). Wohl auch nicht ursprünglich in Westfalen („eingebürgert" Beckhaus), Rheinland, Belgien. Ausserhalb der Grenze (auch im nördlichen Flachlande) überall als Zierbaum und in grösseren Waldbeständen angepflanzt. Bl. Mai; im südlichsten Gebiet April, im nördlichen und in hohen Lagen Juni. Fr. Sept., Oct.; die Samen fliegen im nächsten Frühjahr aus.

P. e. Lk. Linnaea XV. 517 (1841). Willkomm Forstl. Fl. 2. Aufl. 67 fig. XVIII. Richter Pl. Eur. I. 4. *Pinus Abies* L. Sp. pl. ed. 1. 1002 (1753). Koch Syn. ed. 2. 769. *A. Picea* Mill. Dict. 8 ed. No. 3 (1768) nicht Bluff u. Fingerh. *Pinus Picea* Du Roi Obs. bot. 37 (1771) nicht L. *P. excelsa* Lam. Fl. franç. 1. ed. II. 202 (1778). *Abies e.* Lam. et DC. Fl. franç. 3 ed. III. 275 (1805). Nyman Consp. 675 Suppl. 283. *Picea rubra* Dietrich Fl. Berlin 795 (1824) nicht Link. *P. vulgaris* Lk. in Abh. Berlin Acad. 1827 180 (1830). *P. Abies* Karsten Deutsche Fl. 325 (1880—83).

Variirt in der mannichfaltigsten Weise. Nach der Form der Krone unterscheidet man folgende meist nur vereinzelt angetroffene Spielarten: l. *péndula* (Jacques et Hérincq Man. gén. plant. arbr. et arbriss. IV. 340, 341 [1857] ob *A. c. p.* Loudon Arb. IV. 2294 [1838]?) (Trauer-Fichte.) Haupt- und Nebenäste dünn, herabhängend und dem Stamm dicht anliegend, Krone daher säulenförmig, fast oder völlig bis zum Boden reichend. Bisher nur je ein Baum im Bauerawald bei Jegothen, Kr. Heilsberg, O.-Pr., im Stelliner Forst Kr. Elbing und zwei auf dem Harz bei Schierke aufgefunden; zuweilen in Gärten. Vgl. Conwentz Abh. zur Landesk. Westpr. IX. 133 ff. (1895). l. *riminális* (Caspary PÖG. Königsb. XIV. 126 (1873). Willkomm a. a. O. 76. *Pinus v.* Sparrman b. Alströmer Vet. Ac. Handl. Stockh. XXXIII. 310. tab. VIII, IX (1777). *P. hybrida* Liljeblad Svensk Fl. ed. 1 (1792) [nach Hartman]. [Schwedisch] Hänge-Fichte. Diese in Schweden weiter verbreitete, auch u. a. Tysk gran (deutsche Fichte) genannte, von Linné für einen Bastard von Fichte und Kiefer gehaltene Form besitzt quirlständige horizontale Haupt- und sehr lange (bis 2 mm), dünne, spärlich verzweigte, schlaff herabhängende Nebenäste. — Beobachtet: Ostpreussen: Gerdauen: Gnelsenauer Wäldchen (Caspary a. a. O. XIX. 153 Taf. V). Polen: Umgebung von Dobrzyn (Zalewski Kosmos XXI. 325); Thüringen; Tirol; Nieder-Oesterreich: Voralpen (Beck Fl. v. N.Oe. 7). Steiermark: Oberburg (Kocbek ÖBZ. XL. 133). Kärnten: Greifenburg (V. Hirsch nach Pacher Jahrb. Land.-Mus. Kärnt. XXII. 62). Krain: z. B. Zwischenwässern (Voss Jahresb. Ob.-Realsch. Laibach 1889 23). — l. *virgáta* (Caspary a. a. O. XIV. 125 (1873). Willkomm a. a O. 75. *Abies e.*

var. *virgáta* Jacques Ann. Soc. hist. Paris XLIV. 652 (1853). *Picea e.* var. *denudáta* Carrière Rev. hort. 4 sér. III. 102 [1854]). Schlangen-Fichte. Aeste einzeln (nicht oder sehr spärlich quirlständig), verlängert (oft fast so lang als der Stamm), spärlich verzweigt. Selten. Ostpreussen: Labiau und Bischofsburg; Polen: Dobrzyn (Zalewski a. a. O.) Schlesien: Obernigk; Böhmen; Sachsen: Schandau. Harz (Conwentz a. a. O. 137); Thüringen; Württemberg; Tirol. S. Caspary a. a. O. 116 ff. — l. *monocaúlis* [1]) (Nördlinger nach Willk. Forstl. Fl. 2. Aufl. 76 [1886]). Stamm seiner ganzen Länge nach fast unbeästet, nur an der Spitze beblättert. Sehr selten: Westfalen: Altenbeken (jetzt dort nicht bekannt, briefl. Mitth.). Wien: Maria-Brunn (ob noch jetzt? vgl. Beck Fl. v. N.Oe. 7); Isola Bella im Lago Maggiore. Junge bis zum Boden beblätterte Exemplare, als *P. e.* var. *monstrósa* Carrière (Traité gén. Conif. 248 = *Abies e.* 11. *m.* Loudon Arb. frut. brit. IV. 2295 [1838]) bezeichnet, die aber im späteren Alter sich spärlich verzweigten und der Schlangenfichte sehr ähnlich wurden, in Böhmen (Caspary a. O. 128) und bei Ansbach in Mittelfranken (Döbner Flora LV. [1872] 385) beobachtet.

Auf äusseren Einflüssen beruht die Eigenthümlichkeit der in hohen Gebirgslagen beobachteten Schneebruchfichte (Willkomm a. a. O. 64 2 Aufl. 70), bei der sich an Stelle des zerstörten Gipfels deren mehrere finden; die unteren Aeste liegen oft auf dem Boden, wurzeln und tragen aufrechte secundäre Stämme. Diese Senkerbildung findet sich öfter (auch wiederholt) bei sonst normalen Stämmen, und besonders bei der Schlangenfichte.

Von den in den Gärten befindlichen Zwergformen der Fichte verdienen Erwähnung: 1 *tabulifórmis* (Carr. Prod. et fix. des var. 52 [1865]), ein nur 2—5 dm hoher, 1—1,3 m breiter, oben flacher Strauch. Viel häufiger ist 1. *Clanbrasiliána* [2]) (Carr. Man. plantes arbr. IV. 341 [1857]. *Abies exc.* 6 *C.* Loudon Arb. Brit. IV. 2294 [1838]), ein rundlich gewölbter, dicht verzweigter Strauch; nach Dammer (BV. Brand. XXIV [1882]) am Gr. Beerberg in Thüringen wild beobachtet.

Eine Form mit goldgelben, im Spätsommer weisslichen, jungen Trieben, *P. c.* var. (l. ?) *aúrea* (Pacher u. Zwanziger Jahrb. Land.-Mus. Kärnten XXII. 63 [1893]) wurde in Kärnten beobachtet.

In Bezug auf die Stellung und Beschaffenheit der Blätter ist unterschieden: l. *nigra* (Willkomm Forstl. Fl. 1. Aufl. 66 [1872]. 2. Aufl. 77. *A. e.* 2. *n.* Loudon a. a O. 2294 [1838]), Doppeltanne des Berliner Weihnachtsmarkts. Blätter der Seitentriebe (wie bei *Abies Nordmanniana*) dicht gedrängt, so angeordnet, dass die Triebe halbcylindrisch (unten flach) erscheinen, säbelförmig gekrümmt, stumpflich, dunkelgrün. Erz- und Riesengebirge, wohl auch anderwärts (Luerssen BV. Brandenb. XXVIII [1886] 20).

Nach der Färbung der jungen Zapfen unterscheidet Purkyně (Allg. Forst- und Jagd-Zeit. LIII [1877] 1 ff.) zwei wie es scheint durch das ganze Gebiet verbreitete Formen: I. *chlorocárpa* [3]) mit im August hellgrünen und II. *erythrocárpa* [4]) mit dunkelvioletten Zapfen. Nach seinen Angaben sollen mit dieser Farbenverschiedenheit noch andere Merkmale verbunden sein: u. a. bei I. Blattkissen ziemlich lang hervorragend; Blätter spitz, am Mitteltrieb abstehend; Fruchtschuppen deutlicher ausgerandet. Bei II. Blattkissen kurz; Blätter stumpflich, am Mitteltrieb anliegend; Fruchtschuppen am noch geschlossenen Zapfen mehr abgerundet erscheinend; Samen und ihre dunkleren Flügel kürzer und breiter. Indess bleibt die Constanz dieser Merkmale durch weitere Untersuchung zu prüfen. Nach der (äusserst veränderlichen!) Form der Fruchtschuppen sind unterschieden: b. *montána* (A. u. G. Syn. I. 198 [1897] *Pinus* {*Picea*) *m.* Schur Siebenb. V. N. II. 159 [1851]). *P. e. f apiculáta* Beck Ann. Nat. Hofm. II. 61 [1887]. *P. vulgaris* γ. *m.* Peck Fl.

---

[1]) S. S. 192 Fussnote 1.
[2]) Nach Lord Claubrasil, welcher diese angeblich zuerst bei Belfast in Irland beobachtete Form zu Ende des vor. Jahrh. nach England eingeführt haben soll.
[3]) Von χλωρός, von der Farbe des ersten Pflanzentriebes, bleich, hier hellgrün, und καρπός Frucht.
[4]) Von ἐρυθρός roth und καρπός Frucht.

N.Oestr. 7 [1890]). Fruchtschuppen von der Mitte an verschmälert. — Bisher beobachtet in Polen: Gegend von Dobrzyn (Zalewski a. a. O.); Nieder-Oesterreich; Bosnien; Siebenbürgische Karpaten in den höchsten Gebirgslagen, seltener auf Mooren; wohl auch anderwärts. — c. *acuminata* (Beck Ann. Nat. Hofm. Wien II. 61 [1887]). Fruchtschuppen am Rande stark wellig, plötzlich in eine gezähnelte Spitze verschmälert. — Polen: Dobrzyn (Zalewski a. a. O.); Nieder-Oesterreich; Bosnien; wohl auch anderwärts. — d. *triloba* (A. u. G. Syn. I. 199 [1897]). Fruchtschuppen, wenigstens die unteren, tief 3 lappig. — So bisher nur am Harz bei Blankenburg (A. Braun! BV. Brand. XVIII. Sitzb. 14). Ferner unterschied F. Jacobasch (a. a. O. XXIV. 1882 Sitzb. 98 [1883]) eine Form **2**. *squarrósa*, bei der die Ränder der Fruchtschuppe im oberen Theile sparrig abgebogen (an der Spitze öfter wieder angedrückt) sind. Diese auch von A. Braun (a. a. O. 15) erwähnte Form combinirt sich mit den verschiedensten Gestalten der Schuppen. Mit dieser Form dürfen nicht die „Krüppelzapfen" verwechselt werden, eine monströse von Brügger an der Unterart *P. alpestris* in Graubünden (Nat. Ges. Graub. XVII. 150 [1874] mit Tafel), an der typischen Art von Döbner und Irmisch! in Thüringen, von Lindstedt! in der Prov. Brandenburg (A. Braun a. a. O. XVI. 99. XVIII. 14) beobachtete Bildung, bei der die Fruchtschuppen am oberen Theile des Zapfens (öfter bis in einer schief verlaufenden Grenzlinie) abwärts gerichtet sind.

Beträchtlicher abweichend als die vorher erwähnten Formen und wohl als Unterart zu betrachten (vgl. auch Koehne a. a. O. 23) ist

B. *P. alpestris*. Unterscheidet sich von der typischen Art durch Folgendes: Rinde weissgrau. Triebe und Blätter dicker und steifer, erstere dicht kurzhaarig, letztere bläulich bereift, getrocknet gelbgrün, rechtwinklig abstehend, einwärts gekrümmt, an älteren Zweigen fast einerseitswendig, kürzer (bis 18 mm lang), stumpf oder spitzlich, aber kaum stechend. Zapfen 7,5—12,5 cm lang. Fruchtschuppen breit abgerundet, nicht oder kaum ausgerandet.

Zuerst in hohen Lagen der mittleren und östlichen Schweizer-Alpen (bis zum Comersee und Tiroler Ober-Innthal) beobachtet, wo sie das Volk (wegen der Farbe der Blätter) als Aviez selvadi d. h. wilde Weisstanne von der gewöhnlichen Fichte (Pign) unterscheidet, jedenfalls aber viel weiter verbreitet, da die von Beck als v. *mediorima* bez. *fennica* (s. S. 200) aus Nieder-Oesterreich und Bosnien, die von A. Braun (BV. Brand. XVIII. Sitzb. 13) erwähnte Fichte des Brockens mit silbergrauen Nadeln und 4—6,5 cm langen Zapfen, deren Schuppen sich aber in der Form der gewöhnlichen annähert, und die von Aug. Schulz und Dammer als *P. obovata* bezeichneten Formen aus dem Riesengebirge doch wohl hierher gehören; ob auch in Thüringen (s. unten)? Bl. Juni?

P. a. Stein Gartenflora XXXVI (1887) 346. *A.* (*exc.*) *a.* Brügger NG. Graub. XVII. 154 (1874). *A. e. mediorima* Heer Verh. Schw. Nat. Ges. 1869, 70 nicht Nyl. *P. e. med.* Willkomm a. a. O. 2. Aufl. 75 Beck Ann. Nat. Hofmus. Wien. II. 60 (1887)? *P. v. ε. fennica* Beck Fl. N.Oest. 7 (1890)? *P. obováta* A. Schulz BV. Brand. XXX. 1888. XXVIII. (1889)?

Tracht von *P. Canadensis*. Das sehr engjährige Holz besonders, wie schon Scheuchzer angiebt, zu Resonanzböden geeignet. Dammer erwähnt in seinen hierher gehörige Formen Mittel-Europas behandelnden Aufsätzen (Gartenflora XXXVII (1888) 614 ff. BV. Brand. XXX. XXVI ff.), dass er im Thüringer Walde bei Oberhof Fichten beobachtet habe, deren Zapfen einen Uebergang zwischen *P. excelsa* und *P. obovata* darstellten insofern als sie mit der Petersburger *fennica* bez. Engadiner *alpestris* übereinstimmten. Die Tracht derselben stimmte mit der ersteren überein (war aber von der von Brügger beschriebenen der letzteren sehr verschieden) und erinnerte durch den weit hinauf astlosen Stamm und die cylindrische Krone (von unten bis oben mit kurzen, nach oben wenig abnehmenden Aesten besetzt) an die Weisstanne (bez. *P. omorika*). Diese Beschreibung entspricht nun völlig der von Willkomm (a. a. O. 65 bez. 72) und Conwentz (a. a. O. 136) erwähnten **Spitzfichte**, welche zuerst im nördlichen Finnland (also gerade im Gebiete der *P. fennica* und *obovata*!) beobachtet wurde, aber auch im Böhmischen und Bayerischen Walde vorkommt. Ueber die Beschaffenheit ihrer Zapfen finden wir keine Angabe. Die aus Gärten beschriebene **Säulenfichte** *P. e. columnáris* (Carr. Tr. g. Conif. 1. éd. 248 [1855]. *A. c. c.* Jacques nach Carrière a. d. angef. Stelle) scheint der Spitzfichte mindestens sehr ähnlich zu sein. — Ob die nur nach der Beschaffenheit ihrer „langen, starken, hellgrünen" Blätter unterschiedene var. *Carpáthica* (*Abies exc.* 3. c. Loudon a. a. O. 2295 [1838]. *P. e. C.* Willkomm a. a. O. 66 [1875] 2. Aufl. 77) wie Willkomm vermuthet mit der *P. montana* Schur (s. S. 198) identisch ist oder sich an die *P. alpestris* anschliesst, deren Zweigbehaarung sie nach A. Murray (vgl. C. Koch, Dendrologie II. 2. 238) besitzt, wäre durch Untersuchung der Zapfen festzustellen.

P. alpestris ist von besonderem Interesse, weil sie, wie aus Obigem hervorgeht, mit zwei anderen, im Norden Europas vorkommenden Unterarten der Fichte in den nächsten Beziehungen steht. *P. Fénnica*[1]) (A. u. G. Syn. 1. 200 [1897]. *Pinus Abies* var. *fennica* Regel Gartenflora XII. 95. [Febr. 1863]. *P. A.* var. *medióxima*[2]) Nylander SB. France X. 501 [Nov. 1863]) mit d. folgnd. Unterart im nördlichen Skandinavien und im nordwestlichen Russland, unterscheidet sich von *P. alpestris* nach Koehne (a. a. O. 23) durch auf der Oberseite der Zweige sehr dicht stehende, glänzend dunkelgrüne Blätter und höchstens 8 cm lange, nicht so entschieden hängende, sondern schief abwärts gerichtete Zapfen. *P. obováta* (Ledebour Fl. Alt. IV. 201 [1833]. Willkomm a. a. O. 93), von Nordost-Skandinavien durch das nördliche Russland und Nord-Asien bis zu den Kurilen verbreitet, hat kahle oder schwach behaarte Triebe, im Querschnitt fast quadratische, bläulich-grüne, meist scharf stechende Blätter. Zapfen nur 6 cm lang, Fruchtschuppen wie bei *P. alpestris* und *P. Fénnica*. *P. obováta* wurde früher allgemein für eine eigene Art gehalten; doch haben Teplouchow (Bull. Soc. Nat. Moscou 1868. 2. 244), Grisebach (Veg. der Erde I. 93) und Dammer (a. a. O. und schon DBG. I. 360) darauf hingewiesen, dass sie in *P. excelsa*, mit deren Areal das ihrige unmittelbar zusammenhängt, durch allmähliche Uebergänge verbunden ist.

Die Benutzung der Fichte ist eine mannichfaltige. Die Wurzeln werden zu grobem Flechtwerk, die Rinde zum Gerben und Färben benutzt. Das durch das braune Herbstholz der Jahrringe gestreifte, harzreiche Holz ist besonders als Bauholz (auch zu Schiffsmasten) geschätzt. Das fast weisse Holz von Bäumen, welche besonders gleichmässige Jahrringe mit sehr schmalem Herbstholz haben (**Weiss-** oder **Haselfichte**. Willkomm a a O. 65 bez. 72. *P. e.* var. *fissilis* Pacher u. Zwanziger Jahrb. Land.-Mus. Kärnten XXII. 62 [1893], findet sich besonders im Böhmerwalde und den Alpen), ist ebenso wie das der Tanne zur Herstellung von Resonanzböden geeignet (vgl. oben S. 199). Das Holz wird ferner zur Herstellung von Holzstoff und Cellulose, sowie vielfach zum Kohlenbrennen benutzt. Ausgedehnt ist endlich die Verwerthung der Harzprodukte, welche besonders in Finnland, weniger im Schwarzwald und Jura gewonnen werden. Das Rohharz dient im natürlichen Zustande als Ersatz des echten, von *Boswellia*-Arten stammenden Weihrauchs. Die Verwendung der Fichte als Weihnachtsbaum, welche kaum 300 Jahre zurückgeht, ist erst im laufenden Jahrhundert allgemein geworden; viel seltner werden als solcher die Kiefer und neuerdings die Tanne verwendet, gelegentlich wohl auch fremde, hie und da in grösseren Beständen angepflanzte Arten wie in Berlin *Abies Nordmanniana*, in Nürnberg *Picea torano* (Schwarz br.).

---

[1]) Von Fenni, antiker Namen der Finnen.
[2]) Dieser Name, eine archaische Nebenform von *media*, wird oft unrichtig mit betontem *i* ausgesprochen.

Off. Das Rohharz im natürlichen Zustande: Thus Ph. Neerl.; mit Wasser geschmolzen und colirt: Resina Pini, Burgundica, alba, flava, Pix Burgund., alba, Poix de Bourgogne, des Vosges, jaune Ph. Dan., Belg., Gall., Helv., Hung., Neerl.

(Skandinavien, nördlich bis 69⁰ 30′; nördliches und mittleres Russland; Nord-Asien (nur *P. oborata*); Gebirge Bulgariens; Sandschak Novibazar (Beck Ann. Nat. Hofm. Wien V. 553); nördlichstes Albanien (Beck und Szyszyl. 46); Gebirge des östlichen und Central-Frankreichs; Pyrenäen.)   *

Als Zierbäume verdienen noch Erwähnung: *P. Smithiána*[1]) (Boissier Flora Orientalis vol. V. 700 [1883]. *Pinus S.* Wallich Pl. As. r. III. 24 [1832]. *Pinus Khutrow*[2]) Royle Ill. Himal. 353 [1839]. *Picea Morinda*[2]) Link Linnaea XV. 522 [1841]. *Picea Kh.* Carrière T. g. Conif. 1 ed. 258 [1855]. Willkomm a. a. O. 95) aus dem West-Himalaja und Afghanistan und *P. Schrenkiána*[3]) Fischer et Meyer Bull. Acad. St. Pétersb. X. 253 [1842]) aus dem Ala-Tau und Thian-Schan (West-Central-Asien), beide mit 2—5 cm und *P. Orientális* (Link Linnaea XX. 294 [1847]. Willkomm a. a. O. 97. *Pinus o. L.* sp. pl. ed. 2. 1421 [1763]) aus Nord-Kleinasien und den Kaukasus mit nur 5—10 mm langen Blättern.

b. Zapfen höchstens 5,5 cm lang.

* **P. Canadénsis.** (Schimmel-Fichte.) ♃, bis 25 m hoch. Junge Triebe kahl, grünlichweiss, an den Spitzen der Blattkissen öfter hellviolett überflogen. Blätter bis 20, selten 25 mm lang, mit quadratischem Querschnitt, wegen starker Entwicklung der Spaltöffnungsstreifen bläulichweiss, fast stets ohne Harzgänge. Zapfen 2—5,5 cm lang, jung grün, reif hellbraun. Fruchtschuppen schwach gestreift, matt, mit schmalem, glänzendem Rande. Samen mit dem doppelt so langen Flügel 9 mm lang.

Zierbaum aus dem östlichen Nord-America, im nördlichen und mittleren Gebiete gut gedeihend, zuweilen auch in Wäldern angepflanzt. Bl. Mai.

P. c. Koehne a. a. O. 23 (1893). *Abies c.* Miller Gard. Dict. ed. 8 No. 4 (1768). *Pinus alba* Ait. Hort. Kew. III. 371 (1789). *Abies a.* Michaux Fl. Bor Amer. II. 207 (1803) nicht Mill. *Picea a.* Link Handb. II. 478 (1831). Willkomm a. a. O. 97. Beissner Nadelholzk. 341 fig. 96.

* **P. Mariána**[1]). ♃, bis 25 m hoch. Junge Triebe gelb bis rothbraun, kurzhaarig. Blätter bis 12 mm lang, 0,75—1,5 mm breit, niedergedrückt-4kantig, stumpflich, dunkelgrün mit weisslichen Spaltöffnungsstreifen, mit Harzgängen. Zapfen 2—3,5 cm lang, jung dunkelviolett, reif mattbraun. Fruchtschuppen deutlich gestreift, ohne glänzenden Rand. Samen mit dem doppelt so langen Flügel 6 mm lang.

---

[1]) Nach James Edward Smith, * 1752 † 1828, Mit-Stifter der Linnean Society in London, der er das von ihm angekaufte Linné'sche Herbar hinterliess. Unter seinen Werken sind besonders die 1800—1804 erschienene Flora Britannica sowie die von ihm aus dem Nachlasse Sibthorps herausgegebene Flora Graeca (1806—1840, Prodromus Fl. Gr. 1806, 1813) zu nennen.

[2]) Einheimische Namen.

[3]) Nach dem Entdecker Alexander Schrenk, * 16. Febr. 1816 † 7. Juli 1876, 1837—1844 am Botanischen Garten in St. Petersburg angestellt; bereiste während dieser Zeit das nördliche Europ. Russland, die Kirgisen-Steppe und die Suugarei bis zum Ala-Tau; später Docent an der Universität und Secretär der Naturforscher-Gesellschaft in Dorpat (C. Kupffer und H. Russow br.).

[4]) Zuerst aus Maryland (Terra Mariana) bekannt geworden.

Zierbaum aus dem östlichen Nord-America. Bl. Mai.
P. M. O. Kuntze Rev. gen. pl. 800 (1891). *Abies M.* Miller Gard. Dict.
8 ed. No. 5 (1768). *Pinus nigra* Ait. Hort. Kew. III. 373 (1789) nicht Arnold.
Picea n. Link a. a. O. (1831) Willkomm a. a. O. 96. Beissner a. a. O. 333, 334
fig. 93, 94.
Auch *P. rubra* (Link a. a. O. [1831] nicht Dietr. Willkomm a. a. O. 96,
Beissner a. a. O. 339 fig. 95. *Pinus americana rubra* Wangenh. Beitr. 75 [1787])
aus dem östlichen Britischen Nord-America wird im nördlichen und mittleren Gebiete als Zierbaum angepflanzt.

B. *Casicta*[1]) (Mayr Abiet. Jap. 44 [1890]). Fruchtschuppen schon vor der Reife locker, dünn, längsfaltig, ausgefressen-gezähnelt.

* P. pungens. ♄. Junge Triebe kahl, gelbbraun. Blätter allseitig abstehend, starr, stechend, bis 3 cm lang, 1,5 mm breit, 4 kantig, beiderseits mit gleichviel Spaltöffnungen, daher graugrün bis silberweiss, mit Harzgängen. Zapfen 8—10 cm lang, 3 cm dick, hellbraun.
Zierbaum aus dem Felsengebirge Nord-Americas. Bl. Mai.
P. p. Engelmann in Watson Bot. Calif. II. 122 (1880).

P. Engelmánni[2]). ♄, bis 40 m hoch. Unterscheidet sich von der vorigen, sehr ähnlichen Art durch kurzhaarige, graugrünlichweisse bis stumpf bräunlichweisse junge Triebe, bis 20 mm lange, weniger stechende Blätter ohne Harzgänge und nur 4—6 cm lange Zapfen.
In der höheren Region des Felsengebirges Bestände bildend; bei uns Zierbaum wie vorige.
P. E. Engelmann Trans. Soc. Nat. Hist. St. Louis II. 212 (1863). Beissner a. a. O. 344 fig. 97. *Abies nigra* Engelm. in Sillim. Journ. 2 ser. XXXIV. 350 (1862) nicht Desf. *A. E.* Parry Trans. Nat. Hist. St. Louis 123 (1863).
Auch *P. Sitchensis*[3]) (Trautv. et Mey. in Middend. Reise Fl. Ochot. 87 [1856]. Beissner a. a. O. 391 fig. 105. *Pinus s.* Bougard Mém. Acad. St. Pétersb. 6 sér. II. 104 [1833]. *P. Menziesii*[4]) Dougl. in Lamb. Pin. III. 161. t. 89 [1837]. *Picea M.* Carrière Trait. gén. Conif. ed. 1 237 [1855] Willkomm a. a. O. 98) aus dem westlichen Nord-America wird zuweilen als Zierbaum gepflanzt.

31. LARIX[5]).

([Tourn. Inst. 586]. Miller Gard. dict. 7 ed. (1759) z. T. Lam. u. DC. Fl. franç. III. 276 [1805]. Nat. Pfl. II. 1. 75.)

(Lärche, franz.: Mélèze.)

Vgl. S. 188. Blattkissen wenig hervorragend. Laubblätter auch an den Langtrieben, dort entfernt spiralig gestellt. Kurztriebe am

---

[1]) Name der *P. Ajanensis* (Fisch. bei Trautv. u. C. A. Mey. in Middend. Reise, Fl. Ochot. 87 [1847]) bei den Oroken der Mandschurei.

[2]) Nach Georg Engelmann, * 1809 † 1884, Arzt in St. Louis, einem der hervorragendsten Kenner der Flora Nord-Americas, besonders verdient um die Kenntniss der Nadelhölzer, *Cactaceae, Cuscuta, Sparganium* und *Juncus.*

[3]) Nach der Insel Sitcha (Sitka), dem Sitz der ehemaligen Hauptniederlassung des Russischen Nord-America (jetzigen Territoriums Alaska).

[4]) Nach dem Schotten Archibald Menzies, * 15. März 1754 † 15. Febr. 1842, welcher in den 80er und 90er Jahren des vorigen Jahrhunderts als Arzt und Naturforscher mehrere Britische Expeditionen, namentlich die berühmte Vancouver'sche nach Nordwest-America begleitete.

[5]) Name der Lärche bei den römischen Schriftstellern; so Vitruvius und Plinius.

Grunde mit Niederblättern, die nicht blühenden mehrere Jahre Laubblätter entwickelnd. Blüthen an Kurztrieben endständig, die männlichen nicht von Laubblättern umgeben. Pollensäcke schief aufspringend. Zapfen nach der Reife noch 2—3 Jahre an den Zweigen verbleibend, zuletzt als Ganzes abfallend.

9 Arten, meist in der nördlichen gemässigten Zone, grösstentheils in unseren Gärten gezogen, von welchen die auch im nördlichen Theile Russlands (westlich bis zum Onega-See) vorkommende *L. Sibirica* (Ledebour Fl. Alt. IV. 204 [1833]) in Nord-Asien weit verbreitet ist; die Angabe dieser Form in den östlichen Karpaten (Alpe Czachlou in der Moldau, an der Grenze Siebenbürgens 1868 V. v. Janka ÖBZ. XVIII. 366) erscheint uns trotz der brieflichen Zustimmung von Parlatore (Janka in Math. és. Term. Közl. XII. 175) wenig wahrscheinlich. Weiter als irgend eine andere Baumart (bis 72°) überschreitet den Polarkreis die Ost-Sibirische *L. Davúrica* (Turczaninow Bull. Soc. Nat. Mosc 1838. 101. Beissner Nadelholzk. 328, 329 fig. 90, 91. *Pinus d.* Fischer in Schtschagl. Anz. f. Entd. Phys. Chem. Naturg. u. Techn. VIII. 3. Heft [1831]). *L. Americána* (Michaux Fl. bor. Am. II. 203 [1803]) besitzt im östlichen Nord-America eine weite Verbreitung. Die Japanische *L. leptolepis* [1]) (Gordon Pinet. ed. 1. 128 [1858] *Abies l.* Sieb. et Zucc. fl. Jap. II. 13 [1842]) ist durch dünnrandige Fruchtschuppen [1]) kenntlich. Behandlung der Herbarexemplare wie bei *Picea* (S. 194).

87. **L. larix.** (Lärche, niederl., vlaem.: Lork; dän.: Laerk; franz.: Mélèze; ital.: Larice; poln.: Modrzew; böhm.: Modŕín; russ.: Лиственница). h, bis 52 m hoch und 1,6 m dick. Stamm gerade, mit aussen grau-, innen rothbrauner Borke. Krone kegelförmig. Hauptäste horizontal, an den Spitzen aufwärts gebogen, dünn; Nebenäste hängend. Junge Triebe kahl, hellgrünlich-gelb. Blätter der Kurztriebe zu 30—40 (selten bis 60), sehr ungleich (1—3 cm) lang, stumpflich, bauchseits schwächer als rückenseits gekielt, weich, gleichfarbig, hellgrün. Männliche Blüthen kugelig-eiförmig, braungelb. Deckschuppen zur Blüthezeit purpurroth, lang zugespitzt (die Spitze der unteren laubartig, grün), viel länger als die hellgrüne Fruchtschuppe. Zapfen länglich-eiförmig, 1,5—4 cm lang, 2 cm dick, hellbraun. Untere Deckschuppen mit ihren grünen, laubartigen Spitzen zwischen den rundlich-eiförmigen, vorn abgerundeten, nur ganz schmal durchscheinend gesäumten, aussen gestreiften Fruchtschuppen sichtbar. Samen hellbraun, mit dem doppelt so langen halbeiförmigen Flügel 1 cm lang. Keimblätter 5—7.

Findet sich in höheren Lagen (etwa zwischen 900 und 2100 m) des Alpen- und Karpatensystems in ausgedehnten, lichten!! öfter mit *Pinus cembra* oder *Picea excelsa* gemischten, die Baumgrenze bildenden Beständen; selten im Berglande nördlich der Donau und im südöstlichsten Theile des nördlichen Tieflandes. Alpen von den See-Alpen und der Dauphiné bis Nieder-Oesterreich und Kroatien, Jauerling und bei Pöggstall im Waldviertel Nieder-Oesterreichs (Kerner Pflanzenl. Donauländer **158**). Vielleicht im Bayerischen Walde einheimisch (Sendtner 341). Mährisches Bergland (Oborny Fl. M. 95, ob ursprünglich?). Oestliches (Niederes) Gesenke von Kunzendorf bei Neustadt in Preuss. Oberschlesien bis Freudenthal und Gr. Herlitz. Nörd-

---

[1]) Daher der Name (λεπτός dünn λεπις Schuppe).

liche und Siebenbürgische Karpaten. Hügelland Süd-Polens und angrenzende Ebene nördlich bis zur Pilica, östlich bis Lublin (vereinzelt am Berge Kalwarya bei Warschau und unw. Strassburg W. Pr. 1889, seitdem fast verschwunden [Zalewski br.]). In früheren Jahrhunderten war die Lärche, wie alte Bauwerke, besonders Kirchen, aus Lärchenholz beweisen, weiter nach Norden (und Osten bis Slutzk im Gouv. Minsk) verbreitet; die Ursprünglichkeit des Vorkommens bei Suwalki ist sehr zweifelhaft. Vgl. Köppen Verbr. der Holzgew. Eur. Russl. II. 484—487. Ausserhalb dieses Gebietes überall als Zierbaum und zum Theil auch in Wäldern angepflanzt, gedeiht aber meist nur mittelmässig oder schlecht. Bl. im Süden März, im Norden und in hohen Lagen April—Juni. Fr. Oct.; die Samen fliegen meist erst im nächsten Frühjahr aus.

L. L. Karsten D. Flora 1. Aufl. 326 (1880—1883). *Pinus L.* L. Sp. pl. ed. 1. 1001 (1753). Koch syn. ed. 2. 769. *L. decidua* Mill. Gard. Dict. 8 ed. N. 1. (1768). Richter Pl. Eur. I. 4. *L. europaea* Lam. u. DC. Fl. Fr. III. 277 (1805). Willk. a. a. O. 140 fig. XXII. Nyman Consp. 674 Suppl. 283. Rchb. Ic. fl. Germ. IX. t. DXXXI fig. 1137.

Das harzreiche, sehr dauerhafte Holz ist für manche Zwecke, namentlich Wasserbauten, Maischbottiche, Röhrenleitungen geschätzt. Eines besonderen Rufes erfreut sich das rothe Kernholz einer in den Bayrischen Alpen vorkommenden Form („Stein-Lärche"). Auch die Verwerthung der Harzprodukte ist ausgedehnt. Der arzneilich benutzte Harzsaft wird besonders in Süd-Tirol (kam früher von Venedig aus in den Welthandel, weniger in Wallis und Dauphiné gesammelt. Eine eine Zuckerart (Melezitose) enthaltende Ausscheidung der Blätter war unter dem Namen „Manna von Briançon" im Gebrauch.

Die Form mit hängenden Zweigen (*pendula* Lawson Man. 386 [1836]. *Pinus p.* Solander in Ait. Hort. Kew. III. 369 [1789]) scheint wildwachsend noch nicht beobachtet, obwohl sie in England nach Loudon (Arb. IV. 235) aus von Tirol eingeführten Samen gezogen wurde. Irrthümlich hielt man sie früher für in Nord-America einheimisch. Sie mag in dortigen Gärten entstanden sein.

Die Lärche ändert in der Färbung der weiblichen Blüthensprosse ab. Zuweilen sind die Fruchtschuppen an denselben röthlichgelb oder roth: B. *rubra* (*L. d. ß. r.* Beck Fl. N Oest. 7 [1890]). — So in hohen Lagen in Nieder-Oesterreich. Ferner sind die Blüthensprosse schwefelgelb (*L. d.* var. *sulphurea* Figert ABZ. II. 177 [1896], eine bei Liegnitz angepflanzt angetroffene Form, die noch mit *L. Sibirica*, bei der die weiblichen Blüthensprosse „bleichgrün" sind, zu vergleichen wäre) oder grünlich- bis schneeweiss (*L. e.* var. *alba* Carr. Trait. Conif. ed. 1. 277 [1855]. Willkomm Forstl. Fl. 2. Aufl. 143) beobachtet worden; letzteres in der Schweiz (Wallis bei Sitten, Engadin bei Scanfs, am Flüela und bei Lavin, Coaz nach Christ Pflanzenl. Schweiz 225 und br.), in Tirol? (Loudon Arb. Brit. IV. 2352 erwähnt nach Horticult. Trans. IV. 416 eine „*Larch* from the Tyrol, *with white Flowers*", welche wohl wie die oben erwähnte Form *pendula* in England aus Tiroler Samen gezogen wurde) und in Kärnten: Ursula-Berg bei Köttelach (Strasser Oestr. Viertelj. f. Forstw. 1889 287 nach ÖBZ. XXXIX. 411).

Off. Der Harzsaft: Terebinthina laricina, Laricis, veneta, Terebinthina (Belg. Neerl.), Balsamum T. l. seu v., Térébinthine de Venise, Balsamu de terebinthina veneta Ph. Belg. Dan., Gall., Helv., Hung., Neerl., Rom., Russ.

[*] (Gegenwärtig ausserhalb der Ostgrenze [s. oben] nicht mehr vorhanden.)

* CEDRUS[1]).

([Mill. Gard. Dict. 3 ed. (1737)]. Link Handb. II. 479 [1831]. Nat. Pfl. II. 1. 74.)

Vgl. S. 188. Auch die männlichen Blüthen von Laubblättern umgeben. Pollensäcke der Länge nach aufspringend. Deckschuppen zwischen den Fruchtschuppen versteckt. Zapfenschuppen mit den Samen einzeln abfallend. Sonst w. v. Nur die beiden aufgeführten Arten.

+ C. cedrus. (Ceder, franz.: Cèdre; ital.: Cedro.) ♄, bis 40 m hoch. Krone anfangs kegelförmig, mit überhängendem Wipfel, im Alter unregelmässig schirmförmig. Blätter bis 35 mm lang, so breit als ihre Dicke (1½ mm), dunkel- (seltner hell- oder grau-)grün. Zapfen bis 10 cm lang und 7 cm dick, braun, an der Spitze eingedrückt. Fruchtschuppen aussen fein filzig. Samen mit dem fast viereckigen Flügel bis 27 mm lang.

In Gebirgen des südlichen (Algerien) und östlichen Mittelmeergebiets (Süd-Kleinasien, Cypern, Syrien) einheimisch. Im südlichen und westlichen Gebiete als Zierbaum gepflanzt. Vermehrt sich in der Provence nach Saporta (SB. France XL. CCIII) durch Selbstaussaat. Auch die sicher nur in Algerien beobachtete Unterart *C. Atlántica*[2]) (Manetti Cat. Hort. Madoet. Suppl. 8 [1842]), von der Hauptart durch auch im Alter kegelförmige Krone und aufrechten Wipfel, meist graugrüne Blätter, deren Dicke oft die Breite übertrifft, und kleinere Zapfen verschieden, befindet sich in Cultur.

C. C. Huth in Helios XI. 133 (1893). *Pinus C. L.* Sp. pl. ed. 1. 1001 (1753). *C. libanótica*[3]) Link Handb. II. 480 (1831). *C. Libani* Lawson Man. 380 (1836) nach Loudon Arb. et frut. Brit. IV. 2402 (1838). Willkomm a. a. O. 159.

* **C. deodára**[4]). ♄, bis 50 m hoch. Unterscheidet sich von der vorigen Art durch die pyramidale Krone, die längeren (bis 12 cm) an der Spitze nicht eingedrückten Zapfen und die aussen kahlen, in der Jugend bereiften Fruchtschuppen.

In Afghanistan, Beludschistan und im N.W. Himalaja einheimisch; Zierbaum w. v.; auf dem Karst bei Triest auch in Beständen anderer Nadelhölzer angepflanzt und gut gedeihend (Marchesetti br.).

C. D. Lawson Man. 381 nach Loudon a. a. O. 2428 (1838). Willkomm a. a. O. 160. *Pinus D.* Roxburgh Fl. Ind. Or. III. 651 (1832).

32. PINUS[5]).

([Tourn. Inst. 585. L. gen. pl. ed. 1. 293 im heutigen Sinne] ed. V. 434 [1754] z. T. Miller Gard. dict. 7 ed. [1759]. Nat. Pfl. II. 1. 70.)

(Föhre, Kiefer; franz.: Pin; ital.: Pino.)

Vgl. S. 188. Langtriebe nur an der jungen Pflanze (und bei Reconvalescenz nach gewissen, besonders durch Insectenfrass bewirkten

---

[1]) κέδρος, lateinisch citrus, bei den Griechischen und Römischen Schriftstellern (seit Homeros) ursprünglich Name verschiedener Coniferen mit wohlriechendem Holze, wohl *Juniperus*-Arten, später auf *Cedrus* (welche von Plinius [XIII, 11, XXIV, 11] Cedrus magna oder Cedrelate [von κέδρος und ἐλάτη, Tanne] genannt wird) und *Callitris* übertragen, zuletzt sogar auf *Citrus Medica*, wegen der aromatischen Früchte derselben.

[2]) Nach dem [Kleinen] Atlasgebirge Nord-Africas benannt.

[3]) Nach dem Libanongebirge Syriens (jetzt Libnân), wo schon das Alte Testament diesen zum Bau des Salomonischen Tempels verwandten Baum (hebr.: 'Eress, arab.: 'ars) kennt und noch jetzt kleine Bestände desselben von den Reisenden besucht werden.

[4]) Eigentlich Devadaru, Hindustani-Name des in der Nähe von Tempeln angepflanzten Baumes; bedeutet Götterbaum.

[5]) Bei den Römischen Schriftstellern seit Vergilius Name der Kiefern-Arten, besonders der in Gärten gezogenen *P. pinea*.

Beschädigungen) Laubblätter, sonst nur trockenhäutige Schuppenblätter tragend, in deren Achseln sich die am Grunde ebenfalls derartige Schuppenblätter („Nadelscheiden") tragenden Kurztriebe entwickeln. Laubblätter dreikantig bis halbstielrund, bei unseren Arten an den Kanten feingesägt-rauh. Männliche Blüthen in einfachen oder zusammengesetzten am Grunde von Schuppenblättern umhüllten Aehren an der Stelle von Kurztrieben am Grunde junger Langtriebe. Weibliche Blüthensprosse an der Stelle von Seitenzweigen meist an der Spitze junger Triebe. Pollensäcke der Länge nach aufspringend. Zapfen zuletzt meist hängend, erst im zweiten oder dritten Jahre reifend. Deckschuppen zwischen den Fruchtschuppen versteckt. Letztere besitzen eine scharf abgesetzte, an der Aussenseite des Zapfens sichtbare Endfläche (Apóphysis), auf der sich meist ein Höcker, der Nabel (Umbo) befindet.

Ungefähr 70 Arten auf der nördlichen Halbkugel (in den Tropen nur auf Gebirgen), von denen nur *P. silvestris* den Polarkreis (bis zum 70⁰ 20') überschreitet.

A. *Haplóxylon*[1]) (Koehne D. Dendr. 28 [1893]). Scheiden ganz oder grösstentheils abfallend. Centralstrang der Laubblätter nur ein Gefässbündel enthaltend.

I. *Cembra* (Parlatore in DC. Prod. XVI. 2. 404 [1867]). Scheiden ganz abfallend. Kurztriebe der hier aufgeführten Arten am Ende der Zweige pinselförmig gedrängt. Laubblätter zu 5, dreikantig, mit zwei bauchseitigen, ebenen, weisslichen und einer rückenseitigen, gewölbten, grünen Fläche, stumpflich. Staubblätter an der Spitze mit einem kurzen Zahn oder unvollkommen entwickelten Kamm. Apophyse flach, mit fast oder völlig endständigem Nabel.

a. *Strobus* (Spach Vég. phan. XI. 394 [1842] z. T. Mayr Wald. Nordamer. 427 [1890]). Zapfen mindestens 3 mal so lang als ihre Dicke, hängend, auch wegen der dünnen Fruchtschuppen, denen der Fichten ähnlich, als Ganzes abfallend. Samen durch den ansehnlichen Flügel flugfähig.

P. excélsa. (Thränen-Kiefer, franz.: Pin pleureur.) ♄, bis 50 m hoch. Rinde aschgrau, lange glatt bleibend. Krone breit pyramidal. Winterknospen cylindrisch, spitzlich. Junge Triebe grünlich, glänzend, kahl. Blätter bis 18 cm lang, schlaff. Zapfen lang (3—4 cm) gestielt, geschlossen bis viermal so lang (bis 27 cm) als ihre Dicke (7 cm), hellbraun. Apophyse 2 cm breit, schwach längsrippig, mit quer breiterem Nabel. Samen mit dem doppelt so langem Flügel 3 cm lang.
Zierbaum, in Afghanistan und auf dem Himalaja einheimisch. Bl. Mai.
P. e. Wallich Pl. As. rar. t. 201 (1832). Willkomm a. a. O. 189. Richter Pl. Eur. I. 3.
In der Nähe des Gebiets nur die Unterart

P. peuce[2]). (Angebl. serb.: Молика, bulgar. nach Velenovský Мара.) In allen Theilen kleiner als die Hauptart. ♄, nur bis 14 m hoch; Krone schmal

---

[1]) Von ἁπλοῦς einfach und ξύλον Holz, wegen des einen Gefässbündels im Blatte.

[2]) πεύκη Name der Kiefernarten bei den griechischen Schriftstellern.

pyramidal, bis zum Boden reichend. Winterknospen fast kugelig, mit aufgesetzter Spitze. Blätter nur bis 1 dm lang, steifer. Zapfen kürzer gestielt, bis 13 cm lang, bis 4 cm dick. Apophyse deutlicher längsrippig. Samen mit Flügel nur 15 mm lang.

Dieser in den Gebirgen Bulgariens, Ost-Rumeliens und Macedoniens zwischen 800 und 2000 m Meereshöhe hie und da Bestände bildende, 1839 von Grisebach entdeckte Baum wird von Pančić (Crna Gora 86) in Montenegro in der Nähe der Kom im District Denji Vasojevići auf dem Berge Sjekirica angegeben. Nach Pantocsek (ÖBZ. XXII. 305) ist diese Angabe unrichtig; dagegen erhielt letztgenannter Forscher den Baum von dem dem Kom gegenüber (durch das Thal des Grenzflusses Peručica getrennt) in Albanien gelegenen Gebirgsstocke Drekalove Skali! Im Gebiet als Zierbaum angepflanzt. Bl. Mai.

P. P. Grisebach Spicil. fl. Rumel. et Bith. II. 349 (1844). Willkomm a. a. O. Nyman Consp. 674 Suppl. 283. Richter Pl. Eur. I. 3.

* **P. strobus**[1]). (Weymouths[2])-Kiefer; franz.: Pin du Lord Weymouth; böhm.: Vejmutovka.) ♄. Unterscheidet sich von der vorigen, sehr ähnlichen Art durch Folgendes: Winterknospen schlank eiförmig, zugespitzt, harzig. Blätter nur bis 1 dm lang. Zapfen sehr kurz gestielt, geschlossen mehr als 4 mal so lang (bis 15 cm) als seine Dicke (3 cm), hellschokoladenbraun. Apophyse nur 1,2 cm breit, längsrippig. Samen nur bis 6 mm (Flügel aber bis 2 cm) lang. Keimblätter 6—10.

Im östlichen Nord-America einheimisch; bei uns allgemein verbreiteter Zierbaum, auch seit Ende des vorigen Jahrhunderts in kleinen Beständen in Wäldern angepflanzt. Bl. Mai.

P. S. L. Sp. pl. ed. 1. 1001 (1753). Willkomm a. a. O. 186. Beissner Nadelholzk. 289, 290 fig. 71, 72.

P. Lambertiana[3]) (Douglas in Trans. Linn. Soc. XV. 500 [1827]), Zuckerkiefer, aus dem westlichen Nord-America vom Oregon-Fluss bis Mexico, mit schokoladenfarbigen jungen Trieben und bis 5 dm langen Zapfen, die ein süssschmeckendes Harz absondern, wird zuweilen angepflanzt.

b. *Eucembra* (Koehne a. a. O. 30 [1893]). Zapfen nicht ganz doppelt so lang als ihre Dicke, bei unseren Arten aufrecht abstehend, nach der Samenreife zerfallend. Fruchtschuppen dick. Samen nicht flugfähig, mit rudimentären oder ganz ohne Flügel.

88. (1.) P. cembra[4]). (Zirbel-Kiefer, Zirbe, in der Schweiz: Arve; franz.: Auvier; ital.: Zembra, Zimbro; poln. u. böhm.: Limba; russ.: Кедръ [d. h. Ceder]). ♄, selten über 23 m hoch. Rinde braun, lange glatt bleibend. Krone anfangs pyramidal, bis zum Boden reichend, zuletzt ganz unregelmässig, an alten Bäumen stets mehrwipfelig. Winterknospen kugelig, zugespitzt, harzfrei. Junge Triebe rostgelb-filzig. Blätter bis 8 cm lang, steif. Männliche Blüthen sitzend, ellipsoidisch, gelb. Zapfen eiförmig, stumpf, bis 8 cm lang und 5 cm dick, unreif violett, reif zimmetbraun. Apophyse 2 cm breit, ebenflächig, mit schwachem Nabel. Samen bis 12 mm lang, völlig flügellos. Keimblätter 8—12.

---

[1]) Bei Plinius XII, 14 Name eines sicher nicht zu den Nadelhölzern gehörenden Baumes in Karamanien (in Süd-Persien), der ein wohlriechendes Harz lieferte, nach Plinius auch Ladanum genannt.

[2]) Nach Lord Weymouth, der diesen Baum zuerst zu Anfang des 18. Jahrhunderts auf seiner Besitzung Longleat in Wiltshire im Grossen anpflanzte.

[3]) Nach Aylmer Burke Lambert, * 1761 † 1842, Vicepräsident der Linnean Society, Verfasser der ausgezeichneten Monographie A description of the genus Pinus. London 1803. 1814 2 ed. 1828—37.

[4]) Zuerst bei Camerarius epit. 42 nach dem italienischen Namen.

Nur in hohen Lagen der Alpen und Karpaten, etwa zwischen 1600 und 2500 m, allein oder mit *Larix larix* lichte Bestände bildend, öfter nur einzeln. In den Alpen von den See-Alpen bis Nieder-Oesterreich (Gamsstein), Ober-Steiermark (Sirbitzkogel bei Judenburg), Kärnten (Bleiberg) und Krain (Steiner Alpen!). Von der Tatra! durch die nördlichen und Siebenbürgischen Karpaten bis zum Banat (Alpe Baiku). Im Berg- und Flachlande als Zierbaum, selten in kleinen Beständen, angepflanzt. Bl. Juni, Juli (Coaz br.). Fr. im Herbst des folgenden Jahres, Ausfall der Samen erst im zweiten Frühjahr.

P. C. L. Sp. pl. ed. 1. 1000 (1753). Willkomm a. a. O. 169 fig. XXV—XXVIII. Koch syn. ed. 2. 769. Nyman consp. 674 suppl. 283. Richter pl. Eur. I. 3. Rchb. Ic. XI. t. DXXX fig. 1136.

Eine Form mit gelbgrünen Zapfen, var. *Helvética* („Clairville" nach Christ Bot. Zeit. XXIII. 215 [1865] vgl. Gaudin Fl. Helv. VI. 188 [1830]), wurde im Engadin bei Pontresina und Zernetz beobachtet (Christ, Pflanzeul. Schweiz. 232, Coaz br.).

Das leichte, harzfreie, im Kern röthliche, wohlriechende Holz zu Tischler- und Schnitzarbeiten, besonders zu Wandtäfelungen hoch geschätzt. Die Kerne der Samen (Zirbelnüsse, in der Schweiz „Ziernüssli", in den Baltischen Provinzen Russlands, wohin sie aus den Uralgegenden kommen, „Cedernüsse") werden gegessen und kommen selbst auf die Obstmärkte. Der früher als Balsamum carpathicum officinelle Harzsaft ist nicht mehr gebräuchlich.

•(Nordöstliches Europ. Russland (Gouv. Wologda und Perm); Nord-Asien vom Ural bis zum Amur-Gebiet, nördlich bis 68°.) [*]

? 88. ✕ 94. *P. cembra* ✕ *silvestris* s. S. 232.

P. Koraiénsis[1]) (Siebold et Zucc. Fl. Jap. II. 22. Beissner a. a. O. 281 fig. 68), Korea-Kiefer, mit oberwärts stark auswärts bogner Apophyse, in Korea, der südlichen Mandschurei und Mittel-Japan einheimisch, ist bei uns zuweilen angepflanzt. Sie ist auch im nördlichen Gebiet winterhart.

II. *Paracémbra*[2]) (Koehne a. a. O. 30 [1893]). Scheiden (bei den hier erwähnten Arten) sich in schmale, zurückgerollte Schuppen spaltend, zuletzt grösstentheils abfallend. Laubblätter zu 1—3, selten bis 5, bauchseits weisslich. Staubblätter an der Spitze mit deutlichem Kamm. Apophyse gewölbt, mit mittelständigem Nabel.

In diese Abtheilung und zwar in die durch kurze, dicke Zapfen mit nicht flugfähigen (essbaren!) Samen charakterisirte Gruppe *Párryae*[3]) (A. et G. Syn. I. 208 [1897]. *Párrya*[3]) Mayr Wald. Nordam. 427 [1890] nicht R. Br.) gehören die bei uns zuweilen angepflanzten Arten *P. Gerardiána*[4]) (Wallich in Lambert Pinus 2 ed. III. 151 [1837]) aus Afghanistan und dem N.W. Himalaja, im N.O. Gebiet

[1]) S. S. 181 Fussnote 4.
[2]) Von παρά bei und *Cembra* (s. S. 207) also „Nebenzirbe oder Zirben-ähnlich.
[3]) Vgl. S. 196 Fussnote 1. Nach Charles Christopher Parry, * 28. Aug. 1823 † 20. Febr. 1890, um die Erforschung der Flora des westlichen Nord-America verdient, Mitarbeiter an Engelmann's Coniferen-Studien. (Trelease und Hatching br.) Die Cruciferen-Gattung *Parrya* (R. Br. Parry Voy. App. 268 [1824]) ist nach dem bekannten Britischen Polarforscher, Capitän, zuletzt Contre-Admiral Sir William Edward Parry, * 1790 † 1855, benannt.
[4]) Nach Hauptmann P. Gerard, von welchem Wallich eine Anzahl neuer Pflanzen aus dem Himalaja erhielt.

nicht winterhart und *P. monophýlla* [1]) (Torrey und Fremont Rep. expl. exp. Rocky Mount. 319 [1845]) aus dem westlichen Nord-Anierica, durch die nur ein einziges Laubblatt tragenden Kurztriebe sehr ausgezeichnet. Sehr nahe verwandt mit letzterer ist die mit 3—5 blättrigen Kurztrieben versehene kalifornische, selten angepflanzte *P. Parryána* [2]) (Engelm. Pl. Parryanae 32 [1862] nicht Gord.).

B. *Diplóxylon* [3]) (Koehne a. a. O. 30 [1893]). Scheiden meist als fest geschlossene höchstens am Rande zerschlitzte Röhre bleibend. Laubblätter (unserer Arten) zu 2, seltener zu 3, ihr Centralstrang zwei neben einander liegende Gefässbündel enthaltend. Staubblätter an der Spitze mit wohlentwickelten, halbkreis- bis kreisförmigem Kamm (vgl. *P. silvestris*). Apophyse gewölbt, oft pyramidal, mit mittelständigem, häufig mit einer Stachelspitze (Mucro) versehenem Nabel. Samen unserer Arten fast stets flugfähig, vom Flügel zangenförmig umfasst (vgl. *P. Sabiniana, P. pinea*).

I. *Taeda* [4]) (Mayr a. a. O. [1890]). Laubblätter zu 3 (selten daneben zu 4 und 5), bauchseits hervorragend gekielt. Harzgänge stets im Parenchym oder dicht am Centralstrang (*P. palustris*), nicht am Hypoderm. Zapfen oft sehr gross, meist aus Quirlknospen.

Die Canarien-K., *P. Canariénsis* (Chr. Smith in L. v. Buch Beschr. Can. Ins. 159 [1825]) ist ein nur im Mittelmeergebiet winterharter Zierbaum. Ferner gehören in diese Abtheilung die in den südlichen Atlantischen Staaten Nord-Americas einheimischen, nur in unserem südlichsten Gebiete winterharten Arten: *P. taeda* (L. Sp. pl. ed. 1. 1000 [1753]. Willkomm a. a. O. 192) und *P. palústris* (Miller Gardeners dictionary 8 edition No. 14 [1768, ohne eine Beschreibung]. Solander in Ait. Hort. Kew. III. 368 [1789]. *P. austrális* (Michaux Hist. arb. for. Amer. sept. I. 62 [1810]). Beide letzteren (desshalb Weihrauch-Kiefern genannt) liefern ein Harz, das im Vaterlande als Surrogat des echten Weihrauchs dient und auch als Thus americanum officinell ist. Viel wichtiger ist die Benutzung der *P. palustris*; ihr Holz (Yellow pine) ist auch bei uns für Bauzwecke geschätzt und aus ihrem Harzsafte stamnt ein erheblicher Theil des auch in Europa zur Verwendung kommenden Terpenthinöls und Kolophoniums (vgl. S. 217).

a. Junge Triebe bräunlich oder gelblich, unbereift. Blätter gras- bis dunkelgrün.

1. Zapfen auffällig ungleichseitig, die freie Seite stark gewölbt, mit gewölbten, die dem tragenden Zweige zugewandte fast gerade mit flachen Apophysen. — Winterknospen harzfrei.

* *P. insignis*. (Monterey-Kiefer.) ♄, bis über 30 m hoch. Rinde dick, vielrissig. Blätter bis 16 cm lang und 1 mm breit, lebhaft grün. Harzgänge oft fehlend, wenn vorhanden, ohne Sklerenchym. Zapfen kurz oval (8—15 cm lang, 5,5—8 cm dick), spitz, dunkelbraun. Apophysen der

---

1) Von μόνος einzeln und φύλλον Blatt.
2) S. S. 208.
3) Von διπλοῦς doppelt und ξύλον Holz; wegen der zwei Gefässbündel im Blatte.
4) Bei Plinius (XVI, 19) und andern römischen Schriftstellern Name einer besonders harzreichen *Pinus*-Art, häufiger des davon abstammenden Kienholzes, Fackeln etc. (= dem griechischen δαίς, δᾴς gen. δαΐδος, ὁᾳδός).

Aussenseite halbkugelförmig, zuletzt ohne Stachelspitze. Samen bis 7 mm lang, mit bis 21 mm langem Flügel.
Zierbaum aus Kalifornien, im kälteren Theile des Gebiets nicht winterhart.
P. i. Douglas in Loudon Arb. Brit. IV. 2265 [1838]. P. radiata und P. tuberculata (nicht Gordon!) D. Don Trans. Linn. Soc. XVII. 442 (1837).

2. Zapfen ziemlich gleichseitig. — Winterknospen harzig. Blätter steif, stechend.

* P. rígida. (Pech-Kiefer). ♄, bis 28 m hoch. Rinde schwarzgrau, rissig. Blätter bis 18 cm lang, bis 2 mm breit. Harzgänge oft fehlend, wenn vorhanden, nicht von Sklerenchym umgeben. Zapfen eikegel- bis kegelförmig (6—10 cm lang, 4—6 cm dick), stumpf oder spitz, hell ledergelb. Apophyse niedrig pyramidal, mit scharfem Querkiel. Stachelspitze des Nabels kurz, rückwärts gerichtet. Samen 4 mm lang, mit bis 21 mm langem Flügel.
Zierbaum aus dem Nordosten der Vereinigten Staaten, auch (besonders in den östlichen Provinzen Preussens) in Wäldern angepflanzt.
P. R. Miller Gard. dict. 8 ed. No. 10 (1768). Willkomm a. a. O. 190. Beissner a. a. O. 268 fig. 64.

* P. ponderósa. (Gelb-Kiefer). ♄, bis 100 m. Rinde rothbraun, sehr dick, tief rissig. Blätter bis 25 cm lang. Harzgänge stets vorhanden, von Sklerenchym umgeben. Zapfen 7,5—11 cm lang, 3—5 cm dick, lebhaft braun. Apophyse höher pyramidal als bei d. v., ausser dem Querkiel mit einigen strahligen Leisten. Stachelspitze kurz, kräftig. Samen 7—10 mm lang, mit bis 30 mm langem Flügel.
Zierbaum aus Oregon und Kalifornien, auch in Wäldern angepflanzt.
P. p. Douglas in Lawson Man. 354 (1836) nach Loudon Arb. et frut. Brit. IV. 2243 (1838). Willkomm a. a. O. 191. Beissner a. a. O. 262 fig. 61.

b. Junge Triebe weisslich bereift oder blaugrün. Blätter blau- bis graugrün. Harzgänge von Sklerenchym umgeben. Apophysen hoch pyramidal, quer scharf gekielt, mit starker, kegelförmiger, gekrümmter, stechender Stachelspitze.

* P. Jeffreýi [1]). ♄, bis 60 m hoch. Rinde dunkel, dünn, rissig. Junge Triebe bereift. Winterknospen harzfrei. Blätter schlaff, bis 19 mm lang, bis 1,5 mm breit, scharf zugespitzt. Zapfen schief ei-kegelförmig, 13—18 cm lang, 6,5—10 cm dick, hellbraun. Samen 9—15 mm lang, mit bis 35 mm langem Flügel.
Zierbaum aus Oregon und Kalifornien, auch in Wäldern angepflanzt.
P. J. Balfour in A. Murray Bot. Exped. Oreg. 2. tab. 1 (1853). Willkomm a. a. O. 192.

* P. Sabineána [2]). (Nuss-Kiefer.) ♄, bis 50 m hoch, mit sehr lockerer, unregelmässiger Krone. Rinde rothbraun, tief-rissig. Junge Triebe blaugrün. Winterknospen harzig. Blätter bis 3 dm lang, bis 1,5 mm breit. Zapfen eiförmig, 15—25 cm lang, 10—15 cm dick, mahagonibraun. Samen bis 3 cm lang, mit kaum halb so langem Flügel.
Zierbaum aus dem westlichen Nord-America, besonders Kalifornien, in der Provence durch Selbst-Aussaat sich fortpflanzend (Saporta SB. France XL. CCIV).
P. S. Douglas in Comp. to Bot. Mag. II. 150 (1836). Willkomm a. a. O.
Die Samen dienen im Vaterlande zur Nahrung.

---

[1]) Nach dem Entdecker, dem schottischen Gärtner Jeffrey, welcher 1850 bis 1853 aus dem Oregon-Gebiete lebende Pflanzen nach Edinburgh sandte; er soll einige Jahre später in Sonora von den Eingeborenen erschlagen worden sein.
[2]) Nach Joseph Sabine, * 1777 † 1837, einem der Stifter und zuletzt Secretär der Royal Horticultural Society zu London.

II. **Laubblätter** zu 2 (seltner an jungen Exemplaren auch zu 3), bauchseits flach oder rinnig.
  a. *Bánksiae*[1]) (A. u. G. Syn. I. 211 [1897]. *Bánksia*[1]) Mayr a. a. O. 426 [1890] nicht L. fil. *Murráya*[2]) Mayr. a. a. O. 436 nicht L.). Zapfen ziemlich klein, meist am Längstriebe zwischen zwei Astquirlen. Harzgänge der Laubblätter im Parenchym.

Zu dieser Gruppe gehören die bei uns öfter angepflanzten Arten: *P. Virginiána* (Miller Gard. dict. 8 ed. No. 9 [1768]. *P. inops* Solander in Ait. hort. Kew. ed. 1. III. 367 [1789], Jersey-Kiefer) aus den mittleren Atlantischen Staaten Nord-Americas von New-Jersey bis Carolina; *P. mitis* (Michaux Fl. Bor. Amer. II. 204 [1803], Fichten-Kiefer, wegen des fichtenähnlichen Wuchses), von New-Jersey bis Missouri und Texas verbreitet, in unserem nordöstlichen Gebiete nicht ganz winterhart, liefert ebenfalls einen Theil des auch bei uns als Yellow-pine geschätzten Bauholzes; *P. contórta* (Douglas in Loudon Encycl. of trees 975 [1842], Dreh-Kiefer wegen der gedrehten Blätter) von der Westküste Nord-Americas und *P. pungens* (Michaux Hist. arb. forest. Am. sept. I. 65 [1810], Beissner Nadelholzk. 214 fig. 56, Stech-Kiefer wegen der stark entwickelten Apophysen-Stachelspitze) aus den mittleren Atlantischen Staaten von Pennsylvanien bis Carolina.

  b. *Pináster*[3]) (Mayr a. a. O. 426 [1890]). Zapfen meist aus Quirlknospen, meist mittelgross (vgl. *P. pinaster*, *P. pinea*), meist kegelförmig. Samen meist flugfähig (vgl. *P. pinea*).
    1. **Harzgänge der Laubblätter meist im Parenchym.** Bei unseren Arten junge Triebe unbereift. Gefässbündel im Centralstrang des Blattes genähert. Zapfen meist gleichseitig.
      α. Zweige weissgrau, nach dem Abfall der Kurztriebe durch die Narben von deren Tragblättern schlangenhautähnlich gefeldert. Harzgänge nicht von Sklerenchym umgeben. Nagel der Fruchtschuppe beiderseits graubraun.

---

[1]) Vgl. S. 196 Fussnote 1. Nach Sir Joseph Banks, * 1743 † 1823, verdienstvollem Botaniker und freigebigem Mäcen, dem z. B. Robert Brown den Eintritt in die wissenschaftliche Laufbahn verdankte, mit Solander Theilnehmer an der ersten grossen Reise Cooks 1768—71, später Präsident der Linnean Society. Nach demselben ist die von ihm entdeckte ebenfalls nicht winterharte, meist strauchige, auch bei uns angepflanzte *P. Banksiána* (Lambert Pin. ed. 1. 21 [1803]), sowie die Proteaceen-Gattung *Bánksia* (L. fil. Suppl. pl. [1781]) benannt.

[2]) Nach Andrew Murray, * 1812 † 1878, 1857 Professor der Naturgeschichte in Edinburg, 1860—65 Secretär der Royal Horticultural Society in London, hervorragendem Zoologen (besonders Entomologen) und Coniferen-Kenner. Die Rutaceen-Gattung *Murraya* (L. syst. ed. 13. 331 [1774]. *Murraea* König in L. Mant. II. app. 554 [1771]) ist nach Johann Andreas Murray, * 1740 † 1791, Schüler Linné's, Professor der Medicin und Botanik in Göttingen, Herausgeber von Linné's Syst. veget. ed. 13 und Verfasser des Prodromus designationis stirpium Goettingensium 1770, benannt. Das Hauptwerk desselben betrifft die Arzneimittellehre (Apparatus medicaminum 1776—1792).

[3]) Bei Plinius (XVI, 17) ist pinaster Name der wildwachsenden Kiefern, während er seine pinus (*P. pinea*) als Gartenbaum aufführt. Das Suffix -aster bezeichnet überhaupt einen wilden Baum im Gegensatz eines ähnlichen cultivirten, vgl. oleaster, piraster. Die modernen Botaniker haben auch -astrum in *Rellidiastrum*, *Erucastrum*. Das griechische Wort ἀστήρ Stern hat mit diesem Suffix nichts zu thun, die Uebersetzung „Sternkiefer" für *P. pinaster* ist daher ganz unzutreffend. (C. Bolle, mündl.)

89. (2.) **P. leucodérmis**[1]). (Panzer-Föhre, Schlangenhaut-Kiefer; serb.: Мунмка.) ħ, bis 20 (selten 33) m hoch. Krone pyramidal, oben gerundet. Rinde des Stammes aschgrau, durch Längs- und Querrisse unregelmässig in bis 16 cm lange und bis 8 cm breite Felder getheilt. Zweige durch die Abgrenzungen der Jahrestriebe geringelt. Kurztriebe an den Zweigspitzen pinselartig gehäuft. Scheiden weisslich, zerschlitzt. Blätter bis 6 (selten 7,5) cm lang, steif, öfter gekrümmt, dunkelgrün, stechend oder stumpflich. Männliche Blüthen länglich. **Antherenkamm unregelmässig gezähnelt**. Zapfen kurzgestielt, aus flachem Grunde ei-kegelförmig, bis 8 cm lang, 2,5 cm dick, hellgelb bis bräunlich, wenig glänzend. Apophysen bis 15 mm breit, mit abgerundetem Oberfeld, pyramidenförmig erhöht, die unteren stärker erhöht, mit trapezförmigem Unterfeld und rückwärts gerichteter Stachelspitze des **gleichfarbigen Nabels**; mittlere mit stärkerer Querkante und dreieckigem Unterfeld. Samen bis 7 mm, mit dem Flügel bis 3 cm lang.

In der oberen Region (1200—1800 m) der Hochgebirge der östlichen Hercegovina (vom rechten Narenta-Ufer an), des südlichsten Dalmatiens (Krivošije: Bjela Gora und Orjen!!) und Montenegros, zum Theil in ausgedehnten Beständen die Baumgrenze bildend. Bl. Juni.

P. l. Antoine ÖBZ. XIV (1864) 366 vgl. Beck Ann. Nat. Hofm. Wien II. 59 (1887). V. 551 mit Abb. (1890). Nyman Consp. 67 Suppl. 283. Richter Pl. Eur. I. 3.

(Nord-Albanien; Serbien.) |*|

b. Zweige nicht schlangenhautähnlich gefeldert. Harzgänge von Sklerenchym umgeben. Nagel der **Fruchtschuppe unterseits schwarzbraun** (s. jedoch *P. nigra* f. *hornótina*).

90. (3.) **P. nigra. h.** Rinde des Stammes **schwarzgrau, rissig**. Junge Triebe grüngelb. **Winterknospen harzig, braun, ihre Schuppen und die Tragblätter der Kurztriebe mit nicht verwebten Fransen.** Blätter (auch an jungen Pflanzen selten zu 3) 8—15 cm lang, mit gelblicher, fast stechender Spitze. Männliche Blüthen cylindrisch. **Antherenkamm dicht-fein gezähnelt**. Junge Zapfen sehr kurz gestielt, die ausgewachsenen fast sitzend, aufrecht- bis schief abwärts abstehend, aus flachem oder etwas gewölbtem Grunde ei- bis eikegelförmig, 4—9 cm lang, bis 3 cm dick, gleichseitig, glänzend, gelbbraun. Apophyse bis 15 mm breit, durch eine Querkante in ein besonders an den unteren Schuppen stark gewölbtes an diesem halbkreis- bis trapezförmiges, an den übrigen stets abgerundetes Oberfeld und ein an den unteren Schuppen trapezförmiges, an den übrigen dreieckiges Unterfeld getheilt. **Nabel dunkler braun**, an den oberen Schuppen oft mit einem Spitzchen. Samen 5—7 mm lang, grau, mit Ein-

---

[1]) Von λευκός weiss und δέρμα Haut, wegen der hellen Rinde.

schluss des 4—5 mal so langen braungestreiften Flügels bis 25 mm
lang. Keimblätter 5—7.
  P. n. Arnold Reise n. Mariazell 8 mit Tafel (1785) erw. A. u. G.
Syn. I. 213 (1897) nicht Ait. *P. maritima* Mill. Gard. dict. 8 ed.
No. 7 (1768)? erw. K. Koch Dendrol. II. 2. 287 (1873). *P. Laricio*[1])
Poiret Encycl. V. 339 (1804) erw. Antoine Conif. 3 [1840]. Willkomm
a. a. O. 226 fig. XXXII. Koch Syn. ed. 2. 767. Richter Pl. Eur. I. 2.
Rchb. Ic. XI. t. DXXIV fig. 1131.

  Zerfällt in folgende Formengruppen:

  A. *pachyphylla*[2]). Blätter steif, 1,5—2 mm dick. *P. L. p.* Christ
    Bot. Zeit. XXIII. 230 (1865). *P. L. crassifolia* Willkomm
    a. a. O. 226. Hierher die Rassen:

  I. Kiel der mittleren und oberen Apophysen scharf.

  Austriaca[3]) (Schwarz-Föhre, Schwarz-Kiefer; franz.: Pin noir
d'Autriche; ital.: Pino nero; kroat. u. serb.: Crni bor). Bis 35 m hoch.
Krone breit-eiförmig, auf Felsboden schirmförmig. Einjährige
Zweige graubräunlich. Blätter dunkelgrün. Zapfen bis 7 cm lang.
  Bildet auf Kalkbergen der unteren und mittleren Region (bis
1400 m ansteigend) im östlichen Alpensystem und den südlichen (und
östlichen?) Karpaten stellenweise grosse Bestände. Nieder-Oesterreich!!
(Das Indigenat in Steiermark [Mariazell Antoine Conif. 6. 7; Marburg
Murmann Beitr. Pfl. geogr. Steierm. 66 und Cilli in Laubwäldern einzeln.
R. v. Wettstein br.] sehr zweifelhaft. R. v. Wettstein br.) Kärnten:
Dobrač; Malborget. Friaul bei Osopo. Piave-Thal (Zabel nach Beissner
Nadelholzk. 245). Küstenland (Trnovaner und Panovicer Wald. Krain.
Kroatien! Insel Cherso. Dalmatien. Hercegovina! Bosnien! Banat:
Svinica; Mehadia! Galizien: Kolomea: Kossow, an steilen Felsabhängen
wohl ursprünglich 1896, Paczoski! Ausserdem im übrigen Gebiete
als Zierbaum und hie und da auch in Wäldern angebaut, im Wiener
Becken (Steinfeld!!) in grossen Beständen; auch vorzugsweise zur Wieder-
bewaldung des Karsts bei Triest angepflanzt. Bl. im südlichsten Gebiet
Mai, im übrigen Anf. Juni, bis 14 Tage später als *P. silvestris.* Fr.
Oct. des folgenden, bei f. *hornotina* (Beck Ver. Landesk. N.Oest. 1890 67)
mit nur 6 cm langen Zapfen, bei welchen der Nagel der Fruchtschuppe
unterseits rothbraun, im Herbst desselben Jahres.
  P. nigra A. I. *A.* A. u. G. Syn. I. 213 (1897). *P. austriaca*
Höss Flora VIII. Beibl. 115 [1825]. Mongr. Schwarzf. (1831). *P. n.*
Arnold a. a. O. (1785). Link Abh. Berl. Akad. 1827. 173 (1830).
Beck Fl. v. Hernstein 161 (1884). Fl. v. N.Oest. 5. *P. nigrescens* Host
Cat. hort. Vind. (1822, blosser Name). *P. nigricans* Host in Sauter
Vers. geogr. bot. Schild. Umg. Wiens 23 (1826). Nyman Consp. 674

---

[1]) Pino laricio, italienischer Name dieser und der folgenden Art.
[2]) Von παχύς dick und φύλλον Blatt.
[3]) Austriacus. Oesterreichisch.

Suppl. 283. *P. Laricio β. austr.* Antoine Conif. 4 (1840). Willkomm a. a. O. *P. L.* c) *n.* Richter Pl. Eur. I. 2 (1890).

Was die Benennung dieser Form anbelangt, so ist gegen Kerner, der in Sched. exs. Fl. Austr. Hung. II. 133 (zu No 664) den Namen *P. nigricans* voranstellt, zu bemerken, dass Höss in seiner in der Flora 1825 gegebenen ausführlichen und vortrefflichen Beschreibung bereits den Namen *P. austriaca* vorschlägt, allerdings nur für den (von ihm sicher für höchst wahrscheinlich gehaltenen) Fall, dass der in der Ueberschrift angewendete Name „*P. Pinaster* L." nicht der richtige sein sollte. Wir sehen keinen Grund, weshalb dieser Name nicht so gut wie die in den Lois de la nomenclature bezeichneten mit einem Fragezeichen aufgestellten gelten sollte.

Ausser dem besonders wegen seiner Haltbarkeit im Wasser geschätzten Holze ist dieser Baum besonders durch den Harzsaft, der durch einseitiges Abschälen der Rinde („Anpechen") gewonnen wird, und der daraus bereiteten Producte werthvoll.

Off. Der Harzsaft: Terebinthina, T. communis Ph. Austr., Germ., Hung. und das Harz (vgl. S. 201) Resina Pini Burgundica, alba, flava, Pix Burg. Ph. Helv. Hung.

(Balkanhalbinsel von Serbien und Bulgarien bis Thessalien.) [*]

II. Kiel der mittleren und oberen Apophysen stumpf.

a. Poiretiána[1]) (franz.: Pin de Corse, P. de Calabre; ital.: Pino di Corsica, P. laricio). Bis 50 m hoch. Krone schmäler als bei I. Einjährige Zweige hellbraun. Blätter etwas heller grün. Zapfen bis 8 cm lang.

In Spanien, Unter-Italien nebst den Inseln, Griechenland und auf Kreta einheimisch, im Gebiet besonders in der immergrünen Region des Mittelmeergebiets angepflanzt, in der Provence sich durch Selbst-Aussaat vermehrend (Saporta Bull. Soc. bot. France XL. CCIV). Bl. Mai.

P. n. A. II. a. *Poir.* A. u. G. Syn. I. 214 (1897). *P. maritima* Mill. a. a. O. (1768)? Ait. Hort. Kew. ed. 2. V. 315 (1813) nicht Lam. und Lamb. (vgl. S. 216, 218, 219). *P. Laricio a. Poir.* Antoine Conif. 6 (1840). *P. L.* I β. *calábrica* ²) Koehne D. Dendrol. 37 (1893).

b. Pallasiána[3]) (Taurische Schwarzkiefer; franz: Pin de Caramanie; russ.: Крымская сосна). Bis 30 m hoch. Einjährige Zweige schmutzig gelb. Blätter dunkelgrün. Zapfen etwas grösser; Apophysen weniger gewölbt als bei der vorigen (K. Koch Dendrol. II. 2. 289).

In der Krim und in Kleinasien einheimisch; als Zierbaum angepflanzt.
P. n. A. II. b. *Pall.* A. u. G. Syn. I. 214 (1897). *P. L.* 3. *caramánica* [4]) Loudon Arb. et fr. Brit. IV. 2201 (1838). *P. P.* Lamb Desc. Pin. ed. 2. I. 11. t. 5 (1828). ? Nyman Consp. 674 Suppl. 283. *P. L.* γ. *P.* Antoine a. a. O. 6 (1840).

---

[1]) Nach Jean Louis Marie Poiret, * 1755 † 1834, botanischem Reisenden in Nord-Africa, später Fortsetzer der Lamarck'schen Encyclopaedie, welcher diese Form als *P. Laricio* beschrieb.

[2]) *P. L.* 4. *calábrica* Loudon Arbor. et fr. Brit. IV. 2201 (1838 ohne Beschreibung). Laricio du Mont Sila en Calabre Delamarre ist eine Localform dieser Rasse.

[3]) Nach Peter Simon Pallas, * 1741 † 1811, hochverdient durch seine naturgeschichtlichen Reisen durch einen grossen Theil des Russischen Reichs, dem Entdecker dieser *Pinus*-Rasse in der Krim, die er während eines mehrjährigen Aufenthalts besonders genau durchforschte.

[4]) Nach der Landschaft Karamanien an der Südküste Kleinasiens, von wo Olivier gegen das Ende des vorigen Jahrhunderts diese Form in Frankreich einführte.

Die citirte Lambert'sche Abbildung scheint, wie Link (Linnaea XV, 495) und K. Koch (Dendrol. II. 2. 289) wohl mit Recht vermuthen, zu *P. pinaster* zu gehören; indess dürfte der Britische Monograph doch wohl ursprünglich unsere Rasse gemeint haben.

Die Formen I, II. a. und II. b. gehen nach Willkomm a. a. O. 230 in einander über, so dass selbst die Zugehörigkeit einzelner Formen innerhalb des Gebiets nicht zweifellos ist. So ist Willkomm (a. a. O. 231) geneigt, die in Kärnten vorkommende Pflanze zu II. a. zu stellen; die Pflanze des Banats wird von Kerner (Fl. Austr. Hung. No. 2681, vgl. Schedae II. 136 [1882]) zu II. b. (von der wir kein authentisches Material vergleichen konnten) gezogen; endlich wird I. von Parlatore (DC. Prod. XVI. 2. 387) in Unter-Italien und Sicilien angegeben.

B. Blätter weniger steif, nur 1 mm breit. *P. L. leptophylla*[1]) Christ a. a. O. (1865). *P. L. tenuifolia* Willkomm a. a. O. 22.

Salzmanni[2]). Einjährige Zweige orange oder röthlich. Zapfen nur 4—5 cm, Samen nur 5 mm lang.

In Südwest-Frankreich (Cevennen, Pyrenäen) und Catalonien einheimisch; selten im südlichen Gebiete angepflanzt.

P. n. B S. A. u. G. Syn. I. 215 (1897). *P. monspeliénsis*[3]) Salzmann exs. *P. Salzmánni* Dunal mém. Acad. sc. Montp. II. 81 u. 1 Taf. (1851). *P. L. β. pyrenáica* und *γ. cebennénsis*[3]) Godr. in Gren. u. Godr. Fl. France III. 153 (1855). *P. L.* b) *S.* Richter Pl. Eur. I. 2 (1890).

Ausser diesen Formen sind noch 2 jedenfalls zur Gruppe I. gehörige aus Nord-Griechenland beschrieben: *P. Heldreichii*[4]) (Christ Europ. Abiet. Naturf. Ges. Basel III. 4. 1862. 549 [1863]) vom Thessalischen Olymp, vom Autor in Flora I. (1867) 83 sowie von Boissier (Fl. Or. V. 697) mit *P. leucodermis* identificirt, wogegen schon die als nicht grau angegebenen Zweige sprechen. Die neuerdings dem Botanischen Museum zu Berlin durch Prof. v. Heldreich mitgetheilten Zapfen gehören sicher zu *P. nigra*. Ferner *P. píndica* (Formánek DBM. VIII. 68 [1890] vgl. XV. Brünn XXXIV. 272), aus den Pindus, an letzterer Stelle (274) eventuell als „selbständige Race der *P. Laricio*" bezeichnet. Ob von *P. Heldreichii* verschieden?

90. × 94. *P. nigra* × *silvestris* s. S. 231.
? 90. × 95. *P. nigra* × *montana* s. S. 232.

91. (4.) **P. pináster**[5]). (Seestrands-Kiefer od. Stern[5])-K.; franz: Pin des Landes, P. de Bordeaux; ital.: Pino selvatico, P. marittimo.)

---

1) S. S. 70.
2) Nach dem Entdecker Philipp Salzmann, * 1781 † 1851 (einem Sohne des bekannten Pädagogen in Schnepfenthal), welcher den grössten Theil seines Lebens in Süd-Frankreich (Montpellier) als Arzt thätig war und dort, in Spanien sowie 1827—1830 in Brasilien botanisch sammelte.
3) Nach Montpellier (Mons Peliensis oder M. Pessulanus), in dessen Nähe, bei St. Guilhem-le-Désert diese Form zuerst beobachtet wurde. Diese Oertlichkeit wird den Cevennen (im Alterthum Cebenna) zugerechnet.
4) Nach dem Entdecker Theodor von Heldreich, * 1822, Director des Botanischen Gartens in Athen, der sich um die Flora Griechenlands (wo er seit beinahe einem halben Jahrhundert seinen Wohnsitz hat), der Insel Kreta und Kleinasiens, sowie um die Kenntniss der in der classischen Litteratur erwähnten Pflanzen hervorragende Verdienste erwarb. (Die Nutzpflanzen Griechenlands Athen 1862; Die Flora der Attischen Ebene (Aug. Mommsen, die Griechischen Jahreszeiten V). Schleswig 1877. Flore de l'île de Céphalonie Lausanne 1883. Seine Griechischen Pflanzen finden sich in allen grösseren Herbarien.
5) S. S. 211 Fussnote 3.

ħ, bis 30 m hoch. Krone kegelförmig. Rinde röthlich grau bis braunroth. Junge Triebe roth. **Winterknospen harzfrei, braun; ihre Schuppen wie die Tragblätter der Kurztriebe weissrandig, mit spinnwebig in einander verwebten Fransen. Blätter** (an jungen Pflanzen öfter zu 3) 12—20 cm lang und 2 mm breit, fast stechend, glänzend grün. Männliche Blüthen oval. Junge Zapfen auf einem ihre halbe Länge erreichenden Stiele, **die ausgewachsenen** kurz gestielt, schief abwärts abstehend, eikegelförmig, 1—2 dm lang, 5—8 cm dick, **ungleichseitig**, oft etwas gekrümmt, glänzend, braun. Apophysen rhombisch, bis 15 mm breit, gewölbt, quer gekielt. Nabel stark hervortretend, spitz, oft hakig abwärts gekrümmt. Samen 7—8 mm lang, schwarz, mit dem 3—4mal so langen, schwärzlichen Flügel bis 3 cm lang. Keimblätter 7—8.

In der immergrünen Region des Mittelmeergebiets Bestände bildend. Provence. Riviera. Insel Lussin: Neresine, früher weiter verbreitet (Haračić XIV. Progr. Sc. nautica di Lussin piccolo 20). Dalmatien: Inseln Brazza, Lesina und Curzola[1]). Im südlichen Gebiet häufig mit Erfolg angepflanzt, seltner im mittleren; im nördlichen (z. B. in den Dünen der Ostseeküste bei Swinemünde) häufig von Frost beschädigt. (Ruthe BV. Brand. XXXI. 250.) Bl. Mai. Fr. Oct. des nächsten Jahres.

P. P. Solander in Aiton Hort. Kew. III. 367 (1789). Willkomm a. a. O. 233. Koch Syn. ed. 2. 768. Nyman Consp. 675 Suppl. 283. Richter Pl. Eur. I. 1. Rchb. Ic. XI. t. DXXV fig. 1132. *P. sylvestris β.* L. Sp. pl. 1000 (1753). *P. S.* Miller Gard. dict. 8 ed. No. 1 (1768). *P. marítima* Lam. Fl. fr. II. 201 (1778). *P. Laricio*[2]) Santi Viagg. Terz. 60. t. 1. Savi Fl. Pisan. II. 353 (1798) nicht Poir. *P. syrtica*[3]) Thore Prom. golfe Gasc. 161 (1810).

Die Voranstellung des Namens *P. maritima*, welcher für drei im Mittelmeergebiet verbreitete Arten gebraucht worden ist, scheint mir bei der Unsicherheit über die Miller'sche *P. maritima*, der ältesten aller, nicht zulässig. — Von Formen dieser Art ist aus dem Gebiet nur die folgende beschrieben: B. *Escaréna*[4]) (Richter Pl. Eur. I. 1 [1890]. *P. E.* Risso Hist. nat. princ. prod. de l'Eur. II. 340 [1826]). Blätter heller grün und Zapfen kleiner als an der Art. — Nizza.

Die wichtigste Benutzung dieser Art, die ihrer Harzproducte, findet vorzugsweise in Südwest-Frankreich (Pignadas, Landes de Bordeaux) statt. Es werden daselbst der Harzsaft (Terpenthin, franz.: Gemme) sowie das an den zur Gewinnung desselben angelegten Wunden anhaftende Rohharz (Galipot) sowie auch das vom

---

[1]) Diese Insel führte im Alterthum wegen ihrer dunkeln *Pinus*-Wälder (welche grösstentheils von *P. Halepensis* gebildet werden) den Namen Κέρκυρα ἡ μέλαινα, Schwarz-Corcyra.

[2]) S. S. 213 Fussnote 1.

[3]) Der Name der bekannten beiden Meerbusen an der Nordküste Africas, der Grossen und Kleinen Syrte, Syrtis major und minor, welche im Alterthum wegen der Gefahr, welche ihr sandiger Strand der Schifffahrt bringt, sprichwörtlich waren (per Syrtes iter aestuosas Horatius Od. I, 22), wird im modernen Latein für Dünen gebraucht. Unsere Art findet sich wohl im nördlichen Tunesien (Bonnet et Barratte Cat. rais. Tunisie 494), aber nicht in der Nähe der Kleinen geschweige denn der Grossen Syrte.

[4]) Nach dem Grafen d'Escaréna, einem Grundbesitzer in der Nähe von Nizza

Boden aufgelesene (Barras) gesammelt. Aus dem Terpenthin wird, wie auch aus dem der übrigen derart benutzten *Abieteae*, durch Destillation das auch arzneilich benutzte Terpenthinöl, Oleum Terebinthinae, gewonnen; das zurückbleibende Harz heisst Terebinthina cocta, umgeschmolzen Kolophonium, welche beide ebenfalls officinell sind. (Vgl. S. 209.)

Off. Der Harzsaft: Terebinthina, T. communis, Balsamum T. c., Térébenthine de Bordeaux, T. commune Ph. Dan., Gall., Germ. und das Harz (s. S. 201) Resina Pini Burgundica, alba, flava, Pix B. Ph. Helv., Hung.

(Mittelmeer-Küstenländer und Inseln in Italien, Süd-Frankreich, Spanien, Algerien, Tunesien. Atlantische Küstenländer: Portugal, Spanien, Frankreich nördlich bis zur Gironde.) *|

91. × 92. *P. pinaster* × *Halepensis* s. S. 232.

2. Harzgänge der Laubblätter unmittelbar unter dem Hypoderm.

a. Laubblätter mit der Oberhaut anliegenden Sklerenchymzellengruppen, die auch die Harzgänge umgeben. Zapfen glänzend. (Arten des Mittelmeergebiets.)

1. Samen unter 1 cm lang, flugfähig. Nagel der Fruchtschuppe unterseits rothbraun.

Gesammtart **P. Halepénsis.**

92. (5.) **P. Halepénsis**[1]). (Aleppo- oder Strand-Kiefer; franz.: Pin blanc, P. de Jerusalem; ital.: Pino d'Aleppo; kroat.: Bjeli bor.) ♄, bis 15 m hoch. Krone im Alter schirmförmig, mit aufrecht-abstehenden Aesten. Rinde aschgrau, glatt, später rothbraun, rissig. Zweige lang und dünn (2—3 mm), hellgrau, oft nur an den Spitzen pinselartig mit Kurztrieben bedeckt. Winterknospen harzfrei, oval, 5 mm lang, ihre Schuppen wie die Tragblätter der Kurztriebe mit spinnwebig ineinander verwebten Fransen. Blätter (zuweilen zu 3) bis 9 cm lang, bis $^3/_4$ mm breit, schlaff, spitz, hell- oft graugrün. Männliche Blüthen cylindrisch; Antherenkamm querbreiter, gezähnt. Zapfen zu 1—2, selten 3, die jungen auf einem Stiele von gleicher oder grösserer Länge, lila; die ausgewachsenen an einem bis 2 cm langen bogigen Stiele hängend, länglich kegelförmig, bis 1 dm lang, 4 cm dick, rothbraun oder hellgelb. Apophyse bis 15 mm breit, glatt, mit deutlichem Querkiel, mit abgerundet 3 eckigem Ober- und an den unteren Schuppen trapezförmigem, an den übrigen 3 eckigem Unterfeld. Nabel deutlich abgesetzt, mittelgross oder klein, grau, öfter stachelspitzig. Samen bis 7 mm lang, schwärzlich, mit 3—4 mal so langen braunen Flügel.

Bildet in der immergrünen Region des Mittelmeergebiets ausgedehnte Bestände. Provence! Riviera! Dalmatien von Makarska über Ragusa!!

---

[1]) Nach der Stadt Haleb (Aleppo) in Nord-Syrien, aus deren Nähe diese Art zuerst bekannt wurde.

bis Cattaro und auf den Inseln. Ausserdem im südlichen Gebiete häufig angepflanzt, z. B. zur Wiederbewaldung des Karsts in der Nähe von Triest (de Marchesetti br.). Bl. März, April.

P. H. Miller Gard. dict. ed. 8. No. 8 (1768). Willkomm a. a. O. 237. Nyman Consp. 675 Suppl. 283. Richter Pl. Eur. I. 1. Rchb. Ic. fl. Germ. XI. t. DXXVI fig. 1133.

Das harzreiche weisse Holz wird als Bau- und Brennholz, auch zu Leuchtspänen (neugriechisch auch heute δαδί vgl. S. 209 Fussnote 4), ferner das Harz und die Rinde (zum Gerben) benutzt. Dagegen beschränkt sich die Verwendung des Harzes dieser in Griechenland häufigsten Art (neugr. πεύκος s. S. 206 Fussnote 2), welche „Poseidons Fichtenhain" bildete und mit deren Zweigen die Sieger der Isthmischen Spiele bekränzt wurden, zur Herstellung des Harzweines (κρασί ρητσινάτο) auf Griechenland, wo schon im Alterthume der Thyrsosstab der Bacchanten den Zapfen dieses Baumes trug.

(Mittelmeergebiet in Europa, Asien und Africa, östlich bis Syrien und Palaestina.) [*]

91. × 92. *P. pinaster* × *Halepensis* s. S. 232.

* P. Brutia[1]). ƕ. Unterscheidet sich von der Leitart durch Folgendes: Zweige dicker (4—5 mm), gelbröthlich. Winterknospen länglich, 1—2 cm lang. Blätter 12—23 cm lang, dunkler grün. Junge Zapfen zu 3, 4 (seltener bis 6), länger als ihr Stiel, ausgewachsen fast sitzend, horizontal oder etwas aufrecht abstehend, öfter auf der einen Seite heller (gelb-) braun. Apophyse bis 2 cm breit, strahlig-runzlig oder -furchig, mit undeutlichem Querkiel. Nabel grösser als bei d. v., ganz flach, oft kaum deutlich von der Apophysenfläche abgesetzt, grau oder röthlich-grau.

Diese in Calabrien! den Gebirgen Kleinasiens! Syriens! Cyperns und Kretas (nach Boissier auch in Nord-Persien und Afghanistan) einheimische Art wurde in den letzten zwei Jahrzehnten zur Wiederbewaldung der Adriatischen Küstenländer in grossen Beständen angepflanzt, wo sie vortrefflich gedeiht (auf Lussin nach Haračić [a. a. O.] besser als jede andere Kiefern-Art); auch in der Provence pflanzt sie sich nach Saporta (SB. France XL. CCIV) durch Selbst-Aussaat fort. Bl. März, April.

P. brutius [sic] Ten. Fl. Nap. I. LXXII (1811) vgl. V. t. 200 (1835,6) (Form mit zahlreich bis zu 30 bei einander stehenden Zapfen)! *P. maritima* Lambert Pin. ed. 1. t. 9, 10 (1803) nach H. de Vilmorin (SB. France XL. LXXX [1893]). Rchb. Ic. fl. Germ. XI. t. DXXVII fig. 1134 z. T., nicht Lam. und nicht Mill. *P. pyrenaica* Lapeyrouse Hist. abr. pl. Pyrén. suppl. 146 (1818). Parlatore in DC. Prod. XVI. 2. 384 (1867). Willkomm Forstl. Fl. 2. Aufl. 236. Nyman Consp. 675 Suppl. 283 (einschl. *P. brutia* a. a. O.). Richter Pl. Eur. I. 2. *P. Paroliniána*[2]) Webb in Carr. Con. 301 [1855]. *P. Parolínii*[2]) Visiani Mem. Ist. Ven. III. 7. t. 1 (1856).

Eine vielfach verkannte Art, von der wir den Herren Prof. Haračić-Lussinpiccolo und Dr. v. Marchesetti-Triest schönes Material verdanken. Der Name

---

[1]) Brutii, im Alterthum Bewohner der Südspitze Italiens (jetzt Calabrien).

[2]) Nach Alberto Parolini, * 1788 † 1867, Patrizier von Bassano in Venetien, Mineralog und Botaniker, der sich auch um die Flora seiner Heimat Verdienste erwarb. Derselbe brachte Samen dieser auf einer gemeinsamen Reise mit Phil. Barker Webb am Idagebirge der Troas 1819 (wo sie 1883 von Sintenis [No. 972!] wieder aufgefunden wurde) entdeckten Kiefer nach Ober-Italien und pflanzte sie auf seinen Besitzungen an, von wo aus sie nach Miramar (wo sie sich durch Selbst-Aussaat fortpflanzt [Marchesetti br.]) gelangte und von da aus sich weiter in den Adriatischen Küstenländern verbreitet hat.

P. maritima würde für diese Art aus den S. 216 angegebenen Gründen nicht annehmbar sein, wenn er auch nicht für 90. mit grösserem Rechte in Frage käme. Nach Loudon (Arbor. et fr. Brit. IV. 2238 vgl. Rchb. Ic. a. a. O. 3) scheint *P. maritima* Lamb. von Anfang mit 90. vermischt gewesen zu sein. Die durch Parlatore a. a. O. zuerst erkannte Zusammengehörigkeit von *P. pyrenaica, Brutia* und *Parolinii* wird durch die von Prof. Koehne ausgeführte anatomische Untersuchung der Blätter vollauf bestätigt. Trotzdem wird *P. pyrenaica* noch von K. Koch (BV. Brand. XVII. Sitzb. 40 [1875]), Boissier (Fl. Or. V. 696, 697) und Willkomm ([ungeachtet seiner sich an Parlatore anschliessenden Darstellung in Forstl. Fl. 2. Aufl.] in Grundz. Pflanzenverbr. Iber. Halbinsel 109) mit Unrecht mit *P. nigra* B. *Salzmanni* identificirt. Die von letzterem als Synonym hinzugezogene *P. Hispanica* (Cook Sketches in Spain II. 237 [1834]), welche im östlichen Spanien grosse Wälder bildet, ist allerdings von *P. nigra* nicht verschieden, wie Laguna (nach Willkomm Suppl. prod. fl. Hisp. 4) nachwies und durch die im Bot. Museum der Deutschen Universität in Prag aufbewahrten von Willkomm herrührenden Zapfen, die ich durch R. v. Wettstein's Güte zur Ansicht erhielt, bestätigt wird. Dieser Irrthum erklärt sich allerdings, wie H. de Vilmorin (a. a. O. LXXIX—LXXXI) mit grosser Wahrscheinlichkeit nachwies, dadurch dass Lapeyrouse zuerst 1813 (Hist. abr. pl. Pyr. 588) die von Boileau in den Pyrenäen entdeckte *P. nigra* B. *Salzmanni* ganz richtig als *P. Laricio* aufführte, im Nachtrage dieses Werkes aber dafür die vermuthlich aus dem Orient in seinen Park zu Toulouse gelangte *P. Brutia* unter dem Namen *P. pyrenaica* substituirte (ein aus Samen dieses Baumes in Montpellier gezogenes Expl. erhielt A. von Dr. Loret, vgl. Loret et Barrandon Fl. Montpell. 609, 610). In den Pyrenäen ist *P. Brutia* stets vergeblich gesucht worden. Ebenso irrthümlich ziehen K. Koch (Dendrol. II. 2. 297. BV. Brand. a. a. O. 40, 41), Köppen (Verbr. Holzgew. eur. Russl. II. 476) und Smirnow (bei Köppen a. a. O.) *P. Brutia* und *P. Paroliniana* zu *P. Halepensis*, der unsere Art zwar näher steht als der *nigra*, von der sie aber durch die obigen Merkmale leicht zu unterscheiden ist; vielmehr scheint es mir der Prüfung zu bedürfen, ob die allgemein zu *P. Halepensis* gezogene Kiefer der Ostküste des Schwarzen Meeres, welche auch von Fox Strangways (Gard. mag. XVI. 638 [1840]) als eigne Art *P. Pityusa*[1]) beschrieben wurde, nicht eher zu *P. Brutia* gehört; Koch schreibt ihr (Dendrol. II. 2. 295) gerade die für *P. Brutia* charakteristischen Merkmale der Apophyse zu. Dieselbe soll in der Cultur härter sein als *P. Halepensis*. Bei Annahme Purkyně's (Focke Pflanzen-Mischlinge 420), dass *P. Brutia* eine „Mittelform" zwischen *P. nigra* und *Halepensis* sei, ist durch keines ihrer Merkmale zu begründen.

2. Samen bis 2 cm lang, nicht flugfähig. Nagel der Fruchtschuppe unterseits schwarzbraun.

93. (6.) P. pinea[2]). (Pinie; franz.: Pin pignon, P. parasol; ital.: Pino, P. vero, P. da pinocchi; kroat.: Pinjol, Bor pitomi.) ħ, bis 15 m hoch. Krone schirmförmig. Rinde graubraun, rissig. Winterknospen harzfrei, mit weisslichen Schuppen, von denen die oberen locker abstehen und wie die bräunlichen Tragblätter der Kurztriebe am Rande in oberwärts hellere, freie Fransen zerschlitzt sind. Blätter bis 2 dm lang und 2 mm breit, steif, hellgrün, mit gelblicher stechender Spitze. Männliche Blüthen länglich-cylindrisch. Antherenkamm nierenförmig, gelappt und scharf gezähnelt. Junge Zapfen meist einzeln, selten zu 2—3, grünlich, ausgewachsene sitzend, nach abwärts abstehend, aus oft eingedrücktem Grunde eiförmig oder fast kugelig, 8—15 cm

---

[1]) Nach dem Fundorte Pitzunda (im Alterthum Pityūs).
[2]) Bei Plinius (XVI, 16) heisst die Pinien-Nuss nux pinea oder bloss pinea.

lang, bis 10 cm dick, hell gelbbraun. Apophysen der unteren Schuppen 6 eckig, der oberen rhombisch, alle mit 5—6 radialen Kielen, von denen die quer verlaufenden kaum stärker hervorragen. Nabel gross, flach, grauweiss. Samen matt zimmetbraun, mit schmalem Flügelsaum. Keimblätter 10—13.

Bildet in der immergrünen Region des Mittelmeergebiets hie und da Bestände, deren Ursprünglichkeit allerdings bei der seit den Römerzeiten stattfindenden Cultur nicht zweifellos ist. Provence! Riviera mehr vereinzelt. Aquileja: Bei Belvedere ein Wäldchen bildend (Sieber!), daselbst vermuthlich ursprünglich (Smirnow DBG. V. CXLIII, v. Marchesetti br.). Dalmatien: Insel Meleda. Ausserdem im wärmsten Theile des südlichen Gebiets überall in Gärten und in kleinen Waldbeständen angepflanzt; in Tirol bis Bozen!! Diese Cultur fand muthmasslich schon im Alterthum statt, falls, wie nicht unwahrscheinlich, die in Triest in mehreren m Tiefe und in Pirano bei der Aufdeckung eines Brunnens aus der Römerzeit gefundenen Reste von Pinien-Zapfen von dort cultivirten Bäumen herrühren (Marchesetti br.) Bl. April, Mai. Fr. im Hochsommer des dritten Jahres.

P. P. L. Sp. pl. ed. 1. 1000 (1753). Willkomm a. a. O. 240. Koch Syn. ed. 2. 768. Nyman Consp. 674 Suppl. 283. Richter Pl. Eur. I. 1. Rchb. Ic. XI. t. DXXVIII, DXXIX. fig. 1135.

Die Nutzung bezieht sich weniger auf das für Bauzwecke brauchbare Holz als auf die essbaren mandelähnlich schmeckenden Samenkerne (Piniennüsse, Piniolen, franz.: pignons, ital.: piuocchi). Besonders geschätzt ist die Abart *fragilis* (Nouveau Duhamel V. 242 [1812]) mit dünner, leicht zerbrechlicher Samenschale, welche vermuthlich auch innerhalb des Gebiets gepflanzt wird.

(Portugal; Europäisches Mittelmeergebiet; Klein-Asien; Syrien. Ueber die eigentliche Heimat bestehen Zweifel. Hehn (vgl. Culturpflanzen u. Hausthiere 6 Aufl. 8. 290 ff.) führt zahlreiche litterarische Zeugnisse aus dem Alterthum für die Cultur an, die allerdings nicht beweisen, dass der Baum damals nicht auch in Griechenland und Italien wild vorkam. Ebenso erklärt ihn auch K. Koch (Dendrol. II. 2. 270) wenigstens in Italien für nicht einheimisch, wogegen Willkomm (a. a. O. 241) und Engler (bei Hehn a. a. O. 296) wohl mit grösserer Wahrscheinlichkeit annehmen, dass er auch dort einheimisch ist. In Nord-Africa, wo sogar K. Koch a. a. O. die Heimat der Pinie (wie auch in Kleinasien) vermuthet, ist sie nach Bonnet und Barratte (Cat. rais. Tunis. 494) nicht einheimisch, vgl. auch Engler a. a. O.) [*]?

    b. Laubblätter ohne der Oberhaut anliegende Sklerenchymzellen; nur die Harzgänge bei unseren Arten von solchen umgeben. Nagel der Fruchtschuppe unterseits schwarzbraun.

Gesammtart P. silvéstris.

94. (7.) **P. silvéstris.** (Kiefer [d. h. eigentlich Kien-Föhre], Kienbaum, im Nordosten oft fälschlich Fichte oder Tanne (Tanger), im Nordwesten Fuhre, in Süddeutschland und Oesterreich Föhre, Forche;

Roth-Föhre; niederl.: Den; vlaem.: Pijnboom; dän.: Fyr; franz.: Pin sylvestre; ital.: Pino di Scozia; rum.: Brad; poln.: Sosna, Borowa; wend.: Chojca; böhm.: Borovice, Sosna; russ.: Сосна, Хвоя; kroat: Luč, Bor divji; serb.: Бели бор; litt.: Puszis; ung.: Fenyö, Burfa.) ħ, bis 40 m hoch, mit geradem, sich hoch hinauf reinigendem Stamme und anfangs kegelförmiger, im Alter unregelmässig schirmförmig gewölbter Krone. Rinde anfangs gelbroth, sich abblätternd, später mit rissiger graubrauner (innen rostrother) Borke bedeckt. Winterknospen harzfrei; ihre Schuppen und die Tragblätter der Kurzzweige am Rande weisslich, mit spinnwebig in einander verwebten Fransen. Blätter 2—3 (selten 4) Jahre dauernd, bis 5 (selten 7) cm lang, bis 1,5 mm breit, gerade, steif, spitz, bauchseits grau-, rückenseits dunkelgrün. Oberhautzellen (wie bei allen übrigen Arten ausser 95) so hoch als breit, mit punktförmigem Lumen. Im Centralstrang eine mächtige Gruppe von Sklerenchymzellen zwischen den Gefässbündeln. Männliche Blüthen eiförmig, schwefelgelb. Antherenkamm klein, rundlich, undeutlich ausgeschweift. Junge Zapfen einzeln oder zu 2, selten quirlständig, auf einem gleich langen bald nach dem Verblühen abwärts gekrümmten Stiele, purpurn, ausgewachsene an ziemlich langem Stiele hängend, aus schiefem, meist etwas verschmälertem Grunde eikegelförmig, 2,5—7 cm lang und 2—3,5 cm dick, graubraun, oft völlig glanzlos. Apophysen meist auf der freien Seite des Zapfens stärker hervorragend, bis 8 mm breit, grösstentheils fast quadratisch, z. T. 5- und 6eckig, mit flachem oder etwas concavem Oberfeld. Nabel in ihrer Mitte, klein, meist hellbraun, glänzend, nicht schwarz umrandet, meist ohne Stachelspitze. Samen grau oder schwärzlich, 3—4 mm, mit dem bräunlichen Flügel 15 mm lang. Keimblätter 4—7 (meist 5).

Im grössten Theile des Gebiets, besonders auf Sandboden verbreiteter Waldbaum, viel häufiger allein als mit anderen Nadel- und Laubhölzern gemischt, oft viele km weit ausgedehnte Bestände bildend. Besonders im östlichen Theile des nördlichen Flachlandes vorherrschend. Im westlichen Theile desselben incl. Schleswig-Holstein (mit Ausnahme der Nordsee-Küsten und -Inseln) jetzt gleichfalls überall; war daselbst aber, obwohl in vorgeschichtlicher Zeit, wie Moorfunde beweisen, gleichfalls verbreitet, bis etwa zur Mitte des 18. Jahrhunderts selten und fehlte in der Gegend zwischen der Linie Harburg—Bremen—Meppen und der Küste ganz (nach Ernst H. L. Krause soll die Kieferngrenze sogar bis zur Westgrenze der Altmark, Göhrde, Geesthacht bei Hamburg, Ratzeburg, Güstrow, Rostock (Englers Jahrb. XI. 123 ff. a. a. O. XIII. 29 Beibl. 46 ff.) oder gar bis zur Stadt Brandenburg und Dresden (Globus LXVII [1895] No. 5) zurückgewichen sein; s. dagegen C. A. Weber NV. Bremen XIII 460). In weniger ausgedehnten Beständen (ausser im nördlichen Theile der Ober-Rheinfläche bis Hagenau und zwischen Bamberg und Nürnberg), doch fast allgemein verbreitet im mittleren und südlichen Gebiete, scheint indess im Belgischen und Nieder-Rheinischen Berglande nicht einheimisch; ebensowenig ursprünglich im

Ungarischen Tieflande und den angrenzenden Bergzügen. In den Alpen bis 1600, höchstens 1950 m aufsteigend. In der immergrünen Region des Mittelmeergebiets meist fehlend. Bl. im Norden Anf. Juni, im Süden Anf. Mai. Fr. Oct. des zweiten, Ausfliegen der Samen im Frühjahr des dritten Jahres.
P. s. L. Sp. pl. ed. 1. 1000 (1753) z. T. Willkomm a. a. O. 193 fig. XXVIII b. Koch Syn. ed. 2. 766. Nyman Consp. 675 Suppl. 283. Richter Pl. Eur. I. 2. Rchb. Ic. XI t. DXXI fig. 1127. *P. rubra* Miller Gard. dict. 8 ed. No. 3 [1768] nicht Poir. und nicht Bechstein.

Die Kiefer ist nicht minder formenreich als die Fichte. Nach Wuchs und Verzweigung unterscheidet man:
1. *fastigiáta* (Carrière Tr. gén. Conif. 2 éd. 482 [1867]). (Säulen-Kiefer.) Aeste der schmal pyramidalen Krone aufstrebend. — Diese in Frankreich und Norwegen beobachtete Spielart wird wohl auch im Gebiete sich finden. — Der von dieser Form nur durch kurze Blätter (1—2 cm) verschiedene l. *compréssa* (Carrière a. a. O. 2 éd. 483 [1867]) in Graubünden: Lenz beob. (Schröter! Schweiz. BG. VI. 99). l. *péndula* (Caspary PÖG. Königsb. VII. 49 Taf. I [1866]). (Trauer-Kiefer.) Aeste grösstentheils oder sämmtlich schlaff herabhängend, die untersten dem Boden aufliegend. — So sehr selten: Prov. Brandenburg: Spandau: Heiligensee (Bolle BV. Brand. XVIII. XVII). Ostpreussen: Tilsit: Bitthener Wäldchen (PÖG. a. a. O.). Zuweilen in Gärten. — l. *virgáta* (Caspary a. a. O. XXIII. 210 Taf. II [1882]. Willkomm a. a. O. 199). (Schlangen-Kiefer.) Hauptäste aufrecht-abstehend, z. T. einzeln, verlängert, nur oberwärts spärlich verzweigt. — Sehr selten. Bisher im Gebiet nur bei Vandsburg in Westpreussen von Reinhard und Caspary (a. a. O.) sowie von Carrière in Frankreich beobachtet.

Andere Wuchsformen werden durch ungünstigen Standort und klimatische Einwirkungen bedingt. So *P. s.* var. *turfósa* (Woerlein Bayer. BG. III. 181 [1893], die auf Heidemooren vorkommende Moor-Kiefer (Willkomm 160. 2. Aufl. 197), Krüppelform, 0,5—2 m hoch, mit (wie bei B. *parvifólia*) nur bis 10 cm langen, schon im zweiten Jahre abfallenden Blättern und kleinen Zapfen. Graebner (N. G. Danzig N. F. IX. 1. 333 [1896]) beobachtete dagegen auf Mooren im Kreise Putzig (Westpr.) eine Form, die sich von der obigen gerade durch sehr dicht stehende, bis 4,5 cm lange Blätter unterscheidet. Die von Willkomm a. a. O. 159 erwähnte Strand-Kiefer der Ostseeküsten mit tief herabreichende, unregelmässige, oft mit Nebenwipfeln (wie die Schneebruch-Fichte) versehene Krone. Auf den Dünen bei Karwenbruch und Ostrau (Kr. Putzig) beobachtete Graebner (sowie auf sandigen Abhängen bei Frankfurt a. O. Krickeberg nach Graebner u. a. O. 334) eine Form mit niederliegenden, sich nicht über 5 dm vom Boden erhebenden, bis 2 m langen Stämmen und Aesten; die jüngeren Triebe sind auffällig lang und dünn, daher lagernd. Die auf ganz armem Sandboden vorkommenden Krüppelformen, welche oft noch durch Windbeschädigung und Thierfrass leiden, sind in Nordost-Deutschland als Kusseln (spr. doppeltes franz. z; vgl. poln. kuzy, abgestutzt) bekannt. Auch in rauhen Gebirgslagen zeigt die Kiefer mitunter einen dem Krummholz (S. 224) ähnlichen Wuchs (*P. s.* forma *fruticósa* Borbás Mag. Ak. math. és term. közlem. XI. 256 [1874]. *P. Mughus* Jacq. Ic. rar. t. 193 [1786] nicht Scop.). — So in den Julischen Alpen und im Banat.

Durch das Verhalten der Rinde charakterisirt sich l. *annuláta* (Caspary a. a. O. 209 [1882]) (Schuppen-Kiefer.) Stamm durch fast regelmässige Ablösung der Borkenschuppen an ihrem unteren Ende auf $^3/_4$ seines Umfanges geringelt. — So bisher nur in der Prov. Brandenburg: Nauener Stadtforst (H. Fintelmann in Bolle's Deutscher Garten 1881 545 mit Abbildung).

Nach den Blättern ist unterschieden B. *parvifólia* (Heer in Verh. Schweiz. Nat. Ges. Luzern 181 [1862]). Blätter nicht über 25 mm lang. — Angegeben in Schlesien; Westpreussen; Veltlin bei Bormio; Mähren; Nieder-Oesterreich. Die von Beck (Ver. Landesk. N.Oest. 1890 63) hieherbezogene *P. s.* *brevifólia* (Link Linnaea XV. 487 [1841]) ist eine zweifelhafte, beim Mangel an Exemplaren nicht aufzuklärende Form, von der Link, der sie in der Dauphiné bei Gap fand, u. a. O. die Vermuthung ausspricht, dass sie vielleicht eine Krüppelform der *P. uncinata* (S. 225) darstelle. Der in der Prov. Brandenburg bei Trebbin beobachtete l. *microphylla*[1]) (Graf Schwerin in Beissner Nadelhk. 232 [1891]) hat nur 10—15 mm lange Blätter. Vgl. auch l. *compressa* und die Moorkiefer S. 222. Ein Baum mit z. T. ganz oder theilweise weissen Blättern (m. *variegata* Carrière Conif. ed. 1. 374 [1855]) wurde von Caspary (a. a. O. 210) in Westpreussen (Schludron, Kr. Berent) beobachtet. Oefter in Gärten gezogen.

Nach der Farbe der Antheren: 1. *erythranthera*[2]) (Sanio Ind. sem. hort. Berol. 1871 app. 8 vgl. Caspary a. a. O. 213. Willkomm a. a. O. 199. *P. s.* var. *rubra* Bechstein Forstbot. 4. Aufl. 487 nicht Mill. *P. s.* v. *rubriflora* Buchenau Fl. v. Bremen u. Oldenb. 3. Aufl. 295 [1885]). Antheren rosa bis karmin-braunroth. Beobachtet: N.W. Deutschland, z. B. Bremen; Brandenburg!! Schlesien! West- und Ostpreussen! Erlangen (W. Koch!). Baden!

Nach der Form des Zapfens bez. der Apophyseu: I. *genuina* (Heer a. a. O. 180 [1862]. Willkomm a. a. O. 198). Zapfen eikegelförmig; Apophysen nicht höher als ihre Breite hervorragend. Zerfällt in die Unterformen: a. *plana* (Christ Flora XLVII [1864] 148 Willkomm a. a. O.). Apophysen der freien Seite scharf quergekielt, auch mit einem Längs- ev. unter- oder beiderseits 2 radialen Kielen; ihre Erhebung geringer als die halbe Breite. — So allgemein verbreitet. — b. *gibba* (Christ a. a. O. [1864]. Willkomm a. a. O.). Apophysen der freien Seite mit stumpfem und breitem Querwulst, dessen Abdachungen concav sind; ihre Erhebung zwischen ¹/₂ und der ganzen Breite. — So seltener. — II. *hamata* (Steven Bull. soc. nat. Mosc. XI. 52 [1838]. Willkomm a. a. O. 200. *P. rubra* Poiret Encycl. V. 335 [1804] nicht Mill. und nicht Bechst. *P. s. uncinata* Don of Forfar in Mem. Caled. Hort. Soc. I. [1810] nach Loudon Arb. et frut. Brit. IV. 2156 [1838]. *P. s.* b. *reflexa* Heer a. a. O. 181 [1862]. Caspary a. a. O. 213. Willkomm a. a. O. 199. *P. s.* var. *Volkmanni*[3]) Caspary a. a. O. 43. *P. s.* γ. *rubra* Beck a. a. O. 62 [1890]). Zapfen bis 7 cm lang, schmal kegelförmig. Apophysen der freien Seite in eine an der Spitze den Nabel tragende Pyramide, deren Länge die Breite der Apophyse übertrifft, erhöht; diese an den unteren Schuppen nach dem Grunde des Zapfens zurückgekrümmt, an den oberen mehr oder weniger nach dessen Spitze hin gekrümmt. — So besonders an auf zu armem oder nassem Boden verkrüppelten Exemplaren. Beobachtet: West- und Ostpreussen; Polen: Dobrzyn (Zalewski Kosm. XXI. 325). Böhmen: Moor bei Ober-Moldau Willkomm! (mitgetheilt von R. v. Wettstein). Strassburg i. E.: Städtische Anlagen. Schweiz: Katzensee bei Zürich; Moore im mittleren Ct. Bern. Bosnien: Nordrand der Ebene von Sarajevo (Blau!). — Die Voranstellung der beiden ältesten Namen dieser Form scheint uns nicht zulässig. Der Name *P. rubra* Mill. ist ursprünglich synonym mit *P. silvestris* aller späteren Botaniker (Miller verstand unter dem Namen *P. s.* die später *P. pinaster* genannte Art) und wurde von Poiret (nicht, wie Beck u. a. a. O. annimmt, von Reichard in „L." syst. plant. IV. 172 [1780]) ebenso willkürlich auf diese Form bezogen wie von Bechstein auf die Spielart mit rothen Antheren. Die Wiederaufnahme des Don'schen Namens ist wegen des Gleichklangs mit der analogen Form der folgenden Art unräthlich.

Erheblicher verschieden, nach der folgenden Art hinneigend, ist die Unterart:

B. *P. Engadinénsis*[4]). Knospen harzig. Kurztriebe länger als bei der Hauptart (oft 5 Jahre) dauernd. Blätter nicht über 4 cm lang, bis 2 mm breit, sehr starr, rückenseits gelbgrün. Zapfen grünlich- bis scherbengelb, besonders aufgesprungen glänzend. Nabel gross, stumpf, oft mir schwärzlichem Ring.

---

[1]) Von μιχρός klein und φύλλον Blatt.
[2]) Von ἐρυθρός roth und ἀνθηρά fem. von ἀνθηρός blühend. In der neusprachlichen Terminologie für Staubbeutel gebräuchlich.
[3]) Nach dem Entdecker dieser Form in Ostpreussen, Oberförster Volkmann, damals in Lansker Ofen Kr. Allenstein.
[4]) Nach dem zuerst festgestellten Fundort.

Engadin; im Ober-Innthale Tirols bei Martinsbruck und Finstermünz (Göppert BZ. XXII [1864] 42. Freyn ÖBZ. XXVII. 315). *P. s. d. e.* Heer n. a. O. (1862). Willkomm a. u. O. 200.

Sehr nahestehend ist jedenfalls die aus dem nördlichen Skandinavien beschriebene *P. Frieseána*[1]) (Wichura Flora XLII [1859] 409. *P. s.* var. *lapponica* Fr. Summa I. 58 [blosser Name] Hartmann Handb. 5 Uppl. 214 [1849]), bei der die Kurztriebe bis 8 Jahre dauern sollen, doch hält Caspary (a. a. O. 209) die von Christ (B. Z. XXIII. 1865. 333) behauptete Identität für zweifelhaft. Die Abart *monticola* (Schröter Arch. sc. phys. et nat. XXXIV. 70 [1895]) mit 7—9 Jahre dauernden Blättern, sonst nicht von der Hauptart verschieden, stellt ein Bindeglied derselben mit der Unterart dar. — Schweiz: Wallis: Einfischthal 1000 bis 1900 m Schröter. Graubünden: Tarasp, P. Magnus!

Die Benutzung der Kiefer ist eine sehr mannichfaltige. Das Holz ist als Brenn- und Werkholz geschätzt. Ebenso werden die Harzproducte (besonders in Finnland und anderen Theilen des Europäischen Russlands), Pech, Theer, Kienruss, Holzkohlen gewonnen. Die Blätter werden zu Waldwolle und aromatischen Bädern benutzt und liefern das in der Ph. Russ. officinelle Oleum Pini Foliorum.

Off. Die Winterknospen: Gemmae Pini, Bourgeons de pin sauvage Ph. Belg., Gall., Russ.; der Harzsaft: Terebinthina, T. communis, Balsamum T. c., Balsamu de terebinthina communa Ph. Austr., Dan., Hung., Neerl., Rom., Russ.; das Rohharz im natürlichen Zustande: Thus Ph. Neerl.; gereinigt (s. S. 201) Resina Pini, R. P. Burgundica, communis, flava, vulgaris Ph. Dan., Helv., Hung., Neerl., Russ.

(Verbreitung der Art: Im grössten Theile von Mittel- und Nord-Europa und Nord-Asien; fehlt als ursprünglicher Waldbaum im nordwestlichen Frankreich, England, Irland [findet sich aber in Schottland] und Dänemark; reicht in Skandinavien bis 70°, an der Petschora bis 67°, in West-Sibirien fast bis zum Polarkreis, in Ost-Sibirien bis 64°; östlich bis zum Stanowoi-Gebirge und zum Amur. Gebirge des Mittelmeergebiets und des Orients: Spanien (bis zur Sierra Nevada, Avila und Leon); Apenninen in Ligurien und Parma; Serbien; Nidge in Macedonien; Krim; Kleinasien; Kaukasus.) *

88. × 94. *P. cembra* × *silvestris* s. S. 232.
90. × 94. *P. nigra* × *silvestris* s. S. 231.
94. × 95. *P. silvestris* × *montana* s. S. 229.

95. (8.) **P. montána.** (Berg- oder Krummholz-Kiefer). h (bis 25 m) mit kurzem Stamm und pyramidaler Krone oder h, entweder aufrecht, pyramidal oder mit im Kreise niederliegenden Stämmen und aufrechten Aesten („Knie- oder Krummholz"). Rinde bräunlichgrau, nicht abblätternd. Winterknospen harzig, länglich cylindrisch, stumpf oder kurz

---

[1]) Nach Elias Magnus Fries, * 1794 † 1878, Professor der Botanik in Upsala, dem hervorragendsten Kenner der Skandinavischen Flora, Monographen der Hieracien und der Pilze, besonders der Hymenomyceten (u. a. Novitiae Florae Suecicae Lund. 1814; Mantissae I—III Lund. Ups. 1832—43. Summa vegetabilium Scandinaviae. Holm. et Lips. 1846—49. Symbolae ad hist. Hieraciorum Ups. 1848. Epicrisis gen. Hier. Ups. 1862. Systema mycologicum Greifswald 1821—29. Epicrisis syst. myc. Ups. et Lund. 1836—38).

gespitzt, die quirlständigen, besonders bei strauchartigen Formen, spärlich oder ganz fehlend; die Triebe nur durch die Endknospe fortwachsend. Fransen der Knospenschuppen und Kurztriebtragblätter verwebt. Blätter 2—5 cm lang, 2 mm breit, öfter sichelförmig gekrümmt, stumpflich, beiderseits lebhaft grün. Oberhautzellen doppelt so hoch als breit, mit strichförmigem Lumen. Sklerenchym im Centralstrang fehlend oder spärlich. Männliche Blüthen länglich. Antherenkamm gross, rundlich, gezähnt. Zapfen oft quirlig, die jungen aufrecht, violett, die ausgewachsenen fast oder völlig sitzend, aufrecht abstehend bis schief abwärts gerichtet, 2—5,5 cm lang, glänzend. Apophysen 5—7 mm breit, rhombisch bis fast quadratisch, z. T. 5- und 6 eckig, mit mehr oder weniger gewölbtem, selten flachem Oberfelde. Nabel meist gross, hellgrau, von einem schwärzlichen Ringe umgeben. Samen 5 mm, mit dem 2—3 mal so langen Flügel 15 mm lang.

Bildet ausgedehnte Bestände in der subalpinen Region des Alpen- und Karpatensystems (bis 2300 m ansteigend), des Riesen-, Erz- und Fichtelgebirges und Schwarzwaldes, wie auf den Mooren der benachbarten Vorgebirge und Hochebenen und selbst vereinzelt im Lausitzer Flachlande. Ausserdem häufig im nördlichen und mittleren Gebiete in Parkanlagen und einzeln in Wäldern angepflanzt, z. T. seit langer Zeit und wie einheimisch erscheinend (so bei Bremen und im Oldenburgischen, am Inselsberge in Thüringen (Schweinfurth! A. Braun!), in Ober- und Unter-Franken, vgl. auch S. 227). Bl. Ende Mai und Juni. Fr. Oct. des zweiten, Aufspringen im Frühjahr des dritten Jahres.

P. M. Miller Gard. dict. ed. 8 No. 5 (1768)? Du Roi obs. bot. 42 (1771). Schlechtendal Linnaea XXIX. 375 (1857). Willkomm Forstl. Fl. 2. Aufl. 209 fig. XXIX—XXXI. Richter Pl. Eur. I. 2.

Ueber diese Art vgl. v. Schlechtendal (a. a. O.), Willkomm, Versuch e. Monogr. der eur. Krummholzkiefern (Tharander Jahrb. XIV. 166 [1861]) und Forstl. Fl. a. a. O. Nach letzterer Darstellung zerfällt diese vielgestaltige Art in folgende drei Unterarten:

A. Zapfen excentrisch gestielt bez. eingefügt, am Grunde mehr oder weniger verschmälert. Die Apophysen auf der freien Seite desselben stärker hervorragend als auf der dem tragenden Zweige zugewandten.

A. P. uncináta. (Haken-Kiefer.) Apophysen der freien Seite (meist im unteren Drittel des Zapfens, seltener nur am Grunde oder am ganzen Zapfen) kapuzen- bis pyramidenförmig erhöht und nach dem Grunde des Zapfens zurückgekrümmt, an der Spitze den (daher stets excentrischen) Nabel tragend. Keimblätter 7.

Im Gesammtgebiete der Art, nur im Südosten (Kroatien, Bosnien, Hercegovina, Montenegro) nicht angegeben.

P. m. A. *u.* Willkomm Forstl. Fl. 211. *P. u.* Antoine Conif. 12. t. 3 fig. 3 [1840]. Willk. Mon. 198. Rchb. Ic. XI t. DXXII fig. 1129.

Zerfällt in folgende Abarten:
A. Zapfen (bei unseren Formen) 2,7—4 (selten 5) cm lang.
  I. rostráta. Zapfen kegel- selten eiförmig. Apophysen der freien Seite in eine Pyramide erhöht, deren Achse so lang bis doppelt so lang als die Breite der Apophyse ist.
So ausschliesslich in den Westalpen (Mont Ventoux bis Savoyen), ausserdem mit II. in den Schweizer, einzeln in den östlichen Alpen, im Jura, Schwarzwald, Böhmerwald und Erzgebirge.
P. m. A. *u.* B. *rostr.* Willkomm Forstl. Fl. 172 [1872] 2. Aufl. 212. *P. u.* Ramond in Lam. et DC. Fl. franç. III. 726 (1805). Koch Syn. ed. 2. 767. Nyman Consp. 675. Suppl. 284. *P. u. r.* Antoine Conif. 12 (1840).
Hierher die Unterabarten: a. *péndula* (Hartig in Willkomm Monogr. 207 [1861]. Forstl. Fl. 173 2. Aufl. a. a. O. fig. XXX. I. 5. (Franz.: Pin blanc, Pin du Briançonnais, Torchepin.) ħ, seltener pyramidaler ħ. Zapfen fast hängend, grüngrau bis braunroth. Pyramiden der Apophysen doppelt so hoch als breit. Nabel stachelspitzig. — Alpen, Jura. — b. *castánea* (Hartig a. a. O. [1861]. Willkomm Forstl. Flora a. a. O.). Pyramidaler ħ. Zapfen horizontal abstehend oder schwach abwärts geneigt, dunkel-kastanienbraun bis blutroth; nur die unteren Apophysen verlängert, mit sehr convexem Oberfeld. — Wallis, Kärnten. — c. *versícolor* (Willkomm a. a. O. 208 [1861]. Forstl. Fl. 174 2. Aufl. 214. Fig. XXX. 1. 67). ħ oder ħ. Zapfen horizontal oder schief abstehend. Apophysen wie bei voriger, das Oberfeld aber öfter an den Seiten concav, meist zweifarbig, mit grün- bis scherbengelber Grundfarbe und sehr breitem, schwarzem Nabelsaum. — Im ganzen Gebiete der Abart.
  II. rotundáta. (Sumpf-Kiefer, Moos-Föhre, in den Alpen: Spirke (als ħ); Legföhre, Latsche, Leckeren, Tüfern, Zundern (als ħ). ħ oder ħ (*P. mont. c. „P. húmilis* Lk." Heer a. a. O. 186 [1862]). Zapfen kegel- oder eikegelförmig, horizontal abstehend oder abwärts geneigt. Apophysen in eine nur schwach abwärts gekrümmte Pyramide erhöht, deren Achse kürzer als die Breite der Apophyse ist, oder nur das Oberfeld der Apophyse kapuzenartig gewölbt.
Verbreitet in sämmtlichen Zügen der Alpen mit Ausnahme des westlichsten Theils. Jura. Schwarzwald. Oberpfalz. Fichtel- und Erzgebirge! Ober-Lausitz: bei Kohlfurt!! West-!! und Süd-Böhmen und angrenzendes Mähren und Nieder-Oesterreich. Schlesien: Bunzlau: Thommendorf in 160 m Seehöhe; Hirschberg: Lomnitz! Heuscheuer! Seefelder bei Reinerz! Moosebruch bei Reiwiesen im Gesenke! Karpaten.
P. m. A. *u.* B. *rot.* Willkomm Forstl. Fl. 174 [1872] 2. Aufl. 214. *P. r.* Link Flora X (1827) 217. *P. húmilis* Link Abh. Akad. Wiss. Berlin 1827 170 (1830). *P. oblíqua* Sauter in Rchb. Fl. Germ. exc. 159 (1831). Rchb. Ic. XI. t. DXXII. fig. 1128. *P. uliginósa* Neumann Schles. Ges. 1837. 95. *P. u. r.* Antoine Conif. 12 (1840). *P. silv. humilis* und *rotundata* Link Linnaea XV. 486, 488 (1841). *P. Mughus* a. *uliginosa* Koch Syn. ed. 2. 767 (1844).
Hierher folgende Formen: a. *pyramidáta* (Hartig in Willkomm Mon. 212 [1861]. Willkomm Forstl. Fl. a. a. O.). ħ. Zapfen glänzend hellbraun, etwa 4 cm lang. Apophysen der freien Seite in eine vierseitige, kaum gekrümmte Pyramide erhöht. Nabel abgeflacht, stumpf. — Böhmerwald. — b. *gibba* (Willkomm Monogr. 212 [1861]. Forstl. Fl. a. a. O. fig. XXX. I. 8, 9). Zapfen 2,7—4 cm lang, verschieden gefärbt. Oberfeld der Apophysen der freien Seite kapuzenförmig gewölbt, viel grösser als das concave Unterfeld und oft über dasselbe herabgekrümmt. Nabel abgeflacht oder eingedrückt, stumpf oder stachelspitzig. Nähert sich der Unterart *B.* — Verbreitet. — c. *mughoídes*[1]) (Willkomm Monogr. a. a. O. [1861]. Forstl. Fl. 175 2. Aufl. 215 fig. XXX. I. 10). Zapfen 2,7—5,4 cm lang, scherbengelb bis zimmetbraun. Oberfeld der Apophysen der freien

---
[1]) Von mughus (s. S. 228) und εἰδής; ähnlich.

Seite wenig (oft nur in der Mitte buckelförmig gewölbt). Nabel eingedrückt, stachelspitzig. Apophysen der dem Zweige zugewandten Seite ganz flach. Nähert sich der Unterart *C*. — Schwarzwald. — d. *cónica* (A. et G. Syn. I. 227 [1897]. *P. ul.* β. *c.* Beck Ann. Nat. Hofmus. Wien III. 78 [1888]). ḫ. Zapfen kegelförmig, herabgebogen. — Nieder-Oesterreich: Lassinger Moor (Richter nach Beck a. a. O.).
B. Zapfen höchstens 2,5 cm lang.
pseudopumílio¹). Knieholzform. Zapfen abwärts geneigt, eiförmig, braun oder mehrfarbig. Oberfeld der Apophysen der freien Seite kapuzenartig gewölbt oder nur dachförmig abgeschrägt, doch höher als das convexe Unterfeld. Nabel gross, flach oder eingedrückt, stumpf oder stachelspitzig. Nähert sich der Unterart *B*. — Erzgebirge. Südböhmen und im angrenzenden Nieder-Oesterreich. Ober-Bayern. — *P. m.* A. *u.* ℭ. *Ps.* Willkomm Forstl. Fl. a. a. O. (1872). *P. unc. Ps.* Willkomm Monogr. 218 (1861).

(Pyrenäen und Nordost-Spanien.) |*|

B. **Apophysen in derselben Zone des in seiner Achse gestielten bez. eingefügten Zapfens gleichgebildet.**

B. P. pumílio ²). (Knieholz [Riesengebirge], Krummholz, Lackholz, Leg-Föhre, Latsche, Tüfern, Zundern [Alpen], Filzkoppe [Moore Oberbayerns]; böhm.: kosodřevina; ung.: krumpac-fenyő, görba-fenyő.) Meist Knieholzform. Zapfen bis zur Reife aufrecht- bis horizontalabstehend, erst nach dem Aufspringen abwärts geneigt, kürzer als die Blätter, kugelig bis eiförmig, 3—4,5 cm lang, noch im ersten Herbst violett, bei der Reife scherbengelb bis braun, bis zu derselben noch deutlich bereift. Oberfeld der Apophysen convex, Unterfeld concav. Nabel eingedrückt, an den unteren Apophysen unter deren Mitte. Keimblätter 3—4.

In der subalpinen Region der Alpen, von der Schweiz bis Bosnien! der Hercegovina und Montenegro (Beck Ann. Nat. Hofm. Wien II. 38. IV. 552, 553), ebenso im Jura, Schwarzwald, Fichtelgebirge, Böhmer- und Bayrischem Walde!! Riesen- und Isergebirge!! Karpaten!! auf Mooren in Ober-Bayern!! Süd-Böhmen, im Waldviertel Nieder-Oesterreichs und hie und da in den östlichen Alpen. Vor längerer Zeit angepflanzt an der sächsisch-böhmischen Grenze zw. Seifhennersdorf und Georgswalde westlich von Zittau (Weise nach Drude Isis 1882. 102 vgl. König a. a. O. 1891. 106. Auch das Indigenat im Rhöngebirge (Teufelstein 724 m v. Sandberger Gemeinnützige Wochenschrift Polyt. V. Würzb. 1881. 48) sowie bei Schnaittach östlich von Nürnberg auf Keuper (NG. Nürnb. 1887. 36), nach A. Schwarz! hier auf trocknem Boden, kaum wahrscheinlich.

P. m. B. *P.* Willkomm Forstl. Fl. 175 [1872] 2. Aufl. 215 fig. XXX. II. XXXI. *P. P.* Haenke, Jirasek u. a. Beob. Riesengeb. 68 (1791). Willk. Mon. 219. *P. Mughus* β. *P.* Koch Syn. ed. 2. 767 z. T. (1844).

Hierher folgende Formen: A. *eleváta* (A. et G. Syn. I. 227 [1897]. *P. M.* α. *p.* 1. *e.* Beck Ver. Landesk. Nied.-Oest. 1890. 68). Zapfen sitzend, verschieden

---

¹) Von ψευδὸ- falsch und pumilio (s. Fussnote 2).
²) *Pinaster Pumilio* Clusius Rar. stirp. Pannon. hist. 15.

gefärbt, nach dem Aufspringen horizontal oder abwärts gerichtet. **Oberfeld der Apophysen nebst dem Nabel und der Mitte des Unterfeldes stark gewölbt.** — Nieder-Oesterreich, wohl weiter verbreitet. — B. *gibba* (Willkomm Monogr. 226 [1861]. Forstl. Fl. 177 2. Aufl. 217 fig. XXX. II. a.). Oberfeld der Apophysen schwächer gewölbt, oft dreibucklig, undeutlich längsgekielt, oft abwärts gekrümmt. Nabel eingedrückt oder seine Oberhälfte erhöht. — Verbreitet. — C. *applanáta* (Willkomm a. a. O. [1861]. Forstl. Fl. a. a. O. fig. XXX. II. b.) Oberfeld der Apophysen dachförmig, mit scharfem Längskiel. Nabel flach oder erhaben; sonst w. v. — Verbreitet. — D. *nasúta* (Beck a. a. O. 553 [1890]). Grösste Apophysen in der Mitte des Oberfeldes mit einem aufwärts gekrümmten Höcker. — Bosnien: Treskavica bei Sarajevo. — E. *echináta* (Willkomm a. a. O. [1861]. Forstl. Fl. a. a. O. fig. XXX. II. d. e.). Zapfen deutlich gestielt, auch aufgesprungen noch aufrecht abstehend, hellbraun, nur 2 cm lang. **Oberfeld der unteren Apophysen gewölbt und abwärts gekrümmt; die mittleren und oberen scharf quergekielt. Nabel spitz kegelförmig, stechend.** Neigt zur Unterart C. — Kärnten. — F. *centripedunculáta* (*P. obliqua* var. *c.* Woerlein DBM. III. 9 [1885]. *P. mont.* v. c. Bayer. BG. III. 182 [1893]). ♄ oder Pyramiden-♄, sonst wie vorige, nur Zapfen sitzend, die Apophyse mit weniger gewölbten und nicht nach abwärts gekrümmtem Oberfelde. — München: Harlaching. Zu welcher der hier aufgeführten Formen *P. unc.* β. *Hausmánni*[1]) (Christ Bot. Zeit. XXIII. 231) aus dem Pusterthal, eine Knieholzform mit „gleichmässig rund um den Zapfen entwickelten hakigen oder doch hochbauchig ausgeschweiften Apophysen" gehört, bleibt zu prüfen.

(Abruzzen: Majella.) |*|

C. P. mughus[2]) (ital.: Mugo). Meist Knieholzform. **Zapfen abstehend oder abwärts gerichtet, aus flachem Grunde kegel- oder eikegelförmig, 4—5 cm lang, im ersten Herbst hell gelbbraun, reif zimmetbraun, niemals bereift. Apophysen alle scharf quergekielt, auch die unteren mit gleicher Ober- und Unterhälfte und daher in der Mitte stehendem, eine stechende Stachelspitze tragendem Nabel.**

Oestliches Alpensystem und am Fusse desselben. Auf den Filzen bei Rosenheim in Ober-Bayern. Reuter-Alp. Nieder-Oesterreich. Süd-Tirol. Venetien. Kärnten. Krain. Kroatien? Dalmatien: Dinara? Bosnien. Hercegovina. Montenegro (Beck a. a. O. 552).

P. m. C. M. Willkomm Forstl. Fl. 177 [1872] 2. Aufl. 218 fig. XXX. III. *P. M.* Scop. Fl. Carn. II. 247 (1772). Willkomm Monogr. 231 [1861]. *P. M.* β. *typica* Beck Fl. v. N.Oest. 4 (1890). *P. M.* β. *Pumilio* Koch a. a. O. z. T. (1844).

(Hochgebirge Bulgariens und Ost-Rumeliens [Velenovský Fl. Bulg. 519, nach dem Verf. [br.] hieher gehörig]; vermuthlich dieselbe Unterart auf dem Perim-Dagh in Macedonien.) |*|

Das sehr engjährige Holz der *P. montana* wird zu Schnitzarbeiten verwendet. Der Harzsaft war früher als Balsamum hungaricum oder carpathicum im Arzneigebrauch; besonders geschätzt war das aus der Pflanze destillirte Krummholz-Oel.

---

[1]) S. S. 47.
[2]) Kommt zuerst unter dem Namen Mugo (Mugho bei Johann Bauhin [Hist. l. 2. 246], bei Matthiolus [Comm. in Diosc. ed. Valgr. 101]) als (italienischer Name in Süd-Tirol) vor.

Bastarde.

B. II. b. 2. b.
94. × 95. (9.) P. silvéstris × montána.

P. m. × s. Focke Pflanzen-Mischlinge 419 (1881). Von dieser Kreuzung sind folgende drei Combinationen beschrieben:

A. P. Engadinénsis × uncináta. ħ. Blätter 4 cm lang, spitz, dunkelgrün, bauchseits graugrün. Junge Zapfen 3 mm lang gestielt, purpurbraun, ausgewachsen schief abwärts gerichtet, oval, zugespitzt, 3—3,5 cm lang, ungleichseitig, zimmetbraun, geschlossen glanzlos, geöffnet gelbbraun, glänzend. Apophyse bauchig-gewölbt, das Oberfeld beträchtlich grösser. Nabel gross, stachelspitzig.

Wald Plaungood bei Samaden im Ober-Engadin 1800 m.

P. E. × u. A. u. G. Syn. I. 229 (1897). *P. u. × e.* Brügger NG. Graubünd. XXIX. 1884/5. 175 (1886) z. T. *P. Rhaetica*[1]) Brügger bei Christ in Flora XLVII. 150 (1864) z. T.

Christ und damals auch Brügger sahen die meisten der unter diesem Namen beschriebenen Zwischenformen zwischen *P. Eng.* und *P. unc.*, zu denen auch *P. sylv. hybrida?* Heer Verh. Schweiz. Nat. Ges. Luzern 1862 182 [1863]. *P. (rhaetica) Heérii*[2]) Brügger NG. Graubünden a. a. O. [1886] gehört, als nicht hybride an. A. a. O. 173 ff. versteht Brügger dagegen unter *P. rhaetica* alle Zwischenformen zwischen *P. silv.* und *P. mont.*, die er nunmehr (ob mit Recht, ist noch zu prüfen) sämmtlich für Bastarde erklärt. An diese Form schliesst sich die folgende an:

Christii[3]) (*P. (rh.) C.* Brügger a. a. O. 176 [1886]). ħ, 2,3 m hoch. Unterscheidet sich von der vorausgehenden Form durch 7 cm lange, stumpfliche Blätter, fast sitzende junge Zapfen, welche ausgewachsen 6 cm Länge erreichen, eine tief rothbraune Farbe haben und auch geöffnet kaum glänzen. Apophysen in eine 4 mm hohe, hakig zurückgekrümmte, mit concaven Seitenflächen versehene Pyramide erhöht. — Ober-Engadin: Camogasker Thal bei 2130 m.

Die von Brügger a. a. O. 175 beschriebene *P. (rhaetica) pyramidális* bei Bad Alvaneu im Albula-Thale Graubündens, ein 20 m hoher Baum mit dem Boden anliegenden unteren Aesten, von *P. uncinata* durch etwas graugrüne Blätter und etwas

---

[1]) Der Name der Rhaetier, welches mit den Etruskern stammverwandte Volk im Alterthum einen beträchtlichen Theil der mittleren Alpen bewohnte, wird in der neueren Geographie im Wesentlichen auf den Canton Graubünden beschränkt. Diese Erklärung ist auf S. 11, 12 und 14 für *Polypodium* bez. *Athyrium Rhaeticum* nachzutragen.

[2]) Nach Oswald Heer, * 1809 † 1883, Professor der Botanik in Zürich, hervorragendem Entomo- und Palaeophytologen, Floristen und Pflanzengeographen (u. a. Hegetschweiler u. Heer, Flora der Schweiz. Zürich 1840. Die tertiäre Flora der Schweiz. Winterthur 1855—59. Die Urwelt der Schweiz. Zürich 1865. Flora arctica fossilis. Zürich 1868. Miocäne baltische Flora. Königsberg 1869. Die Pflanzen der Pfahlbauten. Zürich 1865. Ueber die nivale Flora der Schweiz. Basel 1884.

[3]) Nach Hermann Christ, * 12. Dec. 1833, Appellations-Gerichts-Rath in Basel, hochverdientem Pflanzengeographen, hervorragendem Rosen-, Coniferen-, *Carex*- und Farnkenner, welchem die Flora der Schweiz und ihrer Nachbarländer, auch die der Canarischen Inseln die werthvollsten Beiträge verdankt (ausser zahlreichen Aufsätzen besonders: Die Rosen der Schweiz. Basel, Genf, Lyon 1873. Das Pflanzenleben der Schweiz. Zürich 1879). Auch für dies Werk erhielt ich von meinem verehrten Studiengenossen zahlreiche wichtige Mittheilungen. A.

grünliche junge Zapfen abweichend, sowie die a. a. O. erwähnten, zur Form *Christii* gezogenen Pflanzen von Savognin im Oberhalbstein und zwischen Alvaschein und Tiefenkasten, bei welchen *P. uncinata* und die typische *P. silvestris* betheiligt sein würden, bedürfen noch weiterer Prüfung.

B. P. silvéstris × *uncináta (rotundáta)*. ♄. Rinde der älteren Aeste bräunlichgrau. Blätter 4—5 cm lang, grau- bis dunkelgrün. Oberhautzellen so hoch wie ihre Breite. Gefässbündel aussen von 1—2 Schichten von Sklerenchymzellen umgeben, welche oft auch zwischen dieselben eintreten. Junge Zapfen auf einem bald nach dem Verblühen abwärts gekrümmten Stiele; ausgewachsene ungleichseitig, eikegelförmig, 4—5 cm lang, graubraun. Apophysen der freien Seite pyramidenförmig erhöht und sämmtlich nach dem Zapfengrunde gekrümmt. Unterfeld gewölbt oder etwas eingedrückt.

Offene Moore und moorige Wälder an der Grenze von Nieder-Oesterreich und Böhmen (zwischen Litschau und Chlumec) bei Kisslersdorf, Erdweis und Brand. In Süd-Böhmen wohl weiter verbreitet, wenn die von Focke (Pflanzen-Mischl. 419) nach Purkyně als *P. montana* × *silvestris* aufgeführte Form hierher gehört. Bl. Mai, Juni.

P. s. × *unc.* (*rot.*) A. u. G. Syn. I. 230 (1897). *P. digénea*[1]) (*silvestris* × *uliginosa*) Beck Ann. Nat. Hofmus. Wien. III. 77 (1888).

Von *P. silv.* II. *hamata* durch die nur nach dem Grunde (nicht z. T. nach der Spitze) des Zapfens gekrümmten Apophysen zu unterscheiden.

C. P. silvéstris × *pumílio*. ♄ ca. 16 m hoch. Rinde des Stammes bräunlich grau, der Aeste röthlich. Blätter bis 5 cm lang, stumpflich, oberseits graugrün. Zapfen fast sitzend, aufrecht-abstehend, hellgraubraun, glanzlos. Apophysen niedrig-pyramidenförmig erhöht, auf beiden Seiten des Zapfens ziemlich gleich. Nabel etwas unter der Mitte, von einem dunkleren Ringe umgeben, Samen (an der Tiroler Pflanze) wohl entwickelt, mit Flügel 17 mm lang, oder (an der Böhmischen) verkümmert, der Flügel lange der Fruchtschuppe anhaftend.

Im südlichen Böhmerwalde: Seeau im Kessel unter dem Plöckensteiner See nur ein Baum (L. Čelakovský fil.! vgl. L. Čelakovský Sitzb. Böhm. G. Wiss. 1893 X. 6. Tirol: Trins R. v. Wettstein! Sitzb. Akad. Wiss. Wien XCVI. 324 und br.).

P. s. × *p. P. Celakovskiórum*[2]) A. u. G. Syn. I. 230 (1897). *P. Rhaetica* (*mont.* × *silv.*) Wettstein a. a. O. (1887). *P. p.* × *s.* Čelakovský a. a. O. (1893).

[1]) Von δίς- doppelt und γενεά Abstammung.
[2]) Nach dem Berichterstatter und dem Entdecker, Ladislav Čelakovský Vater und Sohn. Der Vater L. Josef, * 1834, Professor der Botanik an der Böhmischen Universität in Prag, hervorragender Morpholog und Florist (Prodromus der Flora von Böhmen 1867—81. Resultate der botan. Durchforschung Böhmens. Sitzb. Böhm. Ges. Wiss. 1881—1893). Der Sohn L. Franz, * 1864, Docent der Botanik und Pflanzenphysiologie am Böhmischen Polytechnicum in Prag, gleichfalls um die Flora Böhmens verdient, hat eine werthvolle Monographie der Myxomyceten Böhmens veröffentlicht. Die Synopsis verdankt namentlich dem Vater, meinem verehrten langjährigen Freunde, verthvolle Unterstützung. A.

B. II.

90. × 94. (10.) P. nigra (Austriaca) × silvéstris. ħ, bis 20 m hoch. Blätter 7—10 cm lang, steif, spitz, dunkelgrün. Junge Zapfen aufrecht; ausgewachsene fast sitzend, wagerecht abstehend, eikegelförmig, graubraun, 6 cm lang, am Grunde flach oder schwach convex. Apophysen 10—12 mm breit, ihr Oberfeld an den unteren Schuppen fast gleichseitig dreieckig, mit abgerundeter Spitze, an den mittleren abgerundet, flach.

P. n. (*A.*) × *s.* A. et G. Syn. I. 231 (1897). *P. Laricio* subsp. *nigricans* × *s.* Focke Pfl. Mischl. 420 (1881). *P. s.* × *nigra* Beck Ver. Landesk. Nied.-Oest. 1890 65.

Von diesem Bastarde sind 2 Formen beschrieben:

A. **P. per-nigra (Austriaca) × silvestris.** Rinde der älteren Aeste roth. **Harzgänge sämmtlich im Parenchym.** Zapfen gleichseitig; **alle Apophysen flach, etwas glänzend.** — In Nieder-Oesterreich bei Vöslau und Merkenstein südlich von Baden. Bl. Mai, Juni.
P. p.-n. (*A.*) × *s.* A. u. G. Syn. I. 231 (1897). *P. s.* × *Laricio* Neilreich Nachtr. zu Maly En. 68 (1861, vgl. ÖBW. II (1852) 128. *P. Neilreichiána* [1]) (*s.-L.*) Reichardt ZBG. XXVI. 461 (1876). *P. N.* (*n.* × *s.*) Beck a. a. O. (1890).

Von *P. nigra Austriaca*, welcher diese Form näher steht, durch die röthliche Rinde der Aeste und die fast flachen Apophysen, von *P. silvestris* durch die längeren, steifen, dunkelgrünen Blätter und die fast sitzenden gleichseitigen Zapfen zu unterscheiden.

B. **P. nigra (Austriaca) × per-silvestris.** Rinde der älteren Aeste grau. **Harzgänge theils im Parenchym, theils dem Hypoderm anliegend.** Zapfen ungleichseitig. Apophysen matt, an den unteren Schuppen der freien Seite (wie bei *P. silv.*) in einen Buckel erhöht

Nieder-Oesterreich: Weikendorfer Remise im Marchfelde. Eine der *P. s.* etwas näher stehende Form wurde auch von R. v. Wettstein (a. a. O. 327) bei Reichenau am Fusse des Schneeberges beobachtet. Bl. Mai, Juni.
P. n. (*A.*) × *p.-s.* A. u. G. Syn. I. 231 (1897). *P. permixta* (*s.* × *n.*) Beck ZBG. Wien. XXXVIII. 766 (1888).

Unterscheidet sich von der näher stehenden *P. s.* durch die auch an den Aesten graue Rinde, die längeren, dunkelgrünen Blätter und die fast sitzenden Zapfen; von *P. nigra* durch schmälere, weniger steife Blätter und die ungleichseitigen, grauen Zapfen.

Nach Focke (Pflanzen-Mischl. 420) soll der Bastard *P. nigra* × *silvestris* von Klotzsch künstlich erzeugt worden sein; über das spätere Schicksal der betreffenden Exemplare ist nichts bekannt geworden. Die a. a. O. erwähnte Ansicht Purkynēs, dass *Pinus leucodermis* derselben Kreuzung entstamme, bedarf, nachdem diese Art namentlich durch die Forschungen Beck's bekannter geworden, keiner Widerlegung.

---

[1]) Nach August Neilreich, * 1803 † 1871, Oberlandesgerichtsrath in Wien, welcher sich durch seine Florenwerke über die Länder Oesterreich-Ungarns hervorragende Verdienste erworben hat. (Flora von Wien 1846. Flora von Nieder-Oesterreich 1859. Nachtr. 1866. Aufzählung der in Ungarn und Slavonien bisher beobachteten Gefässpflanzen 1866. Diagnosen 1867. Nachtr. 1870. Vegetationsverh. von Kroatien 1868. Nachtr. 1869.)

B. II.

? 90. × 95. P. nigra × montána. Unter diesem Namen (*P. digénea* [1]) Wettst. ÖBZ. XXXIX. [1889] 108 nicht Beck, *P. Wettsteínii* [2]) Fritsch a. a. O. 153) beschrieb R. v. Wettstein ein damals im Wiener Botanischen Garten vorhandenes, wahrscheinlich aus Nieder-Oesterreich stammendes, noch nicht blühendes Exemplar, das sich von *P. nigra* (*Austr.*) durch kürzere, dichter gestellte Blätter und längere, wenig verzweigte, im unteren Theile des etwa 3 m hohen Bäumchens dem Boden aufliegende Aeste unterschied. Er fand auch im anatomischen Bau der Blätter einige Unterschiede von *P. nigra*, besonders in der Beschaffenheit des Hypoderms. Beck, welcher schon 1890 (Ver. Landesk. Nied.-Oest. 68) unter Bestreitung der Stichhaltigkeit dieser Unterschiede die Pflanze für eine Form von *P. nigra* erklärt hatte, theilte später mit, dass der betreffende Baum sich durch die seitdem entwickelten Zapfen als typische *P. nigra* erwiesen habe. Wettstein bestritt die Identität des von Beck gemeinten mit dem von ihm beschriebenen Exemplare. Jedenfalls bedarf die Existenz dieses Bastardes noch der Bestätigung.

B. II.

91. × 92. (11.) P. pináster × Halepénsis. ♄. Krone kegelförmig (wie bei 91). Rinde grau (wie bei 92). Blätter 1 dm lang, dünner als bei 91, etwas dicker als bei 92.

In etwa 20, jetzt ca. 40jährigen aus der Aussaat von 91. hervorgegangenen Exemplaren, welche bisher keine Zapfen tragen, in der Provence (Mirabeau, Dep. Vaucluse) von Gabriel de Montigny beobachtet.

P. halepensi-pinaster Saporta in Comptes rend. Acad. sc. Paris CIX. 656 (28. Oct. 1889).

? 89. × 94. P. cembra × silvestris soll sich nach Gusmus (Pacher Jahrb. Landes-Mus. Kärnten XXII. 62 [1893]) in Kärnten bei Reichenau finden. Bei der geringen Zuverlässigkeit dieses Beobachters muss diese von Fritsch (ÖBZ. XLIV. 114) mit 2 Fragezeichen versehene Angabe als höchst zweifelhaft gelten.

Tribus.

TAXODÍEAE.

(Parlatore in DC. Prod. XVI. 2. 432 [1867]. *Taxodiinae* Eichler Nat. Pfl. II. 1. 65.)

Vgl. S. 186. Meist Bäume. Staubblätter mit 2—8 meist freien, der Länge nach aufspringenden Pollensäcken. Samen 2—9, mit holziger Schale, ungeflügelt oder nur mit schmalem Randsaum.

10—12 Arten, grösstentheils (nur mit Ausnahme der 3 Arten von *Arthrotáxis* [Don Transs. Linn. Soc. XVIII. 171 (1839)] in Tasmanien) in der wärmeren nördlichen gemässigten Zone (Ost-Asien und Nord-America).

---

[1] S. S. 230 Fussnote 1.
[2] Nach dem Autor Richard Ritter Wettstein von Westersheim, * 1863, Professor an der Deutschen Universität in Prag, Verfasser zahlreicher werthvoller phytographischer Arbeiten, welche namentlich die Flora Mitteleuropas betreffen (u. a. Monographie der Gattung Euphrasia. Leipzig 1896. Die europäischen Arten der Gattung Gentiana aus der Section Endotricha Froel. und ihr entwickelungsgeschichtlicher Zusammenhang. Denkschr. math. nat. Cl. Kais. Ak. Wiss. Wien LXIV. 1896). Derselbe hat auch für dies Werk die Bearbeitung einer Anzahl formenreicher Gruppen (*Sempervivum, Gentiana, Euphrasia*) in Aussicht gestellt und die Verfasser durch zahlreiche Mittheilungen verpflichtet.

Uebersicht der Gattungen.

A. Sprosse in Lang- und Kurztriebe geschieden, erstere nur Niederblätter tragend. Samen etwa 7, neben einander auf der Oberseite der Fruchtschuppe, umgewendet. **Sciadopitys.**
B. Sprosse sämmtlich mit Laubblättern versehene Langtriebe.
  I. Fruchtschuppe oben 4—6 zähnig; die ansehnliche freie Spitze der Deckschuppe dreieckig. Samen in der Achsel der Fruchtschuppe, aufrecht. **Cryptomeria.**
  II. Fruchtschuppe ganzrandig oder höchstens gekerbt. Freie Spitze der Deckschuppe klein.
   a. Zweige theilweise begrenzt, mit den Blättern (meist jeden Herbst als Ganzes) abfallend. Zapfenschuppen dachziegelförmig, zuletzt (nach dem Abfallen des Zapfens) in unregelmässiger Folge abfallend. Samenanlagen in der Achsel jeder Schuppe 2, aufrecht (oft nur eine zu einem unregelmässig kantigen Samen reifend). **Taxodium.**
   b. Keine begrenzten abfälligen Zweige. Zapfenschuppen schildförmig, bis zuletzt bleibend. Samen 4—9 (meist 5) anfangs in der Achsel, fast aufrecht, zuletzt auf der Oberseite jeder Schuppe umgewendet. **Sequoia.**

SCIADÓPITYS [1]).

(Siebold et Zuccarini Fl. Jap. II. 2. t. 101, 102 (1842). Nat. Pfl. II. 1. 84.)

Vgl. oben. Langtriebe unterwärts spiralig entfernt gestellte Niederblätter, oberwärts mehrere entfernte schirmförmige Quirle von gleichfalls von Niederblättern gestützten Kurztrieben tragend, welche nur zwei an den Hinterrändern vereinigte, daher ihre Bauchseiten und das Xylem ihres einzelnen Gefässbündels nach unten, die Rückenseiten und das Phloëm nach oben wendende Laubblätter (eine „Doppelnadel") entwickeln. Männliche Blüthen am Grunde diesjähriger, erst später auswachsender Sprosse zu kurzen dichten Aehren gehäuft. Staubblätter mit dreieckiger Endschuppe und 2 dem Filament angewachsenen länglichen, längs auswärts aufspringenden Pollensäcken. Zapfen meist einzeln, aufrecht, erst im zweiten Jahre reifend. Fruchtschuppe völlig mit der Deckschuppe verschmolzen, mit schwach gekieltem, auf der vertieften Aussenfläche der Schuppe sichtbarem Vorderrande. Samen zusammengedrückt, flügelrandig. Keimblätter 2.

Nur eine in Japan einheimische, dort besonders bei Tempeln angepflanzte Art:

* **S. verticilláta.** (Schirm-Tanne, franz.: Pin à parasol.) ♄, bis 40 m hoch. Krone ausgebreitet. Doppelblätter zu 20—40 im Quirl, 6—15 cm lang, 2,5—7 mm breit, an der Spitze ausgerandet, beiderseits gefurcht, oberseits dunklergrün und stärker glänzend, unterseits in der Furche gelblichweiss, glanzlos. Zapfen stumpf, 7—10 cm lang, 4—5,5 cm dick.

Seltnerer Zierbaum.

S. v. Sieb. et Zucc. a. a. O. 3 (1842). Koehne D. Dendrol. 45 fig. 15. *Taxus v.* Thunb. Fl. Jap. 276 (1784). *Pinus v.* Siebold Verh. Bat. Genootsch. II. 12 (1830).

* CRYPTOMÉRIA [2]).

(D. Don in Trans. Linn. Soc. XVIII. 167 [1833]. Nat. Pfl. II. 1. 89.)

Vgl. oben. Immergrüner Baum mit unbehüllten Knospen. Blätter 5 reihig abstehend. Männliche Blüthen in den Achseln vorjähriger Laubblätter zu Aehren vereinigt. Staubblätter mit 4—5 rundlichen Pollensäcken am Grunde der breit

---

[1]) Von σκιάς Schattendach, Dolde und πίτυς Kiefer, wegen der schirmförmigen Quirle von Kurztrieben.

[2]) Von κρυπτός verborgen und μέρος Theil; wohl wegen der theilweise mit der Deckschuppe vereinigten Fruchtschuppe.

dreieckigen Endschuppe. Zapfen einzeln, an der Spitze der Zweige, oft am Gipfel durchwachsend. Samen 3—6 kantig. Keimblätter meist 3.

Nur eine Art Ost-Asiens:

C. Japónica. (Japanische Ceder.) ♄, bis 40 m hoch. Rinde braunroth. Krone eiförmig. Blätter aufrecht-abstehend, etwas einwärts gekrümmt, angewachsen-herablaufend, bis 25 mm lang, pfriemenförmig, spitz, stumpf 3—4 kantig, dicker als ihre Breite, graugrün (*C. Fortúnei*[1]) [fälschlich *Fortunini*] Hooibrenk Wiener Journ. ges. Pfl.reiches 22 [1853] so besonders in China) oder grasgrün. Zapfen 16 mm bis 3 cm lang und fast ebenso dick, braunroth.

Zierbaum, im südlichen Gebiet nicht selten angepflanzt, im nordöstlichen nicht winterhart.

C. j. D. Don a. a. O. (1833). Willkomm Forstl. Flora 2. Aufl. 59. Koehne Dendrol. fig. 12. *Cupressus j.* L. fil. Suppl. pl. 421 (1781).

Unter den zahlreichen im Vaterlande nnd bei uns cultivirten Formen ist die bemerkenswertheste 1. *élegans* (Carrière Conif. 2 éd. 196 [1867]. Beissner Nadelholzk. 145 fig. 36. *C. e.* hort. Veitch nach Beissner a. a. O. Zwergform (die aber nicht selten Zapfen trägt) mit längeren, schlafferen, abstehenden, entfernter gestellten Blättern.

TAXÓDIUM[2]).

(L. C. Richard in Ann. du Mus. XVI. 298 [1810]. Nat. Pfl. II. 1. 90 mit Einschluss von *Glyptóstrobus*[3]) Endlicher Syn. Conif. 69 [1847]. Nat. Pfl. II. 1. 91.)

Vgl. S. 233. Meist Bäume mit behüllten Knospen. Männliche Blüthen zahlreich in Aehren oder Rispen am Ende vorjähriger Sprosse, jede einzelne von Schuppenblättern umhüllt. Staubblätter 6—8. Pollensäcke 5—8, rundlich, unterhalb des der dreieckigen Endschuppe schildförmig eingefügten Filaments befestigt. Zapfen zu 1—2 endständig oder am Grunde des männlichen Blüthenstandes, im ersten Jahre reifend. Vorderrand der Fruchtschuppe auf der Aussenseite der Zapfenschuppe als erst bei der Fruchtreife deutlicher welliger Bogenwulst sichtbar. Keimblätter 5—9. 3—4 Arten im östlichen Nordamerica (südlich bis Mexico) und China.

* **T. dístichum**[4]). (Sumpf-Cypresse, franz.: Cyprès-chauve.) ♄, bis 40 m hoch und 3 m dick, mit braunrother Rinde und ausgebreiteter, schildförmiger Krone. Blätter sommergrün, linealisch, spitz, 8—17 mm lang, 1 mm breit, hellgrün, an den bleibenden Trieben allerseitswendig an den begrenzten 2zeilig gescheitelt, mit diesen im ersten Herbst abfallend. Zapfen ellipsoidisch-kugelig, bis 32 mm lang, bis 28 mm dick, grünlich. Innerer Rand des Bogenwulstes undeutlich gekerbt. Samen ungeflügelt.

Im ganzen Gebiet aushaltender, nicht seltener Zierbaum, aus den südöstlichen Staaten Nord-Americas (Texas bis Delaware), in denen er charakteristische Sumpfwälder (Cypress-swamps) bildet. Bl. Mai. Fr. Oct.

T. d. Rich. a. a. O. (1810). *Cupressus d.* L. Sp. pl. ed. 1. 1003 (1753).

Wird von Laien nicht selten für eine *Mimosa* oder *Acacia* gehalten, wegen der allerdings sehr auffälligen Aehnlichkeit der abfallenden Triebe mit den Blättern einiger Arten dieser Leguminosen-Gattungen.

Bemerkenswerth sind die auf der Oberseite der horizontal weit fortstreichenden Wurzeln befindlichen bis über 1 m hohen holzigen, hohlen Auswüchse, die besonders

---

[1] S. S. 181.
[2] Wegen der (ziemlich entfernten) Aehnlichkeit mit *Taxus*.
[3] Von γλυπτός geschnitzt und στρόβος (hier = στρόβιλο; s. S. 178, 179), wegen des deutlich gekerbten Randes der Fruchtschuppe.
[4] Von δι- doppelt und στίχος Reihe, wegen der zweiseitig beblätterten begrenzten Triebe.

an feuchten Orten, Fluss- und Teichufern, an denen diese Art am besten gedeiht, auftreten. Unter den Gartenformen sind die bemerkenswerthesten das angeblich aus China stammende *T. d. péndulum* (Carrière Tr. gén. Conif. 2 ed. 182 [1867]. *T. sinénse*¹) Noisette nach Gord. Pin. 309 [1858]. *Glyptostrobus p.* Endlicher Syn. Conif. 71 [1847]), eine nur 8 m erreichende Zwergform mit hängenden Aesten, an der die Blätter der begrenzten Triebe kleiner (6—12 mm), allerseitswendig, und eine andere, *T. d. intermédium* (Carr. Revue hortic. 1859 63), an der die peitschenförmig überhängenden jungen Zweige dicht dachziegelförmig gestellte schuppenförmige Blätter tragen. Beide erinnern an das Chinesische *T. heterophýllum* ²) (Brogn. Ann. Sc. nat. Sér. I. XXX. 184 [1833]), dessen bleibende Zweige die letztere, die begrenzten die erstere Beschaffenheit ihrer Belaubung zeigen. Indess macht Koehne (a. a. O. Anm. 43, 44) mit Recht geltend, dass die Zapfen der letzteren Art durch ihre mehr langgestreckte Form und den deutlich gekielten Innenrand des Bogenwulstes von denen der Americanischen Art völlig verschieden sind.

* SEQUOIA ³).

(Endlicher Syn. Conif. 197 [1847]. Nat. Pfl. II. 1. 83.)

Vgl. S. 233. Immergrüne Bäume mit unbehüllten Knospen. Männliche Blüthen an kurzen Trieben endständig oder in den Achseln der obersten Blätter eines längeren Triebes. Staubblätter mit 2—4 (meist 3) freien, rundlichen Pollensäcken am Grunde der dreieckigen, fransig-gezähnten Endschuppe. Zapfen einzeln, an kurzen Trieben endständig; ihre Schuppen in der vertieften Mitte das freie Spitzchen der Deckschuppe tragend. Samen beiderseits geflügelt. Keimblätter 2—6.
2 Arten in den Gebirgen Kaliforniens.

* **S. gigantéa** ⁴). (Mammuthbaum.) ♄. Stamm bis 120 m hoch und 16 m dick, mit dicker, rissiger, schwammiger, rothbrauner Rinde. Krone anfangs pyramidal, später unregelmässig quirlig, erst in der Mitte des Stammes beginnend. Blätter allerseitswendig, an nicht blühenden Trieben aufrecht, angewachsen-herablaufend, 4—8 mm lang, halbstielrund-pfriemenförmig, oberseits mit 2 Längsfurchen, lang gespitzt, graugrün, an den blühenden Trieben angedrückt-dachziegelartig, schuppenförmig. Männliche Blüthen einzeln, von Schuppenblättern umhüllt. Zapfen 4—7 cm lang, 3—4,5 cm dick, gelbbraun. Aussenfläche der Schuppen strahlig-gestreift.

Zierbaum aus der Sierra Nevada Kaliforniens (wo er nur einige kleine Bestände bildet, und, als einer der grössten Bäume der Erde, seit seiner Entdeckung durch Lobb 1850 von den Touristen aufgesucht wird), im nordöstlichen Gebiete nicht ganz winterhart, im Süden, z. B. im Banat, stellenweise forstlich angebaut.
S. g. Lindley u. Gordon in Journ. Hort. Soc. V. 222 (1850) nicht Endlicher. Koehne D. Dendrol. fig. 14 H—K. *Wellingtónia* ⁵) *g.* Lindl. in Gard. Chron. 1853. 819. Willkomm Forstl. Fl. 2. Aufl. 59. *Washingtónia* ⁶) *califórnica* Winslow in Californ. Farm. 1854, Sept.

* **S. sempervirens**. ♄, bis 90 m hoch. Rinde roth, rissig. Blätter der nicht blühenden Triebe 2reihig-gescheitelt, 7—20 mm lang, bis 2,5 mm breit, flach, kurz gespitzt, rückenseits mit 2 weisslichen Streifen an den blühenden Trieben kürzer und allerseitswendig. Männliche Blüthen zu 1—3 aus gemeinsamer Schuppenhülle. Zapfen 2 cm lang, 15 mm dick. Aussenfläche der Schuppen quergestreift.

---

¹) Sinensis, chinesisch.
²) Von ἕτερος verschieden und φύλλον Blatt.
³) Einheimischer Name der *S. sempervirens*.
⁴) γιγαντεῖος, riesenhaft.
⁵) Nach Arthur Wellesley, Herzog v. Wellington, dem hervorragendsten Britischen Feldherrn.
⁶) Nach George Washington, dem Befreier und ersten Präsidenten der Vereinigten Staaten von Nord-America.

Zierbaum aus der Küstenkette Kaliforniens, nur im südlichen und westlichen Gebiete winterhart.
S. s. Carrière Conif. ed. 1. 164 (1855). Koehne D. Dendrol. 43 fig. 14 A—G.
S. s. und *gigantea* Endlicher Syn. Conif. 19 (1847). *Taxodium s.* Lambert Pinus 2 ed. II. 107 t. 48 (1828).

2. Unterfamilie.
CUPRESSOIDÉAE.

(A. u. G. Syn. I. 236 [1897]. *Cupressinae* L. C. Richard Ann. Mus. XVI. 298 [1810] excl. *Taxodium. Cupressineae* Eichler Nat. Pfl. II. 1. 65 [1889]).

S. S. 185.

Einige 60 Arten, grösstentheils in den wärmeren gemässigten Zonen; nur wenige innerhalb der Tropen; nur eine Art, *Juniperus communis* (S. 242), überschreitet den nördlichen Polarkreis. Die 18 Arten der hier nicht abgehandelten Tribus *Actinostróbeae* finden sich fast ausschliesslich in der Süd-Halbkugel.

Uebersicht der Tribus.

A. Zapfen zur Reifezeit trocken, zuletzt sich öffnend und den Samen ausfallen lassend.
 I. Zapfenschuppen holzig, eckig, meist schildförmig auf schiefwinklig angesetztem Stiel, mit den Rändern aneinander liegend. **Cupresseae.**
 II. Zapfenschuppen derb lederartig, blattartig, mit den Rändern dachziegelartig über einander greifend.
 Thyiopseae.
B. Zapfen zuletzt saftig, scheinbar eine Beere (oder, wenn die hartschaligen Samen verwachsen sind, eine Steinfrucht) darstellend.
 Junipereae.

Tribus.

CUPRÉSSEAE.

([Parlatore in DC. Prodr. XVI. 2. 366 (1867) z. T.]. *Cupresseae verae* Endl. Syn. Conif. 5 [1847]. Koehne Deutsche Dendrol. 48 [1893], *Cupressinae* Eichler in Nat. Pfl. II. 1. 99.)

S. oben. Hierher nur die Gattung:

+ CUPRÉSSUS[1]).

([Tourn. Inst. 587 t. 358. L. Gen. pl. ed. 1. 294] ed. 5. 435 [1754]. Nat. Pfl. II. 1. 99, mit Einschluss von *Chamaecýparis* a. a. O. 100.)

♃ oder (bei uns) ♄. Blätter gegenständig, gekreuzt, an jungen Exemplaren lineal-lanzettlich, abstehend, an älteren kurz, anliegend, sich dachziegelartig deckend.

---

[1]) Name von *C. sempervirens* bei den Römischen Schriftstellern. Bei Vergilius (Aen. III. 680) kommt auch cyparissus, entsprechend dem griechischen χυπάρισσος, vor.

Blüthen bez. Blüthensprosse an getrennten Zweigen, einhäusig. Männliche Blüthen klein, länglich-eiförmig bis cylindrisch, endständig. Staubblätter mit 4 Pollensäcken. Weibliche Blüthensprosse eiförmig oder kugelig, aus 3—7 gekreuzten Paaren am Grunde (selten eine) meist mehrere bis zahlreiche Samenanlagen tragender Schuppen bestehend. Zapfen aus den sich nach oben schildförmig verbreiternden, gegen einander kantig abgeplatteten holzigen Schuppen gebildet. Samen eiförmig, oft unregelmässig kantig, mehr oder weniger geflügelt. Keimblätter 2—3.

12 Arten im Mittelmeergebiet, gemässigten Asien und Nord-America bis Mexico.

Zerfällt in 2 Untergattungen:

A. *Eucupréssus* [1]) (K. Koch Dendr. II. 2. 145 [1873]. *Cupréssus* Spach Hist. nat. végét. phanérog. XI. 323 [1842]. Endlicher Syn. Conif. 55 [1847], Nat. Pfl. II. 1. 99). Zweige nicht oder undeutlich zusammengedrückt, undeutlich 4 kantig. Blätter alle gleichgestaltet. Zapfen (bei unserer Art) 2—3 cm lang, im zweiten Jahre reifend. Schuppen meist 4 bis über 20 Samen tragend.

+ **C. sempervirens.** (Cypresse, franz.: Cyprès; ital.: Cipresso; kroat.: Čempres; russ.: Кипарисъ.) ħ, bis 25 (selten 50) m hoch. Aeste sehr dicht, meist weit herabreichend. Aeltere Zweige mit matt bräunlich-grauer Rinde, jüngere röthlich. Blätter auf den Rücken mit ovaler eingedrückter Harzdrüse, dunkelgraugrün, dreieckig, an jüngeren Pflanzen länger zugespitzt und abstehend, an älteren Exemplaren an den Haupttrieben länger als ihre Breite, zugespitzt, etwas abstehend, an den schwachen Seitentrieben fast gleichseitig dreieckig, fest angedrückt, stumpf. Zapfen fast hängend, kugelig bis eiförmig, anfangs schwach bereift, trocken braun. Schuppen 6—14, auf der Mitte der radial-gestreiften Aussenfläche buckelig gewölbt, stumpf-stachelspitzig. Samen zu 8 bis über 20, 5—7 mm lang, schmal geflügelt, oft unregelmässig an einander abgeplattet, schwach glänzend, rothbraun.

In den Gebirgen Nord-Persiens und des östlichen Mittelmeergebiets (Syrien, Cilicien, Cypern, Rhodos, Kreta, Melos? Cyrenaïca!) einheimisch, z. T. seit den Römerzeiten im südlichen Gebiet bis in die südlichen Alpenthäler, einzeln noch nördlicher (z. B. auf der Insel Mainau im Bodensee (Beissner) und bei Metz (K. Koch) als Zierbaum und des werthvollen Holzes halber angepflanzt; stellenweise, wie in Dalmatien, völlig eingebürgert. Bl. Januar—April. Fr. im folgenden Frühjahr.

C. s. L. Sp. pl. ed. 1. 1002 (1753), Koch Syn. ed. 2. 765. Nyman Consp. 675 Suppl. 284. Richter Pl. Eur. I. 5. Rchb. Ic. fl. Germ. XI. t. DXXXIV. Nat. Pfl. II. 1. 99 fig. 57.

Findet sich in zwei durch den Bau der Krone verschiedenen Abarten, welche mit Unrecht häufig als Arten getrennt werden:

A. horizontális. (Franz.: Cyprès horizontal; ital.: Cipresso femmina [2]), Cipressa.) Krone breit-kegelförmig. Aeste horizontal abstehend. — Diese in der Heimath des Baumes vorherrschende Form wird viel seltener angepflanzt. — *C. s. h.* Gordon Pinet. 68 (1858). Richter a. a. O. *C. s.* β. L. a. a. O. 1003 (1753). *C. H.* Miller Gard. dict. ed. 8 No. 2 (1768). Willkomm Forstl. Fl. 2. Aufl. 247.

B. pyramidális. (Franz.: Cyprès pyramidal; ital.: Cipresso maschio [2]), Cipresso.) Krone schmal, aus cylindrischem Grunde allmählich zugespitzt. Aeste angedrückt aufrecht. — Diese im Wuchs an die Pyramiden-Pappel erinnernde Abart ist bei weitem häufiger angepflanzt, der südlichen Landschaft ihr charakteristisches Gepräge verleihend. — *C. s.* var. *p.* Nyman Consp. 675 (1881). *C. p.* Targioni-Tozzetti Obs. bot. dec. III—V. 53 (1808—10). *C. fastigiáta* DC. Fl. franç. V. 336 (1815). Willkomm a. a. O. 246 fig. 1—6.

---

[1]) S. S. 15 Fussnote 2.

[2]) Cesalpino (de plantis III. 134) wendete zur Unterscheidung dieser beiden Formen die Geschlechtsbezeichnung gerade umgekehrt an.

Dieser Baum war (und ist auch jetzt, besonders im Orient) ein Symbol der Trauer und wird daher häufig auf Friedhöfen (weltberühmt sind die Cypressenhaine der Begräbnissplätze Constantinopels!!) angepflanzt. Auch sein wohlriechendes, festes, dem Wurmfrasse wenig ausgesetztes Holz war schon im Alterthum hoch geschätzt und daraus verfertigte Behältnisse gelten noch als vor den Motten gesichert.

B. Chamaecyparis[1]) ([Spach, Hist. végét. phanérog. XI. 329 (1842). Nat. Pfl. II. 1. 100 als Gatt.]. K. Koch Dendr. II. 162 [1873]. Koehne Deutsche Dendr. 50 [1893].) Zweige (ähnlich denen der *Lycopodia heterophylla* S. 154) deutlich zusammengedrückt. Die 2 Reihen flächenständiger Blätter flach, die 2 Reihen der kantenständigen zusammengefaltet. Zapfen kaum über 1 cm lang, im ersten Jahre reifend. Schuppen (1), 2—5 Samen tragend.

* **C. pisifera.** ♄ (bei uns), seltner (in der Heimat bis 30 m hoher) ♄ mit etwas überhängenden, an den Spitzen nicht bereiften Zweigen. Blätter an jungen Exemplaren oder der immer die Jugendform bewahrenden f. *squarrósa* (Koehne Deutsche Dendr. 51 (1893). *Retinóspora*[2]) *s*. Sieb. et Zucc. Fl. jap. II. 40 tab. 123 [1842]. *Chamaecyparis s.* Endl. Syn. Conif. 65 [1847]. *Ch. p. s.* Beissner u. Hochstetter in Beissner Nadelh. 85 fig. 21 [1891]) (*C. p. plumosa* Beissner a. a. O. 87 fig. 22 [1891] ist eine Uebergangsform) 6—9 mm lang, lineallanzettlich, rückenseits mit 2 weissen Längsstreifen, an älteren Exemplaren dreieckig, stachelspitzig, locker anliegend (an den Haupttrieben meist abstehend), mit schwach eingesenkter Harzdrüse. Auf der Zweigunterseite die Flächenblätter mit je 2, die Kantenblätter mit je 1 länglichen, weissen Fleck am Grunde des Blattes. Zapfen fast kugelig, 5—6 mm lang, gelbbraun. Schuppen 8—14, vertieft, in der Mitte mit einem kleinen, stumpfen, dreieckigen Höcker versehen. Samen zu 2, mit Harzbläschen, quer breiter, von ihren Flügeln bedeutend an Breite übertroffen.

Ziergehölz aus Japan, wo zwischen 30° und 38° n. Br. verbreitet. In unseren Gärten in zahlreichen Formen und Farbenspielarten. Bl. April—Mai.

C. p. K. Koch Dendr. II. 2. 170 (1873). *Retinospora*[3]) *p.* Sieb. und Zucc. Fl. Japon. II. 39 tab. 122 (1842) 26. *Chamaecyparis p.* Endl. Syn. Conif. 64 (1847). Beissner a. a. O. 84 fig. 20.

* **C. Lawsoniána**[3]). (Lebensbaum-Cypresse.) ♄ (in der Heimat) bis über 60 m hoch, von pyramidalem Wuchs, mit aufrechten, überhängenden Gipfeltrieben. Aeste in wagerechter Ebene verzweigt, abstehend, an den Spitzen weisslich bereift, später nur noch an den vertieften Stellen mit undeutlichen, unregelmässigen, abwischbaren, weissen Streifen. Blätter kurz dreieckig, zugespitzt, sich regelmässig dachziegelartig deckend. Die Flächenblätter auf dem Rücken mit einer länglichen, eingesenkten Harzdrüse. Männliche Blüthen roth; weibliche Blüthensprosse stahlblau. Zapfen auf die Zweigoberseite gebogen, kugelig, 8—11 mm lang, in der Jugend hell weisslich grün, später schwarzbraun. Schuppen meist 8, vertieft, in der Mitte mit einem kleinen spitzen Haken. Samen meist zu 2—5, mit Harzbläschen, fast kreisrund, deutlich breiter als die Flügel.

In Kalifornien und Oregon einheimisch, in unseren Gärten in zahlreichen Formen und Farbenspielarten angepflanzt; auch versuchsweise, wie in Bayern, als' Waldbaum angepflanzt. Bl. April—Mai.

C. L. Andr. Murray Edinb. New Phil. Journ. N. Ser. I. 292 tab. 9 (1855). *Chamaecyparis L.* Parlatore Ann. Mus. Stor. Nat. Firenze I. 181 tab. 3 fig. 22—25 (1864). Willkomm Forstl. Fl. 2. Aufl. 247. Beissner a. a. O. 71, 72 fig. 16, 17.

---

[1]) Aus Chamaecyparissus „niedrige Cypresse" (s. S. 156) durch (sprachlich etwas anfechtbare) Weglassung der letzten Silbe gebildet.

[2]) Von ῥητίνη Harz und σπορά Saat, Samen.

[3]) Nach Charles Lawson, Handelsgärtner in Edinburgh, welcher mehrere gärtnerische Handbücher herausgab.

Cupressus. Thyia.

Die ebenfalls in diese Gruppe gehörenden, durch das Fehlen von Harzbläschen auf den Samen von der vorigen verschiedenen *C. thyoídes*[1]) (L. Sp. pl. ed. 1. 1003 [1753]. *Chamaec. sphaeroidéa*[2]) Spach a. a. O. 331 [1842]. Willkomm a. a. O. 248. Beissner a. a. O. 65—67 fig. 12—15) und *C. Nookaténsis*[3]) (Lambert Descr. 42 Pinus 2. ed. II, 113 [1828]. *Chamaecyparis nutkatensis* Spach Hist. végét. phanérog. XI. 333 [1842]. Willkomm a. a. O. Beissner a. a. O. 80, 81 fig. 18, 19. Koehne D. Dendr. 49 fig. 19), erstere aus dem östlichen, letztere aus dem westlichen Nord-America, werden ebenfalls nicht selten in Gärten cultivirt.

Tribus.

THYIÓPSEAE[4]).

(*Thujopsideae* Endl. Syn. Conif. 6 [1847] erw. incl. *Libocedrus* Koehne Deutsche Dendr. 46 [1893]. *Thujopsidinae* Eichler in Nat. Pfl. II. 1. 85.)

S. S. 236.

13 Arten, von denen 8 der in Ost-Asien, Neuseeland, Neu-Caledonien, dem westlichen Nord-America und Chile verbreiteten, von *Thyia* nicht scharf zu trennenden Gattung *Libócedrus*[5]) (Endl. Syn. Conif. 42 [1847]) angehören, von der einige Vertreter nicht selten in Gärten und Baumschulen zu finden sind; am häufigsten *L. decúrrens* (Torrey Pl. Fremont. Smiths. Centr. VI. 7. t. 3 [1854]. Nat. Pfl. II. 1. 97 fig. 54 a—c. Beissner a. a. O. 28, 29 fig. 1, 2. Koehne a. a. O. 47 fig. 17. *Thuia gigantea* Carrière in Fl. des serres IX. 199 [1853]. Willkomm a. a. O. 250 nicht Nutt.) aus Kalifornien und Oregon.

* THÝIA[6]).

([*Thuya* Tourn. Inst. 586 t. 358. L. Gen. pl. ed. 1. 378] ed. 5. 435 [1754] in Sp. pl. etc. *Thuja* geschrieben. Nat. Pfl. II. 1. 97.)

(Lebensbaum, franz.: Arbre de vie; poln.: Drzewo zycia; böhm.: Zerav.)

♄ (bei uns) seltner ♄ mit flachen sich meist in einer Ebene fiederig oder fächerförmig verzweigenden Zweigen und gegenständigen, bei jungen Exemplaren schmallanzettlichen, bei älteren kurz dreieckigen sich schuppig deckenden Blättern,

---

1) Von θυία oder θύα vgl. unten Fussnote 6 und -ειδής ähnlich.
2) σφαιροειδής kugelförmig, wegen der Gestalt der Zapfen.
3) Nach dem zuerst bekannt gewordenen Fundort Nootka-Sound auf Vancouver's Island (British Columbia). Die ursprüngliche Schreibweise erklärt sich wohl dadurch, dass die Bewohner in ihrer eigenen Sprache sich Nutcā' thath nennen (Boas nach Aurel Krause br.). Wem dieselbe zu gesucht erscheint, mag mit der Mehrzahl der Schriftsteller *Nutkaënsis* schreiben.
4) Nach der ostasiatischen Gattung *Thyiópsis* (Sieb. et Zucc. Fl. Jap. II. 32 [1842])', von der die (einzige) Art *T. dolabráta* (Sieb. et Zucc. a. a. O. 34 t. 119, 120 [1842]. *Thuja d.* L. fil. Suppl. 420 [1781]) nicht selten cultivirt wird. Von θυία, vgl. Anm. 6 und ὄψις Ansehen. Die Autoren schrieben *Thujopsis*.
5) Von λιβός Tropfen, Thräne und κέδρος (s. S. 205); vielleicht Anklang an den von δάκρυ, δάκρυον Thräne abgeleiteten Namen der Taxaceen-Gattung *Dacrydium* Solander in Forster pl. esc. ins. oc. austr. 80 (1786), zu der die Neuseeländische *L. Donidna* Endl. Syn. Con. 43 (1847) zuerst gestellt wurde.
6) θυία, θυια, θύα oder θύον, schon bei Homeros (Odyss.) und Theophrastos Name eines Nordafricanischen Baumes mit wohlriechendem Holze (θυήεις duftend'. θυον nach Plinius XIII, 16, 30, Propertius 3, 7, 49 und Macrobius Saturnalia III, 19 = Citrus. Vielleicht die zu den *Cupressoideae* (*Actinostrobeae*) gehörige *Callitris quadrivalvis* (Vent. Dec. 10 [1808]). Die Schreibweise Tourneforts *Thuya* ist unrichtig, *Thuja* oder *Thuia* nicht beglaubigt.

von denen die zwei aufeinander folgenden Quirlen angehörigen ungleich gestaltet, die auf der Fläche des Zweiges flach, die an den Kanten zusammengefaltet. Blüthen zweihäusig oder unvollkommen einhäusig. Männliche Blüthen endständig, sehr klein, kugelig, kaum von dem sie tragenden Zweige deutlich abgesetzt. Staubblätter schuppenartig mit je 4 Pollensäcken. Weibliche Blüthensprosse aus 3—5 gekreuzten Paaren von Schuppen bestehend, von denen die obersten 2 Schuppen meist unfruchtbar, länglich, häufig zu einem Säulchen verwachsen, die 2 untersten jedoch meist fruchtbar. Samen länglich, ungeflügelt oder mit 2 schmalen, den Samen rings umgebenden, häutigen Flügeln; auf jeder Seite einige längliche Harzbläschen. Keimblätter 2.

4 Arten innerhalb der gemässigten Zone Asiens und Nord-Americas, von denen 3 zur ersten Untergattung gehören.

Zerfällt in 2 Untergattungen:

A. *Euthýia* (*Euthuja* D. Don in Lambert Pin. ed. 2. II. 129 [1828]. Nat. Pfl. II. 1. 97). Zweige in wagerechter oder sanft aufsteigender Ebene verzweigt; eine deutlich verschieden gestaltete (und gefärbte) Ober- und Unterseite erkennbar. Zapfenschuppen bei der Reife trocken, lederartig bis holzig, sich leicht von einander trennend, rückenseits mit wenig hervorragendem (bis höchstens 1 mm langem) Spitzchen. Samen flach, deutlich geflügelt.

* **T. Occidentális.** (Bei uns meist) ♄ selten ♄ (bis 20 m hoch), vom Grunde an verzweigt, mit matt glänzender, bräunlich silbergrauer Rinde, im Winter sich bräunlich verfärbend. Jüngere Zweige 2 (—3) mm breit, lebhaft grün, unterseits heller. Blätter an jungen Exemplaren sehr schmal linealisch, bis 8 mm lang (f. *ericoídes*[1]) hort. K. Koch Dendr. II. 2. 175 [1873]. Beissner a. a. O. 39 fig. 51 und Uebergangsform fig. 2. *Chamaecyparis e.* hort. Carr. Conif. 140 [1855]), an älteren 1—2 mm lang, breit dreieckig, zugespitzt, fest anliegend, sich dachziegelartig deckend, auf der Zweigunterseite nicht oder doch sehr wenig vertieft. Flächenblätter flach ausgebreitet, mit je einer länglichen, rückenständigen, deutlich erhabenen Harzdrüse. Kantenblätter auf dem Rücken abgerundet. Zapfen nach der Oberseite der Zweige aufwärts gebogen, 6—8 (—12) mm lang, (geschlossen) 3—6 mm breit, braungelb.

Stammt aus dem Atlantischen Nord-America, im Gebiete sehr häufig angepflanzt, besonders als Symbol der Unsterblichkeit auf Friedhöfen. Bl. April, Mai.

T. o. L. Sp. pl. ed. I. 1002 (1753). Willkomm a. a. O. 249 fig. XXXIII. 14, 15).

Off. Die jungen Zweige: Thuya Ph. Hung.

Von verwandten Arten wird noch die nordwestamericanische *T. plicata* (Donn Hort. Cantabr. 6. p. 249 [1811]. Nat. Pfl. II. 1. 98 fig. 55), die sich besonders durch compactere Tracht, oberseits auffallend glänzende, unterseits matt blaugrüne Zweige und deutlich vertiefte Blätter auszeichnet, nicht selten cultivirt.

B. *Bióta*[2]) (D. Don in Lambert Pin. ed. 2. II. 129 [1828]. [Endlicher Syn. Conif. 46 (1847) als Gatt.] Eichler in Nat. Pfl. II. 1. 98). Zweige in senkrechter Ebene verzweigt, beide Seiten gleichgestaltet, lebhaft grün. Zapfenschuppen in der Reife zuerst derb-fleischig, später hart, trocken, oft fest verklebend und unregelmässig zerreissend, rückenseits mit (bis 2 mm langen) zurückgekrümmten Hörnchen. Samen länglich eiförmig, ungeflügelt.

* **T. Orientális.** ♄, seltner kleiner ♄, bis etwa 7 m hoch, meist vom Grunde an dicht verzweigt, mit matt glänzender, rothbrauner Rinde. Jüngere

---

1) Wegen der Aehnlichkeit dieser Form mit einer *Erica*.
2) Von βιωτός lebenskräftig, lebenswerth, entsprechend dem in die europäischen Sprachen übergegangenen, schon bei den Schriftstellern des 16. Jahrh. gebräuchlichen Namen der Gattung Arbor vitae. Dieser Name wurde ursprünglich wegen der der Pflanze zugeschriebenen Heilkräfte gegeben. Die Friedhof-Symbolik (als Ersatz der im grössten Theil des Gebiets nicht winterharten Cypresse) hat sich wohl erst später ausgebildet.

Zweige 1—1½ mm breit. Blätter an jungen Exemplaren lineallanzettlich, scharf zugespitzt, abstehend (f. *juniperoídes* A. u. G. Syn. I. 241 [1897]. *Retinóspora j.* Carr. Conif. ed. 2. 140 [1867]. *Biota o. decussáta* Beissner u. Hochstetter in Beissner Nadelholzkunde 58 [1891]), an älteren etwa 1 mm lang, breit eiförmig, stumpf zugespitzt, fest anliegend, sich dachziegelartig deckend. Flächen- und Kantenblätter mit einer in eine lange, schmale Furche eingesenkten Harzdrüse. Zapfen aufrecht, 10—15 mm lang, 8—12 mm breit, vor der Reife grün, hechtblau bereift, bei der Reife röthlich schwarzbraun.

In Nord-Persien, Turkestan, China und Japan einheimisch, bei uns häufiger Zierstrauch, besonders auf Friedhöfen. Bl. April—Mai.

T. o. L. Sp. pl. ed. I. 1002 (1753). Nat. Pfl. II. 1. 98 fig. 56. *Biota o.* Endlicher Syn. Conif. 47 (1847). Willkomm a. a. O. 250.

Einzige einheimische Tribus:

JUNIPÉREAE.

(K. Koch Dendr. II. 2. 110 [1873]. *Juniperinae* Endl. Syn. Conif. 5 [1847]. Nat. Pfl. fam. II. 1. 101 [irrthümlich *Cupressinae* gesetzt].)

Vgl. S. 234. Hierher nur die Gattung:

33. JUNÍPERUS[1]).

([Tourn. Inst. 588 t. 361 erw. L. Gen. pl. ed. 1. 311] ed. 5. 461 [1754]. Nat. Pfl. II. 1. 101.)

(Wachholder; franz.: Genévrier; ital.: Ginepro.)

ħ oder seltener ♄. Blüthen bez. Blüthensprosse an kurzen mit Schuppenblättern besetzten Seitenzweigen endständig. Blüthen zweihäusig oder seltner unvollkommen einhäusig (auf einem überwiegend männlichen oder weiblichen Stock einzelne Blüthensprosse bez. Blüthen des anderen Geschlechts). Männliche Blüthen eiförmig aus zahlreichen eiförmig-schildförmigen, schuppenartigen, rückenseits am oberen zurückgebogenen Rande 3—7 blasige Pollensäcke tragenden Staubblättern bestehend. Weibliche Blüthensprosse aus 3 bis zahlreichen in der Reife fleischig werdenden Schuppen bestehend. Samenanlagen einzeln auf der sie tragenden Schuppe. Samen mit holziger Schale. Keimblätter 2.

Etwa 30 Arten fast ausschliesslich auf der nördlichen Hemisphäre. Ausser den im Gebiete vorkommenden noch 4 Arten im südlichen Europa: *J. thurifera* (L. Sp. pl. 1039 [1753]), *J. foetidissima* (Willd. Sp. pl. IV. 853 [1805]), *J. excélsa* (M. B. Fl. Taur. Cauc. II. 245 [1808]), *J. drupácea* (Lab. Pl. Syr. Dec. II. 14, t. 8 [1791] = *Arceuthos*[2]) d. Ant. u. Kotschy ÖBW. IV. [1854]. Willkomm a. a. O. 268). Letztere, von Griechenland bis Syrien verbreitete, im wärmeren Gebiet zuweilen angepflanzte Art ist durch ihre grossen (25 mm Länge erreichenden) essbaren Beerenzapfen bemerkenswerth, welche wegen der Verwachsung der 3—6 Samen als Steinfrucht erscheinen. Diese Art schliesst sich der ersten Untergattung an; die übrigen gehören zur zweiten.

---

[1]) Namen der Gattung bei Vergilius.
[2]) ἄρκευθος, Name des Wachholders bei den griechischen Schriftstellern.

A. Untergattung *Oxycedrus*[1]) (Spach Ann. sc. nat. 2. Sér. XVI. 288 [1841]. Endl. Syn. Conif. 9 [1847]. *Juniperus* Tourn. Inst. 361). Blätter in 3zähligen abwechselnden Quirlen (sehr selten zu 2 oder 4), am Grunde abgegliedert, alle schmal lanzettlich, meist weit abstehend oder locker anliegend, steif, mit einer Stachelspitze. Blüthen zweihäusig. Beerenzapfen nur aus 3 Schuppen gebildet (s. S. 245, 247, 249), wie auch die männlichen Blüthen fast sitzend. Die 3 Samen (sehr selten 6 od. 9, zuweilen durch Fehlschlagen nur 1) nicht verwachsen, bauchseits gegen einander abgeplattet, rückenseits kahnförmig gekielt. Blüthenknospen von schuppenartigen Hochblättern bedeckt.

96. (1.) **J. commúnis.** (Wachholder, in Bayern Kranewit, an der Ostsee Machandel, in Ostpreussen (aus d. Litt.) Kaddick; niederl.: Jeneverboom, Jeneverstruik; vlaem.: Geneverboom; dän.: Ene; franz.: Genévrier; ital.: Ginepro; rumän.: Junipere; poln.: Jalowiec; wend.: Jalowenc; böhm.: Jalovec; russ.: Можжевельникъ, Вересникъ; kroat.: Smrič; serb.: Црна Фења; litt.: Kadagýs; ung.: Boróka.) ♄ seltener ♄, bis 10 m hoch, meist vom Grunde an verzweigt, seltener (baumartige Exemplare) mit 1 (—2) m hohem Stamm. Jüngere Zweige durch Längsleisten unter den Blättern dreikantig, hell- bis kastanienbraun, glänzend, ältere dunkelgrau bis graubraun mit stark rissiger, sich faserig abschälender, in jungem Zustande stumpf rostrother Rinde. Blätter schmal bis breit lineallanzettlich, meist graugrün, seltener lebhaft grün, 4 (meist 10—15) bis 22 mm lang, 1 (bis höchstens 2) mm breit, bauchseits seicht gefurcht, mit in der Furche nicht oder doch nur am Blattgrunde (meist undeutlich) erhabenem Mittelnerven (daher der weisse Längsstreifen nur hin und wieder am Blattgrunde durch einen feinen grünen Mittelstreifen getheilt), rückenseits stumpf gekielt, meist am Kiel mit einer deutlichen Längsfurche, von der Mitte oder dem oberen Drittel meist allmählich in die scharfe Stachelspitze verjüngt, nach dem Grunde wenig verschmälert, plötzlich an der Anheftungsstelle abgestutzt oder etwas ausgerandet. Querschnitt (etwas unterhalb der Mitte) bauchseits flach oder concav. Hypodermale Sklerenchym- (Bast-) Schicht die ganze Rückenseite bedeckend und auf die Bauchseite jederseits um $1/8$—$1/4$ der Blattbreite übergreifend, 1—2schichtig. Längs der Mitte der Bauchseite ein hypodermales Bastbündel verlaufend (bei einigen Formen fehlend). Harzgang sehr weit, von 8—16 Epithelzellen umgeben, an das Gefässbündel anstossend. Gefässbündel rückenseits mit 2—8zelligem Bastbelag. Männliche Blüthen einzeln, kurz-eiförmig, sehr kurz gestielt, am Grunde von 2 Quirlen kurz bis länglich dreieckiger, etwa $1/3$ der Länge der ganzen Blüthe erreichender Hochblättern umgeben; der ganze Kurztrieb zur Blüthezeit nur 3—4 mm lang und 2 mm breit. Weibliche Blüthensprosse kugelig eiförmig, grün, zur Blüthezeit kaum 2 mm

---

[1]) ὀξύκεδρος, bei Theophrastos (Hist. pl. III, 12) Name eines mit κέδρος verwandten Nadelholzes, vermuthlich *J. oxycedrus*; ebenso oxycedrus bei Plinius (XIII, 11).

lang, meist aus 8—11 Quirlen dreieckiger, breit schuppenförmiger bis länglich-laubblattartiger Hochblätter bestehend. Beerenzapfen schwarz, blaubereift, kugelig bis eiförmig, (4—) 7—9 mm dick, erst im zweiten Jahre reifend, durch die sich etwas verlängernden, mit Hochblättern besetzten Kurztriebe bis 3 mm lang gestielt. Im grössten Theile des Gebiets vorzugsweise in Wäldern an etwas frischeren Stellen, hier meist ansehnliche Sträucher, seltener kleine Bäume; stellenweise, so besonders in der Lüneburger Heide und im nordöstlichen Theile des Gebiets auf offenem Gelände (meist Heiden) baumartig, zerstreut oder in lichten Beständen; auf nassen (sogar wasserzügigen) Mooren seltener (strauchig); auf dürren Hügeln und im Hochgebirge bis 2500 m (Rasse B. II. b. *nana*) in zwerghaften, niederliegenden Formen. Fast im ganzen Gebiet verbreitet, stellenweise sehr häufig, anderwärts seltener oder zerstreut. Fehlt fast ganz im nordwestdeutschen Flachlande auf einem ca. 70 km breiten Streifen an der Nordseeküste, wo die auch in Schleswig-Holstein nur zerstreut vorkommende Pflanze nach Buchenau (Fl. Nordw. Tiefebene 38) nördlich der Linie Harburg-Verden-Delmenhorst-Papenburg nur noch an einigen zerstreuten Orten zu finden ist. Auf der sandigen Landhöhe der Grossen Ungarischen Ebene zwischen Donau und Theiss ist diese Art der einzige Vertreter der Nadelhölzer (Kerner Pflanzenl. d. Donaul. 37). Nicht selten in Gärten gepflanzt. Bl. April, Mai. Fr. im Herbst des folgenden Jahres.

J. c. L. Sp. pl. ed. 1. 1040 (1753). Richter Pl. Eur. I. 6. Willkomm a. a. O. 261 fig. XXXIII 7—13 XXXIV. Koch Syn. ed. 2. 765. Nyman Consp. 676 Suppl. 284. Rchb. Ic. fl. germ. XI. t. DXXXV fig. 1141 (alle 4 schliessen *J. nana* aus).

In der Tracht wie in der Länge und Gestalt der Blätter sehr veränderlich; folgendes sind die wichtigsten aus der grossen Anzahl von Formen:

A. ḥ oder ♄. Blattquirle 5—10, seltner bis 20 und mehr mm von einander entfernt. Blätter meist über 10—15 mm (seltner bis über 2 cm) lang, erheblich länger, meist doppelt so lang (oder länger) als der reife Beerenz., meist gerade seltner mehr oder weniger aufwärts gekrümmt, allmählich in die entschieden stechende Stachelspitze verschmälert, meist starr abstehend oder zurückgeschlagen.

I. Weckii[1]). Zweige schlank aufrecht. Blattquirle mitunter 2- oder 4zählig. Blätter 15—22 mm lang, 3—4mal so lang als der nur 4—5 mm dicke reife Beerenzapfen, meist rückwärts gerichtet. — So bisher Berlin: Charlottenburg (Lackowitz!). Stuttgart: Hasenberg (G. v. Martens!). Kissingen: Staffelberg (A. Weck!). — *J. c.* A. I. W. Graebner in A. u. G. Syn. I. 243 (1897). Hierzu die Unterabart b. *oblónga* (*J. c.* 4. o. Loudon Enc. trees and shrubs 1082 [1842]. *J. o.* M. B. Fl. Taur. Cauc. II. 426 [1808]) mit länglich-eiförmigen Früchten. Cultivirt, bisher im Gebiet bei Berlin! wild beobachtet. — Vgl. 1. *thyiocarpos* S. 245.

---

[1]) Nach Friedrich Adolf Weck, * 26. Febr. 1824 in Berlin, † 8. Dec. 1895 ebendort, Apotheker in Schlieben (R.-B. Merseburg), dessen früher wenig bekannte Umgebung er botanisch erforschte; seit 1875 Rentner in Berlin. Das reiche und wohl erhaltene Herbar dieses fleissigen und intelligenten Sammlers befindet sich in meinem Besitz.   G.

An der Abart A. I. *Weckii* findet sich eine Spielart: Die Hüllschuppen der Winterknospen zu bis 15 mm langen, bis über 2 mm breiten, lanzettlich-spatelförmigen, plötzlich zugespitzten Laubblättern umgebildet. — Kissingen (Weck!). Berlin!

II. Blätter meist nicht über 16 mm lang, selten (wenig) über doppelt so lang als der 6—9 mm dicke reife Beerenzapfen.

a. elongáta. Blattquirle bis über 2 cm von einander entfernt, Blätter meist breiter als 1 mm. — Bisher nur in Ostpreussen: Baranner Forst bei Lyck. — *J. c.* ** *e.* Sanio DBM. I. 51 (1883).

b. vulgáris. Blattquirle 3—6 (höchstens vereinzelt bis 10) mm von einander entfernt. Blätter meist schmal linealisch, meist nicht über 1 mm breit. Querschnitt (etwas unterhalb der Mitte) dreieckig mit abgerundeter (oder abgeflachter) Spitze, bauchseits flach oder concav. Das Hypoderm ausser der Unterseite auch seitlich (jederseits bis $^1/_4$ der ganzen Blattbreite) auf die Bauchseite übergreifend, (1—)2 schichtig; bauchseits längs der Mittellinie ein aus 6—9 Bastfasern bestehendes Bündel hypodermal verlaufend. Harzgang sehr gross, von 10—16 Epithelzellen umgeben, an die Epidermis nnd (fast an) das Gefässbündel anstossend. Bastbelag an der Rückenseite des Gefässbündels 6—8 zellig (vgl. Wettstein, Sitzb. Kais. Akad. Wissensch. Wien XCVI. 1. Abth. 328 [1887]). — Die bei weitem häufigste Form der Ebene und Bergregion, in den südlichen Alpen bis 1800, in den nördlichen bis 1497 m aufsteigend. — *J. c.* var. *v.* Spach Ann. Sc. nat. 2. Sér. XVI. 289 (1841). *J. c.* var. *montána* Neilreich Fl. v. Niederösterr. I. 227 (1859).

Zu dieser Form gehören eine Reihe von Unterarten, die besonders durch die Tracht von einander verschieden sind; eine Anzahl derselben ist selten wild beobachtet, wird dagegen häufig in Gärten gezogen. Die hauptsächlichsten sind: 2. *Suécica*[1]) (*J. c.* 2. *s.* Ait. Hort. Kew. ed. 2. V. 414 [1813]. Loudon Arbor. et frut. Brit. IV. 2489 [1838]. Gordon The Pinetum ed. 2. 132 [1880]. Beissner a. a. O. 135 fig. 33. *J. S.* Mill. Gardn. Dict. ed. 8 No. 2 [1768]. *J. c.* β. L. Sp. pl. ed. 1. 1070 [1753]). ƫ, bis 10 m hoch, mit dichten aufsteigenden Zweigen, kürzeren, entschieden stechenden Blättern und grossen Früchten. Nach Miller a. a. O. samenbeständig, deshalb von ihm für eine eigene Art gehalten. — Ostpreussen: Fritzener Forst (Abr. PÖG. Kön. XXXI. 29) und wohl weiter verbreitet; häufig angepflanzt. (Hierzu *J. c. fastigiáta* Parl. in DC. Prodr. XVI. 2. 479 [1864] mit lang zugespitzten Blättern.) Uebergangsformen zu ƫ, robuste aufrechte Büsche sind als *J. c.* var. *Cracóvica* (Gordon a. a. O. [1880]. *J. C.* Loddiges a. a. O. [1836]) beschrieben. Bei Krakau wild beobachtet. — 3. *Hibérnica*[2]) (*J. c.* var. *H.* Gordon The Pinetum ed. 2. 132 [1880]. *J. H.* Loddiges Cat. ed. 1836, Loud. a. a. O. 2490 [1838]. *J. stricta* u. *J. pyramidális* hort., Carrière Conif. ed. 1. 22 [1855]). Schlank pyramiden- bis säulenförmige Sträucher mit kürzeren, wenig stechenden Blättern. — 4. *péndula* (Loudon a. a. O. 2490 [1838]). Strauchig oder baumförmig. Aeste locker stehend, die seitenständigen hängend. — Hin und wieder cultivirt, wild Prov. Posen: Bojanowo: Triebusch (Scholz!). Pr. Schlesien: zwischen dem Obernigker Bahnhof und Schimmelwitz vielfach (Uechtritz!). Oest. Schl.: Teschen, Bystrzyc nach Koszarzysk zu (zugleich *brevifolia* Ascherson!!). Die ebenfalls hierhergehörige Unterabart *b. latifólia* (Sanio a. a. O. 51 [1883]) ist ausgezeichnet durch über 1 mm breite, schräg aufwärts gerichtete Blätter, *c. prostráta* (Willk. Forstl. Fl. 214 [1872] 2. Aufl. 264) zugleich durch niederliegenden Wuchs und sehr genäherte Blattquirle. Die gleichnamige von Formánek (Květena Moravy a rak. Slézska 66 [1887]) aus Mähren beschriebene Form ist wohl nicht wesentlich verschieden; sie hat kürzer zugespitzte Blätter.

---

[1]) Suecicus, Schwedisch.
[2]) S. S. 184 Fussnote 1.

Zur Formengruppe A. gehören zwei Spielarten, die durch den Bau der Zapfenschuppen abweichen. — 1. *coronáta* (*J. c.* **** *c.* Sanio DBM. I. 51 [1883]). Meist robuste Pflanzen mit breiten Blättern. Spitze der Zapfenschuppen breit, seitlich zu einem an dem reifen Beerenzapfen deutlich hervorspringenden dreieckigen Krönchen verwachsen. — Bisher Ostpreussen: Lyck (Sanio a. a. O.). Berlin: am Rahnsdorfer Fliess!! — 1. *thyiocárpos*[1]) (*J. c.* 1. *t.* A. u. G. Syn. I. 245 [1897]. *Thujaecárpus juniperínus* Trautvetter Imag. pl. Ross. 11 t. 6 [1844]). Schuppen zur Reifezeit in der oberen Hälfte (oder mehr) nicht verwachsen, daher die Beerenzapfen an der Spitze offen, die Samen sichtbar. — Bisher nur Pommern: Heringsdorf (A. Braun!), doch wahrscheinlich weiter verbreitet. Das Trautvetter'sche Original gehört zu A. I. b. *oblonga*, die Braun'sche Pflanze hat kürzere Blätter. — Am Donnersberg in der Bayr. Pfalz wurde eine Form mit 6 samentragenden Schuppen beobachtet (29. Jahresb. Schles. Ges. 82 [1851]).

B. *β* (meist niederliegend). Blattquirle meist 2—3 (an Haupttrieben bis 6 oder 10) mm von einander entfernt. Blätter nur 4—8 (selten bis 10) mm lang, so lang oder wenig länger als der reife Beerenzapfen, oft aufwärts gekrümmt, meist aufrecht abstehend oder anliegend (seltner rechtwinklig abstehend). Beerenzapfen gross (bis 9 mm).

I. Blätter starr (bis horizontal) abstehend.

brevifólia. Blattquirle an Haupttrieben mitunter bis 10 mm von einander entfernt. Blätter bis 10 mm lang, allmählich in die stechende Stachelspitze verschmälert, meist gerade. — Pommern: Kolberg!! Westpreussen: Kreis Putzig mehrfach!! Ostpreussen: Lyck mehrfach (Sanio!). Prov. Sachsen: Halle: Dölauer Heide (Garcke!). Oest. Schlesien: Teschen (Ascherson!! vgl. Sanio a. a. O.) Bayrische Alpen: Benediktenwand (Engler!). Tirol: Trins (Wettstein Fl. Exs. Austro-Hung. No. 1838!). Galizien: Babia Gora (M. Firle!). — *J. c.* ***** *b.* Sanio a. a. O. 51 (1883).

II. Blätter aufrecht abstehend oder locker anliegend.

a. *intermédia*. Bis 1 m hoch. Zweige schlank. Blattquirle bis 3, an Haupttrieben bis 6 mm von einander entfernt. Blätter meist 7—10 mm lang, meist gerade oder schwach gebogen, schmal-lanzettlich (selten über 1 mm breit), allmählich in die stechende Stachelspitze verschmälert. Querschnitt dreieckig, mit meist abgeflachter Spitze, meist bauchseits flach. Hypoderm von der Rückenseite mehr oder minder stark (meist jederseits um etwa $^1/_6$ der ganzen Blattbreite) auf die Bauchseite übergreifend, 1- (nur stellenweise und meist an den Kanten 2-) schichtig; bauchseitiges Bastbündel fehlend. Harzgang ziemlich weit, von 10—12 Epithelzellen umgeben, an das Hypoderm anstossend, von dem Gefässbündel durch 1 Reihe parenchymatischer Zellen deutlich getrennt. Bastbelag an der Rückenseite des Gefässbündels 4—6 zellig (vgl. Wettstein a. a. O. 330). — Seltner in der alpinen, verbreiteter in der Berg-Region des Alpen- und Karpatensystems!! Sudeten mehrfach (Vorgebirge! bis Gesenke!). Von Sanio (a. a. O.) auch aus Ostpreussen: Lyck: Wittinner Plateau angegeben. — *J. c.* ****** *i.* Sanio a. a. O. (1883). *J. i.* Schur Verh. Siebenb. naturw. V. II. 1850 169 (1851). Wettstein Sitzb. Wien Akad. math.-nat. Cl. XCVI. 332 (1887). *J. c.* var. *densifólia* Sanio herb. vgl. a. a. O. *J. c.* × *nana* Wettstein a. a. O.

Auch von dieser Form werden eine Anzahl (häufiger cultivirter) Unterarten unterschieden; die wichtigsten sind: 2. *compréssa* (*J. c. α. c.* Carrière Conif. 22 [1855]. *J. c.* hort. Rinz, Carrière Conif. ed. 1. 22 [1855]). Dichte aufrechte kurze Pyramide bildend. — Diese Form findet sich nach Willkomm a. a. O. wild in Istrien und Dalmatien. — 3. *hemisphaérica*[2]) (*J. c. β. h.* Parl. Fl. Ital. IV. 83 [1867]. *J. h.*

---

[1]) Von Thyia (s. S. 239) und καρπός Frucht, da diese Spielart in der That an die genannte Gattung erinnert.

[2]) Von ἡμι- halb- und σφαῖρα Kugel, wegen der Gestalt der Krone.

Presl Delic. prageus. 142 [1822]). Kugelige Sträucher mit starren, entschieden stechenden Blättern. — In Süd-Italien, Griechenland und Algerien wild. — 4. *depréssa* (Pursh Fl. Amer. sept. II. 646 [1814]. *J. d.* Rafinesque Medic. Fl. II. 13 [1830]!). Niederliegend, bis 6 dm hoch, oft einen Flächenraum von mehreren ☐ m einnehmend.

b. n a n a. (Zwergwachholder, franz.: Genévrier nain; kroat.: Česmika planinska). **Niederliegend bis 3 dm hoch.** Zweige kurz und dick, häufig hin- und hergebogen. **Blattquirle meist gedrängt, bis 1 (an Haupttrieben höchstens bis 3) mm von einander entfernt. Blätter 4—8 mm lang, 1—2 mm breit, meist bis 1 mm unterhalb der sehr kurzen Stachelspitze wenig verschmälert, anliegend, meist (wenigstens die älteren) deutlich kahnförmig, meist mehr oder weniger aufwärts gekrümmt.** Querschnitt (etwas unterhalb der Mitte) dreieckig, mit deutlich ausgerandeter Spitze, abgerundeten Seitenkanten und concaver Bauchseite. Das Hypoderm ausser der Unterseite (hier an der vorspringenden Mittelrippe meist erheblich unterbrochen) seitlich jederseits nur etwa um $1/8$ der ganzen Blattbreite auf die Bauchseite übergreifend, meist einschichtig, selten stellenweise verdoppelt. Bauchseitiges Bastbündel meist fehlend. Harzgang ziemlich weit, von 8—12 Epithelzellen umgeben, sowohl von der Epidermis als vom Gefässbündel durch 1 (—2) Schichten parenchymatischer Zellen deutlich getrennt. Bastbelag an der Rückenseite des Gefässbündels 2—4 zellig (vgl. Wettstein a. a. O. 329).

In den Hochgebirgen bis 2500 m verbreitet, Alpen!! (von den Seealpen! bis Montenegro!) und Karpatensystem. Gesenke! Riesengebirge: Veigelstein (A. S c h u l z DBM. III. 162) Pantschewiese! Iserwiese! Nicht selten in den Thälern bis in die Bergregion herabsteigend, in den Karpaten schon bei 752 m. Sehr selten in der Ebene: Ostpreussen: Lyck: z. B. Zielaser Wald im Bruche (Sanio! DBM. I. 52 [1883]).

J. c. 3. n. Loudon Arb. et fr. Brit. 2486 (1838). Richter Pl. Eur. I. 6. *J. n.* Willd. Sp. pl. IV. 854 (1805). Willkomm a. a. O. 267. Koch Syn. ed. II. 764 (1844). Nyman Consp. 676 Suppl. 284. *J. c. γ.* L. Sp. pl. ed. I. 1040 (1753). *J. Sibírica* Burgsdorf Anleit. n. 272 (1787). 2. Aufl. II. 127 (1790) nach Willdenow; (dieser vom Autor auf Loddiges Cat. zurückgeführte Name ist ein nomen seminudum). *J. c. γ. montána* Ait. Hort. Kew. ed. 1. III. 414 (1789). *J. alpina* J. E. Gray Nat. arr. Brit. pl. II. 226 (1821). *J. c. γ. a.* Gaud. Fl. helv. VI. 301 (1830).

S a n i o unterscheidet von dieser Rasse zwei Formen: **1.** mit geraden oder fast geraden Blättern, **2.** mit mehr oder weniger gekrümmten Blättern (*J. nána* Willd. a. a. O. im engeren Sinne). — Hierher gehört auch die Unterabart b. *imbricáta* (Beck Ver. Landesk. Nieder-Oesterr. 1890. 78. Blätter fest anliegend, fast dachig, stumpflich, auf dem Rücken rundlich. — In den Hochalpen zerstreut; auch in Siebenbürgen (K a n i t z!).

Die Einziehung dieser Art kann um so weniger befremden, als bereits eine grössere Anzahl namhafter Floristen (Wahlenberg, Neilreich, Saniou.a.) auf Grund eingehender Studien ihre Artberechtigung angezweifelt haben. Zwischen den beiden typisch ausgebildeten Endgliedern der oben angeführten Formenreihe finden sich alle erdenklichen Uebergänge und selbst die sich bei der anatomischen Untersuchung beider (vgl. Wettstein a. a. O., dessen Angaben wir vollkommen bestätigen können) herausstellenden Unterschiede zeigen sich bei den Zwischenformen ebenso schwankend wie die morphologischen Merkmale; mit der abnehmenden Grösse der Pflanze und Länge der Blätter macht sich eine auffällige Abschwächung des mechanischen Systems und damit eine gewisse Abrundung der Querschnittsformen bemerkbar. Die Aufrechterhaltung als Unterart erschien nicht angemessen, da die Form keine von der des Typus abweichende geographische Verbreitung erkennen lässt.

Die Exemplare von Lyck unterscheiden sich vom Typus dieser Form nur wenig durch etwas entferntere Blattquirle und aufrechten Wuchs, in den anatomischen Merkmalen stimmen sie vollkommen überein!! (vgl. oben). Auf den Mooren bei Kolberg!! gesammelte kurzblättrige Zwergformen unterscheiden sich im anatomischen Bau der Blätter nicht wesentlich von ihnen; bei einer Anzahl ist jedoch das bauchseitige Bastbündel (wenn auch schwach) vorhanden, ein Merkmal, welches auch bei der typischen *J. c. II. b. n.* nicht constant erscheint, da wir an Exemplaren hochalpiner Standorte mehrfach einen ziemlich kräftig entwickelten bauchseitigen Sklerenchymstrang vorfanden. — In den Berliner botanischen Garten eingeführte, dem Typus der Rasse *nana* zugehörige Pflanzen näherten sich nach mehrjähriger Cultur in der Blattform etc. der Abart A. II. b. 3. *Hibernica* an!

Eine Spielart, deren Beerenzapfen aus samentragenden Schuppen in 3 Quirlen bestand, beobachtete R. v. Wettstein (mündl.) 1895 in Tirol: Trins.

In holzarmen Gegenden von Dalmatien dient das Holz der *J. c.* zum Hausbau und Weinpfählen (Willkomm a. a. O. 264). Sonst werden die Zweige und Beerenzapfen (Wachholderbeere, dän.: Enebaer, franz.: Genièvre) zum Räuchern benutzt. Die letzteren, von süsslich-aromatischem Geschmack, dienen nicht nur dem danach benannten Krammetsvogel zur Nahrung, sondern werden auch zuweilen in der Küche als Gewürz und zur Herstellung von Mus verwendet, in Dalmatien eingesalzen gegessen (Willkomm a. a. O.).

Off. Das (Wurzel-) Holz: Lignum. Juniperi, Lemnu de Junipere Ph. Helv., Rom.; die Beerenzapfen: Fructus Juniperi, Juniperus, Genièvre, Junipere Ph. Austr., Belg., Dan., Gall., Germ., Helv., Hung., Neerl., Rom., Russ.

(Verbreitung der Art: Ganz Europa (im Süden nur auf Gebirgen), Nord- und Gebirge in West-Asien (bis zum Himalaja), Gebirge Algeriens, Nord-America: jenseits der Waldgrenze im Hochgebirge und im Norden fast nur die Rasse B. II. b. *nana*.) *

96. × 99. *J. communis* × *Sabina* s. S. 254.

97. (2.) **J. oxycedrus**[1]). Blätter bauchseits tief gefurcht, mit in der ganzen Länge der Furche (besonders am Blattgrunde) stark erhabenen, die 2 weissen Längsstreifen vollständig trennenden Mittelnerven, rückenseits scharf keilförmig gekielt.

Im Gebiete nur in der immergrünen Region des Mittelmeergebietes in Gesträuchen (Macchien) oder lichten Wäldern, auf steinigem oder sandigem Boden. Bl. Nov.—April. Fr. Aug.—Nov.

J. O. L. Sp. pl. ed. I. 1038 (1753). Vis. Fl. Dalm. I. 202 (1842).

---

1) S. S. 242.

Zerfällt in 2 Unterarten:

A. J. ruféscens. (Franz.: Genévrier Cade; ital.: Ginepro rosso, Appeggi; kroat.: Smrika, Smrik, Smrič; serb.: Српена ⲫеюа.) ƕ oder seltner ƕ, bis 6 m hoch, sparrig verzweigt. Aeste gespreizt, steif, dicht stehend. Blätter starr, meist dicht gedrängt, steif abstehend, häufig zurückgeschlagen, an den einjährigen Aesten meist fast rechtwinklig abstehend, schon an den jungen Trieben spreizend, bis 16 mm lang (seltener ein wenig länger), 1—2 mm breit, von der Mitte oder dem unteren Drittel allmählich in die lange stechende Stachelspitze verschmälert, rückenseits seitlich der Mittelrippe meist je eine mehr oder weniger deutliche Rinne. Beerenzapfen fast sitzend, 6—8 mm im Durchmesser, braunroth, fettglänzend.

Mit *B.* oft grosse Bestände bildend, aber weiter als diese landeinwärts reichend. Süd-Dauphiné. Provence! Riviera! Istrien!! (nach Freyn ZBG. Wien. XXVII. 427 im Innern häufiger als *B.*) Quarnero-Inseln. Kroatien! Dalmatien! Narenta-Thal bis Konjica (Degen nach Beck Ann. Nat. Hofm. Wien V. 550) und von demselben östlich bis Montenegro!

J. r. Link Sitzb. Ges. Nat.Freunde Berlin Febr. 1845, Voss. Zeit. No. 53, 4. März. Atti 5. riun. scienz. Napoli 878 (1845). Flora XXIX. 579 (1846). *J. O. L.* a. a. O. (1753) z. T. Willkomm a. a. O. 259. Koch Syn. ed. 2. 765. Nyman Consp. 676 Suppl. 284. Richter Pl. Eur. I. 6. Rchb. Ic. fl. Germ. XI. t. DXXXVII fig. 1145. *J. O.* a. *microcárpa*[1]) Neilr. Veg. Croat. 52 (1868).

Einige Formen werden nach der Form der Blätter und der Tracht unterschieden, die meisten werden cultivirt. Bemerkenswerth nur B. *brevifólia* (Hochst. in Seubert Fl. Azorica 26 [1844], Henkel und Hochst. Syn. Nadelh. 317 [1865]). Blätter kaum 10 mm lang. — Im Gebiet noch nicht wild beobachtet, cultivirt. — Durch Farbe des Beerenzapfens abweichend: II. *víridis* (*J. O. γ. v.* Pospichal Fl. Oest. Küstenl. I. 30 [1897]). Beerenzapfen am Grunde der Zweige gehäuft, auch reif grünlich, glanzlos, erst beim Trocknen sich bräunend. — So nur in Istrien am Nordufer des Canal di Leme bei Parenzo.

(Süd-Serbien; Bulgarien; Mittelmeergebiet; Kaukasus; Nord-Persien; Madeira.) [*]

B. *J. macrocárpa*[2]) (kroat.: Pucalika). ƕ, 2—4 m hoch, vom Grunde an verzweigt. Aeste aufrecht, spitzwinklig abstehend, schlank, biegsam, locker stehend. Rinde bräunlich silbergrau. Blattknospen von dreieckigen, scharf zugespitzten Hochblättern bedeckt. Blattquirle meist 3—5 (selten bis 10) mm von einander entfernt. Blätter biegsam, aufrecht abstehend, selten zurückgeschlagen, an den einjährigen Zweigen meist in einem spitzeren Winkel als 45° abstehend, an den jungen Trieben dicht schopfig (pinselartig), oft röthlich überlaufen, bis fast 3 cm lang, vom 1—2 mm breiten Grunde ganz allmählich mit fast geraden Rändern in die lange, stechende Stachelspitze ver-

---

[1]) Von μικρός klein und καρπός Frucht.
[2]) Von μακρός lang und καρπός Frucht; besitzt unter unseren Wachholderarten die grössten Beerenzapfen.

schmälert, rückenseits seitlich der Mittelrippe meist flach oder erhaben (nicht rinnig). Männliche Blüthen kugelig-eiförmig, auf einem zur Blüthezeit bis 5 mm langen und 3 mm breiten, mit 4—6 Quirlen schuppenartiger Hochblätter (der [oder die 2] obersten Quirlen breit trockenhäutig) besetzten Kurztriebe stehend. Weibliche Blüthen 1½—2 mm lang, verkehrt-eiförmig auf einem meist mit 5—7 Quirlen breit dreieckiger, trockenhäutiger Hochblätter besetzten Kurztriebe. Beerenzapfen fast sitzend, bis 15 mm Durchmesser, in der Jugend blau bereift, später dunkel röthlich-braun bis schwarzbraun oder bräunlich schwarzblau, glanzlos.

Wie vorige Unterart, an der Küste oft den Hauptbestand der Macchien bildend (Freyn a. a. O.), im Binnenlande seltener als vorige. Triest: Auresina! Süd-Istrien!! Insel Lussin (Haračić 18). Zwischen Fiume! und Cirkvenica. Dalmatien! auch an dem Küstenpunkte der Hercegovina bei Klek!!

J. m. Sibth. et Sm. Fl. Graec. Prodr. II. 263 (1813). Willkomm a. a. O. 260. Koch Syn. ed. 2. 765. Nyman Consp. 676. Richter Pl. Eur. I. 6. *J. Oxycedrus* L. Sp. pl. ed. I. 1038 (1753) z. T. u. L. herb. *J. O.* b. *macr.* Neilreich a. a. O. (1868).

Nach Form und Farbe der Beerenzapfen sind unterschieden: A. *umbilicáta* (*J. u.* Godr. in Godr. et Gren. Fl. France III. 158 [1855]. *J. macrocárpa* Ten. Fl. Nap. V. 282 [1836]. Rchb. Ic. fl. Germ. XI. t. DXXXVII fig. 1146. *J. Biasolétti*[1]) Link Voss. Zeit. Berlin [Sitzb. Nat.Freunde Febr. 1845]. Atti 5 riun. l. c. [1845]. *J. Oxycedrus* Endl. Syn. Conif. 10 [1847]. *J. macr. globósa* Neilreich ZBG. Wien XIX. 780 [1869]). Beerenzapfen kugelig, am Grunde eingedrückt, röthlichbis schwarzbraun. — So häufiger. — B. *ellipsoïdéa* (Neilreich a. a. O. [1869]. *J. Lobélii*[2]) Guss. Fl. Sic. syn. II. 635 [1844]? *J. macrocárpa* Endl. a. a. O. [1847]). Beerenzapfen ellipsoidisch, am Grunde verschmälert, bräunlich-schwarzblau. — So seltener.

(Mittelmeergebiet von Spanien bis Syrien (scheint in Süd-Frankreich zu fehlen!). Bulgarien.) [*]

J. rufescens und *J. macrocarpa* sind schwerlich als besondere Arten anzusehen, wenn sie auch im frischen Zustande mit Früchten leicht von einander zu unterscheiden sind (vgl. Tommasini ÖBZ. XIII. 161, 162, Freyn ZBG. Wien XXVII. 427) und nach Engler (mündl.) auch an den gemeinsamen Standorten Uebergänge nicht zu bemerken sind (die von mehreren Autoren erwähnten und in Herbarien niedergelegten Zwischenformen sind wohl als Bastarde zu deuten). Die Unterschiede zwischen beiden Formen sind jedoch nicht ausreichend, ihnen das Artrecht zuzuerkennen, es erscheint deshalb richtiger, sie als zwei (gut geschiedene) Unterarten der *J. oxycedrus* anzusehen, wie es Visiani (Fl. Dalm. a. a. O.), Neilreich (Veget. Verh. Croat. 52) u. a. bereits gethan. — Bei beiden Unterarten finden sich nach K. Koch (Dendrol. II. 2. 112, 114) zuweilen 6 samentragende Schuppen im Beerenzapfen.

[1]) Nach Bartolommeo Biasoletto, * 24. April 1793, † 17. Jan. 1859 (de Marchesetti br.), Apotheker in Triest, verdienstvollem Erforscher der Flora der Adriatischen Küstenländer.

[2]) Nach Matthias de l'Obel (Lobelius), * 1538 † 1616, zuletzt Hofbotaniker Jakobs I. von England, dem jüngsten aus der Dreizahl hervorragender Niederländischer Botaniker (zu der ausser ihm noch Dodonaeus und Clusius gehören), welche in der zweiten Hälfte des 16. Jahrh. die Kenntniss besonders der Europäischen Pflanzen so beträchtlich erweitert haben. In seiner Plant. s. stirp. historia Autverpiae 1576 t. 629) hat Lobelius jedenfalls diese Form aus Dalmatien als *Juniperus maximus illyricus coerulea bacca* abgebildet.

Die Art besitzt einen siphonogamen Schmarotzer *Arceuthobium*[1]) *oxycedri* (nach Pospichal a. a. O 421 allerdings auch auf *J. communis* vorkommend). Aus dem Holze (Lign. Oxycedri) wird ein Oel (Huile de Cade, Ol. cadinum) gewonnen, welches äusserlich bei verschiedenen Krankheiten der Hausthiere angewandt wird.

B. *Sabina*[2]) (Spach Ann. sc. nat. 2. Sér. XVI. 291 [1841]. *Cedrus*[3]) Tourn. Inst. 588 t. 361). Meist zweihäusig, mitunter jedoch männliche und weibliche Blüthen auf einer Pflanze. Blätter zu 2 gegenständig oder zu 3 quirlig, nicht abgegliedert, am Stengel herablaufend, von zweierlei Gestalt: an jungen (auch oft an einigen [besonders inneren] Zweigen älterer) Pflanzen länglich-lanzettlich, weit abstehend, an älteren Pflanzen kurz oval bis dreieckig, schuppenartig anliegend. Beerenzapfen aus 4—9 Schuppen gebildet, (wie auch die männlichen Blüthen) deutlich gestielt. Samen nicht verwachsen, unregelmässig geformt. Blüthenknospen nackt.

I. Blätter in 3 zähligen abwechselnden Quirlen, in 6 Längsreihen angeordnet, nur an den schwachen Seitentrieben gegenständig, unter dem Mikroskop fein gezähnelt. Beerenzapfen mit von holzigen Fasern durchsetztem Fruchtfleisch.

98. (3.) **J. phoenicea**[4]). (Franz.: Morven, Genévrier de Phénicie, Lycien, Cèdre Lycien; ital.: Sabina, Cedro licio, C. fenicio; kroat.: Brika, Ljuvi Smrič). ħ oder selten bis 2½ m hoher kleiner ħ (im Süden bis 6 m und höher), meist vom Grunde an (oben sehr dicht) verzweigt. Rinde an älteren Aesten dunkelbraun, mattglänzend, mit silbergrauer, blätteriger Borke, an jungen Zweigen hell zimmetbraun. Blätter an jungen Pflanzen (nicht selten auch an einzelnen Zweigen älterer, welche dann mitunter für Bastarde von *J. oxycedrus* und *phoen.* gehalten wurden, vgl. Visiani Fl. Dalm. I. 203, Haračić 19) schmal lanzettlich zugespitzt bis 6 mm lang, abstehend, an älteren 1 (an den Haupttrieben bis 2) mm lang, kurz (bis länglich) dreieckig-eiförmig, fest anliegend, oft sich dachig deckend, auf dem Rücken rundlich, oft mit einer Längsfurche durchzogen oder grubig eingedrückt, wegen der dem Zweige zugekehrten kurzen Stachelspitze etwas stumpf erscheinend. Blüthen öfter einhäusig. Männliche Blüthen an den Enden ziemlich (oft über 2 cm) langer, meist gespreizter, fiederig gestellter, oft bogig gekrümmter Triebe.

---

[1]) Von ἄρκευθος, s. S. 241 und -βιος lebend.
[2]) herba Sabina, Name einer Arzneipflanze, vermuthlich der beiden hier aufgeführten Arten, bei Vergilius, Ovidius, Dioskorides (I, 104), Plinius (XXIV, 61); vgl. auch S. 150 Fussnote 3.
[3]) S. S. 205 Fussnote 1.
[4]) phoeniceus oder poeniceus (von φοινίκεος) roth, purpurroth, wegen der Farbe der Früchte. Man muss diese Umformung und Umdeutung des (wie J. Lycia) bei Plinius (XIII, 11) vorkommenden Namens J. Phoenicia gelten lassen, da diese Art in Phoenikien (Syrische Küste) gar nicht wächst. In Lykien (Süd-Kleinasien) kommt sie allerdings vor; es ist aber trotzdem sehr fraglich, ob Plinius gerade diese Art gemeint hat.

Weibliche Blüthensprosse klein, eiförmig-kugelig, fast sitzend oder auf bis 5 mm langen Trieben; die 3 oberen Schuppen gegeneinander gebogen. **Beerenzapfen bis 5 mm lang gestielt erscheinend, kugelig, bis 12 mm dick, meist 4—9 unregelmässig länglich eiförmige, oft gegeneinander abgeplattete Samen enthaltend, mit zahlreichen Harzlücken, in der Reife glänzend rothbraun, wenig bereift.**
Wie vorige Art in der immergrünen Region des Mittelmeergebiets, ausnahmsweise über die Grenze derselben hinaufsteigend. Dauphiné bis Gap, St. Clément d'Embrun und Grenoble (St. Lager Bass. Rhone 686). Provence! Riviera! bis 1350 m (Burnat) ansteigend. Inseln Veglia, Cherso! und Lussin häufig! (Haračić III, 19). Dalmatien!! Die Angabe in Kroatien: Südseite des Sveto Brdo im Velebit (Schloss. ÖBW. II. 370) wird von Neilreich (Veg. Croat. 52) mit Recht beanstandet. Im übrigen Gebiet öfter angepflanzt, z. B. Hercegovina: Narenta-Thal von Konjica abwärts (Beck Ann. Nat. Hofm. Wien II. 35). In Nord- und Mitteldeutschland nicht winterhart. Bl. Nov.—April.

J. p. L. Sp. pl. ed. 1. 1040 (1753) incl. *J. lycia*[1]) L. a. a. O. 1039 (1753) z. T. Willkomm a. a. O. 253. Koch Syn. ed. 2. 765. Nyman Consp. 676 Suppl. 284. Richter Pl. Eur. I. 6. Rchb. Ic. fl. Germ. XI t. DXXXVI fig. 1144. *Sabina p.* Antoine Cupress. Gatt. 42 t. 57 (1857—1860).

Das Laub der Cypresse sehr ähnlich. Aendert ab II. *turbinàta* (Parl. Fl. Ital. IV. 91 [1867]. *J. t.* Guss. Fl. Sic. Syn. II. 634 [1844]). *J. oóphora*[2]) Kunze Floia XXIX. 637 [1846]). Früchte eiförmig oder kurz abgerundet kegelförmig. Bemerkenswerth ist l. *myosúros*[3]) (*J. p. l. m.* A. u. G. Syn. I. 251 [1896]. *J. M.* Hort. Sénéclauze Cat. 35 [1854]. *J. p.* var. *filicáulis* Carrière Conif. 1 ed. [1855]). Zweige sehr lang, dünn, meist hängend, wenig verzweigt.

— (Canarische Inseln; Madeira; Portugal; Mittelmeergebiet (östlich bis Cyrenaica! und Cypern); West-Arabien bis Djedda und Taifa.) [*]

Vgl. *J. Sabina* A. III. *prostrata* und *J. Virginiana.*

II. **Blätter meist alle gegenständig (hin und wieder an einigen grossen Haupttrieben zu 3), fast ganzrandig. Beerenzapfen mit weichem nicht faserigem Fruchtfleisch.**

99. (4.) **J. Sabina**[4]). (Sadebaum, Säbenbaum, Sevenbaum; niederl. und vläm.: Zevenboom, Zavelboom; dän.: Sevenbom; franz.: Sabine; ital.: Sabina; rumän.: Sabina; poln.: Choinka klasztorna, Sawina; wend.: Cerkwine zele d. h. Kirchenkraut; böhm.: Chvojka; slovak.: Klasterska Chvorka; russ.: Казацкій можжевельникъ; serb.: Сомна; litt.: Kādagmedis (?); ung.: Nehézszagu Boróka, Ciprus-Fenyö.) ħ, **niederliegend oder aufsteigend, seltner aufrecht, meist bis 1 1/2, selten bis 3 oder 4 m hoch.** Zweige meist abstehend, sehr dicht buschig, eine mehr oder

---

[1]) S. S. 250 Fussnote 4.
[2]) Von ὠόν Ei und -φορος tragend, hervorbringend, wegen der Gestalt der Früchte.
[3]) Von μῦς Maus und οὐρά Schwanz, wegen der Gestalt der dünnen Zweige.
[4]) S. S. 250 Fussnote 2.

weniger regelmässige, ziemlich schlanke Pyramide bildend. Rinde an jungen Zweigen gelbbraun, an älteren blätterig, röthlich-braun, mattglänzend. Blätter an jungen (meist auch an einigen Zweigen älterer Exemplare) schmal lanzettlich, bauchseits gefurcht, mit deutlich vorspringender Mittelrippe, rückenseits abgerundet, bis 9 mm lang, aufrecht abstehend, mit starker Stachelspitze, an älteren Exemplaren (besonders an blühenden Zweigen) deutlich 4 reihig gestellt, 1 (an Haupttrieben bis 3) mm lang, länglich-eiförmig, dreieckig, stumpf bis (an den Haupttrieben) scharf stachelspitzig, fest anliegend, sich meist dachziegelartig deckend, bauchseits flach concav, mit scharf vorspringender Mittelrippe, rückenseits halbcylindrisch gewölbt, mit elliptischer eingesenkter Harzdrüse. Querschnitt (etwas unterhalb der Mitte) halbmondförmig mit concaver Bauchseite, auf der die Mittelrippe convex vorspringt. Hypodermale Bastschicht nur die Rückenseite bedeckend, einschichtig, stellenweise zweischichtig. Harzgang eng, von 7—9 ziemlich kleinen Epithelzellen umgeben, vom Gefässbündel durch 3—5 Zellschichten getrennt; Gefässbündel der bauchseitigen Epidermis anliegend, ohne Bastbelag. Blüthen zwei-, seltner einhäusig. Männliche Blüthen fast sitzend oder auf bis 5 mm langen Kurztrieben länglich eiförmig (bis 4 mm lang, bis 2 mm breit). Staubblätter meist 10—15. Weibliche Blüthensprosse nickend, klein, sich kaum von dem bis 5 mm langen Kurztriebe abhebend; die zwei obersten Schuppen sich vogelschnabelartig gegenüberstehend, sanft einwärts gebogen. Beerenzapfen auf bis 5 mm langem hakig rückwärts gebogenem Stiel, kugelig bis kugelig-oval, bis 9 mm gross, bräunlich schwarzblau, hechtblau bereift.

An Felsen oder auf steinigen Abhängen, bis 2343 m aufsteigend. Im ganzen Alpensystem von Ligurien (Albenga) bis Montenegro, in den südlichen und Central-Alpen zerstreut oder stellenweise häufig, in den nördlichen seltener: Schweiz: im Thale der Saane: Montbovon (Canton Freiburg) und Château d'Oex (Canton Waat) (Christ Pflleb. Schw. 132), Canton Uri, Vierwaldstätter See; Canton Glarus; Wallensee (Christ 129, 130, 132); (im Jura fehlend). Nord-Tirol: Zirl: Höhenberg (Lieber nach Dalla Torre ÖBZ. XL. 264). Bayerische Alpen: Ammergau; Berchtesgaden. Ober-Oesterreich; Gasselspitze am Traun-See (Dürrnberger br.). Nördliche Karpaten; auf der Sokolica und am Facimiech in den Pienninen (Knapp 81). Siebenbürgen (A. II. vgl. S. 253) mehrfach (Simonkai, Csató!). Banat: Domugled (Neilreich Ungarn 73). Im übrigen Gebiete häufig angepflanzt und zuweilen verwildert, oft aus ehemaligen Culturen, vielleicht seit Jahrhunderten (so im Elsass: Strassburg: Weinberge bei Ober-Hausbergen. Prov. Hannover: Ruine Hardenberg bei Nörten in grosser Menge!!). Bl. April, Mai. Fr. Frühling des folgenden Jahres.

J. S. L. Sp. pl. ed. I. 1039 (1753). Willkomm a. a. O. 254. Koch Syn. ed. 2. 765. Nyman Consp. 676 Suppl. 284. Richter Pl. Eur. I. 6. Rchb. Ic. fl. Germ. XI t. DXXXVI fig. 1143. *J. foétida* Spach Ann. sc. nat. 2. Sér. XVI. 294 (1841) z. T. *Sabína officinális* Garcke Fl. Nord- u. Mitteldeutschl. 4. Aufl. 387 (1858).

Eine grosse Anzahl von Formen und Abarten sind zum Theil wild beobachtet, zum Theil aus der Cultur hervorgegangen. Als Festpunkte der Formenreihen mögen folgende betrachtet werden.

A. cupressifólia. Blätter klein, schuppenartig anliegend. — Die häufigste (auch im Gebiet am meisten verbreitete) Form. — *J. S. c.* Ait. Hort. Kew. ed. 1. III. 414 (1789). *J. foétida α. Sabina* Spach Ann. Sc. nat. 2. Sér. XVI. 295 (1841). *J. S. A. vulgáris* Carr. Conif. 35 (1855). Hierher die meisten Culturvarietäten und eingeführten Formen: auch I. b. *horizontális* (A. u. G. Syn. I. 253 [1897]. *J. h.* Moench Meth. 699 [1794]. *J. prostráta* Torr. Comp. 263 [1826] nicht Pers. *J. alpína* Lodd. Cat. 48 [1836]. *J. S. β. húmilis* Hook. Fl. bor.-am. II. 166 [ausser d. Synon.] [1840]. Carr. a. a. O. [1855]. *J. S. multicáulis* Spach a. a. O. [1841]). Niedrig, Aeste flach ausgebreitet bis niederliegend. — Ueberall unter der Stammform wild beobachtet. — Ebenfalls hierher möchten wir die von manchen Autoren als Art angesehene, in unseren Gärten häufig angepflanzte Nordamericanische I. c. *prostráta* (*J. S.* 4. *p.* Loudon Arbor. et frut. Brit. IV. 2499 [1838]. *J. p.* Pers. Syn. pl. II. 632 [1807]. Spach a. a. O. 293 [1841]. Carr. Conif. 26 [1855]. *J. repens* Nutt. Gen. Amer. II. 245 [1818]. *J. hudsónica* ¹) Lodd. Cat. [1836]) rechnen, die ausser durch ihren niederliegenden, dichtrasigen Wuchs, durch meist schärfer zugespitzte, nicht selten an Haupttrieben in dreizähligen Quirlen stehende Blätter und unbereifte Früchte ausgezeichnet ist. Einen Uebergang von der Formengruppe A zu B bildet gewissermaassen:

 II. Lusitánica ²). Aufrecht, mit wagerecht abstehenden Aesten. Blätter ziemlich scharf zugespitzt, rückenseits deutlich kantig (fast gekielt), daher die jungen Triebe mehr oder minder vierkantig. Beerenzapfen aufrecht oder übergebogen, meist am Grunde deutlich verschmälert, in der Jugend blau bereift, später schmutzig dunkel-rothbraun. — Im ganzen Süden Europas verbreitet, im Gebiet anscheinend nur in Dalmatien (Wettstein Sitzb. Akad. Wissensch. Wien XCVI. 333 [1887]) und Siebenbürgen (Csató!) — *J. S. A.* II. *L. A.* u. G. Syn. I. 253 (1897). *J. L.* Mill. Gard. Dict. ed. 8 No. 11 (1768). *J. S. β. L.* Sp. pl. ed. 1. 1039 (1753). *J. sabinoídes* ³) Griseb. Spicil. fl. Rum. et Bithyn. II. 352 (1843). Wettstein a. a. O. 332. Nyman Consp. 676 Suppl. 284.

B. tamariscifólia. Blätter alle oder doch zum Theil lang-lanzettlich, abstehend. — So seltener wild; häufig angepflanzt. — *J. S. t.* Ait. Hort. Kew. ed. 1. III. 414 (1789).

Eine buntblättrige Form wird unter dem Namen m. *variegáta* (hort., Carr. Conif. 36 [1855]) cultivirt.

Die Pflanze besitzt einen eigenthümlichen, intensiv widerlichen, in der Ferne dem der übrigen *Juniperus*-Arten ähnlichen aromatischen Geruch, wird deshalb in einigen Gegenden zum Schutz gegen Motten etc. im Sommer in die Winterbekleidungsstücke gelegt.

Die Arzneikräfte derselben sind im Volke allgemein bekannt und werden mitunter zu verbrecherischen Zwecken, zur Hervorrufung eines Aborts missbraucht, weshalb die angepflanzten Sträucher nach bestehenden Vorschriften scharf beaufsichtigt werden sollten.

Off. Die jungen Zweige: Folia, Herba, Ramuli oder Summitates Sabinae, Sabina, Sabine Ph. Austr., Belg., Dan., Gall., Germ., Helv., Hung., Neerl., Rom., Russ.

(Gebirge von Süd-Europa (incl. Pyrenäen), Mittel- und Nord-Asien, Nord-America.)

---

¹) Nach dem Vorkommen an der Hudson-Bay in Nord-America.
²) Lusitanicus, Portugiesisch.
³) Von Sabina (s. S. 250 Fussnote 2) und εἶδής ähnlich.

* **J. Virginiána** [1]). ♄, seltener ♄, bis 30 m hoch. Rinde bräunlich silbergrau. Blätter lebhaft- bis blau- oder graugrün, gegenständig, an den langwüchsigen Haupttrieben häufig zu 3, an jüngeren und fast immer auch vereinzelt (bis zahlreich) an älteren Exemplaren lineallanzettlich, bis 6 mm lang, allmählich in die ziemlich scharfe Stachelspitze verschmälert, an älteren Exemplaren meist 1 (—2) mm lang, länglich dreieckig scharf zugespitzt, nur locker aufliegend. Beerenzapfen aufrecht oder abstehend, bereift, klein, breit eiförmig bis 5 mm lang und 4 mm breit, bräunlich violett.

Stammt aus dem östlichen Nord-America, wo sie vom Busen von Mexico bis zum 50° verbreitet ist; in unseren Gärten häufig angepflanzt, neuerdings auch zur Gewinnung des zur Bleistiftfabrikation vorzugsweise angewendeten Holzes forstlich angebaut. Bl. April, Mai.

J. v. L. Sp. pl. ed. 1. 1039 (1753).

Sehr veränderlich; nach der Tracht, der Farbe und Gestalt der Blätter sind zahlreiche Formen beschrieben worden.

Bastard.

96. × 99. (5.) J. commúnis × Sabína. ♄. Von *J. Sabina* B. durch makroskopische Merkmale kaum oder nicht zu unterscheiden, anatomisch jedoch nach Wettstein (Sitzb. Kais. Akad. Wissensch. XCVI. 1. Abth. 334 ff. [1887]) von jener verschieden: Querschnitt der Blätter (etwas unterhalb der Mitte) dreieckig halbmondförmig, mit abgeflachter Spitze und flacher oder wenig vertiefter Bauchseite. Hypodermale Bastschicht nicht nur die ganze Rückenseite bedeckend, sondern auf die Bauchseite jederseits etwa um $1/6$ der Blattbreite übergreifend, einschichtig, stellenweise verdoppelt. Das längs der Mitte der Bauchseite hypodermal verlaufende Bastbündel schwach, aus 3—6 Sklerenchymfasern bestehend. Der rückenseits verlaufende Harzgang ziemlich weit, von 9—11 Epithelzellen umgeben, durch 2—3 Zellschichten vom Gefässbündel getrennt. Gefässbündel in der oberen Blatthälfte ohne Bastbelag. Blüthen und Früchte unbekannt.

Bisher nur Siebenbürgen: bei Remete im Comitat Karlsburg (Csató!).

*

J. c. × *S.* A. u. G. Syn. I. 254 (1897). *J. sabinoides* × *c.* Csató Magy. Növényt. Lapok X. 145 (1886). *J. Kanítzii*[2]) Csató

---

[1]) Zuerst aus Virginia bekannt geworden.

[2]) Nach August Kanitz, * 1843 † 1896, Professor der Botanik an der Universität Klausenburg, welcher ausser zahlreichen Schriften über verschiedene Zweige der Botanik die ersten kritischen Florenverzeichnisse wichtiger Theile des Gebiets und des südöstlich angrenzenden Königreichs Rumänien lieferte: Die bisher bekannten Pflanzen Slavoniens v. H. Schulzer v. Müggenburg, A. K. und J. A. Knapp ZBG. Wien XVI. 1866. Catalogus Cormophytorum et Anthophytorum Serbiae, Bosniae, Hercegovinae, Montis Scodri, Albaniae compil. P. Ascherson et A. K. Claudiopoli 1877 (Beilage zu Mag. Növ. Lap. I.). Plantas Romaniae enumerat A. K. Claud. 1879—81 (Beil. z. MNL. III—V). Ausserdem förderte er die Kenntniss der Flora Ungarns durch Herausgabe eines Theils der Kitaibel'schen Manuscripte (deren Fortsetzung sehr zu wünschen wäre) und durch seinen Versuch einer Geschichte der ungarischen Botanik (Linnaea XXXIII. Halle 1865). Wie K. den Neilreich'schen Florenwerken über Ungarn und Kroatien mit seiner ungewöhnlichen Sprach- und Litteratur-Kenntniss zur Seite stand, so verdankt ihm auch diese Synopsis, von deren 1. u. 2. Lieferung dieser mein langjähriger Freund eine Correctur gelesen hat, manchen werthvollen Beitrag. A.

a. a. O. (1886). Wettstein Sitzb. Kais. Akad. Wissensch. XCVI. 1. Abth. 333 (1887). Richter Pl. Eur. I. 7.
Vgl. die Formen von *J. communis* und *J. oxycedrus* mit 6 oder 9 Zapfenschuppen (S. 245, 247, 249).

2. Classe.

GNETÁRIAE.

(A. u. G. Syn. I. 177, 255 [1897]. *Gnetáles* Engler Syll. Gr. Ausg. 63 [1892]. Familie *Gnetáceae* Lindley in Bot. Reg. 1086 [1834]. Eichler in Nat. Pfl. II. 1. 116 Syll. Gr. Ausg. a. a. O.)

Vgl. S. 177. Stamm verzweigt (so bei unserer Gattung) selten einfach. Blätter meist gegenständig, (wenigstens ursprünglich) ungetheilt. Weibliche Blüthen mit einer geradläufigen Samenanlage. Keimling in der Achse des Nährgewebes, mit 2 Keimblättern.

Einige 40 Arten der Tropen- und der beiden gemässigten Zonen. Es gehören hierher ausser der unsrigen noch zwei Gattungen: *Gnétum* [1]) (L. Mant. 1. 18 [1767] mit etwa 15 Arten in den Tropen der Alten und Neuen Welt, meist windende Sträucher mit ansehnlichen, gestielten, elliptischen, fiedernervigen Laubblättern, ährenförmigen Blüthenständen, welche die Blüthen in den Achseln verbundener Hochblattpaare tragen; Hülle der weiblichen Blüthen zur Fruchtzeit fleischig; Samenanlage mit zwei Integumenten) und *Túmboa* [2]) (Welw. Gard. Chron. 1861 74. Journ. Linn. Soc. V. 186 [1861]. *Welwitschia* [3]) J. D. Hooker Gard. Chron. 1862 1194 vgl. die classische Monographie Trans. Linn. Soc. XXIV. I. [1863]). Ueber die Nomenclaturfrage vgl. O. Kuntze Rev. gen. pl. 797. Die einzige Art, *T. Bainésii* [4]) (J. D. Hook. Gard. Chron. 1861 1002. *W. mirábilis* (J. D. Hook. Gard. Chron. l. c. [1862]. Trans. Linn. a. a. O. 7) in den regenarmen Küstengebieten West-Africas zwischen 16 und 23° S. Br., erhebt sich nie mehr als 3 dm über den Boden. Die das ganze Leben der Pflanze hindurch fortwachsenden beiden bis 3 m langen und bis 1 m breiten Laubblätter spalten sich in zahlreiche riemenartige Streifen. Aus der 1 m im Durchmesser erreichenden, 2lappigen oberen Fläche des Stammes entwickeln sich die gablig verzweigten Blüthenstände, an denen die nach der Blüthe zu zapfenartigen, bis 8 cm langen, rothen Körpern auswachsenden 4zeiligen Aehren angeordnet

---

1) Linné bildete diesen Namen im Anklang an den Namen der einzigen ihm bekannten Art *G. gnemon*, welche nach Rumphius (Herb. Amboin. I. 182) auf den Molukken Gnemon oder Gnemo heisst.

2) Von N'tumbo, dem einheimischen Namen der Pflanze bei Cap Negro im Portugiesischen West-Africa.

3) Nach dem Entdecker an obigem Fundort, Friedrich Welwitsch, * 1806 zu Maria-Saal (Kärnten), † 1872 zu London. Derselbe erwarb sich in seinen Jugendjahren namhafte Verdienste an der Erforschung der Deutsch-Oesterreichischen Kronländer, aus welchen er mehrere Beiträge für Koch's Synopsis lieferte. Seine 1834 in den Beiträgen zur niederösterr. Landeskunde erschienene Aufzählung der kryptogamen Gefässpflanzen, Characeen und Moose Nieder-Oesterreichs und die 1836 erschienene Synopsis Nostochinearum Austriae inferioris bilden die Grundlage für die Kenntniss dieser Gruppen. 1839 begab er sich nach Portugal, wo er, zeitweise mit der Aufsicht über die botanischen Gärten in Coimbra und Lissabon betraut, die Flora eingehend erforschte. Das grösste Verdienst erwarb er sich indess durch seine botanische Durchforschung des Portugiesischen West-Africa während der Jahre 1853—1861.

4) Nach dem Entdecker in Herero-Land (im jetzigen Deutsch-Südwest-Africa), Thomas Baines, * 1822 † 1872, Maler und Forschungsreisenden im südlichen Africa.

sind. Die Blüthen sind theils unvollkommen zweigeschlechtlich, mit 6 unterwärts in eine Röhre verwachsenen Staubblättern (mit 3 fächerigen Antheren!) und einer rudimentären Samenanlage, theils weiblich, mit einer nur ein Integument besitzenden Samenanlage. *Tumboa* steht den beiden anderen Gattungen ferner als diese unter sich; aber auch *Ephedra* und *Gnetum* zeigen ausser den ganz verschiedenartigen Vegetationsorganen so bedeutende Unterschiede im Blüthenbau, dass sie wohl mit Recht von Link (1831) und Blume (Rumphia IV. 1. [1848]) als Typen eigener Familien betrachtet worden sind. Vgl. auch Kerner Pflanzenleben II. 641.

Im Gebiet nur die

13. Familie.
EPHEDRÁCEAE.

(Lk. Handb. II. 469 [1831]. Unterfamilie *Ephedroideae* Engler Syll. Gr. Ausg. 63 [1892].)

Achsen gegliedert. Blätter klein, schuppenartig. Blüthen meist zwei- (selten ein-)häusig. Blüthenhülle (Perigon) der männlichen Blüthe aus 2 Blättern gebildet. Staubblätter 2—8. Perigon der weiblichen Blüthe (nach Strasburger und Stapf äusseres Integument, nach Čelakovský Fruchtblatt) schlauchförmig, zur Zeit der Fr. zäh-lederartig, dunkel bis schwarz gefärbt. Samenanlage mit nur einem Integument. Keimling mit zusammengerolltem Träger (Suspénsor).

Einzige Gattung:

34. ÉPHEDRA[1]).

([Tourn. Inst. 663 App. 53. L. Gen. pl. ed. 1. 313] ed. 5. 462 [1754]. Stapf, Die Arten der Gatt. Eph. Denkschr. math.-naturw. Classe kais. Ak. Wissensch. LVI Abth. II. 1 [1889]. Nat. Pfl. II. 1. 117.)

Kleinere ħ oder (bei uns) ħ, zuweilen an anderen Sträuchern und Bäumen hoch klimmend, meist vom Grunde an verzweigt mit (bei unseren Arten stets) gekreuzt gegenständigen, seltner zu 3 oder 4 quirligen, oft durch reiche Verzweigung aus den kurz bleibenden unteren Gliedern scheinquirlig gehäuften Aesten, meist mit unterirdischen Ausläufern. Jüngere Zweige grün, an den Spitzen zart krautig, später erhärtend, bei manchen Arten sich in der ungünstigen (kalten oder trocknen) Jahreszeit regelmässig abgliedernd. Blätter wie die Zweige meist gegenständig, seltner zu 3 oder 4, kurz bis länglich dreieckig zugespitzt, oft in eine schmal linealische, fast fadenförmige Spitze auslaufend, fast immer am Grunde scheidenartig verbunden. Blüthen zwei-, zuweilen einhäusig. Männliche Blüthenstände an jüngeren oder älteren Zweigen achsel- (selten

---

[1]) *ἐφέδρα*, Pflanzenname bei Hesychios und Plinius, nach letzterem (XXVI, 20 und 83) auch ephedros genannt, ein an Bäumen in die Höhe steigendes (daher der Name, der „aufsitzend" bedeutet und das Synonym anábasis „Aufstieg") blattloses, binsenähnliches Gewächs, das zuletzt wie schwarze Pferdehaare (daher hippúris, s. S. 119) herabhängt.

end-) ständig, einfache oder verzweigte Aehren darstellend, welche, bez. ihre Zweige, in den Achseln breiteiförmiger, meist stumpfer krautiger oder häutiger, meist am Grunde verbundener Hochblätterpaare 4—24 Blüthen tragen. Perigon ein rundlicher bis verkehrteiförmiger, häutiger, oberwärts zweilappiger Schlauch. Antheren an der Spitze eines gemeinsamen fadenförmigen Trägers, sitzend oder kurz gestielt, 2- (selten 3-) fächerig, am Scheitel sich porenartig öffnend. Weibliche Blüthen einzeln oder zu 2 oder 3 endständig, von 2—4 oder mehr Paaren von sich dachziegelartig deckenden, schuppenartigen Hochblättern vollständig eingeschlossen oder über dieselben hervorragend. Samenanlage aufrecht eiförmig bis flaschenförmig. Integument an der Spitze in einen vorgestreckten geraden oder schraubenförmig gedrehten Hals (Tubillus) ausgezogen, Deckblätter in der Reife (bei unseren Arten) fleischig werdend, nach Art der Beerenzapfen am *Juniperus* zusammenschliessend oder trockenhäutig.

Diese ausgesprochen xerophytische Gattung zählt etwa 30 Arten in den regenarmen Steppen- und Wüstengebieten der nördlichen gemässigten Zone sowie des Andinen und extratropischen Süd-America und im Mittelmeergebiet. Die Gattung überschreitet den nördlichen Wendekreis nur in Süd-Arabien und dem Somali-Lande (vgl. die treffliche Monographie von Stapf, der wir in diesem Werke selbstverständlich gefolgt sind). In Europa nur unsere 3 Arten mit einigen im Gebiete fehlenden Unterarten. Die Vorkommnisse unseres Gebietes stellen z. T. weit vorgeschobene Posten dar, mit denen die Gattung ihre Polargrenze erreicht.

Die *Ephedra*-Arten sind ohne Blüthen den Equiseten aus der Gruppe *Cryptopora* sehr ähnlich, indess durch die zweizähnigen Scheiden sofort erkennbar. Die Stengel sind, besonders an getrockneten Exemplaren, in den Gliederungen mehr oder weniger brüchig.

Bei uns nur die Section:

Pseudobaccátae[1]) (Stapf a. a. O. 46 [1889]). Hochblätter der weiblichen Blüthenstände zur Zeit der Fr. fleischig, oft schmal hautrandig aber nicht geflügelt.

A. *Scandéntes* (Stapf a. a. O. 46 [1889]). ħ oder ƕ, meist aufrecht oder klimmend, mit bis 5 mm dicken jährigen Trieben. Männliche Aehren meist gleichmässig vertheilt. Integument der Samenanlage mit (bei unserer Art immer) geradem Halse. Staubblätter (bei unserer Art) 5—6.

100. (1.) **E. frágilis.** ħ selten fast ƕ, von sehr verschiedener Tracht, aufrecht oder in Gebüschen aufsteigend oder am Boden hingestreckt, oder herabhängend, bis 1,5 m hoch. Rinde braungrau bis aschgrau. Zweige meist gebogen oder gerade, bis 4 mm dick, rundlich, fein rippig-gestreift, dunkelgrün, zerbrechlich. Blätter 1—2 mm lang (selten länger), in der Mitte krautig, seitlich trockenhäutig, zu einer (1—1½ mm langen) Scheidenröhre verbunden. Scheidenzähne dreieckig, stumpf oder spitzlich, hinfällig. Blüthen zweihäusig, seltner

---

[1]) Von ψευδο- falsch und bacca Beere, wegen der beerenähnlichen Fruchtstände.

unvollständig einhäusig. Männliche Aehren den jährigen Trieben ansitzend, zu mehreren dicht knäuelig, seltner fast einzeln, sitzend oder einzelne kurz (oder länger) gestielt, eiförmig bis 5 mm lang, 8—16 blütig. Tragblätter der Blüthen am Grunde verbunden, 1½—2 mm lang, breit rundlich eiförmig, gestutzt, am Rande schmal hautrandig. Perigon länger als das Tragblatt. Staubblattträger weit hervorragend, oberwärts oft schwärzlich, mit (4—) 6 sitzenden Antheren. Weibliche Blüthenstände eiförmig bis kurz cylindrisch, 1—2 blüthig, am Grunde von 1—7 Paaren hoch hinauf scheidig verbundener Hochblätter umgeben, aufrecht auf gebogenem Stiele. Weibliche Blüthen von den Hoch- und Tragblättern bedeckt oder hervorragend, mit länglichem, cylindrischem Perigon und bis 3 mm langem, hervorragendem, geradem Halse des Integumentes. Beerenzapfen 8—9 mm lang, kugelig, roth. Samen (mit Hülle) eiförmig, falls zu 2, bauchseits abgeplattet.

E. f. Desf. Fl. Atl. II. 372 (1800). Stapf a. a. O. 53. Richter Pl. Eur. I. 8. *E. f.* u. *camp.* Nyman Consp. 677 Suppl. 284, 285.

Eine nach Stapf (a. a. O. 57) ganz ungemein veränderliche Art, deren zwar zum Theil gut unterschiedene Formen in einander übergehen. Sie zerfällt nach Stapf in zwei Unterarten, von denen

A. *E. Desfontainii* [1]) (a. a. O. 54) das westliche Mittelmeergebiet, östlich bis Sicilien und Tunesien, mit Ausschluss des Festlandes von Italien und Süd-Frankreich, aber mit Einschluss von Süd-Portugal, Madeiras und der Canarischen Inseln bewohnt. Sie ist durch höheren Wuchs, die sehr brüchigen, leicht in einzelne Glieder zerfallenden Zweige und meist einblüthige weibliche Blüthenstände charakterisirt und wird in den Gärten des Mittelmeergebiets öfter als bis 8 m hoch klimmende Zierpflanze gezogen, ebenso wie die von Marokko bis Tunesien verbreitete *E. altissima* (Desf. Fl. Atl. II. 372 [1800]. Stapf a. a. O. 46). Bei uns nur die Unterart

B. *E. campylópoda* [2]). h, niemals aufrecht oder gar baumartig. Zweige meist nur bis 2—3 mm dick, nicht so zerbrechlich als bei der Unterart *Desfontainii*. Weibliche Blüthenstände zwei- (selten durch Fehlschlagen ein-) blüthig.

An Felsen, Mauern, Hecken und auf sandigem Strande. Nur in der Nähe der östlichen Adria-Küsten. Dalmatien, zerstreut!! Hercegovina: bei Mostar (Knapp H. Bosn. No. 5!); bei Trebinje (Pantocsek 30). Montenegro: bei Ostrog (Pančić 86). Bl. April, Mai.

E. f. β. c. Stapf a. a. O. 56 (1889). Richter Pl. Eur. I. 8. *E. major* Vis. Fl. Dalm. I. 204 (1842) z. T. nicht Host. *E. c.* C. A. Meyer Vers. Monogr. Gatt. Eph. 73 (1846). Nyman Consp. 677 Suppl. 285.

Diese Unterart ist durch die meist schlaff unregelmässig verbogenen Haupttriebe und die verhältnissmässig locker und unregelmässig angeordneten (seltener

---

[1]) Nach dem Autor der Art, René Louiche genannt Desfontaines, * 1750 † 1833, langjährigem Leiter des Jardin des plantes und Professor am Museum in Paris, welcher 1783—85 das westliche Nord-Africa botanisch erforschte und in seiner 1798—1800 zu Paris erschienenen Flora Atlantica das grundlegende Werk über die Flora dieses Gebiets veröffentlichte.

[2]) Von καμπύλος gebogen, krumm und πούς Fuss, wegen der gebogen aufsteigenden Stiele der weiblichen Blüthenstände.

straff aufwärts gerichteten) Seitenzweige leicht von den übrigen im Gebiete vorkommenden Arten zu unterscheiden.

(Oestliches Mittelmeergebiet von Dalmatien bis Kurdistan und Syrien.)
[*]

B. *Leptócladae*[1]) (Stapf a. a. O. 65 [1889]). ҺŽ, meist niedrig, seltner sich 1—2 m erhebend. Zweige meist starr, aufrecht, dünn (bis 2 mm). Männliche Aehren meist verschiedenartig vertheilt. Staubblattträger (bei unseren Arten) mit bis 8 Antheren. Integument der Samenanlage mit geradem oder gedrehtem Halse.

101. (2.) **E. distáchya**[2]). (Meerträubel; franz.: Raisin de mer; ital.: Uva marina; russ.: Степная малина d. h. Steppen-Himbeere.) ҺŽ, aufrecht oder aus niederliegendem Grunde aufsteigend, niedrig oder bis 1 m hoch (Parlatore Fl. Ital. IV. 101). Grundachse lang, kriechend. Rinde grau, feinfaserig. Zweige meist gerade (oder gebogen), verlängert, bis 2 mm dick, rundlich, fein rippig-gestreift, dunkelgrün. Blätter bis 2 mm lang, in der Mitte krautig, seitlich weisslich trockenhäutig, zu einer 1½ mm langen Scheidenröhre verbunden. Scheidenzähne kurz dreieckig, stumpf oder spitzlich. Blüthen zweihäusig. Männliche Aehren einzeln oder zu mehreren geknäuelt, sitzend oder gestielt, eiförmig oder länglich, bis 1 cm lang, 8—16 blüthig. Tragblätter der Blüthen am Grunde verbunden, 2 mm lang, breit, eiförmig, am Rande schmal hautrandig. Perigon rundlich-eiförmig, länger als das Tragblatt. **Staubblattträger weit hervorragend, oft mehr oder weniger (mitunter bis zum Grunde) getheilt, mit meist 8 (oder weniger) sitzenden oder (die obersten meist) kurz gestielten Antheren. Weibliche Blüthenstände 2 blüthig**, einzeln oder mehrere gedrängt, kürzer oder länger gestielt, länglich eiförmig, mit 3 (seltner 4) scheidenartig verbundenen Hochblätterpaaren. Weibliche Blüthen ungefähr so lang als das Tragblatt, mit länglichem schmalem Perigon und bis 1½ mm langem, hervorragendem, geradem (oder bei der Unterart B. korkzieherartig gedrehtem) Halse des Integumentes. Beerenzapfen 6—7 mm lang, kugelig, roth. Samen (mit Hülle) 4½—5½ mm lang, eiförmig bis länglich, wenig hervorragend, braunschwarz.

An steinigen und felsigen Orten, sandigen Plätzen am Meeresstrande und im Binnenlande. Nur an der Mittelmeerküste, in einigen Thälern der Süd-Alpen, in Mittel-Ungarn und Siebenbürgen. Provence: Rhône aufwärts bis Orange; Avignon! bei Marseille! Zwischen Antibes und Nizza! Tirol: Felsen des Dos Trento bei Trient! (früher bei Bozen angegeben); Schieferfelsen über Schlanders im Vintschgau (Stapf a. a. O. 68). Friaul: Zwischen Udine und Pontebba (Herbich, Flora XVII. 121). Nach Stapf a. a. O. nicht wiedergefunden). Kroatien: Felsen am Meere bei Zengg und Carlopago (Schloss. Vuk. 1038. Neilr. 780).? Ungarn:

---

1) S. S. 135 Fussnote 2.
2) S. S. 124 Fussnote 1.

Kalkberge bei Ofen! und Sandfelder um Pest! Siebenbürgen: Tordaer Schlucht. Bl. März—Juni. Fr. Aug., Sept.
E. d. L. Sp. pl. ed. 1. 1040 (1853) erw. Stapf a. a. O. 66 (1889). Koch Syn. ed. 2. 764. *E. vulgaris* Rich. Comm. Conif. Cyc. 26 (1826) Parl. Fl. Ital. IV. 101 (1867). Willkomm a. a. O. 281 fig. XXXVI. 1—11. Nyman Consp. 677 Suppl. 285. Richter Pl. Eur. I. 8 incl. *E. Helvetica. E. minor* Host Fl. Austr. II. 671 (1827). *E. maritima* St.-Lager Cat. Fl. Rhône 687 (1881).

Die typische Art zerfällt nach Stapf (a. a. O. 67) in 3 Abarten, die sich bezüglich der geographischen Verbreitung nicht scharf trennen lassen:

A. monostáchya [1]). Niedrig, meist nur 1 dm hoch. Männliche Aehren und weibliche Blüthenstände einzeln, kurz gestielt oder sitzend. Antherenfächer klein. — So selten im Gebiete, hauptsächlich im Steppengebiete Asiens. — *E. d.* subvar. *m.* Stapf a. a. O. 67 (1889). *E. m.* L. Sp. pl. ed. 1. 1040 (1753). Rchb. Ic. XI. t. DXXXIX fig. 1149.

B. Linnaéi [2]). Höher, selten über 3 dm, aufrecht oder aufsteigend. Zweige meist nicht über 1 mm dick. Männliche Aehren und weibliche Blüthenstände meist zu wenigen (2—3) geknäuelt. Antherenfächer grösser. — So meist im Gebiete. — *E. d.* subvar. *L.* Stapf a. a. O. (1889). *E. d.* L. a. a. O. (1753) Rchb. Ic. XI. t. DXXXIX fig. 1148.

C. tristáchya [3]). $1/2$—1 m hoch, aufrecht oder aufsteigend. Zweige bis 2 mm dick, härter, meist starr. Männliche Aehren zahlreich, oft dicht geknäuelt. Weibliche Blüthenstände zu mehreren. Sonst wie vor. — Selten im Gebiet, häufiger im Atlantischen Küstengebiet. — *E. d.* subvar. *t.* Stapf a. a. O. (1889).

Beerenzapfen und Zweige waren früher als Uva marina im Arzneigebrauch. Die ersteren werden zwar (wohl nicht im Gebiete) gegessen, hinterlassen aber lästiges Kratzen im Rachen (Stapf 93). In Südfrankreich sollen sie zur Herstellung eines Liqueurs (Ratafia) dienen.

(Westküste von Frankreich; nördliche Mittelmeerküsten von Spanien (dort auch im Binnenlande) bis Sicilien; West- und Nordküste des Schwarzen Meeres; Südrussland [bis 53^0 N. Br.] und Küsten des Kaspischen Meeres; Nord-Turanische Steppen; Sibirien in einzelnen Vorposten bis an den Polarkreis. Die nördlichsten Fundorte dieser Art (mit Einschluss der Unterart) bilden die Polargrenze der Gattung. ⁕

Als Unterart ziehen wir hierher:

B. *E. Helvética* [4]). Niedrig, selten bis $1/2$ m hoch. Der hervorragende Hals des Integumentes immer korkzieherartig gedreht.

Nur in zwei kleinen Thal-Bezirken der West-Alpen. Das Vorkommen in Süd-Frankreich (Dauphiné, Provence [und Languedoc]) nach Stapf a. a. O. 66 sehr zweifelhaft. Schweiz: Wallis: Rhône-Thal von Martigny bis Sitten! Cottische Alpen: Susa: Gegenüber dem Bahnhof beim ehemaligen Fort Brunetta (Rostan! Beyer!). Bl. April, Mai.

E. H. C. A. Meyer Vers. Monogr. Gatt. Eph. 87 t. VIII. fig. 10 (1846). Stapf a. a. O. 65. Nyman Consp. 677 Suppl. 285. Richter

---

[1]) S. S. 153 Fussnote 1.
[2]) S. S. 136 Fussnote 2.
[3]) S. S. 124 Fussnote 1.
[4]) S. S. 162 Fussnote 1.

Pl. Eur. I. 8. *E. rigida* var. *H.* St.-Lager Cat. pl. vasc. Rhône 687 (1881) z. T. (mit Sicherheit nur die Pflanze des Wallis). [*]

102. (3.) **E. major.** *h*, aufrecht, selten aufsteigend, 1—2 m hoch. Rinde grau bis braungrau. Zweige sehr zahlreich buschig und scheinquirlig, starr, hart, selten über 1—1^1/$_2$ mm dick, an den Gliederungen oft knotig verdickt, fein gestreift, dunkelgrün, z. T. sich regelmässig in der ungünstigen Jahreszeit abgliedernd. Blätter nicht über 2 mm lang, fast ganz trockenhäutig, zu einer ca. 1 mm langen Scheidenröhre verbunden. Scheidenzähne bis 1 mm lang, kurz dreieckig, bald braun werdend, hinfällig. Blüthen zweihäusig. Männliche Aehren einzeln oder zu 2—3 geknäuelt, sitzend, fast kugelig, 4—5 mm lang, 4—8 blüthig. Tragblätter der Blüthen im unteren ^{1}/$_3$ verbunden, 1^1/$_2$—2 mm lang, rundlich-eiförmig, schmal hautrandig. Perigon rundlich, länger als das Tragblatt. Staubblattträger kaum oder wenig hervorragend, mit 6—8 (meist gedrängt-) sitzenden (selten vereinzelt sehr kurz gestielten) Antheren. Weibliche Blüthenstände 1-blüthig, einzeln oder zu 2—3 sehr kurz (bis 3 mm) gestielt, eiförmig, mit 2, sehr selten 3 im unteren Drittel scheidenartig verbundenen Hochblätterpaaren. Blüthen wenig länger als die Tragblätter, mit eiförmig-abgerundet-viereckigem Perigon und bisweilen bis 3^1/$_2$ mm langem, hervorragendem Halse des Integumentes. Beerenzapfen 5—7 mm lang, kugelig, roth, seltner gelb. Samen (mit Hülle) 4—7 mm lang, eiförmig oder länglich, wenig hervorragend, kastanienbraun.

E. m. Host Fl. Austr. II. 671 (1831). Vis. a. a. O. (1842) z. T. nach Stapf a. a. O. 79. *E. nebrodénsis*[1]) Tineo in Guss. Fl. Sic. Syn. II. 2. 637 (1844). Stapf a. a. O. 77. Willkomm a. a. O. 281. Nyman Consp. 677 Suppl. 28. Richter Pl. Eur. I. 8.

Zerfällt in 2 Rassen, von denen die durch ganz glatte Zweige und länglichere Zapfen und Samen ausgezeichnete B. *procera* (Fisch. u. Mey. Index X. hort. bot. Petrop. 45 [1844]. Stapf a. a. O. 80) nur im östlichen Theile des Wohngebietes der Art vorkommt. Bei uns nur die im westlichen Theile (östlich bis Tunesien und Dalmatien, vereinzelt in Kleinasien) verbreitete Rasse:

A. Villársii[2]). Zweige mehr oder weniger rauh. Halbreife Beerenzapfen breit fast kugelig. Samen meist eiförmig.

Auf Felsen, an steinigen Orten des Mittelmeergebietes. Frankreich: Von den Dép. Bouches du Rhône und Dép. Vaucluse bis zum Dép. Drôme bei Crest und bei Montélimart mehrfach, im Dép. Basses-Alpes bei Sisteron! mehrfach und bei Annot im Thale des Vaire. Insel Lussin: Südöstlich vom Monte Osero (Haračić 20). Dalmatien: an der Kerka bei Scardona; Spalato! bes. Monte Marian, bei Fort Klissa und bei

---

[1]) Nach dem Originalfundort, dem Madonie-Gebirge (im Alterthum Nebrodes) längs der Nordküste Siciliens.
[2]) Nach Dominique Villar (oder Villars), * 1745 † 1814, Arzt und Professor in Grenoble, zuletzt in Strassburg, Verfasser der für die Flora der Westalpen grundlegenden Histoire des plantes du Dauphiné. Grenoble 1786—89.

Salona! bei Ragusa! Hercegovina: Mostar (Knapp, vgl. Stapf a. a. O. Murbeck 21, 22). Bl. April—Juni.
E. m. A. *V.* A. u. G. Syn. I. 261 (1897). *E. N.* var. *α. V.* Stapf a. a. O. 78 (1889). *E. V.* Gren. et Godr. Fl. France III. 160 (1855). *E. procéra* Vis. Fl. Dalm. Suppl. I. Mem. Ist. Veneto XVI. 76 (44 des Sep.) (1871). Nyman Consp. 677 z. T. *E. rigida* var. *Nebródensis* Saint-Lager a. a. O. (1881).

(Verbreitung der Art: Mittelmeergebiet, Canarische Inseln, West-Asien bis Afghanistan, im Himalaja bis Lahul.) |*|

2. Unterabtheilung.

ANGIOSPÉRMAE[1].

([-es Brongniart Én. Genres pl. Mus. Paris 26 [1850] erw. incl. *Monocotyledones*] A. Br. u. Döll in Döll Fl. Grossh. Baden 104 [1857]. Bedecktsamige Blüthenpflanzen A. Br. u. Döll in Döll Rhein. Flora 54 [1843].)

Vgl. S. 177. Kraut- oder Holzgewächse. Blüthen zwei- oder eingeschlechtlich. Die Gesammtheit der Staubblätter heisst Androecéum[2]. Dieselben sind meist in einen unteren stielartigen Theil, den **Staubfaden** (Filaméntum) und einen oberen Theil, den **Staubbeutel** (Anthéra) geschieden. In letzterem bilden sich die Pollenzellen meist in 2 seitlichen, durch das Mittelband (Connectívum) verbundenen Pollensäcken (Thecae), die meist durch eine Längsscheidewand in zwei Fächer getheilt sind und häufig durch eine am Ansatz der Scheidewand entstehende gemeinsame Längsspalte aufspringen. Diese Spalten stehen entweder genau seitlich oder sie sind nach dem Blüthencentrum (Antherae intrórsae) oder nach der Peripherie (A. extrórsae) gerichtet. Die Staubfäden sind frei oder ganz oder theilweise zu einer oder mehrere Gruppen (Phalánges) verbunden. Die röhren- (oder in nur männlichen Blüthen säulen-) artige Verbindung aller Staubfäden wird als Monadélphia[3]), die zu 2 oder mehrere Gruppen Diadélphia[3]), bez. Polyadélphia[3]) bezeichnet. Zuweilen (u. a. in der artenreichsten Familie der Siphonogamen, den *Compositae*) verwachsen die Antheren nachträglich mit einander, während die Staubfäden meist getrennt bleiben. Die Gesammtheit der Fruchtblätter wird Gynaecéum[4]) (früher auch Stempel, Pistíllum) genannt. Der untere, die Samenanlagen einschliessende Theil derselben wird **Fruchtknoten** (Ovárium) genannt; die Narbe (s. 177) sitzt

---

[1]) Von *ἀγγεῖον* Gefäss, Behältniss und *σπέρμα* Same, wegen der in einer meist geschlossenen Höhle enthaltenen Samen.

[2]) Von *ἀνήρ, ἀνδρός* Mann und *οἰκεῖον* das Häusliche; also Männerhaus; ein nach missverständlicher Analogie von Gynaeceum übelgebildetes Wort.

[3]) Von *ἀδελφία* (unclassisch) Brüderschaft und bez. *μονο-* einzeln, *δι-* zwei- und *πολυ-* viel.

[4]) *γυναικεῖον* Frauengemach.

demselben entweder auf, oder häufiger ist sie auf einem mehr oder weniger cylindrischen Halstheil, dem Griffel (Stilus) emporgehoben. Die Fruchtblätter bleiben entweder unter einander frei (Gynaeceum apocárpum[1]), die Fruchtblätter werden dann bei der Reife als Früchtchen (Carpélla) bezeichnet, oder sie verbinden sich, besonders im Ovarialtheile, zu einem gemeinschaftlichen Fruchtknoten, G. syncárpum[1]), welcher häufig in eine der Anzahl der Fruchtblätter entsprechende Zahl von Fächern getheilt ist, in welchen die (in der Regel an den Rändern der Fruchtblätter, welche die Samenträger (Placentae) darstellen, angehefteten) Samenanlagen meist im Innenwinkel sich befinden (Pl. centrales). In anderen Fällen ist nicht jedes Fruchtblatt für sich geschlossen sondern der Fruchtknoten 1-fächerig; dann sind die Samenträger meist wandständig (Pl. parietáles), seltener ebenfalls central (z. B. bei den meisten *Caryophyllaceae, Primulaceae*). Liegt die Aussenwand des Fruchtknotens innerhalb der Blüthe frei, so wird derselbe oberständig (Ovarium súperum) genannt; ist dieselbe mit der Innenwand einer becher- oder krugförmigen Ausbreitung (Cupula) der Achse, die am oberen Rande die Perigon- und Staubblätter trägt, verbunden, so heisst er unterständig (O. ínferum). Ist nur der obere Theil frei, der untere aber mit der Cupula verbunden, so heisst er halb-ober- bez. -unterständig (O. semisúperum, semiínferum). Griffel und Narben können an der Verbindung Theil nehmen oder getrennt bleiben. Selten (u. a. bei der artenreichen Familie der *Orchaceae*) ist der Griffel mit dem Androeceum verbunden (Gynándria)[2]).

Uebersicht der Classen.

A. Keimling fast stets mit nur einem die Plumula scheidenartig umgebenden Keimblatt (bei den meisten *Orchaceae* klein, ungegliedert). Stamm von zerstreuten, geschlossenen Gefässbündeln durchzogen. Blätter meist parallelnervig. Blüthen meist 3zählig. **Monocotyledones.**

B. Keimling meist mit 2 gegenständigen Keimblättern (bei einigen Schmarotzerpflanzen ungegliedert und bei einigen Knollengewächsen (*Ranunculus ficaria, Corydallis* Untergattung *Bulbocapnos, Carum bulbocastanum, Cyclaminus*) mit nur einem Keimblatt). Stamm von meist in einen Kreis gestellten offenen Gefässbündeln durchzogen. Blätter meist netznervig. Blüthen meist 5- oder 4zählig. **Dicotyledones.**

---

[1]) Von ἀπό von d. h. getrennt bez. σύν mit d. h. verbunden und καρπός Frucht.

[2]) Von γυνή Weib und ἀνήρ Mann, also Weibmännigkeit.

1. Classe.
MONOCOTYLÉDONES[1].

Juss. Gen. pl. 21 [1789]. DC. Syst. I. 122 [1818]. *Monocotolydoneae* Engler Syllabus Gr. Ausg. 65.)

Vgl. S. 263. Kraut-, selten Holzgewächse. Zweige meist mit einem nach der Abstammungsachse gewandten, 2 kieligen Vorblatte beginnend. Blätter häufig am Grunde scheidenartig, selten mit deutlichem Stiel, mit meist ungetheilter, selten durch Zerreissung in Abschnitte gesonderter (*Palmae*) oder mit eingeschnittener oder getheilter Spreite oder netznervig. Blüthen meist regelmässig (aktino-) seltener zygomorph [2]), bei den als typisch zu betrachtenden Familien aus 5 Blattkreisen gebildet: 2 Kreisen von Perigonblättern, die beide meist gleichartig (hochblattartig [krautig oder trockenhäutig]) oder gefärbt, zart (corollinisch) ausgebildet (homoeochlamydisch [3])), seltener verschiedenartig (heterochlamydisch [3])) sind, 2 Kreisen von Staub- und 1 von Fruchtblättern. Selten sind die Blüthen durch alle Kreise 2- (*Anthoxanthum, Majanthemum*) oder 4 zählig (*Potamogeton, Paris*) oder zeigen höhere Zahlen oder zahlreichere Kreise. Der Samen enthält meist ein reichliches Nährgewebe (meist Endosperm). Keimblatt meist viel grösser als die hypokotyle Achse, die bei einigen Familien (Palmen, Liliaceen) nach unten in eine (niemals das ganze Leben der Pflanze hindurch bleibende) Hauptwurzel übergeht, die bei andern (*Gramina*) von Anfang an durch Nebenwurzeln ersetzt wird.

Aufzählung der Reihen[4]).

1. Blüthen in kugeligen oder kolbenartigen Blüthenständen, eingeschlechtlich, nackt oder mit hochblattartigem Perigon. Fruchtblätter 1—∞, mit 1 bis vielen Samenanlagen. Samen mit Nährgewebe. Laubblätter linealisch. — Unsere Familien Sumpf- seltener Wasserpflanzen.
Pandanales.

2. Blüthen zwei- oder eingeschlechtlich, mit hochblattartigem oder gefärbtem Perigon (seltener nackt), mit einem bis zahlreichen Staub- und Fruchtblättern, letztere mit einer bis vielen Samenanlagen. Samen ohne oder mit ganz spärlichem Nährgewebe. — Wasser- oder Sumpfpflanzen.
Helobiae.

---

[1]) Von μόνος einer, einzeln und κοτυληδών (s. S. 176) Keimblatt.
[2]) Von ἀκτίς Strahl und μορφή Gestalt, wegen der strahligen Symmetrie; bez. von ζυγόν Joch, Paar, weil die betreffenden Blüthen sich nur durch einen (gewöhnlich den medianen) Schnitt in zwei symmetrische Hälften theilen lassen.
[3]) Von ὅμοιος ähnlich, bez. ἕτερος verschieden (vgl. S. 68 Fussnote 2) und χλαμύς eigentlich Reitermantel, für Perigonblatt-Kreise gebräuchlich.
[4]) Da sich besonders infolge der hierhergehörigen sehr vielgestaltigen Reihen der *Helobiae, Farinosae, Liliiflorae* u. a. ein dichotomischer Schlüssel, der zum Bestimmen geeignet erscheint, nicht geben lässt, lassen wir an seiner Stelle einen Bestimmungsschlüssel der Familien folgen, in welchem nur die im Gebiete vorkommenden Gattungen berücksichtigt sind.

3. Blüthen zwei- oder eingeschlechtlich, klein, meist 3 zählig, nackt oder mit (bei unseren Gattungen fast stets) aus Borsten oder Haaren bestehendem Perigon, fast stets in den Achseln von Hochblättern (Spelzen), von diesen bedeckt, zu meist mehrblüthigen Aehrchen angeordnet. Fruchtknoten einfächerig, mit je einer Samenanlage. Samen mit meist reichlichem, mehligem Nährgewebe. Laubblätter linealisch. — Gräser und Halbgräser. **Glumiflorae.**

4. Blüthen meist eingeschlechtlich, ziemlich klein, 3 zählig, meist aktinomorph, mit Perigon, in einfachen oder zusammengesetzten anfangs von einem grossen Hochblatte (Spatha) umhüllten Aehren. Fruchtblätter meist mit je einer der Mitte gegenüberstehenden Samenanlage. Nährgewebe horn- oder elfenbeinartig. Laubblätter meist durch Zerreissen fiedrig oder fächerförmig. Stamm meist unverzweigt, oft baumartig. — Palmen. **Principes.**

5. Blüthen ein- oder zweigeschlechtlich, klein, 3- oder 2 zählig (oder die Zahl auf 1 reducirt), ohne entwickelte Tragblätter, stets in einfacher, meist von einem grossen Hochblatt (Spatha) umschlossener Aehre (Kolben) (vgl. jedoch *Lemnaceae*). Samen mit oder ohne Nährgewebe. **Spathiflorae.**

6. Blüthen zwei- oder eingeschlechtlich, aktino- oder zygomorph, mit homoeochlam. oder (bei unserer Familie) heterochlam. Perigon, das innere (blumenkronenartige) 3- oder 2 zählig, jedoch die (meist 2) Staubblattkreise häufig reducirt. Samen mit mehligem Nährgewebe.
Farinosae.

7. Blüthen meist aktinomorph, 3-, nur selten 4—5 zählig, nur selten heterochlam. Samen mit fleischigem oder knorpeligem Nährgewebe, sonst wie vor. **Liliiflorae.**

8. Blüthen ein- oder zweigeschlechtlich, meist zygomorph oder ganz unsymmetrisch, 3 zählig, jedoch die Staubblattkreise (meist 2) häufig (bis auf ½ Staubblatt) reducirt. Fruchtknoten unterständig, meist 3 fächerig. Samen meist mit Arillus und mit doppeltem Nährgewebe versehen.
Scitamineae.

9. Blüthen meist zweigeschlechtlich, zygomorph, 3 zählig, meist mit gefärbtem Perigon. Staubblattkreise (bei unserer Familie) sehr reducirt, unter sich (bei unserer Familie auch mit dem Griffel) verbunden. Fruchtknoten unterständig, meist einfächerig, mit vielen sehr kleinen Samenanlagen. Nährgewebe (bei unserer Familie) fehlend. Pollenzellen (bei unserer Familie) zu 4 (in Tetraden) stets zu grösseren oder kleineren Gruppen (Pollinien, Massulae) vereinigt. — Orchaceen. **Microspermae.**

Schlüssel zur Bestimmung der Monokotylen-Familien nach leicht auffindbaren Merkmalen.

A. Meist ansehnliche Pflanzen mit deutlicher Gliederung in Stengel und Blätter.
  I. Blüthen unansehnlich, stets aktinomorph [S. 264], nackt oder mit durchscheinendem oder grünlichem, weisslichem oder braunem Perigon.
    a. Blüthen mit stets 6 deutlichen Perigonblättern.
      1. Stauden oder Sträucher mit ungetheilten, höchstens gelappten Blättern.
        α. Fruchtknoten oberständig (oder 3—6 fast apokarpe [S. 263] Fruchtblätter).

1. Frucht trocken. Blätter zweigeschlechtlich.
  α. Blüthen in einfachen Trauben. Blätter stielrundlich.
    Juncaginaceae.
  β. Blüthen in Spirren, deren letzte Verzweigungen oft Köpfe darstellen. Blätter meist schmal, stielrundlich, wenn flach (grasartig) oft gewimpert. **Juncaceae.**
      Vgl. *Scirpus litoralis* (*Cyperaceae*, Stengel binsenartig, ohne Laubblätter; Blüthen in Aehrchen); *Acorus* (Kalmus, *Araceae*, Blätter „schwertförmig"; Blüthen in einem Kolben); *Sparganiaceae* (Sumpfpflanzen, Blätter grasartig; Blüthen einhäusig, in Köpfen):
2. Frucht eine Beere. Blüthen zweihäusig.
  α. Stengel aufrecht, nur mit Schuppenblättern, in deren Achseln schmale oder breite blattähnliche Zweige. **Liliaceae** (*Asparageae*).
  β. Stengel kletternd, mit am Stiele 1—2 Ranken tragenden Laubblättern. **Liliaceae** (*Smilacoideae*).
      Vgl. *Paris* (*Liliaceae*, Blüthen zweigeschlechtlich, typisch 4 zählig).
  b. Fruchtknoten unterständig. Stengel windend, mit gestielten, herzförmigen Laubblättern. Blüthen zweihäusig. **Dioscoreaceae.**
Vgl. *Orchaceae. Liparideae* (Blüthen zygomorph [S. 264]).
2. Unverzweigte Bäume mit langgestielten Blättern, deren Spreite durch Zerreissung fiederig oder fächerförmig getheilt ist. **Palmae.**
b. Blüthen nackt oder mit kümmerlichem, öfter aus Borsten oder Haaren oder aus meist weniger als 6 Blättern bestehendem Perigon.
  1. Perigon deutlich mehrblättrig. Ausdauernde Sumpf- oder Wasserpflanzen mit meist ziemlich breiten, grasartigen Blättern Blüthen einhäusig. Frucht (oberständig) eine saftarme Steinfrucht. **Sparganiaceae.**
      Vgl. *Hydrocharitaceae. Vallisnerioideae* (Wasserpflanzen mit unterständigem Fruchtknoten). *Althenia* (*Potamogetonaceae*. *Zannichellieae*, Salzwasserpflanze mit fadenförmigen Blättern). *Potamogeton* (Perigon durch grosse Mittelbandschuppen ersetzt).
  2. Perigon fehlend, durchscheinend und becher- oder krugförmig, oder aus Borsten oder Haaren bestehend.
    a. Blüthen zu mehreren oder vielen in Blüthenständen vereinigt.
      1. Blüthen ohne entwickelte Tragblätter oder (falls solche vorkommen) nicht von denselben bedeckt.
        α. Land- oder Sumpfpflanzen, deren niemals fluthende oder schwimmende Laubblätter stets aus dem Wasser hervorragen. Blüthen in Kolben.
          § Blüthen einhäusig, die weiblichen gestielt, am Stielchen mit zahlreichen, unregelmässig gestellten Haaren besetzt. Blätter linealisch (grasartig). **Typhaceae.**
          §§ Blüthen sämmtlich sitzend. Blüthen einhäusig oder zweigeschlechtlich, ohne oder mit Blüthenhülle. Laubblätter entweder gestielt, meist herzförmig oder „schwertförmig". **Araceae.**
        β. Wasserpflanzen. Blätter alle untergetaucht oder die oberen schwimmend Blüthen in Aehren.
          Potamogetonaceae (*Zostereae*, *Posidonieae* u. *Potamogetoneae*).
      2. Blüthen mit deutlich entwickelten Tragblättern (Spelzen), ganz (oder doch wenigstens in der Jugend) von denselben bedeckt, in ähren- oder rispenartig angeordneten Aehrchen. Blätter grasartig.
        α. Stengel knotig gegliedert, meist stielrund. Laubblätter und Spelzen zweizeilig, erstere mit meist offenen Scheiden. Aehrchen ein- oder mehrblüthig. Blüthen meist zweigeschlechtlich, mit einem fast stets zweikieligem Vorblatt. Perigon meist durch 2 oder 4 seitliche durchscheinende Schüppchen ersetzt. **Gramina.**
        β. Stengel selten knotig gegliedert, oft dreikantig. Laubblätter dreizeilig, mit geschlossenen Scheiden. Aehrchen mehrblüthig oder die weiblichen aus meist zahlreichen 1-blüthigen Aehrchen zweiter Ordnung bestehend. Blüthen nackt oder mit aus Borsten oder

Haaren gebildetem Perigon, entweder zweigeschlechtlich, ohne Vorblatt oder eingeschlechtlich, fast stets einhäusig, dann die weiblichen fast stets von dem schlauchartigen Tragblatte eingeschlossen. **Cyperaceae.**

   b. Blüthen einzeln zwischen Laubblättern. Untergetauchte schmalblättrige Wasserpflanzen.

     1. Blätter zweizeilig, ganzrandig oder schwach gezähnelt. Fruchtblätter 2—4, apokarp. **Potamogetonaceae** (*Cymodoceeae* u. *Zannichellieae*).

     2. Blätter paarweise genähert, deutlich gezähnt. Fruchtblatt 1. **Najadaceae.**

II. Blüthen ansehnlich, mit wenigstens theilweise lebhaft gefärbtem Perigon (Blumen).

   a. Blüthen eingeschlechtlich, aktinomorph. Perigon meist heterochlam. [S. 264].

     1. Zahlreiche apokarpe Fruchtblätter. Wasser- oder Uferpflanze mit aufrechten Pfeilblättern. **Alismaceae** (*Sagittaria*).

     2. Fruchtknoten unterständig. Untergetauchte oder schwimmende Wasserpflanzen. **Hydrocharitaceae.**

   b. Blüthen zweigeschlechtlich.

     1. Fruchtblätter 6 bis viele, apokarp. Blüthen aktinomorph. Perigon heterochlam. Sumpf- oder Wasserpflanzen mit meist grundständigen Laubblättern.

        a. Laubblätter wenigstens zum Theil langgestielt. Blüthenstand stockwerkartig quirlig verzweigt. Staubblätter 6. **Alismaceae** (ausser *Sagittaria*).

        b. Laubblätter pfriemenförmig. Blüthenstand doldenähnlich. Staubblätter 9. **Butomaceae.**

        Vgl. *Scheuchzeria* (*Juncaginaceae*; Blüthen in Trauben).

     2. Fruchtblätter meist 3 (bei *Majanthemum* 2, bei *Paris* 4, selten 5), synkarp.

        a. Fruchtknoten oberständig.

          1. Blüthen aktinomorph. Perigon homoeochlam. [S. 264], oder beide Kreise derselben nur wenig verschieden (bei *Paris* und *Veratrum Lobelianum* grünlich). Grösstentheils Zwiebel-, seltner Knollengewächse. **Liliaceae** (ausser *Asparageae* und *Smilacoideae*).

          Vgl. einige Arten von *Luzula* (*Juncaceae*).

          2. Blüthen öfter zygomorph. Perigon heterochlam.; Kelchblätter grün, Blumenblätter meist blau. **Commelinaceae.**

        b. Fruchtknoten unterständig.

          1. Staubblätter nicht mit dem Griffel verbunden. Pollenzellen einzeln.

            α. Blätter parallelnervig.

              § Staubblätter 6. Blüthen aktinomorph. Grösstentheils Zwiebelgewächse. **Amaryllidaceae.**

              §§ Staubblätter 3. Blüthen aktino-, seltner zygomorph. Oft Knollengewächse. Blätter meist „schwertförmig". **Iridaceae.**

            β. Blätter (gross) mit fiederigen, parallelen Seitennerven. Zierpflanzen aus der Tropenzone.

              § Mehrere (bis 10) m hohe Gewächse. Blüthen zygomorph. Meist 5 fruchtbare Staubblätter. **Musaceae.**

              §§ Selten über 2 m hohe Gewächse. Blüthen unsymmetrisch. Von den 6 Staubblättern nur eines zur Hälfte Pollen enthaltend, die übrigen oft blumenblattähnliche Staminodien. **Cannaceae.**

          2. Das einzige (selten 2) fruchtbare Staubblatt mit dem Griffel verbunden. Pollenzellen zu grösseren Gruppen (Massulae, Pollinia) verklebt. Blüthen zygomorph. Z. T. Knollengewächse. **Orchaceae.**

B. Kleine frei schwimmende Wasserpflanzen ohne deutliche Gliederung in Stengel und Blätter. **Lemnaceae.**

1. Reihe.
PANDANÁLES[1]).
(Engler Syll. Gr. Ausg. 65 [1892].)

Vgl. S. 264. Bäume, Lianen oder (bei den einheimischen Familien) ausdauernde Krautgewächse mit kriechender Grundachse und 2 zeilig gestellten, am Grunde in eine kürzere oder längere offene Scheide verbreiterten Laubblättern. Tragblätter der einhäusigen Blüthen zart und klein, spelzenartig oder fehlend. Blüthen nackt oder von wenigen trockenhäutigen, braunen, unansehnlichen, in einen Kreis geordneten Perigonblättern oder zahlreichen unregelmässig stehenden Haaren umhüllt. Männliche Blüthen mit 1 bis vielen oft zu mehreren verbundenen Staubblättern. Weibliche Blüthen mit (bei unseren Familien) 1 seltner 2 [oder gar 3] (bei den Pandanaceen bis vielen) Fruchtblättern mit je 1 (oder bei den Pandanaceen bis vielen) hängenden Samenanlagen. Frucht bei unseren Arten Nuss oder Steinfrucht. Keimling gerade, in der Achse des Nährgewebes.

Die Begrenzung der Familien innerhalb der Reihe der *Pandanales* ist vielfach unsicher und umstritten gewesen. In den Europäischen Florenwerken fasste man bisher die beiden im Gebiete vorkommenden Gattungen nach dem Vorgange von Jussieu als Familie der *Typhaceae* zusammen, ohne dabei die nahe verwandte tropische Familie der *Pandanaceae* zu beachten. Die erweiterte Kenntniss der morphologischen und verwandtschaftlichen Verhältnisse dieser Familie hat nun gezeigt, dass eine Eintheilung der *Pandanales* im alten Sinne nicht mehr aufrecht erhalten werden kann, und deshalb hat Engler (Natürl. Pflanzenfam. II. 1. 183 u. 192 [1889]. Syll. Gr. Ausg. 65 [1892]) drei Familien, *Typhaceae, Pandanaceae, Sparganiaceae*, angenommen, nachdem er bereits 1885 in der Schles. Ges. f. vaterl. Cult. in Breslau darauf hingewiesen hatte, dass die *Sparganien* im ganzen eine nähere Verwandtschaft zu den *Pandanaceae* als zu *Typha* aufweisen. Eine ausführliche Darstellung der verwandtschaftlichen Beziehungen der 3 Familien der *Pandanales* giebt Engler in einer Abhandlung „die systematische Anordnung der monokotylen Angiospermen". Abh. d. K. Akad. d. Wiss. zu Berlin 1892. Kronfeld schliesst sich in seiner trefflichen „Monographie der Gattung *Typha*" (Verh. ZBG. Wien (1889) 89 ff. 112) den Ansichten Englers rückhaltlos an. Mit grossem Scharfsinn hat Čelakovský (Flora LXVIII. 617 [1885]) auf die Analogien im morphologischen Aufbau der Inflorescenzen von *Typha* und *Sparganium* hingewiesen und es wahrscheinlich gemacht, dass wir in den Partialinflorescenzen von *Typha* ebenso wie in den Köpfchen von *Sparganium* Achselproducte von Hochblättern zu sehen haben, und dass sich hierin verwandtschaftliche Beziehungen beider Gattungen erkennen lassen. In der Zweizeiligkeit der Blätter zeigt sich eine Verwandtschaft zwischen *Typha* und *Sparganium*; im Bau der weiblichen Blüthen finden sich grosse Uebereinstimmungen zwischen *Sparganium* und den *Pandanaceae*, besonders durch die auch bei *Sparganium* (häufig bei *S. polyedrum* und *S. neglectum*, fast regelmässig bei *S. eurycarpum*) vorkommenden Verbindungen der Carpelle; andrerseits giebt es *Pandanaceae* (bei welcher Familie die Verbindung von einigen [bis vielen]

---

[1]) Nach der tropischen Gattung *Pándanus* ([Rumphius Herb. Amb. l. VI. 154.] L. f. Suppl. 64 [1781]), die mit *Freycinétia* (Gaud. Ann. sc. nat. Sér. I. III. 509 [1824]) die Familie Pandanaceae (Hassk. Pl. jav. rar. 163 [1848]. *Pandaneae* R. Br. Prodr. I. 340 [1810]) (etwa 60 Arten in den Tropen der alten Welt und in Polynesien) bildet.

Carpellen die Regel ist), die nur 1 Carpell besitzen, wie die Mehrzahl der Sparganien. Weitere Beziehungen zwischen *Sparganium* und *Pandanaceae* zeigen sich in der häufig fast völligen Uebereinstimmung im Bau der Früchte (von *Typha* in jeder Beziehung abweichend). Das Perigon fehlt bei den *Pandanaceae* und bei *Typha* (wo es nach Čelakovský a. a. O. durch die unregelmässig gestellten Haare ersetzt wird). In der Gestalt der männlichen Blüthen, in denen die Staubblätter im unteren Theile oft (oder zumeist) in unbestimmter Anzahl verbunden sind (bei *Sparganium* dagegen meist 3 oder 6 freie, von denen selten 2 verschmelzen), scheinen sich Uebereinstimmungen zwischen *Typhaceae* und *Pandanaceae* zu zeigen.

Was nun den morphologischen Aufbau von *Sparganium*, *Typha* und den *Pandanaceae* betrifft, so hat sich ausser Engler besonders Schumann (Ausführlicheres über die Resultate seiner Untersuchungen, die er uns in liebenswürdigster Weise zur Verfügung stellte, folgt in Morphologische Studien II. Heft) in letzter Zeit eingehend mit den *Pandanaceae* und ihren Verwandten beschäftigt. Zwischen allen 3 genannten Formengruppen lassen sich gewisse Parallelen ziehen bezüglich des vegetativen Aufbaues der Sprosssysteme, deren Abweichungen von einander fast lediglich durch die biologischen Verhältnisse bedingt erscheinen, indem der aufrechte Stamm der *Pandanaceae* durch einen Blüthenstand abgeschlossen sich unterhalb desselben zu gabeln pflegt, während die wagerecht kriechenden, mit seitlich stehenden Schuppenreihen versehenen Rhizome von *Sparganium* und *Typha*, nachdem der Vegetationskegel sich zur Erzeugung eines Laubtriebes oder Blüthenstandes nach oben gerichtet hat, meist jährlich (wenn nicht bereits im ersten Jahre blühend) in akropetaler Folge zweiseitliche, blattachselständige Ausläufer treiben, also denen der *Pandanaceae* vollkommen analoge Sympodien bilden. — Da so bei den deutlichen wechselseitigen Beziehungen von *Typha*, *Pandanaceae* und *Sparganium* nur der eine Ausweg bliebe, alle hierher gehörigen Formen in eine grosse (den *Pandanales* entsprechende) Familie *Pandanaceae* zusammenzufassen, die dann sehr verschiedenartige Formen umfassen würde, erscheint es viel zweckmässiger, der von Engler a. a. O. vorgeschlagenen und durchgeführten Gliederung in 3 gesonderte Familien zu folgen.

Uebersicht der Familien.

A. Blüthen sehr klein, dicht gedrängt, die Oberfläche der obersten Glieder des Blüthenstengels, welche laubartige, bei Beginn der Blüthezeit meist abfallende Blätter tragen, grösstentheils oder ganz bedeckend, in ihrer Gesammtheit eine wenigstens Anfangs cylindrische, weiche, plüschartige Masse bildend. Der untere (zur Fruchtzeit zuweilen länglich-ellipsoidische oder fast kugelförmige) Theil des Blüthenstandes, meist nur an einem Stengelgliede ausgebildet, trägt (grösstentheils an dicht gestellten, kurz-kegel- oder säulenförmigen seitlichen Auszweigungen der Achse, die nur auf der dem Tragblatt entgegengesetzten Seite, die zuweilen überhaupt von Blüthen frei bleibt, fehlen) weibliche, die übrigen (mindestens 2—3) Glieder männliche Blüthen. Der weibliche und männliche Theil des Blüthenstandes, „Kolben", berühren sich entweder oder sind durch einen längeren oder kürzeren Zwischenraum getrennt. Perigonblätter fehlend, durch unregelmässig an der Blüthenaxe angeordnete Haare ersetzt. Griffel und Narbe mehrmals länger als der Fruchtknoten. Frucht nussartig. Samen mit fleischigem Nährgewebe. **Typhaceae.**

B. Blüthen zu kugeligen an der Hauptachse oder Seitenachsen erster Ordnung ährenartig angeordneten Köpfen gehäuft, die weiblichen zur Fruchtzeit derb. Perigonblätter braun trockenhäutig, bleibend, verkehrt-eiförmig bis rundlich, stielartig verschmälert. Griffel und Narbe meist kürzer (bis wenig länger) als der Fruchtknoten. Frucht (bei unseren Arten) steinfruchtartig. Steinkern (besonders an der Spitze) von (in der Reife) luftführendem Schwammgewebe umgeben. Samen mit mehligem Nährgewebe. **Sparganiaceae.**

14. Familie.

TYPHÁCEAE.

([Jaume St. Hilaire Expos. fam. I. 60 t. 11 (1805)] z. T., Schur Mitt. Siebenb. V. Naturw. II. 204 [1851]. Engl. Nat. Pflfam. II. 1. 183 [1889]. Kronfeld ZBG. Wien XXXIX. 89. 135. *Typhae* Juss. Gen. 25 [1789]. *Typhinae* Agardh Aphor. Bot. X. 139 [1823].)

S. S. 266, 269. Hierher nur die Gattung:

35. TYPHA[1]).

([Tourn. Inst. 530 L. Gen. pl. ed. 1 281] ed. 5 418 [1754]. Schnizl. Typh. 24 [1845]. Rohrb. BV. Brandenb. XI. [1869] 67. Engler Nat. Pfl.fam. II. 1. 183 [1889]. Kronfeld ZBG. Wien XXXIX. 136.)

(Rohrkolben, Lieschkolben, Schmackedutschke, Bumskeule; niederl. und vläm.: Duikelaar, Lischdodde; dän.: Dunhammer; franz.: Massette; ital.: Biodo, Mazza sorda; poln.: Pałka; böhm.: Orobinec; kroat.: Pavir; serb.: Poroз; russ.: Porozъ; litt.: Szwendres; ung.: Gyékény.)

Ansehnliche Sumpf- u. Ufer-Gewächse mit meist dicker, kriechender Grundachse, aufrechten, oft etwas schraubig gedrehten, stumpflichen, unterwärts rückenseits abgerundeten, oberwärts flachen Laubblättern mit langem Scheidentheil. Blüthenstengel steif aufrecht, meist beblättert. Gipfel einen (selten 2 oder mehrere) weibliche und darüber einen männlichen Kolben tragend, die laubartigen Tragblätter in der Jugend den Blüthenstand einhüllend. Männliche Blüthen aus (1 bis) meist 3 (selten bis 7) am Grunde mehr oder minder verbundenen Staubblättern bestehend, am Grunde mit bandförmigen oft oberwärts verbreiterten oder verzweigten Haaren oder ohne solche. Weibliche Blüthen in den Achseln eines Tragblattes (Bracteola) oder ohne ein solches. Fruchtblatt mit einer hängenden Samenanlage, auf einem mit langen Haaren (nach Čelakovský Flora LXVIII. 617 u. a. den reducirten Perigonblättern) regellos besetzten Stiele. Narbe linealisch oder spatelförmig. Zwischen den fruchtbaren Blüthen oft sehr zahlreich unfruchtbare mit verlängertem

---

[1]) τύφη, Pflanzenname bei Theophrastos (I, 8 und IV, 11) und Dioskorides (III. 123), bezeichnet mehrere Monokotylen, darunter wahrscheinlich auch Vertreter unserer Gattung (*T. latifolia* oder *T. angustata*).

oder zu einem keulenförmigen Knöpfchen (Pistillodien, Engler) umgebildetem Fruchtknoten.

Nach Kronfeld, dessen sorgfältiger Monographie wir im Ganzen gefolgt sind, 10 Arten (dazu noch 8 Unterarten) auf der ganzen Erde zwischen dem nördlichen Polarkreis und 30° S. Br. In Europa ausser den hier aufgeführten Arten nur noch *T. angustáta* (Bory et Chaubard Exp. sc. Morée III. 2. Bot. 338 [1832]) in Griechenland, den dazu gehörigen Inseln und Kreta. — Die Blätter der grösseren Arten werden zu grobem Flechtwerk, zum Binden der Garben, Dichtmachen der Fässer (daher an der Unterweser „Küperleesch", bei Meiningen „Büttnerschilf" [Rottenbach h.]), die Kolben zu Decorationszwecken verwendet.

A. *Ebracteolátae* (Kronfeld ZBG. Wien XXXIX [1889] 139. *Ebracteátae* Schnizlein Typh. 24 [1845]. Weibliche Blüthen ohne Tragblätter. Seitliche Auszweigungen der Hauptachse des weiblichen Blüthenstandes bis 2 mm lang.

I. Pflanzen kräftig, über 1 m hoch. Männliche und weibliche Kolben meist ziemlich gleich lang, oder der weibliche bis doppelt so lang als der männliche. Pollenzellen zu 4 zusammenhaftend. Seitliche Auszweigungen der Achse des weiblichen Kolbens (bei unseren Arten) meist über 1 mm lang. (*Schúria*[1]) Kronfeld ZBG. Wien XXXIX [1889] 140, 170.)

Gesammtart T. latifólia.

103. (1.) **T. latifólia.** ♃, kräftig, 1,5—2,5 m hoch. Blätter meist blaugrün, breit-linealisch (0,4—)1—2 cm breit, stumpflich, so lang oder (meist) länger als der Blüthenstand. Männlicher und weiblicher Kolben je 6—20(—30) cm lang, sich berührend, seltner etwas (bis 3 cm) entfernt, meist annähernd gleichlang oder doch (bei grossen Exemplaren) der weibliche nicht erheblich länger (vgl. jedoch E. *Bethulona*). Seitliche Auszweigungen der Achse des weiblichen Kolbens (säulenförmig) schlank, 1,5—2 mm lang (mindestens 6—8 [—20 und mehr] mal so lang als breit). Fruchtstiel (2—)4—6 mm lang, mit sehr zahlreichen (30—50) weissen, spitzen Haaren besetzt, Narbe schief rhombisch-lanzettlich, spitz, oberwärts schwarzbraun bis kohlschwarz, so lang oder beträchtlich länger als die Haare. Antheren meist 2,5 bis fast 3 mm lang.

An Ufern von Seen und Flüssen, in seichten Gewässern und Wiesenmooren im ganzen Gebiet meist häufig, in den Alpen bis 1800 m aufsteigend (Ampezzothal: Tofana di Mezzo O. Simony). Bl. Juli bis August.

T. l. L. Sp. pl. ed. 1. 971 (1753). Schnizlein Typh. 24 Kronf. ZBG. Wien XXXIX. 176. Koch Syn. ed. 2. 785. Nyman Consp. 757 Suppl. 316. Richter Pl. Eur. I. 9. Rchb. Ic. IX. tab. CCCXXIII fig. 747, 748.

---

[1]) Nach Ferdinand Schur, * 1799 in Königsberg i. Pr., † 1878 in Brünn, welcher sich besonders um die Kenntniss der Flora Siebenbürgens grosse Verdienste erwarb (Enumeratio plantarum Transsilvaniae Vindob. 1866). Er beschäftigte sich vielfach mit der Gattung *Typha*.

Aendert ab in der Länge und Gestalt der Kolben und der Entfernung derselben von einander. Kronfeld unterscheidet a. a. O. folgende Formen: *B. ambígua* (Sonder Fl. Hamb. 508 [1851] Kronfeld ZBG. XXXIX. 178. *T. intermedia* Schur Verh. Siebenb. V. Naturw. II. 206 [1851]). Männlicher und weiblicher Kolben fast gleichlang, bis 3 cm von einander entfernt. Blätter 1—2 cm breit. — Nicht selten. — C. *remotiúscula* (Simonkai Enum. Transs. 514 [1886]. Kronfeld a. a. O. *T. r.* Schur Enum. Transs. 637 [1866]). Kolben wenig von einander entfernt, der männliche erheblich länger als der weibliche. — Zerstreut. — D. *eláta* (Kronfeld a. a. O. [1889]. *T. e.* Boreau Fl. centr. de la France II. 733 [1840]). Kolben kürzer als beim Typus (oft nur 6 cm lang), sich berührend oder wenig entfernt. Blätter sehr schmal, (0,5 bis meist nicht über 1 cm breit). — So besonders auf Mooren (besonders an Uebergängen von Heide- zu Wiesenmooren) und an sandigen Stellen, nicht häufig. — E. *Bethulóna*[1]) (Kronfeld a. a. O. [1889]. *T. B.* Costa Introd. fl. Catal. 251 [1864]). Niedrig, meist nicht über 1 m hoch, Kolben sich berührend, der weibliche erheblich (bis doppelt) länger als der männliche; Blätter schmal, 5—10 mm breit. — So selten, auf den Alpen bis 1800 m beobachtet.

Durch Dioecie ausgezeichnet ist l. *Diétzii*[2]) (Kronfeld ZBG. Wien XXXIX. [1889] 179), von der bisher nur Exemplare mit nur männlichen Kolben beobachtet wurden. Pest: Bot. Garten (Dietz).

Von missbildeten Formen ist zu erwähnen: m. mit zwei weiblichen Kolben neben einander: Heringsdorf (A. Braun!).

(Fast über das ganze Areal der Gattung verbreitet, fehlt im mittleren und südlichen Africa [hier die Unterart *T. Capénsis* (Rohrb. BV. Brandenb. XI [1869] 96), deren var. *Hildebrándtii*[3]) (Kronfeld a. a. O. 181 [1889]) auf Madagaskar], in Süd-Asien, Australien und Polynesien.)

*

103. × 104. *T. latifolia* × *Shuttleworthii* s. S. 273.
103. × 105. *T. latifolia* × *angustifolia* s. S. 277.

104. (2.) **T. Shuttleworthii**[4]). ♃, kräftig, 1—15 m hoch. Blätter schmal linealisch, 5—15 mm breit, länger als der Blüthenstand. Kolben sich berührend, der männliche meist um die Hälfte (oder mehr) kürzer als der weibliche. Seitliche Auszweigungen des weiblichen Kolbens kurz, dick bis schlank kegelförmig, 1—1,5 mm lang. Fruchtstiel mit

---

[1]) Nach dem Spanischen Küstenflusse Besós (fluvius Bethulonus), der etwas nördlich v. Barcelona bei Badalona mündet, an dessen Ufern (bei San Adrian de Besós) diese Form zuerst beobachtet wurde. Beto, sechster König von Catalaunien (Jahr der Welt 2094). Neuerdings (Lampere y Miquel) will man das Wort Bethulona von Bitza (Besós), welches schäumend, schäumender Fluss bedeutet, ableiten. (E. Vayreda br.)

[2]) Nach Dr. Alexander von Mágócsy-Dietz, * 7. Dec. 1855 in Ungvár (Unger-Comitat) in Ungarn, Privatdocent, Prof. a. d. höheren Töchterschule in Budapest, früher Assistent a. d. Forstakademie in Selmeczbánya (Schemnitz), beschäftige sich mit der Entwickelungsgeschichte von *Typha* und *Sparganium* und schrieb einige physiologische Abhandlungen. Durch Adoption seitens eines Onkels änderte er seinen früheren Namen von Dietz.

[3]) Nach Johann Maria Hildebrandt, * 19. März 1847 in Düsseldorf, † 29. Mai 1881 in Tananarivo, dem verdienstvollen leider so früh verstorbenen botanischen Reisenden. Er unternahm zwei Reisen nach Ostafrica und eine in Madagaskar, wo er dem Klima und den Strapazen erlag.

[4]) Nach Robert James Shuttleworth in Bern, * 1810 † 1874 (L. Fischer br.), Besitzer eines grösseren Privatherbariums, dessen Conservator Carl Johann Schmidt, der Verfasser der 1827—29 erschienenen Allg. ökonomisch-technischen Flora war. Sh. entdeckte diese Art an der Aare im Canton Bern.

ca. 20—40 Haaren besetzt. Narbe spatelig-lanzettlich, so lang oder kürzer als die Haare. Antheren meist 2—2,2 mm lang. Sonst wie die Leitart.

An Fluss- und Bachufern, bisher nur im südlichen Gebiete, besonders in den Thälern des Alpen- und Karpatensystems. Provence: am Var; Lyon. In der Schweiz zerstreut!! Baden: Riegel bei Freiburg i. B. (A. Braun!), Wiesloch. Württemberg: Stuttgart. Bayern: bei Rosenheim; Reichenhall mehrfach! und von da bis zum Chiemsee. Steiermark: Rohitsch (Hölzl!). Ungarn: Eisenburger Comitat: Nagy-Barkócz an der Mur (Borbás); Temeser Comitat: Mosnica (Borbás). Siebenbürgen: Nagy Enyed (Strassburg) a. d. Maros (Borbás); zw. Topánfalva und Vöröspatak (Janka). Einige weitere Angaben aus Oesterreich-Ungarn bedürfen der Bestätigung, da die Belegexemplare zu jung eingesammelt sind (Kronf. a. a. O. 173, 174). Bl. Juli, Aug.

T. S. Koch et Sonder in Koch Syn. ed. 2. 786 (1844). Kronfeld ZBG. Wien XXXIX. 171 t. IV fig. 5, t. V fig. 12. Nyman Consp. 757 Suppl. 316. Richter Pl. Eur. I. 9. Rchb. Ic. IX. tab. CCCXXII fig. 746.

Unterscheidet sich von *T. latifolia* (besonders von der habituell sehr ähnlichen E. *Bethulona*) mit Sicherheit erst im Fruchtzustande, wenn die Haare ihre definitive Länge erreicht haben. Der Kolben hat alsdann eine charakteristisch grauschimmernde Färbung und sieht bei näherer Betrachtung von den zwischen den hellen Haaren hervorschimmernden dunklen Narben wie schwarz punktirt aus, während der von *T. latifolia* seine schwarze bis schwarzbraune (mitunter etwas ins Grünliche spielende) Farbe dauernd beibehält.

(Ost-Pyrenäen (La Tet); Ober-Italien bei Turin und Parma.) [*]

Bastard.

103. × 104. (3.) **T. latifólia** × **Shuttlewórthii.** ♃. Blätter schmal linealisch, 7—10 mm breit, länger als der Blüthenstand, etwas blaugrün. Kolben sich berührend, der weibliche (ca. 20 cm) etwa 3 mal so lang als der männliche. Seitliche Auszweigungen der weiblichen Kolbenachse meist schlank, 1,5—2 mm lang bis kurz-kegelig. Narben lanzettlich bis rhombisch, theils in den Haaren versteckt, theils dieselben deutlich überragend. Antheren etwa 2 mm lang. Pollen und Früchte meist fehlschlagend.

Bisher nur in der Schweiz: Aargau: Bünzer Moos bei Bremgarten (Haussknecht!).

T. l. × *S.* (*T. Argoviénsis*[1])) Haussknecht in A. u. G. Syn. I. 273 (1897) vgl. BV. Ges. Thüringen VI. 30 (1888) (ohne Beschreibung).

104. × 105. *T. Shuttleworthii* × *angustifolia* s. S. 276.

---

[1]) Nach dem bisher allein bekannten Fundort im Canton Aargau (latinisirt Argovia).

II. Pflanze zierlich, meist nicht (oder doch nicht erheblich) über 1 m hoch. Männlicher Kolben 2- bis 4 mal so lang als der weibliche. Pollenzellen einzeln. Seitliche Auszweigungen der weiblichen Kolbenachse kürzer als 1 mm. (*Engléria*[1]) Kronfeld ZBG. Wien XXXIX. 140, 167 [1889].)

† **T. Laxmánni**[2]). ♃, 8—15 dm hoch. Blätter sehr schmal linealisch, 2—4 (selten —7) mm breit, bauchseits flach oder seicht rinnig, rückenseits unterwärts stark gewölbt bis halbcylindrisch, den Blüthenstand überragend. Weiblicher Kolben 3—5 cm lang, länglich-eiförmig bis kurzcylindrisch, braun, von dem 9—15 cm langen männlichen etwas (2—6 cm) entfernt. Frucht 4—6 mm lang gestielt, mit zahlreichen (ca. 50) 1 cm langen, an der Spitze meist plötzlich abgestutzten, von der Narbe bedeutend überragten Haaren. Antheren 1—1,5 mm lang.

In Sümpfen und an Ufern. Im Gebiet bisher nicht beobachtet, wenn auch unweit der Grenze desselben bei Mantua (?) angegeben. In den Botanischen Gärten nicht selten angepflanzt und zahlreich verwildernd. Bl. Juli, August.

T. L. Lepechin in Nova Acta Acad. Petrop. XII, 335 tab. IV (1801). Kronfeld ZBG. Wien 1889. 167 t. IV fig. 3, V fig. 15 nicht Ledebour und Rohrbach. *T. stenophylla*[3]) Fisch. et Mey. Bull. classe phys.-math. Ac. sc. St. Pétersbourg III. Col. 209 (1845). Rohrbach BV. Brand. XI. 90. Nyman Consp. 757. Richter Pl. Eur. I. 9. *T. juncifolia* Čelakovský Lotos XVI. 149 (1866) nicht Montandon.

(Oberitalien (?); Rumänien: Dobrudscha; Süd-Russland; West- und Central-Asien; Nord-China.)

B. *Bracteolátae* (Kronfeld ZBG. Wien XXXIX. 138 [1889]. *Bracteátae* Schnizlein Typhaceen 25 [1845]). Weibliche Blüthen in den Achseln von Tragblättern. Seitliche Auszweigungen der Hauptachse des weiblichen Kolbens nicht über 1 mm lang.

I. Pflanze kräftig, 1—4 m hoch. Weiblicher Kolben lang-cylindrisch. Achse des männlichen Kolbens mit Haaren bedeckt. Pollenzellen einzeln. (*Schnizleinia*[4]) Kronfeld ZBG. Wien XXXIX. 140, 150 [1889].)

---

[1]) Nach Dr. Adolf Engler, Professor der Botanik an der Universität und Director des bot. Gartens und bot. Museums zu Berlin, Geh. Regierungsrath, * 25. März 1844. Die Verdienste dieses gegenwärtig bedeutendsten Systematikers Deutschlands um die Classification der *Pandanales* sind oben S. 268 erörtert. Von seinen zahlreichen und umfassenden Arbeiten nennen wir die seit 1887 (bis 1893 mit K. Prantl) gemeinschaftlich herausgegebenen, seitdem von E. allein weitergeführten Natürlichen Pflanzenfamilien, deren System dieser Synopsis zu Grunde gelegt ist, ferner den Versuch einer Entwicklungsgeschichte der Pflanzenwelt insbesondere der Florengebiete seit der Tertiärperiode. Leipzig 1879, 1882. Ferner hat derselbe mit O. Drude ein umfassendes Sammelwerk Die Vegetation der Erde begonnen, in welchem er wichtige Theile unseres Florengebietes, auf eigene langjährige Forschungen gestützt, zu schildern gedenkt. — Wegen der 1887 von O. Hoffmann (Engl. Bot. Jahrb. IX. 3) beschriebenen Compositengattung *Engleria* kann der gleichlautende Kronfeld'sche Name der Section nicht aufrecht erhalten werden.

[2]) Nach Erik Laxmann, * 24. Juli 1737 in Åbo, † 16. Januar 1796 bei Tobolsk, Pastor in Kolywan (Sibirien), Professor in Petersburg und schliesslich Landeshauptmann. Er schrieb 1769 Briefe über Sibirien.

[3]) Von στενός eng, schmal und φύλλον Blatt.

[4]) Nach Adalbert Schnizlein, * 1813 † 1868, Professor der Botanik in Erlangen. Schrieb 1845 eine Monographie der *Typhaceen*; ferner mehrere Arbeiten

Bei uns nur:

105. (4.) **T. angustifólia.** ♃, 1—3 m hoch. Blätter schmal, 3—10 mm breit, bauchseits flach oder seicht rinnig, rückenseits unterwärts flacher oder stärker gewölbt bis halbcylindrisch, länger als der Kolben. Weiblicher Kolben 10—35 cm lang, (röthlich- bis) zimmetbraun, männlicher 10—30 cm lang, beide 1—9 (meist 3—5) cm von einander entfernt, selten sich berührend (3. *Sonderi*[1]) [Kronfeld ZBG. Wien 1889 153. *T. a. β.* Sonder Fl. Hamburg 507 (1851)]). Seitliche Auszweigungen seiner Achse kurz kegelförmig, bis 0,5 mm lang. Fruchtstiel meist 3—5 mm lang, mit zahlreichen (bis 50) unter der Spitze braunen, deutlich verdickten, von der Narbe überragten Haaren besetzt. Antheren $1^{1}/_{2}$—3 mm lang.

An Ufern, in Teichen und Sümpfen, auch in Heidemooren fast im ganzen Gebiet nicht selten. In der Schweiz nach Christ (Pflanzenleben Schweiz 94, 100) nur in Wallis; fehlt auch in der Bukowina (vgl. Herbich Fl. Bukow. [1859]). Dalmatien nur an der Narenta!! und bei Stagno grande!! (ÖBZ. XVII. 263 [1867], XIX. 67 [1869]). Bl. Juli, August.

T. a. L. Sp. pl. ed. 1. 971 (1753). Kronfeld ZBG. Wien XXXIX, 150 t. V fig. 2. Koch Syn. ed. 2. 785. Nyman Consp. 757 Suppl. 316. Richter Pl. Eur. I. 9. Rchb. Ic. fl. germ. IX. tab. CCCXXI fig. 745.

Aendert ab in der Grösse und in der Länge der Kolben: B. *média* (Kronfeld ZBG. Wien XXXIX. 152 [1889]. *T. m.* Schleicher Cat. pl. helv. ed. 1. 59 [1800]. *T. elátior* Boenningh. Prodr. fl. Monast. Westph. 274 [1824]. Rchb. Ic. fl. germ. IX. t. CCCXX fig. 744). Bis 3 m hoch. Blätter sehr schmal, 3—5 mm breit, flacher. Kolben annähernd gleich lang. — So in flachen Teichen und Gräben. — C. *inaequális* (Kronfeld a. a. O. 153 [1889]). Männlicher Kolben erheblich länger als der weibliche.

Von Spielarten ist zu erwähnen: 1. *Uechtritzii*[2]) (Kronfeld a. a. O. [1889]). Tragblatt am Grunde des weiblichen Kolbens bleibend, 60—80 cm lang.

(Ganz Europa [mit Ausnahme von Griechenland]; westliches Asien; Nord-America.)

über die Bayerische Flora, von denen die 1848 in Nördlingen mit A. Frickhinger herausgegebene Schrift über die Vegetations-Verhältnisse der Jura- und Keuperformation in den Flussgebieten der Wörnitz und Altmühl die bedeutendste ist. Seine in Bonn 1843—1871 erschienene Iconographia familiarum naturalium regni vegetabilis ist ein nützliches Nachschlagewerk.

[1]) Nach Wilhelm Sonder, * 1812 † 1881, Apotheker und Medicinalrath in Hamburg. Er schrieb 1851 eine Flora Hamburgensis, 1846 eine Monographie von *Heliophila*, bearbeitete die *Stylidieen* und Algen in Lehmann's Plantae Preissianae, und verfasste mit Harvey die Flora Capensis, von der leider nur drei Bände erschienen sind. S. war einer der besten Kenner der norddeutschen Flora, aus der er Koch für dessen Synopsis zahlreiche Beiträge lieferte.

[2]) Nach Rudolf von Uechtritz, * 31. December 1838 in Breslau, † 21. November 1886 ebenda, dem vorzüglichsten Kenner der Europäischen Flora unter seinen Zeitgenossen. Ausser zahlreichen kleineren Aufsätzen hat er in den von 1862 bis 1885 in den Verhandl. des Botan. Vereins der Pr. Brandenburg, später in den Schriften der Schlesischen Gesellschaft für Vaterl. Cultur erschienenen Nachträgen bez. Jahresberichten über die Erforschung der Schlesischen Phanerogamenflora die werthvollsten Beiträge zur Floristik Europas geliefert. Wie so viele Fachgenossen hatte ganz besonders ich mich bei meinen Arbeiten der selbstlosesten Unterstützung Seitens dieses meines unvergesslichen Freundes zu erfreuen.   A.

103. × 105. *T. latifolia* × *angustifolia* s. S. 278.
104. × 105. *T. Shuttleworthii* × *angustifolia* s. S. 278.

II. Pflanze zierlich, meist nicht über 1 m (unsere Arten kaum über 70 cm) hoch. Weiblicher Kolben kugelig bis länglich eiförmig, seltner kurz cylindrisch. Achse des männlichen Kolbens ohne Haare. Pollenzellen zu 4 zusammenhaftend. (*Rohrbachia*[1]) Kronfeld ZBG. Wien XXXIX. 140, 144 [1889].)

Gesammtart T. minima.

106. (5.) **T. minima.** ⚴, 30—75 cm hoch. Blätter der Laubtriebe sehr schmal linealisch, 1 bis meist 1,5 (—3) mm breit. Blüthenstengel ohne Laubblätter, nur an der Basis von spreitenlosen (seltner mit rudimentären bis 2 cm langen Spreiten versehenen) weiten Scheiden umgeben. Kolben etwas (bis 2 seltner bis 4 cm) entfernt oder sich berührend, gleich lang oder verschieden (dann meist der männliche etwas länger); der mit kurzen (0,2—0,4 mm langen) seitlichen Auszweigungen besetzte weibliche 15—35 (—45) cm lang, breit-eiförmig (*T. elliptica* Gmelin Fl. Bad. III. 603 [1808]) bis lang elliptisch oder kurz cylindrisch, dunkelkastanienbraun, der männliche 20—45 cm lang. Tragblätter der weiblichen Blüthen so lang als die Haare. Fruchtstiel bis 3 mm lang, mit zahlreichen (bis 50) an der Spitze kopfig verdickten Haaren besetzt. Narbe linealisch, beträchtlich länger als die Haare. Staubblätter meist einzeln oder (dann meist nicht über 3) verwachsen. Antheren 1,5—2 mm lang.

Flussufer, Wiesenmoore. In den Thälern des Alpensystems meist verbreitet oder zerstreut!! An den Flüssen abwärts: An der Rhone und ihren Nebenflüssen bis Lyon, Avignon, Arles. Rhein bis in die Rheinfläche bei Schifferstadt in der Bayr. Pfalz (die Angabe in Nordost-Baden bei Buchen [zw. Neckar und Tauber] nach Brenzinger [BV. Freiburg in Baden I. 320] wenig wahrscheinlich). Lech!! bis Mertingen unw. Donauwörth. Inn bis Simbach (Loher BV. Landshut X. 30); an der Salzach mehrfach! An der Donau: Linz! Steyeregg! Nieder-Oesterreich von Weissenkirchen bei Krems bis Wien! In Ungarn bei Pressburg und Budapest. (Die Angabe Rohrbachs BV. Brandenb. XI. 92 am Plattensee [Presl] scheint auf einem Irrthum zu beruhen, denn nach Borbás [br.] ist an Ort und Stelle von diesem Vorkommen nichts bekannt). Moor an der Westbahn bei Dömölk im Eisenburger Comitat (Borbás). Kroatien: an der Drau bei Legrad (Schloss. Vuk. Fl. Croat. 1155) und Zákány (Borbás! ÖBZ. XXXVI [1886] 83). (Im Banat von Rochel [Reise 85] angegeben, fehlt bei Heuffel.) Bl. Mai, Juni.

---

[1]) Nach Paul Rohrbach, * 9. Juni 1847 zu Berlin, † 6. Juni 1871 ebenda. Schrieb ausser einer Monographie der Gattung *Typha* (Verh. Bot. V. Brand. XI. [1869]) eine solche der Gattung *Silene* (Leipzig 1868) und mehrere werthvolle systematische und morphologische Arbeiten namentlich über *Caryophyllaceae* und *Hydrocharitaceae*. Vgl. auch S. 279.

T. m. Funk in Hoppe Bot. Taschenb. 118, 181 (1794). Kronfeld ZBG. Wien 1889. 144 t. IV fig. 2, t. V fig 7. Koch Syn. ed. 2. 786. Nyman Consp. 757 Suppl. 316. Richter Pl. Eur. I. 9. Rchb. Ic. IX. t. 319 fig. 742, 743. *T. angustifolia β.* L. Sp. pl. ed. 2. 1378 (1763). *T. minor* Smith Fl. Britann. III. 960 (1805).

(Italien; Serbien; Rumänien; Süd-Russland; Kaukasus-Länder; West- und Central-Asien; Nord-China.) |*

107. (6.) **T. grácilis.** ⚄. Blüthenstengel mit (den Blüthenstand überragenden) Laubblättern. Kolben stets (5—25 mm) von einander entfernt, beide etwa gleichlang, (4—) 5 (—7) cm, mitunter der männliche kürzer (2,5 cm), der weibliche fast stets länglich-elliptisch oder meist deutlich cylindrisch. Tragblatt der weiblichen Blüthe länger als die weniger zahlreichen (bis 30), sehr dünnen Haare. Sonst wie die Leitart.

An kiesigen Ufern. Bisher nur im Rhone- und Isère-Gebiet und am Ober-Rhein. An der Isère bei Vaule; Rhone-Inseln bei Vaux unterhalb Lyon! An der Arve bei Étrambières; Mündung der Arve in die Rhone. Am Rhein bei Ichenheim unw. Offenburg (1858 Leiner!). Bl. Aug., Sept.

T. g. Jordan Catal. Gratianop. 1848. 28. Obs. s. plus. pl. nouv., VIIe fragm. 43 [1849]. Godr. et Grenier Fl. de France III. 335 (1855). *T. Martini*[1]) Jord. Catal. Gratianop. 1851. Kronfeld ZBG. Wien XXXIX (148) t. IV fig. 7, t. V fig. 8. Nym. Consp. 757 Suppl. 316. *T. minima* var. *autumnális* Leiner in Döll Fl. v. Baden III. 1361 (1862). *T. Laxmanni β. gracilis* Rohrb. BV. Brandenb. XI. 93 [1869]. *T. m.* var. *gracilis* Ducommun Taschenb. Schweiz. Botan. 778 (1869). Richter Pl. Eur. I. 10.

Diese Art hat sich von der vorigen offenbar durch „Saison-Dimorphismus" (vgl. R. v. Wettstein DBG. XIII [1895] 303) abgezweigt.

(Die von Kronfeld (ZBG. Wien XXXIX [1889] 149) als Varietät unserer Art aufgeführte Form (*Davidiána*[2]) in der Mongolei; die Unterart *T. Haussknéchtii*[3]) (Rohrb. a. a. O. 99 [1869]) in Armenien.)

|*

---

[1]) Nach einem jungen, später nicht weiter bekannt gewordenen Botaniker Martin in Lyon, der die Pflanze auf den Rheninseln sammelte. Nach ihm benannte Jordan noch eine *Acer Martini*. (St. Lager br.)

[2]) Nach dem Lazaristen Pater Armand David, Französischem Missionar, der sich durch seine umfassenden botanischen und zoologischen Sammlungen, die sich in Paris befinden, aus dem südlichen China und Central-Asien grosse Verdienste um die Naturgeschichte dieser Länder erworben hat.

[3]) Nach dem Entdecker Karl Haussknecht, * 1838, Professor in Weimar, Stifter des Botanischen Museums daselbst, einem der besten Kenner der Europäischen und Orientalischen Flora, die seinen zahlreichen Forschungsreisen die werthvollsten Beiträge verdanken; besonders sind zahlreiche Bastardformen seinem geübten Blicke zuerst aufgefallen. Ausser zahlreichen Aufsätzen veröffentlichte er eine Monographie der Gattung *Epilobium*. Jena 1884. Auch die Synopsis hat sich der Unterstützung dieses meines langjährigen Freundes zu erfreuen. A.

Bastarde.

103. × 105. (7.) T. latifólia × angustifólia. ⚄, kräftig, 12 dm bis 2 m hoch (oder höher). Blätter bis 10 (—12) mm breit, länger als der Blüthenstand, meist blaugrün. Männlicher und weiblicher (meist zimmet- bis kastanienbraun gefärbter) Kolben sich berührend oder bis 7 cm entfernt. Seitliche Auszweigungen der weiblichen Kolbenachse verschieden, kurz kegelig oder schlank, bis über 1 mm lang. Tragblätter der weiblichen Blüthen fehlend oder rudimentär. Fruchtstiel bis 6 mm lang, mit meist wenig, hin und wieder deutlich unter der Spitze bräunlichen und verdickten seltner ganz weissen, scharf zugespitzten Haaren besetzt. Pollen und Früchte oft fehlschlagend.

Mit den Eltern, scheint nicht allzu selten, nur häufig übersehen bez. mit den Stammarten verwechselt zu sein. In dem Gebiet bisher: (Rheinprovinz: Bonn, Botan. Garten Körnicke!?). Thüringen: Bendeleben bei Frankenhausen (Haussknecht!) Weimar: Ettersburg (Haussknecht); bei der fröhlichen Wiederkunft bei Roda (Haussknecht!). Prov. Sachsen: Bodendorf bei Neuhaldensleben!! Nieder-Lausitz: Teich bei Luckaitz!! Schlesien: Arnsdorf: Lindenbusch (Figert DBM. VIII. 57); Liegnitz: Annawerder (Callier Fl. sil. exs. 301!). Pommern: Kolberger Deep bei Kolberg!! Westpreussen: Zarnowitzer Bruch im Kr. Putzig!! Ostpreussen: Baranner Forst bei Lyck (Sanio!)

T. l. × a. Figert DBM. VIII. 55 (1890). *T. glauca* Godr. Fl. Lorr. ed. 1. II. 20 (1843). Kronfeld ZBG. Wien XXXIX. 167. Fiek Result. Durchf. schles. Phan. fl. 1889. 5. Nyman Consp. 757. Richter Pl. Eur. I. 9. *T. a. × l.* Haussknecht BV. Ges. Thüringen VI. 30 (1888) N. F. VIII. 33. Kronf. a. a. O. Nyman Suppl. 316.

<small>Ob alle hierunter aufgeführten Formen wirklich Bastarde darstellen oder einige derselben eine besondere Abart bilden, wagen wir nicht zu entscheiden; in den Blüthenmerkmalen scheinen sie fast immer zwischen *T. latifolia* und *T. angustifolia* zu stehen, jedoch zeigen sich häufig sehr auffällige Eigenthümlichkeiten (vgl. auch Figert a. a. O.), wie das theilweise oder vollständige Fehlen von *T. latifolia* und *T. angustifolia* in der Nähe des Standortes, die sehr ins Auge fallende blaugrüne Farbe, die in solcher Intensität keiner der obengenannten Arten zukommt und durch welche auch Godron wohl veranlasst wurde, den Namen *T. glauca* zu geben; und schliesslich überragt diese Form häufig (Bodendorf, Luckaitz, Kolberg) alle unsere Arten bedeutend an Grösse; wir sahen Exemplare, die über 4 m Länge erreichten. Die von Haussknecht und Sanio gesammelten Pflanzen scheinen uns zweifellos hybriden Ursprungs zu sein. An grösseren Beständen findet sich oft nicht ein einziger Blüthenstand (! vgl. auch Figert a. a. O.), dafür bemerkt man eine ungewöhnlich starke vegetative Vermehrung.</small>

(Französisch-Lothringen bei Villers unweit Nancy.) *]

104. × 105. T. Shuttlewórthii × angustifólia. Zwischenformen zwischen diese beiden Arten sind von Haussknecht in Oberbayern bei Reichenhall beobachtet worden (BV. Ges. Thür. VI. 30 [1888]). Wir haben keine Exemplare gesehen und eine Beschreibung ist a. a. O. nicht gegeben.

15. Familie.
SPARGANIÁCEAE.
(Engler Nat. Pflanzenfam. II. 1. 192 [1889]. Syll. Gr. Ausg. 65 [1892].)

Hierher nur die Gattung:

36. SPARGÁNIUM[1]).
([Tourn. Inst. 530 L. Gen. pl. ed. 1. 281] ed. 5. 418 [1754].
Nat. Pfl. II. 1. 193.)

(Igelkolben; niederl. und vläm.: Egelskop; dän.: Pindsvinknop; franz.: Rubanier; ital.: Biodo; poln.: Jeżoglówka, Wilczy bob; böhm.: Zevar; russ.: ежеголовникъ; ung.: Baka.)

Meist ansehnliche Gewächse. Grundachse unterwärts dicke bis fadenförmige Ausläufer treibend. Laubblätter aufrecht oder im Wasser fluthend, stumpflich oder in eine (bis lang fadenförmige) feine Spitze ausgezogen. Blüthenstengel aufrecht oder im Wasser fluthend, eine endständige Rispe oder Scheinähre tragend. Blüthen aktinomorph, cyklisch, zu seitenständigen oder scheinbar endständigen (durch Anhäufung verkürzter Seitensprosse) kugeligen Köpfen gedrängt an Achsen zweiten oder dritten Grades. An jeder (end- oder seitenständigen) Scheinähre die unteren Köpfe in den Achseln laubartiger Tragblätter, weiblich, ihre Stiele oft mit der Achse verbunden, die Köpfchen daher „extraaxillär sitzend"; die oberen männlich, in den Achseln von Hochblättern (zwischen beiden Regionen nicht selten gemischte). Männliche Blüthen mit meist 3 (1—6) Perigonblättern und 3 (—6) Staubblättern. Antherenhälften oberwärts sich von einander entfernend, verbreitert. Weibliche Blüthen in der Achsel eines Tragblattes, mit 3—6 Blüthenhüllblättern, (bei unseren Arten) mit einem Fruchtblatte, welches eine hängende Samenanlage einschliesst (selten ausnahmsweise mit 2). Narbe auf langem Griffel linealisch bis sitzend, kurz spatelförmig. (Bei 2 Fruchtblättern die Ovarialtheile verbunden, die Narben getrennt.) (Bei unseren Arten) Steinfrucht mit von schwammigem (in der Reife luftführendem) Parenchym umgebenem glattem oder gefurchtem sehr hartem (bei 2 Fruchtblättern 2 fächerigen, 2 samigen) Steinkern. Keimling gerade.

14—20 Arten grösstentheils in der nördlich gemässigten bis in die arktische Zone. Eine Art auf der südlichen Hemisphäre in Australien und Neuseeland. — Der hier gegebenen Anordnung liegt eine im Manuscript vorhandene monographische Bearbeitung der Gattung von P. Graebner zu Grunde, bei welcher derselbe die hinterlassenen zahlreichen Notizen des verstorbenen Rohrbach (s. S. 276) sowie ein von Herrn Dr. A. Weberbauer in Breslau hergestelltes und ihm freundlichst übersandtes Manuscript benutzen durfte.

---

[1]) σπαργάνιον, Pflanzenname bei Dioskorides (IV, 21).

A. **Griffel und Narbe lang fadenförmig, letztere wenigstens 5—6 mal so lang als breit, oft nicht deutlich abgesetzt. Männliche Köpfe meist in der Mehrzahl (vgl. *S. affine*
B. *Borderi*).** Aufrechte grundständige Luftblätter im unteren Drittel gekielt oder mehr oder weniger dreikantig (selten fehlend).
I. *Erécta* (A. u. G. Syn. I. 280 [1897]. *S. eréctum* L. Sp. pl. ed. 1. 971 [1753]). Blätter alle deutlich gekielt, die fluthenden im oberen Theile wenigstens rückenseits mit deutlich vorspringender Mittelrippe, im Querschnitt wenigstens in der Nähe der Mittelrippe mit mehreren Reihen von Luftlücken. Steinkern der Frucht nach oben kegelförmig verschmälert.

108. (1.) **S. ramósum.** ⚥. Blüthenstengel (bei unseren Unterarten) starr aufrecht, oder in der Frucht übergebogen oder niederliegend (nicht fluthend). Blätter aufrecht, derb, unten 3 kantig, mit meist concaven Seitenflächen und deutlich bis in die Spitze auslaufendem Kiel, 3—15 mm breit, meist bis 15 dm lang. Blüthenstand rispig verzweigt, (wenigstens der oder) die untersten Seitenäste erster Ordnung nicht mit der Hauptachse verbunden, mehrere bis viele ährenartig gestellte weibliche und (an der Spitze) männliche Köpfe tragend, die Tragblätter der Rispenzweige laubig, im oberen $1/3$ am breitesten, von dort allmählich verschmälert, Tragblätter nach der Spitze der Rispenzweige hochblatt- bis schuppenartig werdend, die obersten bleich, ohne Spreite, flach, kiellos. *S. r.* Huds. Fl. Angl. ed. 2. 401 (1778). Koch Syn. ed. 2. 786. Nyman Consp. 757.

Die Vielgestaltigkeit dieser Art blieb bis 1882 unbeachtet. In welchem Jahre Mori (Soc. Tosc. Sc. Nat. Proc. verb. III. 51) auf das Vorkommen zweier durch die Gestalt der Frucht verschiedener Formen in Italien aufmerksam machte. Dieselben wurden sodann von Beeby (Journ. of Bot. XXIII. 1885. 26. 193 pl. 285) unter dem Namen *S. neglectum* Beeby und *S. ramosum* „Curt." als Arten getrennt. In den folgenden Jahren wurde von Beeby, L. M. Neuman, Murbeck, Ascherson, Graebner u. A. die Verbreitung derselben in Europa weiter verfolgt. Vor wenigen Monaten hat Čelakovský dieselben zum Gegenstande einer eingehenden, durch Abbildungen erläuterten Untersuchung gemacht (ÖBZ. XLVI. 377 ff. 421 ff. Taf. 8), in welcher er das von Neuman aufgestellte *S. ramosum* var. *microcarpum* als eine dritte Art aufstellt. Wir können unserem hochverehrten Freunde in dieser Coordination der drei Formen nicht beistimmen, sehen uns vielmehr veranlasst, die durch kein ganz durchgreifendes Merkmal zu trennenden Beeby'schen Arten nur als Unterarten zu betrachten, wobei das Beeby'sche *S. ramosum* zum Unterschiede von der Hudson'schen Art einen neuen Namen erhalten musste.

A. *S. negléctum*. Meist etwas niedriger und schwächer als B. Blüthenstengel zur Zeit der Fruchtreife häufig übergebogen oder niederliegend. Blätter meist übergebogen oder überhängend, nach der Spitze allmählicher verschmälert, daher nicht (oder kaum) ausgerandet. An den kräftigsten der 4—6 Seitenäste der Rispe meist 2 weibliche und bis 10 männliche Köpfe. Perigonblätter der weiblichen Blüthen braun, meist (besonders nach der Spitze zu) hell- (bis weiss-) hautrandig. Fruchtblätter 1, selten (höchstens einmal unter 10—20 Blüthen) 2. Fruchtknoten etwa in der Mitte am breitesten, allmählich mit convexen oder geraden (seltner ganz schwach concaven) Seitenflächen in den Griffel verschmälert. Narben hell bis schwärzlich, meist 1½—3 mm lang, selten erheblich länger. **Früchte meist (6—) 7—10 mm lang, 3—4 mm breit, schlank, unterwärts verkehrt-kegelförmig, wenig gegeneinander abgeplattet, ganz unten schwach abgerundet-3—6kantig,** selten (C. *oocarpum*) verkehrt-pyramidenförmig, **oben ganz rund; oberwärts nicht mit einer Ringkante versehen, allmählich (gewölbt-kegelförmig bis schlank pyramidal) in den Griffelrest verschmälert, glänzend strohgelb bis gelbbraun;** der obere Theil von etwa ²/₃ der Länge des unteren. **Steinkern die Oberseite der Frucht nicht erreichend, vom Schwammparenchym gekrönt, von flachen Längsfurchen durchzogen,** hin und wieder durch vereinzelte bis wenige schwach vorspringende, mehr oder weniger scharfe Leisten etwas kantig (vgl. B. *microcarpum*) oder selten tief längsfurchig (vgl. C. *oocarpum*), nur im letzteren Falle mit, sonst stets **ohne deutliche Luftgänge in den Rillen** (selten erscheint durch das Zerschneiden der harten Schale das Schwammparenchym vom Steinkern unregelmässig losgelöst). Perigonblätter der männlichen Blüthen aus ovaler, oft zweilappiger Spreite meist plötzlich in einen Stiel verschmälert.

In Teichen, an Seen, Wasserläufen und in Sümpfen der Ebene und Bergregion. Wohl im ganzen Gebiet verbreitet, im Süden häufiger als *B*. Norddeutsche Ebene verbreitet!! (nicht auf den Nordseeinseln beobachtet); Mittel-! Süddeutschland! und Böhmen!, stellenweise häufig. In den nördlichen Alpen bisher nur in der Schweiz: Waat (Blanchet), Algäu: Oberstdorf (Bornmüller BV. Ges. Thür. N. F. VIII. 39), Salzburg (Beyer!). In der südlichen!! und südöstlichen! Alpen, wie es scheint sehr verbreitet. Küstenland! Dalmatien!! Bosnien und Hercegovina. Bl. Juni—Aug.

S. n. Beeby Journ. of bot. XXIII. 26, 193 pl. 285 (1885), XXIV. 142, 377 (1886). Nyman Suppl. 316. *S. erectum* Rchb. Ic. IX t. CCCXXVI fig. 751! *S. ramosum* Engelm. in A. Gray Man. ed. 5. 481 (1867). *S. e. β. n.* Richter Pl. Eur. 10 (1890).

Aendert ab in der Gestalt, Farbe und Grösse der Früchte, sowie in der Tracht und der Gestaltung der Blätter. Von grossem, systematischem Interesse sind zwei Rassen, die in gewissen Merkmalen einen Uebergang zur Unterart B. bilden und zwar:

B. microcárpum[1]). In allen Theilen kleiner als der Typus. Früchte 6—8 mm lang, 2—3 mm breit, schlanker, unterwärts lang verkehrt-kegelförmig, in einen (oft bis über 1 mm langen) deutlichen Stiel verschmälert, Narben meist kürzer, oft nicht über 2 mm lang, etwa in der Mitte (im trocknen Zustande) oft stark eingeschnürt, darüber meist wulstig verdickt, oberwärts ziemlich plötzlich abgerundet, in den Griffelrest verschmälert. Die ganze Frucht walzig-rundlich, durch Verschrumpfen des grosszelligen, wenig mechanisch verstärkten

---

[1]) Von μιχρός klein, winzig und καρπός Frucht, wegen der durch das Collabiren des Schwammparenchyms kleinen Früchte.

Schwammparenchyms **unregelmässig kantig**. Steinkern schlanker, von wenigen flachen Furchen seicht gewellt, durch die flachen Leisten oft kantig.

Wahrscheinlich (besonders im Norden des Gebiets) überall mit dem Typus verbreitet, in Deutschland stellenweise sehr häufig, besonders im Nordosten!! auch in Böhmen!! nach Čelakovský (ÖBZ. XLV. 380 [1896]), im Süden anscheinend beträchtlich seltener, jedoch noch in Tirol!! Ungarn [Borbás!], Hercegovina [Murbeck Beitr. Fl. Süd-Bosn. u. Herc. Lunds. Univ. Årskr. XXVII. 32 (1891)]) die häufigste Form. Scheint besonders in kalten Gewässern vorzukommen. (In Skandinavien!! vielleicht ausschliesslich diese Rasse.)

S. n. B. *m.* A. u. G. Syn. I. 282 (1897). *S. ramosum m.* Neuman in Hartm. Skand. Fl. 12 Uppl. 112 (1889). *S. m.* Čelakovský ÖBZ. XLVI. 423 (1896).

C. **oocárpum**[1]). **Früchte kugelig bis kugelig-verkehrteiförmig**, oft bis über 5 mm breit und 5—7 mm lang, unterwärts gewölbt, kurz kegelig oder gegeneinander stumpf kantig abgeflacht, glänzend graubraun, oberwärts halbkugelig, matt, dunkel, mit etwas schlaffem Schwammparenchym. **Steinkern stark und tief längsfurchig mit deutlichen Luftgängen in den Rillen**. Fruchtet häufig sehr wenig.

Bisher beobachtet in Böhmen! mehrfach (Čelakovský ÖBZ. XLVI. 426 [1896]). Brandenburg: Nauen (Buss!) Neu-Ruppin (Warnstorf nach Čelak. a. a. O.). Rheinprovinz: Friesdorfer Weiher bei Bonn (Wirtgen!). Bl. Juli-Sept. (Čelakovský a. a. O.). Die Früchte werden sehr spät reif.

S. n. var. *o.* Čelakovský ÖBZ. XLVI. 425 (1896).

Neuman stellte (a. a. O.) „die Rasse *microcarpum* als eine Form des *S. ramosum* auf. Murbeck (Lunds Univ. Årskr. XXVII. 32 [1891]) und nach ihm Čelakovský (a. a. O.) machen darauf aufmerksam, dass die Form einen gewissen Grad systematischer Selbständigkeit besitze. Indessen sind die Merkmale, die dieser Rasse zukommen, so variabel, dass eine Aufrechterhaltung als Art nicht rathsam erschien, zumal dann auch *C. oocarpum* das Artrecht beanspruchen müsste. Durch die im frischen Zustande nicht kantigen länglich spindelförmigen Früchte (vgl. Čelakovský a. a. O.), in denen der Steinkern vom Schwammparenchym gekrönt wird, durch die kürzeren, ebenfalls häufig helleren Narben, die meist schmäleren Perigonblätter, durch den nicht tief gefurchten, nur oft (wie auch nicht selten bei *S. neglectum!*) durch vereinzelte niedrige Leisten kantigen Steinkern, der auf dem Querschnitt nicht von deutlichen Luftcanälen umgeben ist u. a., wird ihr ihre Stellung in der näheren Verwandtschaft von *S. neglectum* angewiesen. Nicht selten beobachtet man am typischen *S. neglectum* vereinzelt Früchte oder ganze Fruchtköpfe, die, wie sehr viele in unreifem Zustande abgetrennte Früchte mit später verschrumpfendem Schwammparenchym, von solchen der Rasse B. *microcarpum* nicht zu unterscheiden sind. Bei weitem schwieriger erscheint die richtige Deutung von *C. oocarpum*, welches durch verschiedene, sehr in die Augen springende Merkmale sich auffälliger dem *S. polyedrum* nähert und zwar durch die Gestalt der Früchte, die in reichfruchtigen Köpfen im unteren Theile kurz pyramidenförmig deutlich gegeneinander abgeplattet erscheinen, durch den tiefgefurchten, mit deutlichen Luftcanälen umgebenen Steinkern und durch die oberseits matte bis schwärzliche Farbe. Jedoch scheint uns die Deutung Čelakovský's, dass die Form in den Verwandtschafts-

---

[1]) Von ὠόν Ei und καρπός Frucht, wegen der rundlichen Früchte.

kreis des *S. neglectum* gehört, durch die übrigen Merkmale (bes. durch das den Steinkern an der Spitze krönende Schwammparenchym) vollauf gerechtfertigt.

(Schweden! Norwegen!! Dänemark; England! Irland; Frankreich! Spanien! Italien! Sicilien! Nord-Africa: Algier! Griechenland; Kleinasien! Assyrien; West-Persien! Nordwestl. Russland!) *

B. S. polyedrum[1]). Blüthenstengel 25—120 cm hoch. Blätter meist zu einer stumpfen Spitze zugerundet, seltner (bes. bei sehr breiten Tragblättern) etwas schief ausgerandet. Der kräftigste Rispenast (nicht immer der unterste) 2—3 weibliche und bis 17 männliche Köpfe tragend, die oberen ebenso wie der obere Theil der Hauptachse nur mit (bis zu 15) männlichen Köpfen, von denen die obersten häufig zusammenfliessen. Weibliche Blüthen mit fadenförmigen bis häufig breiten, oft an der Spitze nicht deutlich verbreiterten braunen, meist dunkelhautrandigen Perigonblättern und einem, hin und wieder (selten bei etwa $^1/_3$ der Blüthen eines Kopfes) 2 Fruchtblättern. Fruchtknoten oberwärts dunkel bis schwärzlich, lang spindelförmig, im unteren Drittel am breitesten, mit convexen Seitenflächen, in den langen Griffel mit fadenförmiger, meist nicht deutlich abgesetzter Narbe verschmälert. F r ü c h t e 5—7 m m l a n g, 5—6 m m b r e i t, k u r z v e r k e h r t - p y r a m i d e n f ö r m i g, s t a r k (3—) 4—5 (—6) k a n t i g g e g e n e i n a n d e r a b g e p l a t t e t, o b e r w ä r t s matt, schwarzbraun, kurz zugespitzt, den Griffelrest auf einer flachen Erhöhung tragend. S t e i n k e r n d i e O b e r s e i t e d e r F r u c h t (G r i f f e l a n s a t z) e r r e i c h e n d, vom Schwammparenchym ringförmig umgeben, d u r c h z a h l r e i c h e, s c h a r f v o r s p r i n g e n d e L e i s t e n t i e f g e f u r c h t; in d e n R i l l e n z w i s c h e n d e m S t e i n k e r n u n d d e m ä u s s e r e n S c h w a m m g e w e b e d e u t l i c h e, r u n d l i c h e L u f t g ä n g e. (Vgl. auch *S. neglectum* C. *oocarpum*.) Perigonblätter der männlichen Blüthen meist aus keilförmiger Basis verkehrt eiförmig, kurz zugespitzt, hin und wieder gelappt.

An ähnlichen Orten wie vor., oft mit ihr, wohl nirgend selten, (auch auf den Ostfriesischen Inseln!) stellenweise sehr häufig, auch im Mittelmeergebiet noch verbreitet! Bl. Juni—August.

S. p. A. u. G. Syn. I. 283 (1897). *S. ramosum* Curt. Fl. Lond. fasc. V t. 66 (1777—87). Gren. u. Godr. Fl. France III. 336. Beeby Journ. of Bot. XIII. 26, 193 (1885). *S. eréctum* Aschers. ÖBZ. XLIII. 13 (1893). Richter Pl. Eur. I. 10.

Aendert analog der vor. ab. B. *angustifólium* (*S. erectum* var. *a.* Warnstorf Verh. BV. Brandenb. XXXVII [1895] L. [1896]). Blätter nur 8—10 mm breit; Aeste des Blüthenstandes nur mit einem weiblichen Kopf. — In der Form (und Farbe) der Frucht sehr veränderlich: II. *dolichocárpum*[2]) (A. u. G. Syn. I. 283 [1897]). Früchte bis 9 mm lang, schmal (bis 4 mm breit), mit bis 7 mm langem Untertheil.

---

[1]) Von πολύεδρος vieleckig, wegen der mit scharfen Kanten versehenen Früchte.

[2]) Von δολιχός lang und καρπός Frucht.

— Scheint selten. Westpreussen: Plehnendorf bei Danzig!! — III. *conocárpum*[1]) (*S. ramosum* f. *c.* Čelakovský ÖBZ. XLVI. 423 [1896]). Früchte kleiner, bis 6 mm lang, 3—4,5 mm breit, mehr allmählich in den Griffelrest verschmälert. Hierunter Formen, die häufig mit *S. neglectum* verwechselt werden, oft in der äussern Gestalt dieser nicht unähnlich, so Neuruppin (Warnstorf! zugleich mit sehr kurzen Narben). — IV. *platycárpum*[2]) (*S. ramosum* f. *p.* Čelakovský a. a. O. [1896]). Früchte 5—6 mm breit, meist oberwärts stark abgeflacht. — Von anderen Abänderungen sind l. mit einfachem Blüthenstand ohne männliche Köpfe an den seitlichen Auszweigungen (Breslau: Radwanitz!) und l. mit einigen männlichen Blüthen in allen weiblichen Köpfen zu erwähnen.

Beide Unterarten sind in allen ihren Formen leicht dadurch zu unterscheiden, dass man von den Früchten von *S. neglectum* das Schwammparenchym leicht entfernen kann, wenn man zwei Fingernägel etwa in der Mitte der Frucht zangeartig zusammendrückt, bei *S. polyedrum* ist in Folge der ringförmigen Anordnung des Schwammparenchyms ein solches Abkneifen schwer möglich.

(Mittleres Europa überall; England! Nördliches Mittelmeergebiet! Wir sahen es nicht aus Schweden und Norwegen, Spanien, Süd- und Mittelitalien, den südlichen und mittleren Balkanländern. Nach Südosten anscheinend nicht über die Grenze Europa's hinaus verbreitet, in Turkestan! bereits eine wohl eine besondere Unterart darstellende bis Ostasien reichende Form.) *

108. × 109. *S. ramosum* × *simplex* s. S. 286.

109. (2.) **S. simplex.** ♃. Blüthenstengel (bei aufrechten Formen) 20—60 cm hoch, fluthende Formen oft bis über 1 m lang. Blätter derb, im unteren Drittel dreikantig, mit concaven Seitenflächen, über der meist sehr weiten (trocken derb strohartigen) Scheide erheblich (oft fast stielartig) auf 3—6 mm verschmälert, im oberen Drittel auf 5—12 mm verbreitert, allmählich in eine mehr oder weniger stumpfe Spitze ausgezogen. Stengelständige Blätter am Grunde mehr oder weniger scheidenartig verbreitert. Blüthenstand einfach mit 2—5 (—6) weiblichen (von denen die unteren 1 (—3) gestielt) und bis 8 männlichen Köpfen, alle (oder doch nur der unterste Seitenast ausgenommen) mehr oder weniger mit der Hauptachse verbunden; die oberen weiblichen und alle männlichen sitzend; die Tragblätter der unteren Köpfe laubig, den Blüthenstand nicht überragend, die der oberen bleich, häutig. Perigonblätter meist breit-eiförmig bis spatelförmig. Fruchtknoten im unteren Drittel am breitesten, ganz allmählich in den langen Griffel mit nicht deutlich abgesetzter fadenförmiger Narbe verschmälert. Früchte 4—5 mm lang, 2—2$^{1}/_{2}$ mm breit, deutlich (bis 2 mm lang) gestielt, meist im unteren Drittel am breitesten, ganz allmählich in den meist (mit der Narbe) stehenbleibenden, lang fadenförmigen, schwach gebogenen Griffel verschmälert (daher wie lang geschnäbelt erscheinend), gelb- bis graubraun.

---

[1]) Von κῶνος Kegel und καρπός.
[2]) Von πλατύς breit und καρπός.

An ähnlichen Orten w. v., von der Ebene bis zur subalpinen Region im ganzen Gebiet verbreitet. Bl. Juni—Juli. Fr. Juli—Sept. *S. s.* Huds. Fl. Angl. ed. 2. 401 (1778). Koch Syn. ed. 2, 786. Nyman Consp. 758 Suppl. 316. Richter Pl. Eur. I. 10. Rchb. Ic. IX t. CCCXXV fig. 750. *S. eréctum β.* L. Sp. pl. ed. 1. 971 (1753). *S. e.* Wahlenb. Fl. Suec. ed. 2. II. 604 (1833).

Eine ziemlich vielgestaltige Art, die namentlich in der Grösse, der Breite und Gestalt der Blätter beträchtlich abändert. Zerfällt in meist als Arten beschriebene Formen, die sich etwa folgendermassen gliedern:

A. **Blüthenstengel** und (wenigstens die obersten der grundständigen) **Blätter aufrecht** oder doch (in tieferem Wasser) mit der Spitze über die Oberfläche hervorragend, am Grunde meist deutlich dreikantig. In sehr tiefem oder schnell fliessendem Wasser wachsende, daher nicht blühende Exemplare sind von B. oft nicht sicher zu unterscheiden.

I. **týpicum**. Blätter deutlich zweizeilig angeordnet, wenigstens die grösseren **bis zum Grunde scharf dreikantig**, breit, starr aufrecht, oft etwas spiralig gedreht. — Die häufigste Form, an Fluss- und Seeufern, in Wiesengräben. — *S. s.* A. I. *t.* A. u. G. Syn I. 285 (1897). Hierzu:

b. **angustifólium**. Weniger kräftig, meist nur 15—35 cm hoch. **Blätter** 25—45 cm lang, meist starr aufrecht, über den ziemlich weiten Scheiden meist auf 3 mm verschmälert, **oberwärts 5—6 mm breit**, selten breiter. — Auf feuchtem Moor- und Schlammboden, an von Wasser verlassenen Stellen. — *S. s.* var. *a.* Beckmann Abh. NV. Bremen X. 505 (1889). Hierher die Unterabart 2. *grácile* (Meinshausen Bull. Soc. imp. nat. Moscou N. S. III. 1889. 170 [1890]). Kleiner, dunkelgrün, Blüthenstengel meist nicht über 20 cm hoch. Blätter 20—30 cm lang, etwas schlaff. Stengelblätter aus sehr breiter Basis (bis 14 mm) allmählich verschmälert. Weibliche Köpfe 2, meist sitzend, 15 mm Durchmesser. Männliche Köpfe 2—3, genähert. — So seltener. — Gewissermassen einen Uebergang zu B. stellt die Unterabart 3. *subvaginátum* (*S. s.* Meinshausen Mélanges biol. Ac. St. Pét. Tome XIII. livr. 3. 390 [1893] z. T.) dar. Der wenigblätterige Stengel aufrecht. Die unteren Blätter sehr lang linealisch, fluthend, bei sinkendem Wasserstande absterbend, an der Basis mit weiten zum Theil häutigen Scheiden. Aufrechte Blätter derb, dreikantig. Blüthenstand meist armblüthig.

II. **splendens**. Kurz und kräftig, etwas graugrün. Blüthenstengel meist 20—40 cm hoch. Blätter etwa 30—45 cm lang, mit stumpflichem Kiel, **unterwärts am Rücken abgerundet** oder schwach 3kantig, öfter durch Streckung der Internodien etwas entfernt und daher **undeutlich zweizeilig**. Männliche Köpfe meist 2. — Nicht selten in Gräben und an Ufern mit schlammigem, wenig stabilem Grunde und schwankendem Wasserstande. — *S. s.* A. II. *s.* A. u. G. Syn. I. 285 (1897). *S. spl.* Meinshausen Bull. Acad. imp. sc. St. Pétersbourg XIII. 3. 388 (1893). Hierher die Unterabart b. *simile* (*S. sim.* Meinshausen n. a. O. [1893]). Noch kürzer, spärlich beblättert. Blätter breit. Blüthenköpfe meist zahlreich. Früchte kurzgestielt oder häufig sitzend.

B. **longíssimum**. Blüthenstengel und **alle Grundblätter** oft **bis über 1 m lang, fluthend**, trocken meist sehr zerbrechlich. Blätter meist vom oberen Drittel nach der Spitze allmählich und dann plötzlich in eine stumpfliche Spitze verschmälert, bauchseits flach, auf dem Rücken im unteren Theile stumpflich dreikantig bis scharf gekielt, im oberen Theile ganz flach, **mit oft nur schwach vorspringender aber stets deutlicher Mittelrippe**. Stengel-

ständige Blätter einschliesslich des Tragblattes des (oder der beiden) untersten weiblichen Köpfe bis 10 mm breit, schwimmend und so den Blüthenstand über Wasser haltend (die oberen klein). Weibliche Köpfe meist sehr gross (bis 3 cm Durchmesser). Männliche Köpfe zahlreich (bis 8) genähert, alle oberen gedrängt. In stehenden oder langsam fliessenden Gewässern, gern in Altwässern der Flüsse auf schlammigem Boden, nicht häufig. — Bl. Aug. bis Sept. (im südl. Gebiet im Juli).
S. s. var. *l.* Fries Bot. Not. 1868. 71. *S. s. β. flúitans* Godr. et Gren. Fl. France III. 357 (1855). A. Braun in Aschers. Fl. Brand. I. (1864) wenigstens z. T. Nyman Consp. Suppl. 316. Richter Pl. Eur. 10.

Diese Form scheint grössere Beachtung zu verdienen, da sie augenscheinlich kein Product des Standorts ist; denn bei sinkendem Wasserstande, selbst auf feuchtem Schlamm, erzeugt die Pflanze ihre riemenartigen, niederliegenden Blätter weiter, ohne die für den Typus charakteristischen dreikantigen aufrechten Luftblätter zu bilden, wie wir dies bei den infolge hohen Wasserstandes fluthenden Exemplaren des Typus bemerken. Auf trocknerem Boden verkümmert sie und gleicht in der Tracht grossen, sehr breitblättrigen Exemplaren von *S. minimum.* Wegen ihres eigenartigen Verhaltens und ihrer sehr charakteristischen Tracht (mit den meist sehr grossen weiblichen Köpfen) möchten wir diese Form für eine gute Rasse oder gar Unterart des Typus ansehen. Eine im flachen Wasser wachsende Form ist die Unterabart II. *inundátum* (*S. i.* Schur h.). Blüthenstengel nur etwa 2 dm hoch, schlaff aufrecht, Blätter bis 5 dm lang, alle fluthend, 3—6 mm breit. Scheiden breit weiss-hautrandig. — So bisher bei Berlin! und im Prater bei Wien (Schur!) Blüht bereits Mitte Juni. — III. *emérsum* (A. u. G. Syn. I. 286 [1897]). *S. e.* Rehman (Verh. Naturw. V. Brünn X 1871. 80 [1872]. Nyman Suppl. 316. Richter Pl. Eur. I. 10. *S.* Gléhnii[1]) Meinshausen Mélanges biol. Tome XIII. livr. 3. 390 [1893]) ist eine robuste Form mit bis 1 cm breiten Blättern.

(Ganz Europa, westliches und mittleres Asien. Die ostasiatischen Formen sind erheblich verschieden und werden vielleicht bei genauerer Kenntniss als Arten oder Unterarten betrachtet werden müssen. Aus Nord-America sahen wir kein typisches *S. simplex.*) *

Bastard.

108. × 109. (3.) **S. ramósum × simplex.** Blüthenstengel meist nicht über 30 cm hoch, schlank. Blüthenstand unverzweigt oder nur der unterste oder oberste Seitenast einen oder wenige männliche Köpfe über dem weiblichen tragend. Köpfe achselständig oder ihre Stiele doch sehr wenig mit der Hauptachse verbunden. Früchte und Pollen oft fehlschlagend, obwohl die Fruchtknoten öfter ziemlich stark anschwellen. *S. r. × s.* A. u G. Syn. I. 286 (1897).

Zerfällt, entsprechend den beiden Unterarten von *S. ramosum,* in 2 Formen:

A. *S. negléctum × simplex.* Untere Blätter mitunter schwimmend. Perigonblätter weisslich hautrandig zwischen den Fruchtknoten

---
[1] S. S. 195.

hervorragend. **Fruchtknoten ganz allmählich in den Griffel verschmälert, oberwärts matt glänzend**, nicht schwärzlich. Narbe heller.

Mit den Eltern: Prov. Sachsen: in einem Graben bei Pretzsch a. Elbe!! Berlin: Botanischer Garten, spontan!!

S. n. × *s.* (*S. Englerianum*[1])) A. u. G. Syn. I. 287 (1897).

B. *S. polyedrum* × *simplex.* Perigonblätter braun, nicht weiss hautrandig. **Fruchtknoten rundlich (besonders wenn etwas angeschwollen) kurz abgestutzt, plötzlicher in den Griffel verschmälert, oberwärts völlig glanzlos**, schwärzlich. Narbe dunkel.

Mit den Eltern. Thüringen: Gut Oberrohe bei Salzungen (Haussknecht!). Böhmen: Bahusow (Weiss!).

S. p. × *s.* A. u. G. Syn. I. 287 (1897). *S. ramosum* × *s.* (*S. Aschersonianum*[2])) Haussknecht Mitth. BV. Thür. N. F. III. IV. 84 (1893).

Die Deutung der Haussknecht'schen Pflanze ist nicht ganz sicher, denn da dieselbe sich in Gesellschaft von *S. negl. microc.* befand (!), wäre auch an eine Vermischung mit dieser zu denken, wofür die helleren Perigonblätter sprechen. Da jedoch Haussknecht (mündl.) sie sicher in Gesellschaft von *S. polyedrum* auffand, die Narben sehr lang sind, die Fruchtknoten an der Spitze auffällig dunkel gefärbt sind, glauben wir sie dieser Combination zurechnen zu sollen.

II. *Natántia* (A. u. G. Syn. I. 287 [1897]. *S. natans* L. Sp. pl. ed. 1. 971 [1753] z. T.). **Fluthende Blätter auf dem Rücken rund gewölbt oder ganz flach ohne Kiel, im oberen Theile meist mit undeutlichem Mittelnerven**, aufrechte Luftblätter (selten an nichtblühenden Sprossen flach) gewölbt, dicklich dreikantig oder in der unteren Hälfte scharf gekielt. Blüthenstand (bei unseren Arten) stets einfach. Steinkern eiförmig oder verkehrtkegelförmig, an der Spitze abgerundet.

Gesammtart S. affine.

110. (4.) **S. affine.** ♃. Blüthenstengel meist lang fluthend, seltner aufrecht (Unterart *S. Borderi*), 10 cm bis über 1 m lang. **Grundblätter dicklich, lang fluthend, mit dem oberen Theile schwimmend, auf dem Rücken halbcylindrisch bis flacher gewölbt**, bauchseits ganz flach, seltener aufrecht (vgl. Unterart *S. Borderi*) und dann (rückenseits stumpf) dreikantig, mit convexen Seitenflächen ohne Kiel, aus schmaler bis 5 mm breiter Basis allmählich verschmälert, oft in eine lange, fast fadendünne Spitze ausgezogen. Stengelständige Blätter flach, an der Basis meist weit-scheidenartig aufgetrieben. Blüthenstand aus 2 bis 3 weiblichen und (1—) 3—6

---

[1]) S. S. 274.
[2]) Nach Dr. P. Ascherson, * 4. Juni 1834 in Berlin, Verfasser der Flora der Provinz Brandenburg. Berlin 1859—1864.

genäherten bis zusammengedrängten Köpfen bestehend. Griffel lang, mit fadenförmiger, meist deutlich abgesetzter Narbe. Früchte spindelförmig, etwa in der Mitte am dicksten, ganz allmählich in den langen, meist stehenbleibenden Griffel mit langer, meist deutlich abgesetzter Narbe verschmälert, wenig glänzend, meist dunkelbraun bis dunkelblaugrau. Steinkern eiförmig, beiderseits ziemlich kurz zugespitzt.

In Heidetümpeln und Seen der Ebene und Bergregion, in den Alpenseen bis etwa 2000 m aufsteigend. Prov. Westpreussen: Kr. Neustadt: Wook-See (Caspary!) Kr. Putzig: Ostrau!! (G. Schr. NG. Danzig N. F. IX. 335 (1895). Prov. Hannover im Heidegebiet auf der hohen Geest zerstreut!! Vogesen! Schwarzwald! Westliche Alpen!! zerstreut, östlich bis Algäu: Freibergsee bei Oberstdorf 950 m; Seelicher der Schlappolt-Alpe am Tellhorn 1700—1750 m (Haussknecht BV. Ges. Thür. N. F. VI. 28. Bornmüller a. a. O. VIII. 40). Tirol (Zillerthaler Alpen um 2000 m Engler! Pusterthal: Antholzer See Huter!). Bl. Juni—Aug. Fr. Juli—Oct.

S. a. Schnizlein Typh. 27 (1845). Nyman Consp. 758 Suppl. 316 Richter Pl. Eur. I. 10. *S. natans* L. Sp. pl. 971 (1753) z. T. und verschiedener Autoren. *Isoëtes lacustris v. fluitans* Döll Rhein. Fl. 40 (1843). *S. boreale* Laestadius bei Beurl. in Oefvers. Vet. Akad. Foerh. IX. 192 (1852). *S. vaginatum* Larss. Fl. Werml. 259 (1852). *S. alpinum* D. Don bei G. Don in Loud. Hort. Brit. 375 (1830) nur der Name.

Von allen ähnlichen Sparganien, besonders von *S. simplex* B. *longissimum*, *S. diversifolium* B. *Wirtgeniorum* und *S. minimum*, durch die stets dicklichen, auf dem Rücken abgerundeten (nur bei aufrechten Formen stumpf dreikantigen), niemals gekielten oder ganz flachen Blätter, die meist in eine lange, oft fadenförmige Spitze ausgezogen erscheinen, sowie durch die meist sehr weiten Scheiden der Stengelblätter leicht zu unterscheiden. — Eine sehr (über 1 m) lang fluthende Form mit grossen weiblichen und auf einen meist kaum 1 cm langen Raum eng zusammengedrängten männlichen Köpfen ist B. *zosterifólium*[1]) (Neuman in Hartman Skand. Flora 12. Uppl. 110 [1889]). — Prov. Hannover: bei Bassum Beckmann!

Hierher die Unterart:

B. *S. Bordéri*[2]). Aufrecht, 10 bis über 30 cm hoch. Alle Blätter aufrecht, alle (seltner das oberste laubartige Tragblatt ausgenommen), den Blüthenstand beträchtlich überragend oder nur die unteren fluthend (die letzteren zur Blüthezeit abgestorben [Meyerholz!]), oberseits flach oder seicht rinnig, **auf dem Rücken rundlich oder stumpf dreikantig, mit gewölbten Seitenflächen,** oberwärts beiderseits flach, dicklich, allmählich in eine ziemlich scharfe Spitze ver-

---

[1]) Wegen der Aehnlichkeit der Blätter mit denen des Seegrases (*Zostera marina*).

[2]) Nach Henry Bordère, Lehrer in Gèdre (Dép. Hautes Pyrenées), * 1825 † 6. Nov. 1889, erwarb sich grosse Verdienste durch die botanische Erforschung seiner heimathlichen Gebirge. Seine Pyrenäenpflanzen befinden sich in den meisten öffentlichen und grösseren Privat-Herbarien.

schmälert. Tragblätter der Köpfe nicht immer stark scheidenartig aufgeblasen, meist breit silberig-hautrandig. Männliche Köpfe 2 oder seltner 3 (meist scheinbar zu einem verschmolzen).

An den Rändern von Heidegewässern, an vom Wasser verlassenen Orten.

S. a. B. S. B. Weberbauer in A. u. G. Syn. I. 289 (1897). S. B. Focke in Abh. NV. Bremen V. 409 (1877). Nyman Consp. Suppl. 317 Richter Pl. Eur. I. 10 erw. S. *minimum* Bordère exs. div.

Zerfällt in 2 Formen:

A. microcéphalum[1]). Klein, schwächlich. Stengel bis 20 cm lang, oft hin- und hergebogen. Blätter schmal, meist 2—3 mm breit, bis 30 cm lang, überhängend, meist alle am Rücken rundlich, nicht kantig, in eine feine Spitze ausgezogen. Tragblätter des Blüthenstandes meist nicht scheidenartig aufgetrieben. Weibliche Köpfe meist 2, selten mit je über 30 Früchten. Männliche Köpfe einzeln, seltner zwei fast verschmolzene. — In Gebirgsseen. — Titisee (A. Braun 1850!) Schweiz: Scheideck (v. Gansauge 1862!) Cottische Alpen (Rostan Exs. pl. Alp. Cott. 1880!) — *S. affine* γ. *m.* Neuman Hartman Skand. Flora 12. Uppl. 110 (1889). S. B. Focke a. a. O.

B. deminútum. Gross, kräftig. Stengel bis über 30 cm lang, starr aufrecht. Fluthende Blätter wie beim Typus, zur Blüthezeit abgestorben (Meyerholz in Herb. Bremen), Luftblätter 2 bis fast 5 mm breit, starr aufrecht, bis 40 cm lang, deutlich dreikantig, am Rücken stumpf, nach der Spitze wenig verschmälert, ziemlich plötzlich zugespitzt. Tragblätter des Blüthenstandes meist weit scheidenartig aufgetrieben. Weibliche Köpfe 2–3, oft mit je über 60 Früchten. Männliche Köpfe meist mehrere, an der Spitze des Blüthenstandes (wenigstens die obersten) gedrängt oder etwas (bis 2 cm) entfernt. — In Heidetümpeln der Ebene. Im Gebiet nur in der Prov. Hannover: Kr. Hoya: Vilsen: Westernheide mehrfach (Meyerholz! BVB. XXXIV [1892] 26); Bassum: Sudwalde (Beckmann!). Bl. Juni (Meyerholz a. a. O.) bis Juli. Fr. Juli—Sept. — *S. aff. β. d.* Neuman Hartm. Handb. Skand. Fl. 12. Uppl. 110 (1889). *S. natans β.* Herb. L. *S. a. f. abbreviáta* Meyerholz a. a. O. (1893)! (nur der Name).

(Verbreitung der Art: Nordwest-Russland, südlich bis Livland! und Pleskau (Pskow)! (vgl. auch Lehmann Fl. v. Poln.-Livl. Nachtr. 45); Skandinavien! Dänemark; Fär-Öer? Island; Britische Inseln; Pyrenäen! Spanien? Portugal!) *|

111. (5.) **S. diversifólium.** ♃. Stengel schlaff aufrecht, meist in der Region der männlichen Blüthenstände übergebogen, bis 25 cm hoch oder bis fast 1 m (92 cm) lang fluthend. Blätter schmal, 3—5 (—6) mm breit, vom Grunde bis etwa 1—2 (—3) cm unter der Spitze, fast gleichbreit bleibend, etwa in der Mitte am breitesten (bis 6 mm), plötzlich in die stumpfliche Spitze verschmälert, dunkelgrün, die unteren (zur Blüthezeit meist abgestorbenen) ganz flach, ohne Kiel und im oberen Theile meist ohne deutlich erkennbare Mittelrippe, fluthend oder aufrecht schlaff überhängend, die oberen auf dem Rücken flach gewölbt bis kantig oder (die obersten aufrecht überhängenden Luftblätter) im unteren Theile mit kurzem,

---

[1]) Von μικρός klein und κεφαλή der Kopf, wegen der kleinen weiblichen Fruchtköpfe.

scharfem Kiel, oben ganz flach. Weibliche Köpfe 1—3, männliche 1—6, entfernt, nie gedrängt. Perigonblätter schmal, unterwärts von der Mitte fast stielartig verschmälert. Narbe linealisch, meist deutlich abgesetzt, unterwärts verbreitert. Frucht locker von den schmalen Perigonblättern umgeben, verkehrt-eiförmig, nach unten allmählich in einen kurzen Stiel, nach oben ziemlich kurz in den Griffelrest verschmälert, dunkelgraubraun mit deutlich hervortretenden Nerven. Steinkern verkehrt-eiförmig, nach unten allmählich zugespitzt, oben plötzlich abgerundet.

In Heideseen und Tümpeln oder auf sandigem oder moorigem Boden, gern in Gesellschaft von *S. minimum*, nur im Subatlantischen Florengebiet. Prov. Westpreussen: Bielawa-Bruch im Kreise Putzig!! Pommern: Lübtower See, Kr. Lauenburg (Treichel!) Kolberg: Mühlgraben bei Wobrow!! Brandenburg: Berlin mehrfach! Braunschweig (G. Braun!). Prov. Hannover: Nördl. v. Bremen (nur Rasse B.); Karrenbruch bei Bassum (Beckmann!) Sandiges Nordufer des Steinhuder Meeres (Buchenau!) Rheinprovinz: (nur Rasse B.); Französische Vogesen: (nur Rasse B.). Wahrscheinlich im angegebenen Gebiete weiter verbreitet. Bl. Juni, Juli.

S. d. Graebner in Schr. NG. Danzig N. F. IX. 335 t. VIII fig. 1 (1895). *S. simplex subnatans* Fr. Bot. Not. 1868. 71 z. T.? *S. oligocárpum* Angstr. in mehreren Herb. (ob Bot. Not. 1853. 149 z. T.? vgl. S. 292). *S. simplex × minimum* in verschied. Herb.

Hierher die Rasse:

B. Wirtgeniórum[1]). Gekielte Luftblätter fehlend; alle Blätter 50 (—70) cm bis fast 1 m lang riemenartig fluthend, 3—5 mm breit, ganz flach, mit nicht vorspringender, meist undeutlicher, häufig ganz fehlender Mittelrippe, auf dem Querschnitt stets nur mit einer Reihe von Luftlücken, in ihrer ganzen Länge fast gleichbreit bleibend, erst 1—3 cm unterhalb der Spitze allmählich und dann plötzlich in eine stumpfe Spitze verschmälert.

In klaren Gewässern mit sandigem Grunde oder in Heideseen. Brandenburg: Berlin: am Halensee (O. von Seemen!). Prov. Hannover: Ufer der Wumme bei Rockwinkel nördl. v. Bremen! Rheinprovinz: Viersen; Mühlheim bei Köln; Rodder Maar; Laacher See bei Andernach (Wirtgen! Fl. Preuss. Rheinprov. Taschenb. 436. Caspary!). Vogesen: Lac de Gérardmer (C. Billot!).

---

[1]) Nach Philipp Wirtgen, * 4. Dec. 1806 in Neuwied, † 7. Sept. 1870 als Lehrer an der ev. Stadtschule in Coblenz, dem hochverdienten Erforscher der Rheinischen Flora, der als erster die specifische Verschiedenheit von *S. diversifolium* erkannte, sie aber irrthümlicherweise mit dem Skandinavischen *S. fluitans* (Fr. Bot. Not. [1849] 14) identificirte (schrieb 1841 Fl. d. Regbez. Coblenz, 1842 Prodr. Fl. preuss. Rheinl., 1857 Fl. preuss. Rheinprov. Taschenb., 1869 Fl. preuss. Rheinl., von der leider nur der erste Band erschien) und nach seinem Sohne Ferdinand Paul W., * 7. Jan. 1848 zu Coblenz, Apotheker, 1878—88 in St. Johann a. d. Saar, seitdem Rentner in Bonn. Letzterer beschäftigt sich besonders mit Pteridophyten namentlich *Equisetum* vgl. (S. 127, 128), *Carex* und *Rosa* und hat diese Synopsis durch werthvolle Beiträge gefördert.

S. d. B. W. A. u. *G.* Syn. I. 290 (1897). *S. flúitans* Wirtgen Fl. Preuss. Rheinprov. Taschenb. 436 (1857) nicht Fr. *S. affine* F. Schultz herb. norm. nov. ser. Cent. 6. No. 621 und mehrerer anderer Autoren, nicht Schnizl.

Unterscheidet sich leicht von allen Verwandten durch die vollständig flachen, trocken nicht brüchigen, sehr biegsamen Blätter mit einem durchscheinenden einfachen Maschennetz von Luftlücken an allen fluthenden Exemplaren, und an den Laubtrieben sowie am Grunde der Blüthentriebe an aufrechten Formen. Auch wenn die Grundblätter fehlen, in aufrechten Formen von *S. simplex* meist durch die kleinen wenigblüthigen weiblichen Köpfe und die sehr schmalen Blätter, die (wie häufig die von *S. affine*) beim Trocknen einen matten Sammetglanz annehmen, zu trennen. Nichtblühende Exemplare sind häufig von *S. minimum* nicht zu unterscheiden.

(Nördliches Russland! Skandinavien! Frankreich!) *

B. *Minima* A. u. G. Syn. I. 291 (1897). Narbe eiförmig bis kopfig-kugelig, höchstens 3mal so lang als breit, immer deutlich abgesetzt, oft sitzend. Blüthenstand einfach. Männliche Köpfe einzeln (oder selten 2). Blätter sämmtlich ganz flach, ohne Kiel oder vorspringende Mittelrippe.

112. (6.) **S. minimum.** ♃. Blüthenstengel 6—80 cm lang, aufrecht oder fluthend. Blätter zart und dünn, aufrecht oder im Wasser fluthend, 4—60 cm lang, 2—8 mm breit, meist nach der kurz abgestumpften Spitze wenig verschmälert, sämmtlich beiderseits flach, meist mit undeutlichem (bei den Wasserblättern oft fehlendem) Mittelnerven. Blüthenköpfe immer in den Achseln von Hochblättern, nicht mit der Hauptachse verbunden, sitzend oder der unterste (selten 2) kurz (bis 2 cm lang) gestielt. Weibliche Köpfe 2—3 (seltner 4); männliche einzeln (selten 2 genäherte). Fruchtknoten elliptisch-eiförmig, nach oben ziemlich plötzlich in den kurzen Griffel oder die sitzende Narbe verschmälert. Frucht fast sitzend, eiförmig, beiderseits ziemlich kurz zugespitzt, grünlich grau. Steinkern 4—5 mm lang, 2—3 mm breit, kugelig, ober- und unterwärts kurz abgestumpft, rundlich oder wenig gegeneinander abgeplattet.

In Heidetümpeln, Seen und Gräben der Ebene und Gebirge (bis ca. 1000 m) meist zerstreut, in den Heidegebieten des Nordwestens, der baltischen Küstengebiete und der Lausitz sehr verbreitet. Im Südosten nur in Gebirgen (in Nieder-Oesterreich nur auf Urgebirge); Ungarn südlich bis Pressburg! angeblich noch im Com. Baranya in Drausümpfen (Neilr. 73), sonst nur in den Karpaten sehr zerstreut. Bl. Juni, Aug.

S. m. Fries Herb. norm. 12 (1846), Summa veg. Scand. 68, (1846, nur der Name) 560 (1849). Nyman Consp. 758 Suppl. 317. Richter Pl. Eur. I. 10. *S. natans* L. Sp. pl. ed. 1. 971 (1753) z. T. Koch Syn. ed. 2. 786. Rchb. Ic. IX. t. CCCXXIV fig. 749. *S. rostratum* Larss. Fl. Werml. 260 (1859).

<small>Linné hat trotz der gegentheiligen Meinung von Fries in Sp. pl. ed. 1 unter dem Namen *S. natans* in erster Linie sicher *Sp. minimum* verstanden, wie auch F. W. Schultz (XX. und XXI. Jahresb. der Pollichia 232 [1863]) ausführt, wenn-</small>

gleich er sie nicht von den übrigen fluthenden *Sparganien* geschieden hat. Dass die von Fries *Sp. natans* genannte Art kaum irgend welches Recht beanspruchen kann, den auf sie von ihm übertragenen Namen zu tragen, geht aus einer vorurtheilsfreien Prüfung der Linné'schen Diagnose und der angezogenen Synonyme wohl unzweifelhaft hervor. Die Diagnose *Sp. foliis decumbentibus planis* passt weit besser auf *Sp. minimum* als auf das Fries'sche *natans*, denn die Blätter der letzteren sind durchaus nicht flach zu nennen. „*Sp. foliis natantibus plano-convexis* Fl. Lapp. 345, Fl. Suec. 771" kann ebenso gut für *Sp. affine* gelten. Mit „*Sp. non ramosum minus* Dill. giss. 130 spec. 58 kann zweifelsohne nur *Sp. minimum* gemeint sein, ebenso wie mit „*Sp. minimum* Raj. hist. 1910, angl. 3 p. 437", dem auch Fries seinen Namen für unsere Art entlehnt hat. Linné würde doch schwerlich ein *Sp. non ramosum* als Synonym citirt haben, wenn er die ramose nordische Art vor sich gehabt hätte. Der Name *Sp. natans* könnte also nur für *Sp. minimum* (was am wahrscheinlichsten erscheint) oder für *Sp. affine* in Betracht kommen. Am zweckmässigsten dürfte es sein, diesen vielumstrittenen Namen gänzlich fallen zu lassen, für unsere Art den Namen *Sp. minimum* beizubehalten, für die nordische den Namen *Sp. Friésii*[1]) (Beurl. Bot. Not. 1854. 136; wenngleich ihn Fries [Herb.] „absurdum" nennt) wiederherzustellen, schon weil dann jede Zweideutigkeit ausgeschlossen bleibt.

Eine sehr vielgestaltige Art, die namentlich nach der grösseren oder geringeren Wasserhöhe und dem Nährstoffgehalt des Bodens beträchtlich abändert. Von Formen sind besonders zu nennen:

A. Alle Blätter oder doch die grundständigen im Wasser fluthend.
  I. Blätter sehr breit (6—8 mm).
    fláccidum. Eine sehr auffällige Form! Blätter bis über 50 cm lang, meist dunkelgrün, kurz abgestutzt, der Stengel besonders im oberen Theile meist dunkelbraun bis schwärzlich. — In nährstoffreichen, oft in faulenden Gewässern hin und wieder. — S. m. A. I. *f*. A. u. G. Syn. I. 292 (1897). *S. f.* Meinshausen Mélanges biol. Tome XIII. livr. 3. 393 (1893). So auffällig diese Riesenform des sonst so kleinen *S. minimum* ist, besonders durch die breiten, meist stumpfen, dunklen, meist mit Algen und Thierresten bedeckten Blätter und die schwärzlichen Stengel, so scheint sie ihre Entstehung doch nur der Eigenart des Standorts zu verdanken. Hegetschweiler beobachtete sie im Canton Zürich 1881 an einer Stelle, an welcher wenige Jahre vorher ein Pferde-Cadaver eingegraben war. 1883 war an jener Stelle nur mehr die typische Form zu finden (Jäggi h. im Herb. Bremen!).
  II. Blätter meist schmäler als 6 mm.
    a. Blätter meist 4—5 mm breit.
      týpicum. — Die bei weitem häufigste Form. — S. m. A. II. a. *t*. A. u. G. Syn. I. 292 (1897).
    b. Blätter 2—3 (selten 4) mm breit.
      1. oligocárpon[2]). Stengel zart (meist 1—1½ mm dick), oberwärts oft etwas dicker, meist (besonders in der Blüthenregion) hin- und hergebogen, bei kleinen Exemplaren übergebogen. 5—25 (—36) cm lang aufrecht oder fluthend. Blätter ziemlich schmal (2—3 mm), (wenigstens die unteren) fluthend, oft etwas dicklich mit ziemlich langen häutigen Scheiden, allmählich in die Spitze verschmälert. Unterster (bisweilen 2) weiblicher Kopf (bei der typischen Form) gestielt, etwas entfernt. Männliche Köpfe öfter 2 genähert. — An nassen überschwemmten Orten fluthend oder schwimmend, in der typischen Form im Gebiete bisher nur in den Alpen beobachtet (Bozen: Sarnerscharte Hausmann mehrfach!). Sonst nur in Skandinavien. — S. m. A. II. b. 1. *o.* A. u. G. Syn. I. 292 (1897). *S. o.* Ångstroem Bot. Not. 1853. 149 mindestens

---

[1]) S. S. 224.
[2]) ὀλιγόκαρπος mit wenigen Früchten, aus dem Alterthum überliefert.

zum grössten Theil (vgl. S. 290). Nyman Consp. 758 Suppl. 317. Richter Pl. Eur. I. 10. — In der Ebene sehr verbreitet ist die hierhergehörige Unterabart *b. ratis* (*S. r.* Meinshausen Bull. soc. imp. nat. Moscou 1889 N. S. III. 174 [1890]). Niedrig; obere Blätter aus dem Wasser hervorragend, aufrecht, meist sichelförmig gebogen, **Blüthenköpfe meist alle sitzend**. Rhizome im Wasser fluthend oder im Schlamm wurzelnd, auf dem Wasser schwimmend oder an nassen schlammigen Orten nicht selten. — Durch die fast vollständig sitzenden Narben ist die bisher im Gebiet nicht beobachtete Unterabart *c. septentrionále* (*S. m.* A. II. b. 1. β. *s.* A. u. G. Syn. I. 293 (1897). *S. s.* Meinshausen Bull. soc. imp. nat. S. Moscou 1889 N. S. III. 174 [1890]) gekennzeichnet; sonst wie vor.

2. **perpusillum**. Meist nicht über 10 cm hoch. **Stengel sehr dünn, gerade**. Blätter sehr schmal (meist nicht über 2 mm breit), oft fast fädlich. **Blüthenköpfe sitzend. Griffel ziemlich lang**. — In Gräben und Teichen sehr zerstreut. — *S. m.* A. II. b. 2. *p.* A. u. G. Syn. I. 293 (1897). *S. p.* Meinshausen Mélanges biol. XIII livr. 3. 394 (1893).

B. **strictum**. Blätter sämmtlich starr aufrecht. — Bisher nur Ostpreussen: Gutten bei Johannisburg (Luerssen! a. a. O.). — *S. m.* v. *s.* Luerssen PÖG. XXIX (1888) 59 (1889, nur der Name).

(Nord-Europa; Britische Inseln; Frankreich; Spanien; nördliche Apenninen; nördliche Balkanhalbinsel; mittleres und nördliches Russland; Nord-Asien.) *

2. Reihe.

HELÓBIAE[1]).

([Rchb. Consp. 45 (1828)] veränd. Rchb. Nom. 33 [1841]. Meisn. Pl. vasc. gen. 363, 442 [1842]). Engler Syll. Gr. Ausg. 66 (1892). *Fluviáles*[2]) Vent. Tabl. r. vég. II. 80 [1799] erw. Rich. Mém. Mus. I. 365 [1815].)

S. S. 264. Am Grunde der Blattscheiden bez. falls solche nicht vorhanden, der Blattspreite bauchseits dem Stengel angedrückt, 2 bis zahlreiche, meist schuppenartige Trichome (Achselschüppchen, Squamulae intravagináles vgl. Irmisch, Ueber einige Arten der Potameae 12, 13. und Bot. Zeit. 1858. 177).

Uebersicht der Familien.

A. Blüthen meist klein. Perigon farblos-durchscheinend, bräunlich oder grün, öfter fehlend.
  I. Blüthen selten 3zählig (*Posidonia, Althenia*). Perigon fehlend oder sehr unscheinbar, durchscheinend, zuweilen durch grosse Mittelbandschuppen der Staubblätter ersetzt (*Posidonia, Potamogeton*). Wasserpflanzen, zuweilen mit Schwimmblättern und öfter mit auftauchenden Blüthen, oder völlig untergetaucht.

---

[1]) Von ἕλος Sumpf, Niederung, seenreiche Gegend und βιόω ich lebe, weil die Vertreter dieser Reihe fast ausnahmslos im Wasser oder in Sümpfen wachsen.

[2]) Ursprünglich (von J. Bauhin an) ist *Fluviális* Name der später *Najas* genannten Gattung.

a. Fast stets ausdauernd. Blätter zweizeilig, selten fast sämmtliche paarweise genähert (*Potamogeton densus*), ganzrandig oder schwach gezähnelt. Blüthen ein- oder zweigeschlechtlich, einzeln oder in Aehren, mit oder ohne Perigon. Staubblätter 1—4. Fruchtblätter 1—4, selten mehr, apokarp.
Potamogetonaceae.
b. Einjährig, völlig untergetaucht. Blätter paarweise genähert, deutlich gezähnt; die Paare spiralig gekreuzt. Blüthen eingeschlechtlich, einzeln, in den männlichen eine endständige Anthere von zwei Integument-ähnlichen Hüllen bedeckt, in den weiblichen eine Samenanlage von einer (bei einigen auswärtigen Arten von zwei) ähnlichen Hülle umschlossen.
Najadaceae.
II. Blüthen (bei uns) 3zählig, zweigeschlechtlich, in oft ährenähnlichen Trauben. Perigon (bei uns) 6 blättrig, grün oder bräunlich, homoeochlam. Staubblätter (bei uns) 6. Fruchtblätter (bei uns) 3—6, syn- bis apokarp, mit 1—2 Samenanlagen. — Wiesen- oder Sumpfpflanzen mit oft grundständigen, stielrundlichen Blättern.
Juncaginaceae.
B. Blüthen meist ansehnlich, 3- selten 2 zählig. Perigon meist heterochlam., mindestens das innere weiss oder röthlich gefärbt.
I. **Fruchtblätter 6 oder mehr, oberständig, bei uns völlig apokarp.** Meist Sumpfpflanzen, in der Regel mit nur grundständigen Laubblättern (vgl. *Elisma natans*).
a. Blüthenstand stockwerkartig quirlig verzweigt. Laubblätter normal, wenigstens z. T. langgestielt. Blüthen zwei- oder eingeschlechtlich. **Fruchtblätter (bei uns) mit 1, selten 2 Samenanlagen an der Bauchnaht.** **Alismaceae.**
b. Laubblätter (bei uns) pfriemenförmig. Blüthenstand (bei uns) doldenähnlich. Blüthen zweigeschlechtlich. **Samenanlagen zahlreich, auf der ganzen Innenfläche der Fruchtblätter.**
Butomaceen.
II. **Unterständiger Fruchtknoten.** Blüthen einzeln oder zu mehreren anfangs von Hochblättern (Spatha) umschlossen, (bei uns stets) eingeschlechtlich. Samenanlagen an jedem Samenträger mehrere bis zahlreich. Wasserpflanzen, öfter frei schwimmend.
Hydrocharitaceae.

16. Familie.

POTAMOGETONÁCEAE.

(Ascherson in Nat. Pfl. II. 1. 194 [1889]. *Potameae* Juss. Dict. V. 43. 93 [1826].)

Vgl. S. 266, 267, 294. Völlig im Wasser untergetaucht fluthende, oder mit den oberen Blättern schwimmende Krautgewächse. Grundachse meist auf dem Boden der Gewässer kriechend, mehr oder weniger verzweigt, meist mit schuppenartigen Blättern. Laubblätter meist abwechselnd zweizeilig gestellt, oft linealisch und ganzrandig, am Grunde mit oder ohne Scheide, am Grunde der Scheide resp. Blattfläche mit 2—10 Achselschüppchen. Blüthen in Aehren am Ende von Haupt- oder Seitentrieben, seltener einzeln oder trugdoldig, zwei- oder eingeschlechtlich, in ersterem Falle fast stets (ausser bei *Ruppia* z. T.) proterogyndichogam., ohne oder mit undeutlichem (selten [*Althenia*] deutlichem dreiblättrigem) Perigon. Staubblätter meist mit 2 Pollensäcken, zuweilen mit den Mittelbändern verwachsen (*Cymodocea*, *Zannichellia*), öfter (*Posidonia*, *Potamogeton*) mit blattartig-schuppigem Mittelband (welches häufig als ein Perigonblatt angesehen wurde (vgl. Hegelmaier BZ. 1870. 285). Fruchtblätter mit nur einer (selten 2) vom Scheitel oder von der Seite herabhängenden bez. gerad- oder krummläufigen Samenanlage. Frucht steinfruchtartig oder ziemlich dünnschalig. Samen ohne Nährgewebe, Keimling fast stets gekrümmt, mit sehr stark entwickeltem hypokotylem Gliede.

Ueber 80 Arten, fast über die ganze Erde in süssen und salzigen Gewässern verbreitet.

Uebersicht der Tribus nach Ascherson (Nat. Pfl. II. 1. 201).

A. Blüthenstand eine Aehre. Blüthen ohne Perigon, bei uns meist zweigeschlechtlich.
  I. Aehre mit flachgedrückter Achse, zur Blüthezeit in die Scheide des obersten Laubblattes eingeschlossen. 2 bandförmige Narben auf kurzem Griffel. Ganz untergetauchte Meeresbewohner mit fadenförmigem Pollen. **Zostereae.**
  II. Aehre mit stielrunder Achse, zur Blüthezeit nicht in die Scheide des obersten Laubblattes eingeschlossen.
    a. Aehre zusammengesetzt. Aehrchen in den Achseln laubartiger, sie überragender Blätter. Narbe sitzend, mit pfriemenförmigen Fortsätzen. Ganz untergetauchte Meeresbewohner mit fadenförmigem Pollen. **Posidonieae.**
    b. Aehre einfach, zur Blüthezeit völlig frei. Narben sitzend oder fast sitzend, kurz, kleinwarzig. Süss- oder Brackwasserbewohner mit auftauchender Aehre und kugel- oder bogenförmigem Pollen. **Potamogeteae.**
B. Blüthen einzeln oder in Trugdolden, eingeschlechtlich.
  I. Perigon fehlend. Griffel vielmal kürzer als die (bei uns) 2 verlängert-bandförmigen Narben. Ganz untergetauchte Meeresbewohner mit fadenförmigem Pollen. **Cymodoceeae.**
  II. Perigon wenigstens an den weiblichen Blüthen vorhanden. Griffel meist mehrmals länger als die schild- oder trichterförmige oder cylindrische Narbe. Ganz untergetauchte Süss- oder Brackwasserbewohner mit kugelförmigem Pollen. **Zannichellieae.**

1. Tribus.

ZOSTÉREAE.

([Dumort. Fl. Belg. 163 (1827) z. T.] Aschers. Nat. Pfl. II. 1. 201 [1889].)

S. S. 295. Einzige einheimische Gattung:

37. ZOSTÉRA [1]).

([L. Wästgötha Resa 167. Amoen ac. ed. 1. 138.] Gen. pl. ed. 5. 415 [1754]. Nat. Pfl. II. 1. 201.)

(Seegras.)

Grundachse kriechend, unbegrenzt, sich an der Spitze nicht über den Boden erhebend, mit zahlreichen kurzen nichtblühenden und längeren blühenden seitlichen Auszweigungen (Engler BZ. XXXVII. 1879. 655). Laubtriebe kurz, mit lang linealischen, an der Spitze stumpfen od. ausgerandeten [2]), bei uns ganzrandigen Blättern mit völlig oder grösstentheils geschlossenen Scheiden und kurzen Blatthäutchen. Blüthenspross eine aus mehr oder weniger zahlreichen relativ endständigen Blüthenständen bestehende Scheinachse darstellend, welche durch den in der Achsel ihres spreitenlosen Vorblattes entspringenden, den Haupttrieb scheinbar fortsetzenden, mit demselben bis zur Ansatzstelle seines eigenen Vorblatts verbundenen Seitensprosse zweizeilig zur Seite gedrängt erscheinen. Blüthen zweigeschlechtlich (oder einhäusig?). Auf der der Scheidenspalte des Hüllblattes (Spatha) zugekehrten Seite der Aehrenachse (unpassend bisher als Kolben [Spadix] bezeichnet). Staubblätter und Fruchtblätter abwechselnd in 2 Längszeilen so angeordnet, dass meist ein Fruchtblatt horizontal neben einem Staubblatt steht. Nach den entwicklungsgeschichtlichen Untersuchungen von J. L. de Lanessan (Assoc. Franç. Nantes 1875 690 ff.) scheint es gestattet, je ein Staubblatt mit dem darüber stehenden Fruchtblatt als einer Blüthe angehörig anzusehen. In der Nähe des Randes der blüthentragenden Fläche bei der Mehrzahl der Arten Hochblättchen (Retinacula), die sich über die Blüthen hinüberlegen. Antherenhälften zuletzt ganz getrennt, etwas gekrümmt, meist 2- (selten 1- oder 3-) fächerig flach auf der Aehrenachse liegend, auf der Rückenseite angeheftet, der Länge nach aufspringend. Fruchtblatt am Grunde abgerundet, auf der Rückseite über der Mitte nur an einem

---

1) Schlecht gebildeter Name; von ζωστήρ Gürtel, Leibgurt, Riemen, bei Theophrastos (Hist. pl. IV, 6. 2) Name der *Posidonia Occanica*.
2) Nach den Untersuchungen von Sauvageau (Comptes rendus ac. sc. CXI 312 [1890] ausführlicher in Journ. de Bot. 1890 und Ann. sc. nat. 7 sér. XIII 133, 151 [1891]) entsteht diese Ausrandung erst nachträglich, indem von der äussersten, ursprünglich spitzlich verlaufenden Spitze eine grössere oder kleinere Anzahl von Zellen abgestossen wird, wodurch sich der im Gefässbündel des Mittelnervs lysigen entstehende Canal mit einer „ouverture apicale" nach aussen öffnet. Derselbe Vorgang findet auch bei den *Potamogeton*-Arten statt, hier allerdings nur mit Verlust weniger Zellen.

Punkte angeheftet, mit hängender fast geradläufiger Samenanlage. Frucht cylindrisch, geschnäbelt, dünnhäutig, bei der Keimung unregelmässig aufreissend. Samenschale ziemlich derb. Keimling länglich-cylindrisch, grösstentheils aus dem unteren Theile des hypokotylen Gliedes bestehend, welcher auf der Vorderseite in einer Längsfurche den abwärts gekrümmten oberen Theil des Gliedes sowie das aufwärts gekrümmte Keimblatt aufnimmt.

6—7 Arten an den Küsten der beiden gemässigten Zonen, den Polarkreis und den südlichen Wendekreis nur um einige Grade nach Norden, den nördlichen Wendekreis aber wohl nicht nach Süden überschreitend. In Europa nur unsere beiden Arten.

113. (1.) **Z. marína.** (Seegras, Tang, Wier; niederl.: Zeegras, Wier; vlaem.: Zeelint; dän.: Baendeltang; franz.: Varech; ital.: Allega, Aliga; poln.: Porost morski, Rząsa; russ.: Взморникъ; kroat.: Voga, Svilina; litt.: Júres Žlèga.) ♃. Ansehnliche Pflanze. Laubblätter fluthend, mit völlig geschlossener Scheide ohne Oehrchen, bis über 1 m lang, 3 bis 7- (selten an nichtblühenden Sprossen bis 9-) nervig, 3—9 mm breit, schmal- bis breit-linealisch, an der Spitze abgerundet, mit vom Rande etwas entfernten äusseren Seitennerven; zwischen den Hauptnerven je 4—7 feinere (Bast-) Nerven, welche den Scheidewänden zwischen den Luftgängen entsprechen. Stiel des Blüthenstandes unter der Scheide verdickt, zur Bl. ebenso breit als die Scheide und Spreite des (bis 8 cm langen) Hüllblattes. Retinacula an 2 der untersten Blüthen stets vorhanden, breit länglich (Sauvageau Ann. sc. nat. 7 sér. XIII. 155), sonst meist fehlend (vgl. II. *angustifolia*). Samen längsfurchig.

An allen Küsten des Gebietes auf sandigem oder schlammigem Meeresboden bis zur Tiefe von 10 m sehr häufig, oft ausgedehnte submarine Wiesen bildend, in die Flüsse nur in der Brackwasserregion eindringend. Wird bei stürmischem Wetter oft in grossen Mengen ausgeworfen und bildet dann am flachen Strande dichte Polster oder Wälle, in denen sich an der Ostsee öfter nicht unbeträchtliche Mengen von Bernstein finden!! Bl. Juni—Aug., im Süden schon Anfang Mai!!

Z. m. L. Sp. pl. ed. 1. 968 (1753). Koch Syn. ed. 2. 783. Nyman Consp. 680 Suppl. 286. Richter Pl. Eur. I. 11. Nat. Pfl. II. 1. 202. fig. 155, 156. Rchb. Ic. VII. t. IV fig. 4. *Cymodocea aequórea* Freyn ZBG. Wien XXVII. 431 (1877) nach Freyn br.! und wohl auch Pospichal Fl. Oest. Küstenl. 34 (1897) nicht Koenig.

Durch die Schmalheit der Blätter sind folgende Formen ausgezeichnet: B. *stenophýlla*[1]) (A. u. G. Syn. I. 297 [1897]). *Z. angustifolia* Rchb. Ic. fl. Germ. VII. 3. t. III fig. 3 nicht Hornemann) mit oft nur 2—3 mm breiten dreinervigen Blättern, deren seitliche Nerven ungefähr in der Mitte zwischen der Mittelrippe und dem Blattrande verlaufen, ist eine unerhebliche wohl überall mit dem Typus, mit den sie durch allmähliche Uebergänge verbunden ist, vorkommende, stellenweise besonders in der Ostsee vorherrschende Abänderung. Sehr bemerkenswerth dagegen ist

---

1) S. S. 274 Fussnote 3.

C. angustifólia. In allen Theilen feiner und zarter als der Typus. Laubblätter meist nur 1½—2 mm breit, 3 nervig, die beiden seitlichen Nerven in der Nähe des Blattrandes verlaufend. Stiel des Blüthenstandes am Grunde sehr dünn. Retinacula zuweilen in spärlicher Zahl ausgebildet.

Bisher beobachtet: Ostseeküste von Schleswig-Holstein bei Heiligenhafen (Sonder!), in den Buchten von Kiel (Nolte! Engler!), Flensburg (Hansen! Nolte!) und Apenrade (Magnus! Prahl!). An der Nordsee nach Buchenau (Fl. Nordw. Tiefebene 42) noch nicht gefunden, aber wohl nur übersehen. Adria: Ombla bei Ragusa!!

Z. m. var. α. Hornemann Fl. Dan. t. 1501 (1820).

Die Deutung dieser Form, welche wir von auswärtigen Fundorten bisher nur ausser aus Dänemark! von der Schwedischen West-Küste bis Warberg! von der Süd- (Emsworth Borrer!) und West-Küste Englands (Holyhead!!) und von Arcachon bei Bordeaux (Cosson!) gesehen haben, bereitet einige Schwierigkeiten, besonders weil sie sich in der Tracht und in einigen Merkmalen, namentlich durch das den Blatträndern genäherte seitliche Nervenpaar und die zuweilen zahlreicheren Retinacula auffällig an Z. nana annähert. Sie ist deshalb von Prahl (Krit. Fl. Schl.-Holst. II. 211 vgl. Ascherson in Boissier Fl. Or. V. 25) als Z. marina × nana angesprochen worden, wofür auch die relative Seltenheit und das gemeinsame Vorkommen mit den vermuthlichen Eltern sprechen würde. Die Frage bedarf noch weiterer Prüfung.

Die trocknen Blätter werden zum Ausstopfen von Polstern und Matratzen verwendet. Am meisten entwickelt ist die Seegrasgewinnung zu diesem Zwecke in den Niederlanden, wo die Pacht der Seegrasbänke 1867—69 42 630 fl einbrachte, und von den Seegrasmähern (Wiermaaiers) 1868 800 000 kg Trockengewicht geerntet wurden (Oudemans Fl. Nederl. III. 299). Seltener wird die Pflanze frisch od. verbrannt als Dünger auf dem Strande nahegelegene Aecker gebracht oder zur Befestigung von Sandwegen benutzt. In Venedig dienten die Blätter von Alters her zum Verpacken der Glaswaaren (*Alga vitrariorum*, ein auf *Posidonia* übertragener Name). In Schleswig-Holstein werden die Dachfirste der Stranddörfer mit Seegras belegt (Prahl mündl.); auch Hagen (Preussens Pflanzen II. 230) erwähnt aus Preussen Seegrasdächer.

(Küsten von ganz Europa (scheint nur an den Küsten Corsicas, Sardiniens und Kretas [wie an der Nordküste von Africa] zu fehlen und ist von der Nordküste Russlands östlich vom Weissen Meere nicht nachgewiesen); Nord- und Westküste Kleinasiens; Ostküste von Nord-America.)   ✱

114. (2.) **Z. nana.** (Ital.: Barisin, Piccola Aliga in der Adria nach Loser und Tommasini.) ♃, kleiner und schmächtiger als vor., nur bis ca. 40 cm lang, selten erheblich länger. Blätter mit oberwärts offener, mit 2 Oehrchen versehener Scheide, 3 nervig, mit randständigen Seitennerven, an der Spitze ausgerandet. Bastnerven jederseits 3—4. Stiel des Blüthenstandes unter der Scheide nicht verdickt, wie d e Spreite des Hüllblattes viel schmäler als die den Blüthenstand einschliessende Scheide. Retinacula an den meisten Blüthen vorhanden, linealisch. Samen nicht gefurcht.

Wie vorige, öfter in ihrer Gesellschaft, doch in seichterem, seltner über 1 m tiefem Wasser; in den nördlichen Meeren viel seltner als

Z. marina, im Mittelmeer (incl. Adria) ebenso häufig oder häufiger als diese. An den Küsten der Nordsee zerstreut! In der Ostsee an der Schleswig-Holsteinschen Küste!! östlich von Heiligenhafen (Sonder!) nicht beobachtet. Danzig? (A. sah 1867 im Uechtritz'schen Herbar unter von Klinsmann daselbst gesammelter *Z. marina* ein Fragment, welches jetzt nicht mehr aufzufinden ist; neuerdings wurde die Pflanze daselbst, auch bei den umfassenden von Lakowitz vorgenommenen Untersuchungen der Meeresflora stets vergebens gesucht.) Provence! Riviera!! Triest!! Istrien!! Quarnero-Inseln (Haračić 21). Kroatien (Smith ZBG. Wien XXVIII. 378). Dalmatien!! Bl. Juni—Aug.

Z. n. Roth En. pl. Germ. I. 8 (1827). Koch Syn. ed. 2. 783. Nyman Consp. 681 Suppl. 286. Richter Pl. Eur. I. 11. Rchb. Ic. VII. t. II. fig. 2. *Phucagróstis*[1]) *minor* Cavol. Phucagr. 14 t. 2 (1792) [als Gattungs-, nicht als Artname aufgestellt! s. S. 300]. *Z. uninérvis* Rchb. Fl. Germ. excurs. 137 (183) nicht Vahl. *Z. Nóltii*[2]) Hornem. in Fl. Dan. t. 2041 (1832). *Z. minor* Nolte nach Rchb. Ic. Fl. Germ. VII. 2 (1845). *Z. nodósa* Guss. Pl. Sic. Syn. II. 565 (1844) nicht Ucria. *Z. púmila* Le Gall in Congr. Sc. Fr. XVI. 1849. 96, 144 (1850).

(Dänemark; Schwedische Westküste; Norwegen: Brondon bei Kristiania (A. Blytt 1895 br. und in Vibe Top.-hist. stat. Beskr. Akershus Amt in Norges Land og Folk [1896] 38); Britische Inseln südlich von Ayr und Forfar; Atlantische Küsten südlich bis zu den Canarischen Inseln; Mittelmeer; Schwarzes und Kaspisches Meer [Süd-Africa und Madagaskar (Nossi-Bé)? Japan?].)   *

2. Tribus.

POSIDONÍEAE.

(Kunth Enum. pl. III. 120 [1841].)

S. S. 295.   Einzige Gattung:

38. POSIDÓNIA[3]).

(Koenig in Koen. et Sims Ann. Bot. II [1805] 95. t. 6 [1806]. Nat. Pfl. II. 1. 205.)

Grundachse kurz und dick, mit den zurückbleibenden Bastbündeln der abgestorbenen Blätter dicht bedeckt. Laubtriebe kurz, mit breit-

---

[1]) Von φῦκος (lat. fucus) Tang, Seegras, und ἄγρωστις Name eines Futtergrases bei Homeros; Cavolini glaubte wohl mit Recht in dieser Pfl. und *Cymodocea nodosa* das [φῦκος] ἄλλο ὅμοιον τῇ ἀγρώιτει (Theophrastos Hist. pl. IV, 6. 6) zu erkennen.

[2]) Nach Ernst Ferdinand Nolte, * 1791 in Hamburg † 1875 in Kiel, Professor der Botanik an der dortigen Universität, einem um die Flora Deutschlands und besonders um die von Schleswig-Holstein sowie um die Kenntniss der *Potamogetonaceae* hochverdienten Forscher. (Novitiae Florae Holsatiae, Kilonii 1826.)

[3]) Nach Ποσειδῶν (lat. Neptunus), dem griechischen Meeresgott.

linealischen, an der Spitze abgerundeten, ganzrandigen, vielnervigen, zuletzt als braune Striche erscheinende Secretzellgruppen enthaltenden Blättern mit offenen Scheiden und sehr kurzem mit sehr kleinen Oehrchen versehenen Blatthäutchen. Blüthenstand durch ein verlängertes Stengelglied gestielt erscheinend. Untere Blüthen des Aehrchens zweigeschlechtlich, die oberen meist männlich. Erstere aus 3 Staubblättern mit breitem, lang zugespitztem, blattartigem Mittelbande, welches auf der Rückenseite die der Länge nach aufspringenden Hälften trägt, und einem länglich-eiförmigen, zusammengedrückten Fruchtblatt bestehend, welches eine (selten 2) seitlich angeheftete (krummläufige?), die Mikropyle nach unten wendende Samenanlage enthält. Frucht steinfruchtartig, sitzend. Samen- und Fruchtschale verwachsen. Nabel seitlich, sehr gross, vertieft. Keimling grösstentheils aus dem hypokotylen Gliede bestehend, unten die Hauptwurzel, oben die freiliegende, sehr entwickelte Plumula (ohne ein von den übrigen Blättern verschiedenes Keimblatt) tragend.

Ausser unserer Art nur noch die an den aussertropischen Küsten Neuhollands verbreitete *P. australis* (Hook. f. Fl Tasman. II. 43 [1860]).

115. P. Oceánica[1]). (Ital.: Allega, Aliga, bei den Istrianischen Fischern: Baro Cannella vgl. Loser ÖBZ. XIII. 382; kroat.: Porost, Voga, Svilina.) ♃. Blätter bis 5 dm lang und 7 mm breit. Blüthen meist 3 in einem Aehrchen, die beiden unteren alsdann zweigeschlechtlich. Staubblätter mit querbreiterem, oben gezäheltem, **plötzlich in eine lange pfriemenförmige Spitze ausgezogenem Mittelbande**.

An den Küsten des Mittelmeeres und der Adria, auf steinigem oder sandigem Grunde bis zu einer Tiefe von über 30 m (Lorenz Quarnero 249), meist grosse Bestände bildend. Provence! Riviera!! Im Golf von Triest nur bei Capo d'Istria (Loser a. a. O.); Istrien (Pospichal Fl. Oest. Küst. 35. Freyn ZBG. Wien XXVII. 430, 431) und Quarnero-Inseln (Haračić 21) häufig. Kroatien (Smith ZBG. Wien XXVIII. 378). Dalmatien!! Bl. Oct. Fr. Mai. Die Blüthen erscheinen meist nicht jährlich und scheinen an manchen Orten ganz auszubleiben. So sah Marchesetti (Flora di Parenzo in Atti Mus. Civ. Trieste VIII [1890] 103) solche aus dem Küstenlande nur von dem Scoglio Gagliola im Quarnero.

P. o. Del. Fl. aeg. ill. 30 (1813). Richter Pl. Eur. I. 11. *Zostera o.* L. Mant. I. 123 (1767). *P. Caulini*[2]) Koen. in Koen. et Sims Ann. Bot. II (1805) 96 (1806). Nyman Consp. 680 Suppl. 286. Rchb. Ic. VII. t. V fig. 5. *Z. marina* Vis. Dalm. 51 (1826).

---

[1]) Von ’Ωκεανός das Weltmeer, Weltstrom, Urquell (pers. Gott der Gewässer); nicht allzu passend gewählter Name für eine die Grenzen des Mittelmeeres nicht sehr weit überschreitende Art.

[2]) Nach Filippo Cavolini (lat. Caulinus), * 1756 in Vico Equense, † 1810 in Neapel, Professor an der Universität daselbst, schrieb zwei grundlegende Arbeiten über Seegräser, die beide 1792 in Neapel erschienen sind: Zosterae oceanicae Linnei ανθησις, in welchem die Blüthen und Früchte unserer Art zuerst genau beschrieben werden und Phucagrostidum Theophrasti ανθησις, in welcher in ähnlicher Weise die Charaktere von *Cymodocea* (*Phucagrostis major*) und *Zostera* (*Ph. minor*) behandelt sind.

Die Fundorte verrathen sich durch die ausgeworfenen schopfigen, an eine Hasenpfote erinnernden Grundachsen. Die Blätter dienen wie die von *Zostera marina* als Packmaterial (und in Nordafrica zum Dachbau). Die durch Wellenbewegung (gewöhnlich um ein Grundachsen-Bruchstück als Kern) zusammengedrehten bis kindskopfgrossen Faserbälle aus Blattresten (Aegagrópilae[1]) oder Pilae marinae franz. Pelotesmasches), über deren Bildung Weddell (Actes Congr. bot. Amsterdam 1877. 58) und Sauvageau (Journ. de Bot. 1893. 95) ausführliche Mittheilungen gemacht haben, waren früher officinell. Aehnliche Bälle von fast 2 dm Durchmesser bilden sich im Silser See (Ober-Engadin) aus abgefallenen Blättern von *Larix larix* (H. Schinz bei Eichler Naturf. Fr. Berlin 1884. 72).

(Mittelmeer; Atlantische Küsten der Iberischen Halbinsel bis Biarritz; fehlt aber im Schwarzen Meere.) |*|

3. Tribus.

POTAMOGETÓNEAE.

([Rchb. Consp. 43 (1828)] z. T. Aschers. Nat. Pfl. I. 1. 207 [1889]). *Potamogetoneae* u. *Ruppieae* Kunth Enum. III. 126 [1841].)
S. S. 295.

Uebersicht der Gattungen.

A. Aehre allerseitswendig, mehr oder weniger vielblüthig. **Staubblätter 4, mit Perigonblatt-ähnlichen rückenständigen Anhängseln des Mittelbandes, welche die Antherenhälften weit überragen. Pollen kugelförmig. Früchtchen 4**, selten weniger oder mehr, auch nach der Befruchtung sitzend. **Potamoton.**

B. Nur 2 auf den entgegengesetzten Seiten der Aehrenachse sitzende Blüthen. **Staubblätter 2, mit sehr kurzen, von den Antherenhälften überragten Anhängseln des Mittelbandes.** Pollen bogenförmig. **Früchtchen 4** (selten bis 10), nach der Befruchtung **in einen meist vielmal längeren Stiel ausgezogen. Ruppia.**

39. POTAMOGÉTON[2]).

([Tourn. Inst. 232 L. Gen. pl. ed. 1. 33] ed. 5. 61 [1754].
Nat. Pfl. I. 1. 207.)

(Laichkraut, Samenkraut; niederl. u. vlaem.: Fonteinkruid; dän.: Vandax; franz.: Potamot; poln.: Rdestnica; böhm.: Rdest; russ.: Рдестъ; kroat.: Brukva; ung.: Uszányfü.)

Vgl. oben. Stengel meist fluthend, verlängert. Laubblätter meist mit gitterförmiger Nervatur[3]), sämmtlich untergetaucht oder (bei der Minder-

---

[1]) Das Wort (von αἴγαγρος Wildziege und pila Ball) bedeutet ursprünglich Bezoar, die früher ebenfalls officinellen im Magen der Bezoarziege (*Capra aegagrus*) sich findenden Haarbälle, denen man noch jetzt im Orient fabelhafte Heilkräfte zuschreibt. Ausser auf die *Posidonia*-Faserbälle wurde der Namen auch auf Algen von ähnlichem Aussehen (von denen eine Converveengattung diesen Namen führt) übertragen; vgl. G. v. Lagerheim in Nuova Notarisia 1892. 89.

[2]) Pflanzennamen bei Plinius (XXVI, 33); XXXII, 10 potamogiton geschrieben; ποταμογείτων Name einer an nassen Orten wachsenden Pflanze bei Dioskorides (IV, 99) von ποταμός Fluss und γείτων Nachbar.

[3]) Ueber die „Ouverture apicale" vgl. Sauvageau (s. oben S. 296 Fussnote 2.

zahl der Arten) die obersten schwimmend, meist sitzend, bei einigen Arten selbst stengelumfassend, schmallineal bis länglich; die Schwimmblätter in der Regel breiter, oft lang gestielt. Aehre endständig, durch häufig wieder eine Aehre tragende Auszweigungen aus den Achseln der beiden obersten (meist laubartigen) paarweise genäherten Blätter oder eines derselben (meist des oberen) übergipfelt. Antherenhälften länglich, seitlich aufspringend. Samenanlage an der dem Blüthencentrum zugekehrten Seite der Fruchtblätter angeheftet, krummläufig, die Mikropyle nach unten kehrend. Narben mehr oder weniger schildförmig. Früchtchen steinfruchtartig, selten häutig, sich bei der Keimung mit einem Deckelchen öffnend, etwas zusammengedrückt, rückenseits meist gekielt. Samen fast nierenförmig; Keimling mit hakenförmigem oder eingerolltem Keimblatt und mässig verdicktem hypokotylem Gliede.

Etwa 60 Arten im Süss- seltener im Brackwasser, über die ganze Erde verbreitet. In Europa nur unsere Arten und einige im Gebiet fehlende Unterarten. Bei der folgenden Darstellung sind von neuerer Litteratur ausser der auf den Forschungen von Tiselius beruhenden Bearbeitung der skandinavischen Arten von Almquist (Hartmann Handb. i Skand. Flora 12. Uppl. S. 42 ff.) die zahlreichen Mittheilungen von Arthur Bennett (Journ. of Bot. XVIII [1880] — XXI [1883], XXIII [1885] — XXV [1887], XXVII [1889] — XXXIV [1896]) und Fryer (a. a O. XXIV—XXVIII, XXXI, XXXII) benutzt worden; ferner sehr dankenswerthe schriftliche Mittheilungen des Herrn Apotheker Baagoe in Naestved (Dänemark).

A. Laubblätter sämmtlich (mit Ausnahme der beiden der Aehre vorangehenden) durch gestreckte Stengelglieder getrennt. Blatthäutchen über dem Grunde des Blattes oder Blattstiels stets vorhanden.
  I. Blattscheiden fehlend oder sehr kurz. Blatthäutchen ansehnlich (Blätter am Grunde desselben abgehend).
   a. Blätter rundlich bis schmal-lanzettlich, wenigstens die oberen nie linealisch.
    1. *Heterophylli*[1]) Koch Syn. ed. 1. 672 (1837) (durch Druckfehler) *Heterophylla* erw. Stengel stielrund. Quernerven der Blätter zahlreich, genähert. Früchtchen von einander völlig getrennt.
     α. Stengel meist bis zum ersten Blüthenstande unverzweigt. Blätter sämmtlich gestielt, am Rande glatt, die der verlängerten Aehre vorangehenden fast stets schwimmend (vgl. *P. natans* B. *sparganiifolius*). Mittelstreifnetz an den untergetauchten Blättern (falls diese eine Spreite besitzen) meist deutlich d. h. der Mittelnerv beiderseits von einigen genäherten feineren Nerven begleitet, welche mit den sie quer verbindenden Nerven längliche, durchscheinende (grüne oder farblose) Maschen einschliessen.
      1. Spreite der schwimmenden Blätter lederartig, undurchscheinend, meist etwa so lang oder kürzer als der Stiel. Früchtchen mindestens 2 mm lang.

---

[1]) S. S. 68 Fussnote 2.

Gesammtart **P. natans.**

α. Aehrenstiele nicht dicker als der Stengel, bis zur Spitze gleich dick. Früchtchen schwach zusammengedrückt, rückenseits stumpf gekielt.

116. (1.) **P. natans.** (Ital.: Lingua d'acqua.) ♃. Grundachse lang kriechend, oft reich verzweigt, mit im Herbst knollig verdickten Gliedern. Laubstengel oft über 1 m lang. Unterste untergetauchte Blätter (im Frühjahr) bis 50 cm lang, bis über 1 cm breit, stielrund (Phyllodien, gewissermassen auf den Blattstiel reducirt), ohne Spreite, die oberen lanzettlich, wenig durchscheinend (*P. polygonifolius* var. *lineáris* Syme nach Scully Journ. of Bot. XXVII (1889) 86 u. Fryer a. a. O. 184), meist alle zur Blüthezeit bereits abgestorben. Schwimmende Blätter mit oberseits etwas rinnigem Blattstiel, (oft bräunlich gefärbt), oval oder länglich, bis 5,5 cm breit und bis 12 cm lang, spitz oder stumpf, am Grunde meist schwach herzförmig, neben dem Blattstiel in eine Falte erhoben, mit unterseits am Grunde ziemlich stark vorspringenden (frisch durchscheinenden) Nerven. Blatthäutchen bis 10 cm lang, oft länger als der Blattstiel. Aehren bis 8 cm lang, mit bis 10 cm langem, schlankem Stiel, reichblüthig. Früchtchen sehr kurz geschnäbelt, 4—5 mm lang.

In Teichen, Landseen und Gräben, selten in Heidegewässern, meist gemein, auch auf den Nordsee-Inseln; im Mittelmeergebiet (Riviera, Süd-Istrien, Dalmatien) seltener; in den Alpen bis 1100 m ansteigend. Bl. Juni—Aug.

P. n. L. Sp. pl. ed. 1. 126 (1753). Cham. u. Schlecht. Linnaea II (1827) 217. Koch Syn. ed. 2. 774. Nyman Consp. 681. Suppl. 286. Richter Pl. Eur. I. 11. Rchb. Ic. VII. t. L fig. 89. Fryer Journ. of Bot. XXIV (1886) 337.

In Bezug auf die Blattform sehr veränderlich, die Hauptformen gliedern sich etwa in folgender Weise:
A. Phyllodien nur am Grunde des Laubstengels zur Blüthezeit ganz oder doch grösstentheils abgestorben, schwimmende Blätter stets vorhanden.
   I. Schwimmende Blätter am Grunde deutlich herzförmig.
      a. rotundifólius. Blätter sehr breit eiförmig, fast rundlich. — In stehenden Gewässern und Moorwässern nicht häufig. — *P. n. b. r.* Brébisson Fl. Normand. 3 éd. 285 (1859).
      b. vulgáris. Blätter breit-eiförmig, mindestens doppelt so lang als breit. — Die bei weitem häufigste Form. — *P. n. α. v.* Koch u. Ziz Cat. pl. Palat. 18 (1814). Mert. u. Koch Deutschl. Fl. I. 837 (1823). *P. n. a. lacústris* Fries Nov. fl. Suec. ed. 2. 28 (1828).
   II. Schwimmende Blätter am Grunde abgerundet (undeutlich herzförmig) oder kurz in den Blattstiel verschmälert.
      a. ovalifólius. Blätter kurzgestielt, länglich-eiförmig, stumpf, am Grunde abgerundet oder undeutlich herzförmig. — In schwach fliessendem Wasser nicht selten. — *P. n. β. o.* Fieber Pot. Böhm. 23 (1838).
      b. prolíxus. Blätter meist nicht über 2,5—3 cm breit und bis 11 cm lang, mit häufig stark verlängertem, schlankem Stiel (bis 20 cm), oft an der Spitze und am Grunde deutlich verschmälert. — So besonders in stark fliessendem Wasser in Flüssen und Bächen. — *P. n. β. p.* Koch Syn. ed. 2. 775 (1844). *P. n. α. major* Koch u. Ziz Cat. Fl.

Palat. 18 (1814) z. T.? *P. n.* var. *explanátus* Mert. u. Koch Deutschl. Fl. I. 837 (1823) z. T. Richter Pl. Eur. I. 11 z. T. *P. spathulátus* Nolte Nov. fl. Hols. 17 (1826) nicht Schrad. vgl. Prahl Kr. Fl. 205. *P. n. β. fluviátilis* Fries Nov. Fl. Suec. ed. 2. 28 (1828). *P. n.* var. *ellípticus* Gaud. Fl. Helv. I. 467 (1828). *P. n. a. angustifólius* Meyer Chloris Hannov. 519 (1836). *P. serótinus* Schrader bei Koch Syn. ed. 2. 775 (1844). Bennett Journ. of Bot. XXX (1892) 227. *P. n. b. s.* Aschers. Fl. Brandenb. I. 657 (1864). *P. n.* var. *spath.* Magnin SB. France XLIII. 435 (1896).

Sehr auffällig sind ausserdem noch meist zu II. b. gehörige, mitunter in Heidegräben und Tümpeln auftretende Zwergformen mit nur 1,5 mm dickem Stengel und 2,5 cm breiten und 5 cm langen Schwimmblättern. (*P. n β. pygmaéa*¹) Gaud. a. a. O. 466 [1828]. *P. n. ε. minor* Mert. u. Koch Deutschl. Fl. I. 839 [1823] z. T.?). — An vom Wasser verlassenen Orten findet sich nicht selten eine Landform (var. *terrester* A. Br. in Doell Rhein. Flora 238 [1843]) mit auf dem Schlamm aufliegenden Schwimmblättern ohne untergetauchte Blätter; Grundachse und Stengel sehr dünn (1—1½ mm), Blatthäutchen bis 2,5 cm lang, wie die an nur 1,5—2,5 cm langen Stielen stehenden meist nur 1,5 cm breiten und 4 cm langen, sehr hart lederartigen Blätter sehr gedrängt stehend (vgl. Fryer Journ. of Bot. XXV [1887] 307). — Selten erscheint ein l. mit unterbrochenem Blütheustand; die geschlossene Aehre in einzelne ca. 3 mm von einander entfernte Quirle aufgelöst.

B. Phyllodien sehr zahlreich, am ganzen Laubstengel, auch zur Blüthezeit noch erhalten. Schwimmende Blätter häufig fehlend. Hierher die sehr bemerkenswerthe Rasse

*sparganiifólius*²). In allen vegetativen Organen mindestens um die Hälfte kleiner, meist grasgrün. Phyllodien auch zur Blüthezeit bis 50 cm lang, nur bis 5 mm breit; schwimmende Blätter schmallanzettlich, nur bis 2 cm breit, am Grunde etwas in den Stiel verschmälert. Früchtchen deutlich kleiner.

Im Gebiet bisher nur Prov. Brandenburg: Kr. Arnswalde: Neuwedel: im Drageflusss zw. Buchthal und Marzelle (Warnstorf! BV. Brand. XVIII. 74, 81 als *P. fluitans*) bisher nicht blühend beobachtet, doch wohl weiter verbreitet. Sonst in Skandinavien verbreiteter, auch in Finnland, Nordost-Russland, und Russisch Littauen beobachtet.

P. n. β. sparganiifolia Almquist in Hartm. Handb. Skand. Fl. 12 Uppl. 44 (1889). *P. s.* Laestad. in Fries Mant. 1. 9 (1832). Nyman Consp. 681 Suppl. 286. Richter Pl. Eur. I. 11. *P. natans × gramineus* Almquist Bot. Not. 1891. 127 und Bot. Centralbl. XLVII. 296 (1891).

Diese und die folgende Art sowie *P. fluitans* finden mancherlei Verwendung. Die Blätter werden als Futter für Schweine, Rinder und Ziegen benutzt, während Schafe und Pferde dieselben verschmähen. Schweine werden mit den besonders im Herbst sehr stärkehaltigen knolligen Grundachsen, die beim Einsammeln an den Pflanzen hängen bleiben, gemästet, stellenweise werden die Knollen (wohl kaum im Gebiet, aber z. B. bei den Kirgisen) roh oder geröstet gegessen; sie schmecken roh etwas nussartig. Die Karpfen sollen gern in Beständen dieser Art laichen (vgl. Berchtold in Fieber Pot. Böhm 48).

(In den gemässigten und subtropischen Zonen beider Hemisphären verbreitet.) *

---

¹) S. S. 95.
²) Erinnert durch die helle Farbe und die schmalen Blätter an die wasserbewohnenden *Sparganium*-Arten.

? 116. × 123. *P. natans* × *lucens* s. S. 308.
116. × 124. *P. natans* × *Zizii* s. S. 332.
116. × 125. *P. natans* × *gramineus* s. S. 333.

117. (2.) **P. polygonifólius.** ♃. In allen Theilen erheblich (oft bis 3 mal) kleiner als die Leitart; unterscheidet sich von ihr besonders durch folgendes: Stengel kaum über 2 mm dick, oft vereinzelt. Untergetauchte Blätter zur Blüthezeit meist vollständig erhalten, mit meist ziemlich kleiner (oft nicht über 2 cm langer und 5 mm breiter) durchscheinender, lanzettlicher, in den ca. 3 cm langen Stiel verschmälerter Spreite. Schwimmende Blätter meist elliptisch lanzettlich, bis 3,5 cm breit und bis 9 cm lang, am Grunde abgerundet oder seicht herzförmig, selten einige in den Blattstiel verschmälert, neben dem Blattstiel ohne oder mit schwächerer Falte, weniger derb, stumpflich. Nerven im frischen Zustande undeutlich durchscheinend. Blatthäutchen meist nicht über 4 cm lang. Aehren bis 4 cm lang. Früchtchen erheblich kleiner, meist 3 mm lang, mit sehr kurzer Spitze.

In flacheren Heidetümpeln und -Seen mit sandigem Grunde, fluthend (hier gern in Gesellschaft von *Isoëtes lacustre, Lobelia Dortmanna, Litorella* u. a.) oder auf schlammigen Moorboden niederliegend, nach Contejean (Enum. Montb. 1892. 234) und Magnin (SB. France XLIII. 437) kalkscheu. In den westlichen und südlichen Theilen des Gebietes (östlich noch bei Futak an der Donau oberhalb Peterwardein [Stoitzner!], aber nicht in Siebenbürgen [Simonk. 510]) zerstreut. Am meisten verbreitet in den Heidegebieten Nordwestdeutschlands und Schleswig-Holsteins (auch auf den Nordsee-Inseln), östlich bis Gardelegen in der Altmark!! und Grabow in Mecklenburg. Ausserdem bisher nur in Westpreussen: südöstlich von Ostrau im Kreise Putzig!! (vgl. Graebner Schr. NG. Danzig N. F. IX. Heft I. 339). Polen: Dobrzyn (Zalewski Kosmos XXI. 325). Prov. Brandenburg bei Sternberg (Taubert! BV. Brand. XXVIII. 55), Eberswalde! und (?) Prenzlau (Grantzow!). Wieder mehr verbreitet im Lausitzer Heidegebiete!! östlich bis Grünberg i. Schl. u. Bunzlau (Fiek und Schube 70, 72 u. 73. Ber. Schles. Ges. II. 104 bez. 119 u. 102), westlich bis Koswig (Anhalt) (Garcke Fl. N.- u. Mitteld. 8. Aufl. 368). Auch im Sächsischen Berglande bei Osterfeld (Haussknecht!), Chemnitz, Dresden und Pirna! Im Singer Forst bei Paulinzelle einmal gefunden (Schönheit Fl. Thür. 417). Rhön. Franken: Erlangen und Dinkelsbühl. Die Angabe bei Wag-Neustadtl in Nordwest-Ungarn (Keller Math. és term. közl. IV [1866] 195) sehr zweifelhaft, da die Pflanze aus Oesterreich-Ungarn nur aus den Adriatischen Küstengebieten und Süd-Ungarn bekannt ist. Bl. Juni—Aug.

P. p. Pourret Mém. Ac. Toul. III. 325 (1788). Nyman Consp. 681 Suppl. 286. Richter Pl. Eur. I. 12. Rchb. Ic. VII. t. XLIV fig. 78, 79. *P. oblongum* Viv. Ann. bot. I. 2. 162 (1805). Cham. u. Schlecht. Linnaea II (1827) 214. Koch Syn. ed. 2. 775. *P. colorátus* Horn.

herb. nicht Fl. Dan. vgl. Fries Novit. Fl. Suec. 302. Summa Veg. I. 211, 212. *P. Hornemánni*[1]) G. F. W. Meyer Chloris Han. 521 (1836) nicht Koch.

Aendert analog der vor. ab. — B. *lancifólius* (A. u. G. Syn. I. 306 [1897]. *P. natans c. média* Koch et Ziz Cat. pl. Palat. 18 [1814] z. T. *δ. intermédia* Mertens u. Koch Deutschl. Fl. I. 839 [1823] z. T. vgl. Bennett Journal of Botany XXXIII [1895] 372. *P. obl. f. lancifólia* Cham. u. Schlecht. a. a. O. 215 [1827]. *P. pseudo-flúitans* Syme Engl. Bot. ed. 3 [1869] 28. Fryer Journ. Bot. XXXIII [1895] 97. 342) mit schmalen, lanzettlichen Schwimmblättern, deren untere deutlich in den Blattstiel verschmälert, nur die obersten seicht herzförmig. — So nicht selten, besonders in freiem und fliessendem Wasser fluthende Formen. — Hierher die Unterabart II. *parnassifólius*[2]) (A. u. G. Syn. I. 306 [1897]. *P. p.* Schrader in Mert. u. Koch Deutschl. Fl. I. 839 [1823]. Nyman Consp. Suppl. 286 vgl. Koch Syn. ed. 2. 775. *P. natans ε. minor* Mert. u. Koch a. a. O. [1823] z. T.? vgl. S. 304. *P. oblóngus α. ovato-oblongus* Fieber Pot. Böhm 20 [1838]. *P. p. angustifólius* Bennett Herb.). Stengel nur 1 mm dick. Schwimmblätter meist nur 8—9 mm breit, 15—30 mm lang, mit fadenförmigem Blattstiel. Aehre nur 2 cm lang, dünn, auf bis 12 cm langem Stiel. — Meist in Heidetümpeln. — C. *cordifólius* (A. u. G. Syn. I. 306 [1897]. *P. obl.* f. *cordifolia* Cham. u. Schlecht. a. a. O. 215 [1827]. Fieber Pot. Böhm 20 [1838]). Schwimmblätter rundlich, bis 4,5 cm breit, bis 6 cm lang. — In ruhigem, flachem Wasser und auf Schlamm. — Auch bei dieser Art finden sich Schlammformen mit meist kleinen, kurzgestielten, fast rosettenartig gestellten Blättern an vom Wasser verlassenen Orten. D. *amphíbius*[3]) (Fr. Novitiae Fl. Suec. 30 [1828]. *P. natans acaúle* Wahlb. Fl. Gothob. 23 [1820—24]. *P. p. γ. ericetórum* Syme a. a. O. [1869]). Hierher gehört auch die Unterabart: II. *sphagnóphila*[4]) (Neuman Bot. Not. 1896. 91) mit sehr breiten, am Grunde mitunter herzförmigen, hellgrünen Schwimmblättern. Tracht von *P. coloratus*. — Zwischen *Sphagnum*, bisher nur in Schweden.

(Finnland, Livland (Kupffer nach Lehmann Fl. v. Poln. Livl. 1. Nachtr. Arch. Naturk. Liv-, Ehst- u. Kurl. 2. Ser. XI. 484); südl. u. westl. Skandinavien; Faer-Øer; Island (?); Britische Inseln; Frankreich; nördl. Spanien; Portugal; Ober- und Mittel-Italien; Serbien; Griechenland; Asien; Africa; Neu-Seeland vgl. Bennett Journ. of Bot. XXIX [1891] 75.) *|

117. × 120. *P. polygonifolius* × *alpinus* s. S. 333.
117. × 125. *P. polygonifolius* × *gramineus* s. S. 334.

β. Aehrenstiel an der Spitze verdickt, meist beträchtlich dicker (bis 5 mm) als der Stengel (2—3 mm). Früchtchen rückenseits scharf gekielt.

118. (3.) **P. flúitans.** ♃. Untergetauchte Blätter (zur Blüthezeit oft noch vorhanden) lang-lanzettlich, die untersten oft klein, 6 cm breit und 14 cm lang, eiförmig, in den Blattstiel verschmälert,

---

[1] Nach Jens Wilken Hornemann, * 1770 † 1841, Professor der Botanik in Kopenhagen, schrieb eine Reihe von Arbeiten über die Flora von Dänemark; am bekanntesten ist Forsøg til en Dansk oeconomisk Plantelaere (1795).
[2] Wegen der entfernten Aehnlichkeit der schwimmenden Blätter mit kleinen Blättern von *Parnassia palustris*.
[3] S. S. 169.
[4] Von *Sphagnum* (sphagnos bei Plinius [XXIV, 17] eine baumbewohnende Flechte, wohl *Usnea*) und φίλος lieb, befreundet; wegen des Vorkommens dieser Form zwischen Torfmoosen.

häutig durchscheinend. **Schwimmende Blätter mit oberseits etwas gewölbtem, meist langem Blattstiel (bis 25 cm)**, meist lebhaft grün oder geröthet, oval bis länglich-lanzettlich, am Grunde abgerundet oder verschmälert, **stets flach**, neben dem Blattstiel nicht in eine Falte erhoben. Blatthäutchen bis 6 cm lang, meist erheblich kürzer als der ausgewachsene Blattstiel. Aehren bis 5 cm lang, mit bis 12 cm langem Stiel. Früchtchen ca. 2,5 mm lang, fast kreisförmig, kurz bespitzt, in reifem Zustande (auch trocken) oft **kastanienbraun, glänzend**.

In Strömen, Flüssen und Seen zerstreut; am meisten verbreitet im nördlichen Flachlande (auch auf der Westfriesischen Insel Terschelling); seltner im Berglande und in den Hauptthälern des Alpen- und (?) Karpatengebiets; scheint im Ungarischen Tieflande zu fehlen. Bl. Juni—Sept.; in schnell fliessenden Gewässern meist nicht blühend, mit fluthenden Formen von *Sagittaria sagittifolia* und *Sparganium simplex* oft grosse wiesenartige fluthende Massen bildend.

P. f. Roth Tent. Fl. Germ. I. 72 (1788) II. 202 (1789) vgl. Beitr. z. Bot. 126 (1783) (s. Fryer Journ. of Bot. XXVIII [1890] 249). Cham. u. Schlecht. Linnaea II (1827) 219. Bennett a. a. O. XXIII (1885) 375. Fryer a. a. O. XXVI (1888) 273. Koch Syn. ed. 2. 776. Nyman Consp. 681 Suppl. 286. Richter Pl. Eur. I. 12. Rchb. Ic. VII. t. XLVIII fig. 87, XLIX fig. 88. *P. natans β. fluitans* Chamisso Adnotat. 4 (1815). *P. petioláre* Presl. Delic. Pragens. I. 151 (1822) vgl. Bennett Journ. of Bot. XXX (1892) 228. *P. n. γ. angustátus* Mert. u. Koch Deutschl. Fl. I. 838 (1823). *P. n. β. fluviátilis* Schlechtend. Fl. Berol. (1823). *P. petiolátus* Wolfg. in Roem u. Schult. Mant. III. 252 (1827) vgl. Bennett Journ. of Bot. XXIX (1891) 75. *P. rigidus* Wolfg. a. a. O. 359 (1827)? vgl. Bennett a. a. O. XXXI (1893) 133. Nyman Consp. Suppl. 286. *P. oblóngus a. fluitans* Mey. Chloris hanov. 519 (1836). *P. n. explanátus* Mert. u. Koch Deutschl. Fl. I. 837 (1828) z. T. Richter Pl. Eur. I. 11 z. T.? vgl. Bennett a. a. O. XXIX (1891) 75.

Man unterscheidet folgende Formen:

A. Schwimmende Blätter breit- bis länglich-eiförmig, am Grunde abgerundet (etwas keilförmig) oder schwach herzförmig.
  I. Untergetauchte Blätter alle (oder doch nur die untersten nicht) lanzettlich; schwimmende meist nicht viel mehr als doppelt so lang als breit.
   a. stagnátilis. Untergetauchte Blätter wenig durchscheinend, schwimmende breit-eiförmig, ziemlich kurz gestielt. — In stehenden Gewässern und in ruhigen Buchten der Flüsse. — *P. f. β. s.* Koch Syn. ed. 2. 776 (1844). Rchb. Ic. VII. t. XLVIII fig. 87. *P. natans δ. media* Koch et Ziz Cat. Pl. Palat. 18 (1814) z. T.? Bennett (J. of Bot. XXX. 29) zieht diese Form zur Rasse II. b. — Hierher auch die Landformen (Fryer a. a. O. XXV [1887] 306). Untere (2—3) Blätter sehr schmal zusammengefaltet, obere breit oval bis eiförmig, sehr kurz gestielt, fast sitzeud.
   b. týpicus. Untergetauchte Blätter durchscheinend, schwimmende elliptisch, Blattstiel etwa so lang oder etwas länger als die Spreite.

— Die bei weitem häufigste Form. — *P. f.* A. I. b. *typicus* Baagoe in A. u. G. Syn. I. 307 (1897).

II. Untergetauchte Blätter meist schmal lanzettlich, höchstens einige etwas spatelig bis verkehrt-eiförmig, schwimmende mindestens 3 mal so lang als breit, dünn lederartig.

a. Billótii [1]). Pflanze schwächlich. Laubstengel dünn. Blätter sehr lang gestielt, die untergetauchten mitunter vereinzelt etwas spatelförmig bis verkehrt-eiförmig, die schwimmenden am Grunde abgerundet bis etwas keilförmig, öfter röthlich überlaufen. — Elsass: Niederbronn (Billot!). — *P. f.* var. *B.* Billot Herb. Richter Pl Eur. I. 12 (1890). *P. B. F.* Schultz Arch. Fl. France et Allem. I. 61 (1842).

b. Americánus. Pflanze kräftig. Schwimmende Blätter meist ziemlich lang gestielt, am Grunde oft schwach herzförmig, nach der Spitze ziemlich allmählich verschmälert. Früchtchen schief-eiförmig mit fast gerader Bauchkante, von einem sehr kurzen Spitzchen gekrönt, aussen (rückenseits) ausser dem mittleren scharfen Kiel mit 2 schwächeren seitlichen, dunkler. Schlesien. Im Neckar bei Heidelberg! In der Schweiz mehrfach. Bennett J. of Bot. XXXI. 29 und bei Schröter Schweiz. BG. VI. 94, 95. Vermuthlich weiter verbreitet. *P. f. a.* Cham. u. Schlechtend. Linnaea II (1827) 226. *P. a.* Cham. u. Schlechtend. a. a. O. (1827). Bennett J. of Bot. XXXI (1893) 29. *P. natans* c. *media* Koch et Ziz Cat. pl. Palat. 13 (1814) z. T.? *P. n. δ. intermedia* Mert. u. Koch Deutschl. Fl. I. 839 (1823) z. T.? vgl. S. 306, 307.

B. Schwimmende Blätter lanzettlich bis schmal-lanzettlich in den Blattstiel verschmälert.

I. sublúcens. Untergetauchte Blätter breit linealisch, bandartig, schwimmende kaum lederartig, beide sehr kurz gestielt, die Spreite oft mehrmal länger als der Blattstiel. — Im Gebiet bisher nicht beobachtet, in Jütland (Baagoe). — *P. f.* forma *s.* Baagoe in A. u. G. Syn. I. 308 (1897).

II. rivuláris. Untergetauchte Blätter schmal linealisch, bis 25 cm lang (denen von *Zostera marina* ähnlich), schwimmende vereinzelt, schmal-lanzettlich. — In stark fliessendem Wasser. — *P. f. β. r.* Lange Haandb. Danske Fl. III. udg. 129 (1864). — Hierher die Unterabart *elongátus* (Kuehn PÖG. Königsb. XXXIV. 55). Untergetauchte Blätter ziemlich (bis 12 cm) lang gestielt. — Ostpreussen: Angerapp bei Insterburg (Kuehn!).

Das Artrecht dieser Pflanze wird von einigen Autoren angezweifelt; Einige halten sie für nichts als die in fliessendem Wasser entstandene Abänderung des *P. natans* (vgl. Buchenau Fl. Nordwestd. Tiefebene 48), andere sind geneigt, wenigstens in einem Theil der hierher gerechneten Formen Bastarde zwischen *P. natans* und *P. lucens* zu sehen (vgl. Beeby Journ. of Bot. XXVIII [1890] 203. Baagoe h.), eine Annahme, die durch das häufige Fehlschlagen der Früchte (nach Fryer Journ. of Bot. XXVII [1889] 58 auch in der Cultur unfruchtbar) und eines Theils der Pollenkörner (!) gestützt wird. Dagegen sprechen indessen ausser der weiten Verbreitung dieser Form einige Merkmale, besonders die Gestalt der am Rücken scharfgekielten Früchtchen, die nicht selten in normaler Ausbildung angetroffen werden (beide vermeintlichen Eltern besitzen stumpfgekielte Früchte); auch macht das ganze Auftreten der Pflanze an ihren Standorten nicht den Eindruck hybrider Abstammung. Bennett (Journ. of Bot. XXXI [1893] 297. Schweiz. BG. VI. 94) ist jedoch der Meinung, dass unter *P. fluitans* bisher verschiedenartige Formen

---

[1]) S. S. 61 Fussnote 2.

zusammengefasst wurden, von denen die einen Hybriden zwischen P. *natans* und P. *lucens* darstellen und ihrer Bastardnatur entsprechend stets unfruchtbar sind, während die übrigen einer besonderen Art P. *americanus* angehören, der in America allgemein verbreiteten Form, die gut entwickelte Früchte trägt. Wir können uns dieser Anschauung nicht anschliessen, denn bei der grossen Variabilität dieser Formen scheint es sehr gewagt, hier eine künstliche Trennung auf höchst veränderliche Merkmale hin vorzunehmen. Es ist allerdings die Möglichkeit nicht von der Hand zu weisen, dass hier wie auch anderwärts im Pflanzenreiche eine ursprünglich, noch heute anderwärts neuentstehende, hybride Form durch geschlechtliche Fortpflanzung eine gewisse Festigkeit gewonnen und einen eigenen Formenkreis ausgebildet hat, jedoch scheint es uns nicht angebracht, eine solche vorläufig noch hypothetische, morphologisch schwer zu trennende Form als besondere Art aufzunehmen. Wir führen sie einstweilen als Rasse auf.

(Fast ganz Europa; fehlt nur im nördlichen Theile Russlands und Skandinaviens; ausserhalb Europas der Typus der Art vielleicht in Indien [vgl. Bennett J. of Bot. XXXI (1893) 297, XXXIII (1895) 372] [Rasse A. II. b. in Asien, Nord-Africa und America].) *

Vgl. P. *natans* × *gramineus* (S. 333).

2. Spreite der Schwimmblätter durchscheinend, 2—4 mal so lang als ihr Stiel. Früchtchen nur 1—1,5 mm lang.

119. (4.) P. colorátus. ♃. Untergetauchte Blätter meist zur Blüthezeit vorhanden (wie die Schwimmb. oft röthlich gefärbt), mit länglicher od. lanzettlich-eiförmiger Spreite, bis 13 cm lang und 6 cm breit, etwa in der Mitte, oder etwas unter der Mitte am breitesten, allmählich in den kurzen (bis 2 cm langen) Stiel verschmälert, meist zugespitzt, sehr durchscheinend. Schwimmende Blätter eiförmig, mit meist nur 1 bis 2 cm langem Stiel, am Grunde abgerundet, mit stumpflicher Spitze, unterwärts mit deutlichem Mittelstreifnetz. Blatthäutchen bis 4 cm lang, länger als der Blattstiel. Aehrenstiele sehr dünn und schlank, 1½ bis 2 mm dick, bis 13 cm lang, Aehren meist schlank, 3 mm dick. Früchtchen rückenseits stumpf gekielt.

In stehenden Gewässern, Teichen und Sümpfen, nur in der Ebene und den Hauptthälern des Berg- und Alpenlandes, besonders im westlichen und südlichen Gebiet und in Mittel-Ungarn, sehr zerstreut und auf weiten Strecken wie z. B. fast im ganzen nordöstlichen Gebiet ganz fehlend. Niederlande (auch auf der Insel Texel). Belgien! Rheinprovinz!! Westfalen (?) Hannover: Misburg! Gr. Oschersleben: Aderstedter Bruch (Eggert!) (für Schleswig-Holstein sehr zweifelhaft Prahl Krit. Fl. II. 206). Stralsund: Elmenhorst (Zabel!). Ober-Rheinfläche! Oberbayerische Hochebene! Böhmen: Lissa (Čelakovský! Böhm. G. Wiss. 1885. 18); zw. Brandeis und Melnik (Čel. Prodr. 26). Dauphiné. Savoyen. Westliche und nördliche!! Schweiz. Ober- u. Nieder-Oesterreich! Budapest! Donausümpfe bei Dályok im Comitat Baranya (v. Janka in Neilreich Ung. Nachtr. 23). Siebenbürgen? Antibes; Nizza (Ardoino 386). Bozen. Am Garda-See (Porta!) Triest: Zaule; Sicciole; Noghera (Pospichal 37). Bl. Juni—Sept.

P. colorátum Vahl in Hornem. Fl. Dan. t. 1449 (1813) nicht herb. Cham. u. Schlecht. Linnaea II (1827) 194. Bennett Journ. of Bot. XXIX (1891) 151. Nyman Consp. 682 Suppl. 287. Richter Pl. Eur. I. 12. *P. plantagineum* Du Croz bei Roem. u. Schult. Syst. veg. III. 504 (1818). Rchb. Ic. VII t. XLV fig. 82—84. XLVI 85. *P. Hornemánni*[1]) Koch Syn. ed. 1. 674 (1837) ed. 2. 777 nicht G. F. Meyer (s. S. 306).

Aendert ebenfalls beträchtlich in der Breite der Blätter ab. Durch schmale, kurz in den Blattstiel verschmälerte Blätter ist ausgezeichnet B. *helódes*[2]) (*P. c.* v. *H.* Benn. Journ. of Bot. XXXII [1894] 203. *P. H.* Dum. Fl. Belg. 163 [1827]. *P. p.* Rchb. Ic. VII. t. XLV fig. 82. *P. rufescens* e. *h.* Richter Pl. Eur. 12 [1890]). — In Sümpfen. — Bemerkenswerth erscheinen B. *pachystáchyus*[3]) (Rchb. Ic. VII. 25. t. XLVI fig. 85 [1845]) mit bis 4 mm dicker Aehre und l. *subspatháceus* (Rchb. a. a. O. [1845]) mit einem kurzen bis 6 mm langen und 5 mm breiten, einer kleinen Spatha gleichendem Tragblatt am Grunde der untersten Blüthe. — Eine Landform beschreibt Fryer Journ. of Bot. XXV (1887) 308 mit breiten, fast rundlichen (denen von *Plantago major* sehr ähnlichen) Blättern, die sich bereits in sehr flachem Wasser, in Pfützen etc. ausbilden, eine solche Form ist *P. plant.* β. *rotundifolius* (Mert. u. Koch Deutschl. Fl. I. 843 [1823]).

Von *P. polygonifolius*, mit dem diese Art häufig verwechselt wurde, selbst von den Autoren der betreffenden Arten, Hornemann und G. F. W. Meyer, in der Regel durch die dünnhäutigen kurzgestielten Schwimmblätter und kleinen Früchte leicht zu unterscheiden.

(Insel Gothland; Schonen; Dänemark; Britische Inseln; Frankreich; Spanien (Willkomm Suppl. 8); Italien; Griechenland; Arabien; Sokotra; Algerien; West-Indien [Bennett Journ. of Bot. XXIX (1891) 75]. Australien? [vgl. Bennett a. a. O. XXV (1887) 177].) *|

119. × 124. *P. coloratus* × *Zizii* s. S. 335.

Vgl. *P. lucens* A. 3. *acuminatus* S. 318.

    b. Untergetauchte Blätter sitzend, oder in einen sehr kurzen (nicht 1 cm langen) geflügelten Stiel verschmälert. Schwimmende Blätter oft fehlend.

    1. Aehrenstiele nicht auffällig dicker als der Stengel, nach der Spitze zu nicht verdickt (meist unter der Aehre deutlich dünner als über dem Grunde). Untergetauchte Blätter alle sitzend (wenn auch oft am Grunde keilförmig fast stielartig verschmälert). Früchtchen rückenseits scharf gekielt.

        α. Laubstengel unter dem ersten Blüthenstande meist nicht (oder spärlich) verzweigt. Blätter am Grunde keilförmig verschmälert.

---

[1]) S. S. 306.
[2]) Von ἐλώδης sumpfig
[3]) Von παχύς dick, dicht und στάχυς Aehre.

120. (5.) P. alpinus. (In Elsass-Lothringen: Hechtlock vgl. S. 312). ♃. Grundachse kriechend, meist reich verzweigt, meist röthlich oder rosa gefärbt, zahlreiche, bis über 2 m lange besonders nach dem Trocknen namentlich oberwärts röthlich überlaufene Laubsprosse treibend. Blätter ganzrandig; untergetauchte lanzettlich, beiderseits verschmälert, 25 cm lang und 25 mm breit, stumpflich mit deutlichem Mittelstreifnetz; schwimmende lederartig, verkehrt eiförmig oder länglich spatelförmig, in den Blattstiel verschmälert, der kürzer als die Spreite ist. Blatthäutchen bis etwa 6 cm lang, derb, meist rothbraun, glanzlos. Aehrenstiele bis 7 cm lang, etwa 2 mm dick. Aehre verlängert, bis 4 cm lang. Früchtchen etwa 2,5 mm lang, etwas zusammengedrückt, linsenförmig.

In Gräben, Bächen (oft in Mühlgräben), Flüssen, Teichen, gern in klarem Wasser, aber auch in Mooren in grossen, meist von einander getrennten Büscheln. Im nördlichen und mittleren Gebiete zerstreut, im südlicheren seltener und meist in hochgelegenen Mooren, Bächen und Seen bis 2000 m ansteigend; im südöstlichen Gebiet nur in Kroatien (angeblich) sowie in Bosnien und Montenegro; für Ungarn sehr zweifelhaft (im Grossen Fisch-See der Tatra von Herbich (ZBG. Wien XI. 50) angegeben, aber weder von Hazslinszky noch von Schneider und Sagorski bestätigt); ebensowenig aus Siebenbürgen, dem österreichischen Küstenlande und Dalmatien bekannt. Bl. Juni—Aug.

P. a. Balbis Miscell. bot. 13 (1804) erw. Aschers. Fl. Brand. I. 658 (1864). Richter Pl. Eur. I. 12. *P. serrátum* Roth Beiträge II. 126 (1783) vgl. Bennett Journ. of Bot. XXVIII (1890) 298. *P. fluitans* Sm. Fl. Brit. 1391 (1800—1804) nicht Roth. *P. semipellúcidus* Koch et Ziz. Cat. pl. Palat. 5, 18 (1814). *P. ruféscens* Schrad. in Cham. Adnot. ad Kunth. Fl. Berol. 5. (1815). Cham. u. Schlecht. Linnaea II (1827) 210. Bennett a. a. O. XXV (1887) 372, XXVII (1889) 242. Koch Syn. ed. 2. 777. Nyman Consp. 681 Suppl. 287. Rchb. Ic. VII. t. XXXII fig. 56—58. *P. purpuráscens* Seidl in Presl Fl. Čechica 25 (1819) erw. Fieber Pot. Böhm. 16 (1838).

Ueber die Synonymie dieser Art vgl. auch Bennett a. a. O XXVII (1889) 243.

Zerfällt nach der Gestalt der Blätter in folgende Formen:
A. Schwimmblätter vorhanden.
    a. **purpuráscens.** Pflanze kräftig. Stengelglieder etwa 5 cm lang. Blätter breit, untergetauchte, bis fast 20 cm lang und 25 mm breit, schwimmende lederartig, bis etwa 10 cm lang, verkehrt eiförmig, mit 5 cm langem Stiel. Aehren meist 3—5, lang, mit verlängerten Stielen. — Besonders in stehendem, nährstoffreichem Wasser. — *P. a. A. a. p.* A. u. G. Syn. I. 311 (1897). *P. p.* Seidl a. a. O. 251 (1819). Cham. u. Schlecht. Linnaea II (1827) 212. *P. ruf. a. palústris* Mert. u. Koch Deutschl. Fl. I. 841 (1823). *P. ruf.* var. *lanceolátus* Meyer Chloris Hanov. 522 (1836). *P. a.* var. *latifólia* Baenitz PÖG. Königsb. XIV. 16 (1873). — Hierher gehört als Unterart mit schwach lederartigen mit stark vorspringenden Nerven versehenen Blättern *2. nérviger* (A. u. G. Syn. I. 311 [1897]. *P. n.* Wolfg. in Roem. u. Schult. Mant. III. 359 [1827]).
    b. **angustifólius.** Schwimmende Blätter dünnhäutig, durchscheinend, spatelförmig allmählich in den Stiel verschmälert. — Besonders

in langsam fliessenden, wärmeren Gewässern, seltener. — *P. alp.* A. b. ang. A. u. G. Syn. I. 311 (1897). *P. ruf. β. ang.* Tausch Herb. Fl. Boh. 1804 b. nach Fieber a. a. O. 17 (1838). *P. r. β. rivuláris* Mert. u. Koch Deutschl. Fl. I. 841 (1823). *P. rigidus* Wolfg. a a. O. (1827)? (vgl. S. 307). *P. purpurascens β. a.* Fieber a. a. O. 17 (1838).

B. Schwimmende Blätter fehlend.

obscúrus. Weniger kräftig. Stengelglieder bis 2 cm lang. Blätter schmal, untergetaucht, bis etwa 12 cm lang und 1 cm breit, mit wenigen Nerven. Aehren meist einzeln, kurz, auf kurzem Stiel. — In flachen Tümpeln und Gräben. — *P. a* B. *o.* Aschers. Fl. Brandenb. I. 658 (1864). *P. o.* DC. Fl. Franç. V, 311 (1815). *P. alp.* Balbis a. a. O. (1804). *P. annulátus* Bellardi Mém. Acad. Tur X, XI. 447 (1802–3). *P. ruf. γ. alpinus* Mert. u. Koch Deutschl. Fl. I. 842 (1814). Rchb. a. a. O. fig. 57, 58. *P. obtúsus* Du Croz in Gaud. Fl. Helv. I. 488 (1828). *P. serrátum* Roth a. a. O. (1783) Tent. Fl. Germ. I. 73 II. 205 (1788/89). Cham. u. Schlecht. a. a. O. 211 (1827) nicht L. — Hierher die Unterabart b. *minor (P. ruf.* var. *m.* Hartm. Vedensk. Ak. handl. 1818 nach Handb. Sk. Fl. 11. Uppl. 432 [1879]). Stengelglieder verlängert. Blätter fast linealisch bis lineal, bis 1 cm breit. — Eine ähnliche schmalblättrige Form erzeugt sehr schmale Schwimmblätter.

Durch die stets (auch nach dem Trocknen) grüne Farbe der Blätter ist ausgezeichnet II. *viréscens (P. r. f. v.* Caspary PÖG. XXIV. III. 70). Scheint selten. Westpreussen: Ferse bei Pelplin! Ostpreussen: Kr. Oletzko F. Schultz nach Abromeit br. Bayern: Oberpfalz: in der Hinteren Schwarzach bei Freistadt südöstl. v. Nürnberg (Schwarz!) Vgl. die Rasse *Casparyi.*

Zu dieser Art gehört als Rasse

C) Caspáryi[1]). Laubstengel einfach oder vereinzelt ästig. Blätter grün; untergetaucht entfernt, untere fast gegen-, obere wechselständig, sitzend, breit lanzettlich, kürzer als die Stengelglieder; schwimmende gedrängt, fast wirtelig gestellt, spatelförmig, stumpf, sitzend oder in einen kurzen geflügelten Stiel verschmälert, Aehre locker. — Bisher nur in Westpreussen: Galgensee bei Berent (Kohts!). *P. a. C.* A. u. G. Syn. I. 312 (1897) vgl. Aschers. bei Weyl ÖBZ. XX (1870) 321. *P. C.* Kohts ÖBZ. XX (1870) 289. Richter Pl. Eur. I. 13.

P. alpinus bietet in grossen Beständen auftretend bei der grossen Länge der dichtgestellten Laubtriebe den Fischen (vielleicht mehr als andere Arten) Schutz zum Ablegen des Laiches; besonders die Hechte sollen sich gern in den Dickichten aufhalten, daher die Pflanze in der Ober-Rheinfläche, besonders im Elsass, den Namen Hechtlock führt. Schwimmern werden die ziemlich festen Laubtriebe, die sich strickartig um die Beine winden, mitunter lästig oder selbst gefährlich.

---

[1]) Nach Robert Caspary, Professor der Botanik in Königsberg i. P., * 1818 † 1887, einem der vielseitigsten und dabei gründlichsten Botaniker seiner Zeit, hochgeschätzt als Anatom und Morpholog, der sich auch um die botanische Erforschung von Ost- und Westpreussen, namentlich ihrer Gewässer, hervorragende Verdienste erwarb. Von seinen zahlreichen Abhandlungen enthalten verschiedene wichtige Beiträge zur Kenntniss der Pflanzen unseres Gebiets, namentlich der Formen von *Picea excelsa* und *Pinus silvestris, Potamogeton, Hydrilleae, Bulliarda, Nymphaeaceae, Aldrorandia, Viscum, Orobanche.* Ich verdanke seinem anregenden Lehrvortrage viel und hatte mich auch bei meinen Arbeiten seiner wohlwollenden Theilnahme und öfter seiner thatkräftigen Förderung zu erfreuen. A.

(Nord- und Mittel-Europa, östlich bis zum Don; Spanien (Bennett); Bulgarien; Dahurien; Afghanistan; Tibet (Bennett J. of Bot. XXXIII [1895] 372); Nord-America.)   *

117. ✕ 119. *P. polygonifolius* ✕ *alpinus* s. S. 333.
119. ✕ 122. *P. alpinus* ✕ *praelongus* s. S. 317.
119. ✕ 123. *P. alpinus* ✕ *lucens* s. S. 328.
119. ✕ 125. *P. alpinus* ✕ *gramineus* s. S. 328.

    β. Laubstengel ästig, meist stark verzweigt. Blätter sämmtlich untergetaucht, stengelumfassend.

Gesammtart P. perfoliátus.

121. (6.) **P. perfoliátus.** (Seekraut, ung.: Hinár s. unten.) ♃. Grundachse knickig gebogen. Laubstengel bis 6 m lang, meist reich verzweigt, gerade, mit bis 2 dm langen Gliedern. Blätter rundlich bis länglich-eiförmig, bis 6 (selten bis 12) cm lang und bis $3^{1}/_{2}$ (selten bis 6) cm breit, auch an der Spitze flach, am Grunde tief herzförmig, am Rande gezähnelt-rauh, mitunter etwas gekräuselt. Mittelstreifnetz ziemlich undeutlich. Blatthäutchen weisslich, dünnhäutig, hinfällig, breit eiförmig, seltener mehr als 1 cm lang. Aehrenstiele bis 5 cm lang, etwas dicklich mit bis etwa 3 cm langer meist ziemlich dichter Aehre. Früchtchen schief-verkehrt-eiförmig, kaum 3 mm lang mit deutlich convexer Bauchkante und meist etwas hakig nach der Rückenkante gebogenem, etwa 1 mm langem Spitzchen, seitlich etwas eingedrückt, so dass der spiralig eingekrümmte Embryon deutlich erkennbar ist.

    In Flüssen, Canälen, Teichen und Seen (auch den beiden grössten des Gebiets, dem Boden- und Balaton- [Platten-] See, wo diese Pfl. als einzige Vegetation [„Seekraut"] den heftigsten Wellenschlag aushält [v. Martens u. Kemmler Fl. Württ. 3. Aufl. 158] bez. mit *Myriophyllum spicatum* als „Hinár" ausgedehnte Bestände bildet [v. Borbás, Földr. Közl. 1891 454]), bis 5 m Wassertiefe, seltener in Gräben, im grössten Theile des Gebietes häufig, bis in die montane Region aufsteigend; fehlt auf den Nordsee-Inseln. Bl. Juni—Aug.

P. perfoliátum L. Sp. pl. ed. 1. 126 (1753). Cham. u. Schlecht. Linnaea II (1827) 188. Koch Syn. ed. 2. 779. Nyman Consp. 682 Suppl. 287. Richter Pl. Eur. I. 13. Rchb. Ic. VII t. XXIX fig. 53, 54.

    Eine in Bezug auf Tracht und Blattform ungemein veränderliche Art. Die Formen gliedern sich folgendermassen:

A. Stengelglieder 3 bis 15 mm lang.

    densifólius. Laubstengel meist nicht über 20 cm lang. Blätter streng zweizeilig, sich dachziegelartig deckend, bis 3 cm lang. — Oft ganze Bestände an den flachen sandigen oder schlammigen Ufern der Seen bildend. — *P. p.* B. d. Meyer Chloris Hannov. 523 (1836) erw. *P. p.* var. β. Mert. u. Koch Deutschl. Fl. I. 852 (1823) z. T. *P. p.* A. Cham. u. Schlechtend. Linnaea II (1827) 189. — Zerfällt in 2 Unterarten:

I. **caudifórmis**. Stengel dicklich. Blätter anliegend, fast kreisförmig oder breit eiförmig, stumpf. Der ganze Spross dick walzlich erscheinend. (*P. p.* A. I. c. A. u. G. Syn. I. 314 [1897])ı — Meist auf Schlammgrund und an von Booten befahrenen Orten.

II. **pseudo-dénsus**[1]). Stengel dünn (meist nicht über 1 mm dick). Blätter abstehend eiförmig bis lanzettlich, an der Spitze häufig etwas zurückgebogen. — Besonders in Heideseen und Tümpeln. (*P. p.* A. II. *ps.* A. u. G. Syn. I. 314 [1897]). — Wird nicht selten wegen der Aehnlichkeit in der Tracht mit *P. densus* verwechselt, ist jedoch durch die nur selten vereinzelt paarweise genäherten Blätter und das meist undeutliche Mittelstreifnetz sowie die Blatthäutchen leicht zu unterscheiden.

B. Stengelglieder 3—20 cm lang.
  I. Stengel 3—5 mm dick. Blätter meist über 2,5 cm breit.
    Loesélii[2]) (*P. p. L.* A. u. G. Syn. I. 314 [1897]. *P. L.* Roem. u. Schult. Syst. III. 508 [1818]).
    a. **rotundifólius** (Sonder Fl. Hamb. 98 [1851]. *P. p. β.* Mert. u. Koch Deutschl. Fl. 852 [1823] z. T). Blätter fast kreisrund. — In stehenden Gewässern.
    b. Blätter eiförmig bis lanzettlich (*P. p.* var. *oblongifólius* Bennett Schweiz. BG. VI. 96 [1896]).
      1. **týpicus**. Blätter breit eiförmig. — *P. p. t.* A. u. G. Syn. I. 314 (1897). — Hierher die Unterarten *b. proténsus*[3]) (A. u. G. Syn. I. 314 [1897]. *P. perf.* B. Cham. u. Schlecht. a. a. O. 190). Untere Blätter bis 20 cm von einander entfernt. Stengel sehr dick. — In tiefen Seen. — *2. macrophýllus*[4]) (A. u. G. Syn. I. 314 [1897]. Cham. u. Schlechtend. a. a. O.). Blätter bis 10 cm lang und bis 6 mm breit. — In nährstoffreichen Gewässern an den Mündungen von Kloaken etc.
      2. **cordáto-lanceolátus**. Blätter eilanzettlich. — Häufig in Flüssen. — *P. p.* var. *γ. c.* Mert. u. Koch a. a. O (1823). Fieber Pot. Böhm 14 (1838). *ovate-lanceolátus* (Rchb. Ic. Fl. Germ. VII. 19. t. XXIX fig 54 [1845]. Cham. u. Schlechtend. a. a. O. [1827]. *P. p.* var. *lancifólius* Vis. Mem. Ist. Ven. XX. 193 [1877]). Bildet den Uebergang zur folgenden Abart. — Hierher die Unterarten *b. Richardsónii*[5]) (Bennett Journ of. Bot. XXVII [1889] 25. *P.p. lanceolátus* A. Gray Man. Bot. V. ed. 488 [1867]). Blätter bis 12 cm lang, aus herzförmigem Grunde allmählich zugespitzt. — Nach Bennett (Journ. of Bot. XIX [1881] 241) auch in Europa, im Gebiet bisher nur in Ungarn (Herb. Kováts). — c. *lanceolátus* (Blytt Norg. Fl. 365 [1861]). Blätter lanzettlich, stumpf. — In fliessendem Wasser.
  II. **grácilis**. Stengel 1—2 mm dick, Blätter 1—2 cm (selten 2,5 cm) breit, dünnhäutig, sehr durchscheinend, rundlich bis schmallanzettlich, zugespitzt. — In stark fliessenden, kalten Gewässern, besonders in Gebirgsbächen. —

---

1) Von ψευδο- falsch und densus, weil die Form mehrfach mit *P. densus* verwechselt worden ist.
2) Nach Johann Loesel, * 1607 † 1657, Professor der Medicin in Königsberg, Verfasser der wegen der kenntlichen Abbildungen werthvollen (seit 1703 von Gottsched herausgegebenen) Flora Prussica. Obige Form ist als *Pot. rotundifolium alterum* auf Taf. 65 abgebildet.
3) Chamisso und Schlechtendal geben a. a. O. den Formen keinen Namen, beginnen aber die Beschreibung mit „Forma protensa, oblongifolius ...", Forma gracilis ....", wir haben deshalb diese Bezeichnungen als Namen vorangestellt.
4) S. S. 69 Fussnote 2.
5) Nach Dr. John R. Richardson, * 1787 † 1865, dem botanischen Theilnehmer an der berühmten Franklin'schen Expedition nach dem arktischen Nord-America; in seinem „Appendix" zur Franklin'schen Expedition hat er als erster die Formen von *P. perfoliatus* geordnet.

P. p. β. g. Fries Nov. fl. Suec. ed. 2. 42 (1828). Cham. u. Schlechtend. a. a. O. (1827). *P. p.* var. *δ.* Mert. u. Koch a. a. O. (1823). Eine äusserst zierliche Form von abweichender Tracht, die ausser durch die fast glasig durchscheinenden, meist zugespitzten Blätter, durch die dünnen (wahrscheinlich in Folge der stetigen heftigen Wasserbewegung) mechanisch verstärkten, daher ziemlich starren und selbst bei jüngeren Trieben beim Pressen meist nicht zusammenfallenden Stengeln, (wie die Formen *P. p. Richardsonii* u. *lanceolatus*) dem *P. praelongus* nicht unähnlich, jedoch durch die für denselben angegebenen Merkmale leicht zu unterscheiden (vgl. auch *P. praelongus* × *perfoliatus*).

Nach Fryer (Journ. of Bot. XXV [1887] 309) erzeugt die Pflanze keine Landformen, sondern verschwindet beim Austrocknen der Gewässer. Meyer beschreibt jedoch (Fl. Hanov. exc. 535 [1849]) einen *P. p.* b. *terréstris* mit gedrängten, breiten, steifen und etwas dicklichen Blättern aus austrocknenden Sümpfen. Es dürfte diese Form keine typische Landform sein; soweit auch unsere Beobachtungen reichen, kommen solche nicht vor, wahrscheinlich handelt es sich um eine Schlammform, wie sie an der Oberfläche des weichen Schlammes vegetirend nicht selten zu beobachten sind.

Findet, ausser vielleicht zum Düngen der Aecker, trotz seines häufig massenhaften Auftretens keinerlei Verwendung, wird von allem Vieh verschmäht (vgl. Berchtold in Fieber Pot. Böhm. 46). Schwimmern können die Stengel ebenso wie die von *P. alpinus* mindestens lästig werden.

(Fast ganz Europa mit Ausnahme der südlichsten Mittelmeerländer. Asien, Algerien, Nord-America, Australien.) *

121. × 122. *P. perfoliatus* × *praelongus* s. S. 317.
121. × 123. *P. perfoliatus* × *lucens* s. S. 329.
? 121. × 125. *P. perfoliatus* × *gramineus* s. S. 325.
- 121. × 126. *P. perfoliatus* × *nitens* s. S. 330.
121. × 127. *P. perfoliatus* × *crispus* s. S. 337.

122. (7.) **P. praelóngus.** ♃. Laubstengel bis über 2 m lang, weisslich, am Grunde meist blattlos, gerade, oberwärts mehr oder weniger reich verzweigt, von Blatt zu Blatt knickig gebogen. Blätter länglich-lanzettlich, bis 13 cm lang und bis 4½ cm breit, beiderseits verschmälert, an der Spitze kappenförmig zusammengezogen, am Grunde abgerundet, seicht herzförmig, ganzrandig, meist fein gekräuselt. Mittelstreifnetz deutlich. Blatthäutchen derb, hellbräunlich bis strohgelb, 1½ — 6 cm lang. Aehrenstiele bis über 2 dm lang, mit etwa 3—5 cm langer meist ziemlich dichter oder am Grunde lockerer Aehre. Früchtchen halb-verkehrt breit-herzförmig, etwa 4 mm lang, mit fast gerader Bauchkante und in deren Verlängerung mit kurzem (etwa 1 mm langem) Spitzchen.

In tiefen Seen, Canälen und Flüssen meist in kleineren oder grösseren Beständen. Am meisten verbreitet im östlichen Theile des nördlichen Flachlandes (in Schlesien fast nur im Nordwesten, aber in Galizien angegeben); weniger im nordwestlichen Deutschland, den Niederlanden und Belgien (in Ostfriesland und auf den Nordsee-Inseln nicht beobachtet). Im übrigen Gebiet nur vereinzelt: Kgr. Sachsen: Leipzig; Wilde Weisseritz bei Schönfeld unweit Altenberg (?). Fichtelgebirge: Steben. Böhmen! Jura: Lac des Tallières bei La Brévine (Neuchatel)

1045 m; Lac de Bretaye (1782 m) bei Ormont dessous (Canton Waat); Betten-See bei Mörel im Ober-Wallis (2050 m)[1]; Davoser See (1561 m) (Schröter Schw. BG. VI. 96); Ober-Oesterreich: Krain: Laibachfluss. Freyer in Rchb. Fl. germ. exs. 902! Idria Bredow! Für Nieder-Oesterreich und Ungarn (Wag-Neustadtl Keller ÖBZ. XV. 49) sehr zweifelhaft; nicht in Siebenbürgen. Bl. Juni, Juli (blüht und fruchtet in America nach Morong [vgl. Bennett Journ. of Bot. XIX [1881] 241] sehr spät im Jahre (Nov. bis Dec.), was bei uns nirgends beobachtet zu sein scheint).

P. p. Wulfen Roem. Arch. III. 3. 331 (1805). Cham. u. Schlecht. Linnaea II. 191. Koch Syn. ed 2. 779. Nyman Consp. 682 Suppl. 287. Richter Pl. Eur. I. 14. Rchb. Ic. VII t. XXXIII fig. 59. *P. serrátum* Scop. Fl. Carn. ed. 2. I. 117 (1772) nicht L. Huds. noch Roth. *P. lucens* Weber Prim. Fl. Holsat. 15. (1780). *P. flexuósum* Wredow Mecklenb. Fl. (1807). Schleich. Cat. pl. Helv. ed. 3. 23; (1815) ed. 4. 27 (1821). *P. flexicaúlis* Dethard. in Strelitz. Anz. 1809. Nr. 50. *P. acuminátum* Wahlenb. Fl. Upsal. Nr. 116 (1820). *P. gramineum* var. *boreále* Laest. Vet. Akad. 1825. 162? vgl. Fries Nov. fl. Suec. ed 2. 41. Nyman Consp. Suppl. 287.

In der Gestalt der Blätter ziemlich veränderlich; je nach dem Standort variirt die Pflanze in fliessendem Wasser mit schmäleren und längeren, in stehendem Wasser mit breiteren und kürzeren Blättern. Die von uns nicht gesehene var. latifolius (Alpers Verz. Gefpfl. Stade 86 [1875]). Blätter oval, bis 5 cm breit und 7—8 cm lang (Hannover: Alt Luneberger See) gehört vielleicht zu den Bastardformen zwischen dieser Art und der vorigen; dagegen ist var. *brevifólius* (Čelak. Sitzb. Böhm. Ges. Wiss. 1886. 36) mit nur 6 cm langen Blättern, aus Böhmen (in der Adler bei Königingrätz Uzel!), eine kleinblättrige Abänderung dieser Art, deren Blätter Verhältnisse von Länge und Breite zeigen wie sie auch an normalen Formen vorkommen und welche ihre Früchte vollkommen ausbildet.

Nach Fryer (J. of Bot. XXV [1887] 309) stirbt die Pflanze an vom Wasser verlassenen Orten ab.

Durch den knickigen, weisslichen Stengel, die langen Aehrenstiele und die kappenförmigen Blattspitzen, welche durch das Pressen meist der Länge nach ein wenig einreissen, so dass sie spitz ausgerandet erscheinen, ist *P. praelongus* sehr leicht kenntlich.

(Frankreich; Britische Inseln; Faer-Oer; Dänemark; Skandinavien; Nord- u. Mittel-Russland: West-Sibirien; die Angabe Watsons [Comp. Cyb. Brit. 344 (1869)] im Himalaya nach Bennett [Journ. Bot. XXXIII (1895) 372] fraglich. Japan. Nord-America [Bennett a. a. O. XXIX (1891) 76].) *

120. × 122. *P. alpinus* × *praelongus* s. S. 317.
121. × 122. *P. perfoliatus* × *praelongus* s. S. 317.
122. × 123. *P. praelongus* × *lucens* s. S. 331.
122. × 125. *P. praelongus* × *gramineus* s. S. 330.
122. × 127. *P. praelongus* × *crispus* s. S. 338.

---

[1] Die Höhen-Angaben und geographischen Einzelheiten durch gütige Vermittelung von Dr. H. Christ.

Bastarde.

A. I. a. 1. *b. 1. β.*

121. × 122. (8.) P. perfoliátus × praelóngus. ♃. Blätter länglich eiförmig bis lanzettlich, bis fast 10 cm lang, mit herzförmigem Grunde sitzend, nach der Spitze und etwas nach dem Grunde verschmälert, an der Spitze meist etwas kappenförmig zusammengezogen, am Rande von ziemlich entfernten feinen Zähnchen rauh, Mittelstreifnetz deutlich.

Prov. Brandenburg: Fürstenwalde: in der Spree bei Hangelsberg mit den Eltern!!

P. p. × *p.* (*P. cognátus*) A. u. G. Syn. I. 317 (1897) vgl. Bennett Journ. of Bot. XXXII (1894) 153 auch Baagoe br.

Von der Tracht des *P. perfoliatus Richardsonii* (vgl. S. 314), aber von diesem durch die beiderseits verschmälerten, an der Spitze etwas kappenförmig zusammengezogenen, am Rande nicht dicht gezähnelten Blätter verschieden.

(Jütland [in der Nähe unserer Nordgrenze]: Varming Sø [Baagoe!] und Ribe Aa [Ostenfeldt-Hansen nach Baagoe br.]. England; Nord-America.) *|

A. I. a. 1. *b. 1.*

120. × 122. P. alpínus × praelóngus. ♃. Stengel wenig verzweigt. Untergetauchte Blätter 10 bis 32 cm lang und 1 bis über 3 cm breit, breit linealisch oder lanzettlich bis etwas spatelförmig, mit abgerundetem Grunde sitzend, halbstengelumfassend oder allmählich keilförmig verschmälert, mit kappenförmig zusammengezogener Spitze, stumpflich; schwimmende kurz bis 4 cm lang gestielt, lanzettlich-spatelförmig, allmählich in den Stiel verschmälert, stumpf, wenig lederartig, oft röthlich überlaufen.

Bisher nur in England beobachtet, jedoch auch im Gebiet zu erwarten.

P. a. × *p.* A. u. G. Syn. I. 317 (1897). *P. Griffithii*[1]) Bennett Journ. of Bot. XXI (1883) 65. t. 235. Bennett Bot. Exch. Club Brit. Isles 1884. 114. Journ. of Bot. XXIII (1885) 376. Fryer a. a. O. XXVI (1888) 58. Nyman Consp. Suppl. 287.

In der Tracht dem *P. praelongus* ähnlich, aber durch die Form der Blätter sehr an *P. alpinus* erinnernd. Bennett spricht schon a. a. O. die Vermuthung aus, dass die Form vielleicht ein Bastard zwischen den beiden genannten Arten sei, die Vergleichung der Merkmale beider an den Originalexemplaren zeigt ihre intermediäre Stellung, und das Fehlschlagen des Pollens und der Früchte macht ihre Bastardnatur noch wahrscheinlicher.

2. **Laubstengel ästig. Aehrenstiele oberwärts deutlich verdickt**, dicker als der Stengel. Früchtchen rückenseits stumpf oder doch stumpflich gekielt.

α. Blätter alle in einen kurzen geflügelten Stiel verschmälert, gezähnelt-rauh, stachelspitzig, meist sämmtlich untergetaucht. Mittelstreifnetz undeutlich.

---

[1]) Nach dem Entdecker John Edward Griffith in Bangor, N.Wales * 18. Juni 1843.

Gesammtart **P. lucens.**

123. (9.) P. lucens. (Ital.: Brasca, Erba Tinca.) ♃. Grundachse dick. Laubstengel bis über 3 m lang, 3—4 mm dick. Blätter alle untergetaucht, meist gross, bis 30 cm lang und $4^1/_2$ cm breit, lanzettlich, oft am Rande wellig, die unteren oft entfernt, die oberen etwas genähert, nicht länger gestielt als die unteren, lebhaft grün, glänzend. Blatthäutchen bis 8 cm lang, meist an der Spitze abgerundet, derb, meist bleibend. Aehrenstiele bis über 25 cm lang, bis 7 mm dick. Aehren bis 6 cm lang, ziemlich dicht. Früchtchen fast kreisrund, bauchseits am Grunde etwas eingezogen, mit sehr kurzem Spitzchen, rückenseits sehr stumpf gekielt.

In Seen, Flüssen, Gräben durch das ganze Gebiet meist nicht selten; auch auf den Westfriesischen Nordsee-Inseln; bis 1050 m Meereshöhe (Schwarz-See im Südosten des Cant. Freiburg vgl. Schröter Schweiz. BG. VI. 96) beobachtet. Bl. Juni—Aug. *P. l.* L. Sp. pl. ed 1. 126 (1753). Fryer Journ. of Bot. XXV (1887) 50. Koch Syn. ed. 2. 178. Nyman Consp. 682 Suppl. 287. Richter Pl. Eur. I. 14. Rchb. Ic. VII t. XXXVI fig. 64. *P. Proteus*[1]) A. l. Cham. u. Schlechtend. Linnaea II (1827) 197.

Eine sehr vielgestaltige Art; nach der Blattform unterscheidet man 2 Formen: A. vulgáris. Blätter länglich-lanzettlich, spitz, meist länger als die Aehren. — In Flüssen und tieferen Seen die häufigste Form. — *P. l. v.* Cham. nach Aschers. Fl. Brandenb. I. 660 (1864). *P. l.* α. *lancifólius* Mert. u. Koch Deutschl. Fl. I. 819 (1823). Fieber Pot. Böhm. 24. — Als schmalblättrige Unterabarten gehören hierher: 2. *longifólius* (Cham. u. Schlechtend. Linnaea II. 198 [1827]. *P. l.* Gay Enc. bot. XII. 535 [1816]. Rchb. Ic. VII. t. XL fig. 70. *P. macrophýllus*[2]) Wolfg. in Roem. u. Schult. Mant. III. 358 [1827]. Richter Pl. Eur. I. 14). Blätter bis 40 cm lang und bis 3 (mitunter nur 1) cm breit, länger gestielt bis linealisch. — In fliessendem Wasser seltener, fehlt nach Bennett (Schweiz. Bot. Ges. VI. 96) in der Schweiz. Auffällig ist die Unterabart 3. *acuminátus* (Fries Nov. Fl. Suec. ed. 1. 46 [1816]. Rchb. a. a. O. fig. 63. *P. acuminatum* Schumacher En. pl. Saelb. I. 49 [1801]. Bennett Journ. of Bot. XIX (1891) 151. *P. cornútum* Presl Fl. Čech. 37 [1819] (nach Bennett [Schweiz. BG. VI. 95, 96] die Uebergangsform mit abgerundeter Blattspitze und daraus dornartig hervortretender Mittelrippe). *P. l.* β. *macrophýllus* Wallr. Sch. crit. I. 65 [1822]. *P. volhýnicus* Besser En. Pl. Volh. 52 [1822]. *P. caudátum* Seidl Opiz Böhm. Gew. 23 [1823]. *P. l.* var. *diversifólius* Mert. u. Koch Deutschl. Fl. I. 849 [1823]. Kosteletzky Cl. Ann. Fl. Boh. 24 [1824]. *P. l.* α. *corniculátus* Meyer Chloris Hanov. 522 [1836]. *P. cornic.* Schur En. pl. Transs. 633 [1866]). Blätter lang zugespitzt, die Ränder der Spitze eingerollt, von den unteren Blättern oft nur der starre, etwas gebogene Mittelnerv ausgebildet, die Blattfläche fehlend. In tiefen Seen oft in grosser Menge; sehr häufig ragen an blühenden Exemplaren die langen hornartigen Spitzen der Blätter in grosser Zahl fast fingerlang aus dem Wasser hervor. Die Wasseroberfläche erhält durch die zahllosen „Stacheln" ein sehr eigenthümliches Aussehen. (Vgl. S. 319.)

---

[1]) Πρωτεύς, bei Homeros ein Meergott, der sich in alle möglichen Gestalten verwandeln konnte; wegen der Vielgestaltigkeit der von Chamisso und Schlechtendal zu dieser Art vereinigten Formen.

[2]) S. S. 69 Fussnote 2.

B. **nitens**. Blätter oval oder elliptisch, stumpf, nur mit einer kurzen Stachelspitze, so lang als die Aehren. — In seichten, stehenden Gewässern. — *P. l. β. n.* Cham. Adnot. Kunth Fl. Berol. 6 (1815). *P. n.* Willd. h. nach Cham. a. a. O. (1815) nicht Weber. *P. l. α. ovalifólius* Mert u. Koch a. a. O. (1823). Fieber a. a. O. 25.

Eine m. mit verzweigter Aehre beobachtete A. Braun bei Berlin: Müggelsee bei Köpenick!

Wird vom Vieh verschmäht und nur zur Düngung der Aecker benutzt; soll dagegen der Fischzucht von grossem Nutzen sein, da sich die grösseren Fische besonders gern in den grossen *P. lucens*-Beständen aufhalten sollen. „Wo das Wasser Stacheln hat" (*P. l. acuminatus* mit den aus dem Wasser hervorragenden Spitzen) giebts viele Fische (Pommern! Westpreussen! vgl. auch Berchtold in Fieber a. a. O. 48).

(Im grössten Theile Europas [fehlt nur im nördlichen Skandinavien und Russland sowie in dem südlichsten Theile der drei südlichen Halbinseln, findet sich aber in Nord-Africa]; West- und Nord-Asien; Himalaja; Nord-America.)   *

?116. × 123. *P. natans* × *lucens* s. S. 308.
120. × 123. *P. alpinus* × *lucens* s. S. 328.
121. × 123. *P. perfoliatus* × *lucens* s. S. 329.
122. × 123. *P. praelongus* × *lucens* s. S. 331.
123. × 125. *P. lucens* × *gramineus* s. S. 320, 327.

124. (10.) **P. Zizii**[1]). ♃. Unterscheidet sich von der Leitart durch folgendes: In allen Theilen kleiner und zarter. Grundachse 3—4 mm dick. Laubstengel meist kaum 1 m Länge erreichend, meist 2 mm dick. Obere Blätter meist länger gestielt als die unteren meist breiten, öfter schwimmend, bis 10 (selten bis 14) cm lang und bis 2 (die schwimmenden bis 3) cm breit, die untergetauchten öfter bis halbkreisförmig zurückgebogen. Blatthäutchen bis 5 cm lang, meist allmählich scharf zugespitzt. Aebrenstiele bis 35 cm lang (meist erheblich kürzer, 5 bis 7 cm) bis 4 mm dick. Aehren meist 3—4 cm lang, dicht, selten bis 7 cm lang (dann ziemlich locker). Früchtchen etwa 2 mm lang, fast halbkreisförmig, mit oft fast gerader Bauchkante und kurzem Spitzchen.

An ähnlichen Orten wie vor., in der Regel mit ihr und öfter mit *P. gramineus*, vermuthlich mehrfach mit einer von beiden verwechselt; bisher beobachtet (oder doch angegeben): In den Niederlanden. Im Dümmer-See an der Südgrenze des Grossh. Oldenburg!! Stixe unweit Neuhaus a. Elbe (Prov. Hannover) (Meyer Chlor. Hanov. 521). Schleswig-Holstein. Prov. Brandenburg! West-!! und Ostpreussen. Polen (Zalewski Kosmos XXI 325). Schlesien!! Ober-Rhein-Fläche! Mittelfranken: Dinkelsbühl (Prantl Exc.fl. Bayern 67). Böhmen: Pardubitz Čelakovský Böhm. G. Wiss. 1887. 636). Haute-Savoie: im kleinen

---

[1]) Nach Johann Baptist Ziz, Lehrer in Mainz, * 1779 † 1829, hochverdient um die Flora des mittleren Rheingebiets, über dessen Flora er 1814 mit W. D. J. Koch den Catalogus plantarum quas in ditione Florae Palatinatus legerunt veröffentlichte.

See Habère-Poche (Puget nach Magnin SB. France XLIII. 439); Schweiz; in einigen Jura-Seen (Magnin a. a. O.); Yverdon; bei Maschwanden (Canton Zürich); Schaffhausen (Gremli Exc.fl. 5. Aufl. 391); Rhein und Untersee bei Constanz (O. Nägeli nach Jäggi Schweiz. BG. III. 125). Ungarn: Sümpfe der unteren Drau und Theiss (Simonkai br.). Montenegro: Riblje Jezero unter dem Mali Durmitor (Pantocsek NV. Pressburg N. F. II. 28). Bl. Juni—Aug.

P. Z. Mert. u. Koch Deutschl. Fl. I. 845 (1823) erw. Cham. u. Schlechtend. Linnaea II. (1827) 202. Nyman Consp. 682 Suppl. 287. Trimen J. of Bot. XVII (1879) 289 t. 204. Brotherston J. of Bot. XVIII (1880) 380. Fryer J. of Bot. XXV (1887) 113. Bennett J. of Bot. XXVII (1889) 263. Rchb. Ic. VII t. XXXVII—XXXIX fig. 65—68. *P. lucens β. fol. angustioribus* Pohl Fl. Böhm. 157 (1810). *P. angustifólius* J. Sv. Presl Rostlinář I. 19 (1821) erw. Bennett J. of Bot. XXVII (1889) 263. *P. heterophyllus*[1]) *β. fluviátilis* Schlecht. Fl. Berol. 116 (1823). *P. Proteus*[2]) *Z.* Cham. u. Schlecht. Linnaea II. (1827) 201. *P. lucens β. heterophyllus* Fries Nov. Fl. Suec. ed. 2. 34 (1828). *P. gramineus a. platyphyllus*[3]) Meyer Chloris Hanov. 520 (1836) nicht Rchb. *P. gramineus γ. Z.* Koch. Syn. ed. 2. 778 (1844). Richter Pl. Eur. I. 13. *P. lucens* b. *Z.* Aschers. Fl. Brandenb. I. 660 (1864). Nyman Consp. 682 Suppl. 287. Almquist in Hartm. Handb. Skand. Fl. 12. Uppl. I. 47 (1889). *P. heterophyllus* × *lucens* Bennett Journ. of Bot. XXX (1892) 114.

Zerfällt in folgende Formen:
A. **elongátus.** Stengelglieder gestreckt, bis 2 dm lang. Blätter lanzettlich bis länglich-lanzettlich, die oberen ziemlich (bis 2,5 cm) lang gestielt, kürzer (oft nur ¹/₄ so lang) als die Aehren. — In fliessenden und tiefen, stehenden Gewässern; die verbreitetste Form. — *P. Z. β. e.* Rchb. Ic. VII. 24. t. XXXIX fig. 68 (1845). *P. heterophyllus γ. e.* Mert. u. Koch Deutschl. Fl. 845 (1823). *P. angustifolius* Bercht. u. Presl a. a. O. *P. lanceolátus* Wolfg. bei Rchb. a. a. O. (1845) nicht Smith. Hierher die Unterabart II *splendidíssimus* (F. Schultz Herb. norm. nov. ser. Cent. 27 2693 [1890] nicht Tiselius Pot. Scand. exs. 4. s. (eine ebenfalls zu A. gehörige Form mit sehr verlängerten (bis 2 dm langen) Stengelgliedern und bis 35 cm langen Aehrenstielen). Blätter etwa 1 cm breit, schmal-lanzettlich bis fast linealisch. — Im Gebiet noch nicht beobachtet.
B. **válidus.** Stengelglieder kürzer, meist nicht über 1,5 cm lang Blätter länglich bis oval elliptisch, die unteren sehr kurz gestielt, oft fast sitzend; die oberen kaum über 1 cm lang gestielt, länger oder kürzer als die Aehren, häufig schwimmend (*P. lucens heterophyllus* Fr. Nov. Fl. Suec. 34 [1828]). — Meist in seichteren, stehenden Gewässern, seltner. — *P. Z. a. v.* Fieber Pot. Böhm. 26 (1838). Rchb. Ic. VII. t. XXXVIII fig. 66, 67. *P. heterophyllus δ. latifolius* Mert. u. Koch Deutschl. Fl. I. 845 (1823). Hierher II. **coriáceus.** Laubstengel bis 1 m lang. Schwimmende Blätter zahlreich, etwas lederartig, 5—8 cm lang und 3—5 cm breit, eiförmig bis breit-eiförmig. Früchte etwas schärfer gekielt. — In stehenden Gewässern und an vom Wasser verlassenen schlammigen Orten, selten. — *P. Z. c. A. u. G.* Syn. I. 320 (1897) vgl. Cham. u. Schlechtend.

---

1) S. S. 68 Fussnote 2.
2) S. S. 318.
3) Von πλατύς breit und φυλλον Blatt.

a. a. O. 201 (1827). *P. lucens* var. *lacustre* Thore Chloris des Landes 46 (1803 od. 1798?)? *P. l.* var. *c.* Nolte bei Mert. u. Koch Deutschl. Fl. I. 850 (1823). Rchb. Ic. VII. t. XXXVII fig. 65. *P. l. γ. amphibius*[1]) Fr. Nov. Fl. Suec. ed. 2. 34 (1828). *P. gramineus* a. *platyphyllus*[2]) Meyer a. a. O. *P. Z. v.* a. Fieber a. a. O. (1838). *P. c.* Bennett u. Fryer Journ. of Bot. XXIV (1886) 223. Fryer a. a. O. XXVII (1889) 8.

Bildet an vom Wasser verlassenen Orten Landformen (Cham. u. Schlechtend. a. a. O. 201. Fryer a. a. O. XXV [1887] 309).

In Süd-Ungarn wird die knollige Grundachse von Menschen und Thieren gegessen (Simonkai br.).

(Frankreich; Britische Inseln; Dänemark; südliches Skandinavien; westliches Russland; Turkestan; Himalaja; China [Bennett a. a. O. XXXIII (1895) 372]; Nord-America; Australien.) *****

116. × 124. *P. natans* × *Zizii* s. S. 332.
119. × 124. *P. coloratus* × *Zizii* s. S. 335.
124. × 125. *P. Zizii* × *gramineus* s. S. 327.

β. Untergetauchte Blätter mit Ausnahme der obersten sitzend, nicht stachelspitzig, mit deutlichem Mittelstreifnetz, am Rande etwas rauh, Aehren mässig lang.

Gesammtart **P. gramineus.**

125. (11.) **P. gramineus.** ♃. Grundachse dünn, kaum 2 mm dick, weiss, stark gabelig verzweigt, an den Spitzen oft knollig angeschwollen. Laubstengel ästig, bis 12 dm lang, meist nicht über 1 (an Landformen bis 2) mm dick. Untergetauchte Blätter lineal-lanzettlich bis lanzettlich (meist 4 bis 6) bis fast 10 cm lang und bis 8 mm breit, spitz, am Grunde (oft fast stielartig) verschmälert, selten halbstengelumfassend, trocken schwach glänzend, schwimmende lederartig, bis 7 cm lang und bis fast 3 cm breit, bis 8 cm lang gestielt. Blatthäutchen (wenigstens an den untergetauchten Blättern) linealisch oder fast linealisch, oft fast fadenförmig erscheinend. Aehrenstiele durch Verkürzung der oberen Stengelglieder oft genähert, 2 bis 7 cm lang, 2 bis 3 mm dick. Aehren meist nicht über 3 cm lang, mässig dicht. Früchtchen wenig über 1 mm lang, eiförmig, mit kurzer dicker Spitze, rückenseits sehr stumpf gekielt.

In stehenden, seltener fliessenden Gewässern, Flüssen, Gräben, Torflöchern, im nördlichen Gebiete meist verbreitet (auch auf den Nordsee-Inseln); viel seltener im mittel- und süddeutschen Berglande (für Mähren zweifelhaft) und besonders im Alpen- und Karpatengebiet (die Angabe in Steiermark ist unrichtig. Preissmann br.); bis über 1000 m ansteigend (Schröter Schweiz. BG. VI. 95). Fehlt im eigentlichen Mittelmeergebiet; in der Ungarischen Ebene nur in der Nähe der Donau und Theiss (Kerner ÖBZ. XXVII. 132) sowie im Szabolcser Comitat und bei Arad (Simonkai br.). Bl. Juni—Aug.

---

[1]) S. S. 169.
[2]) S. S. 320 Fussnote 3.

P. g. L. Sp. pl. ed. 1. 127 (1753) veränd. Fl. Dan. t. 222. Koch Syn. ed. 2. 777. Richter Pl. Eur. I. 13 z. T. (excl. *P. Zizii*) Aschers. Fl. Brandenb. I. 660 (1864). Nyman Consp. 682 Suppl. 287. *P. heterophyllum*[1]) Schreb. Spicil. Fl. Lips 21 (1771) erw. Mert. u. K. Deutschl. Fl. I. 843 (1823). Fryer Journ. of Bot. XXV. (1887) 163. Rchb. Ic. VII t. XLI—XLIII fig. 71—78. *P. Proteus*[2]) h. Cham. u. Schlecht. Linnaea II (1827) 202. *P. g.* var. b. c. d. Meyer Chloris Hanov. 520 (1836). *P. Kochii*[3]) O. F. Lang Flora XXVIII (1846) 471 nicht F. Schultz.

P. gramineus ist in der Blattform und Tracht je nach dem Standort äusserst veränderlich, so dass es oft schwer erscheint, die Zusammengehörigkeit der Formen zu erkennen; es ist gerade wegen seiner Vielgestaltigkeit die Abgrenzung von den verwandten Arten lange streitig gewesen und auch heute noch nicht völlig sicher gestellt. Koch behauptet (a. a. O. 778) Uebergänge zu *P. Zizii* beobachtet zu haben und zieht deshalb diese Art als var. zu *P. gramineus*, während sie von andern (wie Nolte, Fries und zuletzt Ascherson Fl. Brandenb. 661) mit *P. lucens* vereint wird, der sie auch entschieden weit näher steht (vgl. G. F. W. Meyer Fl. Hanov. exc. 533). Chamisso und Schlechtendal fassen a. a. O. unter *P. Proteus* alle drei genannten Arten und *P. nitens* als eine Art zusammen, ob mit Recht, muss dahingestellt bleiben. Jedenfalls besitzen die vier Arten einen so hohen Grad systematischer Selbständigkeit, dass wir keinen Anstand nehmen, sie gesondert aufzuführen. Wir können uns nicht entschliessen, den seit mehr als einem halben Jahrhundert allgemein gebräuchlich gewordenen Namen *P. gramineus* zu Gunsten des allerdings völlig unzweifelhaften *P. heterophyllus* zurückzustellen. Wenn auch Linné nachweislich andere Arten mit unserer Pfl. verwechselt hat, wie *P. nitens* (vgl. Meyer Fl. Han. exc. 534) und *P. obtusifolius* (welcher sich unter diesem Namen im Linné'schen Herbar befindet), so ist doch nach Fries (Summa Veg. I. 214) nicht zu bezweifeln, dass er unsere Art ursprünglich und vorzugsweise unter dem Namen *P. gramineus* verstanden hat. Wollte man in allen kritischen Gattungen ähnlich verfahren, so würden fast alle Linné'schen Artnamen verschwinden müssen. Die Hauptformen gliedern sich in folgender Weise:

A. **graminifólius.** Blätter sämmtlich untergetaucht, lineal-lanzettlich, meist schlaff, die obersten kurz gestielt, am Grunde der Aehrenstiele ohne oder mit sehr kleiner Spreite (*P. paucifolius* Opiz Böh. Gew. [1823, blosser Name; Naturalien Tausch 223 (1825)] nach Kosteletzky Ann. Fl. Boh. Phan. 1824. 245. Fieber Pot. Böhm. 29), oft kürzer als das Blatthäutchen. — Meist in tieferen und fliessenden Gewässern, seltener als B. — *P. g. α. g.* Fr. Nov. Fl. Succ. ed. 2. 36 (1828). Fryer Journ. of Bot. XXX (1892) 33 t. 317, 318. *P. gramineum* L. a. a. O. (1753) nach Fr.

---

[1]) S. S. 68 Fussnote 2.
[2]) S. S. 318 Fussnote 1.
[3]) Nach Wilhelm Daniel Joseph Koch, Professor der Botanik in Erlangen, * 1771 † 1849. Seine auch ausserhalb des Gebiets als massgebend betrachteten Florenwerke: Deutschlands Flora (von Mertens und Koch; indess war ersterer nur an der Bearbeitung des ersten Bandes betheiligt) 5 Bände Frankfurt a. M. 1823—39. Synopsis Florae Germanicae et Helveticae ed. 1. Francof. 1837. ed. 2. Francof. (Lips.) 1843—45 (deutsch bez. 1838 u. 1846—47) bilden noch heute die Grundlage der Kenntniss der Mitteleuropäischen Flora. Ueber die Flora seiner Heimat, der Pfalz, in der er mehr als ein halbes Jahrhundert wohnhaft war, veröffentlichte er mit Ziz das S. 319 Fussnote 1 erwähnte Verzeichniss.

a. a. O. *P. heteroph. β. paucifolius* Mert. u. Koch Deutschl. Fl. I. 844 (1823). *P. g.* b. *stenophyllus*[1]) Meyer Chloris Hanov. 520 (1836). *P. heteroph. α. gramineus* Rchb. Ic. VIII t. XLI fig. 71 (1845). *P. gramineus verus* P. M. E. Fl. Preuss. 105 (1848).

Zerfällt in folgende Abarten:
I. Blätter 4 mm bis über 1 cm breit.
  a. fluviátilis. Blätter gross, bis fast 10 cm lang, flach, meist abstehend, allmählich in die Spitze verschmälert, oft unter der Mitte am breitesten, etwas seitlich gebogen. — In tiefen, klaren Gewässern und fliessenden Heidegräben, selten. Lausitz: Luckau!! — *P. g. α. f.* Fries a. a. O. 37 (1828). *P. lanceolátus* Hartm. Handb. Skand. Fl. ed. 1. 79 (1820) nicht Sm.
  b. lacústris. Blätter meist nicht über 5 cm lang, oft zusammengefaltet, etwas plötzlich in die kurze Spitze verschmälert, stets in oder über der Mitte am breitesten. — In tieferen und langsam fliessenden Gewässern zerstreut. — *P. g. α.* b. *l.* Fries a. a. O. (1828). *P. distáchyum*[2]) Bellardi Mém. Ac. Turin X, XI (1802—3) 447. (Herb. Willd. 3202!).
    Hierher auch der bisher noch nicht im Gebiet beobachtete *P. g. máximus* (Morong nach Bennett Journ. of Bot. XIX [1881] 241). Laubstengel unverzweigt. Blätter über 1 dm lang und über 1 cm breit.
II. Blätter nicht über 2 mm breit. Pflanze klein, kaum 15 cm lang, dicht verzweigt.
    myriophýllus[3]). Stengel fadenförmig. Blätter gedrängt, nicht über 2 cm lang, meist zusammengefaltet, oft rückwärts gekrümmt. — An Teich- und Seerändern, in Sümpfen, selten, bisher nicht ganz typisch: Canton Waat: Teich bei Amex unweit Orbe (Moehrlen nach Bennet bei Schröter Schw. BG. VI. 95). Sonst in Nord-Amerika. — *P. g.* A. II. m. A. u. G. Syn. I. 323 (1897). *P. heteroph.* forma *m.* (Robbins) Morong Naiadaceae N.Am. 24 (1893). — Diese Form ist vielleicht nur ein Jugendzustand von B. I.
    Hierher auch die im Gebiete noch nicht beobachtete Abart: *nigréscens* (Almquist in Hartm. Handb. Skand. Fl. 12. Uppl. 1. 48 [1889]. *P. n.* Fries Mant. III. 17 [1842]? (Nach Bennett [Bull. herb. Boiss. III. 258] hat Fries ursprünglich unter diesen Namen eine Form von *P. alpinus*, später erst die hier beschriebene Pflanze verstanden.) Richter Pl. Eur. I. 13. *P. rufescens* * *n.* Nyman Consp. 681 [1881]). Blätter denen von *P. alpinus* in der Gestalt ähnlich, aber stumpfer, mehr häutig. Aehrenstiele kaum verdickt. — Skandinavien.
    Vgl. *P. g.* B. II. a. 2. b. *riparius* S. 324.

B. heterophýllus[4]). Untergetauchte Blätter meist lanzettlich, etwas steif, zurückgekrümmt; obere lanzettlich bis oval-elliptisch, oft mit einem Spitzchen, meist langgestielt, in der Regel schwimmend, lederartig. — In seichteren Gewässern, häufiger. — *P. g. β. h.* Fries Nov. Fl. Suec. 37 (1828). *P. h. α. foliósus* Mert. u. Koch Deutschl. Fl. I. 844 (1823). *P. Proteus h.* Cham. u. Schlechtend. Linnaea II. 202 (1827). *P. g.* c. *h.* Meyer Chloris Hanov. 520 (1836). *P. h.* Rchb. Ic. VII. t. XLI fig. 72, XLII fig. 73—75.

---
[1]) S. S. 274 Fussnote 3.
[2]) Von δι- zwei- und στάχυς Aehre, die von Bellardi gesammelten Exemplare besitzen 2 Aehren!
[3]) Von μυρίος sehr viel, unendlich viel und φύλλον Blatt.
[4]) S. S. 68.

Zerfällt in folgende Formen:
I. Blühende und nichtblühende Sprosse in den untergetauchten Theilen deutlich verschieden gestaltet.

fluviátilis. Nichtblühende Sprosse untergetaucht, kurz, meist nicht über 6 cm lang, sehr dicht verzweigt, von Blatt zu Blatt knickig gebogen. Stengelglieder 3 bis 12 mm lang. Blätter sitzend, halbstengelumfassend, bis 2,5 cm lang, meist zusammengefaltet und sichelförmig zurückgekrümmt. Blühende Sprosse (aus einem der nichtblühenden, meist dem Hauptspross plötzlich hervorgehend) einzeln, sehr verlängert, unverzweigt, gerade, mit bis 9 cm langen Stengelgliedern und wenigen gestielten, lanzettlichen, zur Blüthezeit meist bereits abgestorbenen, untergetauchten und 4—6 (oder mehr) fast rosettenartig genäherten, langgestielten, länglich-eiförmigen, lederartigen, schwimmenden Blättern. Aehrenstiele nach der Blüthe hakig zurückgebogen. — Scheint sehr selten. Pommern: Heringsdorf: im Kleinen Krebssee (A. Braun!). Baden: Leopoldshafen (A. Braun!). — *P. g. β. c. f.* Fries a. a. O. 37 (1828). *P. Proteus heterophyllus* var. A. Cham. u. Schlechtend. a. a. O. 203 (1827). — Hierher die Unterabart b. *pseudonítens* (Bennett Journ. of Bot. XIX [1881] 344). Nichtblühende Sprosse kräftiger, ihre Blätter grösser. Obere gestielte Blätter nicht lederartig, durchscheinend. — Bisher nur in England, im Gebiet noch nicht beobachtet. Hierher nach Chamisso und Schlechtendal (a. a. O.) *P. augustánum* [1]) Balb. Misc. bot. 14 t. 3 (1804).

II. Blühende und nichtblühende Sprosse gleichgestaltet.
  a. Untergetauchte häutig-durchscheinende Blätter vorhanden. Wasserformen.
    1. Schwimmende Blätter am Grunde abgerundet oder keilförmig.
      α. stagnális. Schwimmende Blätter länglich eiförmig, meist ziemlich lang gestielt, lederartig, wenigstens die unteren von ihnen deutlich durch kurze Stengelglieder getrennt. — Die häufigste Form. — *P. g. β. s.* Fries a. a. O. 37 (1828).
      b. platyphýllus [2]). Schwimmende Blätter breit-oval-elliptisch, ziemlich kurz gestielt, weniger lederartig, zahlreich, genähert. — Selten. — *P. g. a. p.* Rchb. Ic. VII. 24 (Beschr. ohne Namen) t. XLIII fig. 76—78 nicht Meyer.
    2. Schwimmende Blätter am Grunde schwach herzförmig.
      hýbridus. — Selten. — *P. g. b. 3. h.* Aschers. Fl. Brandenb. I. 661 (1864). *P. h.* Petagna Inst. bot. II. 289 (1887) nicht Thuill. noch Michaux. Hierher die Unterabart: *b. ripárius* (Fries a. a. O. 38 [1828]). Stengel sehr kurz. Untergetauchte Blätter starr, zurückgebogen, schwimmende mitunter fehlend, sitzend oder kurz gestielt. Bildet den Uebergang zur folgenden. — In sehr seichtem Wasser.
  b. Untergetauchte häutig durchscheinende Blätter fehlend. Landformen.
    terréster. Blätter sämmtlich gestielt, lederartig, breiter oder schmäler elliptisch. *P. g. d. terrestris* Fries a. a. O. 38 (1828). Meyer Chloris Hanov. 521 (1836). *P. het. δ. terr.* Schlecht. Fl. Berol. I. 116 (1823) vgl. Fryer Journ. of Bot. XXV (1887) 308. *P. oblongus* Schneider BV. Brandenb. XIV (1872) X. nicht Viv.

Bennett beobachtete in England eine Form, welche aus den Achseln der oberen fluthenden Blätter Stolonen erzeugte (Journ. of Bot. XVIII [1880] 380).

(Nord- und Mittel-Europa verbreitet; Spanien und Italien selten; Serbien; Moldau? Nord-America.)   *

116. × 125. *P. natans × gramineus* s. S. 333.
117. × 125. *P. polygonifolius × gramineus* s. S. 334.
119. × 125. *P. alpinus × gramineus* s. S. 328.

---
[1]) Von Augusta Taurinorum, dem classischen Namen von Turin.
[2]) S. S. 320 Fussnote 3.

? 121. × 125. *P. perfoliatus* × *gramineus* s. unten.
122. × 125. *P. praelongus* × *gramineus* s. S. 330.
123. × 125. *P. lucens* × *gramineus* s. S. 327.
124. × 125. *P. Zizii* × *gramineus* s. S. 327.
125. × 126. *P. gramineus* × *nitens* s. S. 326.
125. × 131. *P. gramineus* × *mucronatus* s. S. 348.
125. × 132. *P. gramineus* × *pusillus* s. S. 348.

126. (12.) **P. nitens.** ♃. Unterscheidet sich von der Leitart durch folgendes: Meist in allen Theilen grösser. Laubstengel oft etwas dicker. Untergetauchte Blätter länglich-lanzettlich bis lanzettlich, bis 13 mm breit, spitz oder stumpf, mit abgerundetem Grunde halbstengelumfassend (vgl. A. II. b.), trocken ziemlich stark glänzend. Obere Blätter nur selten schwimmend, oft mit sehr kleiner Spreite, gestielt. Blatthäutchen bis 1,5 cm lang, aus breiter Basis verschmälert, etwas derb, stets dreieckig erscheinend, öfter fast krautig, noch an den älteren Trieben erhalten. Früchtchen aussen etwas schärfer gekielt (nach Fryer [und Beeby] Journ. of Bot. XXVII [1889] 65 fehlschlagend).

Seen und langsam fliessende Flüsse und Bäche, fast nur im norddeutschen Flachlande; hier (ausser einigen weit vorgeschobenen Posten) die Südgrenze erreichend. In der an Seen reichen „Moränenlandschaft" östlich von der Elbe zerstreut, südlich bis Wittenberg, Lieberose, Lagow, Schlawa (in NW.-Schlesien); aus der Provinz Posen noch nicht bekannt, aus Polen bisher nur in der Nähe der Grenze Westpreussens bei Dobrzyn (Zalewski Kosmos XXI 325); weit seltener in der Provinz Hannover; aus den Niederlanden und Belgien nicht bekannt. Ausserdem nur noch im Königreich Sachsen: in Egelsee bei Pirna früher und bei Gutta unweit Bautzen (Wünsche Exc.fl. 7. Aufl. 40 und [zwei Seen des Französischen Jura! sowie] im Lac de Joux! und Lac Brenet (1008 m) des Schweizer Jura (Magnin SB. France XLI, CXI und XLIII. 442 und in Aabach bei Hallwyl [Canton Aargau] Zschokke nach Bennett bei Schröter Schw. BG. VI. 93). Bl. Juni, Juli.

P. n. Weber Fl. Hols. Suppl. n. 11 (1787). Koch Syn. ed. 2. 778. Nyman Consp. 682 Suppl. 287. Richter Pl. Eur. I. 13. Rchb. Ic VII. t. XXXIV fig. 60—62. *P. Proteus curvifolius* Cham. und Schlechtend. Linnaea II (1827) 205. *P. gramineus* Meyer Chloris Hanov. 520 (1836) z. T. mit Ausschluss der Spielarten. *P. (graminea × perfoliata)* α. Almquist in Hartm. Handb. Skand. Fl. 12. Uppl. 49 (1889) (vgl. Fryer a. a. O. Magnin Bull. Herb. Boiss. V. 411 [1897]).

Aendert analog der vor. ab:
A. Schwimmende Blätter fehlend, vereinzelt oder unvollkommen ausgebildet.
I. salicifólius. Blätter bis 7 cm lang, schlaff. — In fliessenden und tieferen Gewässern, seltener. — *P. n. α. s.* Fries Nov. Fl. Suec. ed. 2. 34 (1828). Koch Syn. ed. 2. 778. *P. Proteus curvif. s.* Cham. u. Schlechtend. a. a. O. 206 (1827). *P. gramineum* L. Sp. pl. ed 1. 127 (1753) z. T.

Wahlenb. Fl. Suec. I. 104 (1824) z. T. Rchb. Ic. VII t. XXXIV fig. 60. — Hierher gehört auch die bisher nur in Skandinavien beobachtete Unterabart b. *obovatifólius* (Tiselius nach Fryer Journ. of Bot. XXIX [1891] 289) mit breiteren, meist etwas gekräuselten Blättern. Aehnelt in der Tracht dem *P. (perfoliatus × crispus* A.) *Cooperi.*

II. lacústris. Blätter kürzer, steifer, oft zurückgekrümmt. — An seichteren Stellen der Seen, die verbreitetste Form. — *P. n.* b. *l.* Aschers. Fl. Brandenb. I. 661 (1864). *P. heterophyllus*[1]) *l.* Cham. Adnot, 5 (1815). *P. n. h.* Fries Nov. ed. 2. 35 (1228). Koch Syn. ed. 2. 778. *P. curvifólius* Hartm. Handb. Scand. Fl. ed. 2. 45 (1832). Richter Pl. Eur. I. 13. Rchb. a. a. O. fig. 62. — Zerfällt nach Fieber (Pot. Böhm. 30) in die beiden Unterarten: a. *latifólius* (Fieber a. a. O. [1838]. *P. n. γ.* a. *litorális* Fr. Nov. Fl. Suec. ed. 2. 35 [1828]). Untergetauchte Blätter eiförmig-lanzettlich, am Grunde fast herzförmig. — b. *angustifólius* (Fieber a. a. O. [1838]). Untergetauchte Blätter länglich-lanzettlich, am Grunde verschmälert, abgerundet. — Hierher gehört auch 2. *terréster* (*P. n. γ.* b. *terrestris* Fries a. a. O. [1828]). Stengel sehr kurz. Untergetauchte Blätter fehlend, alle Blätter weich-lederartig. — Auf Schlammgrund.

B. Schwimmende Blätter zahlreich. Hierher:

involútus. Untergetauchte Blätter eingerollt; schwimmende länglich-eiförmig, lederartig (denen von *P. Zizii* ähnlich). — Bisher nur in England aber wohl auch im Gebiet. — *P. n.* var. *i.* Fryer Journ. of Bot. XXXIV (1896) 1. pl. 353. 354. — In der Tracht *P. Zizii* nicht unähnlich.

(Frankreich; Britische Inseln; Island; Dänemark; Skandinavien; nördl. u. mittleres Russland, südl. bis Littauen.) *****

121. × 126. *P. perfoliatus* × *nitens* s. S. 330.

Bastarde.

A. I. a. 1. b. 2. β.

125. × 126. (13.) **P. gramíneus × nitens.** ♃. In der Tracht *P. gramineus* ähnlich, meist ziemlich kräftig. Untere Blätter theils am Grunde fast stielartig verschmälert, theils mit verschmälertem Grunde halbstengelumfassend, trocken schwach glänzend; obere meist vereinzelt schwimmend, lanzettlich, in einen kurzen Stiel verschmälert. Blatthäutchen linealisch oder am Grunde verbreitert, derb. Früchtchen häufig fehlschlagend, aussen stumpf gekielt.

Im Gebiet bisher nur in Holstein: Kiel (Th. Bernhardi!).

P. g. × *n.* A. u. G. Syn. I. 326 (1897). *P. (graminea × perfoliáta) α. × graminea* (*P. innomináta* Tiselius herb.) Almquist in Hartm. Skand. Fl. 12. Uppl. 49 (1889).

Im Gebiet bisher nur die früher schon in England beobachtete Abart B. falcátus. Untergetauchte Blätter flach, meist mit schiefer Mittelrippe, daher schwach sichelartig gebogen. Blatthäutchen krautig, länger erhalten bleibend. Schwimmende Blätter vereinzelt, dünn-lederartig. Früchtchen scharf gekielt. — Die Landform mit sehr kurz gestielten breit rhombisch-eiförmigen (denen von *P. coloratus* nicht unähnlichen) Blättern. — *P. g.* × *n.* B. *f.* A. u. G. Syn. I. 326 (1897) vgl. Beeby Journ. of Bot. XXVII (1889) 66. *P. f.* Fryer a. a. O. 65 t. 286 (1889) XXVIII (1890) 210.

(England; Skandinavien.) ***|**

---

[1]) S. S. 68 Fussnote 2.

A. I. a. 1. b. 2.

123. × 125. (14.) **P. lucens** × **gramineus**. ♃. Laubstengel ziemlich dünn bis fast 2 mm dick, mässig seitlich- (nicht gabelig-) verzweigt. Blätter sämmtlich untergetaucht, sitzend oder in einen sehr kurzen Stiel verschmälert, meist ziemlich starr abstehend, schmal lanzettlich bis 15 cm lang, wenig über 2 cm breit, am Grunde verschmälert, spitz, oberseits glänzend. Mittelstreifnetz undeutlich. Aehrenstiele nicht oder etwas verdickt. Aehren bis 4 cm lang, ziemlich locker. Pollen (!) und Früchtchen (?) fehlschlagend. Bisher nur in Ostpreussen: in der Memel bei Tilsit (Heidenreich!).
P. l. × g. (P. Heidenreichii[1]) A. u. G. Syn. I. 327 (1897).

In der Tracht und Blattform P. gramineus ähnlich, aber durch die erheblich grösseren, z. T. in einen deutlichen Stiel verschmälerten Blätter und den oberwärts oft deutlich etwas verdickten Aehrenstiel sehr ausgezeichnet.

(In der Narowa in Esthland [Gruner!]). |*|

A. I. a. 1. b. 2.

124. × 125. (15.) **P. Zizii** × **gramineus**. ♃. Grundachse mit knollig verdickten Endgliedern. Laubstengel einfach oder verzweigt. Untergetauchte Blätter sitzend oder einige ganz kurz gestielt, die unteren sehr schmal linealisch, die oberen lanzettlich, beiderseits verschmälert, oder etwas spatelförmig, stumpf oder einige spitzlich, flach oder selten zusammengefaltet und zurückgebogen, trocken meist etwas glänzend, schwimmende meist am Ende der nichtblühenden Triebe gegenständig, bis 15 cm lang gestielt, eiförmig oder länglich, oft etwas spatelig, dünn-lederartig, selten häutig. Blatthäutchen ziemlich derb, die unteren sehr schmal, die oberen breit. Aehrenstiele bis 12 cm lang, schlank oder etwas verdickt, meist einem häutigen (nicht lederartigem) Blatte gegenüber entspringend. Früchtchen oft fehlschlagend, klein, etwa $1^{1}/_{2}$ mm lang, rückenseits scharf gekielt mit seitlichen Längsrippen neben dem Kiel.

Bisher nur: Schlesien: Lublinitz, Požmik-Teich bei Kokottek!! Rheinprovinz: Eifel: Schalkenmehrener Maar bei Daun (Ph. Wirtgen im Herb. A. Braun!).

P. Z. × heterophyllus Bennett Journ. of Bot. XXX (1892) 117.
P. varians Morong bei Fryer Journ. of Bot. XXV (1887) 308. XXVII (1889) 33. t. 287.

Sehr eigenthümlich ist die Landform dieser Pflanze; sie vegetirt selbst an ziemlich trocknen der Sonne voll ausgesetzten Orten und erzeugt hier kleine, etwa 3 cm lange, breit-eiförmige, fast sitzende, nicht sehr lederartige (denen von P. coloratus nicht unähnliche) Blätter (vgl. Fryer a. a. O.).

(England; Schweden; Nord-America.) |*|

---

[1]) Nach Dr. Ferdinand Albert Heidenreich, Arzt in Tilsit, * 1819, um die Erforschung des Ostpreussischen Memelgebiets hochverdient, besonders auch um die Kenntniss der dortigen Calamagrostis- und Salix-Formen.

A. I. a. 1. b.

120. × 124. (16). P. alpinus × lucens. ♃. Laubstengel nicht oder wenig ästig, ziemlich (bis fast 2 mm) dick, mit meist 3 bis 6 (bis 10) cm langen Stengelgliedern. Blätter alle untergetaucht, selten die obersten vereinzelt schwimmend, meist bis 13 (bis fast 20) cm lang und 1 bis 2 cm breit, seltner breiter (bis $3^1/_2$ cm), meist schmallanzettlich bis fast linealisch, seltner lanzettlich (denen von *P. lucens* ähnlich), selten (die oberen) schwach spatelförmig, am Rande schwach wellig, mit verschmälertem Grunde sitzend, oberseits glänzend, beim Trocknen (besonders die oberen) roth werdend. Mittelstreifnetz deutlich oder undeutlich. Blatthäutchen derb, bis $3^1/_2$ cm lang, an der Spitze abgerundet. Aehrenstiele kaum (selten deutlicher) verdickt, meist nicht über 4 (bis 11) cm lang. Aehren ziemlich kurz (bis 2 cm lang). Früchtchen fehlschlagend?

Prov. Brandenburg: bei Berlin (Link!) Schlesien: Breslau: In der Weide bei Bischwitz (Günther!). Ob die von A. Braun im Kleinen Krebssee bei Heringsdorf! gesammelten nicht blühenden Exemplare, die den Gorski'schen sehr ähnlich sind, hierher gehören, wagen wir nicht zu entscheiden.

P. a. × *l.* A. u. G. Syn. I. 328 (1897). *P. Lithuánicus*[1]) Gorski in Rchb. Ic. VII. 19. t. XXXI fig. 55 (1845). *P. salicifólius* Wolfg. in Roem. u. Schult. Mant. III. 355 (1827) z. T.? *P. lanceolátus* Rchb. Ic. a. a. O. (1845) nicht Sm.

Gorski bezeichnet die von ihm gesammelten Pflanzen, die eine sehr charakteristische schmalblättrige Form dieses Bastardes darstellen, als „Inter lucentem et praelongum medius". Dass *P. lucens* zu den Eltern gehört, scheint auf den ersten Blick unzweifelhaft aus der Gestalt der glänzenden Blätter. Für die Einwirkung des *P. praelongus* (s. S. 315) spricht aber kein Merkmal, sondern sicher hat *P. alpinus*, wie schon aus der Gestalt der langen, etwas starren, nur am Rande schwach- und kleinwelligen, mit fast parallelen Rändern (wie sie besonders für *P. alpinus C. obscurus* charakteristisch sind) versehenen unteren und der charakteristischen röthlichen Färbung der erheblich breiteren oberen Blätter hervorgeht, bei der Entstehung dieser Form mitgewirkt. Wir zweifeln deshalb nicht, dass wir es mit dieser Combination zu thun haben. — Die Exemplare aus Schlesien und der Umgebung von Berlin gehören einer kräftigeren und breitblättrigeren Form an, die untergetauchten Blätter gleichen fast vollkommen denen von *P. lucens*, dessen Einwirkung der kurze Blattstiel und das undeutliche Mittelstreifnetz der untergetauchten Blätter, sowie der (z. T. ziemlich lange) etwas verdickte Aehrenstiel deutlich verrathen; die oberen (z. T. schwimmenden) Blätter und die Farbe gleichen *P. alpinus*.

(Russisch-Littauen: bei Wilna [Gorski!].)   ☒*

A. I. a. 1. b.

120. × 125. (17.) P. alpinus × gramineus. ♃. Laubstengel mehr oder weniger verzweigt, oft einfach. Blätter meist grün, beim Trocknen roth werdend, in der Gestalt meist sehr veränderlich; untergetauchte meist denen von *P. alpinus* ähnlich aber nicht über

---

[1]) Lithuanicus, littauisch.

10 cm lang, lanzettlich, mitunter schmal-lanzettlich, spitz oder stumpflich, die oberen deutlich spatelförmig; schwimmende meist denen von *P. gramineus* gleichend, oft etwas spatelförmig, mit kürzerem oder längerem Blattstiel, häufig fehlend. Blatthäutchen meist etwas derb. Aehrenstiele deutlich verdickt. Früchtchen meist spärlich entwickelt, bis fast 2 mm lang, etwas spitzer als die von *P. gramineus*, rückenseits scharf gekielt.

Pommern: Im Kleinen Krebssee bei Heringsdorf (A. Braun!). Die von F. Schultz (Herb. norm. nov. ser. Cent. 13. 1247 als *P. gramineus* aus Mittelfranken: Bischofsweiher bei Erlangen (Sand!) ausgegebene Pflanze scheint nach der Tracht hierher zu gehören (dem *P. gramineus* näher stehend).

P. a. × *g.* A. u. G. Syn. I. 329 (1897). *P. alpina* × *graminea* var. *graminifolia* (?) Almquist in Hartm. Handb. Skand. Fl. 12. Uppl. 46 (1889). *P. salicifolius* c. β. *lanceolatus* Hartm. Handb. Skand. Fl. 11. Uppl. 432 (1879) z. T. *P. grácilis* Wolfg. in Roem. u. Schult. Mant. III. 355 (1827) nicht Fr. (1828). *P. Wolfgángii*[1] Kihlman Herb. Mus. Fenn. ed. 2. (1889) vgl. Bennett Journ. of Bot. XXIX (1891) 76.

(England! Skandinavien; Finnland; Petersburg [Rach!] Russisch-Littauen.) *

A. I. a. 1. b.

121. × 124. (18.) **P. perfoliátus** × **lucens**. ♃. Grundachse lang kriechend, bis fast 3 mm dick. Laubstengel ästig, bis über 3 m lang fluthend, bis 2,5 mm dick, mit meist 2—4 (bis 12) cm langen Stengelgliedern. Blätter alle untergetaucht, 4—6 (höchstens 7) cm lang, länglich bis breit eiförmig, kurz zugespitzt, mit halbstengelumfassendem, mitunter schwach herzförmigem Grunde sitzend, am Rande meist (wenigstens die älteren Blätter) flach, dicht gezähnelt-rauh. Mittelstreifnetz (wenigstens an den älteren Blättern) ziemlich undeutlich. Blatthäutchen bis 2,5 cm lang, ziemlich derb. Aehrenstiele meist kaum dicker als die Stengel, oberwärts nicht verdickt, hin und wieder jedoch bis 4 mm dick, bis 8 cm lang. Aehren bis 3 cm lang, dicht. Pollen und Früchte fehlschlagend.

Bisher sicher festgestellt: Prov. Hannover: Wiedau bei Rothenburg (Buchenau Fl. NW. Tiefeb. 50). Pommern: Stralsund: Borgwallsche See (Marsson Fl. Neuvorp. 491). Brandenburg: Ruppiner See (Jahn!). Schlesien: bei Breslau an und in der Ohlau aufwärts bis Kl. Tschansch

---

[1] Nach Jan Wolfgang, Professor in Wilna, * 1776 † 1859, beschäftigte sich eingehend mit der Gattung *Potamogeton*. Die von ihm aufgestellten Arten, meist petites espèces, sind in Mertens und Koch Deutschlands Flora und Roemer und Schultes Mantissa veröffentlicht. Er schrieb 1823 Rzecz o herbacie czytana na posiedzeniu Cesarskiego towarzystwa lekarskiego w Wilnie dnia 12 grudnia 1822 r. (Abhandlung über den Thee. Gelesen in der Sitzung der kais. Ges. der Aerzte zu Wilna am 22. December 1822.)

(seit R. v. Uechtritz vielfach gesammelt!!) Schweiz: Rhone bei Genf! Schlittschuhweiher bei Aarau; Zürich? (Bennett nach Schröter Schw. BG. VI. 96). Ausserdem gehört jedenfalls ein Theil der Angaben von „*P. decipiens*" (s. S 332) hierher. Bl. Juni, Juli.

P. p. × *l.* A. u. G. Syn. I. 329 (1897) vgl. Fryer J. of Bot. XXVIII (1890) 137 u. Bennett a. a. O. XXXII (1894) 204. *P. decipiens* Nolte in Koch Syn. ed. 2. 779 (1844) z. T. Nyman Consp. 682 Suppl. 287 z. T. *P. oliváceus* O. F. Lang Flora XXIX (1846) 472? *P. praelongus* × *lucens*? Aschers. Fl. Brandb. I. 662 (1864) z. T. *P. l.* × *perfoliata* Marsson Fl. v. Neuvorpommern 491 (1869) vgl. Uechtritz in Fiek Fl. Schl. 421 (1881). Nyman Consp. 682 (1882) z. T. Almquist in Hartm. Skand. Fl. 12. Uppl. 47 (1889) z. T. Richter Pl. Eur. I. 14. z. T. *P. d.* var. *affinis* Bennett Journ. of Bot. XX (1882) 184 (z. T.?)!

(Frankreich: Besançon und Limoges (? vgl. Magnin SB. France XLIII. 443); England [vgl. Fryer a. a. O.] Dänemark; Schweden; Sibirien; Himalaja [Bennett J. of Bot. XXIV. 1891. 75].) *|

A. I. a. 1. *b.*

121. × 126. (19.) **P. perfoliátus** × **nitens.** ♃. In der Tracht *P. perfoliatus* ähnlich aber die Blätter schmäler, beiderseits deutlich verschmälert, spitz, am Rande entfernt gezähnelt, Mittelstreifnetz deutlich oder undeutlich, die oberen oft am Grunde in einen kurzen, breiten undeutlichen Stiel verschmälert.

Bisher nur: Prov. Brandenburg: Ruppiner See (C. L. Jahn!). In Fr. Herb. norm. 1604 von Nolte als *decipiens* aus „Holstein, Schleswig und Lauenburg" ausgegebene Exemplare gehören ebenfalls hierher!

P. p. × *n.* (*P. fallax*) A. u. G. Syn. I. 330 (1897). *P.* (*graminea* × *perfoliata*) β. Almquist in Hartm. Skand. Fl. 12. Uppl. 49 (1889).

(Skandinavien; Island: Rejkiavik (Herb. Lenormand!). |*|

A. I. a. 1. *b.*

122. × 125. **P. praelóngus** × **gramineus.** ♃. In der Tracht und in der Blattform *P. praelongus* gleichend, unterscheidet sich durch meist erheblich kleinere, zugespitzte, an der Spitze nicht kappenförmig zusammengezogene, häufiger schmallanzettliche Blätter.

Bisher nur im südlichen Schweden (östl. Småland) beobachtet.

P. p. × *g.* A. u. G. Syn. I. 330 (1897). *P. Lúndii*[1]) Richter Pl. Eur. I. 13 (1890). *P. graminea* × *praelonga* Almquist in Hartm. Handb. Skand. Fl. 12. Uppl. 49 (1889).

---

[1]) Nach dem Entdecker A. Axel W. Lund * 1839 (Tiselius br.), Lehrer an der öffentlichen Schule in Westervik in Småland.

A. I. b. 1. *b.*

122. ✕ 123. (20.) **P. praelóngus** ✕ **lucens**. ♃. Unterscheidet sich von dem sehr ähnlichen *P. perfoliatus* ✕ *lucens* (S. 329) durch Folgendes: Blätter eiförmig, länglich-elliptisch bis länglich, am Grunde verschmälert oder halbstengelumfassend (*P. dec.* var. *affinis* Bennett Journ. of Bot. XX [1882] 184 z. T.?) ziemlich gross, meist 4 bis 6 (bis 16) cm lang und 2—4 cm breit, stumpf, an der Spitze nicht oder schwach kappenförmig, kurz' stachelspitzig, ganzrandig, am Rande besonders in der Nähe der Spitze häufig sehr schmal nach oben umgerollt, bisweilen durch unregelmässig gestellte Zähnchen am Rande schwach gezähnelt, mehr oder weniger wellig gekräuselt.

Mit den Eltern, vermuthlich nicht viel weniger verbreitet als *P. praelongus*. Bisher sicher oder doch mit grosser Wahrscheinlichkeit festgestellt: Prov. Hannover: R.-B. Stade: Alt-Luneberger See (Alpers nach Buchenau Fl. NWD. Tiefebene 50). Schleswig-Holstein: Westensee bei Kiel (Nolte). Prov. Brandenburg: Berlin: Grunewald-See nur A. II.!!). Golssen in der Nieder-Lausitz (nur B. II!). Biesenthal: Liepnitz-See (C. L. Jahn!) Prenzlau: Potzlower-See (Grantzow Fl. Uck. 269). Westpreussen: in den Kreisen Deutsch-Krone (Caspary!), Schlochau, Konitz (Müskendorfer See), Tuchel (Grütter), Berent, Karthaus. Ostpreussen: in den Kreisen Neidenburg, Ortelsburg, Heilsberg (Leinnangel-See) und Gumbinnen (Caspary, nach den Berichten in der PÖG. Königsb. Abromeit br.) Polen: Gostynín (Zalewski Kosmos XXI. 325). [Lac du Boulu im Französ. Jura (Magnin SB. France XLIII 443)]. Bl. Juni, Juli.

P. p. ✕ *l.*? Aschers. Fl. Prov. Brandenb. I. 662 (1864) z. T. vgl. G. F. W. Meyer Fl. Han. exc. 534 (1849) *P. l.* ✕ *p.* Caspary PÖG. XXVII. 44 (1886). *P. decípiens* Nolte in Koch Syn. ed. 2. 779 (1844) z. T. vgl. Fryer Journ. of Bot. XXVIII (1890) 137. Nyman Consp. 682 Suppl. 287. Richter Pl. Eur. I. 14 z. T. Rchb. Ic. VII. t. XXXV fig. 63.

Zerfällt in folgende Formen:
A. Blätter höchstens 3 mal so lang als ihre Breite, eiförmig bis lanzettlich, bis 4 cm breit. Mittelstreifnetz meist ziemlich undeutlich.
  I. eu[1])-decípiens. In der Tracht dem *P. praelongus* ähnlich. Blätter stumpf oder stumpflich, kurz zugespitzt, meist ganzrandig. — So an den meisten Fundorten. — *P. p.* ✕ *l.* A. I. *e.-d.* A. u. G. Syn. I. 331 (1897). *P. d.* Nolte a. a. O. (1844) im engeren Sinne.
  II. Berolinénsis[2]). In der Tracht den *P. lucens* ähnlich. Blätter (wenigstens die obersten) scharf zugespitzt, oft in eine bis 5 mm lange Spitze ausgezogen. — Bisher nur Berlin: Grunewald-Seen!! — *P. p.* ✕ *l.* A. II. *B.* A. u. G. Syn. I. 331 (1897). — Erinnert durch die häufig langbespitzten Blätter an *P. l.* A. III. *acuminatus* (vgl. S. 318).
B. Blätter mindestens 4- (bis 7-) mal so lang als ihre Breite, länglich- bis schmal-lanzettlich, nicht über 2½ cm breit. Mittelstreifnetz deutlich.

---

[1]) εὖ s. S. 15.
[2]) Berolineusis, Berlinisch, nach dem zuerst festgestellten Fundort.

I. **Upsaliénsis**[1]). Stengel meist knickig hin- und hergebogen. **Blätter schlaff, stumpf-zugespitzt oder spitz.** — Bisher nur in Schweden. — *P. p.* × *l.* B. I. U. A. u. G. Syn. I. 332 (1897) vgl. auch Fryer Journ. of Bot. XXVIII (1890) 137. *P. u.* Tiselius Bot. Not. 1884. 15. *P. salicifolius* Wolfg. in Roem. u. Schult. Mant. III. 355 (1827) z. T.? vgl. Tiselius in Hartm. Handb. Skand. Fl. 12. Uppl. 47. In der Tracht *P. lucens* nicht unähnlich, aber durch die z. T. sehr schmal-lanzettlichen Blätter sehr ausgezeichnet und dadurch an *P. alpinus* × *l.* (s. S. 328) erinnernd, mit dem die Pflanze auch von verschiedenen Autoren vereinigt wurde, von dem sie sich aber abgesehen von der dunkelgrünen (nicht oberwärts röthlichen) Färbung durch die stets lanzettlichen (nicht fast linealischen), meist in der unteren Hälfte verbreiterten, sehr stark und grobgewellten und sehr schlaffen Blätter unterscheidet.

II. **Babingtónii**[2]). **Blätter etwas starr, an der Spitze schwach kappenförmig** (daher gepresst meist mit aufgespaltener Spitze). — Prov. Brandenburg: Golssen (**Burkhardt** in Rchb. Herb. fl. germ. exs. 2501!). — *P. l.* × *p.* (*P. B.*) Bennett Journ. of Bot. XXXII (1894) 204. *P. longifólius* Bab. Engl. Bot. Supp. t. 2847 (1840). Burkhardt a. a. O. nicht Gay. — In der Tracht dem *P. praelongus* ähnlich.

Unter dem Namen *P. decipiens* wurden Formen zusammengefasst, deren Ursprung ein sehr verschiedenartiger zu sein scheint (vgl. S. 330), denn so gross die Wahrscheinlichkeit ist, dass die hierhergestellten Formen von den oben angeführten Fundorten wirklich Bastarde zwischen *P. praelongus* und *P. lucens* sind, so unwahrscheinlich ist eine solche Annahme für die anderer Fundorte, z. B. für die bei Breslau und Genf vorkommende Form, da *P. praelongus* in der näheren Umgebung nicht beobachtet worden ist und auch die Breite der Blätter nicht auf die Einwirkung dieser Art schliessen lässt. Es liegen hier wohl zweifellos Bastarde zwischen *P. perfoliatus* und *P. lucens* vor, wie schon manche Forscher, u. A. Marsson, v. Uechtritz, Fryer, Bennett angenommen haben. Im Herbarium sind beide Formen, bei der nahen Verwandtschaft und Aehnlichkeit von *P. praelongus* und *P. perfoliatus* natürlich schwer und nicht immer sicher zu trennen. Demgemäss steht die endgültige Entscheidung über den Ursprung des *P. decipiens* von folgenden Fundorten noch aus: Prov. Hannover: Verden (Lang Flora XXIX 472). Schleswig-Holstein: Bille bei der Aumühle unweit Reinbek und Flemhuder See bei Gr. Nordsee unw. Kiel (Nolte). Mecklenburg: Schaalsee und Canal beim Zarreutiner Kalkofen (Krause Meckl. Fl. 12; aber nach Prahl Krit. Fl. II. 207 gehört die von Nolte in diesem See gesammelte Pflanze zu *P. lucens*). Prov. Brandenburg: Boitzenburg: Haussee (Warnstorf BV. Brand. XXXII. 264). Schlesien: Kr. Freistadt: Poln. Tarnauer See (Hellwig nach Fiek und Pax in 66. Jahrb. Schles. Ges. 200). Salzburg: Bruck im Pinzgau (Hinterhuber Prod. 352).

(England; Dänemark; Schweden; Russisch-Littauen.)   *

A. I. a. 1.

116. × 124. **P. natans × Zízii.** ♃. **Grundachse dick. Laubstengel bis 1,5 m lang, meist nur oberwärts ästig. Blätter sämmtlich gestielt, länger als der Blattstiel, die untergetauchten unteren nur Phyllodien oder mit linealischer bis länglich-lanzettlicher in den Stiel verschmälerter Spreite, zur Blüthezeit meist vollständig abgestorben; die schwimmenden lederartig, sehr dick, fast fleischig, länglich bis eiförmig, ziemlich plötzlich in den Stiel verschmälert, stumpflich oder spitz, neben dem bauch-**

---

[1]) Nach dem Fundort, in der Nähe der Universitätsstadt Upsala in Schweden.
[2]) Nach Charles Cardale **Babington**, * 1808 † 1895, Professor der Botanik an der Universität Cambridge (England), Verfasser des Manual of British Botany (1843, 8. Aufl. 1881), des massgebenden Werkes über die Flora der Britischen Inseln.

seits nicht rinnigen Blattstiel in eine Falte erhoben, lebhaft grün, die jungen mitunter röthlich. Aehrenstiel nicht oder sehr wenig verdickt. Bisher nur an mehreren Orten in England (nach Fryer stets in Gesellschaft von *P. Zizii*) beobachtet.

P. n. ✕ *Z. A. u. G.* Syn. I. 332 (1897). *P. Z.* ✕ *n.* (*P. crassifólius*) Fryer Journ. of Bot. XXVIII (1890) 321 t. 299.

Tracht von *P. natans*, aber durch die untergetauchten bis lanzettlichen an *P. Zizii* erinnernden Blätter sehr ausgezeichnet.

116. ✕ 125. **P. natans ✕ gramineus.** ♃. Laubstengel unverzweigt oder verzweigt, meist am Grunde einfach. Untergetauchte Blätter mit deutlicher Blattspreite, lang-lanzettlich bis linealisch, in der Länge und Breite sehr veränderlich, die untersten fast nur Phyllodien; schwimmende denen von *P. natans* ähnlich, meist kleiner. Früchtchen ähnlich denen von *P. gramineus*. Bisher nur in Skandinavien und Irland (? vgl. Fryer J. of Bot. XXVI [1888] 273); im Gebiet noch nicht beobachtet aber wohl nur übersehen.

P. n. ✕ *g. A. u. G.* Syn. I. 333 (1897). *P. graminea* ✕ *n.* Tiselius bei Almquist in Hartm. Skand. Fl. 12. Uppl. 48 (1889). *P. Tisélii*[1]) Richter Pl. Eur. I. 13 (1890).

Nach der Gestalt der untergetauchten Blätter sind nach Tiselius (a. a. O.) zwei Formen zu unterscheiden:
  A. per-gramíneus. Untergetauchte Blätter sehr lang und schmal, linealisch. — (*P. n.* ✕ *g. A. p.-g. A. u. G.* Syn. I. 333 [1897]).
  B. per-natans. Untergetauchte Blätter kürzer und breiter, lanzettlich bis länglich-lanzettlich. — *P. n.* ✕ *g. B. p. n. A. u. G.* Syn. I. 333 (1897).

Tracht von *P. fluitans*, aber durch die ungestielten unteren und die *P. natans* ähnlichen, am Grunde meist schwach herzförmigen, neben dem Blattstiel in eine Falte erhobenen schwimmenden Blätter leicht von dieser Art und durch das letztere Merkmal sowie die Gestalt der unteren fluthenden Blätter auch von dem sehr ähnlichen *P. polygonifolius* ✕ *gramineus* (S. 334) leicht zu scheiden. Die neuerdings von Almquist geäusserte Ansicht dass auch *P. natans B. sparganiifolius* (S. 304) aus einer Kreuzung von *P. natans* und *P. gramineus* hervorgegangen sei, bedarf wohl noch weiterer Prüfung.

A. I. a. 1.

117. ✕ 120. (21.) **P. polygonifólius ✕ alpinus.** ♃. Untergetauchte Blätter dünnhäutig, durchscheinend, die untersten (zur Blüthezeit meist abgestorbenen) lang-lanzettlich, am Grunde (bis 9 cm) lang keilförmig in den Blattstiel verschmälert, meist über der Mitte am breitesten, kurz zugespitzt, die oberen allmählich breiter, etwas plötzlicher in den Blattstiel verschmälert oder ausgeschweift, etwas an ihm herablaufend. Schwimmende Blätter lebhaft hellgrün, eiförmig bis länglich eiförmig, bis 10 cm lang und 3 cm breit, spitz oder stumpflich, am Grunde in den meist sehr langen Blattstiel (bis 12 cm) verschmälert, ganz flach, neben dem Blattstiel nicht in eine Falte erhoben. Blatthäutchen bis 5 cm lang. Aehren bis 2 cm lang mit bis 10 cm langem schlankem etwas dicklichem Stiel. Früchtchen sehr kurz zugespitzt, bis 3 mm lang, etwas zusammen-

---

[1]) Nach Gustaf August Tiselius, * 1833, Gymnasiallehrer in Stockholm, hervorragendem Kenner dieser Gattung, dessen Mittheilungen von Almquist bei der Bearbeitung in der 12. Auflage von Hartmans Handb. verwerthet wurden.

gedrückt, linsenförmig, rückenseits scharf gekielt, meist gänzlich fehlschlagend, (der Keimling stets verkümmert).

In Bächen und Seen mit klarem Wasser und sandigem Grunde, meist selten. Mit Sicherheit wohl nur im oberen Rheingebiet: Rheinfläche: Weissenburg; Lauterburg; Speyer: Dudenhofen und im westlich gelegenen Berglande: Bitsch: Limbach bei Homburg; Kirkel; Kaiserslautern. Rheinprovinz: Neuwied: in Wiedbache oberhalb Arnsau und von der Hammermühle aufwärts nach dem Dünkelbache hin (Melsheimer! Mittelrh.Fl. 107 [das von denselben gütigst mitgetheilte nicht blühende Exemplar ist nicht ganz zweifelfrei]). Ausserdem angegeben: Provinz Hannover: Uelzen. Bl. Juni, Juli.

P. p. × a. A. u. G. Syn. I. 334 (1897). P. spathulátus Schrader bei Koch u. Ziz. Cat. pl. Palat. 5, 18 (1814). Cham. u. Schlecht. Linnaea II (1827) 212. Bennett Journ. of Bot. XXX (1892) 228. Koch Syn. ed. 2. 776. Nyman Consp. 681. Suppl. 287. Richter Pl. Eur. I. 12. Rchb. Ic. VII. t. XLVII fig. 86. P. ruféscens var. Meyer Chloris Hanov. 522 (1836). P. Kóchii[1]) F. Schultz Arch. Fl. France et Allem. I. 72 (1842) nicht Lang. P. oblóngo-ruféscens F. Schultz Flora XXXII. 230 (1849). P. rufescénti-natans F. Schultz Jahresb. Poll. 1861. 119. P. alpino-natans F. Schultz a. a. O. 1863. 229. P. alpinus β. s. Marsson Fl. Neu V. Pomm. u. Rüg. 490 (1869). Almquist in Hartm. Handb. Skand. Fl. 12. Uppl. 46.

Aehnelt P. polygonifolius, jedoch durch die freudig grünen und (besonders unteren) lang keilförmig in ihren Stiel verschmälerten Blätter und die, wenn vorhanden, scharf gekielten Früchte leicht zu unterscheiden. Wird seit Gmelin (Fl. Badensis Alsatica IV. 126 [1826]) von vielen Autoren für einen Bastard gehalten; G. glaubte an eine Hybride von P. natans und P. alpinus; F. Schultz (a. a. O.) vertrat die Ansicht, dass hier eine Kreuzung von P. polygonifolius und P. alpinus vorliege, eine Annahme, die sehr viel Wahrscheinlichkeit für sich hat, denn abgesehen von der Aehnlichkeit mit P. polygonifolius und dem Fehlschlagen der Samen, zeigen die Früchte eine grosse Uebereinstimmung mit denen von P. alpinus ebenso wie die untergetauchten Blätter, von denen die untersten fast nur durch den Stiel von denen von P. alpinus verschieden erscheinen. Die Angaben aus dem rechtsrheinischen Bayern: Donauwörth: Zusam; Amper bei Moosburg; Deggendorf; Cham und Hemagen im Bayr. Walde, sämmtlich Fundorte, wo P. polygonifolius nicht bekannt ist, beziehen sich möglicher Weise auf einen analogen Bastard P. natans × alpinus, für den übrigens, wie die Synonymie zeigt, auch die Pfälzer Pflanze beansprucht wurde.

(Norwegen.) |*|

A. I. a. 1.

117. × 125. (22.) **P. polygonifólius × gramíneus.** ♃. Grundachse ziemlich lang kriechend, reich verzweigt, bis 1,5 mm dick. Laubstengel unverzweigt. Untergetauchte Blätter: untere schmallanzettlich, etwas spatelförmig, 1½ bis 5 cm lang, bis 6 mm breit, in einen bis 2 cm langen Stiel verschmälert oder (die mittleren) mit lang keilförmig verschmälertem Grunde sitzend, zugespitzt,

---

[1]) S. S. 322 Fussnote 3.

obere lanzettlich-eiförmig. Schwimmende Blätter lederartig, elliptisch-lanzettlich, 6 bis 7 cm lang, bis 2,5 cm breit, in den bis 1 dm langen Blattstiel verschmälert, spitz.

Bisher nur auf den Ostfriesischen Inseln: Borkum: Kiewietsdelle im Längsgraben bei dem ersten Bahnwärterhäuschen mit den Eltern (v. Seemen!).

P. p. × *g.* (*P. Seeménii*)[1]) A. u. G. Syn. I. 335 (1897). [*]

Die Deutung dieser Pflanze erschien naturgemäss schwierig; wir müssen aber der Ansicht des Sammlers, dass hier ein Bastard von *P. polygonifolius* und *P. gramineus* vorliegt, nach genauer Untersuchung zustimmen. In der Tracht ist die Pflanze *P. polygonifolius* ähnlich. Die unteren gestielten untergetauchten Blätter gleichen vollständig denen von *P. polygonifolius*, die sitzenden oberen sind denen von *P. gramineus* sehr ähnlich, die schwimmenden sind langgestielt und so gross wie die von *P. polygonifolius*, sind aber (wie auch die übrigen) scharf zugespitzt und weniger lederartig. Die Form hält in allen Theilen die Mitte zwischen den Eltern.

119. × 124. **P. colorátus** × **Zizii.** ♃. Laubstengel nur am Grunde wenig ästig. Untergetauchte Blätter sitzend, die unteren schmal-lanzettlich, nach dem Grunde keilförmig verschmälert, die oberen lanzettlich bis breit-lanzettlich, meist etwas spatelförmig, mit deutlichem Mittelstreifnetz; schwimmende lang gestielt, oval oder länglich, am Grunde abgerundet oder in den Stiel verschmälert, meist häutig, seltner schwach lederartig; bräunlich bis olivengrün. Blatthäutchen ziemlich derb, mitunter krautig, oft länger als die Stengelglieder. Aehrenstiel schlank, nicht verdickt. Aehren meist sehr kurz, wenig über 1 cm lang.

Bisher nur in England (Cambridgeshire).

P. c. × *Z.* A. u. G. Syn. I. 335 (1897). *P. coriáceus* × *plantagíneus* (*P. Billúpsii*[2])) Fryer Journ. of Bot. XXXI (1893) 353 t. 337, 338.

2. *Batrachóseris*[3]) (Irmisch Ueb. ein. Art. der Potameen Abh. Naturw. Ver. Sachs. Thür. Halle II. 17 [1858]). Laubstengel ästig, zusammengedrückt-vierkantig (röthlichweiss). Quernerven der Blätter entfernt; Mittelstreifnetz deutlich. Früchtchen am Grunde verbunden.

127. (23.) **P. crispus.** (In der Lausitz: Hechtkraut; ital.: Erba-gala, Manichetti). ♃. Grundachse dünn, oft kaum 1 (bis 2) mm dick, ziemlich kurz kriechend, reich verzweigt. Laubstengel verzweigt, 3 bis 10 dm lang, bis 2 mm dick, mit meist 1 bis 2 (bis 5) cm langen Stengelgliedern. Die Enden der kurzen Seitenzweige oft knollig angeschwollen (Winterknospen. *P. s. β. gémmifer* Rchb. Ic. 18. t. XXX

---

[1]) Nach dem Entdecker, Hauptmann Otto von Seemen in Berlin, * 2. August 1838 zu Sprindlack, Ostpreussen, verdienstvollem Salicologen und *Quercus*-Kenner, botanisirte ausser bei Rostock, auf Rügen und in anderen Gegenden Deutschlands mehrere Jahre auf der Insel Borkum, zu deren Flora er mehrere Beiträge veröffentlichte; auch die Flora der Umgebung Berlins verdankt ihm manchen seltenen Fund.

[2]) Nach C. R. Billups, * 20. Nov. 1861, dem Neffen des bekannten *Potamogeton*-Kenners Alfred Fryer, welcher seinem Onkel bei seinen Forschungen wesentliche Dienste leistete.

[3]) Von βάτραχος Frosch und σέρις Name einer Gemüsepflanze (wohl *Cichorium endivia*) z. B. bei Dioskorides (II, 169). Uebersetzung des deutschen Namens Froschblattich.

fig. 51. The Phytologist N. S. II (1862) 69. Clos Bull. Soc. bot. France III (1856) 350. Irmisch a. a. O. 20. Bennett Journ. of Bot. XIX (1881) 241. Sauvageau J. de Bot. 1894); die Achse derselben und der untere breite gezähnte Theil der Blätter derb, hornartig, der obere Theil der Blätter (zuweilen fehlend) dünnhäutig. **Blätter sämmtlich untergetaucht, lanzettlich bis lineal-lanzettlich, meist 4 bis 6 (bis 9) cm lang und bis 13 mm breit, mit ziemlich parallelen Seitenrändern**, kurz zugespitzt-stumpflich, (seltener spitz oder mit abgerundeter Spitze), mit abgerundetem Grunde sitzend, kleingesägt, meist wellig, oft (wie auch die Stengel) röthlich überlaufen. Blatthäutchen meist nicht über 1 cm lang, breit, sehr dünn, schlaff, glasig durchscheinend, hinfällig, die unteren mit dem Blatte verbunden. Aehrenstiele 2 bis 5 cm lang, so dick wie der Stengel. Aehren wenig- (7- bis 10-) blüthig, locker. Früchtchen rückenseits stumpf gekielt, klein, wenig über 1 mm lang, fast kreisrund mit bis 2 mm langer, etwas bis hakig gebogener schnabelartiger Spitze.

In stehenden und langsam fliessenden Gewässern, durch das ganze Gebiet in der Ebene meist häufig oder gemein (auch auf den Nordsee-Inseln, wenn auch auf den Ostfriesischen [Langeoog] nur unbeständig; im Gebirge selten, im Griessner See bei Hochfilzen (NO. Tirol, Gisela-Bahn) bis fast 1000 m ansteigend, dort vielfach auf weite Strecken fehlend. Bl. Mai bis Herbst.

P. crispum L. Sp. pl. ed. 1. 126 (1753). Cham. u. Schlecht. Linnaea II (1827) 186. Fryer Journ. of Bot. XXVIII (1890) 225. Koch Syn. ed. 2. 779. Nyman Consp. 682 Suppl. 287. Richter Pl. Eur. I. 14. Rchb. Ic. VII. t. XXIX fig. 50 t. XXX, fig. 51, 52. *P. serratum* Huds. Fl. Angl. I. 75 (1778) nicht Scop. vgl. G. C. Druce Journ. of Bot. XXVII (1889) 377.

Aendert ab:

B. **serrulátus**. Blätter nicht gekräuselt, flach (oder schwach wellenförmig). — Seltener, mit dem Typus. — *P. c. b. s.* Rchb. Ic. VII. 18 t. XXX fig. 52 (1845). *P. s.* Schrader bei Opiz Flora V (1822) 267. *P. c. β. sinuátus* Fries Nov. fl. Suec. ed. 2. 43 (1828). *P. c. a. planifólius* Meyer Chloris Hanov. 523 (1836). — Hierher die Unterabart b. *longifólius* (Fieb. Pot. Böhm. 32 [1838]). Pflanze zart. Blätter linealisch, 2—4 mm breit, etwas zugespitzt, sehr dünnhäutig, mit etwas entfernten, flachen, häufig durch den wenig umgebogenen Rand verborgenen Zähnchen. — Selten in Schmutzwässern und (nach Buchenau Fl. Nordw. Tiefeb. 45) in den warmen Abwässern der Fabriken. — Die Form B. wird nicht selten mit *P. alpinus* und b. mit Formen von *P. compressus*, *P. mucronatus* und ihren Verwandten verwechselt, beide sind jedoch durch die kleingesägten Blätter mit den entfernteren Quer- und wenig zahlreichen Längsnerven leicht zu erkennen. Eine ähnliche Blattform besitzen die Jugendformen *P. serratum* Opiz Böheims Gew. 23 [1823] nicht Huds.), die mitunter kleinere Strecken am Boden der Gewässer kurz rasenartig bedecken (Fichtelgebirge: Zell Töpffer! Südl. Harz: Sachsa!!).

Fieber theilt (Pot. Böhm. 32 [1838]) die Art in eine Reihe von Formen, die aber zu unbedeutend erscheinen um hier alle erwähnt zu werden. Die Formengruppe mit zugespitzten Blättern nennt er *a. acutifolius*, die mit stumpfen *β. obtusifolius*.

Durch die Gestalt der Früchtchen ist ausgezeichnet II. *macrorrhýnchus*[1]) A. u. G. Syn. I. 336 (1897). *P. m.* Gandoger ÖBZ. XXXI [1881] 44). *P. c.*

---

[1]) Von μακρός lang und ῥύγχος Schnauze, Rüssel.

var. *cornútus* (Linton Journ. of Bot. XXXII [1894] 186). Früchtchen rückenseits am Grunde mit einem kurzen deutlichen horn- oder spornartigem Höcker. — So bisher in Schweden und England.

Besitzt einen widerwärtig süsslichen Geruch, wird deshalb auch nicht als Viehfutter verwendet.

(Im grössten Theil von Europa [fehlt nur im nördlichen Skandinavien und Russland (in Finnland nur auf Åland beobachtet), in Mittel- und Süd-Griechenland]; Africa!! Asien; Australien; Nord-America [ob daselbst einheimisch oder eingeschleppt, ist bei den dortigen Botanikern streitig]). *

Bastarde.

A. I. a.

121. × 127. (24.) P. perfoliátus × crispus. ♃. Laubstengel bis über 2 m lang, etwas vierkantig-zusammengedrückt, am Grunde meist einfach, oberwärts ästig, öfter mit kurzen Trieben in den Blattachseln, welche oft zu Stolonen auswachsen, die an den Enden knollig anschwellen (Winterknospen) oder wieder in Laubstengel auswachsen. Blätter mit halbstengelumfassendem bis seicht herzförmigem Grunde sitzend, eiförmig-lanzettlich, meist zugespitzt (an dem vorliegenden Exemplar bis 4 cm lang und bis 12 mm breit), am Rande klein gesägt und wellig, hellgrün. Quernerven etwas entfernt und meist undeutlich. Aehrenstiele schlank, nicht verdickt. Aehren wenigblüthig. Früchtchen fehlschlagend.

Bisher nur im Bodensee bei Arbon (Canton Thurgau) 1892 von Oberholzer! bestandbildend beobachtet (A. Bennett nach Schröter Schw. BG. 96); wird wohl auch anderwärts aufgefunden werden.

P. p. × *c. (cymatódes*[1]*))* A. u. G. Syn. I. 337 (1897). *P. c.* × *p.* Fryer Journ. of Bot. XXIX (1891) 289 t. 313, XXX (1892) 377. *P. undulátus* Fryer a. a. O. nicht Wolfg. vgl. S. 338.

Das einzige bis jetzt aus dem Gebiet vorliegende (nicht blühende) Exemplar wurde uns aus dem Herbar des Bodensee-Vereins von Schröter zur Ansicht mitgetheilt.

Zerfällt in 2 Formen:

A. **Coopéri**[2]). Blätter etwas starr, meist zusammengefaltet und zurückgekrümmt, am Rande dicht klein gesägt und ziemlich stark wellig, öfter fast lineallanzettlich. — Bisher nur in England. — *P. u.* v. *Cooperi* Fryer a. a. O. (1891). — Diese Form steht dem *P. crispus* näher und ist in der Tracht *P. nitens* (besonders A. I. b. *obovatifolius* vgl S. 326) ähnlich.

B. **Jacksóuii**[3]). Blätter meist flach, ziemlich schlaff, am Rande entfernter gesägt und sehr schwach wellig, besonders am Grunde meist breiter und deutlich seicht herzförmig. — Hierher gehört die Pflanze des Bodensees, (nach Bennett nicht ganz typisch). — *P. u.* v. *Jacksoni*[3]) Fryer a. a. O. 291 (1891).

---

[1]) κυματώδης (= κυματοειδής) wellenähnlich.
[2]) Nach Edgar Franklin Cooper in Leicester, * 24. Sept. 1833, der diese Form im Laughborough-Canal (Leicestershire) entdeckte. (Die hier gegebenen biographischen Daten sind von A. Bennett [br.] mitgetheilt).
[3]) Nach dem Entdecker John Jackson in Wetherby (Yorkshire), * 20. Febr. 1846.

P. perfoliatus v. J. F. A. Lees Bot. Rec. Club Rep. 1880. 150. In der Tracht dem *P. perfoliatus* ähnlich.

(Britische Inseln, Nord-America.) *|

A. I. a.

122. × 127. (25.) P. praelóngus × crispus. ⚳. Laubstengel etwas vierkantig-zusammengedrückt. Blätter eiförmig-lanzettlich bis breit-lineal-lanzettlich bis über 10 cm lang und bis 26 mm breit, meist ganzrandig, 5- bis 7-nervig mit entfernten Quernerven, stumpflich, flach, an der Spitze oft etwas kappenförmig zusammengezogen, mit abgerundetem Grunde meist halbstengelumfassend, starr, braungrün, mit röthlichen Nerven. Pollen und Früchte fehlschlagend.

Bisher mit Sicherheit nur in West- und Ostpreussen; in Seen, seltner Flüssen der Kreise Deutsch-Krone (ziemlich verbreitet), Schwetz (Grütter), Berent, Karthaus! Neustadt, Thorn, Graudenz, Neidenburg und Allenstein seit 1869, meist von Caspary beobachtet (nach den Berichten in der PÖG. Königsberg Abromeit br.) und an der Nordgrenze von Schleswig-Holstein: Königsau (und Nibs- [Ribe-] Aa) (Baagoe br.). Wohl noch anderwärts aufzufinden.

P. p. × c. A. u. G. Syn. I. 338 (1897). *P. crispa × praelonga* Casp. PÖG. Königsb. XVIII. 98 (1877). *P. undulátus* Wolfgang bei Roem. u. Schult. Syst. Veg. Mant. III. 360 (1827) nach Raunkjaer Dansk plant. hist. 105 (1896) und Baagoe br., welche Original-Exemplare der Wolfgang'schen Pflanze untersuchten. *P. compressa × praelonga* (Schreibfehler!) H. v. Klinggräff Topogr. Fl. Westpr. Nat. Ges. Danzig N. F. V. 161 (80) (1880).

Dieser Bastard ist durch die bis über 1 dm langen, an *P. praelongus* erinnernden Blätter mit entfernten Quernerven sehr ausgezeichnet.

(Dänemark [Baagoe!]; Russisch-Littauen.) |*

127. × 130. *P. crispus × obtusifolius* s. S. 349.

b. Chloëphýlli[1]) (Koch Syn. ed. 1. 676 [1837]). Litt.: Žléga, Žlága). Blätter sämmtlich untergetaucht, gleichbreit, linealisch, sitzend. Quernerven ziemlich entfernt, unregelmässig, öfter undeutlich. Laubstengel ästig. — Die Arten dieser Gruppe bilden wahrscheinlich alle (sicher *P. acutifolius, P. obtusifolius, P. mucronatus, P. pusillus, P. rutilus* und *P. trichoides* vgl. Sauvageau J. de Bot. 1894) an im Wasser befindlichen Zweigen Winterknospen aus (vgl. *P. crispus*).

1. Stengel flach zusammengedrückt; die der Achre vorangehenden Glieder fast so breit als die vielnervigen

---

[1]) Von χλόη, junges Gras und φύλλον Blatt, wegen der grasartigen Blätter.

(mit 3 bis 5 stärkeren und zwischen ihnen mit zahlreichen Bast-Nerven versehenen) Blätter. Früchtchen rückenseits stumpfgekielt.

Gesammtart P. compréssus.

128. (26.) P. compréssus. ♃. Grundachse ziemlich lang kriechend, stielrundlich. Laubstengel weitläufig-ästig, bis fast 2 m lang, 2 bis 3 mm breit, mit meist 3 bis 7 (bis 20) cm langen Stengelgliedern. Blätter am Grunde ohne Höcker, auf der Fläche des Stengels sitzend, bis 20 cm lang und 2 (meist 3) bis 4 mm breit, an der Spitze abgerundet, stachelspitzig. Blatthäutchen bis 4 cm lang, schlaff, weisslich. Achrenstiele 2 bis 4 cm lang, nicht verdickt, etwa 2 mm dick, 2 bis 4 mal so lang als die mässig (1 bis 2 cm) lange, 10- bis 15-blüthige, dichte Aehre. Früchtchen halbkreisförmig etwa 2 mm lang mit convexer Bauchseite und kurzem (nicht 1 mm langem) Spitzchen.

Seen, Teiche, Flüsse und Canäle der Ebene, im nördlichen Gebiet nicht selten (auch auf der Niederländischen Nordsee-Insel Texel), weniger verbreitet im mittleren Gebiete bis zu den Sudeten, Erzgebirge und zur Mainlinie und Bayerischen Pfalz. Selten im südlichen Gebiet. Mit Sicherheit festgestellt in den Gebirgsseen des Jura (Lac des Rousses, Lac des Tallières) und im Lac des Joncs im S.W. Canton Freiburg (Cottet et Castella 319), Baden: Gotmadingen bei Schaffhausen (Appel Schw. BG. II [1892] 94), in Bayern bei Erlangen! Regensburg und Deggendorf (Prantl 66), Ober-Oesterreich, z. B. Lichtegg (Haslberger nach Vierhapper 14. Ber. Gymn. Ried 36), Salzburg, Steiermark: Radkersburg (Maly 56), von Preissmann (br.) bestätigt, Böhmen: nur bei Halbstadt und (?) Alt-Bunzlau (Čelakovský Böhm. G. Wiss. 1887. 177), Mähren: sicher nur bei Olmütz (Oborny 102), ob auch bei Kremsier? (die von Palla ÖBZ. XXXVI. 51 gemachte Angabe bedarf der Prüfung Palla br.). Für Nieder-Oesterreich, Ungarn, Kroatien sehr zweifelhaft; nicht in Siebenbürgen (Simonkai 511); die noch von v. Hausmann (Fl. Tirol 822) und Visiani und Saccardo (Atti Ist. Ven. 3 ser. XIV. 325) wiederholte Angabe im Garda-See, sowie diejenige in Montenegro (Pančić 87) schwerlich richtig. Bl. Juni—Aug.

P. compressum L. Sp. pl. ed. 1. 127 (1753). z. T. Fries Nov. fl. Suec. ed. 2. 44 (1828). Meyer Chloris Hanov. 524. Koch Syn. ed. 2. 779. Nyman Consp. 683 Suppl. 287. Richter Pl. Eur. 14. *P. zosteraefolium*[1]) Schumacher En. pl. Saell. I. 50 (1801). Cham. u. Schlechtend. Linnaea II. (1827) 182. Fieber Pot. Böhm 33. Rchb. Ic. VII. t. XXVII fig. 45. *P. complanátum* Willd. Mag. Ges. Naturf. Fr. Berl. V. 297 (1809). *P. laticaúle* Wahlenb. Fl. Suec. I. 107 z. T. (1824). *P. cuspidátum* Schrader in Sm. Engl. Fl. I. 234 (1824).

---

[1]) Wegen der Aehnlichkeit der Blätter, besonders von langblättrigen Formen mit *Zostera marina*.

(Mittel- und Nord-Europa, ausser dem nördlichen Skandinavien und Russland; Ost-Rumelien (?); Sibirien; Nord-America.) ⚹ ?

129. (27.) P. acutifólius. ♃. Unterscheidet sich von der Leitart durch Folgendes: Laubstengel meist dicht gabelästig, meist nicht über 5—6 dm lang, am Grunde der Blätter meist mit 1—2 schwärzlichen Höckern (nach Irmisch [Abh. Naturw. Ver. Pr. Sachs.-Thür. II. 25 (1858)] Anfängen von Wurzeln). Blätter ziemlich allmählich in eine feine Spitze zugespitzt. Blatthäutchen meist nicht 2 cm lang, sehr hinfällig. Aehrenstiele meist 5—10 (seltner bis 15) mm lang, kaum 1 mm dick, etwa so lang (kürzer oder wenig länger) als die kurze, 4—6 blüthige, etwas lockere Aehre. Früchtchen oft fast kreisrund, bis fast 3 mm lang, mit mässig (oft über 1 mm) langem, etwas rückwärts gekrümmtem Spitzchen.

Gräben, Teiche, in der Ebene und den Vorbergen, nach Magnin (SB. France XLIII. 445) kalkscheu. Im nördlichen und mittleren Gebiet bis zu den Alpen sowie in Ungarn und Siebenbürgen zerstreut, nach Süden abnehmend (fehlt auch auf den Nordsee-Inseln). Im Alpengebiet: in Dauphiné, Savoyen (Magnin a. a. O.), Ober- und Nieder-Oesterreich, Salzburg, Kärnten, Krain (?), im Garda-See, Bellunesischen und Friaul (Vis. u. Sacc. Atti Ist. Ven. 3. ser. XIV. 325). Aus den zum Gebiet gehörigen Mittelmeerländern, Kroatien, Bosnien, Hercegovina und Montenegro nicht angegeben. Bl. Juni—Aug.

P. a. Link in Roem. u. Schult. Syst. vég. III. 513 (1818). Cham. u. Schlechtend. Linnaea II (1827) 180. Koch Syn. ed. 2. 780. Nyman Consp. 683 Suppl. 287. Richter Pl. Eur. I. 14. Rchb. Ic. VII. t. XXVI fig. 44. *P. compressum* Lam. u. DC. Fl. Franç. III. 186 (1805) nicht Fr. *P. laticaule* Wahlenb. a. a. O. (1824) z. T. nach Cham. u. Schlechtendal a. a. O. 170.

Nach Fieber (Pot. Böhm. 35) lassen sich 2 Formen unterscheiden.

A. **major**. Pflanze kräftig. Blätter bis 15 cm lang und bis 4 mm breit. — Die verbreitetste Form. — *P. a. α. m.* Fieber a. a. O. (1838). Bennett Journ. of Bot. XIX (1881) 241. — Zerfällt (Fieber a. a. O.) in 2 Unterabarten I. Blätter stumpf, mit kurzer aufgesetzter Spitze. — II. Blätter lang zugespitzt, mit feiner Stachelspitze. Früchtchen grösser.

B. **minor**. Pflanze klein, meist nicht über 2—3 dm lang. Blätter nicht über 5 cm lang und wenig über 2 mm breit, lang zugespitzt. Früchtchen grösser. — So an flachen Teich- und Seerändern, bedeutend seltener. — *P. a. β. m.* Fieber a. a. O. (1838).

Von voriger durch den gedrängten Wuchs (besonders in blühendem Zustande), die zwischen den meist viel längeren Blättern versteckten armblüthigen Aehren und die grösseren fast kugelig erscheinenden Früchte sehr abweichend. Von der folgenden Art, welche meist dieselbe Tracht besitzt, besonders durch die vielnervigen Blätter leicht unterscheidbar.

(Südliches Skandinavien; Dänemark; England; Nord- und Mittel-Frankreich; Ober- und Mittel-Italien; Serbien; Bessarabien; Gouv. Kursk; Russ. Littauen; Gouv. Wologda (?); Transkaukasien (?); Australien [Bennett J. of Bot. XXV (1881) 177].) *

2. Stengel zusammengedrückt, mit abgerundeten Kanten, oder fast stielrund. Am Grunde jedes Blattes 2 mehr oder minder deutliche schwärzliche Höcker (vgl. S. 340). Blätter ausser dem Mittelnerven nur mit wenigen (bis 6) meist undeutlichen (oft fast fehlenden) Längsnerven.

a. Aehrenstiele nur so lang oder kaum länger als die dichte Aehre. Stengel zusammengedrückt.

130. (28.) P. obtusifólius. ♃. Grundachse dünn, kaum über 1 mm dick, ziemlich reich verzweigt (oft kurz). Laubstengel bis fast 1 m lang, oft fast fädlich, meist dicht gabelästig, oft sehr sparrig verzweigt, mit meist 1 bis 3 (bis 8) cm langen Stengelgliedern. Blätter 2 bis 8 cm lang, 1 bis 3 mm breit, meist 3- bis 5-nervig, meist stumpf, mit einem (meist sehr kurzen) Stachelspitzchen, seltener die oberen spitzlich. Blatthäutchen breit, bis 1½ cm lang, weisslichgelblich, öfter etwas derb. Aehrenstiele meist nicht über 1 cm lang. Aehre kurz, 6- bis 8-blüthig. Früchtchen (meist gedrängt) schief verkehrt-eiförmig, etwa 2 mm lang, aussen stumpf gekielt, etwas höckerig, mit mässig (meist kaum 1 mm) langem, geradem Spitzchen.

An ähnlichen Standorten wie vorige, auch in der Verbreitung meist mit ihr übereinstimmend; findet sich aber auf der Nordfriesischen Nordsee-Insel Föhr; in den Alpenländern: an wenigen Orten der Schweiz (Canton Freiburg): Moore bei Semsales (Cottet), Lac des Joncs (Favrat); Wallis: Vallée de Conche (Thomas); Cant. Neuchatel: Lac des Tallières (Christ, alle nach Bennett bei Schröter Schw. BG. VI. 96); (sonst im Jura nur auf französischem Gebiet Magnin SB. France XLIII. 443); in Ober- und Nieder-Oesterreich und Krain (?); in Ungarn bisher nur im Banat (Heuffel ZBG. Wien VIII. 1200); in Siebenbürgen bei Hermannstadt und Kronstadt (Simonkai 511). Bl. Juni—Aug.

P. o. Mert. u. Koch Deutschl. Fl. I. 855 (1823). Cham. u. Schlechtend. Linnaea II. (1827) 178. Koch Syn. ed. 2. 780. Nyman Consp. 683. Suppl. 287. Richter Pl. Eur. I. 14. Rchb. Ic. VII. t. XXV fig. 43. *P. compressum* Roth Tent. Fl. Germ. I. 73 (1788) nicht L. *P. compressus* var. *α. obtúsus* Schlechtend. Fl. Ber. I. 117 (1823). *P. gramíneum* Sm. Engl. Fl. I. 235 (1824), Gaud. Fl. Helv. I. 476 (1828) nicht Fr. *P. divaricatus* Wolfg. in Roem. u. Schult. Mant. III. 355 (1827)? *P. setáceus* Gilib. in Roem. u. Schult. a. a. O. (1827)? vgl. Bennett Journ. of Bot. XXXI (1893) 133.

Zerfällt in 2 Formen, von denen Fieber (Pot. Böhm 38) noch je 2 Unterabarten unterscheidet.

A. latifólius. Stengel dicht gabelästig. Blätter 2—3 mm breit, meist stumpf. — Die verbreitetste Form. — *P. o. α. l.* Fieber a. a. O. (1838). *P. o. A.* Cham. u. Schlecht. a. a. O. 179 (1827).

B. angustifólius. Stengel weitläufig ästig. Blätter schmal, oft nur 1 mm breit, die oberen meist spitzlich. — In fliessendem Wasser. — *P. o. β. a.* Fieber a. a. O. (1838). *P. o. B.* Cham. u. Schlecht. a. a. O. (1827). — Diese Form ist der folgenden Art in der Tracht sehr ähnlich.

(Schweden südlich vom 64.°; Süd-Norwegen; Dänemark; Britische Inseln; Nord- und West-Frankreich; Nord-Spanien; Macedonien; westl. Russland östlich bis Jaroslawl, Twer, Olonetz, nördlich bis Finnland; West-Sibirien; Süd-Persien.) *

127. × 130. *P. crispus* × *obtusifolius* s. S. 349.

    b. Aehrenstiele 2 bis 3 mal so lang als die ziemlich kurze in der Frucht lockere Aehre.

      1. **Früchtchen oval oder halboval, bauchseits deutlich convex.** Blätter fast immer (oft undeutlich) 3- bis 5 nervig vgl. jedoch *P. pusillus* B. II. *tenuissimus*).

Gesammtart **P. pusillus.**

    α. **Früchtchen schief-oval, mit kurzem geradem Spitzchen, rückenseits gekielt, neben dem Kiele mit zwei hervorragenden Linien, bauchseits stumpf (bis mässig scharf gekielt).**

131. (29.) **P. mucronatus.** ♃. Grundachse dünn, nicht 1 mm dick, ziemlich lang kriechend, reich gabelästig. **Laubstengel bis über 1 m lang, zusammengedrückt**, bis über 1 mm breit, weitläufig ästig, mit meist 3 bis 5 (bis 10) cm langen Stengelgliedern und meist zahlreichen in den Achseln der stengelständigen Blätter stehenden büschelartigen Kurztrieben. Blätter (2 bis) meist 4 bis 5 (bis 7) cm lang, bis 2½ mm breit, stumpf oder spitzlich, meist 3- bis 5-nervig, mit meist undeutlichem, jedoch (wenigstens in der Mitte des Blattes) erkennbarem Mittelstreifnetz. Blatthäutchen bis über 1 cm lang, ziemlich zart, später an der Spitze ausgefranzt und meist durch nachträgliche Zerreissung (! vgl. Schumann Morph. Studien I. 122, Ruthe br.) in der Mitte bis zum Grunde gespalten. Aehrenstiele (2 bis) meist 3 (bis fast 5) cm lang, nach der Spitze zu meist deutlich verdickt. Aehre 3 bis 10, in der Frucht bis 15 mm lang, dann meist mehrfach unterbrochen. Früchtchen fast 2 mm lang, mit kurzer Spitze, glatt.

Flüsse, Seen, Gräben, vermuthlich durch das ganze Gebiet verbreitet, aber vielfach nicht von der vorhergehenden oder der folgenden Art unterschieden. In allen Gebieten des nördlichen Flachlandes, auch in den Niederlanden, Belgien und Polen (aber bisher nicht auf den Nordsee-Inseln) beobachtet. Aus den übrigen Theilen des Gebiets liegen bisher nur sehr spärliche Angaben vor: Westfälisches Bergland in der Lenne, bei Bielefeld und Höxter (Beckhaus Fl. Westf. 1025). Karlsruhe: Moor zw. Graben und Huttenheim (Kneucker BV. Baden I. 414); Mannheim: Sanddorf (Döll Fl. Bad. I. 459); Speier bis Worms und im westlichen angrenzenden Berglande der Bayer. Pfalz zw. Kaiserslautern und Saarbrücken und bei Kirkel (Prantl 65, Dosch-Scriba 3. Aufl. 105). Mittelfranken: Dinkelsbühl: Waltingen (v. Froelich nach Bennett J. of Bot. XXXII. 203). Böhmen: Pardubitz (Čelakovský Böhm.

(G. Wiss. 1888. 466). Lissa; Niemes (Fieber Pot. Böhm. 36). Seen des (Französischen und) Schweizer Jura bis 1045 m ansteigend (Magnin SB. France XLIII. 446 Bennett bei Schröter Schweiz. BG. VI. 97). Guin (Düdingen) und Vuadens Canton Freiburg. Cant. Bern: Roggwyl bei Wangen a. d. Aare; Cant. Thurgau Ermatingen bei Constanz, Bennett a. a. O. Zürichsee bei Rapperschwyl und Wollishofen! (Schröter br.). Cant. Wallis: Outre-Rhône (Bennett a. a. O.). Nieder-Oesterreich: Wien: Heustadl-Wasser im Prater; Moosbrunn (Beck ZBG. Wien XLI. 64). Ungarn (Bennett bei Nyman Consp. 683) aber nicht in Siebenbürgen (Simonkai 511). Küstenland: Canal delle Mee bei Aquileja und Arsa-Canal bei Carpano im Brackwasser mit *Ruppia* (Pospichal 38?). Montenegro: Riblje Jezero unter dem Mali Durmitor (Pantocsek NV. Presburg 1872. 28). Bl. Juni—Aug.

P. m. Schrad. in Roem. u. Schult. Syst. III. 517 (1818) (blosser Namen). Rchb. Ic. Fl. VII. 15 (1845). Sonder Fl. Hamb. 99 (1851). Crépin Notes Pl. Belg. fasc. V 106 (1865) vgl. Bennett Journ. of Bot. XXXII (1894) 203. *P. compressum* Fl. Dan. t. 203 (1765). Sm. Engl. Bot. t. 418 (1796). Fl. Brit. 195. Mert. u. Koch Deutschl. Fl. I. 856 (1823). Fieber Pot. Böhm. 36. Rchb. Ic. VII. t. XXIV fig. 42. *P. pusillus* var. *interruptus* Schult. Oest. Fl. 2. ed. 328 (1814). *P. acutifolius* Presl Fl. Čech. 37 (1819) nicht Link. *P. compressus* var. *β. acutus* Schlechtendal Flora Berol. I. 117 (1823). *P. pusillus* a. *major* Fr. Nov. ed. 2. 48. (1828) [nicht M. u. Koch Deutschl. Fl. I. 857 (1823)]. Koch Syn. ed. 2. 780. *P. p.* A. Cham. u. Schlechtend. Linnaea II (1827) 171. *P. pusillus* var. *latifolius* Meyer Chloris Hanov. 527 (1836). *P. Friesii*[1]) Rupr. Beitr. Pfl. Russ. Reich IV. 43. (1845). Nyman Consp. 683. Suppl. 287. Bennett Journ. of Bot. XXVIII (1890) 302. *P. Oederi*[2]) Meyer Fl. Hanov. Exc. 536 (1849). Boreau Fl. Centr. Fr. 3 éd. 2. 601 (1857). *P. compressus* var. *dimidius* Crépin Notes pl. Belg. fasc. IV. 44 (1864). *P. rutilus* Richter Pl. Eur. I. 15 (1890) nach den Synonymen, obwohl *P. mucronatus* „Nyman" [welcher Autor den Namen *P. Friesii* voranstellt]· als Synonym unter *P. pusillus* aufgeführt wird!). *P. major* Morong Naiad. N.-Am. 41 (1893).

Ueber die Nomenclatur dieser Art vgl. auch Bennett (Journ. of Bot. XXIX [1891] 150). Nach reiflicher Erwägung haben wir uns aber doch entschlossen, gegen die Ansicht dieses verdienstvollen Schriftstellers den seit einem halben Jahrhundert (Sonder Fl. Hamb.) bei der grossen Mehrzahl der Floristen (auch den nächst betheiligten Skandinaviern) gebräuchlich gewordenen Schrader'schen Namen beizubehalten. Selbstverständlich datirt der Prioritäts-Anspruch dieses Namens, der von Roemer u. Schultes (a. a. O.) und Mertens u. Koch (I. 860) ohne Kenntniss seiner Bedeutung erwähnt wird, erst von 1845, in welchem Jahre er von Reichenbach

---

[1]) Vgl. S. 224.
[2]) Nach Georg Christian Oeder, * 1728 in Ansbach, † 1791 in Oldenburg, Begründer des classischen Abbildungswerkes Flora Danica, welches von 1761 bis auf die Gegenwart weitergeführt worden ist. In seinem vielbewegten Leben, in dem er als Arzt, Professor, Finanzrath, Stiftsamtmann (in Drontheim) und zuletzt als Landvogt (Richter) thätig war, hat sich O. grosse Verdienste um die Flora Schleswig-Holsteins, wie auch Dänemarks und Norwegens erworben.

als Synonym seines *P. compressus*, der aber diesen Namen nicht behalten kann, festgelegt wurde. Ruprecht kannte diese Publication und was er zur Begründung seiner neuen Benennung *P. Friesii* anführt, ist um so weniger überzeugend, als er die Authenticität der von Fries in Herb. normale ausgegebenen Exemplare anzweifelt. Eher wäre noch die Benennung G. F. W. Meyers sachlich berechtigt, da in der That in der Flora Danica diese Pflanze schon 1765 unzweifelhaft gekennzeichnet ist. Die Morong'sche Benennung ist ein schlagendes Beispiel für die Unzweckmässigkeit der Praxis, eine nur als Varietätnamen gedachte Bezeichnung für eine Art zu verwenden; in diesem Falle wird überdies der Fries'sche Namen noch durch den älteren Mertens und Koch'schen unanwendbar.

Von sehr eigenartiger Tracht; durch die reiche Verzweigung der Grundachse bildet die Pflanze häufig dicht verfilzte, schwer entwirrbare Massen. Die Früchte reifen sehr schnell; bald nachher, oft schon im Frühherbst, verschwindet die Pflanze (vgl. auch Bennett Schweiz. BG. VI. 97).

(Nord- u. Mittel-Europa; in Frankreich bis zu den Pyrenäen, in Russland östlich bis zum Ural; Nord-America südlich bis Mexico; Süd-Africa? [Bennett Ann. Wien. Hofm. VII. 291]).   *

125. × 131. *P. gramineus* × *mucronatus* s. S. 348.

132. (30.) **P. pusillus.** ♃. In allen Theilen kleiner und feiner als vor. Laubstengel meist kürzer (bis $^3/_4$ m lang), fast stielrund, meist dünn, fädlich, meist weitläufig ästig mit meist 1,5 bis 3 (bis 7) cm langen Stengelgliedern. Blätter schmal, meist 1,5 bis 3 (bis 5) cm lang, fädlich, bis 1,5 mm breit, meist 3- (selten 1-) nervig, ohne Mittelstreifnetz, meist zugespitzt. Blatthäutchen bis fast 1 cm lang, breit, hinfällig, oft ausgefranzt, aber nicht in der Mitte zerspalten. Aehrenstiele bis fast 3 cm lang, fadenförmig. Früchtchen meist wenig über 1 mm lang, glatt oder höckerig, sonst w. vor.

In Gräben, Tümpeln, seltener in grösseren Gewässern, durch das ganze Gebiet, in der Ebene meist nicht selten (auch auf den Nordsee-Inseln), im Gebirge weniger verbreitet, in den Alpen bis 2133 m ansteigend (Lac de Fully im Canton Wallis, Christ Pflanzenl. 316). Bl. Juni—Sept.

P. pusillum L. Sp. pl. ed. 1. 127 (1753). Bennett Journ. of Bot. XXXIII (1895) 373. Nyman Consp. 683 Suppl. 288. Richter Pl. Eur. I. 15. *P. p.* C. u. D. Cham. u. Schlechtend. Linnaea II. (1827) 173. *P. p. β.* u. *γ.* Koch Syn. ed. 2. 780 (1844). *P. Grisebachii*[1]) Heuffel ZBG. Wien VIII (1858) 200 (wie Simonk. Enum. pl. Transs. 511 zeigte, eine mit Kalk bez. Algen inkrustirte Pflanze!). Richter Pl. Eur. I. 15.

Sehr veränderlich in der Tracht und der Form und Grösse der Blätter. Die Formenreihe gliedert sich in folgender Weise:

A. Laubstengel dicht ästig, Stengelglieder kurz, meist nicht über 5 mm lang. Blätter meist 1—1,5 mm breit.

---

[1]) Nach Heinrich Rudolf August Grisebach, Professor der Botanik in Göttingen, * 1814 † 1879, einem namentlich um die Pflanzengeographie hochverdienten Forscher, der auch die Kenntniss der Pflanzenwelt des Gebietes, namentlich des nordwestlichen und südöstlichen durch wichtige Arbeiten gefördert hat. Auf dasselbe beziehen sich speciell: Ueber die Bildung des Torfs in den Emsmooren (Göttinger Studien 1845). Ueber die Vegetationslinien des nordwestlichen Deutschlands (a. a. O. 1847). Gr. et Schenk, Iter hungaricum a. 1852 susceptum (Wiegmanns Archiv XVIII. 1852).

I. **ramosissimus. Laubstengel gabelästig.** Blätter kürzer, stumpf. Aehrenstiele meist nur 2—3 mal länger als die Aehre. — Anscheinend selten, bisher nur in Brandenburg! Schlesien! Böhmen, Ostpreussen! Thüringen: Koburg! (ausserhalb des Gebietes bei Montpellier Delile!) beobachtet. — *P. p.* b. r. Aschers. Fl. Prov. Brandenb. I. 665 (1864). *P. Berchtoldi* α. a. r. Fieber Potam. Böhm. 40 (1838).

II. **squarrósus.** Laubstengel gerade oder schwach knickig gebogen, in jeder Blattachsel einen büscheligen, abstehenden Kurztrieb tragend, dadurch fast gefiedert erscheinend. Blätter bis über 3 cm lang, meist allmählich in eine scharfe Spitze verschmälert. — So bisher nur Prov. Brandenburg: Menz bei Rheinsberg (P. Magnus!). — *P. p.* A. II. *s.* A. u. G. Syn. I. 345 (1897).

B. **Laubstengel weitläufig ästig.** Stengelglieder meist 2—5 cm lang.
   I. Blätter meist 1—1,5 mm breit, 3 nervig. *P. p. α. major* Mert. u. Koch Deutschl. Fl. I. 857 (1823) nicht Fries.
   a. **vulgáris.** Mittelnerv der Blätter einzeln oder nur am Grunde von zwei feinen Längsnerven begleitet. Seitennerven in der Mitte zwischen dem Blattrande und dem Mittelnerven. Aehrenstiele meist nicht über 15 mm lang. Früchtchen meist glatt. — Die bei weitem häufigste Form. — *P. p.* b. *v.* Fries Nov. ed. 2. 48 (1828). Koch Syn. ed. 2. 780. Rchb. Ic. VII. t. XXII fig. 38. *P. p.* C. Cham. u. Schlecht. Linnaea II (1827) 172. *P. p.* Fieber Bot. Böhm. 40 (1838). Hierher die Unterabart **2. brevifólius** (Meyer Chloris Hanov. 525 [1836]) mit meist nur 1½—2 cm langen Blättern. Meist nicht blühend. — So in stehenden ruhigen Heidegewässern.
   b. **Berchtóldi**[1]). Mittelnerv der Blätter von 2 feinen Längsnerven begleitet. Seitennerven dem Blattrande etwas genähert. Aehrenstiele 3 bis 3½ mal so lang als die Aehre. Früchtchen höckerig. — Mit der vorigen Abart, sehr zerstreut, wohl oft übersehen. — *P. p. B.* Aschers. a. a. O. 664 (1864). *P. Berchtoldi* Fieber a. a. O. t. 4 fig. 21 (1838) z. T. vgl. Bennett Journ. of Bot. XXXII (1894) 148. Rchb. Ic. VII. t. XXII fig. 37. Hierher die Unterabart **2. elongátus** (Bennett J. of Bot. XXIX [1891] 151). Röthlich überlaufen (an *P. rutilus* erinnernd). Stengelglieder bis 7, Blätter bis 5 cm lang, letztere oft spitz. Aehrenstiele steifer, Aehre länger, Blüthen grösser. So im Canton Waat: Lac de Joux (Magnin! SB. France XLIII. 446). Ungarn (Bennett a. a. O., in Nyman Consp. 683 als *P. rutilus* aufgeführt).

Wie schon Reichenbach (Ic. VII. 14) und Ascherson (a. a. O.) hervorheben, ist *P. Berchtoldi* auf äusserst veränderliche Charaktere begründet. Bei einer Sichtung eines grösseren Materials zeigt sich denn auch deutlich, dass die betreffenden Merkmale einzeln an dieser und jener Form wieder auftreten, so dass es selbst schwer möglich erscheint, *P. pusillus* in zwei Theile zu spalten, deren einer dem *P. Berchtoldi* entspräche, ohne dabei so ausgezeichnet charakterisirte Formen wie A. I. *ramosissimus* (den Fieber als Form von *P. Berchtoldi* unterschied) auf beide vertheilen zu müssen. Nach der Gestalt der Blattspitze theilt Fieber seinen *P. Berchtoldi* noch in α. *mucronátus* (a. a. O. 40 [1838]). Blätter stumpf mit feiner Haarspitze und β. *acuminátus* (a. a. O. 41 [1838]). Blätter lang zugespitzt.

II. Blätter fast fadenförmig, einnervig.
   tenuíssimus. Jedenfalls viel seltener als B. I. a. *vulgaris*; die Verbreitung ist aber, da die Pflanze vielfach mit anderen Formen verwechselt

---

[1]) Friedrich Graf von Berchtold, * 1781 zu Platz in Böhmen, † 1876 zu Buchtowitz in Mähren; 1804—1815 Arzt in Tučap bei Tabor; gab mit J. Sv. Presl 1821—1835 ein gross angelegtes botanisches Werk, Rostlinář (Kräuterbuch) heraus und veröffentlichte 1836—43 eine unvollendet gebliebene Oeconomisch-technische Flora Böhmens, deren wirthschaftlichen Theil er selbst bearbeitete; der botanische Antheil ist von Seidl, Opiz und Fieber verfasst. 1836—1855 bereiste Graf B. einen grossen Theil Europas, den Orient und Brasilien (Čelakovský br.).

wurde, noch näher fest zu stellen. — *P. p. β. t.* Mert. u. Koch Deutschl. Fl. I. 857 (1823). Koch Syn. ed. 2. 780 nicht Rchb. Ic. Richter Pl. Eur. I. 14. *P. trichoides* Schur ÖBZ. XX (1870) 281. — Hierher auch die Unterabart b. *pauciflórus* (Schur Enum. Pl. Trauss. 633 [1866]. *P. subtrichodes* Schur a. a. O. [1866]) mit nur 4- bis 6 blüthigen Aehren.

Ueber die Nomenclatur vgl. Bennett Journ. of Bot. XXVII (1889) 36.

(Ueber den grössten Theil der Erdoberfläche verbreitet, fehlt indess in Australien und Polynesien.) *

125. × 132. *P. gramineus* × *pusillus* s. S. 348.

β. Früchtchen halboval, mit geradem Spitzchen, rückenseits abgerundet, ohne Kiel.

133. (31.) **P. rútilus.** ♃. Unterscheidet sich von der Leitart ausser in den angegebenen Merkmalen durch folgendes: Laubstengel meist nicht über 4 dm lang, schwach zusammengedrückt, meist nur am Grunde ästig. Blätter meist ziemlich schmal, die abgestorbenen am Grunde des Stengels meist nicht verfaulend, oft noch lange erhalten (dann strohfarben). Blatthäutchen etwas derb, meist spitz und an der Spitze nicht ausgefranst. Aehrenstiele nach oben kaum verdickt. Aehre meist schon zur Blüthezeit in etwas knäuelartig erscheinende Quirle unterbrochen. Früchtchen sich oft spärlich entwickelnd, 1,5 bis 2 m lang, glatt, etwas fettglänzend.

In Seen, seltener in Flüssen und Gräben; scheint im Gebiet die Südgrenze zu erreichen. Im Nordostdeutschen Flachlande wohl allgemein verbreitet, nur für Mecklenburg zweifelhaft, aus Schlesien noch nicht bekannt, wohl aber aus dem nördl. Polen. Altmark! Schleswig-Holstein, Münster, Niederlande. Aus dem übrigen Gebiet liegen nur vereinzelte Angaben vor: Westfalen: Tümpel an der Diemel bei Warburg (Beckhaus 1025); Halle a. S.: Kl. Braschwitz!! Bernburg (Preussing!) Krakau (Ilse!). Bl. Juli—Aug.

P. r. Wolfgang in Roem. u. Schult. Mant. III. 362 (1827). Nyman Consp. 683. Suppl. 288. Richter Pl. Eur. I. 15 excl. Synon. s. S. 343. Rchb. Ic. VII. t. XXIII fig. 40. *P. caespitósus* Nolte herb. nach Rchb. Ic. VII. 15 t. XXIII fig. 41 (1845) als var. von *P. rut.?*

In der Tracht der vor. sehr ähnlich, aber meist oberwärts wenig ästig, zuletzt rothbräunlich überlaufen. Die strohfarbenen Blattreste am Grunde des Stengels geben der Pflanze besonders im Herbst oft ein eigenthümliches Aussehen. Nach Tiselius (Pot. Suec. exs. fasc. III [1897]. Notula ad Nr. 105) sind bei den jungen aus Winterknospen hervorgegangenen Exemplaren die unteren Blätter kürzer und stumpf.

(Westliches und nordwestliches Russland; mittleres Schweden; Bornholm; England [Bennett Journ of Bot. XXXIII (1895) 24] Frankreich: Calvados (Lenormand!) Nord-America.) *

2. Früchtchen fast halbkreisrund, das kurze gerade Spitzchen am oberen Ende der, unten mit einem Vorsprunge versehenen, sonst fast geradlinigen Bauchkante. Blätter stets einnervig (vgl. *P. pusillus* B. II. *tenuissimus*).

134. (32.) P. trichoïdes[1]). ♃. Grundachse fadenförmig, reich verzweigt. Laubstengel 3 bis 5 dm lang, fadenförmig, dichter oder weitläufig ästig, mit meist 2 bis 5 (bis 10) cm langen Stengelgliedern, öfter mit verkürzten Zweigen (Blattbüscheln) in den Blattachseln. Blätter etwas starr, meist 2 bis 3 (bis 5) cm lang, sehr schmal, meist fadenförmig, zugespitzt, ohne Quernerven. Blatthäutchen bis 7 mm lang, spitz, meist braun, sehr hinfällig. Geförderter Spross in der Achsel des unteren Aehrenhüllblattes. Aehrenstiele fadenförmig, bis fast 5 cm lang. Aehren armblüthig, 4- bis 8 blüthig, locker, meist nur 1 Früchtchen in jeder Blüthe. Früchtchen etwa 2 mm lang.

Gräben, Torfstiche, Teiche, seltner in Seen, im nördlichen und mittleren Gebiet zerstreut oder selten, oft auf grössere Strecken fehlend; aus den Niederlanden (sowie sämmtlichen Nordsee-Inseln), Schleswig, Mecklenburg, Pommern, fast dem ganzen südwestlichen Deutschland (dort nur Bayrische Pfalz: Winden zw. Landau und Weissenburg ([Prantl 65]) und der Schweiz (nur in der Nähe der Westgrenze am Fusse des Franz. Jura in der Bresse), Ungarn, Kroatien, Siebenbürgen nicht bekannt oder zweifelhaft; findet sich in den Oesterreichischen Alpenländern in Vorarlberg: Bregenz; Tirol: Zirl: Flaurling; Innsbruck: Ambras (Murr ÖBZ. XXXIV. 87). Ober-Oesterreich: Hofmarkt Ibm (Vierhapper 14. Jahresb. Gymn. Ried 36). Nieder-Oesterreich: Stockerau (Haring ÖBZ. XXXV. 38); Kamp bei Zwettel (Beck Fl. N.-Oest. 21), Kärnten: Warmbad Villach (Preissmann ÖBZ. XXXIV. 388). Hercegovina (Bennett nach Nyman Consp. Suppl. 288). Im Mittelmeergebiet nur im Oesterr. Küstenlande bei Pola (Freyn ZBG. Wien XXVII 429) und auf Lussin (Haračić 29) angegeben, die erhaltenen Proben scheinen uns aber nicht richtig bestimmt. Bl. Juni, Juli, an manchen Orten nur spärlich; an anderen erscheint die Pflanze überhaupt unbeständig.

P. t. Cham. u. Schlechtend. Linnaea II. 175 (1827). Koch Syn. ed. 2. 780. Nyman Consp. 683 Suppl. 288. Richter Pl. Eur. I. 15. Crépin Notes pl. Belg. fasc. IV. 47, fasc. V. 114. Rchb. Ic. VII. t. XXI fig. 34. *P. monógynus*[2]) Gay in Webb et Berth. Phyt. Canar. III. 300 (1850).

Diese Art ist blühend einem sehr schmalblättrigen *P. pusillus* sehr ähnlich, die Frucht aber viel grösser, durch ihre Form leicht zu unterscheiden; die Pflanze ist starrer und brüchiger, getrocknet schwärzlich.

Zerfällt in 2 Hauptformen:
A. **condylocárpus**[3]). Frucht über dem Grunde jederseits mit einem ziemlich grossen Höcker; der Kiel höckerig gezähnt. — Die am meisten verbreitete Form. — *P. t.* A. c. A. u. G. Syn. I. 347 (1897). *P. condylocárpus* Tausch Flora XIX (1836) 423. Fieber Pot. Böhm. 43. Bennett J. of Bot. XXIX (1891) 76.

---

[1]) τριχοειδής haarähulich, wegen der schmalen Blätter.
[2]) Von μόνος einzeln, allein und γυνή Weib, weil sich meist nur ein Früchtchen in der Blüthe ausbildet.
[3]) Von κόνδυλος Gelenkknochen der Finger (daher auch Faustschlag), Geschwulst, in der modernen anatomischen Kunstsprache Gelenkhöcker, und καρπός Frucht.

Rchb. Ic. VII. t. XXII fig. 35. *P. tuberculátus* Tenore u. Gussone Syll. Fl. Neap. App. V. 4 (1842). *P. t.* a. *t.* Aschers. Fl. Brandenb. I. 665 (1864). B. liocárpus[1]). Frucht mit sehr schwachen Höckern, mit fast ganzrandigem Kiele. — Bedeutend seltener, öfter mit vor. — *P. t.* b. *l.* Aschers. a. a. O. (1864). *P. trich.* Cham. u. Schlechtend. a. a. O. t. 4 fig. 7. Rchb. a. a. O.

(Südl. Schweden; Dänemark (Bornholm, Falster); England; Irland; Frankreich; Arragonien; Italien; Sicilien; Serbien; West-Russland bis Petersburg, Kursk und Jekaterinoslaw; Algerien [Bennett J. of Bot. XXIX 76]. Palaestina [*P. Phialae*[2]) Post Bull. Herb. Boiss. I. 409 (1893) nach Bennett a. a. O. III. 255]; Teneriffa?). ∗

Bastarde.

A. I.

125. ⨯ 131. (33.) **P. gramineus ⨯ mucronátus.** ♃. Laubstengel zusammengedrückt, sehr schlank, kaum über 1 mm dick, gestreckt, spärlich seitlich verzweigt; Stengelglieder mitunter länger als die Blätter. Untergetauchte Blätter sitzend, flach, linealisch bis lineallanzettlich, nach dem Grunde allmählich verschmälert, bis 5 cm lang und meist nicht über 4 mm breit, scharf zugespitzt oder stumpf, 3- bis 5-nervig, ohne Mittelstreifnetz, dunkel-olivengrün; am Grunde derselben 2 schwärzliche Höcker. Schwimmbl. lanzettlich-eiförmig bis schmallanzettlich, bis 3,5 cm lang und 1 cm breit, häutig oder dünn lederartig, kurz (bis 1 cm lang) gestielt oder sitzend. Blatthäutchen bis 1,5 cm lang, etwas derb, häutig oder krautig. Aehrenstiele kurz bis 3 cm lang, nicht verdickt. Aehre sehr kurz, bis 5 mm lang. Früchtchen klein, meist fehlschlagend.

Im Gebiet bisher nur in Lauenburg: Forstkrug zwischen Boitzenburg und Mölln (Nolte!). Neuere Bestätigung wäre sehr erwünscht.

P. g. ⨯ *m.* A. u. G. Syn. I. 348 (1897). *P. lanceolátus* Sm. Engl. Fl. I. 232 (1824). Cham. u. Schlechtend. Linnaea II (1827) 230. Babingt. Journ. of Bot. XIX (1881) 9, 54. Bennett a. a. O. 65. t. 217. XX (1882) 20. Nyman Consp. 682. Suppl. 287. Richter Pl. Eur. I. 13. *P. heterophyllus* ⨯ *Friesii* Fryer Journ. of Bot. XXXII (1894) 339.

(Britische Inseln; Corfu [der von Bennett (Bull. Herb. Boiss. III. 257) erwähnte Fundort Cressidu Letourneux; die Pflanze ist von Boissier (Fl. Or. V. 16) fraglich als *P. rufescens* aufgeführt].) ∗|

A. I.

125. ⨯ 132. **P. gramineus ⨯ pusillus.** ♃. Laubstengel zusammengedrückt, fadenförmig, gabelig verzweigt; Stengelglieder kürzer als die Blätter. Untergetauchte

---

[1]) Von λεῖος glatt und καρπός Frucht.
[2]) Nach Phiala, dem classischen Namen des Fundorts, Birhet-er-Râm bei Banias, welcher von Wetzstein mit dem biblischen See Mérôm (Mê-Rôm, Josua XI, 5, 7) identificirt wird, welchen man gewöhnlich in dem obersten Jordan-See Bahret-el-Hûle (im Alterthum Samochonitis) sucht.

Blätter sitzend, flach, linealisch bis lineallanzettlich, nach dem Grunde allmählich verschmälert, stumpf oder stumpflich, 3- bis 5-nervig, olivengrün; am Grunde jedes Blattes zwei schwärzliche Höcker. Schwimmblätter häutig oder dünn lederartig, meist ziemlich lang gestielt, seltner sitzend, elliptisch-lanzettlich. Blatthäutchen häutig, gestutzt. Aehren nicht beobachtet.

Bisher nur in Frankreich: Montemerle, Saône et Loire (Gillot). *P. g.* × *p.* A. u. G. Syn. I. 348 (1897). *P. rivuláris* Gillot Magn. scrin. VI (1887) 118. Bull. Soc. Dauph. XIV. 584 (1887). Herb. [z. T., vgl. Bennett in Bull. Hort. Boiss. III. 257] nach Fryer Journ. of Bot. XXXII (1894) 337. *P. heterophyllus* × *p.*, *P. lanceolatus* var. *r.* Fryer a. a. O. 338 (1894). *P. rufescens* * *P. r.* Nyman Consp. Suppl. 287. Richter Pl. Eur. I. 12.

A. I.

127. × 130. **P. crispus × obtusifólius.** ♃. Laubstengel schlank, zusammengedrückt, nur oberwärts ästig, mit oft zahlreichen kurzen Laubtrieben in den Blattachseln. Blätter sitzend, flach, schmallinealisch, bis 4 mm breit, am Grunde etwas verschmälert, 3 nervig, kleingesägt oder mitunter ganzrandig, meist dunkelgrün, trocken oft etwas röthlich überlaufen. Aehrenstiele kurz, 1 bis 2 cm lang, nicht verdickt. Aehren wenigblüthig. Früchtchen fehlschlagend.

Bisher nur in England und vielleicht im Ussuri-Gebiet (Russ. Mandschurei) (*P. serruláus* Regel u. Maack (?) Tent. Fl. Ussur. 139 [1861] vgl. Fryer Journ. of Bot. XXXIII [1895] 2). Wohl sicher nur in Gebiet.

P. Bennéttii[1]) [c. × o. (?)] Fryer a. a. O. 1 t. 348 (1895).

Tracht von *P. obtusifolius* resp. *P. crispus* B. b. *longifolius* (s. S. 336); durch den zusammengedrückten Stengel und die (mitunter zahlreichen) Kurztriebe in den Blattachseln und die kleingesägten, hin und wieder ganzrandigen Blätter sehr ausgezeichnet.

II. *Coleophýlli*[2]) (Koch Syn. ed. 1. 677 [1837]). In Brandenb.: Glaskraut). Blätter sämmtlich untergetaucht. Blattfläche nahe unter dem oberen Ende der ziemlich langen, grünen, den Stengel meist eng umgebenden Scheide abgehend, schmal-linealisch, parallelrandig mit deutlichen Quernerven. Stengel rundlich-zusammengedrückt, ästig. Geförderter Spross in der Achsel des unteren Aehrenhüllblattes.

Gesammtart P. pectinátus.

135. (34.) **P. pectinátus.** ♃. Grundachse bis 1,5 mm dick, reich gabelig verzweigt, im Herbst (wie auch einige Theile des Laubstengels) mit knollig angeschwollenen, den Winter überdauernden Endgliedern. Laubstengel fadenförmig, bis 1 mm dick, bis fast 3 m (!) lang, meist sehr dicht gabelästig, mit meist 1,5 bis 4 (bis 10) cm langen Stengelgliedern. Blätter 2 bis 15 cm lang, bis 2,5 mm breit, allmählich in eine scharfe bis fadenförmige Spitze verschmälert oder abgerundet-stumpf, meist 3 nervig (2 Nerven in der Nähe des Randes verlaufend). Scheiden bis 5 cm lang. Blatthäutchen bis 1 cm lang, stumpf, weisslich, zart, hinfällig oder grünlich, bleibend. Aehrenstiele

---

[1]) Nach Arthur Bennett in Croydon, * 19 Juni 1843, dem vorzüglichen Kenner der Britischen Flora und vor Allem der Gattung *Potamogeton* (vgl. S. 302). Wir sind demselben für manche freundlich ertheilte Aufschlüsse verpflichtet.

[2]) Von κολεός Scheide und φύλλον Blatt.

meist 4 bis 6 (bis 25) cm lang, fadenförmig. Aehre bis 5 cm lang, locker oder (häufig schon in der Blüthe) unterbrochen. **Früchtchen gelbbraun, 4 mm lang (schief-breit-eiförmig), fast halbkreisrund bis fast kugelig, rückenseits gekielt oder abgerundet, das kurze Spitzchen an dem oberen Ende der geradlinigen bis schwach convexen Bauchkante stehend.** In Flüssen, Seen, Gräben, in stehenden, wie in stark fliessenden Gewässern im ganzen Gebiet meist häufig (auch auf den Nordsee-Inseln), nicht selten auch im Brackwasser und in den Buchten der Ostsee (Putziger Wiek!!) auch im Hintergrunde des Ombla-Busens bei Ragusa!! ausgedehnte Bestände bildend, hier nicht selten ganz untergetaucht blühend und fruchtend (!). In den Alpen bis 1600 m aufsteigend. Bl. Juni—Aug.

P. pectinatum L. Sp. pl. ed. 1. 127 (1753). Cham. u. Schl. Linnaea II (1827) 164. Koch Syn. ed. 2. 781. Nyman Consp. 684. Suppl. 288. Richter Pl. Eur. I. 15. Rchb. Ic. VII. t. XIX. fig. 30.

Eine in der Tracht und in der Blattform sehr veränderliche Art. Die Hauptformen gliedern sich in folgender Reihe:

A. Laubstengel dicht gabelästig. **Blätter einnervig.** Früchtchen gekielt oder ungekielt.

scopárius. Pflanze zart. Stengelglieder oberwärts meist nicht über 2 cm lang. Blätter fadenartig, kaum 1 mm breit. Achrenstiele häufig beträchtlich verlängert. — So in stehenden Gewässern, gern in Gräben mit Salzwasser, auch in Seen und in den Buchten der Ostsee!! — *P. p. s.* Wallr. Sched. crit. 68 (1822). Rchb. Ic. VII. t. XIX fig. 30. β. Cham. u. Schlecht. n. a. O. 165 (1827). *P. p. β. submarinus* Fries Nov. fl. Suec. ed. 2. 53 (1828). *P. p. δ.* Mert. u. Koch Deutschl. Fl. 858 (1823). *P. p. b. setáceus* Meyer Chloris Hanov. 526 (1836). *P. p. c. ténuis* Meyer Fl. Hanov. exc. 537 (1849). — Hierher gehört auch die im Gebiet neuerdings nicht wieder aufgefundene Unterabart 2. *drupáceus* (*P. p. β. drupácea* Koch herb. nach O. F. Lang Flora II [1846] 472 vgl. Bennett Journ. of Bot. XXXI [1893] 133. *P. d.* O. F. Lang n. a. O. [1846] vgl. Koch Syn. ed. 2. 781 [unter *P. marinus*] und 1028). **Früchtchen schief breit-eiförmig, ungekielt, von einem sehr kurzen breiten Spitzchen gekrönt.** — Im Gebiet bisher nur in Hannover: Eisseler See bei Verden (Lang! a. a. O.) und bei Leipzig: Stötteritz (W. Gerhard!). (Sicilien!).

B. Laubstengel weitläufig ästig. **Blätter breiter, mehrnervig. Früchtchen gekielt.**

I. **Blätter (wenigstens die oberen alle) 3nervig, allmählich in eine fadenförmige Spitze verschmälert. Blatthäutchen weisslich, meist hinfällig. Früchtchen halbkreisförmig.**

a. vulgáris. **Blattscheiden zart, wenig dicker als der Stengel. Blätter nicht über 1 mm breit.** — Die bei weitem häufigste Form. — *P. p. C. v.* Cham. u. Schlecht. Linnaea II (1827) 165.

b. interrúptus. **Blattscheiden derb, etwas aufgeblasen, wenigstens die unteren 2 bis 3mal dicker als der Stengel.** Blätter am Grunde 1½ bis 2 mm breit. — So in Flüssen und stark fliessenden Gräben nicht selten. Meist nicht blühend. — *P. p. b. i.* Aschers. Fl. Prov. Brandenb. I. 666 (1864). Bennett Journ. of Bot. XXIX. 307 (1891). *P. i.* Kitaibel in Schultes Oest. Fl. ed. 2. 328 (1814). *P. Vaillántii*[1]) Roem. u. Schult. Syst. III. 514 (1818). Rchb. Ic. t. VII. t. XIX fig. 31. *P. p.* var. *dichó-*

---

[1]) Nach Sébastien Vaillant, * 1669 † 1722, einem der bedeutendsten französischen Botaniker zu Anfang des vorigen Jahrhunderts. Schrieb u. a. 1718 Sermo de structura florum. Erst nach seinem Tode erschien 1723 sein in mehreren Auflagen und Bearbeitungen herausgegebenes Hauptwerk Botanicon Parisiense.

tomus[1]) Wallr. Sched. crit. 68 (1822). *P. p.* A. Cham. u. Schlecht. a. a. O. (1827). — Hierher (als Synonym?) auch der von Babington (Man. Brit. Bot. ed. 3. 343 [1851]) beschriebene *P. flabellátus* (vgl. auch Crépin Notes Pl. Belg. fasc. IV. 45 [1864]. Fryer Journ. of Bot. XXVI [1888] 297. Beeby Journ. of Bot. XXVII [1889] 58. Nyman Consp. Suppl. 288. Richter Pl. Eur. I. 15. Bennett Journ. of Bot. XXVIII [1890] 299. Schweiz. BG. VI. 97. *P. juncifólius* Kerner bei Fritsch ZBG. Wien XLV. 364 [1895] Fl. Austr. Hung. 2693! Der von Bennett [Schweiz. BG. a. a. O.] hierher gezogene *P. p.* var. *latifólius* Meyer Chlor. Hanov. 526 [1836] gehört wohl eher zur Rasse B. II. *zosteraceus*. *P. p.* var. *fl.* Crép. a. a. O. 47 [1864]). *Pot. flab.* soll ausgezeichnet sein durch nur im Frühjahr erzeugte (zur Blüthezeit bereits abgestorbene) breitlinealische plötzlich zugespitzte 3- bis 5-nervige Blätter, fächerartig auseinander tretende Laubstengel und die mit mit fast gerader Bauch- (Innen-) seite versehenen, rückenseits gekielten Früchtchen, Merkmale, die alle der Abart *interruptus* zukommen. Uns vorliegende Exemplare aus England weichen in nichts von unserem *interruptus* ab. Von Bennett aus der Schweiz (a. a. O.) mehrfach angegeben. — Ganz ähnlich verhält es sich mit dem ebenfalls hierher gehörigen 2. *vaginátus* (A. u. G. Syn. I. 351 [1897]. *P. v.* Turcz. Bull. Soc. Mosc. [1837] 102 [1838 blosser Name] XXVII. [1854] 66. Kihlman Medd. soc. fl. Fenn. 1887. 1. Sep. 1888 112. Almquist in Hartm. Handb. Skand. Fl. 12. Uppl. I. 55. Bennett a. a. O. Nyman Consp. Suppl. 288). Ueberwintert (nicht wie *P. p. vulgaris* und nach Forel bei Bennett Schweiz. BG. VI. 98 auch *P. flabellatus* nur durch Rhizomknollen, sondern die ganzen Laubstengel bleiben während des Winters grün). Blattscheiden mitunter am Grunde des Laubstengels ohne oder mit verkürzter Spreite. Früchtchen etwas kleiner (bis 3 mm lang), aussen (rückenseits) mit schwachem (besonders getrocknet undeutlichem) Kiel. Nach Bennett a. a. O. Mecklenburg, Genfer-!, Vierwaldstätter- und Bodensee; Wien. Sonst nur in Skandinavien und Sibirien, Finnland. G. Hochreutiner (Bull. Herb. Boiss. V. 12 [1897]) bezweifelt die Identität dieser Form mit *P. v.* und nennt sie *P. p. v. fluviátilis* (Schübler Mart. Fl. Würt. 111 [1834]).

II. Blätter 3- bis 5 nervig, mit ganz parallelen Rändern, an der Spitze (wenigstens die unteren) stumpf-abgerundet oder die oberen zugespitzt, stachelspitzig. Blatthäutchen meist grünlich, etwas derb. Hierher die Rasse

zosteráceus. Pflanze kräftig. Blattscheiden mindestens 3 mal so dick als der Stengel, meist nicht deutlich von ihrem Blatt abgesetzt. Blätter bis 2,5 mm breit, derb. Aehren lang gestielt. Früchtchen fast kugelig. In Süss- und Brackwasser. Bisher fast nur im Norddeutschen Flachlande, selten. Hamburg (Klatt!) Schleswig-Holstein: Königsau zw. Schottburg und Hjortlund (Lange Haandb. 4. Udg. 201). Mecklenburg: in der Nebel bei Güstrow (John! vgl. Caspary VN. Meckl. XVIII 212). Kummerower-See bei Aalbude (Krause Meckl. Fl. 10). Pommern: Kolberg: Pferdewiesen!! Westpreussen: In der Beka am Putziger Wiek!! wohl in den Buchten der Ostsee verbreiteter. Kr. Schlochau: Zahnefliess b. Hammerstein (Caspary PÖG. Königsb. XXIX. 89). Königsberg: Pregel 1865 (Caspary nach Abromeit br.). Kr. Allenstein: See Orczolek bei Bergfriede 1869 (Caspary a. a. O. XXI. 51). Ausserdem nur Prov. Hessen-Nassau: Soden bei Allendorf a. d. Werra

---

[1]) διχότομος zweitheilig, in zwei Theile zerspalten, wegen der zweitheilig verzweigten Stengel.

(Ilse!) und Baden: Tauber bei Waldenhausen (Mertin, Döll Fl. Bad. 458). (Sonst nur im mittleren Schweden und Finnland.) P. p. z. Caspary PÖG. XXIX. 89 (1888). P. z. Fries Nov. Fl. Suec. ed. 2. 51 (1832). Nyman Consp. 683. Richter Pl. Eur. I. 15. Rchb. Ic. VII. t. XX. fig. 33. *P. marínus* Hartm. Handb. Scand. Fl. 3. Uppl. 41 (1838). P. p. b. *luxúrians* Döll a. a. O. (1857). Wird nicht selten in grossen Massen zur Düngung auf die Aecker gefahren (!), die knollig angeschwollene Grundachse wird nach Berchtold (Fieber Pot. Böhm. 50) als Schweinefutter benutzt.

(Ueber den grössten Theil der Erdoberfläche verbreitet, überschreitet aber den nördlichen Polarkreis nur wenig (in Norwegen bis zur Inselgruppe Vesteraalen jenseits der Lofoten unter dem 69°.) *

136. (35.) **P. filifórmis.** ♃. Unterscheidet sich von der Leitart durch Folgendes: Laubstengel nur am Grunde dicht gabelästig, meist nicht über 3 dm lang. Blätter sehr schmal, meist fadenförmig, 1 nervig. Scheiden selten über 1,5 cm lang, Blatthäutchen meist kurz, bis 7 mm lang, zart, hinfällig. Aehrenstiele verlängert, meist 5 bis 7 cm lang, fadenförmig. Aehre meist durch grosse Zwischenräume unterbrochen. **Früchtchen kaum halb so gross als bei der Leitart, etwa 2 mm lang, schief-oval, rückenseits abgerundet, mit sehr kurzem fast über der Mitte des Früchtchens liegendem Spitzchen, grünlich.**

Seen mit Sand- und steinigem Grunde, seltner in Bächen, ausnahmsweise in Brackwasser in der Nähe der Küste, nur im nördlichen Flachlande und im Alpengebiet, dort bis 2133 m (Lac de Fully, Cant. Wallis) Christ Pfl.-Leben 316) ansteigend. Am meisten verbreitet in der Moränenlandschaft östlich der Elbe: Ost-! und Westpreussen! Polen. Posen! Prov. Brandenburg!! Pommern! (hier auch in Strandseen [Köslin: Jamunder See: Doms!] und Meeresbuchten [Kl. Jasmunder Bodden auf Rügen Boll]) und Mecklenburg! Im Nordwesten mit Sicherheit nur im Dümmer-See. Hochgelegene Seen des (Französischen und) Schweizer Jura! Dép. Alpes-Maritimes und Basses-Alpes. Dauphiné. Savoyen! Schweiz, hier auch ausserhalb des Gebirges: Sihl-Canal in Zürich (Käser nach Bennett bei Schröter Schweiz. BG. VI. 99). Nord-Tiroler, Bayrische und Salzburger Alpen: (Allgäu: die Angabe Seealper-See 1620 m als *P. pectinatus* bei Sendtner Süd-Bayern 867 bezieht sich wohl auf diese Art, vgl. Hausmann Fl. Tirol 824; vermuthlich auch die im Plan-See bei Reutte). Leutasch (Murr!) Achen-See (G. A. Fintelmann!) Reichenhall: Thum-See (Kny!) [Salzburg (Sauter ÖBW. V. 347) fraglich Fritsch br.]. Auch in der Oberbayerischen Ebene: Tutzing am Starnberger See (Bornmüller BV. Thür. NF. VII. 17). Süd-Tirol: Reschen-See im obersten Vintschgau; Alpe zw. Gröden und Badia; Seiser Alpe; S. Pellegrino in Fleims (Hausmann Fl. Tir. 824, 1486). Kärnten: Klagenfurt (Wulfen Fl. Nor. 221; Gail bei der Möderndorfer Brücke (Prohaska Carinthia LXXXV. 1895. 223). Die Angaben aus Salzwasser in Ungarn (Kerner ÖBZ. XXVII. 133) und Küstenland (Freyn DBG. Wien XXVII. 429.

Tommasini Veglia 61, Pospichal 39) von denen nur theilweise Proben vorlagen, beziehen sich wohl sämmtlich auf Formen der vorhergehenden Art. Auch die Angaben aus der Hercegovina und Montenegro (Pantocsek NV. Pressb. 1872. 95) bedürfen sehr der Bestätigung. Bl. Juni—Aug.
P. f. Pers. Syn. I. 152 (1805). Nolte Novit. 20 (1826). Cham. u. Schl. Linnaea II (1827) 167 vgl. Bennett Journ. of Bot. XXVIII (1890) 301. *P. marinum* L. Sp. pl. ed. 1. 127 (1753) z. T.? (nicht Herb.) All. Fl. Pedem. I. 240. Fr. Nov. Pl. Suec. 54. Meyer Chloris Hanov. 526. Koch Syn. ed. 2. 781. Nyman Consp. 684. Suppl. 288. Richter Pl. Eur. I. 15. Rchb. Ic. VII. t. XVIII fig. 27. *P. setáceum* Schum. En. pl. Saell. I. 51 (1801) nicht L. *P. fasciculátus* Wolfg. in Roem. u. Schult. Mant. III. 364 (1827) vgl. Bennett Journ. of Bot. XXIX [1891] 76). Rchb. Ic. VIII. t. XVIII fig. 28, 29 (als Form v. *P. mar.* mit kurzen Aehrenstielen).

Aendert ab: B. *alpinus* (*P. mar. a.* Blytt Norg. Fl. I. 370 [1861]. Almquist in Hartm. Handb. Skand. Fl. 12. Uppl. 55). In allen Theilen grösser und kräftiger, Laubstengel stärker ästig, Blätter 1 mm breit, Früchtchen etwas grösser. — Bisher nur in Skandinavien.

Ueber die Benennung dieser Art vgl. Bennett a. a. O. Die im Herb. Linné als *P. marinus* liegenden Exemplare sind nichts als Formen von *P. pectinatus*.

(Nördliches und westliches Russland; Skandinavien (dort meist im Brackwasser der Meeresbuchten); Dänemark: Faer-Oer; Island; Schottland; Irland; Asien; Australien [Bennett Journ. of Bot. XXV (1887) 177. XXIX (1891) 76]; Africa; America.) *****

135. × 136. **P. pectinátus × filifórmis.** ♃. In der Tracht *P. filiformis* ähnlich. Blätter meist etwas breit, flach, einnervig, in eine scharfe Spitze verschmälert. Früchtchen fehlschlagend.
Bisher nur in Skandinavien, mehrfach beobachtet.
P. p. × f. A. u. G. Syn. I. 353 (1897). *P. f. × pectinata* Almquist in Hartm. Handb. Skand. Fl. 12. Uppl. 55 (1889). *P. Suécicus* Richter Pl. Eur. I. 15 (1890).

B. *Enantiophýlli*[1]) (Koch Syn. ed. 1. 678 [1837]). *Groenlándia*[2]) Gay Compt. rend. Ac. Sc. Paris XXXVIII [1854] 703). Blätter bis auf diejenigen der Grundachse paarweise (selten zu 3) genähert, fast gegenständig, sämmtlich untergetaucht, mit halbstengelumfassendem Grunde sitzend, ohne Scheide, nur das oberste der Aehre voran-

---

1) Von ἐναντίος gegenüber und φύλλον Blatt, wegen der fast gegenständigen Blätter.
2) Nach Johannes Grönland, * 8. April 1824 zu Altona, † 13. Febr. 1891 zu Dahme, Lehrer an der Landwirthschaftsschule daselbst, von 1853—1870 in Paris wohnhaft. Von seinen botanischen Arbeiten, welche grösstentheils die Pflanzenanatomie betreffen, ist besonders wichtig diejenige über die Entwickelungsgeschichte der Blüthen von *Zostera* (Botan. Zeitung 1852). Ferner entfaltete er eine reiche Thätigkeit als Schriftsteller über Gartenbotanik. Seine Untersuchungen über die Bastarde von *Triticum* und *Aegilops* haben wesentlich zur Entscheidung der wichtigen Frage beigetragen.

gehende oder beide mit in 2 längliche Seitenhälften getrenntem, oft nur einseitigem, alle übrigen ohne Blatthäutchen.

137. (36.) **P. densus.** ♃ ? (nach Sauvageau in Journ. de Botanique 1894 sich wenigstens im mittleren Frankreich „wie eine ☉ Pflanze verhaltend"). Grundachse etwas über 1 mm dick, ziemlich lang kriechend, mehr oder weniger verzweigt. Laubstengel rundlich, bis 3 dm lang, bis 2 mm dick, mehr oder weniger ästig, oberwärts meist gabelästig, mit sehr kurzen (1 mm) bis 6 cm langen Stengelgliedern. Blätter (5 mm bis) meist 1,5 bis 2,5 (bis 3) cm lang, bis 15 mm breit, nach der Spitze verschmälert, spitz oder stumpf, nicht stachelspitzig, besonders nach der Spitze zu gezähnelt, mit deutlichem Mittelstreifnetz und entfernten unregelmässigen Quernerven. Aehrenstiel 5 bis 15 mm lang, kürzer als die Blätter, nach der Blüthe zurückgekrümmt. Aehre 5 bis 10 mm lang, wenigblüthig. Früchtchen etwa 3 mm lang, rundlich, aussen scharf gekielt mit bis fast 1 mm langem hakenförmig gebogenem Spitzchen.

In seichten, fliessenden Gewässern mit klarem Wasser, Quellgräben und Bächen, seltener in Seen, zerstreut oder sehr zerstreut durch das Gebiet, meist in der Ebene, nicht über 900 m ansteigend, auf grössere Strecken fast oder völlig fehlend; erreicht im Gebiet die Ostgrenze. Am wenigsten verbreitet im östlichen Gebiet. In Mecklenburg nur in der Elbmarsch, in Pommern und Schlesien fehlend, für Brandenburg sehr zweifelhaft, da die älteren Angaben (Potsdam 1844 Grunow! Schwieloch-See Rabenhorst) neuerdings keine Bestätigung gefunden haben, in Schlesien fehlend, in Posen nur bei Czarnikau (Straehler! DBM. XI. 146) in Westpreussen nur bei Danzig, in Ostpreussen nur bei Königsberg (Abromeit PÖG. XXVI. 58); [die Angaben in Polen bedürfen neuerer Bestätigung; die in Galizien bei Krakau ist unbegründet (Zalewski br.)]; in Ungarn nur bei Pressburg und Budapest, in Siebenbürgen an wenigen Orten (Sim. 511); in Kroatien: Posavaina und Lonjsko Polje (Schlosser u. Vuk. 1111). Im Küstenlande, Dalmatien, Bosnien und Hercegovina nicht beobachtet. Bl. Juni—Aug.

P. densum L. Sp. pl. ed. 1. 126 (1753) erw. Cham. u. Schlecht. Linnaea II (1827) 160. Koch Syn. ed. 2. 781. Nyman Consp. 683. Richter Pl. Eur. I. 15. Rchb. Ic. VII. t. XXVIII fig. 46—49.

In der Tracht und der Blattbreite sehr veränderlich, zerfällt in folgende Hauptformen:
A. Blätter breit eiförmig, zugespitzt, 5- bis 7-nervig.

rigidus. Blätter meist rinnig zusammengefaltet, zurückgebogen; alle, oder doch die oberen sehr genähert dicht aneinander liegend. Häufig nicht blühend. — So meist in Gräben und Seen. — *P. d. r.* Opiz bei Fieber Pot. Böhm. 13 (1838). *P. densum* L. a. a. O. (1753). Rchb. Ic. a. a. O. fig. 48, 49. *P. d.* [α.] Mert. u. Koch Deutschl. Fl. 859 (1823). Koch Syn. ed. 2. 781. *P. d. A.* Cham. u. Schlecht. a. a. O. (1827). — In der Tracht dem *P. perfoliatus* A. sehr ähnlich.

B. Blätter schmäler, lanzettlich, mit fast geraden Seiten, 3-nervig. — *P. d. β. laxifolius* Gren. et Godr. Fl. France III. 320 (1855).

I. serratus. Stengelglieder länger. Blätter lanzettlich, meist flach oder wenig rinnig, gerade. — Meist in rascher fliessenden Flüssen, Bächen und Mühlgräben, häufiger als vor. — *P. d. b. s.* Aschers. Fl. Brand. 1. 667 (1864). *P. serratum* L. a. a. O. (1753). *P. oppositifólium* Lam. u. DC. Fl. Fr. III. 186 (1805). *P. d. β. lancifólius* Mert. u. Koch a. a. O. (1823). Koch Syn. a. a. O. *P. d.* B. b. Cham. u. Schlecht. a. a. O. (1827). *P. d. a. major* Meyer Chloris Hanov. 527 (1836). Bennett a. a. O. *P. d. β. opp.* Rchb. Ic. a. a. O. fig. 47 (1845).

II. setáceus. Blätter lineallanzettlich, nicht über 3 mm breit, sonst wie vor. — Selten, in stark fliessendem klarem Wasser. — *P. d. α. s.* Rchb. Ic. VII. 18. t. XXVIII fig. 46 (1845). *P. setaceum* L. a. a. O. 127 (1753). *P. oppos. β. angustifólium* Lam. u. DC. a. a. O. V. 311 (1815). *P. d. γ. angustifólius* Mert. u. Koch a. a. O. 860 (1823). Meyer Fl. Hanov. exc. 538. Koch Syn. ed. 2. 781. *P. d.* B. a. Cham. u. Schlecht. a. a. O. (1827). *P. d. β. laxus* Opiz a. a. O. (1838).

Arcangeli (Comp. ed. 1. 643 [1882]) beschreibt eine var. *stipulátus* mit deutlichem Blatthäutchen [ob an allen Blättern?] aus den Seen von Avigliana zw. Turin und Susa, also an der Grenze unseres Gebietes. Der Versuch, dieselbe zur Ansicht zu erhalten, blieb erfolglos. Jedenfalls scheint die Möglichkeit nicht ausgeschlossen, dass hier eine Verwechselung mit *P. perfoliatus* A. II. *pseudodensus* (S. 314) stattgefunden hat.

Diese Art wird neuerdings in Anstalten für künstliche Fischzucht zum Schutz der Brut, und um das Wasser klar zu erhalten, angepflanzt, so z. B. in Hüningen bei Basel und von da aus übertragen, in Tzschetzschnow bei Frankfurt a. O.!!

(Dänemark; Norwegen: Kristiania; südwestl. Schweden: Halland; Britische Inseln; Frankreich; Mittelmeergebiet [auch Nord-Africa, Kleinasien, Syrien und Armenien]; Serbien; südliches Asien [Bennett Journ. of Bot. XXXIII (1895) 371]. Die Angaben aus Nord-America sind nach Bennett [a. a. O. XXIX (1891) 76] irrthümlich.) *|

40. RÚPPIA[1]).

(L. Gen. pl. [ed. 1. 277] ed. 5. 61 [1754] Nat. Pfl. II. 1. 210.)

Vgl. S. 301. Bis auf die Blüthenähre ganz untergetaucht. Laubstengel kriechend, an den Knoten wurzelnd, traubig ästig, die dem Blüthenstande vorhergehenden Glieder meist fluthend. Die Verzweigung aus den Achseln der der Aehre vorhergehenden genäherten beiden Blätter wie bei den meisten *Potamogeton*-Arten; der geförderte Spross auch hier aus der Achsel des oberen derselben. Blätter zweizeilig, abwechselnd, lineal-fadenförmig, ohne deutliche Quernerven, am Grunde verbreitert, scheidenartig, mit je 2 Achselschüppchen. Aehre endständig, nur scheinbar seitenständig (vgl. S. 302), vor dem Aufblühen von den bauchig erweiterten Scheiden der beiden ihr vorausgehenden Laubblätter eingeschlossen. Antheren fast sitzend, mit getrennten nierenförmigen, nach aussen aufspringenden und sich bald

---

[1]) Nach Heinrich Bernhard Rupp (vielleicht Ruppe, latinisirt Ruppius), * 1688 † 1719, Verfasser der Flora Jenensis (Jena 1718), einem der gründlichsten Erforscher der Mitteldeutschen Flora. Das Leben und Wirken dieses ebenso absonderlichen wie genialen Mannes ist kürzlich von H. Fitting in seiner Geschichte der Halle'schen Floristik (Z. Naturw. Leipzig LXIX '1897] 304 ff.) eingehend behandelt worden.

von dem schuppenförmigen Mittelbande ablösenden Hälften. Samenanlage von der Spitze der Höhlung des Fruchtknotens herabhängend, anfangs geradläufig, nach der Befruchtung halbkrummläufig. Narben sitzend, schildförmig oder vertieft. Früchtchen steinfruchtartig, bei der Keimung sich mit dreieckigem Deckelchen öffnend. Keimling grösstentheils aus dem stark angeschwollenen hypokotylen Gliede bestehend; an der oberen Fläche das etwas eingekrümmte Keimblatt und nahe demselben die Hauptwurzel hervortretend.

Nur eine Art von der Tracht der *Potamogeton*-Arten aus der Sect. *Coleophylli*, in Salz- und Brackwasser über den grössten Theil der Erde verbreitet, doch selten im freien Meere.

138. R. maritima. (Ital.: Erba da chiossi, bei Venedig). ♃. Laubstengel bis 4 dm lang, fädlich mit bis 5 cm langen Stengelgliedern. Blätter meist fädlich, selten bis wenig über 1 mm breit, mit der Scheide bis 1 dm lang, fein zugespitzt; Scheide bis über 2 mm breit. Aehrenstiel bis über 1 dm lang.

In Gräben und Tümpeln in der Nähe der Küsten oder in Lagunen, Buchten und Altwässern der Meere; viel seltener im Binnenlande.

R. m. L. Sp. pl. ed. 1. 127 (1753), Mert. u. Koch Deutschl. Fl. I. 861 (1823). Aschers. Nat. Pfl. II. 1. 210.

Zerfällt in einige für das Gesammtgebiet der Art noch nicht genügend geschiedene Unterarten, die meist durch Uebergänge mit einander verbunden sind. Im Gebiet die folgenden beiden:

A. *R. spirális.* Meist kräftig. Blätter bis über 1 mm breit. **Aehrenstiel sehr verlängert, nach der Befruchtung spiralig zusammengerollt.** Blüthen proterandrisch! Antherenhälften länglich. Stiel der meist schief eiförmigen Früchtchen wenigstens 3—4 mal so lang als diese.

Im Gebiet nur in der Nähe der Küsten. Mit Sicherheit bisher bekannt: Belgien. Niederlande! Ostfriesische Insel Norderney (Hb. Sonder!) Schleswig-Holstein in und an der Nordsee! und Ostsee!! (vgl. Prahl Krit. Flora II. 210). Mecklenburg: Dassow; Wismar (Griewank!) Poel (Wüstnei!). Neu-Vorpommern: Zingst! Stralsund; Rügen; Greifswald! (vgl. Marsson 497). Provence z. B. Camargue! Toulon! Hyères. Triest!! Istrien: Pola!! Dalmatien: Zupa-Thal!! Die aus dem Anfang des Jahrh. stammende, seitdem nicht bestätigte Angabe bei Göttingen ist gänzlich unverbürgt und höchst unwahrscheinlich (vgl. Nöldeke Fl. Goett. 94). Bl. Mai—Herbst.

R. s. L. herb. Dumort. Fl. Belg. 164 (1827). Nyman Consp. 684. Suppl. 288. Richter Pl. Eur. I. 16. Schlegel in Hartman Handb. Skand. Fl. 12. Uppl. 56. *R. m. a. sp.* Moris! St. Sard. el. I. 43 (1827). *R. m.* Koch Syn. ed. 1. 678 (1837) ed. 2. 781. Rchb. Ic. VII. t. XVII fig. 26. *Dzieduszyckia*[1]) *limnóbia*[2]) Rehmann ÖBZ. XVIII (1868) 374. Richter

---

[1]) Nach dem Grafen Włodzimirz (Wladimir) Dzieduszycki in Lemberg, * 1824, Dr. phil., k. k. Geheimen Rath (Zalewski br.), einem freigebigen Mäcen der Wissenschaft und durch eigene Arbeiten um die Ornithologie verdienten Forscher.

[2]) Von λίμνη Sumpf, Teich und βιόω lebe.

Pl. Eur. I. 288 vgl. Aschers. bei Delpino Soc. It. Sc. nat. XIII. 185, 186 (1870) und BZ. XXIX (1871) 465.

(Wohl über das ganze Gebiet der Art verbreitet; gesehen von der Westküste Schwedens [in Norwegen bis zu den Lofoten nach Schlegel a. a. O. 57]; England; der Nord-, West- und Südküste Frankreichs; Spanien; Corsica; Ischia; Sicilien; Constantinopel; Südrussland (Rehmann!) Griechenland; Aegypten!! Japan; Australien; Polynesien; Nord- und Süd-America).   *

B. R. rostelláta. Zarter als d. v. Scheiden der der Aehre vorhergehenden Blätter etwas schmäler. Aehrenstiel ziemlich kurz, meist nicht 3 cm lang, nach der Befruchtung nicht spiralförmig zusammengerollt, gerade oder etwas zurückgekrümmt. Blüthen proterogyn! Staubbeutelhälften rundlich. Stiel der oft fast halbmondförmigen, deutlich geschnäbelten Früchtchen um das Mehr- bis Vielfache länger als dieselben.

An den Küsten und in der Nähe derselben meist verbreitet, an der Nord- und Ostsee (östlich bis zum Putziger Wiek!!) häufiger, an den Mittelmeerküsten (Marseille! Antibes Thuret u. Bornet nach Ardoino 385. Triest Portenschlag! Duino Stur nach Marchesetti Fl. Trieste 516) meist seltener als die vorige; aus Istrien und Dalmatien nicht angegeben. Ausserdem an vereinzelten Orten des Binnenlandes: Lothringen: Marsal. Hannover: in der Fösse zw. den Vororten Linden und Limmer 1896 (Beckmann!) Thüringen: Numburg bei Sondershausen früher (Irmisch!) Frankenhausen! Artern (in einem Graben, dessen Wasser 2$^{1}/_{2}$ Procent NaCl enthält)! Weissensee (Buddensieg Irmischia 1885. V. 40). Halle: Amsdorf am ehemaligen Salzsee noch 1884, jetzt verschwunden (Aug. Schulz br.). Stassfurt (noch 1865 Beckmann!) Siebenbürgen (nur Abart B.). Bl. Juni—Herbst.

R. r. Koch in Rchb. Ic. pl. crit. II. 66 t. CLXXIV fig. 306 (1824). Syn. ed. 2. 782. Nyman Consp. 685 Suppl. 289. Richter Pl. Eur. I. 16. Rchb. Ic. Fl. Germ. VII. 10. t. XVII fig. 25. *R. m.* var. *rostráta* Agardh Physiographiska Sällskapets Årsberättelse 6. Maj 1823. 37. Aschers. in Ascherson u. Schweinfurth Ill. Fl. Ég. Mém. Inst. Ég. II. 144 (1887). Nat. Pfl. II. 1. 210 [durch Schreibfehler mit der Autorität „M. u. Koch"]. *R. mar.* β. *minor* Mert. u. Koch Deutschl. Fl. I. 861 (1823). *R. obliqua* G. F. W. Meyer h. nach Meyer Chloris Hanov. 527 (1836). *R. m. L.* Wästg. Resan und herb. nach Schlegel a. a. O. 57 (1889).

Hierher gehört die Abart B. obliqua. Frucht grösser (bis doppelt so gross) in ein kurzes gerades Spitzchen verlängert. — Bisher nur in Siebenbürgen: Hidegszamos; Szamosfalva; Torda (Janka!) Salzburg (Vizakna)! Sósfalva. — *R. r.* B. *o.* A. u. G. Syn. I. 357 (1897). *R. o.* Schur bei Griseb. u. Schenk It. hung. in Wiegm. u. Erichs. Arch. XVIII. 355 (1852). Verh. Siebenb. Ver. X. 1859. 112. Sert. Fl. Transs. 70 nicht G. F. W. Meyer. *R. transsilvánica* [1]) Schur ÖBZ. X (1860) 356.

Ferner die Rasse:

---

[1]) Transsilvanicus, Siebenbürgisch.

C. breviróstris. Meist in allen Theilen noch kleiner und feiner als der Typus. · Achrenstiel meist nur 3 bis 5 mm lang, nach der Befruchtung abwärts gebogen. Früchtchen klein, so lang oder selbst länger als ihr Stiel, spitz aber kaum geschnäbelt. Viel seltener als der Typus. Bisher beobachtet: Schleswig-Holstein: Schlei-Ufer bei Winning (Frölich 1824! vgl. Prahl krit. Fl. II. 210); Heiligenhafen F. Müller! Travemünde (Hb. Sonder!) Mecklenburg: Warnemünde (Link!) Neu-Vorpommern: Zingster Stromschaar (Holtz!) Westpreussen: Halbinsel Hela (H. v. Klinggräff 1883!) Provence: Toulon: Castignaux!

R. r. C. b. A. u. G. Syn. I. 358 (1897). *R. m. b.* Agardh a. a. O. (1823). *R. m. b. recta* Moris! St. Sard. el. I. 43 (1827). *R. bráchypus*[1]) J. Gay in Coss. Not. qu. pl. crit. I. 10 (1848). Nyman Consp. 685 Suppl. 289. Richter Pl. Eur. I. 16. *R. r. β. brach.* Marsson Fl. v. Neuvorp. 498 (1869). *R. m. brach.* Schlegel a. a. O. 57 (1889).

Achnelt infolge der kurzgestielten Früchtchen bei flüchtiger Betrachtung einer *Zannichellia*. Aendert ab: II. *intermédia* (A. u. G. Syn. I. 358 [1897]. *R. i.* Thedenius Bot. Not. 1887 83. *R. brach. i.* Schlegel a. a. O. 57 [1889]. Nyman Consp. Suppl. 289 [1890]). Aehrenstiele und Stielchen der Früchtchen etwas verlängert, letztere bis doppelt so lang als das Früchtchen. So an der Ostsee mit der typischen Rasse und öfter (z. B. bei Warnemünde und auf Hela) ohne dieselbe.

(Verbreitung der Unterart: Vermuthlich über das ganze Gebiet der Art; Exemplare gesehen aus Schweden; Norwegen [dort nach Schlegel a. a. O. bis Nordland: Ranen (66° 20′)]; Dänemark; England; Frankreich; Spanien; Italien!! Griechenland; Cypern; Aegypten!! Algerien; Indien; Korea; Nord- und Süd-America; Polynesien.) *

(Die Rasse *brevirostris* ausserhalb des Gebiets beobachtet: SW. Finnland; Mittel- und Süd-Schweden; Dänemark; Süd-Frankreich: Dép. Gard: Aigues-mortes; Balearen; Sardinien; Venedig: Chioggia; Algerien.)

|*|

Der oben (S. 356) angeführte ital. · Name deutet wohl darauf hin, dass die dichten Bestände den Fischen, besonders den Hechten (chiozzi) Schutz gewähren.

CYMODOCÉEAE.
(Aschers. Nat. Pfl. II. 1 [1889].)

S. S. 295.

9 Arten, von denen 7 vorwiegend in den Tropen (darunter die beiden Arten der Gattung *Diplanthéra*[2]) [Du Petit Thouars Nova Gen. Madag. 3 (1806) nicht R. Br. *Halodúle*[3]) Endl. Gen. Suppl. I. 1368 (1841)]), 1 in der nördlichen, 1 in der südlichen gemässigten Zone.

---

[1]) Von βραχύς kurz und πούς Fuss, in der botanischen Kunstsprache für Stiel gebräuchlich (vgl. S. 161 Fussnote 1).

[2]) Von διπλοῦς doppelt und ἀνθηρά s. S. 223 Fussnote 2. Die sonst wie bei *Cymodocea* beschaffenen Antheren stehen auf ungleicher Höhe an ihrem Träger.

[3]) Von ἅλς Salzfluth und δούλη Sklavin, hier soviel als „Geliebte"; Anspielung zu dem Namen der marinen Hydrocharitaceen-Gattung *Halóphila* (Du Petit Thouars a. a. O. 2 [1806]).

Bei uns nur die Gattung

41. CYMODOCÉA[1]).

(Koen. in Koen. u. Sims Ann. Bot. II [1805] 96 t. 7. Nat. Pfl. II. 1. 210.)

Grundachse kriechend, langlebig, mit zahlreichen, oft (besonders am Ende der Jahrestriebe an den Hauptsprossen und an den kurzen Seitensprossen) genäherten ringförmigen Blattnarben. Laubblätter alle grundständig mit mehr oder weniger verlängerten offnen Scheiden, zahlreiche zuletzt braunwerdende Secretzellen enthaltend. Blatthäutchen meist mit je 2 ansehnlichen Oehrchen. Achselschüppchen mehr oder weniger zahlreich. Blüthen zweihäusig; männliche aus 2 seitlich der Länge nach verbundenen Staubblättern mit 2-fächerigen der Länge nach aufspringenden, in ein pfriemliches Spitzchen auslaufenden Hälften; weibliche aus 2 nebeneinanderstehenden Fruchtblättern mit je 2 fadenförmigen Narben auf kurzem Griffel bestehend. Samenanlage von der Spitze des Fruchtknotens hängend, fast geradläufig. Früchtchen (bei unserer Art) steinfruchtartig, zusammengedrückt, gekielt, mit fast knöcherner, auch bei der Keimung nicht aufspringender Steinschale. Keimling grösstentheils aus dem hypokotylen Gliede bestehend; die Stelle der Hauptwurzel seitlich, das Keimblatt seitlich oben.

7 Arten; ausser der unsrigen, 5 vorwiegend in den Tropen (1 in Westindien, die übrigen von Ost-Africa bis Polynesien) und 1 in der südlichen gemässigten Zone (an den Küsten Australiens).

Bei uns nur die Untergattung:

Phycagrostis[2]) (Aschers. Linnaea XXXV. 160 [1867]. Nat. Pfl. II. 1. 210. *Phucagrostis*[2]) Willd. Sp. pl. IV. 649 [1806]). Laubtriebe kurz. Vegetationsorgane mit weiten Lufträumen. Laubblätter flach, oberwärts gezähnelt. Blüthen einzeln.

3 Arten, davon 2 im Indischen und Stillen Ocean, bei uns nur

139. **C. nodósa.** ♃. Grundachse ziemlich starr, bis etwa 4 mm dick mit sehr kurzen oder an den Hauptsprossen bis 7 cm langen Stengelgliedern, an den Knoten etwas verdickt. Laubblätter schmal linealisch, grasartig, 7 nervig, bis etwa 3 dm lang, meist 2 bis 3 mm breit, an der Spitze abgerundet, oberwärts klein gezähnelt. Die 1,5 cm langen verbundenen Staubblätter etwa 5 cm lang gestielt. Narben bis 3 cm lang. Früchtchen sitzend, breit oval bis fast kreisförmig, graubraun, etwa 8 mm lang, münzenartig abgeflacht, an den Kanten mit ganzrandigem (bei der Keimung sich häufig ablösendem) Kiele.

---

1) Nach der Nereide *Κυμοδόκη*; nicht allzu correct gebildet.
2) Vgl. S. 299 Fussnote 1 und 300 Fussnote 2.

Im Mittelmeer und der Adria, auf Schlamm- und Sandgrund bis zu einer Wassertiefe von 3 m, oft grössere Bestände bildend, häufig mit *Zostera nana*, an der unteren Grenze mit *Z. marina* gemischt. Provence! Riviera!! Meerbusen von Triest!! Istrien!! Quarnero-Inseln (Haračić 22)! Kroatien (Smith ZBG. Wien XXVIII. 378). Dalmatien!! Bl. April—Juni, an den meisten Orten wohl spärlich (wir haben Blüthen nur von Antibes [Bornet!] und Lussin gesehen); Fr. Juli—Sept. *C. n.* Aschers. Sitzb. Ges. Naturf. Fr. Berl. 1867. 4. Richter Pl. Eur. I. 16. *Zostera nodosa* Ucria Pl. ad Linn. op. add. n. 30 (um 1790). *C. aequórea* Koen. in Koen. u. Sims Ann. Bot. II. 96 (1805). *Phucagrostis major* Cavol. Phucagr. Theophr. ἄνϑ. 13. t. 1 (1792) [als Gattung s. S. 299 u. 300 Fussnote 2.] Willd. in Sp. pl. IV. 649 (1806). Bornet Ann. Sc. nat. 5. ser. I. 1 ff. (1864). *Z. mediterránea* DC. Fl. fr. III. 154 (1805). *Z. marina angustifólia* Freyn ZBG. Wien XXVII. 43 (1877) nach Freyn! br. und vielleicht auch Pospichal Fl. Oestr. Küstenl. I. 34 (1897) nicht Hornem.

In der Tracht der *Zostera marina* nicht unähnlich, jedoch auch im nichtblühenden Zustande durch die purpurne, stellenweise durch Blattnarben dicht geringelte Grundachse und die oberwärts gezähnelten Blätter leicht zu unterscheiden.

(Mittelmeer; Atlantische Küste der Iberischen Halbinsel (bis Cadiz nachgewiesen) und Africas bis Senegambien; Canarische Inseln.)

|*|

ZANNICHELLIEAE.
(Kunth Enum. pl. III. 123 [1841].)

S. S. 295.

Uebersicht der Gattungen.

A. Männliche Blüthen ohne Blüthenhülle, weibliche mit ungetheilter becherförmiger Blüthenhülle und 2—6 (meist 4) schwach gekrümmten Fruchtblättern. **Zannichellia.**

B. Männliche Blüthen mit 3-zähniger, kurz-becherförmiger Blüthenhülle, weibliche mit 3 getrennten Blüthenhüllblättern und 3 geraden Fruchtblättern. **Althenia.**

42. ZANNICHÉLLIA[1]).
([Micheli Nov. pl. gen. 34. L. Gen. pl. ed. 1. 278 (1737)] ed. 5. 416 [1754]. Nat. Pfl. II. 1. 213.)

Dän.: Vandkrans; böhm.: Sejdračka.)

Vgl. oben. Grundachse kriechend, wie die meist sehr verzweigten Stengel zart, mit bis 4 cm von einander entfernten Blättern. Am Grunde jedes Sprosses ein scheidenartiges Niederblatt; in der Achsel

---

[1]) Nach Gian Girolamo Zannichelli, * 1662 * 1729, Apotheker in Venedig, einem hervorragenden Kenner der dortigen Flora. Er schrieb mehrere Werke über die Flora Venedigs; die von seinem Sohne Gian Giacomo 1730 und 1735 herausgegebenen Opuscula botanica posthuma etc. behandeln ausser der Flora seiner Heimatstadt besonders die von Istrien und den anliegenden Inseln.

des untersten Laubblattes der horizontale Fortsetzungsspross, während der Sprossgipfel als Laubspross weiter wächst. Blattstellungsebene des Zweiges mit der der Abstammungsachse fast rechtwinklig sich kreuzend. Laubstengel kriechend, an allen Knoten wurzelnd, oder im oberen Theile fluthend. Laubblätter schmal linealisch, mit grossem stengelumfassendem Blatthäutchen und 2 Achselschüppchen. Blüthen einhäusig; weibliche endständig, meist kurz gestielt; in der Achsel des unteren der beiden vorausgehenden Laubblätter eine langgestielte männliche Blüthe, in der Achsel des oberen meist wieder eine weibliche mit vorausgehendem Laubblatt, welche Verzweigung sich wiederholen kann. Männliche Blüthen aus 1 bis 2 (sich im letzteren Falle die Rückenseiten zuwendenden) sitzenden Antheren mit lineal-länglichen 2 fächerigen Hälften und kurzer Mittelbandspitze. Fruchtblätter zusammengedrückt, in einen deutlichen Griffel mit schildförmiger Narbe ausgehend. Samenanlage von der Spitze des Fruchtknotens hängend, geradläufig. Früchtchen sitzend oder gestielt, öfter rückenseits, selten beiderseits mit einem nicht selten gezähnten Flügel (dessen Zähne zuletzt nach Zerstörung des Parenchyms als Stacheln frei werden), lederartig, bei der Keimung in 2 gleiche Klappen aufreissend. Keimling mit hakenförmig eingekrümmtem Keimblatt. Hauptwurzel grundständig.

Nur eine über den grössten Theil der Erdoberfläche in Süss- und Salzwasser (selten im freien Meere) verbreitete Art.

140. Z. palústris. ⚃. Laubstengel (Scheinachsen) bis 5 dm lang mit bis 2 cm langen Stengelgliedern. Laubblätter 1 bis fast 10 cm lang, fadenförmig oder bis 2 mm breit, meist in eine feine Spitze verschmälert. Früchtchen bis 2 mm lang, sitzend oder mit bis fast 1 mm langem Stiel.

In stehenden und fliessenden Gewässern, in süssem und Brackwasser im ganzen Gebiet zerstreut, besonders häufig in den Küstengegenden, auch auf den Nordsee-Inseln; bis zu einer Meereshöhe von 800 m ansteigend. Bl. Mai—Herbst.

Z. p. L. Sp. pl. ed. 1. 969 (1753). Aschers. Fl. Prov. Brand. I. 668. Richter Pl. Eur. I. 17.

Von der Tracht des *Potamogeton pusillus*, aber durch die angegebenen Merkmale besonders im Fruchtzustande leicht zu unterscheiden. In der Tracht, der Länge der Stengel, Grösse der Blätter, Zahl der Fruchtblätter, Länge der Früchtchen und Griffel, Form und Flügelbildung der ersteren, in dem Fehlen oder Vorhandensein eines zweiten Staubblattes sehr veränderlich; indess lassen sich constante Formen, die einen bestimmten Verbreitungsbezirk haben, kaum ausscheiden. J. Gay unterschied vor etwa einem halben Jahrhundert zwei Arten, welche er selbst allerdings nie beschrieben hat: *Z. brachystémon*[1]) (in Reuter Cat. Grain. Jard. Genève 1854 4) mit kurzgestielter männlicher Blüthe mit einer Anthere und *Z. macrostémon*[2]) (in Willkomm et Lange Prod. Fl. Hisp. I. [1861]) mit langgestielter männlicher Blüthe mit zwei Antheren. Auf die Unbeständigkeit der Zahl der

---

[1]) Von βραχύς kurz und στήμων (lat. stamen) der Aufzug (Kette) am Webstuhl; der letztere Ausdruck wird von Plinius für einen fadenähnlichen Theil der Lilienblüthe, vielleicht die Filamente, gebraucht; bei den Neueren für das Staubblatt.

[2]) Von μακρός lang und στήμων.

Antheren hat schon Irmisch (Flora XXXIV [1851] 92) hingewiesen; die zweite tritt besonders an kräftigen Exemplaren auf und besitzt mitunter nur eine (nicht einmal immer vollständige) Hälfte. Dass dies Merkmal mit den übrigen zur Unterscheidung der Formen angewandten nicht solidarisch ist, geht daraus hervor, dass von Lloyd (Flore de l'Ouest de la France 428 [1854]), dem Grenier u. Godron (Fl. France III. 320 [1855]) grösstentheils gefolgt sind, der *Z. palustris* (= Rasse B.) allgemein „4 fächrige", der *Z. dentata* (= Rasse A.) „2 fächrige" Antheren zugeschrieben werden, während Boissier (Fl. Or. V. 15 [1881]) umgekehrt der Rasse A. mit *Z. macrostemon*, B. dagegen mit *Z. brachystemon* identificirt; ebenso ziehen P. Nielsen (Bot. Tidschr. V. [1872] 204) und Lange (Haandbog 4. Uppl. 204 [1886]) *Z. macrostemon* zu ihrer *Z. marina*, die unserer Rasse A. entspricht. J. Gay selbst hat in A. Brauns Herbar sämmtliches Material aus unserem Gebiet für *Z. brachystemon* erklärt; von ihm als solche bezeichnete *Z. macrostemon* liegt als vom nächsten Fundort von Ourville, Dép. de la Manche vor. Eher lässt sich die schon von Willdenow (Sp. pl. IV. 181 [1805]) vorgenommene, von Steinheil (Ann. sc. nat. 2. sér. IX. 94, 95 [1838]), Lloyd und Grenier u. Godron (früher auch von Gay) anerkannte Trennung einer *Z. dentata* mit deutlich und *Z. palustris* mit undeutlich gezähnter Narbe mit der Unterscheidung unserer beiden Rassen vereinigen. Indess behält die von Ascherson Fl. Brand. I. 668 gemachte Bemerkung Geltung, dass bei den fluthenden Formen sich meist längere Griffel und weniger deutlich gezähnte Narben finden, und fügen hinzu, dass bei diesen auch die Zahl der Früchtchen häufig auf 2 herabsinkt und dieselben häufiger nach der Befruchtung gestielt erscheinen. Die Hauptformen gliedern sich in folgende Reihen:

A. genuína. Früchtchen sitzend oder sehr kurz gestielt, doppelt so lang als der Griffel oder länger. Narbe kreisrund, meist gezähnt. *Z. p. a. g.* Aschers. a. a. O. (1864). *Z. dentáta* Willd. Sp. pl. IV. 181 (1805). *Z. pal.* Prahl Krit. Fl. v. Schl.-Holst. II. 210 (1890). *Z. pal.* und *polycárpa*[1]) Nolte Nov. Fl. Hols. 75 (1826). Koch syn. ed. 2. 782. Nyman Consp. 684 Suppl. 288. *Z. marína* und *Z. polyc.* Nielsen a. a. O. 204, 206 (1872). Lange a. a. O. 204, 205.

Zerfällt in folgende Abarten:
I. Laubstengel kriechend.
  a. repens. Pflanze klein, meist nicht über 1 dm lang, meistens reich verzweigt. Blätter schmal, oft fadenförmig. — Meist in stehendem, flachem Wasser, an den Rändern von Seen und Teichen, besonders in Dorftümpeln, seltener in stagnirenden Gräben. — *Z. p. a. a.* Koch Syn. ed. 1. 679 (1837). *Z. r.* Boenninghausen Prodr. Fl. Monast. 272 (1824). Rchb. Ic. VII. t. XVI fig. 20. *Z. ténuis* Reut. Cat. Gr. Jard. Genèv. 1854. 4. Gremli Exc. Fl. Schweiz 3. Aufl. 352 (1878) nicht 1. Aufl. (1867). Nyman Consp. 684 Suppl. 288 (zarte Form mit nur halb so grossen Früchtchen!). *Z. p. β. minor* Schur ÖBZ. XX (1870) 203. — Hierher die Unterabart 2. *polycárpa*[1]) (Prahl a. a. O. [1890]). Richter Pl. Eur. I. 17 [1890]. *Z. pol.* Nolte Nov. fl. Hols. 75 [1826]. Rchb. Ic. a. a. O. fig. 23). Früchtchen 3–6, 3–4 mal so lang als der Griffel. — So in Salzwasser an der Nord- und Ostseeküste: Schleswig-Holstein: Brunsbüttel (Sonder nach Koch Syn. ed. 2. 1029); Angeln: Beveroe! Kiel!!! Heiligenhafen! (und Fehmern!) Pommern: Heringsdorf; Swinemünde (Ruthe!! BV. Brand. XXXI. 248). Dievenow (Seehaus!) Westpreussen: Zarnowitzer See!! Putziger Wick bei Beka!! auch im Binnenlande: Mecklenburg: Salzquelle zw. Neuenkirchen und Reinsdorf unw. Schwaan (Krause Meckl. Fl. 13). Manche Exemplare aus Süsswasser, wie von Tempelhof bei Berlin!! Dahazów b. Sandomierz in Süd-Polen (Piotrowski!) und von Constanz (Leiner!)

---

[1]) Von πολύς viel und καρπός Frucht, die Früchte erscheinen bei dieser Form wegen der häufig ziemlich kurzen Stengelglieder oft dichter gestellt als an den übrigen.

haben fast ebenso kurze Griffel. Sonst nur im nördlichen Europa (Finnland, Gouv. Archangel, Russische Ostsee-Provinzen, Skandinavien, Dänemark, Island, Schottland und Irland) beobachtet.

b. Rosénii[1]). Pflanze etwas kräftiger. Blätter etwas dicklich, undeutlich 3 nervig. Früchte sitzend, rückenseits geflügelt-gezähnt. — Bisher nur in Schweden. — *Z. p.* f. *R.* Richter Pl. Eur. I. 17 (1890). *Z. R.* Wallman Bot. Not. 1840 43 vgl. Flora Litteratber. XI. (1841) 18.

II. Laubstengel fluthend, bis 5 dm lang.

major. Pflanze in allen Theilen grösser und kräftiger. Blätter bis 2 mm breit, flach. Früchtchen oft nur 2. — In Gräben mit fliessendem Wasser, in starken Quellen, z. B. in der Pader in Paderborn, dort als „Padergras" bekannt, in der grossen Quelle in Mühlberg Kr. Erfurt!! in der Donauquelle in Donaueschingen (Brunner!) auch gern in Brackwasser in den Buchten und Strandseen der Meere. — *Z. p. β. m.* Koch Syn. ed. 1. 679 (1837). *Z. m.* Boenningh. Rchb. in Moessl. Handb. ed. 2. III. 1591 (1829). Rchb. Ic. a. a. O. fig. 24 (die Originalexemplare sind in Salzwasser gesammelt und nähern sich wegen des ziemlich langen Griffels der Rasse B.!) *Z. pedunculáta* a. *stagnális* Rchb. Fl. Germ. exc. I. 7 (1830). Fl. Germ. exs. 501! Ic. a. a. O. 21 (Form mit länger gestielten Früchtchen).

B. pedicelláta. **Laubstengel meist fluthend. Früchtchen oft nur 2, meist bis 1 mm lang gestielt, so lang oder wenig länger als der Griffel. Narbe oft eiförmig, meist·undeutlich gezähnt.**

Meist in Lachen, Bächen und Gräben mit salzhaltigem Wasser, seltener. So bes. in der Nähe der Nord- und Südküste, wenig verbreitet im Binnenlande; gesehen oder mehr oder weniger glaubhaft angegeben aus der Rheinprovinz: Emmersweiher bei Saarbrücken (Winter in Wirtgen Herb. pl. sel. Rhen. 270!) Westfalen: Salzkotten!! Unterfranken: Kissingen (Prantl Exc.fl. Bayern 65). Thüringen: Waltershausen; Rudolstadt (Vogel 3); Numburg bei Sondershausen!! Weissensee; Tretenburg (Buddensieg Irmischia V [1885] 40). In den Florengebieten von Halle a. S.! Stassfurt! nach Magdeburg! Südl. Polen: Owczary bei Busk, Gouv. Kielce (Rostafiński 91). Galizien: Sydzyna; Podgórze; Janów; Bialobrzegi im Solec (Knapp 75). Nieder-Oesterreich: Moosbrunn; Engabrunn (Beck Fl. N.Oe. 22). Ungarn: Akasztó Ct. Pest (Haynald in Kerner Fl. Austr. Hung. exs. 2695!) Siebenbürgen (nur II. b.). Kroatien: Velika Gorica (Schlosser u. Vukot. Syll. 3).

Z. pal. β. p. Wahlenberg und Rosén Nova Acta Upsal. VIII. 227, 254 (1821). *Z. marítima* Nolte Novit. Fl. Holsat. 75 (1826). *Z. pal. γ. stipitáta* Koch Syn. ed. 1. 679 (1837). *Z. digyna*[2]) J. Gay in Bréb. Fl. Norm. éd. 2. 252 (1839). *Z. pedic.* Buch.-Ham. nach Wall. Cat. n. 5185. Fries Mant. 3. 133 (1842). Koch Syn. ed. 2. 782. Nyman Consp. 684 Suppl. 288. *Z. peltáta* Bertol. Fl. Ital. X. 10 (1854). (Form mit sitzenden Früchtchen und grosser, kreisrunder, gezähnter Narbe.) *Z. p.* b. *dentáta* Richter Pl. Eur. I. 17 (1890).

---

[1]) Nach dem Entdecker J. P. Rosén, welcher mit G. Wahlenberg in Nova Acta Upsal. VIII (1821) 203—257 einen Aufsatz Gothlandiae plantae rariores veröffentlichte.
[2]) Von δι- zwei- und γυνή Weib d. h. Fruchtblatt, Griffel.

Zerfällt in die Abarten:
I. Laubstengel kriechend.
radícans. Laubstengel und Blätter meist fein, fadenförmig. — In flachem Wasser. — *Z. p. B.* I. *r.* A. u. G. Syn. I. 364 (1897). *Z. r.* Wallman Bot. Not. 1840 44 vgl. Flora Litteraturb. XI (1841) 20. *Z. repens* Wallman a. a. O. nicht Boenningh.
II. Laubstengel fluthend.
a. Früchtchen (ohne Stiel und Griffel) ca. 2 mm lang.
1. pedunculáta. Früchtchen nur am Rückenrande gezähnt. — Die verbreitetere Form. — *Z. p. B.* II. a. 1. p. A. u. G. Syn. I. 364 (1897). *Z. p.* var. b. *marítima* Rchb. Fl. Germ. exc. I. 7 (1830). (Fl. Germ. exs. 302!).
2. gibberósa. Früchtchen beiderseits gezähnt. — Viel seltner; zuerst von Hübener (und Souder vgl. Fl. Hamburg. 481) in der Elbe bei Blankenese unterhalb Hamburg gesammelt. — *Z. p. B.* II. a. 2. *g.* A. u. G. Syn. I. 364 (1897). *Z. g.* Rchb. a. a. O. (1830). Ic. a. a. O. fig. 22.
b. Früchtchen (ohne Stiel und Griffel) wenig über 1 mm lang.
aculeáta. Früchtchen zuletzt am Rücken bestachelt. — So bisher nur in Nieder-Oesterreich: Wien: Moosbrunn (Dichtl DBM. I. 149). Siebenbürgen: Torda (Janka! Barth). *Z. p. B.* II. b. *a.* A. u. G. Syn. I. 364 (1897). *Z. a.* Schur ÖBZ. XX (1870) 203.

(Fast über die ganze Erde verbreitet, fehlt in Australien.) *

43. ALTHÉNIA[1]).

(Fr. Petit in Ann. Sc. Observ. I [1829] 451. Nat. Pfl. II. 1. 213. *Belválía*[2]) Delile Flora XIII [1830] 2. 455.)

Vgl. S. 360. Tracht und Sprossverhältnisse wie bei der vorigen Gattung, aber Pflanze viel zarter. Blätter fast borstenförmig mit durchsichtig häutiger Scheide und kurzem Blatthäutchen, die oberen fast ohne Scheide und auf das Blatthäutchen reducirt. Blüthen 2- oder 1-häusig, männliche mit 3 zweifächerigen der Länge nach verbundenen oder (bei unserer Art) mit einer einfächerigen Anthere. Fruchtblätter cylindrisch, gestielt, in einen deutlichen Griffel ausgehend. Samenanlage von der Spitze des Fruchtknotens hängend. Früchtchen etwas zusammengedrückt, derb lederartig. Keimling mit spiralig eingerolltem Keimblatt. Hauptwurzel grundständig.

Ausser unserer Art noch 3—4 Arten in West- und Süd-Australien, Tasmanien und Neu-Seeland.

141. A. filifórmis. ♃, bis 5 dm hoch. Blätter bis 4 cm lang mit bis 5 mm langer Scheide. Blüthen einhäusig. Nur ein Staubblatt. Früchtchen etwa 2 mm lang, fast 1 mm breit mit etwa ebenso langem Griffel.

Bisher nur im Mittelmeergebiet an der Südwest-Grenze in Strand-

---

[1] Nach P. Althen, welcher die Cultur des Krapps in Frankreich einführte (Mémoire de la culture de la garance. Paris 1772).
[2] Nach Pierre Richer de Belleval, * 1564 † 1632, Gründer des Botanischen Gartens in Montpellier (1598) und einem Nachkommen desselben, Charles de Belleval, welcher 1826 eine poetische Schilderung, Beautés méridionales de la Flore de Montpellier veröffentlichte.

seen (sobald das Wasser austrocknet, sofort absterbend [Barrandon u. Flahault bei Sauvageau Ann. sc. nat. 7. sér. XIII. 261]). Bl. Mai—Sept.
A. f. Fr. Petit Ann. Sc. Observ. I. (1829) 451. Nyman Consp. 684 Suppl. 288 erw. Richter Pl. Eur. I. 17. „*Alteinia setacea* Petit" Del. *Zannichellia vaginalis* Del. und *Belvalia australis* Del. in Flora XIII (1830) 2. 455. *Alth. s.* Kunth Enum. III. 126 (1841).

Die ersten Veröffentlichungen über diese Pflanze haben zu einem unerquicklichen Streite geführt. Delile entdeckte zuerst 1823 bei Montpellier eine von ihm als neu erkannte Brackwasserpflanze, die er in seinem Herbar, mit sorgfältiger Beschreibung und Abbildung versehen, als *Zannichellia vaginalis* niederlegte. Er war daher mit Recht sehr unangenehm berührt, als ihm Petit, welcher seine Pflanze erst 1829 aufgefunden und dem er Einsicht in seine Materialien verstattete, mit der Publication der Pflanze zuvorkam. Um seinen Antheil an der Entdeckung zu sichern, vertheilte er reichlich Exemplare der Pflanze (u. a. in den Endress'schen Exsiccaten) unter Beigabe eines Druckblattes, welches merkwürdiger Weise in Frankreich kaum bekannt geworden zu sein scheint (vgl. Loret u. Barrandon Fl. Montp. 673); es blieb auch selbst von dem Monographen der Monokotylen, Kunth, unbeachtet, dass dies Blatt in der Flora 1830 zum Abdruck gelangt ist. Es war daher sachlich völlig ungerechtfertigt, dass der Herausgeber der Annales des sciences d'observation, Raspail, daselbst (III, 139) dem (gar nicht polemischen!) Vorgehen Delile's gegenüber scharf persönlich für Petit eintrat, dessen Handlungsweise deshalb nicht weniger „unfair" war, weil er die Unterart *A.*, Delile aber hauptsächlich die Unterart *B* vor sich hatte; diese Formen sind erst 40 Jahre später von Duval-Jouve unterschieden worden. Nur die Rüge Raspails ist begründet, dass Delile den von seinem Mitbewerber gegebenen Namen aus dem Gedächtniss in beiden Theilen unrichtig citirte, worin ihm in Betreff des Artnamens Kunth und Parlatore (Fl. Ital. III. 648) gefolgt sind.

Zerfällt in 2 Unterarten:

A. *A. eu-filiformis*[1]). Pflanze meist fein und zart. Grundachse 3 bis 5 (seltner bis 10) cm lang, über dem Boden kriechend, am Grunde der Laubstengel und zwischen denselben mit deutlichen häutigen Schuppen. Laubstengel sehr verkürzt, meist nicht über 5 bis 15 mm lang. Blätter fadenförmig, bauchseits flach, alle (fast pinselartig) gedrängt, mit den Scheiden sich deckend, wie diese ohne Bastnerven (vgl. Sauvageau a. a. O. 258 fig. 57). Früchtchen eiförmig, oben abgestutzt, an den Kanten deutlich geflügelt; die flachen Seiten durch je eine schief verlaufende erhabene Linie in 2 ungleiche Theile getheilt. Samen eiförmig.

Bisher nur im Strandsee Étang de Valcarès im Rhone-Delta (Petit!).

A. eu-f. A. u. G. Syn. I. 365 (1897). *A. f.* Fr. Petit a. a. O. (1829). Duval-Jouve Bull. Soc. Bot. France XIX (1872) LXXXVI t. V. fig. 1, 3, 5, 8. Hervier in Bull. Herb. Boiss. III. app. I. 21 (1895).

(An der Westküste Frankreichs [Insel Oleron im Dép. Charente inférieure]; südliches Portugal [Tavira] und Spanien [Puerto Real]. Italien [Messina, Lago di Salpi in Apulien]; Algerien [Oran]). ***]**

---

[1]) Vgl. S. 15 Fussnote 2.

B. ***A. Barrandónii***[1]). In allen Theilen kräftiger und grösser. Grundachse 50 cm lang, im Boden kriechend, am Grunde der Laubstengel und zwischen denselben ohne deutliche häutige Schuppen. Laubstengel 15 cm bis 5 dm lang, aufrecht, mit gestreckten (bis 4 cm langen) Stengelgliedern. Blätter borstenförmig, bauch- und rückenseits gewölbt, in eine fadenförmige Spitze verschmälert, entfernt, nur unter den Blüthen gedrängt; ihre Spreite mit 2 randständigen, die Scheide ausserdem jederseits mit 4—6 Bastnerven (Sauvageau a. a. O. 260 fig. 58). Früchtchen eilanzettlich, beiderseits verschmälert, an den Kanten verdickt, auf den flachen Seiten ohne erhabene Linie. Samen länglich.

Bisher nur in Süd-Frankreich in den Umgebungen von Montpellier und Cette, z. T. in Gesellschaft der vorigen Unterart beobachtet; könnte wohl noch innerhalb des Gebietes aufgefunden werden.

A. B. Duval-Jouve a. a. O. (1872). Hervier a. a. O. Nyman Consp. 684 Suppl. 288.

17. Familie.

NAJADÁCEAE.

([Lindl. Vég. Kingd. 143 (1847) z. T.]. Ascherson Fl. Brandenb. I. 669 [1864]. Magnus Nat. Pfl. II. 1. 215 [1889]. Vgl. Magnus Beitr. Kenntn. Gatt. Najas [1870]. *Najadeae* E. Meyer Preussens Pflanzengattungen 64 [1839]. *Najadées* Grenier in Godr. et Gren. Fl. France III. 321 [1855].)

S. S. 267 und 294.

Hierher nur die Gattung

44. NAJAS[2]).

([L. Gen. pl. ed. 1. 278] ed. 5. 445 [1754]. Nat. Pfl. II. 1. 217.)

(Nixkraut; böhm.: Řečanka.)

Einjährige, meist starre, zerbrechliche, auf dem Grunde der Gewässer wachsende Pflanzen. Laubstengel mit centralem von einer Schutzscheide umgebenem Bündel langgestreckter zartwandiger Leitzellen, das in seiner Mitte einen durch Resorption einer Zellreihe entstandenen Canal einschliesst, ohne Gefässe, sehr ästig; die unteren Glieder an den Knoten wurzelnd. Untere Stengelglieder sehr lang, obere kurz.

---

[1]) Nach Auguste Barrandon, * 14. Mai 1814 (Flahault br.), Conservator am Botanischen Garten zu Montpellier, mit H. Loret Verfasser der 1876 in Montpellier und Paris erschienenen sorgfältig gearbeiteten und zuverlässigen Flore de Montpellier.

[2]) Zuerst als Pflanzenname bei Linné; für die von seinen Vorgängern (vgl. S. 203 Fussnote 2) *Fluvialis* genannte Gattung; Ναϊάς Fluss- oder Quellnymphe.

Blätter je 2 genähert (in nahezu senkrecht übereinanderfallenden, sich in fortlaufender Spirale unter sehr spitzen Winkeln kreuzenden Paaren) meist mit dem untersten des in der Achsel des einen (stets des untersten des betreffenden Paares) stehenden Astes scheinbar einen dreigliedrigen Quirl bildend, sitzend, ohne Seitennerven, gezähnt (die Zähne in eine braune Stachelzelle endigend), am Grunde scheidenartig erweitert; die Scheide des unteren Blattes jedes Paares die des oberen umfassend. In jeder Blattscheide 2 Achselschüppchen. Blüthen eingeschlechtlich, ein- oder zweihäusig, endständig, meist durch Aeste aus den Achseln der ihnen vorhergehenden Blätter überragt (daher scheinbar seitenständig und dem untersten Blatte des die scheinbare Fortsetzung des Hauptsprosses bildenden Seitensprosses opponirt). Männliche Blüthen mit 2 durchscheinenden, zuletzt unregelmässig aufreissenden Blüthenhüllen und einer ein- oder vierfächerigen Anthere, mit deren Aussenwand die an der Spitze 2 lappige innere Hülle verwächst. Pollen kugelig, nach Magnus (Nat. Pfl. II. 1. 216) oft bereits in der geöffneten Anthere lange Pollenschläuche treibend und dann wahrscheinlich wie die fadenförmigen Pollenzellen mariner *Potamogetonaceae* (vgl. S. 295) auf die Narben übertragen. (Vgl. über die Bestäubung auch Bengt Jönsson Lunds Univ. Årsskrift XX). Weibliche Blüthen ohne oder seltener (bei auswärtigen Arten) mit einem scheidig geschlossenen, am Rande gezähnten Perigon, mit einem in 2 bis 3 meist papillöse Narbenschenkel und öfter (bei nackten Blüthen) noch einigen lang zahnförmigen mit einer braunen Stachelzelle endigenden Lappen (Stachelschenkel Magnus a. a. O. 214) ausgehendem Fruchtblatt (nach Magnus einziger bez. zweiter, innerer Blüthenhülle) mit einer aufrechten anatropen Samenanlage. Samen ohne Nährgewebe mit harter Samenschale. Keimling gerade, mit grossem hypokotylem Gliede und Würzelchen und mit sehr entwickelter Plumula.

Mindestens 20 Arten über die gesammte Erdoberfläche mit Ausnahme der polaren Zonen verbreitet. In Europa ausser unseren 4 Arten nur noch die der *N. minor* nahestehende *N. tenuissima* (A. Br. in Magnus Beitr. Najas 24 ff. [1870], *N. minor* β. t. A. Br. in J. of Bot. II. 277 [1864]) im südlichen Finnland.

Bei Bearbeitung dieser Gattung sind die im Berliner Museum niedergelegten Bestimmungen von Mr. Alfred B. Rendle und briefliche Mittheilungen desselben benutzt worden.

A. *Eunájas* (Aschers. Fl. Prov. Brandenb. I. 669 [1864]. Nat. Pfl. II. 1. 217). Blüthen 2 häusig. Im Stengel die Intercellularräume der Rinde von der Schutzscheide des Leitbündels durch mehrere Schichten von Parenchymzellen getrennt. **Blätter von einer kleinzelligen Epidermis überzogen. Stengel und Blattrücken meist** (dem Blattrande ähnlich) **bestachelt**. Blüthen meist einzeln; Aussenhülle der männlichen krugförmig, an der Spitze 2- bis 4 zähnig, zuletzt einreissend und zurückgerollt, die innere mit der 4 fächerigen Anthere verwachsene Hülle mit dieser mittelst 4 zurückgerollter Klappen aufspringend. **Samenschale aus einem vielschichtigen Steinparenchym bestehend.**

Hierher nur

142. (1.) N. marína. ⊙ Pflanze kräftig. Laubstengel 1 bis fast 5 dm lang, meist nicht über 1 mm dick, mit unterwärts bis 10 cm langen Stengelgliedern. Blätter ausgeschweift-stachelig-gezähnt. **Frucht länglich-eiförmig, meist nur am Grunde mit einem kurzen Kiel**, nach beiden Seiten verschmälert, vom Griffelrest gekrönt, hellgraugelb bis bräunlich.
In Seen, Altwässern der Flüsse, seltner in langsam fliessenden Gewässern, oder in Brackwasser von Meeresbuchten, auf Schlamm- und Sandgrund bis zu einer Wassertiefe von 3 m (Caspary), durch den grössten Theil des Gebiets verbreitet aber stellenweise auf weitere Strecken fehlend, so fast ganz in Nordwest-Deutschland bis zur Mosel, dem Main und der Elbe (dort nur im Süssen (A. Schulz br.) und (ehem.) Salzigen See bei Halle! und (?) bei Mühlhausen), (kommt dagegen in den Niederlanden und Belgien vor); fehlt ferner in der Oberlausitz, in fast ganz Schlesien (dort fast nur im Südosten!!), in Mähren, Württemberg, Süd-Bayern, Nord-Tirol, Ober-Oesterreich, Steiermark, Krain (im Küstenlande nur auf den Inseln Veglia und Cherso beobachtet). Bosnien, Hercegovina, Dalmatien, Provence, Riviera. Am meisten verbreitet im nördlichen Flachlande östlich der Elbe; in Brackwasser (wie nahezu ausschliesslich in Skandinavien und Dänemark) an den Ostseeküsten Schleswig-Holsteins! (in dieser Provinz nur dort), Mecklenburgs! und Vorpommerns! Bl. Juni—Sept.
N. m. L. Sp. pl. ed. 1. 1015 (1753) z. T. Aschers. Fl. Brandenb. I. 669 (1864). Nyman Consp. 685 Suppl. 289. *N. major* All. Fl. Pedem. II. 221 (1785). Roth Tent. fl. Germ. II. 2. 499 (1793). Koch Syn. ed. 2. 783. Richter Pl. Eur. I. 17. Nat. Pfl. II. 1. 215 fig. 165 A—C, G. *Ittnera*[1]) *Najas* Gmel. Fl. Bad. III. 590 t. 3 (1808). *N. monospérma*[2]) Willd. Sp. pl. IV. 331 (1805). *N. tetraspérma*[3]) Willd. a. a. O. (1805) (die männliche Pflanze, deren Anthere Micheli irrthümlich für eine viersamige Frucht hielt).

Diese Art ändert in den Dimensionen der Blätter und deren Zähnung, sowie der der Scheiden und der Bestachelung, auch nach der Grösse der Frucht vielfach ab. Nach diesen Merkmalen werden unterschieden:
A. Scheiden ungezähnt. Zähne der Blätter kürzer als die Blattbreite.
   a. *commúnis* (Rendle h. im Herb. Berol. A. u. G. Syn. I. 368 [1897]). Stengel mässig zahlreich bestachelt (10—40 Stacheln an jedem Stengelgliede). Blätter bis 3 cm lang, breit-lineal, jederseits mit 4—8 Zähnen, welche kürzer als die Blattbreite und von den der obersten meist dem Endzahn genähert sind, auf dem Rücken mit 1—4 Stacheln. Frucht 5—8 mm lang. — Die am meisten verbreitete Form. — Eine Unterform *2. luxúrians* (Rendle a. a. O. [1897]) hat bis 4 cm lange Blätter. — Bisher nur bei Erlangen! neuerdings nicht wiedergefunden. — b. *angustifólia* (Rendle a. a. O. [1897].

---

[1]) Nach von Ittner, im Anfange dieses Jahrhunderts Grossherzoglich Badischem Geheimen Rath und Curator der Universität Freiburg, der mit Gmelin in der Umgebung Freiburgs botanisirte, einem Beschützer und Freunde der botanischen Wissenschaft.
[2]) Von μόνος einzeln, allein und σπέρμα Samen.
[3]) Von τετρα- vier- und σπέρμα Samen.

N. maj. γ. a. A. Br. J. of Bot. II [1864] 275). Stengel locker verzweigt, fast unbestachelt. Blätter bis 4 cm lang, schmal linealisch, jederseits mit 5—10 kurzen Zähnen, von denen die obersten von den endständigen meist etwas entfernt sind. Frucht 4—4,5 mm lang. So in den brackigen Gewässern in der Nähe der Ostsee in Schleswig-Holstein! Mecklenburg! Pommern!
B. Scheiden jederseits mit 2—4 Zähnen. Zähne der Blätter länger als die Blattbreite.
  a. *multidentáta* (Rendle a. a. O. 369 [1897]. *N. maj. δ. m.* A. Br. a. a. O. [1864]. Richter Pl. Eur. I. 18). Blätter bis 2,5 cm lang, breit-lineal, jederseits mit 8 bis 10 rechtwinklig abstehenden Zähnen, von denen die obersten dem endständigen genähert sind. Frucht bis 5 mm lang. — So in Brandenburg! Pommern! Posen! Ostpreussen! Rheinprovinz! — *b. brevifólia* (Rendle in A. u. G. Syn. I. 369 [1897]). „Stengel ziemlich dicht bestachelt. Blätter 1—1,5 (selten 2) cm lang, breit-linealisch, jederseits mit 5 rechtwinklig-abstehenden Zähnen, von denen die oberen unter sich und dem endständigen genähert sind; die Zähne der Blätter wie die der Scheiden grösser als bei der folgenden Unterabart. Frucht bis 4,5 mm lang". — Bisher nur in Brackwasser im Küstengebiet Vorpommerns. Barth: Saaler Bodden (Holtz!) Swinemünde: Schlonsee bei Heringsdorf (A. Braun!) — *c. intermédia* (Aschers. Fl. Brandenburg I. 670 [1864]. *N. i.* Wolfgang bei Gorski in Eichwald Naturh. Skizze v. Lith. 126 [1830]. *N. major ε. i.* A. Br. a. a. O. 276 [1864]. Richter Pl. Eur. I. 18). Stengel reichlicher verzweigt als bei den vorigen, spärlich bestachelt. Blätter bis 2 cm lang, schmal-lineal, jederseits mit 5—7 aufrecht abstehenden Zähnen, von denen die obersten von den endständigen meist entfernt sind. Frucht nur 3—4 mm lang. So in Brandenburg! Pommern! Posen!! West- und Ostpreussen! Halle: Salziger See! Schweiz: Zürich: Canal bei Robenhausen (Käser in Schultz herb. norm. NS. 1670! Kärnten: Klagenfurt; Klopeiner See südl. vom Völkermarkt (Prohaska! Carinthia LXXXVI [1896] 244).

Beträchtlicher verschieden durch die Form und Sculptur der Frucht ist die Rasse

II. Polónica[1]). Pflanze meist in allen Theilen grösser und kräftiger, heller oder bräunlich-grün. Frucht bis 1½ mal so gross als beim Typus, eiförmig, stumpf 4 kantig mit je 1 bis 2 deutlich vorspringenden, bis 2 mm langen, zahnartigen, heller gefärbten Höckern an jeder Kante. — So bisher nur in Polen: Dobrzyń: in einem kleinen See zw. Kikol und Lipno (Zalewski!) — *N. m.* II. *P. A.* u. G. Syn. I. 369 (1897). *N. p.* Zalewski Kosmos XXI. 326 (1896). ABZ. III (1897) 110.

Diese durch die oben beschriebenen Merkmale der Frucht so auffällige Form steht nicht völlig isolirt da. Einzelne Höcker, wie sie für dieselbe typisch sind, finden sich zuweilen noch an Exemplaren anderer Fundorte; wir sahen solche aus dem Lago Maggiore (Steinberg!) und von Pavia (Penzig!). Ueber die von v. Schlechtendal (Linnaea IX. 518) erwähnte *Najas major* von Erlangen mit *Ceratophyllum* ähnlichen Stacheln der Frucht, auf welche Angabe uns Zalewski (br.) aufmerksam machte, haben wir bis jetzt vergeblich näheren Aufschluss gesucht. Im dortigen Universitäts-Herbar, aus welchem Prof. Reess gütigst diese Art zur Ansicht mittheilte, ist nichts Derartiges vorhanden.

(Im grössten Theile Europas (fehlt aber im nördlichen Russland und Skandinavien und fast ganz auf den Britischen Inseln, wo die Pflanze erst neuerdings an zwei benachbarten Fundorten in England

---

[1]) Polonicus, Polnisch.

entdeckt wurde: Hickling und Martham Broad, Norfolk Bennett J. of Bot. XXI [1883] 246, 353. t. 241 und br.); auch im Mittelmeergebiet selten; Asien; Africanische Inseln; Australien; Polynesien; Nord- und Süd-America.) *

B. *Caulinia*[1]) (Willd. Mém. Acad. Berl. 1798. 87 [als Gatt.] Rchb. Fl. Germ. exc. I. 151 [1830]. Nat. Pfl. II. 1. 217). Die bisher bekannten Arten einhäusig. Im Stengel die Intercellularräume der Rinde von der Schutzscheide des Leitbündels durch eine einzige Schicht von Parenchymzellen getrennt. **Blätter ohne eine besondere kleinzellige Epidermis. Stengel und Blattrücken ohne Stacheln.** Blüthen öfter zu mehreren genähert. Anthere ein- oder vierfächerig, mit der inneren Hülle an der Spitze aufreissend. Griffel meist 2. **Samenschale nur aus drei Zellschichten bestehend.**

I. *Americánae* (Magnus Beitr. Gatt. Najas 56 [1870]). **Blattscheiden nach oben verschmälert, allmählich in den Grund der Spreite übergehend.** Aeussere Hülle der männlichen Blüthe in einen mit braunen Zähnen versehenen Schnabel ausgehend. Weibliche Blüthe nackt; das Fruchtblatt (bei unserer Art) zwischen den 2 Narbenschenkeln 2 Stachelschenkel tragend.

Eine Reihe von Arten in America, bis Europa verbreitet nur

143. (2.) **N. fléxilis.** ☉ Pflanze ziemlich zart, besonders lebend etwas biegsam. Laubstengel 1—3 dm lang, dünn, kaum 1 mm dick, oft fast fadenförmig, mit unterwärts bis 5 cm langen Stengelgliedern. Blätter bis 2 cm lang, nicht 1 mm breit, schmal-linealisch, zugespitzt, wie die Blattscheiden **begrannt-fein-gezähnelt** (Zähne nur aus der Stachelzelle bestehend), meist gerade. **Anthere einfächrig.** Frucht länglich eiförmig bis kurz cylindrisch, nach beiden Seiten verschmälert, 2 mm lang und 1 mm dick, gelblich. **Samenschale glatt.**

Seen mit Sand- oder Schlammgrund, bis zu einer Wassertiefe von 2 m, nur an wenigen Orten im östlichen Theile des nördlichen Flachlandes. Prov. Brandenburg: Lychen: Mahlendorf (Mundt 1820! vgl. Schlechtendal Linnaea IX. 522); Angermünde: Paarsteiner See (Hertzsch!!) und Brodewiner See (C. L. Jahn!). Pommern: Stettin: Binowscher See! (seit mehreren Jahrzehnten nicht mehr beobachtet). Westpreussen: Kr. Flatow: Wakunter See bei Krojanke (Caspary 1881 PÖG. XXIII. 83). Ostpreussen: Kr. Allenstein: See Dluszek bei Gr. Bartelsdorf (Caspary 1880 a. a. O. XXII. 41).

N. f. Rostkovius u. Schmidt Fl. Sedin. 382 (1824). Koch Syn. ed. 2. 783. Richter Pl. Eur. I. 18. *Caulinia f.* Willd. Mém. Ac. Berl. 1798. 89. t. I fig. 1. Spec. pl. IV. 183. Nyman Consp. 685 Suppl. 289. *C. graminifolia* Rostkovius h.! *N. gramínea* Rostkovius in Link Handb. I. 287 (1829) nicht Delile.

---

[1]) S. S. 300 Fussnote 2.

(America; Irland; Schottland; Schweden; Finnland; nördliches Russland; Gouv. Nowgorod: See Bologoje Golenkin! Russ. Littauen: See Switez Dybowski! vgl. Lehm. Fl. Poln. Livl. Nachtr. 52.) *

II. *Euvaginatae*[1]) (Magnus a. a. O. 57 [1870]). Blattscheiden stets scharf gegen den Grund der Spreite abgesetzt, die Ränder der Scheide senkrecht von der Blattspreite abgehend oder mit deutlichen Oehrchen. Aeussere Hülle der männlichen Blüthe in einen Schnabel mit oder ohne Stachelzähne oder in 2 stumpfe Lappen ausgehend. Weibliche Blüthen nackt (so bei unseren Arten) oder mit gezähnter, selten ungezähnter Blüthenhülle, das Fruchtblatt dann nur mit Narbenschenkeln ohne Stachelschenkel.

144. (3.) **N. minor.** ☉ Pflanze zart, dunkelgrün, besonders getrocknet sehr zerbrechlich. Laubstengel 1 bis 2,5 dm lang, dünn, nicht 1 mm dick bis fadenförmig, mit unterwärts bis 5 cm langen Stengelgliedern. Blattscheiden begrannt-gezähnt. Blätter 1 bis 2 cm lang, bis $1/2$ mm breit, seltner etwas breiter, schmallinealisch bis fadenförmig, ausgeschweift-begrannt-gezähnt (Zähne aus einem vielzelligen, die Stachelzelle tragenden Vorsprung bestehend), meist zurückgekrümmt. Aeussere Hülle der männlichen Blüthe in einen an der Spitze gezähnten Schnabel ausgehend. Anthere einfächrig. Früchte schlank cylindrisch, zugespitzt, etwa 2 mm lang und $1/2$ mm dick, schwarzgrau. Sculptur der Samenschale aus horizontal verlängerten Maschen bestehend.

In Seen (bis 4,5 m) und Altwässern mit Schlammgrund, seltener in Gräben. Aehnlich wie *N. marina* verbreitet, doch im nordöstlichen Gebiet erheblich seltener, im südlichen aber meist häufiger als diese. Im westlichen Mitteldeutschland nur bei Arolsen und Giessen (Wigand-Meigen Fl. Hessen-Nass. 442); Schlesien auch längs der Oder!! bis Glogau; Süd-Bayern: Deggendorf; in den Oesterreichischen Kronländern dieseits der Leitha nur in Salzburg fehlend (auch in Mähren neuerdings nicht beobachtet); im Küstenlande mehrfach (nicht auf den Inseln); fehlt ausser in Dalmatien, Bosnien, Hercegovina auch in Montenegro; auch in der Provence und an der Riviera nicht beobachtet. Bl. Juni—Sept.

N. m. All. Fl. Pedem. II. 221 (1785). Koch Syn. ed. 2. 783. Richter Pl. Eur. I. 18. *N. marina* β. L. Sp. pl. ed. 1. 1015 (1753). *Caulinia fragilis* Willd. Mém. Ac. Berl. 1798. 87. Sp. pl. IV. 182. Nyman Consp. 685 Suppl. 289. *Ittnera minor* Gmel. Fl. Bad. III. 592 t. 4 (1808). *N. fr.* Rostkovius u. Schmidt Fl. Sed. 282 (1824). *C. min.* Coss. et Germ. Fl. Paris 575 (1845).

Aendert in kräftigeren Exemplaren ab: B. *intermedia* (Ces. Comp. Fl. it. 204 [1871]). *Caul. i.* Balbis Mem. Acc. Torino XXIII. 105 [1818, blosser Namen].

---

[1]) Von *εὖ* (s. S. 15 Fussnote 2) und vaginatae, wegen der im Gegensatz zu den *Americanae* deutlicher von der Spreite geschiedenen Scheide.

Nocca et Balb. Fl. Tic. II. 163 t. 15 [1821]. *N. alagnénsis*¹) Masè! Bull. Soc.
It. Sc. nat. XI. 668 [1868] nicht Poll.). Stengel 1 mm dick, Blätter bis fast 3 cm
lang, meist gerade. — Piemont: Ivrea! Küstenland: Görz: Šempas (**Tommasini**!).
Verbreiteter in Gräben der Reisfelder Ober-Italiens. Hierher gehört auch die von
V. v. Borbás (Földr. Közl. XIX [1891] 470) erwähnte, an *N. flexilis* erinnernde
N. minor aus dem Kleinen Platten- (Balaton-) See bei Keszthely!

(Frankreich; Ober- und Mittel-Italien; Serbien; Bulgarien; Thessalien; Süd- und Mittel-Russland; Vorder-Asien bis Persien; Indien; Japan; Nord-Africa.) *

145. (4.) N. gramínea. ⊙ Pflanze zart, aber nicht so zerbrechlich als d. v., dunkelgrün. Laubstengel 2 bis 5 dm lang, bis etwa 1 mm dick mit unterwärts bis 5 cm langen Stengelgliedern. Blattscheiden jederseits in eine linealische bis 2 mm lange, am Rande begrannt-fein-gezähnelte, feine Spitze (Oehrchen) ausgezogen. Blätter schmal-linealisch, fadenförmig, nicht 1 mm breit und bis über 4 cm lang, begrannt-fein-gezähnelt (Zähne ausser der Stachelzelle nur aus 2 sie tragenden Zellen bestehend), biegsam, meist gerade. Aeussere Hülle der männlichen Blüthe nicht geschnäbelt, an der Spitze zweilappig. Anthere 4fächrig. Frucht länglich eiförmig bis cylindrisch, bis wenig über 1 mm lang, schwarzgrau. Sculptur der Samenschale aus Maschen von gleichem Längs- und Querdurchmesser bestehend.

Auf Reisfeldern in der Po-Ebene zerstreut, im Gebiet bisher nur im Küstenlande: Oesterreichisches Friaul: Strassoldo (Hillardt 1856! vgl. Ascherson ÖBZ. XVI. 331). Die Angabe in Galizien: Grodek bei Zaleszczyki Tomaschek 1867 ÖBZ. XVII. 365 ist sicher unrichtig; was damit gemeint ist, konnte bei der hartnäckigen Weigerung des Finders, die Pflanze vorzulegen (Knapp 74) nicht festgestellt werden; nach Zalewski (br.) kommen am Fundorte nur *N. marina* und *N. minor* vor.

N. g. Del. Fl. Egypt. 282 t. 50 fig. 3 (1813). *Caulinia alagnénsis*¹) Pollini Pl. Veron. 26 (1814). Nyman Consp. 685 Suppl. 289. *N. al.* Pollini Fl. Veron. III. 49 (1824). *N. tenuifólia* Aschers. Att. Soc. Ital. Sc. Nat. Milan. X (1867) 267, nicht R. Br.

Die bei Strassoldo gesammelte Pflanze besitzt wie auch die in den Oberitalienischen Reisfeldern und in Algerien vorkommende Form in den Blättern 6 Längsreihen eigenthümlich gestalteter Bastzellen und zwar je eine mediane auf der Bauch- und Rückenseite, je eine an den Blatträndern und je eine rückenseits seitlich der Mittelrippe verlaufende. Die langgestreckten Bastzellen laufen an der einen Seite in zwei (denen der Heugabeln ähnliche) Gabelzinken aus, zwischen denen das einfache Ende der nächstfolgenden Bastzelle liegt. — Der im Nilthale Aegyptens allgemein verbreiteten und von dort nach England (Reddish bei Manchester, vgl. Ch. Bailey J. of Bot. XXII [1884] 305 ff. t. 249—252; dort nach Bailey [br.] noch 1896) verschleppten, morphologisch vom Typus der Art nicht zu unterscheidenden, von P. Magnus (DBG. I. 522 [1883]) als var. *Delílei*²) bezeichneten Form fehlen

---

¹) Nach dem Orte Alagna in der Piemontesischen Provinz Novara, wo diese Pflanze in Oberitalien zuerst entdeckt wurde.

²) Nach Alire Raffeneau Delile, * 1778 † 1850, Professor der Botanik in Montpellier. Derselbe begleitete die französische Expedition nach Aegypten 1798 bis 1801 anfangs als Zeichner, später als Botaniker; er veröffentlichte über die

diese Bastzellen constant! (vgl. P. Magnus Beitr. Gatt. Naj. 51 ff. t. VI fig. 4). In den Oasen der Libyschen Wüste finden sich beide Formen nebeneinander!!
(England [s. oben]; Ober-Italien, dort jedenfalls mit dem Reisbau eingeschleppt; Algerien; Aegypten!! Syrien; Süd-West-Persien; Süd- und Ost-Asien; Tropisches Africa; N.W. Australien. Das angebliche Vorkommen in Brasilien ist wenig wahrscheinlich.) *]

Hier würde sich die im Gebiet nicht vertretene Familie der *Aponogetonáceae* (Engler in Nat. Pfl. II. 1. 218. *Aponogetaceae* Planchon Ann. sc. nat. 3. sér. I [1844] 119) anschliessen. Sie enthält ausdauernde Wasserpflanzen mit unterirdischem, knolligem, sympodialem Stamm. Blätter untergetaucht oder schwimmend. Blüthenstand eine einfache oder am Grunde in 2 bis 3 Schenkel getheilte, in der Jugend von einer geschlossenen später abfallenden Scheide eingeschlossene cylindrische Aehre. Blüthen zweigeschlechtlich, mit 1- bis 3-blättrigem corollinischem Perigon und 6 oder mehr Staubblättern und 3 bis 6 freien Fruchtblättern. Früchtchen häutig, mit 2 bis vielen Samen. Die in Capland einheimische Art *Aponogeton*1) (L. fil. Suppl. 32 [1781]) *distáchyus* 2) (Thunb. Nov. Gen. IV. 74 [1784], kenntlich durch die langgestielten, länglich-elliptischen Blätter und den in 2 dichte, zur Blüthezeit mit ansehnlichen weissen Perigonblättern besetzte, zur Fruchtzeit stielrunden Aehren getheilten Blüthenstand) wird als Zierpflanze, auch wohl wegen der stärkehaltigen Knollen im Mittelmeergebiet hin und wieder cultivirt und verwildert mitunter; sie ist unfern der Südwestgrenze im Flusse Lez bei Montpellier! eingebürgert.

18 Familie.

JUNCAGINÁCEAE [3]).

([Lindl. Veg. Kingd. 210 (1847) z. T.]. Aschers. Fl. Brandenb. III. Fl. v. Magdeb. 102 [1859] I. 653 [1864]. Buchenau Engl. Jahrb. II. [1881] 490. Buchenau und Hieronymus Nat. Pfl. II. 1. 222. *Juncagineae* L. C. Rich. Mém. Mus. I. 365 [1815]. Micheli in Alph. DC. Monogr. Phan. III. 94 [1881].)

Vgl. S. 266, 294. Ausdauernde Sumpfpflanzen (so unsere Arten), selten einjährig. Grundachse kriechend oder zwiebelartig, meist verzweigte

---

Flora dieses Landes in dem Prachtwerke Description de l'Egypte zwei grundlegende Abhandlungen: Florae Aegyptiacae illustratio und Flore de l'Egypte, mit 62 Tafeln, (denen er später aus eigenen Mitteln 2 unveröffentlicht gebliebene, lange verschollene hinzufügte). Später bearbeitete er einige kleinere Sammlungen aus dem Sudan (Cailliaud) und Abyssinien (Ferret u. Galinier). Mit grossem Eifer sammelte dieser vorzügliche Beobachter die Adventivflora des Wollwaschplatzes Port Juvenal bei Montpellier, aus der er mehrere neue Arten veröffentlichte. Vgl. auch S. 365.

1) Von Apóne, dem classischen Namen von Abáno, einem berühmten Badeorte südwestlich von Padua und γείτων Nachbar. Pontedera belegte (Antholog. 117 [1720]) mit diesem Namen die etwas später von Micheli (vgl. S. 360) *Zannichellia* benannte Pflanze, die er zuerst in der Nähe des genannten Ortes beobachtet hatte.
2) S. S. 124 Fussnote 1.
3) Von *Juncágo*, Name der hierhergehörigen Gattung *Triglochin* bei Tournefort (Inst. 266).

Sprosssysteme darstellend. Laubblätter abwechselnd-zweizeilig, schmallinealisch (binsen- oder grasartig), am Grunde scheidenartig; in den Achseln derselben finden sich mehr oder weniger zahlreiche Achselschüppchen (s. S. 293 vgl. Irmisch Botan. Zeit. XVI [1858] 177). Stengel beblättert oder schaftartig. Blüthenstand endständig, traubig, seltener eine Aehre, meist durch eine endständige Blüthe abgeschlossen. Blüthen proterogyn, (bei unseren Arten) zweigeschlechtlich, aktinomorph mit meist grünem (bei unseren Arten) aus zwei dreigliedrigen Kreisen gebildetem Perigon, dem die 2 Staubblattkreise in einfacher Alternation folgen. Antheren nach aussen aufspringend. Pollen oval. Fruchtblätter oberständig, 6, in 2 Kreisen angeordnet (mit je 1 [oder bei *Scheuchzeria* je 2] anatropen, mit 2 Integumenten versehenen Samenanlagen), alle fruchtbar oder (bei *Scheuchzeria* und *Triglochin* z. T.) 1—3 fehlschlagend. Griffel nicht entwickelt. Narbe mit langen abstehenden glashellen Papillen. Samen (bei unseren Arten) ohne Nährgewebe. Keimling gerade mit grossem Keimblatt und kräftigen Würzelchen.

15 Arten in den gemässigten Zonen beider Hemisphären verbreitet. In Europa nur unsere beiden Gattungen.

Uebersicht der Gattungen.

A. **Laubstengel beblättert.** Blüthen mit Tragblättern. Perigon bleibend. Mittelband die Staubbeutelhälften überragend. **Fruchtblätter nur am Grunde verbunden, mit 2 Samenanlagen, bei der Reife abstehend.** **Scheuchzeria.**

B. **Blätter am Grunde des schaftartigen Blüthenstengels rosettig gedrängt.** Blüthen ohne entwickelte Tragblätter. Perigon abfallend. Mittelband die Staubbeutelhälften nicht überragend. **Fruchtblätter mit einer Samenanlage,** (bei unseren Arten) **der ganzen Länge nach verbunden,** zuletzt von unten an sich von einem stehenbleibenden Mittelsäulchen ablösend. **Triglochin.**

45. SCHEUCHZÉRIA[1]).

(L. Gen. pl. [ed. 1. 106] ed. 5. 157 [1754]. Micheli a. a. O. 95. Buchenau Engl. Bot. Jahrb. II [1881] 491 ff. Nat. Pfl. II. 1. 225.)

(Blumensimse; dän.: Blomstersiv; böhm.: Blatnice.)

Vgl. oben. Grundachse schief aufsteigend, mit 5 bis 10 mm langen Stengelgliedern, öfter verzweigt, mit grösstentheils abgestorbenen Scheiden

---

[1]) Nach Johann Jakob Scheuchzer, Professor und Stadtphysicus in Zürich, * 1672 † 1733, einem um die Naturgeschichte der Schweiz hochverdienten Gelehrten (schrieb u. a. Herbarium diluvianum. Tiguri 1709 [ed. 2. 1723]; Physica sacra iconibus illustrata. Augustae Vindelicorum 1732—35) und seinem um die Kenntniss der Gräser verdienten Bruder Johann, Professor und Chorherr in Zürich, * 1684 † 1738 (schrieb u. a. Agrostographiae helveticae Prodromus. Tiguri 1708; Operis agrostographici idea. Tiguri 1719; Agrostographia. Tiguri 1719).

bedeckt. Blätter am Grunde lang scheidenartig, am Grunde der Scheide mit einer Reihe seidenartiger, die Achselschüppchen vertretender Haare, an der Spitze der schmal-linealischen, rinnigen Spreite eine eigenthümliche, löffelförmige Drüsengrube tragend (vgl. Buchenau BZ. XXX [1872] 139). Blüthen wenig zahlreich, meist 3 bis 10, in lockerer Traube. Perigon 6 blätterig, die drei inneren Abschnitte schmäler. Staubblätter 6 (nicht selten 7 oder 8) mit linealischen, auf kürzerem Stiele stehenden Staubbeuteln. Fruchtblätter meist 3 (des äusseren Kreises) seltner 4, 5 oder alle 6 ausgebildet. Früchtchen 1—2 samig, aufgeblasen, an der Bauchnaht aufspringend.

Nur die folgende Art:

146. S. palústris. ♃, bis 2 dm hoch. Untere Blätter genähert; die mittleren am längsten, bis 3 dm lang, 2 mm breit; obere entfernt, kürzer, (wie die untersten) kaum 1 dm lang. Tragblätter der unteren Blüthen laubartig, die der oberen klein schuppenförmig, etwa 3—5 mm lang. Blüthenstiele aufrecht, die unteren etwa 3 cm lang, die oberen kurz (5 mm). Perigonblätter länglich eiförmig, etwa 2 mm lang, die inneren schmäler, alle gelblich-grün. Früchtchen schief eiförmig, bis 7 mm lang, gelbgrün.

In Moostorfsümpfen, bald zwischen *Hypnum* und Gräsern, bald in *Sphagnum*, nicht häufig aber meist gesellig. Am meisten verbreitet im nördlichen Flachlande und auf der Hochebene zwischen Donau und Alpen; sonst im mittleren und südlichen Gebiete sehr zerstreut oder selten, fast nur in hohen Lagen (bis 1000 m ansteigend). Erreicht innerhalb des Gebietes die Aequatorialgrenze, welche in Europa folgendermassen verläuft: (Pyrenäen; Centralfrankreich); Dauphiné: Isère: Lac du grand Lemps; Lac Luitel (St. Lager Cat. Bass. Rhône 740); Mont Cenis; Schweiz (fehlt in Tessin); Süd-Tirol: Bozen: Deutschnofen (Hausmann 1485); Kärnten: Hermagor (Prohaska Carinthia LXXXVI. 239); Tiffen [zw. Villach u. St. Veit] (Pacher Jahrb. Landes-Mus. Kärnt. XIV. 196). Krain; Steiermark: Gleichenberg (Maly Fl. St. 38); Biharia; Siebenbürgen: Schaas (Segesd) bei Schässburg; am Fusse des Büdös; Borszék; Cosna bei Naszód (Simonk. 509); Bukowina (Herbich 100). (Gouv. Wolhynien; Kiew; Charkow; Kursk; Tambow; Saratow; Orenburg.) Fehlt auf den Nordsee-Inseln, im Ungarischen Tieflande (die Angabe im Hanság südlich vom Neusiedler See, vgl. Neilreich Ungarn 45, wenig wahrscheinlich). Bl. Mai—Juli.

S. p. L. Sp. pl. ed. 1. 338 (1753). Koch Syn. ed. 2. 773. Nyman Consp. 680 Suppl. 286. Richter Pl. Eur. I. 19. *S. paniculáta* Gilib. Exerc. phyt. II. 502 (1798).

In der Tracht einem *Juncus* aus der Gruppe *J. septati* ähnlich, im blühenden Zustande leicht zu übersehen, im Spätsommer aber durch die ziemlich grossen gelbgrünen Früchte sehr auffällig.

(In der nördlichen gemässigten bis in die polare Zone verbreitet, in Europa südlich bis 43° (Pyrenäen); in Asien nur in West-Sibirien; Nord-America südlich bis 38—40°.) *

46. TRIGLÓCHIN[1]).

([Rivin. in Rupp. Fl. Jen. ed. 1. 54 L. Gen. pl. ed. 1. 106] ed. 5. 157 [1753]. Micheli a. a. O. 96. Buchenau Engl. bot. Jahrb. II [1881] 490 ff. Nat. Pfl. II. 1. 224 incl. *Cycnogéton*[2]) Endl. Ann. Wien. Mus. II [1838] 210 und *Maúndia*[2]) F. v. Müll. Fragm. I. 23 [1858].)
(Dreizack, niederl.: Zoutgras; vlaem.: Driepunt; dän.: Trehage; franz.: Troscart; ital.: Giuncastrello; poln.: Trawa żabia, Snibka; böhm.: Baříčka; russ.: Триострeнникъ; ung.: Hutsza.)

Vgl. S. 374. Grundachse (bei uns meistens) kurz. Blätter am Grunde scheidenartig, die Scheide als freies Blatthäutchen die Abgangsstelle der Blattfläche etwas überragend, am Grunde derselben bei *T. maritima* zahlreiche, in zwei Reihen gestellte, bei den anderen Arten weniger zahlreiche Achselschüppchen (vgl. Irmisch Bot. Zeit. XVI [1858] 177). Blüthenstengel endständig (öfter an mehreren Sprossgenerationen in einer Vegetationsperiode entwickelt), meist aus aufsteigendem Grunde aufrecht, viel länger als die Blätter, am Grunde von den eine Art Zwiebel bildenden Scheiden der Blätter umgeben, eine meist vielblüthige Traube kleiner Blüthen tragend. Perigon (unserer Arten) 6blättrig; die 3 inneren Perigonblätter mit den dicht vor ihnen stehenden 3 inneren Staubblättern an der Blüthenachse etwas in die Höhe rückend, so dass dadurch diese Blüthenhüllblätter höher zu stehen kommen als die 3 äusseren Staubblätter. Staubbeutel sitzend, am Grunde befestigt nach aussen aufspringend. Narben 6 oder 3, im letzteren Falle die 3 äusseren Fruchtblätter zu nervenartigen Streifen verkümmert.

12 Arten, fast über das ganze Areal der Familie verbreitet. In Europa ausser unseren Arten nur noch die der *T. bulbosa* sehr nahe stehende *T. laxiflóra* (Guss. Ind. sem. Hort. Boccad. 1825. Fl. Sic. Prodr. I. 451 [1827]). Vgl. S. 379. In Europa nur die

Untergattung **Eutriglóchin**[3]) (Benth. Fl. Austral. VII. 165 [1878]). Fruchtblätter verbunden, bei der Reife von dem stehenbleibenden Mittelsäulchen sich ablösend.

10 Arten, darunter 5 einjährige in Neuholland.

A. Narben 6; alle 6 Fruchtblätter gleichmässig ausgebildet (vgl. jedoch S. 377).

147. (1.) T. maritima. (An d. nordwestdeutschen Küsten Röhr, Röhlk.) ♃, 1—7 dm hoch. Grundachse kräftig, kurz, etwa 3—10 cm lang,

---

[1]) *τριγλώχιν* dreizackig, wegen der zuletzt nach unten dreizackigen Früchte von *T. palustris*. Zuerst bei Dalechamp
[2]) Von *κύκνος* Schwan und *γείτων* Nachbar; die einzige auf Neuholland beschränkte Art *T. procéra* (R. Br. Prodr. Fl. Nov. Holl. I. 343 [1810]) findet sich u. a. am Swan-River in West-Australien. Auch die dritte, gleichfalls monotypische Untergattung *Maúndia* [*M. triglochinoídes* F. v. Müll. Fragm. I. 22 (1858). *T. Maúndii* F. v. Müll. a. a. O. VI. 83 (1867)], nach dem Arzte John Maund [† vor 1858] benannt, kommt nur im östlichen Neuholland vor).
[3]) S. S. 15.

schräg aufsteigend. Stengel bis 4 mm dick. Blätter bis 4 dm lang, 2—3 mm breit, halbcylindrisch-rinnig. Traube dicht, mit bis mehreren Hundert Blüthen, meist ohne Gipfelblüthe. Blüthenstiele kürzer als die Frucht, etwa 2—4 mm lang, aufrecht abstehend. Perigonblätter grün, am Rande weisslich-häutig, oberwärts röthlich. Frucht 4—6 mm lang, bis 2 mm dick, eiförmig, unter der Spitze mehr oder weniger zusammengeschnürt.

Auf moorigen Wiesen, oft zwischen hohem Grase, meist im Alluvium, gern auf Salzboden, auf den in der Nähe der Meere gelegenen Wiesen oft dichte ausgedehnte Bestände bildend. An den Küsten der Nord- und Ostsee!! verbreitet, spärlicher an denen des Mittelmeeres (aber von der Riviera nicht bekannt) und der Adria!! in Dalmatien bei Carin (ca. 44°) einen Punkt der Aequatorialgrenze erreichend; sehr zerstreut im Binnenlande des nördlichen und mittleren Gebiets, nach Süden immer mehr vereinzelt bis Lothringen, Rheinprovinz (Saarbrücken!), zur Bayrischen Pfalz (Dürkheim! bis Frankenthal), Unterfranken (Kissingen, Neustadt a. S.), Thüringen (bis Arnstadt und Saalfeld), Böhmen (Welwarn Čelakovský Sitzb. Böhm. G. Wiss. 1885. 6), Schlesien (bis Glogau, Herrnstadt, Wohlau, Breslau!), Galizien (Skawina, Kr. Wadowice und Stry? Knapp 46). Ferner in Nieder-Oesterreich, im Ungarischen Tieflande! und Siebenbürgen! Bl. Juni—Aug., im Süden April, Mai.

T. maritimum L. Sp. pl. ed. 1. 339 (1753). Koch Syn. ed. 2. 774. Nyman Consp. 680 Suppl. 286. Richter Pl. Eur. I. 19. Rchb. Ic. VII. t. LII fig. 92, 93.

Nach der Gestalt der Früchte unterscheidet man nach Reichenbach folgende Formen:

A. *sexangularis*. Pflanze zierlich. Stengel dünn. Früchte scharf 6 kantig, nach der Spitze fast halsartig verschmälert. — Auf trockneren Wiesen, an Wegen. — *T. m. α. sexangulare* Rchb. Ic. fl. Germ. VII. t. LII fig. 92 a. b. c. (1845). — Hierher gehört H. *salina* (A. u. G. Syn. I. 377 [1897]. *T. s.* Wallr. Linnaea XIV. 567 [1840]). Grundachse sehr kurz, dick, dicht mit Blattresten umgeben. — Auf sehr salzigen Wiesen und an Soolgräben.

B. *exangularis*. Pflanze kräftig. Stengel dick, starr. Früchte rundlich, nicht oder wenig kantig, nach oben abgestutzt. — Auf sumpfigen Wiesen, an Gräben. — *T. m. β. exangulare* Rchb. a. a. O. fig. 93 d. e. f. (1845).

Eine nach Boissier (Fl. Or. V. 13) in Kleinasien mit der typischen Art gesammelte Form mit nur 3 Früchtchen scheint im Gebiet noch nicht beobachtet.

Die jungen Blätter dieser Art werden in manchen Gegenden, besonders in den Nordwestdeutschen Küstenstrichen als Gemüse geschätzt; durch das Kochen verliert sich der allen *T.*-Arten eigenthümliche, unangenehm fade, chlorartige Geruch. — Gilt in West- und Ost-Preussen als eine auf Wiesen erwünschte Pflanze.

(Nördliche gemässigte Zone in der Alten und Neuen Welt; südlich bis Portugal, Nord-Spanien, Catalonien, Balearen, Pisa, Süd-Russland, Kleinasien, Persien, Afghanistan, Tibet, Japan, Californien, Mexico.) *

B. Narben 3. An der Frucht nur die 3 inneren Fruchtblätter ausgebildet, die 3 äusseren zu nervenartigen Streifen verkümmert.

148. (2.) **T. palústris.** (In Mecklenburg und Pommern Fettgras, niederl.: Niergras). ♃, 1 bis 5 dm hoch. Grundachse dünn,

kriechend, etwa 1 dm lang, im Herbst transitorisch zwiebelartig, bis über 5 mm dick. Winterknospen sich an den Spitzen der Ausläufer und am Grunde der Laubtriebe bildend (vgl. Buchenau Engl. Bot. Jahrb. II [1881] 500). Stengel bis wenig über 1 mm dick. Blätter halbcylindrisch, bis 3 dm lang, kaum 1 mm breit. Traube locker, meist nicht über 50-blüthig, meist mit einer Gipfelblüthe. Blüthenstiele kürzer als die Frucht, 2—4 mm lang, angedrückt. Perigonblätter gelbgrün, am Rande weisslich, oberwärts öfter violett. Frucht bis 8 mm lang, bis 1 mm dick, linealisch, keulenförmig, am Grunde verschmälert.

Auf moorigen Wiesen und Sümpfen, an Ufern von Flüssen, Teichen und Seen zerstreut, bis etwa 1600 m ansteigend; fehlt in Dalmatien. Bl. Juni—Sept.

T. palustre L. Sp. pl. ed. 1. 338 (1753) excl. var. β. Koch Syn. ed. 2. 774. Nyman Consp. 680 Suppl. 286. Richter Pl. Eur. I. 18. Rchb. Ic. VII. t. LI fig. 90, 91.

Geruch wie vor. In der Tracht in nichtblühendem Zustande *Juncus compressus* nicht unähnlich.

(Nördliche gemässigte Zone in der Alten und Neuen Welt südlich bis Spanien, Italien, Bulgarien, Kleinasien, Nord-Persien, Afghanistan, Tibet, China, in Nord-America bis Mexiko; Chile, von Atacama bis zur Magellanstrasse.) *

149. (3.) **T. bulbósa.** ♃, 1—4 dm hoch. Grundachse niemals kriechend, verdickt, mit den scheidigen Grundtheilen der Blätter (meist durch Verzweigung der Hauptachse zusammengesetzte) Zwiebeln bildend. Zwiebel bis fast 2 cm dick, die abgestorbene Achse am Grunde in Form von Scheiben abstossend, von derben Fasern (den Resten abgestorbener Blätter) umhüllt, meist mit 2 in der Ruheperiode die Anlagen der nächstjährigen Laubblätter umhüllenden fleischigen Nährblättern (vgl. Buchenau Engl. Bot. Jahrb. II [1881] 502). Laubblätter halbcylindrisch, bis 3 dm lang und etwa 2 mm breit. Traube bis etwa 15- (seltner bis 50-) blüthig, meist mit einer Gipfelblüthe. Blüthenstiele so lang oder wenig kürzer als die Frucht, 3—6 mm lang, aufrecht abstehend. Perigonblätter rundlich bis breit-eiförmig, stumpf, grünlich. Frucht etwa 4—5 mm lang, 1 mm dick, linealisch bis länglich-eiförmig, nach der Spitze verschmälert.

In (oft salzhaltigen) Sümpfen oder doch an feuchten Stellen in der Nähe des Mittelmeers und der Adria, wenig verbreitet. Provence: Arles; Marignane; Toulon: Castignaux; Salins d'Hyères (St. Lager Cat. Bass. Rhône 739). Dalmatien: Sebenico: Insel Crappano (Visiani Fl. Dalm. I. 192). Bl. April, Mai.

T. bulbosum L. Mant. 2. 226 (1771). Buchenau a. a. O. Richter Pl. Eur. I. 18. *T. palustre* β. L. Sp. pl. ed. 1. 338 (1753) ed. 2.

483 (1762). *T. Barreliéri*[1]) Lois. Fl. Gall. ed. 2. I. 264 (1828). Nyman Consp. 680 Suppl. 286 ed. 1. 725.
(Westküste von Frankreich; Portugal; Mittelmeerküsten östlich bis Kleinasien, Kreta und Cyrenaica! Angola; Süd-Africa.) *|

Die oben (S. 376) erwähnte *T. laxiflora* verhält sich zu dieser Art ähnlich wie *Typha gracilis* (S. 277) zu *T. minima*. Auch sie kann als eine durch Saison-Dimorphismus abgezweigte Form betrachtet werden. Sie unterscheidet sich von *T. bulbosa* ausser der herbstlichen Blüthezeit durch an die Traubenachse angedrückte, auf kürzeren Stielen stehende, oben deutlicher verschmälerte Früchte (vgl. Buchenau NV. Bremen XIII. 408 [1896]).

Bastard.

? 147. × 148. **T. maritima × palustris.** ♃. Nolte legte 1846 auf der Naturforscher-Versammlung in Kiel eine *T.* vor, welche er für diesen Bastard hielt. Beim Herumreichen in der Sitzung ging das einzige Exemplar jedoch verloren und es bedarf die Existenz dieses Bastardes daher der Bestätigung.

T. m. × *p.* Nolte nach Reichenbach (mündl.) bei Buchenau Engl. Jahrb. II (1889) 506.

19. Familie.

ALISMATÁCEAE.

([*Alismáceae* Lam. u. DC. Fl. Fr. III. 181 [1805] z. T. R. Br. Prodr. I. 342 [1810] z. T.] L. C. Rich. Anal. d. fr. ed. Voigt 1811. p. XIII [1808]. Gray Brit. pl. II. 215 [1821]. Buchenau NV. Bremen II [1868—71] 10, 482. Engl. bot. Jahrb. II [1881] 470. Nat. Pfl. II. 1. 227. Micheli a. a. O. 29.)

Vgl. S. 267, 294. Ansehnliche ausdauernde milchsaftführende Sumpf- oder Wasserpflanzen mit meist senkrechter, kurzer und dicker, seltner an der Spitze knollige Ausläufer treibender Grundachse und schaft- artigem Stengel. Blätter gitternervig, am Grunde scheidenartig, mit einer Anzahl (bei unseren Arten stets) lineal-pfriemlicher, zarter Achselschüpp- chen; die untergetauchten lang, schmal-linealisch, grasartig, die aufgetauch- ten mit breiter Blattfläche auf einem oft langen, von zahlreichen Längs- röhren durchsetzten Stiele, schwimmend oder häufiger meist vom Stiele getragen, aus dem Wasser hervorragend. Blüthenstand stockwerkartig aus den Achseln 3 zähliger alternirender Hochblattquirle, verzweigt, die Seiten- zweige meist in gleicher Weise weiter gebildet oder Schraubeln darstellend. Blüthen zwei- oder eingeschlechtlich, im letzteren Falle ein-, seltener zweihäusig. Perigon (bei unseren Arten) aus einem äusseren, dreiblättrigen, kelchartigen, derben und einem inneren dreiblättrigen, corollinischen, zarten Kreise bestehend Staubblätter 6 (vermuthlich durch Spaltung

---

1) Nach Jacques Barrelier, Dominicaner in Paris, * 1606 † 1673, der die Pflanze zuerst als *Juncus bulbosus maritimi floribus siliquosus* beschrieben und abgebildet hat (Plantae per Galliam, Hispaniam et Italiam observatae aeneis iconibus exhibitae Parisiis 1714 [von A. de Jussieu herausgegeben] 55 Nr. 563 ic. 271). Ausser- dem werden noch einige handschriftliche Werke von ihm im Pariser Museum auf- bewahrt.

[Dédoublement] eines episepalen Kreises) bis zahlreich mit nach aussen aufspringenden Antheren. Pollen kugelig. Fruchtblätter 6 bis zahlreich, (bei unseren Arten meist nicht verbunden), mit je 1, seltener 2 oder mehreren anatropen, mit 2 Integumenten versehenen Samenanlagen, und meist kleinen, sitzenden oder auf meist kurzem Griffel stehenden Narben. Früchtchen mit häutiger oder holziger Schale. Samen ohne Nährgewebe, mit hufeisenförmig gekrümmtem Keimling, langem Keimblatt und kräftigem Würzelchen.

46 bis 50 Arten, über die gemässigten und die tropische Zone verbreitet, im südlichsten Africa und America sowie in Neuseeland fehlend.

Uebersicht der Gattungen (nach Buchenau Nat. Pfl. II. 1. 229).
- A. Blüthen zweigeschlechtlich. Blüthenachse flach. Staubblätter 6, in einen Kreis gestellt. Fruchtblätter gleichfalls mehr oder weniger kreisförmig angeordnet.
  - I. Fruchtblätter mit je einer Samenanlage.
    - a. Samenanlage nach aussen (nach der Rückenseite des Fruchtblattes) gewendet, Mikropyle daher am äusseren Grunde derselben und im Samen das Würzelchen des Keimlings nach aussen liegend.
      - 1. Fruchtschale pergamentartig. **Alisma.**
      - 2. Innenschicht der Fruchtschale (Endokarp) holzig. Blätter am Grunde tief herzförmig. **Caldesia.**
    - b. Samenanlage nach innen (nach der Bauchseite des Fruchtblattes) gewendet, Mikropyle daher am inneren Grunde derselben und im Samen das Würzelchen des Keimlings nach innen liegend. Früchtchen auf der Innen-(Bauch-)seite stärker gewölbt. **Elisma.**
  - II. Fruchtblätter mit je 2 oder mehreren Samenanlagen. Früchtchen sternförmig ausgespreizt. **Damasonium.**
- B. Blüthenachse gewölbt. Fruchtblätter kopfig angeordnet.
  - I. Blüthen zweigeschlechtlich. Staubblätter (bei unserer Art) 6. Früchtchen kaum zusammengedrückt, vielrippig. **Echinodorus.**
  - II. Blüthen eingeschlechtlich, ein- seltener zweihäusig. Staubblätter zahlreich, spiralig angeordnet. Früchtchen stark von der Seite her zusammengedrückt. **Sagittaria.**

47. ALISMA [1]).

([Rivin. in Rupp. Fl. Jen. ed. 1. 54 (1718)]. L. Gen. pl. [ed. 1. 108] ed. 5. 160 [1754] z. T. Micheli a. a. O. 31 z. T. Buchenau Engl. Bot. Jahrb. II [1882] 480. Nat. Pfl. II. 1. 230.)

Vgl. oben. Grundachse senkrecht, kurz. Blätter in grundständiger Rosette, in deren Mitte der endständige Blüthenstand, neben demselben

---

[1] ἄλισμα, Name einer Wasserpflanze mit *Plantago*-ähnlichen Blättern bei Dioskorides (III, 159). Valerius Cordus und Sprengel halten sie für unsere Art, obwohl sie eine wohlriechende Wurzel und gelbliche Blumen haben soll.

oft noch ein in der Achsel des obersten Laubblattes stehender, selbst am Grunde Laubblätter tragender, seitlicher Blüthenstand, welche Verzweigung sich öfter wiederholen kann. Blätter mit starken, nicht alle vom Blattgrunde ausgehenden Längsnerven und einem Gitterwerk feinerer Nerven. Blüthen in pyramidaler Rispe, deren Aeste zu 3 quirlig stehen und sich schraubelartig weiter verzweigen, zweigeschlechtlich, etwas klein. Fruchtblätter zahlreich, am bauchseitigen Rande den abfallenden Griffel tragend. Früchtchen stark von den Seiten zusammengedrückt.

2 Arten, ausser dem Americanischen *A. Califórnicum* (Micheli a. a. O. 34 [1881], *Damasónium c.* Torrey Pac. railw. rep. IV. 142 und in Bentham Pl. Hartw. 341 [1857]) nur

150. **A. plantágo**[1]) **aquática**. (Froschlöffel, niederl. u. vlaem.: Waterwegbree; dän.: Vejbred-Skeblad; franz.: Flûteau, Plantain d'eau; ital.: Mestola, Mestolaccia; poln.: Żabienik, Anielski trank; böhm.: Żabnik; russ.: Частуха; ung.: Hidőr). ♃. Grundachse bis 2 cm dick. Blätter (die untersten sowie alle junger Pflanzen) langfluthend, linealisch, sitzend (eigentlich nur verbreiterte [geflügelte] Blattstiele), die übrigen langgestielt, eiförmig bis lanzettlich, zugespitzt, am Grunde schwach herzförmig, abgerundet oder in den Stiel verschmälert. Blüthenstand locker, länger als die Blätter. Quirle (die unteren) bis 2 dm von einander entfernt, die 3 Hauptäste meist noch mit 1 oder mehr schwachen grundständigen Zweigen. Tragblätter länglich-eiförmig bis lanzettlich, zugespitzt bis stachelspitzig, krautig oder die oberen hautrandig. Blüthen meist auf (1 bis) 2 (bis 3) cm langem schlankem, am Grunde nach der Abstammungsachse hin zwei kleine, breit eiförmige, häutige, oft zu einem „adossirten" zweikieligen verbundene Vorblätter tragenden Stiel (vgl. Eichler, Blüthendiagramme I. 98). Kelchblätter breiteiförmig, 3 mm lang, 2 mm breit, stumpflich, grün. Blumenkronenblätter genagelt, rundlich bis breit-verkehrt-eiförmig bis 6 mm lang, weiss oder röthlich, am Nagel gelb. Früchtchen keilförmig aneinanderschliessend, schräg nach aussen geneigt, schief verkehrt eiförmig, am Grunde etwas ausgerandet, den Griffelrest ungefähr in der Mitte des bauchseitigen Randes tragend, auf dem Rücken ein- oder zweifurchig. Samen schwärzlich, durch die dünnen Seitenwände der Früchtchen durchschimmernd.

Ufer, Sümpfe, Gräben, über das ganze Gebiet verbreitet, auch auf den Nordsee-Inseln, meist gemein; in den Alpen bis 1500 m aufsteigend.

A. P. △ (durch einen Druckfehler steht hier das Zeichen des Feuers statt desjenigen des Wassers!) L. Sp. pl. ed. 1. 342 (1753). *A. P.* ▽ L. a. a. O. ed. 2. 486 (1762). *A. P.* L. Syst. X. 993 (1759) und bei den meisten Schriftstellern; Koch Syn. ed. 2. 771. Richter Pl. Eur. I. 19. *A. P. a.* Nyman Consp. 679.

---

[1]) plantago, Pflanzenname bei Plinius (XXV, 39). *Plantago aquatica*, Name unserer Art bei Cesalpini, wegen der Aehnlichkeit der Blätter mit denen von *Plantago-major*.

Die nachfolgenden beiden Unterarten, denen sich in dem weiten Wohngebiete der Art noch mehrere andere anschliessen dürften, wie das Ostasiatische *A. canaliculátum* (A. Br. et Bouché Ind. sem. h. Berol. 1862 app. 5) und das Nordamericanische *A. parviflórum* (Pursh Fl. Am. sept. I. 253 [1816]) wurden schon seit Jahrhunderten z. B. von Tabernaemontanus instinctiv unterschieden; da die Landformen von *B.* häufiger vorkommen und typischer ausgeprägt sind als *A. B.*, so ist anzunehmen, dass unter den bei letzterem aufgeführten Benennungen, namentlich unter *A. lanceolatum* vorzugsweise erstere Pflanze verstanden wurde, wenn auch schwerlich beiderlei Formen geschieden wurden und üb. d. Bedeutung des Witheringschen Namens bei der ungenügenden Diagnose und bei den Mangel an Originalexemplaren (nach A. Bennett [br.] hat sich dessen Herbar nicht erhalten) wohl kaum etwas Sicheres zu ermitteln sein dürfte. Mit aller Sicherheit lässt sich die Zugehörigkeit der unter dem von seinem Autor Ehrhart niemals veröffentlichten Namen *A. graminifolium* allgemein bekannt gewordenen Wasserform zu *B.* behaupten. Uebrigens wurden die Landformen von früheren Floristen häufig für *Echinodorus ranunculoides*, die Wasserform oft für diese oder *Elisma natans* gehalten. Ob der in der Französischen Schweiz angegebene Bastard von 150 u. 154 von *A. arcuatum* verschieden ist, wird die Prüfung der uns jetzt nicht zugänglichen Exemplare ergeben. Neuerdings wurden beide Unterarten nach ihren Blüthen- und Fruchtmerkmalen zuerst von Michalet (SB. France I. 312 [1854]) scharf unterschieden; ein Menschenalter später bestätigte und vervollständigte Čelakovský (ÖBZ. XXXV. 377, 414 ff.) die Untersuchungen des genannten französischen Floristen. Ueber die taxonomische Werthung der Unterschiede ist eine völlige Einigung noch nicht erzielt. Während Čelakovský sich für die specifische Selbständigkeit auf die Zustimmung sonst so wenig zum Trennen geneigter Botaniker wie Sanio (BV. Brand. XXIII. 49 [1881]) und Caspary (PÖG. Königsb. XXV. 110 [1884]) berufen kann, bezweifelt der Monograph die Familie, Buchenau auch noch 1894 (Fl. der Nordw. Tiefeb. 53) das Artrecht. Auch wir gestehen, dass wir, obwohl wir bei lebenden Pflanzen nie im Zweifel waren, doch nicht alle trocknen, namentlich schwächlichen Exemplare sicher zwischen *A.* und *B.* haben vertheilen können; in Wirtgen's Herb. pl. Rhen. sel. no. 526 scheinen uns beide Formen ausgegeben zu sein!

A. A. Michalétii[1]). Grundachse stark verdickt, breiter als hoch. Stengel häufig bis 7 dm hoch, starr aufrecht, in der unteren Hälfte meist nicht verzweigt. Blätter meist eiförmig, am Grunde mehr oder weniger herzförmig oder abgerundet, seltner elliptisch-lanzettlich in den Blattstiel zugeschweift oder allmählich verschmälert, langgestielt, freudig grün. Rispe nach der Spitze allmählich verschmälert, mit in zahlreicheren (oft 5 bis 6) etwas genäherten Quirlen angeordneten aufrecht abstehenden Rispenästen. Aeste meist nur 6 bis 9 in jedem Quirle. Blüthen ansehnlicher; Blumenblätter doppelt so lang als der Kelch, hinfällig. Staubblätter doppelt so lang als die Fruchtblätter (ohne die Griffel). Staubbeutel länglich. Fruchtblätter (in der Blüthe und Frucht) um ein freies Mittelfeld angeordnet, in der Frucht in ein unregelmässiges Dreieck gestellt. Griffel länger als die Fruchtknoten, ziemlich gerade oder etwas geschlängelt, aufrecht, weisslich mit fein papillösen Narben. Früchtchen auf der gewölbten Rückenseite meist nur eine mittlere Rinne zeigend

---

[1]) Nach Eugène Michalet, Staatsanwaltsvertreter zu Baume-les-Dames (Dép. Douls), * 28. Mai 1829, † 12. Febr. 1862 (Magnin br.), einem vorzüglichen Beobachter, dem nicht nur die Flora Ostfrankreichs sondern auch die Blüthen-Biologie wichtige Beiträge verdankt, z. B. die Wiederentdeckung des *Bidens radiatus*, die Kenntniss der kleistogamen Blüthen von *Oxalis acetosella*.

(wenn zwei Rinnen vorhanden sind, die äusseren Rippen gerundet, stumpf), bauchseits schwach convex gebogen mit dem Griffelrest in der Mitte der Biegung.

Im ganzen Gebiet meist häufig. Bl. Juni—Herbst.

A. M. A. u. G. Syn. I. 382 (1897). *A. Plantago* Michalet SB. France I (1854) 312 (1855). Grenier in Gren. u. Godr. Fl. Fr. III. 164 z. T. (1855). Čelakovský a. a. O. (1885). Rchb. Ic. VII. t. LVII fig. 100, 102.

Nach der Breite der Blätter unterscheidet man

A. latifólium. Blätter breit-eiförmig, am Grunde schwach herzförmig oder abgerundet. — Die bei weitem häufigste Form. — *A. M.* A. *l.* A. u. G. Syn. I. 383 (1897). *A. Plantago a. l.* Kunth Fl. Berol. II. 295 (1838). Gren. in Gren. u. Godr. Fl. Fr. III. 165 (1855). *A. l.* Gilibert Fl. Lith. V. 222 (1781).

B. stenophýllum[1]). Blätter breit lanzettlich bis elliptisch-lanzettlich, an schwächlichen Exemplaren auch schmallanzettlich, in den Blattstiel zugeschweift oder auch ganz allmählich verschmälert. — Ziemlich selten, meist mit A. — *A. M.* B. *s.* A. u. G. Syn. I. 383 (1897). *A. lanceolátum* With. Bot. arr. Brit. pl. ed. 3. II. 362 (1796) z. T.? *A. angustifólium* Hoppe Taschenb. 1797. 13 ? (blosser Namen). *A. Plant. β. a.* Kunth a. a. O. (1838). Ascherson Fl. Brandenb. I. 650 z. T.? *A. P. β. lanceolatum* Schultz in Spr. Syst. II. 163 (1825) z. T.? Gren. u. Godr. a. a. O. (1855) z. T.?

Ob eine der Form *B. D. angustissimum* entsprechende Wasserform dieser Unterart existirt, ist noch nicht sicher festgestellt.

(Nördl. gemässigte Zone beider Hemisphären; Neuholland.) *

B. A. arcuátum. Grundachse weniger verdickt, länglich eiförmig, höher als dick. Stengel meist nur 1 bis 3 (selten bis 6) dm hoch, schief oder häufig bogig aufsteigend oder (die schwächeren) oft niederliegend, meist schon in der unteren Hälfte verzweigt, an der lebenden Pflanze leicht bläulich bereift. Blätter stets länglich-elliptisch oder lanzettlich, an schwachen Exemplaren bis lineal-lanzettlich, kurz gestielt, etwas graugrün. Rispe kürzer, mit in weniger zahlreichen (oft nur 2 bis 3) etwas entfernteren Quirlen angeordneten, fast wagerecht abstehenden bis zurückgebogenen Rispenästen. Aeste meist 10—12 in jedem Quirle, die des untersten Quirles auffallend lang, die des zweiten erheblich kürzer (meist nur noch einmal quirlig verzweigt), daher die Rispe plötzlich verschmälert bis abgestutzt erscheinend. Blüthenstiele dicker und steifer als bei der vorhergehenden Unterart. Blumenblätter nur 1½ mal so lang als der Kelch, länger bleibend, dunkler röthlich. Staubblätter so lang als die Fruchtblätter (ohne die Griffel). Staubbeutel rundlich. Fruchtblätter mit ihrer Bauchseite sich in der Mitte berührend, kein freies Mittelfeld zwischen sich lassend, in der Frucht regelmässig zu einem stumpf dreieckigen oder fast rundlichem Köpfchen angeordnet. Griffel erheblich kürzer als der Fruchtknoten, nach aussen hakig umgebogen, grünlich, später bräunlich mit grob papillösen Narben. Früchtchen rückenseits meist mit 2 Rinnen, daher dreirippig,

---

[1] S. S. 274 Fussnote 3.

(die mittlere Rippe stärker vorspringend, die seitlichen ebenfalls scharf vorspringend, von den mehr vertieften Seitenflächen sich abhebend), bauchseits an der etwas höher gelegenen Ansatzstelle des Griffelrestes winkelig gebogen.

Wohl ebenfalls durch das ganze Gebiet verbreitet, scheint indess im nördlichen und mittleren Theile weniger häufig, im südlichen aber häufiger zu sein als *A. Michaletii*. Bl. Juli, Aug.

A. a. Michalet SB. France I. 312 (1854). Gren. u. Godr. Fl. Fr. III. 165 (1855). Čelakovský a. a. O. (1885). Nyman Consp. 679 Suppl. 285. Richter Pl. Eur. I. 19. *A. lanceolátum* With. a. a. O. (1796) z. T.? ebenso gehören die übrigen unter *A. B. stenophyllum* angeführten Synonyme wohl alle oder meist z. T. hierher. *A. P.* var. *l.* Rchb. Ic. VII. 30. t. LVII fig. 101 (1845). *A. P.* v. *angustifólium* Prahl Krit. Fl. Schl.-Holst. I. 155 (1888).

Die folgenden Standortsformen unterscheiden sich in der Breite der Blätter und in der Grösse der Pflanze:

B. púmilum. Pflanze nur höchstens 1 dm hoch. Blüthenstand (wie bei *Echinodorus ranunculoides*) meist nur aus 1—2 nicht weiter verzweigten Quirlen bestehend. Blätter sehr kurz gestielt, oft fast sitzend. — An vom Wasser verlassenen Orten. — *A. a. β. p.* Prahl a. a. O. II. 204 (1890). *A. Plant.* var. *p.* Nolte in Hansen herb. 969. Sonder Fl. Hamb. 210 (1851).

C. aestuósum. Pflanze klein, 1—1,5 dm lang. Rispe verzweigt, die Blätter öfter nicht überragend. Blätter schmal, mitunter fast linealisch, stumpf, sehr allmählich in den Stiel verschmälert. — An sandigen Ufern in bewegtem Wasser. — *A. a.* C. ae. A. u. G. Syn. I. 384 (1897). *A. P.* var. *ae.* Bolle BV. Brand. III. IV. 164 (1861) vgl. a. a. O. VII. 27.

D. angustíssimum. Blätter sämmtlich oder grösstentheils fluthend, linealisch, sitzend bis 1 m lang, zuweilen einige der oberen lanzettlich, über die Wasserfläche hervorragend. — So in (oft stark) fliessendem Wasser, häufig nicht blühend. — *A. a.* D. a. A. u. G. Syn. I. 384 (1897). *A. natans* Poll. Hist. pl. Palat. III. 319 (1777) nicht L. *A. P. ang.* DC. Fl. franç. ed. 3. V. 312 (1815). *A. graminifólium* Ehrh. Steudel Nom. I. 26 (1821). *A. P.* var. *g.* Wahlenb. Flora Upsal. 122 (1820). Koch Syn. ed. 2. 772. Gren. u. Godr. a. a. O. (1855). Aschers. Fl. Brandenb. I. 650. Rchb. Ic. VII. 30. t. LVII fig. 102 (1845). *A. angustifólium* J. Sv. Presl in Opiz Böheims phän. u. krypt. Gew. 48 (1823). *A. gramínea* Gmel. Fl. Bad. IV. 256 (1826). *A. Loesélii*[1]) Gorski in Eichwald Nat. Skizze Lith. 127 (1830). *A. longifólium* J. Sv. Presl in Sommers Königr. Böhm. XV. XLVI (1847). *A. a.* fr. *graminif.* Caspary PÖG. Königsb. XXV. 110 (1884). *A. a.* var. *aquática* Čelakovský a. a. O. 417 (1885).

Caspary theilt (a. a. O.) mit, dass er durch Cultur aus Samen die Form D. die typische Pflanze, welche er als fr. *oblóngum* (Čelakovský a. a. O. 417 [1885] als var. *terréstris*) bezeichnet, erzogen habe.

(Europa, von zahlreichen Standorten von Upsala nördlich bis Malaga und Thessalien und von Portugal bis Südrussland gesehen; Nord- und West-Asien; Nord-Africa; Abyssinien.) *

---

[1]) S. S. 314 Fussnote 2. Loesel bildete die Pflanze auf t. 62 als *Plantago aquatica leptomacrophyllos* ab.

48. CALDÉSIA[1]).

(Parlatore Fl. Ital. III. 598 [1858]. Buchenau NV. Bremen II. 487 [1871]. Engl. Jahrb. II. [1882] 479. Nat. Pfl. II. 1. 230. *Alisma* Micheli a. a. O. z. T.)

Vgl. S. 380. Tracht der vorigen Gattung. Blätter (bei unserer Art) am Grunde herzförmig mit jederseits 2 bis 4 vom Grunde der Blattfläche ausgehenden bogenförmig in die seitlichen Blattlappen verlaufenden Seitennerven. Griffel so lang als die Fruchtknoten. Früchtchen trocken-steinfruchtartig, etwas zusammengedrückt, auf dem Rücken gewölbt, am bauchseitigen Rande gerade, an dessen oberen Ende den Griffel tragend.

Ausser unserer Art nur noch 2 Australische: *C. oligocócca* und *C. acanthocárpa* (Buchenau Engl. Jahrb. II. [1882] 479 [*Alisma o.* und *a.* F. v. Müller Fragm. I. 23 (1858)]).

151. C. parnassifólia[2]).

Bei uns nur die Unterart

C. eu-parnassifólia[3]). ♃, 1 dm bis 1 m hoch. Grundachse dünn, etwa 4 mm dick, sehr kurz (3—5 mm). Blätter (bis 2 dm selten 1 m) lang gestielt, herzeiförmig, meist 2—3 cm lang und 2—2,5 cm breit, stumpf oder stumpflich (selten spitz). Blüthenstand aufrecht oder aufsteigend, länger als die Blätter. Quirläste fast stets nur 3, alle oder doch die der oberen einblüthig. Blüthen 1 bis 2,5 cm lang gestielt. Kelchblätter rundlich, etwa 3 mm lang. Blumenblätter breiteiförmig, ganzrandig oder öfter gezähnelt, etwa 5 mm lang, weiss. Früchtchen 8 bis 10, etwas über 2 mm lang, verkehrteiförmig oder eiförmig, am Grunde etwas verschmälert, auf dem (etwa 1 mm breiten) Rücken mit 3 scharf vorspringenden Nerven. Auf dem Blüthenstand ähnlich verzweigten schlaff aufsteigenden oder niederliegenden (öfter zurückgebogenen) bis fast 2 dm, meist aber nicht über 1 dm langen Schäften bilden sich quirlig zu 3 in den Achseln der Tragblätter sitzende 1—1,5 cm lange, bis 4 mm dicke eiförmiglanzettliche, zugespitzte von schuppenartigen Hochblättern umhüllte, im Herbst abfallende grüne Winterknospen aus. (Vgl. Gorski in Eichwald Naturh. Sk. von Lith. 175 Anm. [1830]. Buchenau Nat. V. Bremen II. 485 [1871]).

Kleinere Seen und tiefe Sümpfe, wenig verbreitet, nicht selten Jahre lang ausbleibend, an manchen Fundorten (im Folgenden mit (v.) bezeichnet) überhaupt verschwunden. Mecklenburg: Malchin: Basedower Theerofen! (v.). Langwitzer Seen noch 1874. Pommern: Greifenhagen;

---

1) Nach Ludovico Caldesi, * 19. Sept. 1821 auf dem (später von ihm besessenen) Landgut Persolino bei Faenza, wo er am 25. Mai 1884 durch Sturz aus dem Wagen seinen Tod fand, Freiheitskämpfer von 1848 49 und 1859, Mitgliede des Italienischen Abgeordnetenhauses (Christ br.), einem besonders um die Kenntniss der Kryptogamen-Flora Italiens hochverdienten Forscher.
2) Wegen der Aehnlichkeit in der Blattform mit *Parnassia palustris*.
3) S. S. 15 Fussnote 2.

Bahn! (v.?) Brandenb.: Berlin: Tempelhof! (v.); Grunewald (v.); Frankfurt a. O.: Kunersdorf! Prov. Posen: Meseritz; Schwerin a. W.; Czarnikau; Moszyn; Kr. Bromberg: Klarheim: Brzeziniec-See bei Gr. Wudzin!! Westpreussen: Kr. Schwetz: Laskowitz; Kr. Kulm: Lissewo. Polen: Zamość: Krynice (Rostafiński 91). Giessen: Wiesengräben beim Heegestrauch (v.?); Hanau: bei Rüdigheim (Wigand-Meigen 443); Offenbach: Entensee bei Bürgel! (v.); Weinheim: Virnheimer Lache (Sennholz, Dürer DBG. IV. CLXXXVII, Dosch u. Scriba Fl. v. Hessen 3. Aufl. 111). Dauphiné: Chervieu! Arandon bei Morestel; les Avenières (St. Lager Cat. Bass. Rhône 689). Savoyen: L'Echaillon bei St. Jean de Maurienne (St. Lager a. a. O.) Piemont: Prov. Biella: Torfsumpf alla Morigna am Lago di Viverone! Süd-Tirol: Salurn! (Hausmann 1485). Ober-Oesterreich: Häretinger See im Ibmer Moos (Vierhapper! 14. Ber. Gymn. Ried 26). Ungarn: Hanság östl. am Neusiedler See (Wierzbicki v.). Kärnten: Klagenfurt: Meisselberg; Kühnsdorf: Ausfluss des Sablatnig-Sees bei Eberndorf und Sittersdorfer See (Pacher Jahrb. Land.-Mus. Kärnt. XIV. 197). Steiermark: Radkersburg: Lannen bei Sicheldorf (Maly 38). Kroatien: Lonjsko Polje (Schlosser u. Vukot. 1110). Slavonien: Palacsa bei Essek (Neilreich Ung. 45, Schulzer, Kanitz, Knapp ZBG. Wien XVI. 81 v.). Bl. Juli—Sept.

C. p. Parlatore Fl. Ital. III. 599 (1858). Buchenau Engl. Jahrb. II. (1882) 479. Richter Pl. Eur. I. 19. *Alisma p.* Bassi in L. Syst. XII. III. app. 280 (1767). Koch Syn. ed. 2. 772. Nyman Consp. 678 Suppl. 285. Rchb. Ic. VII. t. LVI fig. 99. *Echinódorus p.* Engelm. in Aschers. Fl. Brand. I. 651 (1864).

Buchenau (Nat. V. Bremen II. 483) bemerkt mit Recht, dass die europäische Unterart wie eine unter ungünstigen klimatischen Bedingungen verarmte Form der tropischen, *A. reniforme* (D. Don Prod. fl. Nepal 22 [1825]) erscheint, welche sich durch viel grössere, oft kreis- oder nierenförmige Blätter und reichblüthige, vielfach verzweigte Rispen unterscheidet. Sie fruchtet reichlich, während sich bei unserer Pflanze die Früchte nur spärlich ausbilden. An einigen Standorten des nördlichen Gebietes scheint die Pflanze nur durch die abfallenden Winterknospen auszudauern, die jedes Exemplar in ziemlich grosser Zahl erzeugt (nach Gorski in Littauen vgl. auch Buchenau Nat. Pfl. II. 1. 230); jedoch beobachteten wir noch in der Umgebung Brombergs bei Gross Wudzin im Herbst 1893 daneben ziemlich reichliche Ausbildung von Früchten.

Zerfällt in 2 Formen, die jedoch wohl nur auf Standortsbedingungen beruhen.
A. d ú b i a. Blätter bis 2 dm (selten 1 m) lang gestielt, auf dem Wasser schwimmend, breit, stumpf. — Die verbreitetere Form an überschwemmten Orten, in Seen und Tümpeln. — *C. p.* A. d. A. u. G. Syn. I. 386 (1897). *Al. dubium* Willd. Fl. Berol. Prodr. 132 (1787). Rchb. Ic. VII. 29. — Im Wuchs erinnert diese Form einigermassen an *Elisma natans*, ist jedoch ausser durch die nicht laubartigen Tragblätter des Blüthenstandes durch die stets vorhandenen Brutknospen tragenden Zweige leicht zu unterscheiden.
B. t e r r é s t r i s. Blätter meist nur 5 cm lang gestielt, aufrecht, länglich, spitz. — Seltener, an vom Wasser verlassenen Orten. — *C. p.* B. t. A. u. G. Syn. I. 386 (1897). *Al. Damasónium* [1]) Willd. n. a. O. (1787) nicht L. Dethard. Consp. pl. Meg. 32.

---

[1]) damasonion, Pflanzenname bei Plinius (XXV, 77) synonym mit alisma oder lyron.

(Frankreich; Ober- und Mittel-Italien; Russisch-Littauen; Ostindien; oberes Nilgebiet; Madagaskar; Neuholland.) *

49. ELISMA [1]).

(Buchenau Pringsh. Jahrb. VII [1868] 25 [1869]. Engl. Jahrb. II. [1882] 481. Nat. Pfl. II. 1. 231. Micheli a. a. O. 40. *Alisma* L. Gen. pl. ed. 1. 108 [1737] z. T.)
Vgl. S. 380. Früchtchen in der Reife sparrig abstehend.

Nur die folgende Art:

152. **E. natans.** ♃. Grundblätter meist linealisch, meist 5 bis 6 cm (bis über 1 dm) lang und 2 bis 3 mm breit, sitzend, fluthend oder einige mit einer (bis 2 dm) langgestielten, länglichelliptischen oder ovalen (bis 3 cm langen) schwimmenden Blattspreite; einzelne Uebergangsblätter zwischen beiden vorn schwach löffelförmig verbreitert. Blüthenstand fluthend 1 bis 4 dm lang, die Tragblätter der einblüthigen oder wenigblüthige doldige Schraubeln tragenden Blüthenzweige laubartig, meist langgestielt, oval oder rundlich, meist nicht über 1 cm lang, beiderseits abgerundet, schwimmend. Kelchblätter rundlich, bis 3 mm lang, breit hautrandig. Blumenblätter breit, rundlich (bis fast nierenförmig) bis fast 1 cm lang, schneeweiss, am Nagel gelb. Früchtchen 6 bis 12, länglich-eiförmig, im Querschnitt rundlich, 12- bis 15-rippig, stumpf, durch den Griffel stachelspitzig.

In kleinen Seen und Teichen, Gräben, in tiefen Sümpfen, in dem grössten Theile des nördlichen Flachlandes ziemlich verbreitet (auf den Nordsee-Inseln fehlend), nach Süden und Osten seltner werdend; erreicht in der Linie Dauphiné (Isère: Décines und Meyzieu St. Lager Cat. Bass. Rhône 690) (Lyon; Bresse; Luneville in Franz. Lothringen); Rodder Maar in der Eifel! (Kr. Ahrweiler); (angeblich Veckerhagen im nördlichen R.B. Cassel Wigand-Meigen 443). Walkenried!! und Ellrich am S.W. Harz (Bertram Exc.fl. 4. Aufl. 277) (Neustadt a. Orla?). Königsbrück: Lüttichau; Weissenberg! Reichenbach O.L.; Görlitz! Lauban; Müllrose! Drossen; Driesen; Posen: Waldersee (Pfuhl BV. Posen III. 54); Bromberg: Czarnowo (Kühling!) Tuchel; Konitz; Schlochau; Kolberg! die äussersten Grenzpunkte. Die Angaben im südlichen und östlichen Gebiet (Kärnten; Krain; Istrien: Umago Pospichal I. 310; Galizien, von Knapp 47 mit Recht bezweifelt) sind sämmtlich wenig glaubwürdig. Bl. Mai—Herbst.

E. n. Buchenau Pringsh. Jahrb. VII (1868) 25 (1869). Richter Pl. Eur. I. 19. *Alisma n.* L. Sp. pl. ed. 1. 343 (1753). Koch Syn. ed. 2. 772. Nyman Consp. 679 Suppl. 285. Rchb. Ic. VII. t. LIV fig. 95, 96. *Echinod. n.* Engelm. in Aschers. Fl. Pr. Brand. I. 651 (1864).

---
1) Von ἑλίσσω ich wälze, wende, kehre um, wegen der entgegengesetzt als bei den meisten übrigen verwandten Gattungen (vgl. jedoch *Damasonium*) gerichteten Samenanlagen; zugleich Anklang an *Alisma*.

Gleicht von Weitem einem Wasser-*Ranunculus*. Man unterscheidet folgende Standortsformen:
A. **repens**. Stengel kriechend, an den Knoten wurzelnd. **Blätter sämmtlich gestielt, mit ovaler, etwas derber Blattfläche.** — An vom Wasser verlassenen Orten, an Ufern, auf dem Schlamm kriechend. — *E. n. A. r. A. u. G.* Syn. I. 388 (1897). *Al. n. β. r.* Rchb. Ic. VII. 29. t. LIV fig. 96. — Hierher die Unterabart II. *plantaginifólium* (A. u. G. Syn. I. 388 [1897]). Blätter kurz (oft nur 2 cm lang) gestielt, alle oder doch die unteren spitz. — Bisher beobachtet: Berlin: Weissensee (A. Braun!) Halensee (A. Winkler!) Sächs. Lausitz: Krischa bei Weissenberg (Burckhardt in Rchb. Fl. germ. exs. 504!). Ausserdem nur aus Frankreich: Normandie: Vire (Lenormand!) gesehn.
  Im Wuchs dem *Ranunculus reptans* nicht unähnlich.
B. **týpicum**. Stengel fluthend. Blätter verschieden gestaltet, die unteren linealisch, sitzend, die oberen gestielt. — Die bei Weitem verbreitetste Form, in flachem (nicht über 3 dm tiefem) stehendem Wasser. — *E. n. B. t. A. u. G.* Syn. I. 388 (1897).
C. **sparganiifólium**[1]). Stengel fluthend. **Blätter alle fluthend, sitzend, linealisch,** häutig. — In tieferem und schwach fliessendem Wasser, bleibt in stärker fliessenden Gewässern meist unfruchtbar. — *E. n. C. s. A. u. G.* Syn. I. 388 (1897). *Al. n. s.* Fries Nov. Fl. Suec. mant. 3. 183 (1842). — Hierher gehört auch vielleicht eine Form mit linealen Blättern, welche den Anfang einer schmallanzettlichen Blattfläche zeigen. *Al. ranunculoides* Willd. Fl. Berol. Prodr. 133 (1787) nicht L. — Ferner die Unterabart II. *párvulum* (A. u. G. Syn. I. 388 [1897]). Blätter nicht länger als 5 cm. Blüthenstand aufrecht, wenigblüthig. — In flachem, kaltem Wasser, Rodder Maar!

(Atlantisches Europa: Westliches Jütland; Britische Inseln; Frankreich bis Nord-Spanien; die Angaben in Russisch-Littauen [auch neuerdings, vgl. Lehmann Fl. Poln. Livl. 204) beruhen vermuthlich ebenso auf Irrthum wie die in Syrien [vgl. Post Fl. of Syria, Palestine and Sinai 821].) *|?

50. DAMASÓNIUM [2]).

([Tourn. Inst. 256] Mill. Gard. dict. ed. 8 [1768]. Juss. Gen. pl. 46 [1789]. Micheli a. a. O. 41. Buchenau Engl. Jahrb. II [1882] 482. Nat. Pfl. II. 1. 231. *Actinocárpus*[3]) R. Br. Prodr. Fl. Nov. Holl. 342 [1810].)

Vgl. S. 380. In der Tracht der Gattung *Alisma* ähnlich. Blätter in grundständiger Rosette, meist lang gestielt, ausser dem Mittelnerven meist mit jederseits 2 vom Grunde der Spreite ausgehenden Seitennerven. Blüthenstand nur mit hochblattartigen oft schuppenartigen Tragblättern. Rispe wenig oder meist nicht verzweigt (dann die einzelnen Blüthen oft zahlreich, bis 10 und mehr quirlständig). Samenanlagen (unserer Art) meist 2, eine die Lage wie die bei *Elisma*, die andere wie die der übrigen Gattungen zeigend. Früchtchen meist zu 6, am Grunde verbunden, ansehnlich, schief eiförmig-lanzettlich, allmählich in den

---

[1]) Wegen der Aehnlichkeit der Blätter mit denen von fluthenden *Sparganium*-Formen.
[2]) S. S. 386 Fussnote 1.
[3]) Von ἀκτίς Strahl und καρπός Frucht, wegen der strahlig angeordneten Früchtchen.

der Frucht an Länge gleichkommenden stachelartig heranwachsenden Griffelrest verschmälert, seitlich zusammengedrückt, in der Reife spreizend.

Die Arten dieser Gattung sind im Fruchtzustande durch die spitzen, nach aussen (sternförmig) spreizenden Früchtchen, die deutlich an die bekannte Drogue „Sternanis" erinnern, sehr leicht kenntlich.

Ausser unserer Art nur *D. minus* (Buchenau NV. Bremen II. 20 [1871]. *Actinocarpus* m. R. Br. Prodr. 342 [1810]. *D. australe* Salisbury Trans. Hist. Soc. ed. 2. I. 268 [1815]) in Neuholland.

153. D. damasónium. ♃, bis über 3 dm hoch. Grundachse ziemlich kurz (kaum 2 cm lang) 1 cm (oder wenig mehr) dick. Blätter bis 2,5 dm lang gestielt mit länglich-ovaler, selten etwas lanzettlicher, meist 4 bis 6 (bis 7) cm langer und 1,5 bis 2,5 cm breiter, am Grunde abgerundeter oder schwach herzförmiger, stumpfer Spreite (kleine Formen mit erheblich kleineren Blättern). Blüthenstand so lang, wenig länger oder kürzer als die Btätter, nur oberwärts ästig. Tragblätter der Blüthen bis 1,5 cm lang. Blüthen 1 bis 3 cm lang gestielt, aufrecht abstehend, seltner zurückgeschlagen, unansehnlich. Kelchblätter breit eiförmig, an der Spitze etwas kappenförmig eingezogen, etwa 2 mm lang, hautrandig. Blumenblätter mehr als doppelt so lang, breit, weiss, am Nagel gelblich. Staubblätter sehr kurz, hinfällig. Fruchtblätter (in der Blüthe) zusammenneigend. Früchtchen etwa 5 mm lang mit ebenso langem Schnabel und etwa 2 mm breit, 2 samig.

An der Ueberschwemmung ausgesetzten schlammigen Stellen, an Ufern von Teichen und Pfühlen, in Gräben. Berührt das Gebiet nur an der Westgrenze (Bresse) und überschreitet diese Grenze nur wenig in der Provence: Camargue, Crau, Montmajour (St. Lager Cat. Bass. Rhône 690). Bl. im Süden April, Mai, im atlant. Gebiet Juni—Sept.

D. d. A. u. G. Syn. I. 389 (1897). *Alisma D.* L. Sp. pl. ed. 1. 343 (1753). *D. Alisma* Mill. Gard. dict. ed 8. (1768). Richter Pl. Eur. I. 20. *Al. stelláta* Lam. Enc. II. 515 (1786). *D. stellátum* Rich. in Pers. Syn. I. 400 (1805). Nyman Consp. 679 Suppl. 286. *D. vulgare* Coss. u. Germ. Fl. Par. II. 521 (1845).

Cosson (Not. pl. nouv. crit. ou rares du midi de l'Esp. II. 47 [1849]) unterschied von dieser Art ein *D. polyspérmum*[1]), das sich hauptsächlich durch die zahlreich (bis zu 25) in jedem Früchtchen vorhandenen Samen auszeichnet. Schon Thielens, welcher auch an der Pflanze der Atlantischen Zone öfter mehr als zwei Samen beobachtete, bezweifelt (SB. Belg. VII. 92 [1868]) das Artrecht dieser wohl nur als Uuterart zu bezeichnenden Form. Da dieselbe ausser in Nord-Africa und Spanien auch im südwestl. Frankreich (Hérault) beobachtet wurde, so könnte sie vielleicht auch in der Provence vorkommen.

Auch bei dieser Art finden sich nach Pasquale (Sulla eterofillia 53 [1867]) an nassen Standorten zuweilen untergetauchte lineale „grasartige" Blätter. Wenn dieselben mit solchen der gewöhnlichen Form zusammen vorkommen, sind solche Exemplare zuweilen für *Elisma natans* gehalten worden.

(Atlantisches Europa, von England bis Portugal und Mittelmeergebiet, in Europa östlich bis Italien, in Nord-Africa bis Aegypten; Südost-Russland; West-Asien.) ✱

---

[1]) Von πολύς viel und σπέρμα Samen.

51. ECHINÓDORUS[1].

([L. C. Rich. Mém. Mus. Par. I. 365 (1815) z. T.] Micheli a. a. O. 44. Buchenau Engl. Jahrb. II [1881] 483 ff. Nat. Pfl. II. 1. 231.)

Vgl. S. 380. In der Tracht (unsere Art) schmalblättrigen Formen von *Alisma* ähnlich. Blätter in grundständiger Rosette, ziemlich lang gestielt, seltner linealisch, ausser dem Mittelnerven jederseits mit einem in der Nähe des Blattrandes verlaufenden Nerven. Blüthenstand meist mit hochblattartigen, häutigen oder (wenn niederliegend) vereinzelt mit kleinen laubartigen Tragblättern. Rispe wenig oder meist nicht verzweigt (dann die einzelnen Blüthen) zu 3 bis 6 quirlständig. Früchtchen klein (bei unserer Art) zahlreich, in ein dichtes Köpfchen (dem Gynaeceum mancher *Ranunculus*-Arten auffällig ähnlich) gestellt, den Griffelrest an der Spitze tragend.

Etwa 18 Arten, von denen die meisten (16) Americanisch; in Europa nur unsere Art mit der nur in Nord-Spanien (Asturien) beobachteten Unterart *E. alpestris* (Micheli DC. Monogr. III. 47 [1881]. *Al. a.* Coss. Bull. Soc. Bot. Fr. XI. 333 [1864]).

154. **E. ranunculoídes**[2]. ♃, 3 cm bis 2 (selten bis 17) dm hoch. Grundachse kurz (5—7 mm), dünn. Blätter lanzettlich, meist 2—5 (—8) cm lang und 3—5 mm (selten bis über 1 cm) breit, meist (4—10 [—30] cm) lang gestielt. Blüthenstand aufrecht oder niederliegend, so lang oder etwas länger als die Grundblätter, meist nur eine aus einigen Schraubeln bestehende Dolde, seltener unter derselben noch einige zu einem Quirl verbundene Schraubeln tragend. Kelchblätter rundlich, etwa 3 mm lang. Blumenblätter, bis 6 mm lang, ausgeschweift, weiss oder röthlich, am Nagel gelb. Frucht kugelförmig. Früchtchen wenig über 1 mm lang, ellipsoidisch, 4—5kantig, in den Griffelrest zugespitzt.

Ueberschwemmt gewesene schlammige Stellen, Gräben, meist gesellig, bei hohem Wasserstande oft Jahre lang ausbleibend. Fast nur in der Atlantischen Zone und im Mittelmeergebiet. Im westlichen Theile des nördlichen Flachlandes bis zur Elbe ziemlich verbreitet, auch auf den Nordsee-Inseln. Schleswig-Holstein! Mecklenburg! Neuvorpommern! Rügen! Usedom! und Wollin! Prov. Brandenburg: nur im Havellande: Rhinow!! Pritzerbe (Hülsen!). Potsdam: Marquard (Buss!!). (In der Nähe der Westgrenze in Französ. Lothringen!). Westl. Schweiz: Am Murtener und Neuenburger See! Genf. Savoyen (St. Lager Cat. Bass. Rhône 689). Dauphiné. Provence östlich bis Nizza! (St. Lager a. a. O. Ardoino 351). Oesterreichisches und Kroatisches Küstenland (Pospichal I. 308, Marchesetti 511, Schloss. et Vukot. Syll. 5). Insel Veglia!

---

[1] Von ἐχῖνος Igel, Seeigel und δορός Schlauch, wegen den bei mehreren Americanischen Arten langgeschnäbelten, sparrig abstehenden Früchtchen.

[2] Wegen der Aehnlichkeit der Pflanze, besonders aber der Fruchtköpfchen, mit denen mancher *Ranunculus*-Arten (s. oben). Durch dieses Merkmal ist die Pflanze leicht von *A. arcuatum* zu unterscheiden, dessen kleine Formen, die in der Tracht allerdings oft täuschend ähnlich sind, von den älteren Floristen vielfach für diese Art gehalten wurden (vgl. S. 382).

(Vis. Fl. Dalm. I. 192). Dalmatien (Vis. a. a. O.). Die Angaben in Polen (Warschau Szubert nach Rostafiński 91, von dem wir allerdings ein richtig bestimmtes Belegexemplar erhielten), Galizien: Tarnopol (Herb. Hölzl nach Rehmann ZBG. XVIII. 485) und Ungarn: zw. Karva und Muzsla im Graner Comitat (Feichtinger Magyar orv. és term. Pesten tart. IX. nagygyül. munk. [Arb. der 9. Ung. Naturf. Vers.] 1864. 270) sind mindestens auffällig. Bl. Juni—Oct.

E. r. Engelm. in Aschers. Fl. Brandenb. I. 651 (1864). Richter Pl. Eur. I. 20. *Alisma r.* L. Sp. pl. ed. 1. 343 (1753). Koch Syn. ed. 2. 772. Nyman Consp. 679 Suppl. 286. Rchb. Ic. VII. t. LV fig. 97. *Baldéllia*[1]) *r.* Parlat. Nuov. gen. monoc. 57 (1854).

Aendert ab
B. repens. Seitenstengel niederliegend, an den Knoten wurzelnd, mit den Grundblättern ähnlichen, in ihren Achseln Blüthen tragenden Laubblättern. — Auf schlammigem Boden, bisher nur auf Rügen: Schmale Heide (Marsson Fl. Neuvorp. Rüg. 447) sowie Hafen von Fianona an der Ostküste von Istrien (Pospichal 308) beobachtet. Uebergangsformen mit „an den Knoten schwach wurzelnden" Seitenstengeln in Schleswig-Holstein Prahl Krit. Fl. II. 204. — *E. ran. rep.* Aschers. Fl. Brand. I. 651 (1864). A. *rep.* Lam. Encycl. II. 515 (1790). Cav. Ic. I. 41 t. 55 (1791). *A. ran. β. rep.* Duby Bot. Gall. 437 (1830). Rchb. Ic. VII. 29 t. LV fig. 97 β.

C. zosterifólius[2]). Blätter sämmtlich oder doch fast alle fluthend, häutig, linealisch; wenn die Pflanze zur Blüthe gelangt, zeigt sie meist einzelne lanzettliche Blätter. — In tiefem oder fliessendem Wasser, häufig nicht blühend. — *E. r. z.* Aschers. Fl. Brandenb. I. 651 (1864). *A. r. z.* Fries in Koch Syn. ed. 2. 772 (1844). *A. r. β. sparganiifolium* Marsson Fl. Neuvorp. 446 (1869) [Schreibfehler].

Die frische Pflanze besitzt einen eigenthümlichen, fast wanzenartigen Geruch.

(Südliches Schweden; Dänemark; Britische Inseln; Frankreich; Iberische Halbinsel; Canarische Inseln; Mittelmeergebiet [incl. dem westlichen Nord-Africa] östlich bis Griechenland.) *|

Bastard.

? 150. × 154. **Alisma plantágo aquática × Echinódorus ranunculoides.**
Schweiz: Waat: Am Neuenburger See bei Concise; La Poissine (Herb. Muret nach Durand und Pittier SB. Belg. XXI. 243.
A. Pl. × ran. Durand und Pittier a. a. O. (1882). Vgl. oben S. 382.

52. SAGITTÁRIA [3]).

([L. [Syst. nat. ed. 1. Gen. pl. ed. 1. 289] ed. 5. 429 [1754]. Micheli a. a. O. 64. Buchenau Engl. Jahrb. II (1881) 485. Nat. Pfl. II. 1. 231.)

Vgl. S. 380. Blätter eilanzettlich oder (bei unserer Art) pfeilförmig mit langem am Grunde scheidigem Stiele; die fluthenden linealisch

---

[1] Nach dem Marchese Bartolommeo Bartolini-Baldelli, damals Superintendente della I. R. Casa Granducale (Hausminister des Grossherzogs von Toscana) in Florenz

[2] Wegen der denen der *Zostera marina* ähnlichen Blätter.

[3] Von L. gebildeter Name; bei den früheren Autoren *Sagitta*, Pfeil, wegen der Gestalt der Blätter; schon von Plinius (XXI, 68) als „inter ulvas sagitta" oder „sagittalis" erwähnt.

(grasartig) oder (z. B. an jungen Pflanzen) löffel- bis spatelförmig. Blüthenstand endständig, in der Achsel des obersten Laubblattes öfter ein seitenständiger, welche Verzweigung sich noch einmal wiederholen kann. In den Achseln der anderen Blätter (bei unserer Art) öfter verlängerte Ausläufer, deren Spitze zu einer eichelförmigen Knolle anschwillt; diese wird im Herbst frei und treibt im Frühjahr an der Spitze einen ausläuferartigen Stengel aus, an dessen Spitze sich eine neue Rosette und Wurzeln ausbilden (vgl. u. a. Nolte Ueber Stratiotes und Sagittaria Kopenh. 1825. 8 ff.). Blüthen (durch Verkümmerung des andern Geschlechtes) eingeschlechtlich, selten zweigeschlechtlich, schlank-gestielt, in entfernten, meist dreizähligen Quirlen, in den Achseln von Hochblättern, meist die des untersten oder der beiden untersten Quirle weiblich, die oberen männlich. Fruchtblätter sehr zahlreich. Früchtchen auf der gewölbten Blüthenachse ein kugelförmiges Köpfchen bildend, rückenseits geflügelt, kammförmig ausgezackt oder ganzrandig, durch den bleibenden Griffel geschnäbelt.

10—13 Arten, meist in America, in Europa nur unsere Art. Die sehr schöne bis 1,5 m hohe S. *Montevidénsis*[1]) (Cham. u. Schlecht. Linnaea II [1827] 156) aus dem südlichen Brasilien und Uruguay wird jetzt nicht selten in Aquarien cultivirt.

155. S. sagittifólia. (Pfeilkraut, Hasenohr; niederl. u. vlaem. Pijlkruid; dän.: Pilblad; franz.: Flèche d'eau; ital.: Erba saetta, Occhio d'asino; poln.: Wodna strzolka, Uszyca; böhm.: Šipatka; russ.: Стрѣлолистъ; ung.: Nyilfü.) ♃. 2 dm bis über 1 m hoch. Blätter fluthend, linealisch, sitzend, oder bis 5 dm lang gestielt, aufrecht, pfeilförmig, spitz, meist 5—8 cm lang, am Grunde (0,5 bis) 2 bis 3 (bis 5) cm breit, mit länglichen oder lanzettlichen dreieckigen, seltner linealischen spitzen bis 10 cm langen Pfeillappen. Blüthenstiel dreikantig, so lang oder kürzer als die Blätter. Tragblätter der Blüthen meist kurz dreieckig, stumpf, 5 bis 7 mm lang, hautrandig. Blüthen ansehnlich, die Stiele der männlichen meist mehr als doppelt so lang als die der weiblichen. Kelchblätter breit-eiförmig bis rundlich, gewölbt, meist 6—7 mm lang, etwas derb, vielnervig. Blumenblätter rundlich bis 1,5 cm lang, weiss mit purpurnem Nagel. Staubblätter 2—3 mm lang, die Fäden etwa so lang als die Antheren. Früchtchen schief-verkehrt-eiförmig etwa 3 mm lang, und fast 2 mm breit, kurz geschnäbelt.

Stehende und langsam, seltener schnell fliessende Gewässer, über den grössten Theil des Gebiets verbreitet, in den Tiefebenen häufig, im Berglande sehr zerstreut, nicht über 500 m ansteigend; fehlt auf den Nordsee-Inseln, im eigentlichen Tirol, Salzburg, Kärnten, Istrien, Dalmatien. Bl. Juni—Aug.

S. s. L. Sp. pl. ed. 1. 994 (1753). Bolle BV. Brandenb. III. IV (1861—62) 159 ff. Klinge N.G. Dorp. V. 3 [1880] 379 ff. (1881). Koch Syn. ed. 2. 773. Nyman Consp. 679 Suppl. 286. Richter Pl. Eur. I. 20. Rchb. Ic. VII t. LIII fig. 94.

---

[1]) Zuerst bei Montevideo in Uruguay beobachtet.

Die Pflanze ist in noch höherem Masse als die übrigen Arten dieser Familie in der Blattform veränderlich. Hiernach lassen sich folgende Formen unterscheiden.

A. **Blätter, wenigstens die oberen deutlich in Blattstiel und Spreite geschiedene Luftblätter.** Vgl. A. I. b. 2.

I. Obere Blätter lanzettlich bis linealisch, spitz oder stumpflich, mit langen (mindestens dem vorderen Blatttheile an Länge gleichkommenden) spitzen Pfeillappen.

a. **typica.** Obere Blätter lanzettlich, am Blattgrunde meist 2—3 cm breit. — Die bei weitem häufigste Form, in stehenden Gewässern, Gräben, Teichen. — *S. s.* A. I. a. *t.* A. u. G. Syn. I. 393 (1897). — Hierher die Unterabart **2. pumila** (A. u. G. Syn. I. 393 [1897]). Pflanze kaum über 2 dm hoch. Blätter ziemlich kurz gestielt. Wasserblätter ganz fehlend. — An vom Wasser verlassenen Orten, in ausgetrockneten Gräben.

b. **Bollei**[1]). Blätter und Pfeillappen linealisch, am Blattgrunde meist nicht über 5 mm breit. — Meist an Ufern im Schlamm und Kies, selten. — *S. s.* A. I. b. *B.* A. u. G. Syn. I. 393 (1897). *S. s. grácilis* Bolle a. a. O. 162 (1862) nicht Torrey (*S. g.* Pursh Fl. Am. sept. II. 396 [1814]), welch letztere eine analoge Form der Nordamericanischen *S. variábilis* (Engelm. in A. Gray Man. of Bot. ed. 5. 493 [1867]) darstellt. — Durch die Schmalheit der Blätter und Pfeillappen sehr ausgezeichnet, äusserst zierlich. — **2. butomoídes**[2]) (A. u. G. Syn. I. 393 [1897]). Blätter sämmtlich linealisch, starr aufrecht, ohne Pfeillappen, fast auf den dreikantigen Blattstiel (resp. Mittelnerven) reducirt. — Flussufer selten, meist mit der vorigen. Danzig: Plehnendorf!!

II. Obere Blätter eiförmig-lanzettlich, ohne oder mit kurzem Pfeillappen (diese höchstens ½ so lang als das Blatt mit Ausschluss derselben), stumpf.

a. **heterophýlla**[3]). Blätter verschieden gestaltet, die unteren linealisch, die oberen lanzettlich spatelförmig, häufig schwimmend oder die obersten stumpf pfeilförmig. — In tiefem stehendem Wasser, häufig nicht blühend. — *S. s.* var. *h.* Bolle a. a O. 161 (1862). *S. h.* Schreber in Schweigg. u. Koerte Fl. Erlang. II. 119 (1811).

b. **obtúsa.** Die untersten Blätter lanzettlich, an der Basis stark verschmälert, fünfnervig, die übrigen länglich eiförmig (meist 4—5 cm breit), stumpf oder stumpflich, mit kurzen Pfeillappen. — In mässig tiefem Wasser. — *S. s o.* Bolle a. a. O. 162 (1862).

---

[1]) Nach Dr. Karl Bolle, * 21. Nov. 1821, Mitglied der städtischen Park-Deputation in Berlin, hervorragendem Dendrologen und Ornithologen, welcher auf zahlreichen Reisen durch einen grossen Theil Europas eifrig botanisch sammelte, besonders aber die Flora der Provinz Brandenburg sowie die der Canarischen und Capverdischen Inseln erforschte. Aus seinen zahlreichen Abhandlungen hebe ich hervor: De vegetatione alpina in Germania extra Alpes obvia Diss. inaug. Berol. 1846. Addenda ad floram Atlantidis, praecipue insularum Canariensium Gorgadumque (Bonplandia VII [1859] 238, 293 ff. VIII [1860] 130, 279 ff. IX [1861] 50 ff.). Die Standorte der Farrn auf den Canarischen Inseln (Zeitschr. f. allg. Erdk. Berlin N. F. XIV. 289, XVII. 249 ff.). Zeitschr. der Ges. f. Erdk. Berlin I. 209, 273 ff.). Die Einbürgerung der Elodea canadensis Rich. in den Gewässern der Mark Brandenburg (Zeitschr. f. allg. Erdk. N. F. XVIII. 188). Andeutungen über die Freiwillige Baum- und Strauchvegetation der Mark Brandenburg (Märk. Prov. Mus. der Stadtgem. Berlin 1886, 2. Aufl. 1887). Botanische Rückblicke auf die Inseln Lanzarote und Fuertaventura (Englers Jahrb. XVI. 224). Ich verdanke diesem meinem ältesten botanischen Freunde seit eines halben Jahrhunderts die mannichfaltigste Anregung und Belehrung; auch für die Synopsis hat er mit gewohnter Liberalität sein reiches Material zur Verfügung gestellt.   A.

[2]) Wegen der Aehnlichkeit der Blätter mit denen des *Butomus umbellatus*.

[3]) Vgl. S. 68 Fussnote 2.

B. Blätter sämmtlich untergetaucht, linealisch, sitzend. (Pflanzen meist nicht blühend.)

vallisneriifólia[1]). Blätter (oft sehr lang) fluthend, dünn. — In tiefen, besonders fliessenden Gewässern, in Flüssen oft dichte fluthende Massen bildend. — *S. s.* var. *v.* Coss. u. Germ. Fl. Paris 522 (1845). *Vallisnéria bulbósa* Poir. Encycl. VIII. 321 (1800). — Hierher als Unterabart *II. stratioídes*[2]) (Bolle a. a. O. 164 [1861]). Blätter nur 5 cm lang und über 5 mm breit, etwas starr, mit weniger zahlreichen (meist nur 5) Blattnerven.

Die Knollen dieser und verwandter Arten werden (z. B. in Japan und China) gegessen. In China wird sie cultivirt und ihre Knollen sollen hier bis Faustgrösse erreichen. Bei uns dienen dieselben, welche z. B. den Bewohnern des Oderbruchs in der Prov. Brandenburg als „Bruch-Eicheln" bekannt sind, nur den Wasservögeln zur Nahrung und finden sich nicht selten in den Kröpfen der Enten. Sie wurden alsdann früher von den Forstleuten für *Quercus*-Früchte gehalten (vgl. z. B. Ilse BV. Brand. III. IV. 37 [1861]).

(Mittel- und Nord-Europa ausser dem nördlichsten Skandinavien und Russland; Catalonien; La Mancha; Ober- und Mittel-Italien; Balkanhalbinsel bis Thracien; Transkaukasien; Babylonien; Afghanistan; Ostindien; China; Japan; Sibirien.) *

20. Familie.

BUTOMÁCEAE.

(Gray Arr. brit. pl. II. 217 [1821]. Micheli a. a. O. 84. Buchenau Engl. Jahrb. II (1881) 466. Nat. Pfl. II. 1. 232. *Butomeae* L. C. Rich. Mém. Mus. Par. I. 364 [1815].)

Vgl. S. 267, 294. Ansehnliche Stauden (unsere Gattung) mit (bei unserer Art) linealischen, am Grunde scheidig verbreiterten Blättern mit meist zahlreichen, linealisch-pfriemlichen Achselschüppchen. Blüthenstengel (bei unserer Gatt.) schaftartig, an der Spitze mit 3 oder mehr in den Achseln von quirlständigen Hochblättern stehenden doldenförmigen Schraubeln, die zusammen eine scheinbar einfache Dolde bilden. Perigon in Kelch- und Blumenblätter geschieden, wenn auch (wie bei unserer Art) auch erstere gefärbt sind. Staubblätter 9 bis zahlreich. Fruchtblätter 6 oder zahlreich, meist mit verlängertem Griffel mit mässig grossen Narbenpapillen, die Fruchtblätter auf der bauchseitigen Fläche zahlreiche Samenanlagen tragend, so dass die Rückenseite und die Ränder frei bleiben. Samenanlagen anatrop mit 2 Integumenten. Früchtchen bauchseits aufspringende Balgfrüchte. Blüthen proterandrisch. Samen ohne Nährgewebe.

4 (vielleicht 5) Arten, die 3 nicht zu unserer Gattung gehörigen je eine besondere Gattung bildend, in den Tropen der Alten und Neuen Welt und in Australien. In Europa nur die Gattung

---

[1]) Wegen der an *Vallisneria spiralis* erinnernden grasartigen Blätter.
[2]) Wegen der an *Stratiotes aloides* erinnernden Tracht dieser Form.

53. BÚTOMUS[1]).

([Tourn. Inst. 271 L. Gen. pl. ed. 1. 121] ed. 5. 174 [1754]. Buchenau Flora XL [1857] 242. Natürl. Pfl. II. 1. 233. Micheli a. a. O. 85.)

Grundachse unbegrenzt, fast horizontal. Laubblätter zahlreich, in grundständiger Rosette. Blüthenstengel achselständig. Perigonblätter bleibend, sämmtlich gefärbt, die äusseren etwas kleiner, derber. Staubblätter 9. Früchtchen 6 am Grunde verbunden (nicht frei!) durch den bleibenden Griffel geschnäbelt. Samen längsstreifig, Keimling gerade.

Ausser unserer Art nur noch der wohl höchstens als Unterart zu betrachtende *B junceus* (Turcz. Bull. Soc. nat. Mosc. 1837 Nr. VII. 157. XXVII [1854] II. 60 *B.* u. *β. minor* Ledebour Fl. Ross. IV. 44 [1853] vgl. Micheli a. a. O. 86) in Sibirien.

156. **B. umbellátus.** Blumenbinse, Wasserliesch, niederl. u. vlaem.: Zwanebloem; dän.: Brudelys; franz.: Jonc fleuri; ital.: Giunco fiorito; poln.: Sit kuotnący, Sitowiec; böhm.: Šmel; russ.: Сусакъ; ung.: Elecs.) ♃. Grundachse ziemlich (meist über 1 cm) dick. Laubblätter linealisch dreikantig bis über 1 m lang und (meist 6—8 mm) bis 1 cm breit, am Grunde scheidenartig, allmählich zugespitzt, steif aufrecht, um ihre Längsachse gedreht, selten fluthend. Blüthenstengel stielrund, bis 1,5 m lang, länger als die Blätter. Hüllblätter der Dolde dreieckig-lanzettlich, zugespitzt bis 4 cm lang, 7 bis 8 mm breit. Blüthenstiele bis über 1 dm lang, vielmal länger als die Blüthe, sehr ungleich lang. Perigonblätter eiförmig, die äusseren schmäler, etwa 8 mm breit, die inneren bis 1,5 cm breit und annähernd ebenso lang, kurz genagelt, röthlichweiss, dunkler geädert, aussen in der Mitte, besonders die äusseren, violett überlaufen. Staubblätter und Fruchtblätter etwas über 5 mm lang. Früchtchen fast 1 cm lang, schief verkehrteiförmig.

Stehende und langsam fliessende Gewässer, in der Nähe des Ufers, gern zwischen hohen Gräsern. Ueber das ganze Gebiet verbreitet (auch auf den West- und Nordfriesischen Inseln), in der Ebene meist nicht selten, nicht über 1000 m ansteigend; in der Schweiz (deren Grenzen die Art bei Neudorf unweit Basel auf wenige km nahe kommt) und sonst hie und da auf grösseren oder kleineren Strecken ganz fehlend. Bl. Juni—Aug.

B. u. L. Sp. pl. ed. 1. 372 (1753). Koch Syn. ed. 2. 773 Nyman Consp. 678 Suppl. 285. Richter Pl. Eur. I. 21. Rchb. Ic. VII t. LVIII fig. 103. *B. Caesalpini*[2]) Necker Delic. Gall-belg. sylv. I. 189 (1768). *B. floridus* Gärtn. D. fruct. I. 74 (1788).

---

[1]) βούτομος, Name einer Sumpfpflanze, vermuthlich einer Cyperacee, bei Aristophanes (Aves 666), Theophrastos (Hist. pl. I, 5, 3 und 10, 5 wohl = βούτομον IV, 10, 4) und anderen Griechischen Schriftstellern; von βοῦς Rind und τέμνω ich schneide, weil die Rinder sich an den schneidenden Blättern verletzen.

[2]) Nach Andrea Cesalpini (Caesalpinus), * 1519 † 1603, „dem ersten orthodoxen Systematiker" (Linné). Schrieb De plantis libri XVI. Florentiae 1583. Appendix 1603.

Aendert ab in der Breite der Blätter und in der Grösse der Blüthen. (Die var. *parviflórus* Buchenau Gött. gel. Anzeig. 1869. 237 bisher nur in Indien.) Bemerkenswerth die der vieler *Alismataceae* analoge Abänderung

B. vallisneriifolia[1]). Blätter bis fast 2 m lang fluthend, meist nicht über 2 mm breit. Pflanze meist nicht blühend. In Flüssen und Bächen, seltner in tiefem stehendem Wasser. So z. B. in Ostpreussen: Angerapp bei Darkehmen (Kuehn!). — *B. u. var. v.* Sagorski in herb. Kuehn A. u. G. Syn. I. 396 (1897).

(Fast ganz Europa [in Schottland, dem grössten Theil Norwegens und Spaniens fehlend], Asien nördlich vom Wendekreise.) *

21. Familie.
HYDROCHARITÁCEAE.

(Aschers. Fl. Brand. I. 647 [1864]. Aschers. u. Gürke Nat. Pfl. II. 1. 238. *Hydrocharideae* Lam. u. DC. Fl. fr. III. 265 [1805]. L. C. Rich. Mém. Inst. Par. XII. 1811. II. 1. 55 [1814]. *Hydrocharidaceae* Lindley Veg. Kingd. 141 [1847]. Caspary Pringh. Jahrb. I. [1858] 484 ff.)

Vgl. S. 267, 294. Ausdauernde (unsere Gattungen), untergetauchte, aber (bei unseren Gattungen) mit den Blüthen hervorragende, seltener schwimmende Pflanzen des süssen oder (auswärtigen Gattungen) des Salzwassers. Laubblätter spiralig, zuweilen quirlig oder abwechselnd zweizeilig, sitzend oder gestielt, mit Achselschüppchen, meist ohne verlängerte Scheiden, Öhrchen und Blatthäutchen. Blüthen entweder klein und unansehnlich, der Bestäubung durch Wasser oder Luftbewegung (häufig unter Ablösung der männlichen Blüthen von ihrer Anheftung) angepasst, oder gross und ansehnlich, der Bestäubung durch Insekten angepasst. Die die Blüthen vor ihrer Entfaltung einschliessende Hülle (Spatha) aus 2 oft weit hinauf mit einander verbundenen (seltner nur 1) Blättern bestehend. Blüthen ein- seltner zweigeschlechtlich, aktino-, selten etwas zygomorph, oft aus mehr als 5 normal dreizähligen Blattkreisen bestehend. Perigon meist aus 2 Kreisen gebildet; der äussere kelchartig, der innere corollinisch. Staubblätter in 1—5 Kreisen, von denen einige innere häufig nur staminodial ausgebildet, die äusseren zuweilen dédoublirt, auch in der weiblichen Blüthe häufig als Staminodien vorhanden. Staubbeutel nach aussen oder seitlich aufspringend, die Hälften zuweilen nur einfächerig. Pollen (bei unseren und allen übrigen Gattungen ausser bei *Halophila*) kugelig. Fruchtblätter (in den männlichen Blüthen oft ganz fehlend) 2—15, verbunden. Placenten wandständig, indessen öfter bis in die Mitte des stets einfächerigen, durch dieselben aber scheinbar gefächerten Fruchtknotens reichend (hier nicht verwachsend) sich zuweilen in 2 Lamellen theilend. Samenanlagen meist zahlreich, mit 2 Integumenten, geradläufig (orthotrop) bis umgewendet (anatrop), aufrecht bis hängend. Narben soviel als Fruchtblätter, häufig mehr oder weniger tief zweitheilig. Frucht (bei unseren Arten)

---

[1]) S. S. 394 Fussnote 1.

nicht regelmässig aufspringend. Samen meist zahlreich, ohne Nährgewebe. Keimling bei den meisten Gattungen mit sehr kleiner, auf dem Grunde einer seitlichen Furche liegender Plumula, (bei *Stratiotes* das hypokotyle Glied an Rauminhalt das äusserlich hervortretende Keimblatt, neben dem fast frei die ziemlich entwickelte Plumula liegt, bedeutend übertreffend).

Gegen 60 Arten, fast über die ganze Erdoberfläche verbreitet, in Europa nur unsere Unterfamilien. Eine Art der *Halophiloidéae* (Aschers. u. Gürke in Nat. Pfl. II. 1. 247 [1889]). *Halophila*[1]) *stipulácea* (Aschers. Nat. Fr. Berlin 1867 3. Nat. Pfl. a. a. O. 249 fig. 183. *Zostera s.* Forsk. Fl. Aeg. Ar. 158 [1775]) sonst nur aus dem westlichen Indischen Ocean bekannt, wurde neuerdings, vielleicht durch den Suez-Canal eingeschleppt, im Mittelmeere im Hafen von Rhodos von Nemetz gesammelt [Fritsch ZBG. Wien XLV. 104]).

Uebersicht der Unterfamilien.

A. Männliche Blüthen (bei unseren Arten) sich vor der Entfaltung an ihrer Einfügung ablösend, entfaltet auf dem Wasser schwimmend. Fruchtblätter 3, selten 2, 4 oder 5. Placenten wenig in das Innere des Fruchtknotens vorspringend, ungetheilt. Blätter sitzend, kleingesägt oder gezähnt, entweder in Quirlen, kurz oder spiralig, in grundständiger Rosette lang linealisch (grasartig), schlaff. — Entwickelte Vegetationsorgane ohne Gefässe und Spaltöffnungen. **Vallisnerioideae.**

B. Männliche Blüthen sich nicht ablösend. Fruchtblätter 6—15. Placenten weit in das Innere des Fruchtknotens vorspringend, sich berührend. Blätter spiralig, in Rosetten entweder ganz oder theilweise untergetaucht, sitzend, starr, stachelig gezähnt, steif oder schwimmend, gestielt, ganzrandig. — Vegetationsorgane mit Gefässen (bei uns auch mit Spaltöffnungen). **Stratiotoideae.**

1. Unterfamilie.

VALLISNERIOIDÉAE.

(Aschers. u. Gürke Nat. Pfl. II. 1. 247 [1889].)

S. oben.

Uebersicht der Tribus.

A. Blätter in Quirlen an verlängerten, ästigen, meist lang fluthenden Laubtrieben, einnervig, nicht über 2 cm lang. Blüthen eingeschlechtlich, polygamisch oder zweigeschlechtlich. Männliche Blüthen in sitzenden, ein- bis dreiblüthigen Spathen. Weibliche und Zwitterblüthen mit fadenförmig verlängertem Halstheil der Achsen-Cupula. Samenanlagen ortho- bis anatrop. **Hydrilleae.**

---

[1]) S. S. 358 Fussnote 3.

B. Blätter spiralig, (bei unserer Art) in grundständiger Rosette, schmal-linealisch (grasartig), mehrnervig, mehrere dm lang. Blüthen eingeschlechtlich. Männliche Spathen gestielt, vielblüthig. Samenanlagen orthotrop. **Vallisnerieae.**

1. Tribus.
HYDRÍLLEAE.

(Caspary Monatsber. Berl. Ak. 1857. 39. Pringsh. Jahrb. I. 377 ff. 493 [1858] [ausser *Lagarosiphon*]. Ascherson und Gürke Nat. Pfl. II. 1. 249.) S. S. 397.

Uebersicht der Gattungen.

A. Weibliche Spatha aus einem Blatte gebildet. Blüthen eingeschlechtlich. Staubblätter 3. Samenanlagen meist anatrop. Laubzweige am Grunde mit einem der Abstammungsachse zugewendeten, stengelumfassenden, einnervigen Vorblatt. **Hydrilla.**
B. Spatha aus zwei Blättern gebildet. Blüthen polygamisch, zwei- oder eingeschlechtlich. Staubblätter 3—9. Samenanlagen orthotrop. Laubzweige am Grunde mit 2 seitlichen, nicht stengelumfassenden Vorblättern. **Helodea.**

54. HYDRÍLLA[1]).

(L. C. Rich. Mém. Inst. XII. 1811. II. 61, 69, 73, 75 [1814]. Nat. Pfl. II. 1. 249.)

Vgl. oben. Laubstengel verlängert, locker-ästig, die Zweige theilweise länglich-eiförmige, zugespitzte Winterknospen bildend. Blätter zu 2—8 in jedem Quirl, gezähnt, mit 2 länglichen oder linealischen, gefransten Achselschüppchen. Blüthen ein- (oder zwei-?) häusig. Männliche Spatha (bei uns noch nicht beobachtet) fast kugelig, zugespitzt, mit stachelartigen Höckern besetzt, an der Spitze unregelmässig zweilappig aufreissend. Blüthen einzeln, kurz gestielt, zur Befruchtungszeit sich ablösend. Kelchblätter länglich-lanzettlich. Blumenblätter schmäler und etwas kürzer. Weibliche Spatha röhrenförmig, an der Mündung zweilappig. Blüthen einzeln. Perigon wie bei der männlichen Blüthe. 3 Staminodien vorhanden oder häufiger fehlend. 2—7 Samenanlagen, sitzend oder kurz gestielt, hängend oder aufrecht, meist anatrop, zuweilen hemianatrop, selten fast orthotrop. Narben ungetheilt. Frucht (bei uns nicht beobachtet) länglich lineal, wenigsamig.

Nur die folgende Art:

157. **H. verticillata** (bei Stettin: Grundnessel). ♃. Laubstengel bis 3 m lang, fadenartig, nicht 1 mm dick, mit meist 1—3 (—6) cm

---

[1]) Entweder schlecht gebildetes Diminutiv von ὕδρα, eigentlich Wasserschlange, hier ein im Wasser kriechendes Wesen oder von ὑδώρ Wasser ebenso unclassisch abgeleitet.

langen Stengelgliedern. Blätter (0,5) bis meist 1,5 (selten bis 2) cm lang und etwa 1,5 mm breit, zugespitzt-stachelspitzig, mit stachelspitzigen vorwärts abstehenden Zähnen. Blüthen unansehnlich, kaum 5 mm im Durchmesser. Weibliche Blüthen mit 2 bis 3 cm (bis über 1 dm) langem, fadenförmigem Halstheil. Winterknospen in den Achseln der Blätter einzeln oder an den Triebspitzen büschelig gedrängt, meist 1,5 cm lang und 3—4 mm dick, von breit lanzettlichen bis länglich elliptischen, stumpflichen, stachelspitzigen, gezähnten Blättern gebildet, im Herbst leicht abfallend.

Auf schlammigem, selten festem Grunde meist stehender Gewässer bis zu einer Tiefe von 3 m, nur im nordöstlichen Gebiet und auch dort bisher nur an wenigen Orten beobachtet. Pommern: im Dammschen See bei Stettin!! und in einigen in denselben mündenden Oderarmen auch im Papenwasser bei Gr. Stepenitz etwa seit dem Jahre 1820 beobachtet. (Genaueres über das Vorkommen s. Seebaus BV. Brand. II. 95 ff. [1860]; XII. 99 ff. [1870]). Südliches Ostpreussen: in den Kreisen Allenstein! Neidenburg, Ortelsburg (Sawitz-See), Lötzen (Widminner See) und Lyck! (hier von Sanio 1856 zuerst beobachtet). (Genaueres s. Caspary Verh. Naturf. Vers. Königsberg 1862 293 ff.; Sanio BV. Brand. XXIII. 32, 33 [1881]). Bl. Juli, Aug. (nur in seichterem, bis 0,6 m tiefem Wasser; bei uns erheben sich die Blüthen in der Regel nicht bis an die Oberfläche und sind bei Stettin stets monströs beobachtet worden vgl. Caspary a. a. O. 303).

H. v. Caspary Botanische Zeit. XIV (1856) 899. Monatsb. Berl. Ak. 1857. 40. Pringsheims Jahrbücher I. 494 (1858). Richter Pl. Eur. I. 21. Nat. Pfl. II. 1. 250 fig. 184 *A. B. Serpicula*[1]) *v.* L. fil. Suppl. 416 (1781). Rostkovius u. Schmidt Fl. Sedin. 370. *H. ovalifólia* L. C. Rich. Mém. Inst. Par. XII. 1811. II. 76. t. 2 (1814). *Udóra*[2]) *v.* Spr. Syst. Veg. I. 170 (1825) z. T. Gorski in Eichwald Nat. Skizze Lith. 127 (1830) nicht Rchb. Ic. fl. Germ. VII. fig. 105. *U. lithuánica*[3]) Bess. in Rchb. Fl. Germ. exc. 139 (1830). Flora XV (1832) Beibl. I. 12. Ic. fl. Germ. VII. fig. 106 (1845). *Hydóra*[2]) *lith.* Andrzejowski bei Besser Flora a. a. O. (1832). *U. occidentális* Koch Syn. ed. 1. 669 (1837) ed. 2. 771 z. T. Nyman Consp. 678 Suppl. 285. *U. pomeránica*[4]) Rchb. a. a. O. fig. 104 (1845). *H. dentáta* Casp. BZ. XI (1853) 805. XII (1854) 56.

Unterscheidet sich von der in der Tracht in manchen Formen recht ähnlichen *Helodea Canadensis*, mit welcher sie von Gorski und Koch irrthümlich identi-

---

[1] Von serpo ich krieche, schlecht gebildeter Name. Die Gattung *Serpicula* (L. Mant. 1. 16 [1767]), zu der diese Art irrthümlich gestellt wurde, gehört zu den *Halorrhagidaceae*.

[2] Ebenfalls schlecht gebildetes Wort, gleich schlecht ob es von ὕδωρ Wasser (mit Anlehnung an die Aussprache im Englischen) oder von udor, Feuchtigkeit, Nässe abgeleitet wird. Auch die naive Wortbildung *Hydora* ist kaum als eine Verbesserung zu bezeichnen.

[3] S. S. 328 Fussnote.

[4] Pomeranicus, Pommersch.

ficirt wurde, während die ersten Entdecker der Pflanze im Gebiet, Rostkovius und Schmidt, richtig die Identität mit der Indischen Pflanze annahmen, ausser durch die oft höhere Zahl der zugespitzten, gezähnten, nicht gesägten Blätter jedes Quirls, deren Zähne mit mehreren Zellen über den Rand vorspringen, durch das einzelne „adossirte" Vorblatt des Zweiges und die gefransten Achselschüppchen.

Nach der Länge der Stengelglieder und der Beschaffenheit der Blätter trennte Caspary (Monatsb. Akad. Berlin 1857 40 ff. Pringsheims Jahrb. I. 494 ff.) eine Anzahl durch Uebergänge verbundener Formen, die aber, als von äusseren Bedingungen abhängig, an ihren Standorten nicht immer beständig sind. Folgende sind theils typisch, theils annähernd bei uns beobachtet worden: A. *ténuis* (Casp. a. a. O. 41 [1857] bez. 495). Stengel sehr dünn, mit bis 1 cm langen Gliedern; Blätter etwa 1 cm lang, bis 2 mm breit. — So sehr selten, nur in seichtem Wasser des Gr. Regeler Sees bei Lyck (Sanio a. a. O. 33). B. *grácilis* (Casp. BZ. XIV (1856) 901 a. a. O. 41 bez. 495. *U. pomeránica* Rchb. a. a. O. [1845]. *H. dentata* var. *pomeránica* Casp. BZ. XI (1853) 805 ohne Beschreibung. *II. v.* var. *p.* Seehaus BV. Brand. II. 95 [1860]). Stengelglieder bis 8 cm lang. Blätter 0,5—2 cm lang, 2—5 mm breit, flach, zart, meist gerade. — So in tieferem Wasser. — C. *crispa* (Casp. a. a. O. 901 [1856] bez. 42 u. 496. *Hydora lithuanica* Andrzj. und *U. l.* Bess. a. a. O. [1832]). Stengelglieder nicht über 3 cm, Blätter 0,5—1,5 cm lang, 2—2,5 mm breit, am Rande meist kraus, etwas derber, zurückgekrümmt. — So in seichtem Wasser, ausnahmsweise (bei besonders klarem Wasser) bis 2,5 m Tiefe. D. *inconsístens* (Casp. a. a. O. 42 [1857] bez. 496). Stengelglieder bis 5,5 cm lang, kurze und lange unregelmässig abwechselnd; Blätter 2 mm bis 2 cm lang, 1 mm oder wenig mehr breit. — Annähernd bei Lyck.

Eine Benutzung der Pflanze findet bei uns nicht statt. In Ostindien wird sie (ob noch jetzt?) bei der Rohrzuckerfabrikation verwendet.

(Europ. Russland: Gouv. Wilna [1821 von Gorski entdeckt]; Kurland: Illuxt [Lehmann Fl. Poln. Livl. 203]. Witebsk (Lehmann a. a. O. Nachtr. 53 (485)]. Süd- und Ost-Asien nebst den Inseln, nördlich bis zum Amur. Neuholland. Mauritius. Madagaskar. Oberstes Nilgebiet.)

|*|

† 55. (*1.*) **HELODÉA** [1]).

(*Elodéa* L. C. Rich. in Michaux Fl. Ber.-Am. I. 20 [1803]. Mém. Inst. a. a. O. 60, 68, 73, 75 [mit Einschluss von *Anácharis*[2]) L. C. Rich. a. a. O. 61, 69, 73, 75 (1814) = *Udóra*[3]) Nuttall Gen. North Amer. Pl. II. 242 (1818)]. Caspary Monatsb. Akad. Berlin 1857 43. Pringsh. Jahrb. I. 425, 497 [1858]. Nat. Pfl. II. 1. 250.)

Vgl. S. 398. Laubstengel verlängert, oft sehr reich verzweigt. Blätter kleingesägt, sehr selten (bei einer Art Brasiliens) gezähnt, mit 2 eiförmigen oder fast kreisrunden, ganzrandigen Achselschüppchen.

---

[1]) Von ἑλώδης sumpfig, nicht sehr correct gebildet. Die von fast allen Autoren (ausser St. Lager und Beckhaus) angewandte Schreibweise entstammt der französischen Unsitte, den griechischen Spiritus asper unbeachtet zu lassen.

[2]) Der vom Autor nicht erklärte Name sollte jedenfalls an *Hydrocharis* anklingen; ob der erste Theil überhaupt eine Bedeutung haben sollte, bleibt fraglich; dann wohl am wahrscheinlichsten von ἀνά- in der Zusammensetzung „wiederholt" also etwa „eine neue Hydrocharitacee". Die Erklärung A. Gray's ἀν ἄχαρις „wohl reizlos" und die Wittstein's von anas Ente und χάρις (s. S. 134 Fussnote) also Entenzierde (-freude?) sind sprachlich so unzulässig, dass sie keiner Widerlegung bedürfen, obwohl die Gray'sche einen zutreffenden Sinn ergeben würde.

[3]) Vgl. S. 399 Fussnote 2.

Blüthen zweihäusig oder zweigeschlechtlich, oder (bei unserer Art) Beides vorkommend, aus einer eiförmigen oder linealischen, an der Spitze zweilappigen, bei beiden Geschlechtern gleichgebildeten Spatha hervortretend. Männliche Blüthen einzeln, selten bis 3, fast sitzend, zur Befruchtungszeit sich loslösend oder auf langem fadenförmigem Stiel die Oberfläche des Wassers erreichend. Kelchabschnitte oval bis länglich. Blumenblätter fast kreisrund bis länglich eiförmig. Staubblätter 3—9. Nach Caspary (a. a. O. 44 bez. 498) zuweilen 3 Narbenrudimente. Weibliche Blüthen einzeln mit langem fadenförmigem Halstheil die Oberfläche des Wassers erreichend. Perigon wie bei den männlichen Blüthen. 3 Staminodien oft vorhanden. Fruchtknoten länglich-lineal mit 3—21 sitzenden oder kurzgestielten aufrechten Samenanlagen. Narben linealisch, ungetheilt oder z. T. oder alle zweispaltig, am oberen Ende des Halstheils eingefügt. Zwergeschlechtliche Blüthen wie die weiblichen nur mit 3—6 Staubblättern.

Ueber die Leidensgeschichte dieser Gattung vgl. Caspary a. a. O. 425 ff. Richard kannte von unserer in Nord-America einheimischen, polygamischen Art nur die zweigeschlechtliche Pflanze; auch seine *E. Guyannensis* (a. a. O. 4) ist zweigeschlechtlich. Er hielt daher seine vermuthlich zweihäusige *Anacharis callitrichoides* (a. a. O. 7) von Montevideo für den Vertreter einer neuen Gattung. Die älteren Nordamericanischen Floristen Pursh und Nuttall kannten nur die zweihäusige Pflanze, für die, obwohl man allgemein dieselbe mit *Elodea canadensis* für identisch hielt, der neue Name *Udora* nöthig schien, weil sich dieser Gattungsname durch einen Schreibfehler Jussieu's (Gen. pl. 255 [1789] für die Hypericaceen-Gattung *Elodes* (Adans. Fam. pl. II. 444 [1763]) eingebürgert hatte. Die Gattung *Udora* wurde noch obenein von Sprengel (Linné Syst. Veg. I. 170 [1825] IV. 2. 25 [1827]) und W. J. Hooker (Fl. Bor. Am. II. 193 [1840]) mit der Ostindischen *Hydrilla* zusammengeworfen. Erst Torrey (Fl. New-York II. 264 [1843]) erkannte die Zusammengehörigkeit der zweigeschlechtlichen mit der zweihäusigen Pflanze, die auch in Nord-America nirgends zusammen vorzukommen scheinen, sondern z. B. bei New-York anscheinend nur die zweigeschlechtliche, bei St. Louis (Engelmann!) nur die zweihäusige. Nach A. Gray (Manual 5 ed. 495 [1872]) ist übrigens die männliche viel seltener, so dass es erklärlich scheint, dass gerade die weibliche nach Europa verschleppt wurde. Letztere wurde dann ganz folgerichtig von Babington und Planchon (Ann. and Mag. Nat. hist. 1848. 47 ff. Ann. sc. nat. 3. sér. XI. 73 ff. [1849]) in die unbeachtet gebliebene Richard'sche Gattung *Anacharis* gestellt.

5 sicher bekannte Arten und einige unsichere im gemässigten und tropischen America.

+ 158. (*1.*) **H. Canadéusis**[1]). (Wasserpest, Wassermyrte; niederl.: Waterpest; dän.: Vandpest; poln.: Wisłana [Weichselkraut]; wend.: Wódna kopřiwa [Wassernessel, v. Schulenburg]; böhm.: Vodní mor; ung.: Átokhinár.) ♃. Laubstengel bis 3 m lang fluthend, bis etwa 1 mm dick mit (ganz kurzen bis) meist 3 bis 7 mm (seltner bis fast 2 cm) langen Stengelgliedern, aus dem je 6.—9. (gewöhnlich 7.) Quirl verzweigt. **Blätter zu (2—5) fast stets zu 3 im Quirl, 5 bis 7 (seltner bis 10) cm lang und 2 bis 3 mm breit, länglich-eiförmig bis lineal-lanzettlich, ziemlich plötzlich abgerundet-stachelspitzig, spitz oder spitzlich, kleingesägt. Zähne nur mit 1 Zelle über den Rand vorspringend.** Blüthen vielehig (männlich und weiblich [zweihäusig] oder zweigeschlechtlich).

[1]) Zuerst aus Canada bekannt geworden.

Diese Nordamerikanische Art wurde in Europa zuerst wahrscheinlich 1836 bei Warringstown in Irland, sicher aber 1842 bei Dunse Castle in Berwickshire (Schottland), 1842 bei Dublin, 1847 bei Market Harborough in Leicestershire und bei Chichester (Hampshire) (England) beobachtet. In den folgenden Jahren verbreitete sie sich namentlich in den Wasserläufen des mittleren England so, dass sie die Schifffahrt und die Handhabung der Schleusen hinderte und den Cam bei Cambridge um mehr als 0,3 m aufstaute. Von da in die botanischen Gärten des Continents verpflanzt, gelangte sie theils durch absichtliche Anpflanzung, theils durch Vermittelung der Schifffahrt und der Wasservögel in unserem Gebiete zunächst in die Gewässer des nördlichen Flachlandes; so von Gent, Utrecht, Hamburg, Berlin, Breslau, Königsberg aus in die Gewässer Belgiens (1860!), der Niederlande (1860), Magdeburgs (1867), des Havel- und Spreegebiets (seit 1863!!), des Brandenburgschen (1865!!) und Pommerschen Odergebiets (1866), West- und Ostpreussens (1867), Schlesiens (1869) und Polens (1884). Gegenwärtig ist sie dort fast allgemein, auch in entlegenen, isolirten Teichen, Ausstichen, Lehmgruben etc. verbreitet (selbst auf der Nordsee-Insel Föhr [Knuth Fl. Nordfr. Ins. 114]); in den ersten Jahren ihres Auftretens gewöhnlich in ungeheurer, lästig werdender Zahl, später weniger reichlich, dafür aber um so extensiver verbreitet. Auch im mittleren Berglande, südlich bis Mähren, Böhmen, Oberbayern und der „ebenen" Schweiz (auch im Genfer See und im Rheingebiet bis Lyon) hat sie sich in den 70er und 80er Jahren (bei Trier schon 1863! Stuttgart 1869! Halle 1867! Leipzig 1861!) vielfach verbreitet; ferner im Donaugebiet Ober- (1884) und Nieder-Oesterreichs (1880) bis nach Ungarn, wo sie bis Kis-Barkócz an der Mur (Borbás ÖBZ. XLII. 145) und Budapest (Schilberszky Term. Közl. XXIII [1891] 372) vorgedrungen ist; in dieser südöstlichen Richtung hat sie die Grenzen des Gebiets noch nicht erreicht, während sie dieselben nach Nord-Osten und Süden überschritten hat. Im eigentlichen Alpengebiet ist sie bisher erst vereinzelt beobachtet: Grenoble (Chaboisseau SB. France XXIII. 89). Garda-See bei Riva (1894, A. v. Degen ÖBZ. XLV. 401, 1895!! bei Sermione schon 1892. P. Magnus vgl. ÖBZ. XLVI. 263). Klagenfurt (Sabidussi Carinthia 1894. 109). Graz 1883, Breidler nach Stapf ÖBZ. XXXIII. 376), Preissmann NV. Steierm. XXX. XC. XXXII. 116 [1893]. Marburg (1891, Murr DBM. XI. 9). Ueber die Einwanderung dieser Pflanze, welche wegen ihrer beispiellosen Schnelligkeit vor einem Menschenalter das grösste Aufsehen erregt und eine ausgedehnte Litteratur hervorgerufen hat, vgl. u. a. W. Marshall, The New Waterweed Anacharis Alsinastrum London 1852. E. Ihne im 18. Jahresber. Oberhess. Ges. Nat. u. Heilk. 66 Taf. II (1879). F. Crépin in SB. Belg. I. 33 (1862) (Belgien). C. Bolle in BV. Brand. VII. 1. (1865). Zeitschr. allg. Erdk. Berlin XVIII. 188 (1865) (Prov. Brandenburg). K. Seehaus BV. Brand. XII. 92 (1870) (Unteres Odergebiet). G. Beck v. Managetta in Mitth. Sect. f. Naturk. Oest. Touristen-Club III. 65 (1891) (Oesterreich-Ungarn). Bl. Juni bis

Sept. Bei uns sind bisher nur weibliche Blüthen beobachtet, männliche wurden in Europa bisher nur in Schottland bemerkt (D. Douglas Science Gossip XVI [1880] 227 nach A. Bennett br.), und könnten wohl auch bei uns vorkommen.

E. c. Rich. in Mich. Fl. bor. Am. I. 20 (1803) (die zweigeschlechtliche Pflanze) erw. Casp. Monatsb. Berl. Ak. 1857. 45. Pringsh. Jahrb. I. 436, 499 (1858). Richter Pl. Eur. I. 21. Nat. Pfl. II. 1. 250 fig. 184 C—F. *Serpicula*[1]) *occidentális* Pursh Fl. Am. sept. I. 33 (1817 die zweigeschlechtliche Pflanze; auch die folgenden Synonyme bezeichnen ausser dem Torreyschen und dem Grayschen wenigstens ursprünglich die zweihäusige Pflanze). *S. verticilláta* Mühlenberg Cat. pl. Am. sept. 84 (1813) nicht L. fil. *Udora*[2]) *c.* Nutt. Gen. Amer. II. 242 (1818). Torrey Fl. New York II. 264 (1843, die gesammte Art). *U. v.* Spr. Syst. I. 170 (1825) z. T. (die American. Pfl.). Rchb. Ic. VII t. LIX fig. 105. *U. occi.* Koch Syn. ed. 1. 669 [1837] ed. 2. 771 z. T. (die Am. Pfl.) *Anacharis Alsinástrum*[3]) Babington Ann. and Mag. Nat. Hist. VII. 81 (1848). Nyman Consp. 678 Suppl. 285. *A. Nuttállii*[4]) Planch. Ann. Sc. nat. sér. 3. XI. 74 (1849). *A. c.* A. Gray Man Bot. North. Un. St. ed. 2. 441 (1856, die gesammte Art).

Die Unterschiede von der allerdings recht ähnlichen *Hydrilla* ergeben sich aus den oben S. 400 angeführten Kennzeichen der letzteren. *Helodea* hat meist eine hellere, freudiger grüne Farbe, überwiegend nur zu 3 quirlig angeordnete, nie eigentlich zugespitzte, fein gesägte Blätter, deren Zähne über den Rand nur mit einer Zelle hervorragen, zwei seitliche Zweig-Vorblätter mit ganzrandigen Achselschüppchen. Während *Hydrilla* schon im August anfängt abzusterben, bleibt *Helodea* bis in den Spätherbst, ja oft den Winter hindurch grün. Erst im Frühjahr sterben die vorjährigen Achsen und Blätter ab, erstere zerfallen und die schon im Herbst gebildeten, 2—5 cm langen wurmförmigen Erneuerungssprosse, deren grüne Blätter sich bis dahin dachziegelartig deckten, wachsen zu neuen, bald anwurzelnden Einzelpflanzen aus. Hierdurch erklärt sich die ungeheure Vermehrung, zumal auch die Zerstückelung der Achsen in der Vegetationszeit ähnliche Folgen hat. Viel seltener bilden sich in den Achseln von Laubblättern eigentliche, denen der *Hydrilla* analoge eiförmige 4—5 mm lange, 1,5—2 mm dicke Winterknospen, mit breit eiförmigen, stachelspitzigen, etwas fleischigen, fast farblosen, höchstens hellgrünen Schuppenblättern. Sie wurden schon vor 1870 von A. Braun! und neuerdings von uns beobachtet, scheinen aber in der Litteratur bisher noch nicht erwähnt.

Ungleich weniger als *Hydrilla* variirt *Helodea c.* in der Blattform. B. *angustifólia* (A. u. G. Syn. I. 40 [1897]). *Serpicula verticillata* var. *angustifolia* (Mühlenberg a. a. O. [1813]) wurde von Seehaus (a. a. O. 101) bei Stettin aber im Gegensatz zu den analogen Formen *A. tenuis* und B. *gracilis* der *Hydrilla* v. (S. 400) in seichtem Wasser beobachtet. — C. *latifólia* (A. u. G. Syn. I. 403 [1898]). *Elodea l.* Casp. Monatsb. Ak. Berl. 1857. 46. Pringsh. Jahrb. I. 467. 500 (1858)? *Anach. can.* var. *l.* Sanio BV. Brand. XXXII. 121 [1890]). Blätter der sehr genäherten Quirle eiförmig, abgerundet-stumpf oder stumpflich. — In seichtem Wasser.

---

[1]) S. S. 399 Fussnote 1.
[2]) S. S. 399 Fussnote 2.
[3]) Nach Thomas Nuttall, * 1785 † 1859, Professor in Philadelphia, verdienstvollem Schriftsteller über die Flora Nord-America's (Genera of North-American Plants 1818, the North American Sylva 1842—54.
[4]) Wegen (allerdings entfernter) Aehnlichkeit mit *Elatine alsinastrum*.

— Hierzu die Unterabart II. *repens* (A. u. G. Syn. I. 403 [1898]. *A. c. v. l.*
** *r.* Sanio a. a. O. [1890]). Stengel in sehr seichtem Wasser oder auch ausserhalb desselben, im Rohr u. s. w. kriechend. Quirle noch mehr genähert. Blätter noch kürzer, rundlich-eiförmig. — So bei Berlin!! und Potsdam!! sowie bei Lyck (Sanio!).

Die Pflanze, welche aus den offen zu erhaltenden Wassertiefen oft fuhrenweise entfernt werden muss, ist mit Erfolg als Gründünger, auch wohl als Viehfutter (nach Seehaus auch zum Füllen der Aalkörbe) benutzt worden. Ihre Cultur in Zimmer-Aquarien ist beliebt, hat wohl selbst hier und da zu ihrer Verbreitung beigetragen.

(Einheimisch in Nord-America nördlich bis zum Saskatschewan, südlich bis Nord-Carolina und Californien. In Europa eingebürgert ausser im Gebiet in Frankreich, auf den Britischen Inseln, in Dänemark, Skandinavien nördlich bis Gestrikland (ca. 61°), Russland nördlich bis Finnland und St. Petersburg, östlich bis Moskau, Venetien, Lombardei, Terra di Lavoro bei Neapel und Caserta. Ostindien. Australien (Neu-Holland, Tasmania, Neu-Seeland.) *

2. Tribus.

VALLISNERIEAE.

(Endl. Gen. pl. 161 [1841] erw. Aschers. und Gürke Nat. Pfl. II. 1. 247. 251. *Vallisneriaceae* Link Handb. I. 281 [1829]).

S. S. 398.

Etwa 11 Arten; ausser unserer Gattung nur noch die im tropischen Africa, Madagaskar und Capland verbreitete Gattung *Lagarosiphon* [1]) (Harvey in Hook. Journ. of Bot. IV. 230 t. 22 [1842]).

56. VALLISNÉRIA [2]).

([Mich. Nov. pl. gen. 12]. L. Gen. pl. [ed. 1. 300] ed. 5. 446 [1754]. Nat. Pfl. II. 1. 251.)

Laubblätter wenigstens oberwärts gesägt, mehrnervig, stumpf. Blüthen zweihäusig. Kelchblätter bei beiden Geschlechtern oval. Blumenblätter kürzer und schmäler. Männliche Blüthen etwas zygomorph, mit meist nur 2 fruchtbaren Staubblättern, das dritte häufig staminodial, weitere Staminodien nicht vorhanden. Weibliche Blüthen ohne Staminodien. Fruchtknoten cylindrisch, mit vielen aufrechten Samenanlagen. Narben breit eiförmig, deutlich ausgerandet. Frucht mit klebrigem Schleim gefüllt.

Zerfällt in 2 monotypische Untergattungen, von denen die eine, *Nechamándra* [3]) ([Planch. Ann. Sc. Nat. Sér. 3. XXX. XI (1849) 78 als Gatt.]. Aschers. u. Gürke Nat. Pfl. II. 1. 251 [1889]), durch ästigen

---

[1]) Von λαγαρός schmächtig und σίφων Röhre, wegen des (wie bei den Hydrilleen) fadenförmigen Halstheils der Achsen-Cupula.

[2]) Nach Antonio Vallisnieri de Vallisnera, * 1661 † 1730, Professor in Padua, welcher u. a. die Blüthen und Früchte von *Lemna* zuerst beschrieb.

[3]) Von νήχω ich schwimme und ἀνήρ Mann; (schlecht gebildet) wegen der nach ihrer Ablösung schwimmenden männlichen Blüthen.

Stengel mit fast 2zeiligen kürzeren, durch deutliche Glieder getrennten Blättern, sitzende Spathen und mit verlängertem Halstheil versehene weibliche Blüthen charakterisirt, mit *V. alternifolia* (Boxb. Hort. Beng. 71 [1814] Fl. Ind. III. 750 [1832]. *N. a.* Thw. Enum. pl. Zeylan. 332 [1864]) im tropischen Asien und auf der Africanischen Insel Sokotra verbreitet ist. In Europa nur die

Untergattung *Physcium* [1]) ([*Physkium* Lour. Fl. Cochinch. 662 (1790) als Gatt.]. Aschers. u. Gürke Nat. Pfl. II. 1. 251 [1889]). Grundachse Ausläufer treibend. **Laubblätter rosettenartig gedrängt, lang schmallinealisch. Die männlichen Spathen kurz gestielt, die weiblichen auf langen, dünnen, spiralig gewundenen, nach der Befruchtung enger zusammengezogenen Stielen** die Oberfläche des Wassers erreichend. Männliche Blüthen mit 3 etwas ungleichen Kelchblättern und 3 schuppenförmigen, sehr kleinen ungetheilten Blumenblättern. **Weibliche Blüthen ohne Halstheil**, mit sitzendem Perigon. Blumenblätter sehr klein, zweitheilig.

Nur die folgende Art:

159. **V. spirális.** (ital.: Alga corniculata.) ♃. Grundachse kurz, etwa 2 cm lang und 3 mm dick. Ausläufer meist 5 cm lang, mit einem verlängerten Stengelgliede beginnend, an der Spitze zwei sich fast rechtwinklig kreuzende Paare von Niederblättern, darüber meist 5—20 dicht gedrängte, bis 8 dm lange und meist 5—12 mm breite, von meist 3—5 Nerven durchzogene, fein gesägte, meist in der ganzen Länge mehrmals um ihre Achse gedrehte Laubblätter tragend. Blüthenstände meist zu 3 in einer Blattachsel neben einem Laubspross, (von Rohrbach [NG. Halle XII. 56 (1871)] werden zwei derselben für grundständige, deckblattlose Seitensprosse des dritten erklärt; vgl. dagegen Jos. Fr. Müller in Hanstein Bot. Abh. III. Heft 4. 48 [1878]). Männliche Spatha mit etwa 7 cm langem Stiel und zahlreichen, kaum 0,5 mm im Durchmesser messenden Blüthen. Weibliche Spatha cylindrisch, etwa 1,5 cm lang, mit einer sitzenden Blüthe; Fruchtknoten der Spatha an Länge fast gleichkommend.

Auf dem Grunde stehender und fliessender Gewässer (auch in Thermalwasser bis zu einer Temperatur von 42° C. gedeihend) bis zu einer Wassertiefe von über 1 m, in dichten Seegras-ähnlichen Beständen. Mit Sicherheit nur am westlichen und südlichen Fusse der Alpen, hier die Polargrenze erreichend: Unteres Rhônegebiet bei Orange, Arles! Camargue, von da durch die Schifffahrt nach Lyon [und durch den Canal de Bourgogne bis Paris] verschleppt (St. Lager Cat. Bass. Rhône 739). Luganer See! In Venetien bis an die Grenzen des Gebiets verbreitet (Vis. e Sacc. Atti Ist. Ven. XIV. 328), auch im Gardasee bis Riva und Torbole!! Die Angaben in Kroatien (Lonjske Polje

---

[1]) φύσκιον (bei Dioskorides vorkommende Diminutivform) von φύσκη Blase (auf der Haut), wegen der wie Blasen aus dem Wasser aufsteigenden losgetrennten **männlichen Blüthen.**

J. Host nach Schloss. u. Vuk. 1062) im Banat (Kitaibel nach Rochel Bemerk. 26) ohne neuere Bestätigung, daher kaum glaubwürdig. Neuerdings seit 1875 in Budapest in den Abflüssen des Kaiserbades (Lukácsfürdö) und des Römerbades (Rómaifürdö) [früher Pulvermühle] in Alt-Ofen angepflanzt (Schilberszky Term. Közl, 1889. 327, Borbás Term. Közl. XIII. Pótfüz. 9. ÖBZ. XLI. 317); wuchert an der letzteren Stelle so, dass der Graben jährlich geräumt werden muss (Filarszky br.). Bl. Juli—Oct., im Thermalwasser zu Budapest schon Ende Mai (Filarszky br.), bei Pisa schon April.
V. s. L. Sp. pl. ed. 1. 1015 (1753). Koch Syn. ed. 2. 770. Nyman Consp. 678 Suppl. 285. Richter Pl. Eur. I. 21. Rchb. Ic. VII t. LX fig. 108—110. Nat. Pfl. II. 1. 252 fig. 185.

Die in seichtem Wasser vorkommende Form B. *pusilla* (Barbieri Int. ad una spec. di Vall. 10 [1853]) mit kürzeren (nur bis 2 dm langen) und schmäleren Blättern und weniger zahlreiche Windungen zeigenden Fruchtstielen innerhalb des Gebiets noch nicht beobachtet.

(Mittelmeergebiet; Süd-Russland; Asien nördlich bis China und Japan; Australien; tropisches Africa; Nord-America bis Canada und Manitoba; tropisches America (Venezuela!) *

2. Unterfamilie.

STRATIOTOIDÉAE.

Aschers. u. Gürke Nat. Pfl. II. 1. 247. 255 [1889]. *Stratiotideae* Endl. Gen. pl. 162 [1837].)

S. S. 397. Pflanzen bei uns zur Blüthezeit meist frei schwimmend, sonst am Grunde der Gewässer, oft im Schlamm wurzelnd. Grundachse (kurz und dick) Ausläufer treibend, deren erstes oder einige untere Glieder gestreckt sind. Blüthenstände (wie bei den *Vallisnerioideae*) in den Achseln von Laubblättern. Blüthen mittelgross, bei uns zweihäusig, die männlichen stets gestielt, zu mehreren, die weiblichen meist einzeln in der Spatha. Narben 6. Fruchtknoten und Frucht bei unseren Gattungen durch die sich berührenden Placenten (falsche Scheidewände) 6 fächrig erscheinend, mit zähem, klebrigem Schleim gefüllt.

Uebersicht der Tribus.

A. **Laubblätter zur Blüthezeit meist oberwärts aus dem Wasser hervorragend, sonst ganz untergetaucht, sitzend, breit-linealisch, mit kurzen, stachligen Sägezähnen.** Antherenhälften einfächrig. Weibliche Blüthe in der Spatha sitzend oder ganz kurz gestielt. Placenten zweischenklig. **Samenanlagen anatrop.** **Stratioteae.**
B. **Laubblätter bei uns stets schwimmend, lang gestielt, rundlich, ganzrandig oder undeutlich ausgeschweift.** Antherenhälften zweifächrig. Weibliche Blüthe in der Spatha deutlich gestielt. Placenten ungetheilt. **Samenanlagen orthotrop.**
Hydrochariteae.

1. Tribus.
STRATIÓTEAE.
(Link Handb. I. 280 [1829]. Nat. Pfl. II. 1. 247. 255.)
S. 406. Nur die Gattung:

57. STRATIÓTES[1]).

(L. Gen. pl. [ed. 1. 161] ed. 5. 238 [1754]. Nolte Botan. Bem. Strat. u. Sagitt. [1825]. Irmisch Flora XLVIII. [1865] 81 ff. t. I. Nat. Pfl. II. 1. 255. *Folliculites*[2]) Zenker Neues Jahrb. Miner. 177 t. IV. A. [1833]. Unger Syn. pl. foss. 251 [1845] Chlor. prot. S. LXXXVII [1846]. *Paradoxocárpus*[3]) Nehring in Potonié Naturw. Wochenschr. VII. (1892) 456 fig. 18—26.)

Die beiden letzten Namen beziehen sich auf die fossilen, erst kürzlich von Keilhack (Potonié Naturw. Wochenschrift XI [1896] 504) als zu dieser Gattung gehörig erkannten Samen. Der diluviale zuerst bei Klinge, zw. Kottbus und Forst in der Lausitz gefundene *Par. carinátus* ist mit *Stratiotes aloides* identisch, wogegen der mitteltertiäre *Str. Webstéri*[4]) (Potonié Nat. Pfl. Nachtr. zu II—IV. 39 [1897]. *Carpolithes*[5]) *thalictroides* var. W. Brongniart Mém. Mus. VIII. 316 t. XIV fig. 6 [1822]. *Foll. Kaltennordheiménsis*[6]) Zenker a. a. O. [1835]) nicht unbeträchtlich von der lebenden Art abweicht. Die Identität von *Paradoxocarpus* mit *Folliculites* war schon 1892 von Potonié erkannt worden, der in N. Jahrb. f. Min. Geol. u. Palaeont. 1893 II. 86 t. V, VI den Gegenstand am eingehendsten dargestellt hat. Uebrigens sind auch Blattabdrücke von *Stratiotes* im Miocaen des Szeklerlandes in Siebenbürgen von Staub gefunden worden (Term. Közl. XXXII Pótfüz. 15 fig. 2 [1895]). Die Deutung der gleichfalls miocaenen *Stratiolites Najadum* (Heer Fl. tert. Helv. I. 106 t. XLVI fig. 9—11) ist sehr unsicher.

Blätter an der dicken fast knolligen Achse zu einer dichten trichterbis glockenförmigen Rosette vereinigt. Blüthenstände gestielt, ihr Stiel zusammengedrückt. Spathen derb, bleibend, ihre Blätter mit oft stachliggezähntem Kiel. Blüthen mit einem dünnhäutigen Vorblatt, die weiblichen einzeln oder zu 2. Kelchabschnitte oval. Blumenblätter grösser, rundlich verkehrt-eiförmig. Blüthen bei beiden Geschlechtern geruchlos; die Geschlechtsblätter von einem aus 15—30 hellgelben, drüsigen Fäden

---

[1]) στρατιώτης ποτάμιος, Name einer Aegyptischen Wasserpflanze bei Dioskorides (IV, 100), vielleicht der zu den Araceen gehörigen *Pistia stratiotes* (L. Sp. pl. 963 [1753]). στρατιώτης Soldat, wohl wegen der schwertförmigen Blätter auf unsere Pflanze übertragen. Bei L'Obel (Plant. stirp. hist. 204 [1576]. Nov. stirp. adv. 334 [1726]) auch *Stratiotes sive Militaris Aizoides* genannt.

[2]) Von folliculus, kleiner lederner Sack oder Schlauch, in der botanischen Kunstsprache Balgkapsel; das fragliche Fossil wurde für eine solche gehalten.

[3]) Von παράδοξος auffallend, seltsam, und καρπός Frucht, weil es lange nicht gelingen wollte, diese „Räthselfrucht" zu bestimmen.

[4]) Nach Thomas Webster, * 1772 † 1844, Professor der Geologie an der London University, hochverdienten Palaeontologen, welcher zuerst auf der Insel Wight (Süd-England) diesen Pflanzenrest auffand.

[5]) Von καρπός Frucht und λίθος Stein.

[6]) Nach dem zuerst bekannt gewordenen deutschen Fundort, der im Sachsen-Weimarschen Kreise Eisenach am Nordfusse der Rhön gelegenen Stadt Kalten-Nordheim.

bestehendem Nectarium umgeben. Männliche Blüthen ohne Fruchtknotenrudiment. Staubblätter frei, ungefähr 12, in 3 Kreisen stehend (der äussere dedoublirt, die andern mitunter z. T. verkümmert oder dedoublirt). Staubbeutel linealisch. Weibliche Blüthen den männlichen sehr ähnlich. Griffel kurz. Narben zweispaltig. Frucht wagerecht abstehend oder hängend, aus der Spatha seitlich hervortretend, meist stumpf, eiförmig, 6 kantig; 2 Kanten stärker hervortretend, am Grunde mit einigen Sägezähnen. Samen in jedem Fache bis 4, höchstens 6, zusammengedrückt cylindrisch, (wurstförmig) schief, oft schwach gekrümmt. Keimling mit grosser, fast frei neben dem Keimblatt liegender Plumula.

Nur die folgende Art:

160. **S. aloides** [1]). (Siggel, Sichelkohl, Wasseraloë; niederl. u. vläm.: Scheeren; dän.: Krebsklo; franz.: Faux Aloès; ital.: Erba coltella, Scargia; poln.: Osoka; böhm.: Řezan; russ.: Рѣзакъ; ung.: Kolokán.) ♃. Ausläufer bis 3 dm lang. Beblätterte Achse bis etwa 5 cm lang, meist kürzer, bis 2 cm dick. Blätter bis 4 dm lang, bis 4 cm breit, zugespitzt, am Grunde etwas rinnig, steif, dunkelgrün. Blüthenstände meist etwa 1 (—3) dm lang gestielt, mit 2,5—3 cm langen und 1,5 cm breiten Spathen. Kelchabschnitte 12—16 mm, Blumenblätter 2—3 cm lang, rundlich, weiss. Frucht bis 34 mm lang, bis 17 mm dick, derb lederig, grün. Samen bis 9 mm lang, in den Fächern sich berührend oder etwas übereinander schiebend; mit brauner, holziger, bei der Keimung sich (wie die Fruchtschale von *Zannichellia*) in 2 Hälften längs der Raphe spaltender Schale. (Gute Beschreibungen und Abbildungen nur bei Klinsmann Bot. Zeit. XVIII (1860) 81 t. II. A. Irmisch Flora XLVIII (1865) 81 t. I fig. 1—8. Nehring in Potonié Naturw. Wochenschr. XI (1896) 586, 587 fig. 1, 6, 7.)

In stehenden und langsam fliessenden Gewässern, besonders in Altwässern, Gräben und tiefen Sümpfen, oft flache Gewässer ganz erfüllend, ausnahmsweise bis zu einer Tiefe von 1,6 m (so im Sunowo-See bei Lyck am 4. Aug. 1860 sogar unter Wasser blühend, fest angewurzelt getroffen (Caspary Verh. Nat. Verh. Königsb. 1860 294). Fast nur in den Tiefländern verbreitet, aber angepflanzt sich leicht vermehrend und einbürgernd. Im nördlichen Flachlande allgemein verbreitet (nur auf den Nordsee-Inseln fehlend) und meist häufig. Im Ungarischen Tieflande! auch in Bosnien bei Brod: Svilaj (Fiala Mitth. Bosn. Landesmus. III. 618). (In Siebenbürgen neuerdings nicht beobachtet, Staub). Süd-Mähren; längs der Donau durch Nieder-! und Ober-Oesterreich bis Nieder-Bayern! Oberbayern: Pilsensee bei Seefeld (zw. Ammer- und Starnberger See)! Oberschwaben: Karsee bei Wangen! und Altshausen westl. von Schussenried! Ob die Pflanze im Maingebiet bei Eltmann (Prantl 144) und Schweinfurt (Wegele DBG. V. CXXI), bei Aschaffenburg (Prantl a. a. O.), Hochstadt bei Hanau (Wigand-

---

[1]) *Aloides* zuerst bei Boerhaave (Iud. pl. Lugd. Bat. 172 [1720]). *Aloë-palustris*, Name unserer Pflanze bei Caspar Bauhin, wegen der unverkennbaren Aehnlichkeit mit einer Aloë.

Meigen II. 442), Frankfurt: Metzgerbruch (Dürer Dosch u. Scriba Fl. Hess. 3. Aufl. 614) und Darmstadt früher (Dosch u. Scriba 3. Aufl. 137) ursprünglich ist, bez. war, ist um so fraglicher als sie bei Würzburg und Offenbach sicher angepflanzt ist; ebenso in Oberschwaben bei Bebenhausen und wahrscheinlich bei Waldsee (Herter Württ. Jahresh. XLIV. 194). Bl. Mai—Aug. Fr. Ende Oct. Bei der reichen vegetativen Vermehrung sind beide Geschlechter nicht gleichmässig verbreitet, indem in den Niederlanden, Schleswig, Ungarn, dem Donaugebiet das weibliche, im übrigen Gebiete das männliche überwiegend oder stellenweise allein vorkommt. Auch in Localfloren, in denen beide Geschlechter vorhanden, begegnen sie sich nicht häufig an einem Fundorte; in Folge hiervon sind Früchte mit vollkommen ausgebildeten Samen nicht allzu häufig, obwohl sich auch bei ausbleibender Befruchtung Früchte und Samen zur normalen Grösse (letztere natürlich ohne Keimling, vgl. Nolte, Bot. Bem. Strat. 35) entwickeln. Auch ausserhalb des Gebietes wurde auf den Britischen Inseln, in Dänemark und Schweden nur die weibliche, in Frankreich (ausser bei Lille) nur die männliche Pflanze beobachtet. Ueber die Verbreitung der Geschlechter vgl. Nolte a. a. O. 31, H. de Vries Nederl. Kruidk. Arch. I. 203 (1872). Ascherson Naturf. Fr. Berl. 1875. 101. BV. Brand. XVII 80 (1875).

S. a. L. Sp. pl. ed. 1. 535 (1753). Koch Syn. ed. 2. 771. Nyman Consp. 678 Suppl. 285. Richter Pl. Eur. I. 21. Rchb. Ic. VII t. LXI fig. 111.

Wird in Gegenden, in denen sie in grosser Menge vorkommt, als Viehfutter, besonders für Schweine, verwendet oder auch als Dünger auf die Aecker gebracht.

(Frankreich [wohl überall ursprünglich angepflanzt]; England [in Schottland und Irland angepflanzt]; Dänemark; südliches und mittleres Schweden bis etwa zum 61°; Russland [in Lappland bis 67$^{1}/_{2}$°, südlich bis zum Kaukasus; westliches Sibirien bis zum Altai]; Rumänien; Serbien; Ober-Italien bei Ferrara [weibl.], Ostiglia [männl.], Mantua [weibl.]; auch in Spanien: Catalonien [Mancha?] angegeben.) *

2. Tribus.

HYDROCHARÍTEAE.

(Aschers. u. Gürke Nat. Pfl. II. 1. 247. 257. *Hydrocharideae* Link Handb. I. 282 [1829].)

S. S. 406.

Bei uns nur die Gattung:

58. HYDRÓCHARIS[1]).

(L. Gen. pl. [ed. 1. 308] ed. 5. 458 [1754]. Nat. Pfl. II. 1. 258.)

Ausläufer an den Enden (während des Sommers) stets neue Rosetten erzeugend, im Herbst dünner werdend und mit aus schuppenartigen

---

[1]) Von L. gebildeter Name; von ὕδωρ Wasser und χάρις (s. S. 134 Fussnote), also Wasserzierde.

Blättern bestehenden, zuletzt abfallenden Winterknospen endigend. Laubblätter in wenigblättriger Rosette, kreisrund, mit tiefem, schmalem Herzausschnitt, am scheidenartigen Grunde des Stiels mit zwei grossen, durchscheinenden, mit den Rändern übereinander greifenden, eine Tute bildenden Anhängen. Blüthen schwach, wohlriechend. Männliche Blüthenstände gestielt, mit zweiblättriger Spatha, die Seitenblüthen ohne Vorblätter. Weiblicher Blüthenstand sitzend. Blüthen über der einblättrigen Spatha lang gestielt. Staubblätter 12, am Grunde verbunden (die 3 äusseren meist unfruchtbar). Männliche Blüthe: Antheren eiförmig. In der Mitte ein deutliches Fruchtknotenrudiment. Weibliche Blüthe kleiner; die Blumenblätter am Grunde mit einer Honigdrüse, mit 3 mitunter dedoublirten (alsdann paarweis serial verbunden bleibenden) Staminodien. Fruchtknoten mit ziemlich zahlreichen Samenanlagen. Frucht rundlich, an der Spitze unregelmässig aufreissend. Samen klein, rundlich, mit einer Gallerthülle umgeben.

Ausser unserer Art nur noch *H. Asiatica* (Miq. Fl. Jad. Bot. III. 239 [1859]) in Ostasien und auf Java. Ob die auf Madagaskar und in Australien angegebene *Hydrocharis* zu dieser Art oder zu der unsrigen gehört, ist noch zu prüfen.

161. **H. morsus ranae**[1]). (Froschbiss; niederl. u. vläm.: Duitblad, Vorschebeet; dän.: Frøbid; franz.: Petit Nénuphar; ital.: Morso di Rana; poln.: Żabiściek; böhm.: Vod'anka; russ.: Водокрасъ; ung.: Potnya.) ♃. Ausläufer 5 cm bis meist 1 (—2) dm lang und 2 mm dick, die herbstlichen oft kaum 1 mm dick, mit meist 6—8 mm (selten bis 2 cm) langen und 3—4 mm dicken, eiförmig zwiebelartigen, stumpfen oder stumpflichen geraden (oder etwas gebogenen), derben, aussen fast hornartig festen, von einer häutig durchscheinenden Hülle umgebenen Winterknospen. Beblätterte Achsen kurz, meist nur 1 cm lang, mit 3 bis meist nicht über 10, gewöhnlich 7—10 cm (bis fast 2 dm) lang gestielten, meist 1—7 cm (bis etwas mehr) langen und 1—4 cm breiten Blättern besetzt. In den Blättern verlaufen ausser dem Mittelnerven von der Einfügung des Blattstiels aus beiderseits je 2 Hauptnerven bogenförmig zur Spitze, deren innere ein Oval einschliessen, welches, wie das übrige Blatt, von einem rechtwinkligen Gitterwerke feiner Nerven ausgefüllt wird. Blattstielanhänge bis über 2 cm lang und 1 cm breit. Männliche Blüthenstände meist 1—6 cm lang gestielt, mit meist 2 cm langen, eine weite Scheide darstellenden, häutigen Hochblättern, 2—4 meist 3blüthig. Männliche Blüthen 2—4 cm lang gestielt, mit 5—6 mm langen Kelch- und bis 1,5 cm langen, rundlichen, weissen, am Grunde gelben Kronenblättern. Hinter einander stehende Staubblätter (serial) noch höher hinauf als die neben einander stehenden verbunden. Weibliche Blüthen 3—8 cm lang gestielt, mit nur 10—12 mm langen Blumenblättern. Staminodien serial verbunden. Narben zweispaltig. Frucht etwa 1 cm dick.

---

[1]) Name unserer Pflanze bei L'Obel (Plant. stirp. hist. 224 [1726]).

In stehenden und langsam fliessenden Gewässern, in den Buchten und Altwässern der Flüsse, in Teichen, Gräben, Seen, in letzteren besonders am Rande zwischen Röhricht, im ganzen Gebiet; wohl nicht über 1500 m beobachtet. Im nördlichen Flachlande häufig bis gemein (auch auf den Westfriesischen Nordsee-Inseln), im mittleren und besonders im südlichen Gebiet weniger verbreitet und auf weite Strecken (z. B. an der Riviera und in den See-Alpen, in Nord-Tirol und Vorarlberg) fehlend. Bl. Mai—Aug.
H. M. r. L. Sp. pl. ed. 1. 1036 (1753). Koch Syn. ed. 2. 771. Nyman Consp. 678 Suppl. 285. Richter Pl. Eur. I. 21. Rchb. Ic. VII t. LXII fig. 112. Nat. Pfl. II. 1. 257 fig. 191.

Die Blüthen dieser Art sind erheblich kleiner als bei *Stratiotes aloides*. — Von der in der Tracht sehr ähnlichen *Limnanthemum nymphaeoides*, mit der sie im nichtblühenden Zustande öfter verwechselt wird, unterscheidet sich unsere Pflanze leicht durch das Vorhandensein der Blattstiel-Anhänge, den Mangel der die Blattunterseite und -stiele von *Limnanthemum* bedeckenden Höckerchen und die eigenthümliche Nervatur.

(Im grössten Theile Europas [in Schottland, Norwegen, in Schweden nördlich vom 61°, im nördlichsten Russland fehlend; im Mittelmeergebiet selten, im südlichsten Theil von Spanien und Italien und auf den Inseln fehlend]. Sibirien; Dsungarei.)   *

Register des ersten Bandes.

Die cursiv gedruckten Namen sind Synonyme, die mit kleiner Schrift gedruckten Namen von Sectionen oder Untergattungen.

Abies 184, 187, **189**, 195, 197, 198, 199, 200, 201, 202, 203.
Abietae 178, 186, **187**.
Abietinae A. Rich. 185.
Abietinae Eichler 187.
Abietineae Parlat. 185.
Abietineae Link 187.
Abietoïdeae **185**.
Acacia 234.
Acer 195.
Acorus 266.
Acropteris Sect. Asplenum **63**.
Acrostichum 24, 46, 64, 71, 90, 92.
Actinocarpus 388.
Actinostrobeae 236, 239.
Adiantum 8, 84, 87, 180.
Alisma 380, 387, 388, 391.
Alismataceae 267, 294, **379**.
Allosorus 8, 84, **86**.
Alteinia 365.
Althenia 266, 293, 295, 360, **364**.
Amaryllidaceae 267.
Americanae Sect. Najas **370**.
Amphibia Sect. Isoëtes 165, **169**.
Anacharis 400, 403.
Angiospermae 177, **262**.
Anthophyta 175, 254.
Anthoxanthum 264.
Aponogetaceae 373.
Aponogeton 373.
Aponogetonaceae 373.
Aquatica Sect. Isoëtes **165**.
Araceae 266.
Araucaria **186**.
Araucariaceae 185.

Araucarieae 185, **786**.
Araucariinae 186.
Arceuthos 241.
Arthrotaxis 232.
Asparageae 266, 267.
Aspidieae Aschers. **9**.
Aspidieae Prantl 9.
Aspidiinae 9.
Aspidioïdeae 7, **9**.
Aspidium 3, 4, 8, 9, 10, 11, 12, 14, 16, 18, 19, **20**, 46, 63, 66, 89.
Aspleneae **48**.
Asplenieae 48.
Aspleniinae 48.
Asplenoïdeae 7, **48**.
Asplenum 8, 9, 10, 11, 12, 14, 21, 48, 51, **53**.
Athyrioïdes Sect. Asplenum 9, **61**.
Athyrium 4, 8, 9, **10**, 53, 61, 63, 66, 67.
Azolla 112, **114**.

Baldellia 391.
Banksia L. fil. 211.
Banksia Mayr 211.
Banksiae Sect. Pinus **211**.
Batrachoseris Sect. Potamogeton **335**.
Belvalia 364.
Biota 241.
Blechnum 8, **48**.
Boswellia 200.
Botrychium 76, 101, **103**.
Bracteatae 274.
Bracteolatae Sect. Typha **274**.
Bryophyta 1.

Butomaceae 267, 294, **394**.
Butomus 393, **395**.

Caldesia 380, **385**.
Callitris 205, 239.
Cannaceae 267.
Carex 229.
Carpolithes 407.
Casicta Sect. Pinus **202**.
Caulinia Sect. Najas **370**.
Cedrus Mill. 188, **205**.
Cedrus Tourn. 250.
Cembra Sect. Pinus **296**.
Cephaloceraton 173.
Cephalotaxus **181**, 184.
Ceterach Sect. Asplenum 8, **53**.
Chamaecyparis Sect. Cupressus 236, **238**, 240.
Characeae 255.
Cheilanthes 8, 84, 88, 91.
Chloëphylli Sect. Potamogeton **338**.
Citrus 205.
Coleophylli Sect. Potamogeton **349**, 356.
Columbea 186.
Colymbea Sect. Araucaria **186**.
Commelinaceae 267.
Compositae 262.
Coniferae 177, **178**.
Cormophyta 1, 254.
Cryptogamae vasculares 2.
Cryptogramme 86.
Cryptomeria **233**.
Cryptomyces 83.
Cupressene **236**.
Cupresseae verae 236.

Cupressinae Eichler 236.
Cupressinae L. C. Rich. 236.
Cupressineae 236.
Cupressoïdeae 185, **236**, 239.
Cupressus 234, **236**.
Cupressus Spach 237.
Cuscuta 176.
Cyathea 16, 18, 19.
Cycas 176.
Cymodocea 295, 297, 300, 358, **359**.
Cymodoceeae 267, 295, **358**.
Cycnogeton 376.
Cyperaceae 266, 267.
Cystopteris 9, 10, **15**, 47.

Damasonium 380, **388**.
Davallia 74.
Davallieae 74.
Dichasium 28.
Dicotyledones 263.
Dioscoreaceae 266.
Diplanthera 358.
Diploxylon Sect. Pinus **209**.
Dombeya 187.
Drosera 154.
Dzieduszyckia 356.

Ebracteatae 271.
Ebracteolatae Sect. Typha **271**.
Echinodorus 380, 386, 387, **390**.
Elisma 294, 380, 386, **387**, 388.
Elodea 400.
Embryophyta siphonogama **175**.
Embryophyta zoidiogama **1**.
Enantiophylli Sect. Potamogeton **353**.
Endotricha 232.
Engleria 274.
Ephedra **256**.
Ephedraceae **256**.
Ephedroïdeae 256.
Equiseta aestivalia **132**.
Equiseta ambigua **139**.
Equiseta ametabola (vernalia) **124**.
Equiseta cryptopora **138**, 257.
Equiseta heterophyadica **121**.
Equiseta hiemalia **141**.
Equiseta homophyadica 132.
Equiseta homophyadica hiemalia 138.
Equiseta metabola (subvernalia) **121**.
Equiseta monosticha **141**.

Equiseta phaneropora **121**.
Equiseta stichopora 121.
Equiseta trachyodonta **144**.
Equisetaceae **119**.
Equisetales 118.
Equisetariae 2, **118**.
Equisetinae 118.
Equisetum **119**, 177.
Erecta Sect. Sparganium **280**.
Eubotrychium **104**.
Eucembra Sect. Pinus **207**.
Eucupressus **237**.
Eunajas 367.
Euphrasia 232.
Eupteris 82, 83.
Eusporangiatae 101.
Eutacta Sect. Araucaria **186**.
Eutassa 186.
Euthyia (Euthuja) **240**.
Eutriglochin **376**.
Euvaginatae Sect. Najas **371**.

Fagus 190, 195.
Farinosae 265.
Filicariae 2, **3**.
Filices **3**.
Fluvialis 366.
Fluviales 293.
Folliculites 407.

Gentiana 232.
Geranium 22.
Ginkgo 176, **180**.
Ginkgoëae 179, **180**.
Glumiflorae 265.
Glyptostrobus 234.
Gnetaceae 255.
Gnetales 255.
Gnetariae 177, **255**.
Gnetum 255.
Gonopterides 118.
Gramina 266.
Grammitis 54, 93.
Gymnogramme 7, 8, 90, **92**.
Gymnogrammeae 81, **90**.
Gymnogrammae 90.
Gymnospermae 176, **177**.

Halodule 358.
Halophila 358, 396, 397.
Halophiloïdeae 397.
Halorrhagidaceae 399.
Haploxylon Sect. Pinus **206**.
Heliosperma 65.
Helobiae 264, **293**.
Helodea 398, 399, **400**, 403.

Heterophylli Sect. Potamogeton **302**.
Heterosporae 149, **158**.
Hippochaete 138.
Hydora 399, 400.
Hydrilla 397, **398**, 403.
Hydrocharidaceae 396.
Hydrocharideae Lam. et DC. 396.
Hydrocharideae Link 409.
Hydrocharis **409**, 410.
Hydrocharitaceae 266, 267, 294, 358, **396**.
Hydrochariteae 406, **409**.
Hydropterides 3, **111**.
Hymenophyllaceae 3, 4, 5, 74.
Hymenophyllum **5**.
Hypnum 187.
Hypodematium 30.
Hypopeltis Sect. Aspidium **36**.

Iridaceae 267.
Isoëtaceae **163**.
Isoëteae 165.
Isoëtella 172.
Isoëtes 2, 111, 158, **163**, 305.
Isosporae Engl. (Equisetariae) **118**.
Isosporae Prantl (Lycopodiarinae) **149**.
Itinera 371.

Juncaceae 266, 267.
Juncaginaceae 266, 267, 294, **373**.
Juncagineae 373.
Juncago 373.
Juncus 379.
Jungermannia 6, 112.
Junipereae 236, **241**.
Juniperinae 241.
Juniperus 179, 236, **241**, 257.

Lagarosiphon 404.
Larix 188, **202**, 208.
Lastrea Sect. Aspidium 20, 21, 22, 23, **24**.
Lemna 114.
Lemnaceae 265, 267.
Lepidotis Sect. Lycopodium **152**.
Leptocladae Sect. Ephedra **259**.
Leptosporangiatae 4.
Libocedrus 239.
Liliaceae 266, 267.

Liliiflorae 265.
Limnanthemum 411.
Liparideae 266.
Litorella 166, 167, 305.
Lobelia 166, 305.
Lomaria 49.
Lonchitideae 81, **82.**
Lonchitidinae 82.
Luzula 267.
Lycopodia heterophylla **154,** 238.
Lycopodia homoeophylla **150.**
Lycopodiaceae 149.
Lycopodiariae 2, **149.**
Lycopodiales 149.
Lycopodiinae 149.
Lycopodium **150,** 160, 161, 162, 163.

Majanthemum 264.
Marsilia 113, 115, **116.**
Marsiliaceae 112, **115.**
Maundia 376.
Microspermae 265.
Mimosa 234.
Minima Sect. Sparganium **291.**
Mnium 6.
Monocotyledoneae 264.
Monocotyledones 262, 263, **264.**
Morinda L. 196.
Morinda Mayr 196.
Morindae Sect. Picea **196.**
Murraea 211.
Murraya 211.
Musaceae 267.
Muscinei 1.
Myriophyllum 166.

Najadaceae 267, 294, **366.**
Najadeae 366.
Najadées 366.
Najas **366.**
Natantia Sect. Sparganium **287.**
Neehamandra Sect. Vallisneria 404.
Nephrodium 20, 21, 22, 23, 24, 25, 26, 29, 30, 31, 32, 33, 35, 46.
Notholaena 8, 90, **91.**

Oeosporangium 90.
Omorika Sect. Picea **194.**
Onoclea 8, 10, **42.**
Ophioglossaceae **101.**
Ophioglossum 101, **102.**
Orchidaceae 266, 267.

Osmunda 43, 49, 86, **99,** 105, 106, 107, 110, 111.
Osmundaceae 3, 5, **98.**
Oxycedrus Sect. Juniperus **242.**

Palmae 266.
Pandanaceae 268, 269.
Pandanales 264, **268.**
Pandanus 268.
Paracembra Sect. Pinus **208.**
Paradoxocarpus 407.
Paris 264, 266, 267.
Parnassia 306.
Parrya R. Br. 208.
Parrya Mayr 208.
Parryae Sect. Pinus **208.**
Phanerogamae 175.
Phanérogames gymnospermes 177.
Phegopteris Sect. Aspidium 8, 10, 14, 20, **21.**
Phucagrostis 359.
Phucagrostis major 360.
Phucagrostis minor 299.
Phycagrostis **359.**
Phyllitis 73.
Phyllobotrychium **109.**
Phyllotheca 124.
Physcium Sect. Vallisneria **405.**
Picea 188, 189, 190, 191, 192, **194,** 203.
Pilularia 2, 115, **117.**
Pinaceae 179, **185.**
Pinaster Sect. Pinus **211.**
Pinoïdeae 185.
Pinus 186, 188, 189, 191, 193, 194, 195, 197, 198, 200, 201, 202, 203, 204, **205,** 233.
Pistia 407.
Planithallosae **4.**
Plantago 310.
Podocarpeae 179.
Podocarpus 181.
Polypodiaceae 3, 5, **7.**
Polypodieae Aschers. **93.**
Polypodieae Prantl 93.
Polypodiinae 93.
Polypodioideae 7, **93.**
Polypodium 8, 10, 11, 12, 14, 16, 18, 19, 20, 21, 22, 23, 24, 25, 26, 27, 29, 31, 32, 33, 34, 36, 37, 38, 39, 46, 60, 62, 63, 89, **93.**
Polystichum 21, 23, 24, 25, 26, 27, 28, 29, 31, 32, 33, 37, 38.

Posidonia 293, 295, 296, 298, **299.**
Posidonieae 266, 295, **299.**
Potamogeton 264, 266, 293, 295, 296, **301,** 355, 356, 361.
Potamogetonaceae 266, 267, **294.**
Potamogetoneae 266, 295, **301.**
Principes 265.
Pseudathyrium 14.
Pseudobaccatae Sect. Ephedra **257.**
Pseudotsuga 187, **189.**
Psilotum 149.
Pterideae Aschers. 81, **84.**
Pterideae Prantl 81.
Pteridinae 84.
Pteridium 4, 7, 8, **82.**
Pteridoïdeae 7, **81.**
Pteridophyta **2,** 42.
Pteris 3, 8, 83, **84.**

Retinospora 238, 241.
Rhizocarpae 111.
Rohrbachia 276.
Rubiaceae 196.
Ruppia 295, 301, 343, **355.**
Ruppieae 301.
Ruta muraria **65.**

Sabina Sect. Juniperus 151, **250.**
Sagittaria 267, 307, 380, **391.**
Salisburya 180.
Salisburyaceae 180.
Salvinia 112, **113,** 115.
Salviniaceae **112.**
Scandentes Sect. Ephedra **257.**
Scheuchzeria 267, **374.**
Schnizleinia 274.
Sciadopitys 178, **233.**
Scirpus 118, 266.
Scitamineae 265.
Sclerocaulon 138.
Scolopendrium 9, 48, **50,** 69.
Selaginella 93, **158.**
Selaginellae heterophyllae **160.**
Selaginellae homoeophyllae **159.**
Selaginellaceae **158.**
Selagines **150,** 196.
Selago 150.
Sempervivum 232.
Sequoia 233, **255.**
Serpicula 399, 403.
Siphonogamae 175.

Smilacoïdeae 266, 267.
Sparganiaceae 266, 268, 269, 270, **279**.
Sparganium 268, 269, 272, **279**, 307, 388.
Spathiflorae 265.
Sterculiaceae 187.
Stratioteae 406, **407**.
Stratiotes 395, **407**.
Stratiotoïdeae 397, **406**.
Strobus Sect. Pinus **206**.
Struthiopteris 43.
Submersa (*Sect. Isoëtes*) 165.

Taeda Sect. Pinus **209**.
Taxaceae **179**.
Taxeae **180**.
Taxinae 179.
Taxineae 180.
Taxodieae 186, **232**.
Taxodiinae 232.
Taxodium 233, **234**, 236.

Taxoideae 179.
Taxus 179, 181, **182**, 233.
Terrestria Sect. Isoëtes **171**.
Thyia **239**.
Thyiopseae 236, **239**.
Thyiopsideae 239.
Thyiopsidinae 239.
Thyiopsis 239.
Trichomanes 6, 74.
Trichomanoïdes Sect. Asplenum 55.
Triglochin 373, 374, **376**.
Tsuga 187, **188**.
Tuberithallosae 4, **101**.
Tumboa 255, 256.
Typha 268, 269, **270**.
Typhaceae 266, 268, 269, **270**.
Typhae 270.
Typhinae 270.

Udora 399, 400, 403.
Utricularia 176.

Vallisneria 394, **404**.
Vallisneriaceae 404.
Vallisnerieae 398, **404**.
Vallisnerioïdeae 266, **397**.
Veratrum 267.

Washingtonia 235.
Wellingtonia 235.
Welwitschia 255.
Woodsia 8, 9, **44**.
Woodwardia 74.

Zannichellia 295, 358, **360**, 365.
Zannichellieae 266, 267, 295, **360**.
Zostera **296**, 300, 308, 339, 391, 397.
Zostereae 266, 295, **296**.

www.ingramcontent.com/pod-product-compliance
Lightning Source LLC
Chambersburg PA
CBHW020543300426
44111CB00008B/780